Schulreform und Bildungsökonomie
Struktur- und Lehrplanreform in Hessen und die personellen
und sächlichen Probleme des Physikunterrichts

Frau Anne Sauer
in Anerkennung und
Dankbarkeit für den
langen gemeinsamen Weg
von den Anfängen bis
zur Vollendung dieses
datenträchtigen Werkes
gewidmet,

Rudolf Braun

Europäische Hochschulschriften
Publications Universitaires Européennes
European University Studies

Reihe XI
Pädagogik

Série XI Series XI
Pédagogie
Education

Bd./Vol. 663

PETER LANG
Frankfurt am Main · Berlin · Bern · New York · Paris · Wien

Rudolf Brauner

Schulreform und Bildungsökonomie

Struktur- und Lehrplanreform in Hessen und die personellen und sächlichen Probleme des Physikunterrichts

PETER LANG
Europäischer Verlag der Wissenschaften

Die Deutsche Bibliothek - CIP-Einheitsaufnahme

Brauner, Rudolf:

Schulreform und Bildungsökonomie : Struktur- und Lehrplanreform in Hessen und die personellen und sächlichen Probleme des Physikunterrichts / Rudolf Brauner. - Frankfurt am Main ; Berlin ; Bern ; New York ; Paris ; Wien : Lang, 1996
(Europäische Hochschulschriften : Reihe 11, Pädagogik ; Bd. 663)
Zugl.: Frankfurt (Main), Univ., Diss., 1995
ISBN 3-631-49245-6

NE: Europäische Hochschulschriften / 11

D 30
ISSN 0531-7398
ISBN 3-631-49245-6

Printed in Germany 1 2 3 4 6 7

VORWORT

Der Gedanke zu den mannigfaltigen Untersuchungen, die schließlich zu dieser Dokumentation führten, entstand im Zusammenhang mit Erfahrungen, die im Rahmen der Schulpraktika von Studenten für das Lehramt an Haupt- und Realschulen an Praktikumsschulen Ende der sechziger Jahre gemacht wurden. Dabei wurden sehr unterschiedliche personelle und sächliche Voraussetzungen für den Unterricht in der Mathematik und in den naturwissenschaftlichen Fächern registriert. 1971 konstituierte sich eine Gruppe von Lehramtskandidaten, die mit mir den Versuch unternehmen wollte, in objektiver Weise und auf einer breiteren Basis die schulischen Gegebenheiten für den genannten Fächerkomplex zu untersuchen. Dies war der Anfang jenes im Teil 6 näher beschriebenen Hauptprojekts. Aus dieser Projektarbeit heraus wurden eine Reihe von Examensarbeiten entwickelt, wobei die ersten Exemplare 1972 fertiggestellt waren. Weitere Datenerhebungen erfolgten bis einschließlich 1984. Doch konnte das sehr umfangreiche Datenmaterial zunächst nur teilweise ausgewertet und veröffentlicht werden (vgl. Literaturverzeichnis), denn mit der weiteren Auswertung von Projektdaten machte sich eine Eigendynamik bemerkbar, die immer wieder zum Aufsuchen weiterer, entweder veröffentlichter oder einsehbarer Datenquellen, führte. Bewußt wurden im darstellenden Text an einigen Stellen Formulierungen gewählt, die auch in einem Tätigkeitsbericht stehen könnten. Sie sind ein sichtbarer Ausdruck der genannten Eigendynamik. Wie umfangreich der gesamte in dieser Dokumentation verarbeitete Datenkomplex ist, kann man an den 71 Großtabellen des Anhangs, den 124 Tabellen im darstellenden Teil, der noch eine Vielzahl von nicht numerierten Hilfstabellen enthält, den 28 graphischen Darstellungen und den Anlagenanhang mit 56 Seiten ermessen. Im Zusammenhang mit der abzuleistenden Lehrverpflichtung als OStR.i.H. und den umfangreichen Auswertungsarbeiten verblieb während der aktiven Dienstzeit nur die Möglichkeit, Teile der vorgelegten Dokumentation zu verfassen. Die eigentliche zügige Arbeit daran wurde erst nach dem Eintritt in den Ruhestand im Jahre 1992 möglich.

Daß diese Dokumentation überhaupt zustande kommen konnte, verdanke ich vielen Personen, die mir auf mannigfache Art und Weise Hilfe zukommen ließen, sei es durch die Bereitstellung finanzieller Mittel zur Honorierung von Hilfskräften, sei es durch Bereitstellung von oder Hinweisen auf weitere Datenquellen, sei es durch die Vermittlung von Hintergrundwissen und sei es vor allem auch durch Ermunterungen, diesen langen Weg durchzustehen.

Ich schulde Dank allen nachfolgend genannten Personen als derzeitige oder ehemalige Mitglieder folgender Institutionen oder Gruppierungen:
Hessisches Kultusministerium: Den Herren G. Best, Dr. O. Baumann, W. Franz (Bereitstellung finanzieller Mittel), B. Frommelt (ehemaliger Leiter des HIBS und Förderer von Projektarbeiten), E. Hartner (Ideengeber für relevante Quellen

und stets bereiter Diskussionspartner), H. Lahr (+) (wichtiger Informator für das Schulbauwesen), G. Rutz, Dr.H. M. Schreiber, H. Stefan und G. Wicht.
Regierungspräsidium Gießen: Herrn K. Tümmler als Leiter der Schulabteilung zur Zeit der Erhebungen über die Unterrichtsversorgung 1982.
Hessisches Institut für Bildungsplanung und Schulentwicklung: Den Damen E. Dingeldey (Leiterin des HIBS) und D. Giese (+) (Zugang zu Originalerhebungsunterlagen) und den Herren Dr. G. Ricker, R. Schulze (Bereitstellung finanzieller Mittel) und H.-H. Weiß (curriculare Entwicklungen).
Hessisches Institut für Lehrerfortbildung:
Den Herren G.J. Stratenwerth und D. Völcker.
Rahmenrichtlinienfachgruppe Physik: Den Herren K. Kreß, Prof.Dr. W. Kuhn, H. Lochhaas (Vortragsmanuskript über RRL Physik) und D. Trousil.
Wissenschaftliches Prüfungsamt für die Lehrämter in Frankfurt: Frau A. Lassak und den Herren M. Schalles und U. Striebich.
Deutsches Institut für Internationale Pädagogische Forschung: Den Damen E. Kleindienst (EDV 1984) und Dr. R. Klaus-Roeder (Regionaldaten) und den Herren P.A. Döring, Prof.Dr. H. v. Recum (Bereitstellung finanzieller Mittel), Dr. G. Seidel (Berater in Auswertungsangelegenheiten), Dr. M. Weiß (Diskussions- und Publikationspartner), Dr. H. Weißhaupt.
Projektgruppe "Ausstattungsvorschläge SI - Naturwissenschaftliche Fächer":
Den Damen E. Götze und G. Hofmann und den Herren W. Domann, E.W. Fritz, R. Laane, C. Mirgel (gleichzeitig als Hauptbearbeiter des ökonomischen Nebenprojekts von 1977 und Mitautor), H. Nagel, W. Scheel und K. Vetter.
Lehrmittelfirmenvertretungen:
Den Herren Busch (Phywe Offenbach) und Engelhardt und Göttmann (beide Leybold-Heraeus, Frankfurt/Bergen-Enkheim).
Herstellung der graphischen Darstellungen: Frau Mirgel.
Institut für Didaktik der Physik: Den Herren Prof. Dr. N. Barth und Prof. Dr. K. Weltner für die wohlwollende Kenntnisnahme meiner fachbereichsübergreifenden Forschungsarbeiten.
Besonderen Dank schulde ich *Herrn Prof.Dr.h.c. W. Jung*, 1982 geschäftsführender Direktor, für den von ihm erstellten Übersichtsplan über die Forschungsbereiche des Instituts, in dem er für meine selbständige Forschungsarbeit neben dem Bereich "Entwicklung von Lehrgängen und Lernmitteln" auch noch den Bereich "Bildungsökonomische Forschung" ausweist. Mein ganz besonderer Dank gilt auch *Frau A. Sauer*, die in sehr umsichtiger Weise und über lange Zeit an der Herstellung der Reinschrift des Manuskripts arbeitete. Zu danken habe ich auch Frau *D. Hahn*, welche die Arbeit von Frau Sauer unterstützte, Frau *I. Kiowski* (EDV-Auswertung) und Frau *Dr. U. Maichle* (Beratung in statistischen Angelegenheiten).
Rechenzentrum der Universität: Herrn Dipl.Math. *W. Salmen*, der in kompetenter Art und Weise durch Programmierung dazu beitrug, die umfangreichen

Datensätze nach meinen Vorstellungen auszuwerten. Nicht zu vergessen sind die damals noch üblichen mühseligen Ablocharbeiten, die von N. Köppen, M. Pachl und meinen beiden Söhnen *Herwig* und *Winfried* vorgenommen wurden.
Schulaufsicht, Schulträger und Schulen: Ohne hier alle Namen nennen zu können, gilt allen dort tätigen Personen mein besonderer Dank dafür, daß sie sich zum Teil sogar zweimal der Mühe unterzogen haben, die vorgelegten Fragebögen zu beantworten und rechtzeitig zurückzuschicken.
Schließlich möchte ich mich *bei zwei Personen besonders bedanken*. Bei Herrn *Prof.Dr. J. Diederich*, der mich bestärkte, trotz fortgeschrittenen Alters dieses Werk zu verfassen und mich bei dieser Arbeit betreute. Wenn auch hier zuletzt genannt, danke ich ganz besonders *meiner Gattin* für ihr Verständnis für meine Arbeit und für die große Hilfe beim Korrekturlesen, an dem sich dankenswerterweise auch zeitweise meine Tochter *Astrid* beteiligte.

Hofheim, im Dezember 1994 — Rudolf Brauner

INHALTSVERZEICHNIS

Vorwort ... 5

Einleitung ... 21

TEIL 1 STRUKTURELLE VERÄNDERUNGEN IM SYSTEM DER ALLGEMEINBILDENDEN SCHULEN DES LANDES HESSEN IM ZEITRAUM VON 1950-1983 UNTER BESONDERER BERÜCKSICHTIGUNG DER SEKUNDARSTUFE I ... 23

1.1 Begriffsdefinitionen: Schulform, Schultyp, Schulgattung ... 24

1.2 Das System der hessischen allgemeinbildenden Schulen und die Auswirkungen der Reformansätze bis zum Jahre 1977 ... 26

1.3 Die Struktur der Sekundarstufe I im Jahre 1976 - organisatorische Zusammenfassung von Schülergruppen in schulischen Einheiten ... 30

1.4 Quantitative Aspekte der Veränderungen im personellen Bereich der Schulen bis zum Jahre 1977 ... 33

1.5 Veränderungen im Zeitraum von 1977 bis 1983 (1984) ... 35

TEIL 2 SOZIALGEOGRAPHISCHE ASPEKTE DER HESSISCHEN REFORMANSÄTZE IM BEREICH DER SEKUNDARSTUFE I (1955-1977) ... 42

2.1 Bildungsforschung und Sozialgeographie ... 42

2.2 Sozialgeographische Rangfolge hessischer Landkreise und kreisfreier Städte nach dem Gebietsstand vom 31.7.1972 - Regionalrang T ... 44

2.3 Adaption der sozialgeographischen Rangfolge T auf den Gebietsstand vom 1.1.1975 - Regionalrang A - Kreisgruppen ... 47

2.4 Die regional unterschiedlichen Bildungschancen in Hessen in den Jahren zwischen 1955 und 1964 ... 50

2.5 Sozialgeographische Aspekte der Landschulreform ... 51

2.6 Sozialgeographische Aspekte der Strukturreformansätze ... 51

2.7 Die Strukturreformansätze unter dem Aspekt des bestehenden bildungspolitischen Spannungsfeldes ... 56

2.8 Regionen geringerer Reformintensität und sozialgeographischer Faktoren ... 57

2.8.1 Landkreise geringerer Reformintensität ... 58

2.8.2 Kreisfreie Städte mit geringerer Reformintensität ... 62

TEIL 3	FINANZIELLE ASPEKTE DER HESSISCHEN REFORMANSTÄZE IM BEREICH DER ALLGEMEIN-BILDENDEN SCHULEN UND DEREN BEDEUTUNG FÜR DEN NATURWISSENSCHAFTLICHEN UNTER-RICHT (1960-1977)	64
3.1	Lastenverteilung und Finanzkräfte der Kompetenzträger für den Schulbereich in Hessen	64
3.2	Anmerkungen zur Entwicklung der Personalkosten	69
3.3	Anmerkungen zur Entwicklung der Sachkosten	70
3.3.1	Schulbauinvestitionen	71
3.3.2	Die Dimensionierung schulischer Einheiten in den beiden Reformphasen und deren Bedeutung hinsichtlich der Raumausstattung für die naturwissenschaftlichen Fächer	76
3.3.2.1	Die Ausstattung der allgemeinbildenden Schulen mit naturwissenschaftlichen Fachräumen im Jahre 1960	76
3.3.2.2	Die allgemeine Verbesserung der Ausstattung mit naturwissenschaftlichen Fachräumen durch die Reformmaßnahmen	79
3.3.3	Investitionskosten unter dem Dimensionierungsaspekt	81
3.3.4	Exemplarisches zum Folgekostenproblem	85
3.4	Versuch einer Beurteilung hessischer Reformkosten durch einen Vergleich mit den Ländern der Bundesrepublik Deutschland und Westberlin für das Bezugsjahr 1975	88
TEIL 4	DIE HESSISCHEN RAHMENRICHTLINIEN FÜR DEN PHYSIKUNTERRICHT IN DER SEKUNDARSTUFE I ALS ERGEBNIS DER ALLGEMEINEN REVISION DES CURRICULUMS (1969-1976)	94
4.1	Die Revision der hessischen Bildungspläne unter besonderer Berücksichtigung der Rahmenrichtlinien Physik SI	94
4.2	Die hessischen Rahmenrichtlinien Physik SI - Beschreibung der Struktur, Grobbeschreibung der Inhalte und Vergleich der Erstfassung von 1972 mit der Zweitfassung von 1976	101
4.3	Einige kritische Anmerkungen zu den Konstruktionsprinzipien und Inhalten der Rahmenrichtlinien Physik SI	105

TEIL 5 THEORETISCHE ÜBERLEGUNGEN ZUM PROBLEM DER IMPLEMENTATION CURRICULARER INNOVATIONEN UND GROBBESCHREIBUNG DER DARAUF BEZOGENEN UNTERSUCHUNGS- UND ENTWICKLUNGSPROJEKTE 110

5.1 Hypothetischer Systemzusammenhang 110

5.2 Grobbeschreibung und zeitliche Abfolge der einzelnen Untersuchungs- und Entwicklungsprojekte 112

TEIL 6 DAS HAUPTPROJEKT (1972-1977) – VORGESCHICHTE; PROJEKTVERLAUF; METHODISCHE PROBLEME DER DATEN-ERHEBUNG UND DER REPRÄSENTATIVITÄT – BESCHREIBUNG DER ERHEBUNGSINSTRUMENTE 114

6.1 Zur Vorgeschichte des Projekts 114

6.2 Projektverlauf 115

6.3 Anmerkungen zur Methodenwahl 117

6.4 Datenerhebung und Zielgruppen 118

6.5 Begründung der zeitlichen Reihenfolge der Erhebungen der Hauptphase 121

6.6 Probleme der Bestimmung der Populationsumfänge 122

6.7 Relative Stichprobenumfänge 123

6.7.1 Schulleiter- und Sammlungsleiterbefragungen 123

6.7.2 Lehrerbefragungen 125

6.7.3 Der Einfluß des Rahmenrichtlinienbezugs auf den Rücklauf 127

6.8 Zur Frage der Repräsentativität der Stichproben der Hauptphase 127

6.8.1 Anmerkungen zur Beurteilungsmethode 128

6.8.2 Schulleiter- und Sammlungsleiterbefragungen 128

6.8.3 Lehrerbefragungen 130

6.9 Methoden und Genauigkeit der Auswertungen 131

6.10 Erhebungsinstrumente und Befragungsinhalte 133

6.10.1 Schulleiterbefragungen 134

6.10.2 Sammlungsleiterbefragungen 134

6.10.3 Lehrerbefragungen 135

6.11 Itemkategorien und Möglichkeiten der Beantwortung 136

6.12 Anmerkungen zur Konstruktion der Erhebungsinstrumente zur Erfassung relevanter Daten zur Raum- und Geräteausstattung 137
6.12.1 Konstruktion der Fragen zur Raumausstattung 137
6.12.2 Allgemeine Anmerkungen zum Begriffswort "Geräteausstattung" und zum Problem des Curriculumbezugs derartiger Ausstattungen 139
6.12.3 Vier charakteristische Merkmale der Geräteausstattungen 141
6.12.4 Über den Curriculumbezug der Gerätelisten 143
6.12.5 Gerätelisten und Itemkonstruktionen 145
6.13 Anmerkungen zur Zusammenfassung der Teilstichproben (Schulleiter und Sammlungsleiter) der Hauptphase zu einer Gesamtstichprobe 147
TEIL 7 DAS LEHRPERSONAL FÜR DEN PHYSIKUNTERRICHT IN DER SEKUNDARSTUFE I (1972-1977) 148
7.1 Ausbildungsunterschiede 148
7.2 Zwei Untersuchungsaspekte 150
7.3 Der Begriff der fachwissenschaftlichen Qualifikation und die Kategorisierung entsprechender Merkmale 150
7.3.1 Der Qualifikationsgrad QLP des Lehrpersonals für den Physikunterricht einer Schule 154
7.3.2 Kritische Anmerkungen zum administrativen, schulformbezogenen Qualifikationsbegriff für die Sekundarstufe I 157
7.4 Der Einsatz von Lehrern im Physikunterricht unter dem Aspekt der Qualifikation 159
7.4.1 Der Einsatz von Lehrern im Physikunterricht im Vergleich zum Einsatz von Lehrern in ausgewählten anderen Schulfächern 160
7.4.2 Qualifikation und Unterrichtseinsatz von Lehrern im Fach Physik 162
7.5 Das Lehrpersonal für den Physikunterricht unter quantitativen Aspekten 162
7.5.1 Der Fehlbestand an Physiklehrern und der Ausfall von Unterricht im Fach Physik 163
7.5.2 Schätzwerte der relativen, auf Schüler mit Physikunterricht bezogenen Anzahl von Physiklehrern ohne Berücksichtigung einer Fachlehrbefähigung 166

7.5.3 Die relative Anzahl der Physiklehrer einer Schule ohne Berücksichtigung von Lehrbefähigungen
– Die beiden quantitativen Maße RAPL und RAPS
– Definition der Variablen RSI (relative Anzahl der Schüler der Sekundarstufe I) 167

7.6 Zusammenhänge zwischen der Qualität und der Quantität des Lehrpersonals für den Physikunterricht 174

7.7 Einflußfaktoren auf die Qualität und die Quantität des Lehrpersonals für den Physikunterricht 174

7.7.1 Schulgröße und Schulstandort 175

7.7.2 Verflechtung mit der Primarstufe und der Sekundarstufe II 178

TEIL 8 DIE FACHRAUMKAPAZITÄTEN UND DIE GERÄTE-AUSSTATTUNGEN FÜR DEN PHYSIKUNTERRICHT IN DER SEKUNDARSTUFE I (1972-1977) 181

8.1 Die Fachraumkapazitäten der Schule 181

8.2 Die Geräteausstattungen der Schulen 185

8.2.1 Zeiträume der Ausstattung der Schulen mit Geräten für den Physik(Chemie)-Unterricht 186

8.2.2 Ergebnisse der Untersuchungen der Vorphase (1972/73) 194

8.2.2.1 Ergebnisse der Untersuchungen an den Haupt- und Realschulen im Jahre 1972 ohne Rahmenrichtlinienbezug 195

8.2.2.2 Bedingte Vergleichsuntersuchung an den Gesamtschulen im Jahre 1973 ohne Rahmenrichtlinienbezug 198

8.2.2.3 Erste Untersuchung mit Rahmenrichtlinienbezug an Haupt- und Realschulen im Jahre 1973 202

8.2.2.4 Die Ausstattung der Haupt- und Realschulen mit Demonstrationsgeräten im Vergleich der beiden Stichproben von 1972 und 1973 204

8.2.3 Ergebnisse der Untersuchungen in der Hauptphase (1975-77)
- eigentliche Untersuchungen mit Rahmenrichtlinienbezug 205

8.2.3.1 Bewertung der Geräteausstattungen auf der Basis der Lerneinheiten der Rahmenrichtlinien Physik SI nach dem Kriterium der Mindestanforderung 206

8.2.3.2 Bewertung der Geräteausstattungen nach dem Kriterium "Grad der Flexibilität" 213

8.2.3.3 Geräteausstattungen und Schulstandort bzw. Schulgröße 219

8.2.3.4 Geräteausstattungen und die Struktur der Sekundarstufe I 222

8.2.3.5 Geräteausstattungen und Fachraumkapazitäten der Schulen 223

8.2.3.6 Geräteausstattungen und Lehrpersonal für den Physikunterricht 224

TEIL 9 ÖKONOMISCHE ASPEKTE DER AUSSTATTUNG DER SCHULEN MIT EXPERIMENTIERGERÄTEN FÜR DEN PHYSIKUNTERRICHT (1972-1977) 227

9.1 Finanzielle Bewertung der Geräteausstattungen der Schulen nach rahmenrichtlinienbezogenen Lehrmittelpreisgruppen 227

9.2 Finanzielle Wertabschätzung der Geräteausstattungen durch die Sammlungsleiter und Vergleiche mit Preisen der Lehrmittelindustrie für Pauschalausstattungen 233

9.2.1 Die Schätzwerte der Sammlungsleiter unter methodenkritischen Gesichtspunkten 234

9.2.2 Die unterschiedlichen finanziellen Werte der Geräteausstattungen getrennt nach Schulgattungen 235

9.2.3 Die finanziellen Schätzwerte für den Gerätebestand für Schülerübungen 237

9.2.4 Die finanziellen Schätzwerte und die Schulgröße, der Schulstandort und der Verflechtungsgrad mit der Primarstufe 238

9.2.5 Die dominierende Stellung der beiden Lehrmittelfirmen Phywe und Leybold-Heraeus bezüglich der Ausstattung der Schulen mit naturwissenschaftlichen Experimentiergeräten 240

9.2.6 Die Pauschalangebote der marktbeherrschenden Firmen Phywe und Leybold-Heraeus für den Physikunterricht der Sekundarstufe I in den siebziger Jahren 242

9.2.7 Vergleich der Schätzwerte der Sammlungsleiter mit den Preisen für Pauschalangebote der Lehrmittelfirmen 246

9.2.7.1 Vergleich für Hauptschulen im Schuljahr 1972/73 247

9.2.7.2 Vergleich für Realschulen im Schuljahr 1972/73 248

9.2.7.3 Vergleich für Gesamtschulen im Schuljahr 1974/75 248

9.2.7.4 Vergleich für Gymnasien im Schuljahr 1975/76 249

9.3 Die finanziellen Mittel der Schulen für die Anschaffung von physikalischem Experimentiergerät in den siebziger Jahren 251

9.3.1 Ergebnisse der Schulträgerbefragung im Jahre 1976 252

9.3.1.1 Die Lehrmittelgesamtetats der Schulträger unter ökonomischen Aspekten ... 252
9.3.1.2 Die regional unterschiedlichen Lehrmitteletats der Schulträger und deren Verteilung auf die einzelnen Schulgattungen ... 255
9.3.1.3 Systembedingte Mängel bei der Festsetzung der Lehrmitteletats ... 257
9.3.2 Etatbezogene Ergebnisse der Sammlungsleiterbefragung von 1977 und die Preise der Lehrmittelfirmen ... 258
9.3.2.1 Die allgemeinen Lehrmitteletats der Schulen und die speziellen Anteile für das Fach Physik ... 258
9.3.2.2 Die Preise der Lehrmittelfirmen im Urteil der Sammlungsleiter ... 260
9.3.2.3 Die Unergiebigkeit der laufenden Etatmittel der Schulen im Hinblick auf die Notwendigkeit curriculumbezogener Ergänzungen der Geräteausstattungen ... 263
TEIL 10 ÖKONOMSICHE UND CURRICULARE ASPEKTE ZWEIER AUSSTATTUNGSBEZOGENER ENTWICKLUNGSPROJEKTE IM ANSCHLUSS AN DAS HAUPTPROJEKT ... 268
10.1 Das Entwicklungsprojekt "Normaustattungsmodelle für die naturwissenschaftlichen Fächer im Bereich der Mittelstufe" ... 268
10.1.1 Konstruktionsprinzipien der Ausstattungskataloge aufgezeigt am Beispiel des Katalogs für Physik ... 270
10.1.2 Arbeitsstrategien bei der Erstellung des Ausstattungskatalogs für das Fach Physik ... 271
10.1.3 Grobbeschreibung des Ausstattungskatalogs für das Fach Physik der Sekundarstufe I ... 272
10.2 Die Kosten einer rahmenrichtlinienbezogenen Ausstattung für das Fach Physik der Sekundarstufe I im Vergleich mit den Kosten des Pauschalangebots der Firma Phywe und mit den Kosten einer rahmenplanbezogenen Ausstattung für das Fach Physik der Sekundarstufe II ... 274
10.3 Das Kooperationsprojekt mit dem Deutschen Institut für Internationale Pädagogische Forschung (DIPF) im Zusammenhang mit der Ausstattung von Schulen für den Physikunterricht ... 278
10.3.1 Erläuterung der Problemstellung unter Literaturbezug ... 278

10.3.2 Kriteriensystem zur Beurteilung und Auswahl von Geräten und Gerätesystemen für den Physikunterricht an Schulen 280

10.3.3 Anwendungen des entwickelten Kriteriensystems 281

TEIL 11 LEHRPERSONALBEZOGENE UNTERSUCHUNGS-ERGEBNISSE AUF DER BASIS VON DATENSÄTZEN DER BILDUNGSVERWALTUNG AUS DEN JAHREN 1981-1984 UNTER BESONDERER BERÜCKSICHTI-GUNG DER LEHRER FÜR DAS FACH PHYSIK 285

11.1 Die Personalsituation für das Fach Physik im Jahre 1982 am Beispiel des Regierugnsbezirks Gießen 285

11.1.1 Vergleich der Teilstichprobe von Schulen der Projekterhebungen von 1975-77 mit den Populationen der Jahre 1975-77 und 1982 287

11.1.2 Die lehrpersonalbezogenen Variablen QLP, RAPL und RAPS im Vergleich der Erhebungsjahre 1975-77 und 1982 288

11.1.3 Das Unterrichtsstunden-Ist im Schuljahr 1981/82 unter dem Aspekt der Qualifikation des Lehrpersonals 290

11.1.4 Abschätzung des Stundenausfalls und des zusätzlichen Fachlehrerbedarfs für das Schuljahr 1982/83 292

11.1.5 Das Unterrichtsstunden-Soll für das Schuljahr 1982/83 und der Schülerübungsunterricht im Fach Physik 295

11.2 Die Personalsituation für den Bereich der naturwissenschaftlichen Fächer im Schuljahr 1983/84 im Lande Hessen insgesamt 297

11.2.1 Die Befragung der Leiter der staatlichen Schulämter des Landes Hessen im Anschluß an den Einstellungstermin 1.8.1983 298

11.2.2 Ergebnisse der Befragung der Leiter der staatlichen Schulämter zum Bereich Lehrpersonal 299

11.2.3 Die Zuweisungsstrategie der Bildungsvewaltung im Zusammenhang mit der Neueinstellung von Lehrern unter regionalen Aspekten und deren Auswirkungen hinsichtlich der naturwissenschaftlichen Fächer 302

11.3 Das Lehrpersonal für den Physikunterricht als Teil des gesamten Lehrpersonals für den Unterricht in allen Fächern in den Jahren 1973 und 1982/83 304

11.3.1 Die quantitative Entwicklung des Lehrpersonals für den Physikunterricht im Vergleich der beiden Schuljahre 1973/74 und 1981/82 305

11.3.2 Fachspezifische Disproportionalitäten im Vergleich zwischen Fachlehrerbedarf, Fachlehrerbestand und Bewerberpotential 306

11.3.3 Das Problem der Abschätzung des fachspezifischen Lehrerbedarfs auf der Basis des „2-Fach-Lehrer-Modells" unter beonderer Berücksichtigung des Lehrspersonals für den Physikunterricht 309

TEIL 12 DIE FACHRAUMKAPAZITÄTEN UND DIE GERÄTE-AUSSTATTUNGEN FÜR DEN PHYSIKUNTERRICHT IN DER SEKUNDARSTUFE I IM JAHRE 1984 IM VERGLEICH ZU DEN JAHREN 1975-1977 313

12.1 Die Neuerstellung naturwissenschaftlicher Fachräume und der Umbau von Normalklassenräumen zwischen 1977 und 1983 313

12.2 Ergebnisse der Befragung der Sammlungsleiter für Physik im Jahre 1984 317

12.2.1 Fragebogenrücklauf, Datenerfassung, Datenverknüpfung und Datenauswertung 317

12.2.2 Vergleich der Stichproben von 1975/77 mit denen von 1984 bezüglich der Schulgattungen, der Schulgröße und der Verflechtung mit der Grundstufe 318

12.2.3 Die Fachraumkapazitäten der Schulen im Jahre 1984 im Vergleich zu den Gegebenheiten in den Jahren 1975-77 319

12.2.4 Die Geräteausstattungen der Schulen im Jahre 1984 im Vergleich zu den Gegebenheiten in den Jahren 1975-77 325

12.3 Die Veränderungen in den Beständen der Schulen an physikalischen Experimentiergeräten zwischen 1975-77 und 1984 unter ökonomischen Aspekten 328

12.3.1 Anmerkungen zu den erhobenen Datensätzen 329

12.3.2 Die Bereitstellung von finanziellen Mitteln durch die Schulträger unter Berücksichtigung der allgemeinen wirtschaftlichen Lage zwischen 1980 und 1983 330

12.3.3 Die Verwendung finanzieller Mittel durch die Sammlungsleiter in den Jahren 1981-1983 331

12.4 Der rahmenrichtlinienbezogene Ausstattungskatalog für den Physikunterricht in der Sekundarstufe I und dessen Verwendung in der Schulpraxis (1980-84) 333

12.4.1 Die Verfügbarkeit des Ausstattungskatalogs an den Schulen im Jahre 1984 333

12.4.2 Die Effektivität des Ausstattungskatalogs bis zum Jahre 1984 335

TEIL 13 PROBLEME DER REFORM DES PHYSIKCURRICULUMS FÜR DIE SEKUNDARSTUFE I AUS DER SICHT DER PHYSIKLEHRER
– ERGEBNISSE VON LEHRERBEFRAGUNGEN AUS DEN JAHREN 1972-1976 UND 1981-1984 338

13.1 Rahmenrichtlinienrelevante Ergebnisse der Befragung der Physiklehrer (1972-76) 338

13.1.1 Der Stellenwert des Schulfaches Physik im Kanon der Schulfächer aus der Sicht der Physiklehrer (1972-76) 339

13.1.2 Die allgemeine Beurteilung der Rahmenrichtlinien Physik SI durch die Physiklehrer (1973-76) 341

13.1.2.1 Die Beurteilung der Rahmenrichtlinien Physik SI durch Physiklehrer an Hauptschulen (1973), Realschulen (1973) und Gesamtschulen (1975) 342

13.1.2.2 Die Beurteilung der Rahmenrichtlinien Physik SI durch Gymnasiallehrer (1976) 345

13.1.2.3 Die Beurteilung des in den Rahmenrichtlinien vorgesehenen Differenzierungskonzepts durch die Physiklehrer der integrierten Gesamtschulen (1975) 348

13.1.3 Die Beurteilung der Durchführbarkeit des Physikunterrichts nach den alten Lehrplänen und die Einschätzung der Durchführbarkeit eines Physikunterrichts nach den Rahmenrichtlinien durch die Physiklehrer (1973-76) 349

13.1.4 Die Einschätzung der Physiklehrer über eine mögliche Belastung durch einen Physikunterricht nach den Rahmenrichtlinien (1973-76) 352

13.2 Praxis und Probleme des Schülerübungsunterrichts
- Geschichte und empirische Befunde
- Ergebnisse der Befragungen von Physiklehrern und Sammlungsleitern für Physik (1972-76 und 1984) 357

13.2.1 Historische Anmerkungen zum Schülerübungsunterricht 357

13.2.2 Empirische Befunde über Schülerübungen als Unterrichtsform 359

13.2.3 Ergebnisse der Befragung von Sammlungsleitern über die Durchführung von Schülerübungen (1972-76) 362

13.2.4 Die Anteile des Schülerübungsunterrichts im Vergleich zu anderen Unterrichtsformen nach Angaben der Physiklehrer (1972-76) 365
13.2.5 Der Schülerübungsunterricht im Jahre 1984 im Vergleich zum Schülerübungsunterricht in den Jahren 1972-76 368
13.3 Ergebnisse von Lehrerbefragungen im Rahmen des Evaluationsprojekts des Hessischen Instituts für Bildungsplanung und Schulentwicklung (HIBS) im Jahre 1981 373
13.3.1 Die Zusammensetzung der befragten Experten 374
13.3.2 Kurzfassung der veröffentlichten Ergebnisse der Evaluation für das Fach Physik SI 375
13.3.3 Nichtveröffentlichte Ergänzungen zum Evaluationsbericht für das Fach Physik SI 379
TEIL 14 EINIGE ASPEKTE DER AUSBILDUNG, WEITERBILDUNG UND FORTBILDUNG VON LEHRERN MIT MATHEMATISCH-NATURWISSENSCHAFTLICHEN FÄCHERN UNTER BESONDERER BERÜCKSICHTIGUNG DER PHYSIKLEHRER (1972-1984) 383
14.1 Ergänzende Aspekte der Lehrerausbildung 383
14.1.1 Auswirkung des Schulunterrichts in den mathematisch-naturwissenschaftlichen Fächern auf die Wahl von Studienfächern 383
14.1.2 Über den Einfluß des Numerus clausus auf die Ausbildung von Lehrern in den siebziger und frühen achtziger Jahren unter besonderer Berücksichtigung der mathematisch-naturwissenschaftlichen Fächer 385
14.2 Aspekte der Lehrerweiterbildung 390
14.2.1 Quantitative Aspekte und fachspezifische Schwierigkeiten 391
14.2.2 Die besonderen Erfahrungen mit dem speziellen Kontaktstudium für Physiklehrer an der Universität Frankfurt 394
14.3 Aspekte der Lehrerfortbildung 398
14.3.1 Der Problemfall "Neue Mathematik" für die organisierte Lehrerfortbildung in den frühen siebziger Jahren 399
14.3.2 Fortbildung von Haupt- und Realschullehrern mit Unterricht in den Fächern Physik, Chemie, Naturlehre vor 1972 400
14.3.2.1 Grade der Formalqualifikation und Fortbildungsintensitäten 401
14.3.2.2 Teilnahme an Fortbildungskursen und Alter der Teilnehmer 402
14.3.2.3 Fortbildungsschwierigkeiten 402

14.3.3	Kapazitätsprobleme der Zentralen Lehrerfortbildung	403
14.3.4	Lehrer mit naturwissenschaftlichen Fächern und Regionale Lehrerfortbildung	405
14.3.5	Individuelle Lehrerfortbildung und Lehrerbüchereien	407
14.3.6	Lehrerfortbildung und Evaluation der Rahmenrichtlinien Physik SI	412
TEIL 15	METHODENKRITISCHE ANMERKUNGEN UND ANALYSEN	414
15.1	Zur Aufstellung sozialgeographischer Rangfolgen	414
15.2	Die Schätzungen der Sammlungsleiter über den finanziellen Wert der Geräteausstattung	416
15.2.1	Beschreibung der Bezugsgrößen und Festlegung des Validitätskriteriumns	416
15.2.2	Aufspaltung der Originalstichproben in jeweils eine validierte Teilstichprobe und eine Reststichprobe	418
15.2.3	Zusammenfassung der Ergebnisse des Validierungsverfahrens	420
15.3	Zur Konstruktion von Listenfragen	421
15.3.1	Die Geräteliste im Fragebogen für Sammlungsleiter	421
15.3.2	Die Bücherliste von KÖPPEN (1976)	424
	Zusammenfassung	427
	Anmerkungen	445
	Literatur- und Quellenverzeichnis	497
	A. Unveröffentlichte Projektarbeiten	497
	B. Literatur und Quellen	498
	Anhang 1 (Tabellen)	513
	Anhang 2 (Anlagen)	587

EINLEITUNG

Bildungsreform, wie sie sich in der Bundesrepublik Deutschland zu Beginn der 70er Jahre zu einem mehr oder weniger geschlossenen Konzept der Veränderung von Schule, Unterricht und Bildungsplanung zusammenfügte, kann als ein Bündel von Maßnahmen aufgefaßt werden, die auf unterschiedliche Bereiche des Bildungswesens gerichtet waren. Ein Teil davon ist die als Curriculumrevision bekannte Veränderung der Schulfächer und ihrer Richtlinien und ein anderer sind die schulorganisatorischen Reformen im Sekundarbereich von der Förderstufe bis zur neu gestalteten gymnasialen Oberstufe. Hessen ist bekanntlich eines jener Bundesländer, in denen weitreichende organisatorische Reformen im Bereich der Sekundarstufe I (SI) durch die Einrichtung additiver und integrierter Gesamtschulen erfolgten. Was die Curriculumrevision betrifft, war maßgeblich, daß für einen längeren Zeitraum von einem Nebeneinander tradierter Schulen und Reformschulen ausgegangen werden mußte. Dies führte dazu, daß im Auftrag des Kultusministers von Fachgruppen schulformübergreifende Rahmenrichtlinien für die Sekundarstufe I entwickelt wurden, die in Erstfassungen 1972 und als revidierte Zweitfassungen 1976 erschienen. Nach einer Phase der Diskussion und freiwilligen Erprobung setzte für eine Reihe von Fächern, darunter das Fach Physik SI, ab 1977 die verpflichtende Erprobung ein. Ursprünglich bis 1981 vorgesehen, wurde die Erprobungsphase noch bis 1984 verlängert. Danach sollte auf der Basis eines Evaluationsergebnisses eine weitere Revision erfolgen. Die zweimalige Änderung politischer Mehrheitsverhältnisse hat bewirkt, daß alle Revisionsansätze im Sande verliefen und die Rahmenrichtlinien Physik SI in der Fassung von 1976 auch heute (1994) noch verbindliche Grundlage des Physikunterrichts in der Sekundarstufe I sind und dies jedenfalls bis zum Ende des Schuljahrs 1994/95 bleiben werden. Ob es danach neue verbindliche Lehrpläne für den Physikunterricht in der Sekundarstufe I geben wird, ist zur Zeit aus zwei Gründen noch nicht sicher. Zwar wurden von Mitarbeitern des Hessischen Instituts für Bildungsplanung und Schulentwicklung neue Rahmenpläne für fast alle Fächer der Sekundarstufe I, darunter auch für das Fach Physik, entwickelt, aber diese Pläne haben zur Zeit noch nicht die beratenden und teilweise mitbestimmenden Gremien, den Hauptpersonalrat der Lehrer, den Landesschülerrat und den Landeselternbeirat, passiert. Sollte es gar zu einer Ablösung der derzeitigen Regierungskoalition "Rot-Grün" durch "Schwarz-Gelb" kommen, so dürften diese Pläne genau so versanden, wie dies beim Revisionsentwurf von 1985 und bei dem nach Schulformen getrennten Entwurf von 1989 der Fall war.

Die in dieser Dokumentation dargestellten Untersuchungsergebnisse über die personellen und sächlichen Ressourcen des Physikunterrichts in der Sekundarstufe I beziehen sich auf diesen wichtigen Zeitraum von 1972 bis 1984, da nur unter genauer Kenntnis von seinerzeitigen Fakten abschätzbar sein konnte, welche Realisierungschancen für die Rahmenrichtlinien bestanden. Es gibt viele

Indizien aus der nachfolgenden Zeit, die den Schluß zulassen, daß sich an den bis 1984 aufgefundenen Zuständen bis heute (1994) wenig geändert hat.

Personelle und sächliche Probleme der Zeit zwischen 1972 und 1984 stehen natürlich auch im Zusammenhang mit Gegebenheiten aus der Zeit davor. Rückblicke werden deshalb gegeben, wobei teilweise bis auf das Jahr 1950 zurückgegangen wird; dies insbesonders, was die mit den strukturellen Maßnahmen zusammenhängenden Veränderungen im sächlichen Bereich der naturwissenschaftlichen Fächer betrifft. Dabei wurde auch ganz allgemein geprüft, ob die strukturverändernden Maßnahmen zu einer Verbesserung der Bildungschancen führen konnten.

Die naturwissenschaftlichen Fächer sind ausstattungsintensive Fächer und erfordern im Vergleich zu vielen anderen Fächern einen relativ hohen Finanzierungsbedarf. Dies gilt hinsichtlich der Ausstattung der Schulen mit naturwissenschaftlichen Fachräumen und hinsichtlich der Ausstattung dieser Räume mit den erforderlichen Experimentiergeräten. Die Raumausstattungen hängen mit Schulbaumaßnahmen zusammen und können nur im Gesamtkomplex dieser Maßnahmen betrachtet werden. Dies ist der Grund für die allgemeinen ökonomischen Betrachtungen, die im Teil 3 angestellt werden. Im Teil 6 werden die finanziellen Probleme der Ausstattung der Schulen mit Experimentiergeräten dargestellt, wobei auch eine kritische Auseinandersetzung mit den Pauschalangeboten der Lehrmittelindustrie unter curricularen und ökonomischen Aspekten erfolgt.

Um den Gesamtrahmen abzustecken, der die einzelnen Untersuchungen umfaßt, wird auf den hypothetischen Systemzusammenhang im Teil 5 verwiesen. Man möge die einzelnen Untersuchungen quasi als Mosaiksteine auffassen, die in dieses Bild passen. Es wird dabei nicht der Anspruch erhoben, daß dieses Bild alle erforderlichen Steine enthält, jedoch daß diese so dicht liegen, daß sich ein Gesamteindruck ergibt.

Was die Aufstellung einer sozialgeographischen Rangfolge der Regionen (Teil 2) und die Entwicklung spezieller Fragebögen zur Erhebung von Daten über die Geräteausstattung und die Erfassung finanzieller Werte betrifft, konnte auf keine Muster zurückgegriffen werden. Aus diesem Grunde wurde der eigentlichen Darstellung der Untersuchung in den Teilen 1 bis 14 noch ein Teil 15 hinzugefügt, in dem über methodenkritische Analysen berichtet wird.

Abschließend sei noch vermerkt, daß dem Verfasser bis heute noch keine ähnliche *exemplarische* Untersuchung *für ein spezielles Fach* bekannt geworden ist, bei der, wie hier der Versuch unternommen wurde, gleichzeitig möglichst viele Aspekte in die Untersuchung einzubeziehen, die als Bedingungsfaktoren in Frage kommen. Wünschenswert wären solche Untersuchungen, in Anbetracht der Unterschiedlichkeit der Schulsysteme und Lehrpläne, für alle Bundesländer und alle Schulfächer, um Schulreformen realistische Perspektiven und bildungsökonomischen Betrachtungen eine breite Datenbasis zu geben.

TEIL 1: STRUKTURELLE VERÄNDERUNGEN IM SYSTEM DER ALLGEMEINBILDENDEN SCHULEN DES LANDES HESSEN IM ZEITRAUM VON 1950 BIS 1983 UNTER BESONDERER BERÜCKSICHTIGUNG DER SEKUNDARSTUFE I

Traditionsgemäß wird im deutschen Schulwesen zwischen dem allgemeinbildenden Schulwesen – Grundschule, Hauptschule, Realschule, Gymnasium und Gesamtschule – und dem Berufs- und Fachschulwesen unterschieden. Alle nachfolgenden Analysen und Erörterungen beziehen sich ausschließlich auf den erstgenannten Bereich.

Was den Bereich der *Sekundarstufe I* anbelangt, so erfolgt eine Orientierung an der Definition des Deutschen Bildungsrates von 1970 (vgl. „Strukturplan für das Bildungswesen" S.147). Demnach umfaßt die Sekundarstufe I alle Schulen bzw. Schulzweige der 5. bis 10. Schuljahrgänge. Auf eine Unklarheit des Strukturplanes muß allerdings hingewiesen werden. Er macht überhaupt keine Aussagen über das Sonderschulwesen, während im „Großen Hessenplan - Schulentwicklungsplan" von 1970 der Ausnahmestellung dieses Bereichs Rechnung getragen wird und 1977 auch die Ständige Konferenz der Kultusminister der Länder der BRD Empfehlungen für Sonderschulen[1] verabschiedet hat. Wegen der in beiden Fällen klargestellten Sonderstellung gegenüber den „Normalschulen" werden die betreffenden Schuljahrgänge der Sonderschulen hier nicht zur Sekundarstufe I gerechnet. Eine Kontrolluntersuchung von SATTLER (1973) im Rahmen des in Teil 6 näher beschriebenen Projekts wies überdies aus, daß die auf den „Normalbereich" bezogenen Fragestellungen und Untersuchungsmethoden nur sehr beschränkt auf den Sonderschulbereich in seiner Vielfalt übertragbar sind.

Die nachfolgenden Untersuchungsergebnisse beziehen sich schwerpunktmäßig auf den Teilzeitraum von 1950 bis 1977, während über den von 1977 bis 1983 nur noch Ergänzendes hinzugefügt wird. Dies hängt damit zusammen, daß das hauptsächliche Datenmaterial einschließlich der Daten, die im Rahmen des im Teil 6 beschriebenen Projekts erhoben wurden, aus dem Zeitraum bis 1977 stammt. Dieser zeitliche Einschnitt ist aber insofern auch von Bedeutung als sich bis dahin die wesentlichen strukturellen Veränderungen im Bereich der Sekundarstufe I vollzogen hatten. Zwischen 1977 und 1983 hat sich bspw. die Anzahl der integrierten Gesamtschulen nur von 65 auf 72 erhöht. Dem Jahr 1977 kommt aber insofern noch eine besondere Bedeutung zu, als ab da die seit 1967 andauernden Bemühungen um eine innere Reform mit dem Beginn der verpflichtenden Erprobung der Rahmenrichtlinien für eine Reihe von Schulfächern der Sekundarstufe I - darunter auch Physik - in eine wichtige Phase getreten sind.[2]

1.1 Begriffsdefinitionen: Schulform, Schultyp, Schulgattung

Da in der erziehungswissenschaftlichen und bildungspolitischen Diskussion die Begriffswörter zur Beschreibung von schulischen Einheiten oder von Teilen der jeweiligen landesspezifischen Schulsysteme nicht immer einheitlich verwendet werden, ist eine Begriffsfestlegung erforderlich.

Diese Begriffsverschwommenheit wird am Begriffswort „Schulform" leicht aufzeigbar. Vielfach wird von den tradierten Schulformen - Hauptschule, Realschule, und Gymnasium - gesprochen, aber ebenso von der Gesamtschule als „neue" Schulform. Für die integrierte Form erscheint dies noch als sinnvoll, nicht jedoch für die additive Form, in der ja alle drei tradierten Formen enthalten sind. Gerade für das hessische Schulsystem, das in seinem hohen Grad an Komplexität als Folge der Reformansätze noch weitere „Schulformen" aufweist, erscheint es notwendig, das *unklare Begriffswort „Schulform"* mit Vorsicht zu verwenden.

Eine gute Möglichkeit zum Erreichen einer ausreichenden Begriffsschärfe besteht darin, daß man von den Bezeichnungen der Schülergruppen ausgeht, die als Teilgruppen in spezifisch verschiedener Weise nach Vorgabe rechtlicher Grundlagen in *speziellen Schulklassengruppen* (oder Kursen) unterrichtet werden.

Ohne Mißverständnisse und ohne Überschneidungen läßt sich die Gesamtheit aller Schüler hessischer allgemeinbildender Schulen in einem bestimmten Zeitpunkt in folgende Schülergruppen unterteilen:

V = Schüler der Vorklassen, G = Grundschüler,
H = Hauptschüler, R = Realschüler,
F = Schüler der Förderstufe, S = Sonderschüler,
I = Schüler der integrierten Jahrgangsstufen 7 - 10,
Gym5/10 = Gymnasiasten eines Gymnasiums oder einer additiven Gesamtschule mit den Jahrgangsstufen 5 bis 10,
Gym5/13 = Gymnasiasten eines Gymnasiums oder einer additiven Gesamtschule mit den Jahrgangsstufen 5 bis 13,
Gym7/10 = Gymnasiasten eines Gymnasiums oder einer additiven Gesamtschule(mit oder ohne Förderstufe) mit den Jahrgangsstufen 7 bis 10,
Gym7/13 = Gymnasiasten eines Gymnasiums oder einer additiven Gesamtschule(mit oder ohne Förderstufe) mit den Jahrgangsstufen 7 bis 13,
Gym11/13 =Gymnasiasten eines Oberstufengymnasiums oder einer integrierten Gesamtschule mit den Jahrgangsstufen 11 bis 13.

In der großen Überzahl der Fälle sind in den schulischen Einheiten mehrere solcher Schülergruppen zusammengefaßt. Mit Hilfe der oben eingeführten *Symbole* V, H, F, ... lassen sich alle hessischen allgemeinbildenden

Schulen *eindeutig typisieren*. Einige Beispiele von *Schultypen* mögen dies veranschaulichen:

Erhebungsdatum der Schulstatistik		Schule	Typus
15.10.1973	(1975)	E. Göbel-Schule Höchst/Odw.	FHRS
15.10.1973	(1975)	Stadtschule Alsfeld	VGHR
15.10.1973		Gesamtschule Kirchhain	VGFHRSGym5/10
15.10.1975		Gesamtschule Kirchhain	VFHRSGym5/10
15.10.1973		Goethe-Schule Lampertheim	G
15.10.1975		Goethe-Schule Lamperthein	VG
15.10.1973		Mittelpunktschule Edertal	GHR
15.10.1975		Mittelpunktschule Edertal	FHR
15.10.1973		Mittelpunktschule Walburg	GH
15.10.1975		Mittelpunktschule Walburg	VG
15.10.1973	(1975)	Gesamtschule Babenhausen	FIS
15.10.1973	(1975)	Anna-Schmidt-Schule Frankfurt	GHGym5/13

Die Beispiele sind willkürlich ausgewählt, sie lassen jedoch erkennen, daß für die *Typus-Zuordnung* auch noch die Angabe der *Bezugszeitpunkte* erforderlich ist. Die Typusveränderung einzelner Einheiten im Laufe der Zeit ist ein charakteristisches Merkmal der zeitlich veränderlichen Struktur des Gesamtsystems im Zusammenhang mit den Schulentwicklungsplänen des Landes und der Landkreise bzw. kreisfreien Städte.

Nachdem es also möglich ist, jede schulische Einheit zu einem bestimmten Zeitpunkt durch *Typussysmbole* eindeutig zu beschreiben, ist man in der Lage, die Gesamtheit aller hessischen allgemeinbildenden Schulen in einem bestimmten Zeitpunkt nach *Schulgattungen* zu gliedern. Für jede Schulgattung wird eine *Symbolgrundmenge* vorgegeben. Das ist die Menge der Symbole, die für die betreffenden Typen der jeweiligen Gattung überhaupt möglich sind. Andere Symbole kommen für diese Gattung nicht in Frage. Alle Typen einer bestimmten Gattung müssen aber unbedingt die definierenden *Hauptsymbole* aufweisen.

Schulgattung	Hauptsymbole	Symbolgrundmenge
Grundschulen	G	V, G, F, S
Hauptschulen[3]	H	V, G, , H, S
Realschulen[4]	R	V, G, F, H, R, S
Sonderschulen[5]	S	S
Gymnasien[6]	Gym x/y	G, H, Gym x/y
additive Gesamtschulen[7]	H, R ,Gym x/y	V, G, F, H, R , Gym x/y,S
integr. Gesamtschulen[8]	I	V, G, F, I, Gym 11/13,S

Neben diesen 7 Grundgattungen gibt es in Hessen noch eine Reihe von *Untergattungen*. Die Schulgattung der Grundschulen enthält die Untergattung der *G-F-Schulen*[9], das sind alle Grundschulen, die Förderstufenklassen enthalten. Bei den Gymnasien gibt es die Untergattungen der *Mittelstufengymnasien*, in denen nur Schüler bis zur Jahrgangsstufe 10 unterrichtet werden, und der *Oberstufengymnasien*, die nur die Jahrgangsstufen 11 bis 13 enthalten.

Weiterhin gibt es die *drei Nebengattungen des zweiten Bildungsweges*: Abendrealschulen, Abendgymnasien und Hessenkollegs.

1.2 Das System der hessischen allgemeinbildenden Schulen und die Auswirkungen der Reformansätze bis zum Jahre 1977

Die Notwendigkeit der Definition von Schulgattungen, wie sie vorstehend speziell für das hessische System vorgenommen wurde, ergibt sich aus seiner komplexen Struktur. Drei Hauptfaktoren haben diese Struktur geprägt. Der eine besteht in der historischen Ausgangssituation, in der sich das Schulwesen nach dem 2. Weltkrieg befand. Der zweite[10] ist sozialgeographischer Natur und umfaßt Gegebenheiten und Bedingungen, die zur Festlegung von Standorten von Bildungseinrichtungen wesentlich beitragen. GEIPEL (1965 und 1968) hat dies beispielhaft im Zusammenhang mit den Standorten hessischer Gymnasien und Realschulen aufgezeigt. Der dritte Hauptfaktor ist bildungspolitischer Natur und findet seine Ausprägung in zwei Reformprogrammen, die sich teilweise überschneiden und ergänzen. Gemeint sind die 1959 eingeleitete Landschulreform, die zur Errichtung zahlreicher Mittelpunktschulen führte, und die am „Strukturplan“ orientierte Reform der stufenweisen Entwicklung des Sekundarbereiches zur flächendeckenden Förderstufe und integrierten Gesamtschule hin. Bekanntlich stehen letztere Bestrebungen im heftigen Widerstreit der politischen Parteien.

Eine „historische Skizze“ soll die Entwicklung des Systems nach dem 2. Weltkrieg aufzeigen. Als Leitfaden mögen die beiden nachfolgenden Tabellen dienen.

Tabelle 1: Zur Entwicklung der *Anzahl der Einheiten* im Bereich der allgemeinbildenden Schulen zwischen 1950 und 1977 in Hessen[11]

	Anzahl der Einheiten im Jahre				
Schulgattungen	1950	1960	1969	1975	1977
Grundschulen	2656	2600	773	907	935
Hauptschulen			1040	343	267
Realschulen	97	181	247	182	165
Sonderschulen	32	67	148	237	224
Gymnasien	156	166	181	155	152
additive Gesamtschulen	- -	(2)[12]	6	64	97
integr. Gesamtschulen	- -	- -	4	65	65
Abendhauptschulen	- -	- -	- -	- -	1
Abendrealschulen	- -	- -	1	3	3
Abendgymnasien	- -	4	8	9	9
Hessenkollegs/Kollegs	- -	2	7	7	7
Einheiten insgesamt	2879	3022	2425	1972	1925
Schüler insgesamt	635.798	567.609	714.463	866.532	865.164

Tabelle 2: Zur Entwicklung der *Größe der Einheiten* im Bereich der allgemeinbildenden Schulen zwischen 1950 und 1977 in Hessen[11]

	mittlere Schulgröße[13] im Jahre				
Schulgattungen	1950	1960	1969	1975	1977
Grundschulen	210	180	120	260	260
Hauptschulen			280	520	420
Realschulen	520	450	730	780	820
Sonderschulen	140	130	140	120	150
Gymnasien	440	490	670	940	950
additive Gesamtschulen	--	(230)[12]	1560	1240	1290
integr. Gesamtschulen	--	--	1230	1210	1230
Abendhauptschulen	--	--	--	--	50
Abendrealschulen	--	--	80	80	60
Abendgymnasien	--	120	180	300	340
Hessenkollegs/Kollegs	--	80	110	130	140

Nach dem Zusammenbruch des nationalsozialistischen Regimes im Jahre 1945 beschränkte sich der Wiederaufbau des hessischen Schulwesens im allgemeinbildenden Bereich ebenso wie in fast allen anderen Bundesländern auf die Wiederherstellung der Trias der Weimarer Zeit: Volksschule - Mittelschule - Höhere Schule. Organisatorische Schwierigkeiten bestanden, da sehr viele Schulen in den Städten zerstört und am Lande wegen der zugeströmten Evakuierten und Flüchtlinge hoffnungslos überfüllt waren. Personelle Engpässe bestanden, da Lehrer gefallen oder noch in Kriegsgefangenschaft waren und ein bedeutender Teil aus politischen Gründen zunächst den Beruf nicht ausüben durfte. 1950 besuchten 86,8% aller Schüler des allgemeinbildenden Bereichs die Volksschule, und nur der sehr geringe Teil von 13,2% hatte die Möglichkeit zum Besuch einer weiterführenden Schule. Von 1950 bis 1960 wurde bei etwa gleicher Dimensionierung der Einheiten der weiterführende Bereich und der Sonderschulbereich ausgebaut. Während sich die Zahl der Gymnasien nur mäßig erhöhte, verdoppelte sich nahezu die Anzahl der Schulen mit Mittelschulklassen, wobei die Mischform überwog. Von den 181 „Realschulen" von 1960 waren nur 51 „reine" Mittelschulen, während in 130 Schulen Volksschüler und Mittelschüler unter einem Dach unterrichtet wurden. Die auch noch heute häufig anzutreffende Kombinationsform von Realschulen mit Realschülern, Hauptschülern und Grundschülern hat also Tradition.

Die erste bedeutsame Reform des Schulwesens in Hessen setzte Ende der fünfziger Jahre ein, als die damalige Landesregierung die Errichtung von Mittelpunktschulen beschloß und damit begann, das Landesschulwesen grundlegend zu reformieren. Auslösende Faktoren waren einerseits der *bildungspolitische Anspruch*, dem Landkinde *die gleichen Bildungs- und Berufschancen* wie dem Stadtkinde zu geben, und *andererseits personelle und sachliche Effizienzüberlegungen*. BAUMANN (1967) zeigte auf, wie sich in den fünfziger

Jahren die Dimensionen der Einheiten auf dem Lande in uneffektiver Weise entwickelten. Nach seinen Analysen nahm die Anzahl der einklassigen Schulen von 1950 bis 1957 von 20,8% auf 37,9% zu, so daß 1957 insgesamt 190 „Zwergschulen", d.h. Schulen mit höchstens 20 Schülern, existierten.[14] Insgesamt waren 1957 über 60% der hessischen Volksschulen ein- oder zweiklassig und weitere 15% drei- und vierklassig, was ebenfalls eine Zunahme gegenüber 1950 darstellte.[15] Neben geringeren Schülerzahlen als Folge geburtenschwacher Nachkriegsjahrgänge ist hier ursächlich auch die Abwanderung der Evakuierten und Heimatvertriebenen und eines beträchtlichen Anteils der eingesessenen Landbevölkerung in die Städte zu vermerken. Die bis zum Jahre 1980 reichenden Pläne des Landes Hessen sahen die Auflösung aller ein- bis vierklassigen Volksschulen und die Errichtung von ca. 400 Mittelpunktschulen bis 1980 vor.[16] Die „Momentaufnahme" für 1969 (vgl. Tab.1 und 2) zeigt eine starke Reduktion der Einheiten im G-H-Bereich, was auf die bis zu diesem Zeitpunkt errichteten 254 Mittelpunktschulen zurückzuführen ist. Der Realschulsektor erfuhr einen weiteren Ausbau, und die Zahl der Gymnasien erhöhte sich auch deutlich. Die Zunahme der Sonderschulen hängt weitgehend mit deren Ablösung von den „Normalschulen" und ihrer Verselbständigung zusammen.

Der eigentliche Beginn des Ausbaus des Bereiches der Gesamtschulen ist zeitlich im Zusammenhang mit der Neufassung des Schulverwaltungsgesetzes im Jahre 1969[17] zu sehen. Durch eine grundlegende Änderung der Schulträgerschaft[18] wurde die dazu erforderliche breitere ökonomische Basis geschaffen. Die Einrichtungen des 2. Bildungsweges nehmen inzwischen auch an Bedeutung erheblich zu. Die Konzentration auf weniger Einheiten führte im Zusammenhang mit den nun wieder sehr stark anwachsenden Schülerzahlen zu einem bedeutsamen Anwachsen der Größe der Einheiten. Eine völlig neue Größenordnung der schulischen Einheiten wird mit dem Beginn der Errichtung von Gesamtschulen erkennbar. Die *Variable Schulgröße* besitzt insgesamt und auch innerhalb der einzelnen Schulgattungen eine große Streuung. Ihr wurde deshalb bei vielen Detailuntersuchungen besondere Aufmerksamkeit geschenkt.

Noch eine ergänzende Bemerkung zur „inneren Struktur" der Mittelpunktschulen. Sie ist keineswegs einheitlich, und die Kombination verschiedener Klassen sind mannigfaltig. Die im Jahre 1969 existierenden 254 Mittelpunktschulen verteilten sich wie folgt auf die Schultypen[19]

G : 1, GH : 134, GHS : 21, HRS : 10, H : 6,
HS : 1, HR : 12, GHR : 38, GHRS : 31.

Auch die per definitionem als Realschulen bezeichneten 247 Schulen waren 1969 überwiegend kombinierte Einheiten. Nur 52 davon waren „reine" Realschulen.

Bis zum Jahre 1975 ist eine weitere Reduktion der Anzahl der Einheiten zu erkennen. Der G-H-Bereich enthält jetzt gegenüber 1950 nur noch knapp die Hälfte der damals bestehenden Schulen, wobei sich - noch verstärkt durch die weitere Zunahme der Schülerzahlen - die mittlere Schulgröße verdoppelt hat. Die Anzahl der Sonderschulen hat bei etwa gleichbleibender Größe weiter deutlich zugenommen. Die Abnahme der Realschulen und Gymnasien ist im Zusammenhang mit der Fortentwicklung des Gesamtschulbereichs zu sehen. Während die mittlere Größe der Realschulen nur geringfügig zugenommen hat, ist diese Zunahme bei den Gymnasien ganz erheblich und nicht allein durch die höheren Schülergesamtzahlen zu erklären. An den Gesamtschulen ist, besonders bei den additiven, eine Reduktion der Größenordnung auf ein praktikableres Maß zu registrieren. Die Anzahl der Einheiten des 2. Bildungsweges hat sich nur wenig verändert, wobei allerdings die Einheiten im Mittel größer geworden sind.

In der Zeitspanne von 1975 bis 1977 - der Zeitspanne der Datenerhebungen der Hauptphase des im Teil 6 näher beschriebenen Projekts - hat sich die bis 1975 recht stürmische Entwicklung relativ beruhigt. Die weitere Abnahme an Haupt- und Realschulen ist in erster Linie mit der Fortentwicklung des Gesamtschulbereiches zu sehen, wobei ab 1975 zunächst keine weiteren integrierten Gesamtschulen mehr errichtet wurden.[20]

Ein ganz besonderes Merkmal der Entwicklung des allgemeinbildenden Schulsystems in Hessen ist die stetige Ausweitung der *Förderstufe (Orientierungsstufe)*. Die Tabellen 1 und 2 können darüber keine Informationen enthalten, da es sich bei der Förderstufe um keine Schulgattung im Sinne unserer Definition handelt. Teilinformationen sind in den nachfolgenden Tabellen 3 und 4 enthalten. Ergänzendes ist noch anzumerken. Nach dem Schulverwaltungsgesetz von 1969 sollen die Förderstufen in der Regel Bestandteil der Hauptschulen oder der Gesamtschulen sein. Ausnahmen sind zulässig, wenn beispielsweise unter *ökonomischen Gesichtspunkten* die Nutzung von Schulanlagen anderer Schulformen sinnvoll erscheint. Das Ergebnis der Reformbestrebungen im Jahre 1975 ist aufschlußreich. Zwar stellten in diesem Jahr von den insgesamt 249 Schulen mit Förderstufen die Gesamtschulen mit 122 Einheiten die bedeutsamste Gruppe dar, aber an zweiter Stelle standen die Realschulen mit 67 Einheiten und erst an dritter Stelle die Hauptschulen mit 33 Einheiten.[21] An 27 Grundschulen bestanden ebenfalls Förderstufen.

Hier zeichnete sich bereits eine weitere Entwicklungsstrategie ab. Anfang 1976 hatte die Regierungskoalition im Sinne eines Konsolidierungsprozesses beschlossen, auf die weitere Errichtung integrierter Gesamtschulen zu verzichten, den Ausbau des Teilbereiches der additiven Gesamtschule aber weiterzuführen. Einheiten mit Förderstufen-, Haupt- und Realschulklassen stellen quasi die „Kondensationskerne“ für das Entstehen weiterer Gesamtschulen dar.

Bis August 1977 gab es in Hessen bereits 150 Gesamtschulen. Bezogen auf die gesamte Bundesrepublik einschließlich West-Berlins gab es zu diesem Zeitpunkt 285 Gesamtschulen. Von 157 integrierten Gesamtschulen entfielen 65 auf das Land Hessen[22] 1m Schuljahr 1977/78 besuchten bereits 53% aller Schüler der 5. und 6. Schuljahrgänge die Förderstufe.[23] Von den Flächenstaaten der BRD hatte offensichtlich das Land Hessen die weitestgehenden organisatorischen Maßnahmen getroffen, die im Sekundarbereich I dem „Strukturplan“ entsprechen.

Da auf die Sekundarstufe I nachfolgend noch näher eingegangen wird, abschließend noch einige Bemerkungen zu den beiden anderen Stufen.

Im Primarbereich, das machen schon die Tabellen 1 und 2 deutlich, hat bis 1977 eine zunehmende Verselbständigung der Grundschulen mit gleichzeitiger Bildung größerer Einheiten stattgefunden. Das ursprüngliche Konzept der Landschulreform hat hier seine Fortsetzung in der Bildung von Mittelpunktgrundschulen gefunden. Es sollte nicht unerwähnt bleiben, daß in den bildungspolitischen Diskussionen die Skepsis laut wird, ob *der rein bildungsökonomische Effekt* es rechtfertigt, daß *pädagogische* und *psychologische Bedenken*, die im Zusammenhang mit der Trennung von Wohnumgebung und Schulumgebung für diese Altersstufen bestehen, nicht ausreichend berücksichtigt werden.

Was die Sekundarstufe II anbelangt, so sind erste Verselbständigungen in der Form von „Oberstufengymnasien“ zu vermerken.[24] Der Weg zur Endform einer „gemeinsamen Sekundarstufe II“ für das allgemein- und berufsbildende Schulwesen im Sinne des „Strukturplanes“ dürfte noch lang sein.

1.3 Die Struktur der Sekundarstufe I im Jahre 1976 - organisatorische Zusammenfassung von Schülergruppen in schulischen Einheiten

Das hessische allgemeinbildende Schulsystem, das dürfte aus dem bisher Dargelegten erkennbar geworden sein, besitzt eine recht komplexe Struktur, die einerseits durch das Nebeneinander von tradierten und reformierten Schultypen und andererseits durch eine Vielfalt von verschiedenen Verflechtungen der drei Stufen - Primarstufe, Sekundarstufe I und Sekundarstufe II - geprägt wird.

Da das eigentliche Untersuchungsfeld die Sekundarstufe I ist, soll deren Struktur als Teilstruktur des ganzen Systems noch etwas genauer durchleuchtet werden. Standen bislang die Anzahl und die Größe der schulischen Einheiten zur Diskussion, so soll jetzt aufgezeigt werden, wie sich die Schüler der Sekundarstufe I auf die verschiedenen Schulgattungen verteilen und in welchem Maße die Sekundarstufe I mit den beiden anderen Stufen - Primarstufe und Sekundarstufe II - verflochten ist. Das Bezugsjahr 1976 ist gewählt worden, da es ermöglicht, die Situation zum Zeitpunkt der Erhebungen der Hauptphase des im Teil 6 näher beschriebenen Projekts darzustellen.

Die Tabelle 3 enthält alle Typen von Schulen, in denen SI-Schüler – Förderstufenschüler, Hauptschüler, Realschüler, Gymnasiasten der Jahrgänge 5 bis 10 und Schüler integrierter Jahrgangsklassen 7 bis 10 – unterrichtet werden. Von den insgesamt 29 verschiedenen Typen sind nur 10 reine SI-Typen, während 10 Typen mit der Primarstufe, 5 mit der Sekundarstufe II und weitere 4 mit beiden Stufen verflochten sind.

Tabelle 3: Hessische Schulen mit Schülern der Sekundarstufe I
- die Anzahl einzelner Typen (Stand: 15.10.1976)[25]

Schul-gattungen	*KOMBINATIONEN mit G-Klassen* G-Schüler überwiegen		SI-Schüler überwiegen		*reine* SI-Typen		*KOMBINATIONEN mit* Gym11/13-Klassen	
Grundschulen	GF	27	GF	5				
Hauptschulen	GH	220	GH	37	H	11		
	GFH	12	GFH	9	FH	4		
insgesamt		232		46		15		
Realschulen	GR	1	GR	1	R	35		
	GHR	--	GHR	34	HR	41		
	GFR	--	GFR	1	FR	1		
	GFHR	2	GFHR	13	FHR	42		
insgesamt		3		49		119		
Gymnasien					Gym5/10	10	Gym5/13	118
							GGym5/13	4
							GHGym5/13	1
insges.						10		123
additive	GHRGym7/10			1	HRGym5/10	4	GFHRGym7/13	1
Gesamt-	GFHRGym7/10			7	FHRGym5/10	53	HRGym5/13	
schulen							FHRGym7/13	4
								15
insgesamt				8		57		20
integr	GFI			2	FI	54	GFIGym11/13	3
Gesamtsch.							FIGym11/13	5
							Igym11/13	1
insgesamt				2		54		9
alle Schul-gattungen	372 (47,8 %)				255 (32,7 %)		152 (19,5 %)	

Tabelle 4: Prozentuale Verteilung der hessischen Schüler der Sekundarstufe I auf die einzelnen Schulgattungen und „Verflechtungsgrade" mit der Primarstufe und/oder Sekundarstufe II (Stand: 15.10.1976)[26]

	S c h u l g a t t u n g e n						
	SI insges.	G-F	H	R	Gym	Gesamtschulen addit.	integr.
Hauptschüler	22,3%	--	11,0%	7,2%	--	4,1%	--
Realschüler	21,5%	--	--	15,4%	--	6,1%	--
Gymnasiasten 5-10	26,1%	--	--	--	22,7%	3,4%	--
Förderstufen-schüler	19,4%	1,7%	1,2%	4,4%	--	6,4%	5,7%
Schüler integrierter Jahrgänge	10,8%	--	--	--	--	--	10,8%
	Alle SI-Schüler in der jeweiligen Schulgattung						
prozentual	100,0%	1,7%	12,2%	27,0%	22,7%	20,0%	16,5%
absolut	456.430	7.560	55.570	122.950	103.600	91.430	75.320
	Anteil der SI-Schüler an der Schülergesamtheit der Schulgattung						
	68,0%	39,6%	43,6%	89,3%	70,0%	91,8%	95,0%
Verflechtungs-grad V	0,32	0,60	0,56	0,11	0,30	0,08	0,05

Betrachtet man die Häufigkeit des Auftretens der einzelnen Schultypen hinsichtlich der Verflechtung mit den anderen Stufen, so ergeben sich für die insgesamt 779 Schulen des SI-Bereiches von 1976 folgende prozentuale Anteile:

reine SI-Schulen:	32,7%
Schulen mit G-Klassen und SI-Klassen:	47,8%
Schulen mit SI-Klassen und SII-Klassen:	18,4%
Schulen mit G-Klassen, SI-Klassen und SII-Klassen:	1,2%

Zwei Drittel aller Schulen, in denen SI-Schüler unterrichtet werden, sind also mit einer oder mit beiden anderen Stufen verflochten.

Die Verflechtung mit der Primarstufe kommt mit fast 50% der Fälle am häufigsten vor, wobei die Anzahl der Einheiten, in denen die G-Schüler überwiegen (33,6%), etwa so groß ist wie die Anzahl der reinen SI-Schulen. Von dieser starken Verflechtung mit der Primarstufe sind in erster Linie die Schulen des G-H-Bereiches mit insgesamt 325 Einheiten betroffen. In fast 80% der Fälle überwiegt in diesen Einheiten die Anzahl der Grundschüler gegenüber den SI-Schülern.

Anders bei den Realschulen mit 171 Einheiten. Fast 70% der Einheiten sind reine SI-Typen, und bei den Typen, die G-Klassen enthalten, überwiegen weitgehend die SI-Schüler.

In den Gymnasien werden in 93% der Fälle Schüler beider Sekundarstufen unterrichtet, Grundschüler gibt es hier nur an privaten Gymnasien.

74% der Gesamtschulen sind reine SI-Schulen, und mit fast 20% ist die Verflechtung mit der Sekundarstufe II stärker als mit dem Primarbereich.

Nachdem oben die Verflechtung des Systems der Sekundarstufe I mit den beiden anderen Stufen mit Hilfe der Schultypen aufgezeigt wurde, muß noch näher darauf eingegangen werden, wie sich die Schülerschaft verteilt.

Der in der Tabelle 4 angegebene *Verflechtungsgrad V* kann nur Werte zwischen 0 und 1 annehmen. Er berechnet sich aus dem prozentualen Anteil der SI-Schüler (p %) nach der Gleichung V = 1 - (p:100). V = o entspräche einer absoluten „SI-Stufenreinheit“ und der theoretischen Grenzfall V = 1 würde bedeuten, daß in der Schulgattung überhaupt keine SI-Schüler unterrichtet werden.

Die geringste Verflechtung mit der Primarstufe und/oder der Sekundarstufe II weisen die Gesamtschulen und die Realschulen auf. In diesen Schulen werden etwa zwei Drittel aller Schüler der Sekundarstufe I unterrichtet. Der Wert von V = 0,30 bei den Gymnasien entspricht in etwa der Anzahl der Jahrgänge der Mittelstufe, wenn man noch die frühzeitigen Abgänge nach der 10. Klasse berücksichtigt. Die Schulen des G-H-Bereiches fallen dagegen sehr stark ab, was schon die Tabelle 3 aufzeigte. Hier dominieren die Grundschüler gegenüber den SI-Schülern.

Was die Gruppe der Hauptschüler betrifft, so sind im Zusammenhang mit dem Verflechtungsgrad V (jetzt nur auf Grundschüler bezogen) ganz unterschiedliche personelle und sächliche Voraussetzungen für den Physikunterricht zu erwarten. Soweit sie sich an Schulen mit niedrigen V-Werten befinden, ist mit günstigeren Voraussetzungen zu rechnen und umgekehrt bei höheren V-Werten mit schlechteren. Die Zuteilung von Fachlehrern hängt natürlich unter anderem auch davon ab, ob eine Möglichkeit der fachspezifischen Auslastung besteht. Vorhandene Etatmittel für die sächliche Ausstattung müssen natürlich auch stufenbezogen entsprechend den Schüleranteilen eingesetzt werden.

Realschüler werden zu fast 75% noch an Realschulen und der Rest an additiven Gesamtschulen unterrichtet. Bei den SI-Gymnasiasten sind es sogar noch 87%, die an einem Gymnasium Unterricht erhalten, nur ein kleiner Teil besucht eine additive Gesamtschule.

Förderstufenschüler besuchen zu 80% die oben genannten typischen SI-Schulen mit hohem „Reinheitsgrad“. Da an Gymnasien ja keine Förderstufen eingerichtet sind, verteilt sich der Rest auf Grund- und Hauptschulen.

Betrachtet man noch die beiden Gruppen der „Normalschüler“ an Schulen des tradierten Systems und der „Reformschüler“ an den Gesamtschulen, so ist der *Anteil von ca. 37% Reformschülern im Vergleich zur gesamten Bundesrepublik (mit Einschluß von West- Berlin) sehr hoch.* Dazu einige Vergleichswerte. Den 22,3% Hauptschülern an hessischen Schulen im Schuljahr 1976/77 standen bundesweit im Schuljahr 1974/75 noch 46,1% und im Schuljahr 1975/76 noch 44,0% gegenüber.[27] Aus Daten des Statistischen Jahrbuches (1977) führt eine eigene Schätzung für 1975 unter Berücksichtigung der Jahrgangsstärken[28] und der Annahme gleicher Proportionen bezüglich der Schulformen in den verschiedenen Jahrgängen zu folgenden Werten:

Jahrgangsstufen 5 - 9: Hauptschüler 42%, Realschüler 26%, Gymnasiasten 30% und Gesamtschüler ca.2 - 3%.

Jahrgangsstufen 5 - 10: Hauptschüler 35%, Realschüler 29%, Gymnasiasten 33% und Gesamtschüler 3%.

1.4. Quantitative Aspekte der Veränderungen im personellen Bereich der Schulen bis zum Jahre 1977

In der Schulstatistik werden quantitative Vergleiche mit den beiden Maßzahlen „Schüler je Lehrer“ und „Schüler je Klasse“ (Klassenfrequenz) angestellt. An den beiden nachfolgenden Tabellen sind die Veränderungen erkennbar.

Die Tabelle 5 läßt erkennen, daß trotz starker Zunahme der Schülerzahlen durch noch stärkere Ausweitung des Personalbestandes im Gesamtsystem eine stetige Verbesserung der Verhältniszahlen und - sieht man von der erforderlichen Ausnahmestellung der Sonderschulen ab – eine allmähliche Angleichung der Verhältniszahlen der einzelnen Schulformen erreicht wurde.

Die Daten der Tabelle 5 bedürfen *bezüglich der Gymnasien* einer *wichtigen Ergänzung*. Bei dieser Schulgattung müßten die effektiven Verhältniszahlen in bezug auf die Mittelstufe und die Oberstufe getrennt betrachtet werden. Es ist mit Sicherheit anzunehmen, daß diese effektiven Werte für die gymnasiale Mittelstufe als Teilbereich der Sekundarstufe 1 denen der Realschulen entsprechen.[29]

Tabelle 5: Zur Entwicklung der Maßzahlen „Schüler je Lehrer“[30] an den allgemeinbildenden Schulen zwischen 1950 und 1977 in Hessen.[11]

Schulgattungen[31]	1950	1960	1969	1975	1977
Grund- und Hauptsch.	46,4	36,1	30,6	27,3	25,9
Realschulen	38,5	29,2	24,8	23,9	24,1
Gymnasien	22,1	17,8	17,4	19,3	19,2
additive Gesamtsch.	--	(13,2)[12]	26,1	22,6	22,0
integr. Gesamtsch.	--	--	20,1	20,9	18,4
Sonderschulen	22,8	20,2	14,2	11,7	10,9
alle Schulgattungen	41,1	30,8	25,7	23,5	22,3
Lehrergesamtzahlen	15.464	18.399	27.670	36.546	38.373
Schülergesamtzahlen	635.798	566.991	710.170	858.512	856.954

Berücksichtigt man diese Überlegungen, dann sind die Verhältniszahlen bei Gesamtschulen um einiges besser als in den anderen Bereichen der Sekundarstufe I. Obzwar für 1977 eine weitere, leichte Verbesserung zu registrieren ist, sind die Verhältniszahlen für den Grund- und Hauptschulbereich doch weitaus die schlechtesten. Diese Situation der Besserstellung der Gesamtschulen gegenüber den tradierten Schulformen führte zu bildungspolitischen Kontroversen und wurde auch von Teilen der Lehrerschaft kritisiert.[32] Es scheint dabei allerdings nicht gebührend berücksichtigt zu werden, daß die gewünschten objektiven Beurteilungen der pädagogischen Möglichkeiten integrierter Gesamtschulen nur unter der Voraussetzung optimaler organisatorischer und personeller Gegebenheit möglich sind. Wenn diese Systeme neben dem Unterricht in Kerngruppen und Leistungskursen noch spezifische Förderkurse anbieten sollen, dann ist letzteres doch nur sinnvoll, wenn es sich um kleine Lerngruppen handelt.

Geht man also von der größeren organisatorischen Variabilität bei günstigeren Verhältniszahlen aus, so muß noch klargestellt werden, daß von diesen Zahlen her keine unmittelbaren Rückschlüsse auf die Größe der einzelnen Lerngruppen[33] gezogen werden können. Dies hängt mit den unterschiedlichen Lehrdeputaten[34] der einzelnen Lehrergruppen und den unterschiedlichen Entlastungen der Lehrer mit Funktionsstellen[35] zusammen.

Die Zahlen der Tabelle 6 verdeutlichen, daß sich im betrachteten Zeitraum die Klassen(Kerngruppen)-Größen im Sekundarbereich I noch stärker zwischen den einzelnen Schulgattungen angeglichen haben, als dies bei den Verhältniszahlen „Schüler : Lehrer“ der Fall ist.

Tabelle 6: Zur Entwicklung der Klassenfrequenzen[36] an den allgemeinbildenden Schulen zwischen 1950 und 1977 in Hessen

Schulgattungen (-bereiche)[31]	1950	1960	1969	1975	1977
Grund- und Hauptschulen	42,9	35,8	33,0	28,7	27,8
Realschulen	40,5	35,7	32,2	30,5	30,3
Gymnasien[37]	31,9	27,0	26,3	28,2	30,9
additive Gesamtschulen[38]	--	(23,1)[12]	31,3	(29)	(29)
integrierte Gesamtschulen[39]	--	-	(31)	(29)	(29)
Förderstufe	--		35,0	30,9	30,0
Sonderschulen	(?)	23,0	16,3	13,6	13,1

Somit läßt sich zusammenfassend feststellen, *daß sich die unterschiedliche Zuweisung von Lehrern an die verschiedenen Schulformen effektiv bezüglich der Größe der Klassen- oder Kerngruppenverbände kaum auswirkte.* Sie ermöglichte *an den „Reformschulen" die Bildung kleinerer Kurs- oder Fördergruppen.* Ausreichend Fachlehrer an solchen Schulen vorausgesetzt, waren dort im Vergleich zu den anderen Schulgattungen im betrachteten Zeitraum günstigere personelle Möglichkeiten für die Durchführung von Schülerübungen im naturwissenschaftlichen Bereich gegeben.

1.5 Veränderungen im Zeitraum von 1977 bis 1983 (1984)

Zwei bildungsökonomische Faktoren haben die weitere Entwicklung im hessischen Schulbereich bedeutsam beeinflußt. Der eine Faktor ist in der deutlichen Veränderung der Gesamtzahl aller Schüler des allgemeinbildenden und des beruflichen Schulbereichs zu sehen. Setzt man diese Schülerzahl für das Jahr 1969 - den Zeitpunkt des Beginns der Strukturreform - gleich 100%, so ergeben sich für die Jahre bis einschließlich 1984 folgende Prozentwerte:[40a]

1969	100%	1973	113%	1977	116%	1981	109%
1970	103%	1974	115%	1978	115%	1982	106%
1971	106%	1975	116%	1979	114%	1983	102%
1972	110%	1976	117%	1980	112%	1984	98%

Der Kulminationspunkt lag also im Jahre 1976 und der Stand des Jahres 1969 wurde 1984 bereits unterschritten. Vorausberechnungen des Sekretariats der Kultusministerkonferenz[40b] wiesen 1984 für das Jahr 1992 für das gesamte Gebiet der alten BRD eine Fortsetzung des Schülerrückgangs auf ca. 80% des Standes von 1969 aus, was auch eingetreten ist (Nachprüfung anhand der „Grund- und Strukturdaten 1992/93" des Bundesministers für Bildung und Wissenschaft, Bonn 1992: 79,6%). Der zweite Faktor ist in der allgemeinen Verschlechterung der wirtschaftlichen Lage insbesonders zu Beginn der achtziger Jahre und der damit verbundenen Einengung der Spielräume der öffentlichen Haushalte zu sehen. Die relativ großzügige Einstellungspraxis im Bildungsbereich bis Mitte der siebziger Jahre konnte nicht mehr fortgeführt werden, was erstmalig nach dem 2. Weltkrieg zu einer anhaltenden Lehrerarbeitslosigkeit führte.

Trotz der beiden beschriebenen Hemmfaktoren hat sich das hessische Schulsystem auch im Zeitraum von 1977 bis 1983 kontinuierlich fortentwickelt, was die nachfolgende Tabelle 7a verdeutlicht. Im Grund- und Sonderschulbereich scheint - was den Prozeß der Verselbständigung betrifft - eine erste Konsolidierung erreicht zu sein. Die Auflösung von Hauptschulen als selbständige Einheiten ist weiter vorangetrieben worden. Diese Veränderungen sind bei den Realschulen deutlich geringer. In äquivalenter Weise hat sich die Anzahl der Gesamtschulen vergrößert, wobei die Zunahme bei den additiven Einheiten stärker als bei den integrierten ausfällt. Der Bestand an Gymnasien hat sich nur ganz geringfügig erhöht. Diese Schulgattung erscheint - was die Gesamtschulentwicklung betrifft - nach wie vor als resistent. Die Einheiten des „Zweiten Bildungsweges" haben sich gegenüber 1977 insgesamt um ca. 15% vermehrt.

Im Vergleich zum Zeitraum von 1969 bis 1977 - mit einer Abnahmequote von 20,6% - hat sich im Zeitraum von 1977 bis 1983 - mit einer Abnahmequote von nur 3% - die Anzahl der Einheiten nur noch geringfügig verkleinert. Stand in der ersten Phase der Strukturreform die Strategie der Zusammenlegung im Vordergrund, so ist für den zweiten Zeitabschnitt eher von einer Strategie der Umwandlung und des Ausbaues von Haupt- und Realschulen zu Gesamtschulen zu sprechen.

Die Abnahme der Schülerzahl zwischen 1977 und 1983 um 18,9% für den Bereich der allgemeinbildenden Schulen ist im Vergleich zum Rückgang der Gesamtschülerzahl (allgemeiner und beruflicher Bereich) mit 12,0% deutlich größer. Dies steht damit im Zusammenhang, daß der „Schülerberg" den Oberstufenbereich „durchwandert". Wie die Tabelle 7b zeigt, hat die Schulgröße an allen Schulgattungen bis auf die Gymnasien sehr deutlich abgenommen. Die Zunahme bei den Gymnasien ist eindeutig durch den eben genannten „Oberstufeneffekt" erklärbar. Einer ähnlichen Abnahme der Anzahl der Gymnasiasten in den Klassenstufen 5-10 wie bei den Haupt- und Realschulen und den entsprechenden Jahrgängen der Gesamtschulen steht ein weitaus höherer Zuwachs in den Klassenstufen 11-13 gegenüber. Was den Bereich des „Zweiten Bildungsweges" betrifft, so erscheint inzwischen der Nachholbedarf an mittleren Abschlüssen größer als der an höheren zu sein.

Auch der *Förderstufenbereich* hat eine weitere Ausdehnung erlangt. Zwischen 1977 und 1983 ist der Anteil der Schüler der Jahrgangsstufen 5 und 6, die in Förderstufenklassen unterrichtet werden von 53,0% auf 62,3% angestiegen. Dabei hat sich die Anzahl der Einheiten mit Förderstufe von 261 auf 320 erhöht.

Tabelle 7a: Zur Entwicklung der *Anzahl der Einheiten* im Bereich der allgemeinbildenden Schulen zwischen 1977 und 1983 in Hessen[11]

Schulgattungen	Anzahl der Einheiten im Jahre 1977	1980	1983	prozentuale Veränderung zwischen 1977 und 1983
Grundschulen	935	931	933	- 0,2 %
Hauptschulen	267	221	196	- 26,6 %
Realschulen	165	163	153	- 7,3 %
Sonderschulen	224	231	224	- -
Gymnasien	152	152	154	+ 1,3 %
additive Gesamtschulen	97	106	113	+ 16,5 %
integr. Gesamtschulen	65	67	72	+ 10,8 %
Abendhauptschulen	1	1	1	- -
Abendrealschulen	3	3	5	+ 66,7 %
Abendgymnasien	9	10	10	+ 11,1 %
Hessenkollegs/Kollegs	7	7	7	- -
Einheiten insgesamt	1.925	1.892	1.868	- 3,0 %
Schüler insgesamt	865.164	801.260	701.754	- 18,9 %

Tabelle 7b: Zur Entwicklung der *Größe der Einheiten* im Bereich der allgemeinbildenden Schulen zwischen 1977 und 1983 in Hessen[11]

Schulgattungen	mittlere Schulgröße[13] im Jahre 1977	1980	1983	prozentuale Veränderung zwischen 1977 und 1983
Grundschulen	260	220	190	- 26,9 %
Hauptschulen	420	390	310	- 26,2 %
Realschulen	820	750	670	- 18,3 %
Sonderschulen	150	130	100	- 33,3 %
Gymnasien	950	970	1100	+ 15,8 %
additive Gesamtschulen	1290	1140	1090	- 15,5 %
integr. Gesamtschulen	1230	1070	910	- 26,0 %
Abendhauptschulen	50	30	60	+ 20,0 %
Abendrealschulen	60	120	130	+116,7 %
Abendgymnasien	340	310	300	- 11,8 %
Hessenkollegs/Kollegs	140	130	140	--

Was die Lokalisierung der Förderstufe in den einzelnen Schulgattungen betrifft, so liegt bei den Grundschulen mit 55 gegenüber 32 der deutlichste Anstieg vor. Bei den Gesamtschulen ist der Anstieg mit 172 gegenüber 139 relativ geringer. Am schwächsten sind die Veränderungen bei den Realschulen mit 64 gegenüber 59 und bei den Hauptschulen mit 26 gegenüber 25.

Bemerkenswerterweise führen inzwischen auch drei Gymnasien eine Förderstufe mit.

In Anbetracht der beschriebenen Veränderungen der Anzahl und der Größe der Einheiten der einzelnen Schulgattungen ist noch zu ergänzen, welche Auswirkungen sich hinsichtlich der Verteilung der Schüler der Sekundarstufe I auf die einzelnen Schulformen ergeben haben. Die nachfolgende Tabelle 7c ermöglicht einen Vergleich der beiden Zeitabschnitte von 1969 bis 1977 und 1977 bis 1983.

Tabelle 7c: Prozentuale Verteilung der Schüler der Sekundarstufe I in den Jahren 1969, 1977 und 1983 nach Schulformen.[11]

Bezugsjahr	1969	1977	1983
Schülerzahl in SI	356.646	469.271	389.107
Förderstufenschüler	9,7 %	19,1 %	18,5 %
Hauptschüler	42,2 %	20,9 %	16,6 %
Realschüler	22,7 %	22,1 %	24,9 %
Gymnasiasten(5-10)	25,1 %	26,8 %	28,6 %
Schüler integr. Jahrg.(7-10)	0,3 %	11,1 %	11,4 %

Sieht man von den Schwankungen ab, die sich bei den einzelnen Geburtsjahrgängen ergeben, so ist zunächst festzuhalten, daß sich hinsichtlich des reformierten Bereichs (Förderstufe und integrierte Gesamtschule) im Zeitraum zwischen 1977 und 1983 im Vergleich zum Zeitraum zwischen 1969 und 1977 kaum noch Veränderungen ergeben haben. Der im Jahre 1969 noch sehr hohe Anteil an Hauptschülern 30 hatte sich bis 1977 halbiert. Das führte faktisch zu den sehr stark angestiegenen Prozentwerten im reformierten Bereich. Zwischen 1977 und 1983 dagegen führte die weitere Abnahme des Bestandes der Hauptschüler nur innerhalb des tradierten Bereichs - additive Gesamtschulen eingeschlossen - zur Zunahme der Prozentzahlen bei den Realschülern und Gymnasiasten. Obwohl die Anzahl der integrierten Gesamtschulen zwischen 1977 und 1983 deutlich um ca. 11% zugenommen hat, hat sich der Anteil der Schüler der integrierten Jahrgänge in diesem Zeitraum nur unwesentlich erhöht. Gleiches gilt nicht für die Förderstufe. Wenn in der Tabelle 7c zwar ein leichter Rückgang in den Prozentwerten erscheint, so müssen die unterschiedlichen Jahrgangsstärken berücksichtigt werden. Bezogen auf die Jahrgänge 5 und 6 wurde ja oben eine diesbezügliche Zunahme der Förderstufenschüler ausgewiesen. *Die Popularität der integrierten Gesamtschulen ist demnach trotz Zunahme der Zahl der Einheiten zwischen 1977 und 1983 nicht mehr angestiegen.*

Bleibt noch zu vergleichen, welche Auswirkungen der Schülerrückgang hinsichtlich des Lehrerbestandes hatte. In der nachfolgenden Tabelle wird vom Bezugsjahr 1969 ausgegangen und sowohl die damalige Anzahl aller Schüler wie auch die Anzahl aller Lehrer der allgemeinbildenden und der beruflichen Schulen gleich 100% gesetzt.

Tabelle 7d: Zum Vergleich der Entwicklung der Anzahl der Schüler und der Anzahl der Lehrer im allgemeinbildenden und beruflichen Schulbereich des Landes Hessen.[11]

Bezugsjahr	Schülerbestand	Lehrerbestand
1969	100 %	100 %
1976	116,8 % (Max.)	137,2 %
1977	115,8 %	140,7 %
1980	112,0 %	142,1 %
1981	109,2 %	147,5 % (Max.)
1982	105,6 %	143,3 %
1983	101,9 %	143,4 %

Wie die Zahlen der Tabelle 7d erkennen lassen, hat sich die Anzahl der Lehrer bis zum Jahre 1981 erhöht, obzwar bereits ab 1977 die Anzahl der Schüler wieder rückläufig wurde. Die nachfolgende Abnahme des Lehrerbestandes ist deutlich schwächer als die des Schülerbestandes. Die bis 1977 erzielte Verbesserung der Personalsituation wurde also im Zeitraum zwischen 1977 bis 1983 noch einmal dadurch verbessert, daß bei einer weiteren leichten Zunahme des Lehrerbestandes die Anzahl der Schüler sehr deutlich abgenommen hat.

Diese allgemeine Anhebung der Stellenzahl hat zwischen 1977 und 1983 zu günstigeren Schüler-Lehrer-Relationen und zu kleineren Klassenfrequenzen geführt, wie der Tabelle 7e zu entnehmen ist.

Tabelle 7e: Zur Entwicklung der Maßzahlen „Schüler je Lehrer" und der Klassenfrequenzen an den allgemeinbildenden Schulen zwischen 1977 und 1983.[11]

	Schüler je Lehrer		Klassenfrequenz[36]	
Schulgattung	1977	1983	1977	1983
Grund- und Hauptschulen	25,9	21,3	27,8	26,4
Realschulen	24,1	21,3	30,3	29,1
Gymnasien	19,2	16,5	30,9	28,7
additive Gesamtschulen	22,0	19,1	29,0	27,4
integrierte Gesamtschulen	18,4	16,0	29,0	27,0
Sonderschulen	10,9	8,5	13,1	11,0

Abgesehen von den Sonderschulen erscheint die Verbesserung der Klassenfrequenzen im Vergleich zu der Verbesserung der Verhältniszahlen „Schüler je Lehrer" als zu gering. Dabei ist jedoch zu bedenken, daß neben der Besetzung von Funktionsstellen mit reduzierten Stundendeputaten auch verbesserte Möglichkeiten der Bildung von Kleingruppen durch Klassenteilungen - etwa im Wahlpflichtbereich - zu Buche schlagen.

Es wurde bereits erwähnt, daß sich im Zeitraum zwischen 1977 und 1983 bei insgesamt abnehmenden Schülerzahlen eine interne Verlagerung des „Schülerberges" vollzogen hat. Einer Abnahme der Schülerzahlen in der Grundschule, der Sonderschule und der Sekundarstufe I steht eine über das Jahr

1983 hinausgehende Zunahme der Schüler im gesamten SII-Bereich - gymnasiale Oberstufe und berufsbildende Schulen - gegenüber. Bei den Zahlen der nachfolgenden Tabelle 7f wurden die Teilzeitschüler der Berufsschulen nur zu einem Drittel mitgezählt.[41a]

Tabelle 7f: Zur Veranschaulichung der Wanderung des „Schülerbergs" durch die Grundstufe, Sekundarstufe I und Sekundarstufe II.[11]

Bezugsjahr	Grundstufe	Sonderschule	SI	SII (allg.u.berufl.)	alle Stufen
1969	38,0 %	3,0 %	45,1 %	13,9 %	100 %
1973	39,1 % (Max.)	3,2 %	43,6 %	14,1 %	100 %
1978	30,7 %	3,2 %	50,2 % (Max.)	15,9 %	100 %
1983	26,4 %	2,8 %	48,0 %	22,8 % (Max.)	100 %
1988	31,2 %	3,2 %	46,8 %	19,1 %	100 %

Die für 1988 angegebenen Prozentwerte wurden geschätzt[41b]

Diese Änderungen in der Verteilung der Schüler auf die einzelnen Stufen führte zu einem Einstellungsstopp für Grundschullehrer und Haupt- und Realschullehrer. An den vier aufeinanderfolgenden Einstellungsterminen 1.8.1981, 1.2.1982, 1.8.1982 und 1.2.1983 wurden nur Sonderschullehrer, Gymnasiallehrer und Berufsschullehrer eingestellt. Erst zum 1.8.1983 gab es wieder Einstellungen von Grundschullehrern und von Haupt- und Realschullehrern. Zu diesem Termin wurden 171 Grundschullehrer, 163 Haupt- und Realschullehrer, 59 Sonderschullehrer, 177 Gymnasiallehrer und 145 Berufsschullehrer neu eingestellt. Wegen der genannten Zäsur lassen sich diese Zahlen schlecht zu einer Beurteilung der Prioritätensetzungen heranziehen, denn ihre Höhen bei den beiden erstgenannten Lehrergruppen sind anormal. In etwa spiegeln die Zahlenverhältnisse der Tabelle 7g die „normale" Einstellungsstrategie der Bildungsverwaltung wider, die im Zusammenhang mit der sich ändernden Verteilung der Schüler auf die einzelnen Stufen zu sehen ist.[41c]

Tabelle 7g: Umfang der Neueinstellungen von Lehrern nach Lehrämtern im Jahre 1984.[11]

Lehramt für	Lehrerbestand am 15. 10. 1983	Neueinstellungen in 1984[41d] absolut	prozentual
Grundschulen	9.578	18	0,19 %
Sonderschulen	2.659	17	0,64 %
Haupt- und Realschulen	13.994	27	0,19 %
Gymnasien	11.090	133	1,20 %
Berufsschulen	7.202	164	2,28 %
alle Lehrämter	44.523	359	0,81 %

Hinsichtlich des GHR-Bereichs kann nur von einer unbedeutenden Anzahl an Neueinstellungen ausgegangen werden. Der deutlich höhere Wert bei den Sonderschullehrern macht auch die deutliche Verbesserung der Klassenfrequenzen an den Sonderschulen - vergleiche Tabelle 7e - verständlich. Die herausragenden Werte für Gymnasien und vor allem für die Berufsschulen hängen in erster Linie mit der Verschiebung des Schülerberges zusammen. Hinzu kommt jedoch bei den Berufsschulen noch ein allgemeines Bestreben der Bildungsverwaltung zur personellen Verbesserung in diesem Schulbereich. [41e]

TEIL 2: SOZIALGEOGRAPHISCHE ASPEKTE DER HESSISCHEN REFORMANSÄTZE IM BEREICH DER SEKUNDARSTUFE I (1955-1977)

Schule – verstanden als soziale Organisation – existiert nicht isoliert. Vielmehr ist sie in die Gesellschaft mit ihren prägenden sozialen, ökonomischen und kulturellen Faktoren eingebettet. Auf die Verflechtung mit einem – mehrdimensionalen – sozioökonomischen und soziokulturellen Umfeld hat DÖRING (1971) hingewiesen.[42] Für das Land Hessen hat GEIPEL (1965 und 1968) Zusammenhänge zwischen den sozialräumlichen Strukturen einzelner Regionen und den Standorten von Schulen aufgezeigt. Diese Bedingungszusammenhänge haben auch die erforderliche Berücksichtigung in der Erziehungswissenschaft gefunden. Als Beispiel sei die sogenannte „Berliner Schule"[43] genannt. Das Modell ihrer lerntheoretischen Didaktik beruht unter anderem auf der Annahme eines Interdependenzverhältnisses von unterrichtlichen Strukturmomenten und soziokulturellen Voraussetzungen und Folgen.

2.1 Bildungsforschung und Sozialgeographie

Bereits EDDING (1963) hat in seinem grundlegenden Werk zur Bildungsökonomie die Frage der Bedeutung regionaler Faktoren im Zusammenhang mit Standortproblemen der Schulen und Hochschulen aufgeworfen[44] In der gemeinsam mit seinem Mitarbeiter v.CARNAP (1962) durchgeführten Analyse über den relativen Schulbesuch in den Ländern der BRD in den fünfziger Jahren werden regionale Abhängigkeiten im Zusammenhang mit den unterschiedlichen Höhen der Sozialprodukte der einzelnen Länder erkennbar.[45]

v.Carnap und Edding ziehen für ihre Vergleiche nur einen ökonomischen Indikator, das Bruttosozialprodukt der Länder, heran. Soweit es sich um die Gesamtheit aller Bundesländer handelt, stellen sie nur in der Minderzahl der Einzelanalysen sogenannte „gute" Korrelationen fest. Häufig bestehen solche Korrelationen nur für einen Teil der Länder, während bei anderen Abweichungen in der einen oder anderen Richtung vorliegen. Die Interpretationen dieser Abweichungen führten zwangsläufig dazu, daß neben dem Bedingungsfaktor „Sozialprodukt" noch weitere relevante sozioökonomische Faktoren und auch andere Faktoren gesucht wurden.

In dieser Hinsicht gibt es zwei spezielle Beispiele. ERLINGHAGEN (1965) hat wohl als erster deutlich nachgewiesen, daß das Bildungsverhalten von Teilen der Bevölkerung auch von der Konfessionszugehörigkeit bestimmt ist, und DAHRENDORF (1965) zeigte Zusammenhänge mit dem schichtenspezifischen Sozialverhalten auf.

Die bis dahin wohl weitestgehende ausdifferenzierte Analyse hat PEISERT (1967) durchgeführt. Seine Analysen bezüglich des „sozioökonomischen Hintergrundes" der Regionen geringer Bildungsdichte in Baden-Württemberg führten auf folgende Haupt- und Unterfaktoren:[46]

1. *Demographische Faktoren*: geringe Einwohnerdichte, Bevölkerungsstagnation, kleine Gemeinden, hoher Anteil bäuerlicher Bevölkerung.
2. *Ökonomische Faktoren*: hoher Anteil land- und forstwirtschaftlicher Nutzfläche, schlechte Ertragslage, hohe Schuldenlast, geringes Steueraufkommen, periphere wirtschaftsgeographische Lage, geringe Verkehrsfrequenz, schlechte Verkehrslage.
3. *Schulische Faktoren*: ungünstige Schulstandorte, einseitige Schulstruktur, wenig Lehrkräfte.
4. *Weitere Faktoren*: konservativ-bäuerliche Daseinsform, konfessionelle Struktur, Informationsniveau.

Nach GEIPEL (I969a) können diese Faktoren fast ausschließlich als *sozialgeographische Faktoren* bezeichnet werden. In der weiteren Darstellung wird die Bezeichnung „sozialgeographische Faktoren" im Sinne der bisherigen Darstellung als *terminus technicus* verwendet.[47]

In der v.Carnapschen Untersuchung wurden die Daten auf der Verwaltungsebene der Länder analysiert. Dieses grobmaschige Filter liefert nur teilweise Zusammenhänge und über Abweichungen konnten nur Vermutungen angestellt werden. Die Datenanalyse Peiserts erfolgt daneben auch auf der Ebene der Regierungsbezirke, der Ebene der Kreise und teilweise sogar auf der Ebene der Gemeinden. Das feinmaschige Filter auf der Gemeindeebene führte bei ihm zum Auffinden der genannten sozialgeographischen Bedingungsfaktoren.

Es scheint für die Entwicklung des Bildungwesens bedeutsamer zu sein, solche Untersuchungen mit feinmaschigen Filtern zu betreiben, da im Sinne eines Ausgleichs von Defiziten die „Zielrichtungen" besser erkannt werden können. Globale statistische Informationen über Bildungsfortschritte einzelner Länder ohne Angabe der regionalen „Streubreiten" sind eher verdeckend als aufhellend.

In diesem Sinne seien noch zwei Beispiele regionaler Bildungsforschung mit hohem Informationswert genannt. Zunächst die auf der Basis von Landkreisen durchgeführte Untersuchung von GEISSLER (1965) über Hochschulstandorte und Hochschulbesuch im Wintersemester 1960/61 in der BRD. Hervorzuheben sind hier die von ihm dargestellten Zusammenhänge zwischen dem „relativen Hochschulbesuch" und einer Reihe sozialgeographischer Faktoren. Eine Ebene tiefer, nämlich auf die der Gemeinden, geht GEIPEL (1965 und 1968) bei seinen Untersuchungen, wobei er für ein ganzes Bundesland Zusammenhänge zwischen sozialräumlichen Strukturen und Problemen der Entwicklung des Bildungssystems aufzeigt.

Was die im folgenden Abschnitt 2.2 dargestellten sozialgeographischen Rangfolgen betrifft, kam dafür der dritte Hauptfaktor nach Peisert (Schulische Faktoren) nicht in Frage, da Prüfungen auf Zusammenhänge zwischen gewissen schulischen Ausprägungen und sozialgeographisch unterschiedliche Regionen beabsichtigt waren. Eine Verbreiterung der durch die Peisertschen Faktoren bestimmte sozialgeographische Basis findet man bei STEINBERG (1967 und 1969). Die von ihm in Erwägung gezogenen Faktoren decken sich teilweise mit denen von Peisert. Eine Reihe davon hat aber auch ergänzenden Charakter, so beispielsweise die Typisierung von Berufsgruppen, die Betriebsgrößenstruktur von Industrie und Landwirtschaft, Pendlerkreise im Unterschied zu von industriellen Standorten geprägten Stadt- und Landkreisen und somit der Industrialisierungsgrad der betreffenden Region. Steinberg verweist auch auf den politischen Faktor, der über Wahlergebnisse erfaßbar ist, und auf Isbarys Idee,[48] der versucht habe - ähnlich wie bei den sozioökonomischen -, politische Gemeindetypen zu entwickeln. Es dürfte allerdings schwierig zu erfassen sein, welches Gewicht den politischen Faktoren im Vergleich zu den sozioökonomischen im Hinblick auf die Entwicklung des Schulsystems zukommt.[49] Eine Detailanalyse erfolgt im Abschnitt 2.7.

2.2 Sozialgeographische Rangfolge hessischer Landkreise und kreisfreier Städte nach dem Gebietsstand vom 31.7.1972 - Regionalrang T

Der im vorhergehenden Abschnitt aufgezeigte Forschungshintergrund ermöglichte KNAPP (1972) und TIMPE (1973) - im Rahmen von Examensarbeiten, die vom Verfasser betreut wurden - die Aufstellung regional gegliederter, sozialgeographischer Rangfolgen. Dabei wurde aus Zweckmäßigkeitsgründen von der regionalen Gliederung des Landes Hessen nach Landkreisen und kreisfreien Städten nach dem Gebietsstand vom 31.7.1972 ausgegangen.[50] Zweckmäßig ist die Gliederung nach Regionen, da nach dem Schulverwaltungsgesetz von 1969 die Schulträgerschaft fast ausschließlich bei den Landkreisen und kreisfreien Städten liegt.[51] Inwieweit die von den im Abschnitt 2.1 von den einzelnen Autoren benannten sozialgeographischen Faktoren berücksichtigt werden konnten, hing dabei allein davon ab, ob diesbezüglich ausreichende statistische Daten aufgefunden wurden, die als *Indikatoren* der betreffenden sozialgeographischen Faktoren benutzt werden konnten.

Bei ihren Arbeiten haben beide Autoren identische sozialgeographische Hauptfaktoren berücksichtigt und sind auch methodisch gleichartig vorgegangen, wobei die Rangplatzermittlung eine Adaption eines Verfahrens darstellt, das bereits in der v.Carnapschen Untersuchung angewandt wird.[52] Unterschiede zwischen den Rangfolgen von Knapp und Timpe liegen in mehrfacher Sicht vor. Zunächst hat sich Knapp nur auf 26 ausgewählte Kreise bezogen, die bei einer Vorbetrachtung als repräsentativ angesehen wurden, während Timpe alle 48 Kreise von 1972 erfaßte. Knapp hat nur 13 Unterfaktoren herangezogen, während Timpe 24 berücksichtigte. Knapp mußte noch auf relativ altes Datenmaterial zurückgreifen,[53] Timpe dagegen hatte fast ausschließlich neueste Daten im Vergleich zum Bezugsjahr 1972 zur Verfügung.[54] Aus Platzgründen[55] verbietet sich eine Darstellung in allen Details.[56] Da die Aufstellung der Rangfolge nach Timpe auf einer größeren Basis erfolgt, soll diesbezüglich die inhaltliche Seite näher beschrieben und die Methode beispielhaft skizziert werden.

Nachfolgend also eine vollständige Aufzählung aller Unterfaktoren, die die Grundlage der *Rangfolge nach Timpe* darstellen:

Hauptfaktor I - Städtischer bzw. ländlicher Charakter:

Unterfaktoren: Bevölkerungsdichte, relative Anzahl von Haushalten mit 6 und mehr Personen, Anzahl der landwirtschaftlichen Betriebe, landwirtschaftlich genutzte Fläche, Anzahl der Schweinehalter, relativer Anteil der Erwerbstätigen in der Land- und Forstwirtschaft, Baulandpreise, Kraftfahrzeugdichte, Grad der Konzentration auf wenige Gemeinden eines Landkreises bzw. Einwohnerzahl der kreisfreien Städte.

Hauptfaktor II - Sozioökonomische und soziokulturelle Schichtung der Bevölkerung:

Unterfaktoren: Schichtung der Bevölkerung nach Tätigkeitsgruppen (Arbeiter, Angestellte, Beamte, Selbständige, Ärzte), Schichtung nach Konfessionszugehörigkeit, Schichtung nach politischem Wahlverhalten, Frequentierung von Volkshochschulangeboten, Schichtung der Bevölkerung nach Bildungsabschlüssen.

Hauptfaktor III - Infrastruktur (soziale und kulturelle Einrichtung Verkehrsnetz):

Unterfaktoren: Relative Anzahl der Krankenhausbetten, relative Anzahl der Altenheimplätze, Versorgung mit Gemeinschaftshäusern, verfügbare Finanzmittel für Volkshochschulen, Bauinvestitionen der Gemeinden relativ zur Einwohnerzahl, Straßenlänge relativ zur Gebietsfläche.

Hauptfaktor IV - Wirtschaftskraft der Industrie:

Unterfaktoren: Anzahl der Beschäftigten in der Industrie, Umsatz der Industrie, Bruttoinlandsprodukt, Bruttoanlageninvesitionen der Industrie.

Wenngleich, wie schon erwähnt wurde, für die Berücksichtigung der Unterfaktoren entscheidend war, ob adäquate statistische Daten als deren Indikatoren auffindbar waren, hat Timpe in allen Fällen die Verwendung der einzelnen Unterfaktoren unter Bezugnahme auf die relevante Literatur begründet.

In der Regel hat er für jeden sozialgeographischen Unterfaktor je einen statistischen Indikator herangezogen. Lediglich bei zwei seiner Meinung nach besonders bedeutsamen Unterfaktoren werden mehrere Indikatoren herangezogen und überdies begründet gewichtet.[57] Für die Gesamtheit aller 24 Unterfaktoren wurden so insgesamt 30 Indikatorsätze zur Quantifizierung herangezogen.

Jedem Landkreis bzw. jeder kreisfreien Stadt wurden auf diese Weise bezüglich eines jeden sozialgeographischen Unterfaktors ein oder mehrere Indikatorwerte zugeordnet. Da es sich bei den Indikatorwerten um Meßwerte auf dem absoluten Meßniveau handelt, war die Transformation dieser Meßdaten für jeden einzelnen sozialgeographischen Unterfaktor in Rangdaten leicht möglich. Von besonderer Bedeutung für die Ordnungstendenz war allerdings noch, ob es sich jeweils um einen „fördernden Faktor“ oder einen „Hemmfaktor“ im Sinne von Bedingungsfaktoren der Entwicklung des Bildungswesens handelt.[58] Diese Ordnungstendenzen der den einzelnen Unterfaktoren zugeordneten *Unterrangfolgen* stehen in direktem Bezug mit den Ordnungstendenzen der *Hauptrangfolgen*, die den sozialgeographischen Hauptfaktoren I-IV zugeordnet werden können. Die Ordnungstendenzen lassen sich durch folgende Übersicht beschreiben:

	höherer	niedrigerer
	Rangplatz	
Hauptrangfolge I:	mehr städtisch	mehr ländlich
Hauptrangfolge II:	höhere	niedrigere soziale Schichtung
Hauptrangfolge III:	bessere	schlechtere Infrastruktur
Hauptrangfolge IV:	höhere	niedrigere Wirtschaftskraft
Gesamttendenz:	bessere	schlechtere Bedingungen
	für die Fortentwicklung des Bildungswesens	

Durch Addition der jeweils für jeden Landkreis (kreisfreie Stadt) vorgegebenen 30 Rangplatzwerte resultieren dann Rangplatzsummenwerte, die wiederum neu geordnet wurden und damit zu der nachfolgend aufgeführten *Rangfolge T der hessischen Landkreise und kreisfreien Städte führten.*

Tabelle 8: Sozialgeographische *Rangfolge T* der hessischen Landkreise und kreisfreien Städte nach Timpe (Gebietsstand vom 31.7.1972).

Rangfolgeplatz	Landkreis bzw. kreisfreie Stadt	Rangfolgeplatz	Landkreis bzw. kreisfreie Stadt
1	Fulda-Land	25	Witzenhausen
2	Alsfeld	26	Bergtraße
3	Frankenberg	27	Limburg
4	Biedenkopf	28	Wetzlar
5	Wolfhagen	29	Waldeck
6	Hünfeld	30	Rheingaukreis
7	Ziegenhain	31	Hersfeld
8	Lauterbach	32	Untertaunuskreis
9	Marburg-Land	33	Hanau-Land
10	Rotenburg	34	Darmstadt-Land
11	Schlüchtern	35	Groß-Gerau
12	Fritzlar-Homberg	36	Friedberg
13	Büdingen	37	Main-Taunus-Kreis
14	Oberlahnkreis	38	Offenbach-Land
15	Gießen-Land	39	Hanau-Stadt
16	Erbach	40	Fulda-Stadt
17	Hofgeismar	41	Offenbach-Stadt
18	Usingen	42	Gießen-Stadt
19	Melsungen	43	Kassel-Stadt
20	Dieburg	44	Marburg-Stadt
21	Gelnhausen	45	Darmstadt-Stadt
22	Eschwege	46	Wiesbaden
23	Kassel-Land	47	Obertaunuskreis
24	Dillkreis	48	Frankfurt/Main

Die „sozialgeographische Position innerhalb der Rangfolge T" wird durch den *Regionalrang T* (abgek.RRT; Wertevorrat: ganzzahlig 1-48) bestimmt. Die Werte der *Variablen RRT* sind hinsichtlich ihrer Zuordnung zu den betreffenden Landkreisen und kreisfreien Städten mit den in der Tabelle 8 angegebenen Rangfolgeplätzen identisch.

2.3 Adaption der sozialgeographischen Rangfolge T auf den Gebietsstand vom 1.1.1975 - Regionalrang A - Kreisgruppen

Bei den in den nachfolgenden Teilen 3 und 4 dargestellten Untersuchungen wurde aus Vergleichsgründen einheitlich der Gebietsstand des Landes Hessen vom 1.1.1975 zugrundegelegt. Aus diesem Grunde mußte auch die von Timpe erstellte sozialgeographische Rangfolge dem neuen Gebietsstand angepaßt werden.

Da der unmittelbare Vergleich der Rangfolge von Knapp mit der entsprechenden Teilrangfolge nach Timpe vermuten ließ, daß neue Datensätze bei kleinen zeitlichen Unterschieden der Bezugsdaten[59] die Rangfolgen nicht signifikant verändern würden, wurde es als uneffektiv eingeschätzt, die volle von Timpe mit hohem Zeitaufwand vollzogene Arbeit zu wiederholen.[60] Deshalb wurde nach einem methodischen Notbehelf verfahren, das Ergebnis des Verfahrens aber einer Überprüfung unterzogen.

Die Adaption orientierte sich an der Tatsache, daß die Veränderung des Gebietsstandes vom 31.7.1972 hin auf den 1.1.1975 bis auf unwesentliche Abweichungen[61] darin bestand, daß einige der 1972 bestehenden 48 Landkreise und kreisfreien Städte zusammengelegt wurden und damit eine Reduktion auf 30 neue Verwaltungseinheiten erfolgte. Während 18 Landkreise und kreisfreie Städte von dieser Veränderung nicht betroffen waren, setzten sich 1975 insgesamt 12 der neuen Landkreise aus zwei bis vier Verwaltungseinheiten von 1972 zusammen.

Bei diesem Tatbestand wurde eine *auf 1975 bezogene sozialgeographische Rangfolge A* wie folgt konstruiert: Die von der Veränderung nicht betroffenen Landkreise und kreisfreien Städte behielten zunächst die Rangfolgeplätze der Rangfolge T, während für die zusammengelegten Verwaltungseinheiten jeweils mittlere Rangfolgeplätze nach der Rangfolge T berechnet wurden. Die so ermittelten Ordnungswerte wurden nunmehr in eine neue Rangordnung transformiert. Die Tabelle 9 stellt die Rangfolge A explizite dar.

Bei der oben beschriebenen Vorgehensweise wurde nicht verkannt, daß - formalmathematisch betrachtet - solche Mittelwertbildungen von Rangplatzwerten nicht unproblematisch sind. Deshalb wurde hier eine, wenn auch begrenzte, interne Validitätskontrolle durchgeführt. Und zwar wurde der - sozialgeographisch betrachtet sehr bedeutsame - Indikator „Mittelwert der jährlichen Steuereinnahmen der Gemeinden und Gemeindeverbände je Einwohner zwischen 1970 und 1975" zur Kontrolle herangezogen.[62] Mit diesem Indikator wurde eine *Kontrollrangfolge B* der 30 Landkreise und kreisfreien Städte von 1975 aufgestellt (Anhang: Tabelle A 1).

Der statistische Vergleich der beiden Rangfolgen A und B ergab einen starken Zusammenhang (R=0,86; N=30), so daß die aufgezeigte Vorgehensweise als gerechtfertigt erschien.

Analog zum Regionalrang T ist durch die Rangfolge A der *Regionalrang A* (abgek. *RRA*; Wertevorrat: ganzzahlig 1 - 30) definiert. Die Werte *der Variablen RRA* sind hinsichtlich ihrer Zuordnung zu den betreffenden Landkreisen und kreisfreien Städten mit den in der Tabelle 9 angegebenen Rangfolgeplätzen identisch.

Tabelle 9: Adaptierte sozialgeographische *Rangfolge A* der hessischen Landkreise und kreisfreien Städte (Gebietsstand vom 1.1.1975)

Rangfolgeplatz	Landkreis bzw. kreisfreie Stadt	Rangfolgeplatz	Landkreis bzw. kreisfreie Stadt
1	Vogelsbergkreis	16	Bergstraße
2	Schwalm-Eder-Kreis	17	Wetzlar
3	Kassel-Land	18	Rheingaukreis
4	Gießen-Land	19	Untertaunuskreis
5	Waldeck-Frankenberg	20	Hochtaunuskreis
6	Odenwaldkreis	21	Darmstadt-Land
7	Fulda	22	Groß-Gerau
8	Marburg-Biedenkopf	23	Main-Taunus-Kreis
9	Dieburg	24	Offenbach-Land
10	Hersfeld-Rotenburg	25	Offenbach-Stadt
11	Limburg-Weilburg	26	Gießen-Stadt
12	Werra-Meißner-Kreis	27	Kassel-Stadt
13	Dillkreis	28	Darmstadt-Stadt
14	Wetteraukreis	29	Wiesbaden
15	Main-Kinzig-Kreis	30	Frankfurt/Main

Im Teil 6 werden im Zusammenhang mit den dort beschriebenen Datenerhebungen Fragen der Repräsentativität erörtert, die eine Zusammenfassung zu größeren sozialgeographischen Regionen erfordern. Aus diesem Grunde werden hier auf der Basis der *Rangfolge A* die folgenden *drei Kreisgruppen* definiert:

Untere Kreisgruppe: Rangplätze 1-10,
Mittlere Kreisgruppe: Rangplätze 11-20
Obere Kreisgruppe: Rangplätze 21-30

Die Abbildung 1 läßt erkennen, daß sich die obere Kreisgruppe auf das Rhein-Main-Ballungsgebiet konzentriert und außerhalb davon nur die 1975 kreisfreien Städte Kassel und Gießen liegen. Die mittlere Kreisgruppe liegt i.w. in der Nachbarschaft der oberen. Die untere Kreisgruppe umfaßt i.w. den ländlichen Raum von Mittel-, Ost- und Nordhessen.

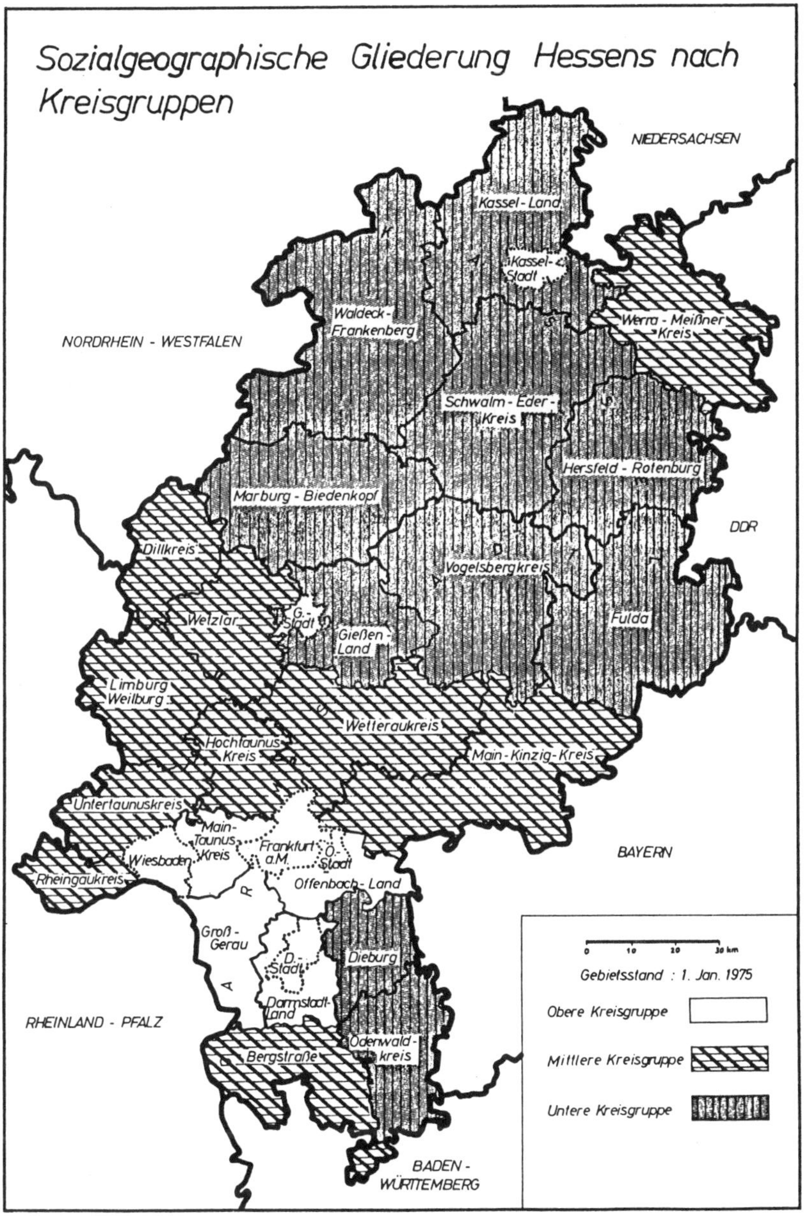
Sozialgeographische Gliederung Hessens nach Kreisgruppen
NIEDERSACHSEN
Kassel-Land
Kassel-Stadt
Waldeck-Frankenberg
NORDRHEIN - WESTFALEN
Werra - Meißner Kreis
Schwalm - Eder - Kreis
Hersfeld - Rotenburg
Marburg - Biedenkopf
DDR
Dillkreis
Vogelsbergkreis
Wetzlar
G.-Stadt
Gießen-Land
Fulda
Limburg Weilburg
Wetteraukreis
Hochtaunus Kreis
Main-Kinzig-Kreis
Untertaunuskreis
Main-Taunus Kreis
Frankfurt a.M.
Ö.-Stadt
Wiesbaden
BAYERN
Rheingaukreis
Offenbach-Land
Groß-Gerau
Dieburg
D.-Stadt
Darmstadt-Land
RHEINLAND - PFALZ
Odenwald-kreis
Bergstraße
BADEN-WÜRTTEMBERG
0 10 20 30 km
Gebietsstand : 1. Jan. 1975
Obere Kreisgruppe
Mittlere Kreisgruppe
Untere Kreisgruppe

Abbildung 1

2.4 Die regional unterschiedlichen Bildungschancen in Hessen in den Jahren zwischen 1955 und 1964

Offensichtlich beeinflußt von seinen Untersuchungsergebnissen über die Standorte hessischer Gymnasien und Realschulen,[63] hat Geipel später eine bildungspolitisch hochbrisante These formuliert, indem er behauptet: „Wer was werden will, muß am richtigen Ort aufwachsen."[64] Ohne im Detail auf die Vielfalt der Ergebnisse und die Methoden seiner Untersuchungen hier eingehen zu können, soll einer seiner Hauptindikatoren, mit denen er die regional unterschiedlichen Bildungschancen aufweist, aufgegriffen werden. Es handelt sich um den von ihm definierten Begriff der „Abiturientendichte", der in quantitativer Weise durch Tabellen regional ausgewiesen wird.[65] Daneben operiert Geipel auch mit dem Begriff der „Realschulabsolventendichte", wobei hier allerdings nur graphische Darstellungen vorliegen, die für eine statistische Überprüfung keine Verwendung finden konnten.

Geipel hat eine Rangordnung der damals existierenden 48 Landkreise und kreisfreien Städte nach den von ihm ermittelten Werten der Abiturientendichte aufgestellt, wobei der höchste Rangplatz dem Landkreis Wolfhagen mit der geringsten Abiturientendichte und der niedrigste der Stadt Fulda mit der höchsten Abiturientendichte zugeordnet wurde.[66] So konnte der Frage nachgegangen werden, ob ein statistischer Zusammenhang zwischen der Rangfolge der Abiturientendichten nach Geipel und einer der beschriebenen sozialgeographischen Rangfolgen besteht. Da sowohl Geipel wie auch Timpe sich auf den bis 1972 bestehenden Gebietsstand beziehen, wurde die Rangfolge T zum Vergleich herangezogen. Da die Daten, von denen Geipel ausgeht, dem Zeitraum von 1955 bis 1964 entstammen und Timpe Daten aus dem Zeitraum von 1966 bis 1972 benutzte, ist eine Bemerkung erforderlich. Es kann davon ausgegangen werden, daß eine auf Daten aus dem Zeitraum von 1955 bis 1964 bezogene sozialgeographische Rangfolge sich nicht wesentlich von der von Timpe erstellten Rangfolge unterscheiden würde.[67]

Die von Geipel mittels der Werte der Abiturientendichte aufgestellte Rangfolge der Landkreise und kreisfreien Städte wurde mit der sozialgeographischen Rangfolge T verglichen, wobei sich ein Spearmanscher Rangkorrelationskoeffizient von $R = -0{,}42$ ergab, was bei $N = 48$ und einseitiger Prüfung eine Signifikanz auf dem 0.01-Niveau ausweist (der negative Wert hängt mit den entgegengesetzten Anordnungen der Rangfolgen zusammen).

Somit läßt sich die Geipelsche These für den Bereich der gymnasialen Ausbildung in Hessen in der Zeit von 1955 bis 1964 wie folgt präzisieren: Die Abiturientendichte war in diesem Zeitraum in den Regionen ungünstiger sozialgeographischer Bedingungsfaktoren niedriger als in jenen, wo günstigere Faktoren vorhanden waren.[68] Ein Vergleich graphischer Darstellungen von Geipel, die er bezüglich der Realschulabsolventendichte publiziert hat,[69] mit der Abbildung 1 läßt einen analogen Schluß über einen solchen Zusammenhang, wie er bezüglich der Abiturientendichte gemacht werden konnte, nicht zu. Geipel selbst verweist darauf, daß es Zonen gibt, in denen bei vorhandener gymnasialer Strukturschwäche Kernzellen günstiger Realschulabschlüsse liegen können.[70]

2.5 Sozialgeographische Aspekte der Landschulreform

Auf dem Hintergrund der Untersuchungsergebnisse von Geipel wurden die Auswirkungen der 1959 eingeleiteten hessischen Landschulreform bis zum Jahre 1969 untersucht. Die Beschränkung auf diesen zehnjährigen Zeitraum erschien sinnvoll, da ja ab 1969 die am „Strukturplan" orientierten strukturellen Veränderungen einsetzten, die sich nicht mehr allein auf den ländlichen Bereich erstreckten.

Die Beurteilung dieser Auswirkungen erfolgt auf der Basis der Anzahl schulischer Einheiten.[71] Aus den Daten des Schulverzeichnisses von 1970 wurde eine entsprechende Liste mit Regionaldaten (Anhang: Tabelle A2) erstellt, die sich auf den Gebietsstand vom 1.1.1975 bezieht.[72] Diese Liste enthält alle bis zum Jahre 1969 errichteten Mittelpunktschulen, die Anzahl aller Schulen des GHR-Bereiches im Jahre 1969 und die aus diesen beiden Daten ermittelte relative Anzahl von Mittelpunktschulen. Der Rangfolge der relativen Anzahl von Mittelpunktschulen wird die sozialgeographische Rangfolge A gegenübergestellt. Bei der erstgenannten Rangfolge steigen die Rangfolgeplätze mit der relativen Anzahl der Mittelpunktschulen an. Der statistische Vergleich ergab einen Spearmanschen Rangkorrelationskoeffizienten von $R = -0{,}74$ $(N = 30)$, was einen - einseitig geprüften - höchstsignifikanten, starken Zusammenhang aufzeigt. Das negative Zeichen bedeutet dabei, daß die Regionen mit ungünstigen sozialgeographischen Faktoren gegenüber den anderen besonders gefördert wurden.

Mithin kann die Schulentwicklung des Landes Hessen im Rahmen der Landschulreform mit dem Attribut einer *sozialgeographisch-kompensatorischen* Verfahrensweise charakterisiert werden. Ein Nebeneffekt dieser Reform ist darüber hinaus noch darin zu sehen, daß sich in diesem Zeitraum das *Netz der Realschulen*[73] *stark verdichtet* hat. Die besonders starke Zunahme der Anzahl der Realschulen um 36,5 % (Gymnasien nur 9%) ist eindeutig im Zusammenhang mit der Errichtung der Mittelpunktschulen zu sehen.

2.6 Sozialgeographische Aspekte der Strukturreformansätze

Es wird noch einmal hervorgehoben, daß der eigentliche Beginn einer Reform des hessischen allgemeinbildenden Schulwesens im Sinne der Reformvorschläge des Bildungsrates mit der Verabschiedung des Schulverwaltungsgesetzes von 1969 im Zusammenhang steht, welches die erforderliche gesetzliche Grundlage für die Durchführung strukturverändernder Maßnahmen darstellt und über die Änderung der Schulträgerschaft[74] auch eine breitere bildungsökonomische Basis für derartige Veränderungen schuf.

Zwischen der Landschulreform und der 1969 eingeleiteten, auf Strukturveränderung hinzielenden Reform im hessischen Schulwesen besteht eine Art fließender Übergang und eine gewisse zeitliche Überlappung.

Was die Überlappung anbelangt, so gab es bereits vor 1969 einige wenige Gesamtschulen, und wurden schon in den sechziger Jahren an relativ vielen Schulen Förderstufen eingerichtet. Die Schulstatistik weist bereits für das Schuljahr 1966/67 insgesamt 46 Schulen mit Förderstufe aus. Im Schuljahr 1969/70 wurde mit 129 solcher Schulen bereits die Hälfte des Bestandes des Schuljahres 1977/78 erreicht.[75]

Der fließende Übergang zwischen den beiden Reformen wird an einer *regional-repräsentativen Auswahl von 42-Mittelpunktschulen*[76] deutlich, wenn man deren Entwicklungsgeschichte anhand der Schulverzeichnisse verfolgt.[77]

Zum 1.12.1966 waren von diesen 42 Schulen die Hälfte Mittelpunktrealschulen, 20 Mittelpunkthauptschulen und eine führte Gymnasialklassen mit.[78] An 15 dieser 42 Schulen wurden Sonderschulklassen und an 7 Schulen Förderstufen mitgeführt. Bis zum Schuljahr 1977/78 hatten sich von diesen 42 Schulen 10 zu additiven und 6 zu integrierten Gesamtschulen weiterentwickelt, an weiteren 8 ehemaligen Mittelpunkthauptschulen wurden nunmehr auch Realschulklassen und die Förderstufe mitgeführt. Hier handelte es sich wieder um Fälle von „Kondensationskernen“[79], für die eine Weiterentwicklung zu Gesamtschulen vorgezeichnet war. Von den 1966 bestehenden 18 Mittelpunktschulen des Typs GH (GHS) hatten nur noch 9 im Schuljahr 1977/78 den gleichen Typus aufzuweisen und wurden 2 zu reinen Mittelpunktgrundschulen umgeformt. Führten 1966 noch 39 der 42 Mittelpunktschulen Grundschulklassen und 15 Sonderschulklassen mit, so waren dies 1977/78 nur noch 19 bzw. 2 der damaligen Schulen. Dies hängt mit dem fortschreitenden Prozeß der Verselbständigung der Grundschulen und Sonderschulen zusammen, worauf in 1.2 schon hingewiesen wurde.

Gehen wir jetzt zunächst auf die *Entwicklung der Förderstufe* ein. Analog zu 2.5 wurde aus den Schulverzeichnissen von 1974, 1976 und 1978 Listen mit den entsprechenden Regionaldaten (Anhang: Tabellen A3 und A4) erstellt, die sich wieder auf den Gebietsstand vom 1.1.1975 beziehen. Sie enthalten die jeweils auf den Stand vom 15.10.1973, 1975 und 1977 bezogene Anzahl von Schulen mit Förderstufe, die Anzahl aller SI-Schulen[80] und die aus diesen beiden Daten ermittelte relative Anzahl der Schulen mit Förderstufe. Den Rangfolgen der relativen Anzahl wird die sozialgeographische Rangfolge A gegenübergestellt.

Tabelle 10: Zur Entwicklung der Förderstufe in Hessen zwischen 1973 und 1977

	1973	1975	1977
Anzahl aller SI-Schulen[80]	907	818	772
Anzahl der Schulen mit Förderstufe	216	249	259
relative Anzahl der Schulen mit Förderstufe	0,24	0,30	0,34
prozentualer Anteil der Schüler der Jahrgangsstufen 5 und 6, die in der Förderstufe unterrichtet werden[81]	44,1%	49,1%	53,0%
Spearmans R bezüglich des Vergleichs der Rangfolge der relativen Anzahl der Schulen mit Förderstufe und der sozialgeographischen Rangfolge A	-0,02	-0,13	-0,09

Wenn man die relative Anzahl von Schulen mit Förderstufen betrachtet und mit den prozentualen Anteilen der Förderstufenschüler an der Gesamtheit der Schüler der 5. und 6. Jahrgangsstufe in der Tabelle vergleicht, so ist ergänzend zu bemerken, daß die Schulen mit Förderstufen im Mittel größere Schülerzahlen haben als dies im Mittel bei allen SI-Schulen der Fall ist. Die Schulstatistik zeigt auch noch auf, daß die stärkste Zunahme der Anzahl der Förderstufenschüler zwischen 1969 und 1972 erfolgte und danach eine gewisse - möglicherweise nur vorübergehende - Verzögerung der Entwicklung eingesetzt hat. Dies erkennt man auch deutlich in der Tabelle 10, denn während die Zunahme an Schulen mit Förderstufe von 1973 bis 1975 noch 33 betrug, kommen zwischen 1975 und 1977 nur noch 10 weitere dazu. Ursächlich sind neben ökonomischen Gründen auch die unterschiedlichen bildungspolitischen Auffassungen der politischen Parteien zu nennen, insbesondere dort, wo die Opposition in den Kreistagen entsprechende Mehrheiten hatte (vgl. dazu Abschnitt 2.7).

Die in der Tabelle 10 angegebenen drei Rangkorrelationskoeffizienten sind nur unwesentlich von Null verschieden. Im Gegensatz zur Landschulreform (vgl. Abschnitt 2.5) erscheint somit die *bisherige Entwicklung der Förderstufe im Lande Hessen* als *von den sozialgeographischen Bedingungsfaktoren unabhängig*.

Der zweite Teil der hier durchgeführten Datenanalysen bezieht sich auf die *Entwicklung im Bereich der Gymnasien und der Gesamtschulen*. Auch hier wurden wieder aus den Schulverzeichnissen Listen mit entsprechenden Regionaldaten erstellt (Anhang: Tabellen A5-A8). Sie enthalten die jeweils auf den 15.10.1973, 1975 und 1977 bezogene Anzahl der Gymnasien und der Gesamtschulen, sowie der Summe der Schulen beider Schulgattungen. Wiederum ist die auf alle SI-Schulen bezogene relative Anzahl für alle drei betrachteten Fälle errechnet und die diesbezüglichen Rangfolgen mit der sozialgeographischen Rangfolge A verglichen worden.

Tabelle 11: Zur Entwicklung der Gymnasien und Gesamtschulen in Hessen zwischen 1973 und 1977

	1973	1975	1977
Anzahl aller SI-Schulen[80]	907	818	772
Anzahl der Gymnasien[82]	155	143	137
Anzahl der Gesamtschulen	97	129	162
Summe der Anzahl der Gymnasien und Gesamtschulen	252	272	299
relative Anzahl der Gymnasien	0,17	0,17	0,18
relative Anzahl der Gesamtschulen	0,11	0,16	0,21
relative Anz.d.Gymnasien u. Gesamtschulen	0,28	0,33	0,39
Korrelationskoeffizient R bezüglich des Rangfolgenvergleichs:			
Rangfolge A - Rangfolge Gymnasien	+0,37	+0,33	+0,37
Rangfolge A - Rangfolge Gesamtschulen	-0,22	-0,16	-0,04
Rangfolge A - Rangfolge Gymnasien und Gesamtschulen	-0,14	-0,07	-0,03

Wenngleich die Anzahl der Gymnasien, sei es durch Ausbau zu einer Gesamtschule oder zu einem Oberstufengymnasium, absolut abgenommen hat, hat sich die relative Anzahl sogar leicht erhöht. Die absolute und relative Anzahl hat bei den Gesamtschulen beträchtlich zugenommen. Insgesamt hatte sich zwischen 1973 und 1977 die Anzahl der Schulen, an denen Schüler eine *„gymnasiale Mittelstufenausbildung"*[83] erhalten konnten, um fast 20% erhöht. Betrachtet man die diesbezüglichen relativen Zahlen, so ist die Gesamtveränderung in diesem Teilbereich der Sekundarstufe I noch viel deutlicher. 1977 war bereits an 39% aller SI-Schulen die Möglichkeit einer gymnasialen Mittelstufenausbildung gegeben. Der Fortschritt wird noch deutlicher, wenn man mit Zahlen von 1969 vergleicht. 191 Gymnasien und Gesamtschulen standen insgesamt 1.478 SI-Schulen gegenüber, d.h. daß 1969 nur an 13% der SI-Schulen die genannte Möglichkeit bestand.

Vergleicht man die Rangkorrelationskoeffizienten der Tabelle 11 mit dem in 2.5 zur Landschulreform berechneten, so ist von deutlich schwächeren Zusammenhängen auszugehen. Von Bedeutung sind eigentlich nur die Koeffizienten bezüglich der Gymnasien, wobei sich mit dem positiven Vorzeichen das bestätigt, was bereits in 2.4 im Zusammenhang mit der Geipelschen These und der von ihm er stellten Rangfolge auf der Basis von Abiturientendichten der Regionen aufgezeigt wurde. Die Koeffizienten bezüglich der Gesamtschulen dagegen weisen zunächst noch einen schwachen „sozialgeographischen Kompensationseffekt" auf, der aber von 1973 bis 1977 hin verschwindet. *Betrachtet man Gymnasien und Gesamtschulen zusammen unter dem Aspekt der Möglichkeit einer „gymnasialen Mittelstufenausbildung", so konnte für das Land Hessen jedenfalls im Jahre 1977 die Geipelsche These nicht mehr aufrecht erhalten werden.*

Die für die Tabellen A3 - A8 des Anhangs berechneten regionalen Schuldaten geben noch weitere Informationen her. Im Zusammenhang mit der

Erstellung von Rangfolgen konnten leicht für die Verteilungen der relativen Zahlen statistische Kennwerte auf dem Ordinalniveau ermittelt werden.

Tabelle 12: Regionale Streuung der relativen Anzahl von Schulen mit Förderstufen, Gesamtschulen und Gymnasien am 15.10.1977

	Median [84]	MQA[85]	Maximum	Minimum
Schulen mit Förderstufe	0,37	0,27	0,89	0
Gesamtschulen	0,22	0,15	0,78	0
Gymnasien	0,14	0,06	0,41	0

Die verschiedenen Medianwerte zeigen zunächst die unterschiedlichen Grade des Entwicklungsstandes auf. Betrachtet man Gesamtschulen und Gymnasien zusammen, so ist die diesbezüglich summierte relative Anzahl der Schulen in etwa gleich der der Schulen mit Förderstufe. Im Hinblick auf das erforderliche weiterführende Bildungsangebot bedarf dieses Ergebnis keiner weiteren Interpretation.

Sowohl die absolute Dispersion (Maximum - Minimum) wie auch der mittlere Quartilabstand MQA lassen erkennen, daß die relative Anzahl bei den Schulen mit Förderstufe mit deutlichem Abstand von Gesamtschulen und Gymnasien am stärksten streut. Die Streuung ist bei den Gymnasien wieder deutlich geringer als bei den Gesamtschulen. Eine Erklärung dafür lieferte eine Detaildurchsicht des Schulverzeichnisses. Die erheblichen regionalen Unterschiede hängen damit zusammen, daß bspw. die Förderstufe in manchen Landkreisen bereits für alle Schüler der Jahrgangsstufen 5 und 6, in anderen nur für einen Teil und bei weiteren überhaupt noch nicht eingeführt war. Analoges gilt für den Gesamtschulbereich.

In Anbetracht dieser Streuungsunterschiede wurden noch die Rangfolgen der relativen Anzahl der Schulen untereinander einer Prüfung auf Zusammenhang unterzogen. Dabei wurden folgende Spearmansche Rangkorrelationskoeffizienten (N = 30) berechnet:

	einfach	partiell[86]
Förderst.-Gesamtsch.:	R(12)= 0,80	R(12,3)= 0,74
Förderst.-Gymnasien :	R(13)=-0,49	R(13,2)=-0,19
Gesamtsch.-Gymnasien:	R(23)=-0,49	R(23,1)=-0,19

Der Vergleich der einfachen Korrelationskoeffizienten mit den partiellen zeigt lediglich im ersten Fall eine „echte“ Korrelation, die von der dritten Variablen nur unwesentlich beeinflußt wird. Dies läßt folgenden Schluß zu:

Zwischen den regional unterschiedlichen Entwicklungen der Förderstufen und der Gesamtschulen bis zum Jahre 1977 besteht ein starker, - einseitig geprüfter - höchstsignifikanter Zusammenhang. D.h. beide Entwicklungen beeinflußten sich gegenseitig in positiver Weise. Dort, wo die Förderstufenentwicklung in Vergleich zu anderen Regionen fortgeschrittener war, hat dies alsbald die Errichtung weiterer Gesamtschulen nach sich gezogen, und andererseits hat die Existenz einer größeren Anzahl von Gesamtschulen in einer Region dann auch dazu geführt, daß die Förderstufe auch außerhalb der Gesamtschulen verstärkt weiterentwickelt wurde.

2.7 Die Strukturreformansätze unter dem Aspekt des bestehenden bildungspolitischen Spannungsfeldes

Was die Reformmaßnahmen im Bildungsbereich anbelangt, ist hinreichend bekannt, daß zwischen der seinerzeitigen Regierungskoalition aus SPD und FDP in Hessen und der CDU-Opposition ein heftiger Meinungsstreit im Gange war. Dies und der anregende Hinweis von Steinberg auf den politischen Faktor (vgl. Abschnitt 2.1) führte zu den nachfolgend beschriebenen Datenanalysen.

Ausgegangen wurde von der Vermutung, daß im Zusammenhang mit der Schulträgerschaft, die bei den Landkreisen und kreisfreien Städten liegt (vgl. Anm. 17 und 18), je nach den vorhandenen politischen Mehrheitsverhältnissen bei diesen eine stärkere oder geringere Bereitschaft zur Unterstützung der bildungspolitischen Absichten der Landesregierung vorherrschen würde. Was die in den Tabellen 10 und 11 aufgezeigte Entwicklung betrifft, so sollte - wenn überhaupt - ein Zusammenhang mit den durch die Kommunalwahl vom 22.10.1972 geschaffenen politischen Konstellationen aufzeigbar sein.

Die Ergebnisse der Kommunalwahl von 1972 wurden vom Hessischen Statistischen Landesamt veröffentlicht[87] und vom Verfasser - durch teilweise erforderliche Zusammenfassungen - auf den Gebietsstand vom 1.1.1975 übertragen. Diese Daten weisen in den 30 Landkreisen und kreisfreien Städten in 21 Fällen die absolute Mehrheit der SPD, in 4 Fällen die absolute Mehrheit von SPD und FDP und in 2 Fällen (Fulda und Rheingaukreis) die absolute Mehrheit der CDU aus. In 3 Landkreisen wurde von einer Situation eines politischen Patts ausgegangen, wobei im Falle des Vogelsbergkreises die hohe Sitzanzahl für Wahlgemeinschaften von Bedeutung sein konnte, im Falle des Landkreises Limburg-Weilburg ein ehemaliger CDU-Kreis mit einem ehemaligen SPD-Kreis zusammegelegt wurde und im Dillkreis eine definitive Pattsituation zwischen SPD und CDU bestand.

Für die weitere Datenanalyse wurden für die beiden Fälle der Entwicklung der Förderstufe und des Bereichs der Gesamtschulen die ermittelten relativen Zahlen dichotomisiert, wobei die beiden Klassen leicht über die Rangplätze zu bilden waren. Auf diese Weise konnten die beiden 2 x 2 - Feldertafeln der Tabelle 13 aufgestellt und einer statistischen Überprüfung unterzogen werden.

Die „gegenläufige" zahlenmäßige Besetzung der Spalten der beiden Vierfeldertafeln ist evident und die statistische Prüfgröße 2I = 7,84 nach Kullback[88] ergibt den Wert Phi[89] = 0,51, was eine hochsignifikante Abweichung von der (proportional betrachteten) Gleichverteilung ausweist. Die oben gestellte Hypothese kann also als bestätigt angesehen werden:

Tabelle 13: Bivariable Häufigkeitsverteilungen zum Stand der Strukurreform am 15.10.1977 und zu den politischen Mehrheitsverhältnissen der Landkreise und kreisfreien Städte nach den Ergebnissen der Kommunalwahlen vom 22.10.1972

	absolute Mehrheit der SPD allein oder gemeinsam mit der FDP	absolute Mehrheit der CDU oder politisches Patt gegenüber SPD/FDP
relative Anzahl der *Schulen mit Förderstufe*		
Rangplatz 1-15	10	5
Rangplatz 16 - 30	15	0
relative Anzahl der *Gesamtschulen*		
Rangplatz l - 15	10	5
Rangplatz 16 - 30	15	0

Die Entwicklung der Förderstufe und der Gesamtschule war in den Landkreisen ohne politische Dominanz der damaligen Koalitionsparteien SPD und FDP gegenüber den anderen Regionen zurückgeblieben.

2.8 Regionen geringerer Reformintensität und sozialgeographische Faktoren

Die Tabelle 12 im Abschnitt 2.6 weist bezüglich der strukturverändernden Ergebnisse der Schulentwicklung relativ hohe Streuungswerte der sie charakterisierenden Variablen aus. Konnte zwar die Strategie der Schulentwicklung anhand einer mehr globalen - mit Hilfe von Rangfolgenvergleichen ermöglichten - Beurteilung als sozialgeographisch-kompensatorisch bezeichnet werden, so schließt dies nicht aus, daß mögliche „sozialgeographische Hemmfaktoren" in speziellen Fällen mehr oder weniger mit den unterschiedlichen Reformintensitäten in Verbindung stehen. Ein bedeutsames Charakteristikum für Rangfolgenvergleiche ist ja schließlich auch darin zu sehen, daß einige wenige „Ausreißer" von der allgemeinen Tendenz die Gesamttendenz nicht zerstören. Die nachfolgend beschriebenen Datenanalysen beziehen sich nicht nur auf die Phase der strukturverändernden Maßnahmen, sondern es werden auch Zielsetzungen der Landschulreform berücksichtigt. Dort ging es neben dem Effizienzaspekt im allgemeinen auch um die besondere bildungspolitische Zielsetzung der Aufwertung des Hauptschulbereichs. Er sollte neben dem gymnasialen Bereich und dem Realschulbereich eine dritte, zwar andersartige aber gleichwertige Möglichkeit der fortführenden Schulausbildung darstellen.

Die *„Regionen geringerer Reformintensität"* können natürlich nur durch Vergleich mit den anderen definiert werden. Dabei wird von der regionalen Gliederung nach dem Gebietsstand vom 1.1.1975 ausgegangen und der Entwicklungsstand im Schuljahr 1977/78 (Stichtag 15. 10. 1977) betrachtet.

a. Regionen mit geringeren strukturellen Veränderungen:

Dazu werden alle Landkreise und kreisfreien Städte gezählt, deren Rangplätze sowohl in der Rangfolge bezüglich der Entwicklung der Förderstufe (Tabelle A4 des Anhangs) wie auch in der Rangfolge bezüglich der Entwicklung des Gesamtschulbereichs (Tabelle A7 des Anhangs) in der unteren Hälfte liegen

(Rangplätze 1-15). Dazu gehören bspw. der Landkreis Bergstraße mit den Rangplätzen 5 und 11 oder die Stadt Frankfurt mit den Rangplätzen 7 und 8.
b. Regionen mit „Klein- und Zwerg-Hauptschulen“:
Die Landschulreform bezog sich auf den Bereich der Primarstufe und den Haupt- und Realschulbereich. Kleine Grundschulen werden hier nicht berücksichtigt, da der Beurteilungsbereich die Sekundarstufe I ist. Im Realschulbereich gab es 1977 keine Schulen mit Größenordnungen, die es erforderten, ähnliche Einteilungen zu treffen, wie sie nachfolgend für den Bereich der Hauptschulen beschrieben werden.
Als *„Klein-Hauptschulen“* werden alle Hauptschulen (im Sinne der Definition des Abschnitts 1.1) erklärt, deren Schülerzahl (einschließlich der Schüler der Grundschule und der Vorklassen) die Zahl 200 nicht oder nur unwesentlich (bis 210) überschreitet. Es handelt sich also um Schulen, deren Größe die Hälfte des für das Jahr 1977 festgestellten Wertes für die mittlere Schulgröße der Hauptschulen nicht überschreitet. *Zusätzlich* werden zu dieser Kategorie aber auch noch alle Hauptschulen bis 270 Schülern gezählt, wenn die Anzahl der darin mitgeführten Hauptschüler die Zahl 70 nicht überschreitet. Dadurch wurden auch noch weitere Schulen berücksichtigt, in denen der „Hauptschulzweig“ nicht für jede Jahrgangsstufe eine gesonderte Klasse anbieten konnte, d.h. Jahrgangsstufen teilweise zusammengelegt werden mußten. Als spezieller Teil der „Klein-Hauptschulen“ werden die *„Zwerg-Hauptschulen“* definiert. Ihre Schülerzahl liegt entweder unter 100 *oder* es ist - im Falle der Überschreitung der Zahl 100 - die Anzahl der Hauptschüler so niedrig, daß höchstens zwei Hauptschulklassen für alle 5 Schuljahrgänge eingerichtet waren. Nach dem Schulverzeichnis gab es im Schuljahr 1977/78 in Hessen 40 „Klein-Hauptschulen“ und als speziellen Teil davon 14 „Zwerg-Hauptschulen“. Bis auf einen Ausnahmefall einer Schule in einem Randbezirk der Stadt Wiesbaden, befanden sich alle „Klein-Hauptschulen“ in Landkreisen.

Unter Anwendung der beiden Auswahlkriterien a und b wurden 12 Landkreise und 3 kreisfreie Städte - also genau die Hälfte aller 30 Regionen - mit geringer Reformintensität festgestellt. Wegen des Auswahlkriteriums b liegt es nahe, die *12 Landkreise* und die *drei kreisfreien Städte gesondert zu betrachten.* Dies liegt auch unter dem sozialgeographischen Aspekt auf der Hand, da in der Rangfolge A die Landkreise die Ränge 1-24 und die kreisfreien Städte die Ränge 25-30 einnehmen.

2.8.1 Landkreise geringerer Reformintensität

Aus den Tabellen A4 und A7 konnten die Relativwerte, mit denen der jeweilige Entwicklungsstand der Förderstufe und der des Gesamtschulbereichs quantitativ erfaßt wurde, übernommen werden. Damit lassen sich die 12 Landkreise in einer *Rangfolge Fö* und ebenso in einer *Rangfolge Gs* anordnen. Bezugnehmend auf die jeweilige Anzahl der Hauptschulen konnten analoge Bewertungszahlen, und zwar die „relative Anzahl der Klein-Hauptschulen“ und die „relative Anzahl der Zwerg-Hauptschulen", berechnet werden. Anhand dieser Relativwerte wurden die beiden *Rangfolgen KH und ZH* aufgestellt. Für jeden Landkreis wurden vermittels dieser vier Rangfolgen die Rangplatzsumme berechnet und damit eine *Rangfolge gRI* aufgestellt, wobei der niedrigere Rangplatz gegenüber einem höheren auch die geringere Reformintensität festhält (vgl. Tabelle A9 des Anhangs). Absichtlich wurde durch die zusätzliche Rangfolge ZH eine indirekte Wichtung vorgenommen.

Die Rangfolgen wurden paarweise auf Zusammenhang untersucht. Dabei zeigte sich, daß zwischen den Rangfolgen Fö und Gs ein mit R=0,87 starker, höchstsignifikanter, positiver Zusammenhang besteht. Dies steht im Einklang mit Ergebnissen aus Abschnitt 2.6. Ein deutlich schwächerer, positiver, aber noch signifikanter Zusammenhang ($R_{corr.} = 0{,}54$, Rangbindungen berücksichtigt!) besteht zwischen den Rangfolgen KH und ZH. Auch das ist verständlich. Von besonderer Bedeutung ist jedoch, daß zwischen den Rangfolgen KH und ZH einerseits und den Rangfolgen Fö und Gs andererseits überhaupt kein Zusammenhang besteht. Genauere Betrachtungen der Rangplatzwerte zeigen, daß dieses statistische Ergebnis i.w. durch *zwei „Ausreißer" mit extremen entgegengesetzten Rangplatzdifferenzen* bewirkt wird. Es handelt sich um den *Rheingaukreis* und den *Landkreis Hersfeld-Rotenburg*. Darauf wird noch näher eingegangen.

Die Gesamtheit der 12 Landkreise geringerer Reformintensität (Tabelle A9 des Anhangs) läßt sich zunächst global gegenüber den anderen Landkreisen anhand der sozialgeographischen Hauptfaktoren nach Timpe charakterisieren. Timpe hat - wie im Abschnitt 2.2 bereits beschrieben wurde - für diese Hauptfaktoren Teilrangfolgen der damals existierenden 48 Regionen aufgestellt und dann die sozialgeographische Rangfolge T über Rangplatzsummenwerte gewonnen. Im Abschnitt 2.3 wurde beschrieben, wie aus der Rangfolge T die auf den Gebietsstand vom 1.1.1975 bezogene sozialgeographische Rangfolge A konstruiert wurde. Aus den Hauptfaktoren-Rangfolgen nach Timpe wurden nun auch noch durch eine analoge Adaption entsprechende Teilrangfolgen für die 30 Landkreise und kreisfreien Städte von 1975 konstruiert. Die einzelnen Teilrangfolgen können hier nicht explizite dargestellt werden (vgl. die Tabelle A10 des Anhangs), aber es soll mehr stenografisch daran erinnert werden, welche sozialgeographischen Bezüge vorliegen:

Teilrangfolge I: „mehr städtisch – mehr ländlich",
Teilrangfolge II: „hohe – niedrige soziale Schichtung",
Teilrangfolge III: „gute – schlechte Infrastruktur",
Teilrangfolge IV: „starke – schwache Wirtschaftskraft".

Berechnet wurden für die vier Teilrangfolgen und alle 24 Landkreise die vier Rangplatzmittelwerte. Sie haben der Reihe nach die Werte 12,5, 12,5, 12,5 und 13,25. Der letzte Wert, der etwas von den anderen drei Werten nach oben hin verschoben ist, hängt damit zusammen, daß bezüglich der Teilrangfolge IV zwei der 6 kreisfreien Städte schlechter als einige Landkreise liegen. Bei den anderen drei Teilrangfolgen ist dies nicht der Fall, und deshalb für diese drei der gleiche Wert 12,5=(1+24):2.

Verglichen wurden damit die vier entsprechenden Rangplatzmittelwerte, die für die 12 Landkreise geringerer Reformintensität berechnet wurden. Diese haben der gleichen Reihenfolge nach die Werte 11,8, 10,5, 12,9 und 10,9. Bezogen auf die Gesamtrangfolge A stehen sich die Rangplatzmittelwerte 12,5 (24 Landkreise) und 10,4 (12 Landkreise) und bezogen auf die Kontrollrangfolge B („Steuereinnahmen", vergl. Abschnitt 2.3) stehen sich die Werte 12,5 und 9,6 gegenüber.

Insgesamt wird also erkennbar, daß *für die Gruppe der Landkreise mit geringerer Reformintensität im Mittel schlechtere sozialgeograhische Bedingungsfaktoren vorlagen*, als dies bei der Gesamtheit aller 24 Landkreise der Fall ist. Die Abweichungen sind bei den Faktoren II (*soziale Schichtung*) und IV (*Wirtschaftskraft*) bedeutsamer als bei den beiden anderen Faktoren. Eine noch stärkere Abweichung ist bei den *Steuereinnahmen* festzustellen.

Neben diesen Rangfolgenvergleichen wurden anhand des Basismaterials von Timpe noch differentiellere Analysen durchgeführt. Die diesbezüglichen Ergebnisse lassen sich wie folgt zusammenfassen:

I. Sozialgeographische Singularitäten:

1. Hessen ist eines der Bundesländer, die mit der ehemaligen DDR ein Stück Grenze gemeinsam hatten. *Alle drei „Zonenrandkreise"* (Fulda, Hersfeld-Rotenburg, Werra-Meißner-Kreis) gehören zu den Landkreisen geringerer Reformintensität.
2. Nach konfessionellen Aspekten betrachtet, ist Hessen ein Land mit relativ stark überwiegender protestantischer Bevölkerung. Im Jahre 1970 gab es folgende Verteilung der Bevölkerung nach Konfessionszugehörigkeit: Protestanten 59,3%, Katholiken 32,1%, andere 6,6% und ohne Konfessionszugehörigkeit 2,0% (entnommen aus: Hessische Kreiszahlen 1/1972). Was die regionale Verteilung anbelangt, ist aber aus sozialgeographischer Sicht bedeutsam, daß sich die Katholiken nicht gleichmäßig über das Land verteilen, sondern in einigen Regionen (*„katholische Inseln"*) konzentrieren. Timpe hat den Indikator „Differenz zwischen den prozentualen Anteilen der Protestanten und Katholiken an der Wohnbevölkerung" verwendet. Darauf wurde zurückgegriffen. In 22 Landkreisen und kreisfreien Städten (Gebietsstand 1.1.1975) dominierte 1970 mehr oder weniger stark die protestantische Bevölkerung. Dies war umgekehrt bei den Katholiken nur in 4 Landkreisen der Fall. In weiteren vier Regionen waren die prozentualen Unterschiede relativ klein (+6,6% bis -5,0%). *Alle vier Landkreise mit überwiegender katholischer Wohnbevölkerung* gehören zu den Landkreisen geringerer Reformintensität.
3. Die Zusammenfassung von mehreren kleineren Verwaltungsgebieten zu größeren im Rahmen der *Gebietsreform* hatte teilweise sozialgeographische Negativfolgen, die darin zu sehen sind, daß sich bezüglich gewisser sozial-

geographischer Faktoren in der neugebildeten Region die Unterschiede erheblich vergrößerten. Zwei *Landkreise mit extrem starkem, inneren sozialgeographischem Gefälle* sind die Landkreise Fulda und Marburg-Biedenkopf. In beiden Fällen handelt es sich um eine größere Stadt im Kerngebiet und um eine stark ländlich geprägte Umgebung. In beiden Fällen steht einer guten Infrastruktur im Kernbereich eine sehr viel schlechtere im Umland gegenüber, und in beiden Fällen (ehemalige Residenzstadt bzw. Universitätsstadt) besteht zwischen dem Kern und dem Umland ein extremes Gefälle in der sozialen Schichtung.

4. Der besonders niedrige Rang des *Landkreises Fulda* (gRI-Rang) erscheint als *Kulmination der beiden Singularitäten 2 und 3.*

II. Landkreise mit starken Abweichungen von der „mittleren Tendenz“:

Oben wurde bereits hinsichtlich der Art der Reformdefizite die beiden Landkreise Rheingau und Hersfeld-Rotenburg als „Ausreißer“ bezeichnet. Es gibt noch weitere 5 Landkreise, die bezüglich der sozialgeographischen Faktoren gewisse Ausnahmestellungen einnehmen und in einem stärkeren Maß als andere von der „mittleren Tendenz“ abweichen. Die Betrachtung dieser Fälle ermöglicht weitere Einsichten.

Alle Rangplatzangaben, die nachfolgend in Klammern erfolgen, beziehen sich auf die Gesamtheit aller 30 Landkreise und kreisfreien Städte (vgl. Tabelle Al0 des Anhangs).

1. Rheingaukreis: Zwar gibt es hier keine „Klein-Hauptschulen“ mehr, aber hinsichtlich der Strukturreform steht dieser Landkreis mit jeweils Rangplatz l an der untersten Stelle. Das starke Überwiegen der *katholischen Bevölkerung* kann im Sinne von ERLINGHAGEN (1965) als Hemmfaktor aufgefaßt werden. Den leicht überdurchschnittlich hohen Steuereinnahmen und dem eher mehr städtischen als ländlichen Charakter steht allerdings auch noch eine schlechte Infrastruktur (Rangplatz 3) gegenüber.

2. Landkreis Hersfeld-Rotenburg: Dieser „Zonenrand-Kreis“ steht hinsichtlich der „Klein- und Zwerg-Hauptschulen“ mit den Rangplätzen 1 und 2 an den untersten Stellen. Das ist im starken Zusammenhang mit dem ausgeprägten ländlichen Charakter (Rangplatz 4) und der recht schlechten Infrastruktur (Rangplatz 6) zu sehen. Hinsichtlich der Strukturreform liegt er innerhalb der 12 betrachteten Landkreise mit am günstigsten. Im Zusammenhang mit einer nur knapp mittleren Wirtschaftskraft (Rangplatz 11) und geringeren Steuereinnahmen (Rangplatz 6) wäre dies recht widersprüchlich, wüßte man nicht, daß *die Hessische Landesregierung* diesen und den beiden nachfolgend beschriebenen Landkreise *außergewöhnlichen finanziellen Beistand leistete.*[90]

3. Schwalm-Eder-Kreis: Dieser Kreis hat die schwächste Wirtschaftskraft (Rangplatz l) aller hessischen Landkreise und kreisfreien Städte, und die Steuereinnahmen sind gerade knapp durchschnittlich (Rang 12). Dennoch nimmt er einen vergleichsweise höheren Rangplatz in der Rangfolge gRI (Rangplatz 8)

ein, als es den beiden sozialgeographischen Merkmalen entspricht. Ebenfalls *Auswirkungen besonderer finanzieller Unterstützung durch das Land Hessen.*[90]
4. Werra-Meißner-Kreis: Ebenfalls ein „Zonenrandkreis" und dazu noch schwache Wirtschaftskraft (Rangplatz 5) und geringe Steuereinnahmen (Rangplatz 4). Die Reformdefizite sind hier im Vergleich zu allen anderen 11 Landkreisen noch mit am geringsten. *Auswirkungen ganz besonderer finanzieller Unterstützung durch das Land Hessen.*[90]
5. Dillkreis: Daß dieser Kreis in der Rangfolge gRI mit Rang 6 so schlecht liegt, scheint eindeutig mit der *niedrigsten Sozialschichtung der Bevölkerung* (Rangplatz 1) zusammenzuhängen, denn bezüglich der anderen drei Hauptfaktoren I, III und IV (werden überdurchschnittlich hohe Rangplätze (17, 21 und 21) eingenommen. Auch die Steuereinnahmen (Rangplatz 19) sind überdurchschnittlich hoch.
6. Landkreis Groß-Gerau: Dieser Fall erscheint zunächst als überhaupt nicht auflösbar. Neben dem mehr städtischen Charakter (Rangplatz 20) und einer überdurchschnittlich guten Infrastruktur (Rangplatz 17) nimmt dieser Landkreis hinsichtlich der Wirtschaftskraft (Opel-Werke) unmittelbar nach der Stadt Frankfurt und noch vor allen anderen kreisfreien Städten den zweithöchsten Rang (Rangplatz 29) ein. Auch nach den Steuereinnahmen (Rangplatz 25) erscheint dieser Landkreis in einer besonderen Ausnahmestellung im Vergleich zu den anderen. Die soziale Schichtung der Bevölkerung entspricht dem Durchschnitt der Landkreise (Rangplatz 13). Im Grunde genommen sind alle sozialgeographischen Faktoren eher als günstig für die Entwicklung des Bildungsbereichs anzusehen. Der scheinbare Widerspruch löst sich allerdings auf, wenn man die Rangplätze bei den Hauptfaktoren und in der Kontrollrangfolge B auf den Rangplatz bezüglich der *Teilrangfolge II (soziale Schichtung)* bezieht. Dann zeigt sich nämlich, daß für diesen Landkreis - ähnlich dem Dillkreis - große Rangplatzdifferenzen besonders bezüglich des Faktors IV (Wirtschaftskraft) und der Kontrollrangfolge B vorliegen.
7. Landkreis Bergstraße: Hier liegen die Verhältnisse ähnlich wie bei den beiden Landkreisen, die davor betrachtet wurden. Die Rangplatzdifferenzen sind jedoch nicht so groß. Möglicherweise kommt dem - wenn auch hier im Vergleich zum Rheingaukreis geringeren - Überwiegen des katholischen Bevölkerungsanteils eine gewisse Rolle zu.

2.8.2 Kreisfreie Städte mit geringerer Reformintensität

Hier ist nur das in 2.8 eingangs formulierte Auswahlkriterium a anzuwenden. Von den 6 kreisfreien Städten steht hinsichtlich der Strukturreform die *Stadt Darmstadt* gemeinsam mit dem Rheingaukreis auf dem untersten Platz in der Rangfolge bezüglich der Entwicklung der Förderstufe und ebenso bezüglich der Entwicklung des Gesamtschulbereichs. Im Schuljahr 1977/78 gab es in beiden Regionen weder die Förderstufe noch Gesamtschulen. Von den kreisfreien Städten ist die *Stadt Kassel* mit den Rangplätzen 6 bzw. 5 diejenigen, die den zweitschlechtesten Platz einnimmt, und dann folgt die *Stadt Frankfurt* mit den schon oben genannten Rangplätzen 7 bzw. 8. Da diese drei kreisfreien Städte gemeinsam mit anderen in der sozialgeographischen Rangfolge A und auch bei den Teilrangfolgen (Tabelle A10 des Anhangs) die höchsten Rangplätze einnehmen, sind Schlußweisen wie bei den Landkreisen nicht möglich. Vergleichsweise zu 2.8.1 kann hier nur eine mehr subjektive Sicht des Verfassers dargestellt werden, die auf speziellen Erfahrungen an Schulen der Stadt Frankfurt basiert.

Alle drei Städte nehmen hinsichtlich der sozialen Schichtungen höchste Rangplätze ein und besitzen in diesem Zusammenhang schon seit eh und je eine hohe Anzahl von Gymnasien, aber auch eine über dem Landesdurchschnitt stehende Anzahl von Realschulen.[91] Gestützt auf eine relativ starke konservative Elternschaft haben sich die Gymnasien bislang erfolgreich gegen jegliche Reformen ihrer Struktur im Mittelstufenbereich widersetzt. Soweit es überhaupt in nennenswertem Umfang zu Gesamtschulerrichtungen kam, wie in Frankfurt (1977:10) und in Kassel (1977:3), gingen diese aus ehemaligen Realschulen hervor. Dies war mehrheitlich auch auf das ganze Land bezogen so, aber ein kleiner Teil der ehemaligen Gymnasien ging auch in Gesamtschulen auf. Daß bspw. in Frankfurt aber auch noch 1977 eine relativ hohe Anzahl von Hauptschulen in der tradierten Form bestand,[92] ist sicherlich in der Tatsache zu sehen, daß trotz relativ hoher sozialer Schichtung bei einem sehr geringen Anteil der Selbständigen der Anteil der Arbeiter mit 35,9% am 27.5.1970[93] noch relativ hoch ist. Außerdem dürfte von Bedeutung sein, daß gerade in Frankfurt eine Konzentration ausländischer Arbeitskräfte vorliegt, die ihrem Bildungs- und Sozialverhalten nach quasi einer „Sonderschicht" angehören. Die Schulstatistik führt Zahlen, die den Schulbesuch ausländischer Kinder im GHR-Bereich ausweisen. Daraus geht eindeutig hervor, daß bis auf einen unwesentlichen Anteil an den Realschulen die Gastarbeiterkinder die Hauptschule besuchen.[94] Auf Ursachen dieses Bildungsverhaltens kann hier nicht näher eingegangen werden, jedoch sei wenigstens auf die Sprachbarrieren und die meist noch feste Einbindung in die angestammten kulturellen Eigenheiten der jeweiligen Ausländergruppen hingewiesen.

TEIL 3: FINANZIELLE ASPEKTE DER HESSISCHEN REFORMANSÄTZE IM BEREICH DER ALLGEMEINBILDENDEN SCHULEN UND DEREN BEDEUTUNG FÜR DEN NATURWISSENSCHAFTLICHEN UNTERRICHT (1960-1977)

Es ist eine bekannte Tatsache, daß die allgemeinen Bemühungen um eine Reform des Bildungswesens erhebliche finanzielle Probleme, sei es auf dem Personalsektor oder im sächlichen Bereich, aufwerfen.

Welche Belastung der öffentlichen Haushalte durch den Bildungsbereich im Laufe der Jahre vorlag, ist für die Bundesrepublik Deutschland statistisch festgehalten und veröffentlicht worden.[95] Wenn man für die jeweiligen Haushaltsjahre die nach 10 Ausgabeposten gegliederte Haushaltsstatistik nach den Anteilen am Gesamthaushalt ordnet, so läßt sich der Stellenwert, den das Bildungswesen von 1951 bis 1975 einnimmt, wie folgt beschreiben.

Über all diese Jahre hinweg stehen an erster Stelle die Ausgaben für soziale Sicherung. 1951 rangierten die Ausgaben für das Bildungswesen hinter denen für die Verteidigung und das Wohnungswesen (einschl. Raumordnung) an vierter Stelle. Im Jahre 1961 rückten die Ausgaben für das Bildungswesen hinter denen für die Verteidigung auf den dritten Platz und 1969 haben diese Ausgaben bereits die der Verteidigung überholt. Dabei ist es bis 1975 geblieben. Während beispielsweise der Anteil für das Wohnungswesen von 1951 bis 1974[96] von 12,9% auf 5,8% und der Anteil für die Verteidigung im gleichen Zeitraum von 21,1% auf 9,7% gesunken sind, hat sich von 1951 bis 1974 der Anteil für das Bildungswesen von 6,9% auf 15,0% erhöht.

Wenn man finanzielle Betrachtungen im Zusammenhang mit der Entwicklung des Schulwesens in einem Bundesland anstellen will, so ist zunächst zu erörtern, welche gesetzlichen Regelungen Grundlage für den Unterhalt der öffentlichen (und privaten) Schulen sind.

3.1 Lastenverteilung und Finanzkräfte der Kompetenzträger für den Schulbereich in Hessen.

Gesetzliche Grundlage der Kompetenzverteilung ist das sogenannte Schulverwaltungsgesetz.[97] Während die Fassung von 1961 den Intentionen der Landschulreform angepaßt wurde, enthält die Fassung von 1969 die rechtlichen Grundlagen für strukturverändernde Maßnahmen, insbesondere für die Einrichtung von Gesamtschulen und den Ausbau der Förderstufe. Dieses Gesetz regelt die Unterhaltung der öffentlichen Schulen und die Schulaufsicht. Neben den öffentlichen Schulen gibt es in Hessen besonders im Sonderschulbereich und bei den Gymnasien eine größere Anzahl von Privatschulen.[98] Das hessische Privatschulwesen wird durch das Privatschulgesetz und durch das Ersatzschulfinanzierungsgesetz rechtlich geregelt.[99] Man könnte noch geneigt sein, die gesetzlichen Regelungen zur Unterrichtsgeld- und Lernmittelfreiheit[100] als weitere Grundlage der Regelung der Kompetenzen anzusehen, jedoch handelt es sich hier um eine prinzipielle Frage der Lastenverteilung in der Gesellschaft, die bereits durch den Artikel 59 der hessischen Landesverfassung im Jahre 1946 eindeutig entschieden wurde und hinsichtlich der weiteren Gesetzgebung bindend ist.

Das Schulverwaltungsgesetz unterscheidet bezüglich der Unterhaltung der öffentlichen Schulen zwischen *Personalkosten* und *Sachkosten.* Die Personalkosten umfassen die üblichen Kosten für Beamte und Angestellte im öffentlichen Dienst, was hier nicht im Detail aufgeführt werden muß. Wichtig ist allerdings, daß sich diese Kosten, die unter *dem terminus technicus „Personalkosten"* im weiteren benutzt werden, nur auf das *lehrende und erziehende* Personal beziehen. Bei den Sachkosten könnte man noch zwischen „eigentlichen Sachkosten" und „Sachleistungen" unterscheiden. Diese *„eigentlichen Sachkosten"* umfassen alle Kosten der Verwaltung und des Betriebs der Schulen, wozu auch die Personalkosten der Beamten, Angestellten und Arbeiter gehören, die nicht Lehrer oder Erzieher sind. Außerdem gehören hierzu noch die Beförderungskosten für Schüler, falls im Zusammenhang mit der Standortwahl einer Schule eine spezielle Schülerbeförderung erforderlich ist. Zu den *„Sachleistungen"* gehören die Errichtung von Schulen und Schulanlagen, die Ausstattung dieser mit den erforderlichen Einrichtungen, Lehrmitteln und Büchereien, soweit es die Lehrpläne (Bildungspläne) erfordern. Der *terminus technicus „Sachkosten"* wird im weiteren, wenn nicht bezüglich beider Spezies zu unterscheiden ist, *subsumierend verwendet* werden.

Die erforderlichen Mittel zum Unterhalt der öffentlichen Schulen werden einerseits vom Land Hessen und andererseits von den Schulträgern aufgebracht. Grob gesagt, trägt das *Land Hessen die Personalkosten* der öffentlichen Schulen und zu einem erheblichen Teil auch die der Privatschulen.[101] Die *öffentlichen und privaten Schulträger tragen die Sachkosten. Im Detail*, worauf noch eingegangen wird, ist alles etwas komplizierter sowohl bezüglich der Vergangenheit als auch im Zeitpunkt dieser Niederschrift.

Exkurs: Schulträgerschaft

Wer bezüglich welcher Schulen Schulträger ist, wird ebenfalls durch das Schulverwaltungsgesetz festgelegt. Bis zum Jahre 1969 war die Schulträgerschaft relativ uneinheitlich und bezüglich der einzelnen Schulgattungen unterschiedlich. Das Schulverwaltungsgesetz von 1969 hat zu einer weitgehenden Vereinheitlichung geführt. Aus dem Schulverzeichnis von 1970 kann man die bis 1969 bestehende Vielfalt der Schulträgerschaft erkennen. Sie lag bis dahin bei allen öffentlichen[102] Grund- und Hauptschulen bei den Gemeinden oder im Falle von Mittelpunktschulen bei den Schulverbänden, zu denen sich mehrere Gemeinden zusammengeschlossen hatten. Anders bei den 247 Realschulen des Schuljahres 1969/70. Zu 71% lag die Schulträgerschaft ebenfalls bei den Gemeinden und Schulverbänden und in 28% der Fälle bei den Landkreisen und kreisfreien Städten. Die Schulträger der 4 privaten Realschulen waren katholische Orden. Von den 181 Gymnasien waren 42 private Schulen. Die Schulträgerschaft der 139 öffentlichen Gymnasien lag nur in 22% der Fälle bei den Gemeinden und Schulverbänden, aber in 78% der Fälle bei den Landkreisen und kreisfreien Städten. Für die eine Hälfte der privaten Gymnasien lag die Schulträgerschaft bei den Kirchen und für die andere bei Stiftungen, Vereinen und Einzelpersonen. Von den 148 Sonderschulen im Schuljahr

1969/70 waren 26 private Schulen. Die Schulträgerschaft der 122 öffentlichen Sonderschulen lag zu 25% bei den Gemeinden und Schulverbänden und zu 64% bei den Landkreisen und kreisfreien Städten. Für 10 dieser Schulen war der Landeswohlfahrtsverband Hessen und für 4 das Land Hessen selbst zuständig. Die Schulträgerschaft der privaten Sonderschulen lag in 14 Fällen bei Vereinen und Stiftungen, in 8 Fällen bei den Kirchen, in 3 Fällen bei der Landesversicherungsanstalt Hessen und in einem Fall bei der Arbeiterwohlfahrt Hessen-Süd. Der Vollständigkeit wegen, aber ohne ins Detail gehen zu wollen, sei vermerkt, daß die Schulträgerschaft für den Bereich des öffentlichen berufsbildenden Schulwesens ausschließlich bei den Landkreisen und kreisfreien Städten lag und für die Hessenkollegs und die öffentlichen Ingenieurschulen das Land Hessen zuständig war. 1969 gab es aber auch ca. 60 private Bildungseinrichtungen solcher Art.[103]

Das Schulverwaltungsgesetz von 1969 hat die Schulträgerschaft im Bereich der öffentlichen Schulen grundlegend geändert, indem für den allgemeinen Fall die Landkreise und die kreisfreien Städte als zuständig erklärt wurden. Unter bestimmten Voraussetzungen kann kreissangehörigen Gemeinden die Trägerschaft übertragen werden.[104] Schulträger der Hessenkollegs, der Studienkollegs für ausländische Studierende und der Pädagogischen Fachinstitute ist das Land Hessen, das auch Träger von Versuchs- und Modellschulen und von Sonderschulen, die mit Universitätseinrichtungen verbunden sind, sein kann. Der Landeswohlfahrtsverband Hessen ist Träger von Sonderschulen mit überregionaler Bedeutung. In diesem Zusammenhang ist unter finanziellen Aspekten von Bedeutung, daß der Paragraph 19 des Schulverwaltungsgesetzes von 1969 die durch die Änderung der Schulträgerschaft hervorgerufene finanzielle Mehrbelastung dadurch gemildert hat, daß eine Berücksichtigung im Rahmen des *kommunalen Finanzausgleichs* im Falle von Deckungslücken in den Haushalten der Landkreise sichergestellt wird. Man kann sagen, daß erst durch diese Regelung der finanziellen Belange der Schulträgerschaft auch die *ökonomische Basis für die hohen finanziellen Anforderungen der strukturverändernden Maßnahmen im Schulbereich geschaffen* wurden.

Schließlich bleibt noch zu beschreiben, wie es um die Finanzkräfte der am Unterhalt der öffentlichen[105] Schulen Beteiligten steht, d.h. welche finanziellen Möglichkeiten die jeweiligen öffentlichen Haushalte der Gemeinden, der Landkreise und des Landes für die Fortentwicklung des Schulwesens bieten können. Es ist selbstverständlich, daß für die Berücksichtigung dieses Bereiches in den Haushalten gewisse Randbedingungen bestehen, indem bei der Verteilung der jeweilig zur Verfügung stehenden Haushaltsmittel alle Aufgabenbereiche der Gemeinwesen nach Bedeutung und Dringlichkeit angemessen berücksichtigt werden müssen. Unabhängig von dieser fast trivialen Feststellung sind die Voraussetzungen für die Fortentwicklung im Schulbereich naturgemäß umso besser, je höher die Steuereinnahmekraft ist. Durch den Vergleich mit Investitionen im Schulbereich sei dies beispielhaft belegt.

Zwischen den beiden in der Tabelle 14 ausgewiesenen quantitativen Merkmalen besteht ein signifikanter, positiver Zusammenhang (sowohl $r = 0,66$ als auch $R = 0,55$ sind auf dem 0.05-Niveau-einseitig geprüft- signifikant).

Tabelle 14: Investitionen im Schulbereich und Steuereinnahmekraft der Gemeinden nach Ländern der Bundesrepublik Deutschland und Westberlins im Jahre 1975

	relative Investitionsbeträge[106] (DM je Schüler)	Steuereinnahmekraft insgesamt[107] (DM je Einwohner)
Schleswig-Holstein	495,98	410,10
Niedersachsen	746,58	395,81
Nordrhein-Westfalen	625,59	505,58
Hessen	484,89	487,15
Rheinland-Pfalz	397,46	406,55
Baden-Württemberg	603,81	517,08
Bayern	539,79	438,47
Saarland	505,00	367,82
Hamburg	687,13	831,54
Bremen	1.123,02	608,72
Berlin-West	405,21	379,70

Die Einnahmequellen der öffentlichen Haushalte sind sehr vielfältig,[108] so daß hier im Detail nicht näher darauf eingegangen werden kann. Skizzenhaft kann nur das Grundsätzliche herausgestellt werden.

Exkurs: Einnahmequellen öffentlicher Haushalte

Haupteinnahmequellen sind die nach gesetzlichen Grundlagen erhobenen und verteilten Steuern, Zölle und Abgaben. Daneben schlagen insbesondere bei den Landkreisen und kreisfreien Städten noch Gebühren zu Buche, wobei es im allgemeinen schwer ist, deren Anteil genauer zu fixieren. Er ist aber im Vergleich zu den Haupteinnahmequellen wesentlich kleiner.[109] Das Finanzwesen der öffentlichen Haushalte ist im Prinzip durch das Grundgesetz festgelegt und wird durch Bundesgesetze ergänzt, die der Zustimmung des Bundesrates bedürfen. So legt der Artikel 106 des Grundgesetzes die sogenannte „Ertragshoheit“[110] fest, d.h. welche Art von Steuern und gegebenenfalls welcher Anteil davon dem Bund, dem jeweiligen Land und der jeweiligen Gemeinde zukommen. Der Artikel 107 des Grundgesetzes legt fest, daß sich die Ertragshoheit grundsätzlich nach dem örtlichen Aufkommen richtet, daß aber zwischen den einzelnen Länder der Bundesrepublik ein sogenannter „horizontaler Finanzausgleich“[111] zu erfolgen hat, was durch entsprechende Bundesgesetze geregelt wird.

Die Verfassung des Landes Hessen hat im Artikel 137 einen entsprechenden „vertikalen Finanzausgleich“[112] innerhalb des Landes festgelegt. Dieser *Finanzausgleich* wird für jedes Rechnungsjahr durch eine entsprechende Neuformulierung des sog. Finanzausgleichsgesetzes[113] geregelt. Durch ein relativ kompliziertes System erhalten von einer jährlich festgelegten Finanzausgleichsmasse die Gemeinden, die Landkreise und der Landeswohlfahrtsverband Hessen Schlüsselzuweisungen, die über den Vergleich zwischen einer Bedarfsmeßzahl[114] und einer Steuerkraftmeßzahl[115] berechnet werden. Daneben gibt es noch zweckgebundene Finanzzuweisungen, beispielsweise für die Polizei, Gesundheitsämter, im Rahmen des Schullastenausgleichs durch Uebernahme der Schulträgerschaft der Landkreise nach 1969, für Zonenrandgebiete, für Gemeindeeinrichtungen und den Straßenbau. In etwa kann davon ausgegangen werden, daß *die Finanzeinnahmen der Gemeinden zu zwei Dritteln aus Steuern im Rahmen der eigenen Ertragshoheit und aus den Finanzzuweisungen im Rahmen des*

Finanzausgleichs bestehen.[116] Das restliche Drittel geht auf Einnahmen aus Verwaltung und aus Gemeindebetrieben und auf sonstige Einnahmen zurück. *Haupteinnahmequelle der Landkreise ist die sogenannte Kreisumlage*, die ebenfalls durch das Finanzausgleichsgesetz festgelegt wird. Etwa den gleichen Stellenwert nehmen die Schlüsselzuweisungen und die zweckgebundenen Zuweisungen zusammen ein.[117] Da die Kreisumlage durch das Gesetz an die Steuerkraftmeßzahlen der Gemeinden und deren Schlüsselzuweisungen gebunden ist,[118] erscheint diese Finanzquelle der Landkreise als umso *ergiebiger, je besser ihre Gemeinden diesbezüglich liegen.*

Tabelle 15: Auswirkungen des Finanzausgleichs des Landes Hessen bei den Gemeinden und Gemeindeverbänden im Jahre 1975 an Beispielen[119]

Vergleichspaare von kreisfreien Städten und Landkreisen (Gebietsst. 1.1.1975)	Netto-Steuereinnahmen aller Gemeinden und Gemeindeverbände zusammen Variable x (DM/Einwohner)	Summe aus Netto-Steuereinnahmen und Finanzzuweisung des Landes f.a. Gemeinden u. Gemeinde-verb. zusammen Variable y (DM/Einwohner)
Gießen-Stadt	650	912
Offenbach-Stadt	911	1.189
Gießen-Land	375	696
Offenbach-Land	604	801
Fulda	325	965
Kassel-Land	373	834
Vogelsbergkreis	306	689
Groß-Gerau	573	787

Die in der Tabelle 15 aufgeführten Vergleiche zeigen bereits sehr anschaulich, daß die relativen Unterschiede der Variablen y im Vergleich zur Variablen x erheblich geringer sind. Da die vier Paare etwas willkürlich zusammengestellt erscheinen, wurden noch für alle Werte der Variablen x und y, d.h. für alle 30 Landkreise und kreisfreien Städte, die Variabilitätskoeffizienten[120] berechnet, um damit die Streuungen vergleichen zu können. Für die Variable x ergab sich V_x=O,48 und für die Variable y der wesentlich kleinere Wert V_y =0,27. Dies ergibt einen Quotienten $V_y : V_x$ =0,56, d.h. durch dem Landesfinanzausgleich ist die VariabYlitaXt des Betrages der Gemeindefinanzen, der sich aus den Netto-Steuereinnahmen und der Finanzzuweisung des Landes zusammensetzt, fast auf die Hälfte der Variabilität der Netto-Steuereinnahmen im Jahre 1975 gesunken.

Eine ähnliche beispielhafte Betrachtung der Auswirkungen des Finanzausgleiches hinsichtlich der Landkreise ist nicht inöglich, da es diesbezüglich keine relevanten veröffentlichten Daten gibt. Es ist jedoch davon auszugehen, daß die Auswirkungen von ähnlicher Natur sind, da der Gesamtansatz für die Kreisschlüsselzuweisungen ähnlich wie der bei den Gemeinden ist und sich, wie oben bereits erwähnt auch von der Kreisumlage her ein gewisser Ausgleich ergibt.[121]

Der *Landesfinanzausgleich* führt zwar, wie wir am Beispiel der Tabelle 15 und der ergänzenden statistischen Betrachtung gesehen haben, zu einer *erheblichen Milderung der regionalen Unterschiede*, die bestünden, wenn es diesen Ausgleich nicht gäbe. *Trotzdem bestehen noch wesentliche Unterschiede in der Finanzkraft* der *Gemeinden und Landkreise.* Für die Variable y der Tabelle 15 und alle 30 Landkreise und kreisfreien Städte ergibt sich ein Mittelwert von 870 DM/Einwohner und eine Standardabweichung von 235 DM/Einwohner. Auf dem Boden dieser Tatsache mußte das Land Hessen entsprechend finanziell agieren, damit die - unter globalen sozialgeographischen Aspekten - regional weitgehend ausgeglichene Schulentwicklung möglich wurde. Darauf wird später näher eingegangen.

3.2 Anmerkungen zur Entwicklung der Personalkosten

Im Folgenden werden mehrfach die Jahre 1964 und 1975 als Bezugsjahre zum Vergleich herangezogen. Dies hat zwei Gründe. Einmal handelt es sich um zwei Zeitpunkte, die etwa den gleichen zeitlichen Abstand von dem Beginn der beiden hessischen Reformphasen haben und zum anderen weist die hessische Schulstatistik für diese beiden Jahre einige bedeutsame Vergleichswerte aus.

In 3.1 wurde bereits gesagt, daß das Land Hessen für die Personalkosten zuständig ist. Diese Aussage soll nunmehr noch etwas präzisiert werden, zumal bezüglich der beiden Reformphasen von 1959 bis 1969 und für die ab 1969 sehr unterschiedliche Situationen vorlagen.

Nach dem Schulverwaltungsgesetz von 1961 hatte zwar das Land für den gesamten GHRS-Bereich die Personalkosten zu tragen, an den Personalkosten der anderen Schulen waren aber auch noch die Gemeinden und die Landkreise beteiligt. So hatten die Schulortsgemeinden 10% und die kreisfreien Städte und Landkreise weitere 30% der Personalkosten der Gymnasien zu tragen. Kreisfreie Städte und Landkreise hatten auch 40% der Personalkosten für die berufsbildenden Schulen und die Fachschulen zu tragen. Das Schulverwaltungsgesetz von 1969 und seine Änderung von 1975 und 1978[122] haben zunächst zu einer Reduktion der Beteiligung der Gemeinden, kreisfreien Städte und Landkreise auf die Hälfte der Anteile gemäß dem Gesetz von 1961 geführt und nachfolgend zu weiteren Reduktionen, so daß im Jahre 1977 die ursprünglichen Anteile bereits auf ein Achtel vermindert wurden, und seit 1978 das Land für die öffentlichen Schulen in der Tat zu 100% die Personalkosten trägt. Eine analoge Entwicklung hat sich hinsichtlich der Personalkosten der privaten Schulen vollzogen. Während nach dem Privatschulfinanzierungsgesetz von 1961[123] die als subventionierungswürdig anerkannten Privatschulen[124] Beihilfen zu den Personalkosten in der Höhe von 50% und in besonderen Fällen von 75% erhalten konnten, beträgt die Beteiligung des Landes nach dem Ersatzschulfinanzierungsgesetz von 1972 seit 1973 generell 75% und seit 1976 sogar 80%, wobei wiederum noch Zusatzbeihilfen von 15% der Personalkosten möglich sind. *Lag also während der Phase der Landschulreform noch ein beträchtlicher Anteil der Personalkosten bei den Gemeinden, kreisfreien Städten und Landkreisen,* sowie *bei den privaten Schulträgern,* so hat inzwischen *das Land Hessen praktisch die Personalkosten insgesamt übernommen.* Es kann also angenommen werden, daß es wohl nur auf dieser Basis der allmählichen Übernahme der vollen Personalkosten durch das Land möglich war, den Personalbestand an den Schulen auf den heutigen Umfang auszuweiten.

Die Größe dieser Ausweitung wird durch Zahlenvergleiche sehr deutlich.[125] Von 1964 bis 1975 hat die Gesamtzahl der Stellen im gesamten hessischen Schul- und Hochschulbereich von 39.666 auf 68.600 um rund 73% zugenommen. An dieser Ausweitung hat der Schulbereich (allgemeinbildende und berufsbildende Schulen) bei einer Zunahme von 26.996 auf 46.169 Stellen, d.h. um 71% in etwa proportional partizipiert. Trotz einer erheblichen Zunahme der Schülerzahlen von ca. 735.000[126] im Jahre 1964 auf 1.044.381 im Jahre 1975 konnte so das auf das ganze Land und alle Schulen bezogene Schüler-Lehrer-Verhältnis von 27,2 auf 22,6 gesenkt werden.[127]

Die *Ausweitung der Stellenzahl* erforderte natürlich entsprechende finanzielle Mittel, und auch diesbezüglich sind die Zahlenvergleiche sehr aufschlußreich. Betrugen die hessischen Personalausgaben im Schul- und Hochschulbereich 1964 rund 533 Millionen DM, so stiegen sie im Jahre 1975 auf rund 2.554 Millionen DM, d.h. um rund 379%. Diese Zahlen lassen sich relativieren, indem man sie mit der Entwicklung der öffentlichen Haushalte der gesamten Bundesrepublik in dieser Zeitspanne vergleicht. Die Ausgaben der öffentlichen Haushalte stiegen von 1964 bis 1975 von rund 128 Milliarden DM auf rund 505 Milliarden DM, d.h. um rund 295%. Diese überproportional hohe Zunahme der Personalkosten im Schul- und Hochschulbereich steht im Einklang mit dem eingangs dieses Teils über die Steigerung der Gesamtausgaben im Bildungsbereich Gesagten.

Aufschlußreich ist noch eine Betrachtung der Personalkosten für Unterricht und Wissenschaft als Anteile an den gesamten Personalkosten:[128]

	Unterricht		Wissenschaft	
	1964	1975	1964	1975
Bundesländer und Westberlin zusammen	25,1%	24,0%	6,0%	11,0%
Hessen allein	25,0%	24,5%	7,7%	11,4%

Durch diese Aufsplittung wird deutlich, daß die oben aufgezeigte Zunahme der Personalkosten für den Bildungsbereich sich vornehmlich auf den Bereich Wissenschaft bezog und beim Bereich Unterricht sogar eine geringfügige Abnahme vorlag.

3.3 Anmerkungen zur Entwicklung der Sachkosten

In 3.1 wurde aufgezeigt, daß selbst unter Berücksicntigung des vertikalen Finanzausgleichs im Lande Hessen die Finanzkräfte der Schulträger, gemessen an der Summe aus Netto-Steuereinnahmen und Finanzzuweisung, noch erheblich um den Mittelwert streuen. Damit ist klar, daß für die finanzschwächeren Schulträger bei einem Anspruch auf gleichartige Fortentwicklung des Schulsystems in allen Regionen des Landes erhebliche Finanzierungsprobleme entstehen würden, wenn nicht das *Land Hessen auf dem Wege über Sonderzuweisungen für den Schulbereich regulierend eingreifen* würde.

Im Zusammenhang mit Reformen des Bildungswesens im allgemeinen wie auch im Schulbereich im speziellen ist bei den Sachkosten zweckmäßigerweise zwischen *Investitionskosten* und den damit zusammenhängenden *Folgekosten* zu unterscheiden. Die Investitionskosten im Schulbereich beziehen sich auf die Erstellung, Einrichtung und Ausstattung von Schulbauten, sei es durch Neubauten, durch Erweiterungsbauten oder durch den Umbau bestehender Anlagen. Die Folgekosten beziehen sich auf die Verwaltung, den Betrieb und den Unterhalt dieser Anlagen. Im Zusammenhang mit der Errichtung größerer schulischer Einheiten in beiden Reformphasen hat sich ein besonderer Betriebskostenfaktor entwickelt, den die *Schülerbeförderung* zu den zentralen Schulstandorten erfordert.

3.3.1 Schulbauinvestitionen[133]

Bei den Investitionskosten ist zu unterscheiden zwischen den *zuwendungsfähigen* oder *anerkannten Baukosten* und den *sonstigen Baukosten.* Für erstere sind sogenannte Richtpreise festgelegt.[134] Soweit diese überschritten werden, zählen die Überschreitungskosten zu den weiteren Baukosten, zu denen auch die Kosten des Grundstückes und der Erschließung gehören. Wie schon der Name besagt, erhalten die Schulträger nur für die zuwendungsfähigen Baukosten Landeszuschüsse, während die sonstigen Baukosten ausschließlich von ihnen selbst zu tragen sind. Über die anerkannten Baukosten liegen veröffentlichte Daten vor, so daß einige Analysen möglich waren.

Da die *naturwissenschaftlichen Fächer ausstattungsintensive Unterrichtsfächer* sind, ist hier noch zu vermerken, daß die *Kosten für die Ausstattung und Einrichtung aller Räume einer Schule einen bestimmten Teil der anerkannten Baukosten darstellen*, und daß dazu auch die sogenannten *Erstausstattungen* mit Lehrmitteln und Büchereien, speziell also auch mit *naturwissenschaftlichem Experimentiergerät* gehören.

Im Jahre 1979 galten folgende Erfahrungswerte für den Anteil der Kosten für Einrichtung und Ausstattung an den anerkannten Baukosten:
Grundschulen 8 - 10%, Schulen im SI-Bereich ca. 15%, Schulen im SII-Bereich (gymnasiale Oberstufe, Berufsschulen) 16 - 17%, Sonderschulen 10 - 12%. Bei Berufsschulen mit speziellen Werkstätten sind Anteile bis zu 30% möglich.

Diese Anteile waren bei den Mittelpunktschulen mit Sicherheit erheblich geringer angesetzt,[135] was zumindest teilweise mit einer erheblichen Weiterentwicklung der Hilfsmittel für den Unterricht[136] zu erklären ist.

Was das Problem der *Finanzierung der erforderlichen Investitionen im Rahmen der Landschulreform* anbelangt, so konnte es nur dadurch gelöst werden, daß sich das Land Hessen hier besonders stark finanziell beteiligte. Wie und in welcher Weise dies geschah, kann man veröffentlichten Daten des Hess. Kultusministers von 1967 entnehmen.[137] Dabei wird auf die bereits in 2.6 erwähnte repräsentative Auswahl von Mittelpunktschulen des Jahres 1966 zurückgegriffen.

Die gesamten anerkannten Baukosten für diese 42 Schulen betrugen rund 124 Millionen DM, und damit ergibt sich ein mittlerer Wert von knapp 3 Millionen DM für eine Mittelpunktschule. An der Finanzierung des Gesamtvolumens von 124 Millionen DM für diese 42 Schulen hat sich das Land Hessen mit 64,8% beteiligt, haben die Schulträger, in der Hauptsache Schulverbände,[138] 24,2% der erforderlichen Mittel aufgebracht und haben sich die Landkreise mit 9,6% beteiligt. Im geringen Umfange von 1,4% hat auch der Bund Zuschüsse gewährt, soweit es sich um Zonenrandgebiete handelte. Dieser Beteiligungssatz des Landes Hessen in der Höhe von 65% wird auch von KERNER (1967) in einem anderen Zusammenhang[139] erwähnt. Damit läßt sich ein Schätzwert für die gesamten damaligen anerkannten Baukosten der 1966 in Betrieb befindlichen 194 Mittelpunktschulen angeben. Er liegt in der Größenordnung von 600 Millionen DM und die Beteiligung des Landes Hessen in einer Höhe von ca.400 Millionen DM. *Die große Bedeutung, die das Land Hessen in dieser Zeit der Landschulreform zugemessen hat*, wird bei Kerner sehr klar aufgezeigt. Er berichtet, daß im gleichen Zeitraum für alle im damaligen Regierungsbezirk Darmstadt zu realisierenden Schulbauten rund 223 Millionen DM an verlorenen Zuschüssen zur Verfügung gestellt wurden, wovon ein großer Teil im Rahmen der Landschulreform Verwendung fand, was insofern nicht selbstverständlich war, als in den kreisfreien Städten infolge großer Kriegszerstörungen ein erheblicher Nachholbedarf und in den Ballungszentren infolge der schnellen und starken Bevölkerungszunahme ein Neubedarf an Schulraum vorhanden waren.[140]

Für das ganze Land ist eine Abschätzung möglich. Nach der Schulstatistik[141] wurden vom Land Hessen zwischen 1960 und 1966 - dem Zeitraum der Erstellung der oben genannten 194 Mittelpunktschulen von 1966 - für alle Schulbauinvestitionen 680,4 Millionen DM an Zuschüssen gewährt. Die oben ermittelten 400 Millionen DM für die Mittelpunktschulen entsprächen damit einem Anteil von ca. 59% an der Gesamtheit aller Zuschüsse. Damit wird die Prioritätensetzung deutlich.

Wurde in 2.5 im Zusammenhang mit der relativen Anzahl von Mittelpunktschulen in den einzelnen Regionen von einer sozialgeographisch-kompensatorischen Verfahrensweise gesprochen, so läßt sich diese Aussage noch durch eine finanzielle Betrachtung untermauern. Aus den Angaben über die Finanzierung der anerkannten Baukosten der 42 Auswahlschulen wurde für jede Schule der *prozentuale Anteil PLZ des verlorenen Landeszuschusses* an den gesamten anerkannten Baukosten errechnet (Anhang: Tabelle All). Die Variable PLZ zeigt eine bedeutsame Streuung um den Mittelwert von 64,8% (Standardabweichung = 11,7%, Min. = 25% und Max. = 81,1%). In Anbetracht dieser Streuung erschien es sinnvoll, zu untersuchen, ob ein regionaler Bezug dieser Variablen vorhanden ist. Die diesbezügliche regionale Variable ist im Zusammenhang mit der Schulträgerschaft der „Regionalrang A", abgek. RRA.[142] Für beide Variablen wurde wieder je eine Rangfolge der 42 Schulen aufgestellt, wobei in beiden Fällen den kleineren Werten die niedrigeren Rangplätze zugeordnet wurden. Der statistische Vergleich der beiden so erhaltenen Rangfolgen zeigte (mit R = -0,52 und N = 42) auch für diese repräsentative

Auswahl von Mittelpunktschulen einen - einseitig geprüften - höchstsignifikanten, negativen Zusammenhang auf. Die in 2.5 als *sozialgeographisch-kompensatorisch* bezeichnete *Entwicklungsstrategie* im Rahmen der *Landschulreform* spiegelt sich also in einer *ebensolchen Finanzierungsstrategie des Landes Hessen* bei der Bezuschussung *von Schulbauinvestitionen* wieder.

Hat das Land Hessen bis zum Jahre 1969 sich bei den Schulbauinvestitionen mit verlorenen Zuschüssen je nach der Finanzkraft der Träger und unter besonderer Berücksichtigung der Mittelpunktschulen beteiligt, und mußten die Schulträger die restlichen Mittel direkt einbringen oder über Kredite finanzieren, so hat sich die Situation ab 1970 im Zusammenhang mit dem sogenannten *Investitionsfondsgesetz*[143] grundlegend geändert. Aus dem sogenannten *Hessischen Investitionsfonds* werden den Schulträgern Fondsdarlehen zum Erbau von Schulen und Schulsportanlagen gewährt. *Damit werden seit diesem Zeitpunkt vom Land Hessen die anerkannten Baukosten zu 100% finanziert.* Nach wie vor erhalten die Schulträger, je nach Finanzstärke, geringere oder höhere Zuschüsse, die nicht an das Land zurückzuzahlen sind, während die *Restfinanzierung über zinslose Darlehen* erfolgt. So hat das Land Hessen von 1970 bis 1977 - also im Zeitraum bedeutsamer strukturverändernder Maßnahmen im Bereich der Sekundarstufe I - insgesamt ca. 2,7 Milliarden DM für den Schulbau zur Verfügung gestellt, wobei die Anteile an verlorenen Zuschüssen und an Fondsdarlehen in etwa gleich groß waren.[144] Bei den einzelnen Landkreisen und kreisfreien Städten schwanken die verlorenen Zuschüsse je nach Finanzkraft zwischen 30% und 70%,[133] d.h. ähnlich wie oben bei der Errichtung der Mittelpunktschulen aufgezeigt wurde. Finanzierungspläne sind allerdings keine veröffentlicht, so daß eine analoge Betrachtung nach regional unterschiedlichen Zuschüssen wie oben nicht möglich ist.

Was die Investitionen im Bereich der Sekundarstufe I - die ja bei allen Betrachtungen im Rahmen dieser Abhandlung im Vordergrund steht - anbelangt, konnten durch Einsichtnahme einer anderen Datenbasis[145] aufschlußreiche weitere Analysen durchgeführt werden. Die analysierten Daten beziehen sich auf den Zeitraum von 1971 bis 1976.

Von ca. 2,3 Milliarden DM an Schulbauinvestitionen entfallen auf die Grundschulen 12,9%, auf die Sekundarstufe I 57,3%, auf die studien- und berufsbezogene Sekundarstufe II 26,1% und auf die Sonderschulen 3,7%. Daß bei diesen Schulbauinvestitionen von 1971 bis 1976 dem Bereich der Sekundarstufe I eindeutig die Priorität zuerkannt wurde, erkennt man, wenn man die Anteile der Schüler in den genannten Schulbereichen zwischen 1971 und 1976 betrachtet.[146] Die entsprechenden Prozentzahlen sind in der gleichen Reihenfolge 34,6%, 40,3%, 22,2% und 2,9%. Dabei darf allerdings nicht unerwähnt bleiben, daß die Schülerzahlen im Grundschulbereich durch das Wandern des „Schülerberges" bereits abzunehmen begannen, während sie im SI-Bereich sehr stark und im SII-Bereich etwas schwächer zunahmen. Weiterhin war von Bedeutung, daß im Zuge der Verselbständigung der Grundschulen Schulbauten zur Verfügung standen, in denen vorher vielfach Schüler der Primarstufe mit Schülern der Sekundarstufe I zusammen unterrichtet worden waren, die dann in andere, teilweise reine SI-Schulen, übernommen wurden.

Die genannte Datenbasis ist auch regional aufgeschlüsselt, wobei allerdings, wie schon erwähnt wurde, nicht die jeweiligen Anteile an verlorenen Zuweisungen und Fondsdarlehen getrennt, sondern nur Gesamtinvestitionsbeträge ausgewiesen sind. Da andererseits aber eine Aufschlüsselung nach Schulbereichen vorliegt, kann der in 2.6 dargestellte Aspekt durch eine finanzielle Komponente ergänzt werden. Aus der genannten Datenbasis wurden für die Landkreise und kreisfreien Städte nach dem Gebietsstand vom 1.1.1975 zwei regionale Variablen entnommen bzw. berechnet:

Variable I = Gesamtinvestitionsbeträge für alle Schulbereiche in DM/Einwohner

Variable P = regionaler prozentualer Anteil der Investitionsbeträge für den SI-Bereich.

Außerdem wurden die Werte der Variablen I und P in Rangwerte transformiert, womit die regionalen Rangfolgen I und P gewonnen wurden (Anhang: Tabelle A12).

Zwischen den beiden Rangfolgen I und P besteht überhaupt kein Zusammenhang (R_{I-P} = 0,00), was auch die unmittelbare Betrachtung der Werte der Variablen I und P vermuten läßt. Ein anderes Ergebnis war auch nicht zu erwarten, denn aus den genannten Quellen wurde ersichtlich, daß in den einzelnen Landkreisen und kreisfreien Städten sehr unterschiedlich in den einzelnen Schulbereichen investiert wurde. Nicht überall bezogen sich die Investitionen auf den Reformbereich, sondern häufig auch auf den tradierten Bereich, auf den Bereich der Sonderschulen oder der berufsbildenden Schulen. Die beiden Rangfolgen I und P wurden auch noch mit der sozialgeographischen Rangfolge A verglichen und es zeigten sich auch hier keine signifikanten Zusammenhänge (R_{I-A} = - 0,23, R_{P-A} = 0,04 mit N = 30). Bezüglich der Investitionen für alle Schulbereiche deutet jedoch der negative Korrelationskoeffizient noch auf gewisse Tendenzen hin, die denen entsprechen, die bezüglich der Landschulreform als hochsignifikant aufgefunden und als sozialgeographisch-kompensatorisch bezeichnet wurden. Gerade deswegen ist wiederum verständlich, daß zwischen den Rangfolgen P und A kein Zusammenhang besteht, denn bereits in 2.7 wurde aufgezeigt, daß die strukturverändernden Maßnahmen sich in zunehmendem Maße nicht mehr an den sozialgeographischen Bedingungsfaktoren orientieren mußten, da ein weitgehender Ausgleich bereits durch die Landschulreform und während des Übergangs zur Strukturreform erzielt worden war.

Wie schon gesagt, beziehen sich die prozentualen Anteile der Investitionsbeträge (Variable P) sowohl auf den tradierten wie auch auf den reformierten Bereich der Sekundarstufe I. Eine weitere Analyse bezog deshalb die relative Anzahl der Gesamtschulen (Anhang Tab. A7) in die Betrachtung ein.

Tabelle 16: Zusammenhang zwischen den regional unterschiedlichen Investitionsbeträgen im Schulbereich und der regional unterschiedlichen relativen Anzahl von Gesamtschulen (Spearmansche Rangkorrelationskoeffizienten, N = 30).

	Investitionen für alle Schulbereiche (Variable I)		prozentualer Anteil der Inv. für den SI-Bereich (Variable P)	
Bezugsjahr	R	sign.-Niveau[147]	R	sign.-Niveau[147]
1973	0,42	0.01	0,46	0.01
1975	0,52	0.01	0,59	0.001
1977	0,50	0.01	0,51	0.01

Die im Zeitraum von 1971 bis 1976 im Schulbereich getätigten hohen Investitionen stehen also in einem bedeutsamen Zusammenhang mit der Entwicklung des Gesamtschulbereiches. Speziell ist für den Bereich der Sekundarstufe I eine *Prioritätensetzung zugunsten der Gesamtschulen* zu verzeichnen.

Nachdem in 2.7 Zusammenhänge zwischen Reformfortschritten und politischen Mehrheiten in den Kreistagen aufgezeigt wurden, lag es nahe zu prüfen, ob möglicherweise solche politischen Gegebenheiten die Investitionspolitik im Schulbereich beeinflussen. Dazu wurden die Variablen I und P wieder über die Rangwerte dichotomisiert.

Tabelle 17: Bivariable Häufigkeitsverteilung zum Umfang von Schulbaumitteln in den Jahren 1971 bis 1976 und zu den politischen Mehrheitsverhältnissen der Landkreise und kreisfreien Städte nach den Ergebnissen der Kommunalwahlen von 22.10.1972 in Hessen.

	absolute Mehrheit der SPD/FDP	absolute Mehrheit der CDU oder politische Pattsituation
Variable I		
Rangplatz 1-15	12	3
Rangplatz 16-30	13	2
Variable P		
Rangplatz 1-15	12	3
Rangplatz 16-30	13	2

Im Gegensatz zu den Verteilungen in der Tabelle 13 ist hier die Gleichverteilung schon fast evident und wird auch durch eine statistische Überprüfung ausgewiesen.[148]

Was die *Höhe der Schulbauinvestitionen* insgesamt (Variable I) und die *Anteile für den Bereich der Sekundarstufe I* (Variable P) anbelangt, so bestehen *keine Zusammenhänge mit den politischen Mehrheitsverhältnissen auf der Seite der Schulträger.* Berücksichtigt man die oben erwähnten Ergebnisse aus 2.7 (Tabelle 13), so muß hervorgehoben werden, daß die weitgehend *vom Land Hessen getragenen Schulbauinvestitionen bei aller Prioritätensetzung für den Reformbereich auch den Bedürfnissen der anderen Schulbereiche Rechnung trug.*

3.3.2 Die Dimensionierung schulischer Einheiten in den beiden Reformphasen und deren Bedeutung hinsichtlich der Raumausstattung für die naturwissenschaftlichen Fächer

Es wurde bereits erwähnt, daß bei der Landschulreform neben der Zielsetzung, dem Kinde auf dem Lande bessere Bildungschancen zu geben, auch Effizienzüberlegungen eine bedeutende Rolle spielten.[149] Die neuere Bildungsforschung beschäftigt sich in zunehmendem Maße mit dem Problem der Dimensionierung von Bildungseinrichtungen. Dabei hat sich herausgestellt, daß hinsichtlich einer Beantwortung der Frage nach optimalen Größen solcher Einrichtungen - speziell der von Schulen - nicht nur der ökonomische Aspekt im Sinne einer finanziellen Kosten-Nutzen-Analyse allein zu berücksichtigen ist, sondern daß bspw. auch der pädagogisch-psychologische Aspekt der Erziehungssituation in großen Schulen, der ökologisch-psychologische Aspekt der Schulumwelt und die Probleme der Leitung und Organisation großer Schulen eine bedeutsame Rolle spielen. Daß eine Beantwortung der Frage nach optimalen Schulgrößen zur Zeit noch aussteht, kann man verstehen, wenn man etwas Einsicht in diesen sehr komplexen Problemkreis gewonnen hat, etwa in dem Umfange, wie er durch eine von DÖRING (1977) herausgegebene Sammlung von Expertenaufsätzen dokumentiert wird. Im Jahre 1976 haben diese Experten eine Art „intuitiven Konsens" gefunden und vermutet, daß die optimale Schulgröße im SI-Bereich bei ca. 1.200 Schülern liege.[150] Es ist bemerkenswert, daß dieser Konsens ohne explizite Benutzung statistischer Daten zustande kam und zufällig mit dem Wert übereinstimmt, auf den sich im Mittel die Schulgröße der hessischen Gesamtschulen eingependelt hat.[151]

Nach diesen allgemeinen Bemerkungen dürfte klar sein, daß die nachfolgenden Darlegungen nur einen Teilaspekt der Dimensionierungsproblematik erfassen können.

3.3.2.1 Die Ausstattung der allgemeinbildenden Schulen mit naturwissenschaftlichen Fachräumen im Jahre 1960

Zunächst wurde der Versuch einer Erfassung der räumlichen Ausstattung der Schulen für den naturwissenschaftlichen Bereich zu Beginn der Landschulreform unternommen. Dazu standen relevante Daten aus dem Schulverzeichnis von 1960 zur Verfügung. Entgegen der bisherigen Verwendung der in 1.1 definierten Schulgattungen muß hier mit den in dieser Datenbasis verwendeten Begriffen Volksschule, Mittelschule, Gymnasium und Sonderschule beschrieben werden.[152] Ein Teil der Volksschulen führte in dieser Zeit Mittelschulzüge mit, während die Mittelschulen von damals den heutigen Realschulen entsprachen, an denen nur Realschüler unterrichtet wurden. Die Lehrpläne von 1957 weisen nicht nur für das Gymnasium und für die Mittelschule, sondern auch für die Volksschuloberstufe (5.-8.Schuljahr, ab 1962 auch 9.Schuljahr) eindeutig physikalische und chemische Unterrichtsinhalte aus, deren Umsetzung im Unterricht auch in der Volksschule nur möglich war, wenn die erforderlichen äußeren Bedingungen, d.h. naturwissenschaftliche Fachräume und entsprechende Einrichtungen und Ausstattungen mit Lehrmitteln, vorgegeben waren. Aus der Nichtexistenz naturwissenschaftlicher Räume an einer Schule muß zumindest in Teilbereichen auf eine schlechtere Ausbildung der Schüler in den naturwissenschaftlichen Fächern geschlossen werden. Auf die besondere Situation an den Sonderschulen kann hier nicht näher eingegangen werden.[153]

An den am 15.5.1960 existierenden 2.730 Volksschulen mit einer mittleren Schulgröße von ca. 180 Schülern gab es insgesamt nur 248 Physikräume (naturwissenschaftlicher Gemeinschaftsraum für Physik und Chemie).[154] Im Landesdurchschnitt hatten damals also nur 9,1% der Volksschulen einen naturwissenschaftlichen Fachraum. Regional betrachtet bestanden dabei noch erhebliche Unterschiede. So betrugen die entsprechenden Prozentzahlen für die drei damaligen Regierungsbezirke Darmstadt, Kassel und Wiesbaden 12,0%, 5,4% und 11,2%. Während in den beiden Regierungsbezirken Darmstadt und Wiesbaden als mögliche Teilursachen noch nicht beseitigte Kriegsschäden und allgemeine Schulraumnot im Zusammenhang mit der Zunahme der Bevölkerung in den Ballungsgebieten genannt werden können, ist der starke Abfall im Regierungsbezirk Kassel mit seinem hohen Anteil an ländlichen Gebieten auf die Vielzahl kleiner Dorfschulen vor der Landschulreform zurückzuführen.

Bei den 51 Mittelschulen des Jahres 1960 mit der im Vergleich zu den Volksschulen erheblich größeren mittleren Schulgröße von ca. 450 Schülern war die Situation insofern besser, als im Landesdurchschnitt 82% der Schulen einen Physikraum hatten, aber keineswegs optimal, zumal bei höheren inhaltlichen Anforderungen als in der Volksschule von der experimentellen Seite her ein Mangel darin bestand, daß Fachräume für Physik und Chemie relativ unterschiedliche Ausstattungen erfordern.[154] Regional sind für die Mittelschulen selbst keine Unterschiede zu erkennen, denn die entsprechenden Prozentzahlen für die beiden Regierungsbezirke Kassel und Wiesbaden sind 84,6% und 81,1%. Im Regierungsbezirk Darmstadt gab es allerdings nur Mittelschulzüge an Volksschulen. Für diese bestanden sicherlich hier ebenso wie in den anderen Regierungsbezirken - was die Zahlen an den Volksschulen ausweisen - schlechtere Bedingungen des naturwissenschaftlichen Unterrichts.

Bereits an den beiden Beispielen der Volksschulen und Mittelschulen des Jahres 1960 mit den unterschiedlichen mittleren *Schulgrößen wird erkennbar, daß bei den größer dimensionierten Einheiten der Mittelschulen erheblich bessere organisatorische Voraussetzungen für den naturwissenschaftlichen Unterricht bestanden.*

Bleibt noch eine Beschreibung der Verhältnisse an den Gymnasien übrig. Hier werden in der Schulstatistik von 1960 Zahlen getrennt nach den drei Naturwissenschaften ausgewiesen. Neben den Räumen für den Demonstrationsunterricht werden dabei auch Sammlungs-, Vorbereitungs- und Übungsräume mitgezählt. An den 166 Gymnasien des Jahres 1960 gab es insgesamt 818 naturwissenschaftliche Räume, d.h. im Mittel hatte jedes Gymnasium 5 naturwissenschaftliche Räume. Nimmt man noch abmildernd an, daß im Falle der Mittelschulen für jeden ausgewiesenen Physikraum (gleichzeitig Chemieraum) ein von der Statistik nicht erfaßter Sammlungs- und Vorbereitungsraum vorhanden war, so stünden den 5 Fachräumen an den Gymnasien im Mittel nur 1,6 Fachräume an Mittelschulen gegenüber. Unter der gleichen Annahme betrüge der Vergleichswert für die Volksschulen von 1960 nur 0,2. Bei dem Vergleich zwischen Volks- und Mittelschulen wurde schon auf die sehr unterschiedlichen mittleren Schulgrößen hingewiesen. Die der Gymnasien lag 1960 bei 490 Schülern und war damit nur etwa 10% größer als die der Mittelschulen. *Zweifelsohne hing die im Vergleich zu den Mittelschulen wesentlich bessere Ausstattung der Gymnasien mit naturwissenschaftlichen Räumen mit dem Bildungsanspruch des Gymnasiums* (Vorbereitung auf ein Universitätsstudium) auch und gerade in den naturwissenschaftlichen Fächern (unter dem Anspruch der Wissenschaftsorientierung) *zusammen.*

Tabelle 18: Zur Ausstattung der Gymnasien mit naturwissenschaftlichen Fachräumen im Jahre 1960.

Regierungsbezirk	mittlere Schulgröße	Anzahl der Fachräume je Schule für: Biologie	Chemie	Physik	zusammen:
Darmstadt	458	1,3	1,8	2,2	5,3
Kassel	438	1,3	1,5	1,7	4,3
Wiesbaden	582	1,4	1,8	2,1	5,2
Hessen insgesamt	490	1,3	1,7	2,0	4,9

Aus der Tabelle 18 ist zu erkennen, daß die Raumausstattung für das Fach Physik relativ am besten war. Die Aussage, daß im Mittel für das Fach Physik an den Gymnasien zwei Fachräume zur Verfügung standen, bedarf allerdings noch einer Ergänzung. Die Zahl 2 deutet darauf hin, daß in der Regel neben einem Demonstrationsraum nur noch ein kombinierter Sammlungs- und Vorbereitungsraum zur Verfügung stand. Schülerübungsräume waren die seltene Ausnahme.[155] Die Raumausstattung für die beiden anderen naturwissenschaftlichen Fächer ist deutlich schlechter, am schlechtesten im Fach Biologie. Es gibt aber außer im Fach Biologie bedeutsame regionale Unterschiede, wobei der Regierungsbezirk Kassel gegenüber den beiden anderen sehr deutlich abfällt. Größeneffekte, die zweifelsohne erkennbar sind, können diesen Abfall allein nicht verständlich machen, da die Unterschiede in der mittleren Schulgröße zwischen den Regierungsbezirken Darmstadt und Kassel relativ gering sind. *Es muß vielmehr angenommen werden, daß dieser Abfall im Zusammenhang mit den relativ hohen Baukosten für naturwissenschaftliche Fachräume und die unterschiedliche Finanzkraft der Schulträger stand.* Immerhin liegen die Landkreise des Regierungsbezirks Kassel überwiegend auf den unteren Rangplätzen der Kontrollrangfolge B (Tabelle A1 des Anhangs) und gehören diese mehrheitlich der unteren Kreisgruppe an (Abbildung 1 in 2.3).

3.3.2.2 Die allgemeine Verbesserung der Ausstattung mit naturwissenschaftlichen Fachräumen durch die Reformmaßnahmen

Sowohl das Schulverwaltungsgesetz von 1961 (Paragraph 23) als auch das von 1969 (Paragraph 30) ermächtigt den Hessischen Kultusminister zum Erlaß von *Richtlinien über Umfang und Ausgestaltung der Schulgrundstücke und Schulbauten im Rahmen von Raumprorammen für Schulen.* Es versteht sich von selbst, daß eine Realisierung solcher Programme durch Randbedingungen mehr oder weniger erschwert werden konnte. Soweit es sich um Neubauten handelte, war die Realisierung weitestgehend gesichert, zumal ja nur bei Berücksichtigung der Schulbaurichtlinien auch die Anerkennung von Baukosten und damit die Förderung durch das Land möglich war. Im Falle von Erweiterungsbauten - besonders in den Städten - hing es sehr davon ab, ob das vorhandene Schulgrundstück eine Erweiterung so zuließ, daß von den baulichen Möglichkeiten her das volle Programm eingehalten werden konnte. Umbauten von Schulen unter gleichzeitiger Realisierung des vollen Programmes waren, falls keine Veränderung des Einzugsbereiches oder der Schulstufen vorlag, nicht immer möglich.[156]

Was die Raumausstattung im allgemeinen und die der Naturwissenschaften im speziellen anbelangt, wurde durch die beiden Reformphasen insofern ein enormer Fortschritt gemacht, als dabei umfangreiche Schulbauinvestitionen getätigt wurden. Dabei darf allerdings nicht verkannt werden, daß es in bestimmten und besonders in den tradierten Bereichen der allgeineinbildenden Schulen noch 1979 bemerkenswerte Engpässe gab.[157]

Die Raumausstattungen der Mittelpunktschulen sind im Vergleich zu denen der Volks-, Mittel- und Sonderschulen vor 1960 ganz erheblich verbessert. Ihre Ähnlichkeit in der Raumaustattung beruht auf den *hessischen Raumprogrammen für Volks-, Real- und Sonderschulen der sechzigerJahre.*[158] Dieses Programm weist allein für die Verwaltung und den allgemeinen Schulbetrieb 14 verschiedene Raumarten aus, während bei den Fachklassenräumen 7 verschiedene Spezies genannt werden. Je nach der Anzahl der Klassen der jeweiligen Schule werden die speziellen Räume vollständig oder nach deren Unerläßlichkeit gefordert. So wird beispielsweise eine schuleigene Turnhalle ab 6 Klassen gefordert. Uns interessieren hier natürlich speziell die naturwissenschaftlichen Fachräume.

Ein naturwissenschaftlicher Fachraum war erst ab 5 Oberstufenklassen vorgesehen, zwei ab 13 und drei ab 18 Oberstufenklassen. Die Fachklassenräume selbst werden mit 75m^2 ausgewiesen, und dazu kommt noch ein Sammlungs- und Vorbereitungsraum von ca. 30m^2. In der Regel sind an den Mittelpunktschulen die naturwissenschaftlichen Räume als Lehr-Übungsräume ausgestattet, d.h. daß in diesen Räumen sowohl naturwissenschaftlicher Demonstrationsunterricht als auch Schülerübungen durchgeführt werden können. Soweit die Mittelpunktschulen bei geringen Klassenzahlen nur einen naturwissenschaftlichen Fachraum haben, muß er für die Fächer Chemie und Physik gemeinsam benutzt werden. Dies ist - wie schon erwähnt - ein Ausstattungsdefizit, da die Ausstattung für den Chemieunterricht wesentlich anders als für den Physikunterricht sein sollte.[159] Eine Analyse der Daten der regional-repräsentativen Auswahl der 42 Mittelpunktschulen (vgl.Anm. 76 in 2.6) zeigt, daß bei diesen Schulen bis auf zwei die Raumprogramme bezüglich der Naturwissenschaften i.w. realisiert wurden.

Die Raumprogramme des Hessischen Kultusministers[160] *von 1975 orientieren sich weitestgehend an den Forderungen des „Strukturplans" des Deutschen Bildungsrates*: „ ... - die Bemessungsgrundlage für die sachliche und räumliche Ausstattung müssen für alle Schulen der Sekundarstufe l gleich sein und über das gegenwärtig für Gymnasien gültige Niveau angehoben werden."[161] *Die hessischen Raumprogramme für die allgemeinbildenden Schulen werden nunmehr getrennt nach Primarstufe, Sekundarstufe l und Sekundarstufe II ausgewiesen und sind für alle drei erheblich anspruchsvoller geworden.* Der Umfang der Raumausstattung richtet sich nicht mehr nach der Anzahl der Klassen, sondern nach *Jahrgangsbreiten*, eine notwendige Konsequenz im Zusammenhang mit neuen organisatorischen Formen in der Förderstufe, der integrierten Gesamtschule und der reformierten gymnasialen Oberstufe. Eine Übersicht über die Dimensionierung des naturwissenschaftlichen Fachräumebereiches bei Gesamtschulen bietet die nachfolgende Tabelle.

Tabelle 19: Zur Raumausstattung hessischer Gesamtschulen für den naturwissenschaftlichen Bereich.

	Demonstrationsräume		Übungsräume		Sammlungsraum
Jahrgangsbreite	Anzahl der Räume	m^2 je Raumeinheit	Anzahl der Räume	m^2 je Raumeinheit	mit Lehrerarbeitsplätzen (insg. m^2)
150	1	75	6	60	140
180	2	75	6	60	150
210	2	75	9	60	150
240	3	75	9	60	170
270	3	75	12	60	170
300	3	75	12	60	190

In welchem Maße die *naturwissenschaftliche Raumausstattung der Gesamtschulen der siebziger Jahre* im Vergleich zu denen der Mittelpunktschulen der sechziger Jahre *noch verbessert* wurde, läßt sich an einem Beispiel verdeutlichen. Die Raumausstattung einer Gesamtschule mit der Jahrgangsbreite von 150 Schülern, d.h. mit einer Schulgröße von 900 Schülern, enthält für den naturwissenschaftlichen Bereich einen Demonstrationsraum von $75m^2$, 6 Schülerübungsräume zu je 60 m^2 und einen Sammlungsraum mit den erforderlichen Lehrerarbeitsplätzen von $140m^2$. Die gesamte naturwissenschaftliche Fachraumfläche beträgt also $575m^2$. Vergleicht man damit die Fachraumfläche einer gleichgroßen Mittelpunktschule von 1966, so entsprechen bei einer damaligen Klassenfrequenz von ca.33 Schülern je Klasse der Jahrgangsbreite von 150 Schülern 27 bis 28 Klassen. Nach dem Raumprogramm von 1966 hatte eine solche Mittelpunktschule 3 naturwissenschaftliche Unterrichtsräume von $75m^2$ und 2 bis 3 Vorbereitungsräume von ca. $30m^2$, maximal also eine naturwissenschaftliche Fachraumfläche von $315m^2$. *Der Unterschied ist bei einer Anhebung um ca. 83% mehr als deutlich.*

3.3.3 Investitionskosten unter dem Dimensionierungsaspekt

Nachdem oben aufgezeigt wurde, daß zunächst durch die Raumprogramme der sechziger Jahre und später noch mehr durch die der siebziger Jahre die Raumausstattung der Schulen für den naturwissenschaftlichen Bereich sehr deutlich verbessert wurde, lag es nahe, zumindest einfache Kosten-Nutzen-Analysen durch eine Berechnung der Investitionskosten pro Schüler durchzuführen. Daß eine solche einfache Betrachtungsweise naturgemäß eine allgemeine Frage nach den Kosten und der Effizienz von Schulen unterschiedlicher Betriebsgröße nicht vollständig beantworten kann, geht allein schon daraus hervor, daß bspw. in Gebieten mit einer niedrigen Bevölkerungsdichte der sehr bedeutsame Kostenfaktor „Schülertransport" unberücksichtigt bleibt. WEISS (1977) hat unter Bezugnahme auf eine Reihe von internationalen Forschungsergebnissen sehr ausführlich den Gesamtkomplex beschrieben. In seinen Folgerungen verweist er darauf, daß die in Wirtschaftsunternehmen beobachteten Größenvorteile auch partiell in Bildungsbetrieben zur Geltung kommen. In diesem Sinne sollen die nachfolgenden Analysen die bisherigen finanziellen Aspekte um einen weiteren ergänzen.

Für die regional-repräsentative Auswahl der 42 Mittelpunktschulen[162] von 1966 konnten aus der angegebenen Quelle die beiden Bezugsgrößen „Schulgrößen" (= Anzahl der Schüler) und „relative anerkannte Baukosten" (anerkannte Baukosten in DM dividiert durch die Anzahl der Schüler) entnommen bzw. berechnet werden (Anhang Tabelle All). Zwischen beiden Bezugsgrößen besteht ein hochsignifikanter negativer Zusammenhang (R = -0,50, N = 42).[163] *Die Errichtung größerer Mittelpunktschulen war also unter dem alleinigen Aspekt der relativen Baukosten von höherem Nutzeffekt.*

Diese Aussage läßt sich bei einer näheren Betrachtung der Ausstattung mit Fachräumen (Gemeinschaftsraum, Mehrzweckraum, Fachräume für Naturwissenschaften und Werken, Lehrküche, Nadelarbeitsraum, Fotolabor, Filmraum, Musikraum, Turnhalle, Gymnastikraum und Schwimmhalle) noch differenzieren, wenn man die 42 Schulen in drei Gruppen einteilt (vgl. Anmerkungen zur Tabelle All des Anhangs).

Gruppe 1: Alle 20 Mittelpunkthauptschulen mit einer mittleren Schulgröße von 414 Schülern und im Mittel 6,5 Fachräumen. Hier betrugen die relativen Baukosten im Mittel 5.817 DM/Schüler.

Gruppe 2: Die 9 kleineren Mittelpunktrealschulen mit einfacher Ausstattung mit Fachräumen (von jeder Art höchstens einen Fachraum). Bei einer mittleren Schulgröße von 598 Schülern und im Mittel 6,9

Fachräumen betrugen die relativen Baukosten im Mittel 4.890 DM/Schüler.

Gruppe 3: Die 13 größeren Mittelpunktrealschulen mit mehrfacher Ausstattung mit Fachräumen. Bei einer mittleren Schulgröße von 820 Schülern und im Mittel 10,5 Fachräumen betrugen die relativen Baukosten im Mittel 4.967 DM/Schüler.

Beim Vergleich der Mittelwerte der Schulgrößen und der relativen Baukosten für die drei Gruppen erkennt man noch einmal den oben bereits nachgewiesenen Zusammenhang. Der Vergleich der beiden ersten Gruppen zeigt darüber hinaus, daß *bei etwa gleicher Fachraumausstattung mit einer Erhöhung der Schülerzahl trotz des erforderlichen höheren Umfanges an „Normalklassen" die relativen Baukosten erheblich niedriger* sind. Zu erwähnen ist hier auch *das bildungsökonomische Problem der Kapazitätsnutzung.* Die etwa gleiche Fachraumkapazität konnte bei den wesentlich kleineren Mittelpunkthauptschulen häufig nicht voll genutzt werden. Die Zahlen der Gruppe 3 lassen beim Vergleich mit den beiden anderen Gruppen offensichtlich den Schluß zu, daß sich bei weiterer Erhöhung der mittleren Schulgröße und der damit zusammenhängenden erforderlichen Ausweitung der Fachraumkapazität die relativen Baukosten in diesem Größenbereich der Schulen nicht weiter senken lassen.

Es kann davon ausgegangen werden, daß solche und ähnliche ergänzende Effizienzüberlegungen neben unterrichtsorganisatorischen Überlegungen von besonderer Bedeutung dafür waren, daß die Gesamtschulen im Vergleich zu den Mittelpunktschulen erheblich größer dimensioniert sind. Wie groß dieser Unterschied ist, soll durch einige Zahlen belegt werden.

Von den 254 Mittelpunktschulen des Jahres 1969 waren 166 Hauptschulen und 88 Realschulen. Eine einzige Hauptschule hatte etwas mehr als 1.000 Schüler, weitere 6 mehr als 800 Schüler und im Mittel lag die Schulgröße bei 449 Schülern. Nur 6 Realschulen hatten mehr als 1.000 Schüler und die mittlere Schulgröße lag hier bei 808 Schülern.

Von den 162 Gesamtschulen des Jahres 1977 mit einer mittleren Schulgröße von 1.266 Schülern gab es nur 47 mit einer Schülerzahl unter 1.000.

Für die Auswahl von 12 im Zeitraum zwiscnen 1970 und 1976 errichteten Gesamtschulneubauten konnten die anerkannten Baukosten ermittelt werden (Anhang Tabelle A13). Ebenso war dies für 10 Fälle des Ausbaus bestehender Schulen zu Gesamtschulen möglich (Anhang Tabelle A14).

Was die 12 *Gesamtschulneubauten* anbelangt, so ergab die statistische Prüfung zwischen den Bezugsgrößen „Schulgröße" und „relative anerkannte Baukosten" einen noch stärkeren negativen und hochsignifikanten Zusammenhang ($R = -0{,}83$, $N = 12$) als dieser für Mittelpunktschulen bereits aufgezeigt wurde. Naturgemäß besteht zwischen den Bezugsgrößen „Schulgröße" und „anerkannte Baukosten" ein entsprechend starker positiver Zusammenhang ($R = 0{,}79$, $N = 12$).

Die Verhältnisse liegen ganz anders, wenn man die Baukosten betrachtet, die für den *Ausbau* der 10 *bestehenden Schulen zu Gesamtschulen* erforderlich waren. Zwischen den beiden Bezugsgrößen „Schulgröße“ und „anerkannte Baukosten“ besteht wieder wie oben ein sehr starker positiver und hochsignifikanter Zusammenhang (R = 0,94, N = 10). Betrachtet man dagegen die Bezugsgrößen „Schulgröße“ und „relative anerkannte Baukosten“, so zeigt sich hier im Gegensatz zu obigen Gesamtschulneubauten ein beachtlicher positiver, signifikanter Zusammenhang (R = 0,73, N = 10). Natürlich muß bei dem Ausbau von Schulen die bauliche Ausgangssubstanz berücksichtigt werden. Der „finanzielle Gegenwert“ läßt sich für die hier betrachteten 10 Gesamtschulen grob abschätzen, da im Mittel die Schulgrößen der beiden betrachteten Gruppen von Gesamtschulen (1146 Schülern bei N = 12 und 1210 Schülern bei N = 10) nur wenig differieren und die allgemeinen Schulbaurichtlinien einzuhalten waren, d.h. die baulichen Endprodukte in etwa gleichwertig sein mußten. Nach diesen Überlegungen ergibt sich im Mittel für die bauliche Ausgangssubstanz ein „finanzieller Gegenwert“ in Höhe von ca. 30% der anerkannten Baukosten. Neben der baulichen Ausgangssubstanz, die als relativ von niedrigem Wert angesehen werden muß, sind beim Ausbau von Schulen noch erschwerende Faktoren zu berücksichtigen.[164] So beispielsweise bauliche Maßnahmen zur Integration der bestehenden Bausubstanz in den Neubau unter Berücksichtigung der Richtlinien, und erschwerende Randbedingungen, die durch Grundstücksgrenzen gegeben sind. Damit sind einige Aspekte aufgeführt, die verständlich machen können, weswegen bei den beiden betrachteten Gesamtschulgruppen zwischen den Bezugsgrößen so unterschiedliche Zusammenhänge bestehen.

Will man einen *Effizienzvergleich* zwischen den Schulbaumaßnahmen der Phase der Landschulreform und der Phase der strukturellen Veränderungen durchführen, so ist eine *Beschränkung auf Schulneubauten* erforderlich. Die inflationäre Entwicklung auf dem Bausektor zwischen 1964 und 1974[165] läßt sich in den Statistischen Jahrbüchern für die Bundesrepublik Deutschland verfolgen. Aus den darin veröffentlichten Daten wurde abgeschätzt, daß die Schulbaukosten in diesem Zeitraum von 100% auf 192% gestiegen sind.[166] Mit diesem Wert wurden die *anerkannten Baukosten* der 42 *Auswahl-Mittelpunktschulen* des Jahres 1966 *auf das Jahr 1974 hochgerechnet* und für die Aufstellung in der Tabelle 20 verwendet.

Bei der Betrachtung der Tabelle 20 erscheint wieder der schon erkannte Größeneffekt bei den Mittelpunktschulen. Daneben erkennt man, daß die relative Hauptnutzungsfläche abnimmt. Um einer Fehlinterpretation vorzubeugen, sei hier ergänzend vermerkt, was eine Detailanalyse der Raumprogramme der Mittelpunktschulen ergab. Mit der Anzahl der Schüler (Klassen) steigt natürlich der Anteil der Nutzungsflächen für den Normalunterricht i.w. proportional. Dies ist aber nicht bei den Fach- und Verwaltungsräumen der Fall. Teilweise kann bei den kleineren Einheiten die Fachraumkapazität nicht voll genutzt werden, wogegen sie dann für etwas größere Einheiten noch ausreichend ist. Die

Verwaltungsräume bleiben i.w. bei den kleineren und größeren Einheiten gleich groß.

Tabelle 20: Zum Effizienzvergleich von Mittelpunktschulneubauten und Gesamtschulneubauten mit dem gemeinsamen Bezugsjahr 1974 (Mittelwerte).

	N	Schulgröße (Schüler)	relative Hauptnutzungsfläche[167] (qm/Schüler)	relative anerkannte Baukosten[168] (DM/Schüler)
Mittelpunkthauptschulen (Gruppe 1)[169]	20	414	4,1	11.200
kleinere Mittelpunktrealschulen (Gruppe 2)	9	598	3,9	9.400
größere Mittelpunktrealschulen (Gruppe 3)	13	820	3,3	9.500
Gesamtschulen[170]	12	1146	4,3	11.800

Vergleicht man die Zahlen zwischen den Gesamtschulen und den Mittelpunktschulen, so macht sich ein besonderer *Größeneffekt* bemerkbar. Die relativen Hauptnutzungsflächen und die relativen Beträge der Baukosten sind bei der Gruppe 1 der Mittelpunktschulen und den Gesamtschulen fast gleich, die Gesamtschulen haben aber eine weitaus bessere Ausstattung mit Fach- und Spezialräumen (vgl. 3.3.2.2). Vergleicht man die Gesamtschulen mit den schon etwas besser mit Fachräumen ausgestatteten Mittelpunktschulen der Gruppe 3, die aber noch lange nicht den Ausstattungsgrad der Gesamtschulen erreichen, so steht den höheren relativen Baukosten (+24%) eine deutlich größere Erhöhung der Hauptnutzungsfläche (+30%) gegenüber. Zusammenfassend bedeutet dies, daß *durch die größere Dimensionierung der Gesamtschulen im Vergleich zu den Mittelpunktschulen bei etwa gleichen relativen Baukosten sowohl eine Vergrößerung der Hauptnutzungsfläche als auch eine weitaus bessere Ausstattung mit Fach- und Spezialräumen erzielt werden konnte.*

Dieser Effekt wurde im Detail weiter untersucht und führte zu folgenden Ergebnissen. Betrachtet man die drei Raumkategorien für die Verwaltung, für den Normalunterricht und den Fachunterricht und deren Anteile an der Hauptnutzungsfläche, so zeigt sich, wenn man bei den drei Mittelpunktschulgruppen jeweils den für sie günstigsten Wert wählt, daß der Anteil für den Fachraumbereich sich bei den Gesamtschulen gegenüber den Mittelpunktschulen nur unwesentlich von 34% auf 35,8% erhöht hat. *Der naturwissenschaftliche Bereich hat allerdings dabei am meisten profitiert*, da sein Anteil von 12,6% auf 15,9% ansteigt. Der Verwaltungsbereich erscheint von 13,2% (Gruppe 1: 17%) auf 5,7% reduziert. Diese Reduktion kommt i.w. dem Bereich für den Normalunterricht zugute, der von 53,5% auf 58,5% zunimmt, wobei auch hervorgehoben werden muß, daß der Normalbereich bei den Gesamtschulen gegenüber den Mittelpunktschulen, die nur Normal- und Großklassenräume kennen, sehr viel variantenreicher erscheint. An den Gesamtschulen gibt es teilbare Großgruppenräume, Gruppenräume sowie Raumgruppenzentren mit Einzelarbeitsplätzen, Lehrerstationen und Schülerstationen (Sozialflächen). Weiterhin sind auch noch eine Vielzahl von Räumen des sogenannten Informationsbereiches zu nennen.

Wenngleich bei all diesen Betrachtungen eine relativ kleine Datenbasis analysiert werden konnte, so sind bereits *mit dieser sehr einfachen Kosten-Nutzen-Analyse deutliche Vorteile bei den größeren schulischen Einheiten* erkennbar geworden, *soweit es die Investitionskosten anbelangt.* Es muß noch einmal betont werden, was eingangs schon näher erläutert wurde, *daß allerdings der rein ökonomische Aspekt keine endgültige Antwort auf die Frage nach einer optimalen Schulgröße geben kann.*

3.3.4 Exemplarisches zum Folgekostenproblem

Eingangs von 3.3 wurde bei der Beschreibung der Sachkosten zwischen Investitionskosten und Folgekosten von Schulbauinvestitionen unterschieden. Bei Diskussionsrunden mit einigen Schulträgervertretern[171] wurde zwar anerkannt, daß sich das Land Hessen in hohem Maße an den reformbedingten Schulbauinvestitionen beteilige, *daß aber durch diese Investitionen die Schulträger mit hohen Folgekosten belastet würden* und dadurch Finanzierungsprobleme für sie entstünden.

Ohne Anspruch auf Vollständigkeit[172] soll *an drei Beispielen* die Problematik ein wenig skizziert werden.

Zunächst konnte bezüglich der *Phase der Landschulreform* wieder auf relevante Daten der schon mehrfach erwähnten regional-repräsentativen Auswahl[173] von 42 Mittelpunktschulen des Jahres 1966 zurückgegriffen und grundlegende Korrelationsanalysen durchgeführt werden.

Betrachtet wurden die drei Bezugsgrößen „Folgekosten", „anerkannte Baukosten" - als hauptsächlichsten Anteil an den Investitionskosten[174] - und die „Schulgröße" (Schülerzahl) (Tabellen All und A15 des Anhangs). Berechnet wurden folgende einfache, partielle und multiple Pearsonsche Korrelationskoeffizienten und die zugehörigen Signifikanzniveaus:[175]

	Bezugsgrößen		Sign.-N.
a)	anerkannte Baukosten - Schulgröße	$r = 0,81$	0.001
b)	Folgekosten - anerkannte Baukosten	$r = 0,61$	0.001
c)	Folgekosten - Schulgröße	$r = 0,50$	0.001
d)	Folgekosten - anerkannte Baukosten	$r_{part.} = 0,40$	0.01
e)	Folgekosten - Schulgröße	$r_{part.} = 0,01$	n.s.
f)	Folgekosten - (anerk.Baukosten u.Schulgr.)	$r_{multi.} = 0,61$	0.001

Die Stärke und die hohe Signifikanz der Zusammenhänge in den Fällen a und b waren zu erwarten. Da nach c und e zu schließen ist, daß zwischen Schulgröße und Folgekosten kein echter Zusammenhang besteht, wurde eine weitere Korrelationsanalyse durchgeführt. Dazu wurde der spezielle Folgekostenfaktor der Schülerbeförderung als Teil der Gesamt-Folgekosten betrachtet. Naturgemäß lag hier ein Vergleich *der relativen (auf Schülerzahlen bezogenen) Gesamt-Folgekosten mit den relativen (ebenfalls auf Schülerzahlen bezogenen) Kosten der Schülerbeförderung* auf der Hand. Zwischen beiden Bezugsgrößen

(Tabelle A15 des Anhangs) besteht ein höchstsignifikanter und starker Zusammenhang (r = 0,75, N = 42). Aus dieser Betrachtung der Mittelpunktschulen von 1966 wird erkennbar, daß das *Folgekostenproblem auch vornehmlich im Zusammenhang mit der Standortwahl und den damit zusammenhängenden höheren oder niedrigeren Kosten der Schülerbeförderung gesehen werden muß.*

Beim zweiten Beispiel, das sich auf die *Phase der strukturverändernden Maßnahmen* bezieht, konnten beispielhaft Haushaltspläne des Main-Taunus-Kreises eingesehen werden.[176]

Was die *beispielhafte Auswahl des Main-Taunus-Kreises* anbelangt, so sei vermerkt, daß dem Verfasser hier der Zugang zu den Daten sehr erleichtert wurde. Die Auswahl dieses Kreises erscheint aber auch insofern als berechtigt, als es sich um eine Region handelt, in der die strukturellen Veränderungen im Bereich der Sekundarstufe I im Jahre 1977 bereits sehr weit vorangeschritten waren, wie die nachfolgende Tabelle zeigt.

Tabelle 21: Zur Entwicklung des Bereiches der öffentlichen allgemeinbildenden Schulen im Main-Taunus-Kreis zwischen 1969 und 1977.

	Anzahl der Schulen		Anzahl der Schüler		mittlere Schulgröße	
Schulgattung	1969	1977	1969	1977	1969	1977
G-H-Schulen	43	32	13.405	12.287	312	384
Sonderschulen	3	4	432	730	144	183
Realschulen	6	1	5.086	1.037	848	1037
Gymnasien[177]	2	2	2.383	3.168	1192	1584
Gesamtschulen	--	9	- -	10.941	- -	1216
alle Schulgatt.	52	48	21.306	28.163	410	587

Ergänzend zu der Tabelle 21 muß noch vermerkt werden, daß im Schuljahr 1969/70 noch in 22 der 43 G-H-Schulen Hauptschüler unterrichtet wurden, während dies im Schuljahr 1977/78 nur noch in 2 der 32 Schulen der Fall war. Gymnasiasten bis zur Jahrgangsstufe 10 wurden 1977/78 in den beiden Gymnasien und in den Gesamtschulen unterrichtet. An den 9 Gesamtschulen (eine integrierte und 8 additive) und an den vier Grundschulen mit Förderstufe wurden insgesamt ca. 85% aller Schüler der Sekundarstufe I unterrichtet.

Tabelle 22: Zum Vergleich von Folgekosten (*ohne* Kosten der Schülerbeförderung) für den Bereich der allgemeinbildenden Schulen des Main-Taunus-Kreises im Jahre 1977.[178]

	Anzahl der Schulen	Anzahl der Schüler	Folgekosten absolut (1.ooo DM)	Folgekosten relativ (DM/Schüler)
GHRS-Schulen	37	14.054	8.081	575
Gymnasien	2	3.168	2.816	690
Gesamtschulen	9	10.941	4.740	433

Die Zahlen der Tabelle 22 sind bemerkenswert, zeigen sie ja auf, daß die Folgekosten (*ohne* Schülerbeförderung) je Schüler für die Gesamtschulen wesentlich geringer sind als für die Schulen des tradierten Bereichs. Aus den eingesehenen Unterlagen geht noch hervor, daß die erstatteten (vgl. das Nachfolgende) Kosten für die Schülerbeförderung im Main-Taunus-Kreis im Jahre 1977 DM 2.430.000 betrugen.[179] Damit läßt sich eine Höchstgrenze der gesamten Folgekosten für die Gesamtschulen schätzen, indem man annimmt, daß nur für die Gesamtschulen Kosten der Schülerbeförderung angefallen wären. Diese Grenze liegt also bei 7,17 Millionen DM und damit waren die relativen Gesamtfolgekosten für die Gesamtschulen im Jahre 1977 nicht höher als 655 DM/Schüler. Sie lagen damit mit Sicherheit niedriger als bei den Gymnasien, aber wahrscheinlich nur unwesentlich höher als bei den GHRS-Schulen, da auch bei diesen ein bedeutender Betrag für die Schülerbeförderung zu Buche schlagen muß, wenn man an die Förderstufe und den Sonderschulbereich denkt.

Am Beispiel des Main-Taunus-Kreises wird jedenfalls erkennbar, daß die beklagte *Folgekostenbelastung der Schulträger nicht nur mit den strukturverändernden Maßnahmen zusammenhängt, sondern sich in gleicher Weise für den tradierten und den reformierten Bereich bemerkbar macht.*

Für die strukturverändernden Maßnahmen in den siebziger Jahren kann von Erfahrungswerten ausgegangen werden.[180] Danach liegen die Folgekosten der in dieser Zeit getätigten Schulbauinvestitionen zwischen 5 und 8 Prozent der anerkannten Baukosten, wobei sich die höheren Prozentwerte vornehmlich auf den Bereich der berufsbildenden Schulen beziehen.[181] Eine Vergleichsmöglichkeit mit der Phase der Landschulreform ist wieder über die Daten obiger Mittelpunktschulen möglich (vgl. Tab. A15 des Anhangs). Für diese ergibt sich im Mittel ein Wert von 5,6%. *Zwischen den beiden Reformphasen besteht also kein wesentlicher Unterschied hinsichtlich der an den anerkannten Baukosten gemessenen Investitionsfolgekosten.*

Im dritten Beispiel wird nun noch etwas ausführlicher auf den *Folgekostenfaktor der Schülerbeförderung* eingegangen.

Nach MAY (1967) war die Schülerbeförderung und der damit zusammenhängende Kostenfaktor ein zentrales Problem der Landschulreform. Im Paragraph 22 des Schulverwaltungsgesetzes von 1961 wurden die Kosten der Schülerbeförderung als Teil der Sachkosten, für die die Schulträger zuständig sind, festgelegt. Gleichzeitig wurde aber festgelegt, daß das Land die Beförderungskosten, soweit diese durch Zusammenlegung von Volksschulen oder wegen des Besuches auswärtiger Sonderschulen entstanden, den Schulträgern voll zu erstatten habe. Durch diese Regelung wurden Bedenken zukünftiger Schulträger für Mittelpunktschulen, meist Schulverbände mehrerer Gemeinden, in Hinblick auf höhere Folgekosten ausgeräumt.

Am Beispiel der 42 Auswahlmittelpunktschulen wird erkennbar, daß die Kosten der Schülerbeförderung im Mittel mit 37,2% an den gesamten Folgekosten recht bedeutsam waren (berechnet aus Tabelle A15 des Anhangs), was die Bedenken der damaligen Schulträger verständlich macht. Betrachtet man die relativen Schülerbeförderungskosten (DM/Schüler) dieser Schulen, so zeigen sie eine sehr starke Streuung ($m = 102{,}5$, $s = 81{,}5$, max. = 312, min. = 0). Dies hängt damit zusammen, daß die einzelnen Einzugsgebiete der jeweiligen

Mittelpunktschulen unterschiedliche Größe hatten. Eine Abhängigkeit von sozialgeographischen Bedingungsfaktoren liegt nicht vor.[182]

Es ist ein *bemerkenswertes bildungs- und gesellschaftspolitisches Phänomen*, daß im Anschluß an die Notwendigkeit einer staatlichen Förderung des Schülertransportes bei den Mittelpunktschulen alsbald Forderungen der Erstattung von Fahrtkosten auch für Realschüler und Gymnasiasten erhoben wurden. Diesen Forderungen wurde inzwischen stattgegeben, *indem alle Schüler unabhängig von der Schulart bis zur 10.Jahrgangsstufe seit dem 1.8.1978 eine derartige finanzielle Förderung erfahren können.* Maßgeblich sind dabei der durch Richtlinien festgelegte zumutbare Schulweg und die sogenannten notwendigen Beförderungskosten.[183] Die Durchführung der Schülerbeförderung obliegt nach wie vor den Schulträgern, wobei sowohl öffentliche Verkehrsmittel als auch angemietete Schulbusse und in Sonderfällen sogar private Kraftfahrzeuge zur Beförderung dienen können. Das Land erstattet den Schulträgern die entstandenen Kosten der Schülerbeförderung nach dem Schulverwaltungsgesetz zu 80%,[184] während die restlichen 20% im Rahmen des kommunalen Finanzausgleiches erstattet werden.[185] *Diese Regelung für die Kosten der Schülernbeförderung kann nunmehr mit dem Prinzip der Unterrichtsgeld- und Lernmittelfreiheit verglichen werden und ist als Ausdruck des modernen Sozialstaates anzusehen, der sich bemüht, den Grundsatz der gleichen Bildungschancen zu verwirklichen.*

Tabelle 23: Zur Entwicklung der Kosten der Schülerbeförderung im Vergleich zu den Kosten der Lernmittelfreiheit.[186]

	Jahresbeträge (in 1.000 DM)				
	1960	1965	1970	1975	1980
Schülerbeförderung	26	5.376	27.544	90.873	121.010
Lernmittelfreiheit	10.000	18.500	21.821	31.000	43.961

Der in der Tabelle 23 angestellte Vergleich ist möglich, da beide Kostenfaktoren in gleicher Weise von der Entwicklung der Schülerzahlen beeinflußt werden. Was die Lernmittelfreiheit anbelangt, ist allerdings ergänzend zu bemerken, daß die Kostenentwicklung auf dem Schulbuchsektor im Vergleich zu anderen Druckerzeugnissen weit weniger extensiv ist, was NAUMANN (1974) in seiner Studie nachgewiesen hat.[188] Dessen unbenommen ist der ganz *enorme Anstieg der Kosten für die Schülerbeförderung* mehr als deutlich.

3.4 Versuch einer Beurteilung hessischer Reformkosten durch einen Vergleich mit den Ländern der Bundesrepublik Deutschland und Westberlin für das Bezugsjahr 1975

Aus zwei Gründen werden die nachfolgenden Analysen und Erörterungen als ein *Versuch der Beurteilung* bezeichnet. Zum einen ist die Datenbasis für Schulbauinvestitionen recht schmal und zum anderen konnten keine verläßlichen Methoden zur Prüfung partieller und multipler Rangkorrelationskoeffizienten aufgefunden werden.

Wurde in den bisherigen Teilabschnitten mehrfach hervorgehoben, daß die hessischen Reformbestrebungen zu bedeutsamen strukturellen Veränderungen besonders im Bereich der Sekundarstufe I geführt haben und daß dazu das Land Hessen und die Schulträger erhebliche finanzielle Mittel aufbringen mußten, so ist es naheliegend, einen Vergleich zwischen den Ländern anzustreben, da ja bekanntlich je nach politischen Mehrheiten dort recht unterschiedliche Bemühungen um eine Reform des Schulwesens zu verzeichnen sind. Bei einem solchen Vergleich darf man sich nicht allein auf die Sekundarstufe I beschränken, vielmehr sind die Reform der Sekundarstufe II (hier gymnasiale Oberstufe), der Ausbau der Sonderschulen und die Errichtung von Vorschulklassen einzubeziehen.

In gewisser Weise kann man alle Bemühungen in den genannten Bereichen als *strukturverändernde Maßnahmen im weiteren Sinne* (Reformbestrebungen im weiteren Sinne) auffassen. Von diesen stärkeren oder schwächeren Bemühungen der Länder um Beibehaltung oder Veränderung der Struktur ist das *allgemeine Bemühen um eine Senkung der Klassenfrequenzen* zu unterscheiden. Wenngleich ab der Zeit nach dem 2.Weltkrieg diesbezüglich erhebliche Fortschritte gemacht wurden, besteht hier noch ein bedeutsamer *Rückstand im Vergleich zum europäischen Ausland.*[189] Das heißt, eine Senkung der Klassenfrequenzen - unabhängig von strukturellen Veränderungen - muß ebenfalls als eine wichtige Fortentwicklung des Schulwesens betrachtet werden.

Will man einen Vergleich zwischen Ausgaben im Schulbereich und Fortschritten in der Schulreform ziehen, so ist also auch die Variable „Klassenfrequenz` zu kontrollieren,[190] denn sowohl strukturelle Veränderungen als auch niedrigere Klassenfrequenzen könnten höhere Personal- und Investitionsausgaben zur Folge haben.

Was die Erfassung und Beurteilung der *Personalausgaben* anbelangt, bestehen keine Probleme, da das Statistische Bundesamt relevante Daten führt und jährlich veröffentlicht. Hier genügt bereits eine Betrachtung des Personalstandes für ein bestimmtes Bezugsjahr. Gewählt wurde das Jahr 1975, für das im Zeitpunkt der Datenanalysen die damals neuesten Daten vorlagen.[191]

Problematischer ist die Erfassung und Beurteilung der Investitionsausgaben, da die Bundesstatistik solche Ausgaben für den tradierten Bereich des allgemeinbildenden Schulwesens zwar schon immer, für Gesamtschulen aber erst für die beiden Jahre 1974 und 1975 veröffentlicht hat. Personenbezogene Daten von Gesamtschulen wurden dagegen bereits 1971 veröffentlicht. Da am Beispiel hessischer Gesamtschulbauinvestitionen (Tabellen A13 und A14 des Anhangs) erkennbar wurde, daß sowohl für Gesamtschulneubauten als auch für den Ausbau bestehender Schulen zu Gesamtschulen die Finanzierungszeiträume sich über eine längere Zeit, teilweise über 8 bis 9 Jahre, erstreckten, wäre an sich die Kenntnis relevanter Daten mindestens ab etwa 1970 erforderlich. Neben den bekannten Daten für die Jahre 1974 und 1975 wären also noch Erhebungen für die Jahre 1970 bis 1973 erforderlich, wozu sich der Verfasser nicht in der Lage sah. Anstelle der Betrachtung der Investitionen für den Zeitraum von 1970 bis 1975 wird unter den entsprechenden Vorbehalten ersatzweise die *Investitionsintensität in den Jahren 1974 und 1975* betrachtet.

Sollte es also möglich sein, Zusammenhänge zwischen Personal- oder Investitionskosten und Reformfortschritten aufzuzeigen, *so müssen wegen der eben beschriebenen Einschränkung möglicherweise feststellbare Zusammenhänge zwischen Investitionskosten und Reformfortschritten mit Vorsicht beurteilt werden.*

Bei einem Vergleich der Länder nach Personalausgaben und Investitionsausgaben müssen natürlich wegen der unterschiedlichen Einwohnerzahlen die Daten relativiert werden. Die Relativierung auf Schülerzahlen erschien hier als das Gegebene. Aus den vorgegebenen Daten wurden deshalb für die einzelnen Länder zunächst die relativen Personalausgaben (DM/Schüler) für den Bereich der allgemeinbildenden Schulen im Jahr 1975 berechnet (Tabelle A16 des Anhangs). In analoger Weise wurde die Investitionsintensität in den Jahren 1974 und 1975 mit mittleren relativierten Investitionsbeträgen (DM/Schüler) dieses Zeitraums erfaßt (Tabelle A17 des Anhangs).

Tabelle 24: Statistische Kennwerte über Ausgaben der Länder der Bundesrepublik Deutschland und Westberlins für den Bereich der allgemeinbildenden Schulen in den Jahren 1974 und 1975.

	relative Personalausgaben im Jahre 1975 (DM/Schüler)	relative Investitionsausgaben im Mittel der Jahre 1974 und 1975 (DM/Schüler)
Mittelwert	1.921	663
Standardabweichung	274	238
Maximum	2.430 (Berlin)	1.217 (Bremen)
Minimum	1.607 (Bayern)	349 (Saarland)
Variabilitätskoeffizient	0,14	0,35

Die Tabelle 24 gibt die Möglichkeit eines Vergleichs zwischen den beiden Variablen. Es wird besonders deutlich, daß die relativen Investitionsbeträge gegenüber den relativen Personalausgaben eine sehr viel größere relative Streuung aufweisen. In beiden Fällen ist die absolute Dispersion (Maximum-Minimum) von beachtlicher Größe.

Da die Erfassung der „Reformintensitäten“ der Länder - wie später gezeigt wird - nur auf dem Niveau von Rangdaten möglich war, mußten auch die beiden Variablen der Tabelle 24 zum Zwecke des Vergleichs in Rangdaten transformiert werden (vgl. Tabelle A16 und A17 des Anhangs). Bezüglich der relativen Personalausgaben im Jahre 1975 erhält man so eine *Rangfolge P der Länder*, bei der Berlin (West) den Rangplatz 1 innehat und Bayern sich auf Rangplatz 11 befindet (Tabelle A16 des Anhangs). Analog wurde eine *Rangfolge I der Länder* nach den relativen mittleren Investitionsausgaben in den Jahren 1974 und 1975 aufgestellt, wobei Bremen auf Platz 1 steht und das Saarland den Platz 11 einnimmt (Tabelle A17 des Anhangs).

Was die Erfassung der Klassenfrequenzen im Jahre 1975 anbelangt, so konnte auf veröffentlichte Daten der Kultusministerkonferenz zurückgegriffen werden.[192] Auf der Basis dieser Daten wurde eine weitere *Rangfolge F der Länder* nach Klassenfrequenzen aufgestellt (Tabelle A18 des Anhangs), wobei die Angaben über Klassenfrequenzen der einzelnen Schulstufen und -gattungen in Rangwerte transformiert und die Länderrangfolge über eine nach Schülerzahlen gewichtete Rangplatzsumme ermittelt wurde.[193] In dieser Rangfolge nimmt Niedersachsen mit den günstigsten Klassenfrequenzen den Rangplatz 1 ein, während Bayern auf Rangplatz 11 steht.

Nicht ganz so einfach ist es, wenn man Reformintensität beschreiben und vergleichen will, da es - wie oben schon angemerkt - Reformen verschiedener Art zu betrachten gilt. Zunächst wurde der *Stand der Entwicklung der Förderstufe* (*Orientierungsstufe*) im Jahre 1975 betrachtet. Dadurch, daß man die prozentualen Anteile von Förderstufenschülern bestimmt, erhält man einen ersten Ausprägungsgrad dieses Reformbereiches. Hierbei ist allerdings die sogenannte *schulformunabhängige* Form mehr im Sinne des „Strukturplanes" als die *schulformbezogene*, die eigentlich das Produkt eines bildungspolitischen Kompromisses ist. Über die betreffenden Prozentzahlen konnten so zwei Länderrangfolgen ermittelt werden, die dem Stand der Entwicklung der Förderstufe im Jahre 1975 entsprechen. Die *Teilrangfolge a* ordnet die Länder nach den prozentualen Anteilen der Förderstufenschüler insgesamt. Auf Platz 1 steht hier Rheinland-Pfalz und auf Platz 11 das Saarland. Daneben ordnet die *Teilrangfolge b* die Länder nach dem prozentualen Anteil von Schülern, die in schulformunabhängigen Förderstufen unterrichtet wurden. Hier steht Berlin an erster und Bayern an letzter Stelle (Tabelle A19 des Anhangs).

In ähnlicher Weise wurde die Gesamtschulentwicklung der Länder bis zum Jahre 1975 erfaßt, wobei die relative[194] Anzahl der Geamtschulen betrachtet wurde (Tabelle A20 des Anhangs). Die *Teilrangfolge c* ordnet die Länder, ohne daß zwischen den *verschiedenen Formen von Gesamtschulen* unterschieden wird. Bremen nimmt hier Platz 1 ein und das Saarland Platz 11. Die *Teilrangfolge d* berücksichtigt nur *integrierte Gesamtschulen.* Platz 1 nimmt Berlin und Platz 11 Bayern ein. Schließlich berücksichtigt die *Teilrangfolge e* nur *Ganztags-Gesamtschulen.* Berlin steht hier wieder an erster Stelle und das Saarland an letzter.

Als Weiterentwicklung der Sekundarstufe I wird auch die *Erweiterung der Hauptschule* durch Einführung der 10.Hauptschul-Jahrgangsstufe angesehen. Als Maß für den Ausprägungsgrad dieser Entwicklung wurden die prozentualen Anteile von Hauptschülern der 10. Jahrgangsstufe an der Gesamtheit aller Hauptschüler betrachtet (Tabelle A21 des Anhangs). Mit Abstand liegt hier Berlin an der Spitze, und 5 Länder (Bayern, Bremen, Hamburg, Hessen und das Saarland), in denen noch keine Maßnahmen in dieser Richtung im Jahre 1975 unternommen waren, nehmen in der *Teilrangfolge f* den gemeinsamen Rang 9 ein.

Der Stand der *Reform der gymnasialen Oberstufe* im Jahre 1975 wurde wieder durch Berechnung der prozentualen Anteile von Schülern der neugestalteten Oberstufe an der Gesamtheit der Schüler der Oberstufe der Gymnasien betrachtet (Tabelle A22 des Anhangs). 1975 lagen an den ersten drei Rangplätzen der *Teilrangfolge g* die Länder Hessen, Bayern und Niedersachsen. Alle übrigen Länder lagen gemeinsam auf Rangplatz 7,5, da dort im Bezugsjahr noch keine Reform der gymnasialen Oberstufe vorlag.

Die Entwicklungen der *Sonderschule* und der Vorschule wurden mit der relativen Anzahl von Lehrern in diesen Bereichen erfaßt (Tabelle A23 des Anhangs). In der *Teilrangfolge h*, welche die Entwicklung der Sonderschule erfaßt, liegt Baden-Württemberg an Platz 1 und Rheinland-Pfalz an Platz 11. In der *Teilrangfolge i*, welche die Entwicklung des Vorschulbereiches erfaßt, steht Berlin an der Spitze und Rheinland-Pfalz am Ende.

Mit Hilfe der Teilrangfolgen a - i wurde eine *Rangfolge R der Länder* aufgestellt, in der diese nach dem Grad der Ausprägung aller Reformbestrebungen geordnet sind. Ähnlich wie bei der Rangfolge F wurde die Rangfolge R über eine gewichtete Rangplatzsumme ermittelt (Tabelle A24 des Anhangs). Die Wichtung orientiert sich wie bei den Klassenfrequenzen zunächst an den Schülerzahlen, dann aber auch an der Progressivität des Reformansatzes bei der Förderstufe und der Gesamtschule (vgl. Anm. zur Tabelle A24 des Anhangs). Berlin erscheint bei dieser zusammenfassenden Ordnung an erster und Bayern an letzter Stelle.

Tabelle 25: Rangfolgen der Länder der Bundesrepublik Deutschland und Westberlins zur Beurteilung von Zusammenhängen zwischen den Ausprägungen der Reformbestrebungen und den Personal- und Investitionsausgaben für den Bereich der allgemeinbildenden Schulen und das Bezugsjahr 1975.

Rangfolgen:	R	F	P	I
			relative	
	Reform-bestrebungen	Klassen-frequenzen	Personal-ausgabem	Investions-ausgaben[195]
Berlin	1	2	1	8
Niedersachsen	2	1	4	3
Bremen	3	4	2	1
Hamburg	4	8	3	2
Hessen	5	3	6	6
Nordrhein-Westfalen	6,5	9	7	4
Schleswig-Holstein	6,5	5	8	9
Baden-Württemberg	8	7	10	7
Rheinland-Pfalz	9	10	9	10
Saarland	10	6	5	11
Bayern	11	11	11	5

Für die Rangfolgen der Tabelle 25 wurde eine Korrelationsanalyse durchgeführt, indem neben den einfachen auch die zur Interpretation erforderlichen partiellen und multiplen Rangkorrelationskoeffizienten berechnet wurden.[196]

Tabelle 26: Spearmansche Rangkorrelationskoeffizienten zur Prüfung auf Zusammenhänge zwischen der Rangfolge R und den Rangfolgen F, P und I.

einfach		partiell[197]					
		1. Ordnung		1. Ordnung		2. Ordnung	
R-F:	0,78	R-F (P):	0,76	R-F (I):	0,84	R-F (P, I):	0,69
R-P:	0,83	R-P (F):	0,66	R-P (I):	0,80	R-P (F, I):	0,58
R-I:	0,50	R-I (P):	0,39	R-I (F):	0,67	R-I (P, F):	0,60
		multipel[197]					
R-(F, P):	0,88						
R-(F, I):	0,89	R-(F, P, I) : 0,97					
R-(P, I):	0,86						

Tabelle 27: Spearmansche Rangkorrelationskoeffizienten zur Prüfung auf Zusammenhänge zwischen der Rangfolge F und den Rangfolgen R, P und I.

einfach		partiell[197]					
		1. Ordnung		1. Ordnung		2. Ordnung	
F-R:	0,78	F-R (P):	0,76	F-R (I):	0,84	F-R (I, P):	0,69
F-P:	0,67	F-P (R):	0,06	F-P (I):	0,68	F-P (R, I):	0,00
F-I:	0,11	F-I (R):	-0,52	F-I (P):	-0,20	F-I (R, P):	-0,58

Der Vergleich[198] der Rangkorrelationskoeffizienten der Tabellen 26 und 27 ermöglicht folgende Aussagen:

1. Die *Ausprägungen der Reformbestrebungen im weiteren Sinn in den einzelnen Bundesländern sind umso stärker, je höher ihre relativen Personalausgaben sind.* Sie sind ebenfalls *umso stärker, je höher die relative Investitionsausgaben* („Investitionsintensitäten in den Jahren 1974 und 1975") sind, jedoch ist hier der Zusammenhang nicht so stark wie bei den Personalausgaben.
2. Die *Variable Klassenfrequenz steht in einem starken positiven Zusammenhang mit den Ausprägungen der Reformbestrebungen im weiteren Sinne.* Demgegenüber ist der Zusammenhang zwischen der Klassenfrequenz und den relativen Investitionsausgaben negativ, d.h. *daß tendentiell in den Ländern mit höheren relativen „Investitionsintensitäten in den Jahren 1974 und 1975" die Klassenfrequenzen höher sind.*
3. Zwischen den Ausprägungen der Reformbestrebungen auf der einen Seite und dem zusammenwirkenden Einfluß, den die drei anderen Bezugsgrößen (F,P,I) ausüben, besteht ein (fast) vollständiger Zusammenhang. *Die drei Faktoren relative Personalausgaben, relative Investitionsausgaben und Klassenfrequenz müssen als solche angesehen werden, die in ihrem Zusammenwirken fast ausschließlich den Fortschritt schulischer Reformen bestimmen.*

Anhand der Rangfolgen der Tabelle 25 ist nunmehr eine Art „Effizienz-Betrachtung" möglich, die folgendes zeigt: Das *Land* Hessen nimmt im Vergleich zu den anderen Bundesländern hinsichtlich der Ausprägungen der Reformbestrebungen und der Klassenfrequenzen - gemessen an den relativen Personalkosten und den relativen Investitionsausgaben - etwas bessere Rangplätze ein, was einer leicht *höheren (rangplatzbezogenen) Effizienz* entspricht.

TEIL 4: DIE HESSISCHEN RAHMENRICHTLINIEN FÜR DEN PHYSIKUNTERRICHT IN DER SEKUNDARSTUFE I ALS ERGEBNIS DER ALLGEMEINEN REVISION DES CURRICULUMS (1969-1976)

In den bisherigen Teilen 1 bis 3 wurden Untersuchungsergebnisse dargestellt, die sich weitgehend auf die Veränderungen der „*Makrostruktur*" des allgemeinbildenden Schulwesens und auf die diesbezüglichen Finanzierungsprobleme bezogen. Diese *organisatorischen und strukturellen Veränderungen* müssen nach den im „Strukturplan" dargestellten Auffassungen der Bildungskommission des Deutschen Bildungsrates als *notwendige, aber allein noch nicht ausreichende Bedingungen einer Reform des Bildungswesens* angesehen werden. Gleichzeitig wurde neben diesem ersten Schritt zur Verwirklichung gleicher Bildungschancen eine *gründliche Revision der Bildungsinhalte als von ausschlaggebender Bedeutung* erkannt. Der Ausgangspunkt der Reform hessischer Lehrpläne ist in der Regierungserklärung des Hessischen Ministerpräsidenten vom 18.1.1967 zu sehen.[199] Seit 1972 existieren für die Fächer der Sekundarstufe I neue Rahmenpläne (Rahmenrichtlinien). Was das Fach Physik betrifft, sollten die Rahmenrichtlinien in der überarbeiteten Fassung von 1976 zunächst bis 1980 verpflichtend erprobt und dann revidiert werden. Die Erprobungsphase wurde später bis 1984 verlängert. Ein Revisionsentwurf aus dem Jahr 1985, basierend auf einer Evaluation über die im Teil 13 berichtet wird, fand keine Zustimmung der nachfolgenden CDU/FDP-Regierung. In deren Auftrag wurden Ende der achtziger Jahre Lehrpläne im tradierten Sinne entworfen, die wiederum wegen des neuerlichen Regierungswechsels im Jahre 1991 nicht zum Zuge kamen. Zur Zeit (1994) wird an neuen Rahmenplänen gearbeitet.[200] Bis mindestens Ende des Schuljahres 1994/95 stellen also die Rahmenrichtlinien von 1976 weiterhin die verbindliche Grundlage für den Physikunterricht in der Sekundarstufe I in Hessen dar.

Die Revision von Bildungsinhalten zielt mehr auf die „*Mikrostruktur*" der Schulen, wobei es eine sehr bedeutende Frage ist, ob die gegebenen personellen, materiellen und organisatorischen Rahmenbedingungen auf der operativen Ebene ausreichen, damit die vorgegebenen Rahmenkonzepte umgesetzt werden können.

4.1 Die Revision der hessischen Bildungspläne unter besonderer Berücksichtigung der Rahmenrichtlinien Physik SI

Der Anfang der hessischen Lehrplanreform liegt, was schon erwähnt wurde, im Jahre 1967 und ist vor dem Hintergrund der schulpolitischen Tatsache zu sehen, daß mit dem Schuljahr 1969/70 die ersten integrierten Gesamtschulen mit der Jahrgangsstufe 7 zu arbeiten begannen.[202] Die Initiativen gingen von der damaligen Staatssekretärin im Hessischen Kultusministerium, H. Hamm-Brücher aus, indem sie deutlich machte,[203] daß das Ziel einer Verwirklichung des „Bürgerrechts auf Bildung" nicht allein über organisatorische und strukturelle

Änderungen des bestehenden Schulsystems zu erreichen sei. Im Zusammenhang mit der Änderung der Anforderungen und Bedingungen, die sich der heranwachsenden Generation voraussichtlich im Laufe ihres Lebens ergeben würden, seien eine gründliche *Revision der Bildungsinhalte* und die *Bereitschaft zu einer permanenten Lehrplanreform* von ausschlaggebender Bedeutung.

Damit standen die seit 1957 geltenden und bislang auf einzelne Schulformen bezogenen Bildungspläne zur Disposition.

Im Auftrage des Hessischen Kultusministers befaßte sich deshalb in den Jahren 1967 bis 1971 unter der Federführung des Erziehungswissenschaftlers W.Klafki (Marburg) eine „Kommission zur Reform der hessischen Bildungspläne" mit der Lehrplanrevision. Dieser Kommission gehörten zeitweise bis zu 150 Mitarbeiter aus Schule, Hochschule und Bildungsverwaltung an. Die Kommission versuchte unter der selbstgesetzten „Leitidee Emanzipation"[204] und ausgehend von einem interdisziplinären Ansatz vorläufige, einheitliche Lehrpläne für die Sekundarstufe I zu entwickeln.

Diese Kommission wurde 1971 aufgelöst, nachdem sich die Bildungsverwaltung im Zusammenhang mit der fortschreitenden organisatorischen und strukturellen Reform des Schulwesens für eine kurzfristige Erarbeitung vorläufiger neuer Lehrpläne für die Sekundarstufe I entschieden hatte. Damit war der ursprüngliche interdisziplinäre Ansatz der Kommissionsarbeit unter Einteilung in drei Lernbereiche (Sprachen-Naturwissenschaften-Sozialwissenschaften, Technik, Kunst, Sport) gescheitert und letztlich der traditionellen Organisationsform der Herstellung von Lehrplänen durch fachspezifische Expertengruppen der Vorzug gegeben worden. Je nach bildungspolitischer oder bildungstheoretischer Position wurde und wird die Effektivität der Kommissionsarbeit sehr unterschiedlich bewertet und werden unterschiedliche Gründe für ihr „Scheitern" erkannt.[205] In den Dokumentationen von BECKER/BONN/GRODDECK (1972a) und WOLF (o.J.) sind aufschlußreiche Details enthalten. Da ein großer Teil der Mitglieder der „Kommission" sich für die Ende 1970/Anfang 1971 begonnene „kurzfristige Arbeit an den Rahmenrichtlinien" zur Verfügung stellte, war je nach dem Grad der Identifikation mit der „Kommissionsarbeit" eine Art Transfer curricularer Innovationen in die „Rahmenrichtlinien-Fachgruppen" hinein möglich bzw. denkbar.

Was die Naturwissenschaften anbelangt, scheint aber diese Identifikation relativ gering gewesen zu sein.[206]

Unter der Federführung des Fachdidaktikers W.Kuhn (Gießen) konstituierte sich Ende 1970 die *Rahmenrichtlinien-Fachgruppe Physik*. Von den weiteren acht Mitarbeitern waren drei am Gymnasium, drei im H-R-Bereich und je einer an einer Sonderschule bzw. in der Lehrerfortbildung tätig. In dieser Zusammensetzung, die sich offensichtlich schulformübergreifend darstellt, hatten die Gymnasiallehrer, Lehrer mit der am weitestgehenden fachwissenschaftlichen Qualifikation, bereits ein leichtes Übergewicht, was sich im Laufe der Revisionsarbeit und der Entwicklungsarbeit an den „Unterrichtsmaterialien“[207] deutlich verstärkte, da später neben dem einen Hochschullehrer, vier Gymnasiallehrer und nur noch zwei Lehrer aus dem H-R-Bereich tätig und der Sonderschulbereich und die Lehrerfortbildung nicht mehr vertreten waren.

Die Erstfassung der Rahmenrichlinien Physik SI wurde gemeinsam mit den Erstfassungen für die anderen Schulfächer Mitte 1972 veröffentlicht. Gleichzeitig hatte der Hessische Kultusminister den Lehrern und der Öffentlichkeit eine Begründung der neuen hessischen Lehrpläne gegeben und die damit verbundenen Aufgaben und Zielperspektiven dargestellt.[208] Daneben wurde auf dem Erlaßwege eine Art curricularer Prozeß mit mehr oder weniger großem Effekt für die einzelnen Fachgebiete eingeleitet. Das Schuljahr 1972/73 sollte einer Vorlaufs- und Diskussionsphase dienen, die mit einer Abgabe von Stellungnahmen zum 15.3.1973 einen vorläufigen Abschluß finden und damit ein „Feedback“ ermöglichen sollte.

Wegen organisatorischer Unzulänglichkeiten wurde dieser Termin bis Ende 1973 verlängert,[209] und das Hessische Kultusministerium hat 1974 die eingegangenen Stellungnahmen veröffentlicht.[210]

Die Anzahl der damals zum mathematisch-naturwissenschaftlichen Fächerbereich eingegangenen Stellungnahmen ist im Vergleich zu anderen Fächerbereichen, insbesondere im Vergleich zu den Fächern Deutsch und Gesellschaftslehre, als bemerkenswert klein zu bezeichnen. So hat bspw. die *Öffentlichkeit außerhalb der Schule überhaupt keine Stellung bezogen* und haben neben dem Landesschülerrat und dem Philologenverband auch nur insgesamt 29 Schulen Stellungnahmen abgegeben. Bezogen auf die 1973 existierenden Schulen entsprachen die absoluten Zahlen folgenden Anteilen an der Gesamtzahl der Schulen der jeweiligen Schulgattung: Keine Hauptschulen, 9 Realschulen (1,4%), 7 Gesamtschulen (7,2%) und 13 Gymnasien (8,4%). Der Abfall der Haupt- und Realschulen ist evident. Vermutet wird, daß im H-R-Bereich oftmals wegen nur eingeschränkter Fachkompetenz keine Stellungnahmen abgegeben wurden. Die eingegangenen Stellungnahmen wurden von einer durch den Hessischen Kultusminister einberufenen Fachbereichskonferenz für Mathematik und Naturwissenschaften, der in der Mehrzahl Mitglieder der betreffenden Rahmenrichtlinienfachgruppen angehörten, ausgewertet. Nach der Meinung dieses Gremiums,[211] die sich keineswegs mit der des Verfassers deckt, der die Stellungnahmen ebenfalls eingesehen hat, bewertete die große Mehrheit die Rahmenrichtlinien Physik SI als Fortschritt gegenüber dem damals bestehenden curricularen Zustand. In Anbetracht der geringen Anzahl der Stellungnahmen erübrigt sich aber eine diesbezügliche Diskussion der beiden Auffassungen, da das Material nicht repräsentativ ist. Vielmehr genügt es hier, daß folgende - in vielen Stellungnahmen hervorgehobene - Realisierungsschwierigkeiten genannt werden:

1. Fehlen einer verbindlichen Stundentafel,[212]
2. mangelnde Ausstattung mit Geräten,
3. fehlende Räumlichkeiten,
4. Lehrermangel.

Als eine weitere „curriculare Aktivität" kann die Tatsache angesehen werden, daß der überwiegende Teil der Lehrgänge des Hessischen Instituts für Lehrerfortbildung seit 1972 sich mit den Rahmenrichtlinien befaßte. Ein Großteil dieser Lehrgangsarbeiten hat seinen Niederschlag in Lehrgangsprotokollen gefunden,[213] die wichtige Interpretationshilfen der Rahmenpläne darstellen, und aus denen heraus - zumindest in der Anfangszeit - sich die „Unterrichtsmaterialien zu den Rahmenrichtlinien Physik SI" entwickelt haben.[214] Einiges - wenn auch bei weitem nicht in dem gleichen Umfang - wurde für den Physikunterricht auch im Rahmen des von Herbst 1972 bis Ende des Schuljahres 1975/76 laufenden, von der Bund-Länder-Kommission geförderten „Modellversuch regionale Lehrerfortbildung" entwickelt.[215] Diese Erwähnung erscheint insofern von Bedeutung, als die Hauptintentionen dieses Modellversuchs darin bestanden, die Lehrerfortbildung zu dezentralisieren[216] und damit gleichzeitig eine schulnahe Curriculumentwicklung zu ermöglichen.[217] Die vier regionalen Fortbildungszentren des Modellversuchs wurden inzwischen zu Außenstellen des Hessischen Instituts für Lehrerfortbildung umfunktioniert.

Mit der Veröffentlichung der Erstfassungen der Rahmenrichtlinienentwürfe hatte der Hessische Kultusminister gleichzeitig zur freiwilligen Erprobung aufgerufen und dazu Erprobungsrichtlinien erlassen,[218] die in einem gewissen Rahmen sowohl Schüler wie auch Elternvertretern ein Mitspracherecht einräumten und diesbezügliche Probleme der Notengebung regelten. Die Schulen, an denen Erprobungen erfolgten, waren gehalten, Erfahrungsberichte abzugeben. Die daraufhin beim Hessischen Kultusminister eingegangenen Erprobungsberichte wurden 1975 ebenfalls veröffentlicht.[219]

Im Vergleich zu der Abgabe von Stellungnahmen für den mathematisch-naturwissenschaftlichen Fächerbereich im Jahre 1973 ist die Anzahl der Schulen, von denen Erprobungsberichte vorliegen, noch kleiner, nämlich 19. Auch die Verteilung über die Schulgattungen ist ganz anders. Bezogen auf die 1974 bestehenden Schulen entsprachen die absoluten Zahlen folgenden Anteilen an der Gesamtzahl der Schulen der jeweiligen Gattung: Keine Hauptschulen, 6 Realschulen (1,0%), 12 Gesamtschulen (10,0%) und 1 Gymnasium (0,7%). Die *freiwillige Erprobung* hat sich, gemessen an der relativen Anzahl der Schulen der einzelnen Schulgattungen, von denen Erprobungsberichte abgeliefert wurden,[220] *praktisch nur an den Gesamtschulen vollzogen*. Diese Beurteilung erfährt noch eine Verstärkung, wenn man die Anzahl der an der Erprobung beteiligten Klassen nach Schulgattungen vergleicht. 19 Klassen an Haupt- und Realschulen und 4 Klassen an Gymnasien stehen ca.12O bis 135 Klassen an Gesamtschulen gegenüber.[221] Bezugnehmend auf eine Mitteilung des Hessischen Kultusministers, nach der insgesamt in 275 Schulen 4.928 Unterrichtsvorhaben der Erprobung der Rahmenrichtlinien dienten,[222] läßt sich abschätzen, welchen Anteil die Erprobung der Rahmenrichtlinien Physik am Gesamtumfang der Erprobung der Rahmenrichtlinien für alle Fächer hatte. Dieser Anteil liegt geschätzt zwischen 2,9% und 3,2%. Da der Anteil des Physikunterrichts nach der Stundentafel von 1976 ca. 5% des gesamten Stundenvolumens des Pflichtunterrichts[223] ausmacht, waren insgesamt die *Erprobungsaktivitäten für das Fach Physik deutlich geringer als im Durchschnitt aller Fächer*.

Dieses quantitative Vergleichsergebnis kann ergänzt werden, wobei Bezug auf inhaltliche Analysen der Erprobungsberichte genommen wird. Während der einzige Erprobungsbericht eines Gymnasiums unergiebig ist, unterscheiden sich die Erprobungsberichte der Haupt- und Realschulen sehr wesentlich von denen der Gesamtschulen. Bei ersteren wurde in der überwiegenden Anzahl als Behinderungsgrund ein *Mangel an sachlichen Voraussetzungen* beklagt, insbesondere was die Ausstattung mit Schülerübungsgerät anbelangt. Bei den Gesamtschulen war dies (bis auf eine) nicht der Fall, jedoch scheinen die Probleme hier weitgehend auf dem Personalsektor gelegen zu haben, da mehrfach auf *Fachlehrermangel* hingewiesen wurde.

Einen sehr bemerkenswerten Aspekt bezüglich des Lehrmittelproblems findet man im Erprobungsunterricht der Gesamtschule Kaufungen:

„Da unsere Fachräume seit einigen Jahren voll ausgestattet sind und diese Einrichtung sich von der *Konzeption der Lehrmittelfirma* her auf traditionelle Pläne stützte, sind wir nicht in der Lage, einige (wenige) Versuche durchzuführen. *Lehrmittelausstattung und Rahmenrichtlinien entsprechen sich nicht.*“[224] Der Bericht dieser Schule zeigt noch ein weiteres schwerwiegendes personelles Problem auf: „Aufgrund eines *Erlasses* und unserer Kurs- bzw. Klassenfrequenzen *können (und dürfen) wir keine Schülerversuche durchführen.*“[225] Gegenüber den Haupt- und Realschulen waren bezüglich der freiwilligen Erprobung insbesonders die integrierten Gesamtschulen nicht nur aus Gründen der Ausstattungen im Vorteil, sondern auch deswegen, da an diesen ab dem Schuljahr 1972/73 Fachmoderatoren tätig waren, deren Aufgabe neben einer Beratung der Schulen auch darin bestand, einen regen Erfahrungsaustausch zwischen den Schulen und den Rahmenrichtlinienfachgruppen herbeizuführen.[226] Die Tatsache, daß Gymnasien trotz besserer Voraussetzungen im Vergleich zu den Haupt- und Realschulen bei der freiwilligen Erprobung faktisch durch Abstinenz hervorstachen, kann unter anderem auch darin gesehen werden, daß ein Großteil der Inhalte der Rahmenrichtlinien sich mit den bisherigen Inhalten der gymnasialen Mittelstufenphysik deckt. Weiterhin auch darin, daß bei mehrheitlich konservativer Grundhaltung der Physiklehrer auch Aversionen gegenüber einer Vorverlegung des Beginns des Physikunterrichts im Gymnasium bestanden.[227]

Neben diesen administrativ initiierten Aktivitäten innerhalb der Schulen hatten die hessischen Rahmenrichtlinienentwürfe von 1972 eine langjährige, auch außerschulische bildungspolitische Diskussion ausgelöst, die als Grund dafür angesehen werden kann, daß die Rahmenrichtlinienentwürfe für Deutsch und die modernen Fremdsprachen erst 1981 und die für Gesellschaftslehre erst 1983 in die verbindliche Erprobung einbezogen wurden.

In diesem Zusammenhang erscheint eine Anmerkung über die *bildungspolitischen Entscheidungvorgänge bezüglich der hessischen Rahmenrichtlinien* erforderlich.[229] Endgültige und letztliche Entscheidungen über die Rahmenrichtlinien insgesamt und bezüglich der einzelnen Fächer erfolgten natürlich durch das Landeskabinett. Dabei fungierten als Mitbestimmungsgremien ohne Vetorecht der Landeselternbeirat und der Hauptpersonalrat der Lehrer. Bereits im Jahre 1971 hatte sich der Hessische Kultusminister in der Form des *Rahmenrichtlinienbeirates* aber noch eine bedeutsame bildungspolitische Beratungsinstitution geschaffen, die 1975 unter einer veränderten Zusammensetzung neu belebt wurde.[230] Mit dem Rahmenrichtlinienbeirat war die Zielsetzung verbunden, durch die Beteiligung aller politisch relevanten Gruppen[231] die bildungspolitischen Vorstellungen der Gesellschaft zu erfassen und bildungspolitische Konflikte weitgehend zu vermeiden. Inzwischen ist der ehemalige Rahmenrichtlinienbeirat im Landesschulbeirat aufgegangen.

Das Phänomen einer bis dahin noch nicht gekannten, *äußerst regen bildungspolitischen Diskussion um die Inhalte neuer Lehrpläne* in vielen Kreisen der Gesellschaft bedarf einer näheren Durchleuchtung.

Im Zentrum der Diskussion standen dabei die Rahmenrichtlinienentwürfe für Deutsch und Gesellschaftslehre. Im Vergleich dazu ist der Umfang der Diskussion, der sich auf die übrigen Schulfächer erstreckt, praktisch bedeutungslos. Ein gutes Bild über die *Disparität dieser Lehrplandiskussion* ergibt sich aus einer statistischen Auswertung einer dokumentarischen Literaturliste des Hessischen Kultusministers.[232] Gemessen an den seit 1976 geltenden Stundentafeln für die Mittelstufe[233] beträgt der Anteil des Faches Deutsch am gesamten Stundenvolumen[234] der Mittelstufe 12,8% und der des integrierten Lernbereiches Gesellschaftslehre 11,7%. Die übrigen Fächer haben zusammen ein Stundenvolumen von 75,5%. Die Literaturliste weist für den Zeitraum vom Schuljahr 1972/73 bis zum Schuljahr 1975/76 insgesamt 853 Titel mit Rahmenrichtlinienrelevanz aus. Betrachtet man nur die Titel, bei denen der Bezug zum jeweiligen Schulfach eindeutig ist, so bleiben 383 übrig. Davon beziehen sich 45,7% auf die Gesellschaftslehre und 30,5% auf das Fach Deutsch. Für die übrigen Fächer verbleiben 23,8%. Der Anteil der Naturwissenschaften am Stundenvolumen der Mittelstufe beträgt ebenso wie der der Gesellschaftslehre 11,7%, der Anteil der Mathematik 12,8% und der der Fremdsprachen je nach Schulgattung zwischen 12,2% - 18,6%. Dem stehen „Diskussionsvolumina" von nur 6,5%, 3,9% resp. 4,2% gegenüber.

Da auch ein Großteil der 470 allgemeinen Beiträge ohne direkten Hinweis im Titel Bezug auf die Rahmenrichtlinienentwürfe für Deutsch und Gesellschaftslehre des Jahres 1972 und deren Zweitfassungen von 1973 nimmt, kann nach einer Schätzung davon ausgegangen werden, daß insgesamt etwa 90% der Beiträge sich mit den inhaltlichen Intentionen dieser beiden Rahmenrichtlinien-Fachgruppen auseinandersetzen.

Zusammenfassend und besonders auf die naturwissenschaftlichen Fächer bezogen erscheinen einige Bemerkungen zu den oben aufgezeigten Tatbeständen erforderlich. Je nach der subjektiven bildungspolitischen und bildungstheoretischen Position mag man unterschiedliche Standpunkte zu den „progressiven" Rahmenrichtlinienentwürfen für Deutsch und Gesellschaftslehre einnehmen. Objektiverweise kommt man aber nicht umhin, anzuerkennen, daß gerade ihr Erscheinen im Jahre 1972 *einen bisher einmaligen demokratischen Prozeß auf dem Gebiete der Lehrplanrevision hervorgerufen hatte*, an dem die Gesellschaft insgesamt beteiligt war und nicht nur, wie sonst üblich, die Diskussion auf den Bereich Schule beschränkt blieb. Die Tatsache, daß die Naturwissenschaften ähnlich wie andere Lernbereiche weitgehend im Schatten standen, läßt möglicherweise den falschen Schluß zu, als wäre dieser Fachbereich unproblematisch. Diese Gefahr einer Verkennung muß als ein Negativum dieses durch die Lernbereiche Deutsch und Gesellschaftslehre dominierend beherrschten demokratischen Prozesses angesehen werden. *Die naturwissenschaftlichen Schulfächer erscheinen gewissermaßen bildungspolitisch neutral*. Daß sich gesellschaftliche Veränderungen durch die Entwicklung der Naturwissenschaften ergeben haben, braucht nicht näher begründet zu werden, und daß die Naturwissenschaften ihrerseits gesellschaftlichen Bedingungen unterworfen sind, hat beispielsweise BÜCHEL (1975) überzeugend dargestellt. Was den naturwissenschaftlichen Unterricht anbelangt, ist bei weitem nicht eindeutig, was und wie unterrichtet werden soll. So gibt es ganz *unterschiedliche fachdidaktische Positionen*, die zwar in der Regel nicht in „Reinformen" vorkommen, jedoch dadurch akzentuiert sind, daß sich ihre Vertreter überwiegend an der Fachwissenschaft orientieren, weitgehend lernpsychologische Forschungsergebnisse[235] berücksichtigen oder dem Gesellschaftsbezug[236] ihrer Disziplin das Primat einräumen.

Was die Rahmenrichtlinien Physik Sl anbelangt, so erscheint die Orientierung an der Wissenschaft (Wissenschaftsorientierung der Inhalte und Methoden) dominierend, wenngleich methodisch-lernpsychologische Erkenntnisse (Schülerübungen) berücksichtigt werden. Der Gesellschaftsbezug erscheint mehr formal. Als Gegenbeispiel einer anderen curricularen Position sei die des IPN- Curriculum Physik[237] mit weitergehendem gesellschaftlichen Bezug und besonderer Berücksichtigung lernpsychologischer Forschungsergebnisse für den Anfangsunterricht genannt. KUHN (1972) hat zwar eine Reihe allgemeiner Bildungsziele für den naturwissenschaftlichen Unterricht formuliert, die eindeutig Gesellschaftsbezug haben[238] - diese haben auch teilweise Eingang in den allgemeinen Teil der Rahmenrichtlinien Physik gefunden[239] -, es fällt aber außerordentlich schwer, selbst in der überarbeiteten Fassung von 1976, die Eindeutigkeit der Zuordnung der Richtziele zu den einzelnen Lerneinheiten einzusehen.[240]

Es wurde schon erwähnt,[241] daß die Identifikation der Naturwissenschaftler mit der weitgehend von Nicht-Naturwissenschaftlern geprägten „Kommissionsarbeit" recht schwach war. Aus diesem Grunde sei darauf verwiesen, daß auch aus den Reihen der Physikdidaktiker durchaus „emanzipatorisches didaktisches Ideengut" stammt. Beispielsweise formuliert WELTNER (1971a) als Richtziele für den Physikunterricht: Rationalität, Kommunikationsfähigkeit, Verantwortungsfähigkeit und Kooperationsbereitschaft. WELTNER neigt dabei hinsichtlich der Realisierung solcher Richtziele dazu, verstärkt die Technik in den naturwissenschaftlichen Unterricht einzubeziehen und weist dazu idealtypische Unterrichtsformen auf.[242] JUNG (1970) nennt als übergeordnete Bildungsziele: Autonomie, Kommunikationsfähigkeit, Fähigkeit der Behauptung in der bestehenden Welt - Natur und Gesellschaft -, Fähigkeit zur kritischen Reflexion der bestehenden Welt und Fähigkeit etwas Neues zu beginnen.[243]

Diese Skizze an Stelle einer hier nicht leistbaren tiefschürfenden Analyse naturwissenschaftlicher Lehrplangestaltung dürfte erahnen lassen, welche Vielfalt von Kriterien für die Auswahl von Inhalten und Methoden zur Verfügung stehen. Es gibt eine Reihe von Didaktikern, die sich mit großer Sorge dem Problem der Abwahl sogenannter „schwerer naturwissenschaftlicher Fächer" in der gymnasialen Oberstufe zuwenden, und es gibt Anzeichen, daß das eindeutige Überwiegen des fachwissenschaftlichen Anspruches gegenüber lernpsychologischen und gesellschaftsbezogenen Aspekten mit eine der Hauptursachen[244] für dieses Phänomen ist. Leider sind solche Fakten in der Gesellschaft wenig bekannt, was möglicherweise mit der historischen Kluft zwischen geisteswissenschaftlichen und naturwissenschaftlichen Disziplinen zusammenhängt. Die Didaktiker selbst sind nicht ganz schuldlos, da sie mit ihren Erkenntnissen wenig an die Öffentlichkeit treten.

4.2 Die hessischen Rahmenrichtlinien Physik SI - Beschreibung der Struktur, Grobbeschreibung der Inhalte und Vergleich der Erstfassung von 1972 mit der Zweitfassung von 1976

Die nachfolgende Beschreibung geht teilweise auf LOCHHAAS (1977) zurück,[245] bezieht sich auf weitere Quellen, die jeweils angegeben werden, und steht auch im Zusammenhang mit einer längerfristigen kritischen Auseinandersetzung des Verfassers mit der Fachdidaktik Physik selbst. Wie schon oben erwähnt, kann auch hier, was die Lehrplanproblematik in den Naturwissenschaften anbelangt, oftmals nur Exemplarisches vermerkt werden. Einiges wurde auch schon im vorhergehenden Abschnitt vorweggenommen.

Die Struktur der Rahmenrichtlinien Physik SI unterscheidet sich von der der beiden anderen naturwissenschaftlichen Fächer durch die Einfachheit und

Übersichtlichkeit des Differenzierungskonzeptes.[246] Sie entsprechen formal[247] der bildungspolitischen Forderung des Auftraggebers, schulformübergreifende Lehrpläne zu schaffen, die dem in Hessen bestehenden Schulsystem mit seinem Nebeneinander von tradierten Schultypen und Reformschulen Rechnung tragen sollten. Was die Zuordnung der Inhalte zu den einzelnen Differenzierungsstufen anbelangt, ist der Verfasser der sehr persönlichen Meinung, daß beim Fundamentum, also speziell für die Hauptschule, ein zu geringer Technikbezug vorliegt.

Die RRL Physik SI bieten ein Differenzierungsmodell für die Förderstufe und für die integrierten Gesamtschulen an,[248] dessen Kernbestandteile, soweit es den verbindlichen Stoffplan anbelangt,[249] als Fundamentum, 1.Erweiterung und 2.Erweiterung bezeichnet werden. Zur Verwendung der RRL an den anderen Schulgattungen[250] (Hauptschulen, Realschulen, Gymnasien und additiven Gesamtschulen) erfolgt eine vergröberte Differenzierung in der Form der folgenden Zuordnung:

Hauptschüler	......	Fundamentum
Realschüler	......	Fundamentum + 1.Erweiterung
Gymnasiasten	......	Fundamentum + 1.u.2.Erweiterung

Diese „hierarchische" Differenzierung[251] wird dadurch etwas aufgelockert, daß die jeweils „niedrigere" Schülergruppe an den Erweiterungen der „höheren" dadurch teilhaben kann, daß Themen der Erweiterungen zusätzlich als wahlfreie Themenkreise in den Unterricht einbezogen werden können.

Lochhaas beschreibt das inhaltliche und methodische Differenzierungskonzept folgendermaßen:

> *„Im Fundamentum sollen die wichtigsten physikalischen Erscheinungen und ihre technischen Anwendungen sowie die zwischen ihnen bestehenden Beziehungen erarbeitet werden. An vielen Beispielen sollen die Schüler erfahren, was man unter „physikalischer Methode" versteht.*
> *Die erste Erweiterung vertieft und erweitert die Inhalte des Fundamentums. Ein größeres mathematisches Verständnis, richtige Verwendung und Bildung physikalischer Grundbegriffe und die Fähigkeit, Modelle zu benutzen und im begrenzten Umfang auch selbst zu entwickeln, sind die Ziele dieser Differenzierungsstufe.*
> *Für die 2. Erweiterung ist eine noch weitergehende Mathematisierung und die Problematisierung von physikalischen Modellen und physikalischen Aussagen kennzeichnend. Sie zeichnet sich durch eine Betonung der begrifflichen Ebene aus."*[252]

Bereits aus dieser Beschreibung des der Konstruktion der RRL Physik SI zugrundegelegten Differenzierungskonzeptes wird erkennbar, daß die *physikalischen Inhalte besonderer Experimentierintensität im wesentlichen im Fundamentum* und nur zum sehr geringen Teil in den beiden Erweiterungen liegen. Eine Detaildurchsicht der inhaltlichen Angaben in den einzelnen Themenkreisen und Lerneinheiten bestätigt diese unterrichtsorganisatorisch bedeutsame

Interpretation des Differenzierungskonzepts. Diese Sicht ist insofern von Bedeutung, als hinsichtlich der experimentellen Ausstattung davon ausgegangen werden kann, daß *eine Art gemeinsamer Mindestausstattung für alle Schulformen erforderlich* ist und in Hinblick auf die beiden Erweiterungen nur noch marginale Ergänzungen notwendig sind. Darauf wird später noch genauer bei der Beschreibung der Konstruktion der Erhebungsinstrumente eingegangen. Was die Auswahl der Inhalte anbelangt, gibt die Fachgruppe folgende Auswahlkriterien an:[253]

1. Eignung des Stoffes für die Verwirklichung der Unterrichtsziele,[254]
2. Bedeutung des Stoffbereichs innerhalb der Fachwissenschaft,
3. Elementarisierbarkeit,
4. Psychologische Zumutbarkeit, Stufengemäßheit,
5. Aktualität,
6. Notwendigkeit für das Verständnis anderer, wichtiger physikalischer Erscheinungen,
7. *Eignung des Stoffes für Schülerübungen,*
8. *Vorhandensein experimenteller Hilfsmittel für Demonstration* und *Schülerübungen,*
9. Möglichkeiten von Querverbindungen zu anderen Fachbereichen,
10. Existentielle Bedeutung für jeden Einzelnen in unserer Gesellschaft, gesellschaftlicher Bezug.

Was die Ausstattungsproblematik betrifft, sind die Kriterien 7 und 8 von besonderer Relevanz. Daß die Konstrukteure der Rahmenrichtlinien Physik ganz *besondere Bedeutung dem verstärkten Einbezug von Schülerübungen* zumessen, geht aus mehreren anderen Stellen hervor. So beispielsweise bei den Hauptzielen:[255]

Hauptziel 1: „... Darüber hinaus ein auf tätiger Erfahrung (Schülerübungen) beruhendes Vertrautwerden mit den Methoden physikalischen Erkennens."
Hauptziel 2: „Vermittlung von Fähigkeiten und Fertigkeiten: Beobachten, Klassifizieren, Interpretieren von Daten, Experimentieren, Systematisieren usw.
Hauptziel 5: „Die Förderung sozialer Verhaltensweisen und Einsichten wie Kooperationsfähigkeit, Verständnis für den anderen, Rücksichtnahme, besonders im Rahmen von Schülerübungen."

Dieser bereits in den Hauptzielen angesprochene wichtige Bezug der RRL Physik SI auf Schülerübungen wird im Katalog der Grobziele (1976 bezeichnet als Richtziele) noch weiter ausdifferenziert dargelegt.[256]

Was also die organisatorischen Forderungen anbelangt, die sich aus den RRL Physik SI herleiten lassen, bedeutet dies, daß die *Ausstattungen der Schulen mit physikalischem Experimentiergerät* so gestaltet werden müssen, daß neben den *erforderlichen Geräten zu Demonstrationszwecken*[257] auch *vielfältiges und in den Stückzahlen ausreichendes Experimentiergerät für Schülerübungen* zur Verfügung steht. Es muß nicht besonders betont werden, daß für die Organisation RRL-orientierter Unterrichtsvorhaben eine Lösung des

Lehr- und Lernmittelproblems zwar notwendig, aber allein nicht hinreichend ist. *Erforderlich sind natürlich auch die entsprechenden Fachraumkapazitäten und ein ausreichender Personalstand fachspezifisch qualifizierter Lehrer.* Was die erforderliche Qualifikation der Physiklehrer der Sekundarstufe I im Zusammenhang mit der Einführung der RRL Physik SI anbelangt, wird noch erörtert werden.

Im Rahmen dieser Abhandlung ist eine Detailbeschreibung der durch die hessischen Ranmenrichtlinien Physik SI festgelegten Unterrichtsinhalte nicht möglich und zum Verständnis der Untersuchungsstrategie und der Darstellung der Ergebnisse auch nicht erforderlich. Für das Verständnis der Konstruktion des Erhebungsinstruments und bestimmter Teile der Datenanalyse muß allerdings auf das stoffliche Gliederungsprinzip und die Zuordnung der Inhalte zu den einzelnen Klassenstufen eingegangen werden.

Tabelle 28: Übersicht zur stofflichen Grobgliederung der hessischen Rahmenrichtlinien Physik der Sekundarstufe I[258]

Fassung 1972			Fassung 1976		
Klassen-stufe	Lern-einheiten	Stoffgebiete	Klassen-stufe	Lern-einheiten	Stoffgebiete
5/6	2.1	Magnetismus	6	2.1	Magnetismus
	2.2	Elektrizitätslehre 1		2.2	Körper und Stoffe
	2.3	Wärmelehre		I	Optik 1
	2.4	Körper und Stoffe			
7/8	I-V	Optik 1 und 2	7	II-V	Optik 2
	VI-VIII	Wärmelehre 2		VI-VIII	Wärmelehre 1 u. 2
	IX	Elektrizitätslehre 2		IX	Elektrizitätsl. 1 u. 2
			8	X-XV	Elektrizitätslehre 3
9/10	X-XV	Elektrizitätslehre 3	9	XVI-XVII	Mechanik 1
	XVI-XVII	Mechanik 1		XVIII	Energie 1
	XVIII	Energie 1			
	XIX-XX	Energie 2	10	XIX-XX	Energie 2
	XXI	Mechanik 2		XXI	Mechanik 2
	XXII	Energie 3		XXII	Energie 3
Wahlfreie Themenkreise (1972 und 1976)	Farben, Astronomie, Wetterkunde, Gasgesetze, Kapillarwirkung und Oberflächenspannung, Schwingungen und Wellen (Energiespeicherung und -transport), Energie aus dem Atom (Strahlenschutz)				

Die Tabelle 28 läßt erkennen, daß sich die beiden Fassungen der RRL Physik SI bezüglich der Grobgliederung lediglich durch unterschiedliche Zuordnungen der einzelnen Lerneinheiten zu den Klassenstufen unterscheiden. Der tiefere Grund dieser Änderung der Zuordnung ist darin zu sehen, daß im Zeitpunkt der Erstellung der Erstfassung von 1972 von einem vorläufigen Stundentafelkonzept für die Mittelstufe ausgegangen wurde, das in der gesetzlich verabschiedeten Fassung von 1976 eine für den Physikunterricht sehr ungünstige Veränderung dadurch erfahren hat, daß der Beginn des Physikunterrichts von der Klassenstufe 5 in die Klassenstufe 6 zurückverlegt wurde und eine sehr unglückliche Konzentration mit 3 Stunden in der Klassenstufe 7 vorliegt. Die Reduktion von ursprünglich 26 Lerneinheiten auf 24 ist formal und insgesamt gesehen unwesentlich, was den gesamten verbindlichen Stoff anbelangt. Geringfügige Umschichtungen sind auch hinsichtlich des angewandten Differenzierungsmodells zu erkennen. Alles in allem kann davon ausgegangen werden, daß die *curricularen Anforderungen hinsichtlich der Ausstattung der Schulen mit physikalischem Experimentiergerät auf der Basis der beiden Fassungen von 1972 und 1976 identisch sind.*

Wenn bereits oben darauf verwiesen wurde, daß unabhängig von dem im verbindlichen Teil vorliegenden Differenzierungsmodell von einer einheitlichen Mindestausstattung für alle Schulformen ausgegangen werden kann, da die experimentierintensivsten Inhalte im Fundamentum liegen, so wird hier noch ergänzend darauf verwiesen, daß alle Inhalte der Erweiterungen, soweit diese für die jeweilige Schulform nicht verbindlich sind, als wahlfreie Themen empfohlen werden. Dies war ein Grund mehr dafür, daß bei den Projekterhebungen von einer *für alle Schulformen gleichartigen, erforderlichen Geräteausstattung ausgegangen wurde.*

4.3 Einige kritische Anmerkungen zu den Konstruktionsprinzipien und Inhalten der Rahmenrichtlinien Physik SI

Vorausgeschickt sei, daß das Erscheinen der Rahmenrichtlinien im Jahre 1972 natürlich das Interesse der Fachdidatiker gefunden und zu einer Reihe kritischer Aufsätze geführt hat.[259] Darauf kann hier nicht im einzelnen eingegangen werden. Einige kritische Anmerkungen aus der Sicht des Verfassers im Zusammenhang mit dem Anspruch schulformübergreifender Lehrpläne und der Stundentafel erscheinen jedoch als notwendig, da die nachfolgenden Gesichtspunkte in diesen Aufsätzen kaum oder nicht deutlich genug herausgestellt wurden.

Nach LOCHHAAS (1977) hatte die Fachgruppe sich zunächst mit den drei nachfolgenden Strukturierungsmöglichkeiten auseinandergesetzt:
1. Stoffsystematische Gliederung,[260] 2. Spiralcurriculum[261] und
3. Strukturierung nach Konzepten.[262]
Alle drei Alternativen wurden verworfen.

Das erste Strukturierungskonzept wurde verworfen, da es die Fähigkeit zum begrifflich-abstrakten Denken bereits voraussetze, ein Grund, weswegen früher der Physikunterricht relativ spät angesetzt wurde. Unter Bezugnahme auf den Strukturplan wurde davon ausgegangen, daß der Physikunterricht im 5. und 6. Schuljahr die naturwissenschaftlich-technische Elementarbildung der Grundschule fortzusetzen habe und dem Schüler die Gelegenheit zu einer Orientierung im „Kontinuum des sich zunehmend auffächernden und verbreiternden Bildungsangebot der Schule“ geben müsse.[263]

Das zweite Konzept wurde verworfen, weil eine Zersplitterung und eine damit zusammenhängende Erschwerung der Erarbeitung eines konsistenten Begriffssystems befürchtet wurde. Hier vermerkt Lochhaas, daß die Materialien, mit denen der Lehrer arbeiten muß, nämlich nach wie vor die Schulbücher, stärker systematisch aufgebaut sein müßten als der Unterricht selbst. Gerade durch diese Bemerkung wird nach der Auffassung des Verfassers ein Problem der Veränderung von Lehrplänen ersichtlich. *Die Konstrukteure der Rahmenrichtlinien Physik SI sahen offensichtlich keine Möglichkeit einer konsequenten Loslösung von vorgegebenen Randbedingungen.* Was die Schulbücher anbelangt, betragen ja auch die Entwicklungszeiträume angefangen von einer grundlegenden Neukonzeption bis hin zum Erscheinen der ersten Auflage mehrere Jahre.[264]

Das dritte Konzept wurde schließlich verworfen, da eine solche Möglichkeit erst gegeben sei, wenn ein tiefes Verständnis von Physik vorliege.[265]

Nachdem diese drei alternativen Strukturierungskonzepte verworfen wurden, habe sich nach Lochhaas die Rahmenrichtlinienfachgruppe Physik für folgende Konstruktionsprinzipien entschieden:[266]

1. Grobe stoffliche Gliederung wie in den bisherigen Plänen nach der Einteilung in Optik, Elektrizitätslehre, Wärmelehre und Mechanik, ohne die Gebiete streng zu isolieren, sondern unter Anordnung nach übergeordneten Gesichtspunkten (Atomistik, Energieprinzip).
2. Allmähliche Ausschärfung der Begriffe und zunehmende Mathematisierung.
3. Frühzeitige Verwendung von Modellen (in abgestuften Formen) im Unterricht.
4. Herausarbeitung physikalischer Grundstrukturen.

Kennern der Materie dürfte unschwer auffallen, daß die genannten *Konstruktionsprinzipien eindeutige Affinität zur traditionellen Mittelstufenphysik des Gymnasiums* haben. Das Theoretische erscheint sehr vordergründig und der Bezug zur Technik und Umwelt jedenfalls nicht explicite als Konstruktionsprinzip. Lochhaas selbst bedauert, daß als fünftes Konstruktionsprinzip nicht die „Wechselbeziehung zwischen Physik und Technik" aufgenommen wurde, wenngleich er darauf verweist, daß ca. ein Viertel der in den Rahmenrichtlinien enthaltenen Stoffgebiete technischen Inhalts sind.[267] Es ist nicht auszuschließen, daß eine solche das Begriffliche gegenüber dem Praktisch-Technischen bevorzugende Lehrplangestaltung einer der Gründe ist, die zur späteren Abwahl des Faches Physik in der gymnasialen Oberstufe führen, nachdem die Erwartungen, die die Schüler in der Sekundarstufe I bezüglich des Faches Physik hegten, gewissen Enttäuschungen Platz machen mußten. Jedenfalls deutet eine Untersuchung von Schülerinteressen im Zusammenhang mit dem Physikunterricht, die am Institut für Didaktik der Physik in Frankfurt/Main durchgeführt wurde, in diese Richtung.[268] *Die Schüler der Sekundarstufe I sind weit mehr an physikalisch-technischen Dingen als an rein physikalischen In-*

halten interessiert. Eine sehr aufschlußreiche, ebenfalls am genannten Institut durchgeführte Untersuchung hat gezeigt, daß der nach den Rahmenrichtlinien vorgesehene Stoffumfang weniger als die Hälfte der Begriffe abdeckt, mit denen Schüler außerhalb und nach der Schule konfrontiert werden.[269] In diesem Zusammenhang ist auch eine nach Meinung des Verfassers *bedeutsame inhaltliche Unzulänglichkeit* zu vermerken. Sie bezieht sich darauf, daß der Themenkreis „Energie aus dem Atom“ nicht als verbindlicher Inhalt festgelegt wurde. Zwei Begründungsaspekte seien genannt. Es ist davon auszugehen, daß wegen der großen Stoffülle - von der in der Schulpraxis nach wie vor die Rede ist - nur sehr selten Möglichkeiten der Behandlung von wahlfreien Themenkreisen (vgl. Tabelle 28) bestehen. Deshalb ist zu erwarten, daß für den überwiegenden Teil der Jugendlichen - die ja in der Mehrzahl ihre allgemeine Schulbildung mit dem 10.Schuljahr abschließen - keine elementarisierte, aber doch fachlich fundierte Auseinandersetzung mit diesem Themenkreis erfolgt und aller Wahrscheinlichkeit nach, wegen der beruflichen Spezialisierung in der Berufsschule nicht nachgeholt werden kann. Mangelnde rationale Kommunikationsfähigkeit auf diesem gesellschaftlich hochrelevanten Gebiet dürfte die Folge sein. Dieses Inhaltsdefizit ist insofern unverständlich, als sich unter anderem auch Mitglieder der hessischen Rahmenrichtlinienfachgruppe für den Physikunterricht an der Erarbeitung von Empfehlungen zur Entwicklung von Lehrplänen für den Physikunterricht der Sekundarstufe I beteiligt haben und der diesbezügliche Minimalkatalog elementare Atom- und Kernphysik ausweist.[270]

Müssen also aus dieser Sicht die Auswahl der Konstruktionsprinzipien und die Inhaltsauswahl kritisiert werden, so ist andererseits als besonderes Positivum zu vermerken, daß die Konstrukteure in ihrer Erstfassung von 1972 mit der Vorverlegung des Beginns des Physikunterrichts in das 5.Schuljahr einen „fließenden Übergang"[271] von der naturwissenschaftlich-technischen Elementarbildung, wie sie in den Rahmenrichtlinien der Primarstufe vorgesehen ist,[272] hin zum Fachunterricht in Physik angestrebt hatten. Die für diese beiden Jahrgangsstufen in der Erstfassung vorgesehenen Lerneinheiten (Themenkreise 2.1-2.4) erschienen durchaus geeignet, das in der Grundschule wachgerufene Interesse an der technischen Umwelt aufrechtzuerhalten und auf den späteren nach Physik und Chemie aufgefächerten Unterricht vorzubereiten.

Die Tatsache, daß eine *konsequente Vorverlegung des Physikunterrichts* und damit die Vermeidung einer naturwissenschaftlichen Zäsur *durch die 1976 erlassene Stundentafel verhindern* wurde,[273] muß ebenso, wie die den lern- und motivations-psychologischen Erkenntnissen zuwiderlaufenden *Ungleichverteilung*[274] *der Stundenvolumina für den Biologieunterricht und Physikunterricht* der Sekundarstufe I als ein *Negativum der Lehrplanrevision der naturwissenschaftlichen Fächer der Sekundarstufe I in Hessen* angesehen werden.

Diese Behauptung soll näher begründet werden. Mit den hessischen Rahmenrichtlinien für die Primarstufe wurden Konsequenzen im Zusammenhang mit den Bemühungen um die Erarbeitung neuer Konzeptionen für den

Sachunterricht der Primarstufe gezogen. Was den naturwissenschaftlich-technischen Aspekt des Sachunterrichts anbelangt, wurde bei der Neuorientierung von der Erkenntnis ausgegangen, daß der Sachunterricht „dem Interesse des Kindes an Natur und Technik stärker Rechnung tragen sollte"[275] und dies durch eine solche Organisation von Lernprozessen verwirklicht sei, bei denen unter Herausforderung der kognitiven, affektiv-emotionalen und sozialen Kräfte der Schüler dem „individuellen und gemeinsamen Entdecken, Problemlösen, Untersuchen, Erkunden und Entscheiden"[276] ein großer Spielraum eröffnet wird. Setzt man die Realisierbarkeit derartiger Intentionen, die eine hohe Affinität zu den Richtzielen der RRL Physik SI[277] aufweisen, voraus, so ist eine Zäsur von einem Jahr in diesem wichtigen Prozeß des Erwerbs praktischer und kognitiver Fähigkeiten nicht zu vertreten, zumal auch in der Klassenstufe 6 der Physikunterricht nur mit einer Wochenstunde beginnt. Ein verstärkter Biologieunterricht kann hier nur teilweise kompensatorisch wirksam sein. Die Bemühungen der einzelnen Länder der BRD um einen rechtzeitigen Beginn des Physikunterrichts sind sehr unterschiedlich und im Mittel im Vergleich zum Ausland eher zurückhaltend.[278] Eine Reduktion der in der Fassung von 1972 vorgesehenen 2 Wochenstunden in den Klassenstufen 5 und 6 auf nur noch eine in der Klassenstufe 6 scheint eine unergiebige, möglicherweise nutzlose Bemühung zu sein.[279]

Für das zweite aufgezeigte Negativum ein empirischer Beleg. TODT u.a. (1976) haben an einer Stichprobe von über 5.600 Schülern der Klassenstufen 5-9 eine umfangreiche Untersuchung zur Frage der Stabilität und Veränderung der Interessen von Schülern an Problemen der Physik und Biologie durchgeführt. Während bezüglich des Faches Physik ein bedeutsamer Interessenschwund mit zunehmendem Alter festgestellt wurde, besteht ein solcher hinsichtlich des Faches Biologie auch, aber nicht durchgängig. In den Bereichen Umwelt und Menschenkunde bestehen sogar deutliche Zunahmen des Interesses. Aus dieser Untersuchung lassen sich zwei Arbeitshypothesen zur Beseitigung möglicher Ursachen des Interessenabfalls ableiten:

a) negative Erfahrungen der Schüler mit den Inhalten und den Unterrichtsmethoden,
b) Interessenverschiebung als Folge der Reifung.

Die Hypothese a) kann als Leitlinie für die Arbeit in der Fachdidaktik angesehen werden. Auf die Probleme der Inhaltsauswahl kann hier nicht näher eingegangen werden, jedoch soll folgendes angemerkt werden. Es scheint relativ problemlos zu sein, daß Lehrplankommissionen verschiedener Bundesländer zu einem Konsens über Minimalkataloge wie die von DUIT u.a. (1976) veröffentlichten „Empfehlungen zur Entwicklung von Lehrplänen für den Physikunterricht der Sekundarstufe I“ kommen. Die Effektitivität solcher Verfahren wird allerdings von FRANZBECKER (1976) angezweifelt, da dabei neuere fachdidaktische Forschungsergebnisse keine Berücksichtigung fänden. Wie WELTNER u.a. (1979) aufgezeigt haben, divergieren Lehrinhalte des Physikunterrichts und Schülerinteressen. Immerhin heben die RRL die besondere Bedeutung von Schülerübungen hervor, von denen man weiß, daß diese zu einer positiveren Einstellung zum Fach führen können.[280]

Was die Hypothese b) anbelangt, erscheint nach den Forschungsergebnissen von Todt u.a. die Konstruktion der Stundentafel von 1976 verfehlt. Eher sollte einem Physikunterricht in den Klassenstufen 5 und 6 bei entsprechender Elementarisierung das Stundenvolumen der Klassenstufen 7 und 8 zugemessen werden. In diesen Klassenstufen könnte dann entsprechend bei einer Reduktion des Biologieunterrichts in der Klassenstufe 5 und 6 ausreichend Unterrichtszeit für Umwelt- und Humanbiologie zur Verfügung stehen.

TEIL 5: THEORETISCHE ÜBERLEGUNGEN ZUM PROBLEM DER IMPLEMENTATION CURRICULARER INNOVATIONEN UND GROBBESCHREIBUNG DER DARAUF BEZOGENEN UNTERSUCHUNGS- UND ENTWICKLUNGSPROJEKTE

Anfang 1976 fanden die bis dahin im Rahmen des nachfolgend beschriebenen Untersuchungsprojekts gefundenen Ergebnisse das Interesse der Abteilung Ökonomie des Deutschen Instituts für Internationale Pädagogische Forschung in Frankfurt. Dies führte zu einer Einladung des Verfassers zu einem von der Gesellschaft zur Förderung Pädagogischer Forschung im April 1976 in Bad Homburg veranstalteten Symposium „Zur Dimensionierung von Bildungseinrichtungen". Erste Forschungsergebnisse wurden dort vorgetragen und fanden das besondere Interesse von Mitarbeitern der Arbeitsstelle für Schulentwicklungsforschung an der Pädagogischen Hochschule Ruhr in Dortmund, mit denen ein intensiver Austausch von Erfahrungen und Erkenntnissen erfolgte. Dabei konnte von einem von FROMMBERGER u.a. (1975) entwickelten Forschungsdesign Kenntnis genommen werden. Dieses enthält im Hinblick auf die Ausstattungsprobleme der Schulen ein Operationalisierungsmodell, bei dem von einem hypothetischen Systemzusammenhang ausgegangen wird.

5.1 Hypothetischer Systemzusammenhang

Die nachfolgende Abbildung stellt eine noch etwas weiter ausdifferenzierte Skizze im Vergleich zu Frommberger dar. Die Zusammenhänge sollen noch etwas verdeutlicht werden:

1. Fachexperten entwickeln - auf welche Art und Weise und von welcher didaktischen Position aus auch immer - im Auftrage der bildungspolitischen Entscheidungsinstanz fachspezifische, vielleicht auch fachübergreifende Curricula, welche die Schule - verstanden als soziale Organisation - realisieren soll.
2. Das gute oder weniger gute Funktionieren des Systems wird weitgehend determiniert einerseits durch die Struktur der Lehrerrolle und andererseits durch Raum- und Funktionsprogramme und den damit im Zusammenhang stehenden Einrichtungs- und Ausstattungsprogrammen, die von den Schulträgern zu realisieren sind.
3. Was das Zusammenwirken von Schulträgern und Schulen hinsichtlich der Programme betrifft, so sind Managementverfahren zu entwickeln, die bspw. im Falle der naturwissenschaftlichen Fächer den Sammlungsleitern die erforderliche Handlungskompetenz sichern.
4. Curriculare Innovationen zu implementieren dürfte aber auch gewisse Veränderungen der Struktur der Lehrerrolle erfordern. Hier sind Fortentwicklungen bei der Lehrerausbildung und der Lehrerfort- und Lehrerweiterbildung unumgänglich.

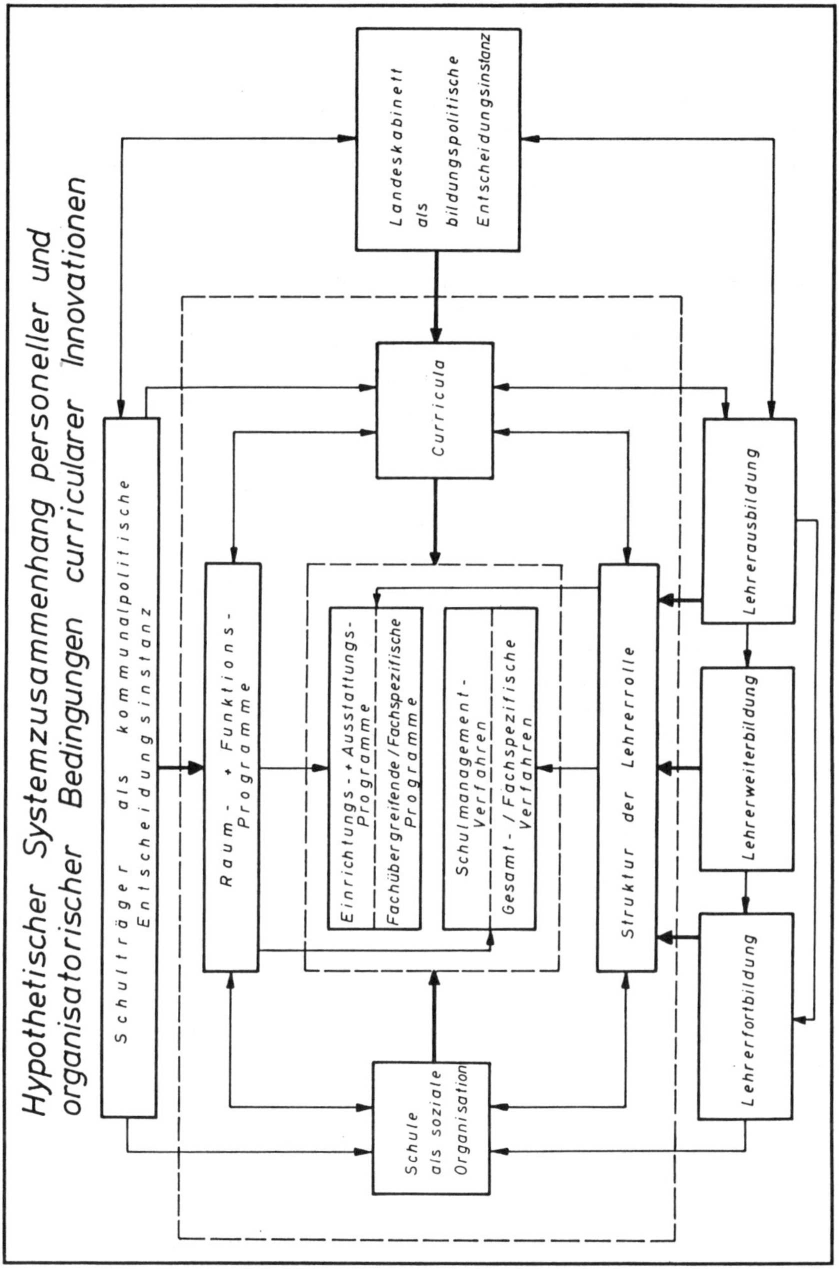
Hypothetischer Systemzusammenhang personeller und organisatorischer Bedingungen curricularer Innovationen
Landeskabinett als bildungspolitische Entscheidungsinstanz
Curricula
Schulträger als kommunalpolitische Entscheidungsinstanz
Raum- + Funktions-Programme
Einrichtungs- + Ausstattungs-Programme
Fachübergreifende/Fachspezifische Programme
Schulmanagement-Verfahren
Gesamt-/Fachspezifische Verfahren
Struktur der Lehrerrolle
Lehrerausbildung
Lehrerweiterbildung
Lehrerfortbildung
Schule als soziale Organisation

Abbildung 2

5. Wünschenswert sind optimal funktionierende Systeme. Diese erfordern Einrichtungen und Ausstattungen, welche allen curricularen Anforderungen genügen.
6. Eine Approximation des Optimums erfordert die Entwicklung von *Sollstandards* sowohl hinsichtlich der Verfahren wie auch der Programme. Darüberhinaus sind Analysen des lstzustandes erforderlich, da erst über einen *Vergleich von Soll- und Istzuständen* erwünschte Veränderungen in Gang gesetzt werden können.

Es wird hier nicht beansprucht, mit der Abbildung 2 und den ergänzenden Erläuterungen 1. bis 6. die volle Komplexität des Systemzusammenhangs erfaßt zu haben. jedoch dürfte daraus abschätzbar sein, daß das Ziel einer Optimierung des Systems Forschungs- und Entwicklungsprojekte erfordert, die im vollen erforderlichen Umfang nur von einer speziellen Institution mit ausreichender personeller und finanzieller Ausstattung geleistet werden können. Damit soll all das relativiert werden, worüber in den nachfolgenden Teilen dieser Arbeit berichtet wird. Unabhängig von dieser Relativierung kann jedoch gesagt werden, daß sich die nachfolgend beschriebenen Forschungs- und Entwicklungsprojekte in den aufgezeigten Systemzusammenhang einordnen lassen.

5.2 Grobbeschreibung und zeitliche Abfolge der einzelnen Untersuchungs- und Entwicklungsprojekte

Während bei der Gewinnung der Untersuchungsergebnisse der vorhergehenden Teile 1 bis 3 auf veröffentlichte Daten oder auf nichtveröffentlichte Daten, die dem Verfasser zugänglich gemacht wurden, zurückgegriffen werden konnte, ist dies in den nachfolgenden Teilen eher die Ausnahme. In der Hauptsache wurden die Daten, aus denen die dortigen Untersuchungsergebnisse resultieren, im Rahmen spezieller Untersuchungsprojekte direkt an den Schulen, bei der Schulaufsicht und bei Schulträgern erhoben. Daneben konnten weitere Unterlagen beim Regierungspräsident in Gießen, am Hessischen Institut für Lehrerfortbildung, am Hessischen Institut für Bildungsplanung und Schulentwicklung und am Referat für Statistik beim Hessischen Kultusminister eingesehen und daraus Datensätze gewonnen werden.

Was die *Untersuchungsprojekte* betrifft, ist zunächst das *Hauptprojekt* zu nennen, bei dem in Zusammenarbeit mit Lehramtskandidaten zwischen 1972 und 1977 eine grundlegende und sehr umfangreiche Datenbasis gewonnen wurde, die einen Soll-Ist-Vergleich im Zusammenhang mit der verpflichtenden Einführung der Rahmenrichtlinien Physik SI im Jahre 1977 ermöglichte.

Im engen Zusammenhang mit dem Hauptprojekt steht ein gemeinsam mit C.Mirgel betriebenes *ökonomisches Nebenprojekt*, für das spezielle Daten im Jahre 1976 bei den Schulträgern und im Jahre 1977 bei den Sammlungsleitern Physik erhoben wurden. Teilergebnisse dieser beiden Untersuchungen wurden bereits veröffentlicht. So von BRAUNER (1977c, 1977d, 1983 und 1983/84), von BRAUNER/WEISS/MIRGEL (1982) und von BRAUNER/WEISS (1983).

Zwischen 1980 und 1984 wurde vom Verfasser ein *Nachfolgeprojekt* betrieben, das zum Ziel hatte, herauszufinden ob und in welchem Maße sich in der Folgezeit nach 1977 Änderungen des personellen und sächlichen I stzustandes des Zeitraums 1975-1977 ergeben haben. Im Zusammenhang mit dem drastischen Rückgang von Lehrerstudenten mit dem Fach Physik konnten keine Lehramtskandidaten für die Mitarbeit gefunden werden. Dies war einer der Gründe, die zu einer im Vergleich zum Hauptprojekt eingeschränkten Datenerhebung führte.

In gewisser Weise lassen sich die Untersuchungen des Hauptprojekts als *Querschnittsbetrachtung* über alle Schulgattungen hinweg innerhalb eines engen Zeitraums von 1975 bis 1977 auffassen. Das Nachfolgeprojekt ermöglicht dazu eine *zeitliche Längsschnittbetrachtung* von 1977 bis 1984.

An dieser Stelle müssen die Untersuchungsprojekte inhaltlich nicht noch näher beschrieben werden, da dies in aller Ausführlichkeit in den nachfolgenden Teilen erfolgen wird.

Der Zeitraum zwischen 1977 und 1980 diente der Organisation und Durchführung von *zwei Entwicklungsprojekten.* Das erste Entwicklungsprojekt war ein Kooperationsprojekt zwischen der Abteilung Ökonomie des Deutschen Instituts für Internationale Pädagogische Forschung in Frankfurt und dem Institut für Didaktik der Physik. Es kann als ein *Beispiel für die Entwicklung von Managementverfahren* angesehen werden. Eine Darstellung von Untersuchungsergebnissen über die Ausstattung der Schulen der Sekundarstufe I für den Physikunterricht bei der Schulabteilung des Hessischen Kultusministers im Herbst 1976 führte zu einem zweiten Entwicklungsprojekt. Um für Schulen und Schulträger objektive Bezugsgrundlagen zur Verbesserung der Ausstattungssituation zu gewinnen, wurde der Verfasser zu Beginn des Schuljahres 1978/79 mit der Leitung des Entwicklungsprojekts „*Normausstattungsmodelle für die naturwissenschaftlichen Fächer der Mittelstufe*" beauftragt. Von beiden Entwicklungsprojekten liegen Publikationen vor, die im Literaturverzeichnis aufgeführt sind. Im Teil 10 wird näher auf diese beiden Entwicklungsprojekte eingegangen.

TEIL 6: DAS HAUPTPROJEKT (1972-1977)
– VORGESCHICHTE; PROJEKTVERLAUF; METHODISCHE PROBLEME DER DATENERHEBUNG UND DER REPRÄSENTATIVITÄT
– BESCHREIBUNG DER ERHEBUNGSINSTRUMENTE

Vorweg sei vermerkt, daß sich die ursprünglichen Projektintentionen auf den Gesamtbereich des mathematisch-naturwissenschaftlichen Unterrichts der Primarstufe und der Sekundarstufe I bezogen. Wegen der Vielfalt der erkannten Probleme erfolgte alsbald eine Selbstbeschränkung auf den Mathematikunterricht der Primarstufe und dann noch fast ausschließlich auf das Fach Physik der Sekundarstufe 1. Auf die Untersuchungen zur Grundschulmathematik mit Bezugnahme auf den KMK-Beschluß von 1968[281] wird hier nicht näher eingegangen. Darüber und über Untersuchungen zum Lehrbuchproblem liegen bereits Veröffentlichungen vor.[282]

Was das Fach Physik der Sekundarstufe 1 anbelangt, so wurde bereits auf Teilveröffentlichungen verwiesen. Die darin mitgeteilten Untersuchungsergebnisse werden weitgehend in den nachfolgenden Teilen noch einmal in Erscheinung treten. Weiterhin wird auf eine Reihe von Dokumentationen verwiesen, die in der Form wissenschaftlicher Hausarbeiten von Lehramtskandidaten vorliegen. (Vgl. Lit. Verz.)

6.1 Zur Vorgeschichte des Projekts

Es hat seinen Ausgangspunkt in ganz speziellen Erfahrungen von Praktikumsbetreuern und Lehrerstudenten für das Lehramt an Grundschulen und an Haupt- und Realschulen, die im Rahmen der schulpraktischen Ausbildung in den Jahren 1967 bis 1971 gemacht wurden.

In dieser Zeit und den darauffolgenden Jahren konnte der Verfasser darüberhinaus viele Schulen im südhessischen Bereich besuchen und mit einer Vielzahl von Schulleitern, Sammlungsleitern und Lehrern über inhaltliche, personelle und sachliche Probleme des mathematischen und naturwissenschaftlichen Unterrichts diskutieren. Zwei Fakten wurden dabei registriert. Einmal wurde erkannt, daß damals ein gravierender Mangel an fachspezifisch ausgebildeten Lehrern in den Fächern Physik und Chemie im G-H-R-Bereich der Schulen bestand, der trotz „Lehrerschwemme" nachweislich auch zum Beginn des Schuljahres 1977/78 vorhanden war.[286] Im Zusammenhang mit dem überproportional starken Rückgang der Studienanfänger für diese Fächer und diesen Schulbereich hat sich dies bis heute (1994) ausgewirkt. Zum anderen wurden teilweise erhebliche organisatorische Mängel festgestellt, soweit sich dies auf die Raumausstattungen für die naturwissenschaftlichen Fächer und die Ausstattung mit naturwissenschaftlichen Lehr- und Lernmitteln, insbesonders mit naturwissenschaftlichem Experimentiergerät, bezog. Vor allem beeindruckten die Disparitäten. Neben relativ gut ausgestatteten Schulen, vornehmlich Gesamtschulen und Mittelpunktschulen, wurde auch mit Schulen Bekanntschaft gemacht, die überhaupt keine Möglichkeiten zur Durchführung eines einigermaßen sinnvollen naturwissenschaftlichen Unterrichts hatten.

Ähnliche subjektive Erfahrungen machten auch eine Reihe kritischer Lehrerstudenten im Rahmen ihrer Schulpraktika, was naturgemäß zu kritischen Einschätzungen über deren Effektivität führte. Vornehmlich wurde beklagt, daß beispielsweise an manchen Schulen die im Rahmen der vorbereitenden Veranstaltungen entwickelten methodischen Konzepte wegen unzulänglicher organisatorischer Voraussetzungen nicht oder nur schlecht umgesetzt werden konnten.

Da diese subjektiven Erfahrungen naturgemäß einen gewissen Grad von Zufälligkeit hatten und vor allem lokal auf die „Praktikums-Umgebung" der Universität Frankfurt beschränkt waren, entstand die Idee dieses Projektes, in dem versucht werden sollte, die gegebenen Realitäten bezüglich des Unterrichts in der Mathematik und in den naturwissenschaftlichen Fächern der G-H-R-Schulen und der Gesamtschulen in der gesamten Breite des Landes Hessen in möglichst objektiver Weise zu erfassen und miteinander zu vergleichen. Von einer Untersuchung an den Gymnasien wurde anfangs abgesehen, da diese in der Regel nicht zum künftigen Berufsfeld der vom Verfasser betreuten Studenten gehörten. Im Zusammenhang mit der Einführung schulformübergreifender Rahmenrichtlinien seit 1972 wurde später der Untersuchungsbereich auch auf die Gymnasien ausgedehnt.

6.2 Projektverlauf

Der Verlauf der gesamten Projektarbeit kann durch drei sich teilweise zeitlich überlappende Phasen charakterisiert werden. An eine *explorative Vorphase* - kurz als Vorphase bezeichnet - schloß sich die *Hauptphase* mit der Erhebung des eigentlichen rahmenrichtlinienbezogenen Datenmaterials an.

Die Vorphase fällt in die Jahre 1971 bis 1973. Im Sommer 1971 konstituierte sich eine Projektgruppe von 13 Lehrerstudenten, die sich unter der Leitung des Verfassers um eine Realisierung der oben genannten Projektidee bemühte. Dabei wurde von vornherein vorgesehen, daß die beteiligten Lehrerstudenten aus ihrer Mitarbeit heraus projektbezogene wissenschaftliche Hausarbeiten für das 1.Staatsexamen entwickeln sollten. Dies ist dann auch der Fall gewesen und hat seine Fortsetzung in der nachfolgenden Hauptphase gefunden.[287] Daß dabei das gesammelte Datenmaterial nicht immer einer vollständigen Auswertung unterzogen werden konnte, hatte verschiedene Gründe. Sie waren teilweise zeitlicher Natur, da die in der Prüfungsordnung vorgesehenen Bearbeitungszeiten eingehalten werden mußten. Teilweise waren es auch finanzielle Gründe, denn beispielsweise konnten wegen in dieser Phase fehlender finanzieller Mittel die Möglichkeiten von EDV nicht genutzt werden, so daß eine Beschränkung auf Handauswertung in Kauf genommen werden mußte.[288] Schließlich blieben auch noch einige methodische Probleme offen. All dies zusammen war ein wesentlicher Grund dafür, daß nach der späteren finanziellen

Förderung des Projektes die erhobenen Daten einer systematischen Zweitauswertung mit Hilfe von EDV unterzogen wurden.

Eine Art Pilotstudie hat zuerst BECHTOLD (1972) anhand von ihm erhobener Daten des Kreises Bergstraße verfaßt. Dabei wurden Erstentwürfe der Erhebungsinstrumente getestet und es ging vor allem darum, in Erfahrung zu bringen, wie die Lehrerschaft sich den Projektintentionen gegenüber verhält. Die Resonanz, gemessen an dem von Bechtold erzielten Fragebogenrücklauf war so positiv, daß eine größere Erhebungsaktion als realisierbar erschien. Die Pilotstudie von Bechtold bezog sich dabei noch auf alle drei naturwissenschaftlichen Fächer der Grund-, Haupt- und Realschulen.

Die Hauptidee der Vorphase bestand darin, daß Untersuchungsergebnisse über den tradierten G-H-R-Bereich mit solchen über Gesamtschulen verglichen werden sollten. Wegen fehlender Fachkompetenz für das Schulfach Biologie, und da die Mitglieder der Projektgruppe in der Mehrzahl als zweites Fach Mathematik studierten, wurden die Untersuchungen dieser Vorphase auf das Fach Mathematik und die beiden naturwissenschaftlichen Fächer Chemie und Physik beschränkt. Nach einer gründlichen Überarbeitung und Ausweitung der von Bechtold eingesetzten Erhebungsinstrumente war zunächst eine Erhebung im G-H-R-Bereich des gesamten Landes geplant. *Während der Vorbereitungsarbeiten zu dieser Erhebung erschienen aber die Erstfasungen der hessischen Rahmenrichtlinien, was die gesamte Projektarbeit nicht unbeeinflußt lassen konnte.* Wegen dieser neuen Situation wurde der Plan fallen gelassen, eine Erhebung in ganz Hessen durchzuführen, damit für spätere, rahmenrichtlinienbezogene Untersuchungen noch weitere Schulen angeschrieben werden konnten. Dies führte zu jener von KNAPP (1972) getroffenen repräsentativen Auswahl hessischer Landkreise und kreisfreier Städte,[289] in denen dann das vorbereitete Erhebungsmaterial eingesetzt wurde. Die von Knapp versuchte zusammenfassende Betrachtungsweise der ersten Untersuchungsergebnisse hat geringe Bedeutung, weil methodisch unausgereift. Über die Ausstattung mit physikalischem Experimentiergerät berichtet BÖS (1972), über die mit chemischem Experimentiergerät WEBER (1972). Eine Klassifikationsanalyse für physikalisches Experimentiergerät hat WAGNER (1972) durchgeführt und HENDRICKS (1973) hat eine rahmenrichtlinienbezogene Analyse angestellt. SCHMIDBAUER (1972) hat über die Befragung der naturwissenschaftlichen Lehrer (Chemie-Physik) berichtet und KLEIN (1972) und PONGRATZ (1972) über die Befragung von Mathematiklehrern. JAKOBI (1973) hat ergänzende Untersuchungen über den Qualifikationsstand der mathematisch-naturwissenschaftlichen Lehrer der Primarstufe und der Sekundarstufe I durchgeführt und HOFMANN (1973) solche über die Einstellung von Lehrerstudenten zu den mathematisch-naturwissenschaftlichen Fächern.[290] SATTLER (1973) hat den Versuch unternommen, mit den gleichen Erhebungsmaterialien, die im G-H-R-Bereich verwendet wurden, eine analoge Untersuchung an den Sonderschulen durchzuführen, was schließlich zu der Erkenntnis führte, daß dieser Bereich der allgemeinbildenden Schulen mit seiner Vielfalt auf diese Weise nur sehr unzulänglich erfaßt werden konnte. Deshalb wurden die Sonderschulen aus allen weiteren Erhebungen ausgeklammert. Die vorgesehene Vergleichsuntersuchung an Gesamtschulen hat TIMPE (1973) durchgeführt, wobei allerdings mit einem reduzierten Erhebungsmaterial gearbeitet werden mußte.[291]

Die Projektarbeiten der Vorphase wurden, soweit es den Physikunterricht anbelangt, durch die ersten rahmenrichtlinienbezogenen Untersuchungen von FRITZ (1973) und FREY (1973) abgeschlossen. Bei diesen Untersuchungen, die an den 1972 vorsorglich ausgelassenen H-R-Schulen durchgeführt wurden, ging es in erster Linie um die Erprobung der auf die Rahmenrichtlinien hin veränderten Erhebungsinstrumente. Die Ergebnisse dieser Untersuchungen ließen es ratsam erscheinen, bis zu einer umfassenden Untersuchung an allen Schulen des Bereiches der Sekundarstufe I erst eine gewisse Zeit der Auseinandersetzung der Lehrerschaft mit den neuen Lehrplänen vorübergehen zu lassen. Diese gewollte Cäsur wurde genutzt, um die Probleme des Mathematikunterrichts noch etwas genauer zu erfassen als dies 1972 im Rahmen der provisorischen Ankoppelung an die Untersuchungen zum naturwissenschaftlichen Unterricht möglich war.[292]

Die *Hauptphase* des Projekts begann unter der exemplarischen Beschränkung auf das eine naturwissenschaftliche Unterrichtsfach Physik mit der Erhebung von KANDLER/SCHNITZER (1975) an den Gesamtschulen. Die Ergebnisse dieser Untersuchung wurden am Referat für die Mittelstufe des Hessischen Kultusministers, am Hessischen Institut für Bildungsplanung und Schulentwicklung und vor Mitgliedern der Rahmenrichtlinienfachgruppe Physik vorgetragen, was schließlich zu einer finanziellen Förderung der Projektarbeiten führte. Damit konnten unter einem sehr stark reduzierten Anteil studentischer Projektmitglieder 1976 mit der Erhebung an den Gymnasien[293] und 1977 mit einer weiteren Erhebung an den H-R-Schulen die Projektuntersuchungen fortgeführt und umfangreiche EDV-Auswertungen vorgenommen werden.

Auch die Kontaktaufnahme mit der Abteilung Ökonomie des Deutschen Instituts für Internationale Pädagogische Forschung führte zu finanziellen Zuwendungen, welche die Durchführung des bereits in 5.2 genannten ökonomisch orientierten *Nebenprojekts* in Zusammenarbeit mit C.Mirgel und M.Weiss ermöglichte. Mirgel hat 1979 einen umfassenden Forschungsbericht für die Abteilung Ökonomie erstellt. Die wichtigsten Ergebnisse dieses Berichts wurden von BRAUNER/WEISS/MIRGEL (1982) veröffentlicht. Im nachfolgenden Teil 9 werden ebenfalls Untersuchungsergebnisse von Mirgel dargestellt.

6.3 Anmerkungen zur Methodenwahl

Während der Planungsarbeiten zur Vorphase des Projekts im Sommer 1971 wurde die Erfahrung gemacht, daß zwar einiges an relevanter Literatur vorhanden war, daß aber solche über empirische Untersuchungen - ähnlich der geplanten - trotz intensivster Suche in allen überhaupt in Frage kommenden Bibliotheken der Universität und Stadt Frankfurt nicht aufzufinden war. Dies bedeutete, daß von keinen methodischen Vorbildern ausgegangen werden konnte.

Für die Durchführung des Projektes kamen noch einige erschwerende Randbedingungen hinzu. So standen, wie schon erwähnt, anfangs keine nennenswerten finanziellen Mittel zur Verfügung. Weiterhin konnten die Schulen und ihre Lehrer nicht zur Mitarbeit verpflichtet werden, da der Hessische Kultusminister, wie in allen ähnlichen Fällen wissenschaftlicher Untersuchungen an Schulen, die Genehmigung für die Durchführung nur auf der Basis freiwilliger Mitarbeit der Lehrerschaft erteilt.

Diese Randbedingungen führten alsbald zu einer Entscheidung über die Untersuchungsmethode. Zur Alternative standen entweder sehr detaillierte Fallstudien an wenigen typischen Schulen oder etwas vergröberte Datenerhebungen mit Fragebögen auf dem Postwege. Die zeitlichen Bedingungen der vor den Examina stehenden und am Projekt mitarbeitenden Lehrerstudenten und vor allem das Fehlen ausreichender finanzieller Mittel führten zur Entscheidung zugunsten einer *Fragebogenerhebung*.

Methodisch gesehen wird von manchen Empirikern der Fragebogen zwar als das „ärmste Meßinstrument der Wissenschaft" angesehen, aber gleichzeitig als „unentbehrliches Hilfsmittel" empirischer Wissenschaft anerkannt.[297] Letztlich hat sich die gewählte Methode als praktikabel erwiesen, was die spätere Beschreibung der Untersuchungsergebnisse und einige methodenkritische Analysen belegen werden. Die Tatsache,daß im Mittel aller Erhebungen ein Rücklauf von ca.50% an ausgefüllten Schulleiter- und Sammlungsleiterfragebögen erzielt wurde, entspricht Erfahrungen die bspw. auch bei der sogenannten „Fend-Untersuchung" gemacht wurden.[298]

6.4 Datenerhebungen und Zielgruppen

Bei den mit Fragebögen durchgeführten Datenerhebungen wurden drei Zielgruppen um Auskünfte gebeten. Die beiden *Hauptzielgruppen waren die Schulleiter und die Sammlungsleiter*, wobei Daten über personelle und organisatorische Belange des Physikunterrichts erhoben wurden. Daneben *erfolgten mehr marginal und weniger systematisch auch Befragungen von Lehrern* mit Unterricht in den naturwissenschaftlichen Fächern. Eine Übersicht bietet die Tabelle 29.

Das Gebiet Hessen A besteht aus der von Knapp getroffenen regionalrepräsentativen Auswahl von 26 der nach dem Gebietsstand vom 31.7.1972 bestehenden 48 hessischen Landkreise und kreisfreien Städte.[299] Hessen B ist das regionalrepräsentative Komplement von Hessen A. Außer in diesen beiden Fällen, was in 6.2 begründet wurde und mit dem Erscheinen der Rahmenrichtlinien Im Jahre 1972 zusammenhängt, wurden bei allen anderen Erhebungen jeweils alle Schulen der betreffenden Schulgattungen in ganz Hessen in die Befragungsaktionen einbezogen.

Tabelle 29: Übersicht über die Reihenfolge und die Zielgruppen der einzelnen Projekterhebungen zum Physikunterricht

Erhebungs-		Schul-		Schul-	Sammlungsleiter			Fachlehrer		
jahr	gebiet	gattungen		leiter	Phy	Che	Bio	Phy	Che	Bio
				V o r p h a s e						
1972	Landkr. Bergstr.	GHR-Pilot-studie		x	x	x	x	x	x	x
1972	Hessen A	GHR o.R.		x	x	x		x	x	
1973	Hessen	Ges o.R.		x						
1973	Hessen	S-Pilotstudie		x	x	x		x	x	
1973	Hessen B	HR	RRL		x			x		
				H a u p t p h a s e						
1975	Hessen	Ges	RRl	x	x			x		
1976	Hessen	Gym	RRL	x	x			x		
1977	Hessen	HR	RRL	x	x					
1977	Hessen	SI (Mirgel)			x					

Erklärungen: Hessen A + Hessen B = Hessen insgesamt ohne Überschneidung, G = Grundschulen, H = Hauptschulen, R = Realschulen, S = Sonderschulen, Ges = Gesamtschulen, Gym = Gymnasien, SI = Gesamtheit aller Schulen mit Schülern der Jahrgangsstufen 5-10 (vgl. die Definitionen in Abschnitt 1.1) o.R. = Erhebungen ohne RRL-Bezug, RRL = Erhebungen mit RRL-Bezug, ergänzende Sammlungsleiterbefragung vgl. MIRGEL (1979).

Hauptzielgruppen der Befragungen waren, das wurde schon gesagt, die Schulleiter und Sammlungsleiter. Bis auf drei Erhebungen wurden immer Schulleiter und Sammlungsleiter gleichzeitig befragt. Die Ausnahmen sind die Erhebung von TIMPE (1973), was ebenfalls schon in 6.2 begründet wurde,[300] die Erhebung von FRITZ (1973), bei der es in erster Linie um die Erprobung des auf Rahmenrichtlinienbezug hin umgearbeiteten Sammlungsleiterfragebogens ging, und die Erhebung von MIRGEL (1979), bei der im Jahre 1977 noch zusätzlich die Sammlungsleiter für Physik an allen Schulen im Bereich der Sekundarstufe I um ergänzende Angaben im Zusammenhang mit den Problemen der Lehrmittelbeschaffung gebeten wurden.[301]

Exemplarisch ist ein vollständiger Satz von Erhebungsunterlagen (Anschreiben, Schulleiter- und Sammlungsleiterfragebogen, mehrere Lehrerfragebögen), so wie diese 1976 an den Gymnasien verwendet wurden,[302] im Anhang (Anlage 1-5) enthalten. Hinsichtlich der „Kernfragen" bestehen bei den Unterlagen für die Erhebungen von 1975 und 1977 keine Unterschiede. Alle verwendeten Lehrerfragebögen befinden sich im jeweiligen Anhang der Examensarbeiten.

Vor dem Versand der Erhebungsunterlagen wurden alle Teile des jeweiligen Satzes mit einer Codenummer versehen, welche bezogen auf das jeweilig aktuellste Schulverzeichnis die Zuordnung zu den jeweiligen Landkreisen/Kreisfreien Städten ermöglichte.

In dem Informationsschreiben wurden die Schulleiter über die Genehmigung der Untersuchung durch den Hessischen Kultusminister und über die

Projektintentionen informiert und um die Unterstützung der Projektarbeit gebeten. Die Schulleiterfragebögen und die Sammlungsleiterfragebögen wurden im Falle einer Bearbeitung von den Schulen direkt zurückgeschickt. Zur Wahrung der Anonymität konnten die Lehrer ihre Fragebögen entweder in verschlossenen Umschlägen über die Schulen oder persönlich direkt an das Institut für Didaktik der Physik schicken. Zur Verbesserung der Rücklaufquoten wurde jeweils im Abstand von etwa drei Wochen ein Erinnerungsschreiben an die Schulleiter versandt.

Die so erhaltenen Erhebungsunterlagen wurden einzeln auf Vollständigkeit überprüft. Im Falle der Unvollständigkeit wurde zusätzlich auf telefonischem Wege eine Komplettierung von Daten angestrebt. Einige, wenn auch nicht alle, Datensätze konnten so vervollständigt werden.

Die Tabelle 29 verdeutlicht, wie sich die Untersuchungen, ausgehend von einem mehr globalen Versuch der Beurteilung der organisatorischen und personellen Bedingungen des naturwissenschaftlichen Unterrichts im G-H-R-Bereich und an den Gesamtschulen (beides Berufsfelder der am Projekt mitarbeitenden Lehrerstudenten), auf eine exemplarische Untersuchung für das eine naturwissenschaftliche Schulfach Physik der gesamten Sekundarstufe I hin verdichtete. Die Gründe dafür wurden schon genannt. Ergänzend sei noch erwähnt, daß nach den Untersuchungsergebnissen der Vorphase davon ausgegangen werden konnte, daß *die Einführung der Rahmenrichtlinien Chemie SI die Schulen vor ähnliche Probleme stellen würde, wie dies für das Fach Physik zu* erwarten war.

Erwähnt muß noch werden, daß im Sinne einer systematischen Untersuchung der personellen und organisatorischen Gegebenheiten eine Konzentration auf Fragestellungen erfolgte, für die die Befragung von Schulleitern und Sammlungsleitern bereits ausreichend war. In diesem Sinne haben die Lehrerbefragungen - wie schon gesagt - nur marginalen Charakter. Bedauerlicherweise konnte aus personellen Gründen eine ursprünglich auch noch für 1977 vorgesehene erneute Befragung von H-R-Lehrern nicht mehr durchgeführt werden, zumal der von Mirgel durchgeführten zusätzlichen Sammlungsleiterbefragung der Vorrang eingeräumt werden mußte. Der Verfasser sieht sich zu einer solchen Abhebung veranlaßt, da es sehr viel systematischere Lehrerbefragungen, wie beispielsweise die von SCHEFER (1969) oder ZEIHER (1973) gibt. Betrachtet man gar die sich auf das ganze Bundesgebiet erstreckende Befragung von gymnasialen Physiklehrern, die BORN/EULER (1977) durchgeführt haben, dann nehmen sich die Befragungen der naturwissenschaftlichen Lehrer im Rahmen des Projekts recht bescheiden aus. Trotz dieser Einschränkungen waren auch die Befragungen dieser Zielgruppe recht nützlich, da einige Marginalien nutzbringend zur Interpretation der Untersuchungsergebnisse verwendet werden konnten, die über die Befragung der beiden Hauptzielgruppen gewonnen wurden.

6.5 Begründung der zeitlichen Reihenfolge der Erhebungen der Hauptphase

Wie bereits erwähnt, wurde die explorative Vorphase des Projekts mit ersten rahmenrichtlinienbezogenen Erhebungen im Jahre 1973 abgeschlossen und aufgrund der diesbezüglichen Auswertungsergebnisse eine Zäsur bis zum Beginn der vorgesehenen verpflichtenden Erprobung der Rahmenrichtlinien Physik SI ab 1976 beschlossen.

Für den weiteren Fortgang der Untersuchungen war deshalb zunächst geplant, 1976 eine entsprechende Erhebung an allen hessischen Schulen des Bereiches der Sekundarstufe I durchzuführen. Da die finanzielle Basis des Projektes sich nur unwesentlich verbessert hatte, wäre eine Realisierung nur möglich gewesen, wenn eine etwa gleichgroße Gruppe von Lehrerstudenten wie 1972/73 sich zur Mitarbeit bereit gefunden hätte. Bereits Ende 1974 waren jedoch erste Anzeichen einer Verschlechterung der Berufsaussichten für Lehrer deutlich erkennbar geworden.[303] Nach einer vollen Aufklärung über den erforderlichen Zeitaufwand für eine Mitarbeit am Projekt haben eine Reihe von interessierten Studenten - offensichtlich mit der Befürchtung, ihren sonstigen Examensvorbereitungen mit dem Ziel eines möglichst guten Notenabschlusses nicht ausreichend zeitlichen Raum einräumen zu können - ihre Zusage auf Mitarbeit zurückgezogen. Diese Situation führte zu dem Entschluß, früher als ursprünglich vorgesehen mit den Erhebungen zu beginnen und Jahr für Jahr eine Erhebung in einem Teilbereich der Sekundarstufe I durchzuführen, wofür auch ausreichend Arbeitskapazität gesichert erschien.

Zu überlegen war dabei natürlich die Reihenfolge der Erhebungen, und es gab plausible Gründe für die in der Tabelle 29 in 6.4 angegebene Reihenfolge der Untersuchungen der Hauptphase.

Begonnen wurde 1975 mit der Erhebung an den Gesamtschulen. Dies hing mit einer allgemeinen Einschätzung zusammen, die sich einerseits aus den Untersuchungsergebnissen von 1973 ergab und andererseits aus der Tatsache, daß von diesen Reformschulen am ehesten erwartet werden konnte, daß hier eine besonders aktive Auseinandersetzung mit der inhaltlichen Seite der Schulreform erfolgen sollte, nachdem diese Schulen ja Ergebnisse jener Strukturreform darstellen, die gerade diese inhaltliche Reform herausforderten. Schließlich hatte ja auch die Bildungsverwaltung in gewisser Weise diesem Aspekt der Schulreform Rechnung getragen, indem für den Bereich der Gesamtschulen entsprechende Gremien bzw. Funktionsstellen eingerichtet wurden, für die Aufgabenbeschreibungen vorliegen.[304] Neben versuchsbegleitenden Gruppen für die Fächer Deutsch, Englisch und Mathematik und einer fächerübergreifenden Evaluationsgruppe wurden eine Reihe von Fachmoderatoren für verschiedene Fächer, darunter auch für Physik,[305] bestellt. Besondere Aufgabe dieser Fachmoderatoren war die Beratung der Gesamtschulen hinsichtlich der Umsetzung der Rahmenrichtlinien. Sie waren angewiesen, geeignete Unterrichtsmodelle aufzuspüren und sich um deren Verbreitung in Zusammenarbeit mit dem Hessischen Institut für Lehrerfortbildung zu bemühen. Die besondere Bedeutung, welche die Bildungsverwaltung der Tätigkeit der Fachmoderatoren zumaß, geht aus der Tatsache hervor, daß ihnen für diese Tätigkeit eine Entlastung von 20 Wochenstunden gewährt wurde.[306] Auf dem Hintergrund einer derartigen organisatorischen Sonderstellung der Gesamtschulen im Vergleich zu den anderen Schulen des SI-Bereichs war zu erwarten, daß beispielsweise erkannte Ausstattungsdefizite im Zusammenhang mit der Einführung der RRL Physik SI schneller als an anderen Schulen beseitigt werden konnten. Letzteres besonders im Vergleich zu den im Mittel wesentlich kleiner dimensionierten schulischen Einheiten der anderen SI-Bereiche, insbesonders der Hauptschulen, da die Schulträger den gesamten Lehrmitteletat in der Regel an den Schülerzahlen bemessen. Zweifelsohne bestehen an Gesamtschulen auch in anderen Bereichen außerhalb der Naturwissenschaften höhere Lehrmittelanforderungen, jedoch waren dort bei höheren Gesamtetatbeträgen kurzfristige Umschichtungen eher zu erwarten.

Daß eine solche Möglichkeit der Gesamtschulen hinsichtlich eines schnelleren Zugriffs zu rahmenrichtlinienkonformen Maßnahmen für den Physikunterricht i.w. richtig eingeschätzt wurde, zeigten ja bereits die schon dargestellten Analysen der „Stellungnahmen" und „Erprobungsberichte"[307]

Nach diesen Darlegungen dürfte es als gerechtfertigt erscheinen, daß mit den ersten rahmenrichtlinienbezogenen Erhebungen an den Gesamtschulen begonnen wurde. Für die weitere Reihenfolge war maßgeblich, daß in Anbetracht des höheren fachwissenschaftlichen Qualifikationsstandes des Lehrpersonals an den Gymnasien angenommen werden konnte, daß dort im Vergleich zum H-R-Bereich sofort die erforderlichen organisatorischen Voraussetzungen einer Umsetzung wissenschaftsorientierter Rahmenrichtlinien erkannt und deshalb entsprechende Maßnahmen hätten früher eingeleitet werden können. Deshalb erfolgten die Datenerhebungen an den Gymnasien 1976 und erst 1977 an den HR-Schulen.

6.6 Probleme der Bestimmung der Populationsumfänge

Durch die Angaben der Tabelle 29 und die Definition der Schulgattungen in 1.1 sind die Populationen eindeutig beschrieben. Man könnte nun annehmen, daß auf der Grundlage von Daten der Schulstatistik auch die jeweiligen Populationsumfänge leicht zu bestimmen waren. Dem war leider nicht so, denn insbesonders in der Vorphase des Projekts (in der Hauptphase jedoch mit erheblicher Abschwächung) gab es „begründete Rücklaufausfälle". So entweder durch postalische Vermerke über die Nichtzustellbarkeit wegen Auflösung der betreffenden Schule (insbesonders in ländlichen Gebieten) oder durch Hinweise der Schulleiter über Zugehörigkeit zu einer anderen Schulgattung (bspw. eine als Grund- und Hauptschule angeschriebene Schule war inzwischen eine reine Grundschule geworden). Der stetige strukturelle Veränderungsprozeß des hessischen Schulsystems[308] machte sich so unmittelbar bemerkbar. Die Projekterhebungen wurden jeweils am Anfang des 2.Schulhalbjahres durchgeführt.[309] Die relevanten Daten der Schulstatistik beziehen sich jeweils auf den 15.10., also einen Zeitpunkt im 1.Schulhalbjahr.[310] Mangels weiterer statistischer

Unterlagen konnten für die Vorphase die Populationsumfänge nur auf der Basis zweier aufeinanderfolgender Schulverzeichnisse für den Zeitraum[311] der jeweiligen Erhebung geschätzt werden. Dagegen konnten trotz noch geringfügig zu registrierender „begründeter Rücklaufausfälle" alle Populationsumfänge, soweit sich dies auf die Befragung von Schulleitern und Sammlungsleitern bezieht, im Rahmen der Hauptphase faktisch exakt bestimmt werden,[312] da für diese Phase „verdichtete Daten" zur Verfügung standen.[313]

Konnte das Problem der Bestimmung der Populationsumfänge bezüglich der Schulleiter- und Sammlungsleiterbefragungen also i.w. gelöst werden, so bestand bezüglich der Populationsumfänge bei den Lehrerbefragungen eine erhebliche Unsicherheit. Der Grund liegt darin, daß bis auf die statistischen Veröffentlichungen des hessischen Philologenverbandes keine relevanten Daten zur Verfügung standen. Im hessischen „Philologenjahrbuch" sind die Lehrer der Gymnasien und seit 1975 auch der Gesamtschulen mit ihren Lehrbefähigungen aufgeführt. Dieses Jahrbuch erschien früher jedes Jahr und seit 1972 in unregelmäßigen Abständen von drei bzw. zwei Jahren. Hier sind also Schätzungen möglich. Auch die Einsichtnahme in die EDV-Ausdrucke der Lehrerindividualerhebung des Hessischen Kultusministers von 1973[314] führte zu keiner Lösung, da dort nur Lehrer mit Lehrbefähigung angegeben werden und erwiesenermaßen besonders im H-R-Bereich auch Lehrer ohne eine solche Lehrbefähigung im Fach Physik Unterricht erteilen.

6.7 Relative Stichprobenumfänge

Im Zusammenhang mit der Durchführung von Posterhebungen auf der Basis freiwilliger Beteiligung von Schulleitern, Sammlungsleitern und Fachlehrern entsteht naturgemäß die Frage, welche Bedeutung die Befragten dem Projekt zugemessen haben. Als ein Maß für die Anerkennung der Bedeutung der Projektintentionen durch die Befragten kann die Höhe des Rücklaufs an bearbeiteten Erhebungsunterlagen angesehen werden. Diese Höhe des Rücklaufs läßt sich durch den relativen Stichprobenumfang (Stichprobenumfang : Populationsumfang) bestimmen. Nach den Erörterungen in 6.6 können die relativen Stichprobenumfänge nicht durchgehend mit der gleichen Genauigkeit angegeben werden.

Was die Schulleiter- und Sammlungsleiterbefragungen anbelangt, muß hinsichtlich der Angaben über die Vorphase von einem Schätzfehler in der Größenordnung von 1-2% ausgegangen werden. Die Wertangaben für die Hauptphase sind faktisch exakt.[315]

Bezüglich der Lehrerbefragungen bestehen teilweise nicht schätzbare Unsicherheiten.

6.7.1 Schulleiter- und Sammlungsleiterbefragungen[316]

Eine Zusammenstellung aller Daten zur Ermittlung der relativen Stichprobenumfänge befindet sich im Anhang (Tabellen A25-A33).

Aufschlußreich ist zunächst einmal eine Globalbetrachtung des Gesamtrücklaufs in beiden Projektphasen. Bei einer auf 1830 geschätzten Anzahl von angeschriebenen Schul- und Sammlungsleitern der Vorphase gingen hier insgesamt 649 auswertbare Fragebögen ein, d.h. ca. 36%. In der Hauptphase waren 1.512 Schulleiter und Sammlungsleiter angeschrieben, von denen 770 antworteten, d.h. ca. 51%.

Im Rahmen einer auf freiwilliger Mitarbeit basierenden Posterhebung kann von einem *bemerkenswert hohen Rücklauf während der Hauptphase* gesprochen werden.[317] Dabei ist noch hervorzuheben, daß mit Ausnahme der Gymnasien der überwiegende Teil der Schulleiter und Sammlungsleiter in beiden Erhebungsphasen in der gleichen Angelegenheit zweimal um Mitarbeit gebeten wurde[318] und insgesamt zwischen beiden Phasen eine bedeutsame Zunahme des Rücklaufs zu verzeichnen ist. Es liegt nahe anzunehmen, daß dieser Tatbestand im Zusammenhang mit der zeitlichen Nähe des Beginns der verpflichtenden Erprobung[319] der Rahmenrichtlinien Physik SI stand und damit von der Hälfte der Adressaten anerkannt wurde, daß sich eine Institution außerhalb der Schule und Bildungsverwaltung mit eventuell an den Schulen vorhandenen Problemen beschäftigt.

Tabelle 30: Beantwortungsverhalten von Schulleitern und Sammlungsleitern in beiden Projektphasen

	prozentualer Rücklauf ausgefüllter Fragebögen		
	Schulleiter	Sammlungsleiter	Fragenbogentripel bzw. Fragenbogenpaare[320]
Vorphase	ca. 43,0%	ca. 32,0%	ca. 28,0%
Hauptphase	51,5%	50,4%	46,8%

Während der Vorphase haben die Schulleiter insgesamt relativ häufiger als die Sammlungsleiter geantwortet. Teilweise hängt dies mit einem weit über dem Durchschnitt liegenden Rücklauf der Erhebung von 1973 an den Gesamtschulen zusammen. Dabei hatten ca. 62% der Schulleiter geantwortet (vgl. Anhang Tabelle A25). Es hängt aber auch damit zusammen, daß der Rücklauf von den Hauptschulen durchweg sehr viel geringer war als der von den Realschulen.

Eine Gesamtübersicht über das Antwortverhalten während der Erhebungen der Hauptphase bietet die nachfolgende Tabelle.

Tabelle 31: Prozentuale Rückläufe der Erhebungen der Hauptphase (Schulleiter und Sammlungsleiter Physik)[321]

Erhebungsjahr	Schulgattung	Schulleiter	Samlungsleiter	Fragebogenpaare[320]
1975	Ges	58,3%	62,5%	58,3%
1976	Gym	46,4%	44,2%	34,3%
1977	R	54,4%	56,2%	52,0%
1977	H	49,5%	45,5%	45,2%

Ähnlich der Vorphase ist wieder festzustellen, daß der Rücklauf von den Gesamtschulen deutlich über dem Durchschnitt liegt.[322] Der Rücklauf von den Gymnasien liegt merklich unter dem Schnitt. Der von den Realschulen ist wieder etwas höher als der von den Hauptschulen. Der Unterschied ist aber gegenüber der Vorphase - relativ betrachtet - geringer geworden. Ein möglicher Grund des Abfalls der Gymnasien kann darin gesehen werden, daß hier der Erhebungszeitraum (im 2.Schulhalbjahr) im Vergleich zu den anderen Schulgattungen nicht so günstig lag, denn immerhin hatte die überwiegende Anzahl der Gymnasien 1976 im 2.Halbjahr dem zentralen Ereignis ihrer Schule - der Durchführung der jährlichen Reifeprüfung - besondere Aufmerksamkeit zu widmen. Die relative Abnahme des Rücklaufunterschiedes zwischen Haupt- und Realschulen im Jahre 1977 kann zum Teil damit zusammenhängen, daß sich zwischen 1972 und 1977 eine weitere Konzentration zu größeren schulischen Einheiten durch Auflösung von Zwergschulen und Zusammenfassungen vollzog.[323] Sicherlich dürfte aber auch bei den Hauptschulen für eine deutliche Zunahme des Rücklaufs maßgeblich sein, daß diese eigentlich erst 1977 im Zusammenhang mit der verbindlichen Erprobung der RRL Physik SI mit den organisatorischen Problemen der Realisierung bewußt konfrontiert wurden.[324]

Die Datenanalysen der Vorphase zeigten bereits, daß es sinnvoll und möglich ist, einzelne Datensätze, die aus verschiedenen Fragebogentypen entstammen, sich aber auf ein und dieselbe Schule beziehen, zusammenzufassen. Deswegen wurden insbesonders in der Hauptphase Bemühungen angestellt, möglichst viele Paare von Schulleiter- und Sammlungsleiterfragebögen zu bekommen. Tabelle 30 läßt erkennen, daß dies in der Hauptphase im Vergleich zur Vorphase in einem relativ hohen Maße gelungen ist.[325] Die Tabelle 31 weist jedoch zusätzlich aus, daß diese Bemühungen, möglichst viele Fragebogenpaare zu erhalten, an den Gymnasien weit weniger erfolgreich waren als an den anderen Schulen, was sehr unterschiedliche Gründe haben kann.[326]

6.7.2 Lehrerbefragungen

Wenngleich mehrfach auf den marginalen Charakter der Lehrerbefragungen der Vor- und Hauptphase (vgl.Tabelle 29) hingewiesen wurde, ist es jedoch von Interesse festzustellen, welche Resonanz die Projektintentionen bei den Physiklehrern (Chemielehrern) selbst gefunden hatten. Deshalb wird der Versuch einer indirekten Schätzung der Populationsumfänge und damit auch eine *indirekte Schätzung* des prozentualen Rücklaufs angegeben. Die so gewonnenen Schätzwerte werden mit zwei direkten Schätzungen verglichen.

Was die Schätzwerte der Tabelle 32 anbelangt, muß einiges erklärt werden. N ist exakt.[328] Z ist für die Erhebungen von 1972/73 relativ genau geschätzt (vgl. Tabelle A25 des Anhangs) und für 1975 und 1976 exakt. Der Lehrerfaktor L gibt an, wieviele Lehrer im Mittel an einer Schule mit der mittleren Größe der betreffenden Gattung Physik (und Chemie)-Unterricht erteilten. L ist eine geschätzte Größe, die mit Hilfe von Erfahrungswerten berechnet wurde (vgl. die Berechnung in der Anlage 6 des Anhangs). Damit erhält man über das Produkt L.Z einen Schätzwert für den Populationsumfang, der in der Tabelle 32 auf Zehner gerundet ist. Mit diesem Schätzwert und den realen Werten von N ergeben sich die Schätzwerte für den prozentualen Rücklauf.

Tabelle 32: Schätzwerte der Populationsumfänge und der prozentualen Rückläufe der Lehrerbefragungen

Erhebungs-jahr	Schul-gattung	Schul-fächer	Erhebungs-gebiet	N	Z	L	geschätzter Populations-umfang	geschätzter prozentual. Rücklauf
1972	H	Ph/Ch	A	147	340	1,73	590	25%
1973	H	Ph	B	100	250	1,37	340	29%
1972	R	Ph/Ch	A	147	125	5,66	710	21%
1973	R	Ph	B	124	100	4,45	450	28%
1975	Ges	Ph	A + B	248	120	7,40	890	28%
1976	Gym	Ph	A + B	271	140	7,15	1000	27%

Erklärungen: H,R,Ges, Gym sind Abkürzungen wie in der Tabelle 29.
A = Hessen A[327], B = Hessen B wie in der Tabelle 29,
N = Stichprobenumfang,
Z = Anzahl der Schulen im Erhebungsgebiet,
L = Lehrerfaktor nach Anlage 6 des Anhangs.

Ein Vergleich dieser durch indirekte Schätzung gewonnenen Werte ist für 1975 und 1976 mit direkten Schätzwerten möglich. Kandler/Schnitzer haben 1975 auf 28,1% geschätzt, und Köppen gibt 28,3% an.[329] Der Schätzwert von Köppen kann auf 26,6% verbessert werden.[330] Dieser Vergleich zweier Schätzergebnisse für 1975 und 1976, die unabhängig voneinander und nach verschiedenen Methoden durchgeführt wurden, zeigt praktisch Übereinstimmung. Somit besteht eine gewisse Berechtigung zur Annahme, daß die restlichen vier Schätzwerte der Tabelle 32 zumindest grob den tatsächlichen Rücklauf angeben.

Mithin hat jeder dritte bis vierte Lehrer der einzelnen Populationen geantwortet. Die Rücklaufquoten ohne RRL-Bezug (1972) werden von denen mit RRL-Bezug (1973, 1975, 1976) deutlich übertroffen. Bei RRL-Bezug ist der Rücklauf bei allen Gattungen in etwa gleich hoch. Im Vergleich zu den Rücklaufquoten der Schulleiter- und Sammlungsleiterbefragungen kann gesagt werden, daß die Lehrer in beiden Projektphasen nicht so häufig geantwortet haben. Bei der Physiklehrerbefragung von BORN/EULER (1977) liegt der Rücklauf bei ca. 32% und damit nicht sehr bedeutsam höher als bei den Erhebungen mit RRL-Bezug.[331] Die an das Projekt an gekoppelten Mathematiklehrerbefragungen haben nur zu Rückläufen in geschätzten Höhen zwischen 10% und 25% je nach Schulgattung[332] geführt. Die Physiklehrerbefragungen führten also im Vergleich hierzu zu deutlich höheren Rückläufen und liegen im Rahmen der im Zusammenhang mit Posterhebungen stehenden Erwartungen.[333]

Wenn die Schulleiter und Sammlungsleiter fast doppelt so häufig wie die Physiklehrer geantwortet haben, so darf nicht übersehen werden, daß Schulleiter und Sammlungsleiter überwiegend um die Beantwortung von Sachfragen gebeten wurden. Die Inhalte der Lehrerbefragungen dagegen berührten auch die „pädagogische Intimsphäre“ der Lehrer.

6.7.3 Der Einfluß des Rahmenrichtlinienbezugs auf den Rücklauf

In den vorhergehenden Abschnitten wurde bereits an einigen Stellen angemerkt, daß die Erhebungen mit RRL-Bezug zu höheren Rückläufen beantworteter Fragebögen führten. In der nachfolgenden Tabelle wurden alle Erhebungen der Hauptphase und die beiden von FRITZ (1973) und FREY (1973) im Rahmen der Vorphase durchgeführten zusammengefaßt (vgl. auch Tabelle 29).

Tabelle 33: Rücklaufhöhen und Rahmenrichtlinienbezug[334]

	Schulleiter	Sammlungsleiter	Lehrer
ohne RRL-Bezug	52%	33%	23%
mit RRL-Bezug	52%	45%	28%

Offensichtlich wurde die Antworthäufigkeit bei den Schulleitern durch den RRL-Bezug der Befragungsinhalte kaum beeinflußt, während bei den anderen beiden Zielgruppen, wie schon allgemein erwähnt, eine deutliche Zunahme mit dem RRL-Bezug zu verzeichnen ist. Die Zunahme des Rücklaufes ist bei Sammlungsleitern mit 12% (relativ 36% mehr) noch weitaus höher als bei den Lehrern mit 5% (relativ 20% mehr). Die Vermutung ist naheliegend, daß diese starke Zunahme des Rücklaufes bei den Sammlungsleitern mit den Problemen einer rahmenrichtliniengemäßen Ausstattung der Schulen zu tun hat.

6.8 Zur Frage der Repräsentativität der Stichproben der Hauptphase

Im Zusammenhang mit Datenerhebungen auf dem Postwege und der Einschränkung durch die Bildungsverwaltung, die die Genehmigung jeweils nur unter dem Hinweis auf die freiwillige Mitarbeit der Befragten erteilt hatte, können die so gewonnenen Stichproben weder als Zufallsstichproben noch als eine bewußte Auswahl nach dem sogenannten Quotenverfahren (Meinungsforschung) angesehen werden. Zwar war die Zustellung der Erhebungsunterlagen so organisiert, daß jede Person der drei Zielgruppen (Schulleiter, Sammlungsleiter und Physiklehrer) erreicht werden konnte. Es ist aber nicht auszuschließen, daß teilweise das Organisationsverfahren, so wie es den Schulen vorgeschlagen wurde - aus welchen Gründen auch immer - nicht vollständig eingehalten werden konnte. Dazu kam noch die momentane persönliche Situation, in der sich der Befragte im Zeitpunkt der Erhebung befand. Zeitliche Freiheit oder Einschränkungen aus beruflichen oder privaten Gründen und unterschiedliche Motivationslagen dürften in vielen Fällen so manchen Adressaten davon abgehalten haben, einen entsprechenden Fragebogen auszufüllen und zurückzusenden.

Diese Tatsache hinsichtlich der Zusammensetzung der Stichproben führt zwangsläufig zu einer Beschränkung der statistischen Methoden auf einen Bereich, der weitgehend deskriptiv ist.[335] Damit ist es auch nur möglich, Aussagen über die Stichproben und nur über diese zu machen. In Anbetracht der Tatsache, daß immerhin bei den *Erhebungen der Hauptphase jeder zweite Schulleiter und jeder zweite Sammlungsleiter hessischer Schulen des Bereiches der Sekundarstufe I Datenangaben gemacht haben*, erscheint diese Beschränkung aber nicht als so gewichtig. Immerhin werden Aussagen über die Hälfte der hessischen Schulen im Bereich der Sekundarstufe I möglich.

Da die Erhebungen der Vorphase weitgehend explorativer Art waren und erst in der Hauptphase eine durchgehend einheitliche Befragungssystematik vorlag, wurden die Repräsentativitätsanalysen auf die Hauptphase beschränkt.

6.8.1 Anmerkungen zur Beurteilungsmethode

Wenn jetzt die Frage der Repräsentativität aufgeworfen wird, so dürfte nach obiger Erörterung klar sein, daß es sich nicht um *„repräsentativ"* im Sinne einer Zufallsstichprobe oder einer Quotenstichprobe handelt, sondern vielmehr um einen *Versuch der Beschreibung, in welchem Maße die einzelnen Stichproben eine Abbildung der Population bezüglich bestimmter Merkmale darstellen bzw. welches Ausmaß die Abweichungen haben.* Dabei ist die Frage der Methode dieses Vorhabens zu klären. Üblicherweise werden dabei Vergleiche über prozentuale Verteilungen ausgewählter quantitativer oder qualitativer Merkmalsausprägungen angestellt. Geringe Differenzen in den Prozentzahlen werden dabei als Indiz für Repräsentanz angesehen.[336] Dieses Verfahren ist zwar sehr anschaulich, zumal erkennbar wird, in welchen Intervallen bzw. bei welchen Kategorien Abweichungen und in welcher Richtung diese vorliegen. Der Mangel des Verfahrens besteht darin, daß keine Relativierung in bezug auf den Stichprobenumfang vorliegt. Eine derartige Relativierung liegt vor, wenn man zusätzlich einen statistischen Anpassungstest für Verteilungen durchführt. Bei den diesbezüglichen Analysen wurde der chi^2-Anpassungstest unter Verwendung der Gütekriterien nach LIENERT (1962) herangezogen.[337]

6.8.2 Schulleiter- und Sammlungsleiterbefragungen

Als Merkmale der Beurteilung der Repräsentativität werden die Ausprägungen der Variablen „Schulgröße" und „Kreisgruppenzugehörigkeit" (vgl. 2.3) als relevant erkannt.[338] Nicht in Betracht gezogen werden Individualdaten der Beurteiler, die bei diesen beiden Zielgruppen auch nicht erhoben wurden. Diese Art der „Entpersonalisierung" erscheint in Anbetracht der Dominanz von Sachfragen als berechtigt.

Merkmal „Schulgröße":
Zunächst wurden für die nach Schulgattungen getrennten Teilpopulationen unter Berücksichtigung des betreffenden Erhebungsjahres folgende Größenklassen gebildet:

	Anzahl der Schüler in			
	Gesamtschulen	Gymnasien	R-Schulen	H-Schulen
kleine Sch.:	bis 950	bis 800	bis 700	bis 350
mittl. Sch.:	951 - 1250	801 - 1150	701 - 900	351 - 550
große Sch.:	über 1250	über 1150	über 900	über 550

Die Grenzen dieser Größenklassen wurden für die einzelnen Schulgattungen jeweils so gewählt, daß die drei Klassen annähernd gleich besetzt sind.

Die Tabellen A26 - A29 des Anhangs enthalten die Grunddaten für die oben beschriebene Methode in Anlehnung an Lienert und die aus ihnen berechneten Prüfgrößen.

Tabelle 34: Anpassung der Stichprobenverteilungen an die Populationsverteilungen nach dem Kriteriumsmerkmal „Schulgröße"

		Anpassung		
Erhebungsjahr	Schulgattung	Schulleiter	Sammlungsleiter	Fragebogenpaare
1975	Ges	gut	gut	gut
1976	Gym	mäßig	mäßig	mäßig
1977	R	mäßig	mäßig	mäßig
1977	H + GF	gut	gut	gut

Merkmal „Kreisgruppenzugehörigkeit":
Dieser Fall ist insofern einfacher, als jede Schule nach ihrem Standort genau einer der drei im Abschnitt 2.3 definierten Kreisgruppen zugeordnet ist.

Die Tabellen A30 - A33 des Anhangs enthalten die analogen Grunddaten und Prüfgrößen.

Tabelle 35: Anpassung der Stichprobenverteilungen an die Populationsverteilungen nach dem Kriteriumsmerkmal „Kreisgruppenzugehörigkeit"

		Anpassung		
Erhebungsjahr	Schulgattung	Schulleiter	Sammlungsleiter	Fragebogenpaare
1975	Ges	gut	mäßig	gut
1976	Gym	mäßig	mäßig	mäßig
1977	R	gut	mäßig	mäßig
1977	H + GF	schwach	schwach	schwach

Den Tabellen 34 und 35 ist folgendes zu entnehmen. Von den 24 betrachteten Fällen ist die Anpassung der Teilstichproben in 21 Fällen mäßig bis gut und nur in drei Fällen weicht die Teilstichprobe von der betreffenden Teilpopulation erheblich ab.

Da bei der nachfolgenden Darstellung der Untersuchungsergebnisse, was den deskriptiven Teil anbelangt, die Datensätze nicht gekoppelt werden, können wir uns hier auch auf die beiden Spalten für Schulleiter und Sammlungsleiter beschränken. Berücksichtigt man die Tatsache einer freiwilligen Beantwortung auf dem Postwege, so erscheint der *Repräsentativitätsgrad* als durchaus *zufriedenstellend*. Auffallend ist dabei, daß der Repräsentativitätsgrad bezüglich des Merkmals „Schulgröße" deutlich höher ist als bezüglich des anderen. Die

Tabellen A26 - A33 des Anhangs enthalten auch noch die prozentualen Abweichungen in den jeweils drei gewählten Kategorien. Der Mittelwert aller Absolutbeträge dieser prozentualen Abweichungen kann als ein Vergleichswert für den unterschiedlichen Repräsentativitätsgrad aufgefaßt werden. Er beträgt bezüglich des Merkmals „Schulgröße" 3,5% und bezüglich des Merkmals „Kreisgruppenzugehörigkeit" 5,7%, was obige Aussage ergänzt.

Zu den beschriebenen Unterschieden im Repräsentativitätsgrad seien noch folgende Vermutungen über deren Ursache vermerkt.

Bezüglich des Merkmals „Kreisgruppenzugehörigkeit" kommen in allen Fällen die hier stärkeren Abweichungen dadurch zustande, daß von den Schulen der mittleren und der unteren Kreisgruppe überproportional mehr Beantwortungen vorliegen und bei der oberen Kreisgruppe der Mittelwert der Defizite fast 8% beträgt. Es wird vermutet, daß dies damit zusammenhängt, daß die Schulen der oberen Kreisgruppe (teilweise auch die der mittleren) in unmittelbarer „Greifweite" von Ausbildungsstätten für Lehrer und obendrein von weiteren Instituten stehen, zu deren Untersuchungsfeldern unter anderem Schulen gehören. Eine gewisse Ermüdung durch häufigere „Konfrontationen" mit empirischen Untersuchungen ist nicht auszuschließen. Zwei weitere Ursachen werden bezüglich der stärkeren Unterrepräsentation der Hauptschulen der oberen Kreisgruppe vermutet. Erfahrungen des Verfassers im Zusammenhang mit Unterrichtsprojekten, die neben anderen auch an Hauptschulklassen in allen drei Kreisgruppen durchgeführt wurden, deuten darauf hin, daß die „Lernpotenz" der Hauptschüler in der oberen Kreisgruppe im Mittel im Vergleich zu der der Hauptschüler in den beiden anderen Kreisgruppen niedriger ist. Die Hauptschulen erscheinen hier quasi als „ausgelaugter" durch stärkeren Übergang in weiterführende Schulen. Dazu kommt noch, daß der Anteil der Gastarbeiterkinder in den Hauptschulen der oberen Kreisgruppe (industrielles Ballungsgebiet) bedeutsam höher als in den beiden anderen ist.[339] Geringere „Lernpotenz" auf der einen und Sprachbarrieren auf der anderen Seite stellen für alle Lehrer, und damit auch für Physiklehrer, Probleme dar, die das Ausstattungsproblem als zweitrangig erscheinen lassen, so daß die Sammlungsleiter solcher Schulen möglicherweise weniger motiviert waren, sich der zeitaufwendigen Prozedur des Ausfüllens des Fragebogens zu unterziehen.

6.8.3 Lehrerbefragungen

Unter der Voraussetzung einer zuverlässigen Kenntnis von Merkmalsverteilungen der Populationen sollte auch bei Lehrerbefragungen abgeklärt werden, in welchem Umfange Abweichungen in den Merkmalsverteilungen zwischen Population und Stichprobe vorliegen. Üblich ist es, wenigstens die Merkmale „Lebensalter" und „Geschlecht" einer solchen Betrachtung zu unterziehen.[340] Daneben wären auch andere Merkmale, wie beispielsweise „Dienststellung" und „Unterricht in Klassenstufen", von Interesse.[341]

Es wurde bereits erwähnt, daß die Untersuchung von BORN/EULER (1977) von den Inhalten, den Adressatengruppen und der Methode der Stichprobenziehung her zum Vergleich mit den Lehrerbefragungen des Projektes am besten als geeignet erscheint. BORN/EULER beschreiben die Stichprobe durch die Darstellung einer ganzen Reihe von Merkmalsverteilungen.[342] Für mehrere dieser Merkmale gibt es bundesweit Daten, die in den Landesausgaben des sogenannten „Philologen-Jahrbuches" festgehalten sind. Im Prinzip gibt es also zuverlässige Unterlagen, aus denen für einige der Merkmale auch die Verteilungen bezüglich der Population erfaßbar waren.[343] Die einzige Aussage, die man bei BORN/EULER bezüglich der Frage der Repräsentanz findet, lautet:

„Es ist zu vermuten, daß die besonders engagierten interessierten Physiklehrer dadurch überrepräsentiert sind".[344] Born/Euler haben also keinen Vergleich zwischen Population und Stichproben nach ausgewählten Merkmalen durchgeführt. Damit soll in keiner Weise die bereits hervorgehobene Bedeutung dieser Untersuchung in Frage gestellt werden, sondern auf die besonderen Schwierigkeiten eines solchen Vergleiches eingegangen werden.

ZEIHER (1973) hat sich dieser Aufgabe auf eine Weise unterzogen, die an sich nicht ganz zufriedenstellend ist, obwohl sie die Datenbasis der „Philologen-Jahrbücher" benutzt hat.[345] Born/Euler beispielsweise hätten im Sinne eines zufriedenstellenden Vergleiches eine Spezialliste aller Physiklehrer an den Gymnasien der Bundsrepublik unter Angabe relevanter Merkmale aus dieser Datenbasis herstellen müssen. Da ein solches Vorhaben nur per Handarbeit zu realisieren wäre, ist einsichtig, daß der erforderliche Zeitaufwand in keinem Verhältnis zum Effekt steht.

Diese Betrachtung der Problematik macht verständlich, warum bei den Lehrerbefragungen des Projektes auf eine ähnliche Betrachtung wie oben bei den Schulleitern und Sammlungsleitern verzichtet wird. Abgesehen vom erforderlichen Zeitaufwand standen allenfalls für die Gymnasiallehrer Näherungsdaten[346] mit einiger Zuverlässigkeit zur Verfügung. In Anlehnung an das obige Zitat nach Born/Euler können die Stichproben der Lehrerbefragungen so beschrieben werden, daß die Beantworter mit der Tatsache der Rücksendung sich von den Nichtbeantwortern dadurch unterscheiden, daß sie die Projektintentionen als bedeutsam anerkennen. Im übrigen wird auch angenommen, daß in dieser Stichprobe die engagierten Physiklehrer überrepräsentiert sind.

6.9 Methoden und Genauigkeit der Auswertungen

Die Methoden der Auswertung stehen im Zusammenhang mit den Rahmenbedingungen des Projektes. Diese waren durch personelle und finanzielle Engpässe geprägt.

Nachdem jeweils die Erhebungsunterlagen unter der Anleitung des Verfassers kooperativ von den jeweiligen Gruppen am Projekt beteiligter Examenskandidaten für das Lehramt an Grundschulen und an Haupt- und Realschulen entwickelt und die Erhebungen durchgeführt waren, erfolgte eine Erstauswertung im Rahmen von Examensarbeiten.[347] Aus finanziellen Gründen konnten die jeweiligen Examenskandidaten sich bis auf einen Fall[348] nicht der Möglichkeiten der EDV-Auswertung bedienen und mußten deshalb „Handauswertungen“ vornehmen, was vielfach nur zu vereinfachten Auswertungen und Darstellungen führte. Wichtige Datensätze der Vorphase und alle Datensätze der Hauptphase mit Ausnahme der Lehrerbefragungen wurden einer Zweitauswertung durch den Verfasser mittels EDV unterzogen.

Bezüglich der Vorphase wurde bei der Zweitauswertung, wenn die Voraussetzung der Verläßlichkeit erfüllt war, auf Sekundärdaten zurückgegriffen, die in den Examensarbeiten dokumentiert sind. Wenn diese Verläßlichkeit nicht gewährleistet war, so wurde auch hier auf die Originaldaten zurückgegriffen.

Im Sinne einer systematischen Auswertung wurde bei der vom Verfasser mit EDV durchgeführten Zweitauswertung der Daten der Hauptphase stets von den Originaldaten ausgegangen. Alle Daten, die einer EDV-Auswertung unterzogen wurden, wurden von studentischen Hilfskräften auf Lochkarten übertragen. Nach dem Einlesen in den Computer wurde jeweils ein Ausdruck der eingelesenen Daten angefertigt. Alle Datensätze wurden auf Ablochgenauigkeit überprüft, indem an Zufallsstichproben der Fragebogensätze die in diesen enthaltenen Daten mit denen der EDV-Ausdrucke verglichen wurden. Dabei wurden zwei systematische Fehler entdeckt, die durch Programmierung beseitigt wurden. Die in den Zufallsstichproben registrierte Anzahl subjektiver Ablochfehler läßt es als sehr wahrscheinlich erscheinen, daß eventuell in den vollen Datensätzen vorhandene Ablochfehler mit einem Prozentsatz vorliegen, der die 1%-Marke nicht überschreitet.

Die erforderlichen Programmierarbeiten und alle sonstigen organisatorischen Maßnahmen im Zusammenhang mit der EDV-Auswertung lagen in der Hand von W.Salmen, seinerzeit cand.phil.nat. und wissenschaftliche Hilfskraft am Rechenzentrum der Universität Frankfurt/M. Bis auf einige Ausnahmen wurden die erforderlichen Berechnungen mit Hilfe des in den Sozialwissenschaften sehr häufig verwendeten SPSS-Programmpakets durchgeführt.[349]

Die Genauigkeit der Berechnungen ist durch die des SPSS-Programmpaktes bestimmt und wurde im Falle zusätzlicher vom Programmierer geschriebener Programme an Hand von Stichprobenrechnungen überprüft. In beiden Fällen ist, von unterschiedlichen Rundungen von Zahlenwerten abgesehen, absolute Exaktheit der Berechnung gewährleistet.

Für einige wenige Datensätze geringeren Umfangs wurden die erforderlichen Berechnungen ebenso, wie dies bezüglich der Teile 2 und 3 geschah, mit Tischrechnern durchgeführt. Dabei wurde zur Berechnung komplizierterer statistischer Kennwerte und zur Berechnung von Korrelationskoeffizienten zunächst der Tischrechner Compucorp 324 Statistician herangezogen. Später wurde mit dem handlicheren „privileg LC 814PR“ gearbeitet.

Bei der nachfolgenden Darstellung der Untersuchungsergebnisse beziehen sich die Datenanalysen, soweit es die Daten anbelangt, die mit Hilfe der Schulleiter- und Sammlungsleiterbefragungen erhoben wurden, ausschließlich auf die systematische Zweitauswertung mit EDV. Was die Lehrerbefragungen anbelangt, wurden die Ergebnisse der „Handauswertungen“, wie sie in den Examensarbeiten vorliegen, verwendet oder durch weitere Handauswertungen geringen Umfangs durch den Verfasser ergänzt.

In manchen Fällen stimmen die Angaben über Stichprobenumfänge nach den Zweitauswertungen mit Angaben in den Examensarbeiten nicht überein. Dies liegt daran, daß wegen der Abgabetermine einige wenige später eingegangene und beantwortete Fragebögen nicht mehr von den Bearbeitern berücksichtigt werden konnten. Dieser nachträgliche Rücklauf wurde im Falle von Zweitauswertungen stets in die Datenanalysen einbezogen.

6.10 Erhebungsinstrumente und Befragungsinhalte

Betrachtet man alle Erhebungen des Projektes, so kamen insgesamt 24 verschiedene Fragebögen[350] zum Einsatz. Die Untersuchungsergebnisse, über die im nachfolgenden berichtet wird, bezieht sich immerhin noch auf 5 verschiedene, aber sehr ähnliche Schulleiterfragebögen, 6 verschiedene Fragebögen für Sammlungsleiter, die sich zwischen Vor- und Hauptphase sehr wesentlich unterscheiden, und 4 Lehrerfragebögen, die sich bezüglich der beiden Phasen des Projekts, aber auch bezüglich der Schulgattungen, in denen die Lehrer unterrichten, unterscheiden. Die Detailbeschreibung der einzelnen Fragebögen ist aus Platzgründen nicht möglich, sie ist aber auch nicht nötig, da sich die einzelnen Fragenkomplexe an jedem beliebigen vollständigen Satz von Fragebögen exemplarisch beschreiben lassen. Ein solcher Satz, wie er beispielsweise 1976 bei der Erhebung an den Gymnasien verwendet wurde,[351] befindet sich im Anhang (Anlage 1 bis 5).

Die Gesamtheit der Befragungsinhalte läßt sich in zwei Gruppen von Fragen, nämlich *„Kernfragen“* und *„ergänzende Fragen“* einteilen. Kernfragen sind solche, die in i.w. gleicher Form Bestandteil aller Befragungen der jeweiligen Zielgruppe waren. Die ergänzenden Fragen beziehen sich auf spezielle Probleme, die für die Befragten der verschiedenen Schulgattungen vermutet wurden. Was die Kernfragen in Bezug auf die Hauptphase anbelangt, so besteht zwischen den einzelnen Schulgattungen faktisch kein Unterschied. Die Veränderung dieser Fragen beim Übergang von der Vor- zur Hauptphase hat zwei Ursachen. Die eine besteht darin, daß gewisse Formulierungen präzisiert wurden, die andere, und das ist die wesentliche, besteht in der Bezugnahme auf die Rahmenrichtlinien. Und hier wiederum liegt die bedeutsamste Änderung bei den Sammlungsleiterfragebögen vor. Gerade diese Änderung ist einer der Gründe, die methodenkritische Analysen erforderte, über die im Teil 15 berichtet wird.

Die aus dem Bereich der Kernfragen entstammenden Daten ermöglichen eine systematische und gleichartige Datenanalyse unabhängig von den Schulgattungen. Die Daten, die aus den je nach Schulgattung verschiedenen ergänzenden Fragenkomplexen stammen, werden mehrfach zur Stützung der Interpretation herangezogen.

6.10.1 Schulleiterbefragungen

Die *Kernfragen* können in drei Gruppen eingeteilt werden.
A. Allgemeine Fragen: Fragen nach dem Standort, die Schulart, die Anzahl der Schüler insgesamt, die Anzahl der Schüler der Sekundarstufe I und die Klassenzahlen bezüglich der einzelnen Schülergruppen (G, F, H, R, Gym, I).
B. Fragen zur Personalsituation: Fragen nach der Anzahl der Lehrer insgesamt, der Anzahl der Lehrer mit Unterricht im Fach Physik, den Arten der Lehrbefähigung für den Physikunterricht und dem Fehlbestand an Physiklehrern.
C. Fragen zur Raumsituation: Fragen nach der Kapazität der Raumausstattung für den Physikunterricht gegliedert nach den vier Raumarten für Demonstrationsunterricht, Schülerübungen, Gerätesammlungen und Vorbereitung der Lehrer für den Unterricht.

Die *ergänzenden Fragen* beziehen sich auf die Strukturreform,[352] auf Probleme der Lehrerfortbildung,[353] auf Probleme der Abdeckung des Stundensolls im Fach Physik, auf organisatorische Probleme der Realisierung der RRL-Physik SI, auf Ursachen für den Stundenausfall im Fach Physik und schließlich auf die Bereitstellung und Verteilung von Etatmitteln für Lehr- und Lernmittel und Verbrauchsmaterial.[354]

Die Frage der Bemessung des Umfanges an ergänzenden Fragen zusätzlich zu den Kernfragen wurde jeweils danach entschieden, inwieweit befürchtet werden mußte, daß allzu umfangreiche Erhebungsmaterialien bedeutsame Einbußen im Rücklauf hervorrufen könnten. So wurden beispielsweise Schulleiterfragebögen einschließlich der erforderlichen Erläuterungen und Erklärungen niemals umfangreicher konstruiert, als auf vier Schreibmaschinenseiten gut lesbar unterzubringen war.[355] Dies hatte zur Folge, daß hinsichtlich der ergänzenden Fragen nicht mit der gleichen Systematik verfahren werden konnte, wie dies bei den Kernfragen der Fall war. In diesem Sinne haben die ergänzenden Fragen einen ähnlichen marginalen Charakter wie die Lehrerbefragungen insgesamt.

6.10.2 Sammlungsleiterbefragungen

Die eben dargestellte charakterisierende Unterscheidung zwischen den Kernfragen und den ergänzenden Fragen in den Schulleiterfragebögen gilt sinngemäß auch bei den Fragebögen für Sammlungsleiter.

Bei den Kernfragen sind zwei Arten zu unterscheiden:
1. Art von Kernfragen: Hier ging es in allen Fällen bis auf eine Ausnahme[356] stets darum, im Detail zu erfragen, mit welchen Arten von Geräten die Schulen ausgestattet sind und außerdem, ob die Ausstattung mit dem jeweiligen Gerät für die Erfordernisse der jeweiligen Schule ausreichend ist. Diese Grobbeschreibung der 1.Art von Kernfragen wird nachfolgend noch ergänzt werden, wenn über die Probleme der Konstruktion der Erhebungsinstrumente berichtet wird. Im übrigen bieten auch die Anlagen 3a-e des Anhanges eine weitere inhaltliche Information.[357]

2. Art von Kernfragen: Mit diesen wurden Daten erfaßt, die sich auf Schätzungen von finanziellen Werten der Sammlungen und auf Zeiträume der Einrichtung derselben beziehen. Weiterhin wurde nach Daten im Zusammenhang mit der Organisation von Schülerübungen gefragt.

Ergänzende Fragen bezogen sich auf weitere Lernmittel (Bücher, Buchprogramme und Arbeitsblätter), auf Firmenangaben und auf Fragen der Etatbeträge für den Physikunterricht.[358]

An dieser Stelle muß vermerkt werden, daß bei der Befragung der Sammlungsleiter an Haupt- und Realschulen des Jahres 1977 nur Kernfragen 1. Art gestellt wurden. Das hängt damit zusammen, daß diesen Sammlungsleitern gleichzeitig ein neuentwickelter Fragenkomplex rein ökonomischer Natur vorgelegt wurde.[359] Der Verzicht der Aufnahme von Kernfragen 2. Art war schon aus Gründen des Befragungsumfanges zwingend geboten. Das war insofern von geringer Bedeutung, da diesbezügliche Fragen von den Sammlungsleitern bei den Erhebungen von 1972 und 1973 bereits mit einem ausreichenden Informationsumfang beantwortet worden waren.

6.10.3 Lehrerbefragungen

Es wurde schon mehrfach erwähnt, daß die Lehrerbefragungen im Vergleich zu den Befragungen der Schulleiter und Sammlungsleiter mehr marginaler Natur sind. Diese Aussage bezieht sich auf die Tatsache, daß die Befragungen der Lehrer nicht nach einem ähnlichen systematischen Ansatz durchgeführt werden konnten, wie dieser bei den Befragungen von Schul- und Sammlungsleitern bezüglich der beschriebenen Kernfragen vorliegt.

Zwei Gründe für diesen Tatbestand können genannt werden. Der erste hängt damit zusammen, daß aus der Projektarbeit Examensarbeiten für die am Projekt mitarbeitenden Lehrerstudenten entwickelt werden mußten. Die Examenskandidaten hatten dabei den verständlichen Wunsch auf Eigeninitiative zum Ausdruck gebracht.[360] Eine Berücksichtigung dieses Wunsches war aber bei den Schulleiter- und Sammlungsleiterbefragungen wegen der erwähnten Systematik nur sehr beschränkt möglich. Deshalb wurde bei den Lehrerbefragungen ein größerer Freiraum eingeräumt. Dies war schon allein deshalb sinnvoll, weil die Lehrerstudenten im Rahmen ihrer Schulpraktika in engen Kontakt mit den Lehrern selbst standen und mit diesen über die Projektintentionen sprechen und vorgesehene Fragen nach Inhalt und Formulierungen unmittelbar vor Ort erproben konnten.[361] Der zweite Grund besteht darin, daß die Zielgruppe der Lehrer, die in der Sekundarstufe I Physik (Chemie) unterrichten, eine sehr heterogene Gruppe darstellt. Die einzelnen Individuen unterscheiden sich allein schon von der Ausbildung und von den Schülergruppen, die sie zu unterrichten haben, her. In den jeweiligen Fragebogentypen mußte dies berücksichtigt werden.

Sieht man allerdings von unterschiedlichen Formulierungen und teilweise leicht abgeänderten Inhalten ab, so kann man die Inhalte der Lehrerbefragung durch die Zusammenfassung zu den folgenden *Fragenkomplexen* beschreiben:

Fragen zur Person, Fragen nach dem Einsatz im Physikunterricht, Fragen zur Unterrichtsorganisation, Fragen zur Lehrplangestaltung, Fragen zur didaktischen und methodischen Literatur.

6.11 Itemkategorien und Möglichkeiten der Beantwortung

Die unterschiedlichen Befragungsinhalte und die generelle Einschätzung der Chancen ihrer Beantwortung führten zu unterschiedlich konstruierten Fragebogenitems.

Zunächst sind *zwei Hauptkategorien* zu unterscheiden:

1. Fragebogenitems, die im Prinzip objektiv beantwortbar sind. Die mit diesen Items erhobenen Daten sind Zahlen oder Zuordnungen zu oder Angaben von offiziell festgelegten Bezeichnungen.[363]

Bei diesen Daten kann realiter auch von *einem hohen Grad der Objektivität* ausgegangen werden, denn es war in der Regel zu erwarten, daß die Beantworter, die durch die Tatsache ihrer Beantwortung die Bedeutung der Projektintentionen anerkannt haben, auch bemüht waren, zuverlässige Datenangaben zu machen. Soweit bezüglich dieser Daten auf andere Unterlagen, bspw. Schulverzeichnisse, zurückgegriffen werden konnte, wurden Stichprobenkontrollen durchgeführt, die keinerlei Zweifel an der Genauigkeit der Angaben aufkommen ließen.

2. Fragebogenitems, die nur subjektiv beantwortbar sind. Diese Hauptkategorie enthält mehrere *Unterkategorien*:

a) Items, bei denen der Beantworter um die Angabe von *geschätzten Zahlenwerten* gebeten wurde.[364]

b) Items, bei denen um die Abgabe von *Schätzurteilen im Rahmen vorgegebener Beantwortungskategorien* gebeten wurde.[365]

c) *Multiple-choice-Items* zur Erfassung von *Meinungen oder Stellungnahmen mit Begründungen.*[366]

d) *Multiple-choice-Items* zur Erfassung von *Meinungen oder Stellungnahmen ohne Begründungen.*[367]

Was die Meinungen und Stellungnahmen angeht, waren subjektive Standpunkte geradezu erwünscht, und eine zusammenfassende Betrachtung ermöglicht die *Darstellung von Meinungsbildern* ähnlich denen, die in der Meinungsforschung aufgezeigt werden. Der wesentliche Unterschied zur Meinungsforschung besteht allerdings darin, daß hier nur Aussagen über die betrachteten Stichproben und keine über die Populationen möglich sind, was mit den unterschiedlichen Verfahren der Stichprobenziehungen zusammenhängt. Im Falle der Schulleiter- und Sammlungsleiterbefragungen ist dies insofern von geringerer Bedeutung, als hier relativ hohe Rückläufe vorliegen und immerhin in der Hauptphase jeder zweite Befragte geantwortet hat.

Da die Fragebogenitems der Unterkategorien 2c und 2d fast ausschließlich Befragungsinhalte aus dem Bereich der ergänzenden Fragen an Schulleiter und Sammlungsleiter, also nicht solche, die als Kernfragen bezeichnet wurden, enthalten, wurden hierzu keine testkritischen Analysen durchgeführt. Diesen Inhalten wurde ja bereits ein ähnlicher Charakter des Marginalen zuerkannt, der bei den Lehrerbefragungen insgesamt vorlag.

Anders ist es bei den Fragebogenitems der Unterkategorien 2a und 2b der Schulleiter- und Sammlungsleiterbefragungen. Da diese Befragungsinhalte dem Bereich der Kernfragestellungen des Projektes angehören, werden testkritische Analysen als erforderlich angesehen. Darüber wird später berichtet.

Am Beispiel des vollständigen Erhebungssatzes von 1976 für Gymnasien soll noch aufgezeigt werden, mit welcher Häufigkeit Fragebogenitems der verschiedenen Kategorien vorkommen.

Tabelle 36: Verteilung von Fragen und Items nach Itemkategorien und Zielgruppen
(Erhebung an den Gymnasien 1976)

Item-	Schulleiter		Sammlungsleiter		Lehrer	
kategorie	Fragen	Items	Fragen	Items	Fragen	Items
1	12	29	1	2	5	13
2a	--	--	1	6	1	8
2b	1	4	1	278	2	10
2c	3	3	1	2	9	14
2d	3	8	--	--	3	26
insgesamt	19	44	4	288	20	71

Die Verteilung, wie sie die Tabelle 36 für das Beispiel des Erhebungssatzes für Gymnasien (1976) aufzeigt, ist typisch. Hervorstechend ist die extrem hohe Zahl von Items der Unterkategorie 2b im Sammlungsleiterfragebogen. Die Fragestellung, die mit diesen 278 Items verbunden ist, bezieht sich auf die Geräteausstattungen für das Fach Physik der Sekundarstufe I im Zusammenhang mit der Einführung der Rahmenrichtlinien. Gerade diese Fragestellung ist von zentraler Bedeutung, weswegen auch diesbezüglich eine Konzentration testkritischer Überlegungen erfolgen wird.

6.12 Anmerkungen zur Konstruktion der Erhebungsinstrumente zur Erfassung relevanter Daten zur Raum- und Geräteausstattung

Das Hauptproblem bestand darin, daß trotz intensivster Literaturrecherchen keinerlei Bezugsliteratur aufgefunden werden konnte, die als Grundlage einer Adaption hätte dienen können.

Bereits während der Vorphase wurde erkannt, daß die Gesamtheit aller Fragen zur Raum- und Geräteausstattung einen mehrdimensionalen Komplex darstellt.[368] Naturgemäß konnten im Hinblick auf einen wünschenswerten hohen Rücklauf nicht alle Aspekte berücksichtigt werden. So erfolgte bei den Fragen zur Raumausstattung eine Beschränkung auf zwei und bei den Fragen zur Geräteausstattung eine Beschränkung auf vier Dimensionen.

6.12.1 Konstruktion der Fragen zur Raumausstattung

Die beiden Dimensionen, die es zu erfassen galt, können durch zwei Merkmale beschrieben werden.

Das erste Merkmal kann mit dem Begriffswort *Funktionalität* beschrieben werden. Die Merkmalsausprägung ist durch die vier Spezies von Fachräumen gegeben:

1. Räume für den Demonstrationsunterricht,
2. Räume für Schülerübungen,
3. Räume zur Aufbewahrung der Geräteausstattungen,
4. Räume für die Vorbereitung der Lehrer auf den Unterricht.

Für diese Räume wurden bei der Formulierung der Frage die üblichen Kurzbezeichnungen gewählt.

Das zweite Merkmal kann mit dem Begriffswort *Kapazität* beschrieben werden. In der endgültigen Fassung wurden die Merkmalsausprägungen in folgender Form bezeichnet:

AV = ausreichend vorhanden,
NAV = nicht ausreichend vorhanden,
NV = nicht vorhanden.

Während das erste Merkmal auf ganz natürliche Art und Weise durch eine Nominal(Klassifikations)-Skala erfaßt wird, liegt im zweiten Fall durchaus ein „Ordinalcharakter" der Meßwerte vor, indem für eine Schule der Wert NAV günstiger als NV und der Wert AV wiederum günstiger als NAV ist. Auf die Möglichkeit der Erfassung der Kapazität auf dem Niveau einer Intervallskala wurde bewußt verzichtet, denn im Zusammenhang mit dem schon in der Vorphase beginnenden und in der Hauptphase sich verstärkenden Effekts der „Wanderung des Schülerbergs" durch die Sekundarstufe I erschienen qualitative Aussagen der Schulleiter informativer, als etwaige Angaben über gewisse Flächenmaße.[369]

Die Gesamtfrage besteht in der endgültigen Fassung aus einer einleitenden Frage und vier Items, die den vier Spezies von Fachräumen entsprechen.[370]

Bei der ersten von BECHTOLD (1972) durchgeführten Erprobung von Fragebögenansätzen lag eine wesentlich differenziertere Fassung dieser Frage vor, bei der noch zwischen der Existenz von fachspezifischen Räumen und der Kapazität dieser Räume unterschieden und zusätzlich eine Frage über Ersatzräume gestellt wurde. Die endgültige Fassung wurde in der ersten Untersuchung der Vorphase an einer erheblich größeren Stichprobe erprobt. Der Vergleich der beiden von BECHTOLD (1972) und KNAPP (1972) durchgeführten Datenanalysen zur Raumausstattung zeigt jedoch, daß die Konzentration, so wie sie in der Endfassung vorlag, zu keinem wesentlichen Informationsverlust führte.

Der Vollständigkeit wegen muß noch erwähnt werden, daß die einleitende Frage bei allen Schulleiterbefragungen einen Hinweis auf die im Zeitpunkt der Befragung gültigen Stundentafeln enthielt. Diesbezüglich unterscheidet sich indirekt die einleitende Frage bei der Erhebung von 1977 an den H-R-Schulen von der vorhergehenden, da 1977 bereits die neuen, mit der Einführung der Rahmenrichtlinien im Zusammenhang stehenden Stundentafeln Gesetzeskraft erhalten hatten, während bis 1976 noch die Stundentafeln im Zusammenhang mit den alten Lehrplänen von 1957 gültig waren. Dieser Umstand ist allerdings nicht sehr bedeutsam, da Vergleichsmöglichkeiten zwischen der ersten Untersuchung von 1972 im H-R-Bereich und der von 1977 bestehen.

6.12.2 Allgemeine Anmerkungen zum Begriffswort „Geräteausstattung" und zum Problem des Curriculumbezugs derartiger Ausstattungen

Einige Anmerkungen zum Begriffswort „Geräteausstattung" erscheinen noch notwendig, damit Mißverständnisse vermieden werden. Solche Mißverständnisse könnten beispielsweise entstehen, wenn man sich auf die Systematik der Lehr- und Lernmittel bezieht, die von DÖRING (1973) aufgestellt wurde, der von vier Hauptgruppen ausgeht:[371]

1. Bücher und Zeitungen
2. Lehr- und Lernmaterial
3. Reale Gegenstände
4. Technische Medien

Auf die genauere Beschreibung der Hauptgruppen muß nicht eingegangen werden. Es genügt der Hinweis, daß die fachspezifischen Lehr- und Lernmittel des Physikunterrichts sich auf alle vier Hauptgruppen verteilen, wobei allerdings unklar bleibt, in welche Gruppe etwa die Versuchsanleitungen und Gerätebeschreibungen gehören.

Aus der Sicht des Fachdidaktikers kann bei dieser Systematik jene Begründung von Döring nicht befriedigen, mit der er die beiden Untergruppen „audio-visuelle Medien" und „Apparate für Versuch, Beobachtung und Anschauung" zur Hauptgruppe der technischen Medien zusammenfaßt: „In einem sehr prinzipiellen Sinne nämlich besteht hinsichtlich der didaktischen Intention, die sinnliche Wahrnehmungsmöglichkeit der Schüler zu erweitern, zwischen einem Fernrohr oder einem Mikroskop und dem Schulfilm oder dem Schulfernsehen kein wesentlicher Unterschied."[372]

Offensichtlich hat Döring bei dieser Sicht noch die Vorstellung von einer längst überholten „Apparate-Physik". In der modernen Fachdidaktik dagegen stehen mit dem Begriff der „Aufbau-Physik" nicht die fertigen Geräte im Vordergrund, sondern werden mit vielseitig verwendbaren Gerätezusätzen weitergehende didaktische Intentionen als nur reines Beobachten verbunden.

Dieses Beispiel einer Lehr- und Lernmittelsystematik mag genügen, um klar zu machen, daß in der theoretischen Forschung auf diesem Gebiet noch einiges abgeklärt werden müßte, ehe man solche Begriffssysteme auf praktische Fälle, wie den hier zu behandelnden, anwenden kann.

Im nachfolgenden werden unter dem *Begriffswort „Geräteausstattung"* folgende Lehr- und Lernmittel des Physikunterrichts *subsumierend* zusammengefaßt:

1. Experimentiergeräte und Zubehör für physikalische Demonstrationen und Schülerübungen aus dem Angebot der Lehrmittelfirmen oder anderer Hersteller.[373]
2. Realgegenstände aus Technik und Umwelt.[374]
3. Chemikalien und sonstiges Verbrauchsmaterial, das nicht zum speziellen Zubehör gehört, aber für bestimmte Zwecke des Unterrichts benötigt wird.[375]

4. Hilfsgerät zum Aufbau physikalischer Versuchsanordnungen und deren Transport.[376]
5. Transportable Energiequellen.[377]

Nach dieser Abklärung einige Anmerkungen zum *Problem des Curriculumbezugs der Geräteausstattungen der Schulen*, wie es im bereits erwähnten Erprobungsbericht der Gesamtschule Kaufungen zum Ausdruck gebracht wurde.[378]

Bemerkenswerte Überlegungen zu diesem Problem hat FISCHLER (1973) angestellt. Er zeigt an konkreten Beispielen auf, daß die Entscheidungen der Schulen, die sie (auf der Basis von teilweise unzureichenden finanziellen Mitteln, Anm.d.V.) hinsichtlich ihrer Ausstattungen getroffen haben, zugleich immer auch eine curriculare Vorentscheidung bedeuten. Je nach Lage der Dinge könnten dabei die Aufnahme neuer Lernziele und Unterrichtsinhalte sowohl gefördert als auch gehindert werden. Recht kritisch geht er dabei mit der Lehrmittelindustrie um, wenn er behauptet: „Die Lehrer haben in einem der wichtigsten Teilbereiche der Unterrichtsgestaltung auf ihr Mitspracherecht verzichtet; sie sind der 'didaktischen Einfalt' der Lehrmittelhersteller ausgeliefert, die für die Lehrmittelproduktion nicht nur didaktische Kriterien ansetzen. Der Slogan 'Innovation durch Unterrichtstechnologie' suggeriere dem Lehrer, die Perfektionierung von Geräten sei die angemessene Reaktion auf seine Forderung nach Modernisierung des Unterrichts".[379] Für Fischler gibt es nur eine sinnvolle Abfolge: *Zuerst die didaktische Entscheidung, dann die Medienwahl.* Fischler verweist auf das Beispiel der IPN-Curricula für die Naturwissenschaften, für die er es als unbestritten ansieht, daß hier in der Bundesrepublik Deutschland erstmals Ansätze zur Innovation konsequent zu Ende gedacht und zur Ausführung gebracht wurden: „didaktische Kriterien allein ... bestimmen den unterrichtstechnologischen Kontext."[380]

Eine ähnliche Position nimmt BAUER (1976) ein, der überdies noch beklagt, daß das naturwissenschaftliche Experimentiermaterial ein Stiefkind der Forschung sei. Er spricht von einem offensichtlichen Fehlverständnis von den Aufgaben eines Herstellers von Experimentiergerät und bezieht dagegen wie folgt Stellung: „Nicht vorprogrammierter Unterricht wird erwartet, sondern Material, das eine den heutigen Erkenntnissen der Didaktik entsprechende Verwendung finden kann. Die Tendenz, Unterrichtsplanung, -durchführung und -auswertung gleichsam im Inklusivpreis für die Ausrüstung mitzuliefern, ist eine böse, perfektionistische Erscheinung, die das unterrichtliche Bemühen ganz besonders stört. Dabei ist unerheblich, ob solche Entwicklungen firmenhausgemacht oder durch angeheuerte Lehrer unterstützt sind."[381]

Was die Untersuchungen der Vorphase betrifft, so konnte bei der Erhebung von Daten über die Geräteausstattung der Schulen ein Curriculumbezug insofern nicht hergestellt werden, als die zu diesem Zeitpunkt noch gültigen, aber weitgehend veralteten Bildungspläne von 1957 (bzw. 1963 für das 9.Schuljahr der Hauptschule)[382] realiter weder in den Hauptschulen noch in den Realschulen vollständig berücksichtigt wurden und in den Gesamtschulen längst schon zur Disposition standen.[383] Ersatzweise wurde hier deshalb von dem damals an vielen hessischen Schulen in der aktuellen Diskussion stehenden Lehrwerk „Natur und Technik“ (Verlag: Velhagen und Klasing) ausgegangen. Für die Untersuchungen in der Hauptphase standen dann ja die Rahmenrichtlinien in der Erstfassung von 1972 als curriculare Bezugsgrundlage zur Verfügung. Näheres darüber, wie der Curriculumbezug hergestellt wurde, wird im nachfolgendem Abschnitt dargestellt.

6.12.3 Vier charakteristische Merkmale der Geräteausstattungen

Die vier Dimensionen, die hier betrachtet wurden, können ebenfalls über charakteristische Merkmale unterschieden werden.

Das erste Merkmal kann wieder mit dem gleichen Begriffswort *Funktionalität* bezeichnet werden. Dabei liegen hier zwei Merkmalsausprägungen vor, indem zwischen Gerät für Demonstrationen und solchem für Schülerübungen unterschieden wird.

Das zweite Merkmal hat ähnlich dem bei der Raumausstattung auch kapazitiven Charakter. In vielen, wenn auch nicht in allen Fällen und nicht nur im Zusammenhang mit Schülerübungen, sondern auch zum Zwecke der Demonstration ist eine ausreichende Anzahl von Geräten oder Geräteteilen gleicher Art erforderlich. Die *Anzahl von Geräten gleicher Art* ist also die zweite Dimension, die es zu betrachten gilt. Bei der Erhebung der Daten wurde allerdings, was bei der Beschreibung der einzelnen Fragebogenkonstruktionen näher erläutert wird, auf die Angabe von Zahlen von vornherein verzichtet. Zum einen hätte dies zu einem erheblichen Arbeitsaufwand für den beantwortenden Sammlungsleiter geführt, was sicherlich den Rücklauf ausgefüllter Fragebögen gemindert hätte. Zum andern ist der Informationsgrad noch nicht ausreichend, wenn man zwar die Anzahl kennt, aber nicht weiß, ob diese den unterschiedlichen Anforderungen in den einzelnen Schulen genügen.

Für das dritte Merkmal kann die Bezeichnung *Grad der Flexibilität* gewählt werden. Unter der Vorgabe von *Auswahllisten* über physikalisches (chemisches) Experimentiergerät erhält man hier sogar quantitative Merkmalsausprägungen, wenn man die *Anzahl der Nennungen* nach der Auswahlliste als Maß für den Grad *der Flexibilität* definiert. Da mit Sicherheit Inhalt und Umfang solcher Auswahllisten von Einfluß auf die Merkmalsausprägung im einzelnen Fall sind, muß einiges dazu gesagt werden. Auf die Inhalte wird wiederum im Zusammenhang mit der Beschreibung der einzelnen Konstruktionen eingegangen. Was den Umfang anbelangt, kann eine zusammenfassende Erörterung vorweggenommen werden, wobei allerdings etwas ausgeholt werden muß.

Naturwissenschaftliche Lehr- und Lernmittel, soweit es sich nicht um schriftliches Material oder audio-visuelle Medien handelt, unterscheiden sich von denen der anderen Schulfächer schon allein dadurch, daß sie in einer sehr großen Anzahl von Apparaten, Geräten, Zubehörteilen und Verbrauchsmaterialien existieren. Zum Zwecke der Vereinfachung der Beschreibung wurde bereits in 6.12.2 erklärt, was unter dem *Sammelbegriffswort Geräteausstattung* zu verstehen ist.[384]

Eine Vorstellung von dieser Vielfalt bekommt man, wenn man sich die Kataloge der beiden in der Bundesrepublik Deutschland bedeutendsten Lehrmittelfirmen für den Physikunterricht ansieht. So weisen die alphabetischen Verzeichnisse der Hauptkataloge der Firmen Leybold-Heraeus und Phywe[385] jeweils ca. 1.700 bzw. ca. 2.100 Einzeltitel aus. Selbst der spezielle Katalog der Firma Leybold-Heraeus zum Demonstrationsgerät für den Physikunterricht in der Sekundarstufe I enthält noch fast 900 Einzeltitel.[386] Diese großen Zahlen hängen teilweise mit der langjährigen Entwicklung einer Vielfalt von experimentellen Möglichkeiten für den Physikunterricht in den Schulen zusammen, sind aber auch im Zusammenhang mit den konkurrierenden Angeboten der einzelnen Firmen zu sehen, die teilweise zu technologischen Perfektionierungen geführt haben, die von Didaktikern durchaus in Frage gestellt werden.[387]

Die Konstruktion einer Meßskala durch Übernahme einer vollständigen Geräteliste einer der Lehrmittelfirmen mußte schon aus Gründen der großen Zahl von Einzeltiteln verworfen werden. Eine Beschränkung auf eine vernünftige Auswahl wichtiger Einzeltitel war also geboten, wobei zunächst offen war, welcher Umfang einerseits den Befragten gegenüber zumutbar war und andererseits einen hinsichtlich einer Beurteilung ausreichenden Informationswert darstellte. Die zur Erfassung von Daten über die Geräteausstattung konstruierten Listenfragen haben eine Reihe von Veränderungen erfahren, über die noch im einzelnen berichtet wird. Hier soll zunächst nur aufgezeigt werden, welche Maßnahmen zur Bewältigung des Umfangproblems ergriffen wurden.

Den ersten Entwurf einer solchen Auswahlliste hat BECHTHOLD (1972) erprobt. Darin waren 106 Einzeltitel für den Demonstrationsunterricht enthalten.[388] Der Rücklauf von ca. 40% lag im Bereich des zu Erwartenden.[389] Die Auswertung zeigte, daß die Daten eine relativ hohe Streuung aufwiesen und damit auch genügend informationsreich waren. Davon ermutigt, wurde der Umfang der Titelliste für die erste große Erhebung an den H-R-Schulen von 1972 für den Demonstrationsunterricht im Fach Physik verdoppelt (214 Einzeltitel) und zur Kontrolle für den Demonstrationsunterricht im Fach Chemie eine entsprechende Liste mit 99 Titeln konstruiert.[390] In gewisser Weise stand so dem im Erhebungsinstrument auch so deklarierten „Maximalkatalog“ von Demonstrationsgeräten für den Physikunterricht zur Kontrolle im obigen Sinne ein „Minimalkatalog“ für den Chemieunterricht gegenüber (vgl. die Anlagen 7 und 8 des Anhangs). Da die Rückläufe an Fragebögen von den Schulen der gewählten Population für die beiden Fächer praktisch gleich, im Falle der Hauptschulen für Chemie etwas geringer als für Physik waren,[391] konnte angenommen werden, daß mit ca. 200 Titeln die Grenze der Zumutbarkeit noch nicht erreicht wurde. Der von FRITZ (1973) verwendete und von KANDLER/SCHNITZER (1975) übernommene erste Sammlungsleiterfragebogen mit Rahmenrichtlinienbezug enthielt eine Liste etwa gleichen Umfangs (216 Titel).[392] Diese Liste erfuhr nach Diskussion der ersten rahmenrichtlinienbezogenen Untersuchungsergebnisse mit den Mitgliedern der Rahmenrichtlinienfachgruppe Physik SI eine Ergänzung um weitere 62 Titel,[393] die von dieser Expertengruppe zur Aufnahme vorgeschlagen wurden. In der Endfassung, die bei allen Erhebungen der Hauptphase Verwendung fand, waren also insgesamt 278 Titel enthalten.

Im Zusammenhang mit der Frage nach dem Curriculumbezug sind noch weitere Zahlenvergleiche aufschlußreich. Wie schon erwähnt wurde, enthält der Spezialkatalog, den die Firma Leybold-Heraeus für die Sekundarstufe I herausgegeben hat, ca. 900 Titel. FROMMBERGER u.a (1978) haben Ausstattungsvorschläge für alle Fächer der Sekundarstufe I für das Land Nordrhein-Westfalen entwickelt. Ihre Vorschläge für den Physikunterricht weisen 354 Titel für den Demonstrationsunterricht und 90 Titel für Schülerübungen aus. Was die Rahmenrichtlinien Physik SI anbelangt, ist natürlich der Vergleich mit der Titelliste, die im Rahmen des im Teil 10 beschriebenen Entwicklungsprojektes aufgestellt wurde,[394] von besonderer Bedeutung. In dieser Liste werden 719 Titel für Demonstrationszwecke und 384 Titel für Schülerübungen benannt.[395] Aus diesen Zahlenvergleichen wird deutlich, daß die Gerätelisten der beiden Sammlungsleiterfragebögen der Vorphase und der Hauptphase mit 214 bzw. 278 Titeln jeweils nur eine Auswahl relevanter Titel darstellen können. Anzumerken ist dabei allerdings, daß sowohl der Ausstattungsvorschlag der Firma Leybold-Heraeus als auch der nunmehr für Hessen vorliegende und rahmenrichtlinienbezogene mit Akribie ins Detail gehen, während ein *Teil der Titel der Fragebögen mehr den Charakter von Sammelbezeichnungen haben* und auf diese Weise mehrere Titel der Ausstattungsvorschläge subsumieren.[396]

Als viertes Merkmal wurde der *finanzielle Wert der Sammlungen* erkannt. In allen Erhebungen mit Ausnahme der Erhebungen von 1977 im H-R-Bereich[397] wurde diese vierte Dimension berücksichtigt.[398] Für alle Erhebungen der Hauptphase, also auch für die eben genannte von 1977, wird über eine Klassifikation der Gerätetitel nach Preisklassen eine zusätzliche Beurteilung nach finanziellen Gesichtspunkten möglich sein. Daß es sich bei diesem vierten Merkmal um eine weitere Dimension handelt, erklärt sich allein daraus, daß sich Geräteausstattungen neben der Funktionalität, neben der Anzahl gleicher Geräte und neben der Flexibilität auch noch durch ihren finanziellen Wert und damit in der Regel auch durch ihre Qualität unterscheiden können.

6.12.4 Über den Curriculumbezug der Gerätelisten

Die erste von BECHTOLD (1972) verwendete Geräteliste für den Physikunterricht kann nur als Provisorium angesehen werden. Bechtold hat dabei relativ wahllos 106 Einzeltitel gewählt, die er mehr intuitiv als systematisch als relevant für den Physikunterricht angesehen hatte.

Die dem Sammlungsleiterfragebogen zugrunde gelegte Geräteliste der nachfolgenden größeren Erhebung an den G-H-R-Schulen des Jahres 1972 unterscheidet sich von der oben genannten nicht nur nach der Anzahl von 214 Titeln, sondern in erster Linie nach der Art der Auswahl der Geräte für den

Demonstrationsunterricht. Die Details sind den Anlagen 7a bis 7c des Anhangs zu entnehmen. Dabei wurde, wie schon erwähnt, anstelle der veralteten Lehrpläne von 1957 auf das Lehrbuch „Natur und Technik" zurückgegriffen, das damals an vielen hessischen Schulen, besonders an Realschulen, in der Diskussion stand oder gar eingeführt war.[399] Die Aufstellung der Geräteliste erfolgte anhand der in diesem Lehrwerk aufgeführten Versuche und nach Maßgabe der Existenz des erforderlichen handelsüblichen Experimentiermaterials. Der besseren Übersicht wegen erfolgte dabei eine Gliederung der Liste nach Grundgerät, Geräten zur Optik, Mechanik mit Akustik, Wärmelehre, Elektrizitätslehre/Magnetismus und zur Atomphysik. Dem ausfüllenden Sammlungsleiter wurde noch freigestellt, im dafür vorgesehenen Freiraum weitere, seiner Meinung nach für das betreffende Gebiet bedeutsame Geräte zu nennen. Dies ist in einigen Fällen auch geschehen, auf die Gesamtzahl der Beantworter bezogen aber unwesentlich. Wie schon gesagt, bezog sich die Geräteliste nur auf das Demonstrationsgerät, was in gewisser Weise unbefriedigend, aber im Zusammenhang mit der Konstruktion der Items kaum zu umgehen war. Darauf wird noch näher eingegangen werden. Zur Erfassung von Daten über Schülerübungsgerät wurde nur um die Abgabe von Pauschalurteilen gebeten, die sich auf die Angabe der Anzahl von Gruppenübungssätzen für die vier Gebiete Mechanik, Kalorik, Optik und Elektrik-Magnetismus beschränkten. Die Details sind der Anlage 7d des Anhangs zu entnehmen.

Der in der Vorphase eingesetzte Sammlungsleiterfragebogen für das Fach Chemie (vgl. die Anlagen 8a/b des Anhangs) wurde von WEBER (1972) unter Beratung von Prof.Dr. Schleip vom Institut für Didaktik der Chemie der Universität Frankfurt und unter Einbezug relevanter didaktischer Aufsätze erstellt. In seiner Konstruktion ähnelt er dem entsprechenden Sammlungsleiterfragebogen für das Fach Physik. Wie schon erwähnt, hat allerdings die Chemikalienliste Minimalcharakter, wobei davon ausgegangen werden konnte, daß eine Reihe an den Schulen verwendeter Chemikalien, die in der Liste nicht enthalten sind, durch chemische Prozesse aus den genannten gewonnen werden können.

Die erste rahmenrichtlinienbezogene Geräteliste hat FRITZ (1973) unter Anleitung des Verfassers entwickelt. Wichtige Vorarbeiten dazu hat HENDRICKS (1973) geleistet, der einen ersten Vorschlag im Zusammenhang mit einer weiteren Datenanalyse der Erhebungen von 1972 an den G-H-R-Schulen gemacht hatte. Bei der von Fritz entwickelten Geräteliste wurde auf der Grundlage der Rahmenrichtlinienfassung von 1972 methodisch wie folgt vorgegangen. Zunächst wurde *aus dem Kontext abgeleitet*, daß im Vergleich zu den bisherigen Lehrplänen *in den Rahmenrichtlinien ein verstärkter Einbezug von Schülerübungen gefordert wird.*[400] Somit war klar, daß bei einer rahmenrichtlinienbezogenen Untersuchung auch eine detaillierte Erhebung von Daten über Schülerübungsgerät erforderlich wurde. Eine Neukonstruktion des Sammlungsleiterfragebogens wurde unumgänglich. Was die inhaltliche Seite anbelangt, wurde zunächst auf Grund der Erfahrungen der bisherigen Untersuchungen davon ausgegangen, daß bereits eine Beschränkung auf wenige, aber wesentliche

Experimente in Anbetracht der sehr umfangreichen Lerneinheiten zu einer ausreichend großen Stichprobe von rahmenrichtlinienrelevantem Experimentiergerät führen würde. Fritz hat dann in Anlehnung an Hendricks für die 26 Lerneinheiten der Erstfassung von 1972[401] Gerätezusammenstellungen gemacht, so daß für jede Lerneinheit der erforderliche *Mindestgerätesatz* festgelegt wurde.[402] Naturgemäß kommen dabei einzelne Geräte in mehreren Lerneinheiten gleichzeitig vor. Alle in den 26 Lerneinheiten vorkommenden Geräte wurden dann jeweils nur einmal aufgenommen. Dies ergab zunächst insgesamt 165 Titel.[403] Weitere 51 Titel ohne direkte Zuordnung zu einzelnen Lerneinheiten wurden noch als methodische Ergänzung oder zu Kontrollzwecken hinzugefügt. Was die methodische Ergänzung anbelangt, handelt es sich um Geräte, Zubehör, Chemikalien oder Verbrauchsmaterial, welche häufig bei der Behandlung der in den Rahmenrichtlinien festgelegten Stoffgebiete Verwendung finden, ohne daß sie im Sinne eines Mindestgerätesatzes unbedingt erforderlich wären. 11 der 51 Titel dienen testkritischen Kontrollen, auf die später im methodenkritischen Teil eingegangen wird.

Die Kontaktaufnahme mit der Rahmenrichtlinienfachgruppe im Anschluß an die Untersuchung von KANDLER/SCHNITZER (1975) an den Gesamtschulen führte zu Beginn des Jahres 1976 zu einer Erweiterung der Geräteliste nach den Vorschlägen dieser Expertengruppe.[404] Dabei wurde die Geräteliste um 60 Titel, die den Lerneinheiten zugeordnet wurden, und um 2 Kontrolltitel erweitert.

In der *endgültigen Fassung der rahmenrichtlinienbezogenen Geräteliste*[405] sind insgesamt 278 Titel enthalten, wovon 225 Titel den 26 Lerneinheiten der Erstfassung der Rahmenrichtlinien Physik von 1972 zugeordnet, 40 Titel für eine mögliche methodische Ergänzung gedacht und 13 Titel testkritischen Kontrollen vorbehalten sind. Die Details sind den Anlagen 9a-h des Anhangs zu entnehmen.

Was die Zuordnung der Titel zu den Lerneinheiten anbelangt, so werden für jede Einheit die Titel getrennt nach Schülerübungsgerät und Demonstrationsgerät ausgewiesen. Bei dieser Zuordnung wurde nach einer *extensiven Auslegung der Rahmenrichtlinien den Schülerübungen ein ganz besonderer methodischer und lernpsychologischer Stellenwert* zugemessen. Von den insgesamt 26 Lerneinheiten können nach der Auffassung des Verfassers 7 Lerneinheiten ausschließlich mit Schülerübungen und 10 Lerneinheiten überwiegend mit Schülerübungen und ergänzenden Demonstrationen durchgeführt werden, während nur 9 Lerneinheiten ausschließlich mit Demonstrationsversuchen durchgeführt werden müssen.

Etwa die Hälfte des gesamten Physikunterrichts in der Sekundarstufe I könnte Schülerübungen einbeziehen.

6.12.5 Gerätelisten und Itemkonstruktionen

Während die Konstruktion der Fragen und Items zur Erfassung von Daten über die Raumausstattung bei der Beschränkung auf zwei Merkmalsdimensionen relativ problemlos war, bestanden bezüglich der Erfassung von Daten über die Geräteausstattung einige methodische Schwierigkeiten.

Sieht man von der genannten vierten Merkmalsdimension, dem finanziellen Wert der Geräteausstattungen, zunächst einmal ab, da hierzu spezielle Fragen vorgesehen waren bzw. für die Hauptphase noch eine zusätzliche Auswertungsstrategie gefunden wurde, so waren anhand der jeweils zunächst aufgestellten Geräteliste die Items so zu konstruieren, daß eine Erfassung der anderen drei in 6.12.3 beschriebenen Merkmalsdimensionen möglich wurde.

Durch die Entscheidung für eine bestimmte Geräteliste konnte dem Merkmal Flexibilität natürlich nur in einem beschränkten Umfange Rechnung getragen werden. Das Erfordernis einer Begrenzung auf eine vertretbare Zahl von Titeln wurde oben begründet. Somit muß festgehalten werden, daß an Stelle einer (praktisch nicht verwendbaren) Liste aller überhaupt für den Physikunterricht in der Sekundarstufe I in Frage kommenden Geräte die Flexibilität anhand einer *Stichprobe relevanter Geräte* gemessen wird.

Was die Konstruktion der auf die Geräteliste bezogenen Items anbelangt, besteht zwischen den Sammlungsleiterfragebögen der Vorphase und der Hauptphase ein sehr wesentlicher Unterschied. Bei dem der Vorphase wurde dem Merkmal der Funktionalität dadurch Rechnung getragen daß Daten über Demonstrationsgerät und Schülerübungsgerät in getrennten Items erhoben wurden. Wie schon erwähnt, wurden dabei hinsichtlich des Schülerübungsgerätes keine Detailangaben erhoben, was in der Hauptphase in Anbetracht des hohen Stellenwertes, der den Schülerübungen in den Rahmenrichtlinien beigemessen wird, unumgänglich wurde. Zur Erfassung von Daten über die zweite Merkmalsdimension „Anzahl von Geräten gleicher Art" wurde in der Vorphase in Analogie zur Erfassung von Daten über die Raumausstattung um die Abgabe von Schätzurteilen gebeten. Es wurde von den gleichen Merkmalsausprägungen wie bei der Raumkapazität (AV = ausreichend vorhanden, NAV = nicht ausreichend vorhanden, NV = nicht vorhanden) ausgegangen, und die Items wurden noch um eine weitere Kategorie „E = erwünscht" ergänzt, die sich jedoch als überflüssig erwies.[406]

Für die späteren rahmenrichtlinienbezogenen Erhebungen mußten die auf die Geräteliste bezogenen Items neu konstruiert werden. Prinzipiell wäre es möglich gewesen, unter der Beibehaltung obigen Konstruktionsprinzips zwei getrennte Gerätelisten nach Demonstrationsgerät und Schülerübungen aufzunehmen. Damit wäre man aber mit der Anzahl der Titel in beiden Listen in eine Größenordnung von ca. 500 Titeln gekommen, was mit Sicherheit den Sammlungsleitern nicht mehr mit dem Ziel eines ausreichend hohen Rücklaufs hätte zugemutet werden können. Eine solch hohe Zahl wäre deswegen zustande gekommen, da alle für Schülerübungszwecke erforderlichen Geräte auch unter den Demonstrationsgeräten hätten aufgenommen werden müssen. Denn nur so hätte man auch im Falle fehlenden Schülerübungsgeräts zu wichtigen Informationen darüber kommen können, ob wenigstens zu den betreffenden Lerneinheiten Demonstrationen als Ersatz für Schülerübungen möglich sind. Das

Fehlen solcher Daten wäre nämlich ein bedeutsamer Informationsverlust gewesen. Aus diesem Grunde wurde für beide Typen von Geräten die gleiche Titelliste verwendet, was bezüglich der Itemkonstruktion eine Kombination der beiden Merkmalsdimensionen „Funktionalität“ und „Anzahl von Geräten gleicher Art“ erforderlich machte. Die einzelnen Items ermöglichen im Sammlungsleiterfragebogen der Hauptphase die Erfassung von Schätzurteilen nach den folgenden Kategorien:

S = Gerät in ausreichender Stückzahl vorhanden, so daß Schülerübungen durchgeführt werden können,

D = Gerät, das vorzugsweise zu Demonstrationszwecken geeignet ist,

N = Gerät ist nicht vorhanden.

Zur Erläuterung der Anwendung dieser Kategorien bei der Schätzung wurden dem Sammlungsleiterfragebogen noch „Hinweise und Erläuterungen zum Ausfüllen“ angeheftet.[407]

Der so konstruierte rahmenrichtlinienbezogene Sammlungsleiterfragebogen ermöglichte bereits FRITZ (1973) die Erhebung sehr informationsreicher Daten über die sächlichen Probleme der Einführung der Rahmenrichtlinien Physik SI, so daß diese Konstruktion der Items für die weiteren Untersuchungen beibehalten wurde.

Die später noch darzustellenden methodenkritischen Analysen, die bezüglich des Itemsatzes der Geräteliste angestellt wurden, werden sich unter anderem auch auf die Qualität dieses Instruments nach testtheoretischen Gesichtspunkten beziehen.

6.13 Anmerkungen zur Zusammenfassung der Teilstichproben (Schulleiter und Sammlungsleiter) der Hauptphase zu einer Gesamtstichprobe

Es wird hier noch einmal in Erinnerung gebracht, daß aus personellen Gründen anstelle einer ursprünglich für 1976 geplanten Gesamterhebung an allen Schulen im Bereich der Sekundarstufe I Teilerhebungen in den Jahren 1975 an Gesamtschulen, 1976 an Gymnasien (ohne Oberstufengymnasium) und 1977 an Realschulen und Hauptschulen durchgeführt wurden (vgl. Abschnitt 6.5)

Diese zeitliche Reihenfolge der Erhebungen ermöglicht eine unproblematische Zusammenfassung zu einer *Gesamtstichprobe* aus folgenden Gründen:

a) Durch die gewählte Reihenfolge ist gewährleistet, daß keine Überschneidungen vorliegen.[408]

b) Es kann davon ausgegangen werden, daß sich in dem kurzen Zeitraum von zwei Jahren an den Gesamtschulen (1975-1977) und in dem noch kürzeren von einem Jahr an den Gymnasien (1976-1977) weder im personellen[409] noch im sächlichen[410] Bereich gravierende Veränderungen vollzogen haben.

Eine zusammenfassende Betrachtung von Untersuchungsergebnissen, die später neben solchen erfolgen wird, die sich auf die einzelnen Teilstichproben beziehen, ist also in diesem Sinne möglich.

TEIL 7: DAS LEHRPERSONAL FÜR DEN PHYSIKUNTERRICHT IN DER SEKUNDARSTUFE I (1972-1977)

Es muß nicht besonders hervorgehoben werden, daß dem Lehrpersonal der allgemeinbildenden Schulen hinsichtlich der inneren Reform, wie diese von den Rahmenrichtlinien her für die einzelnen Schulfächer gefordert wird, eine Schlüsselrolle zuerkannt werden muß. Dies wurde bereits in 5.1, wo ein Schema des Systemzusammenhangs aufgezeigt wurde, herausgestellt. Dabei wurde von einer Struktur der Lehrerrolle ausgegangen, die weitgehend von der Art der Lehrerausbildung geprägt und möglicherweise[411] - dies wird bewußt offengelassen - durch Weiter- und Fortbildungsmaßnahmen verändert werden könnte.

7.1 Ausbildungsunterschiede

Unabhängig von den einzelnen Schulfächern ist hinsichtlich der Zusammensetzung der einzelnen Fachlehrergruppen für das Land Hessen vorweg folgendes festzustellen.

Lediglich an den Gymnasien ist von einer fast vollständigen[412] Homogenität des Lehrpersonals bezüglich der Ausbildung in der ersten und zweiten Phase auszugehen. Bis einschließlich 1980 - also die befragten Gymnasiallehrer von 1976 betreffend - war in der ersten Ausbildungsphase ein 8-semestriges wissenschaftliches Studium zu absolvieren, an das sich früher ein zweijähriges und später nur noch ein eineinhalbjähriges Referendariat anschloß. Das wissenschaftliche Studium bezog sich - wie auch heute noch - in der Regel auf zwei[413] Fächer, in denen später der Unterricht erteilt wird. Der äußerst geringe Praxisbezug während der ersten Phase der Ausbildung bestand in der verpflichtenden Teilnahme an einer 4-wöchigen Hospitation an einem Gymnasium, für die noch nicht einmal Richtlinien vorlagen.[414] Die aktive Auseinandersetzung mit der Schulpraxis begann erst mit dem Referendariat.

Was das übrige Lehrpersonal an den anderen Schulen anbelangt, so handelt es sich um die Gruppe der Haupt- und Realschullehrer, die - je nach Altersgruppe - ganz unterschiedliche Ausbildungen erfahren haben. Eine Teilgruppe davon hatte noch die Lehrerbildungsanstalten aus der Zeit vor 1945 besucht, wobei sich bei manchen nach einer praktischen Zeit als Schulhelfer nach 1945 noch ein weiteres Ausbildungsjahr mit Abschluß des 1. Staatsexamens an einem der damaligen Pädagogischen Institute anschloß. Der Abschluß der Ausbildung an den Lehrerbildungsanstalten hatte dabei den Stellenwert einer Reifeprüfung, so daß diese Gruppe faktisch keine wissenschaftliche Ausbildung nach universitären Standard hatte. Die nachfolgende Altersgruppe wurde bereits im Anschluß an das Abitur an speziellen Pädagogischen Instituten ausgebildet und legte dort nach einem mindestens 6-semestrigen Studium die 1.Staatsprüfung ab. Dabei stand der Praxisbezug der Ausbildung im Vordergrund. Eine fachwissenschaftliche Ausbildung ähnlich der der Gymnasiallehrer war nicht gegeben. Für die Schulfächer wurde eine Art Methodik der Fächer angeboten, und allenfalls in dem zu wählenden Wahlfach erfolgte eine gewisse fachwissenschaftliche Vertiefung. Erst seit der Eingliederung dieser Pädagogischen Institute als eigenständige Abteilungen für Erziehungswissenschaften in die hessischen Universitäten anfangs der sechziger Jahre, kann von einer wissenschaftlichen Ausbildung der Haupt- und Realschullehrer gesprochen werden. Hervorgehoben werden muß allerdings, daß ein Teil der älteren Realschullehrer auch eine ähnliche Ausbildung wie die Gymnasiallehrer hatte und ohne Referendariat, sofort im Anschluß an das Universitätsstudium in den Realschuldienst übernommen wurde, während andere die Ernennung zum Realschullehrer durch eine spezielle Zusatzprüfung erreichten. Was die dann an den Universitäten in den speziellen Abteilungen für Erziehungswissenschaften ausgebildeten Lehrer anbelangt, so vollzog sich eine allmähliche *Angleichung* an das Fachlehrersystem der Gymnasien, wobei allerdings in Anbetracht eines nur 6-semestrigen Studiums und des besonderen Anteils an Ausbildung in den grundwissenschaftlichen Fächern[415] der wissenschaftliche Level der Ausbildung in dem einen zu wählenden Wahlfach für den späteren Unterricht als Fachlehrer nicht an den der Lehramtskandidaten für Gymnasien heranreichte. Neben diesem Wahlfach waren dann noch zwei sogenannte Didaktikfächer zu wählen. Die diesbezügliche Ausbildung hatte i.w. den Charakter einer methodischen ohne weitere fachwissenschaftliche Vertiefung. Für alle diese Teilgruppen, die eben beschrieben wurden, gab es noch kein Referendariat. Im Anschluß an das 1.Staatsexamen erfolgte eine Einstellung als außerplanmäßige Lehrkraft mit vollem Stundendeputat und regelmäßiger Freistellung für pädagogische und didaktische Seminare mit dem Ziel der Vorbereitung auf das 2.Staatsexamen. Ernennungen zum Realschullehrer können ausgesprochen werden, wenn ein Bewerber im Rahmen einer Erweiterungsprüfung an der Universität die volle Fakultas für ein zweites Wahlfach erworben hat. Seit 1969 haben auch alle Haupt- und Realschullehrer - dies ist jetzt die volle Amtsbezeichnung - wissenschaftliche Prüfungen in zwei künftigen Schulfächern (Wahlfächer) neben den bisherigen Prüfungen in den Grundwissenschaften im Rahmen des 1.Staatsexamens (Mindeststudiendauer: 6 Semester) abzulegen. Daran schließt sich seit 1970 wie bei den Gymnasiallehrern ein entsprechendes Referendariat an, das mit dem 2.Staatsexamen abgeschlossen wird.

Unterrichten an den Hauptschulen und an den Realschulen ausschließlich Lehrer der eben beschriebenen inhomogenen Gruppe, so kommen an den Gesamtschulen auch noch Gymnasiallehrer dazu. Grundsätzlich kann festgehalten werden, daß bis Ende der siebziger Jahre die Gymnasiallehrer in der ersten Phase ihrer Ausbildung faktisch keine praktische Ausbildung in ihrem späteren Berufsfeld erfahren haben, während dies bei den Haupt- und Realschullehrern unabhängig von den einzelnen historischen Gegebenheiten stets der Fall war und ist.

7.2 Zwei Untersuchungsaspekte

Nach dem eben beschriebenen Sachverhalt bezüglich der sehr unterschiedlichen Ausbildung der einzelnen Lehrergruppen liegt ein Untersuchungsaspekt auf der Hand. Er hat qualitativen Charakter. Wie in 4.1 bereits beschrieben wurde, liegt bei den Rahmenrichtlinien Physik SI als Hauptintention die „Wissenschaftsorientierung des Unterrichts" vor.[416] Diese Rahmenpläne sind überdies schulformübergreifend konstruiert. Eine so verstandene Umsetzung der Rahmenpläne erfordert notwendigerweise für alle Schulgattungen Fachlehrer, die „ihre" Wissenschaft kennen, d.h. ausreichend fachwissenschaftlich qualifiziert sind.

Der zweite Aspekt ist quantitativer Natur und bezieht sich auf die Versorgung der einzelnen Schulgattungen mit ausreichend vielen Lehrern für den Physikunterricht. Dieser Aspekt ist insofern von noch größerer Bedeutung als in den nicht-naturwissenschaftlichen Fächern, da in den Rahmenrichtlinien ausdrücklich eine Intensivierung des Schülerübungsunterrichts gefordert wird, was aus lernpsychologischer Sicht bedeutsam ist. In Anbetracht der diesbezüglichen Erlaßlage ist die Durchführung eigentlich nur durch Teilung der Klassen realisierbar, wodurch zusätzliche Lehrkräfte erforderlich sind.

Zur Untersuchung dieser beiden Aspekte standen neben Daten einer von der Statistischen Abteilung des Hessischen Kultusministers 1973 durchgeführten Lehrerindividualbefragung[417] insbesondere die lehrpersonalbezogenen Daten der Projekterhebungen zur Verfügung.

7.3 Der Begriff der fachwissenschaftlichen Qualifikation und die Kategorisierung entsprechender Merkmale

Zu klären ist hier, welche Qualifikationsstufen man den einzelnen Lehrern gemäß ihrer Ausbildung zumessen kann.

Zuvor jedoch einige Bemerkungen zum Qualifikationsbegriff in Anlehnung an RAUSCHENBERGER (1975), der sich kritisch mit dem Berufsfeld der Sekundarstufe I auseinander gesetzt hat.

Er verweist auf den weit verbreiteten Sprachgebrauch, bei dem unter der Qualifikation für Lehrer der erfolgreiche Abschluß und die Berechtigung für das Unterrichten (in einer bestimmten Schulgattung; Anm.d.Verf.) verstanden wird. Seiner Meinung nach eigne sich diese Art der Bestimmung von Qualifikation nur für administrative und beamtenrechtliche Beschreibungen des Lehrerberufs. Für die inhaltliche Festlegung von Qualifikationen fordert er die Angabe von Qualifikationszielen und -kriterien. Für die Lehrer der Sekundarstufe I formuliert er solche Ziele und Kriterien unter Bezugnahme auf relevante Verlautbarungen der Bildungskommission des Bildungsrates (vgl. Deutscher Bildungsrat 1970 und 1971). Er hält es für unzulänglich, wenn sich die Qualifikation des Lehrers der Sekundarstufe I - wie bisher üblich - an den beiden Unterrichtsfächern orientiert, für die er ausgebildet wurde. Eine besondere Qualifikation für die Schule der Zehn- bis Sechzehnjährigen, die im Bereich der erziehungswissenschaftlichen Grundausbildung zu entwickeln wäre, komme nicht hinreichend zum Tragen.

Zweifelsohne sollte der ausgebildete Lehrer der Sekundarstufe I neben einer fundierten fachlichen Kompetenz innerhalb seiner Fächer eine über diese hinausgehende erziehungswissenschaftliche Handlungskompetenz besitzen, damit er Zielsetzungen einer modernen Sekundarstufe I gerecht werden kann. Qualifizierte Lehrer der Sekundarstufe I müssen jedoch in ihren Fächern Fachleute sein, d.h. sie müssen die Wissenschaft ihrer Fächer auf einen vertretbaren Darstellungsniveau beherrschen. *Fachdidaktik ohne ausreichende fachwissenschaftliche Basis ist schlicht undenkbar. Diese Bedingung ist notwendig, aber für die Sekundarstufe l sicherlich nicht hinreichend.* Die Fachlehrer müssen über ihre Fächer hinaus befähigt sein, Erkenntnisse erziehungswissenschaftlicher Forschung im gesamten , über ihre speziellen Fächer hinausgehenden Tätigkeitsbereich umzusetzen, was dann unter *erziehungswissenschaftlicher Handlungskompetenz* verstanden werden kann.

Will man unter diesen Gesichtspunkten die Qualifikationsstufen von Lehrergruppen beschreiben, so sieht man sich vor einem gewissen Dilemma, das u.a. mit den unterschiedlichen Gesamtausbildungsgängen der verschiedenen Lehrergruppen zusammenhängt. Ist die erziehungswissenschaftliche Komponente bei der Ausbildung der Haupt- und Realschullehrer schon immer mit der ersten Ausbildungsphase fest verbunden und erfährt sie ihre praktische Fortsetzung in der zweiten Phase, so wurden die Gymnasiallehrer wie schon erwähnt, erst in der zweiten Phase mit den erziehungswissenschaftlichen Problemen ihres Berufes konfrontiert. In gewisser Weise kann man für Lehrer an integrierten Gesamtschulen sogar noch von einer dritten Phase der erziehungswissenschaftlichen Ausbildung sprechen, die mit den spezifischen Problemen dieser Schulform zusammenhängt und quasi vor Ort kooperativ geleistet wird. Wie und nach welchen Kriterien soll aber diese erziehungswissenschaftliche Handlungskompetenz als spezielle Qualifikationskomponente verglichen werden? Es fehlen operationalisierte Vergleichsbasen, die der Vielfalt der Situationen entsprechen, die der Lehrer bewältigen muß.[418]

Etwas günstiger scheint dies bezüglich der fachwissenschaftlichen Qualifikationskomponente zu sein. Da aber auch hier eine gewisse Unschärfe zu befürchten ist, soll genauer von der sog. *fachwissenschaftlichen Formalqualifikation* gesprochen werden. Sie orientiert sich an der Art der fachwissenschaftlichen Ausbildung in der ersten Phase, was berechtigt erscheint, da in keiner Lehrergruppe eine weitere fachwissenschaftliche Ausbildung in der zweiten Phase vorgesehen und wohl auch meistens nicht gezielt und mit größerer Effektivität praktiziert wird. Dazu kommt noch, daß auf die gesamte Lehrerschaft bezogen, die Auswirkungen der organisierten Lehrerfortbildung als relativ gering angesehen werden müssen. Drei empirische Untersuchungen für Hessen belegen dies für die Fächer Mathematik und Physik eindeutig.[419] Andererseits sind dem Verfasser Einzelfälle bekannt, wo Lehrer in individueller autodidaktischer Fortbildung eine wissenschaftliche Potenz erreicht haben, die deutlich über der liegt, die sie bis zum 1.Staatsexamen erworben hatten.

Für die Mathematik und die naturwissenschaftlichen Fächer können die im Bereich der Sekundarstufe I tätigen Fachlehrer nach fachwissenschaftlichen Formalqualifikationsstufen wie folgt klassifiziert werden:

Stufe S: Gymnasiallehrer, die entweder im Rahmen der 1.Staatsprüfung eine wissenschaftliche Prüfung für das betreffende Fach der Oberstufe abgelegt haben oder denen eine entsprechende wissenschaftliche Prüfung im Rahmen der Diplomprüfung als Äquivalent anerkannt wurde[420] Realschullehrer, die eine wissenschaftliche Prüfung für das betreffende Fach der Oberstufe der Höheren Schule im Rahmen der 1.Staatsprüfung abgelegt haben.[421]

Stufe A: Haupt- und Realschullehrer, die im Rahmen der 1. Staatsprüfung eine Wahlfachprüfung[422] für das betreffende Fach abgelegt haben. Haupt- und Realschullehrer, die eine „große Erweiterungsprüfung“[423] für das betreffende Fach abgelegt haben. Gymnasiallehrer, die entweder im Rahmen der 1.Staatsprüfung eine wissenschaftliche Prüfung für das betreffende Fach der Unter- und Mittelstufe[424] oder eine „Zusatzprüfung“[425] für das betreffende Fach der Sekundarstufe I abgelegt haben.

Stufe B: Haupt- und Realschullehrer, die im Rahmen der 1. Staatsprüfung entweder eine Didaktik-[426] oder Methodikprüfung[427] für das betreffende Fach abgelegt haben. Haupt- und Realschullehrer, die eine „kleine Erweiterungsprüfung“[428] für das betreffende Fach abgelegt haben. Grund-, Haupt- und Realschullehrer mit der Lehrbefähigung an Grundschulen, die im Rahmen der 1.Staatsprüfung als eines der didaktischen Fächer[429] das betreffende Fach gewählt hatten.

Stufe 0: Alle Lehrer, die das betreffende Fach unterrichten und keine der genannten fachspezifischen Prüfungen abgelegt haben.

Abgesehen von einer sehr kleinen Gruppe von Lehrern (unter 0,5%), die im Ausland ausgebildet wurden,[430] kann man jedem Lehrer, der das Fach Physik unterrichtet, eine solche Stufe der *Formalqualifikation* zuordnen. In den einzelnen Schulen lassen sich die Physiklehrer nach diesen vier Klassen gruppieren, wobei nach formalen Gesichtspunkten zwischen den Klassen der Qualifikationsstufen S, A, B und O in dieser Reihenfolge eine Ordnungsrelation besteht.

Die *effektive fachwissenschaftliche Qualifikation* einzelner Lehrer dieser Gruppen, beeinflußt durch verschiedene Intensitäten institutioneller oder autodidaktischer Fortbildung, wird im allgemeinen nicht mit der Ordnung nach den Stufen der Formalqualifikation übereinstimmen. Leider ist eben diese effektive fachwissenschaftliche Qualifikation ebenso wenig zu bestimmen wie die entsprechende effektive erziehungswissenschaftliche Qualifikation. Im statistischen Mittel wiederum kann für die einzelnen Klassen angenommen werden, daß die Rangordnungen nach formaler und effektiver Qualifikation übereinstimmen. Unter dieser Prämisse ist die Angabe der Zahlen in der nachfolgenden Tabelle 37 zu verstehen. Wenn dort von der *Lehrbefähigung für das Fach*

Physik der Sekundarstufe I gesprochen wird, dann handelt es sich um die *formalen fachwissenschaftlichen Qualifikationsstufen A und S*. Während die Stufe A als die typische Qualifikationsstufe der Sekundarstufe I anzusehen ist, erscheinen Lehrer der Stufe S oberflächlich gesehen als überqualifiziert. Dazu ist zu bemerken, daß, wie schon gesagt, die fachwissenschaftliche Qualifikation eine notwendige und noch lange keine hinreichende Bedingung einer Qualifikation für eine bestimmte Stufe des Bildungssystems ist (vgl. RAUSCHENBERGER (1975)). Im übrigen kann ein Mehr an Fachwissenschaft durchaus auch zu einem Plus an Fachdidaktik werden. Unter *eingeschränkter Lehrbefähigung*[431] *für das Fach Physik der Sekundarstufe I* wird dann die formale fachwissenschaftliche Qualifikationsstufe B verstanden. Lehrer dieser Stufe haben in ihrer Ausbildung im Gegensatz zu denen der Stufen S und A keine durchgängige wissenschaftliche Vertiefung des Fachgebietes betreiben können. Die inhaltliche Diskussion der Physik beschränkte sich weitgehend auf das Niveau der Schulphysik.

Wie sich unter diesen Qualifikationsmerkmalen der Bestand an Physiklehrern 1973 - also ein Jahr nach dem Erscheinen der Erstfassung der Rahmenrichtlinien Physik - darstellte, zeigt die Tabelle 37.

Tabelle 37: Schätzwerte[432] über die Anteile qualifizierter Physiklehrer der Sekundarstufe I in Hessen nach Schulformen im Jahre 1973

Schulbereiche	Hauptschulen	Realschulen integr. Ges. Förderstufe	Gymnasium (5-10)	SI insgesamt
L e h r e r i n d i v i d u a l e r h e b u n g des HKM von 1 9 7 3				
Lehrer mit einer der Schulform entsprechenden Lehrbefähigung für das Fach Physik[433]	451	1001	464	1916
S c h ä t z u n g für das Jahr 1 9 7 3 (Grundlage Projektdaten)				
Lehrer mit Unterricht im Fach Physik ohne Berücksichtigung einer Fachlehrbefähigung	900	1250	500	2650
mit der Qualifikation				
A oder S	28%	52%	93%	52%
B	22%	28%	7%	22%
O	50%	20%	--	26%

Während fast alle Physiklehrer der Gymnasien die erforderliche fachwissenschaftliche Formalqualifikation für die Sekundarstufe I besitzen, war dies 1973 nur bei etwas mehr als der Hälfte der Lehrer an Realschulen und Gesamtschulen der Fall. Die Physiklehrer an den Hauptschulen besaßen 1973 in der überwiegenden Mehrheit mit rund 70% nicht die erforderliche Qualifikation. Es gibt Indizien dafür, daß sich diese Situation zwischen 1973 und 1977 an den Hauptschulen nicht, an den Realschulen wenig, aber an den Gesamtschulen deutlich verbessert hat.[434] Auch die Situation an den Gymnasien, wo lange Zeit ein erheblicher Mangel an Lehrern für den mathematisch-naturwissenschaftlichen Bereich bestand, hat sich in diesem Zeitraum verbessert. Dies geht bspw. schon aus der Tatsache hervor, daß die bisherige leichte Möglichkeit für diplomierte Mathematiker und Naturwissenschaftler, in den Lehrerberuf überzuwechseln, seit 1976 nicht mehr gegeben ist.[435]

7.3.1 Der Qualifikationsgrad QLP des Lehrpersonals für den Physikunterricht einer Schule

Bereits in der Vorphase wurden Daten erhoben, die es gestatteten zwei Schulen hinsichtlich des Qualifikationsgrades des Lehrpersonals zu vergleichen. Dabei zeigte es sich, daß insbesondere im H-R-Bereich ganz erhebliche Unterschiede bestanden. An einigen Schulen hatten alle Lehrer mit Unterricht in Physik eine „Lehrbefähigung“ für dieses Fach, an anderen nur ein Teil und schließlich gab es auch Schulen, an denen kein einziger Lehrer eine solche Lehrbefähigung hatte. Da bei diesen Erhebungen der Begriff „Lehrbefähigung“ für das Fach Physik noch nicht so scharf ausdifferenziert war, wie dies bei den Erhebungen der Hauptphase der Fall ist, wird auf die Angabe zusammenfassender Kennwerte der diesbezüglichen Daten verzichtet.

Die Daten der Hauptphase sind aber sehr verläßlich, so daß *für jede Schule der Gesamtstichprobe* das folgende Maß definiert werden kann, das als „Qualifikationsgrad des Lehrpersonals für das Fach Physik der Sekundarstufe I“ bezeichnet und mit „QLP“ abgekürzt wird:

S, A, B und 0 sind die in 7.3 definierten formalen Qualifikationsstufen der Physiklehrer (Lehrer mit Unterricht in Physik).

$$\mathrm{QLP} = \frac{(n_S + n_A)\cdot 1 + n_B \cdot 0{,}5 + n_0 \cdot 0}{n_S + n_A + n_B + n_0};$$

mit n_S, n_A, n_B bzw. n_0 = Anzahl der Physiklehrer der Qualifikationssstufe S,A,B bzw. 0.

Wegen der Heranziehung von Kategorien hat das abgleitete Datum QLP natürlich nur das Niveau von Ordinaldaten.

Die für die Stichprobe ermittelte Verteilung von QLP gibt Abb.3 wieder. Betrachtet man zunächst die Verteilung für alle Schulgattungen, so fallen die drei relativen Maxima bei den Intervallmittelwerten 0,1, 0,5 und 0,9 auf. Dies kann dahingehend interpretiert werden, daß es - auf alle Schulgattungen bezogen - quasi drei typische Qualifikationsgruppierungen gibt. Die erste Gruppierung, die dem Wert 0,1 entspricht, ist dadurch charakterisiert, daß die Qualifikationsstufe 0 die Regel ist und nur vereinzelt Qualifikationen der Stufe B oder A auftreten. Die zweite Gruppierung, die dem Wert 0,5 entspricht, umfaßt die Qualifikationsstufen 0, B und A in einem solchen Anteilverhältnis, daß sich im Mittel die Qualifikationsstufe B ergibt. Bei der dritten Gruppierung, die dem Wert 0,9 entspricht, stellen die Qualifikationsstufen A und S die Regel und die beiden anderen die seltene Ausnahme dar.

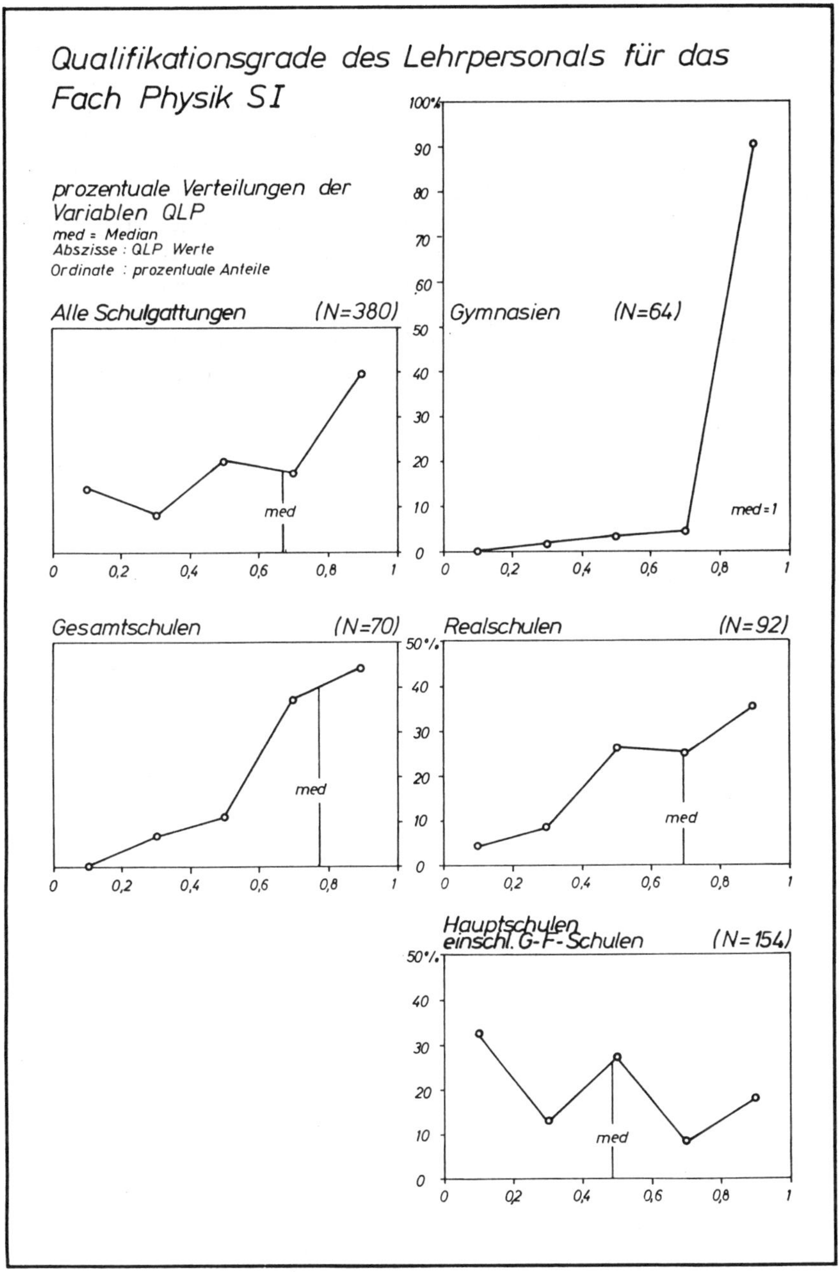
Qualifikationsgrade des Lehrpersonals für das Fach Physik SI
prozentuale Verteilungen der Variablen QLP
med = Median
Abszisse : QLP Werte
Ordinate : prozentuale Anteile
Alle Schulgattungen (N=380)
Gymnasien (N=64)
Gesamtschulen (N=70)
Realschulen (N=92)
Hauptschulen einschl. G-F-Schulen (N=154)
100%
50%
med
med = 1
0
0,2
0,4
0,6
0,8
1

Abbildung 3

Das Lehrpersonal an Gymnasien ist fast ausschließlich der dritten Gruppierung zuzuordnen, was in der Verteilung von QLP deutlich zum Ausdruck kommt. Alle drei Gruppierungen findet man bei den Hauptschulen (einschließlich der G-F-Schulen) recht ausgeprägt wieder, wobei hier allerdings im Gegensatz zu allen Schulgattungen die Verteilung fällt. Das bedeutet, daß bei diesen Schulen die erste und die zweite Gruppierung dominieren. Bei den Gesamtschulen und Realschulen dagegen stellen sich die Verteilungen in bezug auf die beschriebenen „typischen" Gruppierungen nicht so scharf strukturiert dar. Bei ähnlich starkem Anstieg der prozentualen Anteile sind die Übergänge von einer Intervallklasse zur nächsten jeweils viel ausgeglichener, d.h., bei diesen Schulgattungen gibt es keine so ausgeprägten Extrema.

Eine weitere Möglichkeit des Qualifikationsstrukturvergleichs bieten die statistischen Kennwerte der Tabelle 38, die sich auf die Verteilungen der Abbildung 3 beziehen.

Tabelle 38: Mittelwerte und Streuungen der Variablen QLP(Ordinalniveau)

Schulgattung	N	Median	mittl.Quartilabstand MQA
alle	380	0,68	0,49
Gesamtschulen	70	0,77	0,25
Gymnasien	64	1,00	0,10
Realschulen	92	0,70	0,32
Hauptschulen (+ GF)	154	0,49	0,32

Es ist deutlich zu erkennen, daß der Qualifikationsgrad des Lehrpersonals zwischen den einzelnen Schulgattungen erheblich differiert. Mit deutlichem Abstand liegen die Gymnasien an der Spitze. Dann folgen die Gesamtschulen und die Realschulen. Hauptschulen und G-F-Schulen liegen unter dem 0,5-Wert, der der Qualifikationsstufe B entspricht.

Anhand des mittleren Quartilabstandes (MQA) erkennt man, daß die Werte von QLP bei den Gymnasien am wenigsten streuen, dort also die qualifikatorische Zusammensetzung des Lehrpersonals am einheitlichsten ist. Die größte Streuung liegt bei den Schulen des H-R-Bereichs vor und sie ist bei den Gesamtschulen zwar geringer aber doch deutlicher von den Gymnasien als von den H-R-Schulen entfernt. Damit kommt noch einmal für die Stichproben zum Ausdruck, was bereits bezüglich der Homogenität und Inhomogenität der Lehrergruppen vermerkt wurde. Der für Gesamtschulen im Vergleich zu den Realschulen höhere QLP-Wert hängt damit zusammen, daß an diesen Schulen, wie auch schon erwähnt wurde, neben Haupt- und Realschullehrern auch Gymnasiallehrer unterrichten.

7.3.2 Kritische Anmerkungen zum administrativen, schulformbezogenen Qualifikationsbegriff für die Sekundarstufe I

Eingangs 7.3 wurde ausführlich dargestellt, welche Qualifikationsanforderungen aus curricularen Gründen für die naturwissenschaftlichen Fächer der Sekundarstufe I zu stellen sind. Es wird selbstverständlich davon ausgegangen, daß für alle anderen Schulfächer gleichartige curriculumbezogene Anforderungen bestehen.

Unter diesem Gesichtspunkt scheint es hinsichtlich der personellen Rahmenbedingungen zur Umsetzung der Rahmenrichtlinien für alle Fächer von Bedeutung zu sein, wie die Schuladministration den Qualifikationsstand der Lehrerschaft beurteilt. Einen sichtbaren Ausdruck für diese Beurteilung im Zeitpunkt der Veröffentlichung der Erstfassungen der Rahmenrichtlinien für die einzelnen Schulfächer der Sekundarstufe I besteht in der Art und Weise, wie die Auswertung der Daten der bereits erwähnten Lehrerindividualbefragung von 1973 durch das Referat Statistik des Hessischen Kultusministeriums erfolgte. Da dieses Datenmaterial keine unmittelbare Vergleichsmöglichkeit zum curriculumbezogenen Qualifikationsbegriff bietet, wird ein mittelbarer Vergleich angestellt. Dazu konnten zwei relevante Datenquellen der Lehrerverbände herangezogen werden. Es handelt sich um das „Philologen-Jahrbuch 1971/72“ des Hessischen Philologenverbandes und um das „Jahrbuch der Hessischen Realschulen 1971/72“, das vom Verband Deutscher Realschullehrer, Landesverband Hessen, herausgegeben wurde. Beide Jahrbücher enthalten für die jeweiligen Schulen (Gymnasium bzw. Realschule, Haupt- und Realschule, Gesamtschule) Namenslisten der Lehrer, wobei unter anderem auch angegeben wird, für welche Schulfächer der betreffende Lehrer eine Fachlehrbefähigung besitzt. Der Unterschied in den Bezugsjahren 1973 (HKM) und 1971 (Jahrbücher) ist unvermeidlich,[436] er bewirkt jedoch keine wesentliche Einschränkung der Vergleichbarkeit.

Die Tatsache, daß in der HKM-Statistik von 1973 alle haupt- und nebenamtlichen Lehrer verrechnet wurden, während im „Philologen-Jahrbuch“ nur die hauptamtlichen namentlich verzeichnet sind, muß vermerkt werden. Im „Jahrbuch der Realschulen“ wiederum sind auch die nebenamtlichen Lehrkräfte aufgezählt. Diese Unterschiede in den Statistiken werden dadurch gemildert, daß beim Vergleich der HKM-Statistik mit den Statistiken der Lehrerverbände nur die Lehrer mit mindestens einer Fachlehrbefähigung betrachtet werden.

Weiterhin ist noch zu erwähnen, daß die Namensliste der Gymnasiallehrer als vollständig angesehen werden kann, die der Lehrer an Realschulen dagegen nicht. So liegen zwar vollständige Angaben von allen 45 reinen Realschulen vor, aber bei den Haupt- und Realschulen (einschl. Förderstufe und Grundschule) fehlen von den insgesamt 178 Einheiten die Personalangaben von 18 Schulen. Von 16 verzeichneten additiven Gesamtschulen fehlt die Angabe bei einer Schule. Was die integrierten Gesamtschulen anbetrifft, so ist der Ausfall besonders hoch, denn von insgesamt 42 verzeichneten Schulen liegen Namenslisten nur von 12 Einheiten vor. Die integrierten Gesamtschulen sind also deutlich unterrepräsentiert. Leiter von additiven Gesamtschulen scheinen demnach zum Realschulbereich eine höhere Affinität besessen zu haben, als dies bei den Leitern der integrierten Gesamtschulen der Fall war.

Eine zusammenfassende Darstellung der HKM-Statistik wird durch die Tabelle A34 des Anhangs gegeben. Der Vergleich zwischen dieser Statistik und der, die sich durch die Auswertung der Lehrerverbandsjahrbücher ergab, ist mit der Tabelle A35 des Anhangs möglich.

In der HKM-Statistik ist zunächst auffallend, daß dort für den gesamten Bereich der Sekundarstufe I und II der Anteil der Lehrer ohne jede Fachlehrbefähigung 12,5% beträgt. Am Gymnasium (5-10) mit ca. 17% und an integrierten Gesamtschulen mit ca. 18% sind die Anteile am höchsten. Förderstufe, Realschule und Hauptschule liegen deutlich unter dem Mittelwert. Während für das Gymnasium (möglicherweise auch für integrierte Gesamtschulen) davon ausgegangen werden kann, daß es sich dabei hauptsächlich um nebenamtliche Lehrer handelt - das Philologenjahrbuch weist ca. 20% nebenamtliche und teilbeschäftigte Lehrkräfte aus -, sind bei den anderen Schulformen dies mehrheitlich hauptamtliche Lehrkräfte.[437]

Aus Vergleichsgründen werden jetzt nur noch die Lehrer mit mindestens einer Fachlehrbefähigung betrachtet. Nur solche Lehrer wurden auch in der Vergleichstabelle A35 des Anhangs erfaßt.

In der HKM-Statistik von 1973 (Tabelle A34 des Anhanges) hat jeder zweite Lehrer mindestens drei Fachlehrbefähigungen, 45,6% der Lehrer haben genau zwei Fachlehrbefähigungen und der Anteil von Lehrern mit nur einer Fachlehrbefähigung ist mit 4% recht unbedeutend. Schulformspezifische Unterschiede bestehen, wenn man die Gruppe der Lehrer mit einer oder zwei Fachlehrbefähigungen mit der Gruppe der Lehrer mit drei oder mehr Fachlehrbefähigungen vergleicht. Die erste Gruppe überwiegt an den Gymnasien sehr deutlich[438] und etwas weniger stark an den integrierten Gesamtschulen. In der Förderstufe, an den Realschulen und an der Hauptschule liegen die Verhältnisse genau umgekehrt. Nach der HKM-Statistik liegen die Hauptschulen besonders gut, da dort drei von je fünf Lehrern mit drei oder mehr Fachlehrbefähigungen ausgewiesen werden.

Vergleiche mit den Daten der Jahrbücher der Lehrerverbände ergeben ein anderes Bild (Tabelle A35 des Anhangs). Der Vergleich bezüglich des Gymnasiums ist einfach, da die Bezugsgruppen identisch und die Sample-Umfänge fast gleich groß sind. Die aus der HKM-Statistik und dem Philologen-Jahrbuch ermittelten Prozentzahlen stimmen fast exakt überein. *Somit kann gefolgert werden, daß bezüglich des Gymnasiums der administrative Qualifikationsbegriff mit dem des Philologenverbandes übereinstimmt.*

Der Vergleich mit dem Realschullehrerverbandsdaten ist nicht ganz so einfach. Nicht wegen der Unvollständigkeit der Daten - selbst bei der Berücksichtigung der Tatsache, daß nur eine Teilstichprobe vorliegt, sind nämlich die Abweichungen ganz erheblich -, sondern wegen der unterschiedlichen Zusammenfassung der Lehrer. Während in der HKM-Statistik eine Zuordnung zu Schulformen (vgl. Anmerkung zur Tabelle A34) erfolgt, liegt im Falle des Realschullehrer-Jahrbuches eine Zuordnung zu Schultypen (vgl. Abschnitt 1.1) vor. Das Problem wurde dadurch gelöst, daß der Stichprobe aus dem Realschullehrer-Jahrbuch zwei Stichproben aus der HKM-Statistik gegenüber gestellt wurden. Die kleinere umfaßt nur Lehrer der „Schulformen" Realschule, Förderstufe und integrierte Gesamtschule und bei der größeren wurden noch die Lehrer der „Schulform" Hauptschule hinzugefügt. Damit wird die Stichprobe aus dem Jahrbuch, die ja auch Hauptschullehrer enthält, quasi durch die beiden Vergleichsstichproben „eingeschachtelt", d.h. von unten und oben her eingefangen. Auf diese Weise ist ein Vergleich möglich.

Die Prozentzahlen, die sich aus dem Realschullehrer-Jahrbuch ermitteln ließen, zeigen gegenüber denen der HKM-Statistik eine ganz erhebliche Verschiebung auf. Was die Gruppe der Lehrer mit nur einer oder genau zwei Fachlehrbefähigungen betrifft, so ergibt sich nach dem Jahrbuch ein Anteil von 68,4%. Dem stehen in der HKM-Statistik nur 45,1% bzw. 43,2% gegenüber. Dementsprechend ist der Anteil der Lehrer mit drei oder mehr Lehrbefähigungen nach dem Jahrbuch erheblich kleiner. Er beträgt nur 31,6% gegenüber 54,9% bzw. 56,8%.

Die dargestellten Auswertungsergebnisse veranlaßten den Verfasser zur Rücksprache beim Referat Statistik des Hessischen Kultusministers. Dabei wurde ihm die Vermutung bestätigt, daß für den *Bereich „Sekundarstufe I ohne Gymnasien"* neben der Qualifikationsstufe A *auch die Qualifikationsstufe B,* die ja aus curricularer Sicht nur als eingeschränkte Lehrbefähigung bezeichnet werden kann, als *„schulformbezogene Lehrbefähigung"* verrechnet wurde. *Für den Bereich „Sekundarstufe I ohne Gymnasien" genügte der administrative Qualifikationsbegriff 1973 nicht den curricularen Anforderungen.*

7.4 Der Einsatz von Lehrern im Physikunterricht unter dem Aspekt der Qualifikation

Daten über den Einsatz von Lehrern in allen Fächern mit einer der jeweiligen Schulform - nach administrativen Gesichtspunkten - entsprechenden Lehrbefähigung sind 1973 durch die Individualbefragung der Lehrer auch erhoben worden. Zusammenfassende Darstellungen, die sich auf den Physikunterricht allein beziehen, enthält die Tabelle A36 des Anhangs. Daneben bietet die Tabelle A37 Vergleichsmöglichkeiten mit anderen Fächern. Daten über den Unterrichtseinsatz der Physiklehrer wurden auch durch die Lehrerbefragungen im Rahmen des Projektes erhoben. Sie unterscheiden sich wesentlich von den HKM-Daten dadurch, daß auch Lehrer ohne Lehrbefähigung erfaßt wurden, was weitergehende Schlüsse auf die Schulpraxis zuläßt. Die Darstellung der Auswertungsergebnisse dieser Daten enthält die Tabelle A38 des Anhangs.

7.4.1 Der Einsatz von Lehrern im Physikunterricht im Vergleich zum Einsatz von Lehrern in ausgewählten anderen Schulfächern

Was den Unterrichtseinsatz im Schulfach Physik betrifft, so ergibt sich nach der HKM-Statistik von 1973 zunächst ein stufenspezifischer Unterschied (Tabelle A36 des Anhangs). Während im statistischen Mittel ein Physiklehrer mit einer schulformentsprechenden Lehrbefähigung im Sinne der HKM-Statistik in der Sekundarstufe II 8,5 Stunden Physikunterricht erteilte, waren dies in der Sekundarstufe I nur 5,9 Unterrichtsstunden. Dabei ist die Streuung der Werte bei den Lehrern der Sekundarstufe I deutlich stärker als bei den Lehrern der Sekundarstufe II.

Die Gruppe der Physiklehrer der Sekundarstufe II erscheint also nicht nur nach der Art der Qualifikation, sondern auch nach der Art des Einsatzes im Physikunterricht homogener als die Gruppe der Physiklehrer der Sekundarstufe I. Innerhalb der Sekundarstufe I lagen die Werte für die Lehrer an den Gymnasien und an den integrierten Gesamtschulen über dem Mittelwert und bezüglich der Förderstufe, Realschule und Hauptschule darunter. Der Wert für die Förderstufenlehrer fällt extrem stark ab, was aber auch verständlich ist, da im Zeitpunkt der Erhebung des HKM Physikunterricht in der Förderstufe noch nicht verpflichtend war. Diese Lehrer erteilten Physikunterricht außerhalb der Förderstufe.

Der aufgezeigte stufenspezifische Unterschied wird noch deutlicher, wenn man auf das Regel-Lehrdeputat der Lehrer hin relativiert. Dieses betrug für die SII-Lehrer 24 Wochenstunden und für die SI-Lehrer bei einer Wichtung nach Lehrergruppen 26,5 Wochenstunden.[439] Im Mittel betrug also der Deputatsanteil für das Fach Physik bei einem SII-Lehrer etwa ein Drittel, während dieser bei einem SI-Lehrer weniger als ein Viertel ausmachte. Diese deutlichen Unterschiede lassen sich erhellen, wenn man weitere Projektdaten heranzieht, die in der Tabelle 39 enthalten sind.

Die Zahlen der Tabelle zeigen sehr deutlich, daß im H-R-Bereich die Lehrer mit Physikunterricht im Mittel noch Unterricht in weiteren 3 bis 4 anderen Unterrichtsfächern erteilten, daß der „Mehrfächereinsatz“ an den Gesamtschulen im Mittel um etwa ein Fach geringer war, während bspw. Lehrer an Gesamtschulen mit einer Lehrbefähigung für Gymnasien überwiegend nur in zwei Fächern Unterricht erteilten. Obwohl es sich hier um eine kleine Stichprobe von Gymnasiallehrern handelt, kann - ohne Rückgreifmöglichkeit auf weitere Daten - davon ausgegangen werden, daß an den Gymnasien wie eh und je bei „höchster Respektierung der Fachkompetenz“ bis auf seltene Ausnahmen der Einsatz nur nach Fachlehrbefähigungen erfolgt. Diesbezüglich wurde ja auch aufgezeigt, daß bei den Gymnasiallehrern die Fälle mit höchstens zwei Fachlehrbefähigungen gegenüber denen mit drei oder mehr Fachlehrbefähigungen dominierten.

Tabelle 39: Zur Anzahl der Schulfächer, in denen Lehrer mit Unterricht in Physik noch weiteren Unterricht (ohne Berücksichtigung der Lehrbefähigung für diese Fächer) erteilen (Daten der Projekterhebungen von 1972-1975)

Schulgattung und Erhebungsjahre	Lehrer mit Angaben	Anzahl der Schulfächer 2	3	4	5	6 u. m.	Mittelwert d. Anz. d. Schulfächer
H 1972 u. 1973	229	4	67	39	31	88	> 4,5
R 1972 u. 1973	256	38	91	52	22	53	> 3,8
Gesamtschulen 1975	239	104	80	46	9	- -	2,8
integr. Gesamtsch.	139	68	48	19	4	- -	2,7
addit. Gesamtsch.	100	36	32	27	5	--	3,0
mit Lehrb. f. Gym.	36	31	5	- -	- -	- -	2,1
ohne Lehrb. f. Gym.	203	73	75	46	9	- -	3,0

Mit Hilfe der Tabelle A37 des Anhangs sind Vergleiche mit den beiden anderen naturwissenschaftlichen Fächern und mit den drei Hauptfächern Mathematik, Deutsch und Englisch[440] möglich. Die stufenspezifischen Unterschiede im Fach Chemie sind ähnlich denen im Fach Physik, soweit es die Mittelwerte betrifft. Die Werte selbst streuen allerdings beim Fach Chemie deutlich stärker als beim Fach Physik. Ein *auffallender Unterschied* zu diesen beiden Fächern ist jedoch *beim Fach Biologie* zu erkennen. Während die statistischen Kennwerte für dieses Fach in der Sekundarstufe I nur unwesentlich von denen der beiden anderen naturwissenschaftlichen Fächer abweicht, ist die Abweichung in der Sekundarstufe II besonders stark. Deren Biologielehrer unterrichteten ihr Fach im Mittel in einem Umfange, der dem halben Stundendeputat entspricht. Es ist bekannt, daß Schüler der gymnasialen Oberstufe seit der Einführung der Wahlmöglichkeit zwischen den drei naturwissenschaftlichen Fächern als Wahlpflichtfach in der ersten Hälfte der sechziger Jahre in zunehmendem Maße *die sogenannten „schweren naturwissenschaftlichen Fächer" (Physik und Chemie) zugunsten der Biologie abwählten.* Ein Trend, der sich in der reformierten gymnasialen Oberstufe der siebziger Jahre fortgesetzt hat. 1973 waren also Biologielehrer mit ihrem Fach bereits mehr im Einsatz als Physik- und Chemielehrer.

In den drei Hauptfächern sind die Stundenanteile naturgemäß höher als in den Nebenfächern. Die relativen Unterschiede der mittleren Anzahl der Fachunterrichtsstunden bei SI-Lehrern gegenüber den SII-Lehrern sind jedoch wesentlich geringer, außerdem ist auch die Streuung der Werte bei den Hauptfächern geringer als bei den drei naturwissenschaftlichen Fächern. *Fachlehrer mit einer schulformentsprechenden Lehrbefähigung (im Sinne der HKM-Statistik) erfahren also einen unterschiedlich starken Einsatz in ihren jeweiligen Fächern. Bei Lehrbefähigung für ein Hauptfach ist der Einsatz darin stärker als in einem Nebenfach (bspw. Physik).*

7.4.2 Qualifikation und Unterrichtseinsatz von Lehrern im Fach Physik

Wie schon erwähnt, wurden bei den Projektdaten der Tabelle A38 des Anhanges die Lehrer ohne Rücksicht auf eine Fachlehrbefähigung für Physik erfaßt. Da also neben Lehrern mit einer Lehrbefähigung (nach den Qualifikationsstufen des Abschnitts 7.3) auch solche ohne Lehrbefähigung erfaßt sind, entspricht diese Datenerfassung der tatsächlichen schulischen Personalsituation für das Fach Physik im Erhebungszeitraum. Beim Vergleich der Werte mit den Tabellen A36 und A38 des Anhangs muß behutsam vorgegangen werden. Die Stichproben der Lehrer können, wie im Abschnitt 6.8.3 schon beschrieben wurde, nicht als repräsentativ für die jeweilige Lehrergruppe angesehen werden. Außerdem erfolgte bei der Zusammenfassung der Projektdaten stets eine Zuordnung nach Schulgattungen, während in der HKM-Statistik eine solche nach Schulformen erfolgte. So gesehen sind die Unterschiede in den Mittelwerten wenig bedeutsam, die Unterschiede im relativen Streuungsmaß V sind sogar unbedeutend. Ein ganz erheblicher Unterschied besteht allerdings in den Prozentzahlen der Physiklehrer ohne Unterricht im Erhebungszeitraum. Diese betrugen bei allen Projekterhebungen zusammengerechnet nur etwa ein Achtel des Gesamtwertes der HKM-Statistik. Es wird vermutet, daß eine große Anzahl Lehrer ohne Physikunterricht keine ausgefüllten Fragebögen zurückgeschickt haben. Diese Vermutung steht im Einklang mit der im Abschnitt 6.8.3 erwähnten These bei Born/Euler über mehr oder weniger stark engagierte Physiklehrer und deren Antwortverhalten.

Zur Beurteilung des Lehrereinsatzes nach qualifikatorischen Gesichtspunkten wurden aus den erhobenen Datensätzen 3x2-Feldertafeln erstellt, die sich in der Tabelle A39 des Anhangs befinden. Die drei Zeilen enthalten jeweils die drei Qualifikationsstufen A, B und 0 (im Falle der Gymnasien S, A und 0). Bei den beiden Spalten wurde eine Dichotomisierung der Anzahl der Unterrichtsstunden so vorgenommen, daß in etwa gleiche Spaltenbesetzungen vorliegen. Die Verteilungen der Fälle in diesen Tafeln weichen bei den Realschulen und Gymnasien nicht signifikant von der Gleichverteilung ab. Bei den Hauptschulen ist die Abweichung signifikant und bei den Gesamtschulen sogar höchst signifikant. Bei beiden Abweichungen ist ganz deutlich erkennbar, daß *die höher qualifizierten Lehrer in einem größeren Umfange Physikunterricht erteilten, als dies bei den niedriger qualifizierten der Fall war.* Tendentiell war das bei den Gymnasien auch der Fall und die Nichtsignifikanz hängt mit der Besetzung der Qualifikationsstufe S mit über 86% der Fälle zusammen. Bei den Realschulen wird vermutet, daß dort der im Vergleich zu den anderen Schulgattungen stärkere Einsatz von Lehrkräften mit geringerer Qualifikation es ermöglichte, Unterrichtsausfall (vgl. den nachfolgenden Abschnitt 7.5.1) im Schulfach Physik weitestgehend zu vermeiden.

7.5 Das Lehrpersonal für den Physikunterricht unter quantitativen Aspekten

Eine mögliche Beurteilung der personellen Rahmenbedingungen für den Physikunterricht scheint in einfacher Weise zunächst dadurch gegeben zu sein, daß im Sinne einer Soll-Ist-Zustandsanalyse eventuell vorhandene Defizite aufgezeigt werden. Dazu können Schulleiterangaben über personelle Fehlbestände und über Ausfall von Unterrichtsstunden herangezogen werden. Zum Vergleich zwischen den Schulgattungen sind jedoch relativierte Maße erforderlich.

7.5.1 Der Fehlbestand an Physiklehrern und der Ausfall von Unterricht im Fach Physik

Daß Anfang der siebziger Jahre ein gravierender Fehlbestand an Mathematik- und Physiklehrern in vielen Ländern der Bundesrepublik bestand, geht allein daraus hervor, daß diplomierte Hochschulabsolventen mit diesen Fächern relativ leicht Übergang in den Schuldienst finden konnten, indem die Diplomprüfung faktisch als 1.Staatsexamen anerkannt wurde. Die besondere Bedeutung dieses Fehlbestandes in diesem Zeitraum wird erkennbar durch die Tatsache, daß der Stadtstaat Hamburg 1971 mit Zweijahresverträgen 80 amerikanische Mathematiker und Physiker zum Schulbeginn angeheuert hatte.[441]

In der Tagespresse und in den Zeitungen der Lehrerverbände konnte man aber auch Ende der siebziger Jahre und bis zum Jahre 1982 registrieren, daß das Schulfach Physik als Mangelfach angesehen werden mußte, d.h. daß wegen des Mangels an Fachlehrern für dieses Fach an einer Reihe von Schulen der Physikunterricht nur gekürzt erteilt werden konnte.[442]

Während aus den genannten Quellen nicht entnommen werden konnte, welches Ausmaß der Stundenausfall und der Fehlbedarf an Physiklehrern hatte, ist eine Verdeutlichung durch erhobene Projektdaten möglich. Während die Frage nach dem Fehlbestand an Lehrkräften zu den Kernfragen gehört, mußte für den H-R-Bereich 1977 aus bereits genannten Gründen auf die Frage nach dem Stundenausfall verzichtet werden. Rückschlüsse sind jedoch anhand des Fehlbestandes an Lehrern möglich.

In der Tabelle A40 des Anhangs sind die Auswertungsergebnisse festgehalten. Zunächst ist für die Hauptphase der Erhebungen (1975-77) festzustellen, daß insgesamt *weit über die Hälfte der Schulleiter aller Schulgattungen einen Fehlbestand an Fachlehrern für Physik angaben.* Dieser Fehlbestand war bei den Realschulen, wo 3 von 4 Schulen - also 75% - Defizite angaben, am größten und bei den Gesamtschulen (43%) am geringsten. Dazwischen lagen die Gymnasien (64%) und die Hauptschulen (57%). Betrachtet man jedoch die *Anzahl der Physiklehrer* durch einen *Soll-Ist-Vergleich*, so ergeben sich davon unterschiedliche prozentuale Fehlbestände mit Bezug auf den Sollwert. Der diesbezügliche Fehlbedarf betrug an Gymnasien und Gesamtschulen je ca. 10%. An den Hauptschulen mit ca. 23% und an den Realschulen mit ca. 24% war dieser Fehlbedarf aber mehr als doppelt so groß im Vergleich zu den Gymnasien und Gesamtschulen.

Informativ ist noch der Vergleich zwischen der Vorphase und der Hauptphase. *Während sich an den Gesamtschulen von 1973 bis 1975 die personelle Situation für das Fach Physik deutlich verbessert hatte, war das umgekehrte im H-R-Bereich der Fall,* wobei von einer *gravierenden Verschlechterung* gesprochen werden muß. Zwei Ursachen sind erkennbar. Zunächst bestanden für die Gesamtschulen günstigere Verhältniszahlen Schüler:Lehrer und damit eine bessere Lehrerzuweisung als für den tradierten Bereich.[443] Hinzu kommt allerdings auch noch, daß sich die Formulierung der entsprechenden Frage im Schulleiterfragebogen der Erhebung von 1972 von der des Jahres 1977 unterscheidet. Die Frage nach dem Fehlbestand an Fachlehrern wurde 1972 nämlich nicht weiter erläutert. 1977 wurde dagegen ergänzend auf die „Wissenschaftsorientierung" der RRL Physik SI hingewiesen und daß deshalb Physiklehrer das Qualifikationsmerkmal A (vgl. 7.3) haben sollten. Offensichtlich haben die *Schulleiter des H-R-Bereichs* auch aus diesem Grunde *1977 die personelle Situation für das Fach Physik wesentlich schlechter beurteilt, als dies noch 1972 der Fall war*. Zu vermerken ist jedoch noch, daß zwischen 1972 und 1977 auch eine starke Zunahme der Schülerzahlen im SI-Bereich vorlag. So hing der Fehlbedarf an Physiklehrern auch mit dem allgemeinen Fehlbedarf an Lehrern zusammen, der im Widerspruch zu Angaben der Administration von Lehrerverbänden und anderer Seite beklagt wurde .[444]

Untersucht wurde noch, ob zwischen dem *Fehlbestand d an Physiklehrern* (*d* = (*Soll-Ist*) : *Soll*) einer Schule und der qualifikatorischen Variablen QLP (Abschnitt 7.3.1) ein Zusammenhang besteht. Des weiteren wurde auch auf Zusammenhang zwischen d und der quantitativen Variablen RAPL (die im Abschnitt 7.5.3 erklärt wird) geprüft. Die Prüfergebnisse sind ebenfalls in der Tabelle A40 des Anhangs enthalten. Dabei zeigte sich ein bemerkenswerter Unterschied zwischen Hauptschulen einerseits und Realschulen, Gymnasien und Gesamtschulen andererseits. Bei letzteren stand der Fehlbedarf an Physiklehrern signifikant in einem negativen Zusammenhang mit der relativen, auf Lehrer bezogenen Anzahl der Physiklehrer. D.h. je weniger Physiklehrer relativ im Gesamtlehrpersonal enthalten waren, desto größer war der Fehlbedarf. Dies ist an sich nicht überraschend. An diesen drei Schulgattungen konnten jedoch zwischen d und QLP keine signifikanten Zusammenhänge festgestellt werden. D.h. der Fehlbedarf an diesen Schulen hing dort nicht vom Qualifikationsgrad des Lehrpersonals für das Fach Physik ab. Die Prüfergebnisse bei den Hauptschulen sind gerade umgekehrt. Dies kann dahingehend interpretiert werden, daß sich *bei den Schulleitern von Hauptschulen zwischen 1972*, dem Jahr der Erstveröffentlichung der Rahmenrichtlinien *und 1977*, dem Jahr mit dem Beginn der verpflichtenden Erprobung der RRL Physik SI, *ein Bewußtseinswandel vollzogen hatte*. War nämlich in den Erhebungsunterlagen von 1972 von vielen Schulleitern von Hauptschulen darauf verwiesen worden, daß Lehrer der Hauptschulen in allen Fächern unterrichten, - was auch durch Daten der Tabelle 39 (Abschnitt 7.4.1) belegt wird - so konnten 1977 solche Vermerke nicht festgestellt werden. *Diese Schulleiter gingen demnach 1977 davon aus, daß zur Umsetzung der Rahmenrichtlinien Physik auch in der Hauptschule eine spezifische Fachlehrbefähigung vorliegen müsse.*

Tabelle 40: Über den Ausfall von Unterrichtsstunden im Schulfach Physik
(Projekterhebungen 1972-1976)

Schulgattung Erhebungsjahr		H 1972	R 1972	Ges 1973	Ges 1975	Gym 1976
Schulleiter						
mit Angaben		108	46	52	82	62
ohne Angaben		15	13	3	7	3
nach Angaben:						
Schulen mit Ausfall		13,9%	13,0%	40,4%	40,2%	61,3%
Schulen ohne Ausfall		86,1%	87,0%	59,6%	59,8%	38,7%
statistische Kennwerte	m	36,7%	49,7%	26,9%	25,3%	20,5%
für Schulen mit Ausfall	s	25,9%	37,9%	14,4%	17,2%	14,2%

In gewisser Weise spiegelt sich in der Tabelle 40 über den Stundenausfall im Fach Physik wieder, was über den Fehlbestand an Fachlehrern festgestellt wurde.

Was die fehlenden Daten über den Unterrichtsausfall im Jahre 1977 an den Hauptschulen und Realschulen anbelangt, so kann angenommen werden, daß entweder dem Fachlehrerfehlbedarf entsprechende Prozentsätze an Unterrichtsausfall vorlagen oder ein bedeutsamer Teil des Unterrichts von weniger qualifizierten Lehrern erteilt wurde. In beiden Fällen natürlich eine *defizitäre Situation*. Wenn im Jahre 1982 bspw. vom Verband Bildung und Erziehung hervorgehoben wurde, daß es immer schwieriger werde, im GHRS-Bereich den Unterricht fachspezifisch abzudecken, so liegt damit ein eindeutiges Indiz für diese Annahme vor.[445] Uberdies wurde auch von den Lehrerverbänden ein allgemeiner Unterrichtsausfall von zehn Prozent beklagt.[446]

Gründe für den Stundenausfall wurden von Schulleitern angegeben. Sie sind in der nachfolgenden Tabelle zusammengestellt.

Tabelle 41: Begründungen der Schulleiter für den Unterrichtsausfall im Fach Physik
(Mehrfachnennungen)

Schulgattung Erhebungsjahr	H 1972	R 1972	Ges 1975	Gym 1976
Anzahl der Schulen mit Unterrichtsausfall	15	6	33	38
davon ohne Angabe von Begründungen	2	1	- -	3
Arten der Begründung:				
fehlende Fachlehrer	13	5	32	35
zu große Klassen	7	2	5	- -
fehlende Fachräume	7	1	4	1
mangelhafte Geräteausstattung	5	2	5	- -
Krankheit(Schwangersch.)u.sonst	3	--	--	1

Faktisch alle Schulleiter machten *Fachlehrermangel als Grund für den Stundenausfall* verantwortlich. Alle anderen Begründungskategorien sind dagegen zweitrangig. Auffallend ist jedoch noch, daß bis auf die Gymnasien auch noch ein bemerkenswerter Anteil der Schulleiter auf *Sachausstattungsmängel* hinwies. Ebenfalls bis auf die Gymnasien führte etwa ein gleicher Anteil zu hohe *Klassenfrequenzen* als Grund an. Dies dürfte in erster Linie die Durchführung von Schülerübungsunterricht betreffen, wie aus einigen Schulleiteranmerkungen hervorgeht. So gaben auch Schulleiter von Gymnasien an, daß an ihren Schulen *unter Verzicht auf Schülerübungen kein Unterrichtsausfall* zu verzeichnen sei.

Ergänzend zu den Zahlenangaben zum Fachlehrermangel wurde von Schulleitern an Gymnasien vermerkt, daß „alle Physiklehrer im 2.Fach (in der Regel Mathematik) gebraucht werden". Weiterhin wurde auf die „Notwendigkeit des Einsatzes in anderen Fächern" und auf die „Verpflichtung zur Abordnung von Mathematiklehrern (mit 2.Fach Physik) in die Förderstufe" verwiesen. Allgemeiner ist durch Kandler/Schnitzer festgestellt worden: „Die Ursache für die Verwendung von Physiklehrern in anderen Fächern erklärt sich in dem allgemeinen Mangel an Lehrkräften"[447]

Ein weiteres Faktum muß jedoch auch noch vermerkt werden. Die Tabelle A36 des Anhangs weist aus, daß bei Zusammenfassung aller Lehrer mit einer schulformbezogenen Lehrbefähigung (im Sinne der HKM-Statistik) jeder fünfte im Erhebungsjahr keinen Physikunterricht erteilt hat. Der diesbezügliche Anteil betrug bei Lehrern an der Förderstufe sogar 41%. Offensichtlich hatte die Kultusverwaltung noch *kein geeignetes Verfahren* entwickelt, nach dem *die Lehrerzuweisung in effektiver Weise nach dem fachspezifischen Bedarf erfolgen konnte.*

7.5.2 Schätzwerte der relativen, auf Schüler mit Physikunterricht bezogenen Anzahl von Physiklehrern ohne Berücksichtigung einer Fachlehrbefähigung

Die Daten der Vorphase ließen bei einer globalen Betrachtung bereits erkennen, daß - bei aller Unterschiedlichkeit in den einzelnen Schulen der jeweiligen Schulgattung - an den Hauptschulen sehr viel mehr Lehrer Physikunterricht erteilten, als dies an Gesamtschulen und Realschulen der Fall war. Um dies quantitativ erfassen zu können, wurde eine Schätzung für das Schuljahr 1976/77 unter Heranziehung relevanter Datenbasen durchgeführt.

Der Vergleich der geschätzten Relativwerte der Tabelle 42 mit den aus den Projektdaten errechneten Werten läßt bis auf die der Hauptschulen in etwa Übereinstimmung erkennen. Die erhobenen Daten der Haupt- und Realschulen entstammen dem Jahre 1977, die der Gymnasien dem Jahre 1976 und die der Gesamtschulen dem Jahre 1975. Die starke Abweichung bei den Hauptschulen erscheint erklärbar. Die Ausgangsdaten der Schätzungen beziehen sich auf die Daten der Lehrerindividualerhebung von 1973. Zu diesem Zeitpunkt wurde an den Hauptschulen teilweise noch ein gesamtheitlicher Naturlehreunterricht erteilt,[451] obgleich seit der Landschulreform von 1959 eine Entwicklung eingeleitet wurde, die gleichzeitig mit der Weiterentwicklung der Volksschuloberstufe zur Hauptschule - eine der drei Säulen des weiterführenden Schulsystems - eine Verselbständigung der Fächer Physik und Chemie anstrebte.[452] Mit der Einführung der hessischen Rahmenrichtlinien Physik ist die damals angestrebte

Verselbständigung für die beiden Fächer nunmehr vollzogen worden. Es kann davon ausgegangen werden, daß bei der damit zusammenhängenden Ausweitung des Fachunterrichts im naturwissenschaftlichen Bereich sich weitere Lehrer ohne entsprechende fachwissenschaftliche Formalqualifikation bereit fanden, den Unterricht in Physik und Chemie in einem kleineren Umfang zu übernehmen.[453]

Tabelle 42: Geschätzte, schülerbezogene, mittlere relative Anzahl von Physiklehrern nach Schulformen ohne Berücksichtgung der Lehrbefähigung im Schuljahr 1976/77

Schulformen	Hauptschulen	Realschulen Förderstufe integr. Ges.-Schule	Gymnasium
Schüler mit Unterricht in Physik (1976)[448]	101.754	235.348	171.036
Lehrer mit Unterricht in Physik (geschätzt für 1976)[449]	1.050	1.500	1.300
Lehrer mit Unt. i. Physik bezogen auf je 1000 Schüler m. U. i. Ph.	10,3	6,4	7,6
Vergleichswerte anhand erhobener Projektdaten (1975 - 1977):			
Schulgattungen	Hauptschulen (einschl. GF)	Realschulen Gesamtschulen	Gymnasien (mit SI)
RAPS . 1000 (Mittelwerte)[450]	14,0	6,6	8,0

7.5.3 Die relative Anzahl der Physiklehrer einer Schule ohne Berücksichtigung von Lehrbefähigungen
- Die beiden quantitativen Maße RAPL und RAPS
- Definition der Variablen RSI (relative Anzahl der Schüler der Sekundarstufe I)

Aus den Daten der Vorphase wurde ebenfalls bereits erkennbar, daß an den einzelnen Schulen - bei etwa gleicher Schulgröße - die Anzahl der Lehrer mit Unterricht in Physik sehr unterschiedlich war. Vornehmlich an kleineren Hauptschulen gab es teilweise überhaupt keine Physiklehrer. Andererseits gab es Zwerghauptschulen, deren einziger Lehrer eine Qualifikation der Kategorie A oder B hatte. Auch an den Realschulen wurde eine relativ starke Streuung festgestellt. In Anbetracht der Tatsache, daß zwischen 1972 und 1977 - dem Beginn der verpflichtenden Erprobung der RRL Physik SI - sich die Anzahl der Hauptschulen (von 635 auf 267) und die Anzahl der Realschulen (von 232 auf 165) durch den Ausbau des Gesamtschulbereichs sehr stark verringerte, sind im Hinblick auf die verbindliche Erprobung der Rahmenrichtlinien die Daten der Vorphase von geringerer Bedeutung. Deshalb beziehen sich die nachfolgenden Darstellungen nur noch auf die Daten der Hauptphase der Erhebungen (1975-77).

Zwei Möglichkeiten der Relativierung bieten sich naturgemäß an. Wir betrachten zunächst das relativierte Datum RAPL (relative Anzahl der Physiklehrer bezogen auf Lehrer insgesamt), das wie folgt definiert wird:

$$\text{RAPL} = \frac{\text{Anzahl der Physiklehrer}}{\text{Anzahl der Lehrer insgesamt}}$$

Offensichtlich ist der Wertevorrat der Variablen RAPL auf Werte zwischen 0 und 1 beschränkt.

Die Abbildung 4 enthält die Verteilungen der Variablen RAPL mit den dazugehörigen Mittelwerten. Wegen der unverkennbaren Abweichung von der Normalverteilung werden zu Vergleichszwecken die Kennwerte des Ordinalniveaus verwendet, wenngleich das Maß RAPL per definitionem Intervallniveau besitzt.

Das zweite relativierte Datum RAPS (relative Anzahl der Physiklehrer bezogen auf Schüler mit Unterricht in Physik) ist wie folgt definiert:

$$\text{RAPS} = \frac{\text{Anzahl der Physiklehrer}}{\text{Anzahl der Schüler der SI und SII}}$$ [454]

Die Abbildung 5 enthält die Verteilungen der Variablen RAPS und diese weichen noch stärker von der Normalverteilung ab, als dies bei der Variablen RAPL schon der Fall ist. Die Verwendung von Kennwerten des Ordinalniveaus ist hier ebenfalls geboten.

Tabelle 43: Statistische Kennwerte der Variablen RAPL, $RAPL_b$ und RAPS

Schul-	RAPL			$RAPL_b$			RAPS		
gattung	N[455]	Median	MQA	N	Median	MQA	N[455]	Median	MQA
alle	360	0,12	0,03	360	0,17	0,05	371	0,008	0,003
Ges	57	0,12	0,03	57	0,12	0,03	70	0,005	0,002
Gym	62	0,12	0,02	62	0,12	0,02	63	0,006	0,002
R	89	0,13	0,03	89	0,13	0,03	89	0,005	0,002
H+GF	152	0,12	0,04	152	0,25	0,06	149	0,012	0,005

(Definition der Variablen $RAPL_b$ auf den nachfolgenden Seiten)

Die Kennwerte der Tabelle 43 zeigen zunächst bezüglich der Variablen RAPL kaum Unterschiede, wenn man die Schulgattungen getrennt betrachtet. Anders jedoch bezüglich der Variablen RAPS, wo sich die Hauptschulen mit dem deutlich größeren Medianwert und der deutlich größeren Streuung (MQA = mittl. Quartilabstand) von den anderen Schulgattungen abheben.

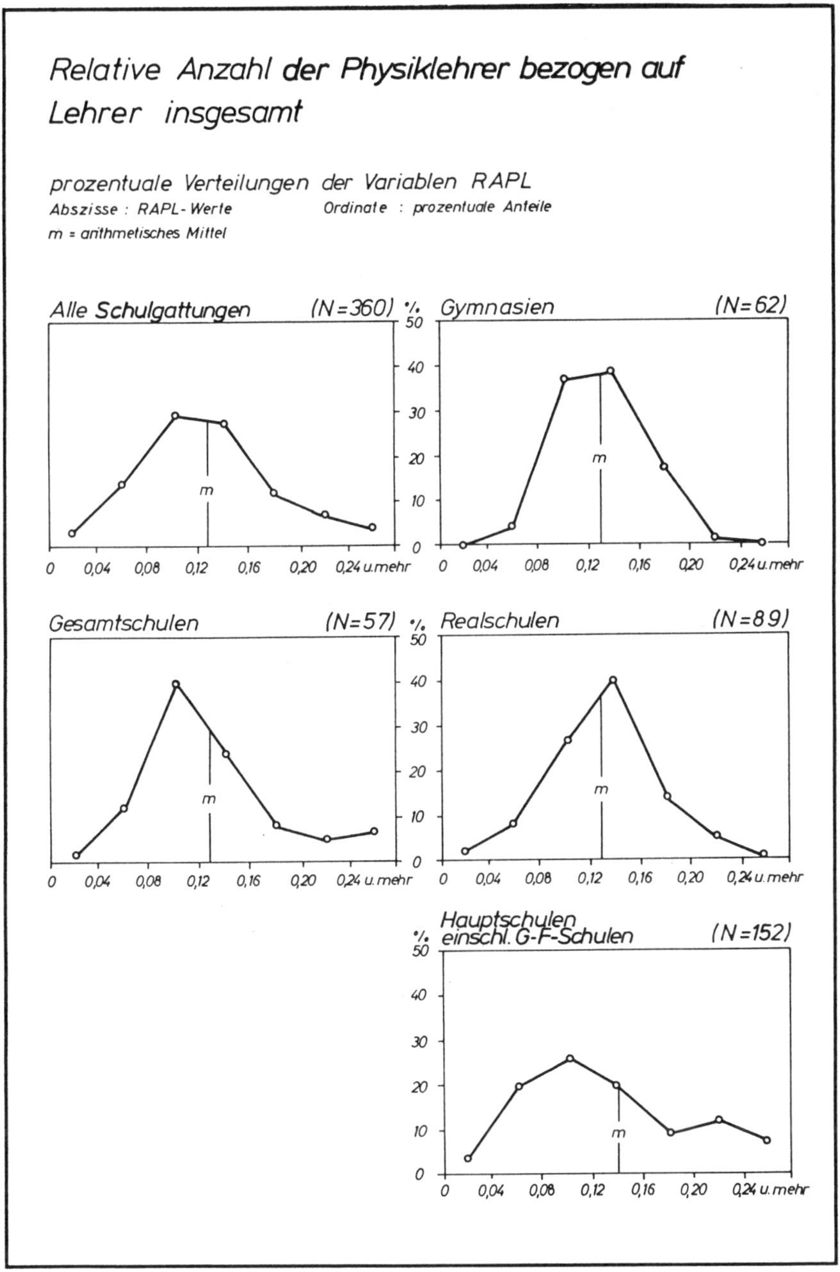
Relative Anzahl der Physiklehrer bezogen auf Lehrer insgesamt
prozentuale Verteilungen der Variablen RAPL
Abszisse : RAPL-Werte
Ordinate : prozentuale Anteile
m = arithmetisches Mittel
Alle Schulgattungen (N=360)
Gymnasien (N=62)
Gesamtschulen (N=57)
Realschulen (N=89)
Hauptschulen einschl. G-F-Schulen (N=152)
%
0 10 20 30 40 50
0 0,04 0,08 0,12 0,16 0,20 0,24 u. mehr
m

Abbildung 4

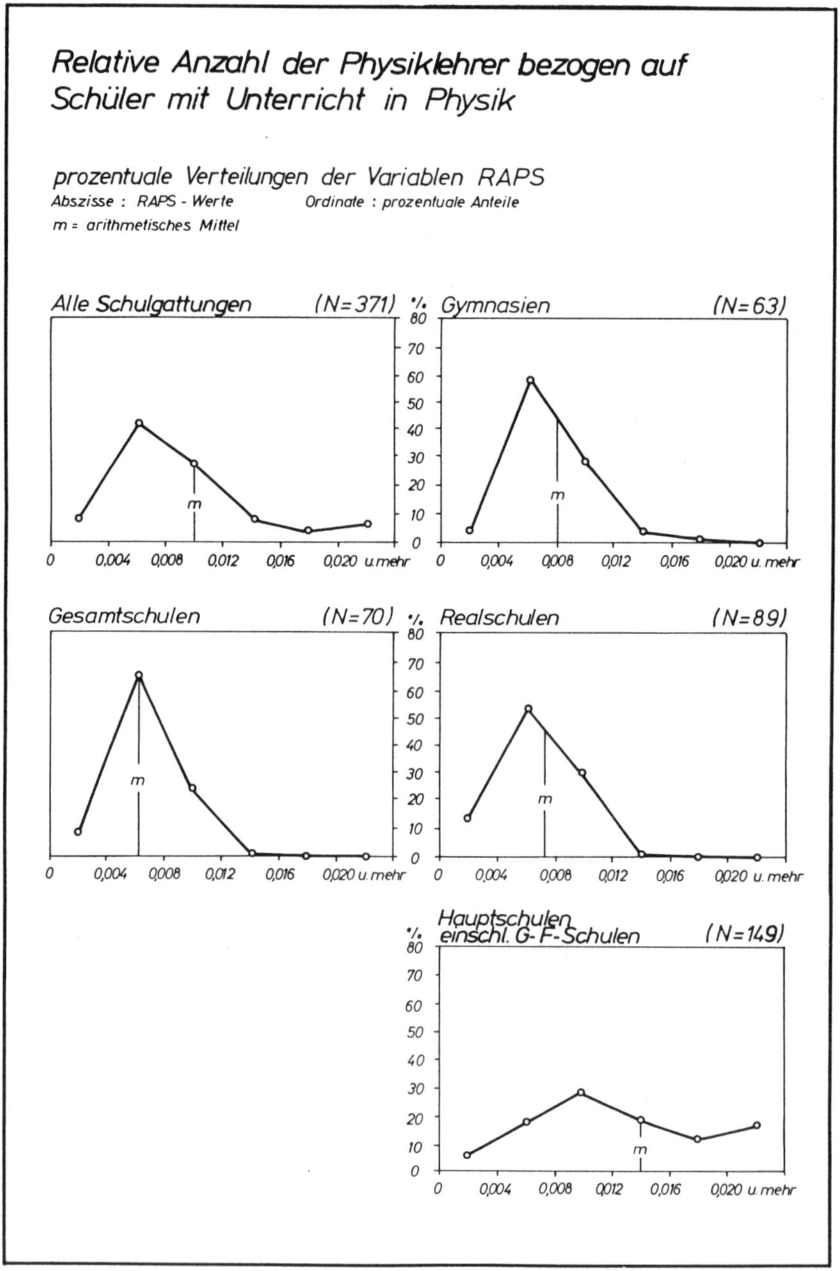

Relative Anzahl der Physiklehrer bezogen auf Schüler mit Unterricht in Physik
prozentuale Verteilungen der Variablen RAPS
Abszisse : RAPS - Werte
Ordinate : prozentuale Anteile
m = arithmetisches Mittel
Alle Schulgattungen (N=371)
Gymnasien (N=63)
Gesamtschulen (N=70)
Realschulen (N=89)
Hauptschulen einschl. G-F-Schulen (N=149)
%
80
70
60
50
40
30
20
10
0
m
0
0,004
0,008
0,012
0,016
0,020 u. mehr

Abbildung 5

Diese Ausnahmestellung der Hauptschulen gab Anlaß zur Berechnung eines weiteren lehrerbezogenen Maßes $RAPL_b$, bei dem die Verflechtung mit der Primarstufe eliminiert wird.

Dazu betrachten wir zunächst die Variable RSI (relative Anzahl der Schüler der Sekundarstufe I):

$$RSI = \frac{\text{Anzahl der SI-Schüler}}{\text{Anzahl aller Schüler}}.$$

RSI ist eine Variable auf dem Intervallniveau mit einem Wertevorrat zwischen 0 und 1 und steht mit dem *Verflechtungsgrad* V (Abschnitt 1.3) in linearer Beziehung:

$$RSI = 1 - V$$

Wie die Abbildung 6 zeigt, liegen bei der Variablen RSI extreme Abweichungen von der Normalverteilung vor. Deshalb sind dort zum Vergleich bereits die Medianwerte berücksichtigt. Gesamtschulen und Realschulen erscheinen wieder als „typische SI-Schulen“ (Medianwerte 1).

In der Tabelle 44 wird die „Stichprobenvariable“ RSI mit der „Populationsvariablen“ V bzw. 1-V verglichen. Damit ist in Ergänzung zu Abschnitt 6.8.2 eine weitere Repräsentativitätsbetrachtung bezüglich des Merkmals „Verflechtungsgrad“ möglich. Die Mittelwerte der Variablen RSI stimmen sowohl für das Gesamtsample als auch für die Teilsample gut mit den entsprechenden Werten der Variablen 1-V der Gesamtpopulation bzw. der Teilpopulationen überein.

Tabelle 44: Mittelwerte der Variablen RSI im Vergleich zum Verflechtungsgrad V

	RSI		Verflechtungsgrad		
Schulgattung	N[456]	m	N	V	1-V
alle	416	0,70	779	0,32	0,68
Gesamtschulen	75	0,93	150	0,07	0,93
Gymnasien	79	0,71	133	0,30	0,70
Realschulen	100	0,90	171	0,11	0,89
Hauptschulen (+GF)	162	0,47	325	0,56	0,44

Unter Verwendung der Variablen RSI wird *das qualitative Maß* $RAPL_b$ wie folgt definiert:

a) Für alle GF-Schulen, Hauptschulen, Realschulen und Gesamtschulen *ohne* Sekundarstufe II: $RAPL_b = RAPL : RSI$

b) Für alle Gymnasien und Gesamtschulen *mit* Sekundarstufe II: $RAPL = RAPL_b$

Für alle Schulen des Gesamtsamples stellt die Variable $RAPL_b$ ein Maß dar, das in der Tat „primarstufenbereinigt“ ist. Im Falle a) läßt sich das leicht durch eine algebraische Umformung[457] beweisen. Im Falle b) ist es trivial, da die betreffenden Schulen der Teilsample nur Schüler der beiden Sekundarstufen enthielten.

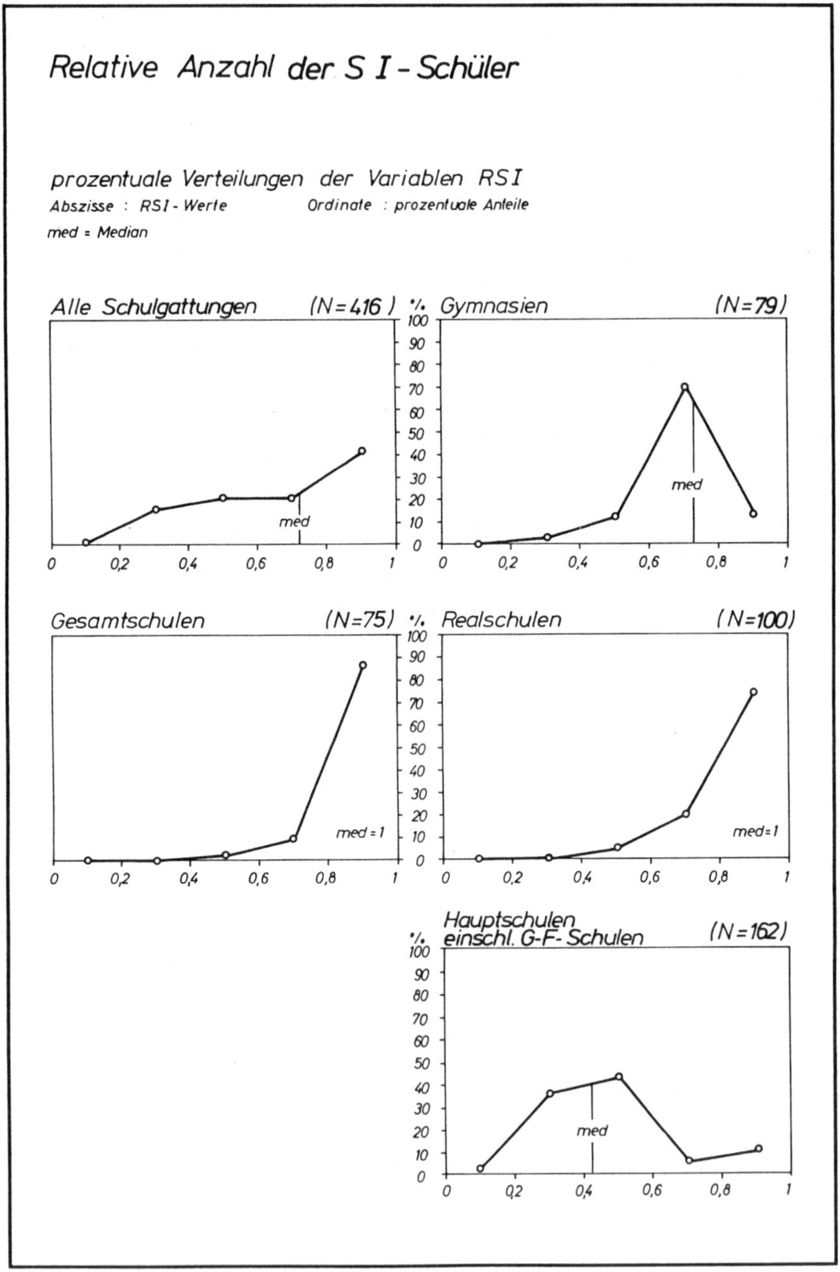

Relative Anzahl der S I - Schüler
prozentuale Verteilungen der Variablen RSI
Abszisse : RSI - Werte
Ordinate : prozentuale Anteile
med = Median
Alle Schulgattungen (N=416)
Gymnasien (N=79)
Gesamtschulen (N=75)
Realschulen (N=100)
Hauptschulen einschl. G-F-Schulen (N=162)
%
med
med = 1

Abbildung 6

Vergleicht man jetzt die Kennwerte der Variablen $RAPL_b$ mit denen der beiden anderen quantitativen Maße der Tabelle 43, so erkennt man, daß die auf Lehrer bezogene, aber „primarstufenbereinigte“ Variable $RAPL_b$ in ganz analoger Weise wie die Variable RAPS die Haupt- und GF-Schulen von den anderen abhebt, während bei RAPL - wie schon oben erwähnt - zwischen den einzelnen Schulgattungen kaum Unterschiede bestehen.

Daß zwischen den Variablen RAPS und $RAPL_b$ ein deutlich stärkerer Zusammenhang als zwischen den Variablen RAPS und RAPL besteht, zeigen die Korrelationsanalysen der Tabelle 45 noch zusätzlich auf.

Tabelle 45: Spearmansche Korrelationskoeffizienten bezüglich der Variablen RAPL, $RAPL_b$ und RAPS

	RAPL – RAPS			$RAPL_b$ – RAPS		
Schulgattung	N[455]	R	Sign.-N	N[455]	R	Sign.-N
alle	352	0,61	0.001	352	0,92	0.001
Gesamtschulen	57	0,72	0.001	57	0,78	0.001
Gymnasien	61	0,82	0.001	61	0,82	0.001
Realschulen	87	0,75	0.001	87	0,93	0.001
Hauptschulen (+GF)	147	0,78	0.001	147	0,95	0.001

Jetzt läßt sich die *Unterschiedlichkeit der beiden Maße RAPL und RAPS* (*$RAPL_b$*) charakterisieren.

Die Variable RAPS kann als ein Maß aufgefaßt werden, das den *Grad der Versorgung einer Schule mit Lehrpersonal* für den *Physikunterricht* feststellt, wobei die Bezugsgrundlage die Anzahl der Schüler mit Unterricht in Physik ist. Dies gilt gleichermaßen für die Variable $RAPL_b$, bei der die Gesamtzahl der Lehrer (primarstufenbereinigt) als Bezugsgrundlage dient. Die Koppelung beider Variablen besteht in den theoretisch fest vorgegebenen Verhältniszahlen Lehrer/Schüler. Wegen der tatsächlichen Streuung dieser Verhältniszahlen ist die Korrelation von RAPS und $RAPL_b$ nicht total. *Ohne Berücksichtigung des Qualifikationsgrades* des Lehrpersonals unterrichteten nach den Werten der Tabelle 43 an Gesamtschulen, Gymnasien und Realschulen jeder achte Lehrer Physik, während dies *an Hauptschulen und GF-Schulen doppelt so* viele Lehrer waren.

Dieser *Unterschied verwischt sich bei der Variablen RAPL*, da im Falle der Hauptschulen und der GF-Schulen eben auch indirekt über die Primarstufe „zugeordneten“ Lehrer sich die Schüler mit auswirken, die noch keinen Physikunterricht haben.

Im Zeitpunkt der Erhebung der Daten *an den Hauptschulen* zeigte sich also, daß dort im Vergleich zu allen anderen Schulgattungen *eher Lehrer auch ohne Lehrbefähigung bereit* waren *Unterricht im Fach Physik zu erteilen.* Dies ist insofern keine Besonderheit, da Lehrer an diesen Schulen vielfach eine breite Fächerpalette unterrichtet haben, was bspw. auch der Tabelle 39 im Teilabschnitt 7.4.1 zu entnehmen ist. Inwieweit sich durch die Einführung „wissenschaftsorientierter“ Rahmenrichtlinien Verhaltensänderungen dieser Lehrer ergeben könnten, konnte aus Daten des Hauptprojekts nicht erschlossen werden. Spätere Daten aus dem Regierungsbezirk Gießen (Teilabschnitt 11.1.2) ermöglichen jedoch entsprechende Schlüsse.

7.6 Zusammenhänge zwischen der Qualität und der Quantität des Lehrpersonals für den Physikunterricht

Zwischen den im vorhergehenden Abschnitt eingeführten quantitativen Maßen RAPL und RAPS einerseits und dem qualifikatorischen Maß QLP wurden Prüfungen auf Zusammenhang durchgeführt. Die diesbezüglichen Korrelationskoeffizienten sind in der nachfolgenden Tabelle enthalten.

Tabelle 46: Spearmansche Korrelationskoeffizienten bezüglich der Variablen RAPL bzw. RAPS und QLP

	RAPL -QLP			RAPS -QLP		
Schulgattung	N[455]	R	Sign.-N	N[455]	R	Sign.-N
alle	355	-0,101	0.05	367	-0,34	0.001
Gesamtschulen	57	-0,15	n.s.	70	-0,18	n.s.
Gymnasien	62	0,10	n.s.	63	0,10	n.s.
Realschulen	88	-0,18	0.05	87	-0,37	0.001
Hauptschulen (+GF)	148	-0,21	0.01	146	-0,18	0.05

Bezogen auf das Gesamtsample bestehen signifikante, negative Zusammenhänge zwischen der qualifikatorischen Variablen QLP und den quantitativen Variablen RAPL bzw. RAPS. Der Zusammenhang ist beim schülerbezogenen quantitativen Maß RAPS stärker. Tendentiell ist also *an Schulen mit relativ mehr Physiklehrern die qualifikatorische Zusammensetzung des Lehrpersonals für den Physikunterricht niedriger als an solchen mit relativ weniger Physiklehrern.* Da bei getrennter Betrachtung die Signifikanz bei Gesamtschulen und Gymnasien verschwindet, bei *Haupt- und Realschulen* aber bleibt, ist dieser Zusammenhang gerade dort von Bedeutung.

7.7 Einflußfaktoren auf die Qualität und die Quantität des Lehrpersonals für den Physikunterricht

Als mögliche Einflußfaktoren auf die qualifikatorische Zusammensetzung des Lehrpersonals für den Physikunterricht wurden der Schulstandort (indikatorisiert durch den Regionalrang A - RRA -, vgl. Abschnitt 2.3), die Schulgröße (indikatorisiert durch die Schülergesamtzahl) und der Verflechtungsgrad V mit den beiden anderen Stufen (vgl. Abschnitt 1.3) angenommen.

Für die hypothetische Annahme einer Abhängigkeit vom Schulstandort sprechen gewisse Erfahrungen aus dem Anfang der siebziger Jahre, die auf eine teilweise bevorzugte Zuweisung von Physiklehrern an Schulen in der Nachbarschaft von Lehrerausbildungsstätten (Frankfurt, Gießen) hindeuteten.[458]

Für die hypothetische Annahme einer Abhängigkeit von der Schulgröße (SCHGR) und vom Verflechtungsgrad V spricht die Tatsache, daß an kleineren Schulen oder an Schulen mit starker Verflechtung mit der Primarstufe qualifizierte Physiklehrer nicht voll im Fach Physik eingesetzt werden können.

Wegen des aufgezeigten negativen Zusammenhanges zwischen der qualifikatorischen Variablen QLP und den quantitativen Größen RAPL bzw. RAPS übertragen sich naturgemäß die obigen Hypothesen auf letztere. Da die Variable RAPS als das geeignetere quantitative Maß erkannt wurde, wird nur noch dieses in die Analysen einbezogen.

7.7.1 Schulgröße und Schulstandort

Zur Prüfung auf Zusammenhang wurden zunächst einfache Spearmansche Korrelationskoeffizienten berechnet:
SCHGR - QLP: R=0,45 (N=380), signifikant auf dem 0.001-Niveau.
SCHGR - RAPS: R=-0,49 (N=371), signifikant auf dem 0.001-Niveau.

Es bestehen also signifikante Zusammenhänge mittlerer Stärke. Da diese in den beiden Fällen entgegengesetzt sind und im vorhergehenden Abschnitt aufgezeigt wurde, daß zwischen den beiden Variablen QLP und RAPS ein negativer Zusammenhang besteht, mußte untersucht werden, ob die Schulgröße eine echte Einflußgröße ist. Dazu wurden noch die folgenden partiellen Spearmanschen Korrelationskoeffizienten berechnet und den einfachen gegenüber gestellt:[459]

SCHGR- QLP (RAPS konstant): $R_{part.}$ = 0,36 ($R_{einf.}$ = 0,45),
SCHGR- RAPS (QLP konstant): $R_{part.}$ = -0,40 ($R_{einf.}$ = -0,49),
QLP- RAPS (SCHGR konst.): $R_{part.}$ = -0,15 ($R_{einf.}$ = -0,34).

Alle drei Korrelationskoeffizienten reduzieren sich bei der Konstanthaltung der dritten Größe. Da die Reduktionen in den beiden ersten Fällen im Vergleich zum letzten Fall deutlich geringer ausfallen, muß die *Schulgröße als ein echter Einflußfaktor* angesehen werden.

In analoger Weise wurde bei der Prüfung auf Zusammenhang mit dem Regionalrang RRA vorgegangen:
RRA - QLP: R = 0,06 (N=380), nicht signifikant.
RRA - RAPS: R = - 0,10 (N=371), signifikant auf dem 0.05-Niveau.

Die Hypothese einer Abhängigkeit der qualifikatorischen Größe QLP vom Schulstandort kann also nicht aufrecht erhalten werden. Verbleibt also noch zu klären, ob der schwache, signifikante Zusammenhang zwischen den Variablen RRA und RAPS echt ist.

RRA - QLP (RAPS konstant): $R_{part.}$ = 0,03 ($R_{einf.}$ = 0,06),
RRA - RAPS (QLP konstant): $R_{part.}$ = -0,08 ($R_{einf.}$ = -0,10),
QLP - RAPS (RRA konstant): $R_{part.}$ = -0,34 ($R_{einf.}$ = -0,34).

Da sich in den ersten beiden Fällen die Koeffizienten nur geringfügig ändern und vor allem im letzten Fall keine Änderung eintritt, kann der *Schulstandort nicht als echter Einflußfaktor* angesehen werden.

Einen tieferen Einblick in die Zusammenhänge gewinnt man, wenn man neben den betrachteten Korrelationskoeffizienten bedingte Medianwerte in Abhängigkeit von der Schulgröße und dem Schulstandort berechnet.

Dazu wurde das *Gesamtsample in folgende 9 Klassen eingeteilt*:
Kleine, mittlere, große Schulen der unteren Kreisgruppe;
kleine, mittlere, große Schulen der mittleren Kreisgruppe;
kleine, mittlere, große Schulen der oberen Kreisgruppe.

Für die Klassifizierung nach der Schulgröße wurde die gleiche Zuordnung gewählt, die bereits bei der Betrachtung der Repräsentativität der Projektbefragungen (Abschnitt 6.8.2) verwendet wurde. Die Kreisgruppeneinteilung erfolgt anhand des Regionalrangs A (Abschnitt 2.3).

Die berechneten Werte befinden sich in der Tabelle A41 des Anhangs. Mit Hilfe der prozentualen Abweichungen der Medianwerte für die 9 Klassen vom Medianwert des Gesamtsamples lassen sich die komplexen „inneren Zusammenhänge" veranschaulichen. Die diesbezüglichen, graphischen Darstellungen sind in der Abb.7 enthalten.

Zunächst ist für beide Fälle feststellbar, daß die Unabhängigkeit vom Schulstandort mit den gegenläufigen oder divergierenden Tendenzen in den Größenklassen der Schulen zusammenhängt. Die Abhängigkeit von der Schulgröße ist nach Kreisgruppen getrennt für die beiden Variablen QLP und RAPS sehr unterschiedlich. Bezüglich der Variablen RAPS ist in allen drei Kreisgruppen bei Berücksichtigung der Stärken der Tendenzen eine Gleichartigkeit zur Gesamttendenz festzustellen. Anders dagegen bei der Variablen QLP, wo in der oberen Kreisgruppe sogar eine starke, gegenläufige Tendenz vorhanden ist. Der Qualifikationsgrad ist dort an den kleineren Schulen höher als an den größeren. Eine mögliche Erklärung für diesen Effekt wird darin gesehen, daß an den Schulen der oberen Kreisgruppe im Vergleich zu den beiden anderen günstigere Möglichkeiten bestanden, mit Hilfe von Lehraufträgen Unterrichtsausfall in Physik zu vermeiden. Wegen der unmittelbaren Nähe von Universitäten standen dazu sowohl Lehrerstudenten wie auch anderes naturwissenschaftliches Personal als „Eingreifreserve" zur Verfügung. Diesem Personenkreis konnten jedoch nicht die Formalqualifikationen A oder B des Abschnitts 7.3 zugeordnet werden. Lehraufträge wurden, wegen des höheren Personalbedarfs, vornehmlich für größere Schulen erteilt.[460] Dadurch erniedrigt sich die Variable QLP an diesen Schulen.

Neben dieser „zweidimensionalen" Datenanalyse wurden auch noch für die Variablenpaare SCHGR-QLP, SCHGR-RAPS, RRA-QLP und RRA-RAPS Korrelationskoeffizienten getrennt nach Schulgattungen berechnet, um eventuelle Ausnahmen von der Gesamttendenz ausfindig zu machen.

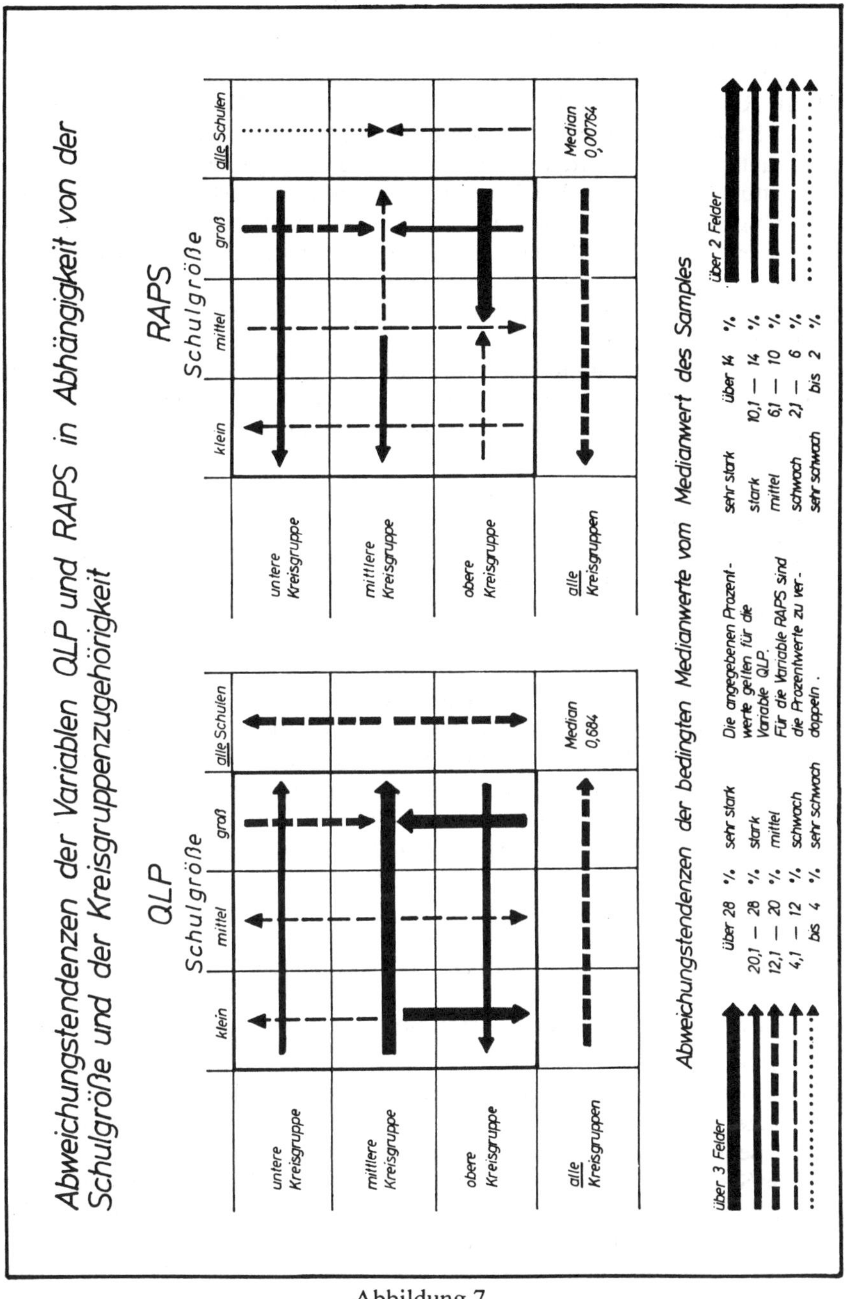
Abweichungstendenzen der Variablen QLP und RAPS in Abhängigkeit von der Schulgröße und der Kreisgruppenzugehörigkeit
QLP
Schulgröße
klein
mittel
groß
alle Schulen
untere Kreisgruppe
mittlere Kreisgruppe
obere Kreisgruppe
alle Kreisgruppen
Median 0,684
RAPS
Schulgröße
klein
mittel
groß
alle Schulen
untere Kreisgruppe
mittlere Kreisgruppe
obere Kreisgruppe
alle Kreisgruppen
Median 0,00764
Abweichungstendenzen der bedingten Medianwerte vom Medianwert des Samples
über 3 Felder
über 28 % sehr stark
20,1 — 28 % stark
12,1 — 20 % mittel
4,1 — 12 % schwach
bis 4 % sehr schwach
Die angegebenen Prozentwerte gelten für die Variable QLP.
Für die Variable RAPS sind die Prozentwerte zu verdoppeln.
sehr stark über 14 %
stark 10,1 — 14 %
mittel 6,1 — 10 %
schwach 2,1 — 6 %
sehr schwach bis 2 %
über 2 Felder

Abbildung 7

Was die Variable SCHGR anbelangt, so zeigte sich der bekannte Effekt, daß sich die Koeffizienten der Teilsample im Vergleich zum Gesamtsample erniedrigen. Eine Ausnahme bilden hier die Hauptschulen beim Variablenpaar SCHGR-RAPS insofern, als hier mit R = - 0,40 (N=149) die Erniedrigung im Vergleich zu den anderen Schulgattungen nur geringfügig ist und R noch hochsignifikant bleibt. Es wird vermutet, daß dieser im Vergleich zu den anderen Schulgattungen hervorstechende Effekt damit zusammenhängt, daß die Geräteausstattungen der größeren Hauptschulen im Vergleich zu den kleineren deutlich besser waren (vgl. Abschnitte über Geräteaustattungen). Eine vollständige Nutzung dieser Ausstattungen für den Physikunterricht erfordert aber ein Mindestmaß an fachwissenschaftlicher Kompetenz - ob durch eine Formalqualifikation ausgewiesen oder nicht -, so daß sich an den größeren Hauptschulen eine Konzentration des Lehrpersonals auf „wenige Spezialisten" vollzogen hatte und die Bereitschaft zum „all-round-Fächereinsatz" das Fach Physik - wahrscheinlich wohl auch das Fach Chemie - nicht mehr betraf.[461]

Die zweite Ausnahme bezieht sich auf die Variable RRA, wobei bei Trennung nach Schulgattungen im Falle des Variablenpaares RRA-QLP die Gymnasien einen Ausnahmefall darstellen. Mit R = - 0,21 (N=64) ergibt sich hier ein schwacher, negativer Zusammenhang. Dieser bedeutet, daß mit schwacher Tendenz der Qualifikationsgrad des Lehrpersonals der Gymnasien in Regionen mit hohem RRA-Wert niedriger ist. Als mögliche Erklärung dafür wird wieder auf den oben bereits dargestellten Zusammenhang mit der dort so bezeichneten „Eingreif-Reserve" hingewiesen.

Als Ergebnis dieser Analysen kann also festgestellt werden, daß die *Schulgröße einen bedeutenden Einfluß* auf die qualifikatorische und quantitative Zusammensetzung des Lehrpersonals für den Physikunterricht ausübt. *Schulstandorte* - in unterschiedlichen sozialgeographischen Regionen - dagegen *sind ohne Einfluß*. In der Haupttendenz ist die *qualifikatorische Zusammensetzung des Lehrpersonals* für den Physikunterricht *umso besser, je größer die Schule ist.* Andererseits ist die relative Anzahl der auf Schüler bezogenen Physiklehrer - also die *relative Quantität des Lehrpersonals* - tendenziell *umso niedriger, je größer die Schule ist.* Ursächlich ist hier die auf das Fach bezogene *Spezialisierung* - mit oder ohne Formalqualifikation - zu vermuten.

7.7.2 Verflechtung mit der Primarstufe und der Sekundarstufe II

Eine Hypothese über die Abhängigkeit der qualifikatorischen Zusammensetzung und der Quantität des Lehrpersonals für den Physikunterricht in der Sekundarstufe I von der Art der Verflechtung mit den beiden anderen Schulstufen erscheint aus zwei Gründen plausibel.

Für Schulen, an denen es eine Primarstufe gibt, ist von Bedeutung, daß in dieser Stufe Physikunterricht im eigentlichen Sinne[462] nicht stattfindet. Anders dagegen bei Schulen mit einer Sekundarstufe II. Ein bestimmter Teil des Lehrpersonals für den Physikunterricht muß die Qualifikationsstufe S besitzen, die über die spezielle Qualifikationsstufe A der Sekundarstufe I wesentlich hinausgeht.

Bei dieser Sachlage ist eine klassifikatorische Aufteilung der Schulen mit einer Sekundarstufe I notwendig. Ohne Überschneidung können vier Schulgruppen gebildet werden.

Schulgruppe SI:	Alle Schulen, an denen nur SI-Schüler unterrichtet werden.
Schulgruppe P/SI:	Alle Schulen an denen SI-Schüler und Grundschüler, aber keine SII-Schüler unterrichtet werden.
Schulgruppe SI/SII:	Alle Schulen an denen SI- und SII-Schüler, aber keine Grundschüler unterrichtet werden,
Schulgruppe P/SI/SII:	Alle Schulen an denen Schüler aller drei Stufen unterrichtet werden.

Tabelle 47: Zum Vergleich zwischen den Schulen des Samples (Schulleiterfragebögen) und der Population

Schulgruppe	Anzahl der Schulen am 15.10.1976		Anzahl der Schulen des Samples (1975 - 1977)	
	abs.	prozentual	abs.	prozentual
SI	255	32,7%	128	32,9%
P/SI	372	47,8%	183	47,0%
SI/SII	143	18,4%	78	20,1%
P/SI/SII	9	1,2%	- -	--

Abgesehen von der Nichtbesetzung der vierten Gruppe - was wegen der extrem niedrigen Prozentzahl in der Population unbedeutend ist - ist die Repräsentation des Samples nach Schulgruppen fast ideal.

Zur Prüfung der Hypothese wurden zunächst wieder bedingte Median- und Streuungswerte (MQA) der personalbezogenen Variablen QLP und RAPS berechnet.

Tabelle 48: Bedingte statistische Kennwerte (Ordinalniveau) der Variablen QLP und RAPS nach Schulgruppen

	QLP			RAPS		
Schulgruppe	N[463]	Median	MQA	N[463]	Median	MQA
P/SI	175	0,55	0,30	170	0,011	0,005
SI	128	0,69	0,28	125	0,006	0,003
SI/SII	77	0,99	0,12	76	0,007	0,003
alle	380	0,68	0,49	371	0,008	0,003

Die Werte der Tabelle 48 sind nicht überraschend, wenn man Vergleiche zu den Tabellen 38 und 43 anstellt und die Struktur der Sekundarstufe I (Tabelle 3 des Abschnitts 1.3) berücksichtigt. Sie verdeutlichen jedoch, daß die Verflechtung mit der Primarstufe die qualifikatorische Zusammensetzung des Physik-Lehrpersonals verschlechtert, während die Verflechtung mit der Sekundarstufe II sie verbessert. Die relative Quantität des Lehrpersonals - indikatorisiert durch die Variable RAPS - ist bei Verflechtung mit der Primarstufe bedeutend, bei Verflechtung mit der Sekundarstufe II nur unwesentlich größer.

Weiterhin ist erkennbar, daß der *Grad der Homogenität* - gemessen durch das Streuungsmaß MQA (mittlere Quartildifferenz) - hinsichtlich der qualifikatorischen Zusammensetzung des Lehrpersonals bei Verflechtung mit der Sekundarstufe II größer ist, während umgekehrt die relative Quantität bei Verflechtung mit der Primarstufe mehr streut. *Die qualifikatorische Zusammensetzung und die relative Quantität des Lehrpersonals für den Physikunterricht hängen also von der Art der Verflechtung (P/SI oder SI/SII) ab.*

Die bisherige Betrachtung nach Schulgruppen erlaubt jedoch keine direkte Aussage über Zusammenhänge zwischen dem Verflechtungsgrad V und den Variablen QLP bzw. RAPS. Da in der Schulgruppe SI ja V=0 ist, sind jetzt nur die beiden anderen Schulgruppen zu betrachten.

Tabelle 49: Spearmansche Korrelationskoeffizienten und Signifikanzniveaus zur Prüfung auf Zusammenhang zwischen der Variablen V und den Variablen QLP bzw. RAPS

	V - QLP			V - RAPS		
Schulgruppe	N	R	Sign.-N.	N	R	Sign.-N.
P/SI	175	-0,16	0.05	170	0,48	0.001
SI/SII	77	0,01	n.s.	76	0,20	0.05

Tendentiell nimmt also bei stärkerer Verflechtung mit der Primarstufe der Qualifikationsgrad QLP des Lehrpersonals ab. Verständlicherweise besteht zwischen V und QLP bei Verflechtung mit der Sekundarstufe II kein Zusammenhang.

In beiden Fällen der Verflechtung nimmt tendentiell die relative Quantität mit der Stärke der Verflechtung zu. Wie schon im Abschnitt 7.6 dargestellt (vgl. Tabelle 46), ist diese Zunahme der relativen Quantität des Lehrpersonals bei der Verflechtung mit der Primarstufe gleichzeitig mit einer Abnahme des Qualifikationsgrades QLP des Lehrpersonals verbunden. Die *Stärke der Verflechtung mit der Primarstufe ist also von Einfluß auf die qualifikatorische und quantitative Zusammensetzung des Lehrpersonals für den Physikunterricht. Bei einer Verflechtung mit der Sekundarstufe II dagegen ist der Einfluß nur hinsichtlich der relativen Quantität feststellbar.*

TEIL 8: DIE FACHRAUMKAPAZITÄTEN UND DIE GERÄTEAUSSTATTUNGEN FÜR DEN PHYSIKUNTERRICHT IN DER SEKUNDARSTUFE I (1972-1977)

Nachdem im vorhergehenden Teil die personellen Gegebenheiten zum Zeitpunkt des Beginns der verpflichtenden Erprobung der Rahmenrichtlinien Physik dargestellt wurden, wird nachfolgend über die sachlichen Gegebenheiten berichtet. Dazu noch einige Vorbemerkungen.

Bei den Erhebungen der Vorphase wurde der Versuch unternommen, die sachlichen Gegebenheiten in voller Breite zu erfassen. Die Ergiebigkeit war in den einzelnen Bereichen sehr unterschiedlich, so daß in der Hauptphase eine Beschränkung auf die beiden fachspezifisch typischen und unverzichtbaren Bereiche - Fachräume und Geräteausstattungen - erfolgte. Dies erscheint vertretbar, denn die Ausstattungen für den audio-visuellen Bereich sind fachübergreifend und nicht spezieller Sachbestand für den Physikunterricht. Ebenso werden die gedruckten Lernmaterialien in den Schulen zentral verwaltet und stehen nicht unter der Obhut von Sammlungsleitern für naturwissenschaftliche Fächer.

Während der Begriff „Geräteausstattung" in den Abschnitten 6.12.2 und 6.12.3 definiert und erläutert wurde, ist noch einiges in Ergänzung zum Abschnitt 6.12.1 bezüglich der Ausstattung mit Fachräumen hinzuzufügen. Dort wurde lediglich von den zwei zu erfassenden Merkmalen „Funktionalität" (Spezies von Fachräumen) und „Kapazität" (relativ auf die jeweilige Schule bezogen) gesprochen. Daß Fachräume auch nach anderen Gesichtspunkten beurteilt werden sollten, haben beispielsweise BEIMDIEK/BURGMER/OBERLIESEN (1973, 1976 und 1977) aufgezeigt. In gewisser Weise stellen die Darlegungen dieser Paderborner Arbeitsgruppe, die sich auf „Raumkonzeptionsanalysen" und auf „Analysen von Tätigkeitskategorien als Teilverfahren zur Optimierung der Einrichtungen und Austattungen von Fachunterrichtsräumen" beziehen, Auseinandersetzungen mit qualitativen Merkmalen dar. Die im Rahmen der Projekterhebung erfaßten Daten zur Raumausstattung haben ausschließlich quantitive Natur, wobei die Quantität noch relativ - nämlich bezogen auf die jeweilige Schule - ist.

8.1 Die Fachraumkapazitäten der Schulen

In der Abbildung 8 werden die Auswertungsergebnisse der in der Vorphase (1972/73) erhobenen Daten dargestellt. Hier war ja auch noch das Fach Chemie in die Untersuchung mit einbezogen, so daß ein Vergleich möglich ist.

An allen drei Schulgattungen bestanden damals bedeutsame Mängel hinsichtlich der Raumkapazität. Relativ am besten waren die Verhältnisse an den Gesamtschulen, was weitgehend damit zusammenhing, daß diese Schulen sich bereits in der Mehrzahl in Schulneubauten befanden. Deren Defizite hatten mehrere Ursachen. Teilweise waren bei einigen Neubauten die Kapazitäten bei bereits deutlicher Zunahme der Schülerzahlen nicht mehr voll ausreichend, einige Schulen befanden sich im Übergangsstadium vom Altbau zu einer Neubauergänzung und schließlich wurden einige Gesamtschulen an ehemaligen Mittelpunktschulen eingerichtet, deren Raumpläne nicht auf diese Entwicklung hin konzipiert waren. Die Verhältnisse an den Hauptschulen und Realschulen waren in etwa gleichartig, jedoch im Vergleich zu den Gesamtschulen erheblich schlechter.

Was den Vergleich zwischen den Fachräumen für Physik und Chemie betrifft, so sind die Unterschiede bei den Gesamtschulen unwesentlich. Bei den Realschulen ist der Abfall für das Fach Chemie im Vergleich zum Fach Physik deutlich und bei den Hauptschulen noch etwas stärker. Ursächlich ist bei diesen Schulgattungen zu vermerken, daß dort im Gegensatz zu den Gesamtschulen in der Regel für die beiden naturwissenschaftlichen Fächer nur je ein Raum der betreffenden Spezies zur Verfügung stand. Getrennte Räume für Physik und Chemie waren die Ausnahme. Das für beide Fächer bei den Haupt- und Realschulen festgestellte besonders starke Defizit an Schülerübungsräumen erklärt sich auch daraus, daß an diesen Schulen meistens nur ein Fachraum als Lehr- und Übungsraum zur Verfügung stand.

Mit dem Vergleich der Raumausstattungsverhältnisse für die beiden Fächer Physik und Chemie wird ein erstes Indiz für die im Abschnitt 6.4 aufgestellte These geliefert, daß sich die Untersuchungsergebnisse für das Fach Physik hinsichtlich der Probleme der Realisierung der Rahmenrichtlinien auf das Fach Chemie übertragen lassen dürften.

In der Abbildung 9 werden die Auswertungsergebnisse der in der Hauptphase (1975-1977) erhobenen Daten dargestellt. Grob betrachtet ergeben sich im Vergleich zwischen Gesamtschulen einerseits und Haupt- und Realschulen andererseits ähnliche Kapazitätsunterschiede, wie diese schon in der Vorphase des Projekts aufgefunden wurden. Auch die Gymnasien fallen im Vergleich zu den Gesamtschulen etwas ab. *Insgesamt kann man sagen, daß die Schulen des tradierten Schulbereichs im Vergleich zu den Gesamtschulen beim Beginn der verpflichtenden Erprobung der Rahmenrichtlinien ab 1976 deutlich größere Defizite in den Fachraumkapazitäten hatten.*

Betrachtet man alle Schulgattungen zusammen, so waren die Defizite doch recht erheblich. Nur bei knapp zwei Drittel aller Schulen wurden die Fachräume für Demonstrationen als „ausreichend vorhanden" beurteilt. Das Defizit an Schülerübungsräumen war am größten. Nur bei zwei von fünf Schulen bestanden ausreichende Kapazitäten. Ähnlich hoch lag das Defizit bei den Vorbereitungsräumen. Bei den Sammlungsräumen hatten zwei von fünf Schulen Defizite.

Diese Unterschiede in den Kapazitätsdefiziten, gesondert nach Fachraumspezies betrachtet, findet man bei den Schulen des tradierten Bereichs in ähnlicher Form im einzelnen wieder. Bei den Gesamtschulen dagegen sind diese Unterschiede nur ganz schwach ausgeprägt.

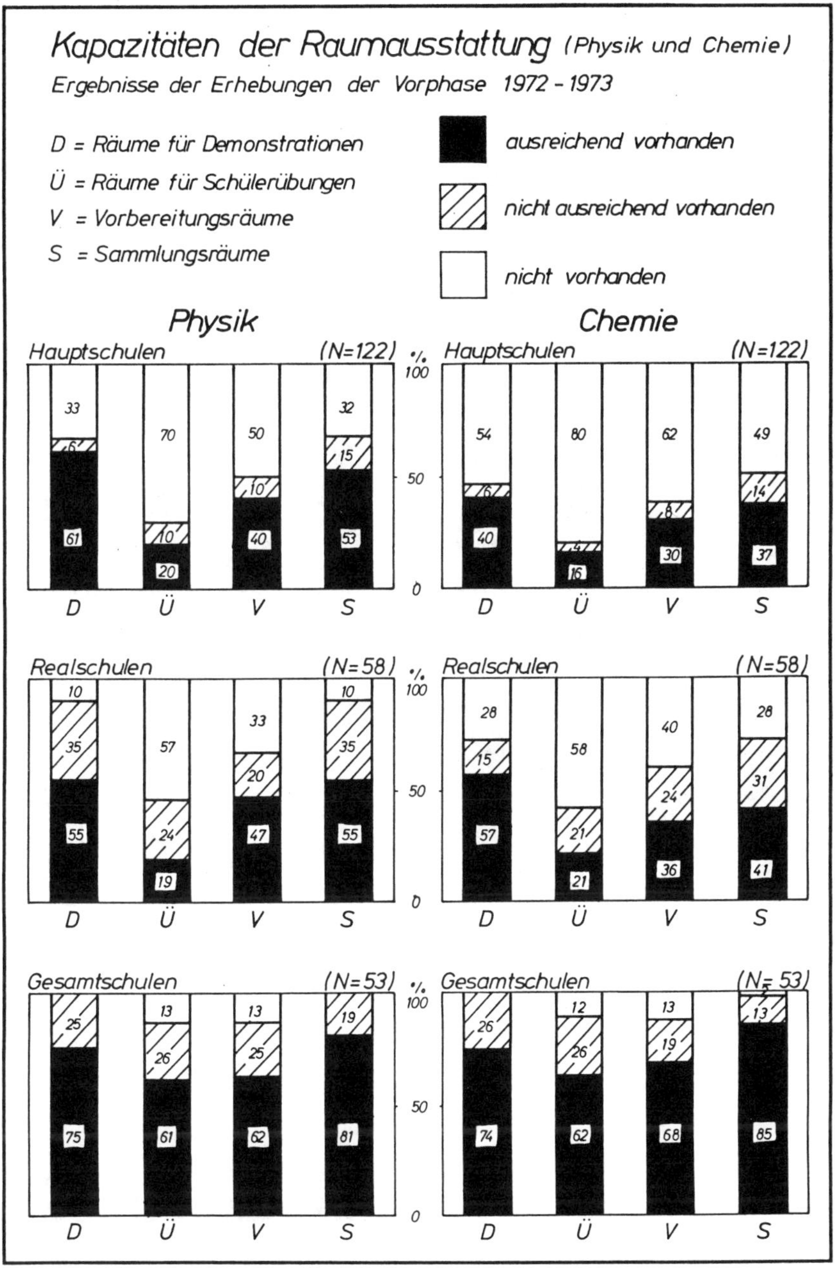
Kapazitäten der Raumausstattung (Physik und Chemie)
Ergebnisse der Erhebungen der Vorphase 1972 - 1973
D = Räume für Demonstrationen
Ü = Räume für Schülerübungen
V = Vorbereitungsräume
S = Sammlungsräume
ausreichend vorhanden
nicht ausreichend vorhanden
nicht vorhanden
Physik
Chemie
Hauptschulen (N=122)
Realschulen (N=58)
Gesamtschulen (N=53)
%
100
50
0
D Ü V S

Abbildung 8

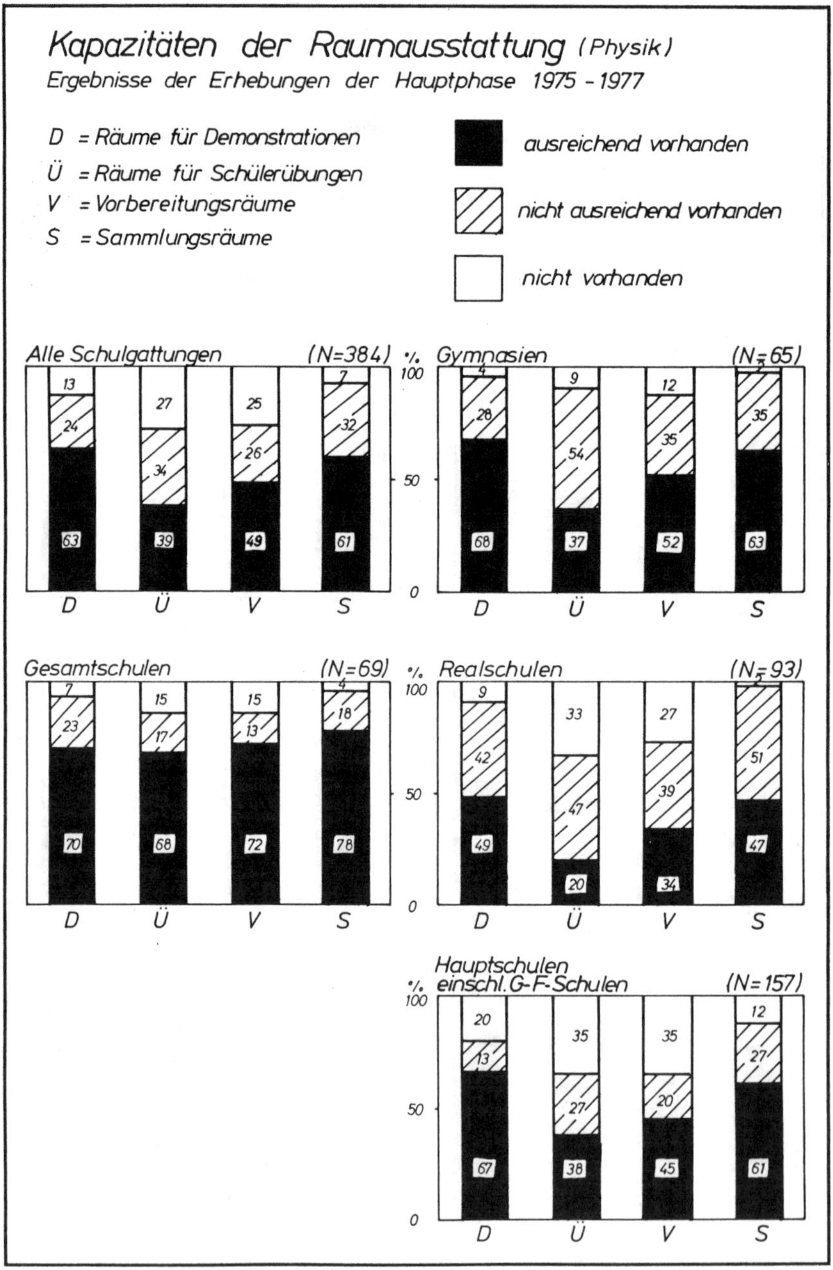

Kapazitäten der Raumausstattung (Physik)
Ergebnisse der Erhebungen der Hauptphase 1975 - 1977
D = Räume für Demonstrationen
Ü = Räume für Schülerübungen
V = Vorbereitungsräume
S = Sammlungsräume
ausreichend vorhanden
nicht ausreichend vorhanden
nicht vorhanden
Alle Schulgattungen (N=384)
13 24 63
27 34 39
25 26 49
7 32 61
Gymnasien (N=65)
4 28 68
9 54 37
12 35 52
35 63
Gesamtschulen (N=69)
7 23 70
15 17 68
15 13 72
4 18 78
Realschulen (N=93)
9 42 49
33 47 20
27 39 34
51 47
Hauptschulen einschl. G-F-Schulen (N=157)
20 13 67
35 27 38
35 20 45
12 27 61
%
100
50
0
D Ü V S

Abbildung 9

Vergleicht man jetzt die Graphiken bezüglich der Vorphase mit denen der Hauptphase, so erkennt man zunächst, daß sich von 1973 bis 1975 an den Gesamtschulen in etwa die Gesamtsituation kaum wesentlich verändert hatte. Das gilt insbesonders, wenn man beide Arten von Unterrichtsräumen zusammenfassend betrachtet. Der weiteren Zunahme an Schülern stand dabei kompensierend das Fortschreiten von Baumaßnahmen gegenüber.

Die Defizite der Gymnasien können mit dem Zustand zur Zeit der Vorphase nicht verglichen werden, da damals die Gymnasien noch nicht in die Untersuchung einbezogen waren.

Was die *Realschulen* betrifft, so hatte sich die *Fachraumkapazität von 1972 hin bis 1977 deutlich verschlechtert.* Dies ist im Zusammenhang mit der sehr starken Zunahme an Realschülern und[464] gleichzeitiger Abnahme der Realschulen zu sehen. Wenn zwar ein bedeutender Teil der Realschüler in neu eingerichteten additiven Gesamtschulen unterrichtet wurde, so hatte zwischen 1969 und 1977 die durchschnittliche Zahl der Schüler einer Realschule von 730 auf 820 zugenommen.[465] Diesem Tatbestand standen im tradierten Bereich keine ausreichenden kompensatorischen Baumaßnahmen gegenüber. Zwar wurden in dieser Zeit von der Bildungsverwaltung auch Baumaßnahmen, die von den Schulträgern im tradierten Bereich unternommen wurden, gefördert. Die Standorte von Realschulen und ebenso die von Gymnasien befinden sich aber in der überwiegenden Zahl in innerstädtischen Bereichen, so daß dort trotz Bereitstellung der erforderlichen finanziellen Mitteln die Schulbauprogramme wegen der eingeschränkten Baugrundstücke nicht immer vollständig umgesetzt werden konnten.[466]

Bei den Hauptschulen lagen die Verhältnisse scheinbar besser. So jedenfalls ist das Ergebnis einer vergleichenden Betrachtung der beiden Graphiken für Hauptschulen in den Abbildungen 8 und 9. Die Defizite erscheinen 1977 als deutlich geringer im Vergleich zu 1972. Hier muß jedoch ergänzend vermerkt werden, daß die Anzahl der Hauptschüler in diesem Zeitraum im Gegensatz zu den Realschülern deutlich abgenommen hatte.[467] Von größerer Bedeutung ist jedoch die sehr starke Abnahme der schulischen Einheiten. Gab es 1969 noch 1040 Hauptschulen, so lag diese Zahl 1977 bei nur noch 267.[468] Aufgelöst wurden vor allem kleine Hauptschulen und diese hatten in den meisten Fällen keine Fachräume. In den seltensten Fällen ist damals bei den Hauptschulen eine Verbesserung durch Baumaßnahmen eingetreten.

8.2 Die Geräteausstattungen der Schulen

Bevor in den einzelnen Abschnitten ins Detail gegangen wird, sei darauf hingewiesen, daß nachfolgend in wesentlich größerem Umfang als bisher Analysen von Daten, die in der Vorphase des Projekts erhoben wurden, in die Betrachtungen einbezogen werden können. Dies hängt damit zusammen, daß neben den Fragen zur Raumausstattung solche bezüglich der Geräteausstattung, abgesehen von dem noch teilweise fehlenden Rahmenrichtlinienbezug, ebenso ausdifferenziert den Sammlungsleitern vorgelegt wurden, wie dies in der Hauptphase des Projekts der Fall war.

8.2.1 Zeiträume der Ausstattung der Schulen mit Geräten für den Physik(Chemie)-Unterricht

Die nachfolgend dargestellten Untersuchungsergebnisse beruhen auf Daten, die sich auf eine Kernfrage 2. Art im Sammlungsleiterfragebogen beziehen. Dabei wurden die Sammlungsleiter um die Angabe jeweils zweier Jahreszahlen für die Ausstattungen mit Demonstrationsgerät und Schülerübungsgerät gebeten, welche den *Hauptausstattungszeitraum* charakterisieren[469] Die erste Jahreszahl, die den *Beginn* dieses Zeitraums definiert, ist dem Jahr der sogenannten *Erstausstattung* zugeordnet, d.h. dem Jahr, in dem der Schule der erste größere finanzielle Betrag zur Anschaffung von Experimentiergerät zur Verfügung gestellt wurde. Dies bedeutet nicht, daß die betreffende Schule vor diesem Zeitpunkt überhaupt noch keine Geräte hatte. Die nachfolgenden Anschaffungen hatten jedoch den Umfang der Geräteausstattungen ganz erheblich gegenüber dem bisherigen Stand erweitert. Die zweite Jahreszahl, die dem Jahr des (vorläufigen) *Abschlusses* der Ausstattung der betreffenden Schule entspricht, ist dem Jahr zugeordnet, in dem der Schule der letzte größere finanzielle Betrag für die genannten Zwecke zur Verfügung gestellt wurde. Im Zusammenhang mit der Einführung neuer Lehrpläne könnten weitere Ausstattungsbedürfnisse zusätzliche, größere finanzielle Beträge erfordern, so daß natürlich nur von einem vorläufigen Abschluß ausgegangen werden kann. Unabhängig von der Festlegung eines solchen Hauptausstattungszeitraumes ist das Problem der Ersatzbeschaffung und das der permanenten Ergänzung mit neuentwickelten Lehr- und Lerngeräten. In der Regel muß dabei auf den laufenden Etat zurückgegriffen werden.[470]

Bevor näher auf die Analyse der Daten über diese Zeitangaben eingegangen werden kann, muß noch auf den besonderen Tatbestand verwiesen werden, daß bei den diesbezüglichen Fragen die Sammlungsleiter im Vergleich zu anderen Fragen sehr viel weniger häufig Antworten gaben. Der Vergleich der Anzahl der Beantwortungen in der Tabelle 51 mit den Stichprobenumfängen bei der Sammlungsleiterbefragung (vgl. Angaben in den Tabellen A25-A33 des Anhangs) zeigt, daß je nach Erhebung und Fach (Physik bzw. Chemie) bezüglich der Demonstrationssammlungen nur zwischen 56% und 74% Beantwortungen erfolgten. Bezüglich der Schülerübungssammlungen liegen die Prozentsätze sogar nur zwischen 40% und 73%. Zwei Gründe sind für diesen Ausfall zu sehen. Entweder sah sich der Befragte bei vorhandener Sammlung nicht in der Lage Zeitdaten anzugeben oder er konnte dies nicht tun, da die betreffende Schule keine Sammlung hatte. Um die Darstellungen der Abbildungen 10-12 und die zusammenfassenden Daten der Tabelle 51 unmißverständlich interpretieren zu können, war deshalb eine entsprechende Voranalyse erforderlich.

Tabelle 50: Absolute und relative (auf den Stichprobenumfang bezogene) Anzahl der Schulen ohne Geräteausstattung

			Anzahl der Schulen ohne Ausstattung für			
Schulgattung u.			Demonstrationen		Schülerübungen[471]	
Erhebungsjahr	Fach	N	abs.	proz.	abs.	proz.
Vorphase						
H 72 u. H 73[472]	Phy	178	12	6,7%	25	14,0%
H 72	Che	93	9	9,7%	44	47,3%
R 72 u. R 73[472]	Phy	94	0	--	2	2,1%
R 72	Che	49	0	--	16	32,7%
Ges 73	Phy	53	2	3,8%	2	3,8%
Ges 73	Che	53	2	3,8%	4	7,6%
Hauptphase						
Ges 75	Phy	75	0	--	2	2,7%
Gym 76	Phy	62	0	--	3	4,8%
H/GF 77	Phy	148	0	--	15	10,1%
R 77	Phy	96	0	--	7	7,3

Die Zahlen der Tabelle 50 lassen erkennen, daß in den Jahren der Erhebungen der Vorphase zwar an allen Realschulen für die beiden Fächer Physik und Chemie Demonstrationsgerätesammlungen vorhanden waren, während es 7 bis 10% Hauptschulen gab, die auch 16 Jahre nach dem Beginn des Wiederaufbaus des Schulsystems nach dem Kriege noch keine solche Sammlung besaßen. Bei den 4% Gesamtschulen des Jahres 1973 handelt es sich um Schulen, bei denen die entsprechenden Bauvorhaben für den naturwissenschaftlichen Teil im Jahr der Erhebung noch nicht realisiert waren. Die allgemeine Verbesserung in den darauffolgenden Jahren wird durch die Erhebungen der Hauptphase erkennbar. Hier haben alle Schulen, die auswertbare Fragebögen zurückschickten eine Sammlung für Demonstrationsgeräte.

Bezüglich der Sammlungen für Schülerübungsgerät erscheint die allgemeine Situation im Vergleich zu den Demonstrationsgerätesammlungen wesentlich schlechter. Wenngleich wiederum die Prozentzahlen der Hauptphase im Vergleich zu denen der Vorphase wesentlich günstiger erscheinen, liegen die Prozentzahlen im H-R-Bereich noch relativ hoch. 1977 hatte jede zehnte Hauptschule und jede dreizehnte Realschule kein Schülerübungsgerät, während dies 1976 nur bei jedem zwanzigsten Gymnasium und 1975 nur bei jeder siebenunddreißigsten Gesamtschule der Fall war. Faßt man für das Fach Physik Haupt- und Realschulen zusammen, so war die Verbesserung der Defizite im Zeitraum von 1972/73 bis 1977, d.h. gerade in der Zeit der Diskussion und der freiwilligen Erprobung der Rahmenrichtlinien, nur ganz geringfügig, indem die relative Anzahl der Schulen ohne Schülerübungsgerät nur von 10% auf 9% abnahm. Anzumerken ist noch, daß generell die Ausstattungsverhältnisse mit Schülerübungsgerät für das Fach Chemie - hier liegen nur Daten der Vorphase vor - sowohl bei den H-R-Schulen als auch bei den Gesamtschulen schlechter waren. 1972 gab es noch an 3 von 10 Realschulen kein Schülerübungsgerät für das Fach Chemie und hatte nur etwas mehr als die Hälfte der Hauptschulen eine solche Sammlung. Was die Realschulen anbelangt, für die die Bildungspläne von 1957 ja im Gegensatz zu denen der Hauptschulen die beiden Fächer Physik und Chemie als eigenständig ausweisen,[473] scheinen es vornehmlich Probleme der Raumausstattung gewesen zu sein, die vielfach die Durchführung von Schülerübungen verhinderten. Nicht alle Lehr-Übungsräume, die als gemeinsamer Unterrichtsraum für die beiden Fächer benutzt werden mußten, ließen ohne Gefahr die Durchführung von Schülerexperimenten im Fach Chemie zu. Bei den Hauptschulen dagegen scheint dies eher auf die alten Lehrpläne zurückzuführen zu sein, denn die Chemie ist dort in den Physikplan eingearbeitet und nimmt im Vergleich zur Realschule einen sehr bescheidenen Raum ein.[474] Wenn überhaupt Hauptschulen durch die Anschaffung von Schülerübungsgerät für Chemie diesem Fach an ihrer Schule einen besonderen Stellenwert zukommen ließen, dann ist dies eher mit Bestrebungen im Zusammenhang zu sehen, die nach der Einführung von Mittelpunktschulen im Jahre 1959 dahingingen, allmählich die Volksschuloberstufe zur Hauptschule als gleichwertige dritte Säule der Trias im Sekundarbereich auszubauen.[475]

Die Prozentzahlen der Tabelle 50 erklären nur zu einem kleinen Anteil den Ausfall von Antworten über die Ausstattungszeiträume. Der Hauptausfall ist offensichtlich darin zu sehen, daß die Befragten keine vertretbaren Angaben machen konnten. Wenn sich damit bezüglich dieser Fragen die ursprünglichen Stichprobenumfänge zwar wesentlich verkleinerten, sind die Informationen, die über die Teilstichproben der Beantworter zu erhalten waren, noch aufschlußreich genug.

Eine erste Zusammenfassung der erhobenen Zeitdaten erfolgt durch die nachfolgenden Abbildungen 10, 11 und 12, wobei die Daten über Beginn und (vorläufiges) Ende des Hauptausstattungszeitraums getrennt voneinander zu *kumulativen Häufigkeiten*[476] zusammengefaßt wurden. Damit wird zwar direkt keine Aussage über die Hauptausstattungszeiträume möglich (Informationen darüber liefert dann die Tabelle 51), man erhält jedoch für die einzelnen Schulgattungen einen anschaulichen Vergleich über die zeitlichen Verläufe bei der Ausstattung mit Demonstrations- und Schülerübungsgerät. Darüberhinaus sind auch Vergleiche zwischen den Schulgattungen möglich.

Bei allen sechs Darstellungen ist erkennbar, daß die Ausstattungszeiträume für Schülerübungen nicht mit denen für Demonstrationsgerät zusammenfallen. Insgesamt gesehen erfolgte der Beginn der Ausstattung der Schulen mit Schülerübungsgeräten zeitlich später als der der Austattung mit Demonstrationsgeräten, während dies beim vorläufigen Abschluß bei den einzelnen Schulgattungen recht unterschiedlich ist. Die Tatsache dieser zeitlichen Verzögerung des Beginns der Ausstattung mit Schülerübungsgeräten hat sicherlich

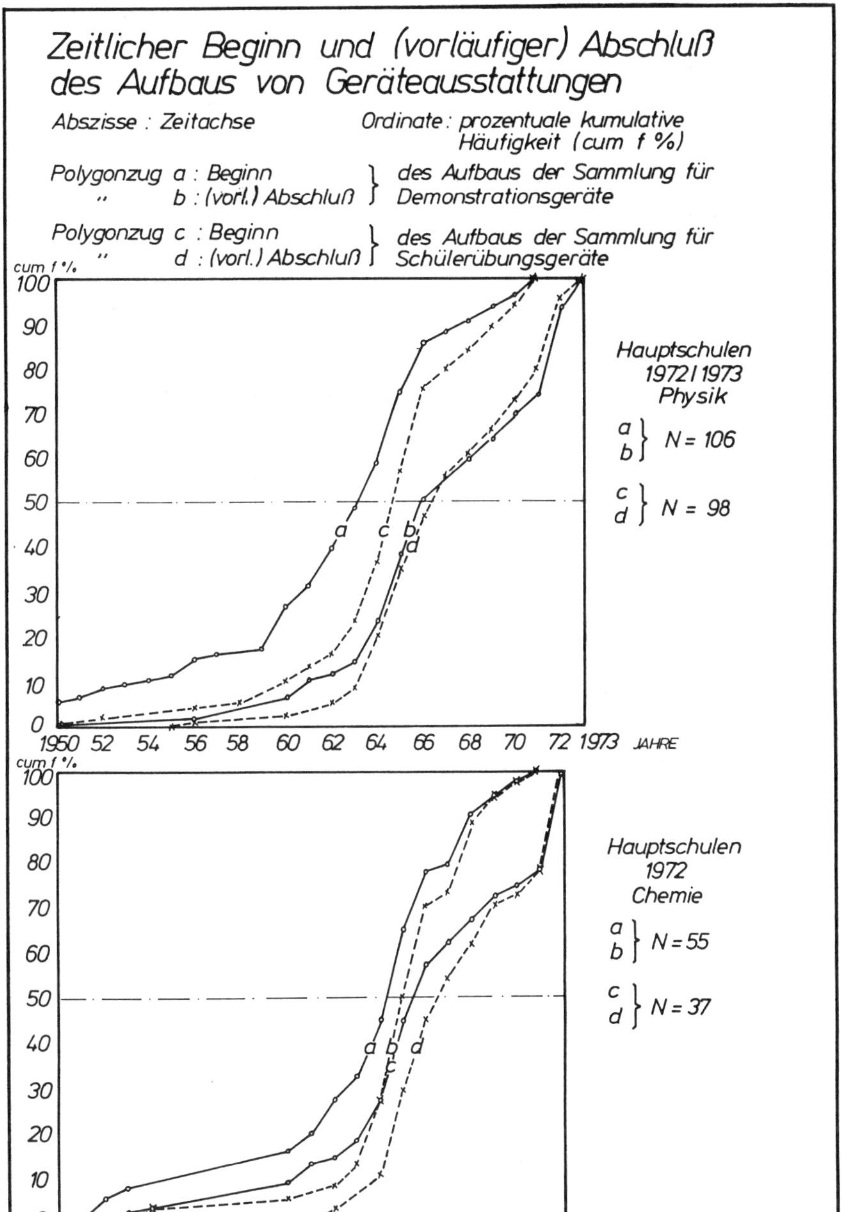

Abbildung 10

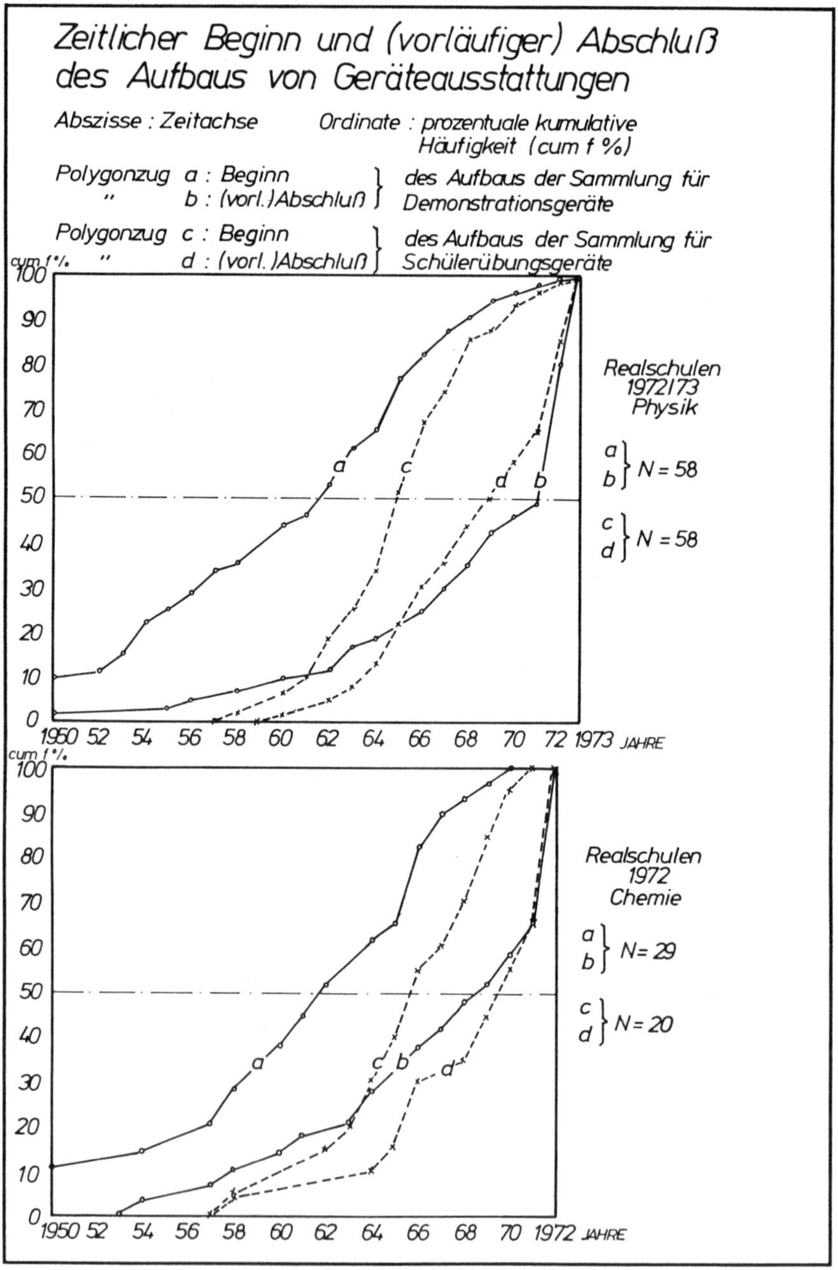

Abbildung 11

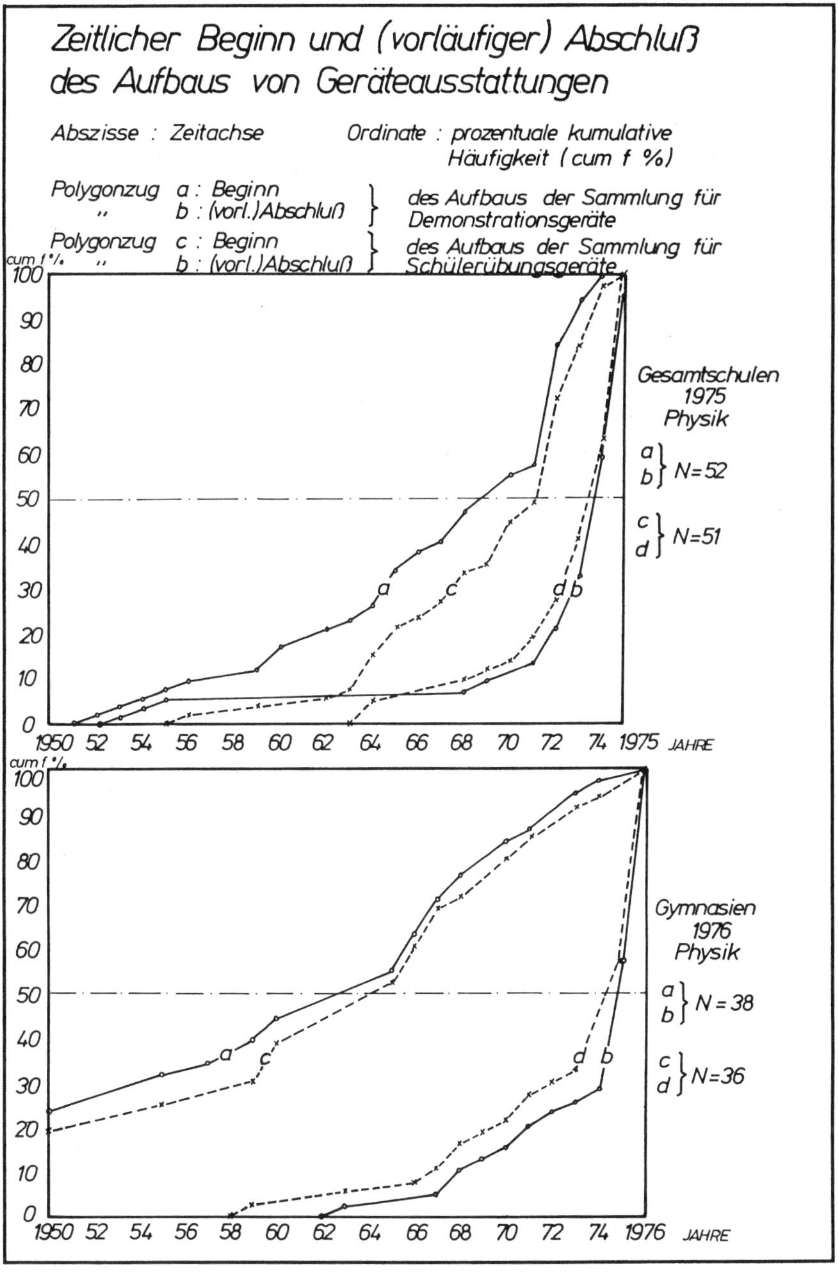

Abbildung 12

eine Reihe von Ursachen, die umfassend schwer zu ergründen sein dürften. Drei Gründe für diese Verzögerungen können jedoch genannt werden. Ein Grund ist schulinterner und die beiden anderen sind schulexterner Natur. So war in den Jahren nach dem 2.Weltkrieg bis in die sechziger Jahre hinein die schulische Realität weitgehend durch zwei gravierende Negativfaktoren geprägt. Insgesamt bestand ein erheblicher allgemeiner Raummangel, da der Wiederaufbau der im Krieg in den Städten zerstörten Schulen nur allmählich erfolgen konnte und auf dem Lande in den nicht zerstörten Schulen zusätzlich zu den heimischen Schülern noch Schüler aus Flüchtlings- und Evakuiertenkreisen kamen. Mit dem allgemeinen Raummangel war naturgemäß auch ein Mangel an Fachräumen verbunden und bei Klassenfrequenzen, die im Mittel zwischen zunächst 43 und später immerhin noch 36 Schülern je Klasse lagen,[477] konnten kaum Gedanken an Schülerübungen aufkommen. Was die schulexternen Gründe betrifft, so muß erwähnt werden, daß vor dem Kriege zwar die Lehrmittelindustrie bereits ein beachtliches Angebot an Demonstrationsgerät für Schulen bereitgestellt hatte, daß es jedoch faktisch keine wesentlichen Angebote an Schülerübungsgerät gab. Die kommerzielle Entwicklung von Schülerübungsgerät und der diesbezügliche systematische Vertrieb durch die Lehrmittelfirmen erfolgte erst nach dem 2.Weltkrieg und anfangs recht zögerlich.[478] Schließlich waren in dieser Zeit nur wenige Schulträger, die finanziell unter starken Belastungen im Zusammenhang mit den Kriegsfolgen standen, in der Lage, gleichzeitig mit der Bereitstellung von Mitteln für die Beschaffung von Demonstrationsgeräten auch solche für Schülerübungsgeräte zur Verfügung zu stellen.

Nach dieser allgemeinen Betrachtung noch einige Ergänzungen zu den einzelnen Schulgattungen. Bei der Betrachtung der einzelnen graphischen Darstellungen fällt auf, daß ein charakteristischer Unterschied zwischen den Schulgattungen darin besteht, daß die Flächen zwischen den begrenzenden Polygonzügen a (Beginn) und b (vorl. Abschluß) bezüglich des Demonstrationsgeräts und ebenso zwischen den Polygonzügen c (Beginn) und b (vorl. Abschluß) bezüglich des Schülerübungsgerätes sehr unterschiedliche Größen aufweisen. Dies bedeutet, daß im Mittel die Hauptausstattungszeiträume bei den einzelnen Schulgattungen sehr verschieden sind. Als ein *mittleres Maß für den Hauptausstattungszeitraum* der jeweiligen Stichprobe von Schulen einer bestimmten Schulgattung kann man den Abszissenabstand der Mediane der Polygonzüge a und b bzw. c und d ansehen. Diese Werte sind unmittelbar den graphischen Darstellungen in den Abbildungen 10, 11 und 12 entnommen und in der nachfolgenden Tabelle zusammengestellt worden. Neben der so definierten mittleren Länge des Hauptausstattungszeitraumes wird noch der *Beginn* dieses Zeitraumes angegeben, wobei der graphisch ermittelte Abszissenwert *durch eine ganzzahlige Jahresangabe approximiert* wird.

Tabelle 51: Mittlerer Beginn und mittlere Länge der Hauptausstattungszeiträume nach Schulgattungen

Schulgattung u. Erhebungsjahr	Fach	Demonstrationsgeräte N	mittlerer Beginn	mittlerer Zeitraum	Schülerübungsgeräte N	mittlerer Beginn	mittlerer Zeitraum
H72 u H 73[479]	Phy	106	1963	3,0 Jahre	98	1965	1,7 Jahre
H 72	Che	55	1964	1,2 Jahre	37	1965	1,5 Jahre
R 72 u. R 73[479]	Phy	58	1962	9,6 Jahre	58	1965	4,1 Jahre
R 72	Che	29	1962	6,8 Jahre	20	1966	3,8 Jahre
Ges 75[480]	Phy	52	1969	5,0 Jahre	51	1971	2,3 Jahre
Gym	Phy	38	1963	12,3 Jahre	36	1964	10,4 Jahre

Geht man vom Jahr 1946 aus, in dem der Schulbetrieb nach den Auswirkungen des 2.Weltkrieges wieder aufgenommen wurde, so lassen die Zahlen der Tabelle 51 erkennen, wie langwierig sich der Neuaufbau im tradierten Bereich der Schulen gestaltete. Zwischen 1946 und 1962/64 - also in einem Zeitraum von 16/18 Jahren - hatte die Hälfte der befragten Schulen noch keine Möglichkeit, mit einem systematischen Aufbau der Sammlungen für Demonstrationsgeräte zu beginnen. Bezüglich des Schülerübungsgeräts dehnte sich dieser Zeitraum je nach Schulgattung um weitere 1 bis 4 Jahre aus. Im Gegensatz dazu hat an den Gesamtschulen, die ab 1969 in zunehmender Zahl eingerichtet wurden, faktisch die Ausstattung mit Demonstrationsgeräten sofort und die für Schülerübungsgeräte um 2 Jahre verzögert begonnen.

Die für die einzelnen Schulgattungen in der Tabelle 51 vorliegenden Zahlen lassen eine Deutung zu, die mit dem in den alten Lehrplänen von 1957 unterschiedlichen Zielsetzungen zusammenhängt. Betrachtet man nämlich die Länge der Hauptausstattungszeiträume für den tradierten Bereich, so nehmen diese beginnend mit der Hauptschule über die Realschule hin zum Gymnasium zu. In ähnlicher Weise läßt sich aus den Lehrplänen eine Steigerung des „Bildungsanspruchs" für die Schulgattungen von der Hauptschule hin zum Gymnasium herleiten. Hauptschulen erhielten damals - wenn überhaupt - innerhalb einer recht kurzen Zeitspanne einmalig eine Ausstattung mit physikalischen (chemischen) Geräten, womit der Fall erledigt war. Den Realschulen und noch weit mehr den Gymnasien wurden Nachrüstungen und Ergänzungen über einen längeren Zeitraum hin zugebilligt. Was die Gesamtschulen betrifft, so sind die vergleichsweise kleinen Hauptausstattungszeiträume damit in Zusammenhang zu sehen, daß vornehmlich bei Neu- und Erweiterungsbauten ganz erheblich größere Mittel zur Lehr- und Lernmittelausstattung zur Verfügung standen, als dies im tradierten Schulbereich der Fall war. Hier wurden in relativ kurzer Zeit sehr umfangreiche Geräteausstattungen ermöglicht.

Aus den Graphiken der Abbildungen 10 bis 12 läßt sich noch einiges mehr herauslesen. Bezüglich der Hauptschulen ist deutlich zu erkennen, daß insgesamt die Ausstattung für das Fach Chemie zunächst zeitlich der für das Fach Physik nachhinkt. Während 1950 bereits 5% der Hauptschulen Physikgeräte hatten, wurde dieser Stand beim Fach Chemie erst 1952 erreicht. Typisch für beide Schulfächer ist jedoch, daß der Polygonzug a in beiden Fällen ab 1959 (Physik) bzw. 1960 (Chemie) im Vergleich zu den anderen Schulgattungen einen sehr starken Anstieg hat. Dies ist im Zusammenhang mit der Errichtung von Mittelpunktschulen im Rahmen der Landschulreform zu sehen. Vergleichsweise dazu war die Situation an den Realschulen im Jahre 1950 mit je 10% Schulen in beiden Fächern Physik und Chemie etwas und bei den Gymnasien mit 25% Schulen deutlich besser. An diesen Schulen hatten Gerätebestände die Kriegswirren überstanden. Die Tatsache, daß von einigen Sammlungsleitern an Gesamtschulen Jahre für den Beginn und den (vorläufigen) Abschluß der Ausstattung mit Experimentiergerät angegeben wurden, die vor dem Jahr 1969 liegen, ist damit zu erklären, daß es sich dabei um ehemalige Schulen des tradierten Bereichs handelt, die in Gesamtschulen umgewandelt wurden und davor bereits zu einem (vorläufigen) Abschluß der Ausstattung mit Experimentiergerät gekommen waren.

Bei der Betrachtung des Polygonzuges c in der Graphik für Gymnasien fällt bei etwa gleichmäßigem Anstieg zwischen 1950 und 1965 der dazwischenliegende kurzzeitige wesentlich stärkere Anstieg zwischen 1959 und 1960 ins Auge. Es wird vermutet, daß diese „Anomalie" im Zusammenhang mit den sogenannten „Balke-Millionen" steht.[481] Dabei konnten Schulen aus einem Sonderetat des damaligen Bundesministers für Atomenergie und Wasserwirtschaft Mittel bekommen, die den Sinn und Zweck hatten, den Gymnasien die Einrichtung physikalischer und chemischer Arbeitsgemeinschaften zu ermöglichen, in denen eine Einführung in die Probleme und Arbeitsmethoden der Kernphysik, Kernchemie und Kerntechnik erfolgen sollte. Es könnte sein, daß an solchen Schulen dadurch in größerem Umfang „normale" Etatmittel zur Beschaffung von Schülerübungsgerät zur Verfügung standen. Hinsichtlich der Ausstattung mit Schülerübungsgerät heben sich die Gymnasien gegenüber den Haupt- und Realschulen dadurch ab, daß schon 1950 etwa 20% der Schulen Schülerübungsgeräte hatten. Hier kann davon ausgegangen werden, daß es sich im überwiegenden Fall um Gerätesätze handelt, die von engagierten Lehrern bereits in der Vorkriegszeit in Eigenarbeit hergestellt worden waren.[482]

Abschließend sei noch einmal vermerkt, daß auch in diesem Abschnitt wieder marginal aufgezeigt werden konnte, daß für das Fach Chemie 1972/73 eher schlechtere Voraussetzungen als für das Fach Physik vorlagen.

8.2.2 Ergebnisse der Untersuchungen der Vorphase (1972/73)

Im Abschnitt 6.2 wurde der Projektverlauf ausführlich beschrieben und dabei auf die ursprünglichen Untersuchungsabsichten und die erforderlichen Veränderungen der Zielsetzungen im Zusammenhang mit dem Erscheinen der Rahmenrichtlinien Physik SI verwiesen. Die Tabelle 29 im Abschnitt 6.4 enthält eine Übersicht über die Zielgruppen der einzelnen Befragungsaktionen.

Was die Vorphase betrifft, stehen Daten über die Geräteausstattungen durch die Befragung folgender Zielgruppen zur Verfügung.

1972: Sammlungsleiter für Physik und Chemie an Hauptschulen und an Realschulen im repräsentativen Teil A von Hessen (ohne RRL-Bezug).

1973: Schulleiter von Gesamtschulen in ganz Hessen (eingeschränkte Befragung und ohne RRL-Bezug).

1973: Sammlungsleiter für Physik an Hauptschulen und an Realschulen im repräsentativen Teil B von Hessen (mit RRL-Bezug).

Aus dieser Datenbasis konnten eine Reihe von Ergebnissen gewonnen werden, die eine Situationsbeschreibung für den Zeitpunkt der Veröffentlichung der Rahmenrichtlinien im Jahre 1972 ermöglichen.

8.2.2.1 Ergebnisse der Untersuchungen an den Haupt- und Realschulen im Jahre 1972 ohne Rahmenrichtlinienbezug

Die 1972 im H-R-Bereich gewonnenen Daten wurden mit dem Sammlungsleiterfragebogen IIa-Physik (Anhang: Anlage 7a-d) und mit dem Sammlungsleiterfragebogen IIb-Chemie (Anhang: Anlage 8a/b) erhoben. Im Abschnitt 6.12.3 wurde bereits hervorgehoben, daß die aufgeführten Gerätetitel der Liste für Physik eine Art „Maximalkatalog“ und die für Chemie eine Art „Minimalkatalog“ darstellen.[483]

Wegen dieser unterschiedlichen Erfassung von Basisdaten über die Ausstattung mit Demonstrationsgeräten muß bei Vergleichen mit Vorsicht vorgegangen werden. Direkte Vergleiche zwischen den beiden Schulgattungen sind jedoch jeweils bezüglich eines der beiden Fächer ohne weiteres möglich. Bei der Ausstattung mit Schülerübungsgeräten ist der Vergleich einfacher.

Zur Beurteilung der *Ausstattungen für den Demonstrationsunterricht* wurden aus den Basisdaten folgendermaßen *Ausstattungswerte AWDP für das Fach Physik und AWDC für das Fach Chemie* berechnet:

1. Jeder in der Geräteliste angekreuzte Titel erhält im Falle der Ankreuzung unter AV (= ausreichend vorhanden) den Punktwert 1 und im Falle der Ankreuzung unter NAV (= nicht ausreichend vorhanden) den Punktwert 0,5. Bei Nichtankreuzung unter AV oder NAV wird der Punktwert 0 zugeordnet.
2. Die Summe aller Punktwerte über alle Titel ergibt dann die Ausstattungswerte AWDP bzw. AWDC.

Die beiden so definierten Bewertungsmaße haben eine zweidimensionale Struktur, indem die Ausprägungen des Merkmals „Mannigfaltigkeit“ mit den quantitativen Ausprägungen (AV, NAV und NV) gekoppelt sind.

Wertebereich der Variablen AWDP: 0 ... 214,
Wertebereich der Variablen AWDC: 0 ... 99.[484]

Tabelle 52: Statistische Kennwerte der Variablen AWDP und AWDC

Variable	Schulgattung	N	m	s	Min.	Max.
AWDP	H	102	73,9	38,1	0	142
	R	50	135,2	34,4	69	196
AWDC	H	93	59,2	26,9	0	97
	R	49	86,7	10,8	55	99

Die Werte der Tabelle 52 weisen zunächst einmal sehr deutliche Unterschiede zwischen den beiden Schulgattungen auf. Nicht nur, daß die Werte der Hauptschulen im Mittel für beide Fächer sehr deutlich unter denen der Realschulen liegen. Die Realschulen mit den schlechtesten Bewertungen liegen immerhin noch auf etwa der gleichen Höhe wie die Hauptschulen im Mittel. Außerdem gibt es im Gegensatz zu den Realschulen Hauptschulen mit den Ausstattungswerten 0 sowohl für das Fach Physik wie auch für das Fach Chemie. Das sind jene Schulen, die in der Tabelle 50 des Abschnitts 8.2.1 zu Buche schlagen. Weiterhin streuen die Ausstattungswerte AWDP und AWDC bei den Hauptschulen stärker als bei den Realschulen, wobei der Unterschied im Falle des Faches Chemie besonders groß ist. Insgesamt waren also die Ausstattungen mit Demonstrationsgeräten an den Hauptschulen im Vergleich zu den Realschulen nicht nur erheblich schlechter, sondern im Vergleich der Hauptschulen untereinander auch wesentlich uneinheitlicher.

Zur Beurteilung der *Ausstattungen der Schulen mit Schülerübungsgeräten* ist von anderen Basisdaten auszugehen. Während die Sammlungsleiter Chemie nur um Auskünfte über die Anzahl der Gruppensätze für Schülerübungen gebeten waren, wurden die Sammlungsleiter Physik noch differenzierender über die Möglichkeiten der Behandlung der vier Bereiche Mechanik, Kalorik, Optik und Elektrik (einschl. Magnetismus) befragt. Dies hängt damit zusammen, daß die Lehrmittelfirmen in den Zeiträumen, in denen die Schulen ihre Ausstattungen erhielten (vgl. den Abschnitt 8.2.1) Schülerübungsgeräte unter diesem Ordnungsprinzip in der Form von Experimentierkästen lieferten.[485] Für das Fach Chemie kann dagegen von nur einem Gerätesatz ausgegangen werden, der inhaltlich nicht weiter ausdifferenziert war.

Für das *Fach Physik* wurde aus den Basisdaten der *Ausstattungswert AWSP* dadurch ermittelt, daß die Anzahl der Gruppensätze mit der Anzahl der inhaltlich verschiedenen Bereiche multipliziert wurde. Das Maß AWSP ist wieder zweidimensional und der „Normwert“ ist 32, d.h. bei einer Schule, bei der der Physikunterricht „einzügig“ in einem Unterrichtsraum abgehalten wurde, war mit je 8 Gerätesätzen für die vier genannten Bereiche eine Normalausstattung vorhanden.

Für das *Fach Chemie* ergeben sich die *Ausstattungswerte AWSC* einfach aus der Anzahl der Gruppensätze. Hier ist der „Normwert“ gleich 8.

Tabelle 53: Statistische Kennwerte der Variablen AWSP und AWSC

Variable	Schul-gattung	N	Median	Interquartil-differenz	Min.	Max.	Modus Wert	Modus rel. Häufigk.
AWSP	H	102	23,3	19,6	0	64	32	36,3%
	R	50	29,5	9,6	0	64	32	46,0%
AWSC	H	93	3,2	6,5	0	15	0	47,3%
	R	49	5,7	6,7	0	12	0	32,7%

Wie schon bei den Demonstrationsgeräten war auch die Ausstattung der Hauptschulen mit Schülerübungsgeräten im Vergleich zu den Realschulen schlechter.

Was das Fach Physik betrifft, so sind die Unterschiede in den Zentralwerten beim Schülerübungsgerät aber deutlich geringer. Dagegen fallen bei den Hauptschulen die deutlich größeren Werte im Streuungsmaß auf. Die Ausstattung der Hauptschulen mit Schülerübungsgerät war also noch wesentlich uneinheitlicher als im Falle der Ausstattung mit Demonstrationsgeräten. Der Moduswert 32 für beide Schulgattungen entspricht dem oben genannten „Normalfall" der Ausstattung. Der Maximalwert 64 entspricht in diesem Sinne einem „zweizügigen" Physikunterricht an den jeweiligen Schulen.

Was das Fach Chemie betrifft, so war der Abfall der Hauptschulen gegenüber den Realschulen noch etwas deutlicher als beim Demonstrationsgerät.

Für beide Fächer entsprechen die Werte der Minima wieder dem Inhalt der Tabelle 50 (Abschnitt 8.2.1).

Das vorliegende Datenmaterial der H-R-Schulen wurde noch weiteren Analysen unterzogen. So lag es nahe nachzuprüfen, ob Zusammenhänge zwischen den Geräteausstattungen für Demonstrationszwecke und Schülerübungen und solche zwischen den Ausstattungen für den Physikunterricht und den Chemieunterricht bestanden. Die Ergebnisse dieser Analysen sind in den nachfolgenden Tabellen ausgewiesen. Dabei ist noch anzumerken, daß bei der Prüfung im Falle der Variablen AWDP und AWDC von einer Normalverteilung der Daten ausgegangen werden kann, was die Verwendung des Pearsonschen Korrelationskoeffizienten r ermöglicht. Bezüglich der Variablen AWSP und AWSC kann davon nicht ausgegangen werden, weswegen der Spearmansche Korrelationskoeffizient R zur Prüfung in allen Fällen, in denen diese Variablen vorkommen, herangezogen wird.

Tabelle 54: Zur Prüfung auf Zusammenhänge zwischen den Geräteausstattungen für Demonstrationen und Schülerübungen der H-R-Schulen

Schulgattung	N	Variablenpaar	Wert der stat. Prüfgröße	Sign. -Niveau
Hauptschule	102	AWDP - AWSP	R = 0,39	0.001
Realschule	50		R = 0,34	0.01
Hauptschule	93	AWDC - AWSC	R = 0,49	0.001
Realschule	49		R = 0,41	0.01

Für beide Schulgattungen weisen die Prüfgrößen positive schwache bis mittlere Zusammenhänge hoher oder höchster Signifikanz aus. Dies bedeutet, daß tendenziell Schulen mit den besseren Ausstattungen für Demonstrationszwecke auch besser mit Schülerübungsgerät ausgestattet waren, aber teilweise durchaus auch Schulen existierten, bei denen diese Entsprechung nicht vorlag, wobei entweder die Ausstattung mit Demonstrationsgeräten besser war als die mit Schülerübungsgerät und umgekehrt. Der Zusammenhang erscheint im Falle des Faches Chemie leicht stärker als im Falle des Faches Physik.

Tabelle 55: Zur Prüfung auf Zusammenhänge zwischen den Geräteausstattungen für den Physikunterricht und den Chemieunterricht der H-R-Schulen

Schulgattung	N	Variablenpaar	Wert der stat. Prüfgröße	Sign.-Niveau
Hauptschule	86	AWDP - AWDC	r = 0,80	0.001
Realschule	44		r = 0,29	0.05
Hauptschule	86	AWSP - AWSC	R = 0,44	0.001
Realschule	44		R = 0,16	n.s.

Bemerkenswert ist hier der ganz bedeutende Unterschied zwischen den Hauptschulen und den Realschulen. Sowohl beim Demonstrationsgerät wie auch beim Schülerübungsgerät sind die Zusammenhänge bei den Hauptschulen ganz erheblich stärker als bei den Realschulen. Zu einem Großteil dürfte die Erklärung darin zu suchen sein, daß an den Hauptschulen - wie schon mehrfach erwähnt - der Chemieunterricht in unmittelbarem Zusammenhang mit dem Physikunterricht stand (Lehrpläne von 1957) und in der Mehrzahl der Fälle die Sammlungsleitungen für beide Fächer in einer Hand lagen. Die deutlich geringeren Zusammenhänge beim Schülerübungsgerät dürften teilweise damit zu erklären sein, daß bei beiden Schulgattungen unterschiedliche Ausstattungen und Einrichtungen der Fachräume vorlagen, die nicht immer und für alle Fälle von Schülerübungen in Chemie geeignet waren.[486]

8.2.2.2 Bedingte Vergleichsuntersuchung an den Gesamtschulen im Jahre 1973 ohne Rahmenrichtlinienbezug

In zwei wesentlichen Punkten unterscheidet sich die Datenerhebung an den Gesamtschulen von 1973 von der an den H-R-Schulen. Einmal darin, daß an den Gesamtschulen anstelle der Sammlungsleiter die Schulleiter auch in Fragen der Geräteausstattungen um Auskünfte gebeten wurden, wobei allerdings von der beratenden Mitarbeit der Sammlungsleiter ausgegangen werden konnte. Zum anderen darin, daß hier eben wegen der Befragung der Schulleiter und der erheblichen Reduktion der gesamten Befragungsinhalte auch keine Detaildaten erhoben wurden. Die Gründe dafür wurden im Abschnitt 6.2 dargelegt.

Die Beschreibung des Umfanges der Geräteausstattungen erfolgte auf der Basis von *Schätzurteilen* der Schulleiter, denen zum Zwecke der Abschätzung die *drei geordneten Kategorien „NV", „NAV" und „AV"* (d.h. nicht vorhanden, nicht ausreichend vorhanden und ausreichend vorhanden) vorgegeben wurden.[487]

Obwohl die auf diese Weise erfaßten Daten über die Ausstattungsverhältnisse an den Gesamtschulen des Jahres 1973 nicht den gleichen Informationswert wie die der H-R-Schulen des Jahres 1972 haben, lassen sie vergleichende Beschreibungen zu, zumal - wie im Teil 9 aufgezeigt werden wird - die finanziellen Werte der Ausstattungen an den Gesamtschulen erheblich höher als die der H-R-Schulen lagen.

Die nachfolgende Tabelle 56 bietet zunächst eine Übersicht über die abgegebenen Schätzurteile für beide Fächer.

Tabelle 56: Häufigkeitsverteilungen der Schätzurteile der Schulleiter der Gesamtschulen über die Ausstattung mit Experimentiergeräten (1973)

			Schätzurteile		
Fach	Geräteart für	N	NV	NAV	AV
Physik	Demonstrationen	53	2	12	39
Chemie	Demonstrationen	53	2	12	39
Physik	Schülerübungen	53	2	18	33
Chemie	Schülerübungen	53	4	15	34

Die Ausstattungsverhältnisse an den Gesamtschulen von 1973 erscheinen nach dem Urteil der Schulleiter für beide Fächer ähnlich. Ausreichende Ausstattungen liegen bei fast drei Viertel der Schulen für den Demonstrationsunterricht vor, während der entsprechende Anteil beim Schülerübungsgerät mit knapp zwei Drittel deutlich niedriger war. In der Mehrzahl der Fälle, in denen die Kategorien NV oder NAV angegeben wurden, hing diese Situation im Jahre 1973 damit zusammen, daß an diesen Schulen die Neubaukomplexe noch nicht vollständig erstellt oder bauliche Erweiterungen noch nicht abgeschlossen waren. Von einer kurzfristigen Verbesserung der Ausstattungsverhältnisse an diesen Schulen konnte deshalb 1973 ausgegangen werden.[488]

In Analogie zum vorhergehenden Abschnitt wurde auch hier auf Zusammenhänge zwischen den vier Variablen geprüft. Wegen des Nominalcharakters konnten natürlich keine Korrelationskoeffizienten bestimmt werden. Auf der Basis von 3×3-Feldertafeln lassen sich allerdings Kontingenzkoeffizienten berechnen und Signifikanzprüfungen durchführen, wo je nach Felderbesetzung der Chi^2-Test oder Kullbacks 2I-Test angewandt wurde. Als Kontingenzmaß wurde dabei der Kontingenzkoeffizient C_p nach Pawlik gewählt.[489] Er hat den Vorteil, daß er von der Anzahl der Zeilen und Spalten unabhängig ist und Werte zwischen 0 und 1 annehmen kann. Die Richtung des Zusammenhangs ist dabei jedoch nur an den Mehrfeldertafeln abzulesen, da C_p eine absolute Größe ist.

Tabelle 57: Zur Prüfung auf Zusammenhänge zwischen den Schätzurteilen für Physik und Chemie

		Kontingenzanalyse		
Paare von Schätzurteilen	N	Koeffizient	Richtung	Sign.-Niveau
DemoPh-SchüPh	53	$C_p = 0{,}79$	positiv	0.001
DemoCh-SchüCh	53	$C_p = 0{,}82$	positiv	0.001
DemoPh-DemoCh	53	$C_p = 1$	positiv	0.000
SchüPh-SchüCh	53	$C_p = 0{,}86$	positiv	0.001

Will man die Stärke des Zusammenhangs bei den Schätzurteilen der Tabelle 57 mit jenen der Variablen der Tabellen 54 und 55 vergleichen, so müßte man für alle Fälle bei den Variablenpaaren analoge 3x3-Felderverteilungen betrachten. Dann würde sich zeigen, daß für die Paare der Tabellen 54 und 55 sehr viel niedrigere Werte von C_p resultieren.[490] Letztlich hängt dies damit zusammen, daß die Abweichungen der Werte von r bzw. R vom Wert 1 (totaler Zusammenhang) sehr viel größer sind als die von C_p . Somit kann gesagt werden, daß die Zusammenhänge bei den Schätzurteilen sehr viel stärker als bei den Variablenpaaren der Tabellen 54 und 55 sind. Dies ist verständlich, da Gesamtschulen sowohl bei Neubau wie auch bei Ausbau der Schulgebäude mit bedeutenden Mitteln für die Ausstattung für die einzelnen Schulfächer und speziell für den naturwissenschaftlichen Bereich bedacht wurden. So konnten ohne Bevorzugung eines Faches an den Gesamtschulen von vornherein gleichartige sächliche Gegebenheiten sowohl für den Demonstrationsunterricht wie auch für Schülerübungen geschaffen werden.

Ein direkter Vergleich der Ausstattungsunterschiede zwischen den Haupt- und Realschulen des Jahres 1972 und den Gesamtschulen des Jahres 1973 ist wegen der Unterschiedlichkeit der Datenerhebung nicht möglich. Jedoch besteht die Möglichkeit einer Gegenüberstellung von „schulinterner“ Beurteilung bei den Gesamtschulen und „schulintern-schulexterner“ Beurteilung bei den Haupt- und Realschulen. Diese Möglichkeit wird vom Verfasser jedoch nur für das Fach Physik gesehen, was damit zusammenhängt, daß die Daten für das Fach Chemie mit einem zu wenig differenzierenden „Minimalkatalog“ erhoben wurden, was die Demonstrationsgeräte betrifft. Hinsichtlich des Schülerübungsgerätes liegt im Falle des Fachs Chemie sogar überhaupt keine Differenzierung vor.

Bei den Gesamtschulen bleibt es hinsichtlich des angestrebten Vergleichs bei den Schätzurteilen, wie diese in der Tabelle 56 ausgewiesen sind, nämlich NV, NAV, AV in dieser ansteigenden Ordnungsrelation.

Unproblematisch ist die Zuordnung von H-R-Schulen zum Schätzurteil NV. Diesem werden alle Schulen ohne Ausstattung zugeordnet. Obwohl der Bewertung der Ausstattungen für Demonstrationen durch die Sammlungsleiter bei den einzelnen Titeln auch die möglichen Urteile NV, NAV und AV zugrunde lagen (schulintern) wurde eine Gesamtbewertung mit Hilfe der Variablen AWDP erst durch Aufsummieren möglich. Unter realistischer Einschätzung der Möglichkeiten der Nutzung der vollen Ausstattung im Unterricht, so wie diese durch den „Maximalkatalog" für Physik ausgewiesen ist, lassen sich jedoch (extern) die Werte der Variablen AWDP in nachfolgende Klassen einteilen. In ähnlicher Weise erfolgt die Zuordnung der Werte der Variablen AWSP.

Ausstattungsgrade:	NV	niedrig	mittel	ausreichend
Wert der Variablen AWDP:	0	1-39	40-99	100 und mehr,
Wert der Variablen AWSP:	0	1-15	16-31	32 und mehr.

Tabelle 58: Zum Vergleich der Geräteausstattungen für den Physikunterricht an den HR-Schulen (1972) und den Gesamtschulen (1973)

		Ausstattungsgrade der Haupt- und Realschulen			
		NV	niedrig	mittel	ausreichend
		Schätzurteile der Leiter der Gesamtschulen			
Schulgattung u. Erhebungsjahr	N	NV	NAV		AV
Demonstrationsgeräte:					
H 72	102	10,8%	9,8%	79,4%	---
R 72	50	---	20,0%	54,0%	26,0%
Ges 73	53	3,8%	22,6%		73,6%
Schülerübungsgeräte:					
H 72	102	12,7%	15,7%	26,5%	45,1%
R 72	50	2,0%	---	38,0%	60,0%
Ges 73	53	3,8%	34,0%		62,2%

Anhand der Prozentzahlen der Tabelle 58, die eine - wie oben beschriebene - *bedingte Vergleichsbasis* darstellen, lassen sich die *unterschiedlichen, wenngleich noch nicht rahmenrichtlinienbezogenen Ausstattungsverhältnisse für das Fach Physik im Zeitpunkt des Erscheinens der Rahmenrichtlinien Physik für die Sekundarstufe I im H-R-Bereich im Vergleich zu den Gesamtschulen* beschreiben.

Was die *Ausstattung mit Demonstrationsgeräten* betrifft, waren von jeweils vier Schulen drei Gesamtschulen aber nur eine Realschule und keine Hauptschule ausreichend ausgestattet. Während es keine Realschule ohne Demonstrationsgeräte gab, aber dies für jede zehnte Hauptschule zutraf, war dies auch bei einigen wenigen Gesamtschulen der Fall, wobei diese in der Phase des Schulaufbaus waren.

Bei der *Ausstattung mit Schülerübungsgeräten* waren die Unterschiede nicht so gravierend. So waren bei Gesamtschulen und Realschulen fast gleichartig jeweils drei von fünf Schulen ausreichend ausgestattet. Bei Hauptschulen war dies jedoch nur bei weniger als jeder zweiten Schule der Fall. Fehlbestände waren auch hier bei den Hauptschulen von der gleichen Größenordnung wie beim Demonstrationsgerät und in wesentlich geringerem Umfang bei beiden anderen Schulgattungen zu verzeichnen.

8.2.2.3 Erste Untersuchung mit Rahmenrichtlinienbezug an Haupt- und Realschulen im Jahre 1973

Im Abschnitt 6.2 wurde beschrieben, warum bei dieser Untersuchung eine Beschränkung auf das repräsentative Gebiet „Hessen B“ (vgl. auch Abschnitt 6.4) erfolgen mußte. Die Befragungen bezogen sich hier auch nur auf das Fach Physik.

In den Abschnitten 6.12.3 bis 6.12.5 wurde ausführlich beschrieben, wie der Curriculumbezug der Geräteliste hergestellt und die Konstruktion der diesbezüglichen Befragungsitems vollzogen wurden. Die Anlagen 3c und 3d[491] (Teile des Sammlungsleiterfragenbogens) des Anhangs enthalten diese Geräteliste mit den zugehörigen Ankreuzungsfeldern.

Die Auswertung der mit diesem Fragebogen erhobenen Daten hat FRITZ (1973) durchgeführt und in seiner Examensarbeit dokumentiert. In der nachfolgenden Abbildung 13 werden seine Untersuchungsergebnisse in komprimierter Form dargestellt. Zum Verständnis der darin befindlichen Bewertungskriterien muß noch einiges erklärt werden.

Fritz beschreibt in seiner Arbeit ausführlich, wie er unter Bezugnahme auf die inhaltlichen und methodischen Beschreibungen der einzelnen Lerneinheiten der Rahmenrichtlinien Physik SI und unter Berücksichtigung der damit verbundenen Lernziele die allgemeinen und speziellen Zuordnungen von Experimentiergeräten vornimmt. Weiterhin legt er fest, welche der 26 Lerneinheiten im Sinne der Rahmenrichtlinien ausschließlich mit Schülerübungsgerät, ausschließlich mit Demonstrationsgerät oder gemischt mit beiden Gerätearten bestritten werden sollten.[492] Bei einigen Lerneinheiten hat er auch noch zwischen Anforderungen für Hauptschulen und erweiterte Anforderungen für Realschulen unterschieden.[493] Nach Fritz könnnen 10 Lerneinheiten ausschließlich mit Schülerübungsgerät bestritten werden, während bei weiteren 9 Lerneinheiten eine Ergänzung durch Demonstrationsversuche erforderlich ist und lediglich bei 7 Lerneinheiten nur Demonstrationen möglich sind.[494]

Die Bewertung A wurde vergeben, wenn die Gerätesammlung der betreffenden Schule für die betreffende Lerneinheit die diesbezüglichen Geräte nach der festgelegten „Funktionalität“ hatte. Waren anstelle der geforderten Schülerübungsgeräte nur Demonstrationsgeräte vorhanden, dann erfolgte die Zuordnung der Bewertung B. Bei fehlenden Geräten wurde stets die Bewertung C vorgenommen. Bei Lerneinheiten, für die nur Demonstrationen vorgesehen waren, erhielten also die Schulen nur Bewertungen A im Falle vollständiger Gerätesätze und die Bewertungen C im Falle unvollständiger oder fehlender Gerätesätze.[495]

Rahmenrichtlinienbezogene Bewertung der Geräteausstattungen

hessischer H-R-Schulen (1973) für den Physikunterricht
(Bewertungskriterien nach Fritz (1973))

Abszisse : Lerneinheiten der hessischen Rahmenrichtlinien Physik der Sekundarstufe I Erstfassung von 1972

Ordinate : Prozentualer Anteil der Schulen mit den Bewertungen A, B oder C

Bewertung A : Gerätesammlung entspricht den Anforderungen der Rahmenrichtlinien

Bewertung B : Gerätesammlung weist Mängel auf

Bewertung C : Gerätesammlung läßt keinen oder nur schlechten Unterricht gemäß den Rahmenrichtlinien zu

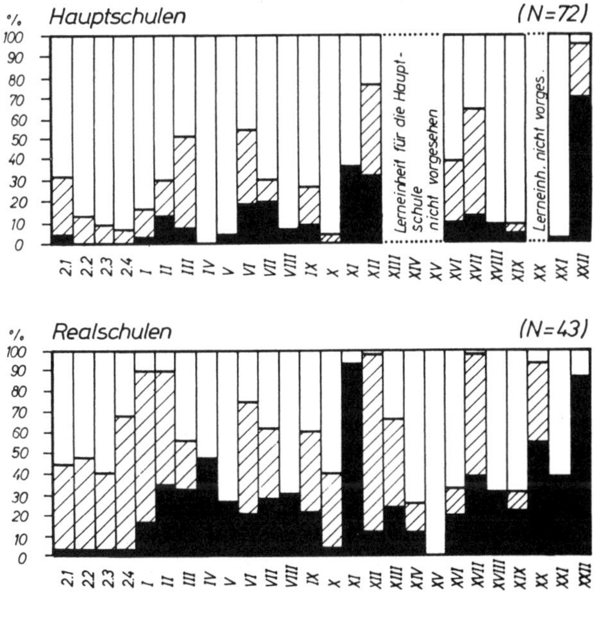

Abbildung 13

Die Abbildung 13 weist ganz erhebliche Ausstattungsdefizite der H-R-Schulen von 1973 bezüglich der Rahmenrichtlinien Physik aus, wenn man die Bewertungsmaßstäbe von Fritz zugrundelegt.[496] Danach erreichen im Mittel über alle 22 für die Hauptschule vorgesehenen Lerneinheiten nur ca. 12% dieser Schulen die Bewertung A. Betrachtet man beide Bewertungen A und B zusammen, dann beträgt dieser Prozentsatz ca. 28%, d.h. *in fast drei Viertel der Hauptschulen der Stichprobe von 1973 war wegen fehlender Geräte ein Unterricht nach den Rahmenrichtlinien Physik SI nur schlecht oder gar nicht möglich.* Die entsprechenden Prozentwerte für die Realschulen sind ca. 27% bezüglich der Bewertung A und ca. 56% bezüglich der Bewertungen A und B zusammen. Wenngleich die Situation hier günstiger erscheint, so war dennoch in etwa der *Hälfte der Realschulen der Stichprobe von 1973 eine Umsetzung der Rahmenrichtlinien ebenfalls nur schlecht oder gar nicht möglich.* Nach dieser Feststellung erscheint es verständlich, daß im Rahmen der freiwilligen Erprobung der Rahmenrichtlinien von 1972 bis zum Jahre 1975 aus dem H-R-Bereich nur von 1% der Schulen Erprobungsberichte vorliegen, wogegen sich immerhin 10% der Gesamtschulen beteiligten.[497]

8.2.2.4 Die Ausstattungen der Haupt- und Realschulen mit Demonstrationsgeräten im Vergleich der beiden Stichproben von 1972 und 1973

Zunächst sei vermerkt, daß ein Vergleich der Ausstattung mit Schülerübungsgeräten nicht möglich ist, da die diesbezüglichen Daten von 1972 zu wenig ausdifferenziert erhoben wurden.

Trotz des Tatbestandes, daß bei der Erstellung der Gerätelisten für die beiden Erhebungen von 1972 und 1973 ein unterschiedlicher curricularer Bezug bestand und auch Unterschiede in der Konstruktion der Befragungs-Items bestehen (vgl. die Abschnitte 6.12.3 bis 6.12.5), kann ein Vergleich der Bewertungen der Ausstattungen für Demonstrationsunterricht vorgenommen werden.

Die beiden Gerätelisten besitzen nämlich einen gemeinsamen Kernbestand von 147 Gerätetiteln, die mit völlig identischen oder unverwechselbar ähnlichen Bezeichnungen vorkommen. Das sind immerhin mehr als zwei Drittel der 214 Titel von 1972 bzw. der 216 Titel von 1973. Die Inhalte der Rahmenrichtlinien Physik SI stimmen nämlich zu einem großen Teil mit den Inhalten des genannten Lehrbuchs „Natur und Technik" überein. Es gibt aber auch Unterschiede, was zu 67 Titeln in der Geräteliste von 1972 führte, die keinen unmittelbaren Rahmenrichtlinienbezug haben. Ebenso haben 69 Titel der Geräteliste von 1973 keinen Bezug zum Lehrbuch.

Zum Zwecke des Vergleichs wird der im Abschnitt 8.2.2.1 definierte Ausstattungswert AWDP herangezogen, der jetzt zur Unterscheidung mit AWDP-72 bezeichnet wird. In ähnlicher Weise kann der (jetzt rahmenrichtlinienbezogene) Ausstattungswert AWDP-73 definiert werden:

1. Jeder Gerätetitel, bei dem unter „D" angekreuzt wurde, erhält den Punktwert 1.
   Wurde bei „D" nicht, aber bei „S" angekreuzt, so wird der Punktwert 0,5 verrechnet.
   Bei Nichtankreuzung sowohl bei „D" als auch bei „S" wird der Punktwert 0 zugeordnet.
2. Die Summe aller Punktwerte über alle Titel ergibt den Ausstattungswert AWDP-73.

Bei dieser Bewertung wird davon ausgegangen, daß im Falle des Fehlens eines bestimmten Demonstrationsgerätes ersatzweise (d.h. ebenfalls in nicht ausreichender Weise) ein entsprechendes Schülerübungsgerät verwendet werden könnte.

Tabelle 59: Statistische Kennwerte der Variablen AWDP-72 und AWDP-73

Variable	Schulgattung	N	m	s	Min.	Max.
AWDP-72	H	102	73,9	38,1	0	142
AWDP-73		76	86,6	30,8	0	154
AWDP-72	R	50	135,2	34,4	69	196
AWDP-73		44	140,0	25,1	76	194

Trotz unterschiedlicher Datensätze und den dadurch hervorgerufenen unterschiedlichen Bewertungsmethoden, kann man von sehr ähnlichen statistischen Kennwerten sprechen.

Damit zeigten sich die *Ausstattungsdefizite quasi als cirruculumunabhängig*. Im Mittel lagen bei den Realschulen die relativen - auf die Anzahl der Titel (1972: 214; 1973: 216) insgesamt bezogenen - Ausstattungswerte der Realschulen bei 63% bzw. 65%. Diese Werte lagen bei den Hauptschulen in Entsprechung zu allen bisherigen Bewertungsmethoden mit 35% bzw. 40% deutlich darunter. Geringere Streuungen der Variablen AWDP-73 im Vergleich zur Variablen AWDP-72 sollte man in Anbetracht der Tatsache, daß beide Gerätelisten nur eine Stichprobe relevanter Gerätetitel enthalten (vgl. Abschnitt 6.12.5), nicht überbewerten.

8.2.3 Ergebnisse der Untersuchungen in der Hauptphase (1975-77) - eigentliche Untersuchung mit Rahmenrichtlinienbezug -

Die zeitliche Reihenfolge der Erhebungen - 1975 an den Gesamtschulen, 1976 an den Gymnasien und 1977 an den Haupt- und Realschulen wurde im Abschnitt 6.5 begründet. Daß trotz dieser (relativ geringfügigen) zeitlichen Abstände der Datenerhebungen eine Zusammenfassung der Stichproben aus den einzelnen Schulgattungen zu einer Gesamtstichprobe möglich ist, wurde im Abschnitt 6.13 erläutert.

Hervorzuheben ist noch einmal die bereits in den Abschnitten 6.12.3 und 6.12.4 erwähnte Zusammenarbeit mit der Rahmenrichtlinienfachgruppe Physik, was zu einer Erweiterung der in der Vorphase von Fritz verwendeten Geräteliste führte. Die Begutachtung und Ergänzung durch die Rahmenrichtlinienfachgruppe kann als eine bedeutsame Absicherung des Rahmenrichtlinienbezugs der Geräteliste aufgefaßt werden. Gegenüber 216 Gerätetiteln im Fragebogen der Vorphase führten die Ergänzungen zu letztlich insgesamt 278 Titeln.

Von ganz besonderer Bedeutung ist jedoch, daß durch die Nutzung von EDV - bei Fritz lag ja noch Handauswertung vor - die erhobenen Daten der Hauptphase einer weitaus differenzierteren Auswertung unterzogen werden konnten, als dies in der Vorphase möglich war.

8.2.3.1 Bewertung der Geräteausstattungen auf der Basis der Lerneinheiten der Rahmenrichtlinien Physik SI nach dem Kriterium der Mindestanforderung

Das im folgenden beschriebene Bewertungsverfahren basiert auf - *durch Gegenüberstellung von Soll- und Istwerten* - ermittelten *Ausstattungsdefiziten.* Bezugsgrundlage bilden einerseits die Daten, die durch die Ankreuzungen der Sammlungsleiter in der Geräteliste (Anlage 3c-e des Anhangs) zur Verfügung standen, und andererseits die Zuordnung der Geräte des Gerätekatalogs zu den einzelnen Lerneinheiten der Rahmenrichtlinien Physik SI von 1972[498] unter dem Gesichtspunkt der Mindestanforderungen (vgl. Anlage 9a-f des Anhangs). Dadurch konnte jedem Gerät, das der jeweiligen Lerneinheit zugeordnet wurde, entsprechend der geforderten Funktionalität (vgl. Abschnitt 6.12.3) ein *Basiswert* 0 (= nicht vorhanden) oder 1 (= vorhanden) zugeordnet werden. Mit Hilfe dieser Basiswerte läßt sich ein für alle Lerneinheiten einheitliches Bewertungsmaß, der *partielle methodische Wert* pmW_x[499] *bezüglich der Lerneinheit x* berechnen, der wie folgt definiert ist:

$$pmW_x = \frac{\text{Summe der Basiswerte der Lerneinheit x}}{\text{Anzahl der vorgegebenen Geraetetitel der Lerneinheit x}};$$

$x = 2.1, 2.2, 2.3, 2.4, \mathrm{I}, \mathrm{II}, ..., \mathrm{XXII}.$

Die Verteilungen dieses Bewertungsmaßes sind in den Abbildungen 14-16 dargestellt. Abbildung 14 bezieht sich auf alle Lerneinheiten, die ausschließlich mit Schülerübungsgerät durchgeführt werden sollten, Abbildung 15 auf Lerneinheiten, die dadurch charakterisiert sind, daß neben Schülerübungen ergänzende Demonstrationen erforderlich sind und Abbildung 16 auf Lerneinheiten, für die ausschließlich Demonstrationsgerät erforderlich ist.

Die einzelnen Teilabbildungen lassen erkennen, daß die Soll-Ist-Abweichungen für den Untersuchungszeitraum bei den verschiedenen Lerneinheiten sehr unterschiedlich ausfielen. *Abgesehen von den Hauptschulen und den G-F-Schulen waren die Defizite beim Schülerübungsgerät größer als beim Demonstrationsgerät.* Bezüglich des Demonstrationsgeräts fielen diese beiden Schulgattungen gegenüber den Realschulen und Gesamtschulen, besonders aber gegenüber den Gymnasien ab. Daß die Gymnasien die geringsten Defizite beim Demonstrationsgerät auswiesen, kann im Zusammenhang mit den Er-

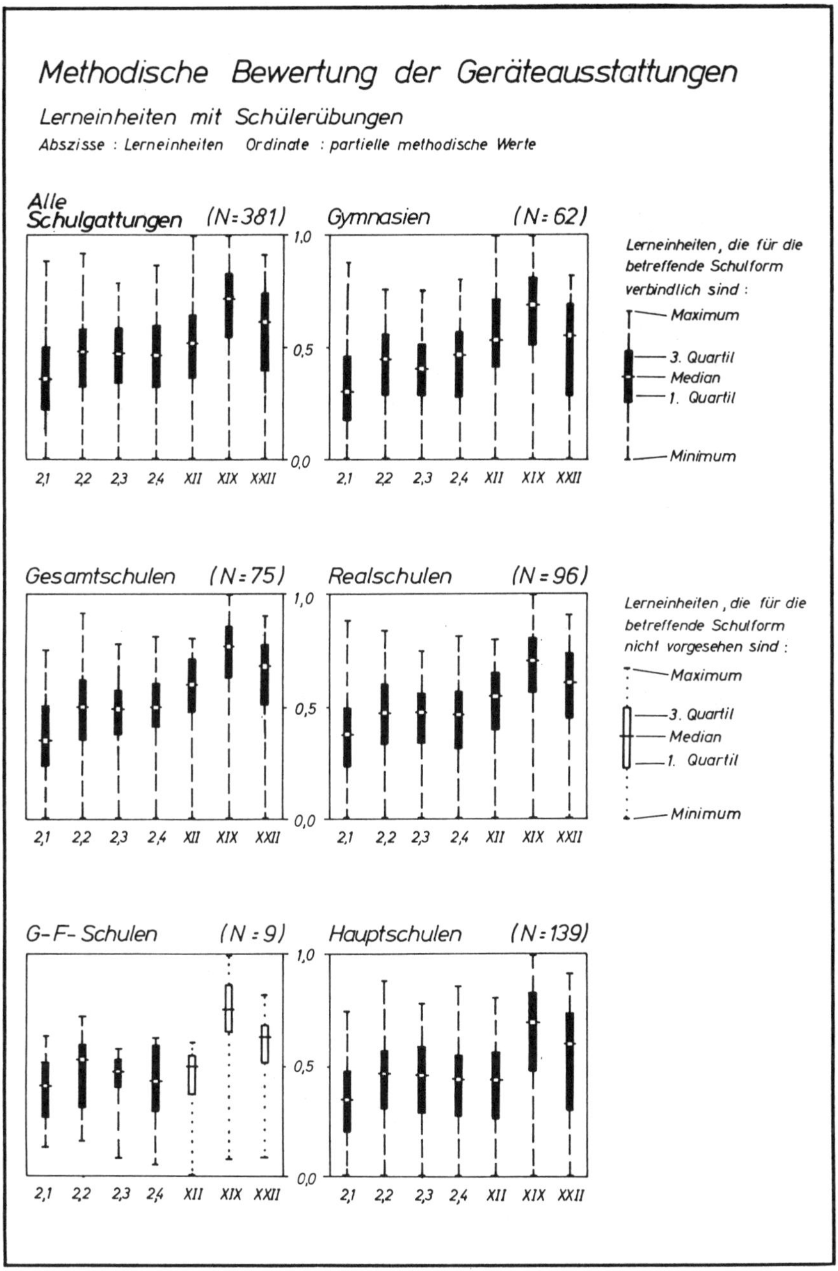

Abbildung 14

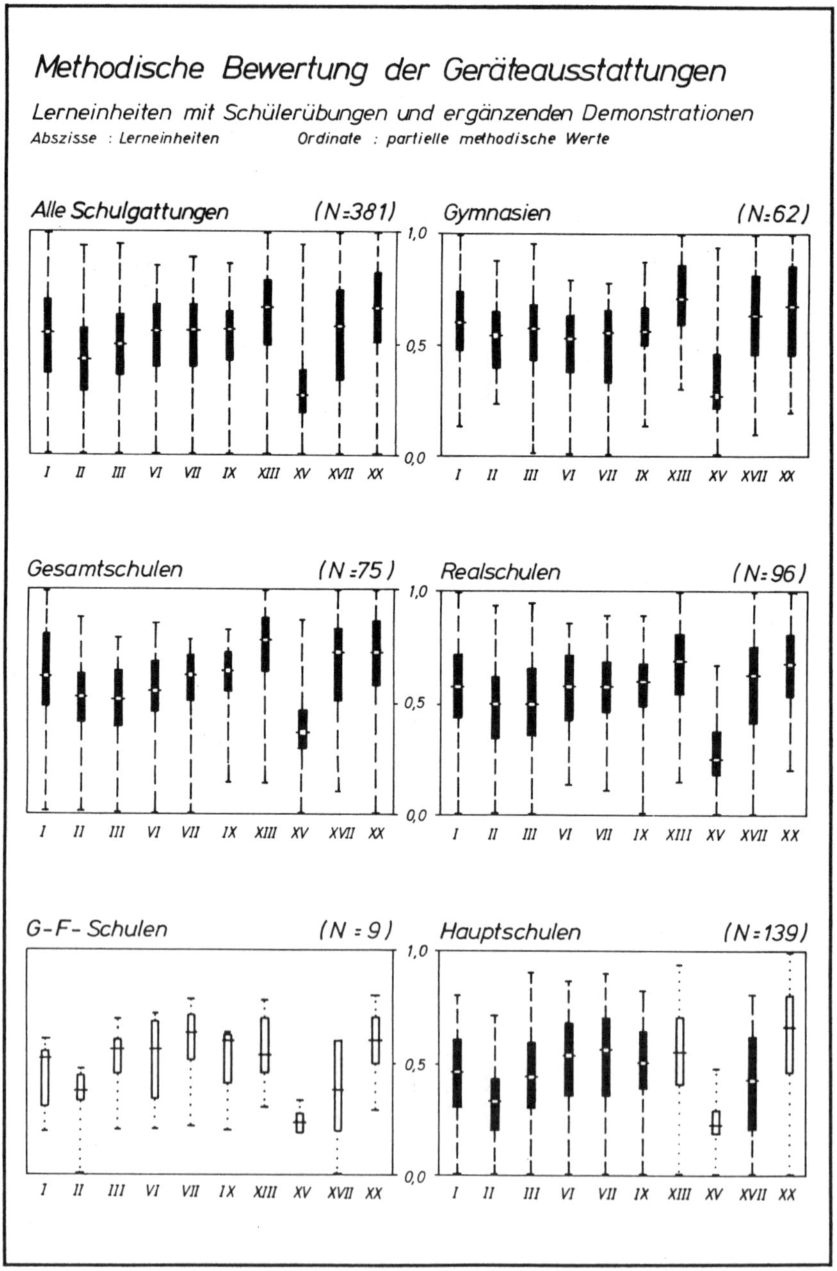

Abbildung 15

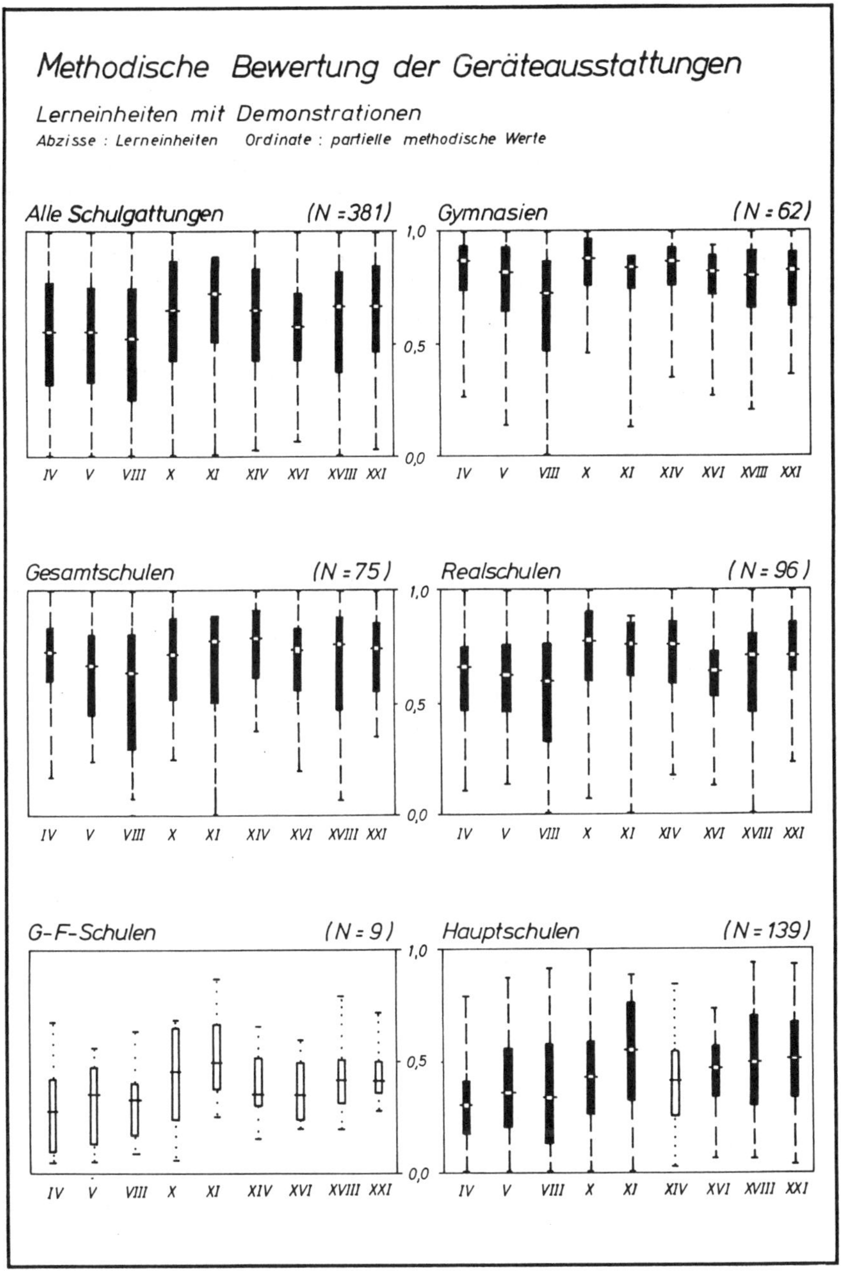

Abbildung 16

fordernissen für die Sekundarstufe II und einer für beide Stufen gemeinsamen Sammlung gesehen werden.

Unter allen Lerneinheiten nimmt die *Lerneinheit XV* eine Sonderstellung ein. Hier waren die Ausstattungsdefizite bei allen Schulgattungen mit erheblichem Abstand zu den anderen am größten. Dies ist darauf zurückzuführen, daß sich diese Lerneinheit auf ein in den alten Lehrplänen noch nicht vorgesehenes Stoffgebiet bezieht (physikalische und technische Realisierungen logischer Verknüpfungen), für das spezielle, relativ aufwendige Geräte erforderlich sind.

Bemerkenswert ist noch, daß die *Ausstattung der G-F-Schulen* bezüglich aller 26 Lerneinheiten - unabhängig davon, ob verbindlich oder nicht - nicht schlechter als die der Hauptschulen war. Hier ist zu vermuten, daß in diesen Schulen, die häufig aus kombinierten Grund- und Hauptschulen hervorgegangen sind, *Gerätebestände verblieben waren, die dort nicht notwendig vorhanden sein müßten.*

Um die Ausstattungsunterschiede zwischen den einzelnen Schulgattungen deutlicher zu machen, wurden die berechneten partiellen methodischen Werte aller Lerneinheiten in folgende drei Gruppen zusammengefaßt und jeweils das arithmetische Mittel der Werte der Variablen pmW_x gebildet:

Gruppe S: Lerneinheiten mit Schülerübungen (Abb.14)

Gruppe SD: Lerneinheiten mit Schülerübungen und ergänzenden Demonstrationen (Abb. 15)

Gruppe D: Lerneinheiten mit Demonstrationen (Abb.16)

Tabelle 60: Bewertung der Geräteausstattungen durch zusammengefaßte Lerneinheiten nach dem Kriterium der Mindestanforderung (arithm.Mittel der Variablen pmW_x)

Schulgattung	N	arithm. Mittel über alle Lerneinh.	über die Lerneinheiten der Gruppe S	SD	D
alle	381	0,53	0,47	0,51	0,59
Gesamtschulen	75	0,60	0,53	0,58	0,68
Gymnasien	62	0,61	0,46	0,56	0,78
Realschulen	96	0,56	0,49	0,54	0,65
Hauptschulen (+GF)	148	0,44	0,44	0,44	0,42

Die Zahlen der Tabelle 60 verdeutlichen, daß das Ausstattungsdefizit für alle 381 untersuchten SI-Schulen beträchtlich war: Im statistischen Mittel über alle Lerneinheiten (arithmetisches Mittel der Variablen pmW_x) betrug das Defizit 47%. Dabei zeigt sich ein deutliches Gefälle von den Gesamtschulen und Gymnasien über die Realschulen hin zu den Hauptschulen und G-F-Schulen. In Anbetracht der Tatsache, daß die Stichprobe die Hälfte aller Schulen mit SI-Schülern erfaßt, waren - unabhängig von allen übrigen organisatorischen und personellen Bedingungen (Raumausstattung und Qualifikationsgrad des Lehrpersonals) - *schon allein wegen der unzureichenden Ausstattung mit Experimentiergerät sehr schlechte Voraussetzungen für die seit 1977 laufende verpflichtende Erprobung der Rahmenrichtlinien an den SI-Schulen in Hessen gegeben.*

Anhand der Zahlen der Tabelle 60 lassen sich weitere Aussagen zur damaligen Ausstattungssituation machen:

1. Auf alle Schulgattungen bezogen waren die *Defizite* bei den Lerneinheiten, für die *Unterricht mit Schülerübungen* in Kleingruppen vorgesehen ist, *größer* als bei den Lerneinheiten, die nur Demonstrationen gestatten. Dieses Ergebnis ist insofern bemerkenswert, als der *Rahmenrichtlinienbeirat 1976* im Zusammenhang mit der Beratung über die Zustimmung zur landesweiten verbindlichen Erprobung *die besondere Bedeutung der Kleingruppenarbeit für den Physikunterricht* hervorgehoben hatte.[500]
2. Obwohl die Gesamtbewertung über alle Lerneinheiten bei Gesamtschulen und Gymnasien gleich ausfällt, bestehen Unterschiede bei den drei Gruppen von Lerneinheiten. Bei deutlich *größeren Defiziten der Gymnasien* gegenüber den Gesamtschulen *beim Schülerübungsgerät* waren dort die Defizite beim Demonstrationsgerät deutlich geringer.[501]
3. *Hauptschulen und G-F-Schulen* fielen gegenüber den anderen drei Schulgattungen insbesondere *durch erheblich größere Defizite beim Demonstrationsgerät* ab.

Unberücksichtigt blieb bisher, daß für die den einzelnen Lerneinheiten zugeordneten Gerätesätze unterschiedliche Stundenvolumina vorgesehen sind, die zwischen 1 und 24 Unterrichtsstunden je Lerneinheit variieren. Um diesem Sachverhalt Rechnung zu tragen, wurde ein weiteres Bewertungsmaß verwendet, das eine Bewertung der Ausstattung unter Berücksichtigung der Einsatzdauer der Gerätesätze erlaubt. Dieses - als *gewichteter methodischer Gesamtwert GMG* bezeichnete - Bewertungsmaß ist wie folgt definiert:

$$\mathrm{GMG} = \frac{\text{Summe aller Produkte } T_x \cdot \mathrm{pmW}_x}{\text{Summe aller } T_x};$$

$$x = 2.1, 2.2, 2.3, 2.4, \mathrm{I}, \mathrm{II}, \ldots, \mathrm{XXII}.$$

Die *Gewichte* T_x sind die in der Rahmenrichtlinienfassung von 1972 für die einzelnen Lerneinheiten als erforderlich veranschlagten Unterrichtsstunden (vgl. Anlage 9a-f des Anhangs).[502]

In Abb.17 sind die Verteilungen der Variablen GMG für die einzelnen Schulgattungen dargestellt. Es zeigt sich, daß die Streuung bei allen Schulgattungen in etwa gleich groß ist, bei den Gesamtschulen, Gymnasien und Realschulen ähnlich „zentrale Tendenzen" in der Nähe des Wertes 0,6 vorliegen, die Verteilung *bei den Hauptschulen und G-F-Schulen* dagegen sehr deutlich nach links verschoben ist, d.h. daß für diese die *Variablenwerte GMG* insgesamt *wesentlich schlechter* ausfallen. Einen genaueren quantitativen Vergleich gestatten die Angaben in Tabelle 61.

Gewichtete methodische Gesamtwerte der Geräteausstattungen

prozentuale Verteilungen der Variablen GMG

Abszisse : GMG-Werte *Ordinate : prozentuale Anteile*

m = arithmetisches Mittel

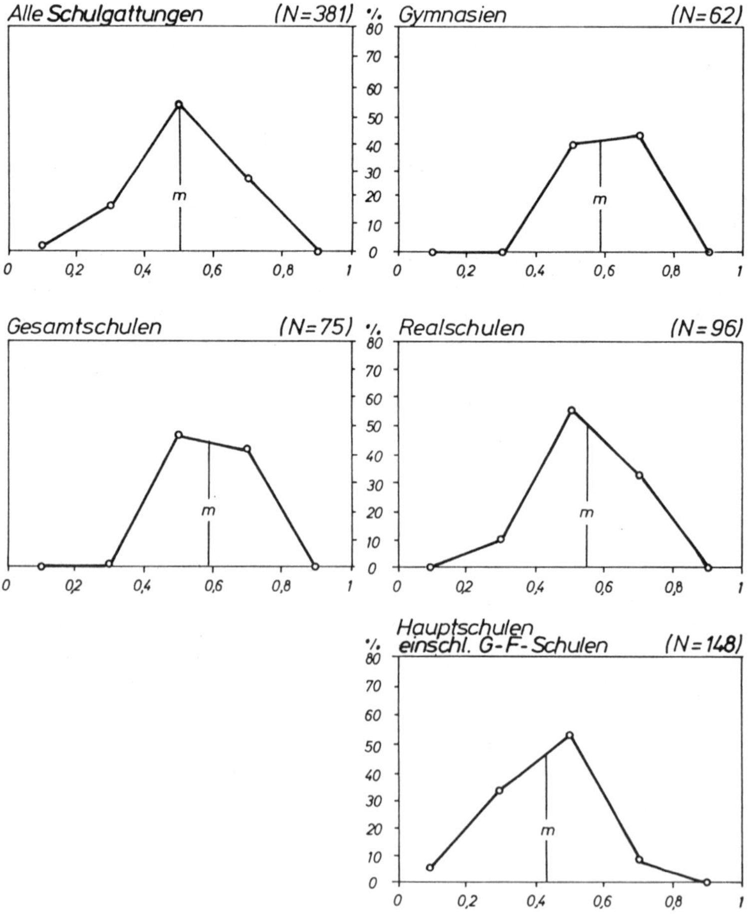

Abbildung 17

Tabelle 61: Statistische Kennwerte der Variablen GMG

Schulgattung	N	m	s	min.	max.
alle	381	0,51	0,14	0,10	0,83
Gesamtschulen	75	0,58	0,12	0,30	0,82
Gymnasien	62	0,58	0,12	0,28	0,81
Realschulen	96	0,55	0,12	0,22	0,83
Hauptschulen (+GF)	148	0,43	0,14	0,10	0,74

Der Vergleich der Mittelwerte mit denen in Tabelle 60 (für alle 26 Lerneinheiten) macht zwei Sachverhalte deutlich: Insgesamt erscheinen die Defizite bei einer an der Einsatzdauer orientierten, gewichteten Bewertung nur wenig größer. Unabhängig von der Art der Bewertung ergeben sich aber für die einzelnen Schulgattungen im wesentlichen die gleichen Relationen. Damit kann das oben gefundene Ergebnis als bestätigt betrachtet werden. Anzumerken ist noch, daß trotz teilweise recht unterschiedlich starker Streuungen der Variablen pmW_x die summarische Variable GMG eine sehr einheitliche Streuung für alle Schulgattungen aufweist, was den Mittelwertvergleich aufwertet.

Bemerkenswerterweise sind die Unterschiede der Bewertungszahlen (Tab.60 und 61) zwischen Gesamtschulen und Realschulen - jene Schulgattungen mit der geringsten Verflechtung mit der Primarstufe und der Sekundarstufe II - nur gering. Dies läßt den Schluß zu, daß die *Zuwendung höherer finanzieller Mittel* für Gesamtschulen zur Geräteanschaffung offenbar *nicht gewährleistete*, daß diese auch *eine curricular angemessenere Ausstattung* aufwiesen. Diese Feststellung gewinnt noch an Gewicht, wenn man bedenkt, daß ein Großteil der Gesamtschulen in der Zeit nach dem Erscheinen der Rahmenrichtlinien im Jahre 1972 ausgestattet wurde. Daraus kann gefolgert werden, daß die *Pauschalangebote der Lehrmittelindustrie keinen ausreichenden Curriculumbezug gewährleisten.*

8.2.3.2 Bewertung der Geräteausstattungen nach dem Kriterium „Grad der Flexibilität"

Die beiden im vorigen Abschnitt beschriebenen Bewertungsverfahren, die auf fixierten Mindestanforderungen basieren, besitzen vom fachdidaktischen Standpunkt aus betrachtet eine gewisse Starrheit. Sie ist darin zu sehen, daß durch die genaue Festlegung der „Funktionalität" der jeweiligen Geräte für die einzelnen Lerneinheiten in methodisch einengender Weise davon ausgegangen wird, daß in bestimmten Fällen entweder nur Schülerexperimente oder Demonstrationsexperimente in Frage kommen. Diese Vorgehensweise läßt sich im Hinblick auf die Festlegung eindeutiger Mindestanforderungen rechtfertigen, sie steht allerdings im Widerspruch zu den Intentionen der Rahmenrichtlinien. In den Anmerkungen zum Stoffplan heißt es nämlich ausdrücklich: „Selbstverständlich hat der Lehrer die *methodische Freiheit*, innerhalb einer Jahrgangsstufe seinen Unterricht so zu organisieren, wie es die Situation der Schülergruppe erfordert" (RRL PHYSIK SI v. 1976, S.17). Bei LOCHHAAS (1977) wird unter anderem berichtet, daß die Arbeit der Kommission auch davon ausging, daß an den Schulen für eine Umsetzung der RRL unterschiedliche räumliche und ausstattungsmäßige Voraussetzungen vorlägen und deshalb die RRL einen Interpretationsspielraum lassen müßten (S.7). So ist denn auch weder in den RRL selbst noch in den Unterrichtsmaterialien das methodische Vorgehen eindeutig festgelegt. Alle Hinweise sollen als Anregungen und Beispiele aufgefaßt werden. So gesehen sind *die RRL im Sinne eines „offenen" Curriculums zu interpretieren.* Diesem Sachverhalt kann aber nur Rechnung getragen werden, wenn die Geräteausstattungen der Schulen möglichst flexibel sind.

Zur Erfassung des *Merkmals „Flexibilität der Ausstattung"*, dessen Ausprägungen sich unmittelbar aus der Anzahl der Ankreuzungen im Gerätekatalog des Sammlungsleiter-Fragebogens ergeben, wurden die folgenden drei Bewertungsmaße definiert:
AFS = Summe der Basiswerte bezüglich des Schülerübungsgeräts,
AFD = Summe der Basiswerte bezüglich des Demonstrationsgeräts,
AF = AFS + AFD,
(Basiswerte 0 oder 1).

Aus Abbildung 18 wird ersichtlich, daß die allgemeine *Ausstattungsflexibilität (AF) der Gymnasien am größten war.* Danach folgten die Gesamtschulen und die Realschulen, die jeweils geringfügig schlechter lagen. Die Verteilung des Bewertungsmaßes AF ist dagegen bei den *Hauptschulen und GF-Schulen* sehr stark nach links verschoben, d.h. die allgemeine Ausstattungsflexibilität *fiel gegenüber den anderen drei Schulgattugen* deutlich ab.

In Abb.19 erkennt man, daß *die Gesamtschulen die größte Flexibilität bezüglich der Ausstattung mit Schülerübungsgerät (AFS)* aufwiesen. Die Realschulen lagen leicht besser als die Gymnasien, aber beide fielen doch deutlich gegenüber den Gesamtschulen ab. Was die Hauptschulen und G-F-Schulen betrifft, so war der Abstand zu den anderen Schulgattungen nicht so groß wie beim Bewertungsmaß AF.

Abb.20 zeigt schließlich, daß bei der *Ausstattung mit Demonstrationsgerät (AFD) die Gymnasien mit deutlichem Abstand* von den Gesamtschulen und Realschulen eine *größere Flexibilität* aufwiesen. Dies dürfte unter anderem auf die Verflechtung mit der Sekundarstufe II zurückzuführen sein. Die *Hauptschulen und die G-F-Schulen fielen hier am stärksten ab.*

Eine vollständige Übersicht über die statistischen Kennwerte der Verteilungen der Variablen AF, AFS und AFD enthält Tabelle 62. Es zeigt sich, daß bei den unterschiedlichen Mittelwerten der einzelnen Schulgattungen jeweils ähnlich große Streuungen (absolut mit der Standardabweichung s gemessen) vorliegen, was wieder den Mittelwertvergleich aufwertet.

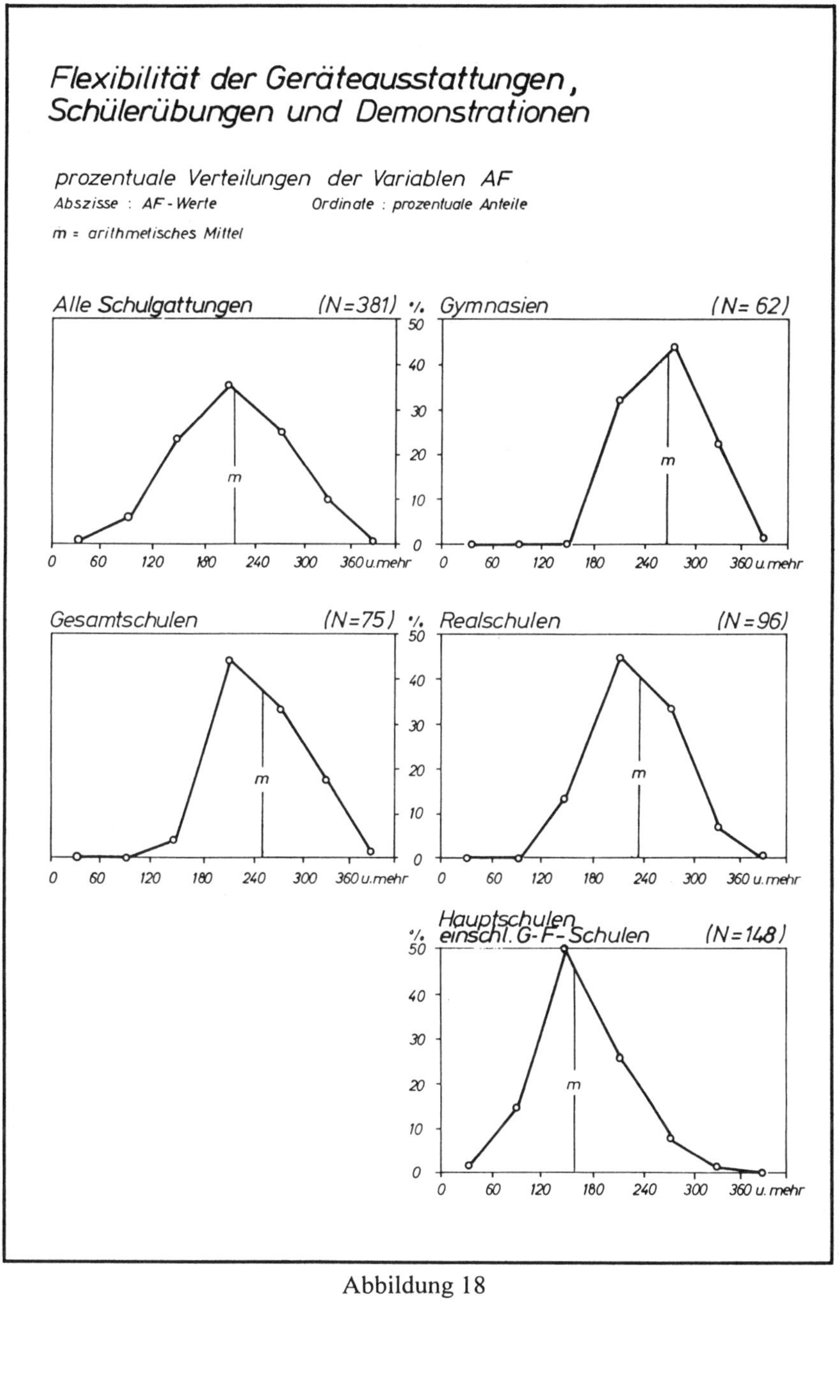

Abbildung 18

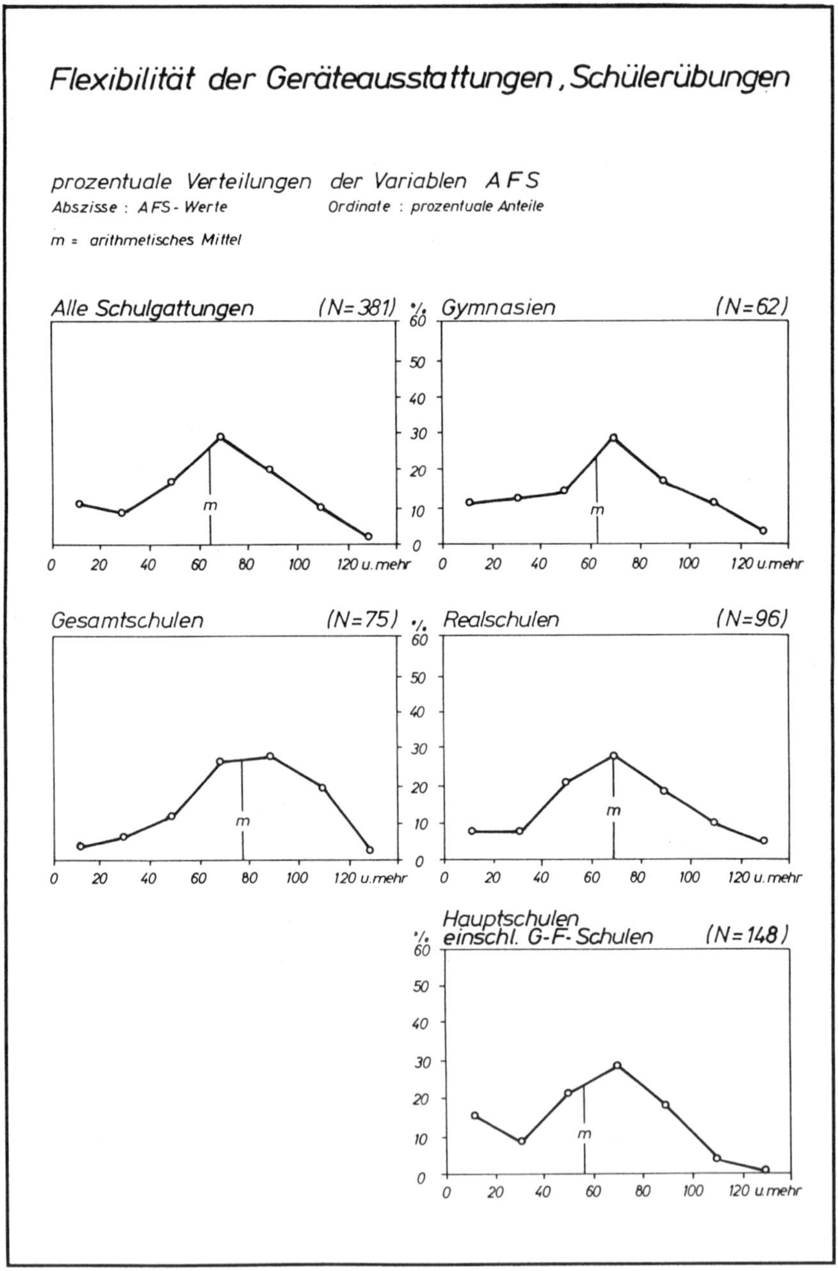

Abbildung 19

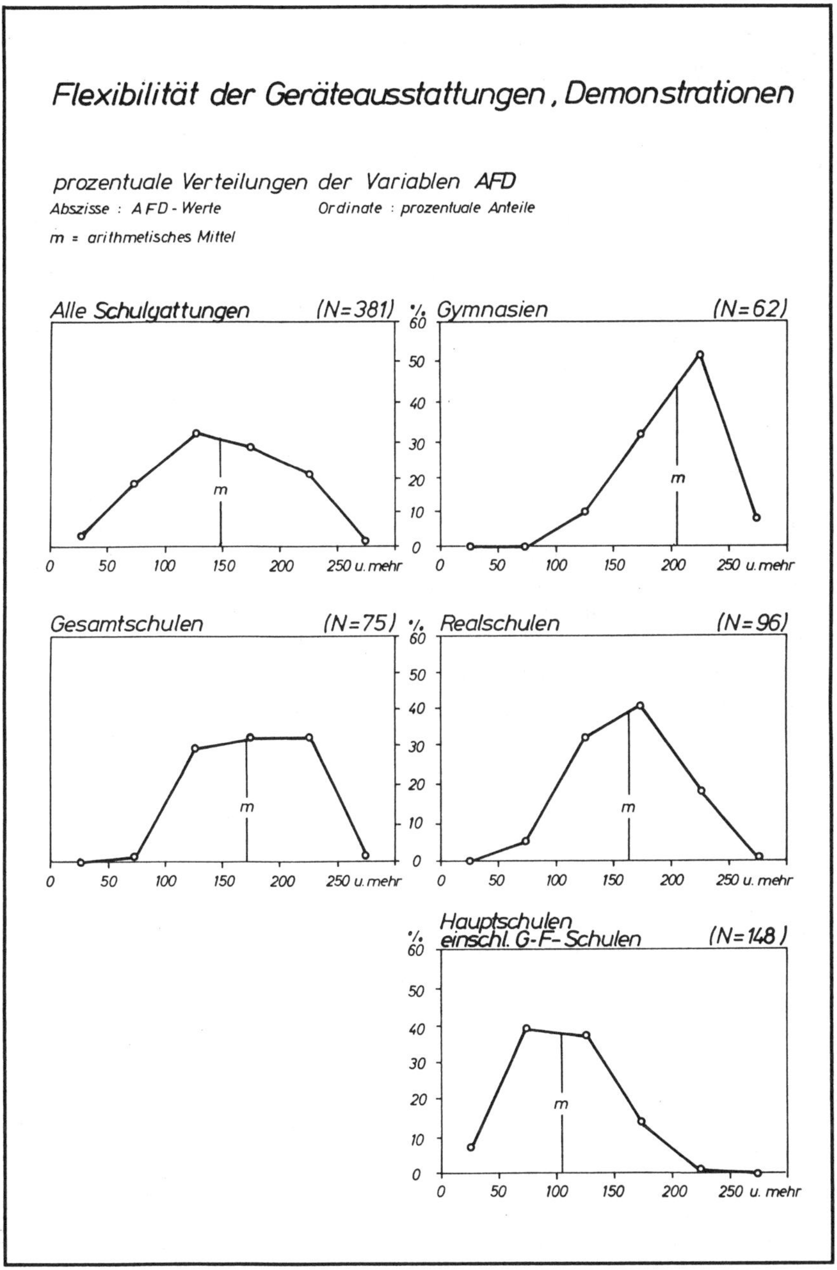

Abbildung 20

Tabelle 62: Statistische Kennwerte der Variablen AF, AFS und AFD

Variable	Kennwert	alle Schulgattungen	Gesamtschulen	Gymnasien	Realschulen	H- u. GF-Schulen
	N	381	75	62	96	148
AF	m	213,5	249,6	266,6	232,8	162,1
	s	64,0	48,8	43,5	50,1	49,3
	min.	48	134	182	138	48
	max.	394	372	369	394	306
AFS	m	64,7	76,9	63,8	68,8	57,1
	s	30,7	28,1	32,2	32,0	29,5
	min.	0	0	0	0	0
	max.	154	130	129	154	132
AFD	m	148,7	172,7	202,8	163,9	105,0
	s	54,2	41,7	34,6	40,1	40,1
	min.	32	95	101	59	32
	max.	270	254	259	270	205

Bei der weiteren Datenanalyse wurde noch der Frage nachgegangen, ob sich bei den beiden gewählten Bewertungsstrategien Unterschiede ergeben. Um das Bewertungsmaß AF mit dem Bewertungsmaß GMG vergleichen zu können, war eine Normierung erforderlich. Für die weitere Berechnung wurde deshalb das *normierte Bewertungsmaß* $AF_n = AF : 438$ definiert, wobei sich der Maximalwert 438 aus der Anzahl von 278 Titeln für Demonstrationen und 160 Titeln für Schülerübungen ergibt (vgl. Anlage 9a-h des Anhangs).

Tabelle 63: Vergleich der beiden normierten Bewertungsmaße GMG und AF_n

Schulgattung	N	GMG m	GMG s	AF_n m	AF_n s	Korr-Koeff. r
alle	381	0,51	0,14	0,49	0,15	0,89
Gesamtschulen	75	0,58	0,12	0,57	0,11	0,87
Gymnasien	62	0,58	0,12	0,61	0,10	0,88
Realschulen	96	0,55	0,12	0,53	0,11	0,90
Hauptschulen (+GF)	148	0,43	0,14	0,30	0,11	0,87

Wie ersichtlich, besteht zwischen den beiden Bewertungsmaßen ein starker Zusammenhang. Was die Mittelwerte und die Streuung anbelangt, so existieren zwischen beiden Maßen auf alle Schulgattungen bezogen faktisch keine ins Gewicht fallenden Unterschiede. Getrennt nach Schulgattungen ergeben sich - bei etwa gleichen Streuungen - jedoch deutliche Abweichungen in den Mittelwerten. Einerseits erscheint bei den Gymnasien der Grad der Flexibilität im Vergleich zur Bewertung der Ausstattung nach dem Kriterium der Mindestanforderung höher als bei Gesamtschulen und Realschulen, für die nur geringfügig niedrigere AF_n-Mittelwerte vorliegen, andererseits fallen die Hauptschulen und G-F-Schulen bei einer Beurteilung der Flexibilität der Ausstattungen noch sehr viel deutlicher von den anderen drei Schulgattungen ab, als dies schon unter dem Aspekt der Mindestanforderung der Fall war.

Weitere Unterschiede zeigen sich, wenn man noch zusätzlich die normierten Komponenten AFS_n = AFS: 160 und AFD_n = AFD:278 betrachtet (Tabelle 64).

Tabelle 64: Vergleich der normierten Bewertungsmaße AFS_n und AFD_n

		AFS_n		AFD_n	
Schulgattung	N	m	s	m	s
alle	381	0,41	0,19	0,54	0,20
Gesamtschulen	75	0,48	0,18	0,62	0,15
Gymnasien	62	0,40	0,20	0,73	0,12
Realschulen	96	0,43	0,20	0,59	0,14
Hauptschulen (+GF)	148	0,36	0,19	0,38	0,15

Zunächst läßt sich anhand der Zahlen feststellen, daß auf die *gesamte Stichprobe* bezogen die *Soll-Ist-Differenz beim Schülerübungsgerät noch um einiges größer ist als beim Demonstrationsgerät.* Beim Vergleich der Zahlen für die einzelnen Schulgattungen in Tab. 63 und 64 zeigen sich allerdings Abweichungen in den relativen Unterschieden. Betrachtet man die „weiterführenden Schulen" gegenüber den Hauptschulen und G-F-Schulen, so sind die relativen Unterschiede beim Bewertungsmaß AFD_n ähnlich denen beim Bewertungsmaß AF_n Bezüglich des Bewertungsmaßes AFS_n vermindern sich die relativen Unterschiede aber ganz erheblich. D.h., *die Ausstattungsunterschiede zwischen den einzelnen Schulgattungen werden weit mehr durch die differente Ausstattung mit Demonstrationsgerät als durch die mit Schülerübungsgerät bewirkt.* Auffallend ist auch hier wieder, daß die Gymnasien zwar bei Demonstrationsgeräten mit deutlichem Abstand an der Spitze lagen, dafür aber beim Schülerübungsgerät nicht wesentlich besser als Hauptschulen und G-F-Schulen ausgestattet waren. Insgesamt spiegeln die Zahlen der Tabelle 64 in etwa das wieder, was bereits aus Tabelle 60 hervorgeht. Was die *Gymnasien* betrifft, so lassen sich die Ergebnisse dahingehend interpretieren, daß dort - was im Zusammenhang mit der Sekundarstufe II zu sehen ist - die *Geräteausstattungen wissenschaftsnäher und weniger schülerbezogen* waren. *An Hauptschulen und G-F-Schulen überwog dagegen der Schülerbezug der Ausstattung.* Gesamtschulen und Realschulen nahmen bei dieser Differenzierung eine mittlere Position ein.

8.2.3.3 Geräteausstattungen und Schulstandort bzw. Schulgröße

Nach dem Hessischen Schulverwaltungsgesetz sind die Landkreise und kreisfreien Städte als Schulträger verpflichtet, die Sachkosten für den Unterhalt und Betrieb der Schulen zu tragen. Zu diesen Sachkosten gehören auch die Aufwendungen für die Geräteausstattung der Schulen. Wie in den Abschnitten 2.2 und 2.3 gezeigt werden konnte, besteht nun zwischen den Landkreisen und kreisfreien Städten ein ausgeprägtes sozialgeographisches Gefälle. Ein wesentlicher, dieses Gefälle determinierender Faktor, ist die unterschiedliche Finanzkraft der Landkreise und kreisfreien Städte, die trotz des Landesfinanzausgleichs besteht. Somit liegt die Annahme nahe, daß der Ausstattungsgrad einer Schule von ihrer Zugehörigkeit zu einer bestimmten Region - indikatorisiert durch den Regionalrang RRA (vgl. Abschnitt 2.3) - abhängt.

Weiterhin erscheint die Annahme eines Zusammenhangs zwischen dem Ausstattungsgrad und der Schulgröße (Schülergesamtzahl) plausibel. Diese Annahme wird durch zwei Fakten gestützt. Einmal sind die Finanzmittel, die die Schulträger den Schulen ihres Bereichs für die Anschaffung von Lehrmitteln zuweisen in der Regel an der Schülerzahl orientiert.[503] Zum anderen gilt für den Neubau bzw. Ausbau von Schulen, daß jeweils für die einzelnen schulischen Bereiche in etwa gleiche Anteile der sogenannten anerkannten Baukosten für die Einrichtung und Ausstattung Verwendung finden müssen. Für die Schulen im SI-Bereich beträgt dieser Anteil ca. 15%.[504] Für die jeweiligen Fächer stehen deshalb bei größeren Einheiten auch größere finanzielle Mittel für die Ausstattungszwecke zur Verfügung.

Zur Prüfung dieser beiden Hypothesen wurden die dem jeweiligen Datenniveau entsprechenden Korrelationskoeffizienten nach Pearson bzw. Spearman berechnet und auf (einseitige) Signifikanz überprüft (vgl. Tabelle 65). Ein mittlerer höchst signifikanter positiver Zusammenhang besteht zwischen den Bewertungsmaßen AF bzw. GMG und der Schulgröße.

Tabelle 65: Zur Prüfung auf Zusammenhang zwischen den Bewertungsmaßen AF bzw. GMG und dem Regionalrang RRA bzw. der Schulgröße

Variablenpaar	N	Korrelationskoeffizient	Signifikanzniveau
Schulgröße - AF	381	r = 0,60	0.001
Schulgröße - GMG	381	r = 0,46	0.001
RRA - AF	381	R = 0,03	n.s.
RRA - GMG	381	R = -0,02	n.s.
Schulgröße - RRA	381	R = 0,12	0.01

Die Unterschiede in der Ausstattung mit Experimentiergeräten lassen sich demnach zu einem bedeutenden Teil auf Unterschiede in der Schulgröße zurückführen. Kein Zusammenhang konnte dagegen zwischen den Bewertungsmaßen und dem Kreisrang festgestellt werden. Da aber ein signifikanter - wenn auch nur sehr schwacher - Zusammenhang zwischen der Schulgröße und dem Kreisrang aufgefunden wurde, erschien es angebracht, (bedingte) Mittelwerte der Ausstattungsmaße AF und GMG in Abhängigkeit von der Schulgröße[505] *und* der Kreisgruppenzugehörigkeit zusammenzustellen (vgl. Tabelle A42 des Anhangs).

In der Abbildung 21 sind die prozentualen Abweichungen der AF-Werte bzw. GMG-Werte vom Mittelwert für die Gesamtstichprobe ausgewiesen. Die Pfeile veranschaulichen jeweils die Stärke der Abweichungstendenzen. *Es zeigt sich, daß die (positive) Abhängigkeit des Ausstattungsgrades von der*

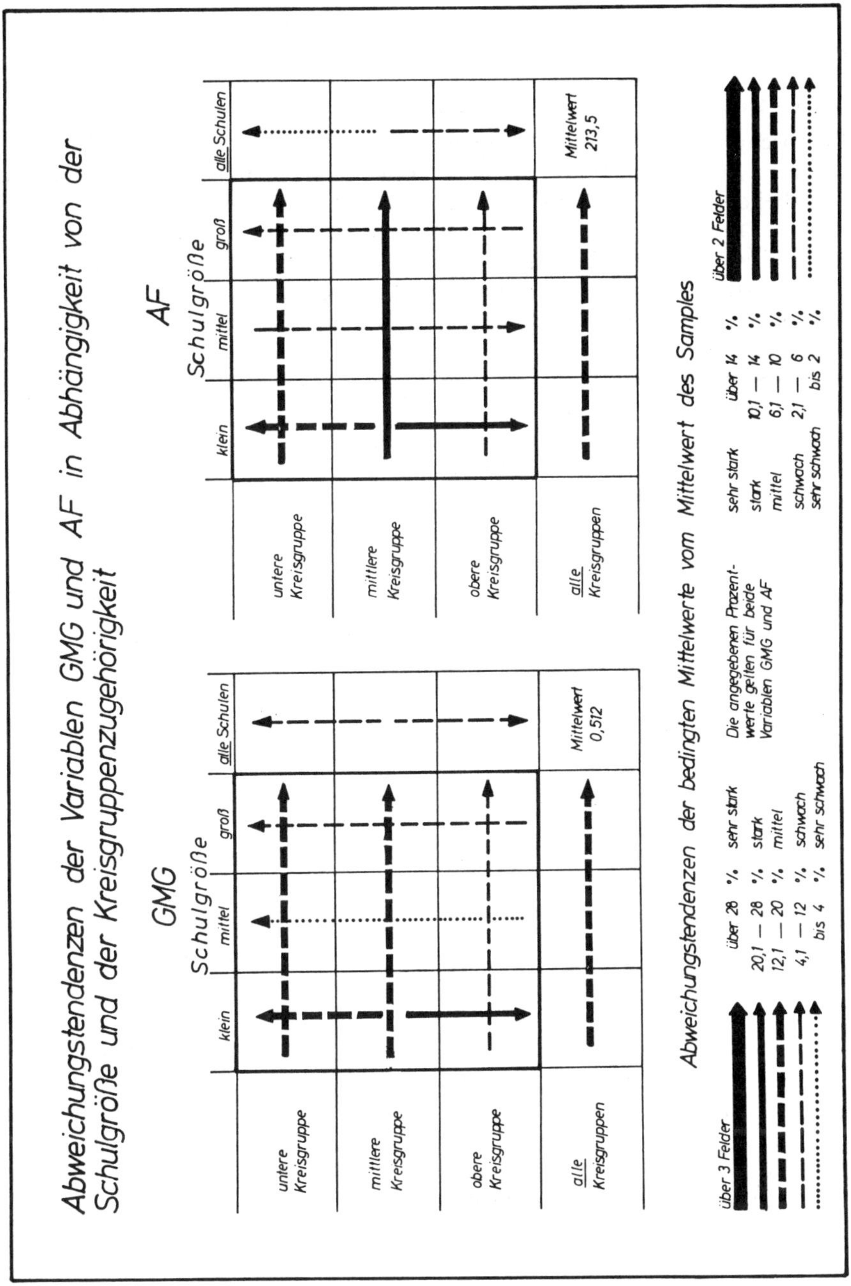

Abbildung 21

Schulgröße getrennt nach Kreisgruppen zwar unterschiedlich stark aber tendenziell gleichartig ist.

8.2.3.4 Geräteausstattungen und die Struktur der Sekundarstufe I

In Abschnitt 1.3 wurde die komplexe Struktur der Sekundarstufe I in Hessen mit dem Bezugsjahr 1976 dargestellt. Ein charakteristisches Strukturmerkmal ist dabei der Grad der Verflechtung der Sekundarstufe I mit den beiden anderen Stufen. Da sich die Ausstattungsbedürfnisse der Primarstufe von denen der Sekundarstufe I unterscheiden, ist eine Abhängigkeit des Ausstattungsgrades vom Verflechtungsgrad zu vermuten. Entsprechendes gilt hinsichtlich der Sekundarstufe II; allerdings ist für das Fach Physik anzumerken, daß in den Schulen, die beide Sekundarstufen führen, ein großer Teil der Gerätesätze in beiden Stufen Verwendung findet und in der Mehrzahl der Fälle keine getrennten Sammlungen bestehen.

Der Verflechtungsgrad V (vgl. Abschnitt 1.3) läßt sich durch RSI (relative Anzahl der SI-Schüler) quantitativ bestimmen (vgl. Abschnitt 7.5.3). Dabei gilt:

$$\text{RSI} = \frac{\text{Anzahl der SI-Schüler}}{\text{Gesamtzahl der Schüler}} \quad \text{und} \quad V = 1 - \text{RSI}$$

Zur Prüfung auf mögliche Zusammenhänge zwischen den Ausstattungswerten und der Verflechtung der Sekundarstufe I mit den beiden anderen Stufen wird wegen der sehr starken Abweichung der Variablen RSI von der Normalverteilung (vgl. Abbildung 6 im Abschnitt 7.5.3) der Rangkorrelationskoeffizient nach Spearman verwendet.

Tabelle 66: Zur Prüfung auf Zusammenhänge zwischen den Variablen RSI und AF bzw. GMG

		RSI - AF		RSI - GMG	
Schulgattung	N	R	Sign.-Niv.	R	Sign.-Niv.
alle	381	0,45	0.001	0,39	0.001
Gesamtschulen	75	0,11	n.s.	0,06	n.s.
Gymnasien	62	0,04	n.s.	0,07	n.s.
Realschulen	96	0,05	n.s.	0,03	n.s.
Hauptschulen (+GF)	148	0,14	0.05	0,16	0.05

Auf das gesamte Sample bezogen, weisen die Koeffizienten mittlere positive Zusammenhänge höchster Signifikanz aus. Die *unterschiedlichen Grade der Ausstattung der Schulen lassen sich also auch zu einem bemerkenswerten Teil auf die Verflechtung mit den anderen Stufen zurückführen.* Da bei getrennter Betrachtung nach Schulgattungen nur noch bei den Hauptschulen ein signifikanter Zusammenhang verbleibt, kann daraus geschlossen werden, daß besonders die *stärkere Verflechtung mit der Primarstufe bessere Ausstattungsgrade für den SI-Bereich verhindert hat.*

8.2.3.5 Geräteausstattungen und Fachraumkapazitäten der Schulen

Die über die Schulleiterbefragungen gewonnenen Daten zur Fachraumkapazität sind - getrennt nach Vorphase und Hauptphase sowie Schulgattungen und Raumarten - im Abschnitt 8.1 zusammenfassend dargestellt worden. Die Veranschaulichung dieser zusammenfassenden Betrachtungsweise ist durch die dortigen Abbildung 8 und 9 gegeben.

Betrachtet man im Vergleich zu den Raumkapazitäten der Abbildung 8 die Werte der Tabelle 58 im Abschnitt 8.2.2.2, so wird verständlich, daß bereits bei der Analyse der Daten der Vorphase die Vermutung aufkam, daß zwischen Raumkapazitäten und den Graden der Ausstattung mit Geräten ein gewisser Zusammenhang bestehen könnte. Wegen der Uneinheitlichkeit der in dieser Phase erhobenen Daten über die Geräteausstattungen, waren genauere Analysen nicht möglich. Die einheitlich in der Hauptphase erhobenen Daten bieten diese Möglichkeit, jedoch erforderte dies zunächst eine Voranalyse der erhobenen Daten zur Raumausstattung.

In der Voranalyse wurden ausgehend von den Basisdaten NV (nicht vorhanden), NAV (nicht ausreichend vorhanden) und AV (ausreichend vorhanden) über 3×3-Feldertafeln Kontingenzkoeffizienten nach Pawlik berechnet.[489] Dabei zeigte sich, daß zwischen Raumkapazitäten für Demonstrationsunterricht und denen für Schülerübungsunterricht nur ein schwacher Zusammenhang besteht ($N = 384$, $C_p = 0{,}45$). Zwischen den Raumkapazitäten von Sammlungsräumen und denen von Vorbereitungsräumen ist der Zusammenhang jedoch ganz erheblich stärker ($N = 384$, $C_p = 0{,}74$). Dieses Ergebnis ist plausibel. In der Regel sind an den Schulen nämlich die Sammlungsräume auch gleichzeitig Vorbereitungsräume für die Physiklehrer. Daß der Zusammenhang nicht vollständig ist, hängt damit zusammen, daß bei ausreichender Möglichkeit für die Aufbewahrung der Geräte mancherorts aus Platzmangel nicht ausreichende Möglichkeiten zur Unterrichtsvorbereitung bestehen. Sammlungs- und Vorbereitungsräume müssen als eine zusammenhängende Fachraumgruppe betrachtet werden. Aus diesem Grunde wird nachfolgend auch *die abgeleitete (kombinierte) kapazitive Raumvariable KRK* definiert und zur Untersuchung herangezogen. Was die eigentlichen Unterrichtsräume - getrennt oder gemeinsam als Mehrzweckraum eingerichtet - betrifft, war eine getrennte Untersuchung geboten, da nach obigen Angaben hier keine analoge Koppelung der Räume angenommen werden kann.

Wegen dieses Unterschiedes lag es nahe unter Bezugnahme auf die im Abschnitt 8.2.3.2 definierten Ausstattungsmaße AF, AFD und AFS folgende Untersuchungen auf Zusammenhänge durchzuführen:

a) Kapazität von D-Räumen und Ausstattungsmaß AFD
b) Kapazität von Ü-Räumen und Ausstattungsmaß AFS
c) *Kombinierte* (organisatorische) *Raumkapazität KRK* für V-Räume und S-Räume und Ausstattungsmaß AF.

Definition von KRK: Die Basisdaten über die Raumkapazitäten von V-Räumen und S-Räumen werden quantifiziert mit: NV = 0, NAV = 1 und AV = 2. Für beide Raumarten werden diese Basiswerte addiert, womit man die Werte der Variablen KRK mit 0, 1, 2, 3 oder 4 erhält. Auf diese Weise erhält die Variable KRK Rangdatenniveau.[506]

Die Prüfung auf Zusammenhang erfolgte in den beiden Fällen a) und b) wieder auf der Grundlage von 3×3-Feldertafeln, wobei bezüglich der Raumkapazitäten die Basisdaten (NV, NAV, AV) vorlagen. Für die Variablen AFD und AFS wurden drei geordnete Klassen gebildet. Für AFD: bis 130, 131-180, über 180. Für AFS: bis 55, 56-80, über 80. Die Prüfung auf Zusammenhänge zwischen den beiden Variablen KRK und AF konnte mit Hilfe eines Rangfolgenvergleichs erfolgen, wobei allerdings der korrigierte Koeffizient R_c betrachtet werden mußte, da bei der Variablen KRK viele Rangbindungen vorliegen.[507] Die Details dieser Prüfungen auf Zusammenhang sind in der Tabelle A43 des Anhangs zusammengestellt.

Getrennt nach Schulgattungen überwiegen in allen drei Fällen nichtsignifikante Werte der Prüfgrößen. Lediglich bei den Hauptschulen sind in allen drei Fällen schwache, positive, signifikante bis höchstsignifikante Zusammenhänge festzustellen. Dazu kommt noch ein schwacher, positiver, signifikanter Zusammenhang zwischen den beiden Variablen KRK und AF bei den Gesamtschulen. Betrachtet man wieder alle Schulgattungen zusammen, so erhöhen sich die Werte der Prüfgrößen nicht, wenngleich natürlich wegen der größeren Stichprobenumfänge sich die Signifikanzniveaus auf 0.001 erhöhen. In dieser Hinsicht besteht zwischen den hier aufgezeigten Analyseergebnissen und denen im Abschnitt 8.2.3.3 bezüglich der Variablen „Schulgröße" ein ganz bedeutender Unterschied. Während dort auf einen bedeutenden Einfluß der Variablen „Schulgröße" auf die Grade der Ausstattungen mit Experimentiergeräten geschlossen werden mußte, ist hier zu vermerken, *daß die unterschiedlichen Fachraumkapazitäten die unterschiedlichen Grade der Ausstattungen mit Experimentiergerät nur zu einem sehr geringen Teil erklären; ein schwacher Zusammenhang zeigt sich lediglich bei den Hauptschulen.*

8.2.3.6 Geräteausstattungen und Lehrpersonal für den Physikunterricht

Die Betrachtung der Geräteausstattungen in Verbindung mit den personellen Gegebenheiten der Schulen wurde von zwei Hypothesen geleitet. Es wurde nämlich angenommen, daß sowohl vom Qualifikationsgrad des Physiklehrerkollegiums als auch von der relativen Anzahl der Physiklehrer einer Schule ausstattungsrelevante Wirkungen ausgehen. Die erste Hypothese bedarf keiner weiteren Begründung. Bei der zweiten Hypothese wurde davon ausgegangen, daß bei den erforderlichen Entscheidungsprozessen über die Verteilung von Etatmitteln für die einzelnen Fächer und damit auch für die Anschaffung von Geräten für den Physikunterricht die relative Größe der einzelnen Fachgruppen des Lehrpersonals von Bedeutung sein könnte. Was das Lehrpersonal betrifft, kann auf die im Abschnitt 7.3.1 definierte Variable QLP (Qualifikationsgrad der Physiklehrer einer Schule) und auf die im Abschnitt 7.5.3 definierte Variable RAPL (relative Anzahl der Physiklehrer einer Schule) zurückgegriffen werden. Als Maße für die Grade der Ausstattung stehen die Variable GMG (Mindestanforderung) und die Variable AF (Flexibilität) zur Verfügung. Während bei der Prüfung auf Zusammehang mit der Variablen RAPL der Korrelationskoeffizient nach Pearson herangezogen werden konnte, mußte wegen der erheblichen Abweichung der Variablen QLP von der Normalverteilung für diese der Rangkorrelationskoeffizient nach Spearman berechnet werden. Alle berechneten Werte befinden sich in der Tabelle A44 des Anhangs.

Bei der Betrachtung der Werte in der Tabelle A44 des Anhangs kann festgestellt werden, daß abgesehen von einigen nicht sehr wesentlichen Verschiebungen im Signifkanzniveau keine wesentlichen Zusammenhangsunterschiede bezüglich der beiden per definitionem verschiedenen Bewertungsmaßen GMG und AF bestehen. Dies ist insofern nicht überraschend, da ja bereits im Abschnitt 8.2.3.2 ein sehr starker Zusammenhang zwischen den Variablen GMG und AF_n (Tabelle 63) aufgezeigt wurde. Somit muß bei der weiteren Betrachtung nicht mehr zwischen den beiden Ausstattungsmaßen GMG und AF unterschieden werden.

Bedeutsame Unterschiede ergeben sich jedoch bei den lehrpersonalbezogenen Variablen RAPL und QLP in ihrem Zusammenhang mit den Ausstattungsvariablen. Von Bedeutung sind diese im Falle der Signifikanz (mindestens auf dem Niveau 0.05). Diese ist in beiden Fällen bei der Gesamtstichprobe vorhanden, jedoch ist der Zusammenhang bei der Variablen QLP positiv und bei der Variablen RAPL negativ. Damit wird die Vermutung, welche zur Formulierung der ersten Hypothese führte, bestätigt. *Schulen, deren Physiklehrer höher qualifiziert waren, hatten tendenziell eine bessere Geräteausstattung. Dies trifft insbesonders für die Hauptschulen zu*, da bei Aufspaltung nach Schulgattungen der signifikante Zusammenhang nur noch bei den Hauptschulen vorhanden ist.

Was die zweite Hypothese betrifft, ist der sehr schwache Zusammenhang der Gesamtstichprobe das Ergebnis zweier entgegengesetzter Tendenzen bei Gymnasien und Hauptschulen. Beide Teilzusammenhänge sind signifikant, nicht jedoch bei Gesamtschulen und Realschulen. Sie sind bei den Gymnasien positiv und bei den Hauptschulen negativ. Damit kann folgende Aussage gemacht werden: *An den Gymnasien waren bei Schulen mit einer höheren relativen Anzahl von Physiklehrern bessere Geräteausstattungen vorhanden*, was eine Bestätigung der Hypothese darstellt. Daß hierbei die Qualifikation der Lehrer keine Rolle spielt, hängt mit dem an den Gymnasien vorhandenen höchsten Qualifikationsgrad und der Homogenität des Lehrpersonals für den Physikunterricht zusammen (vgl. Abschnitt 7.3.1). Der im Vergleich zur Gesamtstichprobe bei den Hauptschulen noch stärkere negative Zusammenhang bedarf noch einer Interpretation. Wie im Abschnitt 7.6 aufgezeigt wurde, besteht insbesondere bei den Hauptschulen ein negativer Zusammenhang zwischen den Variablen QLP und RAPL. Somit kann hier vermerkt werden, *daß an den Hauptschulen im Falle einer höheren relativen Anzahl von Physiklehrern ein niedrigerer Qualifikationsgrad und damit eine schlechtere Ausstattung vorhanden war. Geringere Fachkompetenz konnte offensichtlich nicht durch Fachgruppenstärke kompensiert werden.*

Die oben aufgezeigte Besonderheit an den Gymnasien erhält eine Stütze durch Angaben der Schulleiter (1976). Danach wurden an 56% der Gymnasien Etatentscheidungen auf Antrag der Fachgruppen durch die Gesamtkonferenz getroffen und bestanden nur an 21% der Schulen feste Verteilungsschlüssel für die einzelnen Fächer. Dort, wo die relative Anzahl der Physiklehrer groß war, bestand naturgemäß im Rahmen der Gesamtkonferenz ein entsprechendes Gewicht zur Durchsetzung von Etatforderungen. Auch in den 12% Fällen, wo die Fachbereichskonferenz Etatentscheidungen traf, war durch eine höhere relative Anzahl von Physiklehrern eine entsprechende „Rückenstärkung“ vorhanden.

TEIL 9: ÖKONOMISCHE ASPEKTE DER AUSSTATTUNG DER SCHULEN MIT EXPERIMENTIERGERÄTEN FÜR DEN PHYSIKUNTERRICHT (1972-1977)

Im vorhergehenden Teil wurden die Geräteausstattungen der Schulen ausschließlich unter dem Gesichtspunkt der im Abschnitt 6.12.3 beschriebenen ersten drei Merkmale betrachtet. In diesem Teil werden Untersuchungsergebnisse dargestellt, die sich auf das vierte Merkmal, den finanziellen Wert, beziehen.

Herangezogen werden relevante Daten aus beiden Erhebungsphasen des Hauptprojekts (1972-1977), die sich auf die finanziellen Werte der Geräteausstattungen beziehen. In die Betrachtung werden im erforderlichen Umfang auch Untersuchungsergebnisse des vom Verfasser initiierten, vom Deutschen Institut für Internationale Pädagogische Forschung geförderten und von C.Mirgel durchgeführten ökonomischen Nebenprojekt (1977-1979) einbezogen. Dabei wird nicht nur auf die Veröffentlichung von BRAUNER/WEISS/MIRGEL (1982) sondern auch auf den umfangreicheren, unveröffentlichten Forschungsbericht von MIRGEL (1979) zurückgegriffen.

9.1 Finanzielle Bewertung der Geräteausstattungen der Schulen nach rahmenrichtlinienbezogenen Lehrmittelpreisgruppen

Was die Daten der Hauptphase (1975-1977) betrifft, konnte für alle Schulgattungen eine einheitliche finanzielle Bewertung durch Koppelung der Basisdaten (Geräteliste des Sammlungsleiterfragebogens) mit Lehrmittelpreisen durchgeführt werden.

Zunächst wurden den einzelnen Gerätetiteln des Gerätekatalogs im Sammlungsleiterfragebogen die im Jahre 1976 gültigen Lehrmittelpreise einschließlich der damals erhobenen Mehrwertsteuer zugeordnet und damit eine *rahmenrichtlinienbezogene Preisliste für Demonstrationsgeräte* aufgestellt. In der Regel wurden dabei die Preise der Lehrmittelfirma Phywe, Göttingen, herangezogen. Nur in den Fällen, wo die Firma Phywe ein Gerät nicht in ihrem Programm hatte, wurde der Preis der Firma Leybold-Heraeus, Köln, verwendet. Diese Festlegung auf diese zwei Firmen steht im Zusammenhang mit ihrer marktbeherrschenden Rolle. Wie MIRGEL (1979) bei seiner speziellen Sammlungsleiterbefragung 1977 festgestellt hat, wurden 69,3% der Schulen seiner Stichprobe (N = 352) von der Firma Phywe und 17,4% von der Firma Leybold-Heraeus ausgestattet.[508] Die Firma Neva, Geislingen, kam noch auf 5% und alle anderen Firmenanteile waren völlig unbedeutend. Für die 278 Titel des Gerätekataloges konnten auf diese Weise in 240 Fällen Preise ermittelt werden, wobei nur in 19 Fällen Preise der Firma Leybold-Heraeus eingingen.[509] Bei den 38 Titeln, für die in beiden Listen kein Angebot vorlag, handelt es sich entweder um Verbrauchsmaterialien, um technische Geräte, die im sonstigen Handel zu erwerben oder im Eigenbau herzustellen sind, und um Kontrolltitel. Die Details sind dem Anhang (Anlage 10a-i) zu entnehmen. Auf der Grundlage der beschriebenen rahmenrichtlinienbezogenen Preisliste ist es möglich, die Gerätetitel zu *Preisklassen für Demonstrationsgeräte* zusammenzufassen (Anlage 10j des Anhangs).

Was die Aufstellung einer analogen Preisliste für Schülerübungsgerät betrifft, bestand eine Schwierigkeit darin, daß in den Preislisten keine speziellen Kennzeichnungen hinsichtlich der Verwendungsmöglichkeit vorlagen. Aus diesem Grund wurde eine *Adaption* vorgenommen, die darin zu sehen ist, daß bei den für Schülerübungen relevanten Titeln der gleiche Preis wie bei Demonstrationsgerät veranschlagt wurde, wenn hinsichtlich der Funktionalität keine Unterschiede zu sehen waren. Im Falle unterschiedlicher Funktionalität - meist einfachere Ausführungen der Geräte im Vergleich zu typischen Demonstrationsgeräten - wurden die diesbezüglich niedrigsten Preise angesetzt. Die so erstellte *(adaptierte) rahmenrichtlinienbezogene Preisliste für Schülerübungsgeräte* ermöglichte eine Zuordnung der für Schülerübungen relevanten Gerätetitel zu *(adaptierten) Preisklassen für Schülerübungsgeräte* (Anlage 10k des Anhangs).

Eine Übersicht über die Verteilung der Gerätetitel auf die einzelnen Preisklassen bietet die nachfolgende Tabelle.

Tabelle 67: Zur Zusammenfassung der Gerätetitel des Gerätekatalogs zu Preisklassen nach den Lehrmittelpreisen der Firmen Phywe und Leybold-Heraeus im Jahre 1976

Demonstrationsgeräte Preisklasse	Intervall (DM)	Anz. d. Geräte	Schülerübungsgeräte Preisklasse	Intervall (DM)	Anz. d. Geräte
GA	bis 10,00	34	GA*	bis 10,00	33
GB	10,01 - 20,00	14	GB*	10,01 - 20,00	13
GC	20,01 - 100,00	8	GC*	20,01 - 100,00	6
GD	über 100,00	6	GD*	über 100,00	3
SA	bis 50,00	76	SA*	bis 50,00	56
SB	50,01 - 150,00	58	SB*	50,01 - 100,00	23
SC	150,01 - 500,00	19	SC*	100,01 - 200,00	11
SD	500,01 - 1000,00	18	SD*	über 200,00	5
SE	über 1000,00	7			
Gerätetitel ohne Preiszuordnung		38			10

G= Grundgeräte, S = spezielle Geräte,
GA*, GB*, ..., SD* bezeichnen die adaptierten Preisklassen für Schülerübungsgerät

In Analogie zu dem in 8.2.3.1 definierten Bewertungsmaß pmW_x (partieller methodischer Wert bezüglich der Lerneinheit x) werden der *partielle finanzielle Wert pfD_x bezüglich der Preisklasse x für Demonstrationsgeräte und der (adaptierte) partielle finanzielle Wert pfS_y bezüglich der (adaptierten) Preisklasse y für Schülerübungsgeräte wie folgt definiert*:

$$pfD_x = \frac{\text{Summe der Basiswerte (D) der Geraete der Preisklasse x}}{\text{Anzahl der Geraete der Preisklasse x}};$$

$$x = GA, GB, GC, GD, SA, SB, SC, SD, SE.$$

$$pfS_y = \frac{\text{Summe d. Basiswerte (S) d. Geraete d. (adapt.) Preiskl. y}}{\text{Anzahl der Geraete der (adapt.) Preisklasse y}};$$

$$y = GA,^* GB^*, GC^*, GD^*, SA^*, SB^*, SC^*, SD^*.$$

Die beiden finanziellen Bewertungsmaße sind wieder normiert. Die Hinweise (D) und (S) in den Definitionsgleichungen bedeuten, daß von den Basiswerten (O oder l) für einen bestimmten Gerätetitel jeweils nur genau der für Demonstrationsgerät bzw. für Schülerübungsgerät zu berücksichtigen ist. Von einer ähnlichen Zusammenfassung der partiellen Werte zu einem Gesamtwert, wie dies bei der Definition von GMG geschah, muß abgesehen werden, da der Interpretationsgehalt eines solchen Wertes im Vergleich zu GMG unklar ist.[510]

Um Mißverständnisse, die mit der Verwendung des Wortes „finanziell" bei der Bezeichnung der Bewertungsmaße pfD_x und pfS_y entstehen könnten,[511] vorzubeugen, sei betont, *daß die Werte dieser Variablen keine Geldwerte darstellen*. Die Normierung der beiden Bewertungsmaße gestattet jedoch bei einer Betrachtung der Abweichungen $1 - pfD_x$ und $1 - pfS_y$ vom Normwert 1 Aussagen über die Defizite von Geräten in den einzelnen Preisklassen und einen Vergleich zwischen den einzelnen Preisklassen.

In den Abbildungen 22 und 23 werden die Verteilungen der Variablen pfD_x und pfS_y auf die gleiche Weise dargestellt, wie dies hinsichtlich der Variablen pmW_x in den Abbildungen 14-16 im Abschnitt 8.2.3.1 der Fall ist. Insbesondere wird auf die Beschreibung der Darstellung in der Abbildung 14 verwiesen.

Grob betrachtet weisen die Graphiken in den Abbildungen 22 und 23 bezüglich der einzelnen Preisklassen ähnlich große Defizite aus wie bezüglich der methodischen Bewertung nach Lerneinheiten in den Abbildungen 14-16. Auch die Streuungen der Variablen sind ähnlich. Den Graphiken lassen sich jedoch noch weitere Informationen entnehmen. *Bezüglich aller Preisklassen sind die Defizite bei den Schülerübungsgeräten im Vergleich zu den Demonstrationsgeräten deutlich größer*. Getrennt nach Schulgattungen sind die Unterschiede bei den Gymnasien am größten, bei Gesamtschulen und Realschulen in etwa gleich groß und bei den H/GF-Schulen deutlich am geringsten. Die Streckenzüge, welche die Medianpunkte verbinden, lassen bei den Demonstrationsgeräten für alle Schulgattungen zusammen und getrennt nach Schulgattungen eine gleichartige Tendenz des Abfalls erkennen. Die Defizite werden tendenziell, angefangen von den niedrigen Preisklassen hin zu den höheren Preisklassen, größer. Dies gilt auch bei den Grundgeräten für Schülerübungen. Bei den speziellen Geräten für Schülerübungen ist das Defizit bei der höchsten Preisklasse bemerkenswerterweise durchgehend geringer als

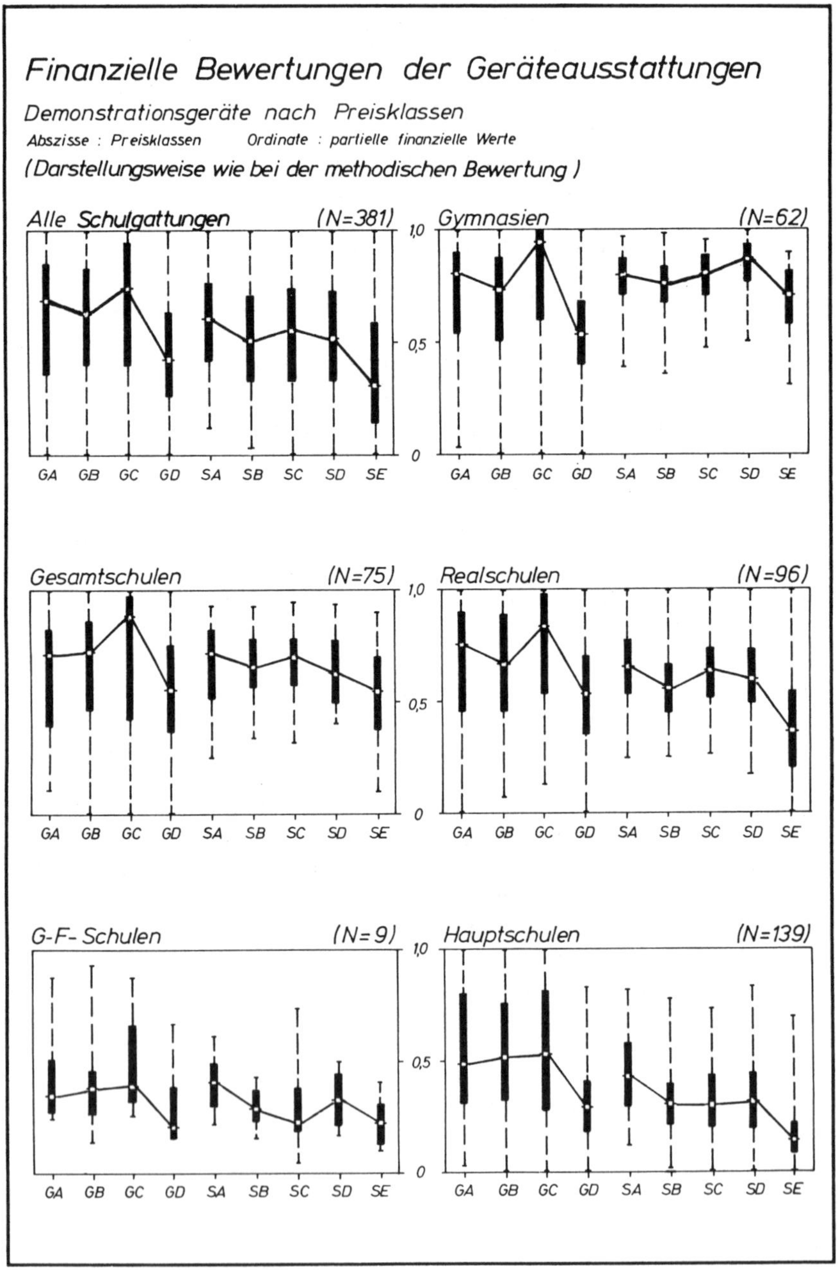

Abbildung 22

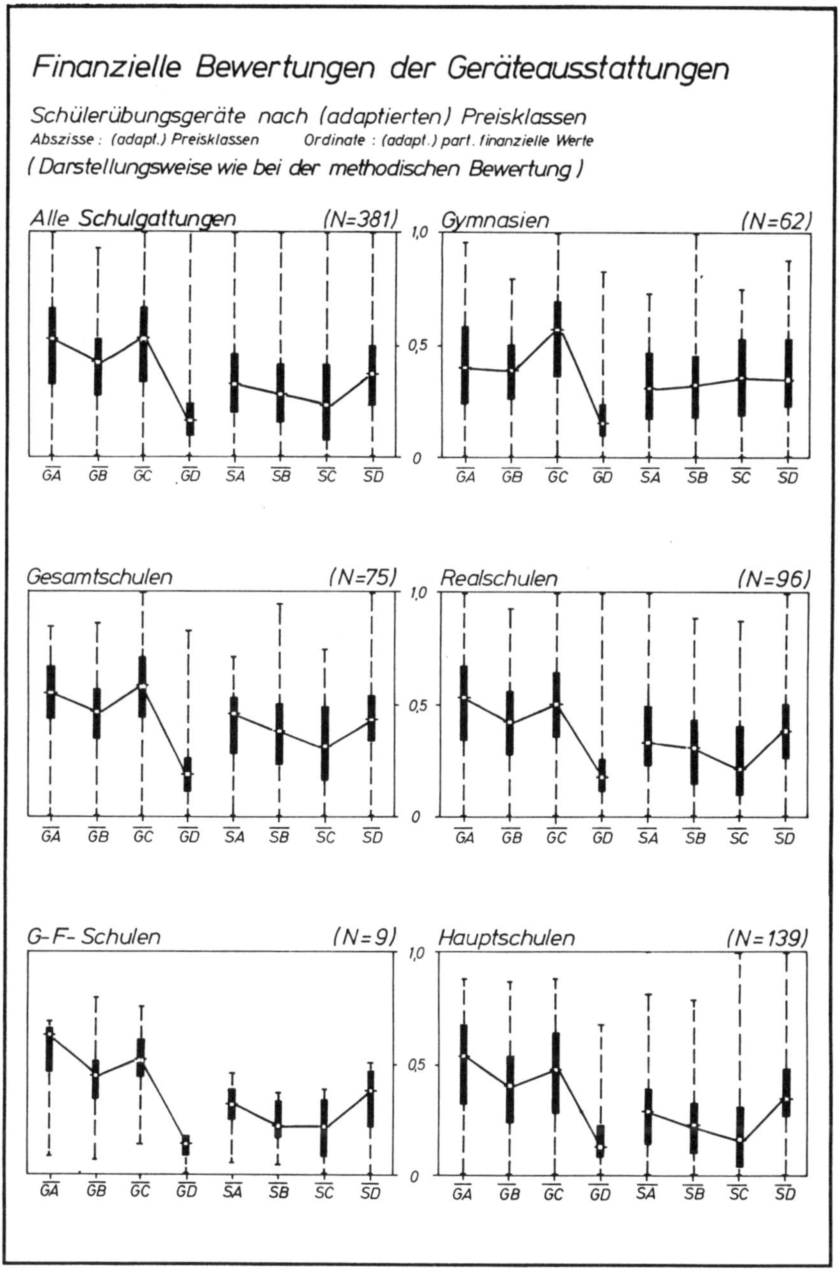

Abbildung 23

bei den niedrigeren Preisklassen. Dies wird jedoch verständlich, wenn man die 5 Gerätetitel der Preisgruppe SD* betrachtet: Amperemeter, Voltmeter, Netzgerät, Elektroskop und Akkumulator. Es handelt sich also ausschließlich um elektrische Geräte, die trotz ihres im Vergleich zu Geräten für andere Lehrinhalte hohen Preises für die Elektrizitätslehre unverzichtbar sind. Da jedoch die Defizite auch in der Preisklasse SD* im Mittel deutlich größer als 50% sind, konnten offensichtlich ein erheblicher Teil der Schulen in allen Schulgattungen Schülerübungen im Lernbereich Elektrizitätslehre gar nicht oder nur schlecht durchführen.

Die nach finanziellen Gesichtspunkten so darstellbare defizitäre Ausstattungssituation zur Zeit des Beginns der verpflichtenden Erprobung der Rahmenrichtlinien Physik SI läßt sich noch klarer herausstellen, wenn man wie folgt die Preisklassen zu Preisklassengruppen zusammenfaßt und die mittleren Medianwerte von pfD_x bzw. pfS_y betrachtet.[512]

Preisklassengruppe mit niedrigen Gerätepreisen:
Demonstrationsgeräte: GA, GB, GC, SA.
Schülerübungsgeräte: GA*, GB*, GC*, SA*.

Preisklassengruppen mit hohen Gerätepreisen:
Demonstrationsgeräte: GD, SB, SC, SD, SE.
Schülerübungsgeräte: GD*, SB*, SC*, SD*.

Tabelle 68: Zur zusammenfassenden Beurteilung der Geräteausstattungen der Schulen nach niedrigen und hohen Gerätepreisen (Lehrmittelpreise von 1976)

		Demonstrationsgeräte Gerätepreise		Schülerübungsgeräte Gerätepreise	
Schulgattung	N	niedrig	hoch	niedrig	hoch
alle	381	0,67	0,46	0,45	0,27
Gesamtschulen	75	0,75	0,62	0,52	0,33
Gymnasien	62	0,83	0,74	0,42	0,30
Realschulen	96	0,73	0,54	0,46	0,28
Hauptschulen (+GF)	148	0,48	0,27	0,43	0,23

Die Zahlen sind die mittleren Medianwerte der Variablen pfD_x bw. pfS_y für die betreffende Preisklassengruppe

Was oben über die unterschiedlichen Defizite bei Demonstrationsgeräten und Schülerübungsgeräten gesagt wurde, das verdeutlichen die Zahlen der Tabelle 68 durchgängig für alle Schulgattungen. Darüber hinaus wird noch deutlich, daß unabhängig von der „Funktionalität" die *Defizite für alle Schulgattungen in der Preisklassengruppe mit hohen Gerätepreisen deutlich größer* sind als bei denen mit niedrigen Gerätepreisen. Ähnlich wie bei den fachdidaktischen Bewertungsmaßen AFD_n und AFS_n im Abschnitt 8.2.3.2 erscheinen ebenfall *unter dem finanziellen Aspekt für alle Schulgattungen die Ausstattungsdefizite beim Schülerübungsgerät erheblich größer als beim Demonstrationsgerät.*

Aufschlußreich ist noch, wenn man nach den in den Tabellen 64 und 68 ausgewiesenen Ausstattungsdefiziten den einzelnen Schulgattungen Rangplätze zuordnet, wobei die Schulgattung mit dem jeweils geringsten Defizit den Rangplatz 1 einnimmt.

Tabelle 69: Rangfolgen der Schulgattungen geordnet nach den Bewertungen in den Tabellen 64 und 68

Schulgattung	Demonstrationsgeräte Gerätepreise niedrig	Demonstrationsgeräte Gerätepreise hoch	Variable AFD	Schülerübungsgeräte Gerätepreise niedrig	Schülerübungsgeräte Gerätepreise hoch	Variable AFS
Gesamtschulen	2	2	2	1	1	1
Gymnasien	1	1	1	3	2	3
Realschulen	3	3	3	2	3	2
Hauptschulen (+GF)	4	4	4	4	4	4

Abgesehen von einem „Ausreißer"–Gymnasien konnten sich offensichtlich leichter teureres Schülerübungsgerät anschaffen – stimmten die Rangfolgen überein. Mithin kann festgestellt werden, daß *die unterschiedlichen Ausprägungen des Merkmals „Flexibilität der Geräteausstattung" bei den einzelnen Schulgattungen beim Demonstrationsgerät völlig und beim Schülerübungsgerät i.w. mit der finanziellen Bewertung nach Preisklassen der Lehrmittel übereinstimmen.*

Dieser Zusammenhang macht verständlich, daß im Rahmen des Hauptprojekts und im ökonomischen Nebenprojekt (C.Mirgel) auch besondere Bemühungen darin bestanden, neben qualitativen Daten quantitative finanzielle Werte im Zusammenhang mit den Ausstattungen der Schulen für den Physikunterricht zu erheben. Darüber wird nachfolgend berichtet.

9.2 Finanzielle Wertabschätzungen der Geräteausstattungen durch die Sammlungsleiter und Vergleiche mit Preisen der Lehrmittelindustrie für Pauschalausstattungen

Im Zusammenhang mit dem in den siebziger Jahren in Hessen forcierten Ausbau des Gesamtschulbereichs wurden zahlreiche Schulneubauten für den Bereich der Sekundarstufe I errichtet, für die auch in großzügiger Weise finanzielle Mittel für die Ausstattung im naturwissenschaftlichen Bereich zur Verfügung gestellt wurden (vgl. hierzu Teilabschnitt 3.3.1). Diese Mittelzuweisungen bezogen sich nicht nur auf den Gesamtschulbereich, sondern auch auf Schulneubauten in allen Schulbereichen, wenngleich auch in unterschiedlichen Prozentsätzen der anerkannten Baukosten. Für solche Fälle hatten die führenden Lehrmittelhersteller Geräteausstattungen nach eigenen Vorstellungen zusammengestellt, die an solche neu eingerichtete Schulen geliefert wurden. Daß dabei curriculare Aspekte nicht ausreichend berücksichtigt wurden, wurde von Fachdidaktikern wie bspw. von FISCHLER (1973) beklagt. Schulen in Altbauten partizipierten in dieser Hinsicht auch bei nachgewiesenem Bedarf nicht im gleichen Umfang an solchen finanziellen Mitteln. Aus dieser Sicht erscheint ein Vergleich der finanziellen Werte der Geräteausstattungen für die einzelnen Schulgattungen als wünschenswert. Den Bestrebungen, im Rahmen der Projekterhebungen genaue finanzielle Werte der Geräteausstattungen zu erfassen, waren naturgemäß sehr enge Grenzen gesetzt. Einerseits müßten dafür die Sammlungsleiter in den Schulen lückenlos über Buchwerte verfügen, wobei natürlich auch entsprechende Abschreibungen getätigt sein müßten. Andererseits wäre für die Feststellung eines Gesamtwertes aus derartigen Unterlagen ein erheblicher Zeitaufwand erforderlich. Aus diesem Grunde wurden in beiden Projektphasen die Sammlungsleiter lediglich um die Angabe von Schätzwerten gebeten.[513] Daß auch von anderen Fachdidaktikern eine Erhebung finanzieller Schätzwerte als Basis zur Beurteilung von äußeren Bedingungen des naturwissenschaftlichen Unterrichts herangezogen werden, geht bspw. aus der Studie von KAISER u.a. (1979) hervor. Dieser Hinweis soll jedoch nicht die Problematik verschleiern, die in der Verwendung von derartigen Schätzwerten liegt. Deshalb werden nachfolgend zunächst einige methodenkritische Hinweise gegeben und dann erst die ermittelten Werte zum Vergleich herangezogen.

9.2.1 Die Schätzwerte der Sammlungsleiter unter methodenkritischen Gesichtspunkten

Finanzielle Abschätzungen des Wertes von Sachgegenständen haben naturgemäß einen gewissen Grad von Subjektivität. Die Befragten wurden ohne jeden Hinweis auf die Anwendung eines bestimmten Verfahrens um die Abgabe von Grobschätzungen gebeten. Im einzelnen ist nicht bekannt, in welchem Maße auf schriftliche Unterlagen zurückgegriffen werden konnte, die eine Annäherung an den objektiven Wert der jeweiligen Sammlung ermöglichten. Es liegt in der Natur der Sache, daß ein solcher Rückgriff wohl leichter möglich war, wenn der betreffende Beurteiler schon über einen längeren Zeitraum an seiner Schule tätig war und der Hauptausstattungszeitraum zeitlich näher am Erhebungsjahr lag. Die Kenntnis von Anschaffungspreisen allein reichte aber noch nicht zur Abschätzung des Wertes aus, da es sich um Zeitwerte handelte und der Zustand der Geräte im Zeitpunkt der Abschätzung von Bedeutung sein konnte. Bei dieser Befragung ohne Anweisung wurde davon ausgegangen, daß die Schätzer, also die Sammlungsleiter, die erforderliche Sachkompetenz haben und dadurch, daß sie überhaupt einen Fragebogen ausfüllten, auch gewillt waren, nach gutem Wissen und Gewissen zu verfahren.

Aufschlußreich ist bereits eine Analyse des Datenausfalls. Von den insgesamt 409 Sammlungsleitern, die einen Fragebogen ausgefüllt zurückgesandt hatten, nahmen nur 280 (d.h. 68,5%) eine Abschätzung vor. Ein bedeutender Teil sah sich offensichtlich nicht in der Lage eine solche Wertabschätzung vorzunehmen, was auch aus einer Reihe von marginalen Anmerkungen hervorgeht. Nach Schulgattungen getrennt, liegen folgende Prozentsätze vor: Hauptschulen 62,4%, Realschulen 76,7%, Gymnasien 59,7% und Gesamtschulen 84%. Daß der Prozentsatz bei den Gesamtschulen im Vergleich zu den tradierten Schulgattungen deutlich größer ist, hängt sicherlich damit zusammen, daß die diesbezüglichen Hauptausstattungszeiträume wesentlich näher zum Zeitpunkt der

Erhebung standen, als dies bei den anderen Schulgattungen der Fall war (vgl. Teilabschnitt 8.2.1).

Was die Fähigkeit von Sammlungsleitern zu finanziellen Wertabschätzungen ausweist, geht aus einem Untersuchungsergebnis von MIRGEL (1979) hervor. Mirgel hatte die Sammlungsleiter Abschätzungen der Preissteigerungsrate von physikalischen Geräten für den Zeitraum von 1960 bis 1970 vornehmen lassen und diese Schätzwerte mit den realen Preissteigerungsraten verglichen, die sich aus den entsprechenden Preislisten der Lehrmittelfirmen ergaben.[514] Dieser Vergleich zeigte, daß die mittleren Schätzwerte der Sammlungsleiter den Vergleich mit den Realwerten durchaus standhalten konnten. Bei Mirgel ist der Datenausfall wesentlich geringer, da dort 83% der insgesamt auf die Befragung antwortenden Sammlungsleiter auch solche Schätzurteile abgegeben hatten. Dies ist verständlich, da sich die Sammlungsleiter im Zusammenhang mit Neu- oder Ergänzungsanschaffungen gezwungenermaßen mit den Lehrmittelpreisen befassen müssen.

Bei den Schätzwerten von der Art, wie sie gleichartig bei allen Befragungen von den Sammlungsleitern ohne nähere Handlungsanweisung und lediglich mit dem Hinweis, eine Grobschätzung abzugeben, gefordert wurden, mußte davon ausgegangen werden, daß neben der natürlichen Streuung der Daten aufgrund der unterschiedlichen Ausstattungsverhältnisse eine zusätzliche Streuungskomponente durch Fehleinschätzungen hinzukommt. Die Tabellen A45 und A46 des Anhangs enthalten alle üblichen Kennwerte dieser Schätzdaten, für die auch relevante Vergleichsgrößen aufgeführt sind. In der Tat sind die Streuungen der Schätzwerte erheblich größer als die der Vergleichsvariablen. Üblicherweise wird in der Statistik davon ausgegangen, daß sich im Zusammenhang mit Fehleinschätzungen bei der Mittelwertbildung zu hohe und zu niedrige Werte weitgehend ausgleichen. Wegen der ökonomischen Bedeutung der finanziellen Werte der Geräteausstattungen der Schulen und wegen des angestrebten Vergleichs mit den Preisen der Lehrmittelindustrie wurde jedoch zur Absicherung der nachfolgend verwendeten Mittelwerte der Schätzwerte ein *Validierungsversuch* unternommen, über den im methodenkritischen Teil 15 noch berichtet wird. Das hier vorweggenommene Ergebnis bedeutet, daß keine begründeten Bedenken gegen die Verwendung der Mittelwerte bestehen, wenn man einen *Größenordnungsvergleich* anstellt.

9.2.2 Die unterschiedlichen finanziellen Werte der Geräteausstattungen getrennt nach Schulgattungen

Grundlage der Zusammenstellung der Werte in der nachfolgenden Tabelle sind die Zahlen der Tabellen A45 und A46 des Anhangs, wobei die beiden Datensätze der Erhebungen von 1972 und 1973 für die Hauptschulen und für die Realschulen zusammengefaßt wurden, was möglich ist, da die beiden Erhebungsgebiete von 1972 und 1973 keine Überschneidungen aufweisen. Der besseren Übersicht wegen, werden alle *Mittelwerte auf Tausender gerundet*. Die

Werte des Streuungsmaßes V = s:m, wobei V gegenüber s den Vorzug wegen der besseren Vergleichbarkeit erhält, werden unverändert übernommen.

Tabelle 70: Der finanzielle Wert der Geräteausstattungen der Schulen nach Schätzungen der Sammlungsleiter - auf Tausender gerundete Mittelwerte -

Schulgattung	Originalstichprobe			validierte Teilstichprobe		
Erhebungsjahr	N	m(DM)	V	N	m(DM)	V
H 1972/73	111	13.000	0,98	64	13.000	1,07
R 1972/73	69	41.000	0,77	40	38.000	0,78
Gym 1976	37	116.000	0,73	22	121.000	0,69
Ges 1975	63	123.000	0,69	37	137.000	0,73
ohne SII	50	113.000	0,57	31	125.000	0,61
mit SII	13	165.000	0,73	--	---	--

Stellt man die Unterschiede in den Schätzwerten zwischen den jeweiligen Originalstichproben und den zugehörigen validierten Teilstichproben den erheblich größeren Unterschieden zwischen den einzelnen Schulgattungen gegenüber, so verdeutlichen die Zahlen der Tabelle 70 klar, was am Ende des letzten Teilabschnitts über die Gleichheit der Größenordnungen gesagt wurde. Auffallend ist auch, daß bei den Werten für Gesamtschulen (insgesamt), Realschulen und Gymnasien ähnlich große Streuungen vorliegen. Der deutlich höhere Wert von V bei den Hauptschulen wird im Zusammenhang mit der bei den einzelnen Schulen stärkeren oder schwächeren Verflechtung mit der Primarstufe gesehen. Dagegen kann man den deutlich niedrigeren Streuungswert bei den Gesamtschulen ohne S II im Zusammenhang mit den überwiegend neugebauten Schulen und den diesbezüglich einheitlichen Ausstattungsrichtlinien sehen.[515]

Die Unterschiede der finanziellen Werte in der Tabelle 70 erscheinen, wenn man die Schulgattungen miteinander vergleicht, ganz erheblich. Insbesonders innerhalb des tradierten Bereichs, aber auch wenn man dem Gesamtschulbereich den tradierten Bereich insgesamt gegenüberstellt. Dieser unmittelbare Vergleich ist jedoch nicht ganz vernünftig, da dabei außer acht gelassen wird, daß die Größe der schulischen Einheiten von Schulgattung zu Schulgattung verglichen, sehr unterschiedlich ist. Die diesbezüglichen Kennwerte sind ebenfalls in den Tabellen A45 und A46 des Anhangs enthalten.

Eine vernünftige *Relativierung* der Schätzwerte der Tabelle erhält man, wenn man diese durch die Schulgröße dividiert. Dies gibt bei Division der entsprechenden Mittelwerte aus den genannten Tabellen für den Fall der Originalstichprobe folgende *finanziellen Werte je Schüler* (DM/Schülerzahl): H: 30,1; R: 65,4; Gym: 109,6; Ges. (insgesamt): 104,4; Ges (ohne S II): 106,9 und Ges (mit S II): 98,3.

Berücksichtigt man jetzt noch, daß bei den Hauptschulen von 1972/73 etwa die Hälfte der Schüler Grundschüler waren und bei den Realschulen dieser Prozentsatz etwa bei 10% lag,[516] so ergibt das die auf jeweils *nur Schüler der Sekundarstufe I bezogenen Werte* für H: 60,2 und für R: 72,7. Auch bei den Gesamtschulen ohne Sekundarstufe II von 1975 gab es einen Anteil von ca. 6%

Grundschüler,[517] so daß hier eine leichte Korrektur zu Ges (ohne SII): 113,7 führt. Vergleicht man mit diesem letzten Wert den obigen Wert für Gymnasien und berücksichtigt man noch, daß für die weitergehende Ausstattung für den Physikunterricht in der Sekundarstufe II sehr kostspielige Geräte erforderlich sind, so wird durch den angestellten Zahlenvergleich deutlich, *daß der tradierte Schulbereich im Vergleich zum Gesamtschulbereich in den siebziger Jahren unter dem Aspekt der Zuweisung finanzieller Mittel für Zwecke der Ausstattung sehr stiefmütterlich behandelt wurde. Dieses Faktum ist umso schwerwiegender, wenn man – wie später noch aufgezeigt wird – weiß, daß in den Folgejahren im H-R-Bereich und an den Gymnasien keine wesentlichen Veränderungen eingetreten sind.*

9.2.3 Die finanziellen Schätzwerte für den Gerätebestand für Schülerübungen

Die Schätzdaten der Sammlungsleiter wurden getrennt nach Abschätzungen des finanziellen Wertes der Geräte für Demonstrationen und für Schülerübungen abgegeben. Die beiden Schätzwerte wurden bei den bisherigen Betrachtungen zum Gesamtschätzwert zusammengezogen. Die Grunddaten lassen deshalb auch eine Beurteilung des *finanziellen Wertes der Geräteausstattungen für Schülerübungen* zu. Informativer als die absoluten Zahlen sind die relativen, auf die Gesamtschätzwerte bezogenen Zahlen, da diese Aufschluß über den Stellenwert der Schülerübungen in den einzelnen Schulgattungen geben. Ein höherer Anteil des finanziellen Wertes für Schülerübungsgerät bei einer Schule A im Vergleich zu einer Schule B, läßt ja den Schluß zu, daß in der Schule A bei der Anschaffung der Geräte dem Schülerübungsunterricht auch ein höherer Stellenwert zugeordnet wurde als in der Schule B.

Tabelle 71: Statistische Kennwerte der prozentualen Anteile der finanziellen Schätzwerte für Schülerübungsgeräte im Vergleich zu den Gesamtschätzwerten

Schulgattung Erhebungsjahr	N	M	s	max.	min.
H 1972/73	111	48,3%	24,8%	100%	0%
R 1972/73	69	35,8%	18,2%	80%	0%
Ges 1975	63	40,1%	13,8%	69%	0%
Gym 1976	37	20,2%	17,2%	67%	0%

Den Mittelwerten der Tabelle 71 können ausstattungsbezogene Daten der Hauptphase gegenübergestellt werden.[518] Betrachtet wird der Quotient AFS:AF der im Teilabschnitt 8.2.3.2 definierten Ausstattungsmaße AFS und AF, wobei die Mittelwerte der Tabelle 62 zur Berechnung herangezogen wurden:
H: 35,2%; R: 29,6%; Ges: 30,8% und Gym: 23,3%.

Ein Vergleich nach Zahlenwerten ist dabei unzulässig, da ganz unterschiedliche Basisdatenbezüge vorliegen. Stellt man jedoch Rangfolgen der Schulgattungen nach der Größe der Mittelwerte in der Tabelle 71 und nach der Größe der berechneten Quotienten nach Tabelle 62 auf, so ergibt sich eine totale Übereinstimmung beider Rangfolgen. Dieser Vergleich stellt quasi ein *zusätzliches Validitätsindiz* für die Prozentwerte der Tabelle 71 dar.

Gemessen an den Prozentzahlen der Tabelle 71 kann gesagt werden, daß im Vergleich zu allen anderen Schulgattungen *an den Hauptschulen von 1972/73 dem Schülerübungsunterricht die größte Bedeutung zugemessen wurde.* Diese Sicht wird später eine Bestätigung erfahren, wenn im Teilabschnitt 13.2 über den Umfang des Schülerübungsunterrichts berichtet wird. Der Unterschied in den Werten zwischen den Realschulen und den Gesamtschulen – beides Schulgattungen mit nur geringer Verflechtung mit der Primarstufe bzw. Sekundarstufe II, also typische SI-Schulen – wird im Zusammenhang mit den unterschiedlichen Kapazitäten der Raumausstattung für Schülerübungsunterricht gesehen (vgl. Teilabschnitt 8.1). Der Abfall der Gymnasien findet zum Teil eine Erklärung darin, daß dort weitergehende Ausstattungsbedürfnisse für den Bereich der Sekundarstufe II bestehen. Es wird jedoch später auch aufgezeigt werden, daß Gymnasiallehrer weniger geneigt waren, Schülerübungen durchzuführen.

9.2.4 Die finanziellen Schätzwerte und die Schulgröße, der Schulstandort und der Verflechtungsgrad mit der Primarstufe

Die in 8.2.3.3 und 8.2.3.4 formulierten Hypothesen bezüglich des Zusammenhangs der Geräteausstattungen mit der Schulgröße, dem Schulstandort und dem Verflechtungsgrad mit der Primarstufe werden für die finanziellen Schätzwerte übernommen.

Bei der Prüfung auf Zusammenhang zwischen den finanziellen Schätzwerten der Sammlungsleiter und der Schulgröße konnten die einzelnen Stichproben der jeweiligen Schulgattungen zu einer Gesamtstichprobe zusammengefaßt werden.[519] Die berechneten Pearsonschen Korrelationskoeffizienten r beziehen sich zunächst auf die *zusammengefaßte Originalstichprobe* und zum Vergleich noch auf die durch Zusammenfassung *zugeordnete, validierte Teilstichprobe.* Die Prüfung auf Signifikanz erfolgte hier einseitig.
Originalstichprobe: N = 280, r = 0,61, Sign.-Niv.: 0.001.
Valid.Teilstichpr.: N = 163, r = 0,66, Sign.-Niv.: 0.001.

Zwischen den beiden Bezugsvariablen besteht also - unabhängig von der Validierung der Schätzwerte – ein mittelstarker Zusammenhang höchster Signifikanz, womit sich die erhebliche *Streuung der Schätzwerte zu einem bedeutenden Teil durch die Streuung der Schulgröße* erklären läßt.

Bei der Prüfung auf Zusammenhang zwischen den finanziellen Schätzwerten und dem Schulstandort wurde – wie schon im Teilabschnitt 8.2.3.3 – von der unterschiedlichen Finanzkraft der Schulträger ausgegangen, die einen Zusammenhang zwischen den beiden Bezugsgrößen als möglich erscheinen läßt. Eine Zusammenfassung zu einer Gesamtstichprobe ist jedoch hier nicht möglich, da zwischen den Erhebungen in der Vorphase und denen der Hauptphase eine Veränderung der regionalen Gliederung des Landes Hessen erfolgte

(vgl. Teilabschnitte 2.2 und 2.3). Aus diesem Grunde wurde die Prüfung auf Zusammenhang für die 1972/73 erhobenen Daten mit Hilfe der Zuordnung der Schulen zum *Regionalrang T* (Teilabschnitt 2.2) vorgenommen, während für die 1975/76 erhobenen Daten die Zuordnung zum *Regionalrang A* (Teilabschnitt 2.3) erfolgte. Da bei den Regionalrängen nur Rangdatenniveau vorliegt, wurde jeweils der Korrelationskoeffizient R nach Spearman berechnet.
Originalstichprobe aller Haupt- u. Realschulen (1972/73):
N = 180, R = 0,05, nicht signifikant.
Zugehörige validierte Stichprobe: N = 104, R = -0,12, nicht signifikant.
Originalstichprobe der Gesamtschulen u. Gymnasien (1975/76):
N = 100, R = -0,15, nicht signifikant.
Zugehörige validierte Stichprobe: N = 59, R = -0,12, nicht signifikant.

Mithin können die Streuungen der Schätzwerte nicht im Zusammenhang mit der Zugehörigkeit der Schulen zu unterschiedlichen sozialgeographisch bewerteten Regionen erklärt werden.

Was die Prüfung auf Zusammenhang zwischen den finanziellen Schätzwerten und der Verflechtung mit der Primarstufe betrifft, so steht hier die im Teilabschnitt 7.5.3 verwendete Bezugsvariable RSI (relative Anzahl der Schüler der Sekundarstufe I) nicht zur Verfügung.[520] Aus diesem Grunde ist nur eine Beurteilung auf der Basis von 2×2-Feldertafeln möglich. Dazu wurden die finanziellen Schätzwerte dichotomisiert und die Schulen nach den Merkmalen „mit Grundschülern" und „ohne Grundschüler" kategorisiert. Bei dieser Betrachtung konnten die *Gymnasien ausgeklammert* werden, da hier die Verflechtung mit der Grundschule faktisch fehlt.[521] Die Prüfung auf Zusammenhang erfolgte mit Hilfe des Kontingenzkoeffizienten nach Pawlik.[522] Die diesbezüglichen Grunddaten können in der Tabelle A47 des Anhangs eingesehen werden. Dieser Tabelle sind auch die berechneten Prüfgrößen entnommen.
Originalstichprobe aller H-R-Schule und Gesamtschulen:
N = 243, C_p = 0,49, Sign.-Niv.: 0.001
Zugehörige validierte Teilstichprobe: N = 141, C_p = 0,50, Sign.-Niv.: 0.001.

Die Streuung der finanziellen Schätzwerte läßt sich auch zu einem bedeutenden Teil durch die stärkere oder schwächere Verflechtung der Schulen mit der Primarstufe erklären. Die Schätzwerte sind tendentiell niedriger, wenn die Veflechtung stärker ist.

Damit kann auch der scheinbare Widerspruch aufgelöst werden, der sich bei einer detaillierten Betrachtung der Zahlen der Tabelle A45 des Anhangs aufdrängt. Vergleicht man nämlich bei den Realschulen von 1972 und 1973 die Mittelwerte der finanziellen Schätzwerte und der Schulgröße, so stehen diese Werte zunächst im Widerspruch zu dem oben an erster Stelle dargelegten Zusammenhang (Schätzwerte-Schulgröße). Betrachtet man jedoch bei den beiden Stichproben die Schulen hinsichtlich ihrer Verflechtung mit der Primarstufe, so ergibt sich ein bedeutender Unterschied.

	1972	1973
Realschulen mit Grundschülern:	22	14
Realschulen ohne Grundschüler:	18	15

Bei der Stichprobe von 1972 ist offensichtlich die Verflechtung mit der Primarstufe stärker als bei der Stichprobe von 1973.

Alles in allem bestehen bei den finanziellen Schätzwerten ähnliche Zusammenhänge, wie diese bei den Ausstattungsgraden in den Teilabschnitten 8.2.3.3 und 8.2.3.4 aufgezeigt wurden. Diese Tatsache kann als ein weiteres *Validierungsindiz* für die finanziellen Schätzwerte angesehen werden.

9.2.5 Die dominierende Stellung der beiden Lehrmittelfirmen Phywe und Leybold-Heraeus bezüglich der Ausstattung der Schulen mit naturwissenschaftlichen Experimentiergeräten

In einer umfangreichen bildungsökonomischen Studie hat NAUMANN (1974) unter anderem aufgezeigt, daß die Angebotsseite des Schulbuchmarktes eine ausgeprägte oligopolistische Struktur besitzt. Dabei hat er sich exemplarisch auf die drei Schulhauptfächer Deutsch, Englisch und Mathematik bezogen und aufgezeigt, daß bei etwa 80 Schulbuchverlagen der Marktanteil der fünf größten Verlage auf 80% abgeschätzt werden kann.

Eine analoge Untersuchung bezüglich des naturwissenschaftlichen Lehrmittelmarktes ist dem Verfasser nicht bekannt geworden. Dies war auch der Grund dafür, daß in dem von MIRGEL (1979/82) betriebenen Projekt neben anderen auch Daten mit Lehrmittelmarktrelevanz erhoben wurden. Seine Datenbasis kann analog der des Hauptprojektes ebenfalls für das Land Hessen als repräsentativ angesehen werden, wobei auch hier Daten von jeder zweiten Schule in Hessen vorliegen.

Die befragten Sammlungsleiter hatten bei Vorlage einer Liste der 8 bekanntesten Lehrmittelfirmen[523] und einer „Leerstelle“ für sonstige Firmen abzuschätzen, zu welchen prozentualen Anteilen diese bei der Ausstattung ihrer Schule beteiligt sind.

Daß die Auswahl der 8 Firmen berechtigt war, zeigte sich darin, daß neben diesen weitere 34 Firmen genannt wurden, die durchschnittlich nur mit 2% an der Lehrmittelausstattung der hessischen Schulen beteiligt sind. Bei diesen Firmen handelt es sich um kleinere Lehrmittelfirmen mit einem spezialisierten Angebot (z.B. Bausteine für Elektronikversuche), um Industriefirmen und Firmen für elektronischen Bastelbedarf. Teilweise nannten Sammlungsleiter hier auch Geräte eigener Herstellung als Bestandteil der Physiksammlung.

Die von Mirgel erstellte Detailauswertung läßt sich wie folgt zusammenfassen:[524]

1. Faßt man *alle Schulgattungen* zusammen, so ergibt sich beim *Demonstrationsgerät* folgende Reihenfolge: Phywe 69,3%, Leybold 17,4%, Neva 5,0% und die Anteile der anderen 5 Firmen jeweils unter 1,5%.

2. Ebenfalls bezogen auf *alle Schulgattungen* insgesamt, liegt beim *Schülerübungsgerät* folgende Reihenfolge vor: Phywe 63,2%, Leybold 15,2%, Neva 6,4%, CVK 5,7% und die weiteren 4 Firmen jeweils höchstens 2%.
3. Die auf alle Schulgattungen mit einer Sekundarstufe I bezogenen Prozentzahlen weisen nach 1. und 2. eine überwältigende Dominanz der Firma Phywe gegenüber allen anderen Firmen aus. Stellt man jedoch den Gymnasien die restlichen Schulen – als die typischen SI-Schulen – gegenüber, so zeigen sich noch feinere Unterschiede:

	Demonstrationsgeräte		Schülerübungsgeräte	
	Gymnasien	SI-Schulen	Gymnasien	SI-Schulen
Phywe	40,5%	74,0%	36,9%	67,5%
Leybold	39,4%	13,8%	28,8%	13,0%
Kröncke	4,2%	0,3%	12,7%	0,2%
Neva	6,0%	4,9%	12,1%	5,4%

(Die Anteile der anderen 4 Firmen sind in allen Fällen unter 5%)

Während die *Dominanz der Firma Phywe im SI-Bereich* noch deutlicher wird, sind die beiden *Firmen Phywe und Leybold beim Demonstrationsgerät der Gymnasien bei gleichen Anteilen dominierend.* Beim Schülerübungsgerät der Gymnasien dominiert die Firma Phywe nur noch schwach und haben neben der Firma Leybold auch noch die Firmen Kröncke und Neva bemerkenswerte Anteile.

Die in 1.-3. aufgezeigten Prozentzahlen wurden mit Vertretern der beiden Lehrmittelfirmen Phywe und Leybold unmittelbar nach Fertigstellung der Auswertungen diskutiert und in den Größenordnungen bestätigt.[525] Jüngste Gespräche mit diesen Vertretern lassen den Schluß zu, daß sich im allgemeinbildenden Schulbereich die Firmenanteile auch heute noch so darstellen, zumal es sich bei den naturwissenschaftlichen Lehrmitteln nach deren Aussagen um einen *sehr konservativen Markt handele*, auf dem die kleineren Lehrmittelfirmen sich wenig entfalten könnten und neugegründete Firmen erhebliche Schwierigkeiten hätten, in den Markt einzudringen.[526] Ergänzend sei noch vermerkt, daß der Dominanz der Fa. Phywe im Bereich der allgemeinbildenden Schulen eine solche der Fa. Leybold im berufsbildenden Bereich, an Fachhochschulen, Technischen Hochschulen und Universitäten gegenübersteht.[527] Dieser weitergehende Angebotsbereich der Fa. Leybold enthält jedoch auch viele Geräte, die auch im Physikunterricht der Sekundarstufe II Verwendung finden können und häufig – wenngleich manchmal teurer als entsprechende Geräte der Fa. Phywe – besonders an den Gymnasien bevorzugt werden.[528]

Nach diesen Darlegungen dürfte deutlich geworden sein, daß die *Firma Phywe mit deutlichem Abstand der Marktführer bei der Ausstattung der SI-Schulen mit naturwissenschaftlichem Experimentiergerät ist.*

9.2.6 Die Pauschalangebote der marktbeherrschenden Firmen Phywe und Leybold-Heraeus für den Physikunterricht der Sekundarstufe I in den siebziger Jahren.

Neben dem Vertrieb von einzelnen Geräten und geschlossenen Gerätesätzen haben die Lehrmittelfirmen schon immer spezielle und aus ihrer Sicht vollständige Ausstattungsprogramme in unterschiedlichen Zusammenstellungen ihrer Produkte für die einzelnen Schulgattungen angeboten, die dann jeweils bei der Errichtung neuer Schulen, wie bspw. bei den Mittelpunktschulen der hessischen Landschulreform, oder bei Erweiterungsbauten von sonstigen Schulen zum tragen kamen.

Ein besonders interessanter Markt ergab sich in Hessen in den siebziger Jahren im Zusammenhang mit den hier im Vergleich zu den anderen Bundesländern besonders intensiv betriebenen Reformbestrebungen im Bereich der Sekundarstufe I, die von einer Vielzahl von Schulneubauten und Schulerweiterungsbauten begleitet waren. Wie schon im Teilabschnitt 3.3.1 dargestellt wurde, standen für solche Schulen beträchtliche finanzielle Mittel für die Einrichtung und Ausstattung zur Verfügung.

Es ist kennzeichnend für die Wendigkeit des Marktführers Phywe, daß diese Firma ihre Pauschalangebote sehr schnell den durch die curricularen Veränderungen hervorgerufenen Verhältnissen anpaßte. Interessant ist dabei, daß sich die Autoren der „Phywe-Experimentier-Literatur" genau der Termini bedienen, so wie diese in den Hessischen Rahmenrichtlinien Physik SI verwendet werden. In diesen die Gerätesätze ergänzenden schriftlichen Materialien wird festgehalten, welche Versuche man mit den Gerätesätzen durchführen kann. Je eine charakteristische Stelle aus zwei verschiedenen Versuchsanleitungen seien genannt:

„... Die Auswahl der Themen und Lernziele sowie die Art, wie sie in Experimente umgesetzt werden, ist sowohl auf das Fundamentum der Gesamtschule als auch das der Hauptschule abgestimmt. ...[529]

„... Die Auswahl der Themen und Lernziele sowie die Art, wie sie in Experimente umgesetzt werden, ist sowohl auf die mittlere und *obere_ Differenzierungsstufe der Gesamtschule als auch auf die Realschule und das Gymnasium abgestimmt. ...* „[530]

Unverkennbar liegt hier formal das gleiche Zuordnungsprinzip vor, so wie dies von den Autoren der Rahmenrichtlinien 1972 vorgeschlagen wird.

Unter diesem Differenzierungskonzept für die Sekundarstufe I werden seit den siebziger Jahren i.w. unverändert folgende Lehrsysteme angeboten:

I. Physik in Demonstrationsversuche - 5./6. Schuljahr,
   Physik in Schülerversuchen, 5./6. Schuljahr.

II. Physik in Demonstrationsversuchen, 5./10. Schuljahr,
   Physik in Schülerversuchen, 5 /10. Schuljahr.

III. Physik in Demonstrationsversuchen, 7.-10. Schuljahr, A/B
   Physik in Schülerversuchen, 7.-10. Schuljahr, A/B.

IV.Physik in Schülerversuchen, Elektronik.

Das Lehrsystem I ist für die Förderstufe, das Lehrsystem II für die Leistungskurse C der integrierten Gesamtschule vers. für die Hauptschule und das Lehrsystem III für die Leistungskurse A und B der integrierten Gesamtschule vers. für die Realschule und das Gymnasium gedacht. Das Lehrsystem I ist vollständig im Lehrsystem II enthalten und das Lehrsystem III ist natürlich wesentlich umfangreicher als das Lehrsystem II, wobei es durchaus Teile von II gibt, die nicht in III enthalten sind. Wenngleich beim Lehrsystem IV keine Zielgruppenangabe vorliegt, kann davon ausgegangen werden, daß es nur für die Leistungsgruppen A und B der integrierten Gesamtschulen bzw. für die Realschule und das Gymnasium in Frage kommt.

Die Lehrsysteme der Firma Leybold-Heraeus waren in den siebziger Jahren für Schülerübungen ähnlich ausdifferenziert wie die der Firma Phywe. Was die Demonstrationsversuche betrifft, so lag nur ein Lehrsystem für die Sekundarstufe I in nicht ausdifferenzierter Form vor.

Im Zusammenhang mit dem im nachfolgenden Teil 10 beschriebenen Entwicklungsprojekt „Normausstattungsmodelle für die naturwissenschaftlichen Fächer der Mittelstufe" wurden von den beiden Marktführern finanzielle Angebote eingeholt, die unter Berücksichtigung der zugehörigen Experimentierliteratur einen Vergleich für das Schuljahr 1978/79 ermöglicht.[531]

Tabelle 72: Zum Vergleich der Anschaffungskosten nach den Angeboten der Firmen Phywe und Leybold-Heraeus für die Geräteausstattungen für den Physikunterricht in der Sekundarstufe I im Schuljahr 1978/1979 (einfache Sätze zur Demonstration und 8-fache Sätze für Schülerübungen)[532]

Firma	Schülerbezugsgruppe und Jahrgangsstufe	Demonstrationsgeräte	Schülerübungsgeräte
Phywe	Hauptschüler 5-10 Gesamtschüler/Kurs C	46.352 DM	36.370 DM
Phywe	Realschüler 7-10 Gymnasiasten 7-10 Gesamtschüler/Kurs A/B	114.230 DM	53.115 DM
Phywe	Gesamtschüler 5-10 Kurse A,B und C[533]	118.384 DM	55.901 DM
Leybold-H.	Sekundarstufe I ohne Differenzierung	90.498 DM	40.243 DM

Die Angebote der beiden Firmen enthalten die Preise für jeweils komplette Lehrsysteme, bei denen alle für die in der zugehörigen Experimentierliteratur beschriebenen Versuche erforderlichen Geräte und Aufbauteile, Wärmequellen, Stromversorgungsgeräte, Meßinstrumente, Chemikalien und Verbrauchsmaterialien sowie Modelle enthalten sind. Bezüglich der Lehrsysteme für Schülerübungen sind noch spezielle Aufbewahrungsvorrichtungen enthalten, was bei den Lehrsystemen für Demonstrationen nicht der Fall ist.

Die Zahlen der Tabelle 72 lassen zunächst das Angebot der Firma Leybold-Heraeus als kostengünstiger erscheinen. Ein Urteil darüber, ob es auch preisgünstiger ist, erforderte Detailuntersuchungen der beiden Angebote. Es genügt hierzu das umfassendste Angebot der Firma Phywe für alle Kurse der Gesamtschule 5-10 mit dem der Firma Leybold für die Sekundarstufe I zu vergleichen. Anhand der zugehörigen Experimentalliteratur ist erkennbar, welche Teilgebiete der Physik der Sekundarstufe I in die Lehrsysteme einbezogen und wieviele Versuche jeweils mit den angebotenen Gerätebeständen möglich waren.

Demonstrationsgeräte für die Sekundarstufe I:

Teilgebiete:	*Phywe*	*Leybold-Heraeus*
1. Mechanik	204 Versuche	112 Versuche
2. Kalorik	102 Versuche	57 Versuche
3. Akustik	37 Versuche	41 Versuche
4. Optik	70 Versuche	35 Versuche
1.-4. zusammen	413 Versuche	245 Versuche
5. Magnetik u. Elektrik	232 Versuche	261 Versuche
6. Elektronik	68 Versuche	135 Versuche
5. u. 6. zusammen	300 Versuche	396 Versuche
7. Atom- u. Kernphysik	61 Versuche	keine Angaben

Offensichtlich sind die einzelnen Teilgebiete bei den Lehrsystemen der beiden Firmen hinsichtlich der experimentellen Möglichkeiten sehr unterschiedlich ausgelegt. Die stärkere Wichtung der Teilgebiete 5.u.6. bei der Firma Leybold kann auch im Zusammenhang mit dem speziellen Marktzugriff dieser Firma zu den technischen Bildungseinrichtungen gesehen werden. Die Gesamtzahl der Versuche beim Angebot der Firma Phywe ist deutlich höher, zumal das spezielle Angebot der Firma Leybold zum Teilgebiet 7 erheblich anspruchsloser ist.

Eine Möglichkeit, die Preiswürdigkeit zu vergleichen, besteht darin, daß man den mittleren Preis für einen Versuch bestimmt. Dazu sind jedoch erst einige Vorüberlegungen notwendig.

Der Teilbereich 7 bedarf einer besonderen Erörterung. Der diesbezügliche Gerätesatz der Firma Phywe beinhaltet insgesamt 30 Geräte und Geräteteile, die mit 12.111 DM zu Buche schlagen. Dazu gehört ein Röntgengerät für 6.714 DM. Ein solches befand sich nicht unter den 19 diesbezüglichen Teilen der Firma Leybold, die lediglich mit insgesamt 3.200 DM zu Buche schlagen. Dieser spezielle Zahlenvergleich verdeutlicht den erheblich höheren experimentellen Anspruch für das Teilgebiet Atom- und Kernphysik im Angebot der Firma Phywe.

Die Detailbetrachtung der beiden Angebote ergab außerdem, daß im Angebot der Firma Phywe vier weitere teure Geräte im Gesamtwert von 8.385 DM waren, für die es im Angebot der Firma Leybold keine Äquivalente gab.[534] Damit können 10 Versuche durchgeführt werden. Weiterhin bei der Firma Phywe fünf Demonstrationsmodelle - also weitere 5 Versuche -, für die es beim Leyboldangebot ebenfalls keine Äquivalente gab,[535] die zusammen 2.062 DM kosteten.

Eliminiert man bei beiden Angeboten die Geräte für das Teilgebiet 7 und läßt man auch die gerade genannten 9 Teile mit möglichen 15 Versuchen im Angebot der Firma Phywe weg, so ergeben sich folgende Vergleichszahlen:

Firma	Reduziertes Angebot	Anzahl der Versuche	mittl. Betrag für einen Versuch
Phywe	95.826 DM	698	137,28 DM
Leybold-H.	87.298 DM	641	136,19 DM

Was also die Kosten im Mittel für einen Versuch betreffen, sind keine wesentlichen Unterschiede festzustellen. Der deutlich höhere Preis beim Gesamtangebot der Firma Phywe hängt im wesentlichen mit der besseren Ausstattung für das Teilgebiet Atom- und Kernphysik und zum Teil mit zusätzlichen Geräten zusammen, die im Angebot der Firma Leybold fehlen und kostenintensiv sind.

Eine zweite Möglichkeit des Preisvergleichs besteht darin, daß man den *mittleren Preis je Gerät bzw. Geräteteil* bestimmt. Dieser Wert ist *für die Ersatzbeschaffung von Bedeutung.*

Bei den vollen, also nicht reduzierten Angeboten liegen sehr unterschiedliche Stückzahlen vor. Bei der Firma Phywe ergibt sich aus insgesamt 1624 Stücken ein Preis von DM 72,90 je Stück und bei der Firma Leybold mit nur insgesamt 921 Stücken ein Preis von DM 90,85 je Stück. *Was die Ersatzbeschaffung betrifft, ist das Angebot der Firma Phywe also deutlich billiger,* was jedoch damit zusammenhängt, daß *bei dieser Firma die Anzahl der Teile für einen Versuch im Mittel auch deutlich größer* als bei der Firma Leybold ist.

Schülerübungsgeräte für die Sekundarstufe I:

Teilgebiete:	Phywe	Leybold-Heraeus
1. Mechanik	29 Versuche	28 Versuche
2. Kalorik	24 Versuche	14 Versuche
3. Optik	29 Versuche	27 Versuche
4. Magnetik u. Elektrik	36 Versuche	53 Versuche
5. Elektronik	50 Versuche	
1.-5. zusammen	168 Versuche	122 Versuche

Die beim Angebot der Firma Phywe deutlich größere Anzahl der Versuche hängt im wesentlichen damit zusammen, daß neben den Lehrsystemen für die Teilgebiete 1-4 ein spezielles Elektronik- Lehrsystem „Scolartron" mit vielen Versuchsmöglichkeiten entwickelt wurde. Bei der Firma Leybold dagegen, wurde für die beiden Teilgebiete 4 und 5 ein gemeinsames Lehrsystem zusammengestellt.

Mit obigen Versuchszahlen und den entsprechenden Werten der Tabelle 72, die man wegen des 8-fachen Satzes durch 8 dividieren muß, ergeben sich folgende Vergleichswerte:

Fa. Phywe: 41,59 DM im Mittel für einen Versuch,
Fa. Leybold-H. 41,23DM im Mittel für einen Versuch.

Auch hier ist ein Stücke-Preis-Vergleich möglich. Bei der Firma Phywe ergibt sich bei insgesamt 304 Stücke in einem einfachen Schülerübungssatz ein mittlerer Stückpreis von 22,98 DM und bei der Firma Leybold bei insgesamt 170 Stücke ein mittlerer Stückpreis von 29,59 DM.

Auch beim Schülerübungsgerät sind die Kosten pro Versuch bei beiden Firmen gleich. Was die Ersatzbeschaffung betrifft liegt die Firma Phywe auch hier günstiger.

9.2.7 Vergleich der Schätzwerte der Sammlungsleiter mit den Preisen für Pauschalangebote der Lehrmittelfirmen

Bei den nachfolgenden Vergleichen wird wegen der deutlichen marktbeherrschenden Stellung der Firma Phywe bei den Hauptschulen, Realschulen und Gesamtschulen nur auf die Ausstattungsvorschläge dieser Firma Bezug genommen. Bei den Gymnasien dagegen wird auch der Ausstattungsvorschlag der Firma Leybold-Heraeus berücksichtigt.

Weiterhin ist zu berücksichtigen, daß die Schätzdaten der Sammlungsleiter der Hauptschulen und Realschulen in der Vorphase der Projekterhebungen und die der Sammlungsleiter an Gesamtschulen und Gymnasien in der Hauptphase der Projekterhebungen erfaßt wurden.[536] Dieser zeitliche Unterschied in der Datenerhebung ist insofern von Bedeutung, als erst seit 1974 die in 9.2.6 beschriebenen differenzierten Ausstattungsprogramme der Firma Phywe vorlagen. Für die Zeit davor lagen andere Ausstattungsvorschläge für Hauptschulen und Realschulen vor.

In den nachfolgenden Abschnitten wird mehrfach der Begriff der *„Normausstattung"* verwendet. Man versteht darunter ein Ausstattungsprogramm einer Lehrmittelfirma, das aus *einem einfachen Satz von Demonstrationsgeräten und einem 8-fachen Satz von Schülerübungsgeräten* besteht. Von schulpraktischer Bedeutung ist dabei, bis zu welcher *Obergrenze der Schulgröße* eine solche Ausstattung ausreichend ist.

Zunächst ist zu klären, welchen Umfang der Schülerübungsunterricht einnehmen soll. Von den Inhalten der Rahmenrichtlinien Physik SI und der Verfügbarkeit von Geräten für Schülerübungen her betrachtet, wurde bereits im Teilabschnitt 6.12.4 auf die Möglichkeit hingewiesen, 50% des Physikunterrichts in der Form von Schülerübungen zu organisieren. Dies ist natürlich ein Idealwert, der im Widerspruch zur schulischen Realität steht. Realistischer ist eine Aufteilung in zwei Drittel Demonstrationsunterricht und ein Drittel Schülerübungsunterricht, was aus Lehrerbefragungen hergeleitet werden kann.[537]

Zur Ermittlung der angesprochenen Obergrenze ist noch der sogenannte „Sicherheitserlaß"[538] zu berücksichtigen, der in der Regel[539] bei Klassenstärken von 28-30 Schülern je Klasse[540] eine Teilung der Klassen für Schülerübungen erfordert. Unter der Annahme, daß der Personalbestand und die Fachraumkapazitäten der Schule es ermöglichen, daß Schülerübungen in Physik und Biologie/Chemie gleichzeitig durchgeführt werden können, kann man von einer *Obergrenze von ca. 1000 Schülern* ausgehen. Eine reine SI-Schule mit 6 Zügen und einer mittleren Klassenfrequenz von 28 Schülern je Klasse ergäbe nämlich 1008 Schüler. Nach den in den siebziger Jahren geltenden Stundentafeln waren in einer solchen Schule insgesamt 48 Stunden Physik zu erteilen. Nach obigen Überlegungen 32 Stunden Demonstrationsunterricht, wofür ein entsprechender Raum ausreichend ist, und parallel zu Biologie/Chemie 2x16 Stunden Schülerübungsunterricht, wobei wiederum bei Vorhandensein entsprechender Räume für Biologie/Chemie ein Schülerübungsraum für Physik ausreichend ist. Diese so ermittelte Obergrenze entspräche natürlich idealen personellen und räumlichen Voraussetzungen. Da diese in der Regel nicht gegeben sein dürften, ist Schülerübungsunterricht nur eingeschränkt oder unter Nichtbeachtung des Sicherheitserlasses möglich. Ein einfacher Satz an Demonstrationsgeräten und ein 8-facher Satz für Schülerübungen wären in solchen Fällen für eine Schule mit 1000 Schülern erst recht ausreichend. *Für Schulen mit mehr als 1000 Schülern ist nach diesen Überlegungen von der Notwendigkeit einer Mehrfachausstattung auszugehen.*

9.2.7.1 Vergleich für Hauptschulen im Schuljahr 1972/73

Im Schuljahr 1972/73 gab es in Hessen rund 500 Hauptschulen mit einer mittleren Schulgröße von ca. 400 Schülern.[541] In der Regel ist hier von einer Normausstattung auszugehen. Von 111 Sammlungsleitern, also von rund 28% dieser Schulen, wurden Schätzwerte abgegeben, deren Mittelwert 13.000 DM beträgt.

Nach der Preisliste der Firma Phywe für das Jahr 1973 ergeben sich für die Ausstattungsvorschläge folgende Vergleichszahlen, wobei neben den Geräten auch die zugehörige Experimentierliteratur und die im Jahre 1973 geltende Mehrwertsteuer von 11% bzw. 5,5% berücksichtigt wurden:

Demonstrationsgeräte:	
„Wir experimentieren“, Teile 1 und 2 (209 Demonstrationsversuche)	6.285,17 DM
„Elektronik experimentell“, für Lehrer (14 Versuche)	407,12 DM
Schülerübungsgeräte (einfacher Satz)	
„Schüler experimentieren“, Teile 1 und 2 (87 Schülerversuche)	1.268,33 DM
„Elektronik experimentell“, für Schüler (34 Schülerversuche u. 12 Vers. für Arbeitsgem.)	826,28 DM

Für eine *Normalausstattung* einer Hauptschule mit einem Gerätesatz zur Demonstration und 8 Sätzen für Schülerübungen war also im Jahre 1973 nach den Vorschlägen der Firma Phywe ein finanzieller Aufwand von DM 6.692 für Demonstrationsgeräte und ein solcher von DM 16.757 für Schülerübungsgeräte erforderlich. *Insgesamt also ein Betrag von DM 23.449.*

Auf diesen Gesamtbetrag bezogen, liegt der mittlere Schätzwert der Sammlungsleiter bei 55,4%. *Nach Einschätzung der Sammlungsleiter der*

Hauptschulen betrug demnach der finanzielle Wert ihrer Geräteausstattungen im Jahre 1973 im Mittel nur wenig mehr als die Hälfte des Preises einer Normalausstattung der Firma Phywe für diese Schulgattung.

9.2.7.2 Vergleich für Realschulen im Schuljahr 1972/73

Im Schuljahr 1972/73 gab es in Hessen rund 220 Realschulen mit einer mittleren Schulgröße von ca. 770 Schülern.[541] Auch hier kann in der Regel von einer Normausstattung ausgegangen werden. Von 69 Sammlungsleitern, also von 31,4% dieser Schulen, wurden Schätzwerte angegeben, deren Mittelwert 41.000 DM beträgt.

Ebenfalls nach der Preisliste der Firma Phywe ergeben sich für das Jahr 1973 bei analoger Ermittlung der Werte wie bei den Hauptschulen folgende Vergleichszahlen:

Demonstrationsgeräte:	
„Die Physik in Versuchen" (781 Demonstrationsversuche)	40.760,93 DM
Die Physik in Versuchen/Atomphysik" (39 Demonstrationsversuche)	7.140,66 DM
„Die Physik in Versuchen/Halbleiter" (115 Demonstrationsversuche)	1.947,92 DM
„Elektronik experimentell", für Lehrer (14 Lehrerversuche)	407,12 DM
Schülerübungsgeräte (einfacher Satz):	
„Physik in Schülerversuchen, 5.-10.Schulj., A/B" (165 Schülerversuche)	2.611,37 DM
„Elektronik experimentell", für Schüler (34 Schülerversuche u. 12 Vers. für Arbeitsgem.)	826,28 DM

Für eine *Normalausstattung* einer Realschule mit einem Gerätesatz zur Demonstration und 8 Sätzen für Schülerübungen war also im Jahre 1973 nach den Vorschlägen der Firma Phywe ein finanzieller Aufwand von DM 50.257 für Demonstrationsgeräte und ein solcher von DM 27.501 für Schülerübungsgeräte erforderlich. *Insgesamt also ein Betrag von DM 77.758.*

Auf diesen Gesamtbetrag bezogen, entspricht der mittlere Schätzwert der Sammlungsleiter ebenfalls nur einem Anteil von 52,7%. *Nach Einschätzung der Sammlungsleiter der Realschulen betrug also der finanzielle Wert der Geräteausstattungen im Jahre 1973 im Mittel etwa die Hälfte des Preises einer Normalausstattung der Firma Phywe für diese Schulgattung.*

9.2.7.3 Vergleich für Gesamtschulen im Schuljahr 1974/75

Im Schuljahr 1974/75 gab es in Hessen 129 Gesamtschulen mit einer mittleren Schulgröße von ca. 1220 Schülern je Schule.[542] Von 63 Sammlungsleitern, also von 48,8% und damit von erheblich mehr als an den Hauptschulen und Realschulen des Schuljahres 1972/73 wurden Schätzwerte angegeben. Der diesbezüglich in der Tabelle 70 ausgewiesene Mittelwert von DM 123.000 kann zum Vergleich nicht herangezogen werden, da die eingangs von 9.2.7 festgestellte Obergrenze der Schulgröße deutlich überschritten wird.

Für dieses Bezugsschuljahr konnte unter Rückberechnung auf das Jahr 1975 auf den Ausstattungsvorschlag der Firma Phywe zurückgegriffen werden, so wie dieser für Gesamtschulen in der Tabelle 72 des Teilabschnittes wertmäßig ausgewiesen ist. Dazu wurden für die einzelnen Gerätetitel des genannten Ausstattungsvorschlags lediglich die Preise nach der Preisliste von 1975 verrechnet. Wie aufgezeigt, war nach dem Vorschlag der Firma Phywe für eine *Normalausstattung* im Jahre 1978 ein finanzieller Aufwand von 174.285 DM erforderlich. Der auf das Jahr 1975 zurückgerechnete Betrag für den gleichen Ausstattungsvorschlag liegt bei *137.971 DM*, was einer mittleren jährlichen Teuerungsrate von ca. 8,1% zwischen 1975 und 1978 entspricht.

Zum Vergleich mit dem auf diese Weise ermittelten Preis für eine Normausstattung der Firma Phywe im Jahre 1975 wurden die abgegebenen Schätzwerte nach dem Merkmal Schulgröße dichotomisiert:
Gesamtschulen bis zur Schulgröße 1000 Schüler:
N = 26, mittlere Schulgröße: ca. 850 Schüler je Schule, diesbezüglicher Mittelwert der Schätzwerte: 99.000 DM (gerundet).
Gesamtschulen mit einer Schulgröße von mehr als 1000 Schülern:
N = 37, mittlere Schulgröße: ca. 1400 Schüler je Schule, diesbezüglicher Mittelwert der Schätzwerte: 140.000 DM (gerundet).

Bei den *kleineren Gesamtschulen*, bei denen eine Normausstattung als ausreichend angesehen werden kann, macht der mittlere Schätzwert immerhin 72,8% des für das Jahr 1975 ermittelten finanziellen Aufwandes für eine Normausstattung der Firma Phywe aus.

Was die *größeren Gesamtschulen* betrifft, kann davon ausgegangen werden, daß im Mittel eine zweifache Normausstattung ausreichend ist. Hier jedoch macht dann der mittlere Schätzwert ähnlich wie bei den Hauptschulen und Realschulen von 1972/73 nur noch 50% der finanziellen Mittel aus, die 1975 für eine ausreichende Ausstattung hätten ausgegeben werden müssen.

Nach Einschätzung der Sammlungsleiter der Gesamtschulen lagen 1975 in bezug auf die Ausstattungsvorschläge der Firma Phywe die kleineren Einheiten deutlich besser als die größeren Einheiten. Die Schätzwerte der größeren Gesamtschulen betragen dabei nur die Hälfte des Preises für die erforderliche doppelte Normausstattung.

9.2.7.4 Vergleich für Gymnasien im Schuljahr 1975/76

Im Schuljahr 1975/76 gab es in Hessen 143 Gymnasien mit einer Sekundarstufe I (reine Oberstufen-Gymnasien also nicht berücksichtigt) mit einer mittleren Schulgröße von ca. 960 Schülern je Schule.[543] Von 37 Sammlungsleitern, also von 25,9% und damit von allen Schulgattungen im geringsten Umfang,[544] wurden Schätzwerte angegeben, deren Mittelwert 116.000 DM beträgt.

Ein unmittelbarer Vergleich mit den in den drei vorhergehenden Abschnitten unter Bezug stehenden Normausstattungsvorschlägen der Firma Phywe ist aus zwei Gründen nicht möglich. Zum einen, da in der Regel an den Gymnasien die Sammlungen für die naturwissenschaftlichen Fächer ungetrennt nach den Anforderungen für die Sekundarstufe I und für die Sekundarstufe II angeschafft wurden. Zum anderen kann bei den Gymnasien nicht von der gleichen Dominanz der Firma Phywe ausgegangen werden, wie dies bei den typischen SI-Schulen der Fall ist. Insbesonders ist hier die Firma Leybold-Heraeus mit einem ähnlich hohen Marktanteil wie die Firma Phywe präsent.[545]

Bedauerlicherweise sahen sich die Vertreter der beiden Lehrmittelfirmen nicht in der Lage, in ähnlicher Weise wie für die Sekundarstufe I vollständige Ausstattungsvorschläge für Gymnasien zu machen,[546] so daß für die Gymnasien nur ein Vergleich mittels „simulierter Ausstattungsvorschläge" möglich ist. Die Preise wurden wie folgt ermittelt:

a) Rückberechnung der Preise für die Normalausstattungen der Sekundarstufe I, so wie diese in der Tabelle 72 in 9.2.6 ausgewiesen sind, mittels Preislisten für das Jahr 1976.
b) Zusammenstellung der Preise für alle zusätzlich für den Sekundarstufe als erforderlich[547] Unterricht in der angesehenen Geräte und Gerätesätze, soweit diese nicht in der Normalausstattung der jeweiligen Firma vorkommen, nach den Preislisten des Jahres 1976 (Preis der Ergänzungsausstattung für die Sekundarstufe II).

Zunächst ein *Vergleich zwischen beiden Lehrmittelfirmen*:

	Phywe	Leybold-H.
Normausstattung für SI	150.388 DM	112.708 DM
Ergänzungsausstattung für SII	68.242 DM	110.812 DM
zusammen	218.630 DM	223.520 DM

Ersichtlich sind die Kosten der Ergänzungsausstattung für die Sekundarstufe II bei der Firma Phywe erheblich niedriger. Dies hängt damit zusammen, daß bei der Firma Phywe bereits für die Sekundarstufe I relativ teuere Geräte vorgesehen sind, die bei der Firma Leybold-Heraeus der Sekundarstufe II zugeordnet werden. In Anbetracht der mittleren Schulgröße, die unter 1000 Schülern je Schule liegt, kann davon ausgegangen werden, daß in der Regel ein Gymnasium mit einer Normausstattung für die Sekundarstufe I und einem Satz von Ergänzungsgeräten ausreichend ausgestattet ist, so daß die ermittelten Summenwerte die Vergleichsbasis ergeben. Darauf bezogen liegen die Schätzwerte der Sammlungsleiter bei 53,1% (Phywe) bzw. 51,9% (Leybold).

Nach Einschätzung der Sammlungsleiter der Gymnasien lagen 1976 die finanziellen Werte der Gerätesammlungen in Relation zu den Ausstattungsprogrammen der beiden Lehrmittelfirmen Phywe und Leybold-Heraeus in ähnlicher Höhe wie bei den Hauptschulen, den Realschulen und den großen Gesamtschulen. Lediglich die kleineren Gesamtschulen lagen besser.

Die hier i.w. für alle Schule aufgezeigen Defizite von rund 50% beim Vergleich der Schätzwerte der Sammlungsleiter mit den Preisen der Lehrmittelfirmen für ihre Pauschalangebote sind ein Spiegelbild der Defizite, die mit den curriculumbezogenen Bewertungsmaßen GMG und AF_n der Geräteausstattungen der Schulen in den Teilabschnitten 8.2.3.1 und 8.2.3.2 aufgezeigt wurden (Mittelwert von GMG = 0,51, Mittelwert von AF_n = 0,49).

9.3 Die finanziellen Mittel der Schulen für die Anschaffung von physikalischem Experimentiergerät in den siebziger Jahren

Bereits bei den Erhebungen des Hauptprojekts[548] wurden Etatdaten erhoben. Bezogen auf die einzelnen Schulgattungen waren die jeweiligen Fragen nicht immer gleichartig und nicht immer an den gleichen Adressatenkreis - teilweise Sammlungsleiter und teilweise Schulleiter - gerichtet. Im Vergleich zu den in 6.10.1 und 6.10.2 beschriebenen „Kernfragen" handelte es sich lediglich um ergänzende Fragen mit Orientierungscharakter. Eine einheitliche Befragungsstrategie für alle Schulgattungen erfolgte jedoch in dem mit MIRGEL (1979/82) gemeinsam betriebenen Nebenprojekt. Die Ergebnisse der diesbezüglichen Datenanalysen werden in erster Linie als Beurteilungsbasis herangezogen und dort, wo es sich anbietet, werden entsprechende Analysen von Daten des Hauptprojekts in die Betrachtung einbezogen.

Bevor ins Detail gegangen wird, muß noch klargestellt werden um welche finanziellen Mittel es sich handelt, da den Schulen von verschiedenen Seiten finanzielle Mittel zufließen.

Auf der Grundlage von gesetzlichen Richtlinien, die jedes Jahr neu festgelegt werden, erhalten die Schulen vom Land Hessen finanzielle Mittel zur Anschaffung von Lernmitteln (i.w. Schulbücher) und von Lernmaterial zum Verbrauch (bspw. Arbeitshefte und Abzugspapier). Die *Schulträger* sind durch das Schulverwaltungsgesetz verpflichtet, die finanziellen Mittel für die erforderlichen *Lehrmittel,* wozu auch die *Geräteausstattungen* für den naturwissenschaftlichen Unterricht zählen, bereitzustellen. An vielen hessischen Schulen stellen noch zusätzlich die Eltern der Schüler im Rahmen einer „Elternspende" finanzielle Mittel zur Verfügung, die je nach Interessenlage auch für die Belange des naturwissenschaftlichen Unterrichts eingesetzt werden können. Wenn nachfolgend vom *Lehrmitteletat einer Schule* und vom *Lehrmitteletat für das Fach Physik* die Rede ist, so beziehen sich die genannten finanziellen Beträge *ausschließlich auf die von den Schulträgern zur Verfügung gestellten Mittel.*

Bei dem mit Mirgel betriebenen Projekt wurden 1976 die Schulträger und 1977 die Sammlungsleiter Physik befragt. Beide Erhebungsinstrumente - jeweils Fragebögen - sind bei BRAUNER/WEISS/MIRGEL (1982) dokumentiert.

9.3.1 Ergebnis der Schulträgerbefragung im Jahre 1976

Die Schulträgerschaft lag im Zeitpunkt der Datenerhebung (November 1976) im wesentlichen[549] bei den 24 Landkreisen und 6 kreisfreien Städten der Tabelle 9 im Teilabschnitt 2.3. Als wir feststellen mußten, daß von den 30 Schulträgern nur 13 ausgefüllte Fragebögen zurückkamen und auch nur weitere vier mitteilten, daß sie sich wegen einer Empfehlung des Hessischen Landkreistages nicht an der Befragung beteiligen möchten, haben weitere Recherchen zu der Erkenntnis geführt, daß unsere Befragungsaktion ein *Politikum* ausgelöst hatte. Offensichtlich bestanden auf seiten eines Teiles der Schulträger Befürchtungen, daß die zur Veröffentlichung vorgesehenen Daten nicht nur wissenschaftlichen Zwecken dienen sondern auch politisch mißbraucht werden könnten. Weitere Überzeugungsversuche in Hinblick auf die Projektintentionen schlugen fehl, so daß die angestrebte Gesamterhebung nicht möglich wurde. Immerhin stellten die 13 verwertbaren Fragebögen einen Rücklauf von 43% dar, was bei einer auf Freiwilligkeit basierenden Datenerhebung durchaus als befriedigend angesehen werden kann. Darüber hinaus paßt sich die Verteilung des Rücklaufs auf die im Teilabschnitt 2.3 definierten Kreisgruppen noch ganz gut an.[550]

9.3.1.1 Die Lehrmittelgesamtetats der Schulträger unter ökonomischen Aspekten

Um herauszufinden, ob Veränderungen der allgemeinen Wirtschaftslage Einfluß auf die Höhe des Lehrmitteletats haben, war versucht worden, Etatdaten über einen längeren Zeitraum zu erhalten. Immerhin enthielten 7 der 13 Fragebögen Etatdaten über mehrere Jahre, die zusammenfassend durch die beiden Abbildungen 24 und 25 veranschaulicht werden. Dabei wurde jeweils für das Ausgangsjahr 1962 bzw. 1970 der Basiswert 100% dem Gesamtetatbetrag von 1962 bzw. 1970 zugeordnet.

Am Beispiel der Stadt Offenbach (Abb.24) erkennt man, daß die beiden Rezessionsjahre 1967 und 1975 deutliche Verringerungen der Gesamtetatbeträge zur Folge hatten. Die Abbildung 25 zeigt jedoch, daß diese Situation nicht auf alle Schulträger übertragbar ist, was wahrscheinlich mit der mittelfristigen Finanzplanung zusammenhängt. Ein Teil der Schulträger scheint also prozyklisch und ein anderer antizyklisch bei den fiskalischen Sparprogrammen auf die „Berg- und Talfahrt der Konjunktur“ zu reagieren. Auf derartige Zusammenhänge haben auch KAHLERT/DÖRING (1973, S.90) hingewiesen.

Daß sich die veränderliche Wirtschaftslage auf die Zumessung von finanziellen Mitteln für die Anschaffung von Lehrmitteln besonders im tradierten[551a] Schulbereich ausgewirkt hat, zeigt ein Vergleich von Daten des Befragungsprojekts von MIRGEL (1979/82) mit Etatdaten, die im Rahmen des Hauptprojekts über die Schulleiter 1972 und 1976 erhoben wurden.[551b] Ausgehend

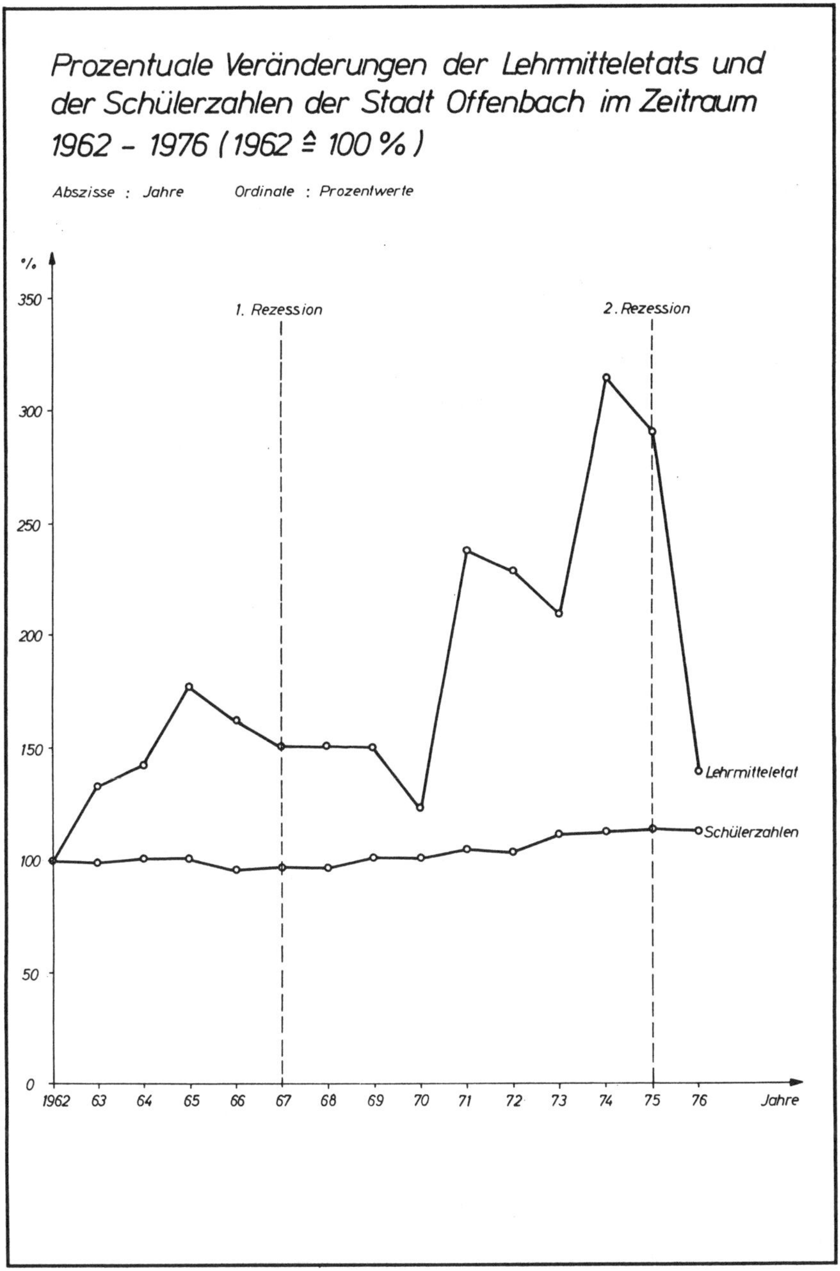

Abbildung 24 aus MIRGEL (1979)

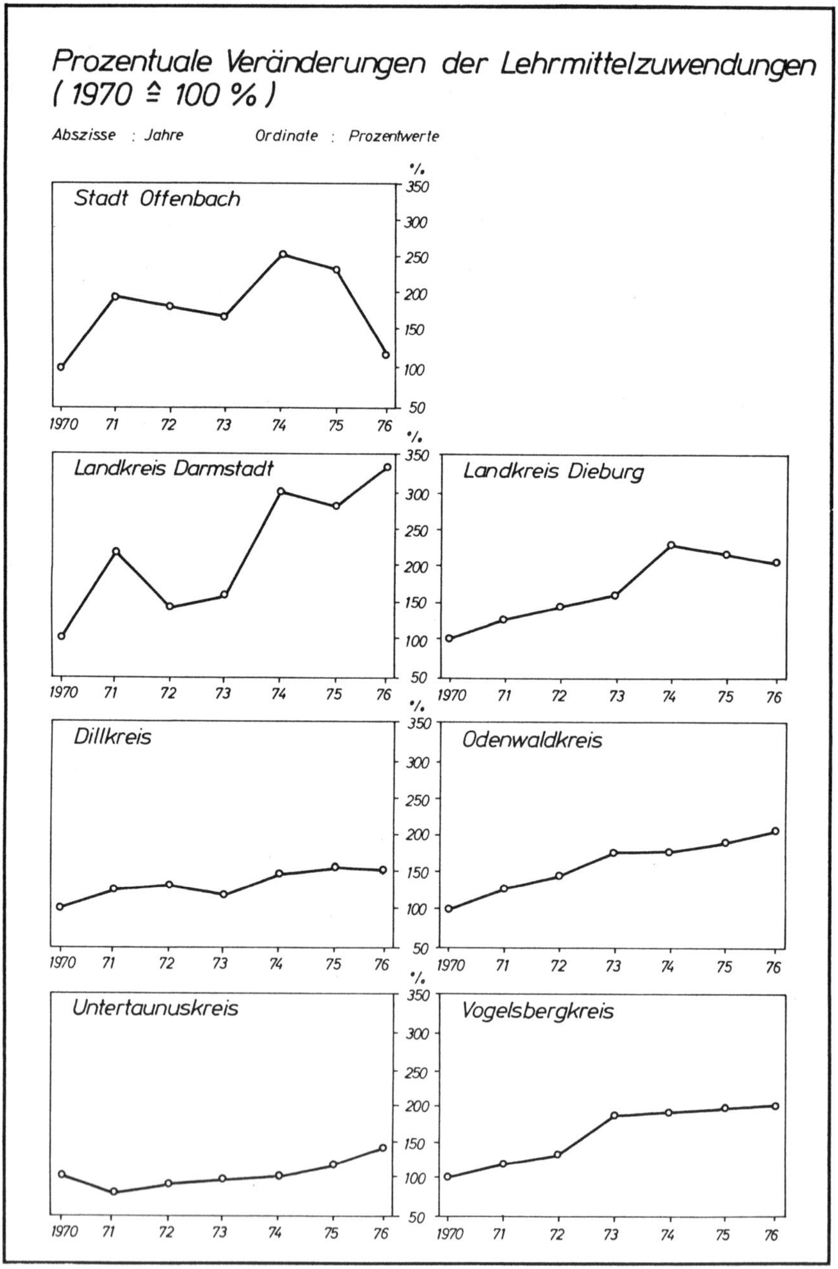

Abbildung 25 aus MIRGEL (1979)

von der Annahme, daß sich bei der Zumessung der finanziellen Mittel für die Schulen jeweils die wirtschaftliche Lage in einem bestimmten Bezugsjahr erst auf das nachfolgende Etatjahr auswirkt, werden in der Tabelle 73 die Konjunkturdaten eines bestimmten Jahres mit den Etatdaten des darauffolgenden Jahres verglichen.

Tabelle 73: Zum Vergleich der Lehrmitteletats der tradierten hessischen Schulen mit der Veränderung des Sozialprodukts in der Bundesrepublik Deutschland

durchschnittliche jährliche Veränderung des Sozialprodukts[552]		durchschnittliche Etatbetrag pro Jahr und Schüler			
Zeitraum	%	Etatjahre	Schulgattung	N	DM
1969 - 71	+5,3	1970 - 72	Hauptschule	44	9,58
1973 - 75	+1,2	1974 - 76		99	10,80
1969 - 71	+5,3	1970 - 72	Realschule	34	17,18
1973 - 75	+1,2	1974 - 76		73	12,40
1972 - 74	+3,2	1973 - 75	Gymnasium	40	20,48
1973 - 75	+1,2	1974 - 76		37	17,76

Was die Realschulen und die Gymnasien betrifft, ist die im Zusammenhang mit dem Rezessionsjahr 1975 stehende Reduktion der allgemeinen Schuletats evident. Die leichte Steigerung bei den Hauptschulen ist in Anbetracht der sehr starken Steigerung der Preise der beiden dominierenden Lehrmittelfirmen im Zeitraum zwischen 1972 und 1976 unbedeutend.[553] Daß von einer Reduktion des allgemeinen Lehrmitteletats natürlich auch das Fach Physik in einem entsprechenden Maße betroffen war, muß nicht weiter begründet werden. Somit kann gefolgert werden, *daß die tradierten Schulen zwischen 1972* (Erstveröffentlichung der Rahmenrichtlinien Physik SI) *und 1976* (Beginn der verpflichtenden Erprobung) *schon allein wegen konjunkturbedingter fiskalischer Sparprogramme der Schulträger nicht in der Lage waren, ihre Ausstattungen den curricularen Anforderungen anzupassen.*

9.3.1.2 Die regional unterschiedlichen Lehrmitteletats der Schulträger und deren Verteilung auf die einzelnen Schulgattungen

Neben den bereits im vorhergehenden Abschnitt genannten Schulträgern haben weitere 5 Etatdaten für das Jahr 1976 geliefert, wodurch für dieses Jahr eine Art regionale Querschnittsbetrachtung möglich ist (Tabelle 74).

Die Zahlen in der ersten und der letzten Spalte streuen ganz erheblich. *Vermutungen, daß diese Streuungen etwa mit der unterschiedlichen Finanzkraft der Schulträger, mit sozialgeographischen Faktoren oder mit Fortschritten in der Umgestaltung der Sekundarstufe I (Förderstufe und Gesamtschulen) zusammenhängen könnten, haben sich nicht bestätigt.*[555]

Tabelle 74: Zum Vergleich der Gesamtetats der Schulträger für Lehrmittel im Jahre 1976 und der daraus hergeleiteten Etatbeträge pro Schüler[554]

Schulträger		Lehrmittelgesamtetat für 1976 (DM)	Anzahl der Schüler (allgem. u. berufsbild.) im Jahre 1976	Etatbetrag je Schüler (DM)
Stadt	Offenbach	174.300	20.131	8,66
Landkr.	Darmstadt	272.790	17.860	15,27
Landkr.	Dieburg	136.780	26.211	5,22
Landkr.	Dillkreis	200.310	23.036	8,70
Landkr.	Main-Taunus	419.260	34.552	12,13
Landkr.	Odenwald	240.200	13.995	17,16
Landkr.	Offenbach	323.900	45.127	7,18
Landkr.	Untertaunus	219.210	14.361	15,26
Landkr.	Vogelsberg	287.600	20.191	14,24
Landkr.	Fulda	631.000	25.288	24,95
Landkr.	Kassel	493.513	35.717	13,82
Landkr.	Marburg-Biedenkopf	547.905	45.889	11,94

9 Schulträger gaben Daten an, aus denen sich die Verteilungssschlüssel für die einzelnen Schulgattungen berechnen ließen. Das Datenmaterial war sehr unterschiedlich.[556] In den meisten Fällen waren die Lernmitteletatbeträge pro Schüler in den einzelnen Schulgattungen angegeben. Bei 3 Schulträgern mußten jedoch noch „Sockelbeträge" berücksichtigt werden, die bei zwei Schulträgern für alle Schulgattungen gleich groß waren und bei einem von der Grundschule zum Gymnasium hin erheblich anstiegen. In diesen Fällen erfolgte die Verrechnung der Sockelbeträge für die einzelnen Schulgattungen über die für den jeweiligen Landkreis bekannte mittlere Schulgröße der betreffenden Schulgattung. Bei der Berechnung des Schlüssels wurde der jeweilige Etatbetrag je Grundschüler als die 100%-Basis festgesetzt.

Bei dieser „Momentaufnahme" für das Jahr 1976 wurden also zwei sich verstärkende Streufaktoren erkannt. Zunächst die erhebliche Streuung der Gesamtetatwerte bei den Schulträgern (Tabelle 74) und nun auch noch erhebliche Unterschiede bei den Verteilungsschlüsseln für die einzelnen Schulgattungen (Tabelle 75).

In Anbetracht der aufgezeigten *Uneinheitlichkeit der Zumessung von finanziellen Mitteln* für die Schulen zur Anschaffung von Lehrmitteln allgemein und damit auch von physikalischen Experimentiergeräten wird verständlich, warum die im Teil 8 beschriebenen *Bewertungsmaße für die Geräteausstattungen der Schulen jeweils große Streuungen aufweisen.*

Tabelle 75: Verteilungsschlüssel[557] für den auf jeweils einen Schüler bezogenen Etatbetrag im Jahre 1976

Landkreis	Grundschulen		Haupt-Schulen	Real-schulen	Gesamt-schulen	Gymnasien S I	Gymnasien S II
	abs.	%	%	%	%	%	%
Darmstadt	14,52	100	96	115	126	140	
Main-Taunus	12,15	100	109	99	78	99	
Odenwald	11,55	100	170	170	170	170	375
Offenbach	7,00	100	100	100	100	100	?
Untertaunus	15,00	100	100	100	100	100	127
Vogelsberg	11,50	100	150	150	150	150	300
Wetterau	10,50	100	100	100	--	100	200
Fulda	10,00	100	120	150	150	200	
Kassel	11,55	100	115	--	114	115	132

9.3.1.3 Systembedingte Mängel bei der Festsetzung der Lehrmitteletats

Hier wird zusammenfassend festgehalten, was mit entsprechenden Datenunterlagen bei BRAUNER/WEISS/MIRGEL (1982) dokumentiert ist.

Was die *laufende Versorgung der Schulen mit Lehrmitteln* betrifft, haben etwa die Hälfte der Schulträger die Verwendung der den Schulen zur Verfügung gestellten finanziellen Mittel teilweise vollständig überwacht und gesteuert und teilweise den Schulen Auflagen gemacht. Die andere Hälfte der Schulträger hielt spezielle Auflagen für nicht erforderlich. Zu starke Restriktionen hindern naturgemäß kurzzeitige Maßnahmen, etwa beim Anfallen notwendiger Reparaturen bei defekten Geräten. Totale Freizügigkeit dagegen können zu übertriebenen Anschaffungen führen.[558]

Nach dem hessischen Schulverwaltungsgesetz sind die Schulträger für die Lehrmittelausstattung der Schulen verantwortlich, aber die Art der Ausstattung kann vom Kultusministerium durch Richtlinien festgelegt werden. Empfehlungen als Vorstufe solcher Richtlinien wurden in Hessen jedoch erst 1980 vom Hessischen Institut für Bildungsplanung und Schulentwicklung nach entsprechenden Initiativen des Verfassers (siehe Lit. Verz.) veröffentlicht. *Gerade dieses Fehlen von Richtlinien wurde von der Schulträgerseite als gravierender Mangel angesehen.*[559]

Ähnlich *uneinheitliche Verfahren lagen bei der Erstausstattung der Schulen mit Lehrmitteln vor.* Was die Höhe der diesbezüglichen Lehrmitteletats betrifft, wurden Hinweise auf Kostenrichtwerte der Regierungspräsidenten von 3 Schulträgern gemacht, ein Teil weist auf Empfehlungen der Regierungspräsidenten hin und ein anderer Teil auf Erfahrungswerte (10% der Bausumme). Ebenso uneinheitlich ist die Zusammensetzung der Gremien, die über die anzuschaffenden Physik-Lehrmittel entscheiden. Teilweise entscheidet der Kreisausschuß nach Anhörung der Schulen, teilweise die Schulämter und teilweise die Schulen selbst.

Bemerkenswert ist noch, *daß die Schulträger* unter dem Hinweis auf die Entscheidungskriterien „Kosten“ und „Qualität“ eindeutig den beiden marktbeherrschenden Firmen Phywe und Leybold-Heraeus den Vorzug vor den anderen geben und auf diese Weise die *oligopolistische Struktur des Lehrmittelmarktes stabilisierten.* Entsprechend fiel dann die Preisgestaltung dieser Firmen aus, die bei starken jährlichen Preissteigerungsraten in den siebziger Jahren gegenüber den anderen Firmen deutlich teurer waren.[560]

9.3.2 Etatbezogene Ergebnisse der Sammlungsleiterbefragung von 1977 und die Preise der Lehrmittelfirmen

Eine umfangreiche Beschreibung der Ergebnisse dieser ökonomisch orientierten Befragung der Sammlungsleiter im Jahre 1977 liegt bereits bei BRAUNER/WEISS/MIRGEL (1982) vor. Weitere Ergebnisse sind im Forschungsbericht MIRGEL (1979) enthalten, der die Grundlage der Publikation von 1982 darstellt. Relevante Ergebnisse daraus wurden für die nachfolgende Darstellung herangezogen.[561] Um die Bedeutung dieser Quelle aufzuzeigen, sei darauf verwiesen, daß der Rücklauf ausgefüllter Sammlungsleiterfragebögen im Jahre 1977[562] in etwa den gleichen Umfang wie der Rücklauf der Sammlungsleiterbefragungen des Hauptprojektes hatte.[563] Die Anpassung der Stichprobenverteilungen an die Populationsverteilungen ist nach den Kriteriumsmerkmalen „Kreisgruppenzugehörigkeit“ und „Schulgröße“ von ähnlicher Qualität wie bei den Stichproben der Hauptphase des Hauptprojekts.[564]

9.3.2.1 Die allgemeinen Lehrmitteletats der Schulen und die speziellen Anteile für das Fach Physik

Was die Verteilung des Lehrmittelgesamtetats einer Schule in einem Bezugsjahr auf die einzelnen Fächer betrifft, so wurden von Schulleitern wie auch von Sammlungsleitern verschiedene Modalitäten[565] angegeben. Im Regelfall, d.h. wenn bei einer Schule keine besonderen Gründe für die spezielle Bevorzugung eines Fach vorlagen, wurden die Mittel durch Beschluß der Gesamtkonferenz aufgeteilt, wobei häufig über einige Jahre hinweg in etwa gleiche Verteilungsschlüssel angewandt wurden. Manchmal wurden den Schulen auf spezielle Anträge hin von den Schulträgern entweder Auflagen für bestimmte Fächer gemacht, oder, im günstigeren Falle, zusätzliche Mittel für ein bestimmtes Fach zur Verfügung gestellt. Dort, wo Lehrer einen guten Draht zur Kreistags-Lobby hatten, fiel auch schon einmal am Ende eines Haushaltsjahres für ein spezielles Fach oder auch für eine Schule ein Sonderetat ab.

Bei der Erhebung der Etatdaten wurden Erfahrungen aus dem Hauptprojekt berücksichtigt, wo bereits 1972 bei den Erhebungen an Hauptschulen und Realschulen erkannt wurde, daß die jährlichen Etats einer Schule doch zum Teil erheblichen Schwankungen unterworfen waren. Deshalb wurden 1977 Etatfragen für die Jahre 1974, 1975 und 1976 gestellt, aus denen sich die jährlichen Durchschnittsbeträge ermitteln ließen,[566] die in der Tabelle 76 zum Vergleich anstehen.[567]

Tabelle 76: Die durchschnittlichen jährlichen Lehrmitteletats der Schulen in den Jahren 1974, 1975 und 1976 und die darauf bezogenen Anteile für das Fach Physik

		Lehrmittelgesamtetat		Physiketat		
Schulgattung	mittl. Schulgröße	N	jährl. Mittelw. je Schule	N	jährl. Mittelw. je Schule	Anteil am Gesamtetat
alle	733	244	12.200 DM	253	1.879 DM	15,4 %
Ges	1198	35	18.727 DM	37	2.207 DM	11,8 %
Gym	965	37	22.566 DM	42	3.900 DM	17,3 %
R	838	73	12.268 DM	73	2.056 DM	16,8 %
H	421	99	6.436 DM	101	761 DM	11,8 %

Anmerkung: Bei den zur Mittelwertbildung herangezogenen Etatwerten wurden die Angaben „0 DM" nur berücksichtigt, wenn nicht ausdrücklich vermerkt war, daß „wegen vollständiger Neuausstattung keine Etatmittel erforderlich" waren. Solche Anmerkungen wurden nur von *10 Sammlungsleitern von Gesamtschulen* und von 3 Sammlungsleitern von GHF-Schulen (mit Hinweis auf vorgesehene *Umwandlung in eine Gesamtschule*) gemacht.

Die Zahlen der Tabelle 76 bedürfen noch einer Ergänzung. Bei MIRGEL (1979) findet man noch zusätzlich die statistischen Kennwerte der Grunddaten der Tabelle 76. Sie weisen eine sehr starke Streuung auf, was zu einer Prüfung auf Zusammenhang zwischen den Werten für den allgemeinen Etat und denen des Physiketats Anlaß gab.[568] Dabei konnten für alle Schulen zusammen und getrennt nach Schulgattungen für den tradierten Bereich mittelstarke, höchst signifikante, positive Zusammenhänge festgestellt werden.[569] Dagegen ergab sich bei den Gesamtschulen kein signifikanter Zusammenhang. Dieser Unterschied ist erklärbar. Während an den Schulen des tradierten Bereichs nur selten Neuerrichtungen von Schulen vorlagen und so die Schulen in der Regel nur über laufende Etatmittel verfügen konnten, lag die Situation bei den Gesamtschulen im Erhebungszeitraum anders. Ein Teil der Schulen hatte im Zusammenhang mit Neubauten umfangreiche Lehrmittelausstattungen für die naturwissenschaftlichen Fächer erhalten, so daß diese Fächer bei der schulinternen Verteilung der Etatmittel nur in geringen Umfängen partizipierten. Bei dem anderen Teil der Gesamtschulen handelte es sich bestenfalls um Erweiterungsbauten oder wurde eine bisher bestehende Realschule oder Mittelpunktschule ohne Änderung der Bausubstanz in eine Gesamtschule umgewandelt. Deshalb lag bei diesen Gesamtschulen die Etatsituation ähnlich wie bei den Schulen des tradierten Bereichs.

Daß die *Schulgröße* im Vergleich der einzelnen Schulgattungen bezüglich der Umfänge des Gesamtetats und wegen des erwähnten Zusammenhangs auch bezüglich des Physiketats von *entscheidender Bedeutung* ist, wird in der Tabelle 76 wieder deutlich. Dabei muß jedoch noch berücksichtigt werden, daß die Schulträger den Gymnasien im Zusammenhang mit der Sekundarstufe II, wie in der Tabelle 75 aufgezeigt ist, höhere Etatbeträge je Schüler zumessen.

Die *unterschiedlichen prozentualen Anteile des Physiketats am Gesamtetat bei den einzelnen Schulgattungen* lassen sich erklären. Die im Vergleich zu den Gymnasien und Realschulen geringeren Anteile bei den *Gesamtschulen* hängt mit dem oben bereits erwähnten „*Neuaustattungseffekt*" zusammen. Der geringere Anteil bei den Hauptschulen jedoch hängt mit deren starker *Verflechtung mit der Grundschule* zusammen. Bezogen auf deren Schülerzahlen insgesamt müssen dort weniger Schüler im Fach Physik unterrichtet werden, als bei den Schulen der übrigen Schulgattungen.

Neben dem in der Tabelle 76 aufgezeigten Unterschied in den Prozentwerten bei Realschulen und Hauptschulen, wurde bei den Datensätzen der Erhebung von 1972 noch ein weiterer gefunden. Die Sammlungsleiter wurden 1972 noch zusätzlich darüber befragt, wie sie den Physiketat für Demonstrationsgerät und Schülerübungsgerät aufteilten. Während im Durchschnitt die Sammlungsleiter der Realschulen (N = 36) ca. 30% des Physiketats für Schülerübungsgerät verwendeten, gaben die Sammlungsleiter der Hauptschulen (N = 57) im Durchschnitt den prozentualen Anteil mit ca. 51% an. Damit wird auch verständlich, warum die Hauptschulen bei den Ausstattungsbewertungen des Teilabschnitts 8.2.3 bezüglich der Ausstattung mit Schülerübungsgerät weniger stark abfallen als dies bei der Ausstattung mit Demonstrationsgerät der Fall ist. Offensichtlich *wurde an den Hauptschulen bis in die siebziger Jahre hinein bei relativ bescheidenen Mitteln der Anschaffung von Schülerübungsgeräten eine besondere Bedeutung zugemessen.*

9.3.2.2 Die Preise der Lehrmittelfirmen im Urteil der Sammlungsleiter

Ein Fragenkomplex der Sammlungsleiterbefragung von 1977 bezog sich auf die Einschätzung der Sammlungsleiter bezüglich der Preisgestaltung auf dem Lehrmittelmarkt.

Bei der ersten Frage dieses Komplexes hatten die Befragten jeder der bereits in 9.2.5 genannten 8 Lehrmittelfirmen[523] eine der folgenden Preiskategorien zuzuordnen:

1. "sehr teuer", 2. "teuer", 3. "normal" und 4. "besonders preiswert".

Eine Gesamteinschätzung aller Beantworter erhält man, wenn man obige Zahlen als Rangzuordnungen zu den Preiskategorien auffaßt und für die einzelnen Firmen den „mittleren Rangplatz" berechnet.[570] Von den Sammlungsleitern wurden als „*teuer bis sehr teuer*" die folgenden drei Firmen eingestuft:

Phywe (1,7/300 Urteile), Leybold-Heraeus (1,8/219 Urteile), Kröncke (2,6/88 Urteile), Neva (2,7/163 Urteile) und GRS (2,8/64 Urteile).

Keine einzige der vorgegebenen Firmen wurde als „besonders preiswert" bezeichnet.

Die unterschiedliche Anzahl der Urteile, die bei den 8 Firmen abgegeben wurden, hängt damit zusammen, daß die einzelnen Sammlungsleiter jeweils nur Geräte von einer kleineren Anzahl von Firmen zu verwalten hatten und möglicherweise von weiteren Firmen keine Beurteilungsunterlagen besaßen. So gaben von den 361 antwortenden Sammlungsleitern nur 272 an, daß sie bei ihren Lehrmittelbestellungen Preisvergleiche anstellen, davon 122 bei nur zwei Firmen und 150 bei 3 und mehr Firmen. 81 Sammlungsleiter gaben an, daß sie keine Preisvergleiche anstellen, wobei in 85% der Fälle auf *den „Systemzwang" bei der Lehrmittelbestellung* hingewiesen wurde. Entweder handelte es sich dabei um Auflagen der Schulträger oder es wurde darauf hingewiesen, daß nicht immer preiswertere Teile einer anderen Firma zu denen des Hauptlieferanten passen würden.

Die beiden marktbeherrschenden Firmen - dafür ist auch die Häufung der Urteile bei den Firmen Phywe und Leybold ein Indiz - wurden von den Sammlungsleitern als die Firmen mit den *höchsten Preisen* eingestuft.

Bei der zweiten Frage ging es darum, herauszufinden, ob die Sammlungsleiter in der Lage waren, eine realistische Einschätzung der Preissteigerungen auf dem Lehrmittelmarkt abzugeben. Sie sollten dabei abschätzen, auf welchen Preis ein Lehrmittel im Jahre 1977 angestiegen war, wenn es im Jahre 1960 genau DM 100 kostete. Die Schätzwerte liegen zwischen DM 250 und DM 280, was einer durchschnittlichen jährlichen Steigerungsrate von 5,5% bis 6,2% entspricht.

MIRGEL (1979) hat unter Verwendung zur Verfügung gestellter Preislisten von 5 Lehrmittelfirmen für jeweils 20 ausgewählte Geräte[571] über die Summe ihrer Preise die Preisentwicklung zwischen 1962 und 1976 untersucht. Die Ergebnisse dieser Untersuchung sind in der Abbildung 26 veranschaulicht. Bei der Bezeichnung N.N. handelte es sich um eine Firma, die um eine vertrauliche Handhabe bei der Verwendung ihrer Daten gebeten hatte. Man erkennt, daß innerhalb kleiner Zeiträume sich die Preissteigerungsraten der einzelnen Firmen manchmal sehr stark voneinander unterscheiden, daß jedoch längerfristig gleichartige Tendenzen bestehen. Unverkennbar ist jedoch, daß die *Preissteigerungen* zwischen 1962 und 1976 *bei den beiden marktbeherrschenden Firmen am größten* waren. Zwischen 1973 und 1976 fielen bei diesen Firmen die Preissteigerungen im Vergleich zu den vorhergehenden Jahren extrem groß aus. Hier kann vermutet werden, daß die beiden Firmen sich diese *Steigerungen in Anbetracht des „Bildungsbooms"*, der sich in diesem Zeitraum vollzog, *ohne Umsatzeinbuße leisten konnten*. Beispielsweise nahm die Anzahl der Gesamtschulen in Hessen zwischen 1971 und 1977 von 57 auf 162 zu. Da es sich hier in der Regel entweder um Schulneubauten oder Vergrößerungen der Bausubstanz bei Umwidmung von Schulen zu Gesamtschulen handelte, waren bei diesen Schulen entweder völlige Neuausstattungen oder umfangreiche Er-

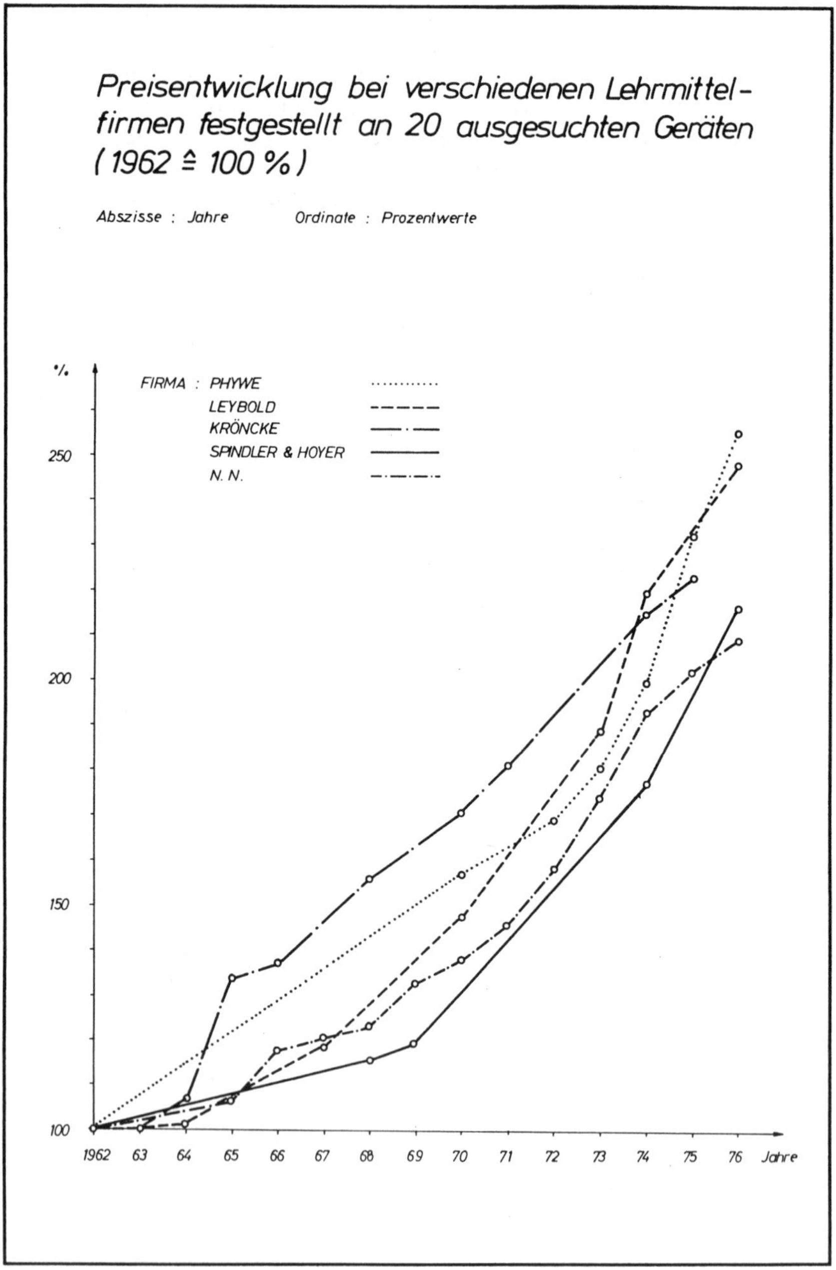

Abbildung 26 aus MIRGEL (1979)

gänzungsausstattungen die Folge, da im Zusammenhang mit den Baumaßnahmen umfangreiche finanzielle Mittel zur Ausstattung der Schulen zur Verfügung standen.[572]

Für die 5 Firmen der Abbildung 26 wurden folgende durchschnittliche jährliche Preissteigerungsraten ermittelt:
Phywe: 7,0%, Leybold: 6,7%, Kröncke: 6,4%, Spindler & Hoyer: 5,7% und N.N.: 5,4%. Damit zeigt sich, *daß die Sammlungsleiter mit ihren Abschätzungen durchaus realistische Werte angaben.*

Bei der dritten Frage sollten die Sammlungsleiter die *Preissteigerungen der Lehrmittelfirmen mit denen anderer Industriezweige vergleichen.* Kein einziger Sammlungsleiter bezeichnete dabei die Preissteigerungen der Lehrmittelfirmen als „gering", ca. 40% der 320 Antworten lauteten „normal" und die Mehrheit von *60% der Beantworter erkannten die Preissteigerungen als „überdurchschnittlich hoch"*.

MIRGEL (1979) hat einen Teilvergleich unter Heranziehung von Daten des Statistischen Jahrbuches der Bundesrepublik Deutschland von 1976 durchgeführt. Die Ergebnisse seiner Analysen für den Zeitraum von 1970 bis 1974 sind in der Abbildung 27 veranschaulicht. Wegen des vergleichsweise zur Abbildung 26 erheblich kleineren Zeitraumes ist ein Vergleich, der sich auf einzelne Lehrmittelfirmen bezieht, nicht zulässig. Tendentiell lagen jedoch *die Preissteigerungsraten der Lehrmittelfirmen insgesamt deutlich über denen der Industriezweige, deren Erzeugnisse als technische Geräte bezeichnet werden können.* Weitaus geringer war die Preissteigerungsrate bei elektrischen Verbrauchergeräten. *Auch in diesem Falle kann man die Einschätzung der Sammlungsleiter als realistisch bezeichnen.*

9.3.2.3 Die Unergiebigkeit der laufenden Etatmittel der Schulen im Hinblick auf die Notwendigkeit curriculumbezogener Ergänzungen der Geräteausstattungen

Die im Anschluß an die Veröffentlichung der Erstfassung der hessischen Rahmenrichtlinien im Jahre 1972 vorgesehene Vorlaufs- und Diskussionsphase,[573] die mit der Abgabe von schriftlichen Stellungnahmen bis zum 15.3.1973 ihren vorläufigen Abschluß fand, führte unter anderem zu der Erkenntnis der Beurteiler, daß bezüglich der Rahmenrichtlinien Physik mangelhafte Ausstattungen der Schulen mit Experimentiergerät erhebliche Realisierungsschwierigkeiten darstellen würden. Für die anderen naturwissenschaftlichen Fächer - insbesondere für das Fach Chemie - können für diesen Zeitpunkt ähnliche Schwierigkeiten angenommen werden.[574] Um den Schulen die ab 1976 vorgesehene verbindliche Erprobung der Rahmenrichtlinien in einem angemessenen Umfang zu ermöglichen, hätten die Schulträger in den Jahren zwischen 1973 und 1976 für die naturwissenschaftlichen Fächer zusätzliche

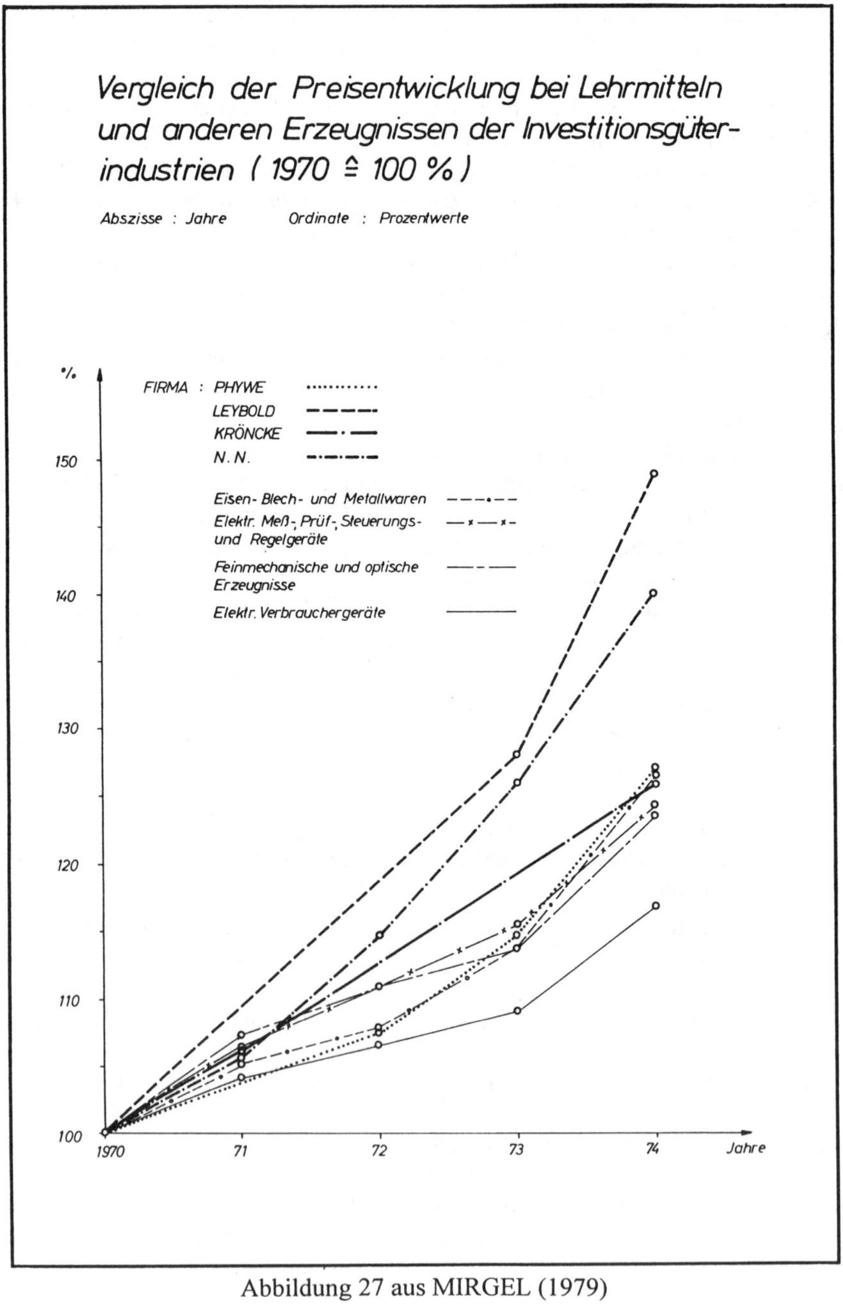

Abbildung 27 aus MIRGEL (1979)

Etatmittel zur Verfügung stellen müssen, was ohne Benachteiligung der anderen Fächergruppe nur durch eine erhebliche Aufstockung der Lehrmittelgesamtetats möglich gewesen wäre. Wie die Zahlen der nachfolgenden Tabelle 77 aufzeigen, war bspw. bei *folgenden 9 Schulträgern* durchaus die erforderliche finanzielle Basis gegeben: Stadt Offenbach; Landkreise Darmstadt, Dieburg, Dillkreis, Main-Taunus, Odenwald, Offenbach, Untertaunus und Vogelsberg. In diesem Zusammenhang sei auf die Darstellung im Teil 3 verwiesen (Exkurs vor Tabelle 15), aus der hervorgeht, daß die Steuereinnahmen der Gemeinden eines Landkreises einen indirekten Indikator für dessen Finanzkraft darstellen.

Tabelle 77: Zum Vergleich der Finanzkraft der *genannten 9 Schulträger* mit der Entwicklung ihrer Lehrmitteletats und mit der Entwicklung der Lehrmittelpreise zwischen 1970 und 1976

Finanzkraft der Schulträger gemessen an den Steuereinnahmen ihrer Gemeinden[575]		Lehrmittelgesamtetat der Schulträger		Durchschnittliche Preissteigerungen für die fünf Lehrmittelfirmen der Abb.26	
Jahr	relativ. Beträge	Jahr	relativ. Beträge	Jahr	relativ. Beträge
1970	100 % (304 Mill.DM)	1971	100 % (1,69 Mill.DM)	1971	100 %
1971	119,6 %	1972	101,5 %	1972	107,8 %
1972	148,3 %	1973	107,1 %	1973	115,4 %
1973	177,4 %	1974	135,5 %	1974	127,4 %
1974	185,9 %	1975	134,4 %	1975	138,1 %
1975	205,3 %	1976	134,9 %	1976	152,1 %

Was die Finanzkraft der Schulträger betrifft, die sich zwischen 1970 und 1975 mehr als verdoppelt hatte, sei darauf verwiesen, daß sich wegen umfangreicher Steuernachzahlungen im Jahre 1975 für vergangene Jahre die Rezession von 1975 bei den Steuereinnahmen noch nicht bemerkbar gemacht hatte.[576] Wie schon bei der Tabelle 73 wird die Finanzkraft eines bestimmten Jahres mit dem Etatwert für das nachfolgende Jahr verglichen.

Was den Vergleich zwischen dem Gesamtetat der Schulträger für Lehrmittel und die Lehrmittelpreise betrifft, so erscheint bereits die Steigerung der Etatmittel im Vergleich zu der Steigerung der Lehrmittelpreise nicht ganz ausreichend. Bezieht man sich dabei gar noch auf die Etatmittelbeträge je Schüler, so ergibt sich zwischen 1971 und 1976 nur noch eine Steigerung von 100% auf 122,6%, was mit der bedeutsamen Zunahme der Schülerzahlen zwischen 1971 und 1976 zusammenhängt. *Insgesamt betrachtet entpricht die Zumessung finanzieller Mittel für die Anschaffung von Lehrmitteln allgemein und damit auch speziell für das Fach Physik im Zeitraum von 1970 und 1976 nicht den curricularen Anforderungen, obzwar sich die Schulträger in diesem Zeitraum in einer ausnehmend günstigen finanziellen Situation befanden.*

Wie *unergiebig die laufenden Etatmittel für das Fach Physik zwischen 1974 und 1976 waren*, soll nun nachfolgend noch stärker verdeutlicht werden.

Dazu wird auf die Werte der Tabelle 76 und auf die Vergleiche im Teilabschnitt 9.2.7 Bezug genommen. Außerdem wurden die Preise für Pauschalangebote für Geräteausstattungen, so wie diese in der Tabelle 72 für das Schuljahr 1978/79 angegeben sind, auf das Schuljahr 1974/75 zurückgerechnet, wobei wegen der vorliegenden Differenzierung nur die Angebote der Firma Phywe zum Vergleich herangezogen werden. Die Rückberechnung ist erforderlich, da die Etatdaten sich auf die Jahre 1974 bis 1976 beziehen.

Hauptschulen: Im Teilabschnitt 9.2.7.1 wurde aufgezeigt, daß die Schätzwerte der Sammlungsleiter ca. 50% des Preises für eine Pauschalausstattung der Firma Phywe von 1973 betrugen. Da die Ausstattungsvorschläge nach dem Differenzierungskonzept der Firma Phywe, das ab 1974 eingeführt wurde, für die Hauptschulen eher eine umfangreichere Ausstattung vorsehen, kann mindestens von dieser 50%-Differenz ausgegangen werden. Im Schuljahr 1974/75 kostete eine Vollausstattung für Hauptschulen ca. 65.000 DM. Im Mittel aller Schulen war in diesem Schuljahr zur Ergänzung ein Finanzbetrag von ca. 32.500 DM erforderlich. Demgegenüber stand ein mittlerer, jährlicher Etatbetrag von 761 DM. Die vorhandenen Etatmittel der Hauptschulen reichten allenfalls zur Ersatzbeschaffung aus.

Realschulen: Im Teilabschnitt 9.2.7.2 wurde in analoger Weise wie bei den Hauptschulen die gleiche 50%-Differenz aufgezeigt. Eine Vollausstattung für Realschulen kostete im Schuljahr 1974/75 ca. 132.000 DM. Im Mittel lag also der Finanzbetrag zur Ergänzung hier bei 66.000 DM. Der mittlere, jährliche Etatbetrag lag hier bei 2.056 DM. Auch bei den Realschulen konnten mit den Etatmitteln neben der erforderlichen Ersatzbeschaffung kaum Ergänzungen angeschafft werden.

Gymnasien: Im Teilabschnitt 9.2.7.4 wird ein Ergänzungsbedarf von knapp 50% aufgezeigt, der sich jedoch auf die beiden Sekundarstufen I und II ungetrennt bezieht. In Anbetracht der in den Teilabschnitten 8.2.3.1 und 8.2.3.2 aufgezeigten vergleichsweise erheblicheren Defizite bei den Schülerübungsgeräten im Vergleich zu den Demonstrationsgeräten, muß angenommen werden, daß der Ergänzungsbedarf für die Sekundarstufe I bedeutend höher ist. Eine Vollausstattung für die Sekundarstufe I kostete im Schuljahr 1974/75 für Gymnasien ebensoviel wie für Realschulen. Im Mittel war also hier mindestens ein Betrag von ca. 46.00 DM erforderlich um eine Vollausstattung für die Sekundarstufe I der Gymnasien zu erreichen. Demgegenüber stand ein mittlerer, jährlicher Etatbetrag von 3.900 DM, der sich jedoch auf beide Sekundarstufen bezog, so daß für den Bereich der Sekundarstufe I ein wesentlich geringerer Teilbetrag anzusetzen ist, zumal gerade Geräte für den SII-Bereich sehr kostenintensiv sind. Trotz insgesamt höherer Etatmittel an den Gymnasien waren auch dort Ergänzungen für die Sekundarstufe I nur in sehr beschränktem Umfang möglich.

Gesamtschulen: Im Teilabschnitt 9.2.7.3 wurde zwischen Schulen mit einer Schülerzahl bis 1.000 (kleinere Gesamtschulen) und solchen mit über 1.000 Schülern (große Gesamtschulen) unterschieden. Dies ist auch hier notwendig.
Kleinere Gesamtschulen: Eine einfache Vollausstattung kostete im Schuljahr 1974/75 ca. 138.000 DM. Der Ergänzungsbedarf lag hier bei ca. 27%. Zur vollständigen Ergänzung waren also ca. 37.000 DM erforderlich.- Dem stand ein mittlerer, jährlicher Etatbetrag von 1.949 DM (N = 13) gegenüber.
Größere Gesamtschulen: Hier ist von einer zweifachen Vollausstattung auszugehen, wofür 276.000 DM zu veranschlagen waren. Hier lag der Ergänzungsbedarf wie bei den Hauptschulen und bei den Realschulen bei 50%. Zur vollständigen Ergänzung waren also 138.000 DM erforderlich. Dem stand ein mittlerer, jährlicher Etatbetrag von 2.347 DM (N = 24) gegenüber.
Sieht man von den Gesamtschulen mit vollständigen Neuausstattungen ab, so waren auch hier mit den laufenden Etatmitteln Ergänzungen der Geräteausstattungen nur in sehr beschränktem Maße möglich.

Abschließend muß also für den *gesamten Bereich der Sekundarstufe I* festgestellt werden, daß die *Zumessung von finanziellen Mitteln für die aus curricularer Sicht erforderliche Ergänzung der Geräteausstattungen für den Physikunterricht völlig unzureichend war.*

TEIL 10: ÖKONOMISCHE UND CURRICULARE ASPEKTE ZWEIER AUSSTATTUNGSBEZOGENER ENTWICKLUNGSPROJEKTE IM ANSCHLUß AN DAS HAUPTPROJEKT

Eine erste Bekanntgabe von Untersuchungsergebnissen des Teils 8 erfolgte auf der Jahrestagung der Gesellschaft für Didaktik der Chemie und Physik (GDCP) im September 1976 in Bremen.[577]

Daß die dargestellten Untersuchungsergebnisse das besondere Interesse der Lehrmittelfirmen fanden, versteht sich von selbst. Spätere Einladungen zu den Geschäftsleitungen der beiden Firmen Phywe und Leybold-Heraeus erwiesen sich für die weiteren Aktivitäten im Rahmen des Gesamtprojekts als wenig hilfreich, da nicht erkennbar wurde, inwieweit diese Firmen bereit wären, ihre Ausstattungsprogramme so zu modifizieren, daß sie besser den speziellen Anforderungen der hessischen Rahmenrichtlinien genügen könnten. Andererseits wurde bei etwa zeitgleicher Vorstellung der Ausstattungsdefizite bei den zuständigen Sachbearbeitern einiger Schulträger[578] erkennbar, daß diese verbindliche Richtlinien für die Ausstattung in den naturwissenschaftlichen Fächern wünschten, die den curricularen Veränderungen entsprächen. Ein charakteristisches Argument sei hier hervorgehoben: Man habe die Erfahrung gemacht, daß bei Erfüllung von Sonderwünschen mancher Sammlungsleiter später bei einem Lehrerwechsel häufig Geräte ungenutzt im Schulkeller gelagert wurden.

Unter Einbezug der eben geschilderten Erfahrungen wurden die Untersuchungsergebnisse in der Schulabteilung des Hessischen Kultusministeriums im Herbst 1976 vorgetragen, was schließlich zu dem nachfolgend beschriebenen Entwicklungsprojekt und zu den „Rahmenrichtlinienbezogenen Ausstattungskatalogen“ für die Fächer Physik, Chemie und Biologie in der Sekundarstufe I führte.[579]

Von besonderer Bedeutung war auch noch, daß ein Teilnehmer der Tagung in Bremen einen Kontakt zur Abteilung Ökonomie des Deutschen Instituts für Internationale Pädagogische Forschung (DIPF) herstellte. Diese Abteilung unterstützte die weitere Projektarbeit und darüber hinaus kam es zu einer Zusammenarbeit im Rahmen eines weiteren Entwicklungsprojekts, über das nachfolgend ebenfalls berichtet wird.

10.1 Das Entwicklungsprojekt „Normausstattungsmodelle für die naturwissenschaftlichen Fächer im Bereich der Mittelstufe“

Vorweg einige Anmerkungen mehr chronologischer Art. Sie scheinen dem Verfasser von Bedeutung, da damit aufgezeigt werden kann, welche Hindernisse bei dieser speziellen Fortentwicklung des Curriculums überwunden werden mußten.

Als der Verfasser im Oktober 1976 in der Angelegenheit den ersten Besuch beim Leiter des Referates IIB (Mittelstufe) des Hessischen Kultusministers, Oberschulrat[580] W.Franz, machte, rannte er offene Türen ein, da der

Referatsleiter selbst Anfang der sechziger Jahre im Zusammenhang mit der Einführung des Wahlpflichtfaches in der gymnasialen Oberstufe Ausstattungsvorschläge für die naturwissenschaftlichen Fächer entwickelt hatte.[581] Oberschulrat Franz bat[582] den Verfasser, die Organisation und Leitung eines Projekts zu übernehmen, das sich zur Aufgabe stellte, rahmenrichtlinienbezogene Ausstattungsvorschläge zu entwickeln.

Der Verfasser hatte auf der Basis seiner Kontakte zu den Schulen im Rahmen der Schulpraktika für Lehrerstudenten eine Gruppe von zunächst 10 - später 9 - Lehrern gefunden, die an der Projektarbeit Interesse fanden. In einer ersten Kontaktsitzung am 7.12.1976 wurden bereits vorläufige Arbeitsstrategien entworfen, die der gestellten Aufgabe gerecht zu sein schienen. Da bei der vorgesehenen Entwicklungsarbeit nach den Recherchen des Verfassers auf keine geeigneten Vorbilder zurückgegriffen werden konnte,[583] war von vornherein klar, daß die mit vollen Stundendeputat unterrichtenden Lehrer eine angemessene Entlastung erhalten müßten. Daneben war mit dem Anfall von Reisekosten zu rechnen, da die für die jeweiligen Fächer vorgesehenen Fachlehrer bzw. Sammlungsleiter an verschiedenen Orten wohnten. Der Ersatz von Telefon- und Portokosten und von Verbrauchsmaterial war zu regeln.

Die Verhandlungen mit dem Ministerium zogen sich bis zur Mitte des Jahres 1978 hin, bis am 30.6.1978 durch einen Erlaß des Kultusministers der Verfasser mit der Leitung einer Arbeitsgruppe „Normausstattungsmodelle für die naturwissenschaftlichen Fächer im Bereich der Mittelstufe" beauftragt wurde. Den am Projekt mitarbeitenden Lehrern wurde eine Entlastung von 4 Deputatsstunden für das Schuljahr 1978/79 gewährt. Ebenso wurde eine Erstattung der Reisekosten zuerkannt und ein allgemeiner Unkostenzuschuß von insgesamt 1800 DM zur Verfügung gestellt, der natürlich unter Vorlage von Belegen abzurechnen war.

Es soll nicht verschwiegen werden, daß die vollzogene Entwicklungsarbeit weit umfangreicher war, als dies mit den gewährten Entlastungen honoriert wurde. Nur durch besonderes Engagement der Beteiligten war die Entwicklungsarbeit von den Projektmitgliedern innerhalb eines Schuljahres zu leisten. Aus diesem Grunde sah sich der Projektleiter genötigt, für die gewünschte Erstellung druckfertiger Vorlagen eine weitere Entlastung von 2 Deputatsstunden für das 1. Halbjahr des Schuljahres 1979/80 einzufordern, was vom Ministerium auch genehmigt wurde.

Die druckfertigen Vorlagen wurden 1980 vom Hessischen Institut für Bildungsplanung und Schulentwicklng (HIBS) gedruckt[579] und an alle Schulen mit einer Sekundarstufe I verschickt. Also *erst 8 Jahre nach dem Erscheinen der Erstfassung der RRL Physik SI standen den Schulen curriculumbezogene Ausstattungsvorschläge zur Verfügung*, während (worauf im Teilabschnitt 10.2 näher eingegangen wird) rahmenplanbezogene Ausstattungsvorschläge für den Physikunterricht in der Sekundarstufe II bereits 5 Jahre vor dem Erscheinen der Kursstrukturpläne veröffentlicht wurden.

10.1.1 Konstruktionsprinzipien der Ausstattungskataloge aufgezeigt am Beispiel des Katalogs für Physik

Aus zwei Gründen erfolgt hier eine Beschränkung auf den Ausstattungskatalog für das Fach Physik. Bei allen bisherigen Darstellungen ging es fast ausschließlich um das Fach Physik, so daß ein ausführlicher Bezug auf die beiden anderen naturwissenschaftlichen Fächer aus dem Rahmen fallen würde. Bedeutender ist jedoch, daß im Rahmen der allgemeinen Entwicklungsarbeit Konstruktionsprinzipien erkannt wurden, die unabhängig von den unterschiedlichen Fachinhalten und fachspezifischen Lehr- und Lernmitteln (im weitesten Sinne) für alle drei naturwissenschaftlichen Fächer angewandt werden konnten. Die nachfolgende Darstellung ist also exemplarisch.

Entsprechend der Aufgabenstellung, curriculumspezifische Ausstattungsvorschläge für das Fach Physik in der Sekundarstufe I zu entwickeln, waren die „Rahmenrichtlinien, Sekundarstufe I, Physik" (RRL) in der überarbeiteten Fassung von 1976 bindende Arbeitsgrundlage.

Weiterhin wurden die seinerzeit bereits erschienenen „Materialien zum Unterricht, Physik" (Bände I-III) verwendet, was einer Präzisierung der Themen und der Lernziele diente.

Die für die experimentelle Konkretisierung der RRL-Inhalte erforderlichen Informationen wurden folgenden Unterlagen entnommen:[584]

- Materialien zum Unterricht, Physik I/II (HKM) und III (HIBS),
- Schulbücher für den Physikunterricht in SI aller Schulformen,
- Experimentierkarteien und -sammlungen *verschiedener* Lehrmittelfirmen (Prinzip der Wahrung von Firmenneutralität),
- Fachbücher zur Physik-Methodik,
- Fachzeitschriften,
- persönliche, unterrichtspraktische Erfahrungen der Autoren.[585]

Im Gegensatz zu den verbindlichen Lerneinheiten der RRL-Physik haben die Verfasser der RRL die „wahlfreien Themen" nur grob umrissen, so daß hier den Lehrern ein größerer inhaltlicher Freiraum bleibt. Es liegt also für diesen Bereich kein curricularer Rahmen im strengeren Sinne vor. Diesen Rahmen zu erstellen, sah sich die Projektgruppe zeitlich nicht in der Lage, so daß der entwickelte Ausstattungskatalog den Bereich der wahlfreien Themen nicht erfaßt. Für eine solche Entscheidung sprechen auch zwei gewichtige Gründe. Erstens zeigte die Schulpraxis, daß in Anbetracht des von vielen Lehrern beklagten Stoffülle-Zeit-Problems ein Teil der verbindlichen Lerneinheiten in den „wahlfreien Zeitraum" verlegt werden mußte, d.h. an vielen Schulen standen die vorgeschlagenen nicht-verbindlichen Themen gar nicht zur Diskussion. Zweitens erfordert, wie noch gezeigt werden wird, die Realisierung der Geräteausstattungen nach der Maßgabe des Ausstattungskatalogs bereits einen relativ hohen Aufwand finanzieller Mittel. Ein Einbezug aller wahlfreien Themen in das Ausstattungsprogramm würde den finanziellen Aufwand noch ganz erheblich steigern, was in Anbetracht einer geringen Wahrscheinlichkeit hinsichtlich der Nutzung der Geräte nicht zu vertreten war.

10.1.2 Arbeitsstrategien bei der Erstellung des Ausstattungskatalogs für das Fach Physik

Zu allen in den RRL fixierten Inhalten, Themen und Lernzielen wurden aus den oben aufgeführten Arbeitsunterlagen und unter Einbezug von persönlichen Erfahrungen, die nach Meinung der Autoren relevanten Versuche - getrennt nach Fundamentum, 1. und 2. Erweiterung - zusammengetragen (ca. 1000 Versuche). Bei der Zusammenstellung dieser Versuche wurden neben der fachlichen Relevanz schwerpunktmäßig folgende Forderungen berücksichtigt: Entsprechend der Bedeutung, die der Eigentätigkeit der Schüler sowohl in den RRL als auch in der einschlägigen Literatur beigemessen wird, und der *Forderung nach einem möglichst großen Maß an fach- und unterrichtsmethodischer Freiheit für den Lehrer*, auch in bezug auf die zu wählenden Arbeits- und Sozialformen, wurden *Versuche favorisiert, die sowohl in Demonstrations-, Schülergruppen- und Schülereinzelversuchen realisiert* als auch wahlweise durch Medien ersetzt werden können.

Neben einer genauen Beschreibung wurde zu jedem Versuch eine Geräteliste erstellt. Aus der Gesamtheit dieser Gerätelisten wurde der Gerätebedarf für alle Lerneinheiten der RRL, getrennt nach Demonstrations- und Schülergeräten ermittelt und ein Gerätekatalog zusammengestellt, wobei in der Regel die Geräte mit der größeren Einsatzbreite den Vorzug erhielten.

Als *bedauerlicher Mangel* im Hinblick auf eine effektivere Ausbeute der geleisteten Arbeit der Projektmitglieder muß angemerkt werden, daß keine Möglichkeit bestand die zusammengetragenen Versuche im Rahmen eines Beiheftes zu illustrieren. Ein vom Projektleiter dem HIBS vorgeschlagenes Konzept konnte nicht realisiert werden. Wäre dies zustande gekommen, so hätte der Katalog mit samt einer Illustrierung der möglichen Versuche ein Werk ergeben, das man mit jenem seinerzeit sehr bedeutendem Werk von HAHN/KOCH (1926) vergleichen könnte.

Immerhin können die Autorengruppen für alle drei naturwissenschaftlichen Fächer der Sekundarstufe I für sich in Anspruch nehmen, durch die beschriebenen Konsruktionsprinzipien und Arbeitsstrategien eine bedeutsame Forderung von FISCHLER (1973) berücksichtigt zu haben. In seinem Aufsatz „Medien dürfen Innovationen nicht hindern" verlangt er u.a., daß die *didaktischen Entscheidungen vor einer Medienauswahl* zu treffen seien. Dies ist sicherlich nicht der Fall, wenn die Schulen unkritisch die von den Lehrmittelfirmen angepriesenen Lehrsysteme übernehmen. Nachfolgend wird nämlich aufgezeigt, daß die in 9.2.6 beschriebenen *Pauschalangebote der beiden marktbeherrschenden Lehrmittelfirmen den Anforderungen der RRL Physik SI von Hessen nicht genügen.*

10.1.3 Grobbeschreibung des Ausstattungskatalogs für das Fach Physik der Sekundarstufe I

Dieser Katalog ist als Heft 7 der Sonderreihe der Veröffentlichungen des HIBS erschienen und hat mit 92 DIN A4-Seiten von allen drei Ausstattungskatalogen den größten Umfang.[586] Die ersten 19 Seiten enthalten u.a. eine Einleitung. In dieser wird auf die Untersuchungsergebnisse des Hauptprojekts verwiesen, werden die Argumente der Schulträger aufgeführt und werden die Schulen ermuntert, für die erforderlichen rahmenrichtlinienbezogenen Ergänzungen ihrer Ausstattungen auf diese objektive Bezugsgrundlage zu verweisen. Desweiteren werden die Konsruktionsprinzipien und Arbeitsstrategien beschrieben, die zu dem entwickelten Katalog führten. Umfangreiche Anmerkungen werden zum eigentlichen Gerätekatalog vorausgeschickt, wobei dessen Struktur beschrieben wird, allgemeine Anmerkungen zu den Geräten und Gerätegruppen gemacht und *Beschaffungshinweise unter Wahrung der Firmenneutralität* gegeben werden. In informierender Weise wird aufgezeigt, wie man aus den Angeboten der Lehrmittelfirmen selbst Gerätesätze zusammenstellen kann, die den Anforderungen des Katalogs entsprechen. So müsse man bspw. beachten, daß bei Bezug von einzelnen Geräten von verschiedenen Herstellern Kompatibilität nicht gewährleistet sein könnte. Bezüglich des Schülerübungsgerätes wird zwar zugebilligt, daß es kleiner und billiger sein kann. Andererseits sei Robustheit und leichte Handhabbarkeit unbedingt erforderlich. Den Sammlungsleitern wird dringend geraten, Preisvergleiche anzustellen und auch zu prüfen ob gewisse Teile wie bspw. Verbrauchsmaterialien nicht wesentlich preisgünstiger in Fachgeschäften und Kaufhäusern zu haben sind. Ein ganz besonderer Hinweis erfolgt bezüglich der Anschaffung von besonders teuren Geräten und Gerätesätzen. Hier wird auf die von WEISS/SCHEEL (1979/1982) entwickelten systematischen Auswahlverfahren hingewiesen, welche im Rahmen des nachfolgend noch zu beschreibenden zweiten Folgeprojekts entwickelt wurden. Dieser Vorspann wird durch ein ausführliches Literaturverzeichnis ergänzt, in dem alle Unterlagen aufgeführt werden, die zur Entwicklung des Ausstattungskatalogs herangezogen wurden. In gewisser Weise sind diese Literaturhinweise ein - wenn auch nur prinzipieller - Ersatz für die nicht zustande gekommenen ergänzenden Illustrationen der Versuche, welche die Basis des entwickelten Gerätekatalogs darstellen.

Die übrigen 73 Seiten des Heftes 7 beinhalten eine genaue Beschreibung der einzelnen Teile, sei es als Geräte oder Gerätesätze, Chemikalien, Werkzeug oder audiovisueller Medien. Die Struktur des Katalogs geht aus der Tabelle 78 hervor, bei der die Zahlen die jeweilige Anzahl der aufgeführten Einzeltitel[587] angibt. Die Zahlen in den Klammern beziehen sich auf eine Teilausstattung, so wie diese für eine *Grundschule mit Förderstufe* erforderlich ist.[588] Die Zahlen ohne Klammern beziehen sich auf die *Sekundarstufe I insgesamt*, wobei dem

Differenzierungskonzept der RRL Physik SI Rechnung getragen wird (vgl. Teilabschnitt 4.2).

Die Zahlen der Tabelle 78 lassen klar erkennen, daß der *Hauptteil der Ausstattung bereits für das Fundamentum erforderlich ist.* Von den insgesamt 834 Einzeltiteln für Demonstrationsexperimente entfallen 86,2% auf das Fundamentum und nur 10% auf die 1. Erweiterung und gar nur 3,8% auf die 2. Erweiterung. Ähnlich ist es beim Schülerübungsgerät mit 88,4%, 6,6% und 5% von insgesamt 378 Einzeltiteln.

Tabelle 78: Die Anzahl der Einzeltitel des Ausstattungskatalogs für das Fach Physik der Sekundarstufe I (Die Zahlen in Klammern beziehen sich auf die Förderstufe)

	Demonstrationen			Schülerübungen		
Differenzierung	Fundam.	1. Erw.	2. Erw.	Fundam.	1. Erw.	2. Erw.
allgem. Gerät	141 (71)	3 (-)	-- (-)	100 (41)	-- (-)	-- (-)
Chemikalien	44 (16)	7 (-)	4 (-)	23 (2)	1 (-)	4 (-)
Optik	96 (52)	8 (6)	2 (-)	55 (34)	5 (4)	4 (-)
Wärmelehre	59 (19)	-- (-)	1 (-)	17 (- -)	-- (-)	1 (-)
Magn./E-Lehre	190 (42)	29 (-)	14 (-)	104 (29)	17 (-)	10 (-)
Mechanik	84 (10)	16 (1)	2 (-)	32 (3)	2 (1)	-- (-)
Dias	8 (1)	2 (-)	1 (-)	Auch als Egänzung bei Schülerübungen verwendbar.		
Filme	36 (7)	8 (-)	3 (-)			
Transparente	49 (3)	10 (1)	5 (-)			
Projektoren	3 (3)					
Werkzeug[589]	9 (3)			3 (-)		

Die hier ausgewiesenen sehr niedrigen Prozentwerte bezüglich der 1. und 2. Erweiterung belegen die These, die bereits im Teilabschnitt 4.2 aufgestellt wurde und die beinhaltet, daß *die physikalischen Inhalte besonderer Experimentierintensität im wesentlichen im Fundamentum* und nur zu einem geringen Teil in den (mehr theoretisch orientierten) Erweiterungen liegen. Damit erfährt die *Art und Weise der Datenerhebung des Hauptprojektes*, bei der von einer Differenzierung abgesehen wurde, eine *nachträgliche Rechtfertigung.*

Aufschlußreich ist ein Vergleich mit den Pauschalangeboten der im SI-Bereich marktbeherrschenden[590] Firma Phywe im Zusammenhang mit dem firmenspezifischen Differenzierungskonzept. Als Gesamtausstattung für die Sekundarstufe I wird dabei eine Kombination der beiden Lehrsysteme A/B und C (vgl. 9.2.6) in der Form betrachtet, wie das bereits bei den finanziellen Werten der Tabelle 72 der Fall ist.[533] Nach dem firmenspezifischen Differenzierungskonzept entspräche das Lehrsystem C dem Fundamentum der RRL Physik SI. Durch Auszählung wurden folgende Zahlen ermittelt:

	Demonstration	Schülerübungen
Anzahl der Einzeltitel) im Lehrsystem C:	622 (53,7%)	183 (55,6%)
Anz. d. Einzeltitel i. d. Kombination der Lehrsysteme A/B und C:	1159 (100%)	329 (100%)

Zunächst ist festzuhalten, daß bei den Pauschalangeboten für die Sekundarstufe I dem Demonstrationsunterricht weit mehr Geräte zugeordnet werden, als beim dargestellten rahmenrichtlinienbezogenen Ausstattungskatalog. Andererseits werden für Schülerübungen weniger Geräte vorgesehen. Was die Differenzierung betrifft - hier im Vergleich zwischen der Kombination der Lehrsysteme A/B und C und dem Lehrsystem C - so muß das Angebot an Schülerübungsgeräten für das Fundamentum (Lehrsystem C) als völlig unzureichend angesehen werden.

Dieser einfache Vergleich macht verständlich, warum die hessischen Schulen in den siebziger Jahren trotz teilweise bedeutender finanzieller Werte der Physiksammlungen erhebliche rahmenrichtlinienbezogene Ausstattungsdefizite hatten. Vielfach wurden von den Schulen die Pauschalangebote der Firma Phywe angenommen, die Anforderungen nach den Rahmenrichtlinien werden durch diese Gerätesätze jedoch nicht erfüllt.

10.2 Die Kosten einer rahmenrichtlinienbezogenen Ausstattung für das Fach Physik der Sekundarstufe I im Vergleich mit den Kosten des Pauschalangebots der Firma Phywe und mit den Kosten einer rahmenplanbezogenen Ausstattung für das Fach Physik der Sekundarstufe II

In den siebziger Jahren hatte sich ebenfalls unter der Federführung des Fachdidaktikers W.Kuhn (Gießen) - quasi parallel zur Rahmenrichtlinienfachgruppe Physik SI - eine Gruppe von Physiklehrern der Sekundarstufe II damit beschäftigt, Rahmenpläne (RPL) für den Physikunterricht in der Sekundarstufe II zu entwickeln. Als veröffentlichtes Ergebnis dieser Arbeit erschien 1979 der sogenannte „Kursstrukturplan Physik - Gymnasiale Oberstufe“.[591] Von besonderer Bedeutung ist dabei, daß diese Arbeitsgruppe noch weit vor der Veröffentlichung ihres Kursstrukturplanes bereits 1975 einen Ausstattungskatalog für das Fach Physik der Sekundarstufe II (SII-Katalog) mit Hilfe des Hessischen Instituts für Lehrerfortbildung veröffentlichte,[592] der sich eindeutig auf den späteren Kursstrukturplan bezieht. Offensichtlich gingen die Mitglieder dieser Fachgruppe davon aus, daß die *Realisierung* ihrer inhaltlichen Vorstellungen von Physikunterricht in der Sekundarstufe II *nur möglich* wäre, wenn die Ausstattungen der Schulen auch *alle erforderlichen Geräte* besäßen. Im Falle der Rahmenrichtlinien SI mußte jedoch, wie im Vorhergehenden aufgezeigt wurde, erst eine Initiative außerhalb der Rahmenrichtlinienfachgruppe erfolgen. Möglicherweise war man dabei dem Irrtum erlegen, als wäre das Angebot der

Lehrmittelfirmen schon einigermaßen passend, was ja im vorhergehenden Abschnitt gerade widerlegt wurde.

Zunächst noch eine *Grobbeschreibung* des zum Kostenvergleich herangezogenen „*SII-Katalogs*". In der Geräteliste wird jeweils die erforderliche Stückzahl bezüglich jedes Einzeltitels und unter Hinweis auf jeweils eine bestimmte Lehrmittelfirma die Katalognummer und der für 1974 gültige Preis ohne Mehrwertsteuer angegeben. Eine derartige Vorgehensweise war notwendig, um eine Kostenberechnung überhaupt vornehmen zu können. Um einen eventuellen *Vorwurf der Bevorzugung bestimmter Firmen entgegenzuwirken*, werden die Anschriften von 13 seinerzeit bestehenden Lehrmittelfirmen aufgeführt und wird folgender Hinweis gegeben: „Die Nennung einer Firma bei einem Artikel besagt nicht, daß andere Firmen nicht den Artikel in gleicher oder besserer Qualität anbieten könnten. Eine vergleichende Qualitätskontrolle konnte bei der Vielzahl von Angeboten und Einzelgeräten nicht durchgeführt werden. Die angeführten Geräte sind deshalb als Beispiele aufzufassen."[593] Von den insgesamt 711 Einzeltiteln entfallen 43,2% auf die Firma Phywe und 36% auf die Firma Leybold-Heraeus. Jeweils rund 5% der Einzelteile beziehen sich auf die drei Firmen Kröncke, Spindler & Hoyer sowie auf die Gesellschaft für Regelungs- und Simulationstechnik (GRS).[523] Die restlichen ca. 6% der Einzeltitel entfallen auf 8 weitere Bezugsquellen. Diese Zahlenverhältnisse spiegeln wider, was Mirgel in seinen Untersuchungen bezüglich der hessischen Gymnasien herausgefunden hat (Teilabschnitt 9.2.5). Nähere Gerätebeschreibungen sind hier nicht möglich aber auch nicht erforderlich. Es sei jedoch darauf verwiesen, daß die Verfasser des Katalogs *nur bei zwei von insgesamt 9* Grundkursen, Leistungsvorkursen und Leistungskursen von der Notwendigkeit von speziellen *Schülerübungen* ausgehen.[594] Dieser Hinweis erfolgt zum besseren Verständnis der Tatsache, daß die *Teilkosten für Schülerübungen* relativ niedrig sind.

Der angestrebte Kostenvergleich erfordert eine gewisse *Reduktion*, so daß zum Vergleich nicht alle Einzeltitel der jeweiligen Ausstattungsvorschläge berücksichtigt werden können. Weggelassen werden die *audio-visuellen Medien*, da im SII-Katalog keine aufgeführt werden und beim Phywe-Angebot nur Transparente enthalten sind. Weggelassen werden auch die *Aufbewahrungshilfen* und die *Versuchsliteratur*, die nur im Phywe-Angebot enthalten sind. Beim rahmenrichtlinienbezogenen Ausstattungskatalog (SI-Katalog) werden noch die Titel für das *Werkzeug* und für Bestandteile, die man sich *selbst herstellen* kann, gestrichen.

Die *unterschiedlichen Umfänge der Reduktionen* lassen sich am einfachsten durch Prozentzahlen angeben, wenn in allen Fällen die ursprüngliche Anzahl der Einzeltitel mit 100% angesetzt wird:

	Demonstration	Schülerübungen
SI-Katalog (RRL):		
Fundamentum	84,1%	95,5%
Fund. + 1. u. 2. Erw.	82,9%	95,0%
Phywe-Pauschalangebot:		
Lehrsystem C	98,9%	98,8%
Lehrs.-Komb. A/B u. C	99,4%	99,4%
SII-Katalog (RPL):	keine Reduktion	

Daß ersichtlich beim SI-Katalog sich die Reduktion am stärksten auswirkt, hängt i.w. mit den insgesamt 96 Titeln für audio-visuelle Medien und 45 Titel für selbstherstellbare Teile zusammen. Die nach der beschriebenen *Reduktion* übrig bleibenden Titel beziehen sich nunmehr auf *physikalische Geräte und zugehörige Materialien im engeren Sinne*. Darauf also bezieht sich der nachfolgende Kostenvergleich.

Die in der Tabelle 79 zusammengestellten Kosten beziehen sich alle auf das Jahr 1979 und wurden wie folgt ermittelt:
Beim *Phywe-Pauschalangebot*, das vom 3.1.1979 datiert, wurden unter Berücksichtigung der Mehrwertsteuer von damals 12% die Beträge der gestrichenen Titel abgezogen.
Bei der *Kostenermittlung für den SI-Katalog* wurden die Preise den Listen der Lehrmittelfirmen für das Jahr 1979 entnommen. Soweit der betreffende Titel in der Geräteliste der Firma Phywe enthalten war, wurde der entsprechende Preis in Ansatz gebracht. Im anderen Falle mußte auf Preislisten zweier anderer Firmen zurückgegriffen werden. Beim Demonstrationsgerät war dies in 22 Fällen ein Gerät der Firma Leybold-Heraeus und in 3 Fällen eines der Firma Conatex.[595] Bei 5 Schülerübungsgeräten wurde ebenfalls eine Wahl der Firma Leybold-Heraeus erforderlich. Den aus den Preislisten so ermittelten Preisen wurde noch die Mehrwertsteuer von 12% hinzugerechnet.
Im Falle des *SII-Katalogs* liegt nur eine *Kostenabschätzung* vor. Dieser Katalog enthält für die einzelnen Gerätetitel ebenso wie der SI-Katalog die erforderlichen Stückzahlen und darüber hinaus die diesbzüglichen Preise der Lehrmittelfirmen im Jahre 1974. Über einen Vergleich der Preise für 50 per Zufall ausgewählter Geräte von Listenpreisen des Jahres 1974 und 1979 wurde auf einen Preisanstieg von 100% auf 140% geschätzt, was einer durchschnittlichen Preissteigerungsrate von 7% in den siebziger Jahren entspricht. Unabhängig von dieser Schätzung hat Mirgel für den längeren Zeitraum von 1962 bis 1976 den Preisanstieg bei den Lehrmittelfirmen bestimmt (Teilabschnitt 9.3.2.2). Die von ihm für die Firmen Phywe und Leybold-Heraeus ermittelten Steigerungsraten stehen mit obiger Schätzung i.w. in Übereinstimmung, was das Verfahren absichert. Da die von Kuhn u.a. ermittelten Kosten für 1974 ohne Mehrwertsteuer angegeben werden, ist die Hochrechnung mit einem Aufschlag von

40% einfach. Hinzugerechnet wurden, wie in den beiden anderen Fällen, ebenfalls 12% Mehrwertsteuer.

Die Tabelle 79 liefert nunmehr *auch bei einem finanziellen Vergleich* einen Beweis dafür, daß das *Differenzierungskonzept der Firma Phywe in keiner Weise dem der RRL entspricht.* Was das Demonstrationsgerät betrifft, so erscheint das Lehrsystem C als ein „Mini-System", während - wie schon erwähnt - das Fundamentum eine umfangreichere Ausstattung erfordert, die natürlich entsprechend teurer ist.

Tabelle 79: Zum Vergleich der reduzierten Kosten einer rahmenrichtlinienbezogenen Ausstattung mit den entsprechend reduzierten Kosten des Pauschalangebots der Firma Phywe für die Sekundarstufe I und mit den Kosten einer rahmenplanbezogenen Ausstattung für die Sekundarstufe II nach den Preisen der Lehrmittelfirmen im Jahr 1979

	Demonstrationen	Schülerübungen
SI-Katalog (RRL)	einfacher Satz	8-facher Satz
Fundamentum	60.822 DM	85.606 DM
Fund. und. 1. u. 2. Erweiterung	80.616 DM	116.172 DM
Phywe	einfacher Satz	8-facher Satz
Lehrsystem C	44.847 DM	34.116 DM
Komb.d.Lehrsysteme A/B u. C	115.495 DM	52.435 DM
SII-Katalog (RRL)	einfacher Satz	4- bzw. 6-facher Satz
(Kursstrukturplan)	267.042 DM	34.462 DM

Das *gravierendste Mißverhältnis besteht jedoch in der Gewichtung der Schülerübungen gegenüber den Demonstrationen.* So liegen für eine Vollausstattung nach dem SI-Katalog die Kosten für das Schülerübungsgerät um 44% über denen für das Demonstrationsgerät (Fundamentum: 40,7%), während die Kosten des Schülergeräts bei der Firma Phywe nur 45,4% der Kosten für das Demonstrationsgerät ausmachen (Lehrsystem C: 76,1%). Hätte man im Jahre 1979 eine Schule mit einer Normausstattung (1 Satz für Demonstrationen und ein 8-facher Satz für Schülerübungen) vollständig neu - d.h. ohne Altbestände - einrichten wollen, so hätte man gemäß dem SI-Katalog rund 197.000 DM und nach dem Angebot der Firma Phywe nur rund 168.000 DM aufbringen müssen. Diese Differenz entspricht nicht nur den unterschiedlichen Differenzierungskonzepten sondern vielmehr noch dem *prinzipiellen Ansatz* der Autoren des SI-Katalogs, der dem Lehrer eine *viel weitere fachliche und methodische Freiheit einräumt.*

Bei dieser aufgezeigten Differenz erscheint ein Vergleich mit den Kosten einer Normalausstattung für die Gymnasiale Oberstufe von Bedeutung. Eine volle Neuausstattung hätte 1979 einen Betrag von rund 302.000 DM erfordert, wenn man den beschriebenen SII-Katalog zugrundelegt. In Anbetracht der Tatsache, daß im Zusammenhang mit dem Kurssystem der Oberstufe nur noch eine relativ geringe Zahl der Schüler das Angebot für das Fach Physik annimmt und andererseits das Fach Physik in der Sekundarstufe I nicht abgewählt werden kann, kann man sagen, daß der *weitaus überwiegende Teil der Schüler der allgemeinbildenden Schulen eine physikalische Ausbildung in der Sekundarstufe I erhält.*[596] *Für diese Ausbildung sollten die besten Rahmenbedingungen geschaffen werden.* Aus dieser Sicht erscheint ein Finanzierungsbetrag in Höhe von ca. 65% der *Kosten* einer Oberstufenausstattung für die Sekundarstufe I durchaus *vertretbar.*

Was die Umsetzung des beschriebenen rahmenrichtlinienbezogenen Ausstattungskatalogs für den Physikunterricht in der Sekundarstufe I betrifft, waren 1979 natürlich für die einzelnen Schulen nicht die jeweils vollen Beträge erforderlich, die oben im einzelnen ausgewiesen wurden. Der größte Teil der vorhandenen Geräte konnte genutzt werden und in den Schulen waren in unterschiedlichen Umfängen Ergänzungen der Ausstattung erforderlich. Die umfangreichsten Ergänzungen allerdings bei den Hauptschulen.

10.3 Das Kooperationsprojekt mit dem Deutschen Institut für Internationale Pädagogische Forschung (DIPF) im Zusammenhang mit der Ausstattung von Schulen für den Physikunterricht

Die Kontaktaufnahme mit der Abteilung Ökonomie des DIPF im Jahre 1976 war insofern von besonderer Bedeutung, da neben einer finanziellen Förderung auch noch die Möglichkeit einer Bekanntgabe von Untersuchungsergebnissen durch eine Veröffentlichung dieses wissenschaftlich renommierten Instituts erfolgen konnte.[597] Der Vortrag der Untersuchungen des Hauptprojekts bis zum Stande des Jahres 1976 hatte nicht nur das besondere Interesse von Prof. Dr. v. Reccum, dem Leiter der Abteilung Ökonomie, gefunden, sondern auch von Dr. Weiss, einer seiner engsten Mitarbeiter, der sich gerade mit Fragen der Nutzwertanalyse und den Möglichkeiten ihrer Verwendung bei pädagogischen Fragestellungen beschäftigte. Als der Verfasser bekanntgab, daß das Ministerium die Einrichtung einer Projektgruppe zur Entwicklung von Ausstattungsvorschlägen für den naturwissenschaftlichen Unterricht in der Sekundarstufe I plant, wurde von Dr. Weiss bereits angeregt, mit dieser noch einzurichtenden Projektgruppe später zu kooperieren, was dann ab 1978 auch realisiert wurde. Darauf wird nachfolgend noch näher eingegangen.

10.3.1 Erläuterung der Problemstellung unter Literaturbezug

Die Problematik, die sich mit der Veröffentlichung von Ausstattungsvorschlägen ergibt, besteht darin, daß einerseits Firmenneutralität zu wahren ist, andererseits die Nutzer solcher Vorschläge Entscheidungen über die Auswahl von Geräten und Gerätesysteme aus den Angeboten der Lehrfirmen zu treffen haben. In dieser Hinsicht ist sicherlich nicht hilfreich, was im Teilabschnitt 10.2 über die diesbezüglichen Angaben der Autoren des SII-Katalogs zitiert wurde.[593] Immerhin wird dabei erkennbar, daß sich diese Autoren *vergleichende Qualitätskontrollen* wünschen würden.

Als ein bemerkenswertes Faktum der Durchsicht der ausstattungsrelevanten Veröffentlichungen[583] mußte festgestellt werden, daß zwar in allen

Fällen auf die Firmenneutralität der Vorschläge hingewiesen wird, aber nur in zwei Fällen Hinweise gegeben werden, worauf bei Anschaffungen bei den unterschiedlichen Angeboten der Lehrmittelfirmen zu achten sei.

So wirft HEUMANN (1957) in seinem vornehmlich auf die Volksschule bezogenen „Handbuch für Unterrichtshilfen“ bezüglich der Geräte für den Physikunterricht die folgenden drei Fragen auf, die man sich bei Anschaffungen stellen müsse:[598]

1. Ist das Gerät seiner Bestimmung nach geeignet, eine Lücke zu schließen, die im praktischen Unterricht fühlbar geworden ist?
2. Ist das Gerät in seinen Funktionen so leicht durchschaubar, daß Kinder im Volksschulalter etwas daraus lernen können?
3. Ist das Gerät so groß und stabil, daß es auf die Dauer im Volksschulunterricht eingesetzt werden kann?

Die erste Frage ist *didaktischer*, die zweite *lernpsychologischer* und die dritte *ökonomischer* Natur. Diese Fragen sind sicherlich gerechtfertigt und wahrscheinlich hinsichtlich des Lehrmittelangebots der fünfziger Jahre für die damalige Volksschule auch ausreichend gewesen.

FROMMBERGER u.a. (1978) beziehen sich in ihrem Buch „Ausstattungsmodelle für Schulen der Sekundarstufe I“ auf die Gesamtheit aller Fächer. Sie sehen Probleme von Architekten und Schulverwaltungen bei der Bearbeitung von Ausschreibungsunterlagen, weil bei diesen in der Regel nicht das notwendige spezifische Fachwissen vorhanden sei. Andererseits seien Firmenberater bereit, aus dem Gesamtangebot ihrer Firma Sammlungen für alle Schularten zusammenzustellen und das unter besonderer Berücksichtigung der speziellen Wünsche der für die Einrichtung und Ausstattung zuständigen Gremien. Um die jeweiligen Angebote der Lehrmittelfirmen vergleichen zu können, seien Beurteilungskriterien erforderlich. Sie stellen in einer Analyse die Vor- und Nachteile der Anschaffung von geschlossenen Systemen, soweit diese als Lehrsysteme von Firmen komplett mit Versuchsliteratur angeboten werden, fest. Dabei kommen sie zu dem Schluß, *daß die Frage nach dem Kauf kompletter Systeme nicht eindeutig zu beantworten* sei. Als Hilfestellung bei einer Entscheidung bieten sie jedoch einen im Vergleich zu Heumann weitergehenden Fragenkatalog an:[599]

- Entsprechen die Lehr- und Lernmittel den neuesten didaktischen Erkenntnissen?
- Sind sie abgestimmt auf die geltenden Lehrpläne?
- Sind sie auf Stufe und Entwicklungsstand des Schülers abgestimmt?
- Lassen die Lehr- und Lernmittel einen gezielten informativen Unterricht zu?
- Lassen sie Transferleistungen zu bzw. unterstützen sie (diese)?
- Sind die einzelnen Lehr-, Lern- und Hilfsmittel übersichtlich geordnet?
- Erleichtert das Aufbewahrungs- und Ordnungssystem die Kontrolle?
- Genügen die Aufbewahrungssysteme den Unfallverhütungsvorschriften?
- Wie hoch sind die Anschaffungskosten?

- Sind die Intentionen nicht durch einfachere Lehr- und Lernmittel erreichbar?
- Wie hoch sind die Folgekosten, insbesondere der Aufwand für den zusätzlichen Verbrauch von Hilfsmitteln?
- Sind Baukastensysteme im Rahmen von Ersatzteilbeschaffung voll ergänzbar?
- Wie ist der technische Kundendienst?
- Wie lange läuft die Liefergarantie für einzelne Systeme?
- Ist die Sammlung auch mit Lehr- und Lernmitteln von Konkurrenzfirmen bei kostengünstigerem Angebot ausbaufähig?

Wie schon bei Heumann enthält auch dieser Fragenkatalog didaktische, lernpsychologische und ökonomische Aspekte. Hinzu kommen jedoch noch schulorganisatorische Aspekte. Zweifelsohne dürfte der beschriebene Fragenkatalog *eine nützliche Hilfe für Entscheidungen bei Neuaustattungen und größeren Ergänzungen von Ausstattungen* von Schulen darstellen.

Für gewisse Entscheidungen jedoch erscheint der Fragenkatalog als *zu wenig ausdifferenziert.* Dies ist in erster Linie bei Anschaffungen von besonders teuren Geräten oder teuren Gerätesätzen der Fall, bei denen das Problem der Kompatibilität in bezug auf den vorhandenen Bestand von Geräten keine Rolle spielt. Im Rahmen des nachfolgend beschriebenen Kooperationsprojekts mit der Abteilung Ökonomie des DIPF wurde ein ausdifferenziertes Kriteriensystem für solche Fälle entwickelt und aufgezeigt, in welcher Weise es verwendbar ist.

10.3.2 Kriteriensystem zur Beurteilung und Auswahl von Geräten und Gerätesystemen für den Physikunterricht an Schulen

Nach der Einrichtung der Projektgruppe für die Entwicklung von „Normausstattungsvorschlägen" zu Beginn des Schuljahres 1978/79 (vgl. 10.1) wurden mit den Arbeiten im Rahmen des genannten Kooperationsprojekts begonnen. Es stand unter der Leitung von Dr. Weiss, Mitglied der Abteilung Ökonomie des DIPF. An der Entwicklung des noch vorzustellenden Kriteriensystems arbeiteten alle Personen mit, die zeitlich parallel dazu den rahmenrichtlinienbezogenen Ausstattungskatalog für den Physikunterricht in der Sekundarstufe I entwickelt haben.[585] Somit kann also von einer *Zusammenarbeit eines Bildungsökonomen mit einer Gruppe von Fachdidaktikern für das Fach Physik* gesprochen werden. Zum besseren Verständnis des noch vorzustellenden Kriteriensystems wird vorab beschrieben,[600] wie es in einzelnen Schritten durch einen *systematischen Suchprozeß* entwickelt wurde.

Ausgehend von der Einschätzung, daß es sich um ein komplexes Problem handele, wurde ein sogenanntes *Zielbaumverfahren* angewandt. Ausgehend von dem *Oberziel* „Realisierung einer bestmöglichen Geräteauswahl" wurden zunächst *drei Zielkomplexe:* Kosten, Geräteleistung und (schul- und herstellerbezogen) organisatorische Bedingungen abgegrenzt. Dieser Einteilung entsprechen folgende Gesichtspunkte, die bei Geräteanschaffungen grundsätzlich beachtet werden sollten und die auch im Fragenkatalog von Frommberger u.a. enthalten sind:

- die mit der Anschaffung und dem Betrieb der Geräte verbundenen Kosten
- die Eignung der Geräte im Hinblick auf die Durchführung eines lehrplangemäßen Unterrichts (didaktische und unterrichtsorganisatorische Qualität)
- die technische Qualität der Geräte
- personelle und schulorganisatorische Bedingungen des Einsatzes
- bestimmte Leistungsmerkmale des Herstellers (Service, Lieferungsbedingungen usw.)

Getrennt für die drei genannten Zielkategorien wurde in einem intensiven „Brainstorming" jeweils ein noch ungeordneter Kriterienkatalog erstellt. Dieser wurde nach Sichtung einschlägiger Literatur zunächst strukturiert, wobei sich noch teilweise Lücken ergaben, die jedoch jeweils entweder aus ökonomischer oder fachdidaktischer Sachkompetenz geschlossen werden konnten.

Auf diese Weise entstand ein sechsstufiges, hierarchisch geordnetes Kriteriumssystem mit 70 Beurteilungskriterien auf den unteren drei Ebenen, für die eine Operationalisierung unmittelbar möglich ist. Die Abbildung 28 stellt die Struktur des entwickelten System in allen Einzelheiten dar.

Mit dem beschriebenen Kriteriumssystem steht für alle am Prozeß der Geräteauswahl und -anschaffung beteiligten Personen (Fachlehrer, Sammlungsleiter, Schulleiter, Leiter des Schulressorts beim Schulträger) eine vielfältig verwendbare Orientierungshilfe zur Verfügung. Das System dürfte zumindest auf den drei oberen Zielebenen dem Anspruch der Vollständigkeit genügen. Damit ist jedoch nicht gesagt, daß es in der vorliegenden Form für jede Entscheidungssituation unmittelbar geeignet ist. Für Entscheidungen irrelevante Kriterien, ja sogar ganze Kriterienblöcke, können ggf. wegfallen und zusätzliche Beurteilungsaspekte ggf. auch hinzugefügt werden. In diesem Sinne ist der vorliegende Kriterienkatalog als ein *offenes System* konzipiert worden. Mit der Erstellung dieses Systems von Bewertungs- und Auswahlkriterien war die eigentliche Arbeit im Rahmen des Kooperationsprojekts geleistet. Das „Mini-Team" Dr. M.Weiss/W.Scheel hat das entwickelte Kriteriensystem noch als Grundlage für weitergehende Überlegungen verwendet, worüber nachfolgend kurz berichtet wird.

10.3.3 Anwendungen des entwickelten Kriteriensystems

Daß der beschriebene strukturierte Kriterienkatalog wegen seiner großen Komplexität mehr als „theoretische Konstruktion" angesehen werden könnte, liegt durchaus auf der Hand. In Fortführung der Projektarbeit haben jedoch WEISS/SCHEEL (1979 u. 1982) exemplarisch die praktische Verwendbarkeit aufgezeigt.

Wie extensiv das Kriteriensystem zur Bewertung herangezogen werden kann, wird explizit am Beispiel eines Zeitmeßgerätes aufgezeigt,[601] das sowohl für Geschwindigkeitsbestimmung von Schall und Geschossen, als auch

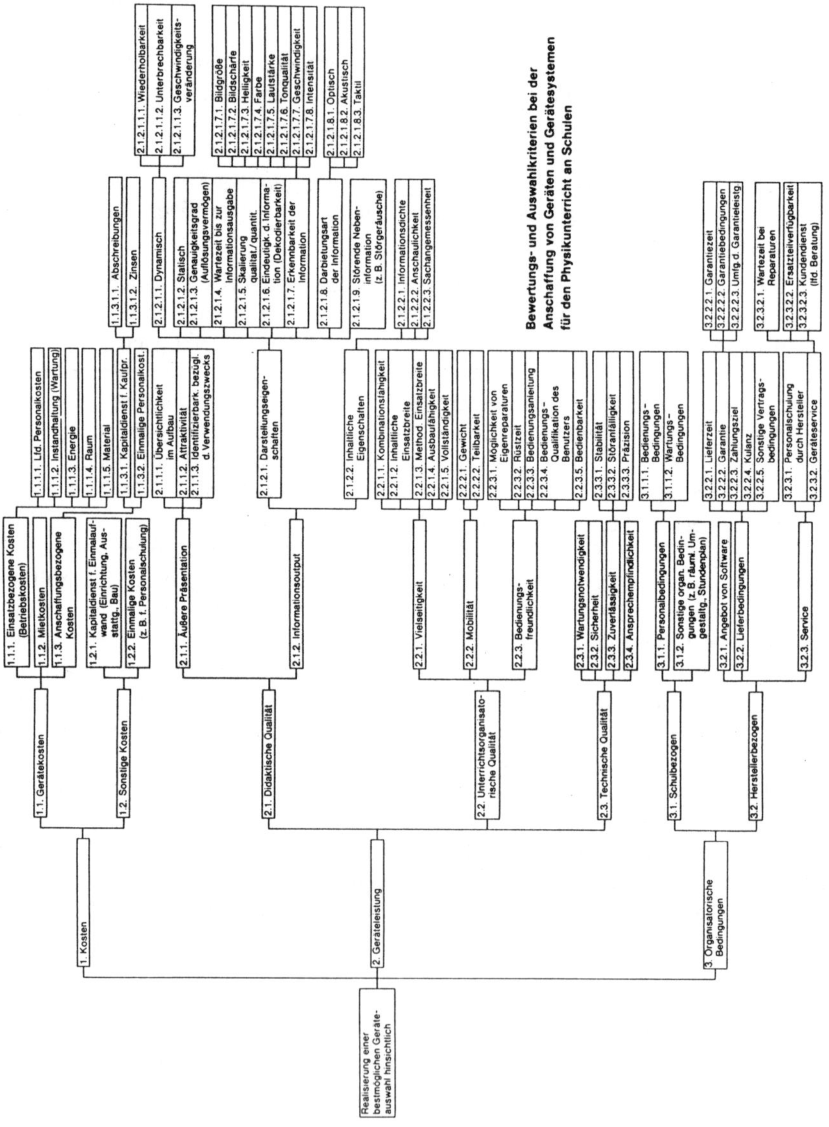

Abbildung 28
aus BRAUNER/WEISS/MIRGEL (1982)

bei Fahrbahnversuchen verwendbar sein soll. Mechanische, akustische und optische Ansteuerungen werden vorausgesetzt. Weiterhin soll das Gerät sowohl für Demonstrationszwecke geeignet, als auch bei Schülerübungen verwendbar sein. Sechs verschiedene, relativ teure Geräte von fünf Lehrmittelfirmen stehen dabei zur Auswahl. Unter Anwendung der sogenannten „*Nutzwertanalyse*“, auf die hier nicht eingegangen werden kann,[602] wird unter Heranziehung eines relevanten Teilkomplexes des beschriebenen Kriteriensystems eine Rangfolge der sechs Geräte nach ihren Gesamtnutzen (Nutzwert) aufgestellt und damit *eine bestmögliche Geräteauswahl erreicht.*

Da die Nutzwertanalyse ein sehr aufwendiges Verfahren ist und an den Bewerter recht hohe Anforderungen bei der Ermittlung der Kriteriumsausprägungen stellt, haben die Autoren für die unmittelbare Schulpraxis ein *einfacheres Beurteilungsschema* entwickelt, das die Form einer *Checkliste* (Tabelle 80) hat. Dieses Verfahren wird von den Autoren mittels eines hypothetischen Beispiels wie folgt beschrieben:[603]

> Zur Auswahl stehen drei Geräte (A, B, C), die einem Vergleich unterzogen werden sollen, um die günstigste Alternative zu ermitteln. Der Alternativvergleich soll unter Zugrundelegung der in Tabelle 80 zusammengestellten Kriterien vorgenommen werden. Der Bewerter gibt hinsichtlich jedes Kriteriums ein Werturteil in der Weise ab, daß er in der Bewertungsskala - im vorliegenden Beispiel ist eine vierstufige Skala mit positiven und negativen Werten gewählt worden - die nach seiner Einschätzung zutreffende Antwortalternative ankreuzt. Die Anzahl der Urteile jeder Spalte wird dann mit der dazugehörigen Wertzahl multipliziert. Die so ermittelten Spaltensummen werden anschließend zur Gesamtwertzahl addiert, die in ein Werturteil transformiert wird. Im vorliegenden Fall sind - entsprechend der Anzahl der Kriterien - neun Urteile möglich, die Punkteverteilung reicht also von -18 bis +18. Geht man davon aus, daß eine Wertkolonne dann überwiegt, wenn in ihr mehr als die Hälfte der möglichen Urteile eingetragen ist, dann läßt sich ein Grenzintervall von -10 bis +10 fixieren, das in vier Urteilsklassen eingeteilt werden kann:
>
> -10 bis -6 = abzulehnen   - 5 bis 0 = bedenklich
>
> 0 bis +5 = annehmbar   +6 bis +10 = empfehlenswert
>
> Nach dem beschriebenen Verfahren errechnen sich aus der letzten Zeile der Tabelle 80 für die drei „hypothetischen“ Geräte folgende *Gesamtwertzahlen*:
>
> Gerät A: 0 - 5 + 4 + 0 = -1,   Gerät B: -2 + 1 + 4 + 6 = +9,
>
> Gerät C: -2 - 3 + 3 + 4 = +2.
>
> Die Anschaffung des Geräts B wäre sehr empfehlenswert, die des Geräts C gerade noch annehmbar und von einer Anschaffung des Geräts A wäre abzuraten.

Tabelle 80: Checkliste zur Beurteilung von Geräten

Bewertungsskala (Antwortalternativen)	sehr hoch sehr schlecht sehr ungünstig sehr schwierig			hoch schlecht ungünstig schwierig			gering gut günstig einfach			sehr gering sehr gut sehr günstig sehr einfach		
Kriterien	Wert: -2			Wert: -1			Wert: +1			Wert: +2		
Hersteller/Geräte	A	B	C	A	B	C	A	B	C	A	B	C
I Kosten												
1. Anschaffungs-ausgaben		x		x					x			
2. Betriebskosten				x		x		x				
II Geräteleistung												
3. Attraktivität							x	x	x			
4. Erkennbarkeit der Information							x				x	x
5. Ausbaufähigkeit				x		x		x				
6. Bedienbarkeit durch Schüler						x	x				x	
7. Störanfälligkeit			x	x				x				
III. Organisatorische Bedingungen												
8. Lieferbedingungen				x	x							x
9. Ersatzteil-verfügbarkeit							x		x		x	
Anzahl d. Urteile:	0	1	1	5	1	3	4	4	3	0	3	2
Werte:	0	-2	-2	-5	1	-3	+4	+4	+3	0	+6	+4

Modifikationsmöglichkeit des Checkliste-Verfahrens:

Sind die Kriterien von unterschiedlicher Wichtigkeit, wovon allgemein ausgegangen werden kann, dann ist das Verfahren dahingehend zu modifizieren, daß Gewichtungsfaktoren eingeführt werden. Ebenso können für bestimmte Kriterien, die von besonderer Bedeutung sind (z.B. Sicherheit), Mindestwertungen fixiert werden (z.B. muß mindestens eine Wertung von +1 erreicht werden), die von den Alternativen, die in die nähere Auswahl gelangen sollen, nicht unterschritten werden dürfen.

TEIL 11: LEHRPERSONALBEZOGENE UNTERSUCHUNGSERGEBNISSE AUF DER BASIS VON DATENSÄTZEN DER BILDUNGSVERWALTUNG AUS DEN JAHREN 1981-1984 UNTER BERSONDERER BERÜCKSICHTIGUNG DER LEHRER FÜR DAS FACH PHYSIK

Bei der Bedeutung der in den Teilen 7 und 8 aufgezeigten Defizite beim Lehrpersonal und der Sachausstattung für das Fach Physik lag es nahe, in einem angemessenen zeitlichen Abstand die Untersuchung zu wiederholen, um Veränderungen feststellen zu können. Das Jahr 1984 wurde dazu ins Auge gefaßt, da bis dahin die verpflichtende Erprobung der RRL Physik SI abgeschlossen sein sollte. Die ursprüngliche Idee, Daten mit den gleichen Erhebungsinstrumenten zu erfassen, die im Hauptprojekt verwendet wurden, konnte jedoch nicht realisiert werden. Abgesehen von fehlenden finanziellen Mitteln für die Auswertung der umfangreichen Datensätze bestand eine administrative Barriere. Ende der siebziger Jahre hatten nämlich die empirischen Forschungsprojekte im Versuchsfeld Schule derart zugenommen, daß sich das Kultusministerium gezwungen sah, diesen „Forscherdrang" einzudämmen. Was das Lehrpersonal betrifft, wurde der Verfasser auf Datensätze der Bildungsverwaltung verwiesen und was die Sachausstattung betrifft, wurde 1984 eine wesentlich reduzierte Befragung der Schulen genehmigt, über die im Teil 12 berichtet wird.

Die verwerteten Datensätze aus den Jahren 1981 bis 1984 haben insofern große Bedeutung, da es sich dabei um *Totalerhebungen* handelt. Eine eigene zusätzliche Befragung der staatlichen Schulämter hat die gleiche Qualität.

11.1 Die Personalsituation für das Fach Physik im Jahre 1982 am Beispiel des Regierungsbezirks Gießen

Erstmalig in Hessen hatte die Schulabteilung des Regierungspräsidenten in Gießen für eine größere Region des Landes im Jahre 1982 eine detaillierte Erhebung über die fachspezifische Unterrichtsversorgung der Schulen durchgeführt. Das Datenmaterial wurde dem Verfasser zur Einsicht zugänglich gemacht, so daß eine spezielle Auswertung, soweit es das Fach Physik betrifft, möglich war.

Erhoben wurde mit dem Stichtag 25.03.1982 das „unterrichtswirksame Stunden-Ist"[604] einer jeden Lehrkraft in jeder Schule, wobei gleichzeitig die Stundenanteile in den einzelnene Fächern anzugeben waren, in denen der betreffende Lehrer - mit oder ohne eine spezielle Fachlehrbefähigung - Unterricht erteilte. In den Erhebungsunterlagen sind auch Daten enthalten, die es erlauben, den einzelnen Lehrern mit Unterricht in Physik jeweils eine der vier Qualifikationsstufen S, A, B oder O (Abschnitt 7.3) zuzuordnen. Die Erhebungsunterlagen enthalten außerdem Daten über die Anzahl aller Lehrer, über die Anzahl der Klassen und der Schüler in den einzelnen Jahrgangsstufen. So war es möglich, aus dem vorliegenden Datenmaterial für alle Schulen des Regierungsbezirks Gießen in völlig identischer Weise zu den Projektdaten die lehrpersonalbezogenen Variablen QLP, RAPL, und RAPS zu berechnen.

Weiterhin waren die Schulen aufgefordert, eine fachspezifische Bedarfsprognose[605] für das dem Erhebungsstichtag folgende Schuljahr 1982/1983 zu stellen. Dadurch sind Schlüsse auf seinerzeit eventuell vorhandene Personaldefizite möglich.

Analog zur ganz allgemeinen Betrachtung der Schulentwicklung im Lande Hessen unter sozialgeographischen Aspekten (Teil 2) erscheint es sinnvoll, dieses Teilgebiet des Landes sozialgeographisch zu lokalisieren und den Stand der Schulentwicklung im Jahre 1982 zu charakterisieren.

Die *sozialgeographische Einordnung des Regierungsbezirks Gießen* kann ganz einfach über die Angabe des Regionalrangs RRA unter Bezugnahme auf die Gliederung nach Landkreisen nach dem Gebietsstand vom 1.1.1975 erfolgen. Der heutige Bereich des Regierungsbezirks Gießen umfaßt die damaligen Teilregionen: Stadt Gießen (RRA = 26), Landkreis Gießen (RRA = 4), Dillkreis (RRA = 13), Landkreis Limburg-Weilburg (RRA = 11), Landkreis Marburg-Biedenkopf (RRA = 8), Vogelsbergkreis (RRA = 1) und Landkreis Wetzlar (RRA =17).

Abgesehen von der Stadt Gießen - die der oberen Kreisgruppe angehört - liegen die Landkreise je zur Hälfte in der mittleren und unteren Kreisgruppe.

Zur Beschreibung der *Schulentwicklung im Regierungsbezirk Gießen* im Jahre 1982 können nach den Daten der Erhebungsunterlagen die Schulen nach Schulgattungen gegliedert betrachtet werden.

Tabelle 81: Zur Charakterisierung des Regierungsbezirks Gießen nach dem Stand der Schulentwicklung im Jahre 1982

	Anzahl der Schulen in den Schulgattungen						
Landkreis	GF	H	R	Gym	AG	IG	alle
Gießen	3	--	--	2(2)	11	7	23
Lahn-Dill	5	16	4	2	1	10	38
Limburg-Weilburg	--	10	8	3	3	--	24
Marburg-Biedenkopf	--	8	7	8(4)	6	2	31
Vogelsberg	2	7	3	2	3	1	18
Regierungsbez. Gießen	10	41	22	17(6)	24	20	134

Die Zahlen in den Klammern geben die Anzahl der in der Gesamtzahl enthaltenen privaten Gymnasien an.

Auffällig ist in der Tabelle 81 eine gewisse *Heterogenität* im Schulsystem, wenn man jeweils den reformierten Bereich (Schulgattungen GF, IG und AG) mit den tradierten vergleicht. In den Landkreisen Gießen und Lahn-Dill war der

Stand der Reform weit fortgeschrittener als in den drei anderen Landkreisen. Dies wird verständlich, wenn man auf das Jahr 1977 zurückblendet (vgl. die Tabellen A4 bis A9 des Anhangs). In diesem Bezugsjahr zählten die Landkreise Limburg-Weilburg, Marburg-Biedenkopf, der Vogelsbergkreis und der Dillkreis (heute Teil des Landkreises Lahn-Dill) zu den 12 Landkreisen mit geringer Reformintensität (Tabelle A9 des Anhangs). Die Stadt Gießen, der Landkreis Gießen (beide nunmehr zum neuen Landkreis Gießen zusammengefaßt) und der Landkreis Wetzlar (heute der andere Teil des Landkreises Lahn-Dill) dagegen standen sowohl hinsichtlich der Entwicklung im Gesamtschulbereich wie auch im Föderstufenbereich mit an der Spitze. Im Schuljahr 1982/1983 entsprach die Entwicklung der Förderstufe im Regierungsbezirk Gießen dem Landesdurchschnitt.[606]

Die relative Anzahl der additiven Gesamtschulen - gemessen an der Anzahl der Schulen mit einer Sekundarstufe I - war mit 17,9 gegenüber 15,7 im Landesdurchschnitt etwas größer. Was die integrierten Gesamtschulen anbelangt, so war die relative Anzahl mit 14,9 gegenüber 10,0 aber wesentlich größer.

11.1.1 Vergleich der Teilstichprobe von Schulen der Projekterhebungen von 1975-77 mit den Populationen der Jahre 1975-77 und 1982

Zum Zwecke des Vergleichs wurden aus dem Gesamtsample der Projekterhebungen (1975-77) genau die Schulen herausgezogen, deren Standort im Regierungsbezirk Gießen liegt. Diese spezielle Teilstichprobe wird nachfolgend kurz als *„Stichprobe 75/77"* bezeichnet. Betrachtet wird weiterhin die *„Population 82"*. Diese besteht aus dem 134 Schulen, wie sie in der Tabelle 81 aufgeführt sind. Unter der *„Population 75/77"* sind dagegen alle Schulen zu verstehen, die während der Erhebungen der Hauptphase in den Landkreisen des jetzigen Regierungsbezirk Gießen existierten und allesamt bei den Befragungen angeschrieben waren.

Stichprobe und Populationen lassen sich anhand zweier charakteristischer Merkmale vergleichen.

Tabelle 82: Zum Vergleich nach der Anzahl der Schulen in den einzelnen Schulgattungen

Schulgattung	Ges	Gym	R	H+GF	alle
Erhebungsjahr	1975	1976	1977	1977	1975-77
Population 75/77	40	16 (5)	21	56	133
Stichprobe 75/77	25	8 (3)	12	37	82
Population 82	44	17 (6)	22	51	134

(Die Zahlen in Klammern wie in Tabelle 81)

Die Veränderung in der Population zwischen 1975/77 und 1982 bestanden ersichtlich in einem weiteren Ausbau des Bereichs der Gesamtschulen, was zur Auflösung einiger Hauptschulen führte. Unverändert war faktisch der sonstige tradierte Bereich geblieben. Der Stichprobenumfang von 61,6% - gemessen an der Population 75/77 - liegt deutlich über dem des Gesamtsample mit 51,5%, was auf einen besonders hohen Rücklauf aus dem H-GF-Bereich zurückzuführen ist. Jedoch liegen auch alle anderen Schulgattungen deutlich höher als im Gesamtsample. Die „Verzerrungen" in der Stichprobe gegenüber den Populationen halten sich jedoch noch in erträglichen Grenzen.

Tabelle 83: Zum Vergleich nach der mittleren Schulgröße in den einzelnen Schulgattungen

Schulgattung	Ges	Gym	R	H+GF	alle
Erhebungsjahr	1975	1976	1977	1977	1975-77
Population 75/77	1155	955	903	389	767
Stichprobe 75/77	1142	1050	953	430	785
Population 82	1085	1059	742	317	734

Vergleicht man die beiden Populationen, so ist zunächst eine allgemeine Verkleinerung der Schulgröße festzustellen. Dies hängt mit dem allgemeinen Rückgang der Schülerzahlen zwischen 1975/77 und 1982 zusammen. Eine wesentliche Ausnahme besteht bei den Gymnasien, bei denen eine deutliche Zunahme der Schulgröße zu verzeichnen ist. Dies hängt mit der damaligen Wanderung des „Schülerberges" durch die Sekundarstufe II zusammen. In der Stichprobe sind - wiederum bezogen auf die Population 75/77 - die größeren Schulen (mit Ausnahme der Gesamtschulen) etwas überrepräsentiert. Die Abweichungen in den Mittelwerten halten sich aber ebenfalls in erträglichen Grenzen.

Tabelle 84: Zum Vergleich nach der Anzahl der Schulen in den Landkreisen (Gebietsstand von 1982)

Landkreis	Population 75/77	Stichprobe 75/77	Population 82
Gießen	19	11	23
Lahn-Dill	41	28	38
Limburg-Weilburg	23	18	24
Marburg-Biedenkopf	30	17	31
Vogelsberg	20	8	18
Reg.-Bez. Gießen	133	82	134

Die Schulen der beiden Landkreise Lahn-Dill und Limburg-Weilburg sind im Vergleich zu denen der anderen drei Kreise überrepräsentiert. In Anbetracht der im Abschnitt 7.7.17 aufgezeigten Unabhängigkeit der lehrpersonalbezogenen Variablen QLP, RAPL und RAPS vom Regionalrang RRA ist dies aber für die nachfolgenden Vergleichsbetrachtungen unerheblich.

11.1.2 Die lehrpersonalbezogenen Variablen QLP, RAPL und RAPS im Vergleich der Erhebungsjahre 1975/77 und 1982

Die Erhebungsunterlagen der Schulabteilung des RP Gießen sind insofern auch nicht vollständig, da von 6 privaten Gymnasien und 2 GF-Schulen keine Daten vorliegen. Deshalb reduziert sich die „Population 82" mit 134 Schulen auf die „*Stichprobe 82*" mit nur 126 Schulen.

Tabelle 85: Zum Vergleich der Medianwerte und des mittleren Quartilabstandes der Variablen QLP

	Stichprobe 75/77			Stichprobe 82		
Schulgattung	N	Median	MQA	N	Median	MQA
alle	82	0,68	0,22	126	0,70	0,25
Gesamtschule	25	0,77	0,10	44	0,80	0,09
Gymnasien	8	1,00	0,00	11	1,00	0,02
Realschule	12	0,74	0,16	22	0,64	0,18
Hauptschulen (+GF)	37	0,49	0,28	49	0,37	0,25

Auf alle Schulen bezogen, hatte sich also der *Qualifikationsstand* des Lehrpersonals insgesamt nur leicht verbessert. Einer geringfügigen Verbesserung an den Gesamtschulen stand jedoch eine deutlichere Verschlechterung an den Realschulen und Hauptschulen gegenüber. Damit wird noch einmal verdeutlicht, was vom Verband Bildung und Erziehung 1982 beklagt wurde: „*... im GHRS-Bereich wird es zunehmend schwieriger, den Unterricht fachspezifisch abzudecken.*"[607]

Alle Schulen zusammenfassend betrachtet haben sich zwischen den Jahren 1975/77 und 1982 die *quantitativen Verhältnisse* nicht geändert, wie die Maßzahlen RAPL und RAPS der Tabellen 86 und 87 zeigen. Getrennt nach Schulgattungen liegen bei den Gesamtschulen und Gymnasien faktisch auch keine Änderungen vor. *Deutliche und dazu noch gegensätzliche Änderungen* haben sich in diesem Zeitraum von 5 Jahren (Erhebung im Hauptprojekt 1977!) jedoch *an den Realschulen und Hauptschulen* vollzogen.

Tabelle 86: Zum Vergleich der Medianwerte und des mittleren Quartilabstandes der Variablen RAPL

	Stichprobe 75/77			Stichprobe 82		
Schulgattung	N	Median	MQA	N	Median	MQA
alle	82	0,12	0,03	126	0,12	0,03
Gesamtschule	25	0,13	0,03	44	0,12	0,02
Gymnasien	8	0,12	0,02	11	0,12	0,01
Realschule	12	0,12	0,02	22	0,14	0,03
Hauptschulen (+GF)	37	0,14	0,04	49	0,10	0,05

Tabelle 87: Zum Vergleich der Medianwerte und des mittleren Quartilabstandes der Variablen RAPS

	Stichprobe 75/77			Stichprobe 82		
Schulgattung	N	Median	MQA	N	Median	MQA
alle	82	0,008	0,003	126	0,008	0,003
Gesamtschule	25	0,007	0,002	44	0,007	0,002
Gymnasien	8	0,009	0,002	11	0,008	0,001
Realschule	12	0,006	0,002	22	0,008	0,002
Hauptschulen (+GF)	37	0,012	0,007	49	0,008	0,007

Was die *Realschulen* betrifft, so sind die Zuwächse der Medianwerte der beiden Maßzahlen RAPL und RAPS bei etwa gleichbleibenden Streuungen adäquat. Diese Zuwächse der quantitativen Maße sind mit der Abnahme des qualitativen Maßes QLP kompatibel, wie allgemein schon im Teilabschnitt 7.6 aufgezeigt wurde. Dies bedeutet, daß 1982 im Vergleich zu 1977 der *Bestand an Physiklehrern ohne ausreichende fachliche Qualifikation zugenommen hatte* (vgl. obiges BHV-Zitat!).

Anders bei den *Hauptschulen*, bei denen in der Zeit zwischen 1977 und 1982 der Qualifikationsgrade QLP des Lehrpersonals für den Physikunterricht noch deutlich stärker als bei den Realschulen abgenommen hatte. Dieser Abnahme steht jedoch im Gegensatz zu den Realschulen eine ebenso deutliche Abnahme der quantitativen Maßzahlen RAPL und RAPS gegenüber. In gewisser Weise kann hier von einer *„Anomalie“* gesprochen werden, da nämlich auch für die Hauptschulen von 1977 (Daten des Hauptprojekts) die oben genannte Kompatibilität aufgefunden worden war. Zur Auflösung dieser Widersprüchlichkeit wurde zunächst noch die Variable RSI kontrolliert, die ja indirekt die Verflechtung der Hauptschule mit der Primarstufe beschreibt.[608] Für die beiden Stichproben ergeben sich folgende Kennwerte:

Stichprobe 75/77: N = 37, median = 0,45, MQA = 0,08
Stichprobe 82: N = 49, median = 0,46, MQA = 0,07

Trotz deutlicher Abnahme der Größe der Hauptschulen in der Zeit zwischen 1977 und 1982 (vgl. Tabelle 7b im Teilabschnitt 1.5), hat sich der Grad der Verflechtung nicht verändert. Dies bedeutet, daß die Anomalie nichts mit einer zunächst vermuteten Veränderung der quantitativen Zusammensetzung der Schüler (Grund- und Hauptschüler) zu tun hat, sondern mit einer *Verhaltensänderung der Lehrer*. Die im Teilabschnitt 7.5.3 herausgestellte, deutlich höhere Bereitschaft der Hauptschullehrer, Physik auch fachfremd zu unterrichten, hat offensichtlich deutlich abgenommen. Es kann angenommen werden, daß sich 1982 ein *großer Teil von Lehrern nicht mehr in der Lage sah, Physik zu unterrichten, da die Rahmenrichtlinien nunmehr verbindlich waren.*

11.1.3 Das Unterrichtsstunden-Ist im Schuljahr 1981/82 unter dem Aspekt der Qualifikation des Lehrpersonals

In analoger Weise zur Analyse der Projektdaten (1975-77) wurde zunächst untersucht, ob zwischen den Lehrdeputatsanteilen für das Fach Physik und der Qualifikation der Lehrer ein Zusammenhang besteht (vgl. Abschnitt 7.4.2). Die zugehörigen 3x2-Feldertafeln befinden sich in der Tabelle A48 des Anhangs.

Wie schon aus den Projektdaten hervorgegangen ist, erfolgte auch 1982 an den Hauptschulen und an den Gesamtschulen des Regierungsbezirks Gießen ein Einsatz der Lehrer im Physikunterricht derart, daß die Stundendeputatsanteile für das Fach Physik bei den höher qualifizierten Lehrern größer waren als bei den niedriger qualifizierten. Während dies 1972/73 an den Realschulen noch nicht der Fall war, so ist auch hier 1982 dieser Trend eindeutig erkennbar. Was die Gymnasien von 1976 und die von 1982 anbelangt, so ist eine solche Betrachtung irrelevant, da die Gymnasiallehrer fast vollständig die Qualifikationsstufen S bzw. A haben.

Was die *Trendveränderung bei den Realschulen* anbelangt, so kann ähnlich wie bei den Hauptschulen angenommen werden, *daß sich ein Teil der Lehrer ohne jedwede fachspezifische Lehrbefähigung (Qualifikationsstufe 0) nur bedingt in der Lage sahen, Physikunterricht nach den Anforderungen der Rahmenrichtlinien zu erteilen.*

Die Tabelle A49 des Anhangs enthält in analoger Weise wie die Tabelle A38 die Verteilungen über den Unterrichtseinsatz der Lehrer im Fach Physik. Die Verteilungen für die einzelnen Schulgattungen (ohne Rücksicht auf eine Lehrbefähigung) sind im Vergleich zwischen den jeweiligen Bezugsjahren (1972-1976 gegenüber 1982) sehr ähnlich, was sich bis auf die Hauptschulen auch in ähnlichen statistischen Kennwerten bemerkbar macht. *D.h., daß die verpflichtende Erprobung der Rahmenrichtlinien Physik seit 1977 kaum auf die personalorganisatorischen Belange der Schulen Auswirkungen zeigte.* Die Ausnahme der Hauptschulen besteht darin, daß 1982 im Mittel jeder Physiklehrer nur 3,8 Unterrichtsstunden im Fach Physik erteilte, während dies 1972/73 noch 4,8 Stunden waren. Der höhere Wert für 1972/73 erklärt sich einfach daraus, daß bei den damaligen Angaben der Lehrer der Hauptschulen überwiegend Naturlehre als übergreifendes Fach angegeben wurde, was ja beide Fächer Physik und Chemie umfaßt, während 1982 Physik allein betrachtet wird.

Die Daten der Tabelle A49 konnten gegebenüber denen der Tabelle A38 bezüglich der Kennwerte noch mehr differenziert dargestellt werden, indem für die einzelnen Schulgattungen eine Trennung nach Qualifikationsstufen erfolgte. Hier ergeben sich bemerkenswerte Unterschiede zwischen Gesamtschulen und Gymnasien auf der einen und Realschulen und Hauptschulen auf der anderen Seite. An den Schulen der beiden erstgenannten Gattungen unterrichteten im Mittel die Lehrer mit der geringeren Qualifikation (B und 0) nur mit einem Stundenanteil, der etwa der Hälfte des Stundenanteils der Lehrer mit der „Vollqualifikation“ (S und A) entsprach. An den Realschulen und an den Hauptschulen dagegen lagen die entsprechenden Mittelwerte für Lehrer mit der Qualifikationsstufe B nur wenig unter denen der Lehrer mit der Qualifikationsstufe A. Die Mittelwerte für die Lehrer ohne jedwede Lehrbefähigung fallen dagegen stark ab. *Im H-R-Bereich mußte demnach auch 1982 zur Abdeckung des Unterrichtsbedarfs noch bedeutend stärker auf Lehrer mit einer eingeschränkten Lehrbefähigung* (im Sinne der Definition im Abschnitt 4.6.3) *zurückgegriffen werden, als dies an den Gesamtschulen und Gymnasien der Fall war.*

Aufgrund dieser Zusammenhänge lag es nahe, zu untersuchen, ob diese Unterschiede in der Unterrichtsabdeckung fachspezifischer oder allgemeiner Natur waren. So wurden die Datenanalysen neben der Betrachtung des Faches

Physik auf die Gesamtheit aller Schulfächer ausgedehnt. Vergleiche sind anhand der Tabellen 88 und 89 möglich.

Tabelle 88: Unterrichtsstunden-Gesamt-Ist an den Schulen der „Stichprobe 82“ und die Anteile der Lehrer unterschiedlicher Qualifikation für die jeweiligen Fächer

Schulgattung	Unterrichtsstunden insgesamt	Anteile der Lehrer mit der Qualifikationsstufe A/S	B	0
alle	104.258	79,4 %	11,7 %	8,9 %
Gesamtschule	52.408	84,5 %	9,9 %	5,6 %
Gymnasien	17.078	98,0 %	0,3 %	1,8 %
Realschule	17.476	70,4 %	19,3 %	10,3 %
Hauptschulen (+GF)	17.296	55,3 %	20,9 %	23,8 %

Tabelle 89: Physikstunden-Gesamt-Ist an den Schulen der „Stichprobe 82“ und die Anteile der Lehrer unteschiedlicher Qualifikation für das Fach Physik

Schulgattung	Physikstunden insgesamt	Anteile d. Lehrer mit d. Qualifikationsstufe A/S	B	0
alle	4.444	81,0 %	7,2 %	11,8 %
Gesamtschule	2.507	85,0 %	5,9 %	9,1 %
Gymnasien	931	98,4 %	0,9 %	0,8 %
Realschule	669	64,8 %	13,0 %	22,2 %
Hauptschulen (+GF)	337	36,1 %	22,7 %	41,3 %

Der Vergleich der beiden Tabellen zeigt *für Gesamtschulen und Gymnasien faktisch keine Unterschiede zwischen dem Fach Physik und der Gesamtheit aller Fächer*. An den Realschulen und in noch stärkerem Maße an den *Hauptschulen* sind dagegen die *Anteile der geringer qualifizierten Lehrer am Gesamt-Stunden-Ist für das Fach Physik deutlich höher, als dies beim Gesamt-Stunden-Ist für alle Fächer der Fall ist.*

Die Tabelle 88 zeigt darüber hinaus, daß auf alle Schulfächer bezogen die Anteile der Lehrer mit „Vollqualifikation“ am Gesamt-Ist aller Unterrichtsstunden vom Gymnasium mit 98% über die Gesamtschulen und Realschulen hin zur Hauptschule in etwa gleichen Abständen von ca. 14% fällt und bei letzteren nur noch etwas mehr als die Hälfte beträgt. Wie die Tabelle 89 zeigt, ist für das Fach Physik der Abfall von den Gesamtschulen zu den Realschulen deutlich stärker und noch stärker von den Realschulen zu den Hauptschulen hin, wo nur noch etwas mehr als ein Drittel des Physikunterrichts von Lehrern mit der Qualifikationsstufe A erteilt wird.

11.1.4 Abschätzung des Stundenausfalls und des zusätzlichen Fachlehrerbedarfs für das Schuljahr 1982/83

Von zwei Datenbasen der Stichprobe 82 kann ausgegangen werden. Zunächst vom Unterrichtsstunden-Ist des Schuljahres 1981/82, das unter qualifikatorischen Gesichtspunkten bereits im vorhergehenden Abschnitt betrachtet wurde. Diese Daten sind Faktendaten. Weiterhin waren die Schulen im Zusammenhang mit dieser Erhebung gehalten, das Stunden-Soll für das Schuljahr 1982/83 zu prognostizieren.

Zur Vereinheitlichung der Prognosen wurden den Schulleitern neben einem entsprechend strukturierten Erhebungsbogen eine Reihe Hinweise zur Aufstellung des Unterrichtsstunden-Solls als Hilfe gegeben.

Im Erhebungsbogen mußten zunächst für die einzelnen Jahrgangsstufen die Schülerzahlen angegeben und danach, unter Beachtung relevanter - im Beiblatt angegebener - Erlasse,[610] für die Festlegung der Anzahl und Größe der Klassen /(Gruppen/Kurse) festgestellt werden, wieviele Klassen in der jeweiligen Jahrgangsstufe im Schuljahr 1982/83 zu unterrichten sind. Von dieser zu erwartenden organisatorischen Gegebenheit aus konnte das fachspezifisch ausdifferenzierte Unterrichtsstunden-Soll für das Schuljahr 1982/83 ermittelt werden. Zu berücksichtigen waren dabei neben der seit 1976 geltenden Stundentafel für die Mittelstufe noch vier weitere Erlasse,[611] die sich auf die Weiterentwicklung der Haupt- und Realschulen, auf die Förderstufe und auf additive und integrierte Gesamtschulen beziehen. Was die naturwissenschaftlichen Fächer anbelangt, ist auf eine *bedeutsame Lücke* hinzuweisen, die darin besteht, daß der sogenannte „*Sicherheitserlaß*“[612] - Begrenzung der Schülerzahl bei Schülerübungen - überhaupt *nicht erwähnt* wird. Darauf wird im nächsten Abschnitt näher eingegangen werden. In diesem Abschnitt wird von diesem Mangel zunächst abgesehen.

Tabelle 90: Zum Vergleich des für das Schuljahr 1982/83 prognostizierten Unterrichtsstunden-Solls mit dem Unterrichtsstunden-Ist des Schuljahres 1981/82 (Stichprobe 82 - alle Fächer)

Schulgattung	Stunden-Ist 1981/82	Stunden-Soll 1982/83	Differenz abs.	Differenz proz. bzgl. Soll
alle	104.258	113.099	8.841	7,8 %
Gesamtschule	52.408	57.513	5.105	8,9 %
Gymnasien	17.078	18.400	1.322	7,2 %
Realschule	17.476	19.009	1.533	8,1 %
Hauptschulen (+GF)	17.296	18.177	881	4,9 %

Tabelle 91: Zum Vergleich des für das Schuljahr 1982/83 prognostizierten Unterrichtsstunden-Solls mit dem Unterrichtsstunden-Ist des Schuljahres 1981/82 (Stichprobe 82 - Fach Physik)

Schulgattung	Stunden-Ist 1981/82	Stunden-Soll 1982/83	Differenz abs.	Differenz proz. bzgl. Soll
alle	4.444	5.024	580	11,5 %
Gesamtschule	2.507	2.829	322	11,4 %
Gymnasien	931	998	67	6,7 %
Realschule	669	787	118	15,0 %
Hauptschulen (+GF)	337	410	73	17,8 %

Die volle Bedeutung der Zahlen in den Tabellen 90 und 91 wird erst deutlich, wenn noch folgender Tatbestand berücksichtigt wird. Da seit 1976/77 die Schülergesamtzahl stark rückläufig war und wegen der Rezession am Anfang der achtziger Jahre der finanzielle Spielraum des Landes kleiner geworden war, wurden in dieser Zeit immer weniger Lehrer neu eingestellt. So gab es zu den vier Einstellungsterminen 1.8.1981 bis einschließlich 1.2.1983 überhaupt keine Einstellungen von Lehrern mit dem Lehramt für Grundschulen und dem Lehramt für Haupt- und Realschulen, während im geringen Umfange Einstellungen von Lehrern mit dem Lehramt für Gymnasien, mit dem Lehramt für Sonderschulen und von Lehrern mit dem Lehramt Berufsschulen erfolgten.[613] Was den für das Schuljahr 1982/83 maßgeblichen Termin (1.8.1982) betraf, wurden - bezogen auf das ganze Land - lediglich 14 Sonderschullehrer und 129 Gymnasiallehrer für den allgemeinbildenden Bereich und außerdem 214 Berufsschullehrer neu eingestellt.[614]

Es muß also davon ausgegangen werden, daß sich wegen des natürlichen Abgangs von Lehrern durch Erreichen der Altersgrenze oder aus gesundheitlichen Gründen die Gesamtzahl der Lehrer mit dem Lehramt an Grundschulen und mit dem Lehramt an Haupt- und Realschulen beim Übergang vom Schuljahr 1981/82 zum Schuljahr 1982/83 verringert hatte. Bleibt abzuschätzen, wie dies bei den Lehrern mit dem Lehramt für Gymnasien war. Im Schuljahr 1981/82 (2. Halbjahr) waren 216 Gymnasiallehrer älter als 59 Jahre und ca. 70 davon älter als 62 Jahre.[615] Berücksichtigt man noch, daß für Frauen die Möglichkeit zur Pensionierung mit 60 Jahren und für Männer mit 62 Jahren gegeben ist und noch frühzeitige Pensionierung, aus Gesundheitsgründen zu Buche schlagen, so dürften die 129 damals neu eingestellten Gymnasiallehrer den Abgang von Lehrern an den Gymnasien gerade aufgefangen haben.

Nach dieser Zusatzbetrachtung lassen sich die in den Tabellen 90 und 91 enthaltenen Differenzwerte als *Stundenausfall* im ersten Schulhalbjahr 1982/83 auffassen, da sich ja - wie aufgezeigt - die Personalsituation keinesfalls verbessert hatte. Für alle Schulgattungen, an denen H-R-Lehrer tätig sind - also an Gesamtschulen, Realschulen und Hauptschulen - ist sogar von höheren Prozentwerten auszugehen. *Auf diese Weise wird der 10-prozentige allgemeine Stundenausfall, der vom Verband Bildung und Erziehung für 1982 beklagt wurde, verifiziert.*[616]

Der Vergleich der Prozentzahlen der Tabelle 90 und 91 zeigt, daß das *relative Unterrichtsdefizit im Fach Physik* - gemessen am Unterrichtsstunden-Soll - um ca. 50% *größer* war als das relative Defizit für alle Fächer. An den *Haupt- und Realschulen* waren im Vergleich zu den Gesamtschulen und Gymnasien die *relativen Unterrichtsdefizite im Fach Physik bedeutend größer*.

Anhand der absoluten Soll-Ist-Differenz der Tabelle 90 läßt sich der damalige *zusätzliche Bedarf an Lehrern im Regierungsbezirk Gießen* abschätzen. Unter Berücksichtigung der jeweiligen Regel-Lehrdeputate der Lehrer[617] wäre zur vollständigen Abdeckung des Unterrichtsstunden-Solls im Schuljahr

1982/83 die *Neueinstellung von 215 Lehrern mit dem Lehramt für Haupt- und Realschulen und von 126 Gymnasiallehrern*[618] *erforderlich gewesen.*

Geht man von der administrativen Art der Ermittlung des fachspezifischen Lehrerbedarfs aus,[619] so wäre - im Gegensatz zur langjährigen praktischen Handhabe an den Schulen - anzunehmen, daß jeder Lehrer je zur Hälfte seines Lehrdeputats in seinen beiden Fächern (Zwei-Fächer-Lehrer) Unterricht erteilt. Unter dieser *theoretischen Prämisse* läßt sich aus den absoluten Soll-Ist-Differenzen der Tabelle 91 der damalige *zusätzliche Bedarf an Physiklehrern* ermitteln. Von den oben errechneten Lehrern hätten 30 H-R-Lehrer und 15 Gymnasiallehrer eine Fachlehrbefähigung für Physik haben müssen. Ermittelt man jedoch nach den schulpraktischen Gegebenheiten - Physik ist ein Nebenfach und nach Daten der Lehrerindividualerhebung von 1973 wurde festgestellt, daß ca. 80% der Physiklehrer als zweites Fach ein Hauptfach haben -, so wäre davon auszugehen, daß Gymnasiallehrer ca. ein Drittel ihres Lehrdeputats im Fach Physik unterrichten, während bei H-R-Lehrern ein Viertel anzusetzen ist (vgl. Abschnitt 7.4.1). Unter dieser *praktischen Prämisse* ist der *Bedarf an Physiklehrern wesentlich höher einzuschätzen.* 60 H-R-Lehrer und 22 Gymnasiallehrer hätten danach eine Lehrbefähigung für das Fach Physik haben müssen.

11.1.5 Das Unterrichtsstunden-Soll für das Schuljahr 1982/83 und der Schülerübungsunterricht im Fach Physik

Es wurde schon im vorhergehenden Abschnitt auf den für den naturwissenschaftlichen Unterricht bedeutsamen Mangel der Datenerhebung hingewiesen, indem nicht auf den sogenannten Sicherheitserlaß hingewiesen wurde. Dies hatte naturgemäß Auswirkungen auf die Ermittlung des Unterrichtsstunden-Solls zur Folge. Darauf wird jetzt näher eingegangen.

Zunächst Konkreteres zur Erlaßlage. Mit Datum vom 22.8.1969 wurde für alle hessischen Schulen der grundsätzliche Erlaß „Aufsichtspflicht der Lehrer und Erzieher“ wirksam.[620] Als Ergänzungen dieses Erlasses wurden im gleichen Jahr „Richtlinien über Sicherheitsmaßnahmen beim Experimentieren im naturwissenschaftlichen Unterricht und bei der Arbeit im Werk- und Werkstattunterricht“ festgelegt.[621] Im allgemeinen Teil dieser Richtlinien ist unter 1.10 formuliert: „*Bei Schülerübungen in der Mittelstufe sollte für die Anzahl der Teilnehmer die Richtzahl 16 gelten (max. 8 Übungsgruppen).*“ Da in den hessischen Rahmenrichtlinien für den Physikunterricht - wie bereits in Abschnitt 4.2 dargestellt wurde - dem Schülerübungsunterricht ein besonderer Stellenwert zukommt und an den Schulen neben den bereits aufgezeigten personellen Problemen auch - wie bereits ausführlich im Teil 8 aufgezeigt wurde - erhebliche Mängel in der Sachausstattung bestanden, sah sich das Hessische Institut für Bildungsplanung und Schulentwicklung auf Drängen der Lehrerschaft genötigt, eine den Schülerübungsunterricht betreffende Anfrage (vom 4.10.1977) an den Kultusminister zu richten. In dem Antwortschreiben (vom

28.2.1978 mit dem Az.: II B - 1003/025-7/1005/20 - 41 -) wird bestätigt, daß die *Anzahl von maximal 8 Übungsgruppen* unveränderbar ist. Was die *Anzahl der Teilnehmer* betrifft, so erfolgt eine *Präzisierung des Begriffs „Richtzahl 16"*. Die Anzahl 16 der Teilnehmer kann natürlich unterschritten werden. Was die *Überschreitung* betrifft, so wird eine Begrenzung „auf ca. 18-19" festgelegt, aber gleichzeitig darauf verwiesen, daß dies *nicht der Normalfall* sei. Damit ist also *eindeutig* abgeklärt, daß bei Klassen mit einer Schülerzahl über 20 zur Durchführung von Schülerübungen *Klassenteilungen erforderlich* werden.

Aus den Datensätzen der Schulabteilung des RP Gießen ließen sich auch die Klassenfrequenzen der Jahrgangsstufen 5-10 ermitteln.

Tabelle 92: Statistische Kennwerte der Klassenfrequenzen für den SI-Bereich der Schulen der „Stichprobe 82"

	Anzahl der		Klassenfrequenz		
Schulgattung	Schulen	Klassen	m	s	V=s:m
alle	126	2627	28,2	2,9	0,10
Gesamtschulen	44	1506	28,2	1,8	0,06
Gymnasien	11	340	29,5	1,1	0,04
Realschulen	22	489	28,9	2,5	0,09
Hauptschulen (+GF)	49	292	25,7	3,8	0,15

Die Kennwerte der Tabelle 92 lassen erkennen, daß zur Durchführung von Schülerübungen in allen Schulgattungen Klassenteilungen erforderlich gewesen wären. Die Betrachtung der Einzeldaten ergab, daß nur bei drei kleineren Hauptschulen mit insgesamt 10 Klassen die Klassenstärken so niedrig waren, daß keine Teilung notwendig gewesen wäre. Das sind jedoch noch nicht einmal 0,5% aller Klassen.

Anhand der bekannten Klassenstärken in den einzelnen Jahrgängen und der Zuordnung von Unterrichtsstunden gemäß der Stundentafel war bei dem angegebenen Unterrichts-Soll für das Fach Physik erkennbar, ob der jeweilige Schulleiter die erforderlichen Klassenteilungen für den Physikunterricht berücksichtigt hatte. An 15 der 44 Gesamtschulen, an 2 der 21 Realschulen und an 8 der 50 Hauptschulen wurde das Unterrichts-Soll für den Physikunterricht unter Berücksichtigung des „Sicherheitserlasses" ermittelt. Bei den Gymnasien war das bei keiner Schule der Fall. Natürlich ist nicht auszuschließen, daß dabei vor allem auch Probleme der Raumausstattung von Bedeutung waren (vgl. den Teilabschnitt 8.1 über die Kapazitäten der Raumausstattung). Die Tatsache jedoch, daß von den diesbezüglich besonders gut ausgestatteten Gesamtschulen nur ein Drittel von der erforderlichen Klassenteilung ausging, unterstreicht noch einmal, daß bei der Ermittlung des Unterrichtsstunden-Solls, das Fehlen eines Hinweises auf den „Sicherheitserlaß" von ganz besonderer Bedeutung war.

In der Tabelle 93 wurden nur die Jahrgangsstufen 6-10 berücksichtigt, da in der Jahrgangsstufe 5 nach der Stundentafel kein Physikunterricht vorgesehen ist. Die Zahlen der Tabelle lassen zweierlei sehr deutlich erkennen. Unabhängig

Tabelle 93: Zum Vergleich der Anzahl der Klassen in den Jahrgangsstufen 6-10 *mit und ohne Teilung* für den Physikunterricht im Zusammenhang mit dem Unterrichtsstunden-Soll für 1982/83

Schulgattung	Ges	Gym	R	H+GF	alle
Anzahl der Klassen *mit* Teilung	416	---	47	27	480
Anzahl der Klassen *ohne* Teilung	819	292	365	223	1699

davon, ob das ermittelte Stunden-Soll auch personell überhaupt abdeckbar war, wurde nur für 22,4% aller Klassen mit Physikunterricht der durch den „Sicherheitserlaß" bedingten Klassenteilung Rechnung getragen. Dieser Erlaß erweist sich also als *bedeutsame administrative Barriere hinsichtlich der curricularen Anforderungen für den Physikunterricht.* Weiterhin wird an den Zahlen deutlich, daß an den *Gesamtschulen* (mit 33,7%) gegenüber dem tradierten Bereich (mit nur 7,8%) von erheblich *besseren personellen Bedingungen zur Umsetzung der Rahmenrichtlinien Physik* ausgegangen werden konnte, da dem Erfordernis der Klassenteilung dort auch ohne besonderen Hinweis auf den „Sicherheitserlaß" in größerem Umfang Rechnung getragen wurde.

In welchem Maße sich die relativen Soll-Ist-Differenzen an den Schulen mit und jenen ohne Klassenteilung unterscheiden, wird aus der nachfolgenden Tabelle erkennbar.

Tabelle 94: Prozentuale auf den Soll-Wert bezogene Differenzen zwischen dem Unterrichtsstunden-Ist (1981/82) und dem Unterrichtsstunden-Soll (1982/83) für den Physikunterricht

	mit Teilung			*ohne Teilung*		
	Anzahl der		Diff.	Anzahl der		Diff.
Schulgattung	Schulen/Klassen		proz.	Schulen/Klassen		proz.
Gesamtschulen	15	416	14,3 %	29	1090	9,7 %
GF-H-R-Schulen	10	74	36,1 %	61	588	11,8 %

Die Tatsache, daß der Unterschied in den Prozentzahlen *bei den Gesamtschulen* erheblich kleiner ist, hängt damit zusammen, daß in deren Unterrichtsstunden-Ist bereits in einem erheblichen Umfang ein *„Teilungs-Ist"* enthalten war, während sich *bei den H-R-Schulen quasi erst vermehrt ein Wunsch auf Teilung* bemerkbar machte.

11.2 Die Personalsituation für den Bereich der naturwissenschaftlichen Fächer im Schuljahr 1983/84 im Lande Hessen insgesamt

Die Ergebnisse der Analysen der Daten des Regierungsbezirks Gießen, so wie sie in den vorhergehenden Abschnitten dargestellt wurden, waren schulische Realität. Diese Realität stand im Widerspruch zu Auffassungen im hessischen Kultusministerium, wie aus einem Erlaß vom 10.5.1983 (Az. IV C 3 - 974/01 - 842) hervorgeht. Der Erlaß ist ein Antwortschreiben auf eine Mitteilung des Dekans des Fachbereichs Physik der J.W. Goethe-Universität vom 14.4.1983 an den Hessischen Kultusminister. Der Dekan hatte auf die Entwicklung der Zahl der Studienanfänger für das Lehramt an Haupt- und Realschulen mit dem Wahlfach Physik hingewiesen. Anhand von Berechnungen über den Ersatzbedarf von Lehrkräften für das Fach Physik wurde aufgezeigt, daß in absehbarer Zeit die Absolventen mit dem Wahlfach Physik nicht mehr den Ersatzbedarf der Schulen abdecken würden, wenn nicht ein wesentlich höherer Anteil der Lehrerstudenten das Fach Physik wählen würde als dies damals der Fall war. In Anbetracht dieser Situation wurde um die Festsetzung von Rahmendaten für die künftige Einstellungspraxis gebeten, so daß das Wahlverhalten der Studenten beeinflußt werden könnte. In seinem Antwortschreiben wies der Hessische Kultusminister darauf hin, daß durch die Einstellungspraxis der letzten Jahre die Bewerber mit dem Wahlfach Physik stark berücksichtigt worden wären und daß deshalb der Unterricht in Physik fachspezifisch statistisch abdeckbar ist, sofern jeder Lehrer dieses Wahlfachs die Hälfte seiner Pflichtstundenzahl in diesem Fach unterrichten würde. Spezielle Auffoderungen zum Lehramtsstudium könnten deshalb nicht erfolgen.

Dieser Widerspruch zwischen der aufgezeigten Realität im Regierungsbezirk Gießen und dem Inhalt des Antwortschreibens des Kultusministeriums ließ es als wünschenswert erscheinen, relevantes Datenmaterial für die beiden anderen Regierungsbezirke zu erhalten. Analoge Datenerhebungen wie im Regierungsbezirk Gießen wurde jedoch weder im Regierungsbezirk Darmstadt noch im Regierungsbezirk Kassel durchgeführt. Aus diesem Grunde wurde vom Verfasser eine eigene Erhebung auf der untersten Ebene der Schulaufsicht durchgeführt, an der sich alle Staatlichen Schulämter beteiligt haben.

11.2.1 Die Befragung der Leiter der staatlichen Schulämter des Landes Hessen im Anschluß an den Einstellungstermin 1.8.1983

Die Idee dieser Befragung ging von der Tatsache aus, daß die Schulen jeweils ihren fachspezifischen Bedarf an Lehrkräften den zuständigen staatlichen Schulämtern mitzuteilen haben, die wiederum ihrerseits in koordinierender Weise den nach Fächern spezifizierten Gesamtbedarf in ihrem Aufsichtsbereich der übergeordneten Schulaufsicht, also der Schulabteilung des zuständigen Regierungspräsidenten, anzeigen. Diese Schulabteilungen der Regierungspräsidenten nehmen dann die Auswahl der Bewerber je nach Fachbedarf vor, wobei sie an Einstellungsquoten gebunden sind, die ihnen für den jeweiligen Einstellungstermin vom Kultusminister im Rahmen seiner Etatansätze zugewiesen werden. Eine Befragung in der ersten Hälfte des Schuljahres 1983/84 - also nach dem Einstellungstermin 1.8.1983 - erschien insofern als besonders günstig, da - wie schon in den Abschnitten 1.5 und 11.1.4 hervorgehoben wurde - zwei Jahre lang zuvor überhaupt keine Lehrer mit dem Lehramt für Haupt- und Realschulen eingestellt worden waren. D.h. daß damals eine Möglichkeit zur Verbesserung eventuell auch in den anderen Regierungsbezirken bestehender defizitärer Personalbestände erstmalig wieder für das genannte Schuljahr in Frage kam.

Die Befragungsmaterialien bestehen in ihren wesentlichen Teilen (Anlagen 11a-d des Anhangs) aus einem Anschreiben, einem Fragebogen und einem Blatt „Anleitungen und Informationen zum Fragebogen". Aus Erfahrungen bei den bisherigen Datenerhebungen wurde die Nützlichkeit eines solchen Beiblattes erkannt, da auf diese Weise der Umfang von Rückfragen im Falle von mißverständlichen Angaben verringert werden kann. Natürlich wurden die Leiter der staatlichen Schulämter über die Projektintentionen in einem entsprechenden Anschreiben (Anlage 11a) informiert, wurden ihnen Literaturhinweise zu bisherigen Veröffentlichungen von Untersuchungsergebnissen mitgeteilt. Darüber hinaus wurde ihnen eine Zusendung der Auswertungsergebnisse versprochen, was später auch erfolgte.

Anzumerken ist noch, daß bei dieser Befragungsaktion nicht nur Daten aus dem Bereich Lehrpersonal (Anlage 11b) erhoben wurden. Die zweite Seite des Fragebogens (Anlage 11c) bezieht sich auf Fragen der Raumausstattung und der Lehrmittel. Soweit die Leiter der staatlichen Schulämter sich dabei nicht in der Lage sahen die entsprechenden Antworten zu geben, wurde um die Weiterleitung an die zuständigen Schulträger gebeten. An dieser Stelle soll zunächst nur auf die im Rahmen dieser Erhebung gewonnenen Personaldaten eingegangen werden. Auf die „Schulträgerdaten" wird im Teil 12 zurückgegriffen.

Zur Beurteilung der Personalsituation im gesamten Land, mußte naturgemäß versucht werden, einen Rücklauf von 100% zu erreichen. Aus diesem Grunde wurde auf einen umfangreichen Fragenkatalog verzichtet und wurde um *quantitative Angaben* auch nur dort gebeten, wo im Befragungszeitpunkt derartige Angaben ohne zusätzlichen Arbeitsaufwand der staatlichen Schulämter möglich waren. Dies bezog sich ausschließlich auf die Frage nach der *fachspezifischen Lehrerzuweisung zum 1.8.1983*. Was den *fachspezifischen Bedarf* betrifft, so wurde hier nur um „Ja-Nein-Antworten" gebeten. Bezüglich des weitergehenden Bedarfes hinsichtlich der *Durchführung von Schülerübungen im Fach Physik* wurde eine dreiteilige Ratingskala als Grundlage der Einschätzung vorgelegt.

Was die Lehrerzuweisung und den Bedarf betrifft, so wurden *aus Vergleichsgründen* neben dem Fach Physik auch noch die beiden anderen naturwissenschaftlichen *Fächer Biologie und Chemie* in die Befragung einbezogen.

Die *Befragungsaktion war erfolgreich*, denn *es hatten alle 26 Leiter* der staatlichen Schulämter *einen ausgefüllten Fragebogen zurückgeschickt.*

11.2.2 Ergebnisse der Befragung der Leiter der staatlichen Schulämter zum Bereich Lehrpersonal

Alle erhobenen Daten zum Bereich Lehrpersonal sind im Detail in den Tabellen A50-A53 des Anhangs dokumentiert. Bevor in zusammenfassender Weise auf diese Daten eingegangen wird, sei noch erwähnt, daß eine *externe Validi-*

tätsprüfung bezüglich der quantitativen Daten (Lehrerzuweisung zum 1.8.1983) möglich ist. Sie besteht darin, daß die erhobenen Daten mit denen verglichen werden können, die der Verfasser direkt von der statistischen Abteilung des Kultusminsteriums mitgeteilt bekam (Tabelle A54 des Anhangs). Der Vergleich der beiden Datensätze zeigt nur unwesentliche Abweichungen.

Zugewiesene H-R-Lehrer:	HKM-Angabe	Befragung
Lehrer mit Fach Physik	30	30
Lehrer mit Fach Chemie	26	26
Lehrer mit Fach Biologie	28	29
Zugewiesene Gymnasiallehrer:		
Lehrer mit Fach Physik	33	34
Lehrer mit Fach Chemie	29	29
Lehrer mit Fach Biologie	29	28

Totale Übereinstimmung liegt also in 3 Fällen vor. Die Abweichungen von der jeweils größeren Zahl liegt in den drei anderen Fällen jedoch nur unter 3,5%. Der Grad der Übereinstimmung der beiden Datensätze wird als ein Indiz für die *Verläßlichkeit aller erhobenen Personaldaten* angesehen. Ist eine Validierung der anderen Datensätze, die sich auf den Personalbereich beziehen, wegen des Fehlens von Vergleichsdaten zwar nicht möglich, so kann jedoch kein Grund gesehen werden, der zu der Annahme berechtigen könnte, die Beantworter hätten in diesen Fällen etwa weniger Sorgfalt walten lassen. Wenngleich die qualitativen Daten naturgemäß einen niedrigeren Informationsgehalt als quantitative haben, so lassen auch solche Daten Tendenzen erkennen, wie nachfolgend gezeigt wird.

Die erste, *dem Bedarf an Lehrern für die drei naturwissenschaftlichen Fächer* betreffende Frage 1.b. des Fragebogens (Anlage 11b) sei noch einmal angegeben: „Kann durch die Lehrerzuweisung (zum 1.8.1983) der fachspezifische Bedarf der Schulen gedeckt werden oder besteht noch weiterer Bedarf?"

Die Tabelle A52 des Anhangs enthält die Antworten im Detail, so wie diese von allen 26 hessischen staatlichen Schulämtern gegeben wurden. In der Tabelle 95 sind diese Daten nach Regierungsbezirken getrennt zusammengefaßt.

Tabelle 95: Zur Einschätzung des Fehlbedarfs an Lehrern mit naturwissenschaftlichen Fächern im Schuljahr 1983/84

Regierungs-bezirk	Anzahl der staatlichen Schulämter	Anzahl der Schulämter mit Bedarfsanzeige Physik		Chemie		Biologie	
		H-R	Gym	H-R	Gym	H-R	Gym
Darmstadt	14	9	9	10	6	7	4
Gießen	5	4	4	4	4	3	3
Kassel	7	2	2	5	5	2	5
Land Hessen	26	15	15	19	15	12	12

Gemessen an der Anzahl der staatlichen Schulämter mit Bedarfsanzeige übertraf der Bedarf für das Fach Chemie jenen für das Fach Physik bei den Haupt- und Realschullehrern, wenn man sich auf das gesamte Land Hessen bezieht. Der Bedarf an Gymnasiallehrern war für beide Fächer gleich. Deutlich weniger Schulaufsichtsbereiche zeigten einen Bedarf für das Fach Biologie an. Daß die Bedarfsanzeige für das Fach Biologie geringer ausfiel ist verständlich, wenn man die Tatsache berücksichtigt, daß über längere Zeiträume hinweg die Anzahl der Lehramtsabsolventen mit dem Fach Biologie - unabhängig vom Lehramt - sowohl die Anzahl jener mit dem Fach Physik wie auch jener mit dem Fach Chemie sehr deutlich übertraf.[622] Ähnliche Disproportionen lagen auch bei den Studierenden für das Lehramt vor.[623]

Was das Fach Physik allein betrifft, für das ja in den vorhergehenden Abschnitten dezidierte quantitative Aussagen über die personellen Defizite im Regierungsbezirk Gießen gemacht werden konnten, ist aus den Bedarfsanzeigen der Tabelle 95 - ohne die Erkenntnisse von Gießen quantitativ übertragen zu wollen - zu schließen, daß personelle Defizite nicht nur auf diesen Regierungsbezirk beschränkt waren. Für das Schuljahr 1983/84 gaben immerhin deutlich mehr als die Hälfte aller staatlichen Schulämter einen weiteren Bedarf an Physiklehrern an, obwohl zum 1.8.1983 im oben genannten Umfange Physiklehrer beider Lehrämter eingestellt wurden. *Somit erscheint - was die schulische Realität betrifft* - die eingangs von 11.2 beschriebene, auf einem theoretischen 2-Fach-Lehrer-Modell beruhende *Einschätzung des Hessischen Kultusministeriums als sehr fragwürdig.* Auf diese Diskrepanz wird im Rahmen einer Ursachenanalyse noch näher eingegangen werden.

Die im curricularen Sinne noch weitergehende Frage l.c. des Fragebogens (Anlage 11b)) bezieht sich auf die Personalkapazität für das Fach Physik im Zusammenhang mit der Durchführung von *Schülerübungen.* Vorgegebene Klassenfrequenzen einerseits und das Erfordernis der Beachtung des „Sicherheitserlasses“ (vgl. dazu den Abschnitt 11.1.5) andererseits führen im Vergleich zu einem Physikunterricht ohne Schülerübungen naturgemäß zu einem *erhöhten Bedarf an Physiklehrern.* Die Detailantworten der Tabelle A53 des Anhangs wurden in der nachfolgenden Tabelle 96 wieder nach Regierungsbezirken getrennt zusammengefaßt.

Tabelle 96: Zur Einschätzung des für die Durchführung von Schülerübungen im Fach Physik zusätzlichen Bedarfs an Physiklehrern im Schuljahr 1983/84

Regierungs-bezirk	Anzahl der staatlichen Schulämter	Mehrbedarf an H-R-Lehrern: nein	geringfügig	wesentl.	Mehrbedarf an Gymnasiallehrer: nein	geringfügig	wesentl.
Darmstadt	14	0	9	5	1	8	5
Gießen	5	0	3	2	0	3	2
Kassel	7	0	5,5	1,5	0	5,5	1,5
Land Hessen	26	0	17,5	8,5	1	16,5	8,5

Ohne regionale Unterschiede wurde - bis auf eine unwesentliche Ausnahme bei Gymnasiallehrern - von allen staatlichen Schulämtern über den durch die Frage 1.b angezeigten Bedarf hinaus ein zusätzlicher Bedarf an Physiklehrern angezeigt, damit die curricularen Anforderungen - 50% des Physikunterrichts in der Organsiationsform von Schülerübungsunterricht - erfüllt werden könnten. Während in ca. zwei Drittel der Fälle von einem geringfügigen Mehrbedarf ausgegangen wurde, verwies das andere Drittel auf einen wesentlichen Mehrbedarf.

Unter Berücksichtigung der vollen curricularen Anforderungen, die aus den Rahmenrichtlinien Physik SI hergeleitet werden können, bestanden im Schuljahr 1983/84 landesweit erhebliche personelle Defizite bezüglich des Faches Physik in der Sekundarstufe I.

11.2.3 Die Zuweisungsstrategie der Bildungsverwaltung im Zusammenhang mit der Neueinstellung von Lehrern unter regionalen Aspekten und deren Auswirkungen hinsichtlich der naturwissenschaftlichen Fächer

Da die Daten der Tabelle A50 und A51 des Anhangs hinsichtlich der Lehrerzuweisungen insbesonders bei den Haupt- und Realschullehrern aber ebenso, wenn auch in geringerem Maße bei den Gymnasiallehrern regionale Disparitäten aufweisen, wurden am Referat Statistik des Hessischen Kultusministeriums auch noch Unterlagen eingesehen, die fachspezifische Daten über die beiden Einstellungstermine 1.2.1984 und 1.8.1984 enthalten. Diesen Daten über die drei Einstellungstermine 1.8.1983, 1.2.1984 und 1.8.1984 werden in den beiden nachfolgenden Tabellen 97 und 98 veröffentlichte Daten über Schüler- und Lehrerzahlen zum 1.10.1983 gegenübergestellt.

Tabelle 97: Zur Einstellung von Haupt- und Realschullehrern zu den Einstellungsterminen 1.8.1983, 1.2.1984 und 1.8.1984 unter regionalen Aspekten[624]

Regierungsbezirk	Darmstadt	Gießen	Kassel	Land Hessen
Anz. d. Schüler in der Mittelstufe (ohne Gymn.) zum 1.10.83	157.445	52.458	67.899	277.842
Anz. d. H-R-Lehrer in der Mittelstufe (ohne Gymn.) z. 1.10.83[625]	7.444	2.645	3.191	13.280
Schüler : Lehrer	21,2	19,9	21,3	20,9
mittlere Klassenfrequenz	27,4	26,5	26,7	27,1
Anzahl d. eingest. Lehrer	186	2	2	190
rel.Anz.d.eingest.Lehrer[626]	0,0210	0,0008	0,0006	0,0143
Fälle mit dem Fach Physik[627]	32	--	--	32
Fälle mit dem Fach Chemie	31	--	--	31
Fälle mit dem Fach Biologie	34	--	1	35

Was die absoluten Zahlen der beiden Tabellen betrifft, so hebt sich der Regierungsbezirk Darmstadt sehr deutlich von den beiden anderen ab. Dort wurden deutlich mehr Mittelstufenschüler (ohne Gymnasien) unterrichtet als in

Tabelle 98: Zur Einstellung von Gymnasiallehrern zu den Einstellungsterminen 1.8.1983, 1.2.1984 und 1.8.1984 unter regionalen Aspekten[624]

Regierungsbezirk	Darmstadt	Gießen	Kassel	Land Hessen
Anz. d. Gymnasiasten an Gymn. und Gesamtschulen zum 1.10.83	119.147	27.217	36.122	182.486
Anz. d. Lehrer an Gymnasien u. d. Gymnasiallehrer an Gesamtschulen zum 1.10.83	7.146	1.750	2.194	11.090
Schüler : Lehrer	16,7	15,6	16,5	16,5
mittlere Klassenfrequenz (in der Mittelstufe)	29,5	27,4	29,1	28,7
Anzahl d. eingest. Lehrer	215	21	74	310
rel.Anz.d.eingest.Lehrer[626]	0,0301	0,0120	0,0337	0,0280
Fälle mit dem Fach Physik[627]	38	4	9	51
Fälle mit dem Fach Chemie	39	3	17	59
Fälle mit dem Fach Biologie	42	3	12	57

den beiden anderen Regierungsbezirken zusammen. Bei den Gymnasiasten war die Anzahl im Regierungsbezirk Darmstadt fast doppelt so groß wie in den beiden anderen Regierungsbezirken zusammen. Ähnliche Verhältnisse lagen bei den Lehrerzahlen vor. Die charakteristischen Zahlen, die zur allgemeinen Beschreibung der Personalverhältnisse herangezogen werden, sind das Verhältnis „Schüler je Lehrer“ und die Klassenfrequenz. Gemessen an den Durchschnittswerten für das ganze Land waren die Personalverhältnisse für die Mittelstufe (ohne Gymnasien) und für die Gymnasien/Gesamtschulen im Regierungsbezirk Gießen am günstigsten und im Regierungsbezirk Darmstadt am ungünstigsten. Im Regierungsbezirk Kassel waren sie nur unwesentlich günstiger als im Regierungsbezirk Darmstadt. Während bei der Zuweisung von Gymnasiallehrern eine Quotenregelung vorlag, die den Schülerzahlen und den durch die charakteristischen Größen beschriebenen Personalverhältnissen in etwa entsprach, lag *bei den Haupt und Realschullehrern eine ganz extreme Quotenregelung* vor, bei der die beiden Regierungsbezirke Gießen und Kassel im Vergleich zum Regierungsbezirk Darmstadt fast leer ausgingen. Als Grund für diese damalige Totalverlagerung der Zuweisung von Haupt- und Realschullehrern in dem Regierungsbezirk Darmstadt ist zum einen die Cäsur von zwei Jahren zu nennen, während der überhaupt keine Einstellung von Haupt- und Realschullehrern erfolgte. Dazu kam noch ein ganz spezieller zusätzlicher Bedarf an solchen Lehrern im Regierungsbezirk Darmstadt, der durch die Neueinrichtung integrierter Gesamtschulen entstanden war.[628]

Was den Neuzugang an Lehrern mit naturwissenschaftlichen Fächern - darunter jeweils etwa ein Drittel Lehrer mit dem Fach Physik - betraf, so lag bei den Gymnasiallehrern eine etwa gleichartige Verteilung der Zahlen wie bei der Quotenregelung vor. Haupt- und Realschullehrer mit naturwissenschaftlichen Fächern wurden - abgesehen von dem einen Lehrer mit dem Fach Biologie -

zwischen dem 1.8.1981 und dem 1.8.1984 in den Regierungsbezirken Gießen und Kassel also überhaupt nicht eingestellt.

Dieser Tatsache stand beispielsweise im Regierungsbezirk Gießen - wie im Abschnitt 11.1.4 dargelegt wurde - für das Schuljahr 1982/83 ein zusätzlicher Bedarf von 30 H-R-Lehrern und von 15 Gymnasiallehrern mit dem Fach Physik gegenüber, wenn man vom 2-Fach-Lehrer-Modell des Hessischen Kultusministeriums ausgeht. Unter Berücksichtigung schulpraktischer Prämissen, wären dies jedoch 60 H-R-Lehrer und 22 Gymnasiallehrer mit dem Fach Physik gewesen. Selbst wenn man noch die geringe Zahl von Gymnasiallehrern mit dem Fach Physik berücksichtigt, die an den zwei dem 1.8.1983 vorangehenden Terminen eingestellt wurden,[629] so ist *für den Regierungsbezirk Gießen sicher, daß das aufgezeigte Personaldefizit für das Fach Physik nicht beseitigt werden konnte.* Das (nicht quantitativ) erfaßte *Defizit für den Regierungsbezirk Kassel* konnte offensichtlich *auch nicht beseitigt* werden. In Anbetracht der Tatsache, daß 9 von 14 staatlichen Schulämtern des Regierungsbezirks Darmstadt Bedarf an H-R-Lehrern und an Gymnasiallehrern mit dem Fach Physik nach erfolgter Zuweisung zum 1.8.1983 angegeben hatten und zu den beiden Einstellungsterminen 1.2.1984 und 1.8.1984 zwar 14 weitere Gymnasiallehrer mit dem Fach Physik aber nur 2 Haupt- und Realschullehrer mit dem Fach Physik eingestellt worden waren,[630] läßt den Schluß zu, *daß auch im Regierungsbezirk Darmstadt die personellen das Fach Physik betreffenden Defizite nicht beseitigt werden konnten.*

11.3 Das Lehrpersonal für den Physikunterricht als Teil des gesamten Lehrpersonals für den Unterricht in allen Fächern in den Jahren 1973 und 1982/83

Die bisherige Betrachtungsweise unter Bezugnahme auf die beschriebenen Datenanalysen ist insofern noch lückenhaft, als bislang das Lehrpersonal für den Physikunterricht weitgehend unabhängig davon betrachtet wurde, daß diese Lehrer mit Unterricht im Fach Physik auch noch Unterricht in anderen Fächern erteilen. Dieser Tatsache soll nunmehr noch in einer ergänzenden Betrachtungsweise Rechnung getragen werden.

Als Datenquellen standen dazu die folgenden Unterlagen zur Verfügung, die am Referat Statistik des Hessischen Kultusministeriums eingesehen werden konnten:

a) EDV-Ausdrucke von nach fachspezifischen Aspekten zusammengestellten Daten der vom Hessischen Kultusministerium im Jahre 1973 durchgeführten Lehrerindividualbefragung
b) Analoge Datenzusammenstellungen nach der Lehrerindividualdatei des Hessischen Instituts für Bildungsplanung und Schulentwicklung für das Schuljahr 1981/82
c) EDV-Listen über die Bewerber um Einstellung in den Schuldienst bezüglich des Einstellungstermins 1.8.1983

Daneben wurde auch auf den vom Hessischen Kultusministerium veröffentlichten „*Fachspezifischen Lehrerbedarfsplan*“ vom 3.7.1978 (Drucksache 8/63/42 des Hessischen Landtages) zurückgegriffen. Er stellt eine Modellrechnung im Rahmen der Fortschreibung des Personalentwicklungsplanes dar, bei der bis zum Schuljahr 1985/86 die Höhe des zukünfitgen Lehrerbedarfs ermittelt wurde. Die Modellrechnung beruht auf den drei Komponenten: Schülerentwicklung, Altersstruktur des Lehrerbestandes und bildungspolitische Zielvorstellungen.

Allen diesen Datensätzen ist gemeinsam, daß sie sich nur auf *„schulformbezogene“ Fachlehrbefähigungen* beziehen (vgl. Ende des Abschnitts 7.3.2). Nicht erfaßt werden damit alle Lehrer, die „fachfremd“ Unterricht erteilen. Dieser nicht erfaßte Anteil lag beispielsweise im Schuljahr 1981/82 im Regierungsbezirk Gießen über alle Fächer gemittelt bei ca. 9% (vgl. Tabelle 88 im Abschnitt 11.1.3).

In den vorhergehenden Abschnitten wurde, so weit dies wegen der personellen Verzahnung von Sekundarstufe I und Sekundarstufe II an Gymnasien und Gesamtschulen überhaupt möglich war, der Versuch unternommen, Beurteilungen vorzunehmen, die sich auf die personelle Situation bezüglich des Physikunterrichts in der Sekundarstufe I bezogen. Jetzt muß von dieser auf nur eine Stufe bezogenen Betrachtung abgegangen werden, da nicht in allen statistischen Unterlagen eine Trennung des Lehrpersonals nach Stufen vorliegen. Teilweise werden die Gruppen der Haupt- und Realschullehrer und der Gymnasiallehrer getrennt, teilweise aber auch zusammengefaßt betrachtet. Da in der großen Überzahl der Fälle Gymnasiallehrer - abgesehen von der geringen Zahl der Oberstufengymnasien[631] - in beiden Sekundarstufen unterrichten, sind die nachfolgenden Analysen auch ohne eine Trennung des Lehrpersonals nach den beiden Sekundarstufen für die Sekundarstufe I relevant.

11.3.1 Die quantitative Entwicklung des Lehrpersonals für den Physikunterricht im Vergleich der beiden Schuljahre 1973/74 und 1981/82

Was die Zahlenangaben der nachfolgenden Tabelle 99 betrifft, so wurden die Zahlen bezüglich der Lehrer aus den beiden Datenquellen a) und b) entnommen, die eingangs 11.3 genannt wurden. Die Zahlenangaben über Schüler entstammen Veröffentlichungen des Hessischen Kultusministers.[632]

Tabelle 99: Zur Entwicklung des Lehrpersonals für den Physikunterricht in beiden Sekundarstufen der allgemeinbildenden Schulen

	1973/74	1981/82	Zunahme
Anzahl der Lehrer insgesamt	20.860	26.534	27,2 %
Anzahl der Lehrer mit einer *schulformbezogenen* Fachlehrbefähigung für Physik	2.494	3.009	20,6 %
Gesamtzahl der SI- und SII-Schüler	441.357	510.498	15,7 %

Die im Vergleich zu den Schülerzahlen sehr deutliche Zunahme der Lehrergesamtzahl steht im Einklang mit Ergebnissen, die bereits in den Abschnitten 1.4 (Tabelle 5 und 6) und 1.5 (Tabelle 7e) dargestellt wurden. *Gemessen an dieser Zunahme der Lehrergesamtzahl war die Zunahme von Lehrern mit einer schulformbezogenen Lehrbefähigung für das Fach Physik um ca. ein Drittel zu klein.* Von Bedeutung wird diese Tatsache aber erst, wenn man die *Anteile des Physikunterrichts nach den jeweils geltenden Stundentafeln berücksichtigt.* Im Schuljahr 1973 waren noch die alten Bildungspläne aus dem Jahre 1956 verbindlich.[633] Diese weisen für die Hauptschule, für die Realschule und für die verschiedenen Formen des Gymnasiums getrennte Stundentafeln aus. Was die Sekundarstufe I (Mittelstufe) betrifft, so betrug der verbindliche Anteil des Physikunterrichts am Gesamtvolumen der verbindlichen Unterrichtsstunden im Schuljahr 1973/74 zwischen 3,5% und 4,1%.[634] Der Anteil des Physikunterrichts nach der seit 1976 geltenden Stundentafel für die Sekundarstufe I beträgt demgegenüber 4,5%.[635] Für die Oberstufe der Gymnasien (Sekundarstufe II) ist wegen der Auflösung der Klassenverbände und wegen des Übergangs zum Kurssystem ein entsprechender Vergleich nicht möglich. Die im Zusammenhang mit dem Kurssystem stehende stärkere Abwahl des Faches Physik in der Oberstufe der Gymnasien kann jedoch in Anbetracht der Relationen SI-Schüler : SII-Schüler mit 91:9 (1973/74) und 86:14 (1981/82) nur geringfügig zu Buche schlagen, so daß davon ausgegangen werden kann, daß sich der *Anteil des Physikunterrichts* am Gesamtvolumen des Unterrichts zwischen 1973/74 und 1981/82 *nicht verringert* hat. Erst unter dieser Randbedingung kann die verläßliche Ausssage gemacht werden, daß *die Zunahme der Lehrer mit einer „schulformbezogenen" Lehrbefähigung für das Fach Physik mit der allgemeinen Zunahme an Lehrern nicht Schritt gehalten hat.*

11.3.2 Fachspezifische Disproportionalitäten im Vergleich zwischen Fachlehrerbedarf, Fachlehrerbestand und Bewerberpotential

Aus den eingangs 11.3 genannten Datenquellen konnten über alle Schulfächer hinweg prozentuale Anteile von Lehrern mit den jeweiligen *schulformbezogenen, fachspezifischen Lehrbefähigungen* ermittelt werden. Die in der Tabelle A55 des Anhangs zusammengestellten Prozentwerte beziehen sich jeweils zusammenfassend auf die Gesamtheit aller der Sekundarstufe I und der gymnasialen Oberstufe (SII der allgemeinbildenden Schulen) zuzuordnenden Lehrer.

Um Mißverständnisse zu vermeiden, sei noch einmal darauf hingewiesen, daß in der Lehrerstatistik zwischen der „Anzahl der Lehrer" und den „fachspezifischen Fällen von Lehrern" zu unterscheiden ist. Bei der *Fallzählung* wird jeder Lehrer mit jedem seiner Fächer, für das er eine schulformbezogene Lehrbefähigung besitzt, als Fall für das betreffende Fach gezählt. Die Gesamtzahl aller so ermittelten Fälle ist ein Vielfaches der Anzahl der Lehrer als Individuen.

Für das Verhältnis „Fälle:Lehrer" wird im Bedarfsplan für alle Schuljahre von 1976/77 bis 1985/86 vom Wert 2,08 (ein Schätzwert) ausgegangen. Was die Entwicklung hinsichtlich des tatsächlichen Lehrerbestandes betrifft, so lag dieser Wert im Schuljahr 1973/74 bei 2,75 und im Schuljahr 1981/82 bei 2,24. Erst bei den Bewerbern für den Einstellungstermin zum 1.8.1983 konnte ein dem Bedarfsplan entspechender Wert von 2,03 festgestellt werden. Dies bedeutet, daß es in der Lehrerschaft nach wie vor einen bedeutenden Anteil von Lehrern gab, die mehr als zwei Fachlehrbefähigungen besitzen.[636]

Betrachtet man die Prozentwerte des *Bedarfsplans* über den Zeitraum von 1976/77 bis 1985/86, so ist auffallend, daß diese Werte bei den Hauptfächern Deutsch, Mathematik und Englisch unwesentlich schwanken und für alle drei Fächer im Mittel bei ca. 12,4 liegen. Der Bedarfsplan geht weiterhin von einem ungetrennten Fächerkomplex „Gesellschaftslehre" aus - d.h. es wird nicht nach den Fächern Sozialkunde, Geschichte, Erdkunde differenziert. Die Prozentzahl für diesen Fächerkomplex liegt im Mittel bei 11,6. Abgesehen vom Fach Sport (9,1) liegen die Prozentwerte für alle anderen Fächer - Nebenfächer - deutlich darunter. Im Mittel über alle diese Fächer liegt der Prozentwert bei 4,2. Durch die Stundentafel bedingt und durch schwankende Jahrgangsbreiten für die einzelnen Bezugsschuljahre hervorgerufen, schwanken die Prozentwerte bei den einzelnen Fächern unterschiedlich - zum Teil erheblich - stark.

Was das Fach Physik betrifft, so liegt der Prozentwert bei 4,6 und ist zeitlich konstant. Bei den beiden anderen naturwissenschaftlichen Fächern ist eine Zunahme des Bedarfs im genannten Zeitraum ausgewiesen. Im Fach Chemie von 3,3 auf 4,1 und im Fach Biologie von 5,6 auf 6,3.

Es könnte sein, daß dieser konstante Prozentsatz für das Fach Physik Grundlage für den eingangs von 11.2 erwähnten Negativbescheid des Kultusministers war. Im nachfolgenden Teilabschnitt 11.3.3 wird jedoch aufgezeigt werden, daß die dem Bedarfsplan zugrundliegende Annahme eines „2-Fach-Lehrer-Modells" im Falle der Physiklehrer höchst problematisch ist.

In entsprechender Weise wurden die betreffenden Prozentwerte der Tabelle A55 hinsichtlich des *tatsächlichen Lehrerbestandes* im Schuljahr 1973/74 und im Schuljahr 1981/82 ermittelt. Bezeichnen wir nunmehr die nach dem Bedarfsplan ermittelten Prozentwerte mit p_1 und die nach dem Lehrerbestand ermittelten Prozentwerte mit p_2 so ist die Differenz p_2-p_1 ein Maß, das bei einem positiven Wert einen am Bedarfsplan orientierten Überhang für das betreffende Fach anzeigt. Entsprechend zeigt ein negativer Wert ein personelles Defizit für das betreffende Fach an. Die Höhe der absoluten Beträge dieser Differenzen lassen überdies eine Beurteilung der Bedeutung der Abweichungen vom Bedarfsplan zu.

Während für das Schuljahr 1981/82 ein exakter Vergleich möglich ist, kann der Lehrerbestand des Schuljahres 1973/74 nur mit dem Bedarf des Schuljahres 1976/77 verglichen werden, da der Bedarfsplan erst ab diesem Schuljahr fachspezifische Werte ausweist. Es kann jedoch davon ausgegangen werden, daß sich in einem Zeitabschnitt von drei Jahren die fachspezifischen Prozentwerte nur unwesentlich verändert haben. Als Beleg für diese Annahme sei auf die in der Tabelle A55 unter b) und c) angegebenen Prozentwerte verwiesen. Die fachspezifische Zusammensetzung der Bewerber um eine Lehrerstelle zum 1.8.1983 wird dann noch mit den Mittelwerten des Bedarfsplans für die Schuljahre 1982/83 bis 1985/86 verglichen.

Von besonderer Auffälligkeit ist der *extreme Überhang* an Lehrern mit einer schulformbezogenen Lehrbefähigung für den *Fächerkomplex Gesellschaftslehre*. Sowohl bezüglich des Schuljahres 1973/74 wie auch bezüglich des Schuljahres 1981/82 war die Anzahl der diesbezüglichen Fälle fast doppelt so groß wie der Bedarf. *Noch extremer* war dieser Überhang *bei den Bewerbern*, wo 28,5% aller Fälle bei diesem Fächerkomplex lagen und der Bedarf nur mit 11,7% ausgewiesen ist.

Ein ins Gewicht fallender Überhang lag dann noch bei den „sonstigen Fächern" (vgl. Anm. 8 zur Tabelle A55) vor, der jedoch zwischen den beiden Bezugsschuljahren deutlich abgenommen hatte und bei den Bewerbern gar nicht mehr existierte.

Das deutlichste Defizit lag beim Fach Englisch vor, wobei zwischen den beiden Bezugsschuljahren nur eine geringfügige Verbesserung festzustellen ist. *Danach ist das Fach Mathematik zu nennen*. Das diesbezügliche Defizit war nicht ganz so hoch wie im Fach Englisch, jedoch lag hier bezüglich der beiden Bezugsschuljahre eine weitaus geringere Verbesserung vor. Was das *Bewerberpotential* betrifft, ist für *beide Fächer eine deutliche Unterrepräsentation* festzustellen.

Was die naturwissenschaftlichen Fächer betrifft, so konnten die 1973/74 bestehenden Defizite bis 1981/82 in den Fächern Chemie und Biologie nicht ausgeglichen werden. Bemerkenswerterweise lag im Fach Physik 1981/82 ein leichter Überschuß vor, während 1973/74 noch ein Defizit zu verzeichnen war. *Auf diesen (formalen) Tatbestand dürfte sich die Einschätzung des Kultusministeriums bezogen haben*, nach der - wie eingangs 11.2 genauer dargestellt und im Abschnitt 11.2.2 in Frage gestellt wurde - *von einer Abdeckung des Personalbedarfs für das Fach Physik ausgegangen wurde*. Was das *naturwissenschaftliche Bewerberpotential* betrifft, so lag *für alle drei Fächer eine deutliche Unterrepräsentation* vor.

Bei der bisherigen Betrachtungsweise wurden bereits für einige Fächer Vergleiche hinsichtlich der Veränderungen zwischen 1973/74 und 1981/82 angestellt. Die in der Tabelle A55 zusammengestellten Daten lassen darüberhinaus noch eine globale, alle Fächer umfassende Betrachtungsweise zu. Berechnet man nämlich jeweils für die beiden Bezugsschuljahre die Summe der absoluten Beträge der Differenzen p_2-p_1, so erhält man für 1973/74 den Wert 28,2 und für 1981/82 den Wert 24,7. Dies bedeutet, daß die *Disproportionalitäten* sich in dem betrachteten Zeitintervall *nur geringfügig verringert* haben. Durch Zuordnung von Rangplätzen - mit den absolut größten, negativen Differenzen beginnend (vgl. Tabelle A55) - erhält man für 1973/74 eine Rangfolge A der Fächer und ebenso für 1981/82 eine Rangfolge B. Zwischen beiden Rangfolgen besteht ein starker, positiver Zusammenhang (R_{AB}=0,82). Dies wiederum bedeutet, daß sich innerhalb der Fächer die *Disproportionalitäten nicht wesentlich verlagert* hatten.

Unter diesem Aspekt wurde geprüft, ob sich in der Einstellungspraxis Tendenzen erkennen lassen, die den nach wie vor vorhandenen fachspezifischen Disproportionalitäten Rechnung tragen. Wie die Fallzahlen der Tabelle A54 ausweisen, lagen zum 1.8.1983 für alle Fächer mit Ausnahme der Fächer Griechisch und Latein hohe Bewerberzahlen vor. Bei der sehr geringen Einstellungsquote von 7,5% für Haupt und Realschullehrer von 6% für Gymnasiallehrer war praktisch in allen Fächern bis auf die genannten zwei die Möglichkeit eines „kompensatorischen Zugriffs" gegeben. Die Tabelle A55 enthält ebenfalls Prozentwerte über die Anteile der Fälle in den jeweiligen Fächern. In Analogie zu den obigen Rangfolgen wurde eine Rangfolge E nach den Einstellungsquoten der Fächer erstellt. zwischen der Rangfolge E und der Rangfolge B besteht jedoch nur ein schwacher, negativer Zusammenhang (R_{EB}=0,32). *Kompensatorische Tendenzen sind also erkennbar. Kurzfristige Änderungen* durch gezielte Auswahl von Bewerbern *waren in Anbetracht der geringen Zahl der Einstellungen jedoch nicht zu erwarten.* Bemerkenswert ist jedoch, daß *neben relativ hohen Einstellungsquoten für die beiden Fächer Mathematik und Englisch* (an der Spitze hinsichtlich des Defizits*) der Fächerkomplex „Gesellschaftslehre" trotz „Spitzenüberschuß" mit einer gleich großen Quote bedacht wurde. Gründe* müssen hier in der *Art der Koppelung der Fälle* miteinander gesehen werden.[637]

Die *Einstellungsquoten bezüglich der naturwissenschaftlichen Fächer lagen gemessen am Stundenvolumen relativ hoch.* Die Einstellungen mit dem Fach Physik lagen noch etwas über denen der beiden anderen naturwissenschaftlichen Fächer. Damit ist ein nach fachspezifischen Bedürfnissen orientierte Einstellungspraxis der Regierungspräsidenten hinsichtlich des Faches Physik ein weiteres *Indiz dafür, daß das theoretische 2-Fach-Lehrer-Modell der HKM-Statistik den realen schulischen Verhältnissen kaum angemessen ist.* Darauf soll nunmehr noch genauer eingegangen werden.

11.3.3 Das Problem der Abschätzung des fachspezifischen Lehrerbedarfs auf der Basis des „2-Fach-Lehrer-Modells" unter besonderer Berücksichtigung des Lehrpersonals für den Physikunterricht

Betrachtet man den Bedarf an Physiklehrern unter dem Aspekt, daß in der Regel jeder Lehrer zwei Fächer hat und diese beiden Fächer je zur Hälfte nach seinem Stundendeputat unterrichtet - das versteht man unter dem *„2-Fach-Lehrer-Modell"* -, dann war der Unterricht im Fach Physik statistisch abgedeckt. Immerhin gab es im Schuljahr 1981/82 nach der Lehrerindividualdatei für beide Sekundarstufen der allgemeinbildenden Schule 3.009 Lehrer mit einer schulformbezogenen Fachlehrbefähigung für Physik. Dieser Zahl standen nach dem „fachspezifischen Lehrerbedarfsplan“ 2540 Fälle mit dem Fach Physik gegenüber und eine zu erwartende Abnahme auf nur noch 2080 Fälle im Schuljahr 1985/86. Selbst unter Berücksichtigung des Fehlens einer Aktualisierung der im Jahre 1975 angenommenen Rahmenbedingungen, erscheint für diesen Zeitraum ein *theoretischer Überhang an Physiklehrern als evident.*

Dieser theoretischen Betrachtung des Bedarfs an Physiklehrern standen *Realitäten gegenüber*, die in aller Ausführlichkeit in den vorhergehenden Abschnitten dargestellt wurden. So haben empirische Untersuchungen ergeben, daß an den Schulen nach wie vor Lehrer mit dem Fach Physik fehlten, daß Physikunterricht von Lehrern fachfremd - d.h. ohne fachspezifische Qualifikation - erteilt wurde und daß Lehrer mit dem Fach Physik bevorzugt eingestellt wurden.

Es soll nunmehr der Versuch gemacht werden, anhand von weiteren Datenanalysen zu klären, ob und in welcher Weise dieser *Widerspruch zwischen theoretischer Bedarfsplanung und schulischer Realität* sich auflösen läßt.

Im Abschnitt 7.4.1 wurde bereits auf Ergebnisse hingewiesen, die sich aus Analysen der Daten der Lehrerindividualbefragung von 1973 ergaben. Haupt- und Realschullehrer erteilten im statistischen Mittel nur 5,9 Stunden Physik und Gymnasiallehrer 8,5 Stunden. Ähnliche Werte wurden aus den erhobenen Projektdaten ermittelt. Wie das Beispiel des Regierungsbezirks Gießen zeigt, hatten sich diese Deputatsanteile für das Fach Physik nur unwesentlich verändert (vgl. Tabelle A49 des Anhangs). Im Schuljahr 1981/82 betrugen die Mittelwerte bei Lehrern an Hauptschulen 3,8 Stunden, bei Lehrern an Realschulen 6,2 Stunden, bei Lehrern an Gesamtschulen 7,4 Stunden (gewichteter Mittelwert über die drei Schulgattungen: 6,6 Stunden)[638] und bei Lehrern an Gymnasien 8,3 Stunden.

Damit ist zunächst als *schulisches Faktum festzuhalten, daß Haupt- und Realschullehrer etwa ein Viertel und Gymnasiallehrer etwa ein Drittel ihrer jeweiligen Lehrdeputate als Fachlehrer im Fach Physik Unterricht erteilen* und der Rest im jeweils anderen zweiten Fach oder in weiteren Fächern unterrichtet wurde. 1973 hatten immerhin zwei Fünftel der Gymnasiallehrer noch die Lehrbefähigung in einem dritten Fach und mehr als die Hälfte der Haupt- und Realschullehrer ebenfalls eine dritte Lehrbefähigung. Aus Projektdaten (vgl. Tabelle 39 des Abschnitts 7.4.1) ergab sich, daß zwischen 1972 und 1975 im Mittel (ohne Berücksichtigung der Lehrbefähigung für diese Fächer) Physiklehrer mit der Lehrbefähigung an Gymnasien noch Unterricht in zwei weiteren Fächern erteilten. Physiklehrer im Mittelstufenbereich ohne Gymnasien sogar in weiteren drei Fächern. Wenngleich relevante Daten aus den achtziger Jahren nicht zur Verfügung stehen, kann aus subjektiven Erfahrungen[639] angenommen werden, daß dieser Mehrfächereinsatz von Physiklehrern in einem gewissen Umfang nach wie vor besteht. Spezielle fachspezifisch ungleichmäßig zusammengesetzte Lehrerkollegien einerseits und das Erfordernis der gleichmäßigen Abdeckung des Unterrichts nach der Stundentafel andererseits sind als Ursache zu nennen.

Eine weitere ganz wesentliche Ursache für den relativ geringen Einsatz der Physiklehrer im Fach Physik wurde durch weitergehende Datenanalysen aufgefunden. Die EDV-Ausdrucke der Lehrerindividualbefragung von 1973 enthalten auch eine nach systematischen Gesichtspunkten getroffene Zusammenstellung über die Anzahl der Fälle von allen denkbaren Kombinationen von schulformbezogenen Fachlehrbefähigungen. Daraus lassen sich unter anderem die jeweilige Anzahl der Fälle ermitteln, in denen ein Lehrer mit der Lehrbefähigung im Fach Physik noch eine Lehrbefähigung in einem weiteren Fach „X" hat. Einfachheitshalber wollen wir von *Koppelungsfällen* sprechen (vgl. die Anm.1 zur Tabelle A56 des Anhangs). Solche Koppelungsfälle konnten auch für das Jahr 1983 aus den EDV-Listen über die Bewerber um Einstellung in den Schuldienst zum 1.8.1983 ermittelt werden.

Die Tabellen A56 bis A59 des Anhangs enthalten eine Zusammenstellung von solchen Koppelungsfällen von schulformbezogenen Lehrbefähigungen, wie diese aus den beiden genannten Datensätzen ermittelt werden konnten. Die Angaben beziehen sich aus den schon genannten Gründen getrennt auf Haupt- und Realschullehrer (Tab. A56 u. A57) einerseits und Gymnasiallehrer (Tab. A58 u. A59) andererseits. Die Tabellen A56 und A58 enthalten die prozentualen Anteile von Kopplungsfällen von Lehrbefähigungen im Fach Physik mit jeweils anderen Fächern. Zu Vergleichszwecken wurden die entsprechend festgestellten Daten für die Fächer Chemie und Biologie mit aufgeführt. In Anbetracht des im vorhergehenden Abschnitt festgestellten, sehr starken Überhanges an Lehrern mit einer Lehrbefähigung in „Gesellschaftslehre" wurden analoge Daten für die drei Fächer Erdkunde, Geschichte und Sozialkunde in den Tabellen A57 und A59 zusammengestellt. Mit diesem Tabellenwerk ist nicht nur ein Vergleich zwischen den naturwissenschaftlichen Fächern, sondern auch ein solcher zwischen dem Block der naturwissenschaftlichen Fächer und dem Block der Fächer der Gesellschaftslehre möglich. Beide Fächerblöcke haben nämlich im Gesamtspektrum aller Fächer nach der Stundentafel von 1976 ein besonderes Gewicht, indem in der Mittelstufe für beide Blöcke je 22 Wochenstunden ausgewiesen sind. In den Hauptfächern sind dies für Deutsch 24 Stunden, für Mathematik 23 Stunden und für die erste Fremdsprache ebenfalls 23 Stunden.

Betrachtet man zunächst die Fachlehrer für die naturwissenschaftlichen Fächer (Tabellen A56 und A58) so fällt die *Sonderstellung der Lehrer mit der Lehrbefähigung für Physik* auf. Nicht nur, daß man sowohl bei den H-R-Lehrern wie auch bei den Gymnasiallehrern ein *Maximum der Kopplung mit dem Fach Mathematik* erkennt, sondern daß sich die betreffenden Prozentzahlen sowohl im Jahre 1973 als auch im Jahre 1983 sehr deutlich von allen anderen Kopplungsfällen abheben. Bemerkenswert ist noch, daß bei den Gymnasiallehrern dieses Maximum noch deutlich größer als bei den H-R-Lehrern ist. Während der *Grad der Koppelung mit dem Fach Mathematik zwischen 1973 und 1983 deutlich zugenommen* hat, ist eine deutliche Abnahme der ohnehin erheblich schwächeren Kopplung mit dem Fach Chemie zu erkennen. Die Kopplung mit dem Fach Biologie ist bei beiden Lehrergruppen unerheblich. Chemielehrer haben in einem deutlich größeren Umfang eine Lehrbefähigung im Fach Physik als Biologielehrer.

Betrachtet man im Vergleich zu den Lehrern mit naturwissenschaftlichen Fächern, die mit Fächern der Gesellschaftslehre, so ist für keine Fachlehrergruppe eine solche Ausnahmestellung zu erkennen (Tabellen A57 und A59). Es wird nicht verkannt, daß zwischen den Fächern Physik und Mathematik eine natürliche Verbindung besteht, indem sich die Physik der Mathematik als Hilfswissenschaft bedient. Dies gilt im wissenschaftlichen Bereich ja auch bezüglich der Chemie und Biologie, ist jedoch im Falle der Schulfächer nicht von der gleichen Bedeutung wie beim Schulfach Physik. In gewisser Weise bestehen zwischen den Fächern der Gesellschaftslehre ebenfalls Beziehungen, wenngleich diese anderer Natur sind. Die Grade der Koppelung dieser Fächer untereinander im Vergleich mit den Graden der Koppelung der naturwissenschaftlichen Fächer untereinander sind jedoch im Mittel über alle Koppelungsfälle deutlich geringer. Bezüglich der Koppelung mit einem Hauptfach ist diese am stärksten in der Kombination Geschichte/Deutsch ausgeprägt. Die prozentualen Anteile erreichen jedoch bei weiten nicht den Wert des Koppelungsfalls Physik/Mathematik.

Den genannten Tabellen ist für beide Fächergruppen und beide Lehrergruppen noch eine allgemeine Tendenz zu entnehmen. Während 1973 im Mittel etwa die Hälfte der Lehrer Lehrbefähigung in drei und mehr Fächern hatten, überwiegen 1983 die Lehrer mit nur zwei Lehrbefähigungen. Diese Tendenz ist bei den Lehrern mit naturwissenschaftlichen Fächern etwas stärker ausgeprägt als bei den Lehrern mit Fächern der Gesellschaftslehre.

Zusammenfassend kann also von einer *Ausnahmestellung der Lehrer mit der Lehrbefähigung in Physik* ausgegangen werden. Die *außerordentlich starke Koppelung* mit der Lehrbefähigung für das *Hauptfach Mathematik* kann als eine wesentliche Ursache für den *relativ geringen Umfang des Einsatzes der Physiklehrer im Fach Physik* angesehen werden. Verschiedentlich hatte dies an den Schulen auch zur Folge, daß bei personellen Engpässen dem *Hauptfach Mathematik die Priorität* eingeräumt wurde und *Physikunterricht ausfallen mußte.*[640]

TEIL 12: DIE FACHRAUMKAPAZITÄTEN UND DIE GERÄTEAUSSTATTUNGEN FÜR DEN PHYSIKUNTERRICHT IN DER SEKUNDARSTUFE I IM JAHRE 1984 IM VERGLEICH ZU DEN JAHREN 1975-77

Nachdem im Teil 11 aus Datensätzen der Bildungsverwaltung Rückschlüsse auf die lehrpersonalbezogene Situation des Physikunterrichts in den Jahren 1981-1984 gezogen werden konnten, ermöglichten Befragungsergebnisse aus dem Jahre 1984 eine weitere Beurteilung der Sachausstattung der Schulen der Sekundarstufe I im Jahre 1984.

Auslöser für einen erneuten Versuch, relevante Daten über Fachraumkapazitäten und Geräteausstattungen der Schulen zu erhalten, war ein Alarmsignal, das der Verfasser Ende 1982 dem Mitteilungsblatt des Verbandes Bildung und Erziehung (VBE-Hessen) entnahm.[641] Im Rahmen einer Situationsanalyse wird dort von einer Krise der Hauptschule und der C-Kurse an integrierten Gesamtschulen gesprochen. Insbesonders würde wegen einer mangelhaften Raum- und Sachausstattung der Hauptschulen im Vergleich zu anderen Schulen einem Fünftel der Schüler der Sekundarstufe I Chancengerechtigkeit vorenthalten.

Wie schon zu Beginn des Teiles 11 erwähnt wurde, konnte wegen des „Eindämmungserlasses" von 1977[642] das ursprüngliche Vorhaben, die Erhebungsinstrumente von 1975/77 in der gleichen Form wieder zu verwenden, um einen direkten Vergleich ziehen zu können, nicht realisiert werden. In einem zeitaufwendigen Genehmigungsverfahren, das schließlich zu einer erheblichen Reduktion des Erhebungsinstrumentariums führte, konnte endlich Anfang 1984 mit der Datenerhebung begonnen werden. Ein Muster der eingesetzten Erhebungsmaterialien befindet sich als Anlage 12a bis 12d im Anhang. Ein Vergleich mit den Anlagen 2a bis 3e des Anhangs verdeutlicht, daß mit dem genehmigten Fragebogen *nur eine erheblich reduzierte Erfassung von Daten möglich war*.

Wie schon im Teilabschnitt 11.2.1 erwähnt, wurden bei der Befragung der staatlichen Schulämter/Schulträger auch Daten zur Raumausstattung und zum Bereich Lehrmittel erhoben. Diese stellen eine bedeutsame Ergänzung der Datensätze dar, die direkt über die Sammlungsleiter der Schulen gewonnen wurden.

12.1 Die Neuerstellung naturwissenschaftlicher Fachräume und der Umbau von Normalklassenräumen zwischen 1977 und 1983

Im Teil 3 wurde aufgezeigt, daß - sowohl im Rahmen der Landschulreform ab 1959 als auch seit dem Beginn der Einrichtung von Gesamtschulen ab 1969 - durch Vorgabe von Schulbaurichtlinien eine allgemeine Verbesserung der Ausstattung der Schulen mit naturwissenschaftlichen Fachräumen erfolgte. Die

Einhaltung dieser Richtlinien war den Schulträgern im allgemeinen jedoch nur möglich, weil das Land Hessen je nach der Finanzkraft der einzelnen Schulträger sich mehr oder weniger an der Finanzierung der Schulbauinvestitionen beteiligte. Nach Einrichtung des sogenannten Investitionsfonds wurden ab 1970 sogar die sogenannten „anerkannten Baukosten" zu 100% vom Land Hessen finanziert. Die Erhebungen des Hauptprojekts 1975-77 ergaben, daß diese Finanzierungshilfen hauptsächlich den Schulen des reformierten Bereichs - also Mittelpunktschulen und Gesamtschulen - zugute kamen, denn Mängel in der Ausstattung mit naturwissenschaftlichen Fachräumen bestanden überwiegend bei den Schulen des tradierten Bereichs.

Als ein Indikator für Schulbauinvestitionen können die Zuwendungen des Landes Hessen an die Schulträger angesehen werden. Während diese zwischen 1970 und 1977 jährlich durchschnittlich 332 Millionen DM betrugen, gingen sie zwischen 1978 und 1983 auf durchschnittlich jährlich 247 Millionen DM zurück.[643] In Anbetracht stark gestiegener Kosten bei Bauvorhaben, konnten deshalb die Schulträger im letztgenannten Zeitraum nur noch in geringerem Umfang Schulbauvorhaben realisieren. Die Datenbasis, die der Darstellung im Teil 3 zugrundelag, stand nach 1976 nicht mehr zur Verfügung.[644] Aus diesem Grunde wurde auf Empfehlung des Hessischen Kultusministeriums, Referat Schulbau, und des Hessischen Instituts für Bildungsplanung und Schulentwicklung (HIBS) eine direkte Erhebung über die staatlichen Schulämter in Zusammenarbeit mit den Schulträgern durchgeführt (Anlage 11a und 11c des Anhangs). Da es sich um eine *Totalerhebung* (Rücklauf 100%) handelt, ist die so gewonnene Datenbasis von gleicher Qualität wie jene, auf die im Teil 3 zurückgegriffen werden konnte. Auf die speziellen Daten zum „Bereich Lehrmittel", die gleichzeitig erhoben wurden, wird erst im Zusammenhang mit den Geräteausstattungen eingegangen.

Neben der Erfassung von Daten über Neubaumaßnahmen (Tabelle A60 des Anhangs) wurden auch spezielle Daten über Baumaßnahmen zur Umwidmung von Normalklassenräumen zu naturwissenschaftlichen Fachräumen im Zusammenhang mit dem allgemeinen Rückgang der Schülerzahlen erhoben (Tabelle A61 des Anhangs). In diesen Tabellen sind auch Baumaßnahmen bei Sonderschulen und Berufsschulen enthalten. Auf diese wird jedoch nicht weiter eingegangen.

Die Zahlen der Tabellen A60 und A61 sind in der nachfolgenden Tabelle 100 in Relation zur Gesamtheit der im Schuljahr 1983/84 bestehenden Schulen gesetzt.

Der Abfall der Hauptschulen und der Grundschulen mit Förderstufe gegenüber den anderen Schulgattungen ist offensichtlich und bestätigt hinsichtlich der Notwendigkeit einer Verbesserung der Raumausstattung (Bezugnahme

Tabelle 100: Anzahl der Schulen mit nach 1976 neu erstellten naturwissenschaftlichen Fachräumen (Schulneubau oder zusätzlicher Neubau bei bestehender Schule) und Anzahl der Schulen mit Umwidmung von Normalklassenräumen in naturwissenschaftliche Fachräume

Schul-gattung	Anz. d. Schulen[645] im Schulj. 83/84	davon mit Neubauten abs.	proz.	davon mit Umwidmungen abs.	proz.
Ges.	185 (1020)	48	25,9 %	7	3,8 %
Gym	154 (1100)	42	27,3 %	4	2,6 %
R	153 (670)	35	22,9 %	2	1,3 %
H	196 (316)	10[646]	4,0 %	5	2,0 %
GF	55 (445)	--	--	--	--

Die Zahlen in den Klammern geben die mittlere Schulgröße an.

auf die Untersuchungergebnisse von 1977) das, was der VBE-Hessen 1982 in seiner Siuationsanalyse monierte. Genauer betrachtet wird jedoch hier die *Dimensionierungsproblematik erkennbar*. Die Schulgröße der Haupt- und GF-Schulen liegt ja ganz erheblich unter der der Schulen der drei anderen Gattungen. Hinzu kommt bei diesen Schulen noch die *besonders starke Verflechtung mit der Grundschule*, die sich zwischen 1976 und 1983 nur unwesentlich verringert hat. Gymnasien und Gesamtschulen führen faktisch keine Grundschüler mehr mit und der Anteil bei den Realschulen ist unbedeutend.[647] Wegen dieser starken Verflechtung betrug im Schuljahr 1983/84 der Anteil der Hauptschüler an Hauptschulen im Mittel nur 50% aller Schüler. An den Grundschulen mit Förderstufe betrug der Anteil der Förderstufenschüler im Mittel sogar nur 45%.

Schulträger sind an die seit 1977 geltenden Schulbaurichtlinien (vgl. Teilabschnitt 3.3.2.2) gebunden, wenn sie in den Genuß von finanziellen Zuwendungen durch das Land kommen wollen. In diesen Richtlinien werden unter anderem Angaben über den erforderlichen Umfang der Ausstattung mit naturwissenschaftlichen Fachräumen gemacht. Die unterschiedlichen Umfänge beziehen sich seit 1977 auf die *Jahrgangsstärken* und nicht wie vorher auf die Anzahl der Klassen. Bezüglich der Ausstattung mit naturwissenschaftlichen Fachräumen sind naturgemäß nur die Jahrgangsstärken der SI- und SII-Schüler maßgeblich. Eine Schätzung[648] ergab für das Schuljahr 1983/84 für Gesamtschulen, Gymnasien und Realschulen Jahrgangsstärken zwischen 228 Schülern an integrierten Gesamtschulen ohne Förderstufe und 103 Schülern an Realschulen, wenn man von einer mittleren Schulgröße ausgeht. Bei der Anwendung der Schulbaurichtlinien bei Schulbauten für diese Schulgattungen konnte davon ausgegangen werden, daß eine *vertretbare Nutzung* der jeweiligen Fachräume erfolgen würde.

Den Zuordnungen von Fachräumen unter Bezugnahme auf Jahrgangsstärken liegen *Kosten-Nutzen-Analysen* zugrunde,[649] welche so *kleine schuli-*

sche Einheiten wie die der Hauptschulen und Grundschulen mit Förderstufe *im allgemeinen nicht erfassen.* Mit einer einfachen Berechnung läßt sich für diese Schulen jedoch aufzeigen, daß selbst eine *einfache Ausstattung*, bestehend aus einem kombinierten Demonstrations-Schülerübungs-Raum und einem kombinierten Sammlungs-Vorbereitdungsraum, *nur unvollständig genutzt* worden wäre:

Hauptschule mittlerer Größe: 316 Schüler insgesamt, davon 158 Hauptschüler. Denkbar sind zwei 5.Klassen, zwei 6.Klassen und je eine 7., 8. und 9.Klasse, was einer mittleren Klassenfrequenz von 22,6 Schülern je Klasse entspräche.[650] Nach der Stundentafel von 1976 waren für diese Klassen 8 Pflichtstunden in Physik zu erteilen und nimmt man noch 2 Stunden für den Wahlpflichtbereich dazu, so wären die Räume bei dieser Schule nur zu einem Drittel der üblichen 30-stündigen Wochenschulzeit in Benutzung gewesen. Eine gleichzeitige Nutzung von Physikräumen für den Chemieunterricht und umgekehrt ist aus Sicherheitsgründen jedoch sehr bedenklich.

GF-Schulen mittlerer Größen: 445 Schüler insgesamt, davon 200 Förderstufenschüler. Denkbar sind vier 5.Klassen und vier 6.Klassen, was einer mittleren Klassenfrequenz von 25 Schülern je Klasse entspräche.[650] Nach der Stundentafel war nur im 6.Schuljahr Physik mit einer Wochenstunde vorgesehen. Wöchentlich also bei dieser Schule nur eine Nutzung von 4 Unterrichtsstunden.

Bei Berücksichtigung dieser beiden Modellrechnungen ist verständlich, daß sich die Schulträger nur bei den größeren Hauptschulen in der Lage sahen, Baumaßnahmen zur Verbesserung der Ausstattung mit naturwissenschaftlichen Fachräumen vorzunehmen. Was die *GF-Schulen* betrifft, die aus ehemaligen Hauptschulen hervorgegangen sind, lagen zum Teil noch *naturwissenschaftliche Fachräume* vor, die jedoch *nicht mehr ausgelastet waren.*

Die Daten der Tabellen A60 und A61 des Anhangs weisen regional betrachtet eine starke Streuung auf. Deshalb lag es nahe, einen Vergleich mit den Regionen unter dem Aspekt sozialgeographischer Unterschiede anzustellen. Bei diesem Vergleich wurden für jeden Landkreis bzw. kreisfreie Stadt der Quotient „Anzahl der Schulen mit Neubau : Anzahl aller Schulen mit SI/SII-Schülern" berechnet und eine Rangfolge aufgestellt. Dieser wurde eine Adaption[651] der Rangfolge A des Teilabschnitts 2.3 gegenübergestellt. und ein Spearmannscher Rangkorrelationskoeffizient von $R = 0{,}08$ berechnet. Analog wurde bezüglich der Umwidmungen verfahren, was zu $R_{corr.} = -\,0{,}23$ führte.[652] Beide Werte sind nicht signifikant. Somit bestand *kein Zusammenhang zwischen den Intensitäten der Schulbaumaßnahmen und den sozialgeographischen Gegebenheiten* in den einzelnen Regionen. Im Grunde war dies auch nicht zu erwarten, wenn man die kompensatorischen Effekte berücksichtigt, die durch die Landschulreform und die Ansätze zur Strukturreform seit 1969 hervorgerufen worden waren (vgl. Teil 2).

12.2 Ergebnisse der Befragung der Sammlungsleiter für Physik im Jahre 1984

Mit dieser erneuten Befragung im Abstand von 7 bis 9 Jahren wurde der Versuch unternommen, herauszufinden, ob und in welcher Weise sich die Situation der Schulen, so wie sie sich im Zeitraum von 1975 bis 1977 darstellte, verändert hat. Konnten damals umfangreiche Erhebungen mit jeweils für Schulleiter, Sammlungsleiter und Physiklehrer speziell ausgelegte Fragebögen erfolgen, so mußte 1984 aus den schon mehrfach genannten Gründen eine Beschränkung auf nur eine Zielgruppe, nämlich die der Sammlungsleiter erfolgen. Darüber hinaus war es auch nicht möglich, den Sammlungsleiterfragebogen von 1975/77 einzusetzen, sondern einen völlig neu gestalteten, der einer Prioritätensetzung von Fragen entspricht. Mit dem Hinweis auf das Muster (Anlagen 12a - 12d des Anhangs) des Fragebogens und des Zubehörs kann hier auf eine nähere Beschreibung verzichtet werden.

12.2.1 Fragebogenrücklauf, Datenerfassung, Datenverknüpfung und Datenauswertung

Durch einen Vergleich der Schulverzeichnisse für den Zeitraum des Hauptprojekts mit dem Schulverzeichnis von 1984 (Stichtag 1.10.1983) konnte zunächst festgestellt werden, in welchem Umfang die damals erfaßten Schulen noch existierten. Bei der Erhebung von 1975-77 waren von 381 Schulen ausgefüllte Fragebögen eingegangen. Insgesamt konnten noch 353 Schulen identifiziert werden, bei denen auf Datensätze der Erhebungen im Rahmen des Hauptprojekts von 1975-77 zurückgegriffen werden konnte. Der Ausfall von 28 Schulen war ausschließlich dadurch bedingt, daß diese bis zum Schuljahr 1983/84 in reine Grundschulen (ohne SI-Schüler) umgewandelt wurden.

In der Hoffnung, daß eine nähere Beschreibung der Projektintentionen und die Mitteilung einiger wichtiger Ergebnisse der Auswertung der Daten von 1975-77 einen Motivationsschub zur Bereitschaft zum Ausfüllen des Fragebogens (Anlage 12b und 12c) bewirken könnte, wurde ein ausführliches Anschreiben an die Sammlungsleiter für Physik verfaßt (Anlage 12a) und wurden gleichzeitig mit einer Anleitung zum Ausfüllen des Fragebogens (Anlage 12d des Anhangs) Informationen über relevante Erhebungsergebnisse von 1975-77 mitgeteilt. Für weitergehend Interessierte wurden noch Hinweise auf Publikationen über die Projektarbeit und -ergebnisse gegeben. Diese Bemühungen und die üblichen Erinnerungsschreiben nach 3 Wochen führten zu einem *bemerkenswerten Rücklaufergebnis*:

Schulgattung	Anzahl der angeschriebenen Schulen	Rücklauf absolut	Rücklauf prozentual
Hauptschulen (+GF)	123	119	96,7%
Realschulen	78	78	100,0%
Gymnasien	54	54	100,0%
Gesamtschulen	98	97	99,0%

In Anbetracht des hier aufgezeigten fast vollständigen Rücklaufs von insgesamt 98,6% der verschickten Sammlungsleiterfragebogen und der Tatsache, daß 1975/77 jede zweite hessische Schule mit SI-Schülern erfaßt wurde, kann von einer *recht breiten Basis zur Beurteilung der Veränderungen in den Schulen* ausgegangen werden.

Die in den Fragebogen enthaltenen Daten wurden in der üblichen Weise in Urlisten zusammengefaßt und durch relevante Daten aus den Erhebungen des Hauptprojekts ergänzt. Damit waren Voraussetzungen für einen Vergleich der Verhältnisse in den Jahren 1975-77 mit jenen des Jahres 1984 gegeben.

Aus personellen und finanziellen Gründen konnte die erforderliche EDV-Auswertung - wie 1975-77 geschehen - nicht im Rechenzentrum der Universität Frankfurt erfolgen. Durch Vermittlung der Abteilung Ökonomie des Deutschen Instituts für Internationale Pädagogische Forschung erfolgte diese Auswertung kostenlos durch das dortige Rechenzentrum.

12.2.2 Vergleich der Stichproben von 1975/77 mit denen von 1984 bezüglich der Schulgattungen, der Schulgröße und der Verflechtung mit der Grundstufe

Zwischen 1975/77 und 1984 wurden in den einzelnen Landkreisen und kreisfreien Städten Schulentwicklungspläne mit unterschiedlichen Umfängen umgesetzt und haben sich die Größen der Schulen (Anzahl der Schüler) im Zusammenhang mit dem Rückgang der Schülerzahl im SI-Bereich verändert.

Gesamtschulen. Zu den 75 Gesamtschulen, von denen 1975 Sammlungsleiter ausgefüllte Fragebögen zurückschickten, kamen 1984 weitere *23 neue Gesamtschulen.* Diese bestanden 1975/77 in folgender Form: 1 FH, 1 GHR, 3 FHR, 5 HR, 5 R, 5 Gym. In drei Fällen entstanden die neuen Gesamtschulen durch Zusammenlegung: 1 GH + GHR und 2 Gym + HR.

Gymnasien mit SI-Schülern:Von den Gymnasien mit Rücklauf eines Sammlungsleiterfragebogens von 1976 wurden die oben aufgeführten 7 Schulen in Gesamtschulen überführt und eine Schule wurde zu einer reinen SII-Schule. Dadurch wurden es *8 Gymnasien weniger.*

Realschulen: Von den 96 Realschulen mit Rücklauf eines Sammlungsleiterfragebogens von 1977 wurden die oben aufgeführten 17 Schulen in Gesamtschulen überführt und eine Schule wurde nach Auslaufen der Realschulklassen zu einer reinen Grundschule. Dadurch wurden es *18 Realschulen weniger.*

Hauptschulen und GF-Schulen: Von 148 solcher Schulen mit Rücklauf eines Sammlungsleiterfragebogens von 1977 wurden eine in eine Gesamtschule ausgebaut (vorher FH), bei weiteren 13 Hauptschulen wurden die Hauptschulklassen in benachbarte Gesamtschulen verlagert und bei 15 Schulen mit Hauptschülern liefen die Hauptschulklassen aus, so daß reine Grundschulen übrig blieben. Insgesamt wurde dadurch die *Anzahl dieser Schulen um 29 kleiner.*

Bei den Erhebungen von 1975-77 wurden auch Daten über die Schülerzusammensetzung der Schulen und somit die Schulgröße erfaßt. Für die

Schulen der Erhebung von 1984 wurden diese Daten dem Schulverzeichnis entnommen. Damit können zunächst Vergleiche hinsichtlich der *Mittelwerte der Schulgröße* angestellt werden:

	Stichpr.1975/77	Stichpr.1984	Veränderung
Gesamtschulen	1134	1107	- 2,4%
Gymnasien	1066	1186	+ 11,3%
Realschulen	814	701	- 13,9%
H-GF-Schulen	481	336	- 30,1%

Diese Zahlen entsprechen dem allgemeinen Rückgang der Anzahl der Schüler zwischen 1976 und 1984,[653] wobei die Gymnasien eine Ausnahmestellung einnehmen. Die Abweichung vom Trend ist durch zwei Fakten erklärbar. Im Schuljahr 1983/84 lag die Spitze des Schülerbergs in der Sekundarstufe II[654] und außerdem hatten die Gymnasien schon seit einigen Jahren einen verstärkten Zulauf von Schülern zu verzeichnen. Neben der Schulgröße wurde in den Datenanalysen des Hauptprojekts als bedeutendes Merkmal der *Grad der Verflechtung mit der Grundstufe* (Anzahl der Grundschüler : Anzahl aller Schüler) erkannt. Zum Vergleich werden wieder die *Mittelwerte* herangezogen:

	Stichpr.1975/77	Stichprobe 1984	Veränderung
Gesamtschulen	0,07	0,01	- 85,7%
Gymnasien	0,00	0,00	--
Realschulen	0,10	0,07	- 30,0%
H-GF-Schulen	0,53	0,54	+ 1,9%

Die veränderten Werte von 1984 im Vergleich zu 1975/77 bei den Stichproben entsprechen den Zahlen für die Gesamtheit aller Schulen der betreffenden Gattung auf die bereits im Teilabschnitt 12.1 (im Anschluß an Tabelle 100) hingewiesen wurde.[647] Die Verflechtung bei den Realschulen hatte weiter abgenommen und war nur noch unbedeutend. *Allein bei den Hauptschulen und den Grundschulen mit Förderstufe hatte die Verflechtung mit der Grundstufe das gleiche bedeutende Gewicht behalten.*

12.2.3 Die Fachraumkapazitäten der Schulen im Jahre 1984 im Vergleich zu den Gegebenheiten in den Jahren 1975-77

Die Sammlungsleiter wurden um eine Einschätzung möglicher Veränderungen anhand einer 5-teiligen Ratingskala gebeten: Wesentlich besser - leicht besser - gleicher Stand - leicht schlechter - wesentlich schlechter.

In den Tabellen A63 bis A66 des Anhangs sind - nach Schulgattungen getrennt - die abgegebenen Urteile zusammengefaßt und mit jenen von 1975-77 (AV = ausreichend vorhanden/NAV = nicht ausreichend vorhanden/NV = nicht vorhanden) in Beziehung gesetzt worden. In diesem Zusammenhang sei noch einmal in Erinnerung gebracht, daß die Erhebungen des Hauptprojekts 1975 an den Gesamtschulen, 1976 an den Gymnasien und 1977 an den Realschulen, Hauptschulen und Grundschulen mit Förderstufe erfolgten. Die Ergebnisse dieser Erhebungen sind im Teilabschnitt 8.1 dargestellt.

Eine Übersicht ohne Bezugnahme auf die Daten von 1975/77 liefern zunächst die nachfolgenden Tabellen, wobei die Prozentzahlen aus den Werten der Tabellen A63 bis A66 errechnet wurden. Sie beziehen sich jeweils auf den Stichprobenumfang der betreffenden Schulgattung.

Tabelle 101: Beurteilung der Veränderung der Kapazität von *Demonstrationsräumen* zwischen 1975/77 und 1984 durch die Sammlungsleiter

Schulgattung (N)	Ges (97)	Gym (54)	R (78)	H+GF (119)
wesentlich besser	15,5 %	3,7 %	30,8 %	4,2 %
leicht besser	12,4 %	16,7 %	12,8 %	1,7 %
gleicher Stand	66,0 %	61,1 %	52,6 %	*91,6 %*
leicht schlechter	6,2 %	14,8 %	1,3 %	1,7 %
wesentlich schlechter	---	3,7 %	2,6 %	0,8 %

Tabelle 102: Beurteilung der Veränderung der Kapazität von *Schülerübungsräumen* zwischen 1975/77 und 1984 durch die Sammlungsleiter

Schulgattung (N)	Ges (97)	Gym (54)	R (78)	H+GF (119)
wesentlich besser	20,6 %	13,0 %	28,2 %	3,4 %
leicht besser	15,5 %	13,0 %	12,8 %	---
gleicher Stand	55,7 %	55,6 %	57,7 %	*96,6 %*
leicht schlechter	7,2 %	14,8 %	1,3 %	---
wesentlich schlechter	1,0 %	3,7 %	---	---

Tabelle 103: Beurteilung der Veränderung der Kapazität von *Sammlungsräumen* zwischen 1975/77 und 1984 durch die Sammlungsleiter

Schulgattung (N)	Ges (97)	Gym (54)	R (78)	H+GF (119)
wesentlich besser	16,5 %	7,4 %	28,2 %	3,4 %
leicht besser	6,2 %	13,0 %	6,4 %	1,7 %
gleicher Stand	74,2 %	70,4 %	61,5 %	*91,6 %*
leicht schlechter	3,1 %	5,6 %	2,6 %	1,7 %
wesentlich schlechter	---	3,7 %	1,3 %	1,7 %

Tabelle 104: Beurteilung der Veränderung der Kapazität von *Vorbereitungsräumen* zwischen 1975/77 und 1984 durch die Sammlungsleiter

Schulgattung (N)	Ges (97)	Gym (54)	R (78)	H+GF (119)
wesentlich besser	15,5 %	5,6 %	24,4 %	2,5 %
leicht besser	5,2 %	13,0 %	6,4 %	0,8 %
gleicher Stand	74,2 %	68,5 %	65,4 %	*96,6 %*
leicht schlechter	4,1 %	9,3 %	1,3 %	---
wesentlich schlechter	1,0 %	3,7 %	2,6 %	---

Grob betrachtet spiegeln die Prozentzahlen der Tabelle 101 bis 104 nur zum Teil wider, was man - in Unkenntnis anderer Gründe - aufgrund der im Teilabschnitt 12.1 dargestellten Schulbauintensitäten der Schulträger hätte erwarten können. *Daß zwischen 1977 und 1984 an den Hauptschulen und den Grundschulen mit Förderstufe sich nur ganz geringe Veränderungen vollzogen hatten*, steht durchaus im Einklang mit der aufgezeigten ganz geringen Bauintensität bei diesen Schulgattungen. Würde man lediglich die Schulbauintensitäten als Grund für Verbesserungen oder deren Ausbleiben ansehen, so müßten die Prozentzahlen bei den Gymnasien deutlich größer sein, als dies in den Tabellen der Fall ist.

Im Zusammenhang mit der Feststellung von Veränderungen, waren die Sammlungsleiter auch noch um die *Angabe von Gründen für solche Veränderungen* gebeten worden.[655]

Betrachtet werden zunächst die *Gründe*, welche die Sammlungsleiter *für eine Verbesserung der Fachraumkapazitäten* angaben. Ausschließlich wurden die folgenden angegeben:

a) Verbesserungen durch Bereitstellung (Neubau oder Umbau) von zusätzlichen Räumen
b) Verbesserung durch die Abnahme der Schülerzahlen.

Bei der Analyse der angegebenen Gründe konnte eine weitgehende Übereinstimmung bei den Sammlungsleitern der Gesamtschulen, der Realschulen und der Hauptschulen/Grundschulen mit Förderstufe festgestellt werden, während sich die Begründungen der Sammlungsleiter der Gymnasien davon ganz deutlich abheben.

Bezogen auf alle vier Raumspezies wurden von den erstgenannten Sammlungsleitern 292 Begründungen angegeben. Von den Sammlungsleitern der Gymnasien liegen 46 Begründungen vor. Bemerkenswert ist, daß bei beiden Gruppen *unabhängig vom Grad der Verbesserung* in gleichartiger Weise Begründungen angegeben wurden:

	an den Gymnasien	an den anderen Schulen
Begründung a)	71,7%	71,6%
Begründung b)	28,3%	28,4%

Ganz anders verteilen sich die angegebenen Gründe bei *Aufsplittung nach den beiden Graden der Verbesserungen*:

		an den Gymnasien	an den anderen Schulen
Baumaßnahmen als Grund der	wesentl. Verb.	45,5%	78,9%
	leichten Verb.	54,5%	21,1%
Rückgang der Schülerzahlen als Grund der	wesentl. Verb.	7,7%	50,6%
	leichten Verb.	92,3%	49,4%

An den Gymnasien haben nach dem Urteil der Sammlungsleiter die erfolgten *Baumaßnahmen* in der Zeit zwischen 1977 und 1984 *nur etwa zur Hälfte zu wesentlichen Verbesserungen* der Fachraumkapazitäten geführt, *während diese bei den anderen Schulen sich wesentlich stärker auswirkten*. Soweit an Teilen der Gymnasien ein *Schülerrückgang* zu verzeichnen war - was allerdings nicht im Trend lag - führte dies offensichtlich *im Gegensatz zu den anderen Schulen nur zu leichten Verbesserungen* von Fachraumkapazitäten. Hinsichtlich der

Baumaßnahmen ist noch ein Vergleich zwischen Gesamtschulen und Gymnasien aufschlußreich, da bei diesen die Summe der relativen Zahlen über Neubaumaßnahmen und Umwidmungen nach Tabelle 100 des Teilabschnitts 12.1 mit 29,7% (Ges) und 29,9% (Gym) faktisch gleich sind. Bei den Gesamtschulen führten die Bauaktivitäten bei 3 von vier Schulen zu wesentlichen Verbesserungen, während dies bei den Gymnasien nur knapp bei jeder zweiten Schule der Fall war. *Es wird vermutet, daß bei den Bauplanungen für Gymnasien*, die sich wie in allen Fällen von Schulbaumaßnahmen über einige Jahre erstreckten, *nicht vorausgesehen werden konnte, daß bei einer allgemeinen Abnahme der Schülerzahlen gerade an den Gymnasien ein so starker umgekehrter Trend einsetzen würde.*

Den Tabellen 101 bis 104 ist weiterhin zu entnehmen, daß sich die Prozentwerte für *Verschlechterung der Fachraumkapazitäten* bei den Gymnasien deutlich von denen der anderen Schulen abheben. Während *bei den Gymnasien sich die Verbesserungen und Verschlechterungen die Waage gehalten hatten, überwogen bei allen anderen Schulgattungen die Verbesserungen.*

Was die Angabe von *Gründen für Verschlechterungen* betrifft, kann auch hier die gleiche Gruppierung wie oben vorgenommen werden, da die Angaben der Sammlungsleiter der Gymnasien sich wieder von denen der Sammlungsleiter der anderen Schulgattungen - mit weitgehenden Ähnlichkeiten - unterscheiden. Im Vergleich zu den Angaben von Gründen für Verbesserungen liegen hier weit weniger Einzelangaben vor, die sich zu 6 Kategorien von Gründen zusammenfassen lassen. In der nachfolgenden Auflistung sind die *Anzahl der Fälle* solcher Begründungen angegeben, die sich wieder auf alle vier Raumspezies beziehen.

Gründe für die Verschlechterung von Fachraumkapazitäten:

	an den Gymnasien	an den anderen Schulen
Zunahme von Schülern	18	2
Leistungskurse in der SII	5	-
Wahlpflichtkurse in der SI	-	1
ungenügende Umbaumaßnahmen	1	1
Zusammenlegung von Schulen	-	7
Wegfall von Räumen (Nutzungsänderung)	-	18
Zerstörungen ohne Instandsetzung	-	16

Der *bedeutendste Grund für Verschlechterungen* wurde *bei den Gymnasien* also in der *Zunahme der Schülerzahlen* gesehen. In 5 Fällen handelte es sich um wesentliche und in 13 Fällen um leichtere Verschlechterungen. Dieser Grund war bei den anderen Schulen (nur Gesamtschulen) unbedeutend, da ja hier auch generell eine Abnahme der Schülerzahlen vorlag.

Zusammenlegungen beziehen sich ausschließlich auf *Gesamtschulen*, die neu eingerichtet wurden und bei denen *Schüler zusätzlich in ein bestehendes Gebäude* hinzukamen und *Neubaumaßnahmen noch nicht erfolgt waren.*

Einer der bedeutendsten Gründe für Verschlechterungen wurde im *Wegfall von Räumen durch Nutzungsänderungen* gesehen. Dazu einige typische Angaben der Sammlungsleiter:

- „Übungsraum zum Fotolabor umfunktioniert" (Ges)
- „Nur noch Nutzung als Film/Video-Vorführraum" (Ges)
- „Vorbereitungsraum wurde Elternsprechzimmer" (R)
- „Wegfall des Bio-Raums, jetzt Bio im Physikraum" (R)
- „Wegfall der Räume, da Ziel Grundsch. mit Förderstufe" (H)

Was die *Zerstörungen in Fachräumen* betrifft, die als Grund für Verschlechterungen nur von Sammlungsleitern von *Gesamtschulen und Hauptschulen* (je zur Hälfte) nicht aber von Realschulen und Gymnasien angegeben wurden, so wurde diesbezüglich mehrfach auf die *Disziplinlosigkeit der Schüler* hingewiesen.[656] In fast allen Fällen wurde beklagt, daß die Schulträger keine finanziellen Mittel zur Behebung der Schäden zur Verfügung stellen würden.[657]

Wie die Prozentzahlen der Tabellen 101 bis 104 zeigen, traten zwischen 1975/77 und 1984 nicht nur an der weitaus überwiegenden Anzahl von Hauptschulen/Grundschulen mit Förderstufe sondern auch bei den drei anderen Schulgattungen bei der Mehrzahl der Schulen keine Veränderung der Fachraumkapazitäten ein. Die in den Tabellen A63 bis A66 enthaltenen Informationen über Veränderungen in Bezugnahme auf die eingangs erklärten Fachraumkapazitätsausprägungen AV, NAV und NV sind wegen der Datenfülle und den jeweils unterschiedlichen Fallzahlen relativ unübersichtlich, um eine *Bewertung der Veränderungen* vornehmen zu können. Aus diesem Grunde wurden aus den Daten der Tabelle A63 bis A66 in zusammenfassender Weise *Bewertungsmaßzahlen* errechnet. Dabei liegt folgende Verfahrensweise vor:

1. *Datenblock Unterrichtsräume*: Hier werden die Daten über Demonstrationsräume und Schülerübungsräume zusammenfassend betrachtet. Dabei liegt die Überlegung zugrunde, daß Schulen zum Teil nur kombinierte Räume für Demonstrationsunterricht und Schülerübungen haben und ersatzweise Demonstrationsunterricht auch schon mal in einem Schülerübungsraum durchgeführt werden kann.
2. *Datenblock Organisationsräume*: Hier bezieht sich die Zusammenfassung auf Sammlungs- und Vorbereitungsräume. In der überwiegenden Anzahl der Schulen sind diese Räume nicht getrennt, bzw. werden auch Geräte in Vorbereitungsräumen aufbewahrt.
3. Die 1984 von den Sammlungsleitern *abgegebenen Beurteilungen* werden wie folgt *gewichtet*:
   wesentlich besser +2, leicht besser +1, gleicher Stand 0,
   leicht schlechter -1, und wesentlich schlechter -2.
4. In den beiden Datenblöcken werden *getrennte Teilblöcke* betrachtet, die durch die Daten von 1975/77 mit den Merkmalsausprägungen AV, NAV und NV bestimmt sind.

5. Die jeweiligen Fallzahlen werden mit den zugehörigen Gewichten multipliziert und die jeweilige Produktsumme durch die Gesamtzahl der Fälle dividiert. Das Ergebnis ist die *Bewertungsmaßzahl.*[658]

Der Wertevorrat dieser Bewertungsmaßzahlen umfaßt für die Teilblöcke AV und NAV das Intervall +2...0...-2 und für den Teilblock NV nur den positiven Teil +2...0, da ja nicht existierende Räume sich auch nicht verschlechtern können.

Tabelle 105: Zur Bewertung der Veränderungen von Fachraumkapazitäten auf der Basis der Beurteilung der Sammlungsleiter im Jahre 1984 im Vergleich zu den Daten der Jahre 1975-77

	Unterrichtsräume						Organisationsräume					
Schul-	AV		NAV		NV		AV		NAV		NV	
gattung	F	Bew.	F	Bew.	F	Bew.	F	Bew.	F	Bew.	F	Bew.
Ges	110	+0,25	47	+0,59	21	+0,48	122	+0,19	39	+0,49	17	+0,59
Gym	42	+0,05	38	+0,21	4	+0,25	46	+0,09	30	–0,07	8	+0,25
R	47	+0,38	65	+0,69	30	+0,83	60	+0,28	63	+0,76	19	+0,42
H+GF	127	+0,02	50	+0,04	59	+0,10	127	+0,01	58	–0,02	51	+0,20
alle	326	+0,15	200	+0,41	114	+0,37	355	+0,13	190	+0,34	95	+0,32

F = Anzahl der Fälle, Bew. = Bewertungsmaßzahl

Die Bewertungsmaßzahlen der Tabelle 105 liegen alle mehr oder weniger deutlich unter dem Wert +1 und bei Zusammenfassung aller Schulgattungen sogar deutlich unter dem Wert + 0,50. Werden also Verbesserungen und Verschlechterungen gegeneinander aufgewogen, so bleiben für die *Gesamtheit aller Schulen* in Anbetracht dessen, daß bei deutlich mehr als der Hälfte aller Schulen sich zwischen 1975/77 und 1984 nichts veränderte, *nur eine ganz schwache Verbesserung der Fachraumkapazitäten* übrig. Betrachtet man die Zahlen der Tabelle 105 getrennt nach Schulgattungen, so hatten sich die *deutlichsten Verbesserungen an den Realschulen und danach an den Gesamtschulen* vollzogen. In beiden Fällen als *Folge der aufgezeigten Schulbaumaßnahmen bei gleichzeitigem Rückgang der Schülerzahlen.* Die *sehr schwachen Verbesserungen bei den Gymnasien* (sogar mit einer Verschlechterung bei den Organisationsräumen) lagen noch deutlich unter denen für die Gesamtheit aller Schulen. Offensichtlich hatten die *Baumaßnahmen an den Gymnasien* - im gleichen Umfang wie an Gesamtschulen (vgl. Tabelle 100) - *im Zusammenhang mit dem Anstieg der Schülerzahlen nicht allzuviel bewirkt.* An den *Hauptschulen/Grundschulen mit Förderstufe* hatten sich zwischen 1977 und 1984 offensichtlich *keine Verbesserungen* ergeben. Da 1977 *ganz erhebliche Defizite bestanden*, wird hier indirekt bestätigt, was eingangs dieses Teiles 12 als Erkenntnis des VEB-Hessen zitiert wurde.[641]

12.2.4 Die Geräteausstattungen der Schulen im Jahre 1984 im Vergleich zu den Gegebenheiten in den Jahren 1975-77

Ebenfalls mit der in 12.2.3 beschriebenen 5-teiligen Ratingskala haben die Sammlungsleiter 1984 die Veränderungen der Ausstattung ihrer Schule sowohl hinsichtlich des Bestandes an Demonstrationsgeräten wie auch hinsichtlich des Bestandes an Schülerübungsgeräten beurteilt.

In den Tabellen A67 und A68 des Anhangs sind - wieder getrennt nach Schulgattungen - die abgegebenen Urteile zusammengefaßt und mit ausgewählten Ausstattungsvariablen bezüglich der Projektdaten von 1975/77 in Beziehung gesetzt worden. Bei den ausgewählten Variablen handelt es sich um die Bewertungsmaße AFD (für Demonstrationsgerät) und AFS (für Schülerübungsgerät), die im Teilabschnitt 8.2.3.2 definiert sind. In gewisser Weise beschreiben diese Variablen auch die Umfänge der Ausstattungen. Zur *Unterscheidung von 1975/77 besser und schlechter ausgestatteter Schulen*, wurde pragmatisch vorgegangen. Für jede Schulgattung wurde jeweils für beide Variablen AFD und AFS der Median ermittelt. Die Zuordnung zum Datenblock (AFD(+) bzw. AFS(+) erfolgte, wenn die Werte der Variablen jeweils größer als der Medianwert waren. Für die anderen Fälle erfolgte die Zuordnung zum Datenblock AFD(-) bzw. AFS(-).

Eine Übersicht ohne Bezugnahme auf die Daten von 1975/77 liefern zunächst die nachfolgenden Tabellen. Die Prozentzahlen wurden aus den Werten der Tabellen A67 und A68 errechnet und beziehen sich jeweils auf den Stichprobenumfang der betreffenden Schulgattung.

Tabelle 106: Beurteilung der Veränderung der Ausstattung mit *Demonstrationsgeräten* zwischen 1975/77 und 1984 durch die Sammlungsleiter

Schulgattung (N)	Ges (97)	Gym (54)	R (78)	H+GF (119)
wesentlich besser	13,4 %	14,8 %	30,8 %	9,2 %
leicht besser	51,6 %	63,0 %	44,9 %	32,8 %
gleicher Stand	21,6 %	9,3 %	18,0 %	49,6 %
leicht schlechter	11,3 %	11,1 %	6,4 %	6,7 %
wesentlich schlechter	2,1 %	1,9 %	---	1,7 %

Tabelle 107: Beurteilung der Veränderung der Ausstattung mit *Schülerübungsgeräten* zwischen 1975/77 und 1984 durch die Sammlungsleiter

Schulgattung (N)	Ges (97)	Gym (54)	R (78)	H+GF (119)
wesentlich besser	16,5 %	11,1 %	28,2 %	5,0 %
leicht besser	18,6 %	27,8 %	16,7 %	16,8 %
gleicher Stand	36,1 %	33,3 %	41,0 %	63,0 %
leicht schlechter	19,6 %	22,2 %	10,3 %	10,9 %
wesentlich schlechter	9,3 %	5,6 %	3,9 %	4,2 %

Anders als bei den Angaben der Sammlungsleiter bezüglich der Fachraumkapazitäten dominieren in den Tabellen 106 und 107 nicht die Urteile „gleicher Stand“. Bei deutlich mehr Schulen hatte sich eine Verbesserung der

Geräteausstattungen ergeben als dies bei den Fachraumkapazitäten der Fall war. Die beiden Tabellen weisen jedoch auch deutlich mehr Schulen mit Verschlechterung der Gerätebestände aus. Die *Verbesserungen* lagen offensichtlich *stärker bei den Demonstrationsgerätebeständen* vor, während die *Verschlechterungen beim Schülerübungsgerät schwerwiegender* waren. Dieser *Unterschied ist aus curricularer Sicht bedeutsam*, wenn man an den Stellenwert denkt, dem der Schülerübungsunterricht in der Sekundarstufe I zukommen sollte.

Ebenso wie bei der Frage nach den Veränderungen der Fachraumkapazitäten haben die Sammlungsleiter in der überwiegenden Mehrzahl *Gründe für die Veränderungen der Gerätebestände* angegeben, wobei inhaltlich keine wesentlichen Unterschiede zwischen den einzelnen Schulgattungen ausgemacht werden konnten.

Für *Verbesserungen wurden vier Hauptgründe* mit der nachfolgend angegebenen Anzahl von Nennungen angegeben:

	Demonstrationsgeräte	Schülerübungsgeräte
Baumaßnahmen, Umwidmungen von Räumen und Renovierung von Räumen	43	40
Umwandlung der Schulgattung	8	7
Sonderetat des Schulträgers	33	18
Mittel des laufenden Etats (einschließl. der Elternspende) *jedoch nur für geringe Ergänzungen*	110	27

Die ersten drei Hauptgründe beziehen sich in der Mehrzahl (Demonstrationsgeräte 65%, Schülerübungsgeräte 68%) auf die Fälle „wesentlicher Verbesserungen". Der vierte Grund dagegen ausschließlich auf die Fälle „leichter Verbesserung".

Erwähnenswert sind noch einige *Begründungen, die etwas aus dem Rahmen fallen*:

An drei Gesamtschulen Verbesserungen im Zusammenhang mit *Schulversuchen,* an einer Gesamtschule und zwei Realschulen wegen eines besonderen *Verhandlungsgeschicks* mit dem Schulträger bzw. einer *besonderen Beziehung zur Kreistagslobby*. An zwei Gesamtschulen und einer Realschule hatten Physiklehrer durch *Selbstbau von Geräten* Verbesserungen erzielt.

Was die *Verschlechterungen* betrifft, wurden nur *zwei Hauptgründe* genannt (Anzahl der Nennungen):

	Demonstrationsgeräte	Schülerübungsgeräte
Etatmittel für Geräteersatz völlig unzureichend	21	19
Wegfall von Geräten wegen Verschleiß Zerstörung oder Diebstahl (kein Ersatz)	15	62

Offensichtlich ist der *Wegfall von Schülerübungsgerät* für diesen Ausstattungsbereich *der bedeutendste Grund* für Verschlechterungen. Hervorzuheben ist, daß beim Schülerübungsgerät bei Angabe dieser beiden Hauptgründe sogar bei jeweils 26% der Fälle „wesentliche Verschlechterungen“ vorlagen. Beim Demonstrationsgerät dagegen aus finanziellen Gründen nur bei 5% der Fälle und aus Gründen des Wegfalls bei 15% der Fälle.

Auch hier sind einige *Gründe* zu nennen, *die etwas aus dem Rahmen fallen*:

Abzug von Geräten und Überführung dieser an eine andere Schule durch den Schulträger im Falle je einer Hauptschule, einer Realschule und eines Gymnasiums. *Schlechte Geräteverfügbarkeit wegen der Zunahme von Fachlehrern* infolge der Schülerzunahme an einem Gymnasium. *Fehlen einer Fachkraft* an einer Hauptschule. *Korrosionen an der Mehrzahl der Geräte* wegen baulicher Mängel einer Hauptschule.

Um eine *Gesamtbewertung der Veränderungen* der Geräteausstattungen vornehmen zu können, wurde analog der Bewertung im Teilabschnitt 12.2.3 verfahren (Tabelle 105). Die in den beiden Datenblöcken der Tabellen A67 und A68 des Anhangs zusammengestellten Beurteilungen wurden auf die gleiche Weise gewichtet und es wurden wie dort auf die gleiche Art und Weise die *Bewertungsmaßzahlen* berechnet. Anstelle der dort betrachteten drei Teilblöcke werden hier nur die eingangs dieses Teilabschnitts beschriebenen Teilblöcke AFD(+) und AFD(-) bzw. AFS(+) und AFS(-) zum Vergleich herangezogen. Der *Wertevorrat* der berechneten Bewertungsmaßzahlen umfaßt für alle Teilblöcke das Intervall +2...0...-2.

Tabelle 108: Zur Bewertung der Veränderungen von Geräteausstattungen auf der Basis der Beurteilung der Sammlungsleiter im Jahre 1984 im Vergleich zu den Daten der Jahre 1975-77

	Demonstrationsgerät				Schülerübungsgerät			
Schul-	AFD (+)		AFD (-)		AFS (+)		AFS (-)	
gattung	F	Bew.	F	Bew.	F	Bew.	F	Bew.
Ges	49	+0,49	48	+0,77	48	–0,21	48	+0,47
Gym	27	+0,89	27	+0,67	27	+0,26	27	+0,07
R	39	+0,77	39	+1,23	39	+0,56	39	+0,54
H+GF	60	+ 0,37	59	+0,46	59	+0,08	60	+0,07
alle	175	+0,57	173	+0,75	173	+0,14	175	+0,29

F = Anzahl der Fälle, Bew. = Bewertungsmaßzahl

Bei den Bewertungsmaßzahlen werden Verbesserungen und Verschlechterungen gegeneinander aufgewogen. Bis auf je einen Fall bei den Realschulen und Gesamtschulen liegen die Bewertungsmaßzahlen zwischen 0 und 1, so daß für die *Gesamtheit der Schulen nur von einer schwachen Verbesserung* ausgegangen werden kann, die von den Sammlungsleitern im Vergleich zu den Fachraumkapazitäten nur beim Demonstrationsgerätebestand als etwas besser beurteilt wurde. Wie schon oben hervorgehoben, lag offensichtlich der *Schwerpunkt der Verbesserungen beim Demonstrationsgerät.* Ebenso wie bei den Fachraumkapazitäten *fallen die Hauptschulen/Grundschulen mit Förderstufe deutlich gegenüber den anderen Schulgattungen ab*. Ein weiterer Beleg für die vom VEB-Hessen 1982 veröffentlichte Situationsanalyse für die Schulen. *Am deutlichsten erscheinen die Verbesserungen bei den Realschulen* und dort gerade bei jenen, die im Vergleich zu den anderen beim Demonstrationsgerät 1977 die größeren Defizite hatten. An den *Gymnasien* ist der Unterschied in den Veränderungen zwischen Demonstrationsgeräte- und Schülerübungsgerätebestände am gravierendsten. In Anbetracht der 1976 festgestellten erheblichen Defizite *beim Schülerübungsgerät* erscheint die für 1984 angezeigte *Veränderung als völlig unzureichend*. Daß bei den *Gesamtschulen* bei jenen, die im Vergleich zu den anderen 1975 mit *Schülerübungsgerät* besser ausgestattet waren, *1984 sogar eine Verschlechterung* eingetreten war, findet zum Teil eine Erklärung dadurch, daß die Anzahl der Nennungen der oben beschriebenen Verschlechterungsgründe gerade bei den Gesamtschulen sehr groß im Vergleich zur Gesamtheit aller anderen Schulen war.

Zusammenfassende Beurteilung der Ausstattungssituation an den Schulen im Jahre 1984:
Nach dem Urteil der Sammlungsleiter hat sich die Ausstattungssituation zwischen 1975/77 und 1984 nur schwach verbessert, so daß die seinerzeit *festgestellten Defizite 1984 bei weitem nicht behoben waren*. Der aus den Rahmenrichtlinien ableitbaren *curricularen Forderung nach Intensivierung von Schülerübungen in der Sekundarstufe I wurden insbesonders die Veränderungen der Ausstattungen der Schulen mit Schülerübungsgeräten nicht gerecht*. Trotz der 1977 bei den *Hauptschulen/Grundschulen mit Förderstufe* festgestellten gravierenden Defizite lagen hier 1984 im Vergleich zu den anderen Schulen *nur unwesentliche Verbesserungen* vor.

12.3 Die Veränderungen in den Beständen der Schulen an physikalischen Experimentiergeräten zwischen 1975-77 und 1984 unter ökonomischen Aspekten

Betrachtet man den Verlauf des curricularen Prozesses bezüglich der Revision des Lehrplanes für den Physikunterricht in der Sekundarstufe I unter dem Aspekt der Verpflichtung der Schulträger, den Schulen die erforderlichen finanziellen Mittel zur Angleichung der Gerätbestände an die Rahmenrichtlinien zur Verfügung zu stellen, so sind gemäß der seinerzeitigen Rechtslage drei zeitliche Abschnitte zu beachten.

Nach dem Erscheinen der Erstfassung der Rahmenrichtlinien Physik SI im Jahre 1972 bestand bis zum Jahre 1976 - der Veröffentlichung der geringfügig veränderten Zweitfassung - für die Schulträger eigentlich kein Handlungsbedarf. In dieser Zeitspanne waren Schulen und Öffentlichkeit i.w. nur zur Stellungnahme aufgefordert und die Schulen, soweit sie sich dazu in der Lage sahen, freiwilligen Erprobung von Teilen der Rahmenrichtlinien ermuntert worden.

Nach dem Erscheinen der Zweitfassung im Jahre 1976 gingen die Rahmenrichtlinien Physik SI in die verpflichtende Erprobung für alle Schulen. Diese sollte zunächst 1980 beendet sein und wurde später bis 1984 verlängert. Aus dieser Verlängerung ergab sich - quasi stillschweigend - eine endgültige Verabschiedung als verbindliche Grundlage für den Physikunterricht in der Sekundarstufe I, was allein schon daraus hervorgeht, daß die Rahmenrichtlinien bis heute (1994) in ihrer Fassung von 1976 noch nicht abgelöst wurden.

Konnten die Schulträger bis zum Jahre 1980 noch von der Vorläufigkeit der Rahmenrichtlinien Physik SI ausgehen, so war jedoch nach der Veröffentlichung der „Rahmenrichtlinienbezogenen Ausstattungskataloge" für den naturwissenschaftlichen Unterricht in der Sekundarstufe I (siehe Teil 10) im Jahre 1980 ein eindeutiges Signal dafür gegeben worden, daß es sich bei den Rahmenrichtlinien Physik SI um für längere Zeit geltende verbindliche Richtlinien für den Physikunterricht handeln dürfte. Nachdem nunmehr eine objektive Grundlage für die Ausstattung der Schulen, wie von den Schulträgern gefordert, vorlag, sollten den Schulen auch die erforderlichen finanziellen Mittel zugewiesen werden.

In den nachfolgenden Teilabschnitten wird anhand speziell erhobener Daten aufgezeigt, *daß den Schulen nur unzureichende finanzielle Mittel zur Verfügung standen und deshalb auch nur geringfügige Verbesserungen der Gerätebestände* - wie in den vorhergehenden Teilabschnitten aufgezeigt wurde - möglich waren.

12.3.1 Anmerkungen zu den erhobenen Datensätzen

Zwei Sätze finanzieller Daten, jeweils nur *qualitativer* Natur, wurden erhoben. Trotz des niedrigen Datenniveaus läßt sich mit ihnen die obige Behauptung belegen. Für die Beschränkung auf das qualitative Niveau gab es Gründe.

Der erste Satz von Daten, mit dem Aussagen über die Zuweisung von finanziellen Mitteln zur Beschaffung von Lehrmitteln an den Schulen gemacht werden können, wurde bei der Befragung der staatlichen Schulämter/Schulträger im Herbst 1983 erhoben. Nach den Erfahrungen, die C. Mirgel 1976 bei seinen Erhebungen bei den Schulträgern machte (siehe Teilabschnitt 9.3.1), wurde *bewußt auf die Erhebung quantitativer Daten verzichtet*, da damals nur ein sehr unvollständiger Rücklauf von ausgefüllten Fragebögen erreicht wurde. Die Beschränkung auf qualitative Daten führte hier auf einen *lückenlosen Datensatz*.

Nachdem C. Mirgel bereits 1977 in ausreichendem Maße quantitative finanzielle Daten über die Physiketats der Schulen erhoben hatte (siehe Teilabschnitt 9.3.2) efolgte bei der Befragung der Sammlungsleiter Physik in der zweiten Hälfte des Schuljahres 1983/84 nur eine ergänzende Frage zum Etat, in der es um die Erfassung von Daten über die Verwendung von Etatmitteln ging. Auch hier mußte, schon aus Gründen der eingangs dieses Teils erwähnten erzwungenen Beschränkung der Befragungsinhalte, auf exakte quantitative Angaben verzichtet werden. Es wurden nur Schätzwerte verlangt.

12.3.2 Die Bereitstellung von finanziellen Mittel durch die Schulträger unter Berücksichtigung der allgemeinen wirtschaftlichen Lage zwischen 1980 und 1983

Die allgemeine wirtschaftliche Lage am Anfang der achtziger Jahre war durch eine lang anhaltende Rezession bestimmt, die mit einer deutlichen Abnahme des Sozialprodukts 1980 einsetzte und in den drei folgenden Jahren durch negative Veränderungswerte des Sozialprodukts hervortrat.[659]

Daß sich diese allgemeine wirtschaftliche Lage auf die Finanzkraft der Schulträger - in der Regel die kreisfreien Städte und die Landkreise - auswirkte, muß nicht weiter erläutert werden. Im Zusammenhang mit der Kreisumlage[660] können die Steuereinnahmen der Gemeinden und Gemeindeverbände als der wesentlichste Indikator für die Finanzkraft angesehen werden. Lagen im Landesdurchschnitt diese jährlichen Steuereinnahmen je Einwohner 1974 bei 575 DM, so stiegen sie bis 1980 auf 894 DM an, um dann als Folge der Rezession 1981 auf 867 DM, 1982 auf 629 DM abzufallen und erst 1983 wieder leicht auf 666 DM anzusteigen.[661]

Auf dem Hintergrund der beschriebenen allgemeinen wirtschaftlichen Lage, die naturgemäß den finanziellen Spielraum der Schulträger einengte, wurde der Befragungsteil „3. Bereich Lehrmittel“ (Anlage 11c) gewählt. Die erhobenen Daten sind in der Tabelle A62 des Anhangs zusammengestellt.

Die Ergebnisse dieses Befragungsteils untermauern subjektive Erfahrungen, die der Verfasser bereits in den Jahren 1980-82 an einigen Schulen im Rahmen der Schulpraktika von Lehrerstudenten machte. Sie lassen sich folgendermaßen zusammenfassen:

1) Genau die *Hälfte aller Schulträger* gaben an, daß sie in den beiden letzten Jahren (1981/82 und 1982/83) die *finanziellen Beträge* für Ersatzbeschaffungen und Neuanschaffung von Lehrmitteln *gesenkt hatten*. Die andere Hälfte verneinte dies.
2) 5 Schulträger bezeichneten die Senkungen als bedeutend und 13 Schulträger als geringfügig.
3) Was die finanziellen Mittel bei *Erstausstattungen* betrifft, so lagen *nur bei 3 Schulträgern Senkungen* vor. Alle anderen verneinten dies.

Diese Zusammenfassung erklärt die Tatsache, daß nach Angaben der Sammlungsleiter *wesentliche Verbesserungen der Gerätebestände vornehmlich im Zusammenhang mit Neubaumaßnahmen* erreicht wurden und sonst nur leichte Verbesserungen und überwiegend Stagnation der Ausstattungsverhältnisse vorlagen, was im Teilabschnitt 12.2.4 aufgezeigt wurde.

Was die Senkung der finanziellen Beträge für Lehrmittel betrifft, bestanden *keine regionalen Abhängigkeiten*, denn die betreffenden Schulträger verteilen sich gleichmäßig auf die drei sozialgeographischen Kreisgruppen nach Teilabschnitt 2.3.

Untersucht wurde noch, ob ein Zusammenhang zwischen den Angaben der Schulträger über Mittelkürzungen und den Angaben der Sammlungsleiter hinsichtlich der Veränderungen in den Gerätebeständen bestanden, wobei nur Schulen berücksichtigt wurden, bei denen die Angaben „gleicher Stand" oder „Verschlechterung (in beiden Ausprägungen)" vorlagen:

	Schulen mit gleichem Stand	Schulen mit Verschlechterungen
Schulen von Schulträgern mit Mittelkürzungen	48	24
Schulen von Schulträgern ohne Mittelkürzungen	48	27

Mittelkürzungen allein können also nicht als Ursache für Stagnation oder Verschlechterung angesehen werden. Vielmehr muß davon ausgegangen werden, *daß die allgemeine Zumessung von finanziellen Mitteln für Verbesserungen unzureichend war.*

12.3.3 Die Verwendung finanzieller Mittel durch die Sammlungsleiter in den Jahren 1981-1983

Die auf die Verwendung von Etatmitteln bezogene Frage ist als Frage 2.c in der Anlage 12c angegeben. Für die drei letzten Haushaltsjahre vor der Erhebung, also für die Jahre 1981-1983, hatten die Sammlungsleiter *prozentuale Schätzwerte* für die drei in der Tabelle 109 aufgeführten Verwendungsmöglichkeiten anzugeben. Da bei den Schätzwerten Zahlenangaben vorliegen, ist eine Verrechnung zu Mittelwerten möglich, wobei hinsichtlich der Verläßlichkeit dieser Kennwerte davon ausgegangen werden kann, daß sich im Mittel die Fehlschätzungen in etwa ausgleichen.

Außer diesen drei Verwendungsarten hatten die Beantworter noch die Möglichkeit weitere Verwendungen anzugeben. Dies geschah in wenigen Fällen unter Bezugnahme auf die Verwendung für Verbrauchsmaterial oder für Folien. Angaben über Verbrauchsmaterial wurden der Ersatzbeschaffung zugeschlagen und die wenigen Angaben bezüglich Folien außer acht gelassen.

Ein kleiner Teil der Beantworter sah sich nicht in der Lage, verläßliche Abschätzungen zu geben. Umfangreicher waren die Hinweise, ausschließlich von Sammlungsleitern von *Hauptschulen* auf *überhaupt fehlende Etatmittel.* Dies sind die beiden Gründe dafür, daß nur 337 der insgesamt 348 ausgefüllten Fragebögen Schätzdaten der genannten Art enthalten.

Tabelle 109: Mittlere Prozentwerte der Aufteilung der finanziellen Mittel der Sammlungsleiter Physik für die Jahre 1981-1983 (Schätzwerte)

Schulgattung (N)	Ges (97)	Gym (54)	R (76)	H+GF (110)	alle (337)
Ersatzbeschaffung und Bestandserhaltung	62,4 %	45,7 %	46,9 %	71,4 %	59,2 %
Ausbau des Bestandes an Demonstrationsgeräten	26,4 %	47,0 %	40,1 %	19,6 %	30,6 %
Ausbau des Bestandes an Schülerübungsgeräten	11,2 %	7,2 %	13,0 %	9,0 %	10,2 %

Bezogen auf das Gesamtsample wurden nach der Schätzung der Sammlungsleiter der überwiegende Teil der Etatmittel, nämlich rund 60% für *Ersatzbeschaffung und Bestandserhaltung* ausgegeben. Die Prozentzahlen liegen bei den Gymnasien und Realschulen deutlich unter 50%, bei Gesamtschulen entsprechen sie dem Wert für alle Schulen zusammen und bei den H/GF-Schulen blieb für den Ausbau des Gerätebestandes im Vergleich zu den anderen Schulgattungen sehr deutlich am wenigsten übrig.

Beim *Ausbau der Geräteausstattungen* wurde offensichtlich eindeutig den *Demonstrationsgeräten der Vorrang* eingeräumt. Dieser Tatbestand steht im *Widerspruch zu den curricularen Anforderungen* der Rahmenrichtlinien, die ja dem Schülerübungsunterricht einen besonderen Stellenwert zumessen. Daß diese *Tendenz bei den Gymnasien* am deutlichsten in Erscheinung tritt, ist nicht überraschend und entspricht den Ausstattungsverhältnissen, die für das Jahr 1976 im Rahmen der Hauptuntersuchung festgestellt wurden.

Im Teilabschnitt 12.2.4 wurden bereits schriftliche Äußerungen von Sammlungsleitern zu Etatfragen angegeben. So wurde in 137 Fällen angegeben, daß der l*aufende Etat nur geringe Ergänzungen ermögliche*. In 40 Fällen wurde darauf verwiesen, daß die Etatmittel völlig unzureichend für den Ersatz von Geräten seien.

Unaufgefordert haben einige Sammlungsleiter auch noch bei der Abschätzung über die Verwendung der Etatmittel Anmerkungen gemacht, von denen einige charakteristische beispielhaft angegeben werden, wobei die drei Zahlenwerte die Prozentzahlen für die Verwendungsarten in der Reihenfolge der Tabelle 109 angeben:

60/20/20: Die finanziellen Mittel sind ein Witz (ca. 450 DM/Jahr)
10/90/ 0: Nur geringe Mittel !!!
80/20/ 0: War zu wenig Geld!
100/0/ 0: Wenige DM.
0/ 0/ 0: Der Etat wurde vom Kreis gestrichen.
0/ 0/ 0: In den letzten drei Jahren keine Mittel!!

Faßt man die Ergebnisse dieses und des vorhergehenden Teilabschnitts zusammen, so kommt man zu dem Schluß, daß die beschriebenen *Mittelkürzungen als Folge der Rezession* in den frühen achtziger Jahren sich hinsichtlich der Fortentwicklung der Ausstattungen der Schulen mit physikalischen Experimentiergerät *nicht merklich auswirkten*, daß jedoch *vielmehr die Zumessung von finanziellen Beträgen für den Bereich Lehrmittel der Schulen insgesamt zu gering waren, um den curricularen Anforderungen für das Fach Physik in der Sekundarstufe I gerecht zu werden.*

12.4 Der rahmenrichtlinienbezogene Ausstattungskatalog für den Physikunterricht in der Sekundarstufe I und dessen Verwendung in der Schulpraxis (1980-1984)

Dem im Ausstattungskatalog enthaltenen Vorwort ist folgendes zu entnehmen: „Das Hessische Institut für Bildungsplanung und Schulentwicklung hat - unter anderem - auch die Aufgabe, den Schulen Hilfen, Hinweise und Vorschläge für die Lösung ihrer Praxisprobleme anzubieten."

Unter diesem Aspekt wurden vom HIBS die Ergebnisse der vom Hessischen Kultusminister eingesetzten Projektgruppe (siehe Teilabschnitt 10.1) veröffentlicht und den Schulen als weitere Ergänzung zu den Rahmenrichtlinien Physik zugänglich gemacht. Inwieweit der Ausstattungskatalog die Schulen erreichte, wird nachfolgend dargestellt.

Zwei Hauptanliegen der Projektgruppe bei ihrer Entwicklungsarbeit bestanden darin, daß zu einem den Schulen anhand des Katalogs eine rahmenrichtlinienbezogene Bezugsgrundlage zur Verfügung stehen sollte, die es ermöglichte, bestehende Defizite in der Austattung nach objektiven Gesichtspunkten zu erfassen, und zum anderen, daß damit den Schulen den Schulträgern gegenüber eine objektive Grundlage für die Anforderungen von Etatmitteln zur Verfügung stehen sollte. Wie diese Zielsetzungen der Projektgruppe von den Sammlungsleitern hinsichtlich der Umsetzungsmöglichkeit beurteilt werden, wird ebenfalls nachfolgend beschrieben.

Im Fragebogen für Sammlungsleiter von 1984 ist eine entsprechende Frage enthalten (Anlage 12c, Frage 2.d.) mit der zunächst eine Antwort über die Verfügbarkeit und im positiven Falle eine Beurteilung der Verwendbarkeit abzugeben war.

12.4.1 Die Verfügbarkeit des Ausstattungskatalogs an den Schulen im Jahre 1984

Irrtümlicherweise waren die Mitglieder der Projektgruppe davon ausgegangen, daß das Produkt ihrer Entwicklungsarbeit in analoger Weise den einzelnen Schulen zugestellt werden würde, wie dies bei den Rahmenrichtlinien selbst der Fall war. Nachträglich mußte festgestellt werden, daß dem nicht so war, sondern daß wie im Falle der vom HIBS herausgegebenen Hefte „Materialien zum Unterricht" auch die Hefte mit den Ausstattungskatalogen für die naturwissenschaftlichen Fächer der Sekundarstufe I lediglich in den Publikationslisten des HIBS aufgeführt wurden und damit für die Anforderungen durch die Schulen zur Verfügung standen. Die Auswirkungen dieses Verfahrens lassen sich an der nachfolgenden Tabelle ablesen.

Tabelle 110: Zur Beurteilung der Verfügbarkeit des Ausstattungskatalogs an den Schulen mit einer Sekundarstufe I im Jahre 1984

Schulgattung	N	vorhanden	nicht vorhanden	keine Angaben
Gesamtschulen	97	38,1 %	61,9 %	---
Gymnasien	54	24,1 %	72,2 %	3,7 %
Realschulen	78	33,3 %	65,4 %	1,3 %
Hauptschulen	101	42,6 %	56,4 %	1,0 %
GF-Schulen	18	16,7 %	77,8 %	5,6 %
alle	348	35,1 %	63,5 %	1,4 %

Wenn in einem Zeitraum von vier Jahren nur wenig mehr als ein Drittel aller Schulen des Samples im Besitz des Ausstattungskatalogs waren, dann muß von *Mängeln im Verteilungssystem* ausgegangen werden. So haben einige Beantworter in Randanmerkungen zum Ausdruck gebracht, daß sie erst durch die den Erhebungsunterlagen beigefügte Literaturliste von der Existenz des Ausstattungskatalogs erfahren haben. Weitere Beantworter monierten, daß sie trotz Anforderung über die Schulleitung keinen Katalog erhalten hätten. Was die Gymnasien betrifft, die gegenüber den anderen Schulgattungen abfallen, ist zu vermuten, daß sich die Sammlungsleiter in Zusammenhang mit der Verzahnung der Gerätebestände mit der Sekundarstufe II zum Teil nicht angesprochen fühlten. Möglicherweise lag auch bei den GF-Schulen ein Mißverständnis vor, indem hier die Förderstufe nicht immer als Teil der Sekundarstufe aufgefaßt wurde. Dies war umso bedauerlicher, als der Katalog auch speziell auf die Bedürfnisse dieser Schulen ausgerichtet ist, indem eine entsprechende Teilausstattung angegeben ist. Einigen Randbemerkungen ist noch zu entnehmen, daß man sich um eine Zusendung des Katalogs nach der Absendung des Fragebogens bemühen würde.

Bei der Analyse der Ausstattungsdaten von 1975/77 wurde auf Zusammenhänge mit der Schulgröße und dem Schulstandort geprüft (siehe Teilabschnitt 8.2.3.3). Deshalb lag es auch nahe, die Verteilung des Ausstattungskatalogs in Abhängigkeit von der Schulgröße und dem Schulstandort zu überprüfen.

Was die *Schulgröße* betrifft, so wurden die Daten mit Hilfe der Medianwerte getrennt nach Schulgattungen dichotomisiert und in Kombination mit den *Merkmalen „Katalog vorhanden" bzw. „Katalog nicht vorhanden"* Vierfeldertafeln erstellt. Die dabei ersichtlichen leichten Ungleichverteilungen erwiesen sich unter Anwendung des Chi^2-Test bis auf die kleine Teilstichprobe der GF-Schulen als nicht signifikant.

Diese Nichtsignifikanz ergibt sich erst recht, wenn man alle Teilstichproben zusammenfaßt ($Chi^2 = 0{,}11$):

	Katalog vorhanden	Katalog nicht vorhanden
Schulgröße größer als Medianwert	63	108
Schulgröße kleiner (gleich) als Medianwert	59	113

Mithin stellt sich die Verteilung der Ausstattungskataloge auf die Schulen *unabhängig von der Schulgröße* dar.

Die Prüfung auf die Verteilung nach den *Schulstandorten* erfolgte unter Zuordnung der Schulen zu den im Teilabschnitt 2.3 definierten *Kreisgruppen.* Auch hier sind die Abweichungen von der Gleichverteilung nicht signifikant ($Chi^2 = 0{,}21$):

	Katalog vorhanden	Katalog nicht vorhanden
Untere Kreisgruppe	46	78
Mittlere Kreisgruppe	43	80
Obere Kreisgruppe	33	63

Die Verteilung der Ausstattungskataloge auf die Schule ist *von den Schulstandorten unabhängig.*

Bei Einschränkung auf die beiden betrachteten Bezugsgrößen erweist ich die *Verteilung der wenigen Ausstattungskataloge als mehr dem Zufall überlassen denn als systematisch.*

12.4.2 Die Effektivität des Ausstattungskatalogs bis zum Jahre 1984

Die Sammlungsleiter, die im Besitz des Ausstattungskatalogs waren, sollten auch eine Bewertung der Verwendbarkeit dieser Ergänzung zu den Rahmenrichtlinien vornehmen. Dazu zunächst die folgende Übersicht, getrennt nach Schulgattungen:

	Ges	Gym	R	H+GF
Katalog vorhanden	37	13	26	46
Bewertung absolut	31	11	24	38
Bewertung prozentual	83,3%	84,6%	92,3%	82,6%

Ersichtlich hat ein ganz erheblicher Teil der Sammlungsleiter, die im Besitz des Katalogs waren, eine Bewertung vorgenommen, wobei die Sammlungsleiter der Realschulen deutlich über der „Bewertungsbereitschaft“ der Sammlungsleiter der anderen Schulen lagen.

Die angegebenen Bewertungen lassen sich in folgende Bewertungskategorien zusammenfassen:

	Ges	Gym	R	H+GF
1. hilfreich und gut verwendbar	15	2	13	23
2. bedingt hilfreich	4	2	3	4
3. von geringem Wert	2	2	2	5
4. gut verwendbar, falls ausreichend finanzielle Mittel vorhanden	2	3	3	3
5. keine Verwendung, da keine finaziellen Mittel vorhanden	3	2	3	2
6. keine Verwendung, da Sammlung neu eingerichtet und komplett	5	-	-	1

Da bei den Bewertungskategorien 5 und 6 weder ein positives noch ein negatives Werturteil vorliegt, sondern lediglich eine Begründung für die Nichtverwendung angegeben wurde, sind diese bei einer zusammenfassenden Bewertung nicht verwendbar. Die positiven Bewertungen (Kategorien 1 und 4) liegen mit insgesamt 64 Fällen deutlich über den negativen Bewertungen (Kategorien 2 und 3) mit nur 24 Fällen. *Insgesamt betrachtet kann also eher von einer positiven Bilanz ausgegangen werden.*

Hervorzuheben sind noch die 27 Fälle der Kategorien 4, 5 und 6 die die *Verwendbarkeit aus finanziellen Gründen in Frage stellen.* Was die Kategorie 6 betrifft, standen nämlich nach der Neueinrichtung (noch ohne Rahmenrichtlinienbezug) keine weiteren Etatmittel zu Verfügung. Immerhin konnte aus 6 Anmerkungen geschlossen werden, daß die Sammlungsleiter den Ausstattungskatalog als *nachhaltige Bezugsgrundlage hinsichtlich ihrer finanziellen Anforderungen beim Schulträger* verwenden würden. Dies war ja auch eine der Intentionen der Verfasser des Ausstattungskatalogs.

Untersucht wurde noch, ob zwischen dem Grad der Veränderung der Ausstattungsverhältnisse und der Bewertung des Ausstattungskatalogs durch die Sammlungsleiter ein Zusammenhang besteht. Dazu wurden analog dem Verfahren des Teilabschnitts 12.2.4 unter Zusammenfassung aller Schulen Bewertungsmaßzahlen für die folgenden drei Teilblöcke berechnet:

A. Alle Schulen, deren Sammlungsleiter eine positive Bewertung abgegeben hatten (Bewertungskategorien 1 und 4).

B. Alle Schulen, deren Sammlungsleiter mehr negative Bewertungen abgegeben hatten (Bewertungskategorien 2 und 3).

C. Alle Schulen, deren Sammlungsleiter keine Bewertung wegen Nichtverwendung abgegeben hatten (Bewertungskategorien 5 und 6).

Die Berechnung der Bewertungsmaßzahlen erfolgte sowohl bezüglich der Veränderung der Bestände an Demonstrationsgeräten wie auch an Schülerübungsgeräten und führte zu folgenden Ergebnissen:

Teilblock	A	B	C	A+B+C
Demonstrationsgeräte	0,67	0,58	0,88	0,68
Schülerübungsgeräte	0,19	0,25	0,44	0,24

Zunächst sei noch vermerkt, daß die für die drei zusammengefaßten Teilblöcke A, B und C berechneten Bewertungsmaßzahlen nur wenig von den entsprechend zusammengefaßten der Tabelle 108 - nämlich 0,66 und 0,22 - abweichen und damit die Teilstichprobe der Schulen der Bewerter des Ausstattungskatalogs ein ganz gutes Abbild des Gesamtsamples im Hinblick auf die Veränderungen der Ausstattungssituation darstellen.

Während sich die Bewertungsmaßzahlen der Teilblöcke A und B nur geringfügig unterscheiden, sind diese beim Teilblock C deutlich größer. Dies bedeutet zweierlei. Offensichtlich wirkten sich mehr positive oder mehr negative Bewertungen des Ausstattungskatalogs nicht entscheidend auf die leichten Verbesserungen der Ausstattungsverhälltnisse aus. Deutlich stärkere Verbesserungen erfolgten aus anderen Gründen, bspw. Neuausstattungen ohne jedwede Bezugnahme auf den Ausstattungskatalog. Mithin muß ganz realistisch festgestellt werden, *daß die Effektivität des curriculumbezogenen Ausstattungskatalogs bis zum Jahre 1984, also in einem Zeitraum von 4 Jahren nach der Veröffentlichung recht gering war*. Als Grund dafür sind zunächst die bereits festgestellten *organisatorischen Mängel im Verteilersystem* anzusehen, daneben jedoch auch die *Unverbindlichkeit der Ausstattungsvorschläge*, da keine gesetzliche Grundlage für die unmittelbare Verpflichtung der Schulträger vorliegt.

TEIL 13: PROBLEME DER REFORM DES PHYSIKCURRICULUMS FÜR DIE SEKUNDARSTUFE I AUS DER SICHT DER PHYSIKLEHRER - ERGEBNISSE VON LEHRERBEFRAGUNGEN AUS DEN JAHREN 1972-76 UND 1981-84

In den vorhergehenden Teilen wurde ausführlich auf das Problem einer ausreichenden und curriculumgerechten Sachausstattung für den Physikunterricht in der Sekundarstufe I eingegangen. In diese Betrachtung wurde auch der Bestand an Fachlehrern unter quantitativen und qualitativen Aspekten einbezogen. In diesem Teil soll noch ergänzend dargestellt werden, welche Probleme die Physiklehrer selbst im Zusammenhang mit der Einführung der Rahmenrichtlinien Physik SI und der Ablösung der bisherigen Lehrpläne im genannten Zeitraum angegeben haben.

Zu diesem Zweck kann für den Zeitraum von 1972 bis 1976 auf Lehrerbefragungen im Rahmen des Hauptprojekts, die von Examenskandidaten ausgewertet wurden, zurückgegriffen werden. Da die ursprünglich für 1984 vorgesehenen Lehrerbefragungen nicht genehmigt worden waren,[662] wurden ersatzweise im Sammlungsleiterfragebogen von 1984 Fragen zum Schülerübungsunterricht gestellt. Ebenfalls ersatzweise wird auf Ergebnisse von Lehrerbefragungen zurückgegriffen, die vom Hessischen Institut für Bildungsplanung und Schulentwicklung (HIBS) 1983 veröffentlicht wurden. Die diesbezüglichen Daten stammen aus dem Jahr 1981.

13.1 Rahmenrichtlinienrelevante Ergebnisse der Befragung der Physiklehrer (1972-76)

Was die im Teil 6 beschriebenen Lehrerbefragungen betrifft, werden relevante Auswertungsergebnisse aus Staatsexamensarbeiten übernommen. Sie werden jedoch teilweise durch Ergebnisse von Zweitauswertungen durch den Verfasser ergänzt. Nicht berücksichtigt werden hier die Befragungsergebnisse der Pilotstudie von BECHTOLD (1972), da hierbei nur die Lehrer eines Landkreises befragt wurden und es in erster Linie um die Erprobung der Erhebungsinstrumente ging. Ebenso wird nicht auf die Pilotstudie von SATTLER (1973) zurückgegriffen, da die Sonderschulen in den vorhergehenden Darstellungen aus den genannten Gründen ausgeklammert wurden.

Was die Auswertungsergebnisse von SCHMIDBAUER (1972) betrifft, können diese nur zu einem ganz geringen Teil herangezogen werden, da bei seinen Befragungen noch kein Rahmenrichtlinienbezug vorlag. Außerdem wurden von ihm Physik- und Chemielehrer gemeinsam befragt. Dort wo Daten von 1972 angegeben werden, erfolgte eine Bereinigung, indem Chemielehrer, die keinen Physikunterricht erteilten, aus der Stichprobe herausgenommen wurden.

Rahmenrichtlinienbezogene Examensarbeiten liegen von FREY (1973), KANDLER/SCHNITZER (1975) und KÖPPEN (1976) vor. Aus Gründen, die im Teilabschnitt 6.2 angegeben sind, erfolgten die Erhebungen von Schmidbauer an den Hauptschulen und Realschulen von 26 regionalrepräsentativen Landkreisen und kreisfreien Städten Hessens. Frey hatte danach die Erhebungen für die gleichen Schulgatttungen im ebenfalls regionalrepräsentativen Komplement (22 Regionen) durchgeführt. Kandler/Schnitzer hatten Gesamtschullehrer und Köppen hatte Gymnasiallehrer jeweils in ganz Hessen befragt.

Die Ergebnisse der genannten Befragungen sind recht umfangreich. Nachfolgend werden nur solche dargestellt, bei denen ein Rahmenrichtlinienbezug vorliegt.[663]

Was den Fragebogenrücklauf betrifft, ist im Teilabschnitt 6.7.2 das Erforderliche nachzulesen. Auf das Problem der Repräsentanz wurde im Teilabschnitt 6.8.3 eingegangen.

13.1.1 Der Stellenwert des Schulfaches Physik im Kanon der Schulfächer aus der Sicht der Physiklehrer (1972-76)

Die Bedeutung der naturwissenschaftlichen Fächer in der Schule ist unumstritten, wenngleich ein ganz erheblicher Teil der Bevölkerung in Erinnerung an den früheren Unterricht eine etwas zwiespältige Stellung dazu einnimmt und eine erhebliche Anzahl von Schülern der Oberstufe der Gymnasien aus den bekannten Gründen insbesonders das Fach Physik abwählen. Unter diesem Aspekt wurde der Versuch unternommen, herauszufinden, welchen Stellenwert *die Physiklehrer selbst* dem Schulfach Physik zumessen. Dazu waren sie aufgefordert worden, eine Rangfolge der Schulfächer gemäß ihrer jeweils individuellen Einschätzung aufzustellen. Aus den auf diese Weise erhaltenen Daten wurde für die jeweilige Stichprobe und für jedes Fach der *mittlere Rangplatz* $M = S{:}Z$ berechnet, wobei Z die Anzahl der Nennungen des jeweiligen Faches und S die Summe der diesbezüglichen Rangplätze ist. Anhand dieser Werte konnte für jede Stichprobe eine Rangfolge der Fächer gemäß der nachfolgenden Tabelle 111 aufgestellt werden.

Sieht man von dem besonderen Stellenwert der Fremdsprachen im Lehrplan der Gymnasien und den relativ untergeordneten in den alten Lehrplänen der Hauptschulen ab, dann erweist sich die Einschätzung der Bedeutung der Schulfächer durch die Physiklehrer, getrennt nach Schulgattungen als weitgehend übereinstimmend. Lediglich das Fach Gesellschaftslehre erfährt eine unterschiedliche Einordnung. Während dieses Fach bei den Gymnasiallehrern erst nach den beiden verpflichtenden Fremdsprachen und den naturwissenschaftlichen Fächern plaziert wurde, liegt es bei den Realschullehrern vor den naturwissenschaftlichen Fächern und bei den Gesamtschullehrern und den Hauptschullehrern nach dem Fach Physik, aber noch vor dem Fach Chemie.

Tabelle 111: Die Einschätzung der Bedeutung der Schulfächer aus der Sicht der Physiklehrer (Rangfolge)

Schulgattung	H	H	R	R	Ges	Gym
Erhebungsjahr	1972	1973	1972	1973	1975	1976
Fragebogenanzahl	141	100	134	124	248	271
Stichprobenumfang	120	89	108	104	217	216
Deutsch	1	1	1	1	1	1
Mathematik	2	2	2	2	2	2
1. Fremdsprache	7	7	5	4	4	3
Physik	3	3	4	5	3	4
Biologie	5	5	7	6	6	5
Chemie	6	6	6	7	7	6
2. Fremdsprache	12	10	10	10	11	7
Gesellschaftslehre	4	4	3	3	5	8
Sport	8	9	9	9	9	9
Kunst/Musik	11	11	11	11	10	10
Religion	10	12	12	12	12	11
3. Fremdsprache	--	--	--	--	--	12
Polyt./Werk./Nadelarb.	9	8	8	8	8	13

Nach den Hauptfächern Deutsch, Mathematik und 1. Fremdsprache an Gymnasien, Gesamtschulen und Realschulen sowie Deutsch und Mathematik an den Hauptschulen wird bis auf die Physiklehrer an den Realschulen von den Physiklehrern der anderen Schulgattungen das *Fach Physik als das bedeutendste Nebenfach eingestuft.* Bei den Realschullehrern rangiert das Fach Gesellschaftslehre noch vor dem Fach Physik, wobei sich allerdings die Werte von M nur geringfügig unterscheiden.Nun könnte man jedoch meinen, daß diese Einschätzung durch die Physiklehrer bei Respektierung der Bedeutung der Hauptfächer eine Art von „Selbstbestätigung" sein könnte. In diesem Zusammenhang kann jedoch auf eine „externe Einschätzung" hingewiesen werden, die von N. Barth ausgewiesen wurde.[664] Befragt wurden verschiedene Fachgruppen (Lehrer und Wissenschaftler). Bei Vorgabe von 13 Schulfächern ordnen Biologen dem eigenen Fach den 1. Rang und dem Fach Physik den 2. Rang zu. Altsprachler ordnen ebenfalls dem eigenen Fach (Latein) den 1. Rang und dem Fach Physik den 4. Rang zu. Das gleiche gilt für Deutschlehrer. Mithin kann davon ausgegangen werden, daß *die von den Physiklehrern getroffenen Rangplazierungen für das Fach Physik auch Anerkennung von Lehrern anderer Fächer erhalten könnten.*

Die Befragungen der Physiklehrer an den Hauptschulen und an den Realschulen erfolgten 1972 noch ohne Rahmenrichtlinienbezug und 1973 unter ganz besonderer Berücksichtigung der Erstfassung der Rahmenrichtlinien Physik SI. Vergleicht man in der Tabelle 111 für diese beiden Schulgattungen jeweils die Rangfolge von 1973 mit der entsprechenden von 1972 so sind die Unterschiede insgesamt und bezüglich des Faches Physik unerheblich. Somit könnte davon ausgegangen werden, daß dieses Erscheinen der Rahmenrichtlinien für die Einschätzung der Bedeutung des Faches Physik ohne Bedeutung war. Eine differentielle Datenanalyse, bei der noch der Grad der Qualifikation der Lehrer für das Fach Physik (Teilabschnitt 7.3) berücksichtigt wurde, führte jedoch über die Berechnung der *mittleren Rangplätze M für das Fach Physik* bei den jeweiligen Teilgruppen von Beantwortern zu folgenden Werten:

Realschullehrer:	1973		1972	
	N	M	N	M
Qualifikationsstufe A	55	4,47	62	4,56
Qualifikationsstufe B	37	3,92	21	4,40
Qualifikationsstufe 0	12	5,46	25	4,78
alle	104	4,39	108	4,57
Hauptschullehrer:	1973		1972	
	N	M	N	M
Qualifikationsstufe A	33	3,92	29	4,21
Qualifikationsstufe B	26	3,88	34	4,06
Qualifikationsstufe 0	30	4,90	57	4,27
alle	89	4,24	120	4,20

Bei beiden Lehrergruppen wurden die Verteilungen nach den drei Qualifikationsstufen für die Gesamtstichproben (vgl. Tab. 32 in 6.7.2) von 1972 und 1973 miteinander verglichen. Dabei ergaben sich in beiden Fällen keine signifikanten Verteilungsunterschiede. Dagegen hat bei beiden Lehrergruppen die Anzahl der Beantworter mit der Qualifikationsstufe 0 von 1972 auf 1973 sehr stark abgenommen. Bei den Realschullehrern von 23,1% auf 11,5% und bei den Hauptschullehrern von 47,5% auf 33,7%. Es ist nicht auszuschließen, daß sich ein *Teil dieser fachfremd unterrichtenden Lehrer*, die sich erfahrungsgemäß mehr als „Naturlehrelehrer" denn als Physiklehrer verstanden,[665] durch das Erscheinen der Rahmenrichtlinien Physik SI *verunsichert* fühlten.[666] Die Lehrer an den Hauptschulen unterrichten eo ipso Hauptschüler und an den Realschulen wurden vornehmlich die Lehrer mit der Qualifikationsstufe 0 in Hauptschulklassen eingesetzt.[667] Diese Lehrer könnten auf der Basis ihrer Erfahrungen beim Physikunterricht möglicherweise wegen der *höheren Anforderungen durch die Rahmenrichtlinien den Wert des Faches Physik für Hauptschüler geringer einstufen.*[668]

13.1.2 Die allgemeine Beurteilung der Rahmenrichtlinien Physik SI durch die Physiklehrer (1973-76)

Im Teilabschnitt 4.3 wurde hervorgehoben, daß die der Entwicklung der RRL Physik SI zugrundegelegten Konstruktionsprinzipien eine starke Affinität zur traditionellen Mittelstufenphysik der Gymnasien haben. Andererseits unterscheiden sich die alten Lehrpläne für das Fach Physik für die Haupt- und Realschulen (1957) von jenen der Gymnasien (1962) nicht nur wesentlich in den Inhalten, sondern vor allem in den Zielsetzungen und bezüglich der methodischen Hinweise. In Anbetracht des relativ geringen zeitlichen Abstandes der

Befragung der Lehrer an den Hauptschulen und Realschulen im Jahre 1973 nach dem Erscheinen der Rahmenrichtlinien im Jahre 1972 konnte noch nicht von unterrichtspraktischen Erfahrungen ausgegangen werden, zumal ja auch nur eine freiwillige Erprobung von Teilen der Rahmenrichtlinien empfohlen wurde. Aus diesem Grunde wurden von den Lehrern der Hauptschulen und Realschulen nur Auskünfte über eine allgemeine Einschätzung und über die Beurteilung der Inhalte eingeholt. Die Situation an den Gesamtschulen war 1975 schon anders. An den meisten Gesamtschulen hatte bereits Unterricht nach den Rahmenrichtlinien stattgefunden, wie sich aus der Veröffentlichung der Erprobungsberichte im Jahre 1975 ergibt (siehe Teilabschnitt 4.1), die jedoch bei weitem nicht alle diesbezüglichen Aktivitäten dokumentieren.[669] Da sich die Mehrheit der Gesamtschullehrer nach ihrer Ausbildung - nämlich als Haupt- und Realschullehrer - i.w. nicht von den Lehrern der Hauptschulen und der Realschulen unterschied[670] und die Gesamtschulen in der Regel sich aus dem Bereich der Haupt- und Realschulen entwickelt hatten, ging es darum festzustellen, ob sich bei in etwa gleichen Lehrergruppen unterschiedliche Einschätzungen je nach Unterrichtserfahrungen ergaben. Aus diesem Grunde wurden die Lehrer 1973 und 1975 auf die gleiche Art und Weise befragt. Anders die Gymnasiallehrer. Hier ging es mehr um die Frage einer Bestätigung oder Nichtbestätigung der oben erwähnten Affinität und darüber hinaus um die Frage der Vorverlegung des Physikunterrichtes in die Klassen unterhalb des 8.Schuljahres, wo ja nach den alten Plänen der Physikunterricht erst begann. Ein ganz spezieller Fragenkomplex, der sich nur auf Gesamtschulen (1975) bezog, war dem Differenzierungskonzept der Rahmenrichtlinien Physik SI gewidmet.

13.1.2.1 Die Beurteilung der Rahmenrichtlinien Physik SI durch Physiklehrer an Hauptschulen(1973), Realschulen(1973) und Gesamtschulen(1975)

Bei den Lehrerbefragungen von FREY (1973) und jenen von KANDLER/ SCHNITZER (1975) wurden den Physiklehrern jeweils *drei gleichlautende Fragen* gestellt, für die zunächst gebundene Antworten zu geben waren. Diese konnten jedoch noch in Form von Begründungen durch weitere Anmerkungen ergänzt werden. Nachfolgend werden die Formulierungen dieser Fragen wiedergegeben und die Ergebnisse, so wie diese in den beiden Examensarbeiten festgehalten sind.

1)„Glauben Sie, daß die neuen Rahmenrichtlinien in Physik Ihren Unterrichtsintentionen mehr enstsprechen als die alten Lehrpläne?“

Schulgattung	H(1973)	R(1973)	Ges(1975)
Stichprobenumfang	98	122	248
Anzahl der Beantworter	75	109	225
Zustimmung	82,7%	79,8%	76,4%
Verneinung	17,3%	20,2%	18,7%
teilweise Zustimmung	--	--	4,9%

Während die Physiklehrer von Realschulen und Gesamtschulen je zu rund 90% diese Frage beantworteten, waren dies bei denen der Hauptschulen nur rund 76%. Eine zusätzliche Einsicht in die Erhebungsunterlagen ergab, daß der *Anteil der Lehrer ohne Lehrbefähigung für das Fach Physik bei den Nichtbeantwortern deutlich größer* als bei den Beantwortern war. Sie haben sich möglicherweise nicht hinreichend kompetent gefühlt.

Obzwar im Zeitpunkt der Befragung der Physiklehrer an den Hauptschulen und Realschulen erst knapp ein Jahr nach dem Erscheinen der Rahmenrichtlinien vergangen war und die Befragung der Physiklehrer an den Gesamtschulen erst zwei Jahre später erfolgte, *erscheinen die Meinungsbilder der drei Lehrergruppen als sehr übereinstimmend* (Prozentwert für „teilweise Zustimmung“ aufgeteilt!) Nach den eingangs von 13.1.2 beschriebenen unterschiedlichen Erprobungsaktivitäten an Hauptschulen und Realschulen einerseits und an den Gesamtschulen andererseits weisen die obigen Zahlen aus, daß eher *mehr die allgemeinen Erfahrungen aus dem Physikunterricht* als die unmittelbaren Erprobungserfahrungen mit den Rahmenrichtlinien selbst *Grundlage der Einschätzungen* waren. Grob zusammengefaßt hat nur knapp jeder fünfte Lehrer der drei Schulgattungen die Frage 1 verneint. Damit kann davon ausgegangen werden, daß zwischen 1973 und 1975 *eine deutlich überwiegende Anzahl* von Physiklehrern dieser Schulen *eine positive Einstellung zu den geplanten Lehrplanveränderungen hatten.*

Insgesamt 163 positiven Begründungen stehen 48 negative gegenüber.[671] Dieses Zahlenverhältnis entspricht in etwa dem bei der gebundenen Beantwortung. Zusammenfassend lassen sich die Begründungen wie folgt beschreiben, wobei jeweils nur die zahlenmäßig deutlich überwiegenden aufgeführt werden.

Die bedeutendsten *positiven Begründungen*:
- zeitgemäße Inhalte und Ziele (48)
- bessere Gliederung durch stoffliche Verlagerung (30)
- schülergemäßer, da keine Einteilung im Sinne der Fachphysik (25).

Ebenfalls als positiv wurden „Lernzielangabe und methodisch-didaktische Hinweise“ (45) gesehen, dazu *widersprechend* jedoch mit einer geringeren Anzahl von Nennungen „kaum Lernziele, kaum didaktisch-methodisch“ (15) genannt.

Die bedeutendsten *negativen Begründungen*:
- Stofffülle, zu schwierig (15)
- falsche Zuordnung der Stoffgebiete auf die Jahrgänge (12).

Was die Stofffülle betrifft, so wird nachfolgend noch weiter darauf eingegangen. Was die Zuordnung der Stoffgebiete auf die Klassenstufen betrifft, so liegen hier gegenüber den alten Lehrplänen in der Tat einige Veränderungen vor. Hier ist jedoch zu vermuten, daß die Kritiker wenig erfreut waren, künftig von bisherigen Gewohnheiten Abschied nehmen zu müssen.

2a)„Sind Sie mit der in den Rahmenrichtlinien angegebenen Themenauswahl einverstanden?"

Schulgattung	H(1973)	R(1973)	Ges(1975)
Stichprobenumfang	98	122	248
Anzahl der Beantworter	74	104	223
Zustimmung	94,6%	80,8%	79,0%
Verneinung	5,4%	19,2%	17,0%
teilweise Zustimmung	--	--	4,0%

2b)„Können Sie Themen nennen, die Ihrer Meinung nach in der Physik der Sekundarstufe I behandelt werden sollten, aber in den Rahmenrichtlinien nicht beachtet werden?"

Schulgattung	H(1973)	R(1973)	Ges(1975
Stichprobenumfang	98	122	248
Anzahl der Beantworter	72	102	209
Bejahung	12,5%	28,4%	28,2%
Verneinung	87,5%	71,6%	71,8%

Die von der Rahmenrichtlinienfachgruppe *vorgesehene Themenwahl fand also eine breite Zustimmung* jedoch wollte auch noch ein *bedeutender Anteil von Physiklehrern* insbesonders der Realschulen und der Gesamtschulen *weitere Themen* in den Rahmenrichtlinien angesiedelt sehen.

Hauptschullehrer bemängeln vor allem, daß die Akustik nur als Thematik bei den „wahlfreien Themenkreisen" des 10.Schuljahrs angesiedelt ist und damit alle Hauptschüler, die nur bis zum 9.Schuljahr unterrichtet werden, ohne eine Kenntnis der physikalischen Grundlagen der Akustik die Schule verlassen würden. Sie plädierten auch für einen stärkeren Bezug zur Technik und Anwendung, die von ihnen als „Alltagsphysik" bezeichnet wurden.

Realschullehrer teilten die Sicht der Hauptschullehrer bezüglich des Lernbereichs Akustik. Daneben stieße bei ihnen auf Unverständnis, daß die Grundlagen der Atomphysik ebenfalls nur als Thematik bei den „wahlfreien Themenkreisen" angesiedelt ist. Ihrer Meinung nach gehört die Atomphysik unbedingt zu den verpflichtenden Lerneinheiten.

Gesamtschullehrer schließlich wollten fast alle wahlfreien Themenkreise zusätzlich als verbindliche Lerneinheiten angesiedelt wissen. Diese damalige

Sicht eines kleineren Teils von Gesamtschullehrern steht im *Widerspruch* zu dem an anderen Stellen von allen Lehrern hervorgehobenen *Stoffülle-Zeit-Problem.*

Zusammenfassend kann also gesagt werden, daß *die Physiklehrer dieser drei Schulgattungen zwar intentional dem Rahmenrichtlinienentwurf* - so war die Erstfassung ja deklariert - *in sehr großer Zahl zustimmten, daß hinsichtlich der Themenauswahl doch ein bemerkenswerter Anteil nicht ganz zufrieden war.*

13.1.2.2 Die Beurteilung der Rahmenrichtlinien Physik SI durch Gymnasiallehrer (1976)

Im Zeitpunkt der Befragung der Gymnasiallehrer ging die Phase der freiwlligen Erprobung zu Ende. Die Zweitfassung von Oktober 1976, die ein halbes Jahr nach der Befragung erschien, wurde erst Grundlage der verpflichtenden Erprobung. Im Teilabschnitt 4.2 wurde bereits festgestellt, daß sich die beiden Fassungen inhaltlich nicht unterscheiden, sondern daß nur andere Zuordnungen der Inhalte für die einzelnen Jahrgangsstufen erfolgten. Eine bedeutsame Änderung besteht jedoch darin, daß ursprünglich der Physikunterricht bereits in der Klasse 5 beginnen sollte, in der Zweitfassung jedoch erst ab der Klasse 6. Waren nach der Erstfassung von 1972 noch je eine Unterrichtsstunde in den Klassen 5 und 6 und zwei in der Klasse 7 vorgesehen, so führten die Stundentafeln von 1976 zu einer Verlagerung mit einer Stunde Physik in Klasse 6 und drei Stunden in Klasse 7. Obzwar die Stundentafeln (Erlaß des Hessischen Kultusministers vom 28.5.1976) erst im Juni 1976 veröffentlicht wurden,[672] war der neue Sachverhalt an den Schulen schon zu Beginn des Jahres 1976 bekannt. Die Vorverlegung des Physikunterrichts an den Gymnasien war im Unterschied zu den Hauptschulen und Realschulen[673] eine sehr bedeutsame Änderung der mit folgender Frage Rechnung getragen wurde:

> „Halten Sie die Vorverlegung des Physikunterrichts, welcher in Zukunft auch die Klassen 5-7 erfaßt, z.Zt. für erfolgversprechend?“

Die Auswertung dieser Frage durch KÖPPEN (1976) führte zu folgenden Ergebnissen:

Von den eingegangenen 271 Fragebögen waren 257 mit auswertbaren Antworten versehen. Dieser hohe Prozentsatz von rund 95% läßt auf eine ganz *besondere Anerkennung der Wichtigkeit dieser Frage schließen.*

53,3% der Physiklehrer bejahten die Frage und entsprechend 46,7% nicht. *Mehr als die Hälfte der Physiklehrer der Gymnasien hielt die Vorverlegung des Physikunterrichts für erfolgsversprechend.*

Folgende Gründe wurden von den *Optimisten* unter den Befragten angegeben (Anzahl der Nennungen in den Klammern):

Vorhandenes Schülerinteresse und Anknüpfen des Unterrichts an den Sachunterricht der Grundschule (65), Beziehung der Schüler zu Technik und Natur (17), phänomenologische oder propädeutische oder kindgemäße Betrachtungsweise (16). Weitere Gründe sind wegen geringerer Anzahl von Nennungen unbedeutender.

Was die Gründe der *Pessimisten* betrifft, werden ebenfalls nur die mit den häufigsten Nennungen aufgeführt:
Physiklehrermangel (49), Mängel in den äußeren Voraussetzungen (40), mangelnde mathematische Kenntnisse der Schüler (24), Spielerei, oberflächliches Geschwätz, propädeutisches Anhängsel (16), Schwindende Möglichkeiten von Schülerübungen wegen zu großer Klassen (8), Reduktion der Physikwochenstunden (8), Gymnasiallehrerausbildung dafür nicht geeignet (4).

Köppen fand *zwei interessante Zusammenhänge*:

a) Ältere Lehrer verneinten die obige Frage signifikant häufiger als junge Lehrer.
b) Lehrer, die Schülerübungsblätter im Physikunterricht einsetzten, bejahten die obige Frage signifikant häufiger als solche, die dies nicht taten.

Im Zusammenhang mit den hier dargestellten Untersuchungsergebnissen, sei auf SCHEFER (1969), COMBE (1971) und ZEIHER (1973) verwiesen, die *Untersuchungsergebnisse zum Gesellschaftsbild und Rollenverständnis der Gymnasiallehrer* angeben. Aus der Vielfältigkeit in diesen Darstellungen sei auf zwei charakteristische Merkmale hingewiesen, die bei allen drei Autoren genannt werden. Ein Merkmal der Gymnasiallehrer sei deren „pädagogischer Konservatismus“ und das andere, die geringe Bereitschaft, Reformen im Bildungswesen zu akzeptieren und mitzutragen. Pädagogischer Konservatismus bestünde darin, daß sich die Gymnasiallehrer mehr als Wissenschaftler denn als Pädagogen verstünden, ihren Unterricht von der „wissenschaftlichen Quelle“ her gestalten würden und dabei weniger die Alltagserfahrungen der Schüler und deren Interessenlage berücksichtigen würden. Die geringe Akzeptanz von Reformideen basiere auf der Überzeugung, daß sich das Gymnasium in der herkömmlichen Form bewährt habe.

Wenngleich obige Untersuchungsergebnisse sich nur auf Physiklehrer beziehen und es sich um einen sehr engen Fragenkomplex handelt, der natürlich nicht mit den umfassenden Untersuchungen obiger Autoren verglichen werden kann, *sind Zweifel anzumelden*. Zwar ist der Anteil der Gegner einer Vorverlegung des Physikunterrichtes im Jahre 1976 bedeutsam gewesen, aber es kann bspw. bei jenen, die sich auf die Mängel in den personellen und sächlichen Voraussetzungen für eine Vorverlegung bezogen, nicht zwingend gefolgert werden, daß sie prinzipiell gegen eine solche Reform des Physikunterrichtes waren. Aus dieser Sicht verbleiben nur noch wenige „konservative“ Begründungen (mangelnde mathematische Kenntnisse/Spielerei, ...). Was die Befürworter betrifft, so weisen sich diese durchaus als Lehrer aus, die die lernpsychologischen Voraussetzungen für einen erfolgreichen Unterricht zu würdigen wissen. *Die deutliche Mehrheit der befragten Physiklehrer kann weder als reformfeindlich noch als pädagogisch konservativ bezeichnet werden.*

Im Vergleich zu Frage 1 im vorhergehenden Teilabschnitt war den Physiklehrern an den Gymnasien eine differenziertere Frage zur Beantwortung vorgelegt worden. Sie sollten die *Veränderungen* bei den Rahmenrichtlinien im Vergleich zu Lehrplänen für Physik von 1962 nach didaktischen, inhaltlichen und methodischen Gesichtspunkten beurteilen. 228 von 271 Fragebögen enthielten auswertbare Antworten auf folgende gebundene Teilfragen:

	wesentl.	nicht wesentl.	keine Angabe
Veränderungen in der Didaktik	55,3%	41,7%	3,1%
Veränderungen des Inhalts	34,2%	62,7%	3,1%
Veränderungen in der Methode	35,1%	57,5%	7,5%

Diese Prozentzahlen zeigen, daß die *deutliche Mehrheit der Gymnasiallehrer die Veränderungen als nicht wesentlich erkannte.* Dies deckt sich mit dem, was im Teilabschnitt 4.3 bereits hervorgehoben und von RIESS (1973) kritisch als „Alter Wein in neuen Schläuchen" bezeichnet wurde.

Was die *Begründungen* der Antworten auf die drei möglichen Veränderungen betrifft, seien wiederum nur die anzahlmäßig bedeutendsten genannt:
- mehr Inhalte bei den Rahmenrichtlinien (23) - durch die Rahmenrichtlinien im wesentlichen keine Änderungen (20) - Lernziele formuliert (17) - der Lehrer mache den Unterricht und der könne nicht durch Pläne vorgeschrieben werden (13) - Vorverlegung des Physikunterrichtes (11).

Was die *Themenauswahl* in den Rahmenrichtlinien Physik SI betrifft, wurden den Gymnasiallehrern - abgesehen von einer leicht veränderten Formulierung - ebenfalls die Fragen 2a und 2b des vorhergehenden Teilabschnitts gestellt (vgl. Frage 19 im Fragebogen für Physiklehrer, Anlage 4e des Anhangs). Hier standen 234 auswertbare Antworten zur Verfügung.

89,3% der Beantworter waren mit der Themenauswahl zufrieden und 10,7% nicht. Damit lagen die *Gymnasiallehrer in ihrer Zufriedenheit noch deutlich über den Lehrern an Realschulen und Gesamtschulen*, was allerdings im Zusammenhang mit der oben beschriebenen Einschätzung der Veränderungen als verständlich erscheint.

Was die Fragen nach Streichung oder Ergänzung von Themen betrifft, wurden bis auf einen Fall sehr unterschiedliche Angaben gemacht, die wegen der geringen Anzahl von Nennungen aber ohne Bedeutung sind. Am häufigsten wollten die Lehrer - insgesamt 7 - nur die Schaltalgebra streichen, ein Teilgebiet, das in den alten Lehrplänen noch nicht vorkam.

Die Physiklehrer an den Gymnasien waren also mit der in den Rahmenrichtlinien vorgegebenen Themenwahl i.w. einverstanden. Dies mag wohl damit zusammenhängen, daß sich inhaltlich zu den alten Lehrplänen nur sehr wenig verändert hat. „Man ist im wesentlichen beim Alten, „Bewährten" geblieben;

vieles findet sich in den Lehrplänen von 1957 bereits in gleicher Diktion und gleicher Reihenfolge."[674] Auch „... die Vorstellung, daß gerade die vom Fachphysiker aufgrund von Konventionen und historischer Entwicklung der Physik als sinnvolles Verständigungsmittel vorgenommene Strukturierung (Mechanik, Optik, Wärmelehre, ...) die einzig „richtige" und damit auch für die Schule einzig mögliche sei ..."[675] könnte vielleicht einen Einfluß haben.

13.1.2.3 Die Beurteilung des in den Rahmenrichtlinien vorgesehenen Differenzierungskonzepts durch die Physiklehrer der integrierten Gesamtschulen (1975)

Das Differenzierungskonzept der Rahmenrichtlinien Physik SI wurde im Teilabschnitt 4.2 beschrieben. Darauf muß also hier nicht näher eingegangen werden. Vermerkt sei lediglich, daß im tradierten Bereich - dazu muß man auch die additiven Geamtschulen ab Klasse 7 rechnen[676] - eine Auffassung vorherrscht, die schon von MUTH (1969) wie folgt beschrieben wird: „Die traditionellen Schulen scheinen sich heute noch von der Aufgabe der Differenzierung des Unterrichts entlasten zu können, weil sich durch das Nebeneinander verschiedener Schulformen eine gewisse Selektion schon vom 5. Schuljahr an vollzieht ..."[677]

Aus dieser Sicht konnte sich die Auswertung des Fragenkomplexes zur Differenzierung bei der Erhebung von KANDLER/SCHNITZER (1975) auf die Angaben der Teilgruppe der Lehrer von integrierten Gesamtschulen beschränken.[678] Die nachfolgende Darstellung basiert i.w. auf den Auswertungsergebnissen von Kandler/Schnitzer, wobei jedoch Ergänzungen durch eine Zweitauswertung des Verfassers hinzugefügt sind.

Von den insgesamt 141 von Physiklehrern integrierter Gesamtschulen vorliegenden Fragebögen, hatten 134 die Fragen zum Differenzierungskonzept der Rahmenrichtlinien Physik SI beantwortet.

Aus der Kenntnis der Tatsache, daß sich die Gesamtschulen im Rahmen der freiwilligen Erprobungsphase der Rahmenrichtlinien im Vergleich zu den anderen Schulgattungen sehr viel aktiver engagierten,[679] wurde zunächst danach gefragt, ob an der Schule des betreffenden Lehrers *bereits im Sinne der Rahmenrichtlinien differenziert wurde.* 49,3% der Lehrer bejahten dies, 43,3% verneinten die Frage und 7,4% gaben an, daß dies zum Teil der Fall sei. Da von den einzelnen integrierten Gesamtschulen naturgemäß wegen der unterschiedlichen Größe des Personalbestandes jeweils unterschiedlich viele Lehrer antworteten, wurde noch zusätzlich festgestellt, an wievielen Schulen diese Aktivitäten vorlagen. Bis auf ganz wenige Ausnahmen hatten dabei jeweils alle antwortenden Lehrer einer Schule identische Angaben gemacht.[680] 1975 gab es in Hessen 65 integrierte Gesamtschulen. Physiklehrer von insgesamt 42 dieser Schulen hatten geantwortet. An 18 dieser Schulen wurde bereits im Sinne der

Rahmenrichtlinien differenziert, an ebenfalls 18 Schulen war dies nicht der Fall und an 6 Schulen wurde teilweise im Sinne der Rahmenrichtlinien differenziert. *Das Differenzierungsmodell der Rahmenrichtlinien Physik SI wurde 1975 bereits an mehr als einem Drittel der integrierten Gesamtschulen freiwillig erprobt.*

Falls eine Differenzierung nach den Rahmenrichtlinien erfolgte, sollten die Lehrer die Zuordnung der Inhalte zu den Differenzierungsgruppen beurteilen. Von den 76 Lehrern, an deren Schulen nach den Rahmenrichtlinien differenziert wurde, gaben 7 keine Beurteilung ab. Von den verbleibenden 69 Physiklehrern beurteilen mit „realisierbar und angemessen" (45) - „nicht realisierbar" (12) - „unangemessen" (12).

Die Zuordnung „realisierbar und angemessen" wurde meistens als solche gesehen, wenn die zwei wichigen Vorraussetzungen „volle Stundenzahl" und „genügend Materialien" erfüllt wären.

Die Zuordnung „nicht realisierbar" wurde damit begründet, daß zu wenig Wochenstunden zur Verfügung stünden, die Anforderungen im Fundamentum zu hoch und in den Erweiterungen zu gering seien. Außerdem seien nicht alle Themen altersgerecht und gäbe es schulorganisatorische Probleme.

Die Zuordnung „unangemessen" wurde aus folgenden Gründen gegeben: Stoffülle - falsche Stoffverteilung im Fundamentum und in den Erweiterungen - zu hohe Anforderungen im Fundamentum - zu wenig Praxisbezug.

Wenngleich die Begründungen der beiden negativen Beurteilungen von Gewicht sind, *waren 1975 zwei von drei Physiklehrern der integrierten Gesamtschulen mit dem Differenzierungsmodell prinzipiell einverstanden.*

13.1.3 Die Beurteilung der Durchführbarkeit des Physikunterrichts nach den alten Lehrplänen und die Einschätzung der Durchführbarkeit eines Physikunterrichts nach den Rahmenrichtlinien durch die Physiklehrer (1973-76)

Bei allen drei Befragungen der Physiklehrer von 1973, 1975 und 1976 wurden zwei fast gleichlautende Fragen gestellt; wobei sich die erste Frage nur leicht in der Diktion unterscheidet. Die Formulierung für Hauptschulen, Realschulen und Gesamtschulen lautet bei der ersten Frage:

a) „Ist der Physikunterricht momentan an Ihrer Schule gut/ausreichend/schlecht durchführbar?"

Die Formulierung für Gymnasien lautet bei der ersten Frage:

a) „Ist der Physikunterricht an Ihrer Schule nach den Lehrplänen von 1962 gut/ausreichend/oder schlecht durchführbar?"

Bei der zweiten Frage wurde für alle Schulgattungen der gleiche Wortlaut gewählt:

b)„Wie schätzen Sie die Voraussetzungen an Ihrer Schule für die Durchführbarkeit des Physikunterrichts nach den Rahmenrichtlinien SI ein (gut/ausreichend/schlecht)?“

In beiden Fällen sollten die Lehrer ihre Angaben begründen, was - wie in solchen Fällen von Befragungen üblich - nur von einem Teil der Beantworter erfolgte.

Die nachfolgenden Tabellen liefern zunächst eine Übersicht über die Beantwortung dieser Fragen.

Tabelle 112: Beurteilung/Einschätzung der Durchführbarkeit des Physikunterrichts nach den alten Lehrplänen/Rahmenrichtlinien Physik SI durch die Physiklehrer der Hauptschulen und Realschulen

Schulgattung	Hauptschulen (1973)		Realschulen (1973)	
Lehrplan	alt	RRL	alt	RRL
N	94	82	120	119
gut durchführbar	32,9 %	17,1 %	29,2 %	18,4 %
ausreichend durchführbar	37,4 %	40,2 %	57,0 %	50,5 %
schlecht durchführbar	29,7 %	42,7 %	13,8 %	31,1 %

Tabelle 113: Beurteilung/Einschätzung der Durchführbarkeit des Physikunterrichts nach den alten Lehrplänen/Rahmenrichtlinien Physik SI durch die Physiklehrer der Gesamtschulen und Gymnasien.

Schulgattung	Gesamtschulen (1975)		Gymnasien (1976)	
Lehrplan	alt	RRL	alt	RRL
N	243	234	261	248
gut durchführbar	30,0 %	31,2 %	33,0 %	14,1 %
ausreichend durchführbar	49,8 %	34,0 %	51,7 %	48,0 %
schlecht durchführbar	20,2 %	34,8 %	15,3 %	37,9 %

Im Vergleich zu der Durchführbarkeit des Unterrichts nach den alten Lehrplänen wurde die *Durchführbarkeit nach den Rahmenrichtlinien in allen Schulgattungen als schlechter eingeschätzt.* Betrachtet man die Summen der positiv und negativ zu wertenden Differenzen dieser Prozentzahlen für die jeweiligen Schulgattungen, so ergibt dies im einzelnen:
H: -26,0%, R: -34,6% Ges: -29,2% und Gym: -45,2%.

Die Voraussetzungen für einen Unterricht nach den Rahmenrichtlinien erschienen demnach den Gymnasiallehrern mit bedeutendem Abstand am schlechtesten. Was die *Hauptschulen* betrifft, muß berücksichtigt werden, daß bei diesen - wie die Prozentzahlen auch zeigen - *schon der Unterricht nach den alten Lehrplänen nicht besonders gut durchführbar war.* Deshalb hier die niedrigste Summe der Prozentzahldifferenzen. Die ebenfalls niedrige Differenz für die Gesamtschulen läßt sich erklären. Etwas mehr als ein Viertel der befragten Lehrer gab nämlich an, daß an ihrer Schule bereits nach den Rahmenrichtlinien differenziert würde. Bei diesem Teil der befragten Lehrer hat die angegebene

Abschätzung bereits den Charakter einer Beurteilung, die positiv ausfiel (vgl. 13.1.2.3). Diese Urteile kompensieren einen Teil der negativer ausfallenden.

Da, wie schon gesagt, nur wenige Lehrer Begründungen für die von ihnen gewählte Beurteilungs/Schätzkategorie angegeben haben, wird auf eine weitere Frage zurückgegriffen, die wiederum abgesehen von geringfügigen Unterschieden in der Diktion in allen Befragungen zu beantworten war. Die Lehrer sollten dabei angeben, *welche Schwierigkeiten* sie bei der Durchführung eines Unterrichts gemäß der Rahmenrichtlinien sähen (vgl. Frage 13 in der Anlage 4e des Anhangs).

Schulgattung	H(1973)	R(1973)	Ges(1975)	Gym(1976)
Stichprobenumfang	98	122	248	271
Anzahl der Beantworter	82	121	214	254
zu wenig Wochenstunden	69,6%	69,4%	67,3%	74,4%
zu wenig Lehrer	---	---	---	70,9%
Stoffülle	45,9%	57,4%	60,7%	52,8%
Materialschwierigkeiten	64,9%	61,5%	23,8%	39,0%
fehlende Übungsräume	---	---	---	35,2%
Lehrbücher	43,3%	45,4%	34,6%	21,3%
lernpsycholog. Schwierigkeiten bei den Schülern	18,9%	27,8%	32,7%	15,4%

(andere Gründe unbedeutend, da jeweils unter 3%)

In allen Schulgattungen ist das *Unterrichtszeit-Stoffülle-Problem* dominierend. Daß nur von den Gymnasiallehrern auf eine nicht ausreichende Ausstattung der Schulen mit *Lehrpersonal* verwiesen wurde, kann möglicherweise im Zusammenhang mit der Forderung der Rahmenrichtlinien nach mehr Schülerübungen einerseits und die Einschränkungen durch den sogenannten „Sicherheitserlaß“ andererseits gesehen werden. Darauf wird im Teilabschnitt 13.2 noch näher eingegangen. Diese Problematik bestand für die Hauptschulen und Realschulen nicht.[681] An den Gesamtschulen waren vergleichsweise zu den Gymnasien bessere personelle Vehältnisse vorhanden.[682] Die unterschiedliche Bewertung von *Materialschwierigkeiten* deckt sich mit den aufgezeigten Unterschieden in den Geräteausstattungen (vgl. den Teil 8). Daß das *Lehrbuchproblem* an den Gymnasien relativ untergeordnet erscheint, kann nicht verwundern, wenn man die Beurteilung der inhaltlichen Veränderungen bei den Rahmenrichtlinien bedenkt, so wie diese von den Gymnasiallehrern eingeschätzt wurden. An den Gymnasien ist das Unterrichtswerk von KUHN, das den Rahmenrichtlinien weitestgehend entspricht,[683] 1976 bereits stark vertreten und wurde als gewünschtes Schulbuch an zweiter Stelle genannt.[684] An den Gesamtschulen war dieses Schulbuch 1975 noch nicht weit verbreitet, wurde aber als gewünschtes Schulbuch an die erste Stelle gesetzt.[685] Die bis 1973 an den Hauptschulen und Realschulen eingeführten Schulbücher für Physik stellten insgesamt die mit diesen Büchern unterrichtenden Lehrer nicht zufrieden[686] und sie besitzen nach Kenntnis des Verfassers überhaupt keinen Rahmenrichtlinienbezug. Was die *lernpsychologischen Schwierigkeiten* betrifft, dürfte es schwer sein, die Unterschiede in den Prozentzahlen zu interpretieren.

13.1.4 Die Einschätzung der Physiklehrer über eine mögliche Belastung durch einen Physikunterricht nach den Rahmenrichtlinien (1973-76)

Es ist eine viel diskutierte Frage, inwieweit der Unterricht die Lehrer mit ihren unterschiedlichen Schulfächern auch unterschiedlich belastet. In einem unterscheiden sich die Lehrer mit naturwissenschaftlichen Fächern jedoch wesentlich von den Lehern mit anderen Fächern, indem bei ersteren zu den theoretischen Vorbesinnungen in der Unterrichtsplanung noch die experimentellen Vorbereitungen für den Unterricht hinzukommen. Während ein „normaler“ Lehrer seine Unterrichtsvorbereitung i.w. zu Hause am Schreibtisch erledigen kann, ist der Lehrer mit naturwissenschaftlichen Fächern gezwungen, den experimentellen Part seiner Unterrichtsvorbereitungen vor Ort, also im Schulgebäude zu erledigen. Nur in wenigen Fällen kann dies in Zwischenstunden geschehen, da zumeist die erforderlichen Geräte von einem Kollegen im Unterricht benötigt werden. Somit muß der Hauptteil der experimentellen Vorbereitungen in der unterrichtsfreien Zeit erledigt werden. Dies bedeutet, daß die experimentellen Vorbereitungen entweder unmittelbar nach Unterrichtsschluß oder erst nach nochmaligem Besuch der Schule am Nachmittag oder am Abend erfolgen kann. Koordinierungsprobleme können bei größeren Schulen und mehreren Fachkollegen insbesonders dann vorliegen, wenn die räumlichen Voraussetzungen beschränkt und die Ausstattung mit Experimentiergerät nicht den erforderlichen Umfang an gleichartigen Geräten ausweist. Solche und sicherlich noch andere hier nicht genannte Probleme der Lehrer mit naturwissenschaftlichen Fächern mögen MOTHES (1963) zu folgender Aussage veranlaßt haben: „Er ist daher in jeder Weise *erheblich stärker in Anspruch genommen als jeder andere Kollege*, der sich nur ein Buch unter die Arme zu nehmen braucht und so für seinen Unterricht wohlgerüstst ist.“[687] Eine ähnliche Stellungnahme liegt von VOIGT (1970) vor: „Man vergleiche diese Arbeit mit dem vergleichsweise geringen Aufwand für den (- deshalb häufig von Schulleitern bevorzugten -) Rechenunterricht.“[688]

Nach SCHMIDBAUER (1972) ergaben sich zum Zeitpunkt unmittelbar vor der Veröffentlichung der Rahmenrichtlinien Physik SI aus der Befragung von Lehrern mit naturwissenschaftlichen Fächern an Hauptschulen und Realschulen folgende Tatbestände, die sich auf die Unterrichtsvorbereitung beziehen:

38% der befragten Lehrer (Realschule 45,5%, Hauptschule 31,2%) hatten *nicht genügend Zeit* für die Vorbereitung ihrer Experimentierstunden. Dabei wurden als Gründe die allgemeine Überlastung im Schulbetrieb und weite Entfernungen der Wohnorte vom Schulort angegeben.

30,8% der befragten Lehrer (Realschule 37,4%, Hauptschule 25%) hatten *nicht genügend Fachraum* für die Vorbereitung, wobei entweder überhaupt keine entsprechenden Räume zur Verfügung standen oder bei Vorhandensein eine starke Frequentierung durch das Fachkollegium vorlag.

Bei Vorkenntnis des eben beschriebenen Sachverhalts lag es nahe, die Lehrer über die Belastung durch den naturwissenschaftlichen Unterricht zu befragen. Im Fragebogen von Schmidbauer wurde in Ergänzung der Frage nach dem Anteil des Unterrichts in Physik, Chemie und Naturlehre in bezug auf das Gesamtlehrdeputat noch folgende Zusatzfrage gestellt:
„Fühlen Sie sich durch diese Situation (also Einsatz im naturwissenschaftlichen Unterricht), soweit es den naturwissenschaftlichen Unterricht anbelangt (überlastet/ausgelastet/ nicht ausgelastet)?"
Diese Frage bezog sich also - 1972 noch ohne Rahmenrichtlinienbezug - auf die *damalige aktuelle Unterrichtspraxis* der Lehrer.
In ähnlicher Weise wurde bei den nachfolgenden Lehrerbefragungen von 1973, 1975 und 1976 eine solche Frage gestellt, die sich jedoch auf die Rahmenrichtlinien Physik SI bezog. Da im allgemeinen Rahmenrichtlinienpraxis nicht vorausgesetzt werden konnte,[689] wurde hier nur um eine *Einschätzung für die zukünftige Unterrichtspraxis* auf der Basis der Rahmenrichtlinien gebeten:
„Wie schätzen Sie die Belastung bei gleichbleibender Pflicht-stundenzahl ein, wenn Sie nach den Rahmenrichtlinien unterrichten würden (überlastet/ ausgelastet/nicht ausgelastet)?"

Die Tabelle 114 enthält alle diesbezüglichen Auswertungsergebnisse für die Hauptschulen und Realschulen, wobei ein Vergleich unter Lehrplanbezug möglich ist. Die Auswertungsergebnisse der Tabelle 115 stellen eine Ergänzung zu denen von 1973 an den Hauptschulen und Realschulen dar. Soweit vorhanden, wurden Stichprobenmerkmale wie Alter, Geschlecht und Qualifikationsgrad QLP[690] zum Vergleich herangezogen.

Tabelle 114: Die Einschätzung von Lehrern über ihre Belastung durch den Physik-(Naturlehre)unterricht in Abhängigkeit vom Lehrplanbezug (alte Lehrpläne von 1957/62 versus Rahmenrichtlinien Physik SI)

Schulgattung	Hauptschulen		Realschulen	
Erhebungsjahr	1972	1973	1972	1973
N	119	80	126	113
Lehrplanbezug	alt	RRL	alt	RRL
mittl. Anteil d. Unterr. in Physik/Naturl. am Lehrdeputat	19,2 %	18,4 %	28,2 %	29,0 %
überlastet	9,2 %	63,7 %	7,1 %	56,6 %
ausgelastet	57,1 %	33,8 %	68,3 %	39,8 %
nicht ausgelastet	33,6 %	2,5 %	24,6 %	3,5 %
mittl. Alter d. Stichpr. (Jahre)	34,3	35,4	36,7	35,6
Frauenanteil d. Stichprobe	9,2 %	10,0 %	11,2 %	9,7 %
QLP der Stichprobe	0,42	0,46	0,72	0,69

Tabelle 115: Die Einschätzung von Physiklehrern an Gesamtschulen und Gymnasien über ihre Belastung durch einen Physikunterricht nach den Rahmenrichtlinien Physik SI

Schulgattung		integr. Ges.	addit. Ges.	Gymnasien
Erhebungsjahr		1975	1975	1976
N		127	96	239
mittlerer Anteil des Physik-	in SI	32,8 %	24,0 %	17,6 %
unterrichts am Lehrdeputat	in SII	1,0 %	1,8 %	24,4 %
überlastet		47,2 %	53,1 %	43,1 %
ausgelastet		52,8 %	45,8 %	56,1 %
nicht ausgelastet		---	1,0 %	0,8 %
mittl. Alter der Stichprobe (Jahre)		nicht erhoben		39,0
Frauenanteil dder Stichprobe		nicht erhoben		11,0 %
QLP der Stichprobe		0,78	0,70	0,96

Bei allen Stichproben erwiesen sich die *Einschätzungen über die Belastung sowohl vom Geschlecht wie auch vom Alter unabhängig.*[691] Was die Hauptschulen und Realschulen anbelangt, stimmen die jeweiligen Stichproben in den genannten Merkmalen und im Anteil des Unterrichts in Physik und/oder Naturlehre recht gut überein,[692] so daß nach diesen Merkmalen und dem Unterrichtsanteil von sehr ähnlichen Gruppen Befragter ausgegangen werden kann.

Betrachtet man zunächst die Zahlen der Tabelle 114 für die beiden Erhebungen von 1972 (ohne Rahmenrichtlinienbezug), so ergibt sich ein Widerspruch zu all dem, was eingangs über die Belastung der Lehrer mit naturwissenschaftlichen Fächern ausgeführt wurde. Deshalb wurde das vorliegende Datenmaterial einer weitergehenden Analyse[693] unterzogen. Dazu wurden für die beiden Teilstichproben von Hauptschullehrern und Realschullehrern, welche die Belastungskategorien „überlastet" bzw. „nicht ausgelastet" gewählt hatten, die Unterrichtsanteile in naturwissenschaftlichen Fächern und der Qualifikationsgrad herangezogen:

	Hauptschule (1972)		Realschule (1972)	
	Unterr.-Anteil	QLP	Unterr.-Anteil	QLP
Kategorien „überlastet"	24,5%	0,14(!)	52,3%	0,61
Kategorie „nicht ausgel."	12,0%	0,56	18,9%	0,78

Die *Lehrer, die sich als „überlastet" erklärten*, hatten jeweils im Vergleich zur Gesamtstichprobe einen höheren Anteil an Unterrichtsstunden in Physik und/oder Naturlehre und sie waren weniger qualifiziert. Bei den Realschullehrern war der genannte Unterrichtsanteil fast doppelt so hoch wie im Mittel der Gesamtstichprobe, während der Qualifikationsgrad QLP nur mäßig abfallend erscheint. Anders bei den Hauptschullehrern. Der genannte Unterrichtsanteil war zwar deutlich höher, aber wesentlicher erscheint hier der stark abfallende Qualifikationsgrad. Dazu passen marginale Anmerkungen folgender

Art: „Belastung wegen vieler anderer Fächer“ und „fachwissenschaftlich und didaktisch überfordert“.

Die *Überlastung der Realschullehrer* ist also mehr auf den *hohen Anteil im Unterricht in Physik und/oder Naturlehre* zu sehen, während diese bei den *Hauptschullehrern* vor allem auf *fachfremden Einsatz* zurückzuführen ist.

Die *Lehrer, die sich als „nicht ausgelastet“ erklärten*, waren im Vergleich zur Gesamtstichprobe *höher qualifiziert* und ihr *Anteil an Unterrichtsstunden in Physik und/oder Naturlehre deutlich geringer*. In einer großen Anzahl von Fällen, besonders bei kleineren Hauptschulen[694] und damit Schulen mit einer niedrigen Anzahl von Unterrichtsstunden in Physik und/oder Naturlehre, die überhaupt zu erteilen waren, *lag vorhandene qualifizierte Lehrkapazität brach.*

Was die *Einschätzungen über die Belastung* der Physiklehrer *bei einem künftigen Unterricht nach den Rahmenrichtlinien* betraf, so ergab sich bereits bei den Hauptschullehrern und Realschullehrern von 1973 ein völlig anderes Bild. Die Angaben über eine wahrscheinliche Überbelastung haben hier ein ganz bedeutendes Gewicht. Eine ganz ähnliche Verteilung über die Belastungskategorien ergab sich auch bei den späteren Befragungen der Physiklehrer an den Gesamtschulen (1975) und an den Gymnasien (1976). Die Befragten haben Gründe für die Einschätzungen angegeben, wobei hier gerade die für die Kategorie „überlastet“ von Interesse sind.

Die *Gründe, die im Falle einer zu erwartenden „Überlastung“* angegeben wurden, decken sich sowohl in der Art nach als auch in etwa nach der Häufigkeit der Nennungen mit jenen, die im vorhergehenden Teilabschnitt als zu erwartende Schwierigkeiten angegeben wurden. Auch hier ergab sich *keine Abhängigkeit* der Wahl von Belastungskategorien *von Alter bzw. Geschlecht.* Die Lehrer, die eine Überlastung befürchteten, *unterschieden sich* jedoch in allen Schulgattungen *hinsichtlich ihrer Anteile von Unterricht in Physik und/oder Naturlehre* von den anderen, die diese Befürchtung nicht hatten. Folgende Unterschiede ergaben die Analysen:

	H	R	AG	IG	Gym
Bei Annahme einer Überlastung	22,3%	31,9%	35,1%	39,6%	43,2%
bei Nichtannahme einer Überlastung	11,5%	25,2%	17,5%	27,2%	37,6%

Bei den *Gymnasiallehrern* konnten noch deren Angaben über eine mögliche Belastung durch einen Unterricht nach den Rahmenrichtlinien Physik SI mit dem Einsatz in den beiden Sekundarstufen in Beziehung gesetzt werden.[695] Dazu wurden die Daten, die Köppen über den Einsatz im Physikunterricht in den Schuljahren 1973/74, 1974/75 und 1975/76 erhoben hatte, herangezogen:

	überlastet	nicht überlastet
überwiegend Physikunterr. in der Sekundarstufe I	31	61
überwiegend Physikunterr. in der Sekundarstufe II	72	75

Die *Lehrer, die überwiegend in der Sekundarstufe II unterrichteten*, gaben *signifikant häufiger* ($chi^2 = 4{,}78$) als jene die überwiegend in der Sekundarstufe I unterrichteten an, daß sie bei einem Unterricht nach den Rahmenrichtlinien eine *Überbelastung* annehmen.
Die Lehrer mit Angaben einer Überbelastung unterrichteten in den drei genannten Schuljahren im Mittel 5,3 Unterrichtsstunden in der Sekundarstufe II und 3,3 Unterrichtsstunden in der Sekundarstufe I. Die anderen im Verhältnis 4,6 zu 3,6 Unterrichtsstunden. Vermutet wird, daß bei diesen Einschätzungen davon ausgegangen wurde, *daß Umstellungen im Einsatz in den beiden Stufen zu neuen Belastungen führen könnten.* Immerhin wird durch die Rahmenrichtlinien der Physikunterricht nicht nur vorverlegt, sondern sind gegenüber den alten Lehrplänen von 1962 der Sekundarstufe I 8 Physikstunden gegenüber vorher 7 zugedacht. Notgedrungen mußten Lehrer, die ihre Dominanz bis dahin in der Sekundarstufe II hatten, mit vermehrtem Einsatz in der Sekundarstufe I rechnen. Marginale Anmerkungen von der Art „keine ausreichende pädagogische Ausbildung erhalten“ oder „Probleme mit den mathematischen Vorkenntnissen der Schüler“ lassen darauf schließen, *daß nicht alle Lehrer von einer bevorstehenden Umschichtung ihrer Unterrichtsanteile in den beiden Sekundarstufen begeistert waren.*

Bei den *Physiklehrern der integrierten Gesamtschulen* wurde untersucht, ob die Einschätzung der Belastung in einem Zusammenhang damit steht, ob an den betreffenden Schulen bereits oder teilweise nach den Rahmenrichtlinien differenziert wurde oder dies nicht der Fall war:[695]

	überlastet	nicht überlastet
bereits Differenzierung nach Rahmenrichtlinien	30	38
noch keine Differenzierung nach Rahmenrichtlinien	28	27

Die vorliegende Vierfelderverteilung zeigt ersichtlich keine wesentliche Abweichung von der Gleichverteilung ($chi^2 = 0{,}33$). Mithin kann davon ausgegangen werden, daß die *praktischen Erfahrungen,* die an diesen Schulen *mit den Rahmenrichtlinien* gemacht wurden, *keinen Einfluß auf die Abschätzung künftiger Belastungen* hatte.

Wenngleich zu einem gewissen Teil individuelle Merkmale der Lehrer aufgezeigt werden konnten, die eine „Überlastung durch Einführung der Rahmenrichtlinien“ befürchteten, zeigt andererseits das Beispiel der Lehrer an den integrierten Gesamtschulen, daß hinsichtlich einer Einschätzung mit oder ohne Praxiserfahrung kein Unterschied besteht. Dies läßt vermuten, daß hier nicht erfaßte individuelle Merkmale der Lehrer einen bedeutend größeren Einfluß haben könnten. *Nicht verkennbar ist jedoch eine gewisse Unsicherheit im Hinblick auf eine Umstellung des Unterrichts nach den neuen Plänen.*

13.2 Praxis und Probleme des Schülerübungsunterrichts - Geschichte und empirische Befunde - Ergebnisse der Befragungen von Physikklehrern und Sammlungsleitern für Physik (1972-76 und 1984)

Um die Ergebnisse der Lehrerbefragungen und der Befragung von Sammlungsleitern bewerten zu können, scheint es dem Verfasser erforderlich, in komprimierter Form einiges über die Geschichte des Schülerübungsunterrichts und über empirische Untersuchungen zum Thema „Schülerübungsunterricht im Vergleich zu anderen Unterrichtsformen“ voranzustellen.

13.2.1 Historische Anmerkungen zum Schülerübungsunterricht

In den historischen Werken von PAHL (1913), SCHÖLER (1970) und DÖRING (1973) findet man ebenso wie in den Methodiken von HAHN (1927) und TÖPFER/BRUHN (1978) Darstellungen über die Entwicklung des Schülerübungsunterricht.

Der Schülerübungsunterricht hat in Deutschland eine lange Tradition. Er wurde bereits in der Mitte des 19. Jahrhunderts im Realbereich der höheren Schulen eingeführt. In Anlehnung an den Universitätsbetrieb wurde dabei zunächst mit den im Demonstrationsunterricht verwendeten Geräten in einer Art Wiederholung von den Schülern selbst experimentiert. Dabei gab es kein spezielles Lehrmittelproblem. Dieses entstand jedoch, als man nach dem Beispiel des Auslands um die Jahrhundertwende dazu überging, Übungen in gleicher Front mit einfachen Apparaten von Schülern durchführen zu lassen. Die Geräte wurden mit Hilfe der Schüler hergestellt. Die Übungen bewährten sich, aber nicht die Herstellung der Geräte durch Schüler. Ähnliche Versuche der Herstellung von Experimentiergerät durch Schüler und Lehrerstudenten in einigen Entwicklungsländern scheiterten in der jüngeren Vergangenheit in ähnlicher Weise.[696] Die Wegbereiter des eigentlichen Schülerübungsunterrichts NOAK (1905), GRIMSEHL (1906) und HAHN (1909) stellten ihre Experimentiersätze selbst her oder bedienten sich der Hilfe von Mechanikern. Einfache und stabile Geräte in ausreichenden Stückzahlen standen diesen Pionieren damit zur Verfügung und sie gaben ihre positiven Erfahrungen durch Vorträge und

Publikationen weiter. Die *historischen „Meraner Beschlüsse"*, die im Rahmen der Naturforschertagung von 1905 in Meran verfaßt wurden, hatten bereits dieser Entwicklung Rechnung getragen, indem im dritten von drei Punkten gefordert wird: „Für die pyhsikalische Ausbildung der Schüler sind *planmäßig geordnete Übungen im eigenen Beobachten und Experimentieren erforderlich.*"

An vielen höheren Schulen wurden in den folgenden Jahrzehnten insbesonders nach den Vorschlägen von Grimsehl Schülerübungen eingeführt, wobei sich diese nicht nur auf die Oberstufe sondern auch auf die Unterstufe der Gymnasien bezogen, wie durch KRÖGER (1919) belegt ist. Die Selbstherstellung von Experimentiergerät dürfte dabei ein wesentlicher Faktor gewesen sein. Töpfer/Bruhn berichten zwar über vollständige Übungsprogramme von Lehrmittelfirmen ab Mitte der 20er Jahre (S. 307), aber nach Expertenmeinung kann von keiner nennenswerten Produktion von Schülerübungsgeräten heutiger Qualität vor 1950 ausgegangen werden.[697] Nach BRUHN (1983) wurden 1913 an 64% der Oberrealschulen regelmäßig Schülerübungen durchgeführt und 1928/29 wäre dies an 60% aller höheren Schulen der Fall gewesen (Umfrageergebnisse).

Nach Töpfer/Bruhn fanden Schülerübungen in den 20er Jahren auch schon Einzug in den Bereich der Volksschulen und Mittelschulen, jedoch scheint dies *in Hessen* zumindest bei den Volksschulen eher die seltene Ausnahme gewesen zu sein und gab es auch nur wenige Mittelschulen, die Schülerübungsgeräte schon *vor dem 2. Weltkrieg* hatten.[698] Bei den Mittelschulen könnte eine Orientierung an der Unterstufe der höheren Schulen vorgelegen haben. Bei den Volksschulen hatte wohl die Naturkunde einen gewissen Vorrang vor der Naturlehre.[699] Daß die Entwicklung während des Krieges stagnierte, darf wohl mit Sicherheit angenommen werden.[700]

Es muß davon ausgegangen werden, daß *im Jahre 1950 nur an sehr wenigen hessischen Schulen* - teilweise wegen Zerstörung der Bestände durch Kriegseinwirkung, aber sicherlich auch wegen vorheriger Nichtexistenz - *Schülerübungsgeräte vorhanden waren.* Jedenfalls sprechen für diese Sicht die Ergebnisse von Sammlungsleiterbefragungen aus den Jahren 1972-76 (vgl. Die Abbildungen 10-12 des Teilabschnitts 8.2.1). Nur bei 20% der Gymnasien gab es 1950 Schülerübungsgeräte und bei den anderen Schulgattungen keine mehr oder noch keine. Die Gesamtschulen fallen natürlich aus dieser Betrachtung heraus, da sie erst später eingerichtet wurden.

Nach 1950 haben die Lehrmittelfirmen in immer größerer Vielfalt spezielle Schülerübungsgeräte angeboten, das die Schulen in unterschiedlichen Umfängen erwerben konnten, da diese von den jeweiligen Schulträgern in ganz unterschiedlicher Weise mit finanziellen Mittel ausgestattet wurden. Daß Ausstattungsdefizite Mitte der 70er Jahre bestanden, wurde im Teil 8 aufgezeigt, und daß sich daran bis 1984 relativ wenig im positiven Sinne geändert hatte, geht aus dem Teil 12 hervor.

Bei diesen Gegebenheiten ist verständlich, wenn v. OY (1978) den *verstärkten Einsatz von Schülerexperimenten forderte, um den methodischen Stand der früher erreicht worden war, wieder zu erreichen.*

Was die dazu notwendigen Voraussetzungen betrifft, forderte der „Deutsche Verein zur Förderung des mathematischen und naturwissenschaftlichen Unterrichts e.V." noch im April 1982: „*... Außerdem müssen die äußeren Bedingungen für Schülerübungen an vielen Schulen noch erheblich günstiger gestaltet werden.*[701]

13.2.2 Empirische Befunde über Schülerübungen als Unterrichtsform

Nach ROTH (1971) begannen um 1925 in den USA empirische Untersuchungen zum Vergleich von Unterrichtsmethoden. Im deutschsprachigen Raum wurden vergleichsweise ähnliche Untersuchungen erst nach dem Zweiten Weltkrieg durchgeführt. Roth führt als eine erste Untersuchung, die Physik als Inhalt hat, die von Ward aus dem Jahr 1956 (Sputnik-Schock in den USA!) an. Dem Verfasser sind drei empirische Untersuchungen bekannt, die in Deutschland durchgeführt wurden und Schülerübungen zum Inhalt haben. Darüber wird nachfolgend - mehr stenografisch - berichtet und zusätzlich über die Ergebnisse einer kleineren Untersuchung im Rahmen einer 2. Staatsprüfung eines Physiklehrers.

Bei CORRELL (1969) wurden die Schüler von drei neunten Klassen eines Gymnasiums in drei leistungshomogene Gruppen eingeteilt und alle drei Gruppen von demselben Fachlehrer unterrichtet. Als Inhalt wurde die „magnetische Wirkung des elektrischen Stroms" gewählt. Die erste Gruppe wurde in Form eines „theoretischen Unterrichts" (T) und die zweite in Form des „Demonstrierens durch den Lehrer" (L) unterrichtet. Die dritte Gruppe hatte schließlich am „eigenen Experimentiergerät Versuche nach Anleitung" (S) durchzuführen. Mit Hilfe von 10 Testfragen wurde der *unmittelbare Lernerfolg* im Anschluß an den Unterricht und das *Behalten* im Abstand von 6 Wochen gemessen. Daneben wurde die *Transferfähigkeit* mit Hilfe von 5 Testfragen erfaßt, wobei die Schüler einen ihnen zuvor unbekannten Versuch zu beschreiben und auszuwerten hatten. Der Transfertest wurde unmittelbar nach dem Unterricht durchgeführt und nach 6 Wochen ebenfalls wiederholt. Im Lernerfolg und in der Transferfähigkeit waren die Schüler der S-Gruppe den Schülern der beiden anderen Gruppen deutlich überlegen. Die Schüler der S-Gruppe hatten eine höhere Transferfähigkeit als die der anderen Gruppen und diese nahm bei ihnen im zeitlichen Abstand von 6 Wochen auch weniger ab als bei den anderen. Bei der hier beschriebenen *Überlegenheit des Schülerübungsunterrichts* muß jedoch relativiert werden. Die *effektive Lernzeit* der Schüler der S-Gruppe war *etwa doppelt so hoch* wie die der Schüler der beiden anderen Gruppen.

In der Untersuchung von WELTNER/WARNKROSS (1969) wurde bei drei vergleichbaren Klassen (zwei achte und eine neunte Klasse) die gleichen Unterrichtsformen wie bei Correll angewandt. Das Untersuchungs-Design war jedoch bewußt komplexer gewählt worden. Als Inhalte waren drei Themen gewählt worden: „Elektrische Klingel“, „Elektromotor“ und „Dämmerungsschalter“. Alle neun möglichen Kombinationen aus Inhalt und Unterrichtsform wurden auf die drei Klassen so verteilt, daß jedes Thema in jeder Klasse behandelt wurde und in jeder Klasse jede der drei Unterrichtsformen zur Anwendung kam. Auch hier wurde der Unterricht in allen drei Klassen von demselben Lehrer durchgeführt. Der *Lernerfolg* wurde mittels einer *Abschlußarbeit* (spezielle Fragen mit offener Beantwortung) jeweils 8 Tage nach Beendigung des Unterrichts anhand einer Punktbewertung ermittelt. Diese Arbeit wurde zum Erfassen des *Behaltens* in der gleichen Form acht Wochen nachher noch einmal wiederholt. In einer Art *verdeckter Einstellungsbefragung* mit gebundenen Beantwortungsmöglichkeiten hatten die Schüler Fragen zu beantworten, die sich auf ihr Interesse, ihre Einschätzung des eigenen Lernens und den Spaß an der Sache bezogen. Dabei waren zur Beantwortung nur die drei oben genannten Themen als Ankreuzungsmöglichkeit vorgegeben. Die Unterrichtsformen wurden dabei überhaupt nicht genannt. Wegen des gewählten Untersuchungs-Designs war aber indirekt damit ein Schluß auf die Einstellung zu den Unterrichtsformen möglich. Auch bei dieser Untersuchung erwies sich bezüglich des *Lernerfolgs* und des *Behaltens* der *Schülerübungsunterricht den anderen Unterrichtsformen als überlegen.* Im Gegensatz zu Correll, wo die Frage der *Vorkenntnisse* nicht diskutiert wird, wird hier berichet, daß die drei Klassen im Rahmen eines 4-stündigen Vorkurses einen gleichen Kenntnisstand erreichten. *Beim Schülerübungsunterricht* hatten die Schüler *deutlich mehr Spaß* als bei den anderen Unterrichsformen und ihr *Interesse* war hier auch *deutlich größer*. Was die *Selbsteinschätzung des eigenen Lernens* betrifft, so lag *keine Abhängigkeit von der Unterrichtsform* vor.

Eine ähnliche Untersuchung hat BRUHN (1973) mit der Thematik „Einführung in die Totalreflexion“, also einem Thema der Optik durchgeführt. Beteiligt waren drei 9. Klassen eines Gymnasiums. Neben einer Variation der Unterrichtsform „Demonstrationsunterricht versus Schülerübungsunterricht“ (also keine dritte Form) ging es hier unter Berücksichtigung der Ergebnisse der Untersuchung von Weltner/Warnkross um die *Frage des Einflusses von Motivation.* Dabei wurde absichtlich durch besonders gestaltete experimentelle Anordnungen (black box) die *Motivation und das Problemlöseverhalten im Demonstrationsunterricht verstärkt*, während der *Schülerübungsunterricht „normal“* verlief. Die Unterrichtsformen bezüglich der Teilinhalte „Reflexion“, „Brechung“ und „Totalreflexion“ haben in den Klassen gewechselt. Bemerkenswerter Weise führten bei dieser Untersuchung die Prüfungen von Lernerfolg und Einstellung (Prüfverfahren wurden nicht beschrieben), zu einem umgekehrten Ergebnis wie bei Weltner/Warnkross. Lernerfolg, Interesse und Spaß waren beim so gestalteten Demonstrationsunterricht deutlich höher als beim Schülerübungsunterricht. Bruhn folgerte aus seiner Untersuchung, daß bei einer empirischen Untersuchung über die Effektivität von Unterrichtsmethoden für eine möglichst gleiche Motivation gesorgt werden müsse, da die Messung sonst nur Aussagen über die Einwirkung der Motivation, nicht aber über die Unterrichtsmethode liefert.

Bruhn verweist an anderer Stelle auf eine Zusammenfassung von über 70 Studien durch Pieper und Sutman für die USA, die zu dem Schluß kamen, daß sowohl Experimentalunterricht wie auch Demonstrationsunterricht in ungefähr gleicher Weise und mit gleicher Effizienz Wissen und Verständnis vermitteln. *„Die Bedeutung von Schülerversuchen und Schülertätigkeit scheint vor allem darin zu liegen, daß sie Interesse wecken und erhalten.“*[702] In Anbetracht der Tatsache, daß im Laufe des Physikunterrichts in der Sekundarstufe I erwiesenermaßen das Interesse der Schüler stark abnimmt,[703] kommt nach den dargestellten empirischen Befunden dem *Schülerübungsunterricht ein ganz besonderer Stellenwert* zu, was die Rahmenrichtlinien Physik SI prinzipiell ja auch berücksichtigen.

Schließlich sei noch eine kleinere Untersuchung genannt, die von SCHEEL (1972) im Rahmen seiner 2. Staatsprüfung für das Lehramt an Grund-Haupt und Realschulen durchgeführt wurde. Der *Hintergrund* dieser Untersuchung ist mehr *ökonomischer Natur.*[704] Scheel, Physiklehrer an einer Realschule und entschiedener Verfechter des Schülerübungsunterrichts, fand an der Schule an der er nach seinem 1. Staatsexamen angestellt wurde und sich auf die 2. Lehrerprüfung vorbereitete, nur in völlig unzureichendem Maße Schülerübungsgeräte einer Lehrmittelfirma zur Behandlung der Elektrik und Elektronik vor. *Ganz im Sinne von Grimsehl* stellte er in eigener, zeitaufwendiger Arbeit Experimentiersätze für diesen Lernbereich her. Grundplatten mit den erforderlichen Stecksen, Verbindungskabel mit den zugehörigen Steckern stellte er selbst her. Widerstände, Spulen und sonstige elektronische Schaltelemente sowie einfache Strom/Spannungsmeßgeräte beschaffte er sich unter Heranziehung des knappen Physiketats aus Geschäften, die diese Dinge für Bastler relativ preisgünstig anboten. So konnte er *Experimentiersätze für jeweils eine Schülergruppe* herstellen, die im Vergleich mit einem entsprechenden Satz einer Lehrmittelfirma *nur etwa den zehnten Teil kosteten.* In seiner Fragestellung ging es um die Überprüfung der Unterrichtstauglichkeit der selbsthergestellten Geräte. Zwei Klassen etwa gleicher Leistungsfähigkeit wurden bezüglich der gleichen Inhalte mit dem selbsthergestellten Geräten bzw. mit den Geräten der Lehrmittelfirma[705] jeweils in Form von Schülerübungen unterrichtet. Bei der Überprüfung des Lernerfolgs mit Hilfe eines informellen Tests ergaben sich keine Unterschiede, womit die *Unterrichtstauglichkeit dieser billig erworbenen Geräte erwiesen war.*

13.2.3 Ergebnisse der Befragung von Sammlungsleitern über die Durchführung von Schülerübungen (1972-76)

Im Teil 8 wurde ausführlich über die sächlichen Gegebenheiten zur Durchführung von Schülerübungen berichtet. Jetzt kann noch dargestellt werden, inwieweit Schülerübungen an den Schulen überhaupt durchgeführt wurden. Dazu kann auf spezielle Daten zurückgegriffen werden, die bei allen Sammlungsleiterbefragungen von 1972, 1973, 1975 und 1976 erhoben wurden. Beispielhaft sind diese Fragen auch im Fragebogen für die Sammlungsleiter der Gymnasien enthalten (Anlage 3e des Anhangs, Teil B 2. und 3.) Bei allen Schulgattungen wurde nach der Durchführung des Übungsunterrichts gefragt mit welcher Anzahl von Übungsgruppen und Gruppengrößen dieser organisiert wurde. Wegen der uneinheitlichen Auswertung in den einzelnen Examensarbeiten, wurde vom Verfasser eine Zweitauswertung vorgenommen. Bei den Gesamtschulen erhöht sich dabei die Anzahl der Sammlungsleiter im Vergleich zum Teil 8 von 75 auf 88.[706]

Tabelle 116: Schülerübungsunterricht an den Schulen nach Angaben der Sammlungsleiter

Schulgattung	Erhebungsjahre	N	Schülerübungen finden statt			
			ja	teilw.	nein	k. Ang.
Hauptschulen	1972 u. 1973	178	70,2 %	2,8 %	21,9 %	5,1%
Realschulen	1972 u. 1973	94	84,0 %	4,3 %	10,6 %	1,0 %
Gesamtschule	1975	88	78,4 %	10,2 %	11,4 %	---
Gymnasien	1976	62	29,0 %	14,5 %	54,8 %	1,6 %

Tabelle 117: Organisationsform von Schülerübungen nach Angaben der Sammlungsleiter (Erhebungsjahre wie in der Tabelle 116, N_a = Anzahl der Schulen mit Angaben als Teil von N)

Schulgattung	N_a	Mittelwerte: Anz. der Gruppen	Mittelwerte: Schüler je Gruppe	häufigste Organisationsform: Anz. der Gruppen	häufigste Organisationsform: Schüler je Gruppe	Fälle
Hauptschulen	136	7,6	4,1	8	4	62
Realschulen	86	8,1	3,8	8	4	45
Gesamtschulen	71	7,8	3,1	8	4	23
				8	2	32
Gymnasien	56	7,7	2,5	8	2	22

Der Vergleich der Prozentzahlen der Tabelle 116 zeigt, daß an fast 90% der Realschulen von 1972/73 und an den Gesamtschulen von 1975 in gleichem Umfang Schülerübungsunterricht stattfand. Die *Hauptschulen* von 1972/73 *fallen* demgegenüber *deutlich ab.* Der *Abfall bei den Gymnasien ist jedoch extrem stark.*

Zum Verständnis dieser unterschiedlichen Prozentzahlen der Tabelle werden die *Gründe*, die von den Sammlungsleitern genannt wurden, nachfolgend getrennt nach Schulgattungen aufgeführt. Gleichzeitig werden dabei noch die *Auswertungsergebnisse weiterer Fragen* angegeben, die aus der Beantwortung von jeweils für die einzelnen Schulgattungen unterschiedlich formulierten Fragen stammen. Schließlich wird bei den Gymnasien auch die Auswertung eines ganz speziellen Fragenkomplexes zum Schülerübungsunterricht, der von den Schulleitern beantwortet wurde, in die Darstellung mit einbezogen.

Hauptschulen: An jeder fünften Schule konnte 1972/73 kein Schülerübungsunterricht durchgeführt werden. Bei diesen Schulen wurden folgende Gründe genannt: keine Geräte (32), kein Raum (7), zu große Klassen (2) und keine Angaben (5). 1972 wurde noch danach gefragt, ob der Einsatz der sächlichen Mittel wie geplant erfolgte. Dies war bei 73,0% der Schulen der Fall und bei 21,3% nicht (k. Ang. 5,6%). An den Schulen, an denen nicht wie geplant verfahren werden konnte, wurden folgende Gründe genannt: Klassenstärke (10), Gerätemangel (9), Raummangel (8) und Lehrermangel (3). Weitere Gründe sind unwesentlich bis auf den einmaligen Hinweis auf den „Sicherheitserlaß“,[707] der im Prinzip auf eine Teilung der Klassen hinausläuft. Dieser *Erlaß wurde* an den Hauptschulen *faktisch ignoriert*,[708] was ja auch die Zahlen der Tabelle 117 (8 x 4 = 32 Schüler) belegen. Bei den oben genannten Gründen überwiegen ja auch die sächlichen Gründe (Geräte, Raum) gegenüber der Nennung der Klassenstärken. Bei der Erhebung von 1973 wurden die Sammlungsleiter noch um eine *Einschätzung des Lernerfolgs* beim Schülerübungsunterricht gebeten. Je etwa die Hälfte nannten ihn gut oder mittelmäßig, aber kein Sammlungsleiter nannte ihn schlecht.

Realschulen: Hier konnte 1972/73 nur an jeder zehnten Schule kein Schülerübungsunterricht durchgeführt werden. Als Gründe wurden von den betreffenden 10 Sammlungsleitern genannt: Gerätemangel (5), Lehrermangel (4), Klassenstärke (2), fehlende Stunden (2) und ohne Angaben (1). 1972 und 1973 wurden an den Realschulen die gleichen Nebenfragen gestellt wie bei den Hauptschulen. 1972 wurde an 80,4% der Schulen Schülerübungsunterricht wie geplant durchgeführt und an 19,6% war dies nicht der Fall. Negativgründe sind hier im Gegensatz zu den Hauptschulen nicht sächlicher Natur sondern: Klassenstärke (8), Lehrermangel (3). Auch hier sind andere Gründe unwesentlich. Die Klassenstärken waren jedoch für den überwiegenden Teil der Realschulen kein Hinderungsgrund, wie eine charakteristische Marginalie eines Sammlungsleiters belegt: „Trotz dieser Schülerzahlen werden Übungen durchgeführt, natürlich nicht immer effektiv und teilweise mit großem Nervenaufwand.“ Auch bei den Realschulen wurde der *Erlaß in der Regel ignoriert*,[709] wie auch hier die Zahlen der Tabelle 117 belegen. Was die *Einschätzung des Lernerfolgs* (1973) betrifft, ist die Verteilung auf die Einschätzungen „gut“ und

„mittelmäßig“ fast mit der an den Hauptschulen identisch, jedoch bezeichnet ein Sammlungsleiter den Lernerfolg als schlecht.
Gesamtschulen: Wie bei den Realschulen konnte auch hier 1975 nur an jeder zehnten Schule kein Schülerübungsunterricht stattfinden. Die Gründe dafür sind hier etwas anders als bei den Realschulen: Klassenstärke (6), Raummangel (5), Lehrermangel (3) und Gerätemangel (2). Ergänzende Fragen zum Schülerübungsunterricht wurden hier 1975 nicht gestellt, aber die Zahlen der Tabelle 117 unterscheiden sich sehr deutlich von jenen der Hauptschulen und der Realschulen, in dem zwei Häufungen bei der Organisationsform vorkommen (8 x 4 Schüler und 8 x 2 Schüler). Während an den Hauptschulen und Realschulen im Mittel mit ca. 31 Schülern gleichzeitig Schülerübungsunterricht durchgeführt wurden, waren dies an den Gesamtschulen im Mittel nur ca. 24 Schüler. Soweit es die personellen und sächlichen Voraussetzungen zuließen, wurde an den additiven Gesamtschulen für den Schülerübungsunterricht die Klassen geteilt und an den integrierten Gesamtschulen im Rahmen von Differenzierungsmaßnahmen kleinere Gruppen gebildet. An diesen Schulen wurde also *erlaßgemäß* mit 8 Gruppen zu 2-3 Schülern (Obergrenze 19 Schüler insgesamt) gearbeitet. In anderen Gesamtschulen, wo die genannten Voraussetzungen fehlten, wurde der *Erlaß aber auch vielfach ignoriert.*[710]
Gymnasien: Im Gegensatz zu den anderen Schulgattungen wurde an mehr als der *Hälfte der Schulen kein Schülerübungsunterricht* im Jahre 1976 durchgeführt. Dieser Tatbestand erfordert eine weitere Erörterung. Insgesamt 62 ausgefüllte Sammlungsleiterfragebogen liegen hier vor. An 18 Gymnasien wurden Übungen abgehalten und an weiteren 9 nur teilweise. An 34 Gymnasien erfolgte *kein Schülerübungsunterricht, obwohl* an 28 dieser Schulen *vollständige Schülerübungssammlungen vorhanden waren.* Die Sammlungsleiter waren hier auch über die Häufigkeit der Nutzung im Falle der Durchführung von Schülerübungen befragt worden: häufig (9), selten (15) und kaum (3). Die *Gründe* dafür, daß kein Schülerübungsunterricht abgehalten wurde sind hier *völlig anderer Natur* als in den anderen Schulgattungen: Lehrermangel (21), Klassengrößen (21), Raummangel (11), Gerätemangel (9) und fehlende Unterrichtsstunden (8). *Lehrermangel und Klassengrößen* sind also die Hauptgründe. Dazu muß aber noch die Tabelle 117 beachtet werden. Die *Organisation der Schülerübungen* ist *erlaßgemäß* auf jeweils 8 Gruppen mit zu 2-3 Schülern abgestellt (7,7 x 2,5 = 19,3!). Offensichtlich wurde 1976 an den Gymnasien davon ausgegangen, daß Schülerübungsunterricht nur bei erlaßgemäßer Teilung der Klassen durchgeführt werden kann.
An einigen wenigen Gymnasien wurde bereits in den Jahren vor 1976 ein Weg eingeschlagen, der wenigstens *zeitweise Schülerübungen unter Klassenteilung ohne zusätzliche Lehrer ermöglicht.*[711] Dabei wurde der Physikunterricht in den *Randstunden* angesiedelt, so daß jeweils die Hälfte der Schüler einer Klasse im

Wechsel mit der anderen Hälfte Schülerübungen durchführen konnte, ohne gegen die Erlaßlage zu verstoßen. Dies bedeutete jedoch zeitweise weniger Physikunterricht, da die jeweils nicht unterrichtete Hälfte der Klasse erst später zum allgemeinen Unterricht kam oder vor dem Physikunterricht entlassen wurde. Bezüglich dieser Möglichkeit den Umfang des Schülerübungsunterrichts an den Gymnasien zu erweitern, waren die Leiter der Gymnasien, die vom Verfasser diesbezüglich angesprochen wurden, sehr unterschiedlicher Meinung.[712] Deshalb wurden im Fragebogen für Schulleiter entsprechende Fragen aufgenommen (Anlage 2c des Anhangs, Frage C.3.). 65 Schulleiter haben diese Fragen beantwortet:

1. *Für eine Intensivierung des Schülerübungsunterrichts in Physik* sahen *nur 12,3%* der *Schulleiter ausreichende personelle Voraussetzungen und nur 24,6%* sahen *ausreichende räumliche Gegebenheiten.*[713]
2. Was die Möglichkeit der *„Randstunden-Schülerübungen“* betrifft, wurden folgende Antworten gegeben:

	ja	nein	keine Angabe
Durchführung möglich	61,5%	27,7%	10,8%
pädagogisch sinnvoll	46,2%	38,5%	15,3%
unrechtmäßig[714]	26,2%	27,7%	46,1%

Etwa doppelt so viele Schulleiter halten eine Durchführung im Vergleich zu jenen, die das verneinen, für möglich. Nur eine schwache Mehrheit hält das für pädagogisch sinnvoll *und hinsichtlich der Rechtslage besteht eher eine große Unsicherheit.*

Fazit in der zusammenfassenden Betrachtung für alle Schulgattungen: An *Hauptschulen, Realschulen und Gesamtschulen* bestand trotz personeller und sächlicher Schwierigkeiten eine *relativ große Bereitschaft zur Durchführung von Schülerübungen*, notfalls unter Nichtbeachtung des „Sicherheitserlasses“, was auf eine *positive pädagogische Bewertung des Schülerübungsunterrichts* schließen läßt. Eine gleiche Aussage *kann für die Gymnasien nicht getroffen werden*, was die *Forderung verständlich macht*, die v.OY (1978) ausgesprochen hat, nämlich *den alten Stand aus der ersten Hälfte des Jahrhunderts wieder anzustreben.*

13.2.4 Die Anteile des Schülerübungsunterrichts im Vergleich zu anderen Unterrichtsformen nach Angaben der Physiklehrer (1972-76)

Bei allen Lehrerbefragungen wurden die Physiklehrer um die Angabe von Prozentzahlen über die Anteile verschiedener Unterrichtsformen gebeten. Abgesehen von kleineren Unterschieden in der Diktion hatte die entsprechende Frage jeweils eine Form wie sie beispielhaft im Fragebogen für Physiklehrer formuliert ist (Anlage 4c des Anhangs, Frage B.6). Wegen der Unterschiedlichkeiten der Auswertungen in den Examensarbeiten erfolgte auch hier eine Zweitauswertung durch den Verfasser. Dabei wurde eine Zusammenfassung der einzelnen Unterrichtsformen so vorgenommen, wie dies aus den Tabelle 118 und 119 hervorgeht. Durch diese Zusammenfassung wird der Anteil des Schülerübungsunterrichts deutlicher erkennbar. Die Prozentzahlen der Tabelle 118 zeichnen ein Abbildung des Ausmaßes des Schülerübungsunterrichts im Vergleich zu den beiden anderen Kategorien von Unterrichtsformen in den jeweiligen Schulgattungen. In der Tabelle 119 wurden nur jene Physiklehrer berücksichtigt, die Schülerübungen durchführten. Diese Prozentzahlen verdeutlichen, in welchem Umfang die *„schülerübungs-aktiven Lehrer“* in den einzelnen Schulgattungen ihre methodischen Vorstellungen realisieren konnten.

Tabelle 118: Angewandte Unterrichtsformen der Physiklehrer (mittlere Anteile der Gesamtheit aller die Frage mit Zahlenangaben beantwortenden Lehrer)

Schulgattung	H	R	Ges	Gym
Erhebungsjahr	1972 + 73	1972 + 73	1975	1976
N	223	240	240	265
Schülerübungen	35,9 %	27,8 %	28,6 %	9,0 %
Demonstrationsunterricht	50,0 %	58,8 %	56,9 %	62,8 %
Unterricht ohne Experimente	14,1 %	13,4 %	14,5 %	28,2 %

Tabelle 119: Angewandte Unterrichtsformen der Physiklehrer mit von 0 verschiedenen Anteilen des Schülerübungsunterrichts (mittlere Anteile analog Tabelle 118)

Schulgattung	H	R	Ges	Gym
Erhebungsjahr	1972 + 73	1972 + 73	1975	1976
N	195	201	197	147
Schülerübungen	41,1 %	33,2 %	34,8 %	16,2 %
Demonstrationsunterricht	45,9 %	54,4 %	52,0 %	57,8 %
Unterricht ohne Experimente	13,0 %	12,4 %	13,2 %	26,0 %

Im Teil 8 wurde aufgezeigt, daß an den *Hauptschulen* 1972 und 1973 im Vergleich zu den Realschulen *deutlich schlechtere sächliche Voraussetzungen* für den Schülerübungsunterricht vorlagen (vgl. die Abb. 8 und 9, die Tabelle 53 und die Abb.13). Trotzdem weisen die Prozentzahlen der Tabellen 118 und 119 einen *deutlich höheren Anteil* bei den Hauptschulen aus. Es kann nicht angenommen werden, daß sehr viele der an diesen Schulen „schülerübungsaktiven Lehrer“ Kenntnis von den in 13.2.2 beschriebenen empirischen Befunden hatte[715] und etwa deshalb im Vergleich zu den anderen Schulgattungen deutlich mehr Schülerübungsunterricht betrieben. Vielmehr dürfte dies auf eher positive Erfahrungen der Hauptschullehrer mit dem Schülerübungsunterricht zurückzuführen sein.[716]

Betrachtet man den Schülerübungsunterricht an den *Realschulen im Vergleich zu den Gesamtschulen,* so lag an beiden in etwa *gleiche „Schülerübungsaktivität“* vor. Dies war eigentlich so nicht zu erwarten, denn die *räumlichen Voraussetzungen* waren 1972 und 1973 an den Realschulen *ganz erheblich schlechter* als an den Gesamtschulen 1973 und 1975 (vgl. die Abb. 8 und 9). Wie auch die Werte der Ausstattungsvariablen für Schülerübungen aus dem

Jahr 1977 für beide Schulgattungen zeigen (Tabellen 62 und 64 des Teils 8), muß davon ausgegangen werden, daß an den Realschulen für die Vergleichsjahre *weniger Schülerübungsgerät* als an den Gesamtschulen vorhanden war.[717] *Trotz schlechterer sächlicher Voraussetzungen wurde an den Realschulen im gleichen Umfang wie an den Gesamtschulen Schülerübungsunterricht betrieben.* Daß an den Gesamtschulen der Anteil an Schülerübungen nicht deutlich höher war, könnte mit den im Vergleich zu den Realschulen anderen Zusammensetzungen der Physiklehrerkollegien zusammenhängen. An den Gesamtschulen unterrichten nämlich neben Haupt- und Realschullehrern auch noch zu einem kleineren Teil Gymnasiallehrer. Von den 240 Gesamtschullehrern der Tabelle 118 hatten 36 eine Lehrbefähigung für Gymnasien und 22 davon unterrichteten an den additiven Gesamtschulen ausschließlich Gymnasiasten. Es kann davon ausgegangen werden, daß die 14 Gymnasiallehrer an integrierten Gesamtschulen vornehmlich bei leistungsfähigeren Physikgruppen (A-Kurse) zum Einsatz kamen.[718] Eine getrennte Auswertung führte zu folgenden mittleren Prozentzahlen:

	zu Tabelle 118:	zu Tabelle 119:
H-R-Lehrer	N_1 = 204: 30,0%	N_1 = 170: 36,0%
Gymnasiallehrer	N_2 = 36: 20,4%	N_2 = 27: 27,2%

Beschränkt man sich also bei den Gesamtschulen auf die Haupt- und Realschullehrer, so waren deren Anteile des Schülerübungsunterrichts immerhin etwas höher als bei den Realschulen. In *etwa doppelt so hoch* waren die entsprechenden *Anteile der Gymnasiallehrer von Gesamtschulen im Vergleich zu den Anteilen ihrer Kollegen an den Gymnasien.* In beiden Fällen dürften die besseren sächlichen Voraussetzungen für Schülerübungen von Bedeutung gewesen sein. Es ist jedoch *auch möglich, daß das Beispiel der Haupt- und Realschullehrer*, die in ihrer ersten Ausbildungsphase eine breitere erziehungswissenschaftliche und lernpsychologische Ausbildung haben, *die Gymnasiallehrer positiv beeinflußte.*

Bei den *Gymnasiallehrern* muß berücksichtigt werden, daß sich ihre Angaben auf den gesamten erteilten Unterricht in beiden Sekundarstufen beziehen.[719] Dies galt jedoch auch bei ihren Kollegen an den Gesamtschulen, die fast ausschließlich an Gesamtschulen mit angeschlossenener gymnasialer Oberstufe tätig waren. Selbst unter Berücksichtigung dieser Tatsache ist der *Abfall bezüglich des Schülerübungsunterrichts* im Vergleich zu den Lehrern der anderen Schulgattungen als *schwerwiegend* zu bezeichnen. Ursachen dafür hatten bereits Sammlungsleiter genannt (vgl. 13.2.3). Da der geringe Umfang des Schülerübungsunterrichts an den Gymnasien vor 1976 bereits bekannt war, wurden die Gymnasiallehrer auch über die *Schwierigkeiten hinsichtlich der Durchführung* von Schülerübungen befragt (Anlage 4e des Anhangs, Frage 17). Im Unterschied zu den Angaben der Sammlungsleiter im vorhergehenden Teil-

abschnitt, wo nur von solchen Angaben vorliegen, an deren Schulen kein Schülerübungsunterricht stattfand, wurden hier bei der Auswertung alle Daten erfaßt, unabhängig davon, ob der betreffende Lehrer Schülerübungen durchführte oder nicht. Die Art der Schwierigkeiten, die von den Lehrern genannt wurden, deckt sich mit den Gründen, die von den Sammlungsleitern im Falle der Nichtdurchführung von Schülerübungen angegeben wurden. Die Prioritätensetzung ist aber völlig anders. 264 Lehrer haben folgende Angaben gemacht, wobei jeweils mehrere Schwierigkeiten angekreuzt wurden:
Stoffülle (93,2%), zu große Klassen (87,5%), Schülergerät nicht ausreichend vorhanden (47,7%), keine ausreichenden Räumlichkeiten (45,1%) und Fachlehrermangel (7,6%).

Im Gegensatz zu den Sammlungsleitern wurde der Lehrermangel von den Lehrern kaum als Schwierigkeit angesehen. Die sächlichen Mängel hatten bei den Lehrern ebenfalls nicht die Bedeutung, die ihnen von den Sammlungsleitern zugemessen wurden. *Hauptschwierigkeiten* in den Augen der Physiklehrer waren die Stoffülle und die Klassenstärken. Die *Klassenstärken* setzen erlaßgemäß Teilung voraus, die letztlich aus sächlichen und personellen Gründen nicht möglich waren. Das *Stoffülle-Zeit-Problem* ist typisch für den Unterricht in der Sekundarstufe I der Gymnasien, Die *Physiklehrer*, die hier unterrichten, sehen sich im allgemeinen *unter Druck* stehend nach dem Motto: Wenn in der Sekundarstufe I kein „richtiger" Physikunterricht gemacht wird, der alle wesentlichen Voraussetzungen für die Sekundarstufe II schafft, dann ist dort der Physikunterricht sehr schwierig.[720] Die Frage ist natürlich, wie sich letztlich dieser Druck, dem sich Lehrer ausgesetzt fühlen, auf das spätere *Abwahlverhalten der Schüler* in der Sekundarstufe II auswirkt. Physiklehrer selbst haben in einer von BORN/EULER (1977) durchgeführten Befragung, an der sich 3066 (etwa ein Drittel aller) Gymnasiallehrer der Bundesrepublik beteiligten, Ursachen genannt:

- Physik ist zu schwierig, andere Fächer sind leichter — 44%
- Schüler haben zu geringes Interesse und es fehlt an den notwendigen Kenntnissen (u.a. Mathematik) — 20%
- Mängel im Unterricht der Sekundarstufe I, *zu wenig Experimente (!)* — 21%
- andere zusammen — 15%

13.2.5 Der Schülerübungsunterricht im Jahre 1984 im Vergleich zum Schülerübungsunterricht in den Jahren 1972-76

Die in den beiden vorhergehenden Teilabschnitten dargestellten Befragungsergebnisse entstammen dem Zeitintervall 1972-76, in dem die Schulen lediglich aufgerufen waren, Teile der Rahmenrichtlinien auf freiwilliger Basis zu erproben und schriftlich darüber zu berichten. Dies geschah eigentlich nur bei einem kleinen Teil der Gesamtschulen, wie im Teilabschnitt 4.1 aufgezeigt wurde. Mithin kann davon ausgegangen werden, daß sich in dieser Zeit die *überwiegende Zahl der Physiklehrer* bei den *Inhalten des Schülerübungsunterrichts* an den noch gültigen Lehrplänen von 1957 bzw. 1962 und *nicht an den Rahmenrichtlinien orientierte*. Anders im Jahre 1984, denn da befanden sich die Rahmenrichtlinien Physik SI bereits seit 1976 in der verpflichtenden Erprobung. Zur Umsetzung der Rahmenrichtlinien Physik SI wurde bereits 1977 unter der Leitung von H. Weis von der Abteilung Curriculumentwicklung des HIBS eine *Beratergruppe* eingerichtet, die den Schulen den Übergang von den alten zu den neuen Plänen erleichtern sollte. Dieser Beratergruppe gehörten fast alle Mitglieder der Rahmenrichtlinienfachgruppe und weitere 20 Lehrer an, die bereits in der Phase der freiwilligen Erprobung Erfahrungen mit den Rahmenrichtlinien machen konnten. In einem *speziellen Informationspapier* wurden den Beratern Hinweise gegeben, auf welche Art und Weise die Beratungen an den Schulen erfolgen könnten. In diesem Papier wird auch darauf verwiesen, *daß Schülerübungen aus methodischer Sicht ein herausgehobener Stellenwert zuzumessen sei*. Auch werden Wege aufgezeigt, mit denen man trotz einschränkender Bedingungen (Mängel in der Raum- und Geräteausstattung, große Klassenstärken) wenigstens teilweise Schülerübungen durchführen könne. Insbesonders wird darauf verwiesen, daß beim Fehlen von geeigneten Fachräumen zumindest in der Klasse 6 und zum Teil auch in der Klasse 7 Schülerübungen sogar in Normalklassenräumen möglich wären, das erforderliche Gerät vorausgesetzt. Die Berater trafen sich im April, September und Dezember 1977 und im März 1978 zu Arbeitssitzungen, bei denen Erfahrungen ausgetauscht und die weitere Vorgehensweise abgestimmt wurde.[721] Wahrscheinlich in der Sitzung am Ende des Jahres 1977 stand unter anderem eine für die Durchführung von Schülerübungen sehr wichtige Frage in der Diskussion.[722] Sie bezog sich auf den *„Sicherheitserlaß"* mit seiner Beschränkung auf acht Übungsgruppen mit 2-3 Schülern und insgesamt einer Höchstzahl von 19 Schülern. Die offene Frage war dabei, ob dieser Erlaß in Anbetracht der an vielen Schulen nicht ausreichenden sächlichen und personellen Voraussetzungen nicht im Widerspruch zu den Rahmenrichtlinien stehe und damit *Schülerübungen sogar behindere*. Diese offene Frage veranlaßte den damaligen Leiter des HIBS, Herrn Direktor Frommelt, eine schriftliche Anfrage bei der Schulaufsicht des Kultusminsteriums zu stellen. Das Antwortschreiben[723] war eindeutig, indem auf die weitere Gültigkeit des Erlasses hingewiesen wurde. Diese Information hatten natürlich die Berater in die Schulen mitzunehmen. Wie auch dem „Evaluationsbericht" des HIBS von 1983 zu entnehmen ist,[724] wurde bei den „rechtlichen Bedingungen" der „Sicherheitserlaß" als das wichtigste Problem erfaßt.

Der Sammlungsleiterfragebogen von 1984 enthält eine spezielle Frage zum Schülerübungunterricht (Anlage 12c des Anhangs, Frage 2.e). Nachfolgend werden die Auswertungsergebnisse dieser Frage den entsprechenden der beiden vorangegangen Teilabschnitten gegenübergestellt.

Tabelle 120: Die Angaben der Sammlungsleiter über die Durchführung von Schülerübungen an ihren Schulen im Jahre 1984 im Vergleich zu den Jahren 1972-76

Schulgattung und Jahr der Erhebung	Durchführung von Schülerübungen						Schulgattung und Jahr der Erhebung
	N	ja	nein	N	ja	nein	
H + GF 1984	119	73 %	27 %	169	77 %	23 %	H 1972 + 73
R 1984	78	81 %	19 %	93	89 %	11 %	R 1972 + 73
Ges 1984	97	93 %	7 %	88	89 %	11 %	Ges 1975
Gym 1984	54	69 %	31 %	61	44 %	56 %	Gym 1976

Der Vergleich der Prozentzahlen aus den Erhebungen von 1972-76 mit denen von 1984 zeigt, daß die Anzahl der Hauptschulen und der Realschulen, an denen Schülerübungen durchgeführt wurden um 7-9% abgenommen hatte. Bei den Gesamtschulen war ein leichter Anstieg um ca. 4% und bei den Gymnasien ein starker Anstieg um deutlich mehr als 50% zu verzeichnen. Hinsichtlich der *Durchführung von Schülerübungen*, gemessen an der Anzahl der Schulen, lagen also *gegenläufige Entwicklungstendenzen* vor.

Der *eigentliche Umfang des Schülerübungsunterrichts* konnte im vorhergehenden Teilabschnitt mit Hilfe der Daten beschrieben werden, die die Lehrer über die Anteile von verschiedenen Unterrichtsformen ihres Unterrichts angaben. Wie schon mehrfach erwähnt und eingangs des Teiles 12 begründet wurde, war eine Lehrerbefragung ergänzend zu der Befragung von Sammlungsleitern nicht möglich. Aus diesem Grunde mußte das Datenmaterial der Lehrerbefragungen von 1972-76 einer anderen Auswertung und Zusammenstellung unterzogen werden, damit ein sinnvoller Vergleich mit den Sammlungsleiterdaten von 1984 möglich ist. Die Schätzdaten der Sammlungsleiter beziehen sich auf den Unterricht aller Physiklehrer seiner Schule. Alle Fragebögen der Lehrerbefragungen von 1972-76 enthalten bei Wahrung der individuellen Anonymität Codenummern der Schule,[725] an der der jeweilige Lehrer zum Zeitpunkt der Befragung tätig war. Aus den Angaben aller Lehrer einer Schule wurde ein für diese Schule maßgeblicher Umfang des Schülerübungsunterrichts erfaßt, indem der Mittelwert der Angaben der Lehrer über die prozentualen Anteile des Schülerübungsunterrichts gebildet wurde. Bezogen auf alle Schulen der jeweiligen Schulgattung wurden bei dieser Mittelwertbildung im Durchschnitt bei den Gymnasien 3,7, bei den Gesamtschulen 3,3, bei den Realschulen 2,3 und bei den Hauptschulen 1,5 Lehrerfragebögen herangezogen. In wenigen Fällen von Gymnasien und Gesamtschulen liegt nur ein Fragebogen von einer Schule vor, etwas häufiger war dies bei den Realschulen und am häufigsten bei den Hauptschulen der Fall. Dies ist verständlich, da an vielen Hauptschulen schon wegen ihrer Größe meist nur ein Lehrer, der gleichzeitig Sammlungsleiter ist, den Hauptteil des Physikunterrichts abdeckte. Wegen der hier beschriebenen

Verfahrensweise weichen aus arithmetischen Gründen die Zahlenwerte der nachfolgenden Tabelle von jenen der Tabelle 118 ab und sie müssen logischerweise für jede Schulgattung kleiner als in der Tabelle 119 sein, da ja Lehrer ohne Schülerübungsunterricht berücksichtigt werden mußten, wenn wenigstens ein Lehrer an der betreffenden Schule Schülerübungen durchführte. In der Tabelle 121 werden nur die Schulen erfaßt, an denen nach Angaben der Sammlungsleiter oder der jeweiligen Lehrergruppe Schülerübungen überhaupt stattfanden.

Tabelle 121: Der Umfang des Schülerübungsunterrichts *an den Schulen* als Anteil am gesamten Physikunterricht im Jahre 1984 im Vergleich zu den Jahren 1972-76

Schulgattung und Jahr der Erhebung	nach Angaben der Sammlungsleiter		nach Angaben der Physiklehrer		Schulgattung und Jahr der Erhebung
	N	Anteil	N*	Anteil	
H + GF 1984	87	34 %	141	39 %	H 1972 + 73
R 1984	63	20 %	100	30 %	R 1972 + 73
Ges 1984	90	25 %	70	28 %	Ges 1975
Gym 1984	37	15 %	66	12 %	Gym 1976

N*: Aus den Angaben der Physiklehrer einer Schule wurde ein mittlerer Anteil des Schülerübungsunterrichts für diese Schule berechnet und dann von allen diesen Schulwerten der Mittelwert für die betreffende Schulgattung gebildet. N und N* geben jeweils die Anzahl der Schulen an.

Bei den *Hauptschulen* und den *Realschulen* hatte also nicht nur die Anzahl der Schulen abgenommen, an denen Schülerübungen durchgeführt wurden, sondern es war auch bei beiden Schulgattungen der *Umfang des Schülerübungsunterrichts* deutlich und bei den Realschulen besonders stark *zurückgegangen.*

Im Gegensatz dazu gab es 1984 *nicht nur mehr Gymnasien* mit Schülerübungsunterricht, sondern hatte dort bei sehr niedrigen Stand der *Umfang auch etwas zugenommen. Nach wie vor* war auch 1984 hier der Umfang des Schülerübungsunterrichts im Vergleich zu den anderen Schulgattungen *unzureichend.*

Wenngleich bei den *Gesamtschulen* sich die Anzahl mit Schülerübungsunterricht noch leicht erhöht hatte, war auch hier ein, wenn auch im Vergleich zu den Hauptschulen und Realschulen *geringerer Rückgang zu verzeichnen.*

Was die *Umsetzung der Rahmenrichtlinien* in der Schulpraxis bis zum Jahr 1984 betrifft, muß *gemessen an der curricularen Anforderung*, den Schülerübungsunterricht zu intensivieren, nicht vom Fortschritt sondern vielmehr von einem *Rückschritt* gesprochen werden. Für diesen gibt es nach Auffassung des Verfassers auch einen ganz *bedeutenden Grund*, der sich aus den Angaben der Sammlungsleiter über die Schwierigkeiten der Durchführung von Schülerübungen herleiten läßt.

Tabelle 122: Schwierigkeiten bei der Durchführung von Schülerübungen nach Angaben der Sammlungsleiter im Jahre 1984

Schulgattung	H + GF	R	Ges	Gym
Anzahl der Schulen	119	78	97	54
mit Schwierigkeiten	75 %	97 %	94 %	89 %
ohne Schwierigkeiten	13 %	1 %	4 %	7 %
keine Angaben	12 %	2 %	2 %	4 %
Schwierigkeitsgrund	prozentualer Anteil der Nennungen			
zu große Klassen	70 %	74 %	77 %	73 %
Fachlehrermangel	23 %	21 %	18 %	19 %
Mängel in der Raumausstattung	27 %	25 %	18 %	33 %
Mängel in der Geräteausstattung	30 %	20 %	17 %	27 %
Probleme mit Unterrichtszeit, Stofffülle, Stundentafel und Stundenplan	12 %	22 %	25 %	23 %
andere	5 %	16 %	10 %	2 %
formale Prozentsumme (Mehrfachnennungen!)	167 %	178%	165 %	177 %

Die Schwierigkeitskategorien der Tabelle 122 sind identisch mit jenen, die von den Sammlungsleitern 1972-76 bereits angegeben worden waren. Nur dominierte die Kategorie „zu große Klassen“ gegenüber den fünf anderen Kategorien nicht so extrem. Bei den Realschulen und den Gymnasien war die Kategorie „Fachlehrermangel“ gleichstark besetzt und die sächlichen Schwierigkeiten wurden in etwa mit der gleichen Häufigkeit genannt wie 1984. Lediglich bei den Hauptschulen war dies der klar dominierende Schwierigkeitsgrund.

Zur *Kategorie „zu große Klassen“* die Vergleichswerte von 1972-76: Hauptschulen 5%, Realschulen 20%, Gesamtschulen 60% und Gymnasien 62%. Ist die Häufigkeit der Nennungen *bei Gesamtschulen und Gymnasien* 1984 gegenüber 1975 bzw. 1976 noch *sehr deutlich angestiegen*, so erscheint der *Anstieg bei den Hauptschulen und Realschulen* gegenüber 1972/73 als *eine Art Explosion.*

Bezieht man neben der Betrachtung dieser Zahlenwerte noch ein, was eingangs dieses Teilabschnitts über die Tätigkeit der Beratergruppe des HIBS und die damit zusammenhängende ausdrückliche Bestätigung der Gültigkeit des „Sicherheitserlasses“ berichtet wurde, so dürfte der *Grund für den Rückgang des Schülerübungsunterrichts* klar sein. Durch die *Restriktionen*, die der *„Sicherheitserlaß“* den Schulen auferlegt hatte, wurde *dem Enthusiasmus eines bedeutenden Teiles der Physiklehrer*, die auch unter der Erschwernis nicht ausreichender sächlicher Voraussetzungen bereit waren, Schülerübungen durchzuführen, *Schranken* gesetzt.

Zum Stützen dieser These kann noch ein Indiz herangezogen werden, das mit der gravierenden Veränderung der Schülerzahlen im allgemeinbildenden Schulbereich zusammenhängt. Zwischen 1977 und 1983 wanderte der „Schülerberg“ aus der Sekundarstufe I in die Sekundarstufe II. Dabei nahmen bis auf die Gymnasien in allen Schulgattungen die Schülerzahlen stark ab. An den Gymnasien nahmen sie entsprechend zu (vgl. Tabelle 7b im Teilabschnitt 1.5). Als relatives Maß für diese Ab(Zu)nahme kann für eine Schule der Quotient Q betrachtet werden:

Q = Anzahl der Schüler 1983 : Anzahl der Schüler 1977.

Für alle Schulen der Sammlungsleiterbefragungen von 1984 konnte der Wert von Q aus den Schulverzeichnissen von 1978 und 1974 ermittelt werden. Mit diesen Werten von Q und den Angaben der Sammlungsleiter über die Anteile des Schülerübungsunterrichts wurde die folgende Vierfeldertafel erstellt:

	prozentualer Anteil der Schülerübungen	
	0 - 10%	über 10%
Wert von Q: 0,30 - 0,86	75	99
Wert von Q: größer als 0,86	98	76

Die Verteilung weicht signifikant auf dem 0.02-Niveau (Chi^2 = 6,08) von der Gleichverteilung ab. Dies ermöglicht folgende Aussage: *An Schulen, an denen zwischen 1977 und 1983 die Schülerzahlen stärker abgenommen hatten als an den anderen, war der Anteil des Schülerübungsunterrichts am gesamten Physikunterricht größer als an den anderen.*

An solchen Schulen war es wahrscheinlich einfacher, Schülerübungen unter Beachtung des Aufsichtserlasses zu organisieren.

13.3 Ergebnisse von Lehrerbefragungen im Rahmen des Evaluationsprojekts des Hessischen Instituts für Bildungsplanung und Schulentwicklung (HIBS) im Jahre 1981

Das Fach Physik der Sekundarstufe I gehört gemeinsam mit den Fächern Mathematik, Musik, Chemie, Latein und Griechisch zu den sogenannten Fächern der 1. Generation der Sekundarstufe I, für die problemlos[726] nach dem Erscheinen der revidierten Zweitfassungen am 1.2.1977 die verpflichtende Erprobung an den Schulen beginnen konnte. Der Erprobungszeitraum sollte zunächst nach vier Jahren am 31.1.1981 auslaufen, wurde jedoch - offensichtlich wegen verschiedener Realisationsprobleme - per Verordnung von 4.6.1980 bis zum 31.7.1984 verlängert.[727] Im Zusammenhang mit dieser Verlängerung wurde das HIBS durch einen Erlaß vom 24.11.1980 beauftragt, in Zusammenarbeit mit dem Hessischen Institut für Lehrerfortbildung (HILF) Erhebungen und Auswertungen von Erprobungserfahrungen für die oben genannten Fächer durchzuführen.

Eine Evaluationsgruppe des HIBS unter der Leitung von E. Dingeldey[728] und D.Giese hatte sich dieser Aufgabe angenommen und bezüglich der Erhebung von Erprobungserfahrungen der Lehrer an Stelle einer möglichen

„repräsentativen Erhebung“ für eine *„Expertenbefragung“* entschieden. Als *Experte* wurde dabei jeder bezeichnet, der *Rahmenrichtlinien nachweisbar im Unterricht erprobt oder eine maßgebliche Funktion (beratend, ausbildend) im Erprobungsprozeß hatte.*[729] Die zur Mitarbeit angesprochenen Experten konnten als einzelne Lehrer, als Gruppe oder als Fachkonferenz ab 1.2.1981 spezielle Erhebungsbögen anfordern und diese bis zum 31.5.1981 ausgefüllt an das HIBS zurücksenden.[730]

Dem Verfasser wurde Einsicht in die Erhebungsunterlagen gewährt, so daß neben den bereits im Jahre 1983 veröffentlichten Evaluationsergebnissen für das Fach Physik SI, die sehr stark zusammenfassend sind, noch weitere vom Verfasser ermittelte Auswertungsergebnisse und speziell solche zur Frage der sachlichen Voraussetzungen und zum Schülerübungsunterricht aufgezeigt werden können.

13.3.1 Die Zusammensetzung der befragten Experten

Die beiden „Evaluationspublikationen“ des HIBS aus dem Jahre 1983 (vgl. Literaturverzeichnis) enthalten keine nähere Beschreibung der Expertengruppen für die einzelnen Fächer. Für das Fach Physik SI konnten aus den eingesehenen Erhebungsunterlagen unter Wahrung der Anonymität folgende Gruppierungen ermittelt werden.

1) 4 Mitglieder der Rahmenrichtlinienfachgruppe Physik SI,
2) 6 Lehrer als Berater bezüglich der Erprobung der RRL Physik SI,
3) 1 Vertreter der unteren Schulaufsicht,
4) 9 Lehrer als Mitglieder der Leitungsteams der zentralen und regionalen Fortbildung, soweit diese eine Funktion ab 1978 für das Fach Physik wahrgenommen hatten,
5) 8 Fachleiter/Ausbildungsleiter für das Fach Physik SI/SII,
6) 19 Physiklehrer mit umfangreichen Erfahrungen im Unterricht mit den Rahmenrichtlinien Physik SI.

Daneben noch auf der Basis freiwilliger Beteiligung:

7) 11 Physiklehrer ohne weitere Funktion,
8) 8 Stellungnahmen von Fachkonferenzen für das Fach Physik,
9) 4 Pädagogische Leiter.

Insgesamt lagen für das Fach Physik also 70 ausgefüllte Erhebungsbögen vor.

Aus den Angaben der Befragten über ihre Lehramtsprüfungen und ihre dienstlichen Tätigkeiten konnte noch ermittelt werden, daß 30 Erhebungsbögen von Gymnasiallehrern ausgefüllt waren, die entweder an einem Gymnasium oder an einer Gesamtschule mit einer Sekundarstufe II unterrichteten. 34 Erhebungsbögen waren von Lehrern mit einer Lehrbefähigung an Haupt- und Realschulen ausgefüllt worden. Im Vergleich zum Gesamtbestand an Gymnasiallehrern und Lehrern mit einer Lehrbefähigung an Haupt- und Realschulen waren bei der beschriebenen Expertengesamtgruppe die *Gymnasiallehrer leicht überrepräsentiert.*[731] Hatte sich bereits bei der Konstruktion der Rahmenrichtlinien Physik SI ein stärkerer Einfluß der Gymnasiallehrer ausgewirkt,[732] so könnte dies auch in einem gewissen Umfang bei der Evaluation der Fall gewesen sein. Betrachtet wurden noch die *Schulen, an denen die befragten Experten tätig waren.* 20 unterrichteten an Gymnasien, je 17 an integrierten und additiven Gesamtschulen und nur 16 an Haupt- und Realschulen. Vergleicht man damit die Anzahl der 1980 bestehenden Schulen,[733] so ergeben sich folgende Anteile: Gymnasien 13,2%, integrierte Gesamtschulen 22,4%, additive Gesamtschulen 14,2% und *Haupt- und Realschulen nur 3,6%.* Diese Prozentzahlen weisen auf eine *bedeutsame Schwäche der angewandten Evaluationsstrategie* hin. Offensichtlich konnten nicht genügend Experten aus dem Bereich der Haupt- und Realschulen ausgemacht werden. Damit dürften jedoch gerade *die bei diesen Schulen aufgetretenen Realisierungsschwierigkeiten nur sehr unzureichend erfaßt* worden sein.

13.3.2 Kurzfassung der veröffentlichten Ergebnisse der Evaluation für das Fach Physik SI

Im „Evaluationsbericht" des HIBS von 1983(a) wird bewußt auf eine detaillierte Darstellung der Analyse der Erhebungsergebnisse verzichtet, da dies zu einer Dokumentation von nicht vertretbarem Umfang geführt hätte. Beabsichtigt wurde vielmehr „die Vermittlung eines Überblicks über die bei der Befragung der Lehrer schwergewichtig hervorgetretenen Probleme, wie sie sich beim Umgang mit den Rahmenrichtlinien in der Praxis ergaben."[734]

Zunächst sei ein Vergleich der Umfänge der Berichte für die einzelnen Fächer des Evaluationsverfahrens vorangestellt. Dadurch wird in gewisser Weise erkennbar, welche Gewichtung für die einzelnen Fächer vorlag. Der Gesamtbericht enthält im ersten Teil eine breit angelegte Einführung, in der auf die wissenschaftlichen und bildungspolitischen Voraussetzungen und Vorgaben eingegangen wird. Es wird auch der Versuch unternommen, Begründungen für Entscheidungen und Verfahren transparent zu machen. Ebenso wird auf Widersprüche und Schwierigkeiten curricularer Evaluationsverfahren hingewiesen. Auf Einzelheiten kann hier nicht eingegangen werden und es wird diesbezüglich auf die angegebene Quelle verwiesen. Der zweite Teil stellt den eigentlichen Evaluationsbericht dar. Der dritte Teil enthält die Ergebnisse der Evaluation zu „Lehrerfortbildung und Rahmenrichtlinienerprobung". Auf diesen Part wird erst im Teil 14 eingegangen.

Im zweiten Teil sind mit folgenden Umfängen (DIN A4-Seiten) die Evaluationsberichte für folgende Fächer enthalten: Mathematik Primarstufe (20), Musik Primarstufe (12), Mathematik SI (17), Musik SI (15), Physik SI (10), Chemie SI (11), Latein SI (18) und Griechisch SI (18).

Ersichtlich wurde den beiden naturwissenschaftlichen Fächern deutlich weniger Gewicht zugemessen, als dies bei allen anderen Fächern der Fall ist. Allein schon diese Tatsache dürfte verständlich machen, daß der Verfasser bemüht war, Einsicht in die Original-Erhebungsunterlagen für das Fach Physik zu erlangen. Eine Beschreibung der Struktur der Erhebungsbögen erfolgt im anschließenden Teilabschnitt 13.3. 3.

Der *Bericht für das Fach Physik SI* ist wie folgt gegliedert:

1. Zur Konzeption der Rahmenrichtlinien
1.1. Konstruktionsprinzipien der Rahmenrichtlinien
1.2 Schülerorientierung, Umwelt- und Praxisbezug
1.3 Auswahl, Anordnung und Umfang der Inhalte
2. Rahmenbedingungen bei der Erprobung der Rahmenrichtlinien
2.1 Zur Stundentafel
2.2 Schulische Rahmenbedingungen
2.3 Rechtliche Bedingungen

Auch hier kann nicht auf alle Einzelheiten des Berichts eingegangen werden, sondern es wird versucht, mehr skizzenhaft die „schwergewichtig hervorgetretenen Probleme" zu umreißen, wobei weitgehend die Formulierungen des Berichts wortwörtlich übernommen werden.

zu 1.1: Die vier Konstruktionsprinzipien, die den Rahmenrichtlinien zugrundeliegen (RRL Physik SI, S. 11-13, Zweitfassung 1976), werden als sinnvoll und im Stoffplan erkennbar bezeichnet.

Als weitere Prinzipien des Physikunterrichts werden insbesondere *gefordert*:

- Ermöglichen von projektorientiertem Unterricht sowie Verstärkung fächerübergreifender Aspekte,
- Orientierung an der Umwelt und am Erfahrungsbereich sowie an der Interessenlage der Schüler und stärkere Betonung anwendungsbezogener Aspekte,
- Betonung der Verflechtung von Technik und Physik.

Kritisch wird zu den bisherigen Prinzipien angemerkt, daß

- das Prinzip „Stoffbeschränkung durch Betonung übergeordneter Gesichtspunkte" stärker hervorgehoben und klarer erkennbar sein sollte,
- das Prinzip „zunehmende Mathematisierung" erst nach Jahrgangsstufe 7 einsetzen sollte.

zu 1.2: In der Erhebung wurde danach gefragt, welche besonderen, auf den Lernprozeß des Schülers bezogenen Bedingungen sowie die Projektorientierung bei der Auswahl der Inhalte ausreichende Berücksichtigung fanden.

Aus den Antworten geht hervor, daß der Anspruch der RRL, die kognitiven Fähigkeiten der Schüler zu fördern, einlösbar ist. Es wird darauf hingewiesen, daß die *Einlösbarkeit des kognitiven Anspruchs stark von der Größe der Lerngruppe und der zur Verfügung stehenden Zeit abhängt.*

Im Zusammenhang mit sozialem Lernen wird allgemein die *unumgängliche Notwendigkeit der Schülerübungen betont*, deren Durchführung infolge schwieriger schulischer Rahmenbedingungen erschwert und behindert, in einigen Fällen sogar als völlig unmöglich bezeichnet wird. Die Beurteilung des Umweltbezugs in den RRL ist zwiespältig (Antworten: „insgesamt ausreichend“ ... „in zu geringem Maße“). *Für die Hauptschule wird eine vermehrte Berücksichtigung des Bezugs zur Technik und der Vorbereitung auf die Arbeitswelt gewünscht*, da “der Schüler sich hierbei direkt angesprochen fühle und motiviert werde“.

Projektunterricht wird als wünschenswert bezeichnet, seiner Durchführung stehen aber vorhandene schulische und organisatorische Rahmenbedingungen und vergrößerter Vorbereitungsaufwand für den Lehrer entgegen. *Bereitstellung erforderlicher Rahmenbedingungen und ausreichender Hilfen* für den Unterrichtenden zur Durchführung von Projektunterricht werden *gefordert*.

zu 1.3: Die Fragen in der Erhebung zielten darauf ab, ob die Auswahl und Anordnung der Inhalte sowie der Stoffumfang für die jeweilige Jahrgangsstufe angemessen sind.

Die Stoffverteilung auf die einzelnen Jahrgangsstufen wird teilweise kritisiert, worauf hier jedoch nicht auf alle Verbesserungsvorschläge eingegangen werden kann. Zwei interessante Beispiele mit Begründungen:

- Einführende Themen der Mechanik können in der Jahrgangsstufe 7 oder 8 behandelt werden, da sich hier *Schülerübungen besonders anbieten.*
- Die Elektrizitätslehre und Teile der Optik (Linsen, Spektren, geometrische Optik) sollten *wegen ihres hohen Abstraktionsgrades* in Jahrgangsstufe 9/10 behandelt werden.

Mit wenigen Ausnahmen erachten die Beantworter den *Stoffumfang generell für zu groß*; dies gilt *vor allem in der Hauptschule*. Demgemäß werden eine sinnvolle Stoffbeschränkung und Schwerpunktbildung gefordert. Es wird bedauert, daß bei dem vorliegenden „Stoffkatalog“ im allgemeinen keine Zeit zur Behandlung der wahlfreien Themenkreise bzw. der Inhalte der zweiten Erweiterung verbleibt.

Ein Teil der Befragten fordert, daß die wahlfreien Themenkreise „Energie aus dem Atom“ und „Akustik“ wegen ihrer Relevanz für Technik, Kommunikation und gesellschaftspolitische Fragen sowie *aufgrund ihres hohen Motivationsgrades* für die Jahrgangsstufe 9/10 verpflichtend aufgenommen werden. Auch für eine Aufnahme der Themenbereiche „Schwingungen und Wellen“ und „Flugphysik“ wird mit gleicher Begründung plädiert.

zu 2.1: Bezüglich der Stundentafel werden folgende Probleme beispielhaft beschrieben:

Der vorgesehende *einstündige Unterricht in Klasse 6 findet* infolge von Unterrichtskürzungen aus *Fachlehrermangel nicht statt.*

Der *Unterricht in Klasse 7* wird vielfach von drei auf zwei Wochenstunden *gekürzt.*

Die *Epochalisierung des Unterrichts in den Jahrgangsstufen 9/10* wird wegen der unterschiedlichen Länge der Schulhalbjahre *als „unsinnig" angesehen.* Sie führt außerdem bei den Schülern zur Geringschätzung des Faches. Die Stundentafel in der Jahrgangsstufe 9/10 verhindert somit kontinuierliche Arbeit und ist „in hohem Grade motivationshemmend".

Aus den oben genannten Gründen wird *eine Erhöhung der Wochenstundenzahl gefordert*, so daß auch der den einzelnen Jahrgangsstufen zugeordnete Unterrichtsstoff bewältigt werden kann und ausreichende Zeit zur Behandlung von Anwendungen verbleibt. Von einem Teil der Befragten wird vorgeschlagen, ab Klasse 6 zwei Wochenstunden Physik durchgehend zu erteilen.

zu 2.2: Die Antworten zu den organisatorischen, räumlichen und ausstattungsmäßigen Rahmenbedingungen füllen die volle Bandbreite der Beurteilung von „sehr gut" bis „katastrophal". Von einem Teil der Beantworter wird beklagt, daß geeignete *Fachräume teilweise gar nicht, in zu geringer Anzahl oder in stark beschädigtem Zustand* (z.B. beschädigte Wasser- und Elektroleitungen) *vorhanden sind.*

Hinzu kommt, daß an vielen Schulen *Schülerübungsgerät fehlt oder nicht ausreichend vorhanden ist.* Teilweise trifft dies auch auf die Demonstrationsgeräte zu. Dieser *Geräteengpaß* wird zum Teil durch Unterricht in parallelen Kursen verschärft. Schwierigkeiten bereiten oft auch die Erweiterung der Geräteausstattung für das Wahlpflichtangebot, die Ersatzbeschaffung beschädigter Ausstattung (Einrichtung und Geräte) und die Beschaffung von Klein- und Verbrauchsmaterialien. In diesem Zusammenhang wird ein *nach den Rahmenrichtlinien ausgerichteter Minimalausstattungskatalog gefordert*, der für alle Schule verbindlich sein soll. Auf die bereits 1980 vom HIBS veröffentlichten Ausstattungsvorschläge (vgl. Teil 10) wird merkwürdigerweise kein Bezug genommen.

Außerdem wird über *zu hohe Gruppengrößen geklagt*, die einen *rahmenrichtliniengemäßen Unterricht behindern.* Insbesondere auf die allgemein als notwendig und unerläßlich erkannten *Schülerübungen* wirkt sich dies hinderlich aus oder läßt deren Durchführung völlig unmöglich werden.

Kritisch angemerkt wird, daß aus stundenplantechnischen Gründen (*keine Randstunden) eine Teilung der Lerngruppe meist nicht möglich ist* und somit als eine Möglichkeit zu Realisierung von Schülerübungen ausfällt.

Eine wünschenswerte Kooperation mit Fachkollegen und damit auch die als positiv erkannte Koordination des Unterrichts werden dadurch erschwert, *daß die Vorbereitungen für den Physikunterricht sehr zeitaufwendig sind*, insbesonders dann, wenn Lehrer mit dem überwiegenden Teil ihrer Pflichtstunden im Fach Physik eingesetzt sind.

zu 2.3: Als wichtigste Probleme dieses Bereichs wurden genannt: Schülerübungen können trotz vorhandener räumlicher und sachlicher Voraussetzungen

nicht durchgeführt werden, weil aufgrund des *Aufsichtserlasses* "... bei Schülerübungen in der Mittelstufe ... für die Anzahl der Teilnehmer die Richtzahl 16 gelten (in maximal acht Übungsgruppen)..." sollte.
Der Aufsichtserlaß zur Durchführung von Schülerübungen erscheint in mehreren Punkten für Lehrer nicht eindeutig genug:

- Was ist unter Schülerübungen im Sinne des Erlasses zu verstehen?
- Wie groß darf eine Lerngruppe bei ,"der Richtzahl 16" höchstens sein?
- Was ist im Sinne des Erlasses unter einer Übungsgruppe zu verstehen?
- In wieviel Übungsgruppen darf bei eventuell mehr als 16 Schülern gearbeitet werden?

Die *Beschränkung der Anzahl der schriftlichen Lernkontrollen* mit Benotung wird beanstandet, „da dadurch bei einstündigem Unterricht die ohnehin schon schwierige Notenfindung noch zusätzlich erschwert wird".

Selbst bei der hier komprimierten Wiedergabe des Teiles des Evaluationsberichts, der sich auf das Fach Physik SI bezieht, dürfte erkenntlich geworden sein, daß die inhaltliche Gestaltung der Expertenbefragung des Jahres 1981 weit über das hinausging, was bei den „marginalen Lehrerbefragungen" im Rahmen der Projekterhebungen zwischen 1973 und 1976 möglich war. Da die Art und Weise der Befragungen sich voneinander unterscheiden, ist ein direkter Vergleich ähnlicher Fragekomplexe schwierig. Tendentiell läßt sich jedoch sagen, *daß die überwiegend positive Einstellung der befragten Lehrer von 1973-76 sich in modifizierter Form auch wieder 1981 bei den Experten feststellen läßt. Kritische Stellungnahmen bezüglich der Inhalte* bestanden 1973/76 ebenso wie 1981, in beiden Fällen jedoch *in relativ moderater Form* und inhaltlich nicht ganz deckungsgleich. *Hauptschwierigkeiten der Realisierung* wurden in beiden Fällen der Befragungen und speziell unter Berücksichtigung der Forderung nach einer Intensivierung des Schülerübungsunterrichts *im personellen und sächlichen Bereich* gesehen. In Ergänzung zur komprimierten Wiedergabe des Evaluationsberichts nachfolgend noch weitere Auswertungsergebnisse des Verfassers.

13.3.3 Nichtveröffentlichte Ergänzungen zum Evaluationsbericht für das Fach Physik SI

Wie schon erwähnt, wurde dem Verfasser die Möglichkeit gegeben, Einsicht in die Erhebungsunterlagen zu nehmen.

Am Beispiel des Erhebungsbogens für die Gruppe 6 der befragten Experten (Physiklehrer), der auch bei den freiwilligen Stellungnahmen Verwendung fand und damit der am häufigsten eingesetzte Fragebogen war, soll zunächst dessen Struktur beschrieben werden.

Dieser Erhebungsbogen hat 5 Teile, die wie folgt überschrieben sind und bei denen noch inhaltliche Unterteilungen vorliegen:

I. Die fachdidaktische Konzeption der Rahmenrichtlinien:

– Zur Konstruktion der Rahmenrichtlinien - Aufbau, Gliederung und Darstellungsweise - Allgemeine Zielsetzung, Lernziele - Didaktisch-methodische Bemerkungen.

II. Arbeitsweise und Arbeitsinhalte Kooperativer Lehrerarbeit:

– Unterstützung bei der Erprobung - Koordination/Kooperation - Rahmenrichtlinien als Gegenstand der Ausbildung.

III. Realisierung der Rahmenvorgaben im Unterricht:

– *Lernprozess des Schülers* - Differenzierung - Koordination/Kooperation - Schulbuch/Materialien - *Ausstattung der Sammlung*
– *Ausstattung mit Schülerübungsgerät* - Lerneinheiten/ Themenkreise
– Wahlfreie Themenkreise - Stoffauswahl - *Stoffumfang* (alles bezogen auf *durchgeführte Lerneinheiten).*

IV. Rahmenbedingungen des Unterrichts:

Unter 8 ausführlich formulierten Fragen bezieht sich eine ganz speziell auf die *Ausstattung für den Physikunterricht insgesamt.*

V. Wünschenswerte Rahmenbedingungen und Kooperationsformen des Unterrichts:

– Koordination - *Schulische Bedingungen* - Schulbücher/*Materialien* - *Ausstattung* - *Rechtliche Rahmenbedingungen.*

Die Fragebögen für die Expertengruppen 1-5 (vgl. dazu 13.3.1) enthalten teilweise ähnliche Fragen, aber vornehmlich Fragen, die mit den speziellen Tätigkeitsbereichen zusammenhängen. Aus diesem Grunde erschien es sinnvoll, die ermittelten Daten, wie dies nachfolgend geschieht, teilweise getrennt und teilweise zusammenfassend darzustellen.

Die Antworten bezüglich der *Ausstattung der Schulen* mit den für den Unterricht nach den Rahmenrichtlinien erforderlichen Geräten lassen die Zusammenfassung zu *zwei Kategorien* zu, die nachfolgend mit „ausreichend“ und mit „nicht ausreichend“ bezeichnet werden.

Ausstattung mit Demonstrationsgeräten:

Beurteilergruppen	N	k. Ang	ausreichend	nicht ausr.
Expertengruppen 1 - 5	28	15	38%	62%
Expertengruppe 6 und freiwill. Stellungnahmen	42	10	44%	56%
alle zusammen	70	25	42%	58%

Ausstattung mit Schülerübungsgeräten:

Beurteilergruppen	N	k. Ang	ausreichend	nicht ausr.
Expertengruppen 1 - 5	28	13	20%	80%
Expertengruppe 6 und freiwill. Stellungnahmen	42	13	28%	72%
alle zusammen	70	26	25%	75%

Die *defizitäre Situation* hinsichtlich der Ausstattung mit Experimentiergerät ist also nach der Beurteilung der Befragten Experten und freiwilligen Mitarbeitern am Evaluationsprojekt 1981 *nicht unerheblich* gewesen. Bezüglich des *Schülerübungsgeräts* erscheinen nach diesen Angaben die *Defizite eklatant*, wenngleich nicht verkannt werden darf, daß möglicherweise an den Schulen, deren Beantworter keine Angaben machten, ausreichende Verhältnisse vorlagen. Diesen Extremfall angenommen, würde sich der Prozentsatz von 75% mit „nicht ausreichend vorhanden“ zwar auf 47% erniedrigen, womit jedoch noch immer in der Hälfte der Fälle nicht ausreichende Bedingungen bestanden hätten. Wurde bereits für die Erhebungsjahre 1975-1977 aufgezeigt, daß die Defizite der Schulen bezüglich des Schülerübungsgerätes größer als beim Demonstrationsgerät waren,[735] so hatte sich offensichtlich diese *Situation auch in den vier Jahren der verpflichtenden Erprobung der Rahmenrichtlinien bis 1981 nicht verbessert.*

Was die *Durchführung von Schülerübungen* betrifft, so haben sich Befragte in mannigfacher Weise zum Schülerübungsunterricht bei den Angaben zum „Lernprozess des Schülers“ geäußert. Dies war bei 49 der Befragten der Fall und die Aussagen waren unabhängig von Hinweisen auf Schwierigkeiten der Durchführung durchweg positiver Natur. Als *Beispiele solcher Aussagen* können die folgenden drei dienen.

Ein Haupt- und Realschullehrer meint: „Die *Motivation von Hauptschülern* der 9. Klasse ist bei den augenblicklichen Gegebenheiten nur äußerst gering, durch praktische Übungen zur Vertiefung des theoretisch erworbenen Wissens, wie dies im Polytechnikunterricht realisiert wird, jedoch erheblich größer.“

Ein Gymnasiallehrer meint: „Das *einfache Experiment, welches der Schüler selbst baut*, sollte besonders in den Vordergrund treten, da das Demonstrationsexperiment für viele Schüler noch zu weit entfernt ist und den Zugang zur Physik erschwert.“

Die *fundierteste Aussage* stammt von dem einen Vertreter der unteren Schulaufsicht: „Das Schülerexperiment (Schülerübung) berücksichtigt den *individuell ablaufenden Lernvorgang*, da der Schüler dabei sein *Arbeitstempo* und *Lerntempo* weitgehend selbst bestimmen kann. Für den Lehrer wird dann der Lernprozeß beim Schüler übersichtlicher. Inwieweit der Schüler dabei Klarheit über seinen eigenen Lernprozeß erhält, ist nur schwer zu beurteilen. *Unbestreitbar* aber ist die *größere Motivation der Schüler bei dieser Unterrichtsform.*“

Was hier zuletzt zitiert wurde, deckt sich mit dem, was im Teilabschnitt 13.2.2 über diesbezügliche empirische Befunde berichtet wurde.

Aus den Erhebungsunterlagen konnte auch entnommen werden, ob die Befragten selbst Schülerübungen durchgeführt hatten.

Durchführung von Schülerübungen:

Beurteilergruppen	N	k. Ang.	Durchführung	keine Durchf.
Expertengruppen 1 - 5	28	14	43%	57%
Expertengruppe 6 und freiwill. Stellungnahmen	42	13	48%	52%
alle zusammen	70	27	47%	53%

Soweit Angaben vorlagen, war das nur bei jedem zweiten Befragten der Fall. Wiederum den Extremfall angenommen, daß in den Fällen von „k.Ang." eine Durchführung vorlag, würde sich der Prozentsatz von 47% zwar auf 67% erhöhen, damit aber immer noch deutlich unter den Prozentzahlen der Tabelle 120 des Teilabschnitts 13.2.5 liegen. Dies bedeutet, *daß die Befragten selbst weniger häufig Schülerübungen durchgeführt hatten als dies an den Schulen in den Jahren 1972-76 und im Jahr 1984 allgemein der Fall war.*

Nicht erkennbar ist aus den Erhebungsunterlagen, welche der nachfolgend genannten Hinderungsgründe jeweils im Falle der Nichtdurchführung ausschlaggebend waren, da sich der Teil der Beantworter, die Hinderungsgründe angaben, nicht mit dem deckt, der angab, daß keine Schülerübungen durchgeführt wurden.

Hinderungsgründe für einen ausreichenden Einbezug von Schülerübungen nach den Anforderungen der Rahmenrichtlinien: (Erhebungsbögen mit Angaben: 42/ohne Angaben 28)

Hinderungsgründe	Anzahl der Nennungen
• zu große Klassenfrequenzen/Gruppengrößen	35
• Probleme wegen Stoffülle, Unterrichtsausfall, Stundentafel und fehlenden Randstunden	21
• Lehrermangel (insb. bezügl. Klassenteilung)	18
• ungenügende Ausstattung mit Übungsräumen	11
• finanzielle Probleme (bspw. Ersatzbeschaffung)	11
• Aufsichtserlaß	11
• Risiko der Nichtbeachtung des Aufsichtserlasses	3

Die von den Experten und freiwilligen Beantwortern genannten Hinderungsgründe decken sich im wesentlichen mit jenen, die von den Sammlungsleitern 1972-76 (Teilabschnitt 13.2.3) und 1984 (Teilabschnitt 13.2.5, Tabelle 122) angegeben wurden.

TEIL 14: EINIGE ASPEKTE DER AUSBILDUNG, WEITERBILDUNG UND FORTBILDUNG VON LEHRERN MIT MATHEMATISCH-NATURWISSENSCHAFTLICHEN FÄCHERN UNTER BESONDERER BERÜCKSICHTIGUNG DER PHYSIKLEHRER (1972-1984)

Zur Beschreibung des im Untersuchungszeitraum tätigen Lehrpersonals für den Physikuntericht wurde im Teil 7 notwendigerweise auf die historisch bedingten Ausbildungsunterschiede der Lehrer eingegangen. Teilweise wird dies in den nachfolgenden Teilen über Weiterbildung und Fortbildung auch noch der Fall sein. Was die Aspekte der Ausbildung in diesem Teil betrifft, liegt ausschließlich ein Bezug auf die seit 1969 gültigen Ausbildungsordnungen vor, die eine klare Unterscheidung zwischen Grundschullehrerausbildung, Ausbildung von Haupt- und Realschullehrern und von Gymnasiallehrern ermöglicht. Begrifflich ist zwischen Weiterbildung und Fortbildung zu unterscheiden. Hierzu eine Beschreibung in Anlehnung an CHIOUT (1976). Hauptziel der *Lehrerfortbildung* ist es, den Lehrer - auch bei vorhandener Formalqualifikation (vgl. 7.3) - zu einer *größeren Effizienz* zu bringen. Im Zusammenhang mit der Curriculumrevision ist dies keine triviale Forderung. *Lehrerweiterbildung* dagegen hat *vornehmlich Statusveränderung zum Ziel.* In der Sache kann es sich um fachliche Vertiefung und Vervollständigung von Fachwissen (Fachlehrbefähigung) und um Spezialisierung wie etwa im Sonderschulbereich oder im Bereich des Schulmanagements handeln.

Was die nachfolgend dargestellten Aspekte betrifft, war maßgeblich, inwieweit es Veröffentlichungen von relevanten Daten gab und nicht veröffentlichte Daten zugänglich wurden. Spezielle Datensätze wurden im Rahmen des Hauptprojekts von Examenskandidaten oder vom Verfasser selbst erhoben.

14.1 Ergänzende Aspekte der Lehrerausbildung

In den nachfolgenden Teilabschnitten wird auf Zusammenhänge zwischen der Wahl von Studienfächern und dem Schulunterricht sowie auf die Auswirkungen des Mitte der siebziger Jahre auch für die Lehramtsstudiengänge eingeführten Numerus clausus eingegangen.

14.1.1 Auswirkungen des Schulunterrichts in den mathematisch-naturwissenschaftlichen Fächern auf die Wahl von Studienfächern

Bei den Studierenden für das Lehramt an Gymnasien kann eo ipso vorausgesetzt werden, daß sich bei diesen im allgemeinen bereits in der gymnasialen Oberstufe eine Interessenbasis gepaart mit einer entsprechenden Leistungsfähigkeit in den jeweiligen Fächern entwickelt hat, welche die spätere Wahl von Studienfächern bestimmt. Dies gilt besonders für die Wahl der Mathematik, der Physik und der Chemie, weniger vielleicht für das „leichtere“ Studienfach

Biologie (darüber später ein Beleg). Gerade die erfolgreiche Gestaltung eines Physikstudiums für das Lehramt an Gymnasien erfordert besondere Fähigkeit im Umgang mit der Hilfswissenschaft Mathematik. Inwieweit auch bei den Studierenden für das Lehramt an Haupt- und Realschulen und bei den Studierenden für das Lehramt an Grundschulen bezüglich des Wahlfachs der Schulunterricht in den mathematisch-naturwissenschaftlichen Fächern für die Studienfachwahl von Bedeutung sein könnte, war Gegenstand einer Untersuchung von HOFMANN (1973). Hofmann hatte dazu im WS 72/73 an der Universität Frankfurt 530 Lehramtsstudenten befragt. In identischer Art und Weise wurde diese Befragung an der Universität Gießen im WS 73/74 wiederholt,[290] wobei sich 405 Lehrerstudenten beteiligten. Da sich die Lehrerausbildung an der Gesamthochschule Kassel in dieser Zeit erst im Aufbau befand,[736] wurde sie nicht in die Untersuchung einbezogen. An den anderen Hochschulen wurden keine Lehrer für Haupt- und Realschulen und für Grundschulen ausgebildet. Mit insgesamt 935 ausgefüllten Fragebögen liegt eine ausreichende Datenbasis vor.

Die *drei folgenden Befragungsinhalte* lagen vor, wobei gleich die Auswertungsergebnisse hinzugefügt werden:

1. *Wertschätzung der mathematisch-naturwissenschaftlichen Schulfächer durch Angabe einer Rangfolge der Gesamtheit aller Schulfächer* (Analogon zum Teilabschnitt 13.1.1):

Alle Lehramtsstudenten haben wie auch die Physiklehrer (13.1.1) das Fach Deutsch an die erste Stelle gesetzt. Bei allen nimmt auch die 1.Fremdsprache den gleichen Rangplatz 3 ein. Ebenfalls bei allen nehmen die drei naturwissenschaftlichen Fächer die Rangplätze 5-7 ein. Bezüglich der beiden Fächer Mathematik und Gesellschaftslehre besteht aber ein wesentlicher Unterschied. Die Lehramtsstudenten *mit* mathematisch-naturwissenschaftlichen Fächern geben der Mathematik den Rangplatz 2 und der Gesellschaftslehre den Rangplatz 4. Bei den Lehramtsstudenten *ohne* mathematisch-naturwissenschaftliche Fächer ist das gerade umgekehrt. Bezüglich der weiteren Schulfächer bestehen zwischen beiden Gruppen keine wesentlichen Unterschiede.

2. *Studienfachwahl und schulischer Erfolg in den naturwissenschaftlich-mathematischen im Vergleich zur Gesamtheit der anderen Schulfächer.*

Lehramtsstudenten *mit* mathematisch-naturwissensch. Studienfächern

Schulfach	besser	gleich	schlechter	k. Angaben
Mathematik	211	164	44	15
Physik	112	193	57	69
Chemie	88	185	68	89
Biologie	156	168	26	79
Fälle insges.	567	710	195	252
prozentual	32,9%	41,2%	11,3%	14,6%

Lehramtsstudenten *ohne* mathematisch-naturwissensch. Studienfächer

Schulfach	besser	gleich	schlechter	k. Angaben
Mathematik	58	216	229	1
Physik	55	235	207	7
Chemie	92	238	163	10
Biologie	198	255	45	7
Fälle insges.	403	944	644	25
prozentual	20,0%	46,8%	31,9%	1,3%

3. *Studienfachwahl und Motivierung durch den Schulunterricht in den mathematisch-naturwissenschaftlichen Fächern*:

	Angaben der Lehramtsstudenten mit	ohne
	mathematisch-naturwissenschaftl. Studienfächern	
Anzahl der Fälle	431	504
motivationsfördernd	35,7%	9,5%
motivationsneutral	46,9%	40,1%
motivationshemmend	16,0%	49,0%
keine Angabe	1,4%	1,4%

Die Befragungsergebnisse lassen sich wie folgt zusammenfassen:

1. Lehrerstudenten mit mathematisch-naturwissenschaftlichen Fächern unterscheiden sich von denen ohne diese Fächer in der *Werteinschätzung* der naturwissenschaftlichen Fächer überhaupt nicht, jedoch darin, daß sie der Mathematik eine größere Bedeutung als der Gesellschaftslehre zumessen. Bei den Lehrerstudenten ohne diese Fächer ist es gerade umgekehrt.
2. Besserer *schulischer Erfolg* in den mathematisch-naturwissenschaftlichen Fächern steht zwar in einem deutlichen Zusammenhang mit der Wahl dieser Fächer als Studienfach, ist aber nicht allein entscheidend.
3. Als ein ganz bedeutender Faktor hinsichtlich einer Entscheidung für ein mathematisch-naturwissenschaftliches Studienfach erscheinen *Motivationserlebnisse* im Schulunterricht.

14.1.2 Über den Einfluß des Numerus clausus auf die Ausbildung von Lehrern in den siebziger und frühen achtziger Jahren unter besonderer Berücksichtigung der mathematisch-naturwissenschaftlichen Fächer

Ende der sechziger Jahre hatte die Anzahl der Lehrerstudenten in Hessen sehr stark zugenommen, was einen bedeutenden Ausbau des Bestandes an Lehrpersonal in den Bereichen der Lehrerausbildung der Universitäten und insbesonders in den ihnen angegliederten, ehemaligen Abteilungen für Erziehungswissenschaften zur Folge hatte. Im Zusammenhang mit der ab dem Schuljahr 1967/68 beginnenden und bis zum Schuljahr 1976/77 anhaltenden stetigen Zunahme der Schülerzahlen und den bildungspolitischen Zielsetzungen (Ausbau des Systems der Gesamtschulen, Curriculumrevision) erschienen ja auch die Berufsperspektiven angehender Lehrer als recht günstig. Diese allgemeine Zunahme von Lehrerstudenten machte sich auch beim Studienfach Physik für die Lehrämter und hier besonders bezüglich des Lehramts für Haupt- und Realschulen bemerkbar.[737]

Was die Einstellung von Lehrern in den Schuldienst betrifft, ist besonders die Amtszeit des „Reform-Kultusministers" v. Friedeburg (1969-1974) hervorzuheben. *In seiner Ägide wurde faktisch jeder sich bewerbende Lehrer unabhängig von seinen Fächern eingestellt*, was zu dem im Teilabschnitt 11.3.2 aufgezeigten *Überhang an Lehrern für den Fächerkomplex Gesellschaftslehre* führte und sich bis heute (1994) auswirkt. Hatte v. Friedeburg insbesonders in seinen Wahlveranstaltungen immer für ein Lehramtsstudium geworben,[738] so wurde gegen Ende seiner Amtszeit erkennbar, daß bei einem weiterhin starken Zulauf zu den Lehramtsstudiengängen große Probleme hinsichtlich der Einstellung von Absolventen entstehen könnten. In der Tat folgte ab Mitte der siebziger Jahre eine bis heute anhaltende Lehrerarbeitslosigkeit. Als Konsequenz wurde der Numerus clausus ab Mitte der siebziger Jahre auch im Bereich der Lehrerausbildung eingeführt. Zunächst ab dem WS 73/74 für die Fächer Biologie und Chemie und ab dem WS 75/76 für alle restlichen Lehramtsstudienfächer.

Mit den Projektintentionen war naturgemäß auch das Interesse verbunden, die Entwicklungen beim Lehrernachwuchs zu erfassen. Es zeigte sich jedoch, daß das Hessische Statistische Landesamt zwar Berichte über Hochschulprüfungen veröffentlichte, aber keine über Studienanfänger. Aus diesem Grunde erfolgte eine *eigene Erhebung*, die sich auf die *Studienanfänger* in den mathematisch-naturwissenschaftlichen Fächern bezog. Mit einem Schreiben vom 15.8.1977 und unter Beifügung einer strukturierten Erhebungsliste wurden alle hessischen Hochschulen, an denen Lehrerausbildung stattfindet, um die Mitteilung relevanter Daten gebeten. Es wurde ein vollständiger Datensatz erreicht und die Auswertungsergebnisse wurden von BRAUNER (1977c) veröffentlicht. In einer etwas modifizierten Form erfolgt hier eine Wiedergabe. In der nachfolgenden Tabelle wurden jeweils die für zwei Studienjahre vor (WS 73/74 bis SS 75) und für zwei Studienjahre nach (WS 75/76 bis SS 77) der allgemeinen Einführung des Numerus clausus geltenden Zahlenwerte zusammengezogen. Gegenüber der usprünglichen Veröffentlichung sind die Prozentwerte der Tabelle 123 jeweils nur halb so groß. Sie geben nämlich hier die *jeweiligen Anteile von Fällen in bezug auf die Gesamtzahl aller Fälle von Studienfächern* an, wobei einfachheitshalber angenommen werden konnte, daß die Studienanfänger in der Regel zwei Studienfächer hatten.[739]

Tabelle 123: Studienanfänger und Auswirkungen des Numerus clausus auf die Wahl mathematisch-naturwissenschaftlicher Fächer in der Mitte der siebziger Jahre

Lehramt für	Studien-jahre	Studien-anfänger	Anteil der Fälle mit dem Studienfach			
			Ma	Ph	Che	Bio
H-R-Schulen	1973-75	4729	9,7%	3,2%	2,4%	4,5%
	1975-77	1547	6,9%	2,6%	1,9%	6,1%
Gymnasien	1973-75	6246	7,6%	4,2%	3,5%	3,7%
	1975-77	2610	9,0%	5,7%	5,1%	6,6%

Die Auswirkungen des Numerus clausus auf die Anzahl der Studienanfänger waren drastisch. Für das Lehramt an Haupt- und Realschulen ein Rückgang auf weniger als ein Drittel im Vergleich zur Zeit davor. Auch beim Lehramt für Gymnasien sank die Anzahl der Studienanfänger auf knapp über 40%. Was die Entwicklung bezüglich der Anteile der vier Studienfächer betrifft, sind gegenläufige Tendenzen bei den beiden Lehrämtern und den Studienfächern

Mathematik, Physik und Chemie erkennbar. Beim Studiengang für die H-R-Schulen eine deutliche Abnahme und beim Studiengang für die Gymnasien eine ebenso deutliche Zunahme. Nur im Fach Biologie lag in beiden Fällen eine Zunahme vor. In diesem Zusammenhang ist noch von Bedeutung, in welchem Maße die durch den Numerus clausus vorgegebenen Höchstzahlen[740] ausgenutzt wurden. Es ergaben sich folgende *Nutzungsquoten*:

	Mathem.	Physik	Chemie	Biologie
Lehramt für H-R-Schulen	81,7%	35,7%	41,7%	70,8%
Lehramt für Gymnasien	90,2%	65,0%	80,2%	86,0%

Die vorhandenen Studienplätze für Physik wurden bei beiden Lehramtsstudiengängen am geringsten genutzt. Beim Lehramtsstudiengang für H-R-Schulen auch noch im Fach Chemie.

Für die in der Tabelle 123 aufgezeigten Tendenzen und die niedrigen Nutzungsquoten im Fach Physik ist ein Erklärungsversuch möglich. *Studenten mit dem Studienfach Physik für das Lehramt an H-R-Schulen befinden sich in gewisser Weise auf einer „Einbahnstraße“,* das soll heißen, daß ihr Fachstudium im allgemeinen nicht als Basis für einen anderen Studiengang mit dem Fach Physik genutzt werden kann, sondern ein Neubeginn erforderlich wäre. Als Stütze für diese Behauptung kann der Verfasser auf das Ergebnis eines hochschuldidaktischen Versuchs im Fachbereich Physik der Universität Frankfurt hinweisen, an dem er mitgewirkt hat. Nach der Integration der Abteilungen für Erziehungswissenschaften in den Universitäten und den Zuordnungen aller lehrerausbildenden Institute in die entsprechenden Fachbereiche wurde im WS 72/73 und im SS 73 der Versuch unternommen, alle Studierenden in den beiden ersten Semestern gemeinsam auszubilden, was bei den künftigen Gymnasiallehrern und Diplomphysikern traditionsgemäß schon immer der Fall war. Für die künftigen H-R-Lehrer wurden noch zusätzlich Tutorien (Stützkurse) eingerichtet. Diese sollten dazu dienen, Verständnisschwierigkeiten im Zusammenhang mit dem Lernangebot der gemeinsamen Vorlesung auszuräumen. Der Versuch mußte als gescheitert angesehen werden.[741] Ein weiterer Versuch bestand darin, eine für alle Lehrämter gemeinsame zweisemestrige Vorlesung anzubieten, wobei allerdings den künftigen Gymnasiallehrern alternativ dazu freigestellt war, an der Vorlesung für Diplomphysiker teilzunehmen. Auch hier wurden begleitende Tutorien angeboten. Dieser Versuch wurde nach drei Studienjahren ebenfalls abgebrochen und ab dem WS 76/77, wie vor dem WS 72/73, den Lehramtsstudenten für Haupt- und Realschulen ein spezieller Veranstaltungszyklus angeboten, der sich wie vorher auch auf vier Semester verteilte. Aus den hier aufgezeigten Tatbeständen läßt sich zum Teil erklären, warum bei den Studienanfängern für das Lehramt an H-R-Schulen bei den Fächern Physik, Chemie[742] und Mathematik[743] ein derartiger Nachlaß des Interesses sich nach Einführung des Numerus clausus einstellte. *Das Risiko eines „Einbahnstudiums“ mit stark gesunkenen Einstellungschancen* in den

Schuldienst mag so manchen am Lehramtstudium für H-R-Schulen interessierten Abiturienten abgeschreckt haben.

Ob möglicherweise beim Fach Biologie leichtere Übergänge in den Studiengängen möglich sind und deshalb die Prozentwerte der Tabelle 123 bei diesem Fach von der Tendenz bei den anderen abweichen, vermag der Verfasser nicht zu beurteilen. Es gibt jedoch ein anderes Merkmal, in dem sich das Studienfach Biologie für ein Lehramt von den anderen drei unterscheidet. Es ist in diesem Fach offensichtlich leichter einen erfolgreichen Studienabschluß zu erreichen als bei den anderen drei Fächern. Grundlage dieser Aussage ist eine Analyse der Daten, die 1985 vom Hessischen Statistischen Landesamt über Hochschulprüfungen in Hessen zwischen 1981 bis 1983 durchgeführt wurden. In diesem Statistischen Bericht[744] sind nach Lehrämtern und Fächern getrennt Angaben über die Anzahl der durchgeführten und der erfolgreich abgeschlossenen Prüfungen. Die Differenz aus beiden Werten (Anzahl der nicht bestandenen Prüfungen) bezogen auf die Gesamtzahl der Prüfungen kann als ein *Maß für den Schwierigkeitsgrad des Erwerbs eines erfolgreichen Abschlusses* angesehen werden.

Prozentuale Anteile nicht bestandener Lehramtsprüfungen

	H-R-Lehramt	Gym-Lehramt	beide Lehrämter zus.
in Mathematik	11,1%	12,3%	11,9%
in Physik	13,7%	13,0%	13,2%
in Chemie	2,7%	5,8%	5,2%
in Biologie	2,2%	2,5%	2,4%
alle Fächer	4,9%	5,6%	5,4%

Das Fach Biologie erscheint auf dieser Grundlage als leichtestes Fach unter den drei naturwissenschaftlichen Fächern und das Fach Physik als das schwierigste. Gemeinsam mit der Mathematik nimmt die Physik in dieser Statistik die Spitzenstellung mit großem Abstand zu den anderen Fächern ein. Als nächstschwierigste Studienfächer folgen Anglistik (9,5%/7,0%/7,6%) und Romanistik (10,3%/6,6%/7,3%) schon mit erheblichem Abstand.

Was das Fach Biologie betrifft, so ergibt sich im Zusammenhang mit den beiden anderen naturwissenschaftlichen Fächern eine Parallele zu den Fächern in der gymnasialen Oberstufe. Das leichtere Fach Biologie wird bevorzugt und das schwere Fach Physik wird abgewählt.

Mit Hilfe der genannten Datenquelle ließ sich in Analogie zu der Tabelle 123 eine Übersicht über die Fortentwicklung des Lehrernachwuchses bis zum Beginn der achtziger Jahre erstellen. Wurden dort die Studienanfänger angegeben, so kann man hier feststellen, was am Ende herauskam, wobei natürlich die Studienanfänger, die in der Tabelle 123 gezählt wurden nur noch marginal mit den Absolventen in Zusammenhang stehen, die in der Tabelle 124 gezählt sind. Dazu ist bei Regelstudienzeiten von 6 + 1 bzw. 8 + 1 Semestern der zeitliche Abstand der erhobenen Daten zu groß.

Tabelle 124: Studienabschlüsse von Lehrern in den Jahren 1981-83 unter besonderer Berücksichtigung der mathematisch-naturwissenschaftlichen Fächer

Lehramt für	Gesamtzahl aller Fachprüfungen	Anteil der Fälle mit dem Studienfach Ma	Ph	Che	Bio
H-R-Schulen	2740	9,6%	3,2%	2,6%	8,2%
Gymnasien	702	8,1%	4,9%	5,1%	7,4%
zusammen	8442	8,6%	4,3%	4,3%	7,7%

Im Vergleich der Zahlen der Tabellen 123 und 124 erscheinen Anfang der achtziger Jahre die Prozentwerte bei den H-R-Lehramtsabsolventen, bis auf das Fach Biologie, wie unmittelbar vor der Einführung des Numerus clausus und die Tendenz bei den Absolventen für das Lehramt an Gymnasien geht, wiederum abgesehen vom Fach Biologie, in die gleiche Richtung. Legt man zugrunde, daß in der Regel auch die Absolventen nur zwei Fächer hatten, dann ergibt sich für die drei Jahre 1981-83 eine Absolventenzahl von 4221, d.h. im Mittel für ein Jahr 1407 Absolventen. In den beiden Studienjahren nach Einführung des Numerus clausus für alle Fächer gab es unter der gleichen Prämisse pro Jahr 2079 Studienanfänger. Selbst unter Berücksichtigung von „Studienabbrechern" und nicht betandenen Prüfungen hat sich der *Numerus clausus also als wirksame Bremse in der Lehrerausbildung erwiesen.*

Bleibt noch die Frage zu beantworten, ob dabei auch ein Mittel gefunden wurde, die Studienfachwahl so zu steuern, daß die ausgebildeten Lehrer mit ihren Fächern auch dem fachspezifischen Bedarf an Lehrern entsprechen. Um dies zu entscheiden, konnten Daten der Tabelle A55 des Anhangs mit den Daten des genannten Statistischen Berichts für die Jahre 1981-83 in Beziehung gesetzt werden. Dazu wurden alle Lehrer bzw. Absolventen beider Sekundarstufen zusammengefaßt betrachtet. Bei den jeweiligen Gruppen wurde von den jeweiligen Anteilen der Fächer in bezug auf alle Fälle von Fächern ausgegangen.

Zum Vergleich werden zwei Prozentdifferenzen herangezogen:

A = proz. Ant. der Absolventen. – proz. Ant. i. Lehrerbedarfsplan 81/82

B = proz. Ant. des Lehrerbestandes 81/82 – proz. Ant. i. Lehrerbedarfspl. 81/82

Dies ergibt für die einzelnen Fächer folgende Werte:

	A	B		A	B
Religion	*-1,5%*	*-1,2%*	Latein	-0,6%	-0,0%
Deutsch	-0,7%	-1,2%	*Englisch*	*-3,2%*	*-3,3%*
Gesellsch.	*+6,9%*	*+9,0%!!*	*Französ.*	*+1,5%*	*+0,7%*
Mathematik	*-3,9%*	*-2,4%*	Musik	-0,5%	-1,6%
Physik	-0,3%	+0,3%	Kunst	+1,2%	-0,4%
Chemie	+0,3%	-0,6%	Sport	+2,7%	-0,6%
Biologie	*+1,7%*	*-0,2%*	Polytechnik	-3,6%	-0,8%
andere Fächer	0,0%	+2,2%			

Die positiven Prozentwerte der Spalte B geben an, wie hoch der jeweilige fachspezifische Überschuß bei den im Dienst befindlichen Lehrern im Schuljahr 1981/82 in bezug auf den ausgewiesenen Bedarf war. Entsprechend geben die negativen Prozentwerte die Defizite an. Ebenso geben in der Spalte A die positiven Prozentwerte an, in welchem Umfang in bezug auf den Bedarf die Bewerber um eine Einstellung in den Schuldienst ein ungünstiges Fach gewählt hatten. Negative Prozentzahlen stehen wieder für günstige Fächer. Hinsichtlich des Faches Physik wird jedoch noch einmal auf die Problematik der Ermittlung des Bedarfs an Lehrern nach dem „2-Fach-Lehrer-Modell“ verwiesen, was ausführlich im Teilabschnitt 11.3.3 dargestellt wurde.

Der Vergleich der Prozentzahlen läßt leicht erkennen, daß der Numerus clausus von 1976 bis 1983 hinsichtlich einer bedarfsorientierten Wahl von Studienfächern durch die Lehramtsstudenten sehr wenig gebracht hat. Für diese Zeit kann er lediglich als ein Instrument angesehen werden, das den „Output“ der Hochschulen an Lehramtsbewerbern gedrosselt hat.

14.2 Aspekte der Lehrerweiterbildung

Weiterbildung ist, wie schon eingangs abgeklärt wurde, mit der Zielvorstellung von Statusveränderung verbunden. Im Zusammenhang mit den ab Mitte der siebziger Jahre immer geringer werdenden Chancen für viele Lehrer mit „falschen Fächern“ oder „falschem Lehramt“ eine Anstellung zu finden, waren diese naturgemäß bemüht, durch zusätzliche Qualifikationen einen günstigeren Status im Hinblick auf eine mögliche Einstellung zu erwerben. Einstellungschancen wurden besser, wenn ein derart Betroffener zusätzlich zu seinen im 1.Staaatsexamen abgelegten Wahlfachprüfungen eine oder mehrere Lehrbefähigungen in einem „Mangelfach“ ablegte. Innerhalb des gleichen Lehramts wurde eine *Erweiterungsprüfung* abgelegt. Grundschullehrer können grundsätzlich die volle Lehrbefähigung für Haupt- und Realschulen erlangen, wenn sie zu ihrem Wahlfach des 1.Staatsexamens noch eine zweite Wahlfachprüfung ablegen. Man bezeichnet diese dann als *Zusatzprüfung* zum Erlangen eines weiteren Lehramts. Haupt- und Realschullehrer können durch Zusatzprüfungen ebenso wie Gymnasiallehrer eine Lehrbefähigung für die Grundschule erlangen und letztere natürlich auch für die Haupt- und Realschule. Eine ganz spezielle Weiterbildungsprüfung ist die sogenannte *Ergänzungsprüfung* (auch etwas mißverständlich als Teilprüfung bezeichnet) für Musiklehrer an Gymnasien. Diese müssen zunächst ein Staatsexamen für Musik an der Staatlichen Hochschule für Musik und Darstellende Kunst in Frankfurt/M. ablegen. Damit sind sie staatlich geprüfte Musiklehrer. Eine Lehrbefähigung für Gymnasien erlangen sie jedoch erst, wenn sie eine Prüfung für ein weiteres Unterrichtsfach des Gymnasiums abgelegt haben, wobei eine Beschränkung auf die Unterstufe und Mittelstufe möglich ist. Alle drei Arten von Prüfungen werden in der nachfolgenden Darstellung auch als *Zusatzqualifikation* zusammengefaßt betrachtet.

14.2.1 Quantitative Aspekte und fachspezifische Schwierigkeiten

Als relevante Datenbasis konnte für den Zeitraum von 1976 bis 1984 auf Unterlagen des Wissenschaftlichen Prüfungsamtes für die Lehrämter der Universität Frankfurt zurückgegriffen werden (zeitlicher Längsschnitt). Der bereits als Datenbasis herangezogene „Statistische Bericht"[744] des Teilabschnitts 14.1.2 enthält auch landesweite Daten (regionaler Querschnitt) über in den Jahren 1981-1983 abgelegte Erweiterungs-, Zuatz- und Ergänzungsprüfungen.

In der Tabelle A69 des Anhangs wurden diese Daten, jeweils für die Jahre 1976-84 und 1981-83 zusammengefaßt, dargestellt. Die Datensätze sind nicht einheitlich. Bei den Daten der Universität wurden den Zielgruppen der Projekterhebungen entsprechend nur die Erweiterungs-, Zusatz- und Ergänzungsprüfungen für das Lehramt an Haupt- und Realschulen sowie an Gymnasien (getrennt und zusammengefaßt) berücksichtigt. Im „Statistischen Bericht" dagegen sind ungetrennt solche Prüfungen für alle Lehrämter unter Einschluß der Prüfungen von Sonderschullehrern und Grundschullehrern sowie Diplomhandelslehrern (Aufbaustudium) enthalten. Was die Wahl der Fächer betrifft, handelt es sich für alle Lehrämter um identische Fachbezeichnungen, wobei allerdings bei Erweiterungsprüfungen von Grundschullehrern die Fächer Französisch, Russisch und Chemie in der Prüfungsordnung nicht vorgesehen sind.[745] Als weitere Ausnahme ist anzusehen, daß Gymnasiallehrer Erweiterungsprüfungen in Philosophie, Psychologie und Erziehungswissenschaft ablegen können.[746] Die speziellen Sonderschulprüfungen werden in dem Bericht unter dem Sammelbegriff „Prüfung in Erziehungswissenschaft" subsumiert.[747] Gerade bezüglich des Faches Erziehungswissenschaft könnte man eine Unstimmigkeit des Datensatzes von 1981-83 vermuten, da hier der Anteil dieses Faches mit 30,5%(!!) gegenüber den Daten der Universität Frankfurt extrem hoch ist. Intensive Recherchen[748] hinsichtlich dieser extremen Abweichung ergaben jedoch, daß es sich um eine zeitliche Ausnahme handelt. Wegen eines Beschlusses der Kultusministerkonferenz im Jahre 1979 wurde in Hessen die Studienordnung für das Lehramt an Sonderschulen der bundeseinheitlichen Regelung angepaßt,[749] was zur Folge hatte, daß seit 1979 Sonderschullehrer im 1.Staatsexamen zwei Sonderschulfachrichtungen gegenüber vorher einer wählen müssen. Um auch in den übrigen Bundesländern Einstellungschancen zu bekommen, hatten in den nachfolgenden Jahren, also auch 1981-83 sehr viele Sonderschullehrer, die in Hessen ihr 1.Staatsexamen nach der alten Prüfungsordnung abgelegt hatten, von der Möglichkeit Gebrauch gemacht, durch eine Erweiterungsprüfung eine Qualifikation für alle Bundesländer zu erreichen. Wegen dieser Ausnahmesituation wird bei den nachfolgenden Erörterungen das Fach Erziehungswissenschaft ausgeklammert. Ebenso werden die nur für Gymnasiallehrer relevanten Prüfungsfächer Philosophie und Psychologie ausgeklammert, so daß der „übliche" Kanon der Schulfächer zur Betrachtung übrigbleibt.

Bereits eine grobe Betrachtung der fachspezifischen Anteile der Prüfungen in beiden Datensätzen läßt Häufungen von Prüfungen erkennen, die in beiden Datensätzen jeweils bei gleichen Fächern vorkommen. Gleiches gilt bei den Fächern mit niedrigen Anteilen. In der Tat besteht auch bezüglich der Prozentwerte eine sehr starke positive Korrelation (r = 0,85). Dies bedeutet, *daß sowohl zeitlich als auch regional betrachtet, tendenziell die gleichen Fächer mehr oder weniger gewählt wurden.*

Was den Erwerb dieser zusätzlichen Qualifikationen betrifft, kann auch ein Vergleich mit den Fächern der Bewerber um eine Einstellung zum Bewerbungstermin 1.8.1983 angestellt werden. Diesbezügliche Daten sind in der Tabelle A55 des Anhangs enthalten. Der Zusammenhang bezüglich der Anteile der Fächer ist hier deutlich schwächer (r = 0,63). Dies liegt im wesentlichen daran, daß im Vergleich mit den Fächern der Bewerber bei den Zusatzqualifikationen die Anteile bei zwei Fächern extrem hoch liegen. Nämlich beim Fach Religion, für das eine besondere Lobby bestehen soll,[750] und beim Fach Polytechnik/Arbeitslehre, das erstmalig in der Stundentafel von 1976 unter dieser Bezeichnung als neues Schulfach auftaucht, das aber danach zunehmend und insbesonders für die Hauptschule an Bedeutung gewann.[751] Studiengänge für dieses Fach wurden in Hessen jedoch erst ab dem WS 77/78 eingerichtet.[752] Dieses neue Fach zu wählen, erschien offensichtlich noch nicht eingestellten Lehrern eine bessere Chance zu bieten.

Aufschlußreich ist die nachfolgende Gegenüberstellung von Anteilen an Prüfungen in diesen beiden Fächern im Vergleich zu Anteilen des *„Hauptüberschußfaches" Gesellschaftslehre* (Sozialkunde/Geschichte/Erdkunde) und den Anteilen der *fünf ausgewählten „Mangelfächer"*.

	Bewerber 1.8.1983	zusätzliche Qualifikationen	Bedarfsplan 1981/82
Religion	3,3%	18,6%	6,8%
Polyt./Arbeitsl.	*1,6%*	*15,7%*	*6,0%*
Gesellschaftsl.	*28,5%*	*24,7%*	*11,7%*
Mathematik	9,3%	2,9%	12,5%
Physik	3,7%	2,6%	4,7%
Chemie	2,5%	0,9%	4,0%
Biologie	5,7%	4,4%	6,0%
Musik	1,4%	2,6%	4,0%

Die Anteile an zusätzlichen Qualifikationen liegen bei den drei erstgenannten Fächern weit über den entsprechenden Anteilen im Lehrerbedarfsplan. Dies hat beim Fach Gesellschaftslehre ein ganz besonderes Gewicht, da hier ein schier übermächtiges Bewerberpotential vorhanden ist. Bei den Fächern Religion und Polytechnik/Arbeitslehre liegen die Anteile bei den Bewerbern immerhin deutlich unter den Anteilen im Bedarfsplan. Anders bei den fünf Mangelfächern. Hier liegen die Anteile bei den zusätzlichen Qualifikationen deutlich unter den Anteilen im Bedarfsplan und bis auf das Fach Musik auch deutlich unter den Anteilen bei den Bewerbern. Im Falle des Faches Musik - ebenfalls ein Mangelfach - könnte der Anteil der Zusatzqualifikationen auch etwas höher sein, aber hier ist zu bedenken, daß für die Wahl dieses Faches die Fähigkeit der praktischen Ausübung von Musik eine Voraussetzung ist, die bei möglicherweise vorhandenen Neigungen für dieses Fach nicht immer gegeben ist. Das Fach Gesellschaftslehre erfreute sich offensichtlich auch hinsichtlich einer Zusatzqualifikation ungebrochener Beliebtheit, obzwar die Bildungsverwaltung immer wieder vor der Wahl bestimmter Studienfächer, zu denen stets der Fächerblock Gesellschaftslehre und insbesonders Sozialkunde gehört, warnte. Zeitweise wurde auch schon einmal eine dezente Empfehlung zur Wahl von Studiengängen in den „Mangelfächern" ausgesprochen.[750] Offensichtlich hatten diese Bekanntmachungen nur einen geringen Einfluß auf die Wahl der Fächer bei den Bestrebungen, durch eine Zusatzqualifikation bessere Einstellungschancen zu erlangen. Andere Entscheidungsfaktoren sind als bedeutsamer anzunehmen.

Was die mathematisch-naturwissenschaftlichen Fächer betrifft, wurde bereits im Teilabschnitt 14.1.1 auf einen Befund verwiesen, der sich auf schulische Erfahrungen mit diesen Fächern bezieht. Es kann jedoch auch vermutet werden, daß Einschätzungen über Schwierigkeiten, die mit dem Erwerb einer Zusatzqualifikation verbunden sein könnten, zu Entscheidungen führen, gewisse Fächer nicht zu wählen. Daß es diese unterschiedlichen Schwierigkeiten gibt, wurde bereits im Teilabschnitt 14.1.2 aufgezeigt. Auch hier werden die Anteile nicht bestandener Erweiterungs-, Zusatz- und Ergänzungsprüfungen für die oben ausgewählten acht Fächer betrachtet und mit Prüfungen in den gleichen Fächern im 1.Staatsexamen verglichen.

Anteile nicht bestandener Studienfachprüfungen:

	H-R-Lehrer und Gymnasiallehrer[753] (1. Staatsexamen) 1981-1983	alle Lehrämter Erweit.-, Zusatz- u. Ergänzungsprüfungen 1981-1983
Religion	1,5%	3,6%
Polyt./Arbeitsl.	3,8%	7,5%
Gesellschaftsl.	*4,0%*	*9,9%*
Mathematik	11,9%	11,8%
Physik	13,2%!	18,2%!!
Chemie	5,2%	10,0%
Biologie	2,4%	8,2%
Musik	3,6%	3,6%
Alle Fächer[754]	5,4%	5,4%

Die Betrachtung obiger Prozentwerte läßt folgende Schlüsse zu. Bezogen auf die Gesamtheit der Fächer war es offensichtlich gleich schwierig, während des 1.Staatsexamens oder beim Streben nach einer Zusatzqualifikation eine Prüfung erfolgreich zu bestehen. Getrennt nach Fächern war es nicht nur bei den naturwissenschaftlichen, sondern auch bei den drei bevorzugten Fächern schwieriger, eine Zusatzqualifikation zu erlangen als eine solche Prüfung beim 1. Staatsexamen erfolgreich abzulegen. Sowohl beim 1.Staatsexamen, wie auch beim Bestreben nach einer Zusatzqualifikation war es vergleichsweise *besonders schwierig, eine Prüfung im Fach Physik mit Erfolg zu bestehen.*

Bleibt noch zu erörtern, in welchen Fächern die erworbenen Zusatzqualifikationen die Einstellungschancen verbesserten. Um dies beurteilen zu können, wird der Quotient N = E:Z betrachtet, den man als *Nützlichkeitsgrad* bezeichnen kann. Dabei ist E die Anzahl der Lehrer, die mit dem betreffenden Fach am 1.8.1983 eingestellt wurden und Z die Anzahl der in dem gleichen Fach zwischen 1981 und 1983 abgelegten Zusatzqualifikationen. Je größer der Wert von N ist, umso nützlicher die Zusatzqualifikation in dem betreffenden Fach. Die Werte von N ergeben sich aus den Anteilwerten der Tabellen A55 und A69 des Anhangs wie folgt:

Religion	0,23	Latein*	1,75	
Deutsch	0,58	Englisch*	1,64	
Gesellschaftslehre	0,28	Französisch*	1,19	
Mathematik**	2,50	Musik	1,55	sonstige Fächer 0,10
Physik**	2,33	Kunst	0,84	
Chemie***	6,11	Sport	0,86	
Biologie*	1,75	Polyt./Arbeitsl.	0,86	

Die Anzahl der Sterne veranschaulicht, wie mehr oder weniger nützlich die Zusatzqualifikation in dem jeweiligen Fach war. Mit Ausnahme des Faches Biologie erscheinen die *Zusatzqualifikationen in den mathematisch-naturwissenschaftlichen Fächern am nützlichsten*, wobei das Fach Chemie deutlich an der Spitze steht. Daß eine Zusatzqualifikation in einem Fach der Gesellschaftslehre faktisch keinen Nutzen brachte, ist nach obigen Erörterungen verständlich. Im Falle des *Faches Religion* lag offensichtlich eine *Fehlsteuerung* vor. Das *Fach Polytechnik/Arbeitslehre*, im Umfang wohl durch den *Novitätseffekt* bedingt, erwies sich ebenfalls als *wenig nützlich*. Besser war es schon eine Sprache zu wählen.

14.2.2 Die besonderen Erfahrungen mit dem speziellen Kontaktstudium für Physiklehrer an der Universität Frankfurt

Die Tabelle A69 enthält bei den Daten der Universität Frankfurt (1976-84) nur die Erweiterungs- und Zusatzprüfungen für das Lehramt an Haupt- und Realschulen einschließlich der Ergänzungsprüfungen für das Lehramt an Gymnasien auch solche über nicht bestandene Prüfungen, aus denen sich analoge Prozentwerte wie im vorhergehenden Teilabschnitt berechnen lassen. Dabei ergibt sich für das Fach Physik ein völlig anderes Bild. Das Fach Physik liegt hier mit 5,6% zwar noch über dem Wert für alle Fächer mit 4,4%, aber es rangiert nach Französisch (10,0%), Musik (9,1%), Polytechnik/Arbeitslehre 7,6%), Englisch (6,8%) und Sozialkunde (6,0%) erst an sechster Stelle. Die 5,6% an den 18,2% des vorhergehenden Teilabschnitts zu messen, ist problematisch, weil es sich um Werte handelt, die sich auf unterschiedliche Zeiträume beziehen und 1981-83 alle Lehrämter zusammengefaßt sind. Da der Unterschied jedoch ganz erheblich ist und weil es bei anderen Fächern von Qualifikationsbewerbern auch in Frankfurt höhere Ausfälle gab, könnte man meinen, daß es dort etwa im Vergleich zu anderen Prüfungsorten leichter war, eine Qualifikation für das Fach Physik für das Lehramt an Haupt- und Realschulen, bzw. eine solche in Form einer Ergänzungsprüfung zu erlangen. Der Verfasser[755] sieht jedoch besondere Fakten, die einer solchen Einschätzung entgegenstehen und auf die nachfolgend eingegangen wird.

Was die Interessenten betrifft, die sich seinerzeit um eine Zusatzqualifikation im Fach Physik bemühten, befanden sich diese zu verschiedenen Zeiten in unterschiedlichen Statusformen. Zunächst gab es etwa im Zeitraum 1966 bis 1978 eine Gruppe von Lehrern, die bereits Physikunterricht erteilten, jedoch für dieses Fach keine oder keine volle Lehrbefähigung besaßen. Sie hatten ein 1.Staatsexamen nach der Prüfungsordnung von 1965[756] mit einem anderen Wahlfach und allenfalls mit einer Didaktikprüfung in Physik abgelegt. In diesem Status wurden sie, falls sie nicht eine Funktionsstelle hatten, in der Besoldungsgruppe A12 geführt. Durch eine Erweiterungsprüfung in einem anderen Fach als dem Wahlfach des 1.Staatsexamens konnten sie die Ernennung zum Realschullehrer erlangen, womit eine Umstufung in die Besoldungsgruppe A13 automatisch verbunden war. Diese Regelung sollte ursprünglich nur bis 1974 gelten, wurde aber für Interessenten wegen eines Verwaltungsfehlers weiterhin offen gehalten.[757] Zur Vorbereitung auf diese Prüfung hatte das Hessische Institut für Lehrerfortbildung, Zweigstelle Frankfurt, spezielle Kurse eingerichet, die auch zeitweise von lehrenden Mitgliedern des Instituts für Didaktik der Physik der Universität Frankfurt betreut wurden. Alle diese Lehrer mußten eine schriftliche Hausarbeit erstellen, wobei die Thematik mit dem zukünftigen Prüfer abgesprochen wurde. Dies war für das Institut von einem gewissen Vorteil, da mit Hilfe dieser Lehrer auch kleinere fachdidaktische Projekte durchgeführt und in nützlicher Weise in die fachdidaktische Forschung einbezogen werden konnten. Was die Qualität der mündlichen Prüfungen betraf, so waren in manchen Fällen bei recht guten Leistungen im fachdidaktischen Teil Mängel im fachwissenschaftlichen feststellbar. Dies führte alsbald zur Erkenntnis, daß diesbezüglich eine engere Koppelung der Vorbereitung an das Institut erfolgen sollte, was später auch geschah. Neben dieser Gruppe von Lehrern gab es um 1970 herum eine Reihe von

Lehramtsabsolventen, die ihr Studium noch vor der Änderung der Ordnung für das 1. Staatsexamen im Jahre 1969[758] begonnen hatten und deshalb das Recht hatten auch nach der Ordnung von 1965 geprüft zu werden. Eine Reihe solcher Studenten haben dann im Anschluß an ihr 1.Staatsexamen noch zwei bis drei Semester studiert, wobei sie an den entsprechenden Physikveranstaltungen für das Lehramt an Haupt- und Realschulen teilgenommen und in dieser Zeit auch eine schriftliche Hausarbeit engefertigt haben, die in der Regel fachwissenschaftlichen Inhalt hatte. Die dritte Gruppe von Interessenten an einer Zusatzqualifikation hatte das 1.Staatsexamen nach der Verordnung von 1969 abgelegt und deshalb bei einer Erweiterungs- oder Zusatzprüfung nur noch eine mündliche Prüfung abzulegen. In der Regel waren dies bereits fertige Lehrer, die im Anschluß an das Referendariat ihre 2.Staatsprüfung abgelegt hatten und danach noch keine Stelle oder nur einen Lehrauftrag hatten und deshalb um Zusatzqualifikation bemüht waren. Die letztgenannte Gruppe begann sich ab etwa 1975 zu rekrutieren. Eine erfolgversprechende Vorbereitung war jetzt eigentlich nur möglich, wenn die Betreffenden an den regulären Veranstaltungen für die Ausbildung künftiger H-RLehrer mit dem Wahlfach Physik teilnahmen. Das Hessische Institut für Lehrerfortbildung hatte nämlich inzwischen die o.g. Weiterbildungsveranstaltungen eingestellt.[759] Soweit Interessierte im Schuldienst tätig waren, hatten diese nur ganz geringe Möglichkeiten an Normalveranstaltungen des Institus für Didaktik der Physik teilzunehmen, sodaß mehrfach der Wunsch geäußert wurde, eine spezielle Weiterbildungsveranstaltung mit einer für Lehrer wahrnehmbaren Veranstaltungszeit einzurichten.

Mit dem WS 76/77 wurde vom Institut erstmalig ein Kontaktstudium für Lehrer angeboten, das bei einer ursprünglich anderen Zielsetzung sich letztlich zu einer reinen Weiterbildungsveranstaltung entwickelte. Die ursprüngliche Idee bestand darin, interessierten Lehrern eine Basis zur Mitarbeit bei Entwicklungen in der didaktischen Forschung zu bieten. Es stellte sich jedoch sehr bald heraus, daß es den Interessenten am Kontaktstudium in erster Linie um das Erreichen einer Zusatzqualifikation ging. Nur mit einer ersten Gruppe von Lehrern konnte die ursprüngliche Idee verwirklicht werden, indem sie aktiv in ein mediendidaktisches Forschungsprojekt[760] eingebunden werden konnten. Die betreffenden Teilnehmer stellten quasi eine Restgruppe von Lehrern dar, die im Rahmen ihrer Erweiterungsprüfung noch eine schriftliche Hausarbeit abliefern mußten. Diese Arbeit konnten sie aus ihrer Mitarbeit am Forschungsprojekt entwickeln. Eine fruchtbare Symbiose aus Weiterbildungsstreben und Forschungsbemühungen. Neben speziellen Sitzungen für das Forschungsprojekt wurden wöchentlich einmal Seminare zur fachwissenschaftlichen Weiterbildung abgehalten, die der Vorbereitung auf die mündliche Prüfung dienten. Es muß jedoch hervorgehoben werden, daß diese Einbindung von Lehrern in die fachdidaktische Forschung im Zusammenhang mit Weiterbildungsbemühungen nur möglich war, weil die Beteiligten nicht nur eine starke zeitliche, sondern auch noch finanzielle Belastungen auf sich nahmen.[761] Die Bildungsverwaltung war zu diesem Zeitpunkt weder bereit Entlastungen noch Fahrtkostenzuschüsse zu gewähren, sondern begnügte sich mit der Anerkennung des Kontaktstudiums als Fortbildungsveranstaltung.[762] Erst ab 1989 kamen weiterbildungswillige Lehrer bezüglich eines Mangelfaches in den Genuß einer einigermaßen entsprechenden Entlastung.[763]

Ab dem WS 1977/78 wurde das Kontaktstudium dann als eine reine Weiterbildungsveranstaltung angeboten, das in der nachfolgend beschriebenen Form bis einschließlich SS 92 so beibehalten und danach eingestellt wurde.[764]

Für die Art der inhaltlichen Gestaltung und die formalen Rahmenbedingungen war maßgeblich, daß das Prüfungsamt von jedem Prüfungskandidaten verlangte, daß ihm der gewählte Prüfer eine ordnungsgemäße Vorbereitung auf die Prüfung bestätigte. Die dafür am Institut für Didaktik bestellten Prüfer gingen dabei grundsätzlich davon aus, daß dies nur möglich sei, wenn den Teilnehmern am Kontaktstudium, soweit dies zeitlich möglich ist, die gleichen Lernleistungen wie den Normalstudenten abverlangt werden.

Der zeitliche Rahmen war begrenzt, da nur als Veranstaltungszeit der Nachmittag des Freitags infrage kam. Dafür wurde eine regelmäßige Teilnahme für vier aufeinanderfolgende Semester festgelegt, wobei von einer intensiven autodidaktischen Arbeit zusätzlich zu den Veranstaltungen ausgegangen wurde.

Begonnen wurde jeweils mit einem zweistündigen Seminar, das der Anleitung zum wissenschaftlichen Selbststudium und als Kommunikationsort über offene fachwissenschaftliche und fachdidaktische Fragen diente. Im letzten Semester hatte jeder Teilnehmer ein fachdidaktisches Referat bei individueller Wahl eines Themenkreises unter Berücksichtigung einer vorgegebenen Literaturliste[765] zu halten und davon eine Kurzfassung für die anderen Teilnehmer zu erstellen. Nach einer Pause schloß sich an das Seminar jeweils ein zweistündiges experimentelles Praktikum an. Dieses Praktikum orientierte sich überwiegend an den Inhalten der Physik der Sekundarstufe I, ging bei einer Reihe von Versuchen aber deutlich darüber hinaus, ohne etwa das Niveau der Oberstufe der Gymnasien zu überschreiten. In jedem Semester war eine bestimmte Anzahl von Versuchen in Gruppenarbeit durchzuführen und waren Versuchsprotokolle zu erstellen. Diese dienten nach Durchsicht der Veranstaltungsleiter als eine weitere Diskussionsbasis.

Diese Beschreibung dürfte veranschaulichen, daß den Teilnehmern - zumal denen im Schuldienst beschäftigten - zugemutet wurde, für eine Zeit von mindestens zwei Jahren einen beträchtlichen Teil ihrer Freizeit diesem Qualifikationsprozeß zu opfern. Andererseits eröffneten sich bei einem erfolgreichen Abschluß für noch nicht fest angestellte oder arbeitslose Lehrer bessere

Chancen und es ist nicht zu vergessen, daß diese Absolventen in Konkurrenz zu normal ausgebildeten Lehrerstudenten standen.

Was die Frequentierung des Kontaktstudiums und das Stehvermögen von Teilnehmern betrifft, kann man einiges veröffentlichten Erfahrungsberichten entnehmen.[766] Dort wird von einem Prozentsatz von 60-75% an „Durchhaltern“ ausgegangen. Dazu sei noch ergänzt, daß alle Neulinge bereits in der ersten Seminarsitzung mit dem allgemeinen Prüfungsthemenkatalog für das Wahlfach Physik bekanntgemacht und über die Anforderungen des Kontaktstudiums informiert wurden. Dies hatte immer schon zur Folge, daß einige Interessierte von einer Teilnahme am Kontaktstudium absahen.

Die dargestellten Fakten dürften ausreichen, um verständlich zu machen, daß diejenigen Teilnehmer, die das ganze Kontaktstudium absolvierten, in der Regel mit einer guten Vorbereitung zur Prüfung antreten konnten und die Anzahl der nicht bestandenen Prüfungen relativ gering war.

14.3 Aspekte der Lehrerfortbildung

In den erziehungswissenschaftlichen und fachdidaktischen Zeitschriften werden immer wieder Probleme der Lehrerfortbildung aufgezeigt und in Lehrerzeitungen Forderungen nach Verbesserungen bestehender Zustände gestellt. Wie unterschiedlich die Inhalte diesbezüglicher Publikationen sind, sei an einigen wenigen Beispielen aufgezeigt. BANASCHEWSKI (1966) bspw. bezieht sich auf die seinerzeitige Proklamation von DAHRENDORF (1965) „Bildung ist Bürgerrecht“ und seine Erörterungen münden ebenfalls in einer Proklamation: „Weiterbildung (Fortbildung) ist Lehrerrecht“. Seine Begründung: „Wir werden keine gebildeten Bürger haben, wenn wir dem Lehrer nicht die Möglichkeit zu seiner Weiterbildung (Fortbildung) geben.“[767] EULER (1980) berichtet über eine empirische Untersuchung der Fortbildungsbedürfnisse von Physiklehrern und fand heraus, daß eine breite Lehrermehrheit mit der eigenen Aus- und Fortbildungssituation unzufrieden ist. Nach seiner Ansicht kann nur die Bereinigung diese unbefriedigende Situation die Qualität des künftigen naturwissenschaftlichen Unterrichts sichern. Der Deutsche Verein zur Förderung des mathematischen und naturwissenschaftlichen Unterrichts hat 1980 „Empfehlungen zum Physikunterricht an den Schulen des Sekundarbereichs“ veröffentlicht.[768] Seine Forderung, daß jeder Lehrer im Laufe eines Jahrzehnts Fortbildungsveranstaltungen im Umfang eines Studiensemesters in seinen Fächern besuchen sollte, erscheint auch heute (1994) noch genauso utopisch wie 1980. VAUGEH (1982) hat mit Hilfe der Datenbasis, die auch der Verfasser für seine Analysen im Teilabschnitt 11.1 verwandt hat, Gründe des fachfremden Einsatzes von Lehrern aufgezeigt. In diesem Zusammenhang geht er auch auf die Fortbildungsprobleme dieser Lehrer ein und beklagt, daß die institutionelle Lehrerfortbildung in Hessen darauf zu wenig Rücksicht nehmen würde. Die angebotenen Kurse wären völlig unzureichend. Was diese Problematik betrifft, kann mit einem „Paradebeispiel“ aufgewartet werden, das sich auf Probleme der Lehrerfortbildung im Zusammenhang mit der Einführung der „Neuen Mathematik“ anfangs der siebziger Jahre bezieht. Was die Fortbildung von Physiklehrern betrifft, wird nachfolgend auf eine Untersuchung von 1972, auf Kapazitäten der Institutionellen Lehrerfortbildung, auf die individuelle Lehrerfortbildung und schließlich auf die Lehrerfortbildung im Zusammenhang mit der Evaluation der Rahmenrichtlinien Physik SI eingegangen.

14.3.1 Der Problemfall „Neue Mathematik“ für die organisierte Lehrerfortbildung in den frühen siebziger Jahren

Wie im Teilabschnitt 6.2 (Projektverlauf) erwähnt wurde, konnte die Cäsur zwischen 1973 und 1975 genutzt werden, um noch einmal, wie schon bei den Erhebungen der Vorphase, Problemen des Mathematikunterrichts im GHR-Bereich nachzugehen. Die Ergebnisse dieser Untersuchungen wurden bereits veröffentlicht (s.Lit.Verz.) und an dieser Stelle kann nur das Bedeutsamste davon wiedergegeben werden. Daß in Anbetracht der Konzentration dieser Dokumentation auf das Fach Physik hier auch auf das Fach Mathematik eingegangen wird, erscheint wegen der Einmaligkeit des Falles, der am Anfang der siebziger Jahre die Lehrer des GHR-Bereichs vor sehr große Probleme stellte, gerechtfertigt.

Zur Erinnerung: Am 3.10.1968 hatte die Ständige Konferenz der Kultusminister der Bundesrepublik „Empfehlungen und Richtlinien zur Modernisierung des Mathematikunterrichts an den allgemeinbildenden Schulen“ verfaßt und vereinbart, daß in allen Bundesländern ab dem Schuljahr 1972/73 mit der Umsetzung begonnen werden sollte. Die Erstfassungen der Rahmenrichtlinien für die Mathematik in der Primarstufe und in der Sekundarstufe I von 1972 sind eindeutig daraufhin konzipiert.

Die *wichtigsten Ergebnisse* dieser Untersuchung, die aus einer breiten Datenbasis[769] resultieren und welche die *Fortbildungsprobleme der Mathematiklehrer* beschreiben, können in den folgenden vier Punkten zusammengefaßt werden:

1. Während die Mathematiklehrer der Gymnasien durch ihre Universitätsausbildung mit den Inhalten der „Neuen Mathematik“ vollauf vertraut waren, war dies weitgehend bei den GHR- Lehrern nicht der Fall. Dies lag zum einen daran, daß zum Zeitpunkt der Erhebungen 50% der Lehrer der Sekundarstufe I unterqualifiziert (im Sinne der Definition des Teilabschnitts 7.3) waren. Bei den Grundschullehrern waren es noch mehr. Zum anderen hatte auch ein Teil der H-R-Lehrer, die eine Wahlfachprüfung im Fach Mathematik beim 1.Staatsexamen bereits vor 1968 abgelegt hatten, keinen entsprechenden inhaltlichen Fundus. *Dies bedeutete, daß der überwiegende Teil der GHR-Lehrer erst durch eine intensive Fortbildung in der Lage sein konnte, „Neue Mathematik“ zu unterrichten.*

2. Die *Kapazität* des Hessischen Instituts für Lehrerfortbildung *reichte nicht aus*, um den „Stoßbetrieb", der erst ab 1970 einsetzte, zu bewältigen. *Regionale Fortbildung* wurde von den Schulbehörden quasi *aus dem Boden gestampft*. Die *Effekttivität* dieser von *Multiplikatoren* geleiteten Veranstaltungen muß jedoch *in Frage gestellt* werden, wenn man als *Indikator* das von den Lehrern im Unterricht verwendete oder gewünschte *Schulbuch* ansieht. Dabei handelt es sich überwiegend um solche Schulbücher, die im Urteil von Hochschullehrern für Didaktik der Mathematik als weniger geeignet für die Zielsetzung, konsequent die „Neue Mathematik" zu vermitteln, beurteilt werden.
3. Gemessen daran, daß eine Umsetzung des KMK-Beschlusses von 1968 ab dem Schuljahr 1972/73 erfolgen sollte, erfolgte die oben beschriebene *„Fortbildungskampagne" zu spät und wurde diese auch zu wenig lange fortgesetzt*. Die Kumulation von Veranstaltungen lag erst im „Startjahr" 1972 (ca. 250 Veranstaltungen) und die Anzahl der Veranstaltungen nahm 1974 (ca. 40 Veranstaltungen) schon stark ab.
4. Die besonderen *Schwierigkeiten* der Lehrer einen *qualifizierten Abschluß* zu erlangen, lassen sich am Anteil der Zertifikaterwerber im Rahmen des *Funkkollegs Mathematik* beurteilen, das vom Deutschen Institut für Fernstudien in Tübingen organisiert und von den Rundfunkanstalten der Länder Baden-Württemberg, Hessen, Rheinland-Pfalz und Saarland ausgestrahlt wurde. Nur 306 der befragten Lehrer hatten im WS 1970/71 und im SS 1971 an dieser *zeitaufwendigen* Veranstaltung (jede Woche meist zweimaliges Abhören der Sendung, dazu Teilnahme an einem wöchentlichen, zweistündigen Begleitzirkel und natürlich weiteres Literaturstudium) teilgenommen und das Funkkolleg überwiegend als nützlich (56,9%) bzw. sehr nützlich (26,5%) bezeichnet. Die Frage nach einem Zertifikatserwerb hatten 213 davon beantwortet und wiederum nur ca. 44% angegeben, daß sie das Zertifikat auch erworben haben.[770]

Die hier dargestellten Fakten dürften verdeutlicht haben, daß in Anbetracht der bedeutsamen und schwerwiegenden curricularen Innovation für das Fach Mathematik die *Lehrerschaft insgesamt völlig unzureichend fortgebildet war*. So ist auch zu verstehen, wenn seinerzeit in den Medien *Schlagzeilen* unter Bezugnahme auf Ärzte auftauchten, die meinten *„Mengenlehre mache Schüler krank"*.

14.3.2 Fortbildung von Haupt- und Realschullehrern mit Unterricht in den Fächern Physik, Chemie, Naturlehre vor 1972

Die erste Erhebung an den Haupt- und Realschulen im Jahre 1972 hatte auch das Problem der Lehrerfortbildung im Visier. Bei den nachfolgenden Lehrerbefragungen war das nicht mehr möglich.[771] SCHMIDBAUER (1972) hatte die Auswertung der Lehrerfragebögen durchgeführt und die Ergebnisse in seiner Examensarbeit festgehalten. Darauf wird hier im wesentlichen zurückgegriffen, wobei noch einiges vom Verfasser durch eine weitere Auswertung ergänzt werden konnte.[772] Im Gegensatz zum Teilabschnitt 13.1.1, wo nur Lehrer im Unterricht in Physik/ Naturlehre berücksichtigt sind, wurden die Lehrer, die nur Chemieunterricht erteilten, in die Auswertung einbezogen. Auswertbare Fragebögen von Lehrern an Hauptschulen: 147; an Realschulen ebenfalls: 147.

14.3.2.1 Grade der Formalqualifikation und Fortbildungsintensitäten.[773]

Betrachtet werden die drei im Teilabschnitt 7.3 definierten Qualifikationsstufen A und S (volle Lehrbefähigung), B (eingeschränkte Lehrbefähigung) und 0 (keine Lehrbefähigung). Was die Anzahl der Kurse betrifft, wird nicht unterschieden, ob es sich um solche der institutionalisierten oder der regionalen, zeitweise von der Schulaufsicht organisierten Lehrerfortbildung handelte. Dazugezählt wurden auch spezielle von den Lehrmittelfirmen angebotene Informationskurse. Unter einem Kurs wird dabei eine Veranstaltung von mindestens 4 Tagen gerechnet. Angaben über mehrere Einzeltagesveranstaltungen wurden ggf. bei ausreichender Anzahl zusammengezogen. Bei Fortbildungsveranstaltungen im Wochenrythmus wurden pro Schulhalbjahr zwei Kurse und bei solchen, die sich im Abstand von 14 Tagen fortsetzten, ein Kurs gerechnet.

Hauptschullehrer:

Qualifikationssstufe	0	B	A+S	0+B+A+S	QLP
1 Kurs	11	6	9	17,7%	0,46
2 oder mehrere Kurse	23	14	9	31,3%	0,35
keine Teilnahme	36	22	17	51,0%	0,37

Realschullehrer:

Qualifikationssstufe	0	B	A+S	0+B+A+S	QLP
1 Kurs	7	3	27	25,2%	0,77
2 oder mehrere Kurse	12	9	33	36,7%	0,69
keine Teilnahme	12	14	30	38,1%	0,66

Der Qualifikationsgrad QLP für jeweils jede der drei Gruppen von Lehrern wurde hier genau so berechnet, wie im Falle des Physiklehrpersonals einer Schule (vgl. Teilabschnitt 7.3.1). Für alle Hauptschullehrer zusammen ist QLP = 0,38, was den Schätzwerten der Tabelle 37 des Teilabschnitts 7.3 für das Jahr 1973 entspricht. Für alle Realschullehrer zusammen ist QLP = 0,70 und damit etwas höher als der Wert, der sich aus der Tabelle 37 zu 0,66 berechnet. *Die beiden Sample stellen also bezüglich ihrer Fachqualifikation eine relativ gute Abbildung der zugehörigen Population dar.*

Zunächst ist festzuhalten, daß *nur jeder zweite Hauptschullehrer* an Fortbildungsveranstaltungen teilgenommen hatte, während dies bei fast 60% der Realschullehrer der Fall war. In beiden Fällen *überwiegt der Anteil der Lehrer, die an zwei oder mehreren Kursen teilnahmen.* Dazu ist zu diesen noch zu ergänzen, daß im Mittel bei den Hauptschullehrern 4,4 Kurse und bei den Realschullehrern 4,6 Kurse angegeben wurden.

Was den *Qualifikationsgrad der Teilnehmer* betrifft, so ist dieser *höher als der der Nichtteilnehmer*. Eigentlich sollte dies umgekehrt sein.

14.3.2.2 Teilnahme an Fortbildungskursen und Alter der Teilnehmer

Schmidbauer hat Untersuchungen im Zusammenhang mit dem Alter der Teilnehmer an Fortbildungskursen durchgeführt. Dabei konnte er auf einen Arbeitsbericht des Hessischen Instituts für Lehrerfortbildung über das Jahr 1970 zurückgreifen und auf die Schulstatistik des Hessischen Kultusministers vom 15.10.1970.[774] Den Anteilen, die Schmidbauer angibt, können weitere für die beiden Sample der Hauptschul- und Realschullehrer gegenübergestellt werden.[775]

Lebensalter	bis 30 J.	31 - 45 J.	über 45 J.
Alle Lehrer mit naturw. Fächern	29,7%	48,6%	21,7%
Teiln. an naturw.Fortbildungskursen	33,8%	46,7%	19,5%
Sample Hauptschule	30,1%	49,2%	20,7%
Sample Realschule	29,5%	45,2%	25,3%

Grob betrachtet, stimmen die Altersverteilungen in den ersten drei Fällen recht gut überein und im Falle des Samples der Realschullehrer ist die Abweichung am rechten Rand nicht übermäßig. Es wird vermutet, daß diese stärkere Vertretung dieser Altersklasse durch „Realschullehrer alter Art“ hervorgerufen wurde. Das würde auch den höheren QLP-Wert im vorhergehenden Teilabschnitt erklären, da diese Lehrer sogar die Qualifikationsstufe S hatten.[776] *Mithin kann davon ausgegangen werden, daß die Intensität der Teilnahme an Fortbildungsveranstaltungen vom Lebensalter unabhängig war.*

Einen anderen Aspekt hat Schmidbauer noch untersucht. Er prüfte die Abhängigkeit der *„Fortbildungswilligkeit“*[777] vom *„Dienstalter“*,[778] konnte dafür aber aus den Fragebogenangaben nur wenige Datenpaare (n = 28) ermitteln. Der berechnete Rangkorrelationskoeffizient ist R = 0,38, was immerhin noch einer Signifikanz auf dem 0.05-Niveau entspricht. Tendenziell erscheinen so jüngere Lehrer weniger fortbildungswillig als ältere. Dies deckt sich mit obiger Anmerkung über die „Realschullehrer alter Art“. Eine Ursache für jüngere Lehrer mag sein, daß gerade bei Berufsanfängern mit naturwissenschaftlichen Fächern im Zusammenhang mit der experimentellen Seite ihres Unterrichts über einige Jahre hinweg die Unterrichtsvorbereitung recht zeitaufwendig sein kann.[779]

14.3.2.3 Fortbildungsschwierigkeiten

Die Tatsache, daß 50% der Hauptschullehrer und ca. 40% der Realschullehrer während ihrer Dienstzeit bis 1972 überhaupt keine Fortbildungsveranstaltungen besuchten, ist von ganz besonderer Bedeutung, wenn man bedenkt, daß bei einem erheblichen Teil von ihnen nur eingeschränkte Lehrbefähigungen für naturwissenschaftliche Fächer vorlagen. Aber auch Lehrer mit voller Lehrbefähigung sollten sich stetig fortbilden, da sich ja auch Fachdidaktik und

Fachwissenschaft weiter entwickeln und bspw. neuere methodische Ansätze und experimentelle Neuerungen in unmittelbarem Kontakt mit deren „Erzeugern" noch besser erfahren werden können, als in der fachdidaktischen Literatur, zu der erfahrungsgemäß an den Schulen nur ein unzureichender Zugriff besteht, worauf später noch eingegangen wird.

Die Lehrer waren auch nach Fortbildungsmöglichkeiten befragt worden. *Nach deren Angaben hatten 29,0% der Realschullehrer und sogar 47,4% der Hauptschullehrer keine Fortbildungsmöglichkeiten für sich gesehen.* Damit erklärt sich weitgehend der hohe Anteil der Hauptschullehrer, die angaben, daß sie an keinen Fortbildungsveranstaltungen teilnahmen (Teilabschnitt 14.3.2.1). Nicht so deutlich ist das bei den Realschullehrern. Auf vier Lehrer, die nicht teilnahmen, kamen nur drei, die Schwierigkeiten angaben.

Aufschlußreich sind in dieser Hinsicht noch die genannten *Schwierigkeiten der Fortbildung*, die vielfach Gründe für die Nichtteilnahme an den Fortbildungsangeboten waren:

	H-Lehrer	R-Lehrer
schulorganisatorische Schwierigkeiten	49,4%	51,5%
örtl.-geographische Schwierigkeiten	31.1%	29,0%
persönliche Schwierigkeiten	19,5%	19,5%

An erster Stelle stehen also die schulorganisatorischen Schwierigkeiten, wobei meist auf die *Unmöglichkeit von Freistellungen vom Unterricht*, aber auch auf *Verantwortlichkeiten* gegenüber den Schülern und Eltern hinsichtlich der Notwendigkeit der Vermeidung von *Unterrichtsausfall* verwiesen wurde. Bei der zweitwichtigsten Schwierigkeit wurden die Entfernungen und damit verbundener großer Zeitaufwand genannt. Persönliche Schwierigkeiten, meist familiärer oder gesundheitlicher Art, schlugen weniger zu Buche.[780]

14.3.3 Kapazitätsprobleme der Zentralen Lehrerfortbildung

Was die institutionalisierte Lehrerfortbildung in Hessen betrifft, ist zwischen zentraler und regionaler Lehrerfortbildung zu unterscheiden. Zentrale Lehrerfortbildung findet in der Hauptstelle Reinhardswaldschule und an den beiden Zweig- stellen Frankfurt und Weilburg/Wetzlar[781] und regionale Lehrerfortbildung, auf die im nächsten Teilabschnitt eingegangen wird, an den Außenstellen des Hessischen Instituts für Lehrerfortbildung (HILF) statt.

Fortbildungskurse für die Lehrer mit naturwissenschaftlichen Fächern finden schwerpunktmäßig in der Zweigstelle Frankfurt statt, wo der Amtssitz der betreffenden Fachbereichsleiter ist und wo die erforderlichen räumlichen und sächlichen Voraussetzungen für experimentelle Fortbildung gegeben sind. Für diese Fächer finden aber auch in Ausnahmefällen Veranstaltungen in der Hauptstelle in Fuldatal statt.

Parallel zu den Untersuchungen zum Physikunterricht an den Schulen wurde auch für den *Zeitraum von 1972 bis 1977* das Angebot des HILF für

Physiklehrer untersucht und mit der Anzahl der Physiklehrer in Beziehung gesetzt. Die Ergebnisse dieser Untersuchung wurden bereits veröffentlicht.[782] Sie werden ihrer Bedeutung wegen hier noch einmal zusammenfassend dargestellt.

In diesem Zeitraum wurden 58 Wochenlehrgänge für das Fach Physik und je zur Hälfte für beide Sekundarstufen angeboten.[783] 1973 gab es in ganz Hessen 3250 Physiklehrer für beide Sekundarstufen mit oder ohne Lehrbefähigung.[784] Davon unterrichteten 2150 Lehrer an Hauptschulen, Realschulen und Gesamtschulen und 1100 an Gymnasien. Da Gymnasiallehrer mehrheitlich in beiden Sekundarstufen unterrichten, kann man für 1973 von insgesamt etwa 3000-3200 Physiklehrern mit Unterricht in der Sekundarstufe I und mit etwas mehr als 1000 Physiklehrern mit Unterricht in der Sekundarstufe II ausgehen. Durch diesen Zahlenvergleich wird zunächst ein *Mißverhältnis des Angebots zu ungunsten der Lehrer mit Physikunterricht in der Sekundarstufe I* deutlich. Dies war insofern *schwerwiegend, da die Einführung der Rahmenrichtlinien für die Lehrer außerhalb des Gymnasiums - besonders für Hauptschullehrer - eine neue Situation ergab, die eher eine Fortbildung erforderte als für Lehrer an Gymnasien.* Geht man von der theoretischen Annahme aus, daß jeder Physiklehrer ein potentieller Interessent an den Fortbildungskursen war, so ist noch die Begrenzung der Teilnehmerzahl auf 30 Personen pro Kurs zu berücksichtigen. Im Zeitraum von 6 Jahren standen bei insgesamt 58 Kursen also 1740 Fortbildungsplätze zur Verfügung, d.h. *innerhalb von 6 Jahren hätte gerade mal jeder zweite Physiklehrer an einem solchen Kurs teilnehmen können.* Damit wird wohl verständlich, warum der Verfasser im Zusammenhang mit der eingangs von 14.3 erwähnten Forderung des Deutschen Vereins zur Förderung des mathematischen und naturwissenschaftlichen Unterrichts von einer Utopie sprach. Betrachtet man gar das vernachlässigte *Angebot für die Sekundarstufe I* mit nur 870 Fortbildungsplätzen, so hätte *in diesen 6 Jahren nur jeder dritte Physiklehrer eine Chance gehabt, einmal an einem solchen Kurs teilzunehmen.*

Diese kapazitätsbezogene Untersuchung wurde für *den Zeitraum von 1978 bis 1983*, also wieder über 6 Jahre hinweg, fortgesetzt. Hier wurden für die Sekundarstufe I 31 und für die Sekundarstufe II 21 Kurse angeboten. Das oben erwähnte *Mißverhältnis* erscheint hier *etwas abgemildert*, die Zahlenverhältnisse sind jedoch auch in diesem Zeitraum *nicht* denen der Lehrerzahlen in den beiden Stufen *angepaßt*. So kann für das Schuljahr 1976/77 von folgenden Schätzwerten[785] ausgegangen werden: Physiklehrer an Gymnasien 1300 und an den anderen Schulen mit einer Sekundarstufe I 2500. Dieser Lehrerbestand hatte sich bis 1983 noch etwas erhöht.[786] Dies bedeutet, daß im Zeitraum von 1978 bis 1983 *für deutlich mehr Physiklehrer* als im Zeitraum 1972 bis 1977 mit 52 statt 58 Kursen *ein geringeres Angebot* vorlag. Unabhängig von der schon als zu gering aufgezeigten Anzahl von Kursen *für die Sekundarstufe I entsprach die leichte Erhöhung* von 29 auf 31 Kurse *bei weitem nicht der Zu-*

nahme der Anzahl der Physiklehrer. Dies bedeutet, daß sich die *Möglichkeiten der Teilnahme* an Veranstaltungen der Zentralen Fortbildung *gerade in der Zeit der verpflichtenden Erprobung der Rahmenrichtlinien eher verschlechtert hatten.*

14.3.4 Lehrer mit naturwissenschaftlichen Fächern und Regionale Lehrerfortbildung

Der „Strukturplan für das Bildungswesen“[787] von 1970 befaßt sich natürlich auch mit dem Problem der Lehrerweiter- und Lehrerfortbildung, wobei hervorgehoben wird, daß neben der Einrichtung von Fortbildungskursen auch für den Lehrerberuf Formen der Weiterbildung am Arbeitsplatz („In-Service-Training“) entwickelt werden müßten.[788] Dieser Forderung entsprachen auch erste Modellversuche zur regionalen Lehrerfortbildung in der ersten Hälfte der 70er Jahre. WOLF (1974), einer der Mitarbeiter an den Modellversuchen, über die auch Dokumentationen vorliegen,[789] bezieht sich hierbei auf die Lehrplantheorie, wenn er feststellt: *„... das Gelingen der inhaltlichen Schulreform schließt die Befähigung der Lehrer ein, allgemeine Rahmenrichtlinien produktiver Kritik zu unterziehen und an ihrer Weiterentwicklung und Veränderung unmittelbar mitzuarbeiten.*“[790] Auf die Begründung dieser These muß hier nicht eingegangen werden. Vielmehr sei angemerkt, daß nach Auffassung des Verfassers eine gewisse Idee der „Emanzipation“ der Lehrerschaft gegenüber Lehrplänen aber auch gegenüber vorgeplanten Inhalten der zentralen Fortbildungsveranstaltungen angestrebt wurde. Ob diese „emanzipatorische Idee“ auch nachhaltig verwirklicht wurde, kann hier nicht näher untersucht werden. Zweifel hinsichtlich der jüngeren Entwicklung werden jedoch geäußert.[791] Der Verfasser geht für die Anfangszeit der Entwicklung jedoch davon aus, daß sich Lehrer mit der Grundidee durchaus identifizieren konnten und hat versucht ein Indiz dafür zu finden, ob dies auch bei den naturwissenschaftlichen Lehrern der Fall war.

Von den inzwischen (1994) eingerichteten Außenstellen - 13 an der Zahl - hatten bis zum Beginn des Schuljahres 1983/84 erst 7 ihren vollen[792] Betrieb aufgenommen und zwar im 2.Schulhalbjahr 1978/79 die Außenstellen Limburg und Jugenheim, im 2.Schulhalbjahr 1979/80 die Außenstelle Kassel, im 1.Schulhalbjahr 1980/81 die Außenstelle Wetzlar, im 2.Schulhalbjahr 1980/81 die Außenstellen in Frankfurt und Bad Hersfeld und im 1.Schulhalbjahr 1981/82 die Außenstelle Groß-Gerau.

An diesen Außenstellen wurden Programmhefte für den Zeitraum ab der Betriebsaufnahme bis zum 2.Schulhalbjahr 1983/84 angefordert. Diese wurden lückenlos übersandt oder zumindest als Leihgabe zur Verfügung gestellt. Auf der möglicherweise etwas optimistischen Annahme, daß alle in den Programmheften angegebenen Veranstaltungen auch realisiert wurden, beruht eine Auswertung.

Unter der großen Mannigfaltigkeit der Angebote für alle Bereiche der allgemeinbildenden und berufsbildenden Schulen erfolgte eine strikte Auswahl, die sich eindeutig nur auf die Schulfächer der Sekundarstufe I und die Sekundarstufe II der allgemeinbildenden Schulen bezog. Die nachfolgende Zusammenstellung bezieht sich auf das Angebot aller 7 Außenstellen für den oben genannten Zeitraum von fünfeinhalb Jahren. Dieser Zeitraum entspricht etwa dem der zweiten Untersuchung im Teilabschnitt 14.3.3.

Im Fach Physik fanden für den Bereich der Sekundarstufe I 70 Veranstaltungen und für den Bereich Sekundarstufe II 33 Veranstaltungen statt. Da der hier betrachtete Zeitraum um ein halbes Jahr kürzer als die Zeiträume der beiden Untersuchungen über die zentrale Lehrerfortbildung ist, kann sogar von einem doppelt so hohen Angebot schon für einen Teil des Landes Hessen gesprochen werden.[793] Damit dürfte deutlich sein, daß *durch den Ausbau der regionalen Lehrerfortbildung ein erheblicher Kapazitätszuwachs schon bis 1984 erzielt werden konnte.*

Im genannten Zeitraum fanden an den 7 Außenstellen bezogen auf die Gesamtheit aller Schulfächer und ungetrennt nach beiden Sekundarstufen insgesamt 1.918 Kurse statt. In der nachfolgenden Übersicht werden dem fachspezifischen Anteilen dieser Kurse die entsprechenden Anteile der Fachlehrer beider Sekundarstufen im Schuljahr 1981/82 (Tabelle A55 des Anhangs) gegenübergestellt.

	Anteile der			Anteile der	
	Kurse	Lehrer		Kurse	Lehrer
Deutsch	10,9%	11,3%	Mathematik	8,6%	10,1%
Englisch	7,6%	9,0%	Physik	5,4%	5,2%
Französisch	2,8%	4,2%	Chemie	3,4%	3,4%
Latein	1,9%	1,5%	Biologie	4,7%	5,8%
Kunst	4,8%	4,3%	Sport	12,6%	8,3%
Musik	3,1%	2,4%	Polyt./Arbeitsl.	10,7%	5,2%
Gesellschaftsl.[794]	12,9%	20,7%	sonstige Fächer	0,6%	3,2%
Religion/Ethik[795]	10,0%	5,6%			

Mit r = 0,75 besteht zwischen den beiden Anteilen ein mittelstarker Zusammenhang. Dies besagt, daß bis auf wenige „Ausreißer" bei den Datenpaaren die Anzahl der Kurse für die einzelnen Fächer den Anteilen des Lehrpersonals angemessen sind. Stark untergewichtet erscheint das Fach Gesellschaftslehre, was aber verständlich ist, da wegen des Überschusses an Lehrbefähigungen nicht alle Lehrer mit diesem Fach zum Einsatz kommen können und sich deswegen in Fächern, für die sie keine Lehrbefähigung haben, „fachfremd" fortbilden müssen. Übergewichtet erscheinen die Fächer Religion/Ethik, Polytechnik/Arbeitslehre und Sport. Bei den erstgenannten Fächergruppen können gleiche Ursachen angenommen werden, wie diese schon bei den Untersuchungsergebnissen zur Weiterbildung genannt wurden. Im Falle des Faches Sport dürfte bei den Teilnehmern auch eine Rolle spielen, daß sie sich bei den Veranstaltungen sportlich aktiver betätigen können als dies im Unterricht selbst der Fall ist. Die Anzahl der Kurse für Physik und Chemie entsprechen sehr gut den Anteilen dieser Fächer beim Lehrerbestand. Im Fach Biologie ist der Anteil an Kursen leicht geringer. *Geht man davon aus, daß zumindest in der Anfangszeit sich die Lehrer „emanzipatorisch" im Bereich der regionalen Lehrerfortbildung zeigten, so gilt dies auch für die Lehrer der naturwissenschaftlichen Fächer.*

14.3.5 Individuelle Lehrerfortbildung und Lehrerbüchereien

Außerhalb der Institute für Lehrerfortbildung gibt es verschiedene Möglichkeiten der individuellen Fortbildung für jedermann und so auch für Lehrer, aber unverzichtbar ist für diese die fachdidaktische und fachwissenschaftliche Literatur. Da dem persönlichen Erwerb im Zusammenhang mit dem vielfältigen Angeboten Grenzen gesetzt sind, sollten gut ausgestattete Lehrerbüchereien eine Quelle individueller Fortbildung sein. Der Frage nach der Ausstattung der Lehrerbüchereien für Lehrer mit naturwissenschaftlichen Fächern wurde in unterschiedlicher Art und Weise nachgegangen.[796] Bei SCHMIDBAUER (1972), FREY (1973) und KANDLER/SCHNITZER (1975) liegen ähnliche Datenerfassungen vor, so daß Vergleiche direkt möglich sind. KÖPPEN (1976) ist bei seiner Gymnasiallehrerbefragung zwar methodisch anders vorgegangen, aber indirekt können auch Bezüge zu den erstgenannten Befragungen hergestellt werden.

Bei den drei erstgenannten Befragungen gaben die Physik/Naturlehre-Lehrer[797] die nach ihrer Meinung *bedeutendsten Quellen ihrer Unterrichtsvorbereitung* an, wobei auch Mehrfachnennungen möglich waren. Betrachtet werden nur die Teilstichproben der Lehrer, die diesbezüglich eine Antwort gaben.

	H-Lehrer 1972+73 N = 226	R-Lehrer 1972+73 N = 232	Ges-Lehrer 1975 N = 241
Schulbücher	60,7%	75,0%	94,2%
Lehrplan	36,9%	35,1%	12,8%
fachdidakt. Literatur	27,6%	20,1%	32,0%
Versuchsanleitungen	---	---	37,8%
sonstiges	---	---	3,0%

Daß der Lehrplan an den Gesamtschulen geringe Bedeutung hatte, lag vielfach daran, daß insbesonders an den integrierten Gesamtschulen - für die es ja noch keine verbindlichen Lehrpläne gab - Inhalte und Methoden kooperativ vereinbart wurden. Bei allen drei Lehrergruppen hat die *fachdidaktische Literatur Bedeutung, aber* diese liegt jedoch deutlich *hinter den Schulbüchern* und bei den Haupt- und Realschullehrern *hinter dem Lehrplan*. Die Gesamtschullehrer haben offensichtlich das gedruckte Beiwerk, das die Lehrmittelfirmen mit den Ausstattungen mitliefern, nicht zur fachdidaktischen Literatur gezählt. Bei den beiden anderen Lehrergruppen kann diesbezüglich keine Aussage gemacht werden.

SCHMIDBAUER (1972) hatte noch zusätzlich die Lehrer danach befragt, welche Bücher und Zeitschriften die Lehrer selbst benutzen und für wichtig halten. Es sollten dabei bis zu maximal 5 Titel genannt und in eine Rangfolge gebracht werden. Mithilfe einer Bewertungsskala 5,...,1 konnte er eine Bewertung der Titel hinsichtlich der von den Lehrern angegebenen Wichtigkeit vornehmen. So konnte eine Rangfolge aufgestellt werden, von der die 5 Titel mit den höchsten Gewichten wie folgt lauten:

1. Mothes: Methodik und Didaktik der Naturlehre	359 Pkt.
2. Zeitschrift: Naturwissenschaft im Unterricht	197 Pkt.
3. Wagenschein: Pädagogische Dimension der Physik	151 Pkt.
4. Töpfer: Wir experimentieren	128 Pkt.
5. Kluge: Erkenntniswege im Physikunterricht	74 Pkt.

Mit weniger Punkten wurden noch genannt: BLEICHROTH (1970), HAHN/TÖPFER (1962), JUNG (1979), KERSCHENSTEINER (1952), PRADEL (1963) und SCHIETZEL (1960). Dazu kamen noch in sehr geringer Anzahl weitere Zeitschriften. Alle hier genannten Titel stellten in den sechziger und frühen siebziger Jahren i.w. den fachdidaktischen Fundus bei der Ausbildung der Haupt- und Realschullehrer in der 1.Phase dar.

In der Examensarbeit von Schmidbauer sind keine Grunddaten über diese Titel enthalten, was eine Zweitauswertung erforderte. Von den 275 Fragebögen der Lehrer mit Unterricht in Physik/Naturlehre hatten 212 Angaben zur genannten Frage gemacht. Insgesamt 313 Titelangaben entfielen auf fachdidaktische und fachmethodische Bücher, 122 auf Zeitschriften und weitere 158 auf Schulbücher, die neben den an der Schule eingeführten Verwendung fanden. Berücksichtigt man, daß möglicherweise Lehrer ohne Angaben überhaupt keine eigene Fachliteratur hatten, so bedeuten diese Zahlen, daß *im Mittel jeder dieser Lehrer nur ein Buch besaß und nur jeder zweite eine Zeitschrift*.

Da also nicht angenommen werden kann, daß der Großteil der Lehrer sich eine umfangreiche fachdidaktische und fachwissenschaftliche Hausbücherei zulegen konnte oder mochte, ist von Bedeutung, *wie von den Lehrern die jeweilige Lehrerbibliothek bewertet* wurden. Bewertungen wurden bei den Befragungen von 1972, 1973 und 1975 erhoben.[798] Dabei wurden gebundene Antworten mit den drei Kategorien „gute“, „ausreichende“ und „schlechte“ Ausstattung der Lehrerbibliothek gegeben.

	H-Lehrer 1972+73 N = 224	R-Lehrer 1972+73 N = 250	Ges-Lehrer 1975 N = 214
gute Ausstattung	8,9%	8,8%	10,3%
ausreichende Ausstattung	35,7%	37,2%	33,6%
schlechte Ausstattung	55,4%	54,0%	56,1%

Die *klare Mehrheit* in allen drei Schulgattungen hatte also die *Ausstattung der Lehrerbibliothek* ihrer Schulen *als schlecht* bezeichnet. Etwa die Hälfte dieser kritischen Lehrer hatte marginale *Gründe* für diesen Zustand *genannt*: Unvollständigkeit (52), Geldmangel (45) und Veralterung (38) als allgemeines Argument. Mangel an fachdidaktisch-methodischer Literatur speziell für das Fach Physik (56) und an fachwissenschaftlicher Literatur (26) wurde geltend gemacht. Beklagt wurde das Fehlen von Fachzeitschriften (12) und Nachschlagewerken (12).

Wenn auch nur 45 Lehrer auf Geldmangel hingewiesen haben, kann auch bei den anderen Mangelfällen davon ausgegangen werden, daß dies damit zusammenhängt. Der schlechte Zustand der Lehrerbibliothek ist mit Sicherheit auch ein Problem *unzureichender finanzieller Mittel*, die von den Schulträgern dafür zur Verfügung gestellt werden.

Bei diesen Zuständen ist es auch keine Überraschung, wenn die Lehrer angegeben haben,[799] daß der *Grad der Nutzung äußerst niedrig ist*. Folgende Angaben liegen vor, wobei nach der Nutzung im Zusammenhang mit der *Erarbeitung neuer Sachverhalte* gefragt worden war.

	H-Lehrer 1973 N = 92	R-Lehrer 1973 N = 120	Ges-Lehrer 1975 N = 241
hauptsächlich	9,4%	5,0%	8,7%
selten	28,3%	36,7%	38,2%
fast nie	56,5%	58,3%	53,1%

Diese Prozentzahlen decken sich fast vollständig mit den oben aufgeführten. Erstaunlicherweise unterscheiden sich die Lehrer an den Gesamtschulen in ihrer Beurteilung und hinsichtlich der Nutzung der Lehrerbibliothek überhaupt nicht von den Haupt- und Realschullehrern. In Anbetracht der *an den Gesamtschulen* weitaus besseren Ausstattung mit physikalischen Experimentiergeräten *hätte man* dort auch *besser ausgestattete Lehrerbibliotheken erwarten können.*

Bei seiner Befragung von *Gymnasiallehrern* hat KÖPPEN (1976) einen anderen Weg eingeschlagen, als dies bei seinen Vorgängern der Fall war, indem er mehr Wert auf die inhaltliche Seite der individuellen Lehrerfortbildung legte, sich allerdings nur auf fachdidaktische Bücher beschränkte, wofür es Gründe gab.[800] Bei seiner Auswahl fachdidaktischer Buchtitel hat er sich von „Experten“[801] beraten lassen. Die von ihm konstruierte Frage 20 des Fragebogens für Physiklehrer (Anlage 4f des Anhangs) ist sehr viel komplexer als alle anderen Fragen in allen verwendeten Lehrerfragebögen und wurde deshalb auch methodenkritisch „durchleuchtet“ (vgl. Teil 15). Abgesehen von einem formalen Fehler bei der Titelangabe[802] liegt bei Köppen noch ein Auswertungsmangel[803] vor, so daß eine Zweitauswertung erforderlich wurde. Die diesbezüglichen Grunddaten sind in der Tabelle A70 des Anhangs zusammengestellt, wobei von den 271 antwortenden Gymnasiallehrern 232 die Frage 20 berücksichtigt hatten. Zu vermerken ist noch, daß bei der weiteren Auswertung dieser Grunddaten die beiden Kontrolltitel „Schäfer, U.: ..." und „Zimmer, D.: ...", die fiktiv sind, nicht berücksichtigt wurden. Auf den Grund ihrer Einfügung wird im Teil 15 eingegangen.

Aus dem so vorliegenden Datensatz ergaben sich die folgenden Auswertungsergebnisse:

A) *Bedeutung und Nützlichkeit der Bücher*:
Im Mittel über alle 17 Titel lagen nur von 4,0% der 232 Beantworter die negative Ankreuzung „unbedeutend" vor, so daß die *„Experten"* in ihrer Einschätzung der Bedeutung der gewählten Titel *eine Bestätigung fanden.*
Was die Beurteilung der *Nützlichkeit* der Bücher für die Unterrichtstätigkeit betrifft, ist die Zustimmung *relativ gering*, wenn man von WAGENSCHEIN (1962) und HAHN/TÖPFER/BRUHN (1970), die 41,4% bzw. 39,2% Ankreuzungen erhielten, absieht. Bei den übrigen 15 Titeln liegt der Prozentsatz im Mittel nur bei 11,5%. Nur 81 Lehrer haben, wie von Köppen gewünscht, weitere Titel angegeben, die von ihnen für sehr wichtig gehalten wurden. Einige davon geben fachwissenschaftliche Bücher, andere fachdidaktische und fachwissenschaftliche Zeitschriften an, aber ein erheblicher Teil von ihnen (62) nennt auch Schulbücher für Physik beider Sekundarstufen. Wenngleich nicht in dem gleichen Umfang wie bei den Haupt- und Realschullehrern, scheinen *auch bei den Gymnasiallehrern Schulbücher eine wichtige Grundlage für den Unterricht* zu sein.

B) *Bekanntheitsgrad der Bücher*:
Für die Gesamtheit der 17 Titel liegen bei der Spalte „bekannt" 809 Ankreuzungen vor, d.h. daß im Mittel jeder Lehrer 3 bis 4 Buchtitel kannte. Den mit großem Abstand von den anderen *höchsten Bekanntheitsgrad* hatten WAGENSCHEIN (1962) und HAHN/TÖPFER/BRUHN (1970). Dies ist nicht überraschend, denn Wagenschein hatte gerade bei den Gymnasiallehrern zu einer regen und konträren Diskussion geführt und die Methodik von 1970 steht in der Tradition der Methodik von HAHN (1927 und 1955), die eindeutig dem Physikunterricht der Gymnasien zuzuordnen ist. Wenn am Ende dieser Skala SCHIETZEL (1960) und die Bände „Zur Didaktik der Physik und Chemie" von Dahncke und Schmidt stehen, so ist das ebenfalls nicht überraschend. Das erstgenannte Werk weist nämlich einen sehr starken Bezug zur „Volksschule" und weniger zum Gymnasium auf. Die Bände von Dahncke und Schmidt werden von der Gesellschaft für Didaktik der Chemie und Physik (GDCP) herausgegeben, die sich mehrheitlich aus Didaktikern rekrutiert, die überwiegend mit der Ausbildung von Lehrern der Primarstufe und der Sekundarstufe I befaßt sind. Die Fach-

didaktik Physik für den Bereich der Sekundarstufe II wird schwerpunktmäßig mehr von der Abteilung Fachdidaktik der Deutschen Physikalischen Gesellschaft vertreten. Was die GDCP-Bände betrifft, wurden diese von den Gymnasiallehrern eher als unbedeutend und kaum nützlich bezeichnet. Dies scheint jedoch weitgehend im Zusammenhang mit dem geringen Bekanntheitsgrad zusammenzuhängen. Bedauerlicherweise bestand zumindest im Zeitpunkt der Erhebung *zwischen beiden Fachdidakterverbänden nur eine relativ unbedeutende Zusammenarbeit.*

C) *Lehrerbücherei und Privatbesitz*:
Insgesamt 470 Ankreuzungen in der Spalte „Privatbesitz" stehen nur 260 Ankreuzungen in der Spalte „Lehrerbücherei" gegenüber. Dies deutete auf Mängel der Ausstattung hin und führte zu einer tiefer gehenden Analyse, bei der jeweils alle Lehrerfragebögen zusammenfassend betrachtet wurden, wenn die betreffenden Lehrer an ein und derselben Schule unterrichteten.[804] Für jede Schule wurde dabei ein Titel, der von mehreren Lehrern angekreuzt worden war, nur einmal gezählt. Fragebögen kamen von Lehrern aus insgesamt 82 Schulen, d.h. aus etwas mehr als der Hälfte der 1976 bestehenden Gymnasien. An 18 dieser Schulen war keines der genannten Bücher vorhanden und an 20 weiteren gerade ein Buch. Die restlichen 44 Schulen hatten im Mittel 3,5 der vorgegebenen Bücher. *Insgesamt also eine mangelhafte Ausstattung der Lehrerbüchereien.* Als Hauptgrund für diesen Tatbestand wurden mehrfach marginale Anmerkungen gemacht, die sich auf *fehlende finanzielle Mittel* beziehen.
Was die bereits unter A) genannten weiteren Titel betrifft, so wurden keine Ankreuzungen in der Spalte „Lehrerbücherei" gemacht. Im Privatbesitz befindlich wurden von 39 Lehrern 55 fachdidaktische Titel genannt, von 24 Lehrern 43 fachwissenschaftliche und weitere 18 Lehrer gaben 29 Zeitschriftentitel an. Bezogen auf alle Ankreuzungen in der vorgegebenen Liste und der vorgenommenen Ergänzung lagen also von 232 Lehrern insgesamt 525 Ankreuzungen bei fachdidaktischen Büchern im „Privatbesitz", d.h. im Mittel besaß jeder Lehrer nur zwei bis drei fachdidaktische Bücher, *ein Grund mehr dafür, daß Lehrerbüchereien besser ausgestattet sein sollten.*

Zusammenfassend kann also festgestellt werden, daß für eine *wünschenswerte individuelle Lehrerfortbildung* der Lehrer die Lehrerbüchereien der Schulen *bedeutend besser ausgestattet sein sollten, als dies* an den Schulen im Untersuchungszeitraum von 1972 bis 1976 *der Fall war.*
Wenn auch bei Gymnasiallehrern nicht ganz auszuschließen, so stellen jedoch vornehmlich bei Haupt- und Realschullehrern weitere, *nicht an der Schule eingeführte Schulbücher auch eine Quelle individueller Fortbildung* dar. Diesbezüglich darf aber nicht verkannt werden, *daß Schulbücher* im Zusammenhang mit dem relativ langen Zeitraum von der Planung bis zum fertigen Marktartikel *häufig die neuesten fachdidaktischen Entwicklungen nicht beinhalten.* Bei der von den Schulbuchverlagen in den 70er Jahren

geübten Großzügigkeit war es für jeden Lehrer sehr viel leichter, sich eine Hausbücherei bestehend aus vielen Schulbüchern als eine solche, bestehend aus fachdidaktischen und fachwissenschaftlichen Büchern, zuzulegen.

14.3.6 Lehrerforbildung und Evaluation der Rahmenrichtlinien Physik SI

Vorweg sei auf die eingangs des Teilabschnitts 13.3. vorliegende Beschreibung des rahmenrichtlinienbezogenen Evaluationsprojekts zurückverwiesen. Da bei diesem Projekt das Hessische Institut für Lehrerfortbildung eingebunden war, gibt es spezielle Erhebungsergebnisse aus dem Jahr 1981, die im Teil 3 des genannten Evaluationsberichts enthalten sind. Soweit diese sich auf das Fach Physik beziehen, wird nachfolgend das Betreffende in Kurzform dargestellt. Wiederum war es dem Verfasser möglich, die Originalerhebungsunterlagen einzusehen.

Auch hier wurden *Experten befragt* und zwar Mitarbeiter der zentralen und regionalen Lehrerfortbildung. Vier von ihnen waren mindestens von 1979 bis 1981, meist jedoch auch schon vor 1979, in der Zentralen Lehrerfortbildung tätig. Weitere fünf haben in der gleichen Zeit in der Regionalen Lehrerfortbildung mitgearbeitet. Alle neuen Lehrer unterrichteten neben anderen Fächern das Fach Physik in der Sekundarstufe I. Zwei von ihnen an Gymnasien, zwei an Gesamtschulen und drei an Haupt- und Realschulen. Bei zwei der Befragten geht aus dem Erhebungsunterlagen nichts über ihren Tätigkeitsbereich hervor. Ein Gymnasiallehrer gehörte der Fachgruppe Physik SI an und alle anderen Lehrer hatten neben ihrem Unterricht noch Sonderfunktionen wie etwa als regionaler Fachberater, Koordinater zur Erprobung der RRL auf regionaler Ebene, Leiter der Fachkonferenz im Schulverwaltungsbereich und ähnliches mehr.

Auszüge aus dem Bericht, die sich auf das Fach Physik beziehen:

1.1 *Beweggründe der Teilnahme* an Fortbildungsveranstaltungen:
   a) Grundsätzliches Interesse durch Erprobung der RRL Einfluß auf die Fortschreibung der RRL zu erlangen.
   b) Wünsche nach Hilfen zur Umsetzung der RRL nicht weiterpräzisiert.
   c) Wünsche nach Information über neue Entwicklungen und nach Integration der Technik in den Physikunterricht.
   d) *Spezieller Lehrgang* zur Frage der *Ausstattung von Sammlungen.*

1.2 *Inhaltliche Schwerpunkte* von Fortbildungsveranstaltungen:
   Didaktische Aufbereitung einzelner Themen (z.B. Optik, Elektrizitätslehre).

1.3 *Bereitschaft* der Teilnehmer *RRL zu erproben*:
   Erprobungsbereitschaft - trotz Kritik an „Einzelpunkten" - gegeben. Ältere Lehrer werden erprobungsbereiter eingeschätzt.

1.4 *Auswirkungen von Lehrerfortbildung auf Erprobung der RRL*:
   Keine das Fach Physik speziell betreffende Angaben.

2.1 *Meinungen* zur Frage der *Wirksamkeit der Veranstaltungen*:
Überwiegend wird der Standpunkt vertreten, daß der Bezug zu den RRL in den Veranstaltungen ausgewogen ist. Sie sollten zwar Schwerpunkt sein, aber andere Themen nicht ausschließen. Daneben werden fachwissenschaftliche Themen gewünscht, die Bezug zu den RRL haben.
Multiplikatoren werden einhellig abgelehnt, da die entscheidenden Probleme des Fachs (Stundentafel, Ausstattung u.a.) *von ihnen nicht gelöst werden können.*

2.2 *Vorschläge von Teilnehmern* an Fortbildungsveranstaltungen:
Keine das Fach Physik speziell betreffenden.

2.3 *Vorschläge von Mitarbeitern* in der Lehrerfortbildung:
Keine das Fach Physik speziell betreffenden.

3.1 *Erfahrung mit RRL-bezogenen Materialien (HIBS/HILF):*
Möglichkeit der Zusammenstellung von Unterrichtssequenzen durch die gegebenen Anregungen. Hefte „Wetterkunde/Wärmelehre" oft als Basis zur Gestaltung des Unterrichts benutzt, da Schulbücher wenig hergeben.

3.2 *Vorschläge zur Materialentwicklung*:
Mitarbeiter im Fachbereich Physik wünschen einen stärkeren Bezug auf die RRL, vor allem deswegen, weil *rahmenrichtlinienbezogene Schulbücher fehlen*! Man wünscht mehr Materialien. Darunter sollten auch solche mit Arbeitsblättern und für die Lernzielkontrolle sein.

Was aus der Sicht des Verfassers in diesem Evaluationsbericht *vermißt wird*, sind *Aussagen über die Probleme*, die die Lehrer haben, *überhaupt an Fortbildungsveranstaltungen* teilnehmen zu können. Im Teilabschnitt 14.3.2.3 konnten ja derartige Probleme aufgezeigt werden. Ein allgemeines Bedauern, daß gerade die Kollegen, die es „am nötigsten hätten" nicht zur Fortbildung kommen,[805] erscheint in Anbetracht der aufgezeigten Probleme etwas unangemessen.

Teil 15: METHODENKRITISCHE ANMERKUNGEN UND ANALYSEN

Mit diesem abschließenden Teil soll das eingelöst werden, was im Vorwort angedeutet und worauf in einigen Teilen verwiesen wurde. In einer Reihe von Anmerkungen wurde bereits auf gewisse Probleme der deskriptiven Statistik hingewiesen. Darauf muß hier nicht mehr eingegangen werden, da dies dort „vor Ort" nach Auffassung des Verfassers ausführlich genug dargestellt wurde. Dieser Teil stellt vielmehr einen Versuch dar, die wichtigsten, mangels Vorbilder „selbstgestrickten" Verfahren und Konstruktionen von Teilen der Erhebungsinstrumente testkritisch zu durchleuchten. Was die Verfahren betrifft, handelt es sich um die Aufstellung der sozial-geographischen Rangfolgen und um die Verrechnung der finanziellen Schätzwerte der Sammlungsleiter. Bei den Erhebungsinstrumenten geht es um die Konstruktion der Gerätelisten im Sammlungsleiterfragebogen und um die Bücherliste im Fragebogen der Gymnasiallehrer.

15.1 Zur Aufstellung sozialgeographischer Rangfolgen

Im Teilabschnitt 2.2 wurde ausführlich beschrieben, auf welche Art und Weise TIMPE(1973) seine sozialgeographische *Rangfolge T* aufgestellt hat, die sich noch auf den Gebietsstand des Jahres 1972 mit 48 Landkreisen und kreisfreien Städten bezog. Als im Jahre 1975 mit der Erhebung an den Gesamtschulen die Untersuchungen der Hauptphase (1975-77) des Hauptprojekts begannen, hatte sich der Gebietsstand stark verändert. 1975 gab es nur noch 30 Landkreise und kreisfreie Städte. Im Teilabschnitt 2.3 wurde beschrieben, wie durch Adaption aus der Rangfolge T eine neue sozialgeographische *Rangfolge A* hergeleitet wurde. Eine begrenzte, interne Validitätskontrolle mit einer *Kontrollrangfolge B* war zufriedenstellend ausgefallen.

Timpe hatte die Rangfolge T ermittelt, indem er Summenwerte von Rangplätzen vorausgestellter Unterrangfolgen bildete. Dabei konnte auf eine gleichartige Vorgehensweise bei einer Untersuchung von v.CARNAP/EDDING (1962) Bezug genommen werden.[52] Bei der Adaption der Rangfolge A wurden einfachheitshalber jeweils für die zusammengelegten Gebiete Rangplatzmittelwerte berechnet und daraufhin die Regionen neu geordnet. Da sich der Verfasser der Problematik dieser Vorgehensweise bewußt war, erfolgte eine Kontrolle mit der Rangfolge B. Eine offene Frage war, ob es nicht einen „mathematisch sauberen Weg" der Aufstellung solcher Rangfolgen gäbe. Erst 1979 tat sich eine solche Gelegenheit auf, als der Verfasser am Deutschen Institut für Internationale Pädagogische Forschung die Bekanntschaft mit Frau Dr. R. Klaus-Roeder machte.

KLAUS-ROEDER(1979) hat eine Untersuchung über die Volkshochschulen in Hessen durchgeführt und dabei ausgewählte *Regionaldaten* und

Volkshochschuldaten einer statistischen Analyse unterzogen. Die von ihr herangezogenen Regionaldaten haben eine starke Affinität zu den von Timpe ausgewählten Unterfaktoren. Die *Regionalvariablen* bei Klaus-Roeder stimmen zwar nicht vollständig mit den Indikatoren überein, die Timpe bezüglich der betreffenden Unterfaktoren ausgewählt hat, aber sie erfassen eindeutig die gleichen Bereiche. Die insgesamt 97 Regionalvariablen sind in den Anlagen l3a-c aufgeführt. Bei dieser Liste wurde gleichzeitig eine Wertung vorgenommen und dabei zwischen „fördernden (+)", und „hemmenden (-)", Variablen unterschieden. Während die Werte der „fördernden" Variablen als günstig für die Fortentwicklung von Bildungseinrichtungen angesehen werden könne, ist bei den „hemmenden" Variablen gerade das Gegenteil der Fall. Entscheidungen über die Zuordnungen erfolgten nach Kriterien, die in der im Teilabschnitt 2.1 bereits genannten Literatur aufgefunden wurden.

Aufstellung einer sozialgeographischen Rangfolge K:

Klaus-Roeder hat zunächst für alle 25 Landkreise und kreisfreien Städte des Jahres 1979 die Werte der 97 Variablen erfaßt und davon jeweils die *Durchschnittswerte* per Computer ermittelt. Bezogen auf diese Durchschnittswerte wurden dann für jede Region und für jede Variable die *prozentualen Abweichungen* berechnet. Von diesen Werten wurde bei der Aufstellung der Rangfolge K ausgegangen. Unter Berücksichtigung der Vorzeichen der Abweichungen wurden die Werte der 76 „fördernden" Variablen zu einem Summenwert F und entsprechend die Werte der 21 „hemmenden" Variablen zu einem Summenwert H zusammengezogen.

Die *charakteristische Größe F-H* kann als ein Maß angesehen werden, das *zur Ordnung der Regionen* in der Form einer sozial-geographischen Rangfolge herangezogen werden kann. Je größer der Wert von F-H für eine Region ist, desto größer der Rangplatzwert. Die *sozialgeographische Rangfolge K* war so leicht aufzustellen, ohne daß wie bei Timpe von Teilrangfolgen ausgegangen und diese arithmetisch - mathematisch also nicht ganz unbedenklich - verrechnet wurden.

Indirekter Vergleich mit der Rangfolge A durch Aufstellung einer wiederum adaptierten Rangfolge A:*

Wegen der unterschiedlichen Anzahl der Regionen ist ein unmittelbarer Vergleich zwischen der Rangfolge A und Rangfolge K nicht möglich. Aus diesem Grunde wurde die Rangfolge A* auf die gleiche Art und Weise aus der Rangfolge A hergeleitet, wie dies bei der Herleitung der Rangfolge A aus der Rangfolge T geschah. Bewußt wurde eine weitere „mathematische Sünde" in Kauf genommen, da es ja auch gerade darum ging, herauszufinden, ob diese Vorgehensweise nicht zu einer groben Verfälschung führen könnte. In der Tabelle A7l des Anhangs sind für die einzelnen Landkreise und kreisfreien Städte die ermittelten Werte der charakteristischen Größe F-H angegeben und werden die beiden Rangfolgen K und A* einander gegenübergestellt.

Der zu *R = 0,92* errechnete Rangkorrelationskoeffizient nach Spearman zeigt einen *sehr starken Zusammenhang* an. Damit ist nachträglich belegt, daß die Vorgehensweise von Timpe wie auch das durchgeführte Adaptionsverfahren, das zur Rangfolge A führte, methodisch abgesichert sind.

15.2 Die Schätzungen der Sammlungsleiter über den finanziellen Wert der Geräteausstattung

Im Teilabschnitt 9.2.1 wurde bereits auf die Problematik der Erfassung von finanziellen Werten von Geräteausstattungen eingegangen und welche Überlegungen im Zusammenhang mit der Erhebung von Schätzwerten angestellt wurden. In diesem Teilabschnitt soll aufgezeigt werden, welcher Art die Analysen sind, die zu einer Überprüfung der Validität angestellt wurden und zu welchem Ergebnis sie führten.

15.2.1 Beschreibung der Bezugsgrößen und Festlegung des Validitätskriteriums

Validierungsverfahren bestehen in der Regel darin, daß die Prüfung einer Meßgröße auf Validität durch den Vergleich über die Höhe von Korrelationskoeffizienten in bezug auf eine geeignete Vergleichsvariable erfolgt.

Aus der Sicht des Verfassers kommen dabei nur zwei Merkmale der Schulen in Frage. Zunächst natürlich die Beschaffenheit der Geräteausstattungen, für die Meßgrößen im Zusammenhang mit den zur Beurteilung vorgelegten Gerätelisten in den einzelnen Sammlungsleiterfragebogentypen vorliegen. Daneben wird die Größe der jeweiligen Schule als ein relevantes Merkmal betrachtet, da sich die finanziellen Zuwendungen der Schulträger hinsichtlich der Geräteausstattungen, wie bei Lehrmitteln generell, in der Regel an den Schülerzahlen orientieren und bei Neubauten ohnedies die finanziellen Beträge für die Ausstattungen einen festen Prozentsatz der anerkannten Baukosten betragen, die wiederum positiv mit der Schulgröße korrelieren.

Zur Vereinfachung der Beschreibung werden folgende *Bezeichnungen der Variablen* eingeführt:

x_1 = *finanzieller Schätzwert* des Sammlungsleiters;

x_2 = *Flexibilität der Ausstattung*, als Maß für den *Grad der Ausstattung;*

x_3 = *Schulgröße* (Gesamtzahl der Schüler).

Der *Flexibilität der Ausstattung* wurde gegenüber dem rahmenrichtlinienbezogenen Mindestanforderungsmaß GMG der Vorzug gegeben, da durch Adaption Übertragungen auf Daten der Vorphase der Erhebungen möglich sind und überdies die Variable AF den Grad der Ausstattung mehr ausschöpft als dies bei der Variablen GMG der Fall ist.[806]

Da bei den *einzelnen Erhebungen*, bei denen Schätzwerte abgegeben wurden, *unterschiedliche Gerätelisten* vorlagen, ist noch zu beschreiben, wie die Flexibilität der Ausstattung jeweils gemessen wird.

Gesamtschulen (1975) und Gymnasien (1976):

x_2 = AF gemäß der Definition im Teilabschnitt 8.2.3.2

Hauptschulen (1973) und Realschulen (1973):

$x_2 = AF_{73}$, wobei die Definition ganz analog zu AF ist. Der Unterschied besteht lediglich darin, daß anstelle der vollständigen Geräteliste der Hauptphase mit 278 Titeln ihr Vorläufer mit nur 216 Titeln die Grundlage bildet.[807]

Hauptschulen (1972) und Realschulen (1972):

$x_2 = AF_{72} =$ (AWDP:214 + AWSP:32). 100, wobei die beiden Hilfsvariablen AWDP und AWSP im Teilabschnitt 8.2.2.1 definiert sind.[808]

Zunächst mußte geklärt werden, welche der beiden Variablen x_2 und x_3 mit der Variablen x_1 stärker korrelieren. Da wechselseitige Beeinflussungen vermutet wurden, mußten neben den einfachen auch partielle und multiple Korrelationskoeffizienten berechnet werden. Eine Übersicht erhält man durch nachfolgende Tabelle. Dabei bezieht sich r_{12} auf das Variablenpaar (x_1/x_2) und r_{13} bezieht sich entsprechend auf das Variablenpaar (x_1/x_3). Bei $r_{12,3}$ ist der Einfluß der Variablen x_3 und bei $r_{13,2}$ der Einfluß der Variablen x_2 eliminiert (partielle Korrelationskoeffizienten). Die gemeinsame Wirkung der beiden Variablen x_2 und x_3 auf x_1 wird durch $r_{1,23}$ erfaßt (multipler Korrelationskoeffizient).

Einfache, partielle und multiple Korrelationskoeffizienten der Variablenpaare (x_1/x_2) und (x_1/x_3):

Erhebung	N	einfach r_{12}	partiell $r_{12,3}$	einfach r_{13}	partiell $r_{13,2}$	multipel $r_{1,23}$
H 72	64	0,47	0,41	0,29	0,14	0,49
H 73	47	0,42	0,28	0,43	0,29	0,50
R 72	40	0,53	0,52	0,24	0,20	0,56
R 73	29	0,47	0,45	0,38	0,35	0,56
Ges 75	63	0,45	0,39	0,38	0,30	0,52
Gym 76	37	0,53	0,52	0,12	0,02	0,53
gewogener Mittelwert	280	0,47	0,45	0,31	0,22	0,52

Eine Beurteilung über das gewogene Mittel zeigt Tendenzen auf, die allgemeiner sind als wenn man jeden einzelnen Fall für sich betrachten würde. Zunächst ist erkennbar, daß bei insgesamt nur schwachen bis mittelstarken Zusammenhängen der Zusammenhang zwischen den Variablen x_1 und x_2 stärker als der zwischen den Variablen x_1 und x_3 ist. Das erste Variablenpaar wird von x_3 weniger beeinflußt als das zweite von x_2. Diese Voranalyse läßt es als sinnvoll erscheinen, die *Variable x_2, d.h. die Flexibilität der Ausstattung, als Kriteriumsvariable* und die *Variable x_3, d.h. die Schulgröße, als Kontrollvariable* zu verwenden.

15.2.2 Aufspaltung der Originalstichproben in jeweils eine validierte Teilstichprobe und eine Reststichprobe

Zweifelsohne kann man die Größe der berechneten Korrelationskoeffizienten r_{12} nicht als ausreichend ansehen, um von einer Validität der Schätzwerte in Bezug auf die Kriteriumsvariable x_2 zu sprechen. Die Tabellen A45 und A46 des Anhangs enthalten statistische Kennwerte der drei zur Dikussion stehenden Variablen x_1, x_2 und x_3, welche einer Erklärung bedürfen. Zunächst findet man bezüglich einer jeden Erhebung die entsprechenden Kennwerte für die *Originalstichproben*. Als wesentliches Faktum muß zunächst festgehalten werden, daß die Streuung bei den Schätzwerten im Vergleich zu den beiden anderen Variablen ganz erheblich größer ist.

Die Idee der nachfolgend beschriebenen *Aufspaltung der Originalstichproben* steht im Zusammenhang mit dem Studium des Statistiklehrbuchs von WALKER (1970), der sich anhand eines sehr informativen Beispiels (S.280) mit der Frage des Einflusses von Meßfehlern auf die Höhe des Korrelationskoeffizienten auseinandersetzt. Willkürlich hinzugefügte Meßfehler erniedrigen erheblich den Wert des Koeffizienten, während sich diese bezüglich der Mittelwerte nicht bemerkbar machen. Würde man Meßfehler im Detail kennen, so könnte man durch deren Beseitigung eine Erhöhung des Koeffizienten erreichen. Aus eben der Unkenntnis über derartige Fehler bei den Schätzwerten ist eine Anwendung analog dieses Beispiels nicht möglich. Da bereits erste Einsichtnahmen in die Datensätze zeigten, daß in allen Stichproben der einzelnen Schulgattungen eine Reihe von *„Ausreißerpaaren"* vorhanden waren, entstand die Idee einer Nachprüfung dahingehend, welche Auswirkungen bei einer Beseitigung solcher Datenpaare bei gleichzeitiger Reduktion des Stichprobenumfangs sich zeigen würden.

Verfahren zur Herstellung einer reduzierten Stichprobe:
Für alle Variablenpaare (x_1/x_2) wurden von den berechneten Kennwerten m_1, m_2, s_1 und s_2 der Originalstichprobe ausgegangen und folgende drei Klassen gebildet:

Klasse U: Alle Paare (x_1 / x_2) für die

$x_1 \leq m_1 - \frac{3}{4} s_1 = u_1$ und zugleich $x_2 \leq m_2 - \frac{3}{4} s_2 = u_2$ ist.[809]

Klasse V: Alle Paare (x_1 / x_2) für die

$x_1 \geq m_1 + \frac{3}{4} s_1 = v_1$ und zugleich $x_2 \geq m_2 + \frac{3}{4} s_2 = v_2$ ist.

Klasse M: Alle Paare (x_1 / x_2) für die $u_1 < x_1 < v_1$ und zugl. $u_2 < x_2 < v_2$ ist.

Die *reduzierte Stichprobe* stellt die Vereinigungsmenge der Klassen U, M und V dar.

Alle durch die drei Klassen U, V und M *nicht erfaßten „Ausreißerpaare"* werden zu einer *Reststichprobe* zusammengefaßt.

Die Tabellen A45 und A46 des Anhangs enthalten alle zum Vergleich erforderlichen Kennwerte, so daß das *Ergebnis des Verfahrens* betrachtet werden kann. Abgesehen vom Korrelationskoeffizienten r_{12} - der Kriteriumsgröße - sind die Anderungsrichtungen der anderen Kennwerte in den einzelnen Stichproben zufallsbedingt uneinheitlich. Aus diesem Grund wurden die Stichproben der einzelnen Schulgattungen zu einer *Gesamtstichprobe* zusammengezogen, um noch zusätzlich den *Globaleffekt* des Verfahrens zu veranschaulichen.

1. *Vergleich der Korrelationskoeffizienten*:
   Das angewandte Verfahren hat zum gewünschten Ziel geführt, denn zwischen den Variablen x_1 und x_2 besteht *bei der reduzierten Stichprobe jeweils ein erheblich stärkerer Zusammenhang als bei der Originalstichprobe.* Stellvertretend für die Vielzahl der Fälle in den Tabellen A45 und A46 wird dies hier an den Werten der Gesamtstichprobe aufgezeigt:

	N	r_{12}	r_{13}
Originalstichprobe	280	0,47	0,31
reduzierte Stichprobe	163	0,76	0,26
Rest der Stichprobe	117	0,16	0,33

Der Effekt des Verfahrens ist evident. Während sich durch die vorgenommene Aufspaltung der „Kontroll-Korrelationskoeffizient" r_{13} nur unwesentlich verändert (die Variable x_3 wurde ja auch nicht in die Manipulation einbezogen), erhöht sich r_{12} bei der reduzierten Stichprobe im Vergleich zur Originalstichprobe ganz erheblich. Logischerweise nimmt bei der Reststichprobe r_{12} im entsprechenden Umfang ab.

Bezogen auf die Flexibilität der Ausstattungen als Validitätskriterium erscheinen hiermit die Schätzwerte der reduzierten Stichproben als einigermaßen valide und die der Reststichproben als unvalide.

Es muß jedoch noch einmal hervorgehoben werden, daß es sich mit dieser Aussage über die Reststichproben keineswegs um eine allgemeine „Disqualifikation" handeln kann. Diese Schätzwerte werden lediglich in bezug auf das gewählte Validitätskriterium als unvalide erklärt. Es gibt viele *Möglichkeiten begründeter Abweichung der Schätzwerte* im Vergleich zu den Variablenwerten x_2. Genannt seien einige Beispiele. So kann bspw. der aktuelle technische Zustand der Geräte, der durch die Variable x_2 nicht erfaßt wird, einen Schätzer zu niedrigeren Schätzwerten veranlassen. Ebenso können bspw. Mehrfachausstattungen größerer Schulen, die wiederum nicht von der Variablen x_2 erfaßt werden, zu höheren Schätzwerten führen. Eine Stütze dieser Sicht ergab eine weitergehende Datenanalyse bei der *Stichprobe der Gesamtschulen.* Hier weichen nämlich im Vergleich zu den anderen Schulgattungen die Korrelationskoeffizienten in ihren Werten deutlich ab. Die Gesamtstichprobe wurde deshalb getrennt nach zwei Teilstichproben „Gesamtschulen ohne SII" und „Gesamtschulen mit SII" betrachtet. Dabei ergeben sich für die erste Teilstichprobe Korrelationskoeffizienten, die denen der anderen Schulgattungen entsprechen, während die der zweiten Teilstichprobe stark abfallen. Aus marginalen Anmerkungen der Sammlungsleiter geht in der Tat hervor, daß bei mehreren größeren Schulen Mehrfachausstattungen vorliegen. Einige Sammlungsleiter, deren Schulen vorher Gymnasien waren, verwiesen auf „teilweise funktionsunfähige Altbestände".

2. *Mittelwerte und Streuungsmaße der Gesamtstichprobe*:
   In den nachfolgenden Fällen werden neben den Kennwerten N und V = s:m noch die prozentualen Abweichungen im Vergleich zu den Werten der Originalstichproben angegeben.

Schätzwerte (x_1):	N	m_1	V_1
Originalstichprobe	280	58.504	0,78
reduz. Stichprobe	163	61.666 (+5,4%)	0,79
Rest d. Stichprobe	117	54.097 (-7,5%)	0,71
Flexibilität der Ausstattung (x_2):	N	m_2	V_2
Originalstichprobe	280	181,3	0,29
reduz. Stichprobe	163	173,7 (-4,2%)	0,31
Rest d. Stichprobe	117	192,0 (+5,9%)	0,24
Schulgröße (x_3):	N	m_3	V_3
Originalstichprobe	280	735,2	0,42
reduz. Stichprobe	163	738,3 (+0,4%)	0,41
Rest d. Stichprobe	117	730,9 (-0,6%)	0,40

Bei der nicht manipulierten Variablen x_3 sind die Veränderungen erwartungsgemäß minimal. Bei den durch das Reduktionsverfahren beeinflußten Variablen sind die Veränderungen der Kennwerte naturgemäß stärker. Trotz dieser Veränderungen bleiben sowohl bei der Gesamtstichprobe wie auch bei den Stichproben der einzelnen Schulgattungen die Größenordnungen erhalten.

15.2.3 Zusammenfassung der Ergebnisse des Validierungsverfahrens

Wählt man als Kriteriumsvariable bezüglich der Prüfung auf Validität der finanziellen Schätzwerte der Sammlungsleiter über die Geräteausstattungen die Flexibilität der Ausstattung, so ergeben sich für alle Originalstichproben zunächst nur schwache bis mittelstarke Zusammenhänge. Reduziert man die Originalstichprobe durch Beseitigung von „Ausreißerwertepaaren" so erhöht sich in allen Stichproben der Zusammenhang ganz erheblich. Die dadurch bedingten Veränderungen der Mittelwerte sind in den einzelnen Stichproben unterschiedlich groß. Durch diese Veränderungen *bleiben jedoch die Mittelwerte der Schätzdaten in ihren Größenordnungen erhalten*. Es besteht deshalb kein ersichtlicher Grund, anstelle der Mittelwerte der Originalstichproben zu

Vergleichszwecken etwa die Mittelwerte der (validierten) reduzierten Stichproben zu verwenden.

15.3 Zur Konstruktion von Listenfragen

Der Schwerpunkt der Erhebung von Daten durch die Befragung von Sammlungsleitern bezog sich auf die Geräteausstattungen für den Physikunterricht. Wegen der Vielfalt einzelner Geräte und Materialien war die Vorlage einer spezifizierten, sehr umfangreichen Liste erforderlich. Auch KÖPPEN (1976) hatte bei seiner Befragung von Gymnasiallehrern unter anderem eine umfangreichere Bücherliste vorgelegt. Als *einzige Literaturquelle*, die sich mit dem *methodischen Problem von Listenfragen* auseinandersetzt, wurde ein Aufsatz von RING (1974) aufgefunden. Er hat an Hand einer Untersuchung, bei der nach der Sympathie für 18 verschiedene Persönlichkeiten gefragt wurde (N = 5901), nachgewiesen, daß die Reihenfolge der Persönlichkeitsnamen einen bedeutenden Einfluß auf das Ergebnis hat, da die „Mitte“ gegenüber dem Anfang und dem Ende der Liste „benachteiligt“ ist. Durch Teilen der Liste in Viertelgruppen und Variationen in der Anordnung können diese Einflüsse vermieden werden. Im Gegensatz zu den bei Ring vorliegenden Sympathiefragen handelt es sich bei den Gerätelisten stets und bei der Bücherliste im Kern um „harte Fakten“. In solchen Fällen hält Ring Einflüsse der Reihenfolge für wenig wahrscheinlich, womit diese Frage als erledigt angesehen wird.

15.3.1 Die Geräteliste im Fragebogen für Sammlungsleiter

Die bei den Erhebungen der Hauptphase des Projekts (1975-77) eingesetzte Geräteliste (Anlagen 3c-e des Anhangs) ist das Endprodukt eines kontrollierten Entwicklungsprozesses, der in den Teilabschnitten 6.12.3, 6.12.4 und 6.12.5 ausführlich beschrieben wurde. In diesen Abschnitten wird auf testkritische Analysen hingewiesen, die jetzt nachgeliefert werden.

1) Modifikation der Itemkonstruktion:

Ein wesentlicher Unterschied - abgesehen von den teilweise unterschiedlichen Gerätetiteln - besteht zwischen der Geräteliste von 1972 (Anlage 7a-c des Anhangs) und der von 1975-77 darin, daß die Items in beiden Fällen jeweils anders formulierte Ankreuzmöglichkeiten enthalten. Eine Begründung dafür liegt im Teilabschnitt 6.12.5 vor. Während in der älteren Geräteliste drei Kategorien, nämlich „ausreichend vorhanden“ (AV), „nicht ausreichend vorhanden“ (NAV) und „nicht vorhanden“(NV) vorliegen, wurde in der Endform auf die Zwischenkategorie verzichtet. Die Frage war hier, ob durch einen solchen Verzicht ein wesentlicher Informationsverlust zu erwarten war. Um dies abzuklären, wurde der im Teilabschnitt 8.2.2.1 definierten Bewertungsvariablen AWDP (AV: 1 Punkt/NAV: 0,5 Punkte) die Variable AWDP* (AV ein Punkt *und NAV ebenfalls* ein voller Punkt) gegenübergestellt. Das bedeutet, daß beim

Bewertungsmaß AWDP* nur das Vorhandensein gegenüber dem Nichtvorhandensein bewertet wird. Analog wurde auch der nach der Liste für den Chemieunterricht (Anlage 8b des Anhangs) berechneten Bewertungsvariablen AWDC die Variable AWDC* gegenüberstellt.

Die Berechnung Pearsonscher Korrelationskoeffizienten ergab:

Haupt- und Realschulen:	Physik:	N = 141,	r = 0,97;
	Chemie:	N = 135,	r = 0,94.
Hauptschulen:	Physik:	N = 91,	r = 0,95;
	Chemie:	N = 86,	r = 0,93.
Realschulen:	Physik:	N = 50,	r = 0,93;
	Chemie:	N = 49,	r = 0,90.

In Anbetracht der sehr *starken Zusammenhänge* zwischen den beiden Bewertungsmaßen erscheint die *Veränderung der Itemkonstruktion* als *gerechtfertigt*.

2) Verläßlichkeit der Bewertungsmaße AFS, AFD, AF und GMG:

Im Teilabschnitt 8.2.3.2 wurden diese Maße definiert. Die Werte der ersten zwei Variablen entsprechen jeweils der Anzahl der Ankreuzungen in der Geräteliste bei der Spalte S(AFS) und bei der Spalte D(AFD). Weiterhin gilt AF = AFS + AFD. Die Variable GMG, ein Maß für die Mindestausstattung, wurde in Teilabschnitt 8.2.3.1 definiert. Zur *Prüfung der Reliabilität* kommt nur eine *Halbierungsmethode* in Frage, da die Erhebung nicht wiederholbar war. Angewendet wurde die Halbierung nach geradzahligen und ungeradzahligen Items und die Halbierungskonsistenzformel von Spearman-Brown,[810] was zu folgenden Werten führte:

AF: r_{tt} = 0,98; AFS: r_{tt} = 0,96 und AFD: r_{tt} = 0,98 (N =381).

Alle diese Werte liegen über der bei einer Irrtumswahrscheinlichkeit von 5% liegenden unteren Vertrauensgrenze.[811] Mithin kann von einer *hinreichenden Reliabilität* der Bewertungsmaße AF, AFS und AFD ausgegangen werden. Da zwischen dem normierten Maß AF_n und dem nach Mindestanforderungen berechneten Maß GMG (Teilabschnitt 8.2.3.1) ein starker Zusammenhang besteht, (Tabelle 63 im Teilabschnitt 8.2.3.2) ist dies auch für die alternative Bewertung mit dem Maß GMG anzunehmen.

3) Kontrolltitel:

Eingangs wurde bereits auf die „harten Fakten“ der Befragungsliste hingewiesen, die klare sachliche Entscheidungen ermöglichte. Grundsätzlich wird davon ausgegangen, daß Sammlungsleiter, die sich der Mühe unterzogen hatten, eine derart umfangreiche Liste auszufüllen, auch um Objektivität und Sorgfalt bemüht waren. Da jedoch insgesamt 2 x 278 Entscheidungen zu fällen waren, konnte nicht ausgeschlossen werden, daß *„Fehlankreuzungen“* erfolgten. Eine direkte Erfassung solcher Fehlankreuzungen war nicht möglich, da dies entweder durch Vergleiche vor Ort oder durch eine Befragungswiederholung hätte bewerkstelligt werden müssen. Aus diesem Grunde wurden in die Geräteliste einige Titel - sogenannte *Kontrolltitel* - eingebaut, die Rückschlüsse ermöglichen. Diese Titel sind in der Anlage 9g des Anhangs unter Positionsangabe aufgelistet. Als *Beurteilungsmaß* wird die für jeden Gerätetitel ermittelte *relative Anzahl der Ankreuzungen* bezogen auf alle 381 Sammlungsleiter (Anzahl der Ankreuzungen bei einem Titel insgesamt dividiert durch 381) herangezogen. *Im Mittel* über alle 278 Titel ist dies *bei Demonstrationsgeräten 0,54* und *bei Schülerübungsgeräten 0,24*.

a) Diskriminatoren:

Bei drei Titeln (Lochkartenschalter, Dehnungsfuge, Farbkanone) handelt es sich um Wörter, die mit Sicherheit in keinem Lehrmittelkatalog der Lehrmittellieferanten vorkommen, die jedoch eine gewisse Ahnlichkeit zu Gerätebezeichnungen haben. Die Vergleichswerte sind in obiger Reihenfolge der Kontrolltitel: Spalte „D“: 0,015/ 0,020/ 0,012; Spalte „S“: 0,010/ 0,008/ 0.

Zwei weitere Titel (Modellflugzeug, Modellschiff) folgen in der Liste unmittelbar nacheinander, sind ebenfalls nicht in den genannten Katalogen auffindbar, aber als Bestandteil von Sammlungen nicht unwahrscheinlich. Auch hierzu die Vergleichswerte: Spalte „D“: 0,052/ 0,018; Spalte „S“: 0,003/ 0.

Der Umfang der „Fehlankreuzungen“ hält sich in Grenzen, zumal Modellflugzeuge durchaus Bestandteil einer Gerätesammlung sein könnten.

b) Geräte, die keine unmittelbare Rahmenrichtlinienrelevanz haben:

Drei Titel (Magnetfeldmeßgerät, Halbleitersonde, Frank-Hertz-Röhre) sind der Sekundarstufe II zuzuordnen und ein Titel (Massenspektrograph) hat eigentlich gar keine Relevanz für den Physikunterricht in beiden Sekundarstufen. Die Vergleichswerte wieder der Reihe nach: Spalte „D“: 0,207/0,199/0,202//0,011; Spalte „S“: 0,003/0/0,008//0. Was die ersten drei Titel betrifft, resultieren die relativ hohen Werte i.w. von Ankreuzungen der Sammlungsleiter von Gymnasien. Hier handelt es sich also um keine „Fehlankreuzungen“, sondern besteht ein Zusammenhang mit den ungetrennten Sammlungen dieser Schulen für beide Sekundarstufen. Somit kann auch hier von einem erträglichen Umfang von „Fehlankreuzungen“ ausgegangen werden.

c) Titel, die in der Liste absichtlich zweimal vorkommen:

Zwei identische Titelbezeichnungen (Kolbenprober, Überlaufgefäß) und zwei Bezeichnungsvariationen (Linse konkav-konvex versus Linse konvex-konkav und Salz versus Natriumchlorid).

Hier wurde überprüft, inwiefern die Beantworter übereinstimmende Ankreuzungen vorgenommen hatten. Wiederum in der Reihenfolge der hier vorliegenden vier Fälle ergaben sich Übereinstimmungen in 89,5%, 88,7% 91,9% und 70,3% der Fälle. Was die Abweichungen betrifft, so lag mehrheitlich der Fall vor, daß bei einer Ankreuzung eines Titels, der in der Reihenfolge der Liste schon vorkam, beim zweiten Auftreten eine Ankreuzung ausgelassen wurde.

Umgekehrte Fälle gab es sehr wenige. Beim Titelpaar Salz/Natriumchlorid waren überhaupt keine umgekehrten Fälle zu registrieren, was den abweichenden Prozentwert erklärlich macht. Auch dieser Kontrollvorgang liefert also ein befriedigendes Ergebnis.

4) Geschlossene Spalte „D“ und offene Spalte „S“ der Liste:

Während in der Spalte „D“ der Geräteliste der Beantworter genau eine „1-0-Entscheidung“ zu treffen hatte, war bezüglich der Spalte „S“ zusätzlich eine Abschätzung hinsichtlich der erforderlichen Anzahl von Geräten notwendig. Auch wurde den Sammlungsleitern kein Hinweis gegeben, welche Gerätetitel von den Befragern als solche deklariert waren, die eindeutig Rahmenrichtlinienrelevanz haben. Damit muß die Spalte „S“ als offene Spalte angesehen werden. Sei Z_D die Anzahl aller Ankreuzungen die von allen 381 Sammlungsleitern bezüglich aller Gerätetitel in der Spalte „D“ vorgenommen wurden und entsprechend Z_S die bezüglich der Spalte „S“. $z_D = Z_D:278$ und $z_S = Z_S:278$ sind dann die Mittelwerte der Anzahl der Ankreuzungen je Gerätetitel. Die Berechnung ergab folgende Werte:

$z_D = 204{,}4$ und $z_S = 89{,}1$.

Die Unterschiede in den Mittelwerten erscheinen im Bezug auf die Auswahl der Gerätetitel als realistisch.

Die Ankreuzungen in der Spalte „S“ können aber auch noch differenzierter betrachtet werden, indem eine Aufteilung der Titel in zwei Gruppen vorgenommen wird. Die Gruppe A umfaßt alle 160 Titel für Schülerübungen mit Rahmenrichtlinienrelevanz (vgl. Anlage 9h des Anhangs) und die Gruppe B die restlichen Titel. Die diesbezüglichen Mittelwerte der Anzahl der Ankreuzungen je Titel sind dann:

$z_S^A = 136{,}3$ und $z_S^B = 25{,}1$.

Auch diese Werte erscheinen als realistisch, da für die Gruppe B natürlich nicht der Wert 0 erwartet werden konnte. In den Schulen gab es sicher auch Geräte für Schülerübungen nach den alten Lehrplänen, die in der Gruppe A nicht enthalten sind.

5) Gesamt-Resümee:

Möglicherweise kämen noch andere testkritische Betrachtungen in Frage. Was die hier vorgestellten betrifft, kann jedoch davon ausgegangen werden, daß die den Sammlungsleitern vorgelegte Geräteliste ein durchaus taugliches Instrument zur Erfassung der Geräteausstattungen der Schulen unter Rahmenrichtlinienbezug ist.

15.3.2 Die Bücherliste von KÖPPEN (1976)

Im Zusammenhang mit dem Bestreben von KÖPPEN (1976) weitergehend, als dies seine Vorgänger taten, auch inhaltliche Daten über die Beschaffenheit von Lehrerbüchereien zu erhalten, hatte er in seinen Lehrerfragebogen auch eine

Listenfrage einbezogen (vgl. Anlage 4f das Anhangs). Die Ergebnisse, die mit dieser Frage herausgefunden werden konnten, sind im Teilabschnitt 14.3.5 dargestellt worden. In Ergänzung dazu einige methodenkritische Anmerkungen.

Während bei den Gerätelisten der Sammlungsleiterfragebögen ausschließlich von „harten Fakten" ausgegangen werden konnte, trifft dies hier nur für den Kern zu. Hauptziel der Datenerhebung mit der Bücherliste war zunächst die Erfassung von Daten über die Ausstattung der Lehrerbücherei (Spalte B) und über den Umfang des Privatbesitzes von Büchern (Spalte C). Vorangestellt ist dabei die Spalte A, in der es um den Bekanntheitsgrad der vorgelegten Bücher ging. Bei den Spalten B und C kann von klaren „1-0-Entscheidungen" ausgegangen werden. Prinzipiell gilt dies auch bei der Spalte A, jedoch war hier im Falle der Nichtexistenz unter B oder C das Erinnerungsvermögen gefragt. In diesem Sinne erschienen die „„Fakten als etwas aufgeweicht". Bei den Befragungskategorien D (nützlich) und E (unbedeutend) wurde davon ausgegangen, daß Entscheidungen für eine Ankreuzung oder Nichtankreuzung nicht vom einzelnen Titel allein erfolgte, sondern daß dabei eine gewisse Orientierung an Hand der anderen Titel erfolgte. In diesem Sinne müssen die durch die Spalten D und E erfaßten Daten eher als „weiche Fakten" angesehen werden.

Köppen hat *zur Kontrolle des Grades der Objektivität* der Angaben *zwei fiktive Buchtitel* den 17 echten hinzugefügt. Diese sind: ‚Schäfer,U.: Die methodischen Konsequenzen der Rahmenrichtlinien" und „Zimmer, D.: Die Praxisorientierte Physikvorbereitung". Die Gesamtheit aller Titelankreuzungen in den 5 Spalten ist in der Tabelle A70 des Anhangs festgehalten. Da die fiktiven Titel in den Spalten B und C nicht angekreuzt wurden, dagegen in den anderen drei Spalten solche Ankreuzungen vorliegen, kann bezüglich dieser zwei Spalten von verläßlichen Daten ausgegangen werden.

In der Spalte A könnte möglicherweise die erheblich größere Zahl der Ankreuzungen beim zweiten fiktiven Titel(Zimmer) im Vergleich zum ersten(Schäfer) ein Indiz für einen gewissen Randeffekt im Sinne von Ring sein. Betrachtet man die Gesamtheit aller Ankreuzungen in der Spalte A bei allen 17 echten Titeln, so wurde im Mittel jeder dieser Titel 47,5-mal angekreuzt. Gemessen daran ist die Anzahl der Ankreuzungen bei „Schäfer"(4) relativ gering, bei „Zimmer" (13) jedoch schon mehr ins Gewicht fallend. Relativiert man in der gleichen Weise die Anzahl der Ankreuzungen bei den fiktiven Titeln in den Spalten D und E, so erhält man bei der Spalte D ähnliche Zahlenverhältnisse wie bei der Spalte A.

Bei der Spalte E jedoch ist eine ganz erhebliche Steigerung von derartigen Fehlankreuzungen im Vergleich zu den Spalten A und D zu registrieren. Aus diesem Grunde wurde bei der Darstellung der Datenanalysen über diesen Befragungsteil von Köppen im Teilabschnitt 14.3.5 bezüglich der Bedeutung der von den „Experten“ ausgewählten Buchtitel nur ein Gesamturteil angegeben und keine Detailangaben gemacht.

Die Daten der Spalte A und E wurden ebenso wie die ergänzenden Angaben von Literaturtiteln durch die Lehrer mehr im Sinne von Marginalien verwendet. Die Daten der Spalten B und C konnten dagegen unbedenklich zur Verrechnung herangezogen werden. Mithin muß die von Köppen eingesetzte Bücherliste im Gegensatz zu den Gerätelisten in den Sammlungsleiterfragebögen als teilweise methodisch problematisch angesehen werden.

15.4 Anmerkungen zu den sonstigen Elementen der Befragungsinstrumente

Im Teilabschnitt 6.11 wurden alle in den Fragebögen enthaltenen Items nach zwei Hauptkategorien geordnet angegeben. Was dort im einzelnen hinsichtlich der erwarteten Objektivität gewisser Daten einerseits und der Subjektivität weiterer Daten andererseits vermerkt wurde, muß hier nicht mehr wiederholt werden. Die Zielvorstellungen, die mit der Erhebung von Daten durch diese Items verbunden sind, wurden ebenfalls angegeben. Der Verfasser sah sich deshalb nicht mehr gefordert noch weitere methodenkritische Analysen anzustellen.

ZUSAMMENFASSUNG

Hauptsächlichstes Ziel aller Untersuchungen über die in der vorliegenden Dokumentation berichtet wird, war eine objektive Erfassung der personellen und sächlichen Probleme, die sich an den Schulen mit einer Sekundarstufe I im Zeitraum von 1972 bis 1984 im Zusammenhang mit der verpflichtenden Erprobung neuer Lehrpläne für den Physikunterricht - Rahmenrichtlinien (RRL) Physik SI - ergaben.

Die RRL Physik SI sind das Ergebnis der Ende der sechziger Jahre aufgekommenen allgemeinen Bemühungen um Revision der Lehrpläne für alle Fächer in allen drei Stufen des allgemeinbildenden Schulsystems. Die Rahmenrichtlinienfachgruppe Physik war bei ihrer Entwicklungsarbeit darum bemüht, dem damals aktuellen Stand der Curriculumentwicklungsstrategie gerecht zu werden. Während einige Fachdidaktiker sich recht kritisch zu den RRL Physik SI äußerten, führten sie in der Öffentlichkeit im Gegensatz zu einigen anderen Fächern, wie bspw. der Gesellschaftslehre, faktisch zu keiner Diskussion und es wurden auch von der Seite der Lehrerschaft keine wesentlichen Bedenken erhoben.

Die hessische Lehrplanreform war im Gegensatz zu den Bemühungen in anderen Bundesländern determiniert durch einen allgemeinen bildungspolitischen Vorsatz des zügigen Ausbaus des Systems der Gesamtschulen bei gleichzeitiger Einführung einer neuen Schulform, nämlich die der integrierten Gesamtschule. Da für einen längeren Zeitraum von einem Nebeneinander von tradierten Schulen und Reformschulen ausgegangen werden mußte, wurden die entwickelten Lehrpläne als „schulformübergreifend“ deklariert. Im Falle des Faches Physik wurde ein spezielles Differenzierungskonzept vorgegeben, das für die unterschiedlichen Leistungskurse integrierter Gesamtschulen gedacht und durch ein Zuordnungsschema auch auf den tradierten Bereich übertragen wurde.

Wenngleich sich die Untersuchungen in der Hauptsache auf den unmittelbaren Zeitraum vor Beginn der verpflichtenden Erprobung der RRL SI im Jahre 1977 und auf den zeitlichen Endpunkt dieser Erprobung im Schuljahr 1983/84 beziehen, wurden auch Rückblicke gemacht. So auf die Jahre 1972 und 1973, in denen die Erstfassungen der RRL erschienen waren bzw. zu deren freiwilligen Erprobung aufgefordert worden war. Die Rückblicke gehen jedoch teilweise bis zum Jahr 1950 zurück, denn die Gegebenheiten an den Schulen in den siebziger und frühen achtziger Jahren konnten nicht unabhängig von der Zeit davor angesehen werden.

SOZIALGEOGRAPHISCHE UND ÖKONOMISCHE ASPEKTE DER VERÄNDERUNGEN DER STRUKTUR DES SYSTEMS DER ALLGEMEINBILDENDEN SCHULEN

In einem historischen Rückblick konnte aufgezeigt werden, zu welchen *Ergebnissen* eine Reihe von *strukturverändernden Maßnahmen im Zeitraum zwischen 1950 und 1983* führten. Dazu zur Veranschaulichung zwei „Momentaufnahmen".
„Momentaufnahme 1950": Rund 2700 Volksschulen (Grundschüler und Hauptschüler) einschließlich Sonderschulen stehen 97 Mittelschulen (Realschulen) und 156 Gymnasien gegenüber. Nur ca. 13% aller Schüler hatte die Möglichkeit, eine Mittelschule oder ein Gymnasium zu besuchen.
„Momentaufnahme 1983": Unter Bezugnahme auf die Definition des Begriffs *„Schulgattung"* im Teilabschnitt 1.1 ein völlig anderes Bild. 933 selbständige Grundschulen und 196 Hauptschulen, 224 selbständige Sonderschulen, 153 Realschulen, 154 Gymnasien, 113 additive und 72 integrierte Gesamtschulen. Von allen Schülern der Sekundarstufe I besuchten nur noch rund 17% eine Hauptschule oder einen Hauptschulzweig einer anderen Schulgattung und daneben noch rund 19% eine Förderstufe, aus der der größte Teil der Schüler in weiterführende Schulen überging.

Zwei Reformen haben diese gravierenden Veränderungen bewirkt. Zunächst die 1959 beginnende *Landschulreform*, bei der in vielen ländlichen Regionen mehrere kleine Schulen bei Auswahl eines geeigneten zentralen Ortes zu *Mittelpunktschulen* zusammengefaßt wurden. In etwa zeitgleich dazu standen Bestrebungen, die Volksschuloberstufe als *Hauptschule* zu einem gleichwertigen Bestandteil der Trias - Hauptschule, Realschule, Gymnasium - zu entwickeln. Dies führte dazu, daß an vielen Mittelpunktschulen und auch an größeren Volksschulen neben Hauptschulklassen noch Realschulklassen eingerichtet wurden. Insgesamt ergab dies eine *Ausweitung des Realschulbereichs*.

Die zweite 1969 beginnende Reform orientierte sich am „Strukturplan für das Bildungswesen" und führte gerade in Hessen zu einer forcierten Einrichtung von *additiven und integrierten Gesamtschulen* und der *Förderstufe*.

Gerade für die naturwissenschaftlichen Fächer ist die Größe der schulischen Einheiten von besonderer Bedeutung. Im Mittel über alle Schulen lag die *Schulgröße* 1950 bei ca. 220 Schülern und Mitte der siebziger Jahre bei ca. 440 Schülern. Als Folge des Rückganges an Schülern bei i.w. unveränderter Anzahl von Einheiten erfolgte bis 1983 wieder ein Abfall auf ca. 380 Schüler. Eine *neue Dimension* erhielt die Schulgröße bei den Gesamtschulen mit teilweise sogar über 2000 Schülern. Im Vergleich zu den Hauptschulen waren im Untersuchungszeitraum im Mittel die Realschulen etwa doppelt und die Gymnasien und Gesamtschulen etwa dreimal so groß.

Neben den Unterschieden in den Schulgrößen weisen die einzelnen Schulgattungen auch Unterschiede bezüglich eines weiteren Merkmals - der *Verflech-*

tung der Sekundarstufe I mit den anderen Stufen - auf. Traditionsgemäß enthält die überwiegende Mehrzahl der Gymnasien beide Sekundarstufen. Dies ist weniger bei Gesamtschulen der Fall. Den stärksten Grad der Verflechtung weisen die *Hauptschulen* in Verbindung *mit der Primarstufe* aus. Den geringsten Grad der Verflechtung mit der Primarstufe und/oder Sekundarstufe II weisen Realschulen und Gesamtschulen auf, die man als *typische SI-Schulen* bezeichnen kann.

Neben den beschriebenen Veränderungen der Zusammensetzung nach Schülergruppen und nach der Schulgröße, beides Folgeerscheinungen der strukturverändernden Maßnahmen, ist die Entwicklung des *Personalbestandes* ein wichtiger Bedingungsfaktor. Da sich die Anzahl der Schüler als nicht konstante Größe darstellt, ist hier die Betrachtung eines relativen Maßes geboten. Betrachtet man die Verhältnisse „Schüler je Lehrer", so ergeben sich folgende Vergleichszahlen: 1950 - ca. 41 Sch./L.; 1977 - ca. 22 Sch./L. und 1983 - ca. 19. Sch./L. Entsprechend gingen die Klassenfrequenzen im Mittel über alle Schulgattungen von 1950 mit ca. 42 Schülern je Klasse auf 25 Schüler je Klasse im Jahre 1983 zurück. Zwischen 1950 und 1969 hatte sich die Anzahl der Lehrer an den allgemeinbildenden Schulen verdoppelt und bis zu den frühen achtziger Jahren noch einmal um weitere ca. 45% zugenommen. Bei dieser *bedeutungsvollen Ausweitung* des Personalbestandes scheint aus finanziellen Gründen im Zusammenhang mit den *Besoldungskosten* eine Grenze erreicht worden zu sein, was dadurch erkennbar wird, daß 1984 bezogen auf den Gesamtbestand der Lehrer an allgemeinbildenden Schulen nur noch *Neueinstellungen* im Umfang von ca. 0,5% erfolgten. Für den gesamten Bildungsbereich hatten sich in Hessen die Personalkosten von 1964 auf 1975 hin verfünffacht, während sich die Ausgaben aller öffentlichen Haushalte der Bundesrepublik in diesem Zeitraum nur vervierfachten.

Den *strukturverändernden Maßnahmen* lagen *Leitideen* zugrunde und es wurde geprüft, ob es zu einer Erfüllung kam. Als die beiden bedeutendsten Leitideen sind zu nennen:

1. Der *bildungspolitische Anspruch*, allen Kindern und Jugendlichen *gleiche Bildungs- und Berufschancen* zu geben.
2. Bei der Festlegung von Schulstandorten und der Errichtung von Schulgebäuden auf eine *möglichst hohe Effizienz* zu achten.

Zu 1.: Geipel hatte in einer Untersuchung für den Zeitraum 1955 bis 1964 festgestellt, daß die Abiturientendichte in Regionen ungünstiger sozialgeographischer Bedingungsfaktoren niedriger war als in jenen, wo günstigere Faktoren vorhanden waren. Bei einer Nachprüfung dieser Aussage wurde methodisch etwas anders verfahren, indem ein Rangfolgenvergleich der Regionen nach der Abiturientendichte und nach dem Rangplatz in einer speziell aufgestellten sozialgeographischen Rangfolge T der Regionen erfolgte. Das Ergebnis von Geipel wurde bestätigt. Mit dieser Rangfolge T, die sich auf den Gebietsstand von 1972 bezieht und danach mit einer Rangfolge A, die sich auf den Gebietsstand von 1975 bezieht, wurden weitere Vergleiche angestellt. So konnte der *Landschulreform* das Attribut einer *sozialgeograpisch-kompensatorischen Verfahrensweise zuerkannt* werden. Während die Entwicklung der *Förderstufe* sich in Hessen *unabhängig* von sozialgeographischen Bedingungsfaktoren vollzog, zeigte auch die *Entwicklung* des Teilsystems *der Gesamtschulen sozialgeographisch-kompensatorische Tendenzen.* Betrachtet man Gesamtschulen und Gymnasien als Schulen mit Zugang zu einer Ausbildung, die ihre Fortsetzung in der gymnasialen Oberstufe erfahren kann, so konnten für das Jahr 1977 i.w. keine regionalen Unterschiede bezüglich dieser Zugangsmöglichkeit mehr ausgemacht werden. Unterschiede zeigten sich jedoch hinsichtlich der Intensität von Reformenvorhaben, wobei die politischen Mehrheitsverhältnisse in den Landkreisen und kreisfreien Städten eine bedeutsame Rolle spielten.

Zu 2.: Nach dem Schulverwaltungsgesetz ist grob beschrieben zunächst das *Land für die Personalkosten* zuständig und haben die *Schulträger die Sachkosten* zu bestreiten. Da die einzelnen Landkreise und kreisfreien Städte unterschiedliche originäre Finanzkraft haben, soll jeweils durch den Landesfinanzausgleich eine Milderung der Unterschiede erfolgen. Zweckmäßigerweise wird bei den Sachkosten zwischen *Investitionskosten* und *Folgekosten* unterschieden. Als ganz bedeutender Betriebskostenfaktor der beiden Reformphasen haben sich die Kosten der *Schülerbeförderung* entwickelt, welche die Schulträger derart stark belasteten, daß diese Kosten zunächst vom Land teilweise subventioniert und schließlich ganz übernommen werden mußten. Diese Regelung der Kosten der Schülerbeförderung hat inzwischen einen bildungspolitischen Stellenwert erlangt, der mit dem Prinzip der Unterrichtsgeld- und Lernmittelfreiheit verglichen werden kann.

Um den allgemeinen Bestand an *Schulbauten* zu verbessern, aber besonders im Zusammenhang mit der Errichtung von Mittelpunktschulen und später mit der Errichtung von völlig neu dimensionierten Schulbauten für Gesamtschulen, sahen sich die Schulträger alsbald nicht mehr in der Lage, die erforderlichen *Investitionsmittel* allein aufzubringen. Bei der *Landschulreform* hat sich das Land bei den einzelnen Schulträgern mit Zuschüssen zu den Baukosten in unterschiedlichen Prozentwerten beteiligt, wobei die *Finanzierungsstrategie* ebenfalls als *sozialgeographisch-kompensatorisch* bezeichnet werden kann. *Mit dem Beginn von Gesamtschulbauten* werden ab 1970 nach der Einrichtung des „Hessischen Investitionsfonds“ die sogenannten *anerkannten Baukosten für alle Schulbereiche zu 100% durch das Land Hessen finanziert.* Trotz dieser Entlastung klagten die Schulträger in den siebziger Jahren wie auch heute, wo viele Schulbauten einer Generalüberholung bedürfen, über die verbleibenden Folgekosten. Im Zusammenhang mit der Errichtung von Mittelpunktschulen und später mit der Errichtung von Schulbauten für Gesamtschulen wurden vom Hessischen Kultusministerium (HKM) *Schulbaurichtlinien* erlassen, deren Einhaltung Vorbedingung für die Gewährung von Finanzmitteln sind. Davon haben auch alle *Schulen des tradierten Bereichs profitiert*, soweit es sich um *Neubauten* oder *Erweiterungsbauten* handelte. Sichtbares Zeichen dafür ist, daß die unterschiedlichen politischen Mehrheitsverhältnisse in den Landkreisen und kreisfreien Städten in keinem Zusammenhang mit den Umfängen an Schulbauinvestitionen stehen.

Bei diesen Richtlinien wurden bereits für die Mittelpunktschulen und erst recht für die Neubauten ab 1970 den *naturwissenschaftlichen Fachräumen* das erforderliche Raumvolumen zugeordnet. Dies ergab *bei Schulen mit Neubauten bedeutend bessere Fachraumkapazitäten* als dies bei Altbauten der Fall war. Eine *Beurteilung der Effizienz* der im Zusammenhang mit den Schulbaurichtlinien errichteten Schulneubauten ist möglich, wenn man die anerkannten Baukosten relativiert und diese Kosten je Schüler berechnet. Diese relativen Kosten lagen bei den kleineren Mittelpunktschulen etwa 18% höher als bei den größeren. Bei den im Mittel dreimal so großen Gesamtschulen im Vergleich zu den kleineren Mittelpunktschulen ergaben sich in etwa gleiche relative, anerkannte Baukosten. Die Gesamtschulen haben aber erheblich *großzügigere Raumausstattungen für den naturwissenschaftlichen Bereich* und dazu noch etwas größere Hauptnutzungsflächen (m^2/Schüler). *Aus finanzieller Sicht allein* liegt bei den *größeren schulischen Einheiten größere Effizienz* vor. Eine beliebige Steigerung der Größe schulischer Einheiten ist jedoch *aus pädagogischen Gründen fragwürdig*, wie aufgetretene Probleme an besonders großen Gesamtschulen gezeigt haben. Nach Experteneinschätzungen liegt die *optimale Schulgröße*, die beiden Faktoren gerecht wird, bei ca. 1200 Schülern.

Für die *Fortentwicklung des Schulsystems* sind natürlich die Höhe der Investitionskosten nur ein, wenn auch bedeutsamer Faktor. Als ein weiterer wichtiger Faktor müssen die Personalausgaben betrachtet werden. Bei Analysen, die sich auf Daten für alle Länder der Bundesrepublik bezogen, wurden beide Kostenfaktoren wieder relativiert, also *Investionskosten und Personalkosten je Schüler* betrachtet. Unter dem Begriff *Reformbestrebungen* wurde die Entwicklung der Förderstufe, der additiven und integrierten Gesamtschulen, der Ganztagsschulen, die Erweiterung der Hauptschule durch das 10.Schuljahr, die Reform der gymnasialen Oberstufe, die Entwicklung der Sonderschule und die Einrichtung von Vorschulklassen subsummiert. Als ein wesentlicher Faktor wurden noch die *Klassenfrequenzen* (Schüler je Klasse/Kurs) betrachtet. Die Analysen zeigten, daß in den einzelnen Bundesländern die *Ausprägungen der Reformbestrebungen insgesamt positiv mit den beiden Kostenfaktoren korrelieren*. Dabei ist der *Zusammenhang mit den relativen Personalausgaben stärker als der mit den relativen Investitionskosten*. Letztere wirken sich jedoch negativ auf die *Klassenfreqenzen* aus. Das *Zusammenwirken aller drei Faktoren* bestimmt fast ausschließlich den *Fortschritt in den schulischen Reformen*.

Anmerkungen zur Erhebung von personal- und sachbezogenen Daten über den Physikunterricht in der Sekundarstufe I

Was die eigentlichen Untersuchungen der personellen und sächlichen Gegebenheiten für den Physikunterricht in den Schulen betrifft, so handelt es sich um drei Zeiträume. Eine Vorphase 1972 und 1973, eine Hauptphase 1975 bis 1977 und schließlich eine Endphase, bei der personalbezogene Daten der Jahre aus dem Zeitraum 1981 bis 1984 zur Verfügung standen und sachbezogene Vergleichsdaten 1984 erhoben wurden. Soweit es sich um Daten handelt, die durch die Befragung von Schulleitern und Sammlungsleitern Physik erhoben wurden, liegt für die Hauptphase und die Endphase eine *ausreichende Datenbasis* vor, da etwa jede zweite Schule des Landes Hessen antwortete. Nach den charakteristischen Merkmalen *Schulgröße* und *regionale Zugehörigkeit* unter Bezug auf die sozialgeographische Rangfolge A (Kreisgruppen) sind die Stichproben der einzelnen Schulgattungen auch *hinreichend repräsentativ*. Dies gilt nicht im gleichen Maße für die Erhebungen in der Vorphase, die ohnehin mehr Orientierungscharakter hatten. Was die Lehrerbefragungen betrifft, haben diese mehr marginale Natur, da hier viel weniger als in den anderen Fällen ein systematisches Vorgehen vorliegt. Das gleiche gilt von der Befragung der Schulträger durch Mirgel im Jahre 1977. Eine Befragung der Leiter der staatlichen Schulämter im Jahre 1983 ergab ein *Totalergebnis*, das die gleiche Qualität hat, wie alle anderen Unterlagen, die von der Bildungsverwaltung zur Verfügung gestellt wurden.

Qualitative und quantitative Aspekte des Lehrpersonals für den Physikunterricht in der Sekundarstufe I (SI)

Die in den Zeiträumen der Erhebungen an den Schulen tätigen Physiklehrer haben das erste Staatsexamen nach unterschiedlichen Prüfungsordnungen abgelegt und damit auch unterschiedliche *Qualifikationen* für das Fach Physik erworben. Es können drei Fälle unterschieden werden, nämlich die volle Lehrbefähigung für SI (A/S), eine eingeschränkte Lehrbefähigung für SI (B) und überhaupt keine Lehrbefähigung für das Fach Physik (0). Daneben verwendet die Bildungsverwaltung den Begriff der *schulformbezogenen Lehrfähigkeit* für ein Fach, der zumindest im Falle der Hauptschulen, zum Teil aber auch bei Realschulen so angewandt, nur der Qualifikationsstufe B entspricht.

Auf der Basis von Projektdaten und Daten einer Lehrerindividualerhebung des HKM konnte für das Jahr 1973 eine Abschätzung vorgenommen werden. In der gesamten SI hatten im Zeitraum des Erscheinens und der Diskussion der Erstfassung der RRL Physik SI nur 52% aller in der SI unterrichtenden Physiklehrer die Lehrbefähigung A/S, 22% die Lehrbefähigung B und die restlichen *26% unterrichteten das Fach Physik fachfremd.* An den Gymnasien hatten 93%

die Lehrbefähgigung S und 7% die Lehrbefähigung B. An den *Hauptschulen* dagegen hatten nur 28% die Lehrbefähigung A, 22% die Lehrbefähigung B und *die Hälfte der Lehrer unterrichtete das Fach Physik fachfremd.* Im Jahre 1977, also im Zeitpunkt des Beginns der verpflichtenden Erprobung der RRL Phyisk SI, hatte sich an den Gymnasien faktisch nichts verändert und bei den anderen Schulgattungen waren auch nur leichte Verbesserungen im Vergleich zu 1973 zu registrieren, was mit einem leichten Rückgang der Anzahl von Lehrern mit fachfremden Unterricht zusammenhing. An Hand von Daten einer *Totalerhebung*, die 1982 von der *Schulabteilung des Regierungspräsidiums Gießen* durchgeführt wurde und die mit Projektdaten von 1975/77 verglichen werden konnten, zeigte sich, daß es im Zeitraum von 5 bis 7 Jahren im Mittel über alle Schulen zu keiner Verbesserung kam. Einer leichten Verbesserung bei den Gesamtschulen standen entsprechende Verschlechterungen bei Haupt- und Realschulen gegenüber. Da aus den Daten der Hauptphase keine regionale Abhängigkeit des Qualifikationsgrades des Lehrpersonals aufgefunden werden konnte, wurde für die beiden anderen Regierungsbezirke von Hessen eine gleichartige Situation angenommen, Das heißt, daß *zumindest für den Zeitraum der verpflichtenden Erprobung*, sehr wahrscheinlich wegen geringer Einstellungen nach 1984 auch in den Folgejahren, *von einer nichtausreichenden Qualifikation des Lehrpersonals für den Physikunterricht in SI ausgegangen werden mußte.* Diese Aussage kann etwas abgemildert werden, da es sich zeigte, daß die höher qualifizierten Lehrer in einem größeren Umfang Physikunterricht erteilten als dies bei den weniger qualifizierten der Fall war.

Das Lehrpersonal für den Physikunterricht wurde auch noch *quantitativ* erfaßt. Unter zwei Alternativen erwies sich die Relativierung der Anzahl der Lehrer mit Unterricht in Physik auf Schüler mit Physikunterricht (in SI und SII) als die zweckmäßigste. Dabei zeigte sich, daß dieser Quotient bei Gymnasien, Gesamtschulen und Realschulen in etwa den gleichen Wert hatte, bei Hauptschulen und bei der Förderstufe jedoch doppelt so groß war. Tendenziell war *an Schulen mit relativ mehr Physiklehrern die qualifikatorische Zusammensetzung dieser Lehrer niedriger als an Schulen mit relativ weniger Physiklehrern.* Der Vergleich mit den Daten des Regierungsbezirks Gießen ergab, daß hier 1982 gegenüber 1975/77 ebenfalls keine Änderung eingetreten war. Auch dieser Zusammenhang kann als langzeitig vorhanden angenommen werden.

Während sowohl die Qualität als auch die Quantität des Lehrpersonals der Schulen für den Physikunterricht *nicht von den Schulstandorten* in den sozialgeographisch unterschiedlichen Regionen *abhing*, zeigte sich die *Schulgröße als echter Einflußfaktor*. An größeren Schulen war das Lehrpersonal höher qualifiziert und der Umfang bei relativen Bezug auf die Schüler mit Physikunterricht kleiner als dies an den kleineren Schulen der Fall war. Weiterhin erwies sich die *Verflechtung der Sekundarstufe I* mit den beiden anderen Stufen von Einfluß. Günstiger war naturgemäß die Verflechtung mit der Sekundarstufe II und *ungünstiger* die Verflechtung mit der *Primarstufe*, was hauptsächlich die *Hauptschulen* betraf.

Eine ganz andere Frage ist, welche Auswirkungen dieser Bestand an Lehrern für den Physikunterricht insgesamt hatte. Um dies beurteilen zu können, wurden die Schulleiter nach eventuellen *Fehlbeständen an Physiklehrern* und über eventuellen *Ausfall von Physikunterricht* befragt.

1975/77 gaben weit über die Hälfte der Schulleiter aller Schulgattungen einen *Fehlbestand* an Fachlehrern für Physik an. Bei Gesamtschulen und Gymnasien betrug dieser ca. 10% und bei den Haupt- und Realschulen sogar 24%. Bezogen auf die Jahre 1972/73 war dies bei den Gesamtschulen eine deutliche Verbesserung, bei den Haupt- und Realschulen jedoch eine schwerwiegende Verschlechterung, was auf eine gewisse *Bevorzugung der Gesamtschule* schließen läßt. Die Analyse der Daten des Regierungsbezirks Gießen lassen bei einer Übertragung auf das ganze Land vermuten, daß sich von 1975/77 auf 1982 hin keine Verbesserungen ergeben hatten.

Was den *Unterrichtsausfall* betrifft, so können für die Vorphase und Hauptphase nur Angaben über Schulen mit Unterrichtsausfall in Physik gemacht werden. 1972 gaben ca. 14% der Haupt- und Realschulen, 1973 und 1975 gleichartig 40% der Gesamtschulen und 1976 bemerkenswerte 61% der Gymnasien einen Ausfall von Physikunterricht an. Der Umfang des Ausfalls konnte aus den Gießener Daten von 1982 genauer ermittelt werden. Dort fielen unter Bezugnahme auf die geltende Stundentafel an den Gymnasien ca. 7%, an den Gesamtschulen ca. 14%, an den Realschulen ca. 15% und an den Hauptschulen ca. 18% Unterrichtsstunden, gemessen am Unterrichtssoll, aus. Wenngleich auch Mängel in der Sachausstattung als Gründe in einem gewissen Umfang angegeben werden, so ist der *Hauptgrund in den Fehlbeständen an Fachlehrern zu sehen* (ca. 78% Nennungen). Die Daten von 1982 lassen auch noch einen Vergleich mit anderen Schulfächern zu. Bezogen auf alle anderen Schulfächer war der *Unterrichtsausfall im Fach Physik um ca. 50% höher.*

Die *administrative Einschätzung des Lehrerbedarfs* an den Schulen basiert auf einem „2-Fach-Lehrer-Modell", d.h. es wird davon ausgegangen, daß jeder Lehrer je zur Hälfte seines Lehrdeputats Unterricht in seinen beiden Fächern erteilt. Daß diese Einschätzung *an der Realität vorbeigeht*, ergibt sich schon allein daraus, daß speziell an Haupt- und Realschulen aber auch an Gesamtschulen und an Gymnasien Lehrer in mehr als zwei Fächern Unterricht erteilen. Haupt- und Realschullehrer unterrichteten 1972/73 im Mittel in 4 Fächern, Gesamtschullehrer 1975 im Mittel in 3 Fächern. An Gymnasien betrug 1976 der Mittelwert bei Lehrern mit Lehrbefähigung 2,1 und bei Lehrern, die auch Fächer ohne Lehrbefähigung erteilten, 3,0. Was die *Physiklehrer* betrifft, so nehmen diese *bezüglich der Fächerkoppelung eine Sonderstellung* ein, die von keiner anderen Fächerkombination nur annähernd erreicht wird. 1983 hatten 83,3% der Physiklehrer an Gymnasien noch eine *Lehrbefähigung in Mathematik*, bei den Haupt- und Realschullehrern 50,6%. Diese starke Koppelung mit dem *Hauptfach Mathematik* hat zur Folge, daß Gymnasiallehrer nur etwa ein Drittel und Haupt- und Realschullehrer nur etwa ein Viertel des Lehrdeputats in Physik unterrichten. Diese *Nichtberücksichtigung im fachspezifischen Lehrerbedarfsplan von 1978* mag der Grund für eine sehr fragwürdige Antwort des HKM auf eine Anfrage des Dekans des Fachbereichs Physik der J.W.Goethe-Universität vom April 1983 sein. Das HKM sagte damals nämlich aus, daß der Bedarf an Physiklehrern z.Zt. gedeckt sei und keine Empfehlung zur Aufnahme eines Studiums für das Lehramt an Haupt- und Realschulen mit dem Fach Physik gegeben werden könne (Studentenzahlen waren drastisch zugückgegangen). Die Fragwürdigkeit dieser Auskunft ergab sich nämlich anhand einer *Totalerhebung an den staatlichen Schulämtern* im August 1983 im Anschluß an den davor letzten Einstellungstermin vom 1.8.1983. Obwohl einige Zuweisungen von Lehrern mit dem Fach Physik sowohl für Gymnasien als auch für die anderen Schulgattungen erfolgt waren, gaben die Schulämter noch einen weiteren Fehlbedarf an. Je 13 Schulämter von insgesamt 26 gaben einen Bedarf an Physiklehrern für beide Lehrämter und je 2 für das Lehramt an Gymnasien bzw. an Haupt- und Realschulen an.

Die Sachausstattungen der Schulen für den Physikunterricht

Bei der Erhebung von 1984 wurden Daten von allen Schulen, die 1975/77 ausgefüllte Fragebögen zurückschickten, erfaßt. Von den 381 Schulen der Hauptphase existierten noch 353 Schulen mit einer Sekundarstufe I und der Fragebogenrücklauf war fast total (98,6%). Die Beantworter hatten dabei anzugeben, welche Veränderungen sich an ihren Schulen von 1975/77 auf 1984 hin ergeben hatten. Dies ermöglichte eine zeitliche Längsschnittbetrachtung.

Was die Ausstattung der Schulen mit *Fachräumen für den Physikunterricht* betrifft, wurden bereits in der Vorphase bei Haupt- und Realschulen (1972) erhebliche Defizite aufgefunden, während wesentlich geringere Defizite bei Gesamtschulen (1973) i.w. mit noch nicht vollständig fertiggetellten Schulneubauten zusammenhingen. Ein Vergleich aller Schulgattungen wurde erst 1975/77 unter Einbezug der Gymnasien möglich. Die erhobenen Daten sind Antworten bezüglich vorhandener *Raumkapazitäten*. Bezogen auf alle Schulgattungen und alle vier Raumspezies (Demonstrationsraum, Schülerübungsraum, auch als ein gemeinsamer Raum; Sammlungsraum, Vorbereitungsraum, ebenfalls auch als ein gemeinsamer Raum) waren nur an 53% aller Schulen die Fachräume ausreichend vorhanden und an weiteren 29% der Schulen waren sie zwar vorhanden, aber für den Schulbetrieb nicht ausreichend. 13% der Schulen hatten keinen Demonstrationsraum, *27% keinen Schülerübungsraum*, 25%

keinen Vorbereitungsraum und 7% keinen Sammlungsraum. Die *Defizite waren bei den Hauptschulen und Realschulen* mit erheblichem Abstand zu den Gegebenheiten an den Gesamtschulen *größer*. Die Kapazitäten der Gymnasien lagen dazwischen.

Bis 1984 hatten sich nur *schwache Verbesserungen* der Raumkapazitäten ergeben, wenn man die *Gesamtheit aller Schulen* betrachtet. Deutliche Verbesserungen waren an Realschulen und Gesamtschulen eingetreten, während die Gymnasien und noch mehr die Hauptschulen deutlich unter dem mittleren Verbesserungsgrad für alle Schulen lagen. Die *Verbesserungen an den Realschulen und Gesamtschulen* standen im Zusammenhang mit *Schulbaumaßnahmen* und dem gleichzeitigen *Rückgang der Schülerzahlen*, die von 1977 auf 1983 hin um rund 19% bei allen allgemeinbildenden Schulen abgenommen hatten. Daß die *Verbesserungen an den Gymnasien* trotz hier auch stattgefundenen Schulbaumaßnahmen *wesentlich geringer* waren, ergab sich durch den *Anstieg der Schülerzahlen bei dieser Schulgattung* (verstärkter Zulauf von Schülern!). Von ganz besonderer Bedeutung ist der letzte Rang der Verbesserungen, den die Hauptschulen einnahmen, die ohnehin schon 7 Jahre zuvor als Schlußlicht erkannt worden waren. Damit wird verständlich, wenn in dieser Zeit der Lehrerverband Hessen VEB von einer *Vernachlässigung der Hauptschulen* sprach.

Für die Beurteilung der *Geräteausstattungen* erscheint ein historischer Rückblick aufschlußreich, der sich nur auf Schulen bezieht, die im Zeitpunkt der Erhebung eine Geräteausstattung hatten. Im Jahr 1950, also vier Jahre nach der Wiederaufnahme des Schulbetriebs nach dem 2. Weltkrieg unter den damaligen Schwierigkeiten, hatten erst 25% der Gymnasien, 10% der Realschulen und 5% der Hauptschulen damit *begonnen, eine Gerätesammlung aufzubauen*. Diese Prozentwerte nahmen in den nachfolgenden Jahren zu und erreichten für die einzelnen Schulgattungen im Erhebungsjahr den Wert 100%. Während bei den Realschulen und Gymnasien eine gleichmäßige Zunahme der Prozentzahlen vorlag, war dieser Anstieg bei den Hauptschulen und Gesamtschulen ab einem bestimmten Jahr „explosionsartig“. Bei den Hauptschulen ab etwa 1960 - ein Jahr nach Beginn der *Landschulreform* - und bei den Gesamtschulen ab etwa 1971, als deren Entwicklung forciert wurde. Die damit verbundenen Schulbaumaßnahmen bewirkten diese Effekte.

Die *Erhebungen über die Geräteausstattungen* der Schulen für den Physikunterricht erfolgten in der Vorphase für jeweils einen Teil Hessens 1972 ohne Rahmenrichtlinienbezug und 1973 bereits mit Rahmenrichtlinienbezug, jedoch erst mit einem Vorläufer des später (1975/77) verwendeten endgültigen Erhebungsinstruments. 1984 konnte nur ein stark reduzierter Sammlungsleiterfragebogen eingesetzt werden, der nur wieder wie bei den Fachraumkapazitäten Aussagen über Veränderungen der Geräteausstattungen zuläßt.

Bereits bei einem Vergleich *ohne Rahmenrichtlinienbezug* mittels in der Vorphase erhobener Daten konnten *gravierende Unterschiede* bei den Geräteausstattungen von Hauptschulen, Realschulen und Gesamtschulen festgestellt werden. Während rund 74% der *Gesamtschulen* eine ausreichende Ausstattung mit Demonstrationsgeräten hatten, war dies bei den *Realschulen nur bei 26%* und *bei den Hauptschulen bei keiner* der Fall. Auch mit Rahmenrichtlinienbezug (Orientierungserhebung HR-Schulen 1973) fielen die Hauptschulen gegenüber den Realschulen deutlich ab. Da nach den *RRL Physik SI dem Schülerübungsunterricht ein besonderer Stellenwert* zugeordnet wurde, ist von Bedeutung, daß sowohl 1972/73 wie auch noch 1977 etwa 17%, der Haupt- und Realschulen *keine Schülerübungsgeräte* hatten. Während dieser Mangel bei Gesamtschulen sowohl 1973 als auch 1975 bei etwa 3% lag und im Zusammenhang mit noch nicht vollständig fertiggestellten Schulbauten stand, hatten 1976 auch rund 5% der Gymnasien keine derartigen Geräte.Die eigentliche auf die RRL Physik SI bezogene Beurteilung der Ausstattungen der Schulen mit Experimentiergerät wurde erst mit den einheitlichen Datenerhebungen von 1975 an den Gesamtschulen, 1976 an den Gymnasien und 1977 an den Realschulen und an den Hauptschulen möglich, wobei zu der letzten Schulgattung die Grundschulen mit Förderstufe (GF) mitgezählt wurden, da im 6. Schuljahr Physikunterricht nach den RRL in allen Schulgattungen vorgesehen ist. Die Geräteliste, die den Sammlungsleitern zur Beurteilung vorgelegt wurde, war vorher inhaltlich mit der Rahmenrichtlinienfachgruppe Physik SI abgestimmt worden. Die mit ihr erhobenen Daten ermöglichen einen *Soll-Ist-Vergleich*, der nach zwei Modalitäten vorgenommen wurde. Erstens nach dem *Kriterium der Mindestanforderung* und zweitens nach dem *Kriterium der methodischen Flexibilität*. Dabei erreichten im Mittel die Gymnasien und Gesamtschulen in etwa die 60%-Marke bei beiden Bewertungsmaßen, die Realschulen lagen bei etwa 54% und die Hauptschulen (mit GF) erreichten beim erstgenannten Maß 43% und beim zweiten nur 30%. *Die Geräteausstattungen der Gesamtheit aller Schulen erwiesen sich zum Zeitpunkt des Beginns der verpflichtenden Erprobung der RRL Physik SI als völlig unzureichend. Die Defizite waren bei den Hauptschulen mit Abstand am größten.*

Wie bei den Fachraumkapazitäten haben die Sammlungsleiter 1984 auch die Veränderungen bei den Geräteausstattungen beurteilt. Ebenso wie bei jenen haben sich die Geräteausstattungen von 1975/77 auf 1984 hin *nur relativ schwach verbessert*. Der Schwerpunkt der Verbesserung lag dabei *beim Demonstrationsgerät* und *nicht, wie es noch erforderlicher war, beim Schülerübungsgerät*. Auch hier wurden, wie schon bei den Fachraumkapazitäten, die *Hauptschulen (+GF) vernachlässigt*.

Untersuchungen auf Zusammenhänge führten zu folgenden Ergebnissen:

1. Die Qualität der Ausstattungen der Schulen für den Physikunterricht erwiesen sich als vom *Schulstandort* unabhängig.
2. Die Unterschiede erwiesen sich als zu einem erheblichen Teil von der *Schulgröße* abhängig. Tendenziell hatten größere Schulen bessere Ausstattungen als kleinere.
3. Als *Negativfaktor* erwies sich die Verflechtun mit der *Primarstufe*, die ja gerade bei den *Hauptschulen* sehr groß ist. Die Verflechtung mit der Sekundarstufe II dagegen erwies sich eher als förderlich.

Ökonomische Aspekte der Geräteausstattungen

Wenn man den zeitlichen Verlauf des Ausstattungsprozesses in den einzelnen Schulgattungen verfolgt (Zeitraum von 1950 bis 1975/77), so erstreckten sich die *Phasen der hauptsächlichen Ausstattungsintensität* auf sehr unterschiedliche Zeitintervalle. Im Mittel waren dies bei den Gymnasien etwa 10 Jahre und bei den Realschulen etwa 4 Jahre, während bei den Ausstattungen der Hauptschulen und Gesamtschulen im Mittel nur Zeitintervalle von etwa 2 Jahren vorlagen. Diese deutlich kürzeren Zeiten stehen i.w. im Zusammenhang mit der *Errichtung der Mittelpunktschulen* während der Landschulreform und der *Errichtung von Schulbauten für Geamtschulen.* Bei Neubauten mußte immer ein bestimmter Betrag (je nach Schulgattung 8% bis 17%) für die Ausstattung und Einrichtung der Räume zur Verfügung stehen. Dies führte bei solchen Schulen dazu, daß diese innerhalb eines relativ kurzen Zeitintervalls eine *„vollständige" Erstausstattung nach den Vorstellungen der Lieferfirma* erhielten, während bei den anderen Schulen ohne Neubauten finanzielle Mittel über einen längeren Zeitraum verteilt waren.

Bei dieser Sachlage war es unmöglich finanzielle Werte der Geräteausstattungen zu erfassen, welche die Qualität von „Buchwerten" haben. Deshalb wurden die Sammlungsleiter nur um *Wertabschätzungen* gebeten und es wurde vorsorglich eine *Prüfung auf Validität vorgenommen.*

Unabhängig von diesen Wertabschätzungen konnte jedoch bereits mit Hilfe der Daten der Geräteliste eine *finanziell orientierte Untersuchung* durchgeführt werden, indem die als vorhanden angegebenen Geräte mit den Lehrmittelpreisen des Marktführers bei den SI-Schulen (Firma Phywe) in Beziehung gesetzt wurden. Alle Geräte konnten *Preisklassen* zugeordnet werden. Dabei zeigte sich, daß *bei allen Schulgattungen* die *Defizite an Geräten höherer Preisklassen größer* waren als bei den niedrigeren. Unter dem finanziellen Aspekt erschienen die *Defizite beim Schülerübungsgerät höher als beim Demonstrationsgerät.* Die Bewertung der Geräteausstattungen nach Preisklassen *spiegelt die Unterschiede zwischen den einzelnen Schulgattungen faktisch genau so wieder*, wie diese bereits bei den Soll-Ist-Vergleichen nach methodischen Gesichtspunkten erfaßt wurden.

Die *Größenordnungen der Mittelwerte der Schätzwerte* der Sammlungsleiter für die einzelnen Schulgattungen können als *valide* angesehen werden. Sie zeigen das *eigentliche Ausmaß der Unterschiede in den Ausstattungen* auf:
Gesamtschulen (mit SII): 165.000 DM; Gymnasien: 116.000 DM;
Gesamtschulen (ohne SII): 113.000 DM; Realschulen: 41.000 DM und
Hauptschulen: 13.000 DM

Wenngleich im Mittel die Einheiten bei den Gesamtschulen etwas größer als bei den Gymnasien und erheblich größer als bei den Realschulen und Hauptschulen waren und deshalb teilweise Mehrfachausstattungen vorlagen, sind die Unterschiede der Schätzwerte doch ganz erheblich. *Im Zusammenhang mit den Schulbaumaßnahmen hatten die Gesamtschulen bezüglich der Geräteausstattungen am meisten profitiert.* Ein Vergleich mit den jeweils im Erhebungszeitraum geltenden Preisen für eine *Normalausstattung* (1 Satz für Demonstrationen und 8 Sätze für Schülerübungen) der Firma Phywe läßt erkennen, inwieweit die Schulen in der Lage waren, das jeweilige Angebot für ihre Schulgattung zu verwirklichen:
Gesamtschulen (mit SII): 75%; Gymnasien: 53%;
Gesamtschulen (ohne SII): 82%; Realschulen: 53% und Hauptschulen 54%.
Offensichtlich standen den *Gesamtschulen gegenüber den tradierten Schulgattungen umfangreichere finanzielle Mittel für die Geräteausstattungen zur Verfügung.*

Der Versuch von C.Mirgel, 1976 von allen Schulträgern des Landes Hessen Informationen über deren Lehrmitteletat zu bekommen, führte nur zu einem Teilerfolg mit einem Rücklauf ausgefüllter Fragebögen im Umfang von 43%. Nachdem 13 von 30 Schulträgern geantwortet hatten, wurde auf Anweisung des Hessischen Landkreistages die *Aktion beendet.* Als Begründung wurde angegeben, daß die *Möglichkeit eines politischen Mißbrauchs* bestünde. Obzwar also nur von einem Teil der Schulträger Daten zur Verfügung gestellt wurden, konnten einige wichtige Erkenntnisse gewonnen werden.

Die *Zuweisungen der Etatmittel* zeigten deutlich zeitliche Schwankungen, die *von der allgemeinen wirtschaftlichen Lage* beeinflußt wurden. Insbesonders haben sich die Rezessionen von 1967 und 1975 ausgewirkt. *Regional lagen erhebliche Streuungen* der auf die Anzahl der Schüler bezogenen relativen Etatbeträge vor, da die Schulträger *keine einheitlichen Verteilungsschlüssel* für die einzelnen Schulgattungen anwandten. Diese *Streuungen* hatten mehr *zufälligen Charakter* und standen in keinem Zusammenhang mit der Finanzkraft der Schulträger, dem sozialgeographischen Rangplatz und den Fortschritten in der Schulreform (Förderstufe/Gesamtschule). Da die Höhe des jährlichen Schuletats ganz wesentlich von der *Schulgröße* bestimmt ist, sind die *Hauptschulen im Nachteil.* Unabhängig davon waren in den siebziger Jahren die *Physiketats bei allen Schulgattungen relativ unergiebig*, wenn man die aufgezeigten Defizite in den Geräteausstattungen berücksichtigt.

Ein bedeutsames Problem der Schulen war die erhebliche Verteuerung der physikalischen Lehrmittel in den siebziger Jahren. In diesem Zeitabschnitt waren *die Preise für physikalische Lehrmittel um 50% gestiegen*, während *die Zuweisung an Lehrmitteln bei den Schulen nur um rund 35% erhöht wurden*, obgleich sich die *Finanzkraft der Schulträger verdoppelt* hatte.

Den Bemühungen der Sammlungsleiter, die Geräteausstattungen den Anforderungen der RRL entsprechend zu verbessern, waren bei dieser Sachlage Grenzen gesetzt, zumal die fachbezogenen Anteile der Etatmittel für das Fach Physik ohnehin schon höher als im Durchschnitt der anderen Fächer lagen. In den drei Jahren von 1974 bis 1976 wurde für die Gesamtheit aller Schulgattungen ein Anteil von 15,4% ermittelt. Bei gleichmäßiger Verteilung auf alle Fächer wären dies nur 7,7% gewesen.

ENTWICKLUNGSPROJEKTE

Im Auftrag des HKM wurden unter der Leitung des Verfassers „Normausstattungsmodelle für den Bereich der naturwissenschaftlichen Fächer der Mittelstufe“ entwickelt und als „*Rahmenrichtlinienbezogene Ausstattungskataloge*“ von HIBS 1980 veröffentlicht. Die Zielvorstellungen, die mit dieser Entwicklungsarbeit verbunden waren, haben zwei Richtungen. Erstens sollten den Sammlungsleitern mit den Katalogen Orientierungshilfen im Hinblick auf die erforderlichen Verbesserungen der Lehrmittelausstattungen gegeben werden. Zweitens sollte damit auch dem von Schulträgern vielfach geäußerten Wunsch der Schaffung einer objektiven Bezugsgrundlage Rechnung getragen werden. Was die *Schulen* betrifft, muß es jedoch gewisse *Informations- bzw. Verteilungsprobleme* gegeben haben, denn 1984 stand erst an etwa einem Drittel der Schulen der spezielle Katalog für Physik den Sammlungsleitern zur Verfügung. Wie dem Verfasser vor kurzem (also 1994) mitgeteilt wurde, bestünde nach wie vor eine Nachfrage. Die Sammlungsleiter, die 1984 im Besitz des Katalogs waren, äußerten sich über diesen überwiegend positiv, aber es wurden auch Bedenken in dem Sinne geäußert, daß eine *Realisierung aus finanziellen Gründen sehr schwierig* sein dürfte. Aus diesem Grunde wurde ein *Kostenvergleich* nach den Lehrmittelpreisen von 1979 durchgeführt, wobei die Kosten für eine Ausstattung nach dem Physikkatalog mit denen eines expliziten und nach Schulformen differenzierten Ausstattungsangebots der Firma Phywe vom (3.1.1979) verglichen wurden. Eine Normausstattung für die SI wurde von der Firma Phywe für rund 170.000 DM angeboten und eine Normausstattung nach den Ausstattungsvorschlägen hätte bei der gleichen Firma fast 200.000 DM gekostet. Der um 30.000 DM höhere Preis steht damit im Zusammenhang, daß das Pauschalangebot der Firma Phywe in ungenügender Weise Schülerübungsgeräte beinhaltete und den Lehrern sehr viel weniger fachliche und methodische Freiheit einräumte als dies beim Ausstattungsvorschlag für das Fach Physik der Fall ist. Bei dieser Diskrepanz zeigte sich nach inhaltlichen

Analysen des Phywe-Angebots auch, daß es *nicht den Anforderungen der RRL entsprach.*

Im Rahmen eines Kooperationsprojekts mit dem Deutschen Institut für Internationale Pädagogische Forschung, Abtlg. Ökonomie, wurde ein Kriterienkatalog entwickelt, der geeignet ist, Sammlungsleitern eine objektive Entscheidungshilfe bei der Auswahl von physikalischen Geräten und Gerätesätzen anzubieten. Er wurde unter dem Leitziel „Realisierung einer bestmöglichen Geräteauswahl" konstruiert. Seine Verwendungsmöglichkeit wird beispielhaft aufgezeigt.

Probleme der Reform des Physikunterrichts aus der Sicht der Lehrer

Durch eine marginale Lehrerbefragung an Haupt- und Realschulen (1972 und 1973), an Gesamtschulen (1975) und Gymnasien (1976) und unter Einbezug der vom HIBS im Rahmen eines Evaluationsprojekts zu den RRL 1981 vorgenommenen „Expertenbefragung" konnten in sicherlich nicht vollständiger Weise einige Fakten aufgefunden werden.

Übereinstimmend in allen Schulgattungen ordnen Physiklehrer dem *Fach Physik* einen besonderen Stellenwert zu, indem sie dieses nachrangig zu den Hauptfächern als *bedeutendstes Nebenfach* deklarieren. Sie scheinen dabei nicht einer Art zwangsläufigen „Selbstbestätigung" zu verfallen, da auch „Nicht-Physiklehrer" (Lehrer und Wissenschaftler anderer Fachrichtungen) eine solche Einstufung vorgenommen haben. Während sich die Antworten auf die betreffende Frage bei Lehrern mit einer vollen oder eingeschränkten Lehrbefähigung für dieses Fach unabhängig vom Rahmenrichtlinienbezug erwies, nahm diese Einschätzung bei *fachfremd unterrichtenden Lehrern* bei Rahmenrichtlinienbezug deutlich ab. *Ein Effekt der Verunsicherung* wird angenommen.

Zwischen 1973 und 1975, also im Zeitraum der freiwilligen Erprobung der RRL, hatte sich eine *deutlich überwiegende Anzahl* von Physiklehrern (Haupt- und Realschule, Gesamtschule) *positiv* zu den geplanten Lehrplanänderungen geäußert. Die bedeutsamsten *negativen Anmerkungen* bezogen sich auf die *Stoffülle* und den *Schwierigkeitsgrad (Hauptschule).* Die Physiklehrer der Gymnasien (1976) lagen in ihrer Zustimmung noch deutlich darüber. Dies ist jedoch von geringerer Bedeutung, da die RRL Physik SI eine starke Affinität zur Mittelstufenphysik der Gymnasien nach den Plänen von 1962 haben und sich lediglich der methodische Rahmen (Schwerpunkt Schülerübungen) etwas geändert hatte.

Im Vergleich zu den bisherigen Lehrplänen wurde die *Durchführbarkeit* eines Unterrichts nach den RRL von den Lehrern aller Schulgattungen *als schlechter eingeschätzt*, wobei als Hauptgrund das *Stoffülle-Zeit-Problem* wegen einer zu geringen Stundenzahl für das Fach Physik angegeben wurde. Daneben wurden fast gleichgewichtig *Materialschwierigkeiten* genannt und auf das *Fehlen geeigneter Schulbücher* verwiesen.

Ein großer Teil der Lehrer ging davon aus, daß bei einem Unterricht nach den RRL eine *höhere Belastung* auf sie zukommen würde. Dabei schlugen besonders die Aussagen von Lehrern mit fachfremdem Unterricht und die von Gymnasiallehrern mit überwiegendem Einsatz in der Sekundarstufe II zu Buche.

Der besondere Stellenwert des Schülerübungsunterrichts ist empirisch belegt, indem unabhängig von den damit erzielten Lernerfolgsergebnissen, feststeht, daß das Interesse und die Motivation für das Fach Physik geweckt und verstärkt werden können, wenn eine vernünftige Organisationsform vorliegt. Die Forderungen nach einer Intensivierung gehen nunmehr schon über eine Zeit von 90 Jahren, aber die *Umsetzung läßt zu wünschen übrig*, wie folgende Untersuchungsergebnisse belegen:

Nach den Erhebungsergebnissen aus den Jahren 1972 bis 1976 folgte, daß an 22% der Hauptschulen, an rund 11% der Realschulen und Gesamtschulen und an rund *55% der Gymnasien keine Schülerübungen* stattfanden. An den Schulen, wo Schülerübungsunterricht stattfand, betrugen die *Anteile* desselben in bezug auf alle Unterrichtsformen des Physikunterrichts *an den Hauptschulen rund 36%*, an Realschulen und Gesamtschulen rund 28% und *an den Gymnasien nur 9%. Schülerübungsunterricht* wurde *an den Hauptschulen*, soweit überhaupt möglich, *favorisiert*, während das *Gegenteil an den Gymnasien* der Fall war. Während von 1975/76 auf 1984 hin an Gymnasien und Gesamtschulen die Anzahl der Schulen ohne Schülerübungsunterricht nur leicht abgenommen hatten, nahmen diese bei den Haupt- und Realschulen von 1972/73 auf 1984 hin zu. Analog war der Verlauf bei den Anteilen des Schülerübungsunterrichts in bezug auf alle Unterrichtsformen. Dies bedeutet, daß *in der Phase der verpflichtenden Erprobung der RRL der Schülerübungsunterricht insgesamt nicht intensiviert werden konnte*. Als *Hauptschwierigkeitsgrund* wurden zu *große Klassen* angegeben, die Teilungen im Zusammenhang mit dem „*Sicherheitserlaß*" gefordert hätten, was schulorganisatorisch entweder wegen *fehlender Lehrer* oder wegen *Mängeln in der Raumkapazität oder an Schülerübungsgeräten* nicht möglich war.

Die Ergebnisse der *Expertenbefragung* des Hessischen Instituts für Bildungsplanung und Schulentwicklung im Rahmen des rahmenrichtlinienbezogenen *Evaluationsprojekts* sind natürlich umfangreicher als dies bei den marginalen Lehrerbefragungen des Untersuchungsprojekts der Fall sein konnte. Aus diesem Grunde und wegen der unterschiedlichen Zeiten der Erhebungen ist ein Vergleich schwierig. Von Bedeutung ist jedoch, daß die Experten 1981 i.w. die gleichen Schwierigkeiten der Umsetzung der RRL nannten, wie diese von den Lehrern schon vor der verpflichtenden Erprobung (1973-76) angenommen wurden.

ASPEKTE DER AUS-, WEITER- UND FORTBILDUNG VON PHYSIKLEHRERN

Einen besonderen Einfluß auf die *Wahl naturwissenschaftlicher Fächer als Studienfächer* geht vom *erlebten Schulunterricht* in diesen Fächern aus.

Der Mitte der siebziger Jahre auch bei den Lehramtsstudiengängen verhängte *Numerus clausus* erwies sich zwar als ein Instrument, mit dem die Gesamtzahl der Studienabschlüsse wesentlich herabgesetzt werden konnte, er war aber *nicht geeignet, am fachspezifischen Bedarf gemessene Disproportionalitäten wesentlich zu verändern.*

Zusatzqualifikation im Rahmen einer Erweiterungs- oder Zusatzprüfung zu erlangen, war im Falle des *Faches Physik weitaus schwieriger* als bei allen anderen Fächern. Ein annähernd gleich hoher Schwierigkeitsgrad lag nur beim Fach Mathematik vor. Am Beispiel des *Kontaktstudiums für Physiklehrer* der Universität Frankfurt konnte aufgezeigt werden, daß mit gezielten Veranstaltungen für weiterbildungswillige Lehrer diese Schwierigkeiten deutlich herabgesetzt werden können.

Die *Kapazität der Zentralen Lehrerfortbildung* für die naturwissenschaftlichen Fächer erwies sich als *zu gering*. Gewisse Kompensationen durch die ab Ende der siebziger Jahre im Aufbau befindliche Regionale Lehrerfortbildung erschienen als möglich. Die *Hauptschwierigkeiten bezüglich der Teilnahme an Fortbildungsveranstaltungen* waren schulorganisatorischer Art, gefolgt von örtlich-geographischen und im geringeren Umfang lagen solche persönlicher Natur vor. Die Auswirkungen dieser Schwierigkeiten zeigten sich beispielhaft am Anfang der siebziger Jahre bei den Problemen der Einführung der „Neuen Mathematik“. So wurde das Angebot des Funkkollegs Mathematik zunächst mit großem Interesse wahrgenommen. Bis zum Ende jedoch hatte nur ein relativ kleiner Teil die einjährigen zusätzlichen Anstrengungen neben der Berufsausübung durchgestanden.

Als *Indikatoren individueller Fortbildung* der Lehrer kann die Anzahl fachwissenschaftlicher und fachdidaktischer Bücher im Eigenbesitz aufgefaßt werden. Nach Angaben der Lehrer lagen nur geringe Bestände in Eigenbesitz vor, so daß aus diesem Grunde der *Ausstattungen der Lehrerbüchereien* eine besondere Bedeutung zukommt. Diese wurden als *sehr schlecht* beurteilt, was meist mit Hinweisen auf das *Fehlen finanzieller Mittel* begründet wurde.

Dem Teil des *Evaluationsberichts*, der sich auf die Lehrerfortbildung bezieht, kann nicht viel Wesentliches entnommen werden. Bemerkenswert ist die *Ablehnung von Multiplikatoren* mit der Begründung, daß diese die Probleme des Fachs (bspw. Ausstattung) nicht lösen könnten.

METHODENKRITISCHE ANALYSEN

Der abschließende methodenkritische Teil zeigt die Validität der konstruierten sozialgeographischen Rangfolge und die der Mittelwerte der finanziellen Schätzwerte der Sammlungsleiter auf. Weiterhin werden testkritische Analysen bezüglich der Listenfragen vorgestellt, welche die Tauglichkeit der verwendeten Befragungsinstrumente sicherstellen.

ANMERKUNGEN

1 Beschlüsse der KMK vom 17.11.1977, veröffentlicht im Amtsblatt des Hess. Kultusministers, 30 (1977)12, S.665-685.

2 Hessischer Kultusminister: Rahmenpläne in Hessen - Informationen - Stand 1.2.1982.

3 Soweit sich statistische Daten auf die Jahre 1950 und 1960 beziehen, werden die damaligen Volksschulen der zusammengesetzten Gattung der Grund- und Hauptschulen zugeordnet.

4 Mittelschulen der Jahre 1950 und 1960 werden bei den Realschulen aufgeführt. Der Definition entsprechend werden hier auch Volksschulen mit Mittelschulzügen mitgezählt.

5 Die Schulstatistik von 1950 und 1960 unterscheidet zwischen Sonderschulen und Hilfsschulen. Soweit diese damals in „Reinform" existierten, werden sie insgesamt unter der Gattung der Sonderschulen aufgeführt. Volksschulen mit Hilfsschulklassen werden definitionsgemäß bei den Grund- und Hauptschulen mitgezählt.

6 Im Privatschulbereich gibt es Gymnasien mit Grund- und/oder Hauptschülern. Die Variable x kann die Werte 5, 7 oder 11 annehmen. Die Variable y kann die Werte 10 oder 13 annehmen.

7 Die Variablen x und y können die gleichen Werte wie in Anm. 6 annehmen. Dies hängt davon ab, ob in den einzelnen Teilgebieten die Förderstufe bereits flächendeckend eingeführt ist oder nicht und ob die betreffende Gesamtschule noch gymnasiale Oberstufenklassen mitführt oder nicht.

8 Es gibt integrierte Gesamtschulen ohne Förderstufe, die also nur Schüler ab der Jahrgangsstufe 7 enthalten. Hier kann die Variable x nur den Wert 11 und die Variable y nur den Wert 13 annehmen.

9 Die G-F-Schulen werden nach dem „Strukturplan" (S.147) dem Primarbereich zugeordnet. Da ihre F-Klassen aber nach den Rahmenrichtlinien der Sekundarstufe I zu unterrichten sind, wurden sie in die Untersuchung über die Sekundarstufe I mit einbezogen. Deshalb die Hervorhebung als Untergattung.

10 Genauer gesagt, handelt es sich hier um einen größeren Faktorenkomplex (vgl. GEIPEL (1969a)), den man als den Komplex sozialgeographischer Bedingungsfaktoren des Bildungswesens bezeichnen kann.

11 Die Tabellen beziehen sich auf die Gesamtheit aller öffentlichen und privaten allgemeinbildenden Schulen. Was die Entwicklung der Förderstufe anbelangt, mußte auf eine Darstellung in den Tabellen verzichtet werden, da es sich hier nicht um eine Schulgattung im Sinne unserer Definition handelt (vgl. aber Tabelle 3).
Quellen für die Zusammenstellung der Tabellen sind:
1. Der Hess. Minister für Erziehung und Volksbildung, Referat Statistik:
a. Die Schulen in Hessen, Jahreserhebung vom 16.5.1950,
b. Die allgemeinbildenden Schulen in Hessen, Jahreserhebung vom 16.5.1960.
2. Der Hess. Kultusminister: Bildung und Wissenschaft in Zahlen (GIV 3-008/20-21-vom 20.10.1970).
3. Der Hess.Kultusminister: Hessische Bildungspolitik in Zahlen, Ausgaben 1975, 1976,..., 1984 (jährlich).
4. Hessisches Statistisches Landesamt: Verzeichnis der allgemeinbildenden Schulen in Hessen, Wiesbaden 1970, 1972, 1974, 1976, 1978, 1981, 1983 und 1984.
5. Hessischer Landtag, Drucksache 8/6342 vom 3.7.1978: Antwort der Landesregierung auf die Große Anfrage der Fraktion der F.D.P. betreffend Lehrerversorgung und Lehrerbedarfsplan.

12 Das Schuldorf Bergstraße (1.4.1955) und das damalige Aufbaugymnasium in Kirchhain (1.4.1957) werden in der hessischen Gesamtschulstatistik mit diesen Einrichtungsdaten als Gesamtschulen geführt.

13 Als Maß für die Größe einer organisatorischen Einheit wird durchgängig die Schülerzahl der Einheit verwendet. Hier wurden die berechneten Mittelwerte auf Zehner gerundet, da die Berechnung teilweise über Intervallklassenmittelwerte durchgeführt werden mußte.

14 BAUMANN (1967), S.35

15 ebenda, S.33.

16 ebenda, S.35.

17 Gesetz über die Unterhaltung und Verwaltung der öffentlichen Schulen und die Schulaufsicht. Gesetz- und Verordnungsblatt für das Land Hessen, Teil l, 1969, S.87-100.

18 Das Schulverzeichnis 1970 weist in seinen einzelnen Teilen für den Stichtag 15. 1o. 1969 Gemeinden, Schulverbände, Landkreise sowie private und kirchliche Gruppen als Schulträger aus. Nach dem Schulverwaltungsgesetz von 1969 (vgl. Anm.17) liegt die Schulträgerschaft der öffentlichen Schulen weitestgehend bei den Landkreisen und kreisfreien Städten (wirksam seit dem 1.1.1970) und in nur sehr wenigen Ausnahmefällen bei größeren Gemeinden innerhalb eines Landkreises (bspw. Rüsselsheim oder Stadt Fulda).

19 Vgl. die Festlegung der Bedeutung der Symbole in 1.1.

20 Konsolidierungsprogramm der regierenden SPD/FDP- Koalition von Anfang 1976.

21 Die Lokalisierung von Förderstufen an den Realschulen im Sinne obiger Definitionen ist kein Widerspruch zum Gesetz, da diese Hauptschulklassen enthalten können.

22 Vgl. „Erziehung und Wissenschaft“, 30 (1978) 3, S.4.

23 Entnommen einem Vorabdruck von „Hessische Bildungspolitik in Zahlen - Mai 1978“, der freundlicherweise vor Druckauflegung vom Referat Statistik des Hess. Kultusministers zur Verfügung gestellt wurde.

24 Eigene Analysen anhand der Erhebungsunterlagen zum Stichtag 15.10.1976, die freundlicherweise von der Schulabteilung des Hess.Kultusministers zur Durchsicht zur Verfügung gestellt wurden, ergaben, daß im Schuljahr 1976/77 in 20 von insgesamt 153 Gymnasien nur noch Schüler der Klassen 11 bis 13 unterrichtet wurden.

25 Im Zusammenhang mit dem Erhebungszeitraum 1975-1977- der Hauptphase des Projekts (vgl. Teil 6) -erschien es als sinnvoll, einen Bezugszeitpunkt in der Mitte dieses Zeitraums zu wählen. Da die hessischen Schulverzeichnisse für die allgemeinbildenden Schulen seinerzeit nur in geradzahligen Jahren erschienen und sich dann auf die Erhebungen vom Stichtag 15.10. des Vorjahres beziehen, mußte auf die Erhebungsoriginale zurückgegriffen werden. Vgl. dazu Anm.24.

26 Der unmittelbare Rückgriff auf die Erhebungsoriginale (vgl. Anm.25) machte es überhaupt erst möglich, die SI-Schüler zu sortieren. In den veröffentlichten Unterlagen liegen mehrfache Überschneidungen vor. Eine Kontrolle der Absolutzahlen (auf Zehner gerundet) zeigt für die Gesamtsumme faktische Übereinstimmung mit dem von der Schulstatistik ausgewiesenen Wert. Vgl. hierzu: Hessische Bildungspolitik in Zahlen, Juli 1977, S.5, Anzahl der Schüler der Mittelstufe: 456.425.

27 Vgl. „Erziehung und Wissenschaft“, 29 (1977) 2,S.3.

28 Statistisches Bundesamt: Statistisches Jahrbuch 1977 für die Bundesrepublik Deutschland, Wiesbaden 1977. Verwendet wurden die Angaben über Schülerzahlen in den ein-

zelnen Schulformen (S.325) und die Angaben über die Stärke der Jahrgänge am Jahresende 1975 (S.59).

29 Dies geht schon aus den amtlichen Festlegungen der Schüler- Lehrer-Relationen hervor. Bspw. nach einem letzten Entwurf des Hess. Kultusministeriums (vgl. Mitteilungsblatt des Deutschen Lehrerverbandes Hessen, 2 (1978) 11, S.198): Mittelstufe der Gymnasien (etwas besser als für Realschulen) mit 20:1 und Oberstufe der Gymnasien mit 12,6:1. Eine Kontrollberechnung von realen Werten ergab für die 7 zum Stichtag 15. 10.1976 bestehenden reinen Mittelstufengymnasien eine mittlere Verhältniszahl von 24,5:1, die sich nach Einbezug der 3 privaten Mittelstufengymnasien auf 23,1:1 reduzierte.

30 Gezählt werden nur hauptamtliche Lehrer und für 1975 auch die auf Vollzeitlehrer umgerechneten Referendare, die zu den anderen drei Erhebungszeitpunkten noch keinen eigenverantwortlichen Unterricht zu erteilen hatten.

31 Die entsprechenden Schulen der einzelnen Schulgattungen des 2. Bildungsweges werden nicht berücksichtigt, da sie von den Altersstufen her nicht zur Sekundarstufe I zählen.

32 Vgl. Deutscher Lehrerverband Hessen: Mitteilungsblatt 2 (1978) 4, S.54. Da die Angaben dort unvollständig sind, wurden spezielle Auskünfte am Hess. Kultusministerium eingeholt. Demnach galten für die Lehrerzuweisung für das Schuljahr 1978/79 folgende Richtwerte der Verhältniszahlen: G: 28,0; H: 24,0; R: 22,2; Gym 5/10: 20,0; Gym 11/13: 12,6; F: 21,4; I: 18,0.

33 Als Lerngruppen können für den größten Teil des Unterrichts an den Schulen des tradierten Bereiches die Klassen angesehen werden. Diesen entsprechen dann im reformierten Bereich (integrierte Gesamtschulen und Förderstufen) die sogenannten Kerngruppen, da diese im Gegensatz zu den Leistungskursen und Förderkursen über die Dauer eines Schuljahres hinweg als relativ von konstanter Zusammensetzung angesehen werden können. Die reformierte gymnasiale Oberstufe dagegen besitzt praktisch überhaupt keine von den Fächern unabhängige Zusammensetzung von Lerngruppen mehr.

34 Das wöchentliche Lehrdeputat schwankt zwischen 24 Pflichtstunden bei Gymnasiallehrern und 28 Pflichtstunden für einen Großteil der Lehrer im G-H-R-Bereich. Das Deputat, das je nach Lehramt und Schulform variiert, wurde 1976 neu festgesetzt (Gesetz und Verordnungsblatt für das Land Hessen, Teil 1, 1976, S.301 ff: „Verordnung über die Pflichtstundenzahl der Lehrer, über die Anrechnung dienstlicher Tätigkeiten und über Pflichtstundenermäßigungen aus sozialen Gründen").

35 Die Entlastungen werden ebenfalls durch die in Anm. 34 genannte Verordnung geregelt.

36 Klassenfrequenz = Anzahl der Schüler je Klasse. Falls keine anderen Hinweise erfolgen, so beziehen sich die Klassenfrequenzen bei Gymnasien und Gesamtschulen auf die Jahrgangsstufen 5-10. Vgl. auch die nachfolgenden Anmerkungen.

37 Die Werte für 1975 und 1977 beziehen sich weitgehend auf den Bereich Gym 5/10 (vgl. Anm.33).

38 Während der Wert für 1969 aus Daten des Schulverzeichnisses berechnet werden konnte, ist dies bei späteren Ausgaben nicht mehr möglich, da keine Lehrerzahlen mehr mitgeführt werden. Da auch die weiteren Unterlagen keine Klassenfrequenzen ausweisen, wurde eine spezielle Auskunft beim Referat Statistik des Hess. Kultusministers eingeholt. Die Werte in den Klammern sind mitgeteilte Schätzwerte.

39 Alle drei Werte sind Schätzwerte (vgl.Anm.38).

40a Herangezogen wurden die in der Anmerkung 11 unter 3. genannten Quellen. Da die Ausgabe von 1985 zum Zeitpunkt der Zusammenstellung noch nicht vorlag, wurde das Datum für 1984 telefonisch bei der Statistischen Abteilung des HKM eingeholt.

40b Statistische Veröffentlichungen der Kultusministerkonferenz: Vorausberechnungen der Schüler- und Absolventenzahlen 1983 bis 2000.

41a Nach Mitteilung der Stat.Abtlg. des HKM ist von einer Wochenstundenzahl von je 10 für Teilzeitberufsschüler gegenüber ca. 30 für Vollzeitberufsschüler auszugehen.

41b Schätzung auf der Grundlage der Anzahl der Lebendgeborenen in Hessen. Quelle Anm.11/3.

41c Hinweis der Stat.Abtlg. des HKM.

41d Mündliche Mitteilung der Stat.Abtlg. des HKM.

41e wie d).

42 Vgl. S.123 ff: 4.3. Das Erziehungsfeld „Schule" und das Lehrerverhalten. Dort wird auf diesen Zusammenhang hingewiesen und werden verschiedene Autoren (u.a. v.Hentig, Wilhelm, Brezinka, Mollenhauer, Adamson) dazu zitiert.

43 Vgl. HEIMANN u.a. (1972).

44 Vgl. a.a.O., S.53 ff. „Beispiele von Forschungsthemen", insbesondere Top 29-31 (S.57). Edding wirft hier die Frage des Einflusses regionaler Faktoren, wie bspw. Bevölkerungswanderungen, Geburtenfolge und wirtschaftliche Veränderungen auf die Schulbevölkerung des Einzugbereiches bestehender und neu zu bauender Anstalten auf. Weiterhin, ob etwa ein Einfluß des Vorhandenseins guter Schulen und Hochschulen auf die Standortwahl von Betrieben der Wirtschaft nachweisbar wäre.

45 Vgl. a.a.O.: Schaubild 22 und zugehörigen Text: „..., daß der relative Besuch von Sonderschulen recht gut mit der Höhe des Sozialprodukts je Einwohner korreliert." Schaubild 25 und zugehöriger Text: „Der relative Besuch von Schulen aller Art durch Achtzehnjährige läßt eine weit bessere Korrelation (mit dem Sozialprodukt, Anm.d.Verf.) erkennen...

46 a.a.O., S.148

47 Mit diesem Hinweis gesteht der Verfasser ein, daß er trotz Studiums einschlägiger Literatur (STORKEBAUM (1969), RUPPERT/SCHAFFER (1969)) den Bereich der Sozialgeographie nur annähernd überschaut. Dies kann damit zusammenhängen, daß zumindest zeitweilig unter den Geographen selbst (vgl. BOBEK (1969)) kein Konsens bestand.

48 Vgl. STEINBERG (1969), S.217.

49 Als Beispiel zu diesem Problemkomplex sei auf die hessische Gesamtschulentwicklung verwiesen. Verglichen wurde die Verteilung der hessischen Gesamtschulen im Jahre 1974 auf die hessischen Kreise (Hess.Kultusminister: Schulentwicklung in Hessen, Wiesbaden 1974, und Schulverzeichnis 1974) mit der Verteilung der Kreistagssitze auf die drei politischen Parteien. Der Vergleich zeigt, daß in den typischen CDU-Kreisen Fulda und Limburg relativ weniger Gesamtschulen existierten als im Landesdurchschnitt. Dies galt auch für den Dillkreis mit einem Sitzegleichgewicht von CDU und SPD (FDP nicht vertreten). Aber es gab auch typische SPD-FDP-Kreise, wie Waldeck-Frankenberg und den Rheingaukreis, in denen es 1974 noch keine Gesamtschulen gab.

50 Dieser Hinweis ist insofern von Bedeutung, da am 1.8.1972 eine tiefgreifende Gebietsreform durch Zusammenlegung einzelner Kreise zu größeren Verwaltungseinheiten erfolgte, die ihre Fortsetzung zum 1.7.1974 erfuhr. 1975 waren die 48 Kreise von 1972 auf insgesamt 30 neue Verwaltungseinheiten reduziert (vgl. Hess.Stat.Landesamt: Amtliches Verzeichnis der Gemeinden Hessens, Wiesbaden 1975).

51 Vgl. Anm. 17) und 18).

52 Vergleich v. CARNAP (1962), Tabelle 25 und zugehörigen Text: In der Tabelle sind für die 11 Bundesländer (incl. West-Berlin) zwei sozialgeographische Rangfolgen a

(Sozialprodukt je Einwohner) und b (Einwohner:qkm) angegeben. Weiterhin sind fünf Rangfolgen schulischer Ausprägungen aufgeführt: c (relative Anzahl der Sonderschüler), d (relative Anzahl der Berufsfachschüler), e (relative Anzahl der Vollzeitschüler 15-19 Jahre), f (prozentualer Anteil der l6jährigen mit mittleren Abschlüssen) und g prozentualer Anteil der 19jährigen Abiturienten). v.Carnap bildet aus den Rangfolgen a und b sowie aus den Rangfolgen c bis g zwei neue Rangfolgen, indem er die Rangplatzwerte der einzelnen Spalten Zeile für Zeile addiert und die Summenwerte neu ordnet.

53 Vgl. S.53 und das Literaturverzeichnis bei KNAPP (1972).

54 Vgl. S.12 und das Literaturverzeichnis bei TIMPE (1973).

55 Die vollständige Darstellung und Begründung bei Timpe umfaßt immerhin 47 Schreibmaschinenseiten (a. a.0., S.7-53).

56 Es sei jedoch erwähnt, daß der Vergleich der Rangfolge von Knapp mit den entsprechenden Teilrangfolgen von Timpe eine hohe Übereinstimmung ergab, d.h. daß das Verfahren relativ unempfindlich gegenüber der Auswahl der Indikatoren und deren zeitlichen Bezug ist.

57 Timpe, a.a.O., S.23-25 (soziale Schichtung) und S.27-28 (Bildungsabschlüsse).

58 Vgl. Timpe a.a.O., S. 8 ff. (Bezugnahme auf Geipel und Peisert).

59 Die statistischen Daten, die Timpe herangezogen hat, beziehen sich fast ausschließlich auf Erhebungszeitpunkte der Jahre 1970 bis 1972. Die von Knapp dagegen sind älteren Datums. Sie beziehen sich in der Überzahl der Fälle auf Erhebungszeitpunkte der Jahre 1965 und 1966 und in wenigen Fällen auf 1961.

60 Eine Abschätzung des Umfangs dieser Arbeiten ist anhand der Darstellung von Timpe (a.a.O.,S.l-53) möglich. Wenn man die theoretischen Passagen und die darauf sich beziehenden Begründungen wegläßt, erfordert die rein zahlenmäßige Darstellung des Verfahrens noch ca.30 Schreibmaschinenseiten. Die Möglichkeit der Nutzung von EDV war 1975 aus finanziellen Gründen noch nicht möglich.

61 Gemeint sind hier die kleineren Veränderungen der Verwaltungsgrenzen, wodurch es in wenigen Fällen zu Neuzuordnungen von Gemeinden zu anderen Landkreisen oder kreisfreien Städten kam.

62 Die Datenbasis wurde der Publikationsreihe „Hess.Kreiszahlen" Ausgaben 1971 bis 1976, Hess.Stat.Landesamt Wiesbaden, entnommen.

63 Vgl. GEIPEL (1965 und 1968).

64 GEIPEL (1970), S.32.

65 Quotient aus der Anzahl der Abiturienten von 1955 bis 1964 und der mittleren Einwohnerzahl der Jahre 1955 und 1964. Vgl. dazu GEIPEL (1965), S.102.

66 a.a.O., S.108.

67 Ein Vergleich der von Knapp anhand von Daten aus den Jahren von 1961 bis 1965 aufgestellten Teilrangfolge mit der entsprechenden Teilrangfolge bei Timpe zeigte eine hohe Übereinstimmung (vgl. die Anm. 56 und 59).

68 Im Abschnitt 2.6 wird aufgezeigt werden, daß dieser regionalen Ungleichverteilung der Abiturientendichte eine analoge der gymnasialen Standorte entspricht.

69 Vgl. bspw. GEIPEL (1968), S.24 (Abb.7) oder die zugehörigen Faltkarten 1-3.

70 a.a.O. S.24: Hinweis auf das Lahn-Dill-Gebiet.

71 Dieser Vergleich über schulische Einheiten entspricht mehr den Effizienzüberlegungen (vgl. hierzu BAUMANN (1967)), die neben dem Anspruch auf Verbesserung der Bildungschancen auf dem Lande bei der Landschulreform von besonderer bildungsökonomischer Bedeutung waren.

72 Wegen einer einheitlichen Betrachtungsweise in diesem und im nächsten Abschnitt wurde auch hier schon der Bezugszeitpunkt 1.1.1975 gewählt. Damit kann nämlich in allen Fällen die sozialgeographische Rangfolge A zum Vergleich herangezogen werden.

73 Realschulen im Sinne der Definition in 1.1.

74 Vgl. Anm. 17 und 18.

75 Vgl. Hess. Kultusminister: Hess. Bildungspolitik in Zahlen, 1978, S.17.

76 Die Dokumentation des Hess.Kultusministers „Mittelpunktschulen in Hessen“ (1967) nennt zum 1.12.1966 194 in Betrieb befindliche Mittelpunktschulen. Für 46 davon wird eine umfangreiche Detailbeschreibung angegeben. Die repräsentative Auswahl, von der hier die Rede ist, bezieht sich auf 42 dieser Schulen, für die Detailangaben über die Finanzierung vorliegen. Sie sind unter Angabe des Schulortes, des Schultyps und des Landkreises nach dem Gebietsstand von 1966 in der Tabelle AII des Anhanges einzeln aufgeführt. Der Nachweis der regionalen Repräsentativität bezieht sich auf die 1966 in Betrieb befindlichen 194 Mittelpunktschulen und ihre Verteilung auf die drei in 2.3 definierten Kreisgruppen. Obere Kreisgruppe: 3 von 12 (25%), mittlere Kreisgruppe: 17 von 78 (21%) und untere Kreisgruppe: 22 von 104 (21%).

77 Neben den Schulverzeichnissen mußte noch das „Amtliche Verzeichnis der Gemeinden Hessens“ von 1975 verwendet werden, da ein großer Teil der Ortsbezeichnungen von 1966 im Schuljahr 1977/78 anders lauteten.

78 Die Bezeichnungen Mittelpunkthauptschule und Mittelpunktrealschule sind im Sinne der Definition der Schulgattungen in 1.1 aufzufassen.

79 Vgl. 1.2 (Ende des Abschnitts).

80 Unter SI-Schulen werden alle Schulen gezählt, die Schüler der Jahrgangsstufen 5-10 enthalten. Dazu gehören auch die Grundschulen mit Förderstufen, aber nicht die reinen Oberstufengymnasien.

81 Zahlen aus der in Anm.75 genannten Quelle.

82 Ohne reine Oberstufengymnasien.

83 Der Terminus „gymnasiale Mittelstufenausbildung“ wird hier auch für den Bereich der Förderstufe und die integrierte Gesamtschule beibehalten, da in beiden Fällen bezüglich der Leistungsdifferenzierung implicite derartige „konservative“ Maßstäbe angelegt werden.

84 Der *Median* ist der Meßwert unter und über dem jeweils 50% aller Meßwerte liegen.

85 Während der Median (auch als mittleres Quartil erklärbar) die 50%-Grenze markiert, ist es beim unteren Quartil Q_1 die 25%-Grenze und beim oberen Quartil Q_3 die 75%-Grenze.
Mittlerer Quartilabstand MQA = $(Q_3 - Q_1) : 2$.

86 Bezüglich der Möglichkeit der Berechnung und Interpretation partieller Rangkorrelationskoeffizienten vergleiche Anm. 196.

87 Hess. Stat. Landesamt: Die Kommunalwahlen am 22.Oktober 1972, Beiträge zur Statistik Hessens, Nr.54 Neue Folge, Wiesbaden 1973.

88 Wegen des Auftretens der Zahl Null in einem Feld ist hier der sonst *übliche* chi^2-Test nicht möglich.

89 Phi = $\sqrt{2I:N}$ nimmt ähnlich wie r und R Werte zwischen 0 und 1 an, läßt allerdings gegenüber diesen die Richtung des Zusammenhangs nur aus der Vierfeldertafel erkennen.

90 Das Referat I-C-3 des Hess. Kultusministeriums hat Dokumentationen über Schulbauinvestitionen erstellt (Schulbau in Hessen 1971-72 und eine entsprechende , nicht veröffentlichte Dokumentation für 1971-1976 bzw. 1977/78). Darin werden u.a. die prozentualen Anteile an Förderungsmitteln für die einzelnen Schulträger ausgewiesen und mit den prozentualen Bevölkerungsanteilen verglichen.
Für diese drei Kreise läßt sich die besondere finanzielle Förderung durch das Land Hessen an folgenden Zahlen erkennen:

Landkreis	Bevölkerungsanteil	Proz. Anteile an Förderungsmitteln	
		1971-76	1977-78
Hersfeld-Rotenburg	2,3%	3,0%	3,7%
Schwalm-Eder	3,3%	4,1%	3,5%
Werra-Meißner	2,0%	3,9%	5,2%

Bezüglich des Werra-Meißner-Kreises muß allerdings vermerkt werden, daß ein erheblicher Teil der Mittel zum Ausbau der beiden Berufsschulen in Eschwege und Witzenhausen verwendet wurde.

91 Am 15.10.1969 betrug die relative, auf die SI-Schulen bezogene Anzahl der Gymnasien in ganz Hessen 0,12 und die der Realschulen 0,17. Die entsprechenden Zahlen betrugen zu diesem Zeitpunkt in Darmstadt 0,35 und 0,21, in Frankfurt 0,22 und 0,22 und in Kassel 0,28 und 0,33. Sie lagen also im Falle der Gymnasien sehr hoch über dem Landeswert und auch bei den Realschulen noch deutlich darüber.

92 Am 15.10.1977 betrug die relative, auf die SI-Schulen bezogene Anzahl der Hauptschulen in ganz Hessen 0,35, in Frankfurt/M. dagegen 0,42.

93 Timpe a.a.O., S.29/30.

94 Die Zahl der ausländischen Kinder im GHR-Bereich ist in Hessen in den Jahren von 1969 bis 1977 von 11.712 auf 39.096 angestiegen. Der Prozentsatz der Kindern, die eine Realschule oder einen Realschulzweig einer Gesamtschule besuchten, betrug 1969 nur 4,3% und hatte sich bis 1977 nur geringfügig auf 5,4% erhöht (Quelle: Hess. Bildungspolitik in Zahlen, 1978, S.15 und S.28).

95 Statistisches Jahrbuch für die Bundesrepublik Deutschland von 1978, S.405.

96 Nur vergleichbar bis 1974; neue Darstellungsmethode ab 1975.

97 Gesetz über die Unterhaltung und Verwaltung der öffentlichen Schulen und die Schulaufsicht.
Gesetz- und Verordnungsblatt für das Land Hessen, Teil I
a) 1961, S.87-98, b) 1969,S.87-100 und Änderungen;
c) 1975, S.152 sowie S.300, d) 1977, S.413/414.

98 Die Anzahl der privaten Schulen im GHR-Bereich ist unbedeutend, die der privaten Sonderschulen und der privaten Gymnasien jedoch relativ hoch. Die Zahlen haben sich zwischen 1969 und 1977 nur unwesentlich geändert. Im Schuljahr 1977/78 gab es eine private Grundschule, eine private Hauptschule, 4 private Realschulen, aber 25 private Sonderschulen, 35 private Gymnasien und 4 private Gesamtschulen, die aus ehemaligen privaten Gymnasien hervorgegangen sind.

99 Privatschulgesetz. Gesetz- u. Verordnungsblatt f.d.Land Hessen, 1953, S.57-59. Änderung a.a.O. 1977, S.328. Gesetz über die Finanzierung von Privatschulen, a.a.O., 1961, S.99-100. Gesetz über die Finanzierung von Ersatzschulen, a.a.O., 1972, S.389-391, Änderung 1977, a.a.O., S.328 und 495.

100 Gesetz über Unterrichtsgeld- und Lernmittelfreiheit. Gesetz- und Verordnungsblatt für das Land Hessen: a) 1949, S.18-19; b) 1961, S.100-102. Gesetz über die Unterrichtsgeld- und Lernmittelfreiheit an Privatschulen, 1949, S.97-98.

101 Der Paragraph 7 des Privatschulgesetzes von 1953 hatte die Subventionierung zunächst mit dem Gesetz über die Unterrichtsgeld- und Lernmittelfreiheit an Privatschulen von 1949 gekoppelt (vgl.Anm.99 und 100). Eine von dem zweiten Gesetz unabhängige Regelung erfolgte 1961 mit dem Gesetz über die Finanzierung von Privatschulen (vgl.Anm.99) und mit einer Neuformulierung als „Ersatzschulfinanzierungsgesetz" 1972 (vgl.Anm. 99). Maßgeblich ist hier der Paragraph 1 des letztgenannten Gesetzes, wonach nunmehr Beihilfen zu den Personalkosten vom Lande Hessen geleistet werden, wenn der Privatschule die Eigenschaft einer anerkannten Ersatzschule verliehen wurde oder der Kultusminister für eine genehmigte Ersatzschule bestätigt hat, daß es sich um eine Versuchsschule oder eine Schule besonderer pädagogischer Prägung handelt. Entscheidende Vorbedingung ist allerdings, daß die Privatschule als gemeinnützig anerkannt ist und in ihrem Einzugsgebiet die öffentlichen Schulen erheblich entlastet. Das bezügl. Verzeichnis der privaten Ersatzschulen des Landes Hessen (Amtsblatt des Hess.Kultusministers 8/1969) weist aus, daß von den damals 43 genehmigten privaten Gymnasien 31 und alle 25 genehmigten Sonderschulen subventioniert wurden. Dies entspricht in etwa auch dem Stand im Schuljahr 1977/78 (vgl. Anm.98).

102 Die Anzahl der privaten Grund- und Hauptschulen ist praktisch ohne Bedeutung (vgl. Anm.98).

103 Vgl. das Verzeichnis der privaten Ersatzschulen im Lande Hessen, Amtsblatt des Hess. Kultusministers 8/1969.

104 Bspw. die Gemeinde Rüsselsheim im Landkreis Groß-Gerau oder die Gemeinde Fulda im Landkreis Fulda.

105 Dem Verfasser waren keine diesbezüglichen Unterlagen über die finanziellen Mittel der privaten Schulträger zugänglich. Deshalb diese Beschränkung.

106 Die Quotienten wurden aus den Angaben der Statistischen Jahrbücher der Bundesrepublik Deutschland errechnet. Anzahl der Schüler, a.a.O., 1977, S.329 und Investitionen für Schulen insgesamt, a.a.O., 1978, S.414.

107 Quelle: Statistisches Jahrbuch der Bundesrepublik Deutschland, 1977 S.416.

108 Bspw. enthält der Haushaltsplan des Main-Taunus- Kreises 1979 für den Verwaltungshaushalt und den Vermögenshaushalt insgesamt 16 Einnahmeposten (a.a.O., S.19 und S.43).

109 Diese Sicht beruht auf Auskünften, die der Verfasser am hessischen Finanzministerium und am statistischen Landesamt einholte. Beispielsweise beträgt der Anteil der Gebühren am Einnahmeergebnis des Main-Taunus-Kreises von 1977 (veröffentlicht im Haushaltsplan 1979) 12,2% des Verwaltungshaushalts.

110 Begriffswort „Ertragshoheit` nach SCHWARZ (1977), S.5.

111 Begriffswort „horizontaler Finanzausgleich" a. a.0., S.6.

112 Begriffswort „vertikaler Finanzausgleich" a.a.0., S.6.

113 Beispielsweise für das Rechnungsjahr 1971: Gesetz zur Regelung des Finanzausgleiches in der Fassung vom 23.6.1971, Gesetz- und Verordnungsblatt für das Land Hessen, Teil I, 1971, S.165-178.

114 Die Bestimmung der Bedarfsmeßzahl beruht im Hauptansatz auf Tabellen, in denen die Einwohnerzahl der Gemeinde berücksichtigt wird. Ergänzungsansätze berücksichtigen die Bevölkerungszusammensetzung, den Bevölkerungszuwachs, Zonenrandgemeinden und Bädergemeinden.

115 Die Bestimmung der Steuerkraftmeßzahl richtet sich i.w. nach dem Steueraufkommen der Gemeinden (Grundsteuer, Gewerbesteuer und Gemeindeanteil an der Einkommensteuer).

116 Beispielsweise betrugen im Verwaltungshaushalt 1977 der Stadt Hofheim/Ts. (veröffentlicht im Haushaltsplan des Jahres 1979) die Steuereinnahmen und die Finanzzuweisungen zusammen 68% der Einnahmen. 20% der Einnahmen gingen auf solche der Verwaltung und der Gemeindebetriebe zurück und der Rest auf sonstige Einnahmen.

117 Beispielsweise betrugen im Verwaltungshaushalt 1977 des Main-Taunus-Kreises (veröffentlicht im Haushaltsplan 1979) die Kreisumlage 37,9%, die allgemeine Zuweisung (Schlüsselzuweisung) 17,8%, die zweckgebundenen Zuweisungen 17,6%, die Gebühren 12,2% und die Grunderwerbssteuer 8,0%.

118 Bezugsgrundlage der Kreisumlage sind die Steuerkraftmeßzahlen der Gemeinden (Anm.115) und die allgemeinen Zuweisungen (Schlüsselzuweisungen) der Gemeinden. Das Finanzausgleichsgesetz legt fest, wie sich daraus die Umlagegrundlage zusammensetzt. Die Kreise können bis zu 32% der Umlagegrundlagen und zuzüglich 6% im Zusammenhang mit der höheren Belastung durch Übernahme der Schulträgerschaft nach 1969 erheben.

119 Quelle: Hessische Kreiszahlen 1976, Teil II, S.48/49

120 Variabilitätskoeffizient = Standardabweichung : Mittelwert.

121 Eine diesbezügliche Vermutung des Verfassers wurde durch Gespräche mit Verwaltungsbeamten des Landkreises Main-Taunus und der Stadt Hofheim untermauert und mit dem einschränkenden Hinweis auf Ausnahmefälle auch von Beamten des hessischen Finanzministeriums im wesentlichen als richtig bestätigt.

122 Gesetz zur Änderung des Schulverwaltungsgesetzes, Gesetz- und Verordnungsblatt des Landes Hessen, Teil I, 1975, S.300 und 1978, S.237.

123 Vgl. Anm.99.

124 Vgl. Anm. 101.

125 Quelle: Hessische Bildungspolitik in Zahlen , 1974 und 1976.

126 Dieser Zahlenwert mußte geschätzt werden, da die in der Anm. 125 genannten Quellen für 1964 keine Schülergesamtzahlen ausweisen und dem Verfasser für 1964 vollständige Datensätze über Berufsschüler nicht zugänglich waren.

127 Vgl. dazu die Tab.5 in 1.4, die sich allerdings nur auf die allgemeinbildenden Schulen bezieht.

128 Die nachfolgenden Zahlenwerte wurden aus Daten berechnet, die in den Ausgaben von 1967 (S.428) und 1978 (S.415) des Statistischen Jahrbuches der Bundesrepublik Deutschland veröffentlicht wurden.

129 entfällt.

130 entfällt

131 entfällt

132 entfällt

133 Die Darstellung dieses Abschnittes beruht weitgehend auf Informationen, die der Verfasser am Referat 1 C 3 - Schulbau - des Hess. Kultusministeriums eingeholt hat (Auskünfte von ORegR Lahr). Soweit bei Zahlenangaben keine speziellen Quellennachweise angegeben werden, handelt es sich um Auskünfte vor Ort.

134 Richtpreise werden vom Hess. Finanzminister für alle öffentlichen Bauten im Einvernehmen mit den ebenfalls zuständigen anderen Ministerien festgelegt.

135 Diese Erkenntnis stützt sich auf Erfahrungen des Verfassers im Zusammenhang mit dem Besuch von Mittelpunktschulen, die seit ihrer Errichtung keine Veränderung erfahren haben und im Vergleich zu Einrichtungen in den siebziger Jahren erheblich schlechter ausgestattet sind. Einen objektiven Beleg findet man auch in der unter der Anm.76

angegebenen Publikation (S.51). Für die damalige Mittelpunktschule Alsfeld, einer Schule für Grund-, Haupt-, Real- und Sonderschüler, betrug der Anteil nur 7,6%.

136 Man denke beispielsweise an den Bereich der audiovisuellen Medien oder an die veränderte Arbeitsweise mit Vervielfältigungen.

137 Vgl. Anm. 76.

138 Das Schulverwaltungsgesetz vom 28.6.1961 (GVBl.S.87) hat die Möglichkeit der Änderung der Schulträgerschaft, die bis dahin weitgehend bei den einzelnen Gemeinden lag, dahin ermöglicht, daß sog. Schulverbände von mehreren Gemeinden gegründet werden konnten. So konnten dann auch die finanziellen Kosten von allen Nutzern der jeweiligen Mittelpunktschulen in angemessener Weise getragen werden. Nach dem Schulverwaltungsgesetz von 1969 (Anm. 17) liegt die Schulträgerschaft nunmehr in der Regel bei den Landkreisen und kreisfreien Städten.

139 a.a.O., S.65.

140 Angaben nach Kerner, a.a.O., S.65.
Diese Angaben können nach Daten des Schulverzeichnisses von 1960 explicite belegt werden. Zum Stichtag 15.5.1960 wurde bei einem Bestand von 2.730 Volksschulen ein nicht vorhandener Bedarf von 1.688 Normalklassenräumen (S.VIII) registriert. An den 51 Mittelschulen fehlten 121 (S.XV) und an den 166 Gymnasien fehlten 545 (S . XXl) Normalklassenräume.

141 Hess. Bildungspolitik in Zahlen, Juli 1974,S.33.

142 Wenn eingangs bei den Geipelschen Daten die Rangfolge T von Timpe verwendet wurde, so hätte man hier diese gleichfalls verwenden können. Da aber bezüglich der zweiten hessischen Schulreform die Rangfolge A verwendet wird, erschien dieser Bezug als der bessere. Im übrigen dürften keine nennenswerten Unterschiede bestehen, da ja die Rangfolge A eine Adaption der Rangfolge T darstellt. Vgl. hierzu 2.2 und 2.3.

143 Gesetz über den Hessischen Investitionsfonds. Gesetz- und Verordnungsblatt für das Land Hessen, 1970, S.403/404.

144 Hessische Bildungspolitik in Zahlen, 1978, S.45.

145 Hess. Kultusminister, Regierungsprogramm 1971 bis 1974, Schulbau in Hessen, Investitionen 1971/1972. In Fortsetzung dieser veröffentlichten Daten führt das Referat I C 3 des Hess. Kultusministers eine entsprechende Statistik für die nachfolgenden Jahre, wobei in speziellen Listen Zusammenziehungen nach Landkreisen und kreisfreien Städten vorliegen. Diese Statistik, die nicht veröffentlicht wurde, konnte eingesehen werden.

146 Quelle: Hessische Bildungspolitik in Zahlen, 1977, S.6.

147 einseitige Prüfung.

148 Vgl. Anm. 89. Hier ist 2I = 0,24 und mithin Phi=0,09.

149 Vgl. Anm.71.

150 Vom 26.-29.4.1976 veranstaltete die „Gesellschaft zur Förderung Pädagogischer Forschung" ein Symposion „Zur Dimensionierung von Bildungseinrichtungen", an dem 30 Experten aus dem In- und Ausland teilnahmen. Der Verfasser wurde im Zusammenhang mit seinen Untersuchungen zum Physikunterricht dazu eingeladen. Die Veröffentlichung von DÖRING (1977) steht in unmittelbarem Zusammenhang mit diesem Symposion.

151 Vgl. Tabelle 2.

152 Vgl. hierzu auch Anm. 3 - 5.

153 Die Sonderschulen können schon allein in Anbetracht der unterschiedlichen Formen und Zielsetzungen mit den anderen allgemeinbildenden Schulen schlecht verglichen werden.

154 Die Tatsache, daß im Schulverzeichnis von 1960 im Falle der Volksschulen und Mittelschulen nur Physikräume und im Falle der Gymnasien Fachräume für alle drei Naturwissenschaften ausgewiesen werden, einerseits und die Tatsache der Angabe weiterer Fachräume für alle drei Schulformen andererseits veranlaßten zu der Annahme, daß der ausgewiesene Physikraum auch für den Chemieunterricht verwendet wurde, während der Biologieunterricht weitgehend in Normalklassen stattfand. Diese Sicht beruht auf subjektiver Erfahrung des Verfassers im Zusammenhang mit Besuchen an solchen Schulen, die Ende der sechziger Jahre noch nicht verändert waren.

155 Diese Aussage beruht auf Erfahrungen des Verfassers im Rahmen seiner Tätigkeit an hessischen Gymnasien von 1954 bis 1967 und im Rahmen von Lehrerfortbildungsveranstaltungen im Zusammenhang mit Problemen der Realisierung der erforderlichen äußeren Voraussetzung des Physikunterrichts an den Gymnasien. Man vergleiche hierzu die Publikation von FRANZ (1964), in der im Zusammenhang mit der Einführung des Wahlpflichtfaches für Hessen konkrete Forderungen hinsichtlich des Schülerübungsunterrichts erhoben werden.

156 So konnte bspw. Mitte der sechziger Jahre der Neubau des Lessing-Gymnasiums in Frankfurt/Main, an dessen Planung des naturwissenschaftlichen Bereiches der Verfasser selbst aktiv beteiligt war, nach den damaligen Raumprogrammen für Gymnasien nur unter Aufgabe des schuleigenen Sportplatzes realisiert werden.
Als weiteres Beispiel sei die Robert-Koch-Realschule in Frankfurt/Main Höchst angeführt, an der ein erheblicher Mangel an Klassen- und Fachräumen (besonders für die Naturwissenschaften) bestand. Platzmangel und Gebote des Denkmalschutzes verhindern die dringend erforderlichen Umbauten (Bericht in der Frankfurter Neuen Presse, Höchster Kreisblatt, vom 24.7.1979).

157 Über derartige Mängel existiert bspw. ein Untersuchungsbericht der Gewerkschaft für Erziehung und Unterricht, der sich auf die Arbeitsplatzverhältnisse an 44 Schulen in Darmstadt bezieht (Bericht in der Frankfurter Neuen Presse, Höchster Kreisblatt, vom 9.7.1979).

158 Schulbaurichtlinien und Raumprogramme des Hessischen Kultusministers. Vgl. die in der Anm. 76 genannten Quelle, S.217-229.

159 Beispielsweise sollten für den Chemieunterricht alle Experimentiertische mit Keramikplatten belegt sein, was andererseits für den Physikunterricht häufig unpraktisch ist.

160 Die seit 1975 gültigen Raumprogramme wurden dem Verfasser vom Referat I C 3 des Hess.Kultusministers zur Einsicht zur Verfügung gestellt.

161 a.a.O., S.158.

162 Vgl. Anm. 76.

163 Die Werte der beiden Variablen sind zwar Meßdaten auf dem absoluten Datenniveau, da ihre Verteilung aber sehr extrem von einer binormalen Häufigkeitsverteilung abweicht, mußte hier der parameterunabhängige Korrelationskoeffizient nach Spearman gewählt werden.

164 Diese Sicht wurde bei einem Gespräch mit den Sachbearbeitern für den Schulbau am Landratsamt des Main-Taunus-Kreises bestätigt, wobei noch ergänzend für den gesamten Schulbau die Bedeutung der Topographie der Schulstandorte hervorgehoben wurde.

165 Die beiden Bezugsjahre 1964 und 1974 entsprechen jeweils mittleren Zeitpunkten der Finanzierungszeiträume für Mittelpunktschulen bzw. Gesamtschulen.

166 Aus den Statistischen Jahrbüchern der Bundesrepublik Deutschland für 1970, 1974 und 1978 läßt sich ableiten, daß für Bürogebäude, Laboratoriumsgebäude und Turnhallen zwischen 1964 und 1974 die Baukosten um 88,4%, 98,2% und 96,6% gestiegen sind. Die Wichtung 3:1:1 entspricht in etwa den Nutzungsflächenanteilen für allgemeinen Unterrichtsbetrieb und Verwaltung, Fachräumen und Sporträumen der Mittelpunktschulen der sechziger Jahre. Der gewichtete Mittelwert von 92% ist natürlich eine Schätzung.

167 Der Begriff der sog. Hauptnutzungsfläche erscheint erst bei den Schulbauprogrammen des Hess. Kultusministers der siebziger Jahre. Die Hauptnutzungsfläche umfaßt die Flächen für den allgemeinen Unterrichtsbetrieb, den naturwissenschaftlichen, den musischen und den technischen Bereich, den Informations- und Organisationsbereich. Nicht mitgerechnet werden dabei der Sportbereich (da häufig solche Anlagen mehreren Schulen zur Verfügung stehen oder auch keiner Schule gehören), die sog. Nebennutzungsflächen (bspw. Hausmeisterwohnung, Toiletten, Garderoben etc.) und die Verkehrsflächen (bspw. Gänge und Treppenhäuser). Der Begriff der Hauptnutzungsfläche wurde sinngemäß auf die Raumprogramme der sechziger Jahre angewandt.

168 Die Zahlen sind auf Hunderter gerundet, da bei den Mittelpunktschulen wegen der Hochrechnung eine Schätzung vorliegt und auch einige Werte der Tabelle A13 des Anhangs geschätzt werden mußten.

169 Vgl. Gruppeneinteilung in den Anmerkungen zur Tabelle All des Anhang es.

170 Die 12 Gesamtschulen sind in der Tabelle A13 des Anhangs ausgewiesen. Sie stellen im Gegensatz zu den 42 Mittelpunktschulen keine regional-repräsentative Auswahl dar.

171 Als im Jahre 1976 erste Auswertungsergebnisse des in Teil 6 beschriebenen Hauptprojekts vorlagen und sich dabei auch Ausstattungsdefizite für den Bereich der Gesamtschulen ergaben, wurden Kontakte zu Schulträgern gesucht, um die erfaßte Situation im Zusammenhang mit der Einführung der RRL SI zu diskutieren. Dabei wurde speziell von Vertretern der Schulbauabteilung des Main-Taunuskreises diese Feststellung getroffen und darauf verwiesen, daß es sich um ein allgemeines Problem der Schulträger handele.

172 Eine vollständige Erforschung dieser Problematik würde den Rahmen dieser Arbeit sprengen, zumal über Folgekosten keine zusammengefaßten Daten veröffentlicht sind und alle Haushaltspläne der Landkreise und kreisfreien Städte als Datenbasis herangezogen werden müßten.

173 Vgl. Anm. 76.

174 Daten über die restlichen Investitionskosten (sonstige Baukosten, vgl. 3.3.1) standen nicht zur Verfügung.

175 Alle Koeffizienten wurden einseitig geprüft. Hinweise auf Prüfverfahren für partielle und multiple Korrelationskoeffizienten findet man bspw. bei SACHS (1974), S.351-355.

176 a) Haushaltssatzung und Haushaltsplan des Main-Taunus- Kreises, Rechnungsjahre 1969, 1970, 1971 und 1972`
b) Main-Taunus-Kreis: Haushaltsplan 1979.

177 Ohne Privatschulen.

178 Haushaltslplan 1979 des Main-Taunus-Kreises, S.112- 148.

179 a.a.O., S.22.

180 Mitteilung von Oberregierungsrat Lahr vom Referat I C 3 (Schulbau) des Hess. Kultusministeriums.

181 Insbesondere für die Berufsschulen der technischen Fachrichtungen.

182 Zwischen den beiden Variablen RRA und „relative Kosten der Schülerbeförderung" besteht kein monotoner Zusammenhang (Spearmans R = 0,00!).

183 Vgl. dazu: Vorläufige Richtlinien zur Durchführung der Schülerbeförderung nach § 34 des Schulverwaltungsgesetzes, Amtsblatt des Hess.Kultusministers, 1978, S. 107ff.

184 Vgl. dazu: Gesetz zur Änderung des Schulverwaltungsgesetzes vom 25.Okt.1977, Gesetz- und Verordnungsblatt des Landes Hessen, Teil I, S.413/414.

185 Vgl. dazu: § 22 des Gesetzes zur Regelung des Finanzausgleiches und zur Änderung anderer Vorschriften vom 20.12.77. Gesetz- und Verordnungsblatt des Landes Hessen, Teil l, S.481 ff.

186 Quelle: Hess. Bildungspolitik in Zahlen, 1981,S.64.

187 entfällt

188 NAUMANN (1974), a.a.O., S.37-38.

189 Im Durchschnitt über alle Schulen außer Sonderschulen steht einer mittleren Klassenfrequenz von 28 in der Bundesrepublik Deutschland ein Mittelwert von 23,4 der westeuropäischen Länder gegenüber (vgl. hierzu FRISTER (1979)).

190 Neben der Klassenfrequenz (Schüler je Klasse) stünde noch eine andere Beurteilungsvariable, nämlich das Verhältnis „Schüler je Lehrer" zur Verfügung. Zwischen beiden Variablen besteht nicht notwendig ein besonders augeprägter Zusammenhang, da verschiedene Lehrergruppen unterschiedliche Unterrichtsdeputate haben. Die Klassenfrequenz wurde deshalb gewählt, da sie sich unmittelbar auf den Unterricht auswirken kann.

191 Vgl. das Statistische Jahrbuch der Bundesrepublik Deutschland für 1978.

192 Statistische Veröffentlichungen der Kultusministerkonferenz: Schüler-Klassen-Lehrer, 1975 bis 1977, Nr.59, November 1978.

193 Die genannte Quelle weist summierend für die Gesamtheit der allgemeinbildenden Schulen nämlich nur das Verhältnis „Schüler je Lehrer" aus.

194 Da die in Anm.192 genannte Quelle die Schüler der additiven Gesamtschulen getrennt den Gruppen der Hauptschüler, Realschüler und Gymnasiasten zugeordnet hat, erfolgt hier eine etwas ungewöhnliche , aber mögliche Relativierung, indem die Anzahl der Gesamtschulen auf je 10.000 Schüler bezogen wird.

195 Während die drei Rangfolgen R, F und P sich nur auf das Jahr 1975 beziehen, liegen hier Mittelwerte der Jahre 1974 und 1975 zugrunde, was eingangs von 3.4 begründet wurde.

196 An dieser Stelle erscheint dem Verfasser eine *methodische Anmerkung* erforderlich, da in relativ wenigen Lehrbüchern der angewandten Statistik umfassend über partielle und multiple Korrelationen und insbesonders auf dem Niveau von Rangdaten informiert wird. Bekanntlich gibt es neben dem Spearmanschen Rho-Koeffizienten noch den Kendallschen Tau-Koeffizienten, zwei verschiedene Maße für den Zusammenhang von Rangdaten. SIEGEL (1976, deutsche Übersetzung des englischen Originals von 1956) vertritt noch die Auffassung, daß Tau gegenüber Rho den Vorzug besitze, daß partielle Korrelationskoeffizienten von Tau aber nicht von Rho berechnet werden könnten (a.a.O., S.204 der deutschen und S.214 der englischen Ausgabe). LIENERT (1973) dagegen verweist darauf (a.a.O., S.659/660), daß sowohl partielle als auch multiple Rho-Koeffizienten nach den üblichen Formeln berechnet werden können, daß aber deren Prüfung ebenso wie bei Tau nur näherungsweise möglich ist. Der Verfasser hat sich an den vorgeschlagenen Methoden von Lienert und an weiteren Hinweisen bei SACHS (1974) orientiert (a.a.O., S.351 ff).

197 *Zur Bedeutung der Symbole*:
Einfache Korrelationskoeffizienten: R-F, R-P, usw., partielle Korrelationskoeffizienten 1. Ordnung: bspw. R-F(P) bestimmt den Zusammenhang zwischen den Rangwerten R und F bei Konstanthaltung des Wertes von P.
Partielle Korrelationskoeffizienten 2. Ordnung: bspw. R-F(P,I) bestimmt den Zusammenhang zwischen den Rangwerten R und F bei Konstanthaltung der Werte von P u. I.
Multiple Korrelationskoeffizienten: bspw. R-(F,P) bestimmt den Zusammenhang zwischen R und „der gemeinsamen Einwirkung von F und P". R-(F,P,I) bestimmt den Zusammenhang zwischen R und „der gemeinsamen Einwirkung von F, P und I".

198 Wegen der methodischen Unsicherheit wurde auf eine Prüfung auf Signifikanz verzichtet und nur die Stärke des Zusammenhanges betrachtet.

199 Nach HAMM-BRÜCHER (1969), a.a.O., S.4.

200 Dieser „historische Hintergrund" wurde dem Verfasser im September 1994 von H.Weiß zur Kenntnis gebracht. H.Weiß ist als Mitarbeiter am HIBS in Wiesbaden für den Bereich der mathematisch-naturwissenschaftlichen Fächer zuständig.

201 entfällt.

202 Vgl. WOLF (o.J.), S. 15.

203 Vgl. Anm. 199.

204 Vgl. WOLF (o.J.), S. 4 u.BECKER/BONN/GRODDECK (1972a), S. 2o/21.

205 Vgl. BECKER/BONN/GRODDECKE (1972b).

206 Vgl. WOLF (o.J.), S. 22,38, 53-59, 64,98 u. 153/154.

207 Vgl. Literaturverzeichnis: Die Unterrichtsmaterialien erscheinen für die Umsetzung der Rahmenrichtlinien insofern von Bedeutung, als sie eine Art schriftlicher Anregungen zur Weiterbildung weniger fachwissenschaftlich qualifizierter Physiklehrer, methodische Vorschläge und Hinweise auf Unterrichtsmittel (dies allerdings bisher etwas unsystematisch) enthalten.

208 HESS. KULTUSMINISTER: Bildungspolitische Informationen, 3/1972.

209 Amtsblatt des Hess. Kultusministers 9/1972, S. 819ff.; 10/1972, S 913; 2/1973, S. 145; 7/1973, S. 912.

210 HESS. KULTUSMINISTER: Stellungnahmen zu den RRL Primarstufe und Sekundarstufe I, Wiesbaden 1974, Band I-V.

211 Die Auswertungsergebnisse wurden von dieser Fachbereichskonferenz dokumentiert und konnten am Hess. Institut für Bildungsplanung und Schulentwicklung eingesehen werden.

212 Im Jahre 1976 wurden vor Beginn der verbindlichen Erprobung der Rahmenrichtlinien neue Stundentafeln für die Mittelstufe (Klasse 5 - 10) erlassen (Amtsblatt des Hess. Kultusministers von 1976, S. 301-303).

213 Vgl. das Literaturverzeichnis (ohne Anspruch auf Vollständigkeit !).

214 Vgl. das Literaturverzeichnis und Anm. 207.

215 Nach Angaben von D. Trousil, Mitglied der Rahmenrichtlinienfachgruppe Physik und Fachmoderator für das Fach Physik an den hessischen Gesamtschulen, beschäftigte sich die Arbeitsgruppe Physik der Regionalen Lehrerfortbildung in Kassel mit der Entwicklung von Tests zur Optik, Mechanik und Elektrik, die dort gedruckt vorliegen. In Bad Hersfeld wurde ein Unterrichtsvorschlag „Umgang mit Hebeln" entwickelt, der unter den Drucknummern 368/0676 und 512/0377 an der Hauptstelle des HIFL (Reinhardswaldschule Fuldatal) gedruckt wurde.

216 Zentraler Ort für die Lehrerfortbildung in den naturwissenschaftlichen Fächern und versehen mit der erforderlichen Raum- und Geräteausstattung ist die Zweigstelle Frankfurt des HILF (Hess. Institut für Lehrerfortbildung).

217 Vgl. HALLER/SCHURIG/WOLF: curriculum konkret, Heftreihe zum Modellversuch Regionale Lehrerfortbildung, Frankfurt 1/73 bis 3/4/75 und Beihefte zu curriculum konkret Nr. 1-9, Frankfurt/M. (1977).

218 Amtsblatt des Hess. Kultusministers 7/1973, S.908.

219 HESS. KULTUSMINISTER: Erprobungsberichte zu den RRL der Primarstufe und der Sekundarstufe I, Wiesbaden 1975, Band I-III.

220 Im Zusammenhang mit der 1976 erschienenen Zweitfassung der Rahmenrichtlinien Physik SI hat der Verfasser mit Mitgliedern der Rahmenrichtlinienfachgruppe Physik den Verlauf der Erprobungsphase diskutiert. Dabei wurde von den Fachgruppenmitgliedern hervorgehoben, daß die Anzahl der Erprobungsprojekte sehr viel größer gewesen sei (Informationen durch Teilnehmer an Lehrgängen des HILF), aber viele Schulen durch den bürokratischen Aufwand von einer offiziellen Erprobung abgesehen und somit auch keine Erfahrungsberichte abgegeben hätten.

221 Teilweise mußten bei fehlenden Angaben über Klassenzahlen diese anhand der Schulgröße geschätzt werden.

222 Vgl. Erziehung und Wissenschaft, Heft 9/1974, S.2.

223 Die Relativierung auf den Pflichtunterricht unter Weglassung des Wahlpflichtunterrichts ist erforderlich, da offen bleibt, wie in den einzelnen Fällen eine Stundenzuordnung zu den in Frage kommenden Fächern erfolgen soll.

224 Quelle nach der Anm. 219, Band II, S. 291.

225 ebenda; gemeint ist der Erlaß des Hessischen Kultusministers vom 22.8.1969 „Aufsichtspflicht der Lehrer und Erzieher", der am 28.2.1978 durch eine Interpretation des Leiters des Referats Mittelstufe i.w. bestätigt wurde (II B - 1003/025-7- und - 1005/20-41-). Danach darf ein Lehrer maximal 8 Übungsgruppen beaufsichtigen und es gilt für die teilnehmenden Schüler die Richtzahl 16 (Idealfall von Zweiergruppen), die bis ca. 18-19 überschritten werden kann.

226 Eine Aufgabenbeschreibung für Fachmoderatoren hat der Hess. Kultusminister (Information Gesamtschule, Fachbereich: Organisation-ORG.12-II-B 6 - 1006/01) im August 1972 herausgegeben. Als erster Fachmoderator für Physik war ab dem Schuljahr 1972/73 Dr. K. Schäfer (jetzt Gesamthochschule Kassel), der von D. Trousil (jetzt Gesamtschule Neuhof) assistiert wurde, tätig. Ab 1.2.1975 war D. Trousil allein für ganz Hessen zuständig.

227 So berichtet beispielsweise LOCHHAAS (1977) über einen Änderungsvorschlag des Philologenverbandes zu den neuen Stundentafeln. Danach plädiere dieser Verband im Zusammenhang mit der als „unergiebig" erkannten einen Stunde Physik in der Klassenstufe 6 für Streichung derselben und einem durchgehend zweistündigen Physikunterricht in den Klassenstufen 7 - 10 (a.a.O. S. 18).

Diese Auffassung deckt sich mit Befragungsergebnissen von BORN/EULER (1977), wobei etwa jeder dritte Physiklehrer der Bundesrepublik geantwortet hat. Etwa 55% plädieren für einen Beginn ab frühestens dem 7. Schuljahr (a.a.O. S. 60).

228 entfällt

229 Auskünfte von Ministerialrat Rutz, Referatsleiter für Rahmenrichtlinienangelegenheiten im Hessischen Kultusministerium. Ergänzende Auskünfte von Herrn Frommelt, seinerzeit Direktor des Hessischen Instituts für Bildungsplanung und Schulentwicklung.

230 Vgl. Hessische Lehrerzeitung Heft 1/2-1976, S. 18 und Schule in Hessen, Dezember 1975, S. 5.

231 Während der erste Rahmenrichtlinienbeirat (1971-1974) überwiegend aus Vertretern der Lehrerverbände, der Regierungspräsidien, des Landeselternbeirates und des Landesschülerrates bestand, wurde im zweiten Rahmenrichtlinienbeirat die Zahl der Lehrervertreter drastisch zugunsten anderer Gruppen reduziert. Neben je einem Vertreter der SPD und FDP (die CDU hatte die Mitarbeit verweigert) gehörten dem Beirat auch je ein Vertreter der beiden Kirchen, der beiden Lehrerorganisationen (DLH und GEW), der Arbeitgeber und Arbeitnehmer, des Instituts für Lehrerfortbildung, des Hauptpersonalrates der Lehrer, des Landeselternbeirates und des Landesschülerrates an.

232 HESS. KULTUSMINISTER: Literatur zu den Rahmenrichtlinien. Stand: Ende Juli 1973 sowie 1.-10. u. vorläufig letzter Nachtrag mit dem Stand l. Mai 1976.

233 Amtsblatt des Hess. Kultusministers 6/76, S. 3o1 ff.

234 Zur Berechnung der Prozentzahlen wurden nur die Stundenangaben für den Pflichtunterricht unter Bezug auf das Gesamtvolumen von 188 Stunden für die gesamte Mittelstufe (Klasse 5-10) berücksichtigt.

235 Vgl. bspw. BORMANN (1977), KLINGLER/BORMANN (1977a und b) oder JUNGu.a.(1975, 1977 und o.J.).

236 Was eine extrem gesellschaftsbetonte Akzentuierung anbelangt, so sei auf die Didaktikergruppe „Soznat" an der Universität Marburg hingewiesen (vgl. Lit .-Verz.).

237 IPN = Institut für die Pädagogik der Naturwissenschaften an der Universität Kiel. Die Materialien zu den IPN-Curricula werden vom Klettverlag, Stuttgart, vertrieben (vergl. Lit.- Verz.).

238 Vgl. a.a.O., S. 138/139.

239 Vgl. RRL Physik SI, Fassung 1972, S. 7/8, Fassung 1976, S. 9/10.

240 BARTH u.a. (1974) haben in einer diesbezüglichen Analyse der Erstfassung diesen Mangel bereits aufgezeigt (S. 830-833). Vor fast dem gleichen Dilemma standen mehrfach Lehrerstudenten in didaktischen Seminaren beim Studium der Zweitfassung.

241 Vgl. Anm. 206.

242 Vgl. WELTNER (1971b).

243 Vgl. a.a.O., S. 14 - 18.

244 Bspw. fordert in diesem Zusammenhang BECKER (1978), daß bei der Entwicklung von Curricula und der Formulierung von Lehrplänen auch stärker die affektiven Dimensionen des Chemieunterrichts zu berücksichtigen seien. Für das Fach Physik fordert v. OY (1978), daß im Sinne einer Änderung dieser Situation vor allem der Physiklehrer mehr können muß als nur Physik. Er müsse die volle Breite der Erkenntnisse der gesamten Fachdidaktik verfügbar haben. Lehreraus- und -weiterbildung müßten diesbezüglich Veränderungen erfahren. KLINGER/BORMANN (1977b) verweisen darauf, daß die formale Denkfähigkeit nach dem entwicklungspsychologischen Modell von Piaget nach empirischen Befunden nur von sehr wenigen Schülern der Sekundarstufe II erreicht wird und deshalb für die Entwicklung eines Physikverständnisses höherer Jahrgangsstufen erhebliche Einschränkungen zu erwarten sind.

245 Oberstudiendirektor Horst Lochhaas war Mitglied der Rahmenrichtlinienfachgruppe Physik und hat freundlicherweise das im Literaturverzeichnis näher bezeichnete Vortragsmanuskript zur Verfügung gestellt.

246 Diese Wertung basiert auf Erfahrungen, die von den Mitgliedern des im Teilabschnitt 10.1 beschriebenen Entwicklungsprojekts bei den Entwicklungsarbeiten gemacht wurden.

247 Es kann nur von einem formalen Entsprechen die Rede sein, da mit der Auflösung der „Kommission zur Reform der hessischen Bildungspläne“ zugunsten der Erarbeitung von Rahmenrichtlinien der Anspruch einer bildungstheoretisch orientierten Bestimmung von Lerninhalten aufgegeben wurde. Wegen der bereits erwähnten schwachen Affinität der Vertreter der Naturwissenschaften zur „Kommissionsarbeit“ (vgl. Anm. 206) sind die Inhalte weniger von fachunabhängigen „Leitideen“ bestimmt. Sie wurden vielmehr von der speziellen rein fachdidaktischen Position der Mitglieder der Fachgruppe abgeleitet.

248 Vgl. RRL Physik SI (1972) S. 35-37 und (1976) S. 18-21.

249 Neben einem verbindlichen Stoffplan werden wahlfreie Themenkreise insbesondere für den Wahlpflichtbereich empfohlen (vgl. Stundentafel, Anm. 233).

250 Vgl. die Definition in 1.1.

251 Eine Alternative zu diesem Differenzierungskonzept könnte so aussehen, daß ausgehend von einem gemeinsamen Fundamentum für jede Schülergruppe Erweiterungen angeboten werden, wobei die Erweiterung für Hauptschüler mehr anwendungsorientiert und die für Gymnasiasten mehr wissenschaftsorientiert gestaltet werden könnte

252 LOCHHAAS (1977), a.a.O., S. 6.

253 RRL Physik SI, 1972, S. 9 und Fassung von 1976, S. 11.

254 Die Unterrichtsziele sind in der Erstfassung ausführlich (vgl. S. 5-8) dargestellt und mit geringfügigen Ergänzungen in die Zweitfassung (vgl. S. 5-10) übernommen worden. Des Gesamtumfanges wegen können sie hier nicht aufgeführt werden.

255 RRL Physik SI, 1972, S. 5 und Zweitfassung von 1976, ebenfalls S. 5.

256 a.a.O., 1972, S. 6-8 bzw. 1976, S. 7-10.

257 Wenn auch dem Schülerübungsgerät eine besondere Bedeutung zukommt, so ist es unumgänglich, daß für den Unterricht in der Sekundarstufe I Demonstrationsgeräte guter Qualität zur Verfügung stehen. Im Zusammenhang mit Unterrichtsausfall, aus Gründen der Sicherheit für den Schüler und auch wegen hoher Kosten bei speziellen Geräten kann auch in der Sekundarstufe I nicht auf einen gewissen Anteil an Demonstrationsunterricht verzichtet werden.

258 Vgl. RRL Physik SI, 1972, S. 35 und S. 38-75, sowie 1976, S. 18 und S. 22-75. Die in der Tabelle 28 zur Grobbeschreibung vom Verfasser gewählten Termini und Numerierungen dienen in erster Linie dazu, damit die stoffliche Umschichtung in der Fassung von 1976 gegenüber der von 1972 erkennbar wird. In den Rahmenrichtlinien selbst findet man solche zusammenfassende Inhaltsbeschreibungen nicht.
Der verbindliche Stoffplan besteht aus den durch arabische bzw. römische Ziffern geordneten 26 (1972) bzw. 24 (1976) Lerneinheiten. Was die Wahlfreien Themenkreise anbelangt, beziehen sie sich in beiden Fällen auf die Klassenstufen 7-10, wobei fast identische Präferenzen vorliegen.

259 Vgl. bspw. BRAUNER (1973), BURKERT/RUDOLPH (1973a u.b), RIESS (1973), BARTH u.a. (1974), BARTH (1975), RANG (1975), BARTH (1977).

260 Gemeint ist hier die Systematik fachwissenschaftlicher Lehrbücher, die in den wesentlichen Teilen in die bisherigen Schulbücher für das Fach Physik an den Gymnasien eingegangen war und noch weitgehend vorliegt.

261 Ein solches Spiralcurriculum stellt das IPN-Curriculum Physik dar (vgl. Literaturverzeichnis).

262 Die Strukturierung des Stoffes nach Konzepten liegt in ausgeprägter Form bspw. beim Grundschulcurriculum von SPRECKELSEN (1970) vor, wird aber auch teilweise im IPN-Curriculum angewandt (vgl.TÖPFER/BRUHN (1976), S. 203ff).

263 Vgl. RRL Physik SI 1972, S 14 (Anlehnung an den Strukturplan des Bildungswesens, vgl. S. 141).

264 Nach eigenen Erfahrungen des Verfassers im Zusammenhang mit der Entwicklung von Schulbüchern für den Physikunterricht muß im Falle von Neukonzeptionen von einer Zeitspanne von 5 bis 6 Jahren ausgegangen werden.

265 Aus der Bezugsquelle LOCHHAAS (1977) geht nicht hervor, ob sich diese Begründung auf den Schüler oder den Lehrer bezieht. Nach Auffassung des Verfassers, der sich intensiv mit dem Problem der Einführung der „Neuen Mathematik" in der Grundschule auseinandergesetzt hat, bestehen hier sicherlich Probleme bei den Lehrern selbst, da diese in der vollen Breite des vorhandenen Personalstandes nicht die erforderliche Ausbildung erfahren haben.

266 Bei der Zusammenfassung zu den hier aufgeführten vier Konstruktionsprinzipien wurde nicht identisch, aber sinngemäß nach Lochhaas gegliedert.

267 LOCHHAAS (1977), a.a.O.,S. 15.

268 Über diese Untersuchung „Schülerinteressen und Physikunterricht" haben Weltner und Maichle im Frühjahr 1979 in Gießen anläßlich der Frühjahrstagung des Fachausschusses Didaktik der Physik der Deutschen physikalischen Gesellschaft vorgetragen (vgl. WELTNER u.a.(1979)).

269 Vgl. BARTH (1977).

270 Vgl. hierzu die am IPN Kiel von DUIT u.a. (1976) heraus gegebenen Schriften:
1) Vorschläge zu einem Lehrplan für den Physikunterricht der Sekundarstufe l.
2) Empfehlungen zur Entwicklung von Lehrplänen für den Physikunterricht der Sekundarstufe I - Gesichtspunkte für die Bestimmung von Zielen, Inhalten und Formen naturwissenschaftlichen Unterrichts.

271 Vgl. hierzu auch BORN/EULER (1978).

272 HESSISCHER KULTUSMINISTER: Rahmenrichtlinien Primarstufe, Sachunterricht naturwissenschaftlich-technischer Aspekt, Erstfassung 1972, Zweitfassung 1976.

273 Vgl. Anm.271. Anstelle der in der Fassung von 1972 vorgesehenen einen Stunde für Physik in den Klassen 5 und 6 ist in dieser Tafel nur noch eine Stunde in Klasse 6 vorgesehen. D.h. zwischen dem 4. Schuljahr der Grundschule mit einer intensiven Beschäftigung mit naturwissenschaftlich-technischen Inhalten und dem 6. Schuljahr, wo erst wieder dieser Bereich unterrichtet wird, liegt eine Pause von einem ganzen Schuljahr.

274

Klassenstufe:	5	6	7	8	9	10
Biologie:	3	2	1	-	1	1
Physik:	-	1	3	2	1	1
Chemie:	-	-	-	2	2	2

275 RRL Sachunterricht (naturwissenschaftlich-technischer Aspekt), a.a.O., 1972 und 1976, S.5.

276 a.a.O., 1976, S.6.

277 Vgl. RRL 1972, S.6-8, 1976, S.7-10 (Grobziele=Richtziele).

278 In den USA sind unter Zugrundelegung verschiedener Konzepte typisch physikalische Lerninhalte in den Curricula für die Primary School enthalten und beziehen sich teilweise bereits auf die Klassenstufen 3 und 4 (vgl. TÖPFER/BRUHN (1976), S.188ff.). In der ehemaligen DDR sah die Stundentafel für die 6.Klasse sogar 3 Wochenstunden Physik vor (vgl. VOLK UND WISSEN (1978), S.5) In der ehemaligen UDSSR waren in der gleichen Klassenstufe 2 Wochenstunden vorgesehen (vgl. PRESSEAGENTUR NOWOSTY (1973), S.274).

279 Vgl. hierzu Anm. 227.
280 Vgl. hierzu WELTNER/WARNKROSS (1969) und den Hinweis bei TÖPFER/BRUHN (1976) auf S.63, wonach im Ergebnis von 70 Studien in den USA das Wecken und Erhalten von Interesse durch Schülerübungen bedeutsam ist.
281 KULTUSMINISTER-KONFERENZ: Empfehlungen und Richtlinien zur Modernisierung des Mathematikunterrichts an den allgemeinbildenden Schulen, Bonn, 3.10.1968.
282 Vgl. BRAUNER (1976a u.b, 1977a u.b, 1978a und 1981).
283 entfällt.
284 entfällt
285 entfällt
286 Vgl. hierzu BRAUNER (1977c).
287 Alle im Rahmen des Projektes verfaßten wissenschaftlichea Hausarbeiten befinden sich im Archiv des Wissenschaftlichen Prüfungsamtes für das Lehramt an Grundschulen und Haupt- und Realschulen der Universität Frankfurt und sind im Literaturverzeichnis aufgeführt.
288 Erst bei der letzten Arbeit von PACHL (1977) konnte erstmalig eine EDV-Auswertung mit Orientierungscharakter vorgenommen werden.
289 Vgl. den Abschnitt 2.2.
290 Hoffmann hatte 1973 Erhebungen nur an der Frankfurter Universität durchgeführt, die 1974 durch ganz analoge an der Universität Gießen ergänzt wurden. Das ausgewertete Datenmaterial wurde aber nicht im Rahmen einer wissenschaftlichen Hausarbeit dargestellt. Vgl. aber BRAUNER (1977c).
291 Wegen der für 1975 vorgesehenen zweiten Erhebung an den Gesamtschulen, sollte vorsorglich Aversionen von Sammlungsleitern vorgebeugt werden, die hätten entstehen können, wenn man in kürzeren zeitlichen Abständen diese um zeitaufwendige Arbeiten an den Erhebungsunterlagen gebeten hätte. Deshalb wurden bezüglich der Geräteausstattungen nur Groburteile, d.h. ohne Detailfragen, erhoben. Vgl. den Erhebungsbogen bei TIMPE (1973).
292 Vgl. hierzu BRAUNER (1976 a u. b; und 1978a).
293 Wegen des Rücktritts eines Projektmitarbeiters vom vorgesehenen Examen liegt hier nur eine wissenschaftliche Hausarbeit von KÖPPEN (1976) über die Lehrerbefragung vor.
294 entfällt.
295 entfällt
296 entfällt
297 Vgl. bspw. dazu DE LANDSHEERE (1971), der sich auf T.L. Kelly beruft (a.a.O.,S.54/55).
298 Vgl. FEND (1979): Auf S.48 werden Fragebogenrückläufe von 45,5% bei Lehrern und 49,3% bei Eltern angegeben.
299 Vgl. den Abschnitt 2.2.
300 Vgl. auch Anm. 291.
301 Gemeint ist das in 5.2 und 6.2 genannte ökonomische Nebenprojekt, das gemeinsam mit Mirgel betrieben wurde.
302 Das Beispiel des Erhebungssatzes an den Gymnasien wurde ausgewählt, da dieses Erhebungsmaterial bis auf den Lehrerfragebogen bei KÖPPEN (1976) in keiner der wissenschaftlichen Hausarbeiten in die Dokumentation aufgenommen wurde. Der diesbezügliche Kandidat war von der Prüfung zurückgetreten. Dieses Erhebungsmaterial ist für die Hauptphase der Untersuchungen als typisch anzusehen.

303 Vgl. E.R.: Arbeitslose Lehrer schon 1975? In: Erziehung und Wissenschaft 1/1975, S.1/2.

304 Der Hessische Kultusminister (II B 6 - 1006/01) Information Gesamtschule, Fachbereich: Organisation, ORG 3.12, August 1972: Gesamtschulentwicklung im Schuljahr 1972/73: Aufgabenbeschreibung:
1. der versuchsbegleitenden Gruppen,
2. der Fachmoderatoren,
3. der Projektgruppe Evaluation.

305 Vgl. auch Anm. 226.

306 Vgl. Amtsblatt des hessischen Kultusministers, 8/1976, S.459.

307 Vgl. Teilabschnitt 4.1.

308 Die Tabelle 1 läßt klar erkennen, daß dieser strukturelle Veränderungsprozeß zwischen 1969 und 1975 (Vorphase 1972/73) besonders stark war und zwischen 1975 und 1977 (Hauptphase) relativ abgeschwächt verläuft.

309 Dieser Zeitpunkt wurde als besonders günstig angesehen, da nach Ausgabe der Zeugnisse für das 1.Schulhalbjahr in den Schulen allgemein eine Phase relativer Ruhe einsetzt.

310 Sie werden nur alle zwei Jahre durch Schulverzeichnisse veröffentlicht.

311 Bezüglich der Erhebungen des Projekts ist es sinnvoller, wenn an Stelle eines Erhebungszeitpunktes von einem Erhebungszeitraum gesprochen wird. Den Schulen wurde kein definitiver Tag als Stichtag der Erhebung genannt, was mit der Freiwilligkeit der Beantwortung zusammenhing. In allen Fällen der Erhebung kann von einem Zeitraum von maximal fünf Wochen ausgegangen werden, innerhalb dessen die jeweilige Erhebung abgeschlossen war.

312 Für Gymnasien und Gesamtschulen konnten die Populationsumfänge exakt ermittelt werden. Eventuelle Abweichungen der in dieser Darstellung angegebenen Zahlenwerte für die Haupt- und Realschulen dürften wesentlich unter der 1%-Marke liegen.

313 Vgl. Anm. 25.

314 Darauf wird im Zusammenhang mit den Personalfragen näher eingegangen.

315 Vgl. Anm. 312.

316 In diesem Abschnitt werden keine Stichprobenbetrachtungen der 1977 zusätzlich durchgeführten Sammlungsleiterbefragung durchgeführt, da solche bei MIRGEL (1979) vorliegen.

317 De Landsheere (a.a.O., S.55/56) verweist im Zusammenhang mit postalischen Erhebungen auf *Rücklaufverluste* in Höhen von 60-80%.

318 Vgl. dazu Tabelle 29.

319 Vgl. Amtsblatt des Hessischen Kultusministers 7/76, S.391/392.

320 Der Idealfall des Rücklaufes von einer Schule bestand 1972 darin, daß sowohl der Schulleiter, als auch beide Sammlungsleiter für Physik und Chemie antworteten (Tripel). Im Rahmen der Hauptphase war dies der Fall, wenn sowohl der Schulleiter wie auch der Sammlungsleiter Physik antworteten (Paare).

321 Vgl. die Angaben in den Tabellen A26-33 des Anhangs.

322 Zur Erhebung an den Gesamtschulen (1975) ist noch eine spezielle Modalität zu vermerken, die einerseits mit dem Engagement der Projektmitglieder H.Kandler und E.Schnitzer und andererseits mit der Aufnahme der Zusammenarbeit mit der RRL-Fachgruppe Physik SI zusammenhängt. Kandler/Schnitzer hatten unter Einsatz persönlicher finanzieller Mittel bei ihren Erhebungen an den Gesamtschulen ein „Top-Ergebnis" im Rücklauf mit 76,1% für Schulleiter und 75,2% für Sammlungsleiter erzielt

(vgl. a.a.O., S.8 bzw. S.12). Im Vergleich zu den anderen Erhebungen, bei denen lediglich ein Erinnerungsschreiben eingesetzt wurde und telefonisch einige Datensätze ergänzt wurden, haben Kandler/Schnitzer noch mehrfach telefonische Erinnerungen durchgeführt. So gesehen kam diese ursprüngliche Stichprobe der Gesamtschulen etwas „unnatürlich“ zustande.
Die Zusammenarbeit mit der RRL-Fachgruppe Physik führte zu einer Ergänzung des Gerätekatalogs, auf die noch näher eingegangen wird. Aus Gründen der Vergleichbarkeit mußte an den Gesamtschulen eine kleinere Nacherhebung durchgeführt werden, die zu dem „natürlichen Rücklauf“ der Tabelle 31 führte. Die Angaben über die Stichprobe der Gesamtschulen der Tabelle 31 beziehen sich auf die so „reduzierte natürliche Stichprobe“. Nur die Daten dieser Stichprobe werden bei der für alle Schulgattungen gleichartigen Auswertung berücksichtigt.

323 Vgl. Tabellen 1 und 2.

324 Stellungnahmen oder Erprobungsberichte sind von Hauptschulen überhaupt nicht abgegeben worden. Alle diesbezüglichen Schulen aus dem H-R-Bereich sind Realschulen (vgl. 4.2).

325 Schulen, von denen zunächst nur Schulleiterfragebögen oder nur Sammlungsleiterfragebögen vorlagen, wurden nach der schriftlichen Erinnerung noch einmal telefonisch um Ergänzung gebeten.

326 Neben dem bereits oben angeführten möglichen Hinderungsgrund „Reifeprüfung“ wird vermutet, daß die Leiter der Gymnasien nach dem „Prinzip der Respektierung der Fachkompetenz“ nicht weiter recherchierten, falls sie selbst einen Fragebogen ausgefüllt hatten und der des Sammlungsleiters noch ausstand und umgekehrt.

327 Auswahl nach KNAPP (1972); vgl. den Abschnitt 2.2.

328 Soweit die Werte von N nicht mit den Angaben in den genannten Examensarbeiten übereinstimmen, liegt dies daran, daß für die Auswertung ein Rücklaufschluß gesetzt werden mußte. Einige Fragebögen sind später eingetroffen und wurden bei den Zweitauswertungen berücksichtigt.

329 KANDLER/SCHNITZER (1975) haben auf der Basis zusätzlich angeforderter Lehrerlisten eine methodisch fundierte Schätzung durchgeführt. Die Angabe einer Rücklaufquote von 28,1% kann als relativ sicher angesehen werden (a.a.O., S.15/16).
KÖPPEN (1976) hat sich der Daten des „Hessischen Philologenverbandes 1974/75“ bedient. Sein daraus abgeleiteter Populationsumfang ist mit Sicherheit etwas zu klein, da diese Daten sich auf den Stichtag 15.10.1974 beziehen. Er schließt auf eine Rücklaufquote von 28,3% (a.a.O., S.23/24).

330 Köppens Datenbasis war im Vergleich zum Erhebungszeitraum um ein Jahr veraltet (Philologenjahrbücher erscheinen für Hessen seit 1974/1975 nur alle zwei Jahre!). Den verbesserten Wert erhält man, wenn man eine Zunahme der Gymnasiallehrer um 6,5% bis zum Erhebungszeitraum berücksichtigt (Hessische Bildungspolitik in Zahlen, 1977, S.29).

331 a.a.O., S.8. Nicht vergleichbar sind die Erhebungen von ZEIHER (1973) und SCHEFER (1969), die über Rückläufe von 91% (a.a.O., S.73) bzw. 54% (a.a.O., S.23) berichten, da bei Zeiher die Koppelung an ein Projekt „Schulleistung“ vorlag und bei Schefer die Adressaten persönlich angeschrieben waren. BORN/EULER (1977) haben die Fragebögen auf die gleiche Weise den Lehrern zugestellt, wie dies im Rahmen des Projekts erfolgte, nämlich über die Schulleitungen.

332 Die Befragung erfolgte nur an Schulen des G-H-R-Bereichs.

333 Vgl. Anm. 317.

334 Zur Tabelle 33 ist zu bemerken, daß die Populationen und Stichproben der verschiedenen Schulgattungen zu „Gesamtpopulationen“ und „Gesamtstichproben“ der drei Zielgruppen zusammengezogen wurden. Wegen der verschiedenen Erhebungsjahre und des strukturellen Veränderungsprozesses waren Uberschneidungen zu erwarten. Eine darauf bezogene Überprüfung der Erhebungsunterlagen führte zu einigen wenigen Fällen, die sich fast ausschließlich auf die Erhebungen von 1972 im G-H-R-Bereich und 1973 an den Gesamtschulen beziehen. Aus diesem Grunde ist lediglich der Prozentwert für Schulleiter ohne Rahmenrichtlinienbezug trotz Korrektur etwas unsicher.

335 Bei den bisherigen Darstellungen in den Teilen 2 und 3 wurden ja ebenfalls nur Methoden der „deskriptiven Statistik“ verwendet. Da in den Lehrbüchern der Statistik keine einheitliche Abgrenzung dieses Bereichs vorliegt, sei vermerkt, daß die Methoden der Korrelationsrechnung und die Anwendung des Zusammenhangsmaßes Phi auf der Basis der chi^2-Berechnung (bzw. des Äquivalents 2I nach Kullback) hier zu diesen Bereich gerechnet werden.

336 So bspw. bei SCHEFER (1969), der zur Legitimation auf eine Untersuchung des Deutschen Instituts für Internat. Pädagogische Forschung (DIPF Frankfurt/Main) hinweist. Die genannte Untersuchung konnte allerdings nicht eingesehen werden.

337 Angewandt wurde der chi^2-Test für den Vergleich von Verteilungen (vgl. bspw. HELLER/ROSEMANN (1974), S.214ff.). Für 3x2-Feldertafeln ist die Anzahl der Freiheitsgrade $df = (3-1) \times (2-1) = 2$. Mit dem errechneten chi^2-Wert und dem df-Wert erhält man aus den Wertetafeln für die chi^2-Verteilung die Werte der Überschreitungswahrscheinlichkeit p. In der statistischen Literatur wird fast durchgehend auf die Gütekriterien von LIENERT (1962, S.74) verwiesen, die hier ebenfalls als Grundlage der Beurteilung dienen. Nach Lienert ist die Anpassung gut, wenn p größer als 0,50 ist, mäßig für p-Werte zwischen 0,50 und 0,20, schwach für p-Werte zwischen 0,19 und 0,05 und fehlend, wenn p kleiner als 0,05 ist. Die Tabellen A26-A33 des Anhanges enthalten alle relevanten Daten.

338 Das Merkmal „Verflechtung“ mit den anderen Stufen wird im Teilabschnitt 7.5.3 noch ergänzend betrachtet.

339 Nach BRAND (1980) beträgt der Ausländeranteil in einzelnen Schulen der Stadt Frankfurt 40% und mehr.

340 Vgl. SCHEFER (1969), a.a.O., S. 23/24.

341 Vgl. ZEIHER (1973), a.a.O., S.71-77.

342 BORN/EULER (1977), a.a.O., S.10ff.

343 Der Erhebungsstichpunkt bei Born/Euler ist der 1.10.1976 und liegt sogar in unmittelbarer Nähe des Erhebungsstichtages des Philologenjahrbuches 1976/77 (15. 10. 1976!).

344 a.a.O., S.8.

345 In gewisser Weise stellt Zeiher (a.a.O., S. 73ff.) diese Unzulänglichkeit selbst dar.

346 Auseinanderklaffen von Erhebungsstichtagen.

347 Die Daten der Schulleiter- und Sammlungsleiterbefragungen an den Gymnasien (1976) wurden keiner Erstauswertung im Rahmen einer Examensarbeit unterzogen, da der dafür vorgesehene Kandidat sich kurzfristig zu einem Studienfachwechsel entschlossen hatte.

348 Gemeint ist hier die Examensarbeit von PACHL (1977), die noch gewisse Mängel im Vergleich zur Auswertungsstrategie der Zweitauswertung durch den Verfasser aufweist. Die im Rahmen des Projekts hier erstmalig benutzte Möglichkeit der EDV-Auswertung diente vornehmlich einem Test zur Abschätzung der Kosten des Programmierens und der Einarbeitung des Programmierers in den Problembereich des Projekts.

349 SPSS = STATISTICAL PACKAGE FOR THE SOCIAL SCIENCES, verfaßt von N.H. Nie u.a. (vgl. Literaturverzeichnis).
Das Programmpaket hat weitgehend den Auswertungsvorstellungen des Verfassers genügt. Dort, wo dies nicht der Fall war, hat der Programmierer, W.Salmen, die ergänzenden Programme in der ALGOL-Programmiersprache geschrieben.

350 Mitgezählt sind dabei die des Nebenprojektes über die Probleme des Mathematikunterrichts sowie der beiden Befragungen, über die C.MIRGEL (1979) berichtet.

351 Das Beispiel eines vollständigen Erhebungssatzes für die Gymnasien (1976) wurde deshalb gewählt, da hier bis auf den Lehrerfragebogen die Erhebungsinstrumente noch an keiner Stelle in eine Dokumentation einbezogen wurden (vgl. dazu Anm. 347). Alle anderen Fragebögen sind mindestens in einer Examensarbeit der Projektmitglieder dokumentiert.

352 Fragen nach Zeitpunkt der Errichtung einer Gesamtschule oder Umwandlung von H-R-Schulen in Gesamtschulen (nur 1972, 1973 und 1975).

353 Nur 1972 und 1973 im Befragungskomplex aufgenommen.

354 Ursprünglich waren solche Fragen über die Höhe der Etatbeträge als Kernfragen gedacht. Bei der Erprobungsbefragung von BECHTHOLD (1972) enthielten nur 12 von 41 ausgefüllten Sammlungsleiterfragebögen konkrete Antworten. Deshalb wurden 1972 bezüglich der Etats die Schulleiter befragt, wobei die Fragestellung weiter präzisiert wurde. Auch hier war der Anteil konkreter Angaben über Etatwerte im Mittel nicht größer als 35%. 1973 stieg die auswertbare Quote bei Sammlungsleitern auf etwas mehr als 40%, was auch 1976 bei den Schulleitern der Gymnasien erreicht wurde. Lediglich die Schulleiter der Gesamtschulen gaben mit ca. 65% konkrete Antworten auf Etatfragen. Mit diesen Prozentsätzen unterscheiden sich die Fragen nach den Etatwerten sehr wesentlich von den Kernfragen, bei denen die Ausfallquoten ganz erheblich geringer sind.
Die Tatsache, daß Etat-Daten im Zusammenhang mit einer umfangreichen Befragung bezüglich eines vielschichtigen Fragenkomplexes auf einer breiten Basis so nicht gewonnen werden konnten, führte zu der 1977 durchgeführten zusätzlichen Befragung aller Sammlungsleiter im Bereich der Sekundarstufe I, über die MIRGEL (1979) berichtet.

355 Der Fragebogen für die Leiter der Gesamtschulen, der von TIMPE (1973) eingesetzt wurde, hatte mit Blick auf die spätere Untersuchung von 1975 nur zwei Seiten.

356 In Hinblick auf die für 1975 geplante Erhebung wurden von Timpe (1973) nur Pauschalurteile über Geräteausstattungen im Rahmen der Schulleiterbefragung erhoben.

357 Zu vermerken ist hier noch, daß der entsprechende Fragebogen, der in der Vorphase eingesetzt wurde, nur einen Gerätekatalog enthielt, der sich auf Demonstrationsgerät bezog. Bezüglich des Schülerübungsgerätes wurde lediglich nach Gerätesätzen für Mechanik, Kalorik, Optik und Elektritzitätslehre/ Magnetismus und nach der Anzahl solcher Sätze gefragt. Vgl. dazu die Anlagen 7a-d des Anhangs.

358 In der Regel befinden sich die Fragen zum Etat im Schulleiterfragebogen (vgl. Anm. 354). In einigen Fällen wurden auch Sammlungsleiter um solche Angaben gebeten.

359 Bei der Erhebung von 1977 wurde der Fragebogen nach Anlage 3a-e ohne den Teil B (weitere Fragen) eingesetzt, da analoge Daten im H-R-Bereich bereits 1972/73 erhoben worden waren. Anstelle dieses Teils, wurde ein anderer Teil B der Erhebungsinstrumente von Mirgel eingesetzt, der bei BRAUNER/WEISS/MIRGEL (1982), S.125 dokumentiert ist.

360 Naturgemäß ist der Grad der Anleitung bei Examensarbeiten empirischer Natur im Anschluß an ein nur 6-semestriges Studium höher als etwa bei rein literaturbezogenen Themen.

361 KÖPPEN (1976) hatte die Möglichkeit der Diskussion über die Projektintentionen mit einer Reihe von Gymnasiallehrern, wenn auch nicht im Rahmen eines Schulpraktikums an einem Gymnasium.

362 entfällt.

363 Bspw. Schulleiter: Fragen A1-5, B1-6 und E2, Anlagen 2b/d des Anhangs.
Sammlungsleiter: Frage B2, Anlage 3e des Anhangs.
Lehrer: Fragen A1-5, Anlage 4b des Anhangs.

364 Bspw. Sammlungsleiter: Frage B1, Anlage 3e des Anhangs,
Lehrer: Frage B6, Anlage 4c des Anhangs.

365 Bspw. Schulleiter: Frage C1, Anlage 2c des Anhangs,
Lehrer: Fragen B7/10, Anlagen 4c/d des Anhangs.

366 Bspw. Schulleiter: Fragen B7/8 und D, Anlagen 2b-d des Anhangs,
Sammlungsleiter: Frage B3, Anlage 3e des Anhangs,
Lehrer: Fragen B8/9/11/12/14-16/18/19, Anlagen 4c-e des Anhangs.

367 Bspw. Schulleiter: Fragen C2/3 und El, Anlage 2c/d des Anhangs,
Lehrer: Fragen B13/17/20, Anlagen 4e/f des Anhangs.

368 Eine nachträgliche Bestätigung dieser Sicht findet man bei BEIMDIEK u.a. (1976 und 1977) und bei WEISS (1978).

369 Es wäre durchaus möglich gewesen, nach der Fläche der jeweiligen Räume zu fragen. Die angegebenen Werte hätten anhand der Werte, die in den Schulbaurichtlinien angegeben sind, relativiert und damit von Schule zu Schule verglichen werden können. Damit wäre aber nicht das auf die tatsächlich vorhandenen Schülerzahlen bezogene Kapazitätsproblem zu erfassen gewesen. Darauf kam es aber gerade an.

370 Vgl. bspw. Frage C1 der Anlage 2c des Anhangs.

371 DÖRING (1973), a.a.O., S.242.

372 ebenda, S.267.

373 In der Regel werden die Schulen durch die Angebote der Lehrmittelfirmen, falls die erforderlichen finanziellen Mittel zur Verfügung stehen, ausreichend versorgt. An manchen Schulen überwinden findige Sammlungsleiter bei geringeren finanziellen Mitteln die vorliegenden Schwierigkeiten dadurch, daß sie für manches Gerät und Zubehör billigere Bezugsquellen ausfindig machen. Häufig erfolgt dann auch ein Zusammenbau einzelner preisgünstiger Teile zu durchaus tauglichen Versuchsanordnungen. Daß solche Improvisationen unter Umständen noch organisatorische Vorteile gegenüber konventionellen Lehr- und Lernmitteln haben können, hat SCHEEL (1972) in einer empirischen Untersuchung gezeigt.

374 Fahrraddynamo und Magneteisenstein als Beispiele.

375 Neben den Chemikalien werden vielfach bspw. Nägel, Stricknadeln, Papierkarton, Kerzen, Taschenlampenbatterien und ähnliches verbraucht.

376 Bspw. Laborboy oder fahrbare Tische.

377 Bspw. Propangasflaschen.

378 Vgl. Teilabschnitt 4.1 und Anm. 224.

379 FISCHLER (1973), a.a.O., S.46.

380 ebenda, S.49.

381 BAUER (1976), a.a.O., S.61.

382 Amtsblatt des Hessischen Ministers für Erziehung und Volksbildung: Bildungspläne für die allgemeinbildenden Schulen in Hessen. B: Das Bildungsgut der Volksschule, Sondernummer 2, Februar 1957, C: Das Bildungsgut der Mittelstufe, Sondernummer 3, März 1957, Bildungsplan für das 9.Volksschuljahr, Sondernummer, Januar 1963.

383 Wenn auch an einem Teil der additiven Gesamtschulen vielleicht noch auf die alten Pläne teilweise zurückgegriffen wurde, so standen diese in den integrierten Gesamtschulen nach persönlichen Erfahrungen des Verfassers überhaupt nicht mehr zur Diskussion. Dort erfolgte eher eine Orientierung an neueren Schulbüchern.

384 Diese Vereinfachung ist auch bei den Lehrmittelfirmen üblich. So subsumiert bspw. die Fa. Leybold-Heraeus ihr Gesamtangebot unter Einbezug aller vier Arten unter dem Sammelbegriffswort „Physikalische Lehrgeräte".

385 LEYBOLD-HERAEUS: Physikalische Lehrgeräte, Köln, 1974
PHYWE: Physik, Hauptkatalog P 1076, Göttingen, 1976.

386 LEYBOLD-HERAEUS: Demonstrationsgeräte Physik Sekundarstufe I, Köln, 1978.

387 Vgl. bspw. FISCHLER (1973) oder BAUER (1976).

388 Sowohl bei der Probeerhebung von BECHTOLD (1972) als auch bei der nachfolgenden umfangreicheren Erhebung von 1972 im H-R-Bereich wurde hinsichtlich der Geräteausstattungen für Schülerübungen um Globalurteile gebeten, d.h. es wurde keine detaillierte Liste für Schülerübungsgeräte zur Beurteilung vorgelegt. Dies geschah erst in einer kombinierten Form bei FRITZ (1973) und den Untersuchungen der Hauptphase.

389 Eigene Feststellung anhand der Erhebungsunterlagen, da bei BECHTOLD (1972) Zahlenangaben fehlen und von ihm in Hinblick auf die Weiterentwicklung des Erhebungsinstruments seinerzeit nur Schätzungen gemacht wurden. Erwartungen im Sinne der Anm.317.

390 Vgl. Anlagen 7 und 8 des Anhanges. Mit den unterschiedlichen Umfängen sollte festgestellt werden, ob davon der Rücklauf beeinflußt wird.

391 Vgl. Tabelle A25 des Anhanges.

392 Die von Fritz verwendete Geräteliste ist identisch mit den Teilen I und II des Gerätekatalogs der Ablage 3c/d des Anhangs.

393 Diese Ergänzung ist durch Hinzufügen der Teile III und IV der Anlage 3e des Anhangs erfolgt.

394 Vgl. BRAUNER u.a. (1980a,b,c).

395 Die vollständige Liste enthält insgesamt 896 Titel. Davon sind jedoch 123 Titel auf audio-visuelle Medien bezogen, die hier nicht zur Diskussion stehen.

396 Hierzu ein typisches Beispiel. Im Sammlungsleiterfragebogen der Hauptphase findet man unter der Nummer I,42 (Anlage 3c des Anhangs) den Titel „Experimentierkabel". Dieser zusammenfassenden Titelbezeichnung entsprechen im hessischen Ausstattungsvorschlag 8 Einzeltitel, bei denen Kabel verschiedener Länge und Beschaffenheit ausgewiesen werden. Eine Reihe ähnlicher Beispiele könnte noch aufgeführt werden.

397 Diese Aussparung steht im Zusammenhang mit der in diesem Falle gleichzeitigen Erhebung von ökonomischen Daten mit dem von MIRGEL (1979) eingesetzten Sammlungsleiterfragebogen B. Außerdem standen relevante Daten aus dem H-R-Bereich in ausreichendem Maße schon von den Erhebungen von 1972 und 1973 zur Verfügung.

398 Vgl. bspw. die Frage Bl in der Anlage 3e des Anhangs.

399 GERHARDT, KRUSE, STEINKOPF, STIEGLER: Natur und Technik, Schülerbuch Band 1, ll. Auflage, Berlin: Velhagen/Klasing, 1971; Schülerbuch Band 2, 7.Auflage, Berlin: Velhagen/Klasing, 1971, Lehrerbuch Band l, 4.Auflage, Berlin: Vel-

hagen/Klasing, 1970 und Lehrerbuch Band 2, 2.Auflage, Berlin: Velhagen/Klasing, 1971.

400 Vgl., was in 4.2 und 4.3 über die Bedeutung der Schülerübungen ausgeführt wurde. In diesem Zusammenhang ist noch zu erwähnen, daß der Rahmenrichtlinienbeirat im Jahre 1976 bei der Freigabe der Rahmenrichtlinien Physik SI auf die Notwendigkeit einer Verstärkung der Kleingruppenarbeit hingewiesen hat (Hessische Lehrerzeitung, Heft 3/1976, S.37).

401 Vgl. Teilabschnitt 4.2

402 Vgl. HENDRICKS (1973), a.a.O., S.16-28, sowie FRITZ (1973), a.a.O., S.28-40.

403 Diese Anzahl bezieht sich genau genommen auf den von KANDLER/SCHNITZER (1975) verwendeten Katalog, der aber gegenüber dem von Fritz nur noch unwesentliche Ergänzungen erfahren hat.

404 Diese Ergänzung erforderte wegen des angestrebten Vergleiches zwischen den einzelnen Schulgattungen eine Nacherhebung an den Gesamtschulen. Dabei wurde den Sammlungsleitern nur noch der Teil der Geräteliste zur Beurteilung vorgelegt, der in der Anlage 3e des Anhangs dargestellt ist. Der Teil B (weitere Fragen) war in den Nacherhebungsunterlagen nicht enthalten. Vgl. auch Anm.322.

405 Vgl. Anlage 3c-e des Anhangs. Die ursprünglich 216 Titel sind in den Teilen I und II enthalten, wobei die Nummer 97 insgesamt 8 Detailtitel enthält. Die Teile III und IV stellen die Ergänzungsvorschläge der Rahmenrichtlinienfachgruppe dar.

406 Vgl. Anlagen 7 und 8 des Anhangs. Die Kategorie E erwies sich als überflüssig, da hier kaum angekreuzt wurde. Sie wurde in der Hauptphase fallengelassen.

407 Vgl. Anlagen 3a/b des Anhangs.

408 Dies hätte beispielsweise der Fall sein können, wenn 1975 mit dem H-R-Bereich begonnen worden wäre. Daten einer Realschule von 1975 hätten dann bspw. noch einmal erscheinen können, wenn nämlich diese Schule bis 1977 zu einer Gesamtschule ausgebaut worden wäre.

409 Bspw. haben sich in diesem Zeitraum weder die Klassenfrequenzen noch die Verhältniszahlen Schüler:Lehrer geändert.

410 Bezogen auf die finanziellen Möglichkeiten der Schulträger sei noch vermerkt, daß in diesem Zeitraum die zweite Rezession nach der in den sechziger Jahren lag.

411 Zu einem gibt es bislang keine Untersuchungen über den Einfluß von Lehrerfortbildungs- und Lehrerweiterbildungsveranstaltungen auf die Lehrerrolle. Zum anderen ist die Kapazität der zuständigen Institutionen - wie noch aufgezeigt werden wird - völlig unzulänglich.

412 Teilweise wurden auch Diplome in den naturwissenschaftlichen Fächern anstelle von Staatsexamina anerkannt, was aber in Anbetracht der Tatsache, daß in der Regel Diplomanden und Lehramtskandidaten an den Universitäten gemeinsam ausgebildet werden, ohne Belang ist. Lehrer, die keine derartige Ausbildung haben, unterrichten nur in einer ganz unbedeutenden Anzahl an Gymnasien. Dem Verfasser sind einige Fälle bekannt, wo H-R-Lehrer in der Mittelstufe der Gymnasien Physik unterrichten.

413 Die Tatsache, daß in den fünfziger Jahren noch zusätzlich eine Prüfung in entweder Philosophie oder Pädagogik oder Psychologie abgelegt werden mußte, ist wegen des geringen Umfangs der Ausbildung in diesem Bereich von untergeordneter Bedeutung.

414 Seit 1981 müssen auch zukünftige Gymnasiallehrer während der 1. Ausbildungsphase zwei nach einem Ausbildungsplan organisierte Schulpraktika absolvieren.

415 Die vier grundwissenschaftlichen Fächer sind: Pädagogik, Pädagogische Psychologie, Soziologie der Erziehung und Politische Bildung.

416 Explizite geht dies eindeutig aus dem Hauptziel 2 hervor (RRL Physik, 1976, S.5): „... In allen Altersstufen soll ein wissenschaftsorientiertes Denken angestrebt werden (vgl. Strukturplan S.33). Damit ist die Aufgabe verbunden, eine allmähliche Umwendung vom vorwissenschaftlichen zum wissenschaftsorientierten Denken zu vollbringen."

417 Die Auswertungsergebnisse der Lehrerindividualbefragung des HKM wurden nicht veröffentlicht, dem Verfasser aber zugänglich gemacht.

418 Ein solcher Operationalisierungsversuch für die Beurteilung von Unterricht liegt bspw. bei BRAUNER/ VEIT/WEBER (1976) vor.

419 Vgl. hierzu BRAUNER (1976b), (1977a) und (1977c).

420 Diese Regelung bestand noch im Zusammenhang mit einem Mangel an Fachlehrern für den mathematisch-naturwissenschaftlichen Bereich der Gymnasien, jedoch mußte die Diplomprüfung vor dem 1.1.1975 abgelegt worden sein (Auskunft des wissenschaftlichen Prüfungsamtes für das Lehramt an Gymnasien an der Universität Frankfurt/Main).

421 In den fünfziger Jahren konnten Hochschulabsolventen mit dem l.Staatsexamen sich zweifach entscheiden. Entweder sie meldeten sich zum Referendariat für den höheren Dienst, was finanziell äußerst unergiebig war, da Unterhaltszuschüsse nur auf Antrag und dann nur unter bestimmten Bedingungen gewährt wurden, oder sie hatten die Möglichkeit, im Realschulbereich sofort bei Bezug eines entsprechenden Gehalts zu unterrichten und die 2.Staatsprüfung für diesen Bereich abzulegen (Auskunft des Realschul-Konrektors H.Neubert, Hofheim/Ts.).

422 Solche Wahlfachprüfungen werden in Hessen an den Universitäten und außerhalb auch an Pädagogischen Hochschulen abgelegt. Ebenso sind die Wahlfachprüfungen an den ehemaligen Pädagogischen Instituten (bis etwa 1962) dazu zu zählen, da wissenschaftliche Vertiefung als Wahlfachkriterium galt (vgl. dazu HOFFMANN (1949), S.52 und S.69).

423 Die „großen Erweiterungsprüfungen" werden seit 1969 von Prüfern der wissenschaftlichen Lehrämter für das Lehramt an Haupt- und Realschulen abgenommen und sind den Wahlfachprüfungen völlig gleichwertig. Zu Zeiten der Pädagogischen Institute (bis etwa 1962) mußten solche Erweiterungsprüfungen an den Universitäten im Anschluß an die Volksschullehrerprüfung abgelegt werden. Sie waren Voraussetzung für die Ernennung zum Realschullehrer.

424 Eine gewisse Zeit konnten Gymnasiallehrer mit der 1.Staatsprüfung entweder die Lehrbefähigung in zwei Fächern für alle drei Stufen des Gymnasiums oder in einem Fach für alle drei Stufen und in zwei weiteren für die Unter- und Mittelstufe erwerben (Erinnerung des Verfassers als ehemaligem Gymnasiallehrer).

425 Eine Zeitlang erwarben Gymnasiallehrer an manchen Gesamtschulen noch eine dritte Lehrbefähigung in einem weiteren Fach für die Sekundarstufe I. Sie legen dabei die unter Anm.423 beschriebene „große Erweiterungsprüfung" ab.

426 Die „normale" Prüfung der Grund- und Hauptschullehrer im Rahmen der Ausbildung an den hessischen Universitäten zwischen 1962 und 1969 enthielt neben den Prüfungen in den Grundwissenschaften (Pädagogik, Pädagogische Psychologie, Soziologie der Erziehung und Politische Bildung) eine Wahlfachprüfung für ein Schulfach nach Auswahl des/der Studierenden und zwei Didaktikprüfungen in zwei weiteren Schulfächern.

427 Diesen Didaktikprüfungen entsprechen Methodikprüfungen an den Pädagogischen Hochschulen oder Universitäten außerhalb Hessens.

428 „Kleine Erweiterungsprüfungen“ wurden nicht vor Prüfungskommissionen wissenschaftlicher Prüfungsämter sondern vor Prüfungskommissionen abgelegt, die sich aus qualifizierten Lehrern des gleichen Schulaufsichtbereichs zusammensetzten. Die fachwissenschaftlichen Anforderungen sind mit denen der Didaktikprüfungen vergleichbar. Hauptziel dieser Zwischenqualifikation war eine Angleichung der Lehrerbesoldung für Lehrer unterschiedlicher Ausbildung aber gleicher Tätigkeitsbereiche. Wegen der Angleichung der Besoldungsstrukturen für Lehrer in den einzelnen Ländern wurden inzwischen diesbezügliche Höherstufungen wieder rückgängig gemacht.

429 Grundschullehrer erfahren eine fachwissenschaftliche Ausbildung auf einem ähnlichen Niveau, wie die damaligen Studenten der Didaktikfächer.

430 In vielen Fällen ist eine Zuordnung zu einer der Stufen S,A,B oder 0 möglich, wenn man über die betreffenden Lehrer entsprechende Zusatzinformationen erhält. Dies geschah in einer Reihe von Erhebungsfällen.

431 Bei der Bezeichnung „eingeschränkte“ Lehrbefähigung wird auf ein von RAUSCHENBERGER (1975, S.221) ausgesprochenes Qualifikationsteilziel Bezug genommen: ..... Sie muß weiter die Kompetenz vermitteln, jedem Schüler den Zugang zu eigener Spezialisierung zu ermöglichen; ...

432 Daß im Zusammenhang mit dem Qualifikationsproblem nur eine Angabe von Schätzwerten möglich ist, hängt damit zusammen, daß es keine durchgängigen Quellen mit Angaben über die Lehrbefähigung einzelner Lehrer gibt. Eine Ausnahme liegt bei den Gymnasiallehrern vor, deren Alter, Dienststellung und Lehrbefähigung namentlich in den sog. „Philologen-Jahrbüchern“ (neuerdings für Hessen: Jahrbuch der hessischen Gymnasien und Gesamtschulen) aufgeführt ist. Auch der Landesverband Hessen der Deutschen Realschullehrer hat, allerdings letztmalig für das Schuljahr 1971/72, ein ähnliches Jahrbuch herausgebracht. Für 1973 stand in beiden Fällen kein Jahrbuch zur Verfügung. Dagegen konnte auf Daten der vom Referat Statistik des Hessischen Kultusministers *1973 durchgeführten Lehrerindividualerhebung* zurückgegriffen werden. Da nur Lehrer mit Lehrbefähigung erfaßt wurden, aber in allen Schulformen auch Lehrer ohne Lehrbefähigung Unterricht in Physik erteilten und auch heute noch erteilen, wurde eine Schätzung, die auf erhobenen Daten des Projekts basiert, durchgeführt. Die Schätzung steht im engen Zusammenhang mit der, die von BRAUNER (1977c) vorliegt. Bei den Prozentzahlen für den H-R-Bereich und die Gesamtschulen wurde von Stichprobendaten der Jahre 1972 und 1973 ausgegangen. Die Prozentzahlen für Gymnasien wurden auf der Basis von erhobenen Daten des Jahres 1976 geschätzt, wobei davon ausgegangen wurde, daß zwischen 1973 und 1976 keine wesentlichen Änderungen eingetreten waren.

433 Während in der veröffentlichten Statistik des HKM in der Regel Zusammenfassungen nach Schulgattungen (vgl. Abschnitt 1.1) erfolgen, wurde bei der Auswertung der Lehrerindividualdaten nach folgenden Schulformen zusammengefaßt: Grundschule, Hauptschule, Realschule, Förderstufe, integrierte Gesamtschule, Gymnasium 5-10, Gymnasium 11-13. Da in der überwiegenden Mehrzahl der Fälle mehrere Schulformen in einer schulischen Einheit enthalten sind, erfolgte die Zuordnung der Lehrer nach dem jeweilig überwiegenden Einsatz in einer dieser Schulformen. Rücksprachen beim Hauptbearbeiter der Lehrerindividualbefragung ergaben, daß außer an den Gymnasien auch die Fälle mit eingeschränkter Lehrbefähigung erfaßt wurden.

434 Vgl. BRAUNER (1977c), S.17.

435 Vgl. Anm.420. In der Regel wurde die schriftliche Diplomarbeit als wissenschaftliche Hausarbeit anerkannt. Die Bewerber mußten sich dann einer normalen mündlichen Prüfung nach der Prüfungsordnung für das Lehramt an Gymnasien unterziehen.

436 Idealerweise wäre als Vergleichsmaterial solches für das Schuljahr 1973/74 wünschenswert, da dann der gleiche Zeitpunkt des Bezugs (1.Schulhalbjahr) gegeben wäre. Das „Jahrbuch der Hessischen Realschulen 1971/72" ist aber das letzte seiner Art (nach Auskunft des Hauptautors vom 16.5.1977 erfolgte bis dahin keine Neuauflage). Auch die Landesausgabe Hessen des „Philologen-Jahrbuches 1971/72" ist letztmalig in dieser Art erschienen und wird seit dem Schuljahr 1974/75 als „Jahrbuch der hessischen Gymnasien und Gesamtschulen" weitergeführt.

437 Rückschluß aus den Daten des Jahrbuchs der hessischen Realschulen.

438 Trennt man jedoch die Gymnasiallehrer nach zwei Altergruppen mit etwa der Geburtsjahresgrenze 1930, so überwiegen in der Gruppe der älteren Lehrer die Lehrer mit drei oder mehr Fachlehrbefähigungen. In der Gruppe der jüngeren Lehrer dagegen ist der „Zwei-Fach-Lehrer" die Regel.

439 Die Wichtung erfolgte über die durch die Lehrerindividualerhebung ausgewiesene Anzahl von 6004 Gymnasiallehrer in SI mit 24 Wochenstunden und den restlichen 14.827 SI-Lehrern mit 27,5 Wochenstunden (teilweise 27 und teilweise 28 Wochenstunden).

440 Dem Fach Englisch wurde gegenüber den Fächern Latein und Französisch der Vorzug gegeben, da dieses Fach als erste Fremdsprache eindeutig dominiert.

441 Vgl. hierzu HINZ (1971).

442 Vgl. hierzu JUNGBLUTH (1980), SCHICK (1982), VAUGEH (1982) und außerdem die Artikel des Höchster Kreisblatts (Quellenverzeichnis) vom 6.9.1978 und 12.5.1982.

443 Vgl. hierzu Anm.32.

444 Vgl. hierzu TÜMMLER (1976), HEISE/WELZEL (1982), NESTLER (1983) und außerdem die Artikel des Höchster Kreisblatts (Quellenverzeichnis) vom 12.7.1973 und 4.8.1982, außerdem HKM (schule in hessen, Heft 2 vom 4.9.1978).

445 Verband Bildung und Erziehung: Ein „neues" Schuljahr - oder ? (Heft 7/8 von 1982, S.125).

446 Artikel im Höchster Kreisblatt v. 14.7., 17.8. u. 10.9.1982 (vgl. Quellenverzeichnis).

447 KANDLER/SCHNITZER (1975), S.67.

448 Zahlenangaben aus: Hess. Kultusminister, Hess. Bildungspolitik in Zahlen, 1977. Sinnvollerweise müssen hier *alle* Schüler der Gymnasien berücksichtigt werden.

449 Die Schätzungen gehen von den Schätzwerten der Tabelle 37 für das Jahr 1973 aus, soweit es sich nicht um Gymnasien handelt. Bei diesen wurde von einem Wert ausgegangen, den KÖPPEN (1976, S.21) angibt und der aus der Datenbasis des Philologen-Jahrbuches 1974/75 (Stichtag 1. 12. 1974) des Hessischen Philologenverbandes hergeleitet wurde. Bei der Schätzung wurden zwei Faktoren berücksichtigt. Einmal die prozentuale Zunahme des Lehrpersonals an den allgemeinbildenden Schulen insgesamt. Dann aber auch die unterschiedliche Anzahl von Hochschulabsolventen mit der Lehrbefähigung für Physik für die einzelnen Schulgattungen. Daten stehen dafür vollständig seit dem Novembertermin von 1975 zur Verfügung, nachdem der Hess.Kultusminister (Erlaß III A 6 625/20 - 14 vom 27.8.75) eine zentrale Prüfungsstatistik für alle Fächer und Lehrämter am Wissenschaftlichen Prüfungsamt für das Lehramt an Gymnasien in Gießen führen läßt. Die Datenanalyse läßt vermuten, daß die Zunahme an den Gymnasien erheblich größer als an den anderen Schulen war.

450 Vgl. hierzu Teilabschnitt 7.5.3

451 Diese Beurteilung stützt sich auf zwei Fakten. Einmal wurden diesbezügliche subjektive Erfahrungen des Verfassers im Zusammenhang mit seiner Tätigkeit als Praktikumsberater und damit zusammenhängender Besuche von zahlreichen Praktikumsschulen gemacht. Zum anderen haben sich die Lehrer bei der Lehrerbefragung von 1972 entsprechend geäußert. Sie wurden u.a. befragt, ob sie Unterricht in Physik, Chemie *oder* Naturlehre erteilen. Von jeweils 147 Hauptschul- und Realschullehrern gaben ca. 60% der Hauptschullehrer und nur ca. 18% der Realschullehrer an, daß sie *Unterricht in Naturlehre* erteilen.

452 Auskunft des Leiters der Zweigstelle Frankfurt des HILF, OStD D.Völcker, unter Hinweis auf seine persönliche Mitarbeit bei diesen Bestrebungen.

453 Für diese Annahme gibt es ein bedeutsames Indiz. Von 1976 bis 1992 bot das Institut für Didaktik der Physik der Universität Frankfurt ein spezielles Kontaktstudienprogramm für Lehrer an, die eine Erweiterungs- bzw. Zusatzprüfung für das Wahlfach Physik an Haupt- und Realschulen ablegen wollten (vgl. hierzu BRAUNER (1978b und 1979). Der größere Teil der Teilnehmer erteilte bereits Unterricht in Physik und hatte während des Normalstudiums noch nicht an den Erwerb einer Fachlehrbefähigung für das Fach Physik gedacht.

454 Der Einbezug der SII-Schüler ist erforderlich, da an den betreffenden Schulen das Lehrpersonal schulstufenübergreifend unterrichtet. Nach den Stundentafeln von 1976 beginnt der Physikunterricht erst mit der Jahrgangsstufe 6 und nicht, wie in der RRL-Erstfassung von 1972 vorgesehen, mit Klasse 5, wovon zu Beginn der Hauptphase 1975 ausgegangen wurde. Aus Gründen der Vergleichbarkeit wurden deshalb alle SI-Schüler (d.h. auch die der Jahrgangsstufe 5) berücksichtigt.

455 Insgesamt 389 Schulleiter hatten einen ausgefüllten Fragebogen zurückgeschickt. In einigen Fällen konnten fehlende Angaben auch durch telefonische Rückfragen nicht mehr ergänzt werden. Deshalb die unterschiedlichen Stichprobenumfänge.

456 Die Anzahl aller Schulen, von denen mindestens ein Schulleiter- oder Sammlungsleiterfragebogen einging, betrug 416. Bei den Schulen, von denen keine diesbezüglichen Daten mitgeteilt wurden, konnte eine Ergänzung über das Schulverzeichnis von 1976 erfolgen, das die Anzahl der Schüler der einzelnen Schülergruppen enthält.

457 *Zum Beweis*: Sei G die Anzahl der Grundschüler, S die Anzahl der SI-Schüler, L die Anzahl aller Lehrer und P die Anzahl der Physiklehrer. Sei jeweils g und s die fiktive Anzahl der Lehrer die anteilig und den jeweiligen Schülerzahlen entsprechend der Grundschule und der Sekundarstufe I zugeordnet werden. Dann gilt $L = g + s$ und $g{:}s = G{:}S$. Mit diesen Beziehungen läßt sich wie folgt umformen:

$RAPL_b = RAPL : RSI = (P : L) : [S : (S+G)] = (P : L).(1+G : S) =$
$(P : L).(l+g : s) = (P : L). [(s+g) : s] = (P : L).(L : s) = P{:}s$, q.e.d.

458 So sind dem Verfasser als Mitglied des Wissenschaftlichen Prüfungsamtes für das Lehramt an Grundschulen und an Haupt- und Realschulen der Universität Frankfurt viele Fälle bekannt, wo Lehrerstudenten nach dem 1.Staatsexamen durch eine zusätzliche Erweiterungsprüfung im Fach Physik eine Einweisung an eine Schule in der Nähe von Frankfurt anstelle des vorgesehenen Dienstantritts in Nord- oder Osthessen erreichten.

459 Vgl. Anm. 196.

460 Diese Sicht steht im Zusammenhang mit subjektiven Erfahrungen des Verfassers an vielen Praktikumsschulen. So sind ihm auch einige Fälle bekannt, wo sogar zeitweilig Naturwissenschaftler aus der Industrie auf Veranlassung der Elternschaft zweistündigen Physikunterricht übernahmen, um Unterrichtsausfall zu vermeiden.

461 Ebenfalls subjektive Erfahrungen an Pratikumshauptschulen. Sie werden gestützt durch ähnliche Erfahrungen weiterer Praktikumsberater des Instituts für Didaktik der Physik der Universität Frankfurt.

462 Die Rahmenrichtlinien für den Sachunterricht in der Primarstufe (naturwissenschaftlich-technischer Aspekt) weisen zwar einfache physikalische Teilinhalte auf. Diese zu unterrichten, erfordert jedoch nicht mehr als die Qualifikationsstufe B.

463 Die Abweichung von den Werten der Tabelle 47 hängen wieder mit Datenausfall wegen unvollständiger Beantwortung zusammen.

464 1972: 84.710 Realschüler, 215 Realschulen;
1977: 103.732 Realschüler, 165 Realschulen.
(Quelle: Hess. Bildungspolitik in Zahlen, Hess. Kultusminister, Ausgabe 1978).

465 Vgl. Tabelle 2 im Abschnitt 1.2.

466 Persönliche Erfahrungen des Verfassers als ehemaliges Bauausschußmitglied des Kollegiums des Lessing-Gymnasiums in Frankfurt/M. Einsichten, die beim Besuch vieler Schulen im Rahmen des Schulpraktikums von Lehrerstudenten gewonnen wurden. Beraterfunktion bei der Erstellung von Umbauplänen von Schulen.

467 Die Quelle der Anm. 464 faßt Grund- und Hauptschüler zusammen, deren Anzahl von 1972 bis 1977 von 531.750 auf 493.269 abnahm. Die Zahl der Hauptschüler allein nahm von 1975 bis 1977 von 100.203 auf 98.132 ab. (Quelle: Schüler - Klassen - Lehrer, Statistische Veröffentlichungen der Kultusministerkonferenz 1978).

468 Vgl. Tabelle 1 im Abschnitt 1.2.

469 Vgl. die Anlage 3b und 3e des Anhangs.

470 Vgl. hierzu MIRGEL (1979) und den entsprechenden Beitrag von Mirgel in BRAUNER/WEISS/MIRGEL (1982).

471 Während in den Fragebögen der Vorphase explizit nach der Existenz von Schülerübungssammlungen gefragt wurde, hatten die Beurteiler in der Hauptphase Angaben über vorhandenes Schülerübungsgerät nach der Vorgabe einer rahmenrichtlinienorientierten Liste (vgl. Anlagen 3a-e, 7a-d und 8a-b des Anhangs) zu machen. Als nichtvorhandene (rahmenrichtlinienbezogene) Schülerübungsgerätesammlung wurde erkannt, wenn weniger als 8 Geräte angestrichen wurden. Bei maximal 154 möglichen Anstreichungen stellen 8 davon gerade 5% dar.

472 Die Daten der beiden unmittelbar aufeinanderfolgenden Erhebungen im H-R-Bereich von 1972 und 1973 konnten zusammengezogen werden, da die beiden Erhebungsgebiete (vgl. Tabelle 29 in 6.4) sich nicht überschneiden. Daten für das Fach Chemie an den H-R-Schulen wurden nur 1972 erhoben.

473 Vgl. Hess. Minister für Erziehung und Volksbildung: Bildungspläne für die allgemeinbildenden Schulen im Lande Hessen, IIC, Das Bildungsgut der Mittelschule, Wiesbaden 1957, S.394-397.

474 Vgl. Hess. Minister für Erziehung und Volksbildung: Bildungspläne für die allgemeinbildenden Schulen im Lande Hessen, IIB, Das Bildungsgut der Volksschule, Wiesbaden 1957, S.208-217.

475 Diese Sicht beruht auf Auskünften des Leiters der Zweigstelle Frankfurt des Hess. Instituts für Lehrerfortbildung. Er bekam vom damaligen Minister für Erziehung und Volksbildung, Prof. Schütte, den speziellen Auftrag, Überlegungen anzustellen, wie der diesbezügliche Ausbau der Volksschuloberstufe zur Hauptschule im naturwissenschaftlichen Bereich erfolgen könne. Die Überlegungen mündeten in einer Ausarbeitung von Einrichtungs- und Ausstattungsvorschlägen für die Hauptschule, die 1964 veröffentlicht wurden (vgl. VÖLCKER (1964)).

476 Dazu ein Beispiel. Der Abbildung 8 (Hauptschulen 1972/73 Physik - Polygonzug a) kann man das folgende Wertepaar entnehmen: Jahr 1960/26,7%. Dies bedeutet, daß bei einem Stichprobenumfang von N=106 für 28 Schulen der Beginn des Hauptausstattungszeitraumes im Jahre 1960 *oder* davor lag. Der nächste Polygoneckpunkt entspricht dem Wertepaar; Jahr 1961/31,4%, d.h. auf den Bezugspunkt 1961 hin kamen weitere 4.7%, also 5 Schulen dazu, die im Jahre 1961 mit der Ausstattung begonnen hatten.

477 Vgl. hierzu die Werte der Tabelle 6 des Abschnittes 1.4.

478 Informationen, die der Verfasser in ausführlichen Gesprächen mit den beiden Vertretern der in Hessen marktbeherrschenden Lehrmittelfirmen Leybold-Heraeus (Herr Engelhardt, Leiter der Zweigstelle in Frankfurt) und Phywe (Herr Busch, Leiter der Zweigstelle in Offenbach) erhalten hat.

479 Vgl. Anmerkung 472 über die Zusammenfassung der Daten von 1972 und 1973. Bei den späteren Erhebungen von 1977 im H-R-Bereich konnte auf die Erhebung solcher Daten verzichtet werden, da durch die Erhebungen von 1972/73 Daten mit ausreichendem Informationsgehalt vorlagen.

480 Die Erhebung an den Gesamtschulen von 1973 wurde mit Rücksicht auf die spätere rahmenrichtlinienbezogene Befragung von 1975 mit einem „komprimierten" Befragungsinstrument durchgeführt (vgl. 4.1). So wurde dort auch nicht nach einem Ausstattungszeitraum gefragt. Das ist auch der Grund, weswegen für diese Erhebung keine graphische Darstellung vorliegt.

481 Auskunft von Ministerialdirektor Dr. Lehr, Bundesministerium für Forschung und Technologie, mit Schreiben vom 25.5.1979: Für die Jahre 1958-60 waren in den Bundeshaushaltsplänen 3 x 6 Millionen DM zur Förderung der Höheren Schulen für den Bereich Kernphysik und Kernchemie vorgesehen. Bereits im 2. Jahr (1959) wurden jedoch letztmalig nur noch 3 Millionen DM zur Verfügung gestellt. Der Grund bestand darin, daß nach Auffassung des Finanzministers wegen der Zuständigkeit der Länder keine Handlungskompetenz bestehe. Prof.Dr. Kuhn, 1959 noch als Sammlungsleiter am Gymnasium in Weilburg tätig, habe - so eine mündliche Mitteilung von 1980 - gerade noch einen nicht mehr genau zu erinnerenden Betrag aus diesem „Topf" erhalten. Vgl. auch LEHR (1960/61).

482 Erfahrungen des Verfassers in der eigenen Schulzeit von 1947 bis 1949 und später während des Studiums und der Referendarzeit bis 1956.

483 Im methodenkritischen Teil wird auf diese Unterschiedlichkeit der Erhebungsinstrumente eingegangen.

484 Die beiden Fragebögen ermöglichten noch die Angaben weiterer in den Gerätelisten nicht enthaltenen Titel. Wegen der Notwendigkeit einer einheitlichen Messung wurden diese Ankreuzungen bei der Feststellung der Werte natürlich nicht berücksichtigt. Für Physik wurden von 9,2% der Beantworter im Mittel 4-5 Titel genannt. Für Chemie von 11,2% im Mittel 8 Titel. Insgesamt sind also die zusätzlichen Angaben relativ unwesentlich, was aber nicht ausschließt, daß die Schulen durchaus noch anderes nicht in der Titelliste aufgeführtes Gerät besaßen.

485 Solche Experimentierkästen wurden beispielsweise von den Lehrmittelfirmen Phywe und Neva geliefert. Im Angebot der Lehrmittelfirmen wurde später auch noch der Bereich Elektronik in Abhebung von der Elektrik ausgewiesen. Die Tatsache, daß nur 3 von insgesamt 152 Sammlungsleitern durch eine Zusatzbemerkung eine solche Unterscheidung machten, läßt vermuten, daß entweder generell keine solche Unterscheidung gemacht wird oder in Anbetracht der relativ hohen Preise spezielle Elektroniksätze nicht

vorhanden waren. Das letztere erscheint als wahrscheinlicher, denn in verschiedenen Schulen, die der Verfasser in dieser Zeit besuchen konnte, wurde ab und zu ein solcher Elektroniksatz registriert, der zu Demonstrationszwecken verwendet wurde. In manchen Schulen gab es gerade ein oder zwei Transistoren mit selbstangefertigten Schaltbrettern.

486 Nach Kenntnis des Verfassers waren an diesen Schulen zwar in der Regel die großen Tische für Lehrerexperimente mit Keramikplatten belegt, was bei den Schülerübungstischen nicht die Regel war. Damit waren dann auch nicht die notwendigen Sicherheiten für Schülerexperimente im Fach Chemie gegeben.

487 Der diesbezügliche Schulleiterfragebogen befindet sich in den Anlagen der Examensarbeit von TIMPE (1973).

488 Marginalien der antwortenden Schulleiter und Erfahrungen des Verfassers bei Schulbesuchen.

489 Vgl. hierzu SACHS (1974), S.372. Dabei gilt für den Kontingenzkoeffizienten nach Pawlik C_p=CC:CC_{max}.

490 Da ein direkter Vergleich zwischen Kontingenz- und Korrelationskoeffizienten nicht möglich ist, wurde beispielhaft für das Variablenpaar AWDP und AWSP für die Stichprobe der Hauptschulen von 1972 (N=102, Tabelle 54) zusätzlich eine 3x3-Feldertafel mit folgender Einteilung der beiden Variablen aufgestellt:
AWDP : 0 - 39, 40 - 99, 100 - 160 Punkte,
AWSP : 0 - 15, 16 - 31, 32 und mehr Punkte.
Für den Kontingenzkoeffizienten nach Pawlik ergab sich dabei Cp = 0,47 (signifikant fast auf dem 0,001-Niveau). Der erhebliche Größenunterschied im Vergleich zu den Koeffizienten der Tabelle 57 ist evident.

491 Die Anlage 3e enthält die Ergänzungen, die nach den Beratungen mit der Rahmenrichtlinienfachgruppe in den Gerätekatalog aufgenommen wurden. Dieser erweiterte Katalog war die Grundlage der Erhebung in der Hauptphase von 1975 bis 1977.

492 Eine Detailangabe für die einzelnen Lerneinheiten findet man bei Fritz (1973), S.41-44.

493 Diese Unterscheidung wurde bei den Auswertungen in der Hauptphase nicht vorgenommen, da erstens die Geräteausstattung weitgehend durch die Inhalte des Fundamentums bestimmt ist und nur noch marginal Ergänzungen für die Inhalte der Erweiterungen erfahren muß. Die Erweiterungen sind für die Hauptschule nur als wahlfreie Themen vorgesehen.

494 Im Teilabschnitt 8.2.3.1 wird auf eine andere vom Verfasser vertretene Auffassung hingewiesen, nach der nur 7 Lerneinheiten ausschließlich mit Schülerübungsgerät bestritten werden können, bei 10 Lerneinheiten zusätzlich zu Schülerübungen ergänzende Demonstrationen erforderlich sind und bei 9 Lerneinheiten nur Demonstrationen möglich sind. Diese Auffassung, bei der eine geringfügige Reduktion des Aufwandes an Schülerübungen vorliegt, beruht auf den ergänzenden Vorschlägen, die der Verfasser bei der Rahmenrichtlinienfachgruppe Physik 1976 eingeholt und im Zusammenhang mit der Erstauswertung der Daten der Erhebung von 1977 an den H-R-Schulen gemeinsam mit PACHEL (1977) in die Auswerteüberlegungen einbezogen hat.

495 Aus diesem Grunde enthalten die betreffenden Lerneinheiten in der Abbildung 13 im Gegensatz zu den anderen nur eine Aufteilung der Säulen in zwei Teilen A und C.

496 Diese Bewertung hat den Nachteil, daß zwar eine allgemeine Feststellung des Defizits möglich ist, aber die Defizite noch zu gering ausdifferenziert dargestellt sind. Deshalb wird bei der Auswertung der Daten der Hauptphase ein anderer Weg beschritten.

497 Vgl. Abschnitt 4.1.

498 Daß die Rahmenrichtlinien in der Fassung von 1972 als Bezugsgrundlage hier weiter verwendet werden konnte, hängt damit zusammen, daß sich die sächlichen Anforderungen durch die Umschichtung der Lerneinheiten in der Fassung von 1976 nicht änderten (vgl. Abschnitt 4.2). Die Ergänzungen der Gerätesätze für die einzelnen Lerneinheiten durch die Rahmenrichtlinienfachgruppe erfolgte Anfang 1976 ebenfalls auf der Basis der Fassung von 1972. Die Fassung von 1976 erschien erst im Oktober.

499 Dieses Maß ist normiert, so daß Werte zwischen 0 und 1 möglich sind, wobei die Soll-Ist-Differenz durch 1-pmW_X erfaßt wird. Wegen der Normierung ist trotz der unterschiedlichen Anzahl von Gerätetiteln für die einzelnen Lerneinheiten ein direker Vergleich möglich, wenngleich der Wertevorrat der Variablen pmW_X für die einzelnen Lerneinheiten (Vielfache unterschiedlicher Stammbrüche) verschieden ist. Wegen dieser Verschiedenheit der Wertevorräte wird zur Beschreibung der Verteilungen der Variablen pmW_X den statistischen Kennwerten des Ordinalniveaus der Vorzug gegeben.

500 Vgl. TÜMMLER (1976), S.37.

501 Dies ist insofern ein bemerkenswerter Tatbestand, als historisch gesehen der Schülerübungsunterricht zunächst an den Gymnasien eingeführt wurde und bereits um die Jahrhundertwende im Rahmen des sog. Meraner Reformprogramms in einem der drei Grundsätze der planmäßige Einbezug von Schülerübungen in den Unterricht gefordert wird (vgl. z.B. TÖPFER/BRUHN (1976), S.289; SCHÖLER (1970), S.249).

502 Da in der Fassung von 1972 für die Lerneinheiten der Jahrgangsstufen 5 und 6 keine Zeitangaben vorliegen, wurde folgende Abschätzung in Zusammenarbeit mit der Rahmenrichtlinienfachgruppe vorgenommen:
Lerneinheit 2.1 (8 Stunden), Lerneinheit 2.2 (19 Stunden),
Lerneinheit 2.3 (18 Stunden) und Lerneinheit 2.4 (17 Stunden).

503 Vgl. hierzu den Beitrag von C.Mirgel in BRAUNER/WEISS/MIRGEL (1982).

504 Auskunft des Referats I-C-3 (Schulbau) des Hessischen Kultusministeriums.

505 Die Größenklassen sind im Abschnitt 6.8.2 festgelegt worden.

506 Nach Definition der Variablen KRK über die Summe der Basiswertepaare ist anzumerken, daß theoretisch von einer halbgeordneten Paarmenge ausgegangen werden muß. Genauere Analysen über die Zusammensetzung der Summenwerte 1,2 und 3 zeigten jedoch, daß für 90% der Paare eine strikte Ordnung vorliegt, bei der die Komponente bezüglich der S-Räume die Ordnung bestimmt.

507 Vgl. hierzu NIE u.a. (1975), a.a.O., S.289. Die im SPSS-Programm eingearbeitete Berechnungsformel stimmt mit denen bei HEINRICH/LANGOSCH (1974), a.a.O., S.149 und bei SIEGEL (1976), a.a.O., S.197 vollständig überein, während SACHS (1974), a.a.O., S.311 eine davon abweichende Korrekturformel angibt.

508 Tabelle B24 des Anhangs bei MIRGEL (1979).

509 Wenn vergleichsweise zu den aufgezeigten Marktanteilen die Anzahl der Lehrmittelpreise der Firma Phywe überwiegt, so ist dies ohne Belang. Mirgel hat nämlich in seinem Bericht aufgezeigt, daß die Preisentwicklung bei beiden Firmen parallel verlief und beide Firmen hinsichtlich der Preiswürdigkeit als gleichrangig mit den höchsten Preisen eingestuft wurden. Vgl. hierzu MIRGEL (1979), Tabelle B31 des Anhangs.

510 Denkbar wäre bspw. eine ähnliche Zusammenfassung wie beim Bewertungsmaß GMG, indem man als Gewichte die Mitten der Preisintervalle der Preisgruppen heranziehen würde. Während bei GMG unter dem Aspekt der Geschlossenheit eines Curriculums ein Interpretationsansatz gefunden wurde, war hier jede Deutungsbemühung vergeblich. PACHEL (1977) hat zwar in dieser Hinsicht einige formale Zusammehänge aufgezeigt, sah sich jedoch auch nicht in der Lage den benutzten Wert sinnvoll zu interpretieren.

511 Leider ist dem Verfasser auch nach längerem Nachdenken keine geeignetere Bezeichnung eingefallen.

512 Bei dieser Gruppierung besteht eine Analogie zu der Zusammenfassung, wie sie bei den Werten der Tabelle 60 im Teilabschnitt 8.2.3.1 zugrundeliegt. Die Werte der Tabelle 68 wurden ganz analog wie jene der Tabelle 60 berechnet.

513 Bei der Erhebung von 1977 an den Hauptschulen und Realschulen wurde im Zusammenhang mit der zusätzlichen Vorlage des Fragebogens von C.Mirgel auf die Erhebung von solchen Schätzdaten verzichtet, da ausreichend Daten aus den Erhebungen von 1972 und 1973 zur Verfügung standen.

514 Nach MIRGEL (1979) Abschnitt 4.10.3 und Tabelle B33 seines Anhangs.

515 Nach Auskünften des Referats I-C-3 (Schulbau) des Hess. Kultusministers müssen 15% der anerkannten Baukosten für Ausstattungen zur Verfügung gestellt werden, was sich natürlich auf die Gesamtheit der Lehrmittel aller Fächer bezieht, wobei die Geräte für den Sportunterricht und den Musikunterricht nicht als „bewegliche“ Lehrmittel angesehen werden. Der zuständige Sachbearbeiter des Main-Taunus-Kreises nannte jedoch nur einen Prozentsatz von 10%.

516 Diese Prozentsätze wurden aus den Schulleiterfragebögen von 1972 ermittelt. Sie finden ihre Bestätigung durch Werte in der Tabelle 4 des Teilabschnitts 1.3.

517 Der angegebene Wert wurde aus einer speziellen Aufstellung der Statistischen Abteilung des Hess. Kultusministers gewonnen, die zur Einsicht zur Verfügung stand.

518 Bei diesem Vergleich mußte bei den Hauptschulen und bei den Realschulen auf Daten zurückgegriffen werden, die erst 4 bzw. 5 Jahre später erhoben wurden. Es gibt aber ausreichende Indizien dafür, daß sich an diesen Schulen in diesem Zwischenzeitraum kaum Veränderungen ergeben hatten.

519 Für die Möglichkeit einer Zusammenfassung der an den verschiedenen Schulgattungen zu unterschiedlichen Zeitpunkten erhobenen Schätzdaten lassen sich folgende Gründe angeben

1. Zwischen den Schulgattungen gibt es keine Überschneidungen. Nachprüfungen ergaben auch, daß keine der Realschulen von 1972 bzw. 1973 bei den Erhebungen von 1975 als Gesamtschule noch einmal auftauchte.

2. Die Merkmale „finanzieller Wert“ und „Schulgröße“ beziehen sich stets für eine Schule auf den gleichen Zeitpunkt.

520 Das hängt damit zusammen, daß in der Vorphase des Projekts die Datenerfassung noch nicht nach systematischen Gesichtpunkten, sondern eher mehr exploratorisch erfolgte. In den Erhebungen von 1972 und 1973 wurden noch nicht die erforderlichen Daten erhoben, die zur Berechnung von RSI erforderlich sind. Dagegen wurden jeweils von jeder Schule der Typus gemäß Teilabschnitt 1.1 erfaßt.

521 Zum Zeitpunkt der Erhebung im Jahre 1976 gab es nur einige wenige private Gymnasien mit Grundschülern. Die Stichprobe mit finanziellen Schätzwerten enthält keine solche Schule.

522 Vgl. Anm. 489.

523 Die ausgewählten Firmen waren (Anschriften 1977):
CVK-Lehrmittel, Lützowstr. 105-106, 1000 Berlin
GRS, Ges. f. Regelungstechnik, Darmstädter Str.1, 6100 Darmstadt
HADÜ-Lehrmittel GmbH, Postfach 5129, 4000 Düsseldorf 1
Dr. H. Kröncke OHG, Postfach 46, 3000 Anderten
Leybold-Heraeus GmbH & Co, Postfach 510760, 5000 Köln 51
NEVA, Dr. Vatter KG, Postfach 46, 734 Geislingen

PHYWE AG, Postfach 665, 3400 Göttingen
Spindler & Hoyer KG, Postfach 122, 3400 Göttingen

524 Unmittelbare Übernahme bzw. Berechnungen aus der Tabelle 8 (S.106) in BRAUNER/WEISS/MIRGEL (1982).

525 Gespräche mit Herrn Busch, Generalvertreter der Fa. Phywe in Offenbach, und Herrn Engelhardt, seinerzeit Leiter des Vertriebsbereichs Mitte der Firma Leybold-Heraeus, Niederlassung Frankfurt/M.-Bergen-Enkheim im Jahre 1978.

526 Weitere Gespräche mit Herrn Busch im Jahre 1990 und mit dem Nachfolger von Herrn Engelhardt, Herrn Göttmann. Seiner Meinung nach haben Neugründungen von Lehrmittelfirmen generell und besonders derzeit keine guten Marktchancen, zumal der Gesamtumsatz in Anbetracht der geringeren Mittel der Schulen auf ca. 70% der Umsätze in den siebziger Jahren zurückgegangen sei. Besondere Schwierigkeiten habe die neugegründete Fa. Conatex (eine reine Vertriebsfirma, die zusammenfassend die Produkte kleinerer Lehrmittelhersteller vertreibt). Die Fa. Kröncke sei inzwischen in Konkurs gegangen.

527 Diese Sicht erfährt ihre Bestätigung, wenn man die Hauptkataloge der beiden Firmen und dabei insbesondere die neben den Geräten auch im Angebot befindliche Experimentierliteratur vergleicht.

528 Die höheren Preise der Firma Leybold entsprechen in der Mehrzahl der dem Verfasser bekannten Fälle einer höheren Produktqualität, die wiederum mit den Anforderungen im berufsbildenden Bereich und an den Hochschulen im Zusammenhang steht.

529 PHYWE-Schriftenreihe: Physik in Demonstrationsversuchen, 5.-10. Schuljahr, Ausgabe C, Teil 1 (Vorwort).

530 PHYWE-Schriftenreihe: Physik in Demonstrationsversuchen, 7.-10-Schuljahr, Ausgabe A/B, Mechanik Teil 1 (Vorwort).

531 Das Angebot der Firma Leybold-Heraeus datierte vom 23.6.1978 und bezog sich auf die Preisliste mit Gültigkeit vom 1.4.1978 bis 31.3.1979. Das der Firma Phywe datierte vom 3.1.1979 und bezog sich auf die Preisliste vom 1.1.1979 bis 31.12.1979.

532 Eine 8-fache Ausstattung mit Schülerübungsgerät entspricht dem Sicherheitserlaß für den naturwissenschaftlichen Unterricht, nachdem Schülerübungen höchstens mit 8 Zweiergruppen gestattet sind. Die Schülerzahl kann dabei noch auf 19 Schüler maximal ausgedehnt werden. D.h. also maximal 5 Zweiergruppen und 3 Dreiergruppen.

533 Für eine Gesamtschule mit allen Klassenstufen 5-10 lag explizit kein spezielles Angebot vor. Über einen Titelvergleich der beiden anderen Angebote wurde ermittelt, welche Ergänzungen zum Ausstattungsvorschlag 7-10 A/B erforderlich sind, die dann auch alle Versuche des Lehrsystems 5-10/C ermöglichen.

534 Dabei handelte es sich um: Wasserwellengerät (2415 DM), Elektrofeldmeter (1557 DM), elektr. Demonstrationsstoppuhr (1445 DM) und y-t-Schreiber (2968 DM).

535 Transparent-Funktionsmodelle für den Viertakt-Benzinmotor, den Zweitakt-Benzinmotor, den Viertakt-Dieselmotor, den Wankel-Motor und die Dampfmaschine.

536 Vgl. die Abschnitte 6.2 und 6.4 im Teil 6.

537 Die diesbezüglichen Lehrerbefragungen ergaben folgende mittlere Prozentzahlen von Schülerübungsunterricht bezogen auf den gesamten Physikunterricht:

Hauptschullehrer (N = 223),	befragt 1972/73:	35,9%;
Realschullehrer (N = 240),	befragt 1972/73:	27,8%;
Gesamtschullehrer (N = 240),	befragt 1975:	28,6%.

538 Vgl. Anm. 225

539 Daß manche Lehrer in Anbetracht der pädagogischen Bedeutung des Schülerübungsunterrichts sich nicht an diesen Erlaß gehalten haben und mit Vierergruppen jeweils die ganze Klasse mit Schülerübungen beschäftigten, konnte der Verfasser in einigen Fällen im Rahmen der Schulpraktika für Lehrerstudenten mit Respekt für diese Lehrer feststellen.

540 Vgl. Tabelle 6 in Abschnitt 1.4.

541 Ermittelt aus den Schulverzeichnissen von 1972 und 1974.

542 Vgl. Tabellen 1 und 2 im Teilabschnitt 1.2.

543 Ermittelt aus dem Schulverzeichnis von 1976.

544 Für diesen relativ geringen Rücklauf gibt es einen plausiblen Grund. Bei den Gymnasien liegen im Vergleich zu den anderen Schulgattungen sehr viel größere Zeiträume vor, in denen die Sammlungen aufgebaut wurden. Man vergleiche hierzu Teilabschnitt 8.2.1. Offensichtlich waren fundierte Schätzungen für einen Teil der Sammlungsleiter nicht möglich.

545 Vgl. hierzu Teilabschnitt 9.2.5.

546 Der unausgesprochene Grund mag darin gelegen haben, daß in dieser Zeit keine Gymnasien neu errichtet wurden und die bestehenden Gymnasien deshalb nur an Ergänzungen ihrer schon langjährig bestehenden Gerätebestände interessiert waren.

547 Bei der Ermittlung des zusätzlichen Gerätebedarfs für die Sekundarstufe II konnte auf folgende Quelle zurückgegriffen werden: Unterrichtsmaterialien zu den Rahmenrichtlinien - Physik Sekundarstufe II - Lehrmittelsammlung (Bericht einer Fachgruppe unter Leitung von Prof.Dr. W.Kuhn, Seminar für Didaktik der Physik, Universität Gießen), Druckauftrag F 13 0975 des Jahres 1975 des Hess. Instituts für Lehrerfortbildung, Zweigstelle Frankfurt.
Aus dieser Gerätezusammenstellung wurden alle Geräte gestrichen, die in den jeweiligen Ausstattungsvorschlägen für die Sekundarstufe I bereits enthalten waren. Für die verbliebenen Geräte wurden anstelle der Preise von 1975 die für das Jahr 1976 angesetzt.

548 Vgl. Teilabschnitt 5.2.

549 Mit wenigen Ausnahmen größerer Städte (bspw. Rüsselsheim und Fulda), die obzwar nicht „kreisfrei“ eine Selbständigkeit hinsichtlich der Schulträgerschaft hatten.

550 MIRGEL (1979), S.5.

551a Wegen anderer, besonders für Gesamtschulen bedeutsamer Fragen wurde 1975 auf die Erhebung von Gesamtetatdaten verzichtet. Dies erschien als gerechtfertigt, da in der Regel Gesamtschulen bei ihrer Einrichtung eine sehr umfangreiche Grundausstattung erhielten, so daß hier ein sehr viel geringerer Ergänzungsbedarf als an den Schulen des tradierten Bereichs bestand.

551b An den Haupt- und Realschulen wurde 1972 nach den Beträgen der Lernmitteletats für die Jahre 1970/71/72 und an den Gymnasien 1976 nach jenen der Jahre 1973/74/75 gefragt. Mirgel hat 1977 nach den Beträgen der Lehrmitteletats für die Jahre 1974/75/76 gefragt. In allen drei Fällen war über die Kenntnis der Schülerzahl für das jeweilige mittlere Etatjahr eine Relativierung, wie in der Tabelle 73 aufgeführt, möglich.

552 Einer graphischen Darstellung der Frankfurter Neuen Presse (Höchster Kreisblatt) vom 16.2.1983 entnommen.

553 Nach MIRGEL (1979), Tabelle B38 des Anhangs, haben sich bei der Firma Phywe zwischen 1972 und 1976 die Preise um ca. 51% und bei der Firma Leybold-Heraeus im gleichen Zeitraum um ca. 43% erhöht.

554 Nach MIRGEL (1979), Tabelle 2.

555 Die Überprüfung erfolgte durch die Berechnung von Spearmansche Rangkorrelationskoeffizienten nach den Rangplätzen entsprechend den Zahlenwerten der Tabelle 74 und nach den relativierten Rangplätzen der Rangfolge A (in 2.3), der Rangfolge B (Tabelle A1 des Anhangs) sowie den entsprechenden Rangfolgen der Tabellen A4 und A7 des Anhangs. In allen Fällen lagen die Werte der Koeffizienten außerhalb des Signifikanzbereichs.

556 Die erfaßten Daten sind bei MIRGEL (1979), Tabelle B3 des Anhangs dokumentiert.

557 Die in der Tabelle 75 angegebenen Werte weichen von der ursprünglichen Tabelle 3 bei MIRGEL (1979) teilweise ab. Die Abweichungen stellen insofern eine Verbesserung dar, weil Mirgel mit einer Normschulgröße von 1000 Schülern gerechnet hatte, hier dagegen die wirkliche Größe der Schulen im Jahre 1976 berücksichtigt wird.

558 So wurde bspw. dem Verfasser von einer ehemaligen Studentin mitgeteilt, daß eine Gesamtschule im Main-Taunus-Kreis 1976 einen Sonderbetrag erhielt, von dem dann 8 Fernrohre für eine Arbeitsgemeinschaft angeschafft wurden. An einer Geamtschule im Landkreis Dieburg, die der Verfasser 1975 im Rahmen der Schulpraktika für Lehrerstudenten besuchte, enthielt die Gerätesammlung für Physik 3 Wilsonsche Nebelkammern, von denen eine vollauf genügt hätte.

559 Anläßlich einer Vorstellung der Untersuchungsergebnisse über die Ausstattungsverhältnisse der Schulen bei der Verwaltung des Main-Taunus-Kreises wurde von der Schulträgerseite ganz ausdrücklich auf diesen Mangel hingewiesen. So seien den zuständigen Sachbearbeitern Fälle bekannt geworden, bei denen der Kreis auf Anforderung von Schulen Mittel für die Anschaffung von Geräten bereitgestellt hatte, die dann nach jeweiligem Lehrerwechsel nicht mehr benutzt wurden.

560 Vgl. BRAUNER/WEISS/MIRGEL (1982), S.94, Anmerkung 1.

561 In einigen Fällen wurde zusätzlich noch einmal auf die Originaldaten zurückgegriffen.

562 Der auf der Seite 125 in BRAUNER/WEISS/MIRGEL (1982) dokumentierte Fragebogen wurde als Teil B neben dem auf die Geräteausstattung bezogenen Teil A an alle Hauptschulen (einschl. Grundschulen mit Förderstufe) und an alle Realschulen verschickt. Die Gymnasien und die Gesamtschulen erhielten nur den Teil B mit einem entsprechenden Informationsblatt, in dem auf den ergänzenden Charakter dieses Teiles des Fragebogens im Vergleich zu den Sammlungsleiterbefragungen von 1975 an den Gesamtschulen und 1976 an den Gymnasien hingewiesen wurde.

563 In der Vorphase des Hauptprojekt lag der Rücklauf der Sammlungsleiterfragebögen bei 32% und in der Hauptphase bei 50,4% (vgl. Abschnitt 6.7.1, Tabelle 30). Bei MIRGEL (1979) findet man getrennt nach Schulgattungen: H 46,8%, R 59,6%, Ges. 38,0% und Gym 37,6% (S.23).

564 Beurteilungen bei MIRGEL (1979) S.23. Vgl. auch Abschnitt 6.8.2 und dort die Tabellen 34 und 35.

565 Marginalien der Schulleiter und Sammlungsleiter in bemerkenswerten Umfängen in den betreffenden Fragebögen.

566 Sowohl bei MIRGEL (1979) wie auch bei BRAUNER/WEISS/MIRGEL (1982) sind Summenwerte für die drei Bezugsjahre angegeben.

567 Die in der Tabelle 76 angegebenen Werte wurden aus den Werten der Tabelle B18 bei MIRGEL (1979) ermittelt.

568 Tabellen 8 und 9, S.34, bei MIRGEL (1979).

569 Ähnliche Zusammenhänge, jedoch nicht ganz so stark ausgeprägt, zeigten sich auch bei den Etatdaten, die 1972 an den Hauptschulen und an den Realschulen erhoben wurden.

570 Bei Rangdaten sollte man eigentlich den Median bestimmen. Die Mittelwertunterschiede ergaben jedoch bereits eine eindeutige Gruppierung.

571 Entscheidend für die Auswahl war, daß das jeweilige Gerät in allen Preislisten einer Firma aufgeführt wurde. Dies hatte auch zur Folge, daß für verschiedene Firmen unterschiedliche Geräte betrachtet wurden. Dabei wurde jedoch darauf geachtet, daß es sich bei allen Firmen um ähnliche Geräte aus gleichen Preisklassen handelte.

572 Nach den Schulbaurichtlinien wurden in solchen Fällen für die Ausstattung der Schulen in der Regel 10% der anerkannten Baukosten veranschlagt.

573 Vgl. Teilabschnitt 4.1.

574 Diese Annahmen beruhen auf Erfahrungen in der Vorphase des Hauptprojektes, in der alle drei naturwissenschaftlichen Fächer in die Untersuchungen einbezogen waren. Dokumentationen von solchen Untersuchungen liegen speziell in den Examensarbeiten von BECHTOLD (1972) und WEBER (1972) vor.

575 Der Publikationsreihe „Hessische Kreiszahlen“ des Hess. Statistischen Landesaamtes, Wiesbaden, entnommen.

576 Auskunft beim Finanzamt Höchst eingeholt.

577 Vgl. hierzu BRAUNER (1977d).

578 Besuche gemeinsam mit C.Mirgel bei den Schulträgern: Main-Taunus-Kreis, Offenbach-Stadt und Offenbach-Land.

579 Vgl. BRAUNER u.a. (1980 a, b, c).

580 Später Ministerialdirigent.

581 Vgl. FRANZ (1964).

582 Als Universitätsangehöriger nicht an Weisungen der Schulabteilung gebunden. Deshalb mußte erst die Hochschulabteilung die erforderliche Entlastung von den Lehrverpflichtungen an der Universität Frankfurt genehmigen.

583 Eingesehen wurden: HAHN/KOCH (1926), HEUMANN (1957), VÖLCKER (1964), FRANZ (1964), KUHN u.a.(1975) und FROMMBERGER u.a. (1978). Lediglich bei Kuhn ist ein deutlicher Lehrplanbezug erkennbar. Dieser Ausstattungsbezug bezieht sich jedoch ausschließlich auf den Physikunterricht in der Sekundarstufe II.

584 Insgesamt 18 Schulbücher, 12 Experimentesammlungen, 6 Zeitschriften und 16 weitere Literaturtitel. Die hier aufgezählten Arbeitsunterlagen sind im Literaturverzeichnis des Ausstattungskatalogs für Physik aufgeführt.

585 Die besonderen unterrichtspraktischen Erfahrungen der Autoren im Zeitpunkt der Erstellung des Katalogs:

R.Brauner: 13 Jahre Gymnasiallehrer mit zeitweiliger Sammlungsleiterfunktion, 11 Jahre Tätigkeit als Fachdidaktiker am Institut für Didaktik der Physik, Universität Frankfurt.

W.Domann: Rektor und Hauptschulzweigleiter der Gesamtschule in Flörsheim, 14 Jahre Physiklehrer und Sammlungsleiter.

E.W.Fritz: Als Examenskandidat Mitarbeiter in der Vorphase des Untersuchungsprojekts, 7 Jahre Physiklehrer und mehrere Jahre mit dem Aufbau einer Geräteausstattung einer neuen Gesamtschule betraut.

C.Mirgel: Pädagogischer Mitarbeiter am Institut für Didaktik der Physik, Realschullehrer seit 1966, zeitweise Sammlungsleiter.

W.Scheel: Pädagogischer Mitarbeiter am Institut für Didaktik der Physik, Realschullehrer seit 1970, zeitweise Sammlungsleiter mit Entwicklung eines Elektronik-Gerätesatzes im Rahmen einer empirischen Untersuchung für die 2.Staatsexamensarbeit.

586 Heft 8 (Chemie) mit 48 Seiten und Heft 9 (Biologie) mit 72 Seiten.

587 Die Gesamtzahl aller Einzeltitel ist natürlich kleiner als die Gesamtzahl aller Geräte. Der Katalog gibt auch dezidiert an, wieviele Geräte bei jedem Einzeltitel erforderlich sind.

588 In der Förderstufe ist Physikunterricht nur im 6. Schuljahr vorgesehen. Differenzierung ist nur bei der Lerneinheit I geplant.

589 Unter Werkzeug ist hier nur jenes zu verstehen, das während des Unterrichts benötigt wird, nicht aber Werkzeug für Reparaturen von Versuchsgeräten oder zur Selbstherstellung von Versuchsanordnungen durch den Lehrer.

590 Vgl. dazu Teilabschnitt 9.2.5.

591 Hessischer Kultusminister: Kursstrukturpläne - Gymnasiale Oberstufe -, Aufgabenfeld III, 2. Physik, Wiesbaden 1979.

592 Vgl. KUHN u.a. (1975).

593 KUHN u.a. (1975), S.5.

594 Zweifelsohne kommt den Schülerübungen in der Sekundarstufe II nicht die gleiche Bedeutung zu wie in der Sekundarstufe I. Aus finanzieller Hinsicht wäre eine Mehrfachausstattung mit relativ teuren Geräten schwer zu vertreten. In der Sekundarstufe II bietet sich überdies die Möglichkeit von Schülereinzelversuchen anstelle einer Demonstration durch den Lehrer an.

595 Firma Conatex, 669 St. Wendel, Wingertstr. 32.

596 Im Zusammenhang mit Vorlesungen „Physik für Mediziner" die der Verfasser im SS 89, WS 89/90 und SS 90 an der Frankfurter Universität abgehalten hat, konnte festgestellt werden, daß 95% der Teilnehmer ihre Ausbildung in Physik mit der Klasse 11 abgebrochen hatten!

597 BRAUNER/WEISS/MIRGEL (1982)

598 HEUMANN (1957), S.150, wörtlich übernommen.

599 FROMMBERGER u.a. (1978), S.188, wörtlich übernommen.

600 WEISS/SCHEEL (1979), S.49-54, teilweise wörtlich übernommen.

601 Das Beispiel wird bei WEISS/SCHEEL (1982) ganz ausführlich behandelt (S.147-154).

602 Eine genaue Beschreibung des Verfahrens der Nutzwertanalyse findet man bei WEISS/SCHEEL (1979), S.67-80.

603 Wörtliche Übernahme aus WEISS/SCHEEL (1982), S.145-146. Da bei der angegebenen Tabellenauswertung ein Fehler vorliegt, wurde eine entsprechende Korrektur vorgenommen.

604 Je nach Stellenumfang (ganze Stelle, halbe Stelle oder Zweidrittel-Stelle) ergibt sich je nach Lehramt ein bestimmtes Stunden-Soll. Nach Abzug der Lehrdeputatsentlastungen aus Funktionsgründen, sozialen Gründen oder Abordnung an eine andere Schule ergibt sich das Stunden-Ist der einzelnen Lehrkraft.

605 Die Bedarfsprognose bezieht sich auf das an den Schülerzahlen in den einzelnen Jahrgangsstufen und an der Stundentafel orientierten Unterrichtsstunden-Soll. Wegen der nicht exakt voraussehbaren Schülerfluktuation war der Bedarf natürlich nur zu prognostizieren.

606 Der Anteil von tradierten SI-Schulen (H, R, Gym) mit einer Förderstufe betrug 1982/83 sowohl im Landesdurchschnitt wie auch im Regierungsbezirk Gießen gleich 17,5%. Landesweit führen 5,5% der Grundschulen eine Förderstufe mit. Dem stehen im Regierungsbezirk Gießen 4,8% gegenüber. Der hier leicht niedrigere Wert muß im Zusammenhang mit der relativ größeren Anzahl von Gesamtschulen gesehen werden, die ihrerseits bis auf zwei additive, jeweils auch eine Förderstufe mitführen.

607 Vgl. Anm. 445.

608 Definition der Variablen RSI im Teilabschnitt 7.5.3.
609 entfällt
610 „Richtlinien für die Festlegung der Anzahl und Größe der Klassen (Gruppen/Kurse) in allen Schulformen."
Erlaß vom 17.05.1973, Amtsblatt des HKM v. 1973, S.783;
Erlaß vom 14.12.1973, Amtsblatt des HKM v. 1974, S.38;
Erlaß vom 05.12.1979, Amtsblatt des HKM v. 1980, S.5.
611 „Stundentafel für die Mittelstufe (Klasse 5-10)." Erlaß vom 28.5.1976, Amtsblatt des HKM v. 1976, S.381.
„Richtlinien für die Förderstufe." Erlaß vom 14.3.1972, Amtsblatt des HKM v. 1972, S.342 und 427.
„Empfehlungen zur pädagogischen Weiterentwicklung von Haupt- und Realschulen ..." Erlaß vom 20.6.1978, Amtsblatt des HKM v. 1978, S.550.
„Richtlinien für die pädagogische Entwicklung der Klassen 7-10 schulformbezogener Gesamtschulen." Erlaß vom 29.8.1975, Amtsblatt des HKM v. 1975, S.573.
„Richtlinien für die pädagogische Entwicklung der integrierten Gesamtschulen." Erlaß vom 18.5.1978, Amtsblatt des HKM v. 1978, S.501.
612 Vgl. Anm. 225.
613 Auskunft des Referats Statistik des Hessischen Kultusministers (Herr Hartner).
614 Vgl. „Einstellungen zum 1.8.1982." In: Mitteilungsblatt des VBE Hessen 6 (1982) 10/11, S.203.
615 Vgl. „Altersstruktur der Lehrer des Landes Hessen" in der Hessischen Lehrerzeitung, 36 (1983) 1/2 S.38/39. Da an dieser Stelle keine Angabe über den Erhebungszeitraum vorliegt, wurde beim Sachbearbeiter der Lehrerindividualdatei des Hessischen Instituts für Bildungsplanung und Schulentwicklung, Herrn Laux, rückgefragt. Die veröffentlichten Daten wurden im 2.Schulhalbjahr 1981/82 erhoben.
616 Vgl. „Ein 'neues' Schuljahr - oder?" In: Mitteilungsblatt des VBE Hessen 6 (1982) 7/8, S.125.
617 Lehrdeputat der H-R-Lehrer 27 Wochenstunden und der Gymnasiallehrer 24 Wochenstunden.
618 Berücksichtigt wurde, daß an den Gesamtschulen ca. ein Drittel Gymnasiallehrer und zwei Drittel H-R-Lehrer unterrichten.
619 Auskunft von Herrn Hartner. Statistik-Referat des Hessischen Kultusministers.
620 Amtsblatt des HKM von 1969, S. 860.
621 Amtsblatt des HKM von 1969, S. 1192.
622 Bspw. für den Zeitraum WS 1967/68 bis WS 1972/73 von JAKOBI (1973) für die Universität Frankfurt ermittelt.
623 Aus Zusammenstellungen der Planungsabteilung der Universität Frankfurt konnte für die vier Semester vom WS 1981/82 bis zum SS 83 die mittlere Anzahl der Studierenden mit den jeweiligen Wahlfächern berechnet werden. 370 Lehramtsstudenten mit dem Wahlfach Biologie standen dabei 147 mit dem Wahlfach Physik und 175 mit dem Wahlfach Chemie gegenüber.
624 Die nach Regierungsbezirken getrennten allgemeinen Daten über Schüler- und Lehrerzahlen wurden den Statistischen Berichten des Hessischen Statistischen Landesamtes „Die allgemeinbildenden Schulen in Hessen" (Teile 1-4) - Stand 1. Oktober 1983 - entnommen.

Die Daten über die Lehrereinstellungen entstammen eingesehenen Unterlagen des Referats Statistik. Die für das ganze Land zusammengezogenen Daten wurden auf Übereinstimmung mit den Daten der Quelle von Anm. 11/3. überprüft.

625 Die in den Anm. 624 genannten Quellen enthalten keine Trennung der an den GH-Schulen tätigen Lehrer nach Grundschule und Hauptschule. Hilfsweise wurden die diesbezüglichen auf das ganze Land bezogenen, getrennten Lehrerzahlen der Veröffentlichung „Schüler, Klassen, Lehrer und Absolventen der Schulen 1975 bis 1983“ der Kultusministerkonferenz entnommen. Für die einzelnen Regierungsbezirke erfolgte eine Trennung nach den dort ausgewiesenen Verhältnissen, so daß diese Anteile an der Gesamtzahl der Lehrer etwas unsicher sind. Da die an den Hauptschulen tätigen Lehrer nur zu einem Anteil von 23% zu Buche schlagen, dürfte diese Unsicherheit insgesamt relativ gering sein und die Größenordnung bei Rundung auf Hunderter den tatsächlichen Verhältnissen entsprechen.

626 Anzahl der neueingestellten Lehrer: Anzahl der vorhandenen Lehrer (am 1.10.1983).

627 Siehe Anm. 1 in der Tabelle A54 des Anhangs.

628 Zwischen 1980 und 1983 hatte die Anzahl der integrierten Gesamtschulen von 67 auf 72 und die der additiven von 106 auf 113 zugenommen. Während die Zunahme additiver Gesamtschulen sich gleichmäßig auf die drei Regierungsbezirke verteilte, wurden die 5 neuen integrierten Gesamtschulen nur im Regierungsbezirk Darmstadt eingerichtet.
Der speziellen Aufgabenstellung der integrierten Gesamtschulen entsprechend liegen bei diesen die Verhältniszahlen Schüler:Lehrer inzwischen bei 16:1. Bei den anderen Schulformen der Mittelstufe zusammen im Mittel über 20:1. Die hier dargestellte Sicht wurde durch das Referat Statistik des HKM bestätigt.

629 Für diese beiden Einstellungstermine konnten nachträglich keine konkreten Zahlen in Erfahrung gebracht werden. Nach Auffassung von Herrn Hartner, Referat Statistik des HKM, ist jedoch von keiner wesentlichen Erhöhung der Zahl der Fälle auszugehen, die in der Tabelle 98 ausgewiesen sind.

630 Daten, die durch Einsicht von Unterlagen am Referat Statistik des HKM gewonnen wurden.

631 Im Schuljahr 1982/83 gab es nach dem Schulverzeichnis von 1983 26 Oberstufengymnasien. Dem standen 126 Gymnasien mit beiden Stufen oder nur mit der Mittelstufe und 32 Gesamtschulen mit gymnasialer Oberstufe gegenüber.

632 Vgl. Anm. 11/3.

633 Hessischer Minister für Erziehung und Volksbildung: Bildungspläne für die allgemeinbildenden Schulen im Lande Hessen, Teil I, Einleitung, Stundentafeln und Erläuterungen, Sondernummer des Amtsblatts vom März 1956.

634 Bei den beiden Prozentzahlen handelt es sich um eine Abschätzung einer oberen und unteren Grenze, wobei wie folgt verfahren wurde. Zunächst wurden für die Hauptschule (mit Einschluß des 9. Schuljahres) 8 Stunden Physik von insgesamt 16 Stunden Physik/Chemie angenommen. Für die Realschule 7 Stunden Physik von 11 Stunden Physik/Chemie. Für das Gymnasium im Mittel über alle Formen 5 Stunden Physik. Dies ergibt dann nach den Stundentafeln Anteile von 5,3% (H), 3,6% (R) und 2,6% (Gym). Bei der Berechnung des Mittelwertes wurde noch eine Wichtung anhand der für die Mittelstufe in der Bildungsstatistik von 1974 ausgewiesenen Schülerzahlen vorgenommen. Für die Förderstufe und die integrierten Jahrgänge wurde der Wert der Realschulen angenommen. Dabei ergab sich ein Schätzwert von 3,8%. Die Toleranzgrenzen betragen 0,3%, da ja die Aufteilung von Physik und Chemie nicht festgelegt ist. Hier wurden Lehrerangaben der Befragung von 1972 verwertet.

635 Hier wurde analog vorgegangen, wobei zu berücksichtigen war, daß die Hauptschule nur bis zur 9.Jahrgangsstufe geht. Da in den neuen Stundentafeln die Anzahl der Physikstunden unabhängig vom Fach Chemie ausgewiesen sind, ist der Wert exakt. Anzumerken ist noch, daß nur von 178 Stunden als Gesamtvolumen ausgegangen wurde, da für 10 Unterrichtsstunden von insgesamt 188 keine eindeutige Fachzuordnung besteht.

636 Bei diesen Verhältniszahlen kann man dies nicht unmittelbar erkennen, weil bei der Berechnung ja auch alle Lehrer mit nur einer schulformbezogenen Lehrbefähigung eingehen. Beispielsweise alle Lehrer an Realschulen und Gesamtschulen, die nach der alten bis 1969 gültigen Prüfungsordnung nur eine Wahlfachprüfung abzulegen hatten. Daneben gibt es auch noch Lehrer, die nur Sport oder nur ein technisches Fach unterrichten.

637 Nach Auskunft des Referats Statistik des HKM wurden Bewerber mit einem Fach aus dem Bereich der Gesellschaftslehre nur dann überhaupt eingestellt, wenn diese als zweites Fach ein solches anzubieten hatten, das wie etwa Mathematik, Englisch, Naturwissenschaften oder Musik besonders gesucht war.

638 Hier ist noch zu beachten, daß an den Gesamtschulen neben Haupt- und Realschullehrern auch Gymnasiallehrer unterrichten. Damit dürfte der Wert, wenn man sich nur auf Haupt- und Realschullehrer (wie 1973) bezöge, niedriger anzusetzen sein.

639 Besuch von Schulen im Rahmen des Schulpraktikums von Lehrerstudenten.

640 Bericht eines ehemaligen Pädagogischen Mitarbeiters des Instituts für Didaktik der Physik als Beispiel. Wegen eines Krankheitsfalles eines Mathematiklehrers an einer Nachbarschule (Main-Kinzig-Kreis) hatte er dort kurzfristig 6 Mathematikstunden für ein Halbjahr zu übernehmen. Aus diesem Grunde wurden an seiner Schule 6 Physikstunden, die er zuvor gegeben hatte, ersatzlos gestrichen.

641 Verband Bildung und Erziehung: In Sachen Hauptschule-Hessen ...? In: Mitteilungsblatt des VBE Hessen, Jg. 6, Heft 12/82, S.222-224.

642 Vgl. den Erlaß des Hessischen Kultusministers vom 4.5.1977 (IV C 2 - 990/24): Wissenschaftliche Untersuchungen im Schulbereich, Amtsblatt des HKM, Nr. 6/1977, S.256-257.

643 Hessische Bildungspolitik in Zahlen 1984, S.68.

644 Vgl. die Anm. 133 und 145. Bei den Recherchen war dem Verfasser der Erfahrungshintergrund von ORegR Lahr vom Referat Schulbau sehr nützlich. Seine spezielle Statistik wurde nach seiner Pensionierung nicht mit der gleichen Detaillierung weitergeführt.

645 Zahlen i.w. aus den Tabellen 7a und 7b des Abschnitts 1.5. Die der GF-Schulen wurden noch zusätzlich dem Schulverzeichnis von 1984 entnommen.

646 Die Angaben der staatlichen Schulämter/Schulträger umfaßten hier ungetrennt H- und GF-Schulen.

647 Der *Grad der Verflechtung V* ist im Teilabschnitt 1.3 im Zusammenhang mit der Tabelle 4 definiert, die auch die V-Werte von 1976 enthält. Aus dem Schulverzeichnis von 1984 wurden für den Stichtag 1.10.1983 folgende V-Werte berechnet: Gesamtschulen 0,01, Gymnasien 0,00, Realschulen 0,08, Hauptschulen 0,50 und Grundschulen mit Förderstufe 0,55.

648 Bei dieser Schätzung wurde die mittlere Schulgröße durch die Anzahl der jeweiligen Jahrgangsstufen geteilt. Berücksichtigt wurde bei den Gymnasien, daß in den Oberstufen ca. 30% der Schüler sind und bei den Realschulen der Verflechtungsgrad $V = 0,08$ ist.

649 Vgl. Anm. 133.

650 Nach dem Schulverzeichnis von 1984 lagen im Schuljahr 1983/84 folgende mittlere Klassenfrequenzen vor:
Hauptschule: 24,5 und Förderstufe: 27,5.

651 Herangezogen wurde eine Rangfolge A*, die ganz analog aus der Rangfolge A gewonnen wurde, wie die Rangfolge A aus der Rangfolge T nach Timpe (vgl. Teilabschnitt 2.3).

652 Beim korrigierten Rangkorrelationskoeffizient $R_{corr.}$ wird die Häufung gleicher Rangplätze berücksichtigt.

653 Vgl. Tabelle 7d im Teilabschnitt 1.5.

654 Vgl. Tabelle 7f im Teilabschnitt 1.5.

655 Vgl. Anlage 12b des Anhangs.

656 Zweifelsohne sind hier die Lehrerpersönlichkeiten gefragt. Was die Schüler von Hauptschulen und von C-Kursen in Gesamtschulen betrifft, wurde bei Schulbesuchen auch bei „tüchtigen" Physiklehrern eine gewisse Skepsis erkennbar, die sich auf die Rahmenrichtlinien bezog. Inhaltliche Überforderungen würden häufig zu Abschalten und Frust führen, der bei mangelhafter Aufsicht letztlich durch Zerstörungen abreagiert würde.

657 Bei solchen Fällen wird auch erkennbar, welche Probleme die Schulträger mit Folgekosten im Schulbaubereich haben. Vgl. hierzu den Teilabschnitt 3.3.4.

658 Beispiel einer Berechnung: Tabelle A64 des Anhangs (Gymnasien), Datenblock Unterrichrtsräume, Teilblock NAV.
$(1{\cdot}2+ 3{\cdot}1+7{\cdot}0-2{\cdot}1-0{\cdot}2+4{\cdot}2+4{\cdot}1+11{\cdot}0-5{\cdot}1-1{\cdot}2): 38 = 0{,}21$.

659 Nach einer Graphik „Berg- und Talfahrt der Konjunktur 1950-1983" in der Ausgabe der Neuen Presse/Höchster Kreisblatt vom 16.2.1983.

660 Vgl. den Exkurs „Einnahmequellen öffentlicher Haushalte" im Teilabschnitt 3.1.

661 Quellen: Hessische Kreiszahlen, Hess. Statistisches Landesamt, Ausgaben 1975, 1981-1984.

662 Vgl. hierzu die Darstellung zu Beginn des Teiles 11.

663 Bei den Befragungen wurden auch allgemeine methodische Probleme des Physikunterrichts, wie Unterrichtsplanung, Medieneinsatz, Schulbuchauswahl und Lehrerbibliothek u.a. angeschnitten. Die diesbezüglichen Auswertungsergebnisse wurden später vornehmlich in unterrichtspraktischen Veranstaltungen für Lehrerstudenten mit dem Fach Physik herangezogen.

664 N. Barth, 1972-1991 Professor für Didaktik der Physik hatte im WS 1971/72 bei seinem Vorstellungsvortrag eine Vorlage unter Bezugnahme auf G.Schaefer verteilt, aus der die Rangplätze hergeleitet werden konnten. Bedauerlicherweise konnte sich später N.Barth nicht mehr genau an die Publikation erinnern, der er die Vorlage entnommen hatte. Eigene Bemühungen waren auch nicht erfolgreich.

665 Dies läßt sich aus den Erhebungsunterlagen von SCHMIDBAUER (1972) schließen. Dort hatten die Lehrer anzugeben, ob sie Unterricht in Physik, Naturlehre oder Chemie erteilen. Die weitaus überwiegende Anzahl der Lehrer mit der Qualifikationsstufe 0 kreuzten Naturlehre an.

666 Subjektive Erfahrungen des Verfassers bei seinen Schulbesuchen im Rahmen der Schulpraktika von Lehrerstudenten.

667 Wie in Anm. 666. Außerdem erkennbar aus den Erhebungsunterlagen der Schulabteilung des Regierungspräsidenten in Giessen aus dem Jahre 1982 (siehe Teilabschnitt 11.1).

668 Wie in Anm. 666. Dazu einige marginale Anmerkungen in den Erhebungsunterlagen.

669 Wie in Anm. 666.
670 KANDLER/SCHNITZER (1975), S.66: Nach Angaben der Schulleiter von Gesamtschulen hatten von 635 Gesamtschullehrern nur 17,6% eine Lehrbefähigung für Gymnasien. Auswertung von 247 Lehrerfragebögen (S. 97): 15,4% Gymnasiallehrer.
671 FREY (1973) hatte die Begründungen, die in seinen Erhebungsunterlagen nicht gefordert waren, aber als Randbemerkungen vorkamen, nicht berücksichtigt. Diese wurden bei einer Zweitauswertung durch den Verfasser aufgefunden und den von KANDLER/SCHNITZER (1975) angegebenen hinzugefügt.
672 Amtsblatt des Hessischen Kultusministers, 6/1976, S.301-303.
673 Der Lehrplan für Physik an Volksschulen (1957) legte im Anschluß an eine ungefächerte Naturbetrachtung mit physikalischen und chemischen Themen bereits im 5.Schuljahr und ab dem 6.Schuljahr einen reinen Naturlehreunterricht mit physikalischen und chemischen Inhalten fest. Der entsprechende Lehrplan für Mittelschulen (1957) trennte die Inhalte für Physik und Chemie ab dem 7.Schuljahr, wobei im 5. und 6.Schuljahr wie bei den Volksschulen eine ungefächerte Naturbetrachtung vorgesehen war. Nach dem Lehrplan für Gymnasien (1962) begann der Physikunterricht erst im 8.Schuljahr.
674 BURKERT/RUDOLPH (1973b), a.a.O., S.45
675 BURKERT/RUDOLPH (1973a), a.a.O., S.554
676 Soweit die additiven Gesamtschulen eine Förderstufe angegeliedert haben, wird in den Klassen 5 und 6 natürlich auch differenziert. Was den hier geringen Umfang des Physikunterrichts betrifft, sehen die Rahmenrichtlinien Physik SI bei heterogenen Gruppen lediglich eine innere Differenzierung vor.
677 a.a.O., S.94.
678 Wie eine Zweitauswertung ergab, hatten zwar auch einige Physiklehrer von additiven Gesamtschulen teilweise Antworten gegeben, die jedoch i.w. nur das bestätigen, was von MUTH (1969) zitiert wurde (Anm. 677).
679 Vgl. Teilabschnitt 4.1.
680 Die unterschiedlichen Angaben bezogen i.w. auf die Angabe, daß differenziert oder nur teilweise differenziert wurde.
681 Zum einen unterrichteten hier auch Lehrer ohne eine spezielle Lehrbefähigung für das Fach Physik. Zum anderen führten die Lehrer häufig auch Schülerübungen unter Ignorierung des „Sicherheitserlasses“ ohne Klassenteilung durch (Beobachtung im Rahmen von Schulpraktika).
682 Vgl. die Tabelle 5 im Teilabschnitt 1.4.
683 Prof. W. Kuhn war federführendes Mitglied der Rahmenrichlinienfachgruppe Physik.
684 Nach KÖPPEN (1976), a.a.O., S.92/93.
685 Nach KANDLER/SCHNITZER (1975), a.a.O., S. 63.
686 Nach FREY (1973), a.a.O., S.19-20.
687 a.a.O., S.50.
688 a.a.O., S.163.
689 Alle drei Befragungen lagen im Zeitraum der freiwilligen Erprobungen, die jedoch nur an sehr wenigen Schulen erfolgten (vgl. Teil 4.1).
690 Die hier angegebenen Werte von QLP wurden für die Gesamtstichprobe nach dem gleichen Schema berechnet, wie dies in 7.3.1 für die Physiklehrer einer Schule geschah.
691 Geprüft wurde anhand von Mehrfeldertafeln. Die berechneten chi^2-Werte lagen allesamt unter dem kritischen Wert für die 0,05 Signifikanz. Während das Prüfungsergebnis von KÖPPEN (1976) so übernommen werden konnte, wurde in den anderen vier Fällen

fehlerhaft ein Rangkorrelationskoeffizient berechnet. Aus diesem Grunde erfolgte hier eine Nachprüfung durch den Verfasser.

692 Die Beurteilung dieser Übereinstimmung basiert auf den mit einem Taschenrechner zusätzlich neben dem arithmetischen Mitteln berechneten Standardabweichungen.

693 Zweitauswertung des Verfassers.

694 Zweitauswertung des Verfassers. Obzwar bei den Lehrerbefragungen nicht nach der Größe der Schule des jeweiligen Lehrers gefragt wurde, war die Schulgröße aus dem Schulverzeichnis ermittelbar. Bei Wahrung der individuellen Anonymiät des antwortenden Lehrers war stets über eine Codenummer die Schule identifizierbar, an der der betreffende Lehrer unterrichtete.

695 Zweitauswertungen des Verfassers.

696 WHITTELL (1975) berichtet über ein Kooperationsprojekt von Kenia, Uganda und Tansania zur Ausstattung von Schulen mit naturwissenschaftlichen Experimentiergeräten. Bei diesem Projekt wurde zunächst versucht unter praktischer Mitarbeit von Schülern und Lehrerstudenten Experimentiermaterial herzustellen. Es zeigte sich bald, daß die Qualität der Produkte mangelhaft waren und die vorhandenen Ressourcen nicht sinnvoll genutzt werden konnten. Nach verschiedenen Variationen in der Organisation führte der Versuch letztlich zu einer Verselbständigung und zu einem rein nach wirtschaftlichen Gesichtspunkten organisierten Unternehmen zur Herstellung von naturwissenschaftlichen Experimentiergeräten.

697 Diese Sicht wurde in ausführlichen Gesprächen mit den beiden Vertretern der marktbeherrschenden Lehrmittelfirmen im Bereich der allgemeinbildenden Schulen Hessens bestätigt. Herr Engelhardt, Leiter der Zweigniederlassung der Fa. Leybold-Heraeus in Frankfurt, bestätigte, daß seine Firma erst nach dem 2.Weltkrieg systematisch Schülerübungsgerät entwickelt habe, obzwar die Firma bereits seit 1850 physikalische Lehrmittel herstelle. Schülerübungsgerät stelle heute einen bedeutenden Anteil des Gesamtangebots dar.

Herr Busch, Leiter der Niederlassung der Fa. Phywe in Offenbach teilte mit, daß seine Firma, die 1920 gegründet wurde, zwar schon vor dem 2.Weltkrieg ganz einfache Experimentiersätze hergestellt habe, die in etwa den heutigen Kosmos-Baukästen gleich kamen, damit aber den Ansprüchen, die heute bezüglich des Schülerübungsgeräts gestellt werden, in keiner Weise genügten. Schülerübungsgerät in diesem Sinne werde erst seit etwa 1950 systematisch entwickelt und im großen Umfang angeboten.

698 Als Schulpraktikumsbetreuer von Lehrerstudenten ergaben sich viele Möglichkeiten des Gesprächs mit älteren Lehrern, die noch gute Kenntnisse über die Verhältnisse an den Schulen vor den Zerstörungen des 2.Weltkrieges hatten.

699 Der Verfasser war von 1946-47 als Laienlehrkraft an der einklassigen Volksschule von Hörgenau/Vogelsbergkreis tätig. In seiner Schule und in den größeren Schulen der Nachbarorte gab es einige Lehrmittel für den Naturkundeunterricht aber kaum etwas für die Naturlehre.

700 wie Anm. 698.

701 Zeitschrift MNU, Jg.35/Heft 3/1982: „Forderungen ... (1. Seite).

702 TÖPFER/BRUHN (1976), S.63.

703 Vergleiche die Darstellung der Ergebnisse der Studie von TODT u.a. (1976) im Teilabschnitt 4.3.

704 Der Verfasser war zu einer externen Begutachtung der empirischen Arbeit gebeten worden.

705 Zur Ergänzung des an der Schule vorgefundenen Bestandes mußte sich Scheel Geräte gleicher Art von einer anderen Schule ausleihen.

706 Diese Zahl 88 ist identisch mit den Angaben bei Kandler/Schnitzer. Der Grund für den Unterschied: Nach der Erhebung an den Gesamtschulen hatte die Rahmenrichtlinienfachgruppe für die künftigen Erhebungen (Gymnasien 1976, Hauptschulen und Realschulen 1977) eine Erweiterung des Gerätekatalogs vorgeschlagen (Anlage 3e des Anhangs: III. Grundgerät-Teil 2; IV. Spezielles Gerät-Teil 2). Bei der durchgeführten Nacherhebung hatten 13 Sammlungsleiter nicht mehr geantwortet.

707 Hessischer Kultusminister: Aufsichtspflicht der Lehrer und Erzieher. Erlaß vom 22.8.1969, Sonderdruck des Amtsblatts des HKM.

708 Beobachtungen des Verfassers bei Schulbesuchen im Rahmen der Schulpraktika von Lehrerstudenten mit dem Fach Physik.

709 wie 708.

710 wie 708.

711 wie 708.

712 Als Praktikumsbetreuer suchte der Verfasser immer auch das Gespräch mit dem jeweiligen Leiter der Schule, um die Probleme des Physikunterrichts aus dessen Sicht zu erfahren.

713 Bei der allgemeinen Tendenz an den Gymnasien, Schülerübungsunterricht nur bei Klassenteilung durchzuführen, war natürlich das Raumproblem bedeutender als etwa eine weitere Frage nach der Ausstattung mit Schülerübungsgerät, eine Frage die wahrscheinlich ein Schulleiter ohne Beratung durch den Sammlungsleiter nicht hätte beantworten können. Um den Befragungsvorgang nicht zu komplizieren wurde von einer diesbezüglichen Frage abgesehen.

714 Nach Kenntnis des Verfassers gibt es keine entsprechende Passage im Schulrecht, auf die Bezug genommen werden könnte. So ist auch verständlich, daß fast die Hälfte der Schulleiter diese Frage nicht beantwortete.

715 Diese Annahme bezieht sich darauf, daß die Publikationen in Büchern bzw. Zeitschriften erfolgten, die an den Schulen kaum vorhanden sind. Auch in Fortbildungsveranstaltungen wurde (Aussage von Weltner) nur kurze Zeit und nicht in sehr vielen über die Untersuchungen berichtet.

716 Gespräche mit Hauptschullehrern im Rahmen der Schulpraktika. Die Einschätzungen des Lernerfolgs durch die Hauptschullehrer lagen ja auch bei mittelmäßig bis gut (siehe 13.2.3).

717 Es ist im Zusammenhang mit der Einführungsphase der Rahmenrichtlinien Physik SI nicht sehr wahrscheinlich, daß sich die Ausstattungsverhältnisse an den Realschulen zwischen 1972/73 und 1977 verschlechtert hatten.

718 Beobachtungen bei Besuchen integrierter Gesamtschulen.

719 Um ausreichend Daten zu erhalten, wurde bewußt auf eine Trennung nach den beiden Sekundarstufen verzichtet.

720 Grundtenor bei vielen Gesprächen mit Gymnasiallehrern im Rahmen der Schulpraktika.

721 Diese Termine wurden dem Verfasser im Rahmen eines längeren Gespräches mit W. Köbele, einem Mitglied des Beraterteams, im April 1978 genannt. W. Köbele arbeitete als Lehramtsstudent bis Mitte 1974 am Projekt des Verfassers mit und es bestand auch noch längere Zeit nach dessen Eintritt in den Schuldienst ein engerer Kontakt.

722 Information von W. Köbele.

723 Das Antwortschreiben (Erlaß IIB-1003/025-7-1005/20-41) vom 28.2.1978 wurde als Fotokopie dem Verfasser anläßlich eines ersten Gesprächs mit dem Leiter des HIBS, Direktor Frommelt, im Zusammenhang mit der vorgesehenen Veröffentlichung der „Ausstattungsvorschläge“ zur Verfügung gestellt.

724 HIBS: Evaluation der Rahmenrichtlinien in Hessen. Wiesbaden (1983a), S. 106/107.

725 Bei allen Befragungen ab 1973 wurden alle Fragebögen vor dem Versand an die Schulen mit den entsprechenden Codenummern versehen. Bei der Befragung von 1972 erfolgte die Codierung erst nach Eingang der Fragebögen, was aber auch möglich war, da jeweils Schulort und Schulname angegeben waren.

726 Diese Fächer standen überhaupt nicht in der konträr geführten bildungspolitischen Diskussion, wie das etwa bei den Fächern Biologie (Sexualkunde) und Gesellschaftslehre der Fall war, die erst ein bzw. vier Jahre später in die verpflichtende Erprobung gingen. Vgl. hierzu auch Teilabschnitt 4.1.

727 Angabe im HIBS-Evaluationsbericht (1983b), S. 69.

728 Derzeitige Leiterin des HIBS in Nachfolge von Direktor Frommelt.

729 HIBS-Evaluationsbericht (1983a), S. 13.

730 wie Anm. 727.

731 Vgl. Tabelle 7g im Teilabschnitt 1.5.

732 Vgl. hierzu Teilabschnitt 4.1.

733 Vgl. hierzu die Tabelle 7a im Teilabschnitt 1.5.

734 Zitat aus dem Vorwort des Evaluationsberichts des HIBS (1983a)

735 Vgl. hierzu die normierten Werte der Tabelle 64 des Teilabschnitts 8.2.3.2.

736 Bis 1974 wurden in Kassel noch keine Lehramtsprüfungen für die Grundschule und die Haupt- und Realschule abgelegt. 1975 waren es zusammen 168 Prüfungen gegenüber 2884 in Frankfurt und Gießen (Statistische Berichte des Hess. Stat. Landesamtes vom 10.10.1978: B III 3 - unreg./74-77).

737 In den Semestern zwischen 1970 und 1972 mußte der Verfasser mehrfach Seminare teilen, bei denen zwischen 60 und 70 Anmeldungen vorlagen.

738 Wahl-Slogan: Zeige mir einen Lehrer und ich stelle ihn ein!

739 In den wenigen Fällen, bei denen Studenten ein drittes Studienfach für ein Lehramt wählten, geschah dies bei den Lehramtsstudenten für die H-R-Schulen und für die Gymnasien erst in späteren Semestern.

740 Gesetz- und Verordnungsblatt für das Land Hessen, Teil I: Drittes Gesetz zur Änderung des Hochschulgesetzes (12.6.1973). In der Regel verordnet der HKM jeweils im Juli für das folgende WS und im Dezember für das folgende SS für die einzelnen Hochschulen und Studiengänge Höchstzahlen, welche die Grundlage des NC darstellen.

741 Die besonderen Schwierigkeiten bestanden darin, daß in der zentralen Vorlesung das mathematische Niveau für die Studierenden für das Lehramt an Haupt- und Realschulen zu hoch war und auch in den begleitenden Ergänzungsveranstaltungen (Tutorien in kleinen Gruppen) nicht aufgearbeitet werden konnte.

742 Im Fachbereich Chemie wurde ein Versuch gemeinsamer Ausbildung aller Studienanfänger nach Auskunft von QStR i.H. Dr. Hess erst garnicht versucht.

743 Der Rückgang in der Mathematik hängt mit der starken Kopplung zwischen der Physik und der Mathematik zusammen.

744 Statistische Berichte, B III 3 - unreg./8l-83, vom 17.1.1985: Hochschulprüfungen in Hessen 1981 bis 1983. In diesem Bericht werden erstmalig die Prüfungen getrennt nach Fächern angegeben, was bis 1980 nicht der Fall war.

745 Verordnung über die Erste Staatsprüfung für das Lehramt an Grundschulen vom 5.11.1969. Gesetz- und Verordnungsblatt für das Land Hessen, Teil I, 1969, S.207ff.

746 Verordnung über die Erste Staatsprüfung für das Lehramt an Gymnasien vom 1.12.1969. Gesetz- und Verordnungsblatt für das Land Hessen, Teil I, 1969, S.283ff.

747 Wie in der Prüfungsordnung für Sonderschullehrer werden in der unter Anm.744 genannten Quelle vier Fachrichtungen genannt: Lernbehinderte, Sprachbehinderte, Verhaltensgestörte und Praktisch Bildbare.

748 Nachdem zunächst weder die Abteilung Statistik des HKM noch der Koordinator für die Statistik der Prüfungsämter Dr. Eisel (Prüfungsamt Marburg) eine Erklärung geben konnte, kam dem Verfasser die Idee im Sonderschulbereich nachzuforschen. Die Leiterin des Prüfungsamtes für das Lehramt an Sonderschulen in Frankfurt, Frau Laschak, hatte den totalen Überblick und teilte dem Verfasser die Hintergründe mit.

749 Dritte Verordnung zur Änderung der Verordnungen über die Ersten Staatsprüfungen für die Lehrämter vom 18.12.1979. Gesetz- und Verordnungsblatt für das Land Hessen, Teil I, S.277ff. Speziell „Artikel 8“, S.282.

750 Aussage von Herrn Hartner, Referatsleiter der Abteilung Statistik des HKM, im Herbst 1994.

751 Bei der allgemeinen Veröffentlichung der Erstfassungen von Rahmenrichtlinien für alle Fächer der Sekundarstufe I war das Fach Polytechnik/Arbeitslehre noch nicht berücksichtigt worden. Wohl deswegen, da erst an einigen Gesamtschulen Versuche mit diesem Fach liefen. Eine Fassung für Polytechnik/Arbeitslehre erschien erst 1976 parallel zu den Zweitfassungen der anderen Fächer. In der schulformübergreifenden Stundentafel von 1976 (Amtsblatt des HKM 6/1979, S.301) erfolgt mit 4 Unterrichtsstunden eine Zuordnung zu den Klassenstufen 5 und 6. Während es bei der ab 1989 geltenden Stundentafel (Amtsblatt des HKM und HMfWuK 7/1989, S.483ff) für Realschule und Gymnasien so bleibt, nimmt dieses Fach in der Hauptschule mit 16 Stunden (bis Kl.9) bzw. 20 Stunden (bis Kl.10) inzwischen den Rang eines Hauptfaches ein.

752 HIBS-INFO 1/78 des Hessischen Institus für Bildungsplanung und Schulentwicklung, S.23.

753 Abgeleitet aus der Quelle, die in der Anm. 744 genannt ist.

754 Philosophie, Psychologie und Erziehungswissenschaft eingeschlossen.

755 Mitglied des Prüfungsamtes für das Lehramt an Grundschulen und Hauptschulen von 1967 bis 1993. Erstprüfer bei 83 Erweiterungsprüfungen und Zweitprüfer bei 53 solcher Prüfungen. Hauptveranstalter des Kontaktstudiums von 1976 bis 1992.

756 Verordnung über die Erste Staatsprüfung und die Erweiterungsprüfung für das Lehramt an Volks- und Realschulen, vom 23.9.1965. Gesetz- und Verordnungsblatt für das Land Hessen Teil I, 1965, S.215ff.

757 In der Lehrerschaft der Haupt- und Realschulen hatte sich am Anfang der siebziger Jahre Unmut verbreitet, als die ersten Lehrer, die nach der Prüfungsordnung von 1969 ihr 1.Staatsexamen abgelegt hatten und nach dem Referendariat sofort mit der Besoldungsgruppe A13 eingestellt wurden, während die „altgedienten“ Lehrer nur nach A12 besoldet wurden. Interventionen der Lehrerverbände führten dazu, daß allen A12-Lehrern die Möglichkeit geboten wurde, nach Vorbereitung in entsprechenden von den Schulaufsichtsbehörden organisierten Fachveranstaltungen eine fachspezifische sogenannte „kleine Erweiterungsprüfung“ abzulegen. Die Prüfungskommission setzte sich dabei nur aus ausgewählten Lehrern mit besonderer Fachkompetenz zusammen. Hochschullehrer waren nicht beteiligt. Lehrer, die eine solche Erweiterungsprüfung

abgelegt hatten, wurden in die Besoldungsgruppe A13 übergeführt. Diese Höherstufungen mußten am 1.7.1975 wegen einer Vereinheitlichung des Besoldungsrechts in Bund und Ländern zurückgenommen werden.

758 Verordnung über die Erste Staatsprüfung für das Lehramt an Hauptschulen und Realschulen, vom 10.11.1969. Gesetz- und Verordnungsblatt für das Land Hessen, Teil I, 1969, S.2l4ff.

759 Im Zusammenhang mit der Einführung der Rahmenrichtlinien mußte sich dieses Institut verstärkt der Aufgabe der eigentlichen Fortbildung widmen und konnte deshalb die Weiterbildungsveranstaltung nicht mehr beibehalten.

760 Vgl. BRAUNER (1985).

761 Details dazu findet man bei BRAUNER (1977c).

762 Erlaß des HKM: IV C 4-956/340-85, vom 20.12.1977. Schriftliche Mitteilung aufgrund einer Anfrage vom 22.9.1977.

763 Erlaß des HKM: VII B 5-636/111, vom 8.5.1989, veröffentlicht im Amtsblatt des HKM und des HMfWuK 5/1989, S.365.

764 Der Grund liegt in der Veränderung der Lehrkapazität des Instituts, die seit 1992 halbiert ist, und daß inzwischen wieder mehr Studenten ausgebildet werden müssen.

765 Die Literaturliste enthielt Titel, die zu einem Großteil auch im Lehrerfragebogen (Anlage 4f des Anhangs) enthalten sind.

766 Vgl. BRAUNER (1978b und 1979).

767 Zwischen Weiter- und Fortbildung wird in diesem Aufsatz nicht unterschieden. Deshalb die Ergänzung durch den Inhalt der Klammern.

768 Beilage zur Zeitschrift MNU, 33. Jg., Heft 6 (Sept. 1980).

769 Bei dieser Befragungsaktion haben Astrid Brauner, Walter Frey, Ernst W. Fritz, Gerhard Klein, Hildegard Pongratz und Manfred Timpe mitgewirkt. Bis auf die Erstgenannte alles Mitglieder der Projektgruppe der Vorphase.
Lehrerbefragung von 1972 (N = 536) und von 1974 (N = 1171). Hochschullehrerbefragung von 1974 (N = 142).

770 Eine persönliche Erfahrung als Leiter eines Begleitzirkels in Hofheim/Ts.: Im WS 1970 wurde mit zwei parallelen Kursen von jeweils ca. 40 Teilnehmern begonnen und im SS 1971 nur noch mit einem Kurs von ca. 35 Teilnehmern fortgesetzt. Zu den Klausurarbeiten sind insgesamt 18 Teilnehmer angetreten.

771 Bei den nachfolgenden Lehrerbefragungen mußte aus Gründen der Zumutbarkeit (Umfang des Fragen-Katalogs) darauf verzichtet werden, da nach dem Erscheinen der Rahmenrichtlinien im Jahre 1972 Fragenkomplexe berücksichtigt werden mußten, die in der Befragung von 1972 noch nicht relevant waren.

772 Nach der Auswertung von Schmidbauer, dem 279 Fragebogen vorlagen, gingen noch weitere 15 ein, wodurch die Ergebnisse leichte Korrekturen erfahren mußten, damit die volle Datenbasis ausgeschöpft werden konnte.

773 Bei der Auswertung von Schmidbauer nicht berücksichtigt.

774 Ein EDV-Ausdruck, der dem Verfasser von der Abteilung Statistik des HKM zur Verfügung gestellt wurde.

775 Zusätzliche Auswertung des Verfassers.

776 Vgl. hierzu Anm. 421. Nach Aussagen von Studiendirektor D. Völcker, Leiter der Zweigstelle Frankfurt des HILF, der selbst aus dieser Gruppe hervorgegangen ist, waren diese Realschullehrer besonders fortbildungsaktiv.

777 Anzahl der Halbtage an Fortbildung dividiert durch das Dienstalter.

778 Das Dienstalter wurde aus der Angabe des Lebensalters und dem Zeitpunkt des 1.Staatsexamens berechnet, wobei für die Lehrer vor 1972 angenommen wurde, daß in der Regel eine Übernahme in den Schuldienst ohne Cäsur nach dem Studium erfolgte.

779 In den ersten Dienstjahren hat dies der Verfasser als Gymnasiallehrer selbst erfahren müssen.

780 Begründungen angegebener Schwierigkeiten wurden marginalen Anmerkungen entnommen.

781 Mindestens bis 1984 war diese Zweigstelle in beiden Orten lokalisiert und daneben gab es noch die Außenstelle Wetzlar. Inzwischen befindet sich die Zweigstelle nur noch in Weilburg und die Außenstelle nach wie vor in Wetzlar.

782 BRAUNER (1977c).

783 Nach Durchsicht der vom HILF halbjährlich veröffentlichten Lehrgangsankündigungen.

784 Diese Anzahlangabe beruht auf einer Schätzung, die im Zusammenhang mit der Tabelle 37 des Teilabschnitts 7.3 steht und in der Anm. 432 erläutert wird.

785 Vgl. hierzu die Tabelle 42 im Teilabschnitt 7.5.2 und die Anm. 449.

786 Vgl. hierzu die Tabelle 7d im Teilabschnitt 1.5.

787 1970 vom Deutschen Bildungsrat herausgegeben.

788 a.a.O., S.241.

789 Vgl. Anm. 217.

790 a.a.O., S.20.

791 In einem längeren Gespräch, das der Verfasser mit dem erst vor kurzer Zeit (1994) in den Ruhestand getretenen Leiter der Zweigstelle Frankfurt, Studiendirektor D.Völcker, führte, vertrat dieser die Meinung, daß von der ursprünglichen „emanzipatorischen Idee" nicht mehr viel übrig geblieben sei. In den Außenstellen würde weitgehend so verfahren werden wie an der Hauptstelle und den Zweigstellen auch.

792 An einigen Orten mit späteren Außenstellen, wie in Limburg und Bad Hersfeld liefen vorher schon Modellversuche, wobei erste Erfahrungen mit einer geringen Anzahl von Kursen gemacht werden sollten.

793 Daß mit diesen 7 Außenstellen noch keine Abdeckung für das ganze Land erreicht werden konnte, wird daraus ersichtlich, daß später noch 6 Außenstellen hinzukamen.

794 Bei Gymnasiallehrern Gemeinschaftskunde.

795 Explizit wurde in den statistischen Unterlagen, die der Verfasser zur Einsicht nehmen konnte, das Fach Ethik noch nicht genannt. Es ist jedoch bekannt, daß Lehrer mit der Lehrbefähigung in Religion, die dieses Fach aus individuellen Gründen nicht mehr unterrichten wollen, sich mehrfach dem Fach Ethik zugewandt haben.

796 Dies hängt mit der mehrfach schon erwähnten kleinen Freiheit der Gestaltung von Lehrerfragebögen durch die Examenskandidaten zusammen.

797 Weggelassen wurden hier wieder die Lehrer der Erhebung von 1972, die nur Chemie unterrichteten.

798 Bei Schmidbauer liegen keine Auswertungsergebnisse der betreffenden Frage des Fragebogens vor, weswegen eine Nachauswertung vorgenommen werden mußte.

799 1972 wurde von Schmidbauer nicht nach der Nutzung gefragt.

800 In einem Beratungsgespräch ging es um die Frage einer Mitberücksichtigung fachwissenschaftlicher Bücher und um fachdidaktische und fachwissenschaftliche Zeitschriften. Da nach Einschätzung der „Experten" die Physiklehrer an Gymnasien Zeitschriften bevorzugen würden, wurde der Schwerpunkt auf Bücher gelegt. Auf fach-

wissenschaftliche wurde verzichtet, da davon ausgegangen wurde, daß noch aus dem Bestand während des Studiums genügend Bücher im Privatbesitz waren. Andererseits handelte es sich für die Zeit vor 1976 bei Gymnasiallehrern bezüglich der fachdidaktischen Literatur weitgehend um individuelle Fortbildung, da in deren Studienplänen bis zu diesem Jahr keine fachdidaktischen Veranstaltungen vorgesehen waren.

801 Als Experte gibt Köppen Gymnasiallehrer für das Fach Physik, Fachleiter für Physik, Sammlungsleiter Physik sowie ein Mitglied der RRL-Fachgruppe Physik an. Vgl. a.a.O. S.9.

802 Dritter Titel im Fragebogen: RAUFUSS (1975).

803 Seine Tabelle 4.7.a (S.109) enthält nicht die Ankreuzungen beim Titel RUNKEL/HOFFMANN (1971).

804 Daß diese Zusammenfassung möglich war, hängt mit der Codierung der verschickten Fragebögen zusammen. So konnte ohne Verstoß gegen die versprochene Wahrung der Anonymität immer die Schule des beantwortenden Lehrers identifiziert werden.

805 Vgl. S.166 des Evaluationsberichts des HIBS von 1983.

806 Vgl. hierzu die Teilabschnitte 8.2.3.1 und 8.2.3.2. Von „Ausschöpfen" wird deshalb gesprochen, da in den Gerätelisten nicht notwendig alle Titel enthalten sind, die noch weiteren in den Sammlungen befindlichen Geräten zuzuordnen sind.

807 Vgl. dazu was im Zusammenhang mit der von FRITZ (1973) verwendeten Geräteliste im Teilabschnitt 6.12.4 ausgeführt wird.

808 Während bei der Definition der Variablen AF_{73} lediglich eine Vekürzung des Wertebereichs vorliegt, hat die Variable AF_{72} eine andere Wertestruktur, was mit dem grundlegend anders konstruierten Fragebogen von 1972 zusammenhängt, bei dem die Daten über die Ausstattung mit Schülerübungsgerät nur sehr global erfaßt wurden. Eine Addition der Variablenwerte war deshalb nicht direkt, sondern nur über die vorgenommene Normierung der Einzelvariablen möglich. Die Multiplikation mit dem Faktor 100 stellt dabei eine Angleichung an die Werte der Variablen AF und AF_{73} dar. Trotz dieser andersartigen Definition der Variablen AF_{72} stellt sie in ähnlicher Weise wie die beiden anderen ein Maß für die Flexibilität der Ausstattung dar.

809 Bei der Wahl der Grenzen wurde zunächst in natürlicher Weise von m-s und m+s ausgegangen, was aber nicht zu den erwünschten Steigungen des Korrelationskoeffizienten führte. Bei einer Normalverteilung liegen im Intervall $m-\frac{3}{4}\cdot s$ und $m+\frac{3}{4}\cdot s$ etwa 55% der Fälle (nach SACHS (1974), S.52/53).

810 Nach LIENERT (1969), S.221.

811 Analog der Beispielrechnung, ebenda S.217.

LITERATUR- UND QUELLENVERZEICHNIS

A. Unveröffentlichte Projektarbeiten:

Schriftliche Hausarbeiten im Rahmen des 1. Staatsexamens, hinterlegt am Wissenschaftlichen Prüfungsamt für das Lehramt an Grundschulen und an Haupt- und Realschulen an der J.W.-Goethe Universität in Frankfurt.

BECHTHOLD,W.: Empirische Untersuchung der Realität des naturwissenschaftlichen Unterrichts im Kreis Bergstraße, 1972.

BÖS,H.: Die Ausstattung der Schulen mit physikalischem Experimentiergerät, 1972.

FREY,W.: Die Probleme hessischer Physiklehrer der Sekundarstufe I im Zusammenhang mit den neuen Rahmenrichtlinien, 1973.

FRITZ,E.W.: Die experimentelle Ausstattung hessischer Schulen unter dem Aspekt der neuen Rahmenrichtlinien für das Fach Physik der Sekundarstufe I, 1973.

HENDRICKS,V.: Die Hessischen Rahmenrichtlinien für den Physikunterricht der Sekundarstufe I und die Ausstattung der Schulen, 1973.

HOFMANN,R.: Die Lehrerstudenten der Primarstufe und der Sekundarstufe I der Universität Frankfurt/Main im WS 72/73 und ihre Einstellung zum mathematisch-naturwissenschaftlichen Unterricht 1973.

JACOBY,B.: Empirische Untersuchung über den Anteil qualifizierter mathematisch-naturwissenschaftlicher Lehrer im Bereich der Primarstufe und der Sekundarstufe I in Hessen, 1973.

KANDLER,H.; SCHNITZER,E.: Die Realität des Physikunterrichts an hessischen Gesamtschulen, 1975.

KLEIN,G.: Die Mathematiklehrer in Nordhessen und ihre Probleme, 1972.

KNAPP,D.: Schulorganisatorische Voraussetzungen (des mathem.-naturw. Unterrichts an den Grund-, Haupt- und Realschulen des Landes Hessen), 1972.

KÖPPEN,N.: Probleme des Physikunterrichts an Gymnasien, 1976.

PACHL,M.: Organisatorische und personelle Probleme der Einführung der hessischen Rahmenrichtlinien Physik S I, 1977.

PONGRATZ,H.: Die Mathematiklehrer in Südhessen und ihre Probleme, 1972.

SATTLER,H.:Untersuchung der Realität des mathematisch-naturwissenschaftlichen Unterrichts an den Sonderschulen Hessens, 1973.

SCHMIDBAUER,W.: Die naturwissenschaftlichen Lehrer und ihre Probleme, 1972.

TIMPE,M.: Sozialgeographische Faktoren und der mathematisch-naturwissenschaftliche Unterricht der Sekundarstufe I in Hessen, 1973.

WAGNER,M.: Versuch einer Klassifikation des vorhandenen physikalischen Experimentiergeräts (an den Grund-, Haupt- und Realschulen des Landes Hessen), 1972.

WEBER,W.: Die Ausstattung der Schulen mit chemischem Experimentiergerät, 1972.

B. Literatur und Quellen:

BANASCHEWSKI,A.: Weiterbildung - ein Recht des Lehrers. In: Hamburger Lehrerzeitung 19(1966)8 (S.258-263).

BARTH,N.: Fachliche Aspekte bei der Entwicklung von Rahmenrichtlinien für den Physikunterricht in der Sekundarstufe I. Deutsche Physikalische Gesellschaft, Fachausschuß Didaktik der Physik, Vorträge der Frühjahrstagung 1975 in Bad Nauheim, Tagungsband (Hrsg.W.Kuhn/A.Scharmann) Gießen 1976 (S.324-331).

Eine Analyse physikalischer Begriffe in Zeitschriften mit allgemein physikalisch-technischem Inhalt. In: Zur Didaktik der Physik und Chemie, Vorträge auf der Tagung für Didaktik der Physik/Chemie In Bremen, September 1976, Hannover: Schroedel 1977 (S.135-138).

BARTH,N.; HOFFMANN,K.; KITSCHKE,K.H.; SCHMITT,R.; WELTNER,K.; WIESNER,H.: Wurde eine Chance vertan? Anmerkungen zu den Hessischen Rahmenrichtlinien Physik, Sekundarstufe I. In: Die Deutsche Schule, 66(1974)12 (S. 826-837).

BAUER,F.H.: Stiefkind der Forschung: Naturwissenschaftliches Experimentiermaterial. In: Lehrmittel aktuell, 2(1976)1 (S.58-62).

BAUMANN,O.: Die Struktur des hessischen Schulwesens nach dem 2. Weltkrieg. In: Hessischer Kultusminister: Mittelpunktschulen in Hessen. Köln: Geyer 1967, (S.32-35).

BAURMANN,E.: Physikunterricht heute. Frankfurt/Main: Diesterweg 1967.

BECKER,H.; BONN,P.; GRODDECK,N.: Demokratisierung als Ideologie? Anmerkungen zur Curriculum- Entwicklung in Hessen. In: betrifft erziehung, 5(1972a)8 (S.19-29).

„Gravierende kulturpolitische Fehlentscheidung" - Fünf Fragen an Staatssekretär G.Moos und Prof.W.Klafki. In: betrifft erziehung, 5(1972b)9 (S.25-28).

BECKER,H.J.: Chemie - ein unbeliebtes Schulfach? Ergebnisse und Motive der Fachbeliebtheit. In: Der mathematische und naturwissenschaftliche Unterricht, 31(1978)8 (S.455-459).

BERATERKREIS DER KUTLTUSMINISTERKONFERENZ FÜR DAS INSTITUT FÜR DIE PÄDAGOGIK DER NATURWISSENSCHAFTEN: Naturwissenschaftlicher Unterricht auf der Orientierungsstufe/Klassenstufe 5/6 - Bericht 1977. Entwurf vom 15.12.1977 als Vorlage für die Behandlung in der 10.Sitzung des Beraterkreises (19.u.20.1.1978).

BEIMDIEK,D.; BURGMER,M.; OBERLIESEN,R.: Konzeption naturwissenschaftlicher Unterrichtsräume und deren kritische Bewertung. In: Naturwissenschaft im Unterricht, Physik/Chemie/Biologie 21(1973)5 (S.185-192).

Optimierung der Einrichtung und Ausstattung naturwissenschaftlicher Unterrichtsräume. In: Naturwissenschaften im Unterricht, Physik/Chemie 24(1976)12 (S.507-512).

Analyse von Tätigkeitskategorien naturwissenschaftlichen Unterrichts als Teilverfahren zur Optimierung der Einrichtung und Ausstattung von Fachunterrichtsräumen. In: Naturwissenschaften im Unterricht, Physik, Chemie, 25(1977)2 (S.45-55); 25(1977)3 (S.77-80); 25(1977)4 (S.112-113).

BIGALKE,H.G.; HASEMANN,K.: Zur Didaktik der Mathematik. Frankfurt/Main: Diesterweg 1977.

BLEICHROTH,W.: Einführung in die Methodik des Physik- und Chemieunterrichts. (Skriptum für internen Gebrauch an der PH Göttingen), Göttingen 1970.

BOBEK,H.: Kann die Sozialgeographie in der Wirtschaftsgeographie aufgehen? In: Storkebaum (1969) (S.121-139).

BORMANN,M.: Kognitive Entwicklung nach Piaget und Physikunterricht. Unveröffentlichtes Manuskript eines Vortrages auf der 68. Hauptversammlung des Deutschen Vereins zur Förderung des mathematischen und naturwissenschaftlichen Unterrichts 1977 in Bochum.

BORN,G.; EULER,M.: Der Physiklehrer in der Bundesrepublik Deutschland. Deutsche Physikalische Gesellschaft, Bonn 1977.

Physik in Klasse 5: „Empfehlenswert“! In: Westermanns Pädagogische Beiträge, 30(1978)5 (S.190-192).

BRAND,W.: Zwergschulen im Vormarsch (Problem: Ausländerkinder). In: Höchster Kreisblatt (Frankfurter Neue Presse vom 8.1.1980).

BRAUNER,R.: Die Grundlagen der Newtonschen Mechanik in der Sekundarstufe I. In: Naturwissenschaft im Unterricht, 21(1973)12 (S.507-514).

Grundschulmathematik - Lehrmeinungen und Schulpraxis. In: Beiträge zum Mathematikunterricht 1976, Hannover: Schroedel 1976a (S.45-48).

Zur Fortbildung der Mathematiklehrer - Bedürfnisse und Angebote - Ergebnisse empirischer Untersuchungen. In: Hessische Lehrerzeitung, 29(1976b)11/12 (S.18-21).

Grundschulmathematik in Hessen - Schulbücher, Lehrmeinungen und Schulpraxis. In: Die Deutsche Schule, 69(1977a)l (S.26-42).

Hochschullehrer beurteilen Grundschulkurse. In: Zentralblatt für Didaktik der Mathematik 9(1977b)1 (S.31-33).

Fachlehrermangel und Lehrernachwuchs. In: Hessische Lehrerzeitung, 30(1977c)1O (S.17-25).

Realisierungsprobleme der Rahmenrichtlinien Physik SI an hessischen Schulen. In: Zur Didaktik der Physik und Chemie, Vorträge auf der Tagung der GDCP, Bremen 1976, Hannover: Schroedel 1977d (S.147-150).

Quantität und Qualität - Ergebnisse empirischer Untersuchungen über Mathematikkurse der Sekundarstufe I. In: Zentralblatt für Didaktik der Mathematik, 10(1978a)2 (S.91-97).

Kontaktstudium Physik für SI-Lehrer an der Universität Frankfurt/M.
In: a) Hessische Lehrerzeitung, 31(1978b)9 (S.10-11). b) Mitteilungsblatt des Deutschen Lehrerverbandes, Hessen DLV, 2(1978b)9 (S.157-158).

Kontaktstudium Physik - zweiter Erfahrungsbericht.
In: a) Hessische Lehrerzeitung, 32(1979)9 (S.13). b) Mitteilungsblatt des Deutschen Lehrerverbandes, Hessen DLV, 3(1979)9 (S.153-154).

Empirische Untersuchungen über mathematische Unterrichtswerke. In: M.Glatfeld (Hrsg.): Das Schulbuch im Mathematikunterricht. Braunschweig: Vieweg 1981.

Curricularer Anspruch und schulische Realität. In: Zur Didaktik der Physik und Chemie, Vorträge auf der Tagung für Didaktik der Physik und Chemie in Würzburg, Sept. 1982, Leuchtturm Verlag, Alsbach 1983a (S.159-162)

Begriffs- und Regellernen mit Filmen im Physikunterricht. Eine empirische Untersuchung zur Lehreffektivität von Unterrichtsfilmen. In: AV-Forschung, Band 26, Institut für Film und Bild in Wissenschaft und Unterricht, Grünwald, 1985 (S.109-184).

BRAUNER,R.; VEIT,U.; WEBER,E.: Der Einsatz von Materialien zur Beurteilung von Unterricht in schulpraktischen Veranstaltungen. In: DZ-Informationen des Didaktischen Zentrums der J.W.Goethe Universität, Frankfurt/M., Band 9/1976 (S.67-88).

BRAUNER,R.; DOMANN,W.; FRITZ,E.W.; MIRGEL,C.; SCHEEL,W.: Rahmenrichtlinien bezogener Ausstattungskatalog - Experimentiermaterialien und Medien - für den Physikunterricht in der Sekundarstufe I. Heft 7 der Sonderreihe der Veröffentlichungen des Hessischen Instituts für Bildungsplanung und Schulentwicklung, Wiesbaden 1980a.

BRAUNER,R.; GÖTZE,E.; HOFMANN,G.; VETTER,K.: Rahmenrichtlinien bezogener Ausstattungskatalog - Experimentiermaterialien und Medien - für den Chemieunterricht in der Sekundarstufe I. Heft 8 der Sonderreihe der Veröffentlichungen des Hessischen Instituts für Bildungsplanung und Schulentwicklung, Wiesbaden 1980b.

BRAUNER,R.; LAANE,R.; NAGEL,H.: Rahmenrichtlinien bezogener Ausstattungskatalog - Experimentiermaterialien und Medien - für den Biologieunterricht in der Sekundarstufe I. Heft 9 der Sonderreihe der Veröffentlichungen des Hessischen Instituts für Bildungsplanung und Schulentwicklung, Wiesbaden 1980c.

BRAUNER,R.; WEISS,M.; MIRGEL,C.: Lehrmittel-Curriculum-Bildungsökonomie. Band 5 der Studien zur ökonomischen Bildungsforschung (Hrsg. Hasso v.Recum), Deutsches Institut für Internationale Pädagogische Forschung, Frankfurt 1982.

BRAUNER,R.; WEI5S,M.: Lehrmittelausstattung und Curriculumreform. In: Schulmanagement, Heft 2/1983 (S.46-47).

Schülerübungen im Physikunterricht: Anspruch und Wirklichkeit. In: a) Mitteilungsblatt des Deutschen Lehrerverbandes, Hessen DLV, Heft 1O/1983b (S.179-182). b) Hessische Lehrerzeitung, Heft 6/1984 (S.11-12).

BRUHN,J.: Zur Schwierigkeit des Physikunterrichts. In: Der mathematische und naturwissenschaftliche Unterricht, 36(1983)6 (S.321-325).

BÜCHEL, W.: Gesellschaftliche Bedingungen der Naturwissenschaft. München: Beck 1975.

BUCHWALD,E.: Bildung durch Physik. Mosbach: Physik-Verlag 1967.

BUNDESMINISTER FÜR BILDUNG UND WISSENSCHAFT: Grund- und Strukturdaten 1992/93. Bonn 1992.

BURKERT,J.; RUDOLPH,H.: Rahmenrichtlinien zwischen Didaktik und Fachwissenschaft - Bemerkungen zu den Hessischen Rahmenrichtlinien Physik. In: Westermanns Pädagogische Beiträge 25(1973a)10 (S.551-561).

Wie man dem Fortschritt entgeht - Bemerkungen zu den Rahmenrichtlinien Sekundarstufe I Physik. In: Beiträge zur Bildungstechnologie, Heft 2/1973, Wiesbaden 1973b.

CARNAP,v.R.; EDDING, F.: Der relative Schulbesuch in den Ländern der Bundesrepublik 1952-1960. Frankfurt/M.: Hochschule für Internationale Pädadagogische Forschung 1962.

CHIOUT,H.: Lehrerbildung in den USA. In: Die Deutsche Schule, 68(1976)12.

CLAUSS,G.; EBNER,H.: Grundlagen der Statistik für Psychologen, Pädagogen und Soziologen. Frankfurt: Deutsch 1970.

COMBE,A.: Kritik der Lehrerrolle. München: List 1971.

CORRELL,W. u.a.: Die Bedeutung des Schülerexperiments für den Lernerfolg im Physikunterricht. In: Aula-Arbeitsmittel und Unterrichtshilfen, 2(1969)4.

DAHNCKE,H.: Zur Didaktik der Physik und Chemie. Tagungsbände von 1973/74/75, Hannover: Schroedel 1974/75/76.

DAHRENDORF,R.: Bildung ist Bürgerrecht. Osnabrück: Nannen 1966 (durchgesehene Neuauflage der Erstauflage von 1965).

DE LANDSHEERE,G.: Einführung in die Pädagogische Forschung. Weinheim: Beltz 1971 (2.Auflage).

DEUTSCHER BILDUNGSRAT: Empfehlungen der Bildungskommission - Strukturplan für das Bildungswesen, Bonn: Bundesdruckerei 1970.

Materialien und Dokumente zur Lehrerbildung. Stuttgart: Klett 1971.

DIEHL,J.M.; KOHR,H.U.: Deskriptive Statistik, Band 1 - Methoden in der Psychologie. Frankfurt/M.: Fachbuchhandlung für Psychologie 1979 (3.Auflage).

DÖRING,K.W.: Lehrerverhalten und Lehrerberuf. Weinheim: Beltz 1971, 2. Auflage.

Lehr- und Lernmittel: Medien des Unterrichts. Weinheim: Beltz 1973, 2.Auflage.

DÖRING,P.A.: Große Schulen - oder kleine Schulen? - Zur Dimensionierung von Bildungseinrichtungen. München: Piper 1977.

DUIT,R.; HÄRTEL,H.; HÄUßLER,P.; KIRCHER,E.; LAUTERBACH,R.; MIKELSKIS ,H.: Teilband l: Vorschläge zu einem Lehrplan für den Physikunterricht der Sekundarstufe I. Teilband 2: Empfehlungen zur Entwicklung von Lehrplänen für den Physikunterricht der Sekundarstufe I. Gesichtspunkte für die Bestimmung von Zielen, Inhalten und Formen naturwissenschaftlichen Unterrichts. Institut für die Pädagogik der Naturwissenschaften, Kiel 1976.

EDDING,F.: Ökonomie des Bildungswesens - Lehren und Lernen als Haushalt und Investition. Freiburg: Rombach 1963.

ERLINGHAGEN,K.: Katholisches Bildungsdefizit. Freiburg: Herder 1965.

E.R.: Arbeitslose Lehrer schon 1975? In: Erziehung und Wissenschaft, 26(1975)1 (S.1).

EULER,M.: Wohin geht der Physikunterricht? - Fortbildungsbedürfnisse der Lehrer und Zukunftsaspekte des Unterrichts. In: Der mathematische und naturwissenschaftliche Unterricht, 33(1980)1 (S.1-13).

FEND,H.: Erweiterte Kurzfassung der Forschungsergebnisse zur Vergleichsuntersuchung der Regionen Wetzlar und Dillkreis. In: Modellversuche - Wissenschaftliche Begleitung von Gesamtschulen. HIBS-INFO 1/1979, Informationen des Hessischen Instituts für Bildungsplanung und Schulentwicklung, Wiesbaden 1979.

Gesamtschule und dreigliedriges Schulsystem - eine Vergleichsstudie über Chancengleichheit und Durchlässigkeit. Stuttgart: Klett 1976.

FISCHLER,H.: Medien dürfen Innovationen nicht verhindern. In: schulmanagement 4(1973)1 (S.46-49).

FISHER,R.A.: Statistical Methods for Research Workers. Edinburgh: Oliver and Boyd 1970 (fourteenth edition).

FRANZ,W.: Die äußeren Voraussetzungen des Wahlpflichtfaches im naturwissenschaftlichen Unterricht. Heidelberg: Quelle u. Meyer 1964.

FRANZBECKER,W.: physica didact.essay. In: physica didact. 3(1976)3 (S.115).

FRISTER,E.: Bestandsaufnahme - Arbeitsbedingungen der Lehrer. In: Erziehung und Wissenschaft, 31(1979)7 (S.6/7).

FRÖHLICH,W.D.; BECKER,J.: Forschungsstatistik. Bonn: Bouvier 1971 (5.Auflage).

FROMMBERGER,H.; BUDDE,H.; KLEJDZINSKI,K.H.: Entwicklung von Modellen für Standardausstattungssysteme und Schulmanagementsysteme für die Sekundarstufe I und II

Unveröffentlichtes Forschungsdesign der Arbeitsstelle für Schulentwicklungsforschung an der Pädagogischen Hochschule Ruhr, Dortmund Januar 1975.

Ausstattungsmodelle für Schulen der Sekundarstufe I. Heft 35 der Schriftreihe des Kultusministers des Landes Nordrhein-Westfalen (Strukturförderung im Bildungswesen). Köln : Greven 1978.

GEIPEL,R.: Sozialräumliche Strukturen des Bildungswesens. Frankfurt/M.: Diesterweg 1965.

Bildungsplanung und Raumordnung. Frankfurt/M.: Diesterweg 1968.

Die Rolle der Bildungsplanung für die Raumordnung. In: Gesellschaft-Staat-Erziehung, 14(1969a)2 (S.129-132).

Bildungsplanung und Raumordnung als Aufgaben moderner Geographie. In: Geographische Rundschau, 21(1969b)1 (S.15-26).

Regionalplanung und Bildungschancen. In: Schulmanagement, 1(1970)1 (S.32-35).

GEISSLER,C.: Hochschulstandorte - Hochschulbesuch. Hannover: Jänecke 1965.

GERHARDT,H.; KRUSE,E.; STEINKOPF,H.; STIEGLER,L.: Natur und Technik, Band 1, 11. Auflage 1971; Band 2, 7. Auflage 1971; Lehrerbuch 1, 4. Auflage 1970; Lehrerbuch 2, 2. Auflage 1971. Berlin: Velhagen und Klasing.

GEWERKSCHAFT ERZIEHUNG UND WISSENSCHAFT: Erprobung der Rahmenrichtlinien an 275 Schulen. In: Erziehung und Wissenschaft, 26(1974)9 (S.2).

Beratungen des Rahmenrichtlinienbeirates (vom 18.12. 1975 und 23.1.1976). In: Hessische Lehrerzeitung, 29(1976)3 (S.37).

Hauptschüler-Anteil sinkt. In: Erziehung und Wissenschaft, 29(1977)2 (S.3).

Gesamtschulen-Hessen vorn. In: Erziehung und Wissenschaft, 30(1978)3 (S.4).

Schlechte Lehrer-Noten für Arbeitsplatz Schule. In: Höchster Kreisblatt (Frankfurter Neue Presse) vom 9.7.1979.

GRAUMANN,C.F.(Hrsg.): Handbuch der Psychologie. Band 7: Sozialpsychologie, Teilband 1: Theorien und Methoden. Göttingen: Verlag f. Psychologie Hogrefe 1969.

GRIMSEHL,E.: Ausgewählte physikalische Schülerübungen. Leipzig, Teubner 1906.

Didaktik und Methodik der Physik. München: Beck 1911. Reprint des Verlags B.Franzbecker, Bad Salzdetfurth 1977.

HAHN,H.: Handbuch für physikalische Schülerübungen. Berlin: Springer 1909.

HAHN,K.: Methodik des Physikunterrichts. Leipzig: Quelle und Meyer 1927.

Methodik des Physikalischen Unterrichts. Heidelberg: Quelle und Meyer 1955.

HAHN,K.; KOCH,W.: Physikalische Schülerübungen. Berlin: Teubner 1926.

HAHN,K.; TÖPFER,E.: Methodik des physikalischen Unterrichts. Heidelberg: Quelle und Meyer 1962.

HAHN,K.; TÖPFER,E.; BRUHN,J.: Methodik des Physikunterrichts. Heidelberg: Quelle und Meyer 1970.

HALLER,I.; SCHURIG,M.; WOLF,H. (Hrsg.): curriculum konkret. Heftreihe zum Modellversuch Regionale Lehrerfortbildung. Frankfurt: Hefte 1-4/1973, 1-4/1974, 1-4/1975 und 1-4/1976.

Beiheft zu „curriculum konkret". Modellversuch Regionale Lehrerfortbildung. Frankfurt: Heft 1-9, 1977.

HAMM-BRÜCHER,H. u.a.: Reform von Bildungsplänen - Grundlagen und Möglichkeiten. Sonderheft 5 zu *Rundgespräch*. Mitteilungs- und Diskussionsblatt der Lehrerschaft aller Schulformen, herausgegeben vom Leiter des hessischen Lehrerfortbildungswerkes, Frankfurt: Diesterweg 1969.

HASPAS,K.: Methodik des Physikunterrichts. Berlin: Volk und Wissen 1969.

HEIMANN,P.; OTTO,G.; SCHULZ,W.: Unterricht-Analyse und Planung. Hannover: Schroedel 1972 (6 Auflage).

HEINRICH,H.CH.; LANGOSCH, I.: Statistik - Ein Kursus für Pädagogen. Braunschweig: Westermann 1974.

HEISE,C.; WELZEL,S.: Jede zehnte Stunde fällt aus. In: Erziehung und Wissenschaft, 34(1982)9 (S.16-18).

HELLER,K.; ROSEMANN,B.: Planung und Auswertung empirischer Untersuchungen. Stuttgart: Klett 1974(1 Auflage).

HESSISCHER KULTUSMINISTER:

Mittelpunktschulen in Hessen. Köln: Geyer 1967.

Aufsichtspflicht der Lehrer und Erzieher (Erlaß vom 22.8.1969). Sonderdruck des Amtsblattes des HKM.

Verzeichnis der öffentlichen Gymnasien, öffentlichen Abendgymnasien und Hessenkollegs sowie der privaten Ersatzschulen im Lande Hessen. Sonderdruck aus dem Amtsblatt des HKM 4/1969 und 8/1969.

Großer Hessenplan - Schulentwicklungsplan. Wiesbaden: 1970, 2.Auflage.

Schulbau in Hessen - Investitionen 1971 und 1972. Wiesbaden: 1971.

Unveröffentlichte Dokumentation des Referats I-C-3 über Schulbauinvestitionen für 1971-1976 und 1977/78. Wiesbaden (o.J.).

Referat Statistik: Auswertung der Individualbefragung der Lehrer von 1973. EDV-Ausdrucke des Hessischen Statistischen Landesamtes, o.J. (zur Einsicht zur Verfügung gestellt).

Referat IV C 2: Fächer- und stufenspezifischer Lehrerbedarfsplan für das Land Hessen - 1975 bis 1985. Wiesbaden: Januar 1977.

Empfehlungen für den Unterricht in der Schule der Lernbehinderten (Sonderschule). Beschluß der KMK (Kultusministerkonferenz) vom 17.11.1977. Amtsblatt des HKM 12/1977, (S. 665-685).

Wieder 870 Lehrer mehr. In: schule in hessen, Heft 2 vom 4. September 1978.

Hessische Bildungspolitik in Zahlen. Wiesbaden. Ausgaben 1974/76/ 77/78/81/82/84.

Stundentafel für die Mittelstufe (Klasse 5-10). Amtsblatt des HKM, 6/1976 (S. 301-303).

Neue Hessische Lehrpläne (Rahmenrichtlinien) - Begründungen, Aufgaben, Zielperspektiven. Heft 3/72 der „bildungspolitischen informationen". Wiesbaden 1972.

Rahmenrichtlinien für die Primarstufe und die Sekundarstufe I. (Erlaß vom 30.8.1972), Amtsblatt des HKM 9/1972 (S.8l9ff.) und 10/1972 (S.913).

Stellungnahmen zu den Rahmenrichtlinien. Amtsblatt des HKM 2/1973 (S.145) und 7/1973 (S.912).

Beim Hessischen Kultusminister eingegangene Stellungnahmen zu den Rahmenrichtlinien Primarstufe und Sekundarstufe I (Band I-V). Wiesbaden 1974.

Beim Hessischen Kultusminister eingegangene Erprobungsberichte zu den Rahmenrichtlinien Primarstufe und Sekundarstufe I (Band I-III). Wiesbaden 1975.

Der neue Rahmenrichtlinienbeirat. In: schule in hessen, Dezember 1975 (S.5).

Literatur zu den Rahmenrichtlinien. Liste zum Stand vom Juli 1973 und 1.-10. (und vorläufig letzter) Nachtrag mit dem Stand vom 1.5.1976.

Rahmenrichtlinien für die Primarstufe und die Sekundarstufe I. Amtsblatt des HKM, 7/1976 (S.391/392).

Rahmenrichtlinien Primarstufe Sachunterricht - naturwissenschaftlich/technischer Aspekt. Wiesbaden 1972 (Erstfassung) und 1976 (Zweitfassung).

Rahmenrichtlinien Primarstufe, Mathematik. Wiesbaden 1972.

Rahmenrichtlinien Sekundarstufe I, Mathematik. Wiesbaden 1972.

Rahmenrichtlinien Sekundarstufe I Physik. Wiesbaden 1972 (Erstfassung) und 1976 (Zweitfassung).

Unterrichtsmaterialien Physik. Band I: Allgemeiner Teil, Band II: Optik-Klassen 7/8, Wiesbaden (o.J.).

Kursstrukturpläne - Gymnasiale Oberstufe - Aufgabenfeld III, 2. Physik. Wiesbaden 1979.

Rahmenpläne in Hessen - Informationen Stand 1.2.1982. Wiesbaden 1982.

HESSISCHER LANDTAG: Antwort der Landesregierung auf die Große Anfrage der Fraktion der FDP betreffend Lehrerversorgung und Lehrerbedarfsplan. Drucksache 8/6342 vom 3.7.1978.

HESSISCHER MINISTER FÜR ERZIEHUNG UND VOLKSBILDUNG (REFERAT STATISTIK): a. Die Schulen in Hessen - Jahreserhebung vom 16.5.1950 b. Die allgemeinbildenden Schulen in Hessen - Jahreserhebung vom 16.5.1960

HESSISCHER MINISTER FÜR ERZIEHUNG UND VOLKSBILDUNG:

Bildungspläne für die allgemeinbildenden Schulen im Lande Hessen.
I. Einleitung, Stundentafeln und Erläuterungen (März 56).
II. Das Bildungsgut.
A Gemeinsame Bildungs- und Erziehungsaufgaben der allgemeinbildenden Schulen (Januar 1957).
B Das Bildungsgut der Volksschule (Februar 1957).
C Das Bildungsgut der Mittelschule (März 1957).
D Das Bildungsgut des Gymnasiums (März 1957). Sondernummern des Amtsblatts des HMfEuV, Wiesbaden 1956 und 1957.
Gymnasien - Bildungspläne für die allgemeinbildenden Schulen. Amtsblatt des HMfEuV, 12/1961 (S.672ff.) und 6/1962 (S.380ff.).
Bildungsplan für das 9.Volksschuljahr. Sondernummer des Amtsblattes des HMfEuV, Wiesbaden 1963.

HESSISCHER PHILOLOGENVERBAND: Philologen Jahrbuch. Landesausgabe Hessen 1971/72 (17.Jg.). Köln: Verlag d. Philologen-Jahrbuchs 1972.

Jahrbuch der hessischen Gymnasien und Gesamtschulen 1974/75 (18.Jg.). Wiesbaden: Geschäftsstelle des Hess. Philologenverbandes 1975.

Jahrbuch der hessischen Gymnasien und Gesamtschulen 1976/77 (19.Jg.). Wiesbaden: Geschäftsstelle des Hess. Philologenverbandes 1977.

HESSISCHES INSTITUT FÜR BILDUNGSPLANUNG UND SCHULENTWICKLUNG:

Materialien zum Unterricht. Physik 3: Wetterkunde und Wärmelehre. Wiesbaden 1977.

Materialien zum Unterricht. Physik 4: Elektrizitätslehre. Wiesbaden 1981.

Empfehlungen für die Fachkonferenzen zur Umsetzung der Rahmenrichtlinien Sekundarstufe I: Mathematik, Physik, Chemie-Latein, Griechisch. Wiesbaden 1977.

Schule und Daten l. Wiesbaden 1982.

Evaluation der Rahmenrichtlinien in Hessen. Wiesbaden 1983a.

Rahmenrichtlinien: Erprobung-Evaluation-Revision. Heft 3 der Materialien zur Schulentwicklung. Wiesbaden 1983b.

HESSISCHES INSTITUT FÜR LEHRERFORTBILDUNG:

Behandlung der Elektrizitätslehre in SI-Gestaltung und Unterrichtsbeispiele. Protokoll des Lehrganges F 892, Fuldatal 1973.

RRL Physik: Optik in Klasse 7 - didaktische Gestaltung und Unterrichtsbeispiele. Arbeitsergebnisse des Lehrgangs F 898, Fuldatal 1973.

Astronomie als Beispiel für ein wahlfreies Thema der RRL Physik SI. Protokoll des Lehrgangs F 967, Fuldatal 1974.

Rahmenrichtlinien Physik Sekundarstufe I: Behandlung der Mechanik in der Sekundarstufe I. Protokoll des Lehrgangs F 924, Fuldatal 1974.

Behandlung der Atomphysik im Rahmen des Physikunterrichts der Sekundarstufe I. Protokoll des Lehrgangs F 1014, Fuldatal 1975.

Probleme der Leistungsmessung im Physikunterricht der Sekundarstufe I. Protokoll des Lehrgangs F 1068, Fuldatal 1975

Physik: Differenzierung und Abschlüsse für den Unterricht der Sekundarstufe I. Protokoll des Lehrgangs F 1183, Fuldatal 1977.

HESSISCHES STATISTISCHES LANDESAMT:

Verzeichnis der allgemeinbildenden Schulen in Hessen. Wiesbaden: Ausgaben 1970/72/74/76/78/81/83/84.

Die Kommunalwahlen am 22. Oktober 1972. Beiträge zur Statistik Hessens, Nr. 54, Neue Folge, Wiesbaden 1973.

Amtliches Verzeichnis der Gemeinden in Hessen. Wiesbaden 1975.

Hessische Kreiszahlen Ausgaben I und II der Jahre 1971-76 und 1981-84.

HEUMANN,H.: Handbuch der Unterrichtshilfen. Essen: Tellus 1957.

HINZ,F.: Lehrermangel - und dann noch die Falschen. In: Hessische Lehrerzeitung 24(1971)9 (S.9/10).

HÖCHSTER KREISBLATT - FRANKFURTER NEUE PRESSE:

Hin und Her um Lehrermangel (12.7.1973).

SPD Entspannung an der Lehrerfront (6.9.1978).

Erweiterung der Robert-Koch-Schule aus technischen Gründen unmöglich (24.7.1979).

Philologenverband besorgt (12. 5. 1982).

Philologen gegen Sparpolitik - Unterrichtsausfall bei Lehrerarbeitslosigkeit (14.7.1982).

In Hessen fehlen Fachlehrer (4.8.1982).

Hessens CDU beklagt Unterrichtsausfall (17.8.1982).

„Schulämter sind überflüssig“ - Lehrerverband schlägt Einsparungsmaßnahmen vor (10.9.1982).

HOFFMANN,H.: Der neue Lehrer. Heidelberg: Kerle 1949.

HOFFMANN,W.: Lehrerhandbuch. Band 5, Physik 2. Weinheim: Beltz 1976.

HUNGER,E.: Die Bildungsfunktion des Physikunterrichts. Braunschweig: Vieweg 1959.

INSTITUT FÜR DIE PÄDAGOGIK DER NATURWISSENSCHAFTEN KIEL:

IPN Curriculum Physik, Einführungsheft. Stuttgart: Klett 1970.

IPN-Curriculum Physik, Didaktische Anleitungen, Erprobungsfassungen für das 7. u. 8. Schuljahr. Stuttgart: Klett 1971/72/73/74.

Lehrerinformation zum IPN Curriculum Physik und zum IPN Curriculum Chemie, Einführungsheft. Stuttgart: Klett 1972.

Didaktische Anleitungen, Schülerhefte und Testmaterialien für das IPN-Curriculum Physik, Teil Orientierungsstufe (5.u.6.Schuljahr). Stuttgart: Klett 1974.

Lehrerbegleitheft zu den Unterrichtseinheiten für die Orientierungsstufe (5. und 6.Schuljahr). Stuttgart: Klett 1974.

Materialien für die Unterrichtseinheiten des IPN-Curriculum Physik für das 9. und 10.Schuljahr. Stuttgart: Klett 1975.

Lehrerbegleitheft zu den Unterrichtseinheiten für das 9. und 10.Schuljahr. Stuttgart: Klett 1975.

Empfehlungen zur Entwicklung von Lehrplänen für den Physikunterricht der Sekundarstufe I. Bad Hersfeld: Februar 1976.

JAHN,F.: Zur Arbeit im Rahmenrichtlinien-Beirat. In: Hessische Lehrerzeitung, 29(1976)1/2 (S.18).

JUNG,W.: Beiträge zur Didaktik der Physik - Ein Essay über ihre Probleme. Frankfurt/M: Diesterweg 1970.

Der Begriff der Wärme. Eine kritische Analyse zu den Hessischen Rahmenrichtlinien Physik Sekundarstufe I. In: Naturwissenschaft im Unterricht, 22(1974)8 (S.323-326).

JUNG,W.; ENGELHARDT,P.; WIESNER,H.: Assoziation als Instrument der Untersuchung kognitiver Strukturen - Zwischenbericht über ein hochschuldidaktisches Projekt. Unveröffentlichtes Manuskript eines Vortrages auf der Tagung des Fachausschusses Didaktik der Deutschen Physikalischen Gesellschaft, Bad Nauheim: März 1975.

JUNG,W.; REUL,H.; SCHWEDES,H.: Untersuchung zur Einführung in die Mechanik in den Klassen 3-6. Frankfurt/M.: Diesterweg 1977.

JUNG,W.; HOFFMANN,K.; WIESNER,H.: Welche Informationen liefern Assoziationen von Schülern für den Physikunterricht? Unveröffentlichte Studie. Institut für Didaktik der Physik der Universität Frankfurt/M. (o.J.).

JUNGBLUTH,W.: Lehrerschwemme oder Lehrermangel? In: Hessische Lehrer-Zeitung 33(1980)5 (S.7/8).

KAHLERT,H.; DÖRING,P.A.: Schulausgaben und Bildungskosten. Band 1 der Studien zur ökonomischen Bildungsforschung (Hrsg. Hasso v. Recum), Deutsches Institut für Internationale Pädagogische Forschung. Weinheim: Beltz 1973.

KAISER,H.; MÜSGENS,R.; ZINDEL,M.: Einige Bemerkungen zur Situation der Physik der Sekundarstufe I der Gymnasien in Nordrhein-Westfalen. In: Naturwissenshaft im Unterricht, Physik/Chemie, 27(1979a)l (S.14).

Die äußeren Bedingungen des Physikunterrichts an Gymnasien. In: Naturwissenschaft im Unterricht Physik/Chemie, 27(1979b)2 (S.47-50).

KERNER,W.: Landschulreform in Hessen, dargestellt am Beispiel des Regierungsbezirks Darmstadt. In: Hessischer Kultusminister: Mittelpunktschulen in Hessen, Köln: Geyer 1967 (S.64-66).

KERSCHENSTEINER, G.: Wesen und Wert des naturwissenschaftlichen Unterrichts. München: Oldenbourg 1952 (4.Auflage).

KLAFKI ,W.: Funkkolleg Erziehungswissenschaft (Studienbegleitbrief 1). Weinheim: Beltz 1969.

KLAFKI, W. u.a.: Probleme der Curriculumentwicklung - Entwürfe und Reflexionen. Frankfurt/M.: Diesterweg 1972.

KLAUS-ROEDER , R.: Sozialräumliche Strukturen der Weiterbildung in Hessen am Beispiel der Volkshochschulen (Teile I u. II). Frankfurt: Deutsches Institut für Internationale Pädagogische Forschung, Januar 1979.

KLEINING,G.; MOORE ,H.: Das soziale Selbstbild der Gesellschaftsschichten in Deutschland. In: Kölner Zeitschrift für Soziologie und Sozialpsychologie 12(1960)1 (S.86-120).

Soziale Selbsteinstufung (SSE) - Ein Instrument zur Messung sozialer Schichten. In: Kölner Zeitschrift für Soziologie und Sozialpsychologie, 20(1968)3 (S.502-551).

KLINGLER,H.; BORMANN,M.: Untersuchung des kognitiven Entwicklungsprofils von Schülern der Sekundarstufe im Hinblick auf Physikunterricht. Ruhr-Universität Bochum, Abteilung für Physik und Astronomie. Lehrstuhl Fachdidaktik der Physik, Februar 1977a.

Untersuchung der physikrelevanten kognitiven Strukturen bei Schülern der Sekundarstufe. Ruhr-Universität Bochum, Abteilung für Physik und Astronomie, Lehrstuhl Fachdidaktik der Physik, März 1977b.

KLUGE,R.: Erkenntniswege im Physikunterricht. Stuttgart: Klett 1970.

KREYSZIG,E.: Statistische Methoden und ihre Anwendung. Göttingen: Vandenhoeck 1973 (4.Auflage).

KRÖGER,B.: Grimsehls physikalische Schülerübungen. Auswahl für die Unterstufe. Leipzig/Berlin: Teubner 1919.

KUHN,W.: Überlegungen zur Bestimmung von Lernzielen im naturwissenschaftlichen Unterricht. In: Klafki,W.u.a.: Probleme der Curriculumentwicklung, Frankfurt/M.: Diesterweg 1972.

Physik. Band I - Gesamtband. Braunschweig, Westermann 1975

KUHN,W. u.a.: Unterrichtsmaterialien zu den Rahmenrichtlinien - Physik Sekundarstufe II - Lehrmittelsammlung. Hessisches Institut für Lehrerfortbildung, Zweigstelle Frankfurt 1975 (Druckauftrag F13-0975).

KULTUSMINISTER-KONFERENZ:

Empfehlungen und Richtlinien zur Modernisierung des Mathematikunterrichts an den allgemeinbildenden Schulen (KMK-Beschluß vom 3.10.1968). In: Amtsblatt des HKM 1/1969 (S.169ff.).

Schüler-Klassen-Lehrer 1975 bis 1977. Statistische Veröffentlichungen, Dokumentation 59, Bonn: November 1978.

Schüler-Klassen-Lehrer 1977 bis 1980. Statistische Veröffentlichungen, Dokumentation 75, Bonn: Oktober 1981.

Schüler-Klassen-Lehrer 1975-1983. Statistische Veröffentlichungen, Dokumentation 89, Bonn: Oktober 1984.

Vorausberechnung der Schüler- und Absolventenzahlen 1983 bis 2000. Statistische Veröffentlichungen, Dokumentation 91, Bonn: Dezember 1984.

KULTUSMINISTER VON BADEN-WÜRTTEMBERG: Liste besonders kostspieliger Lehrmittel in den Fächern Physik, Chemie und Biologie. Amtsblatt, Stuttgart 1975 (S.929-943).

LEHR,G.: Höhere Schulen. In: Taschenbuch für Atomfragen 1960/61. Bonn: Festland Verlag 1961 (S.83-85).

LEYBOLD-HERAEUS: Physikalische Lehrgeräte. Köln: 1974

Demonstrationsgeräte Physik Sekundarstufe I. Köln: 1978

LIENERT,G.A.: Verteilungsfreie Methoden in der Biostatistik. Meisenheim am Glan: Hain 1962 (1.Aufl.) und 1973 (2.Aufl.).

Testaufbau und Testanalyse. Weinheim: Beltz 1969 (3.Auflage).

LOCHHAAS,H.: Die hessischen Rahmenrichtlinien Physik SI als Beispiel für ein schulformübergreifendes Curriculum unter besonderer Berücksichtigung der Probleme des Anfangsunterrichts. Unveröffentlichtes Manuskript eines am 30.6.1977 in Marburg gehaltenen Vortrages.

MAIN-TAUNUS-KREIS: Haushaltssatzung und Haushaltsplan des Main-Taunus-Kreises. Rechnungsjahre 1969/70/71/72. FrankfurtM.-Höchst.

Haushaltsplan 1979. Frankfurt/M.-Höchst, Dezember 1978.

MAY,H.: Die Schülerbeförderung. Ein Zentrales Problem der Landschulreform, dargestellt am Beispiel des Regierungsbezirks Wiesbaden. In: Hessischer Kultusminister: Mittelpunktschulen in Hessen, Köln: Geyer 1967 (S.60-63).

McCOLLOUGH,C.; van ATTA,L.: Statistik programmiert. Weinheim: Beltz 1972 (3.Auflage).

MIRGEL,C.: Ökonomische Aspekte des Lehrmittelanforderungs- und Lehrmittelbereitstellungsprozesses an hessischen Schulen im Zusammenhang mit der Einführung der Hessischen Rahmenrichtlinien Physik SI. Deutsches Institut für Internationale Pädagogische Forschung, Abtlg. Ökonomie (unveröffentlichter Untersuchungsbericht 1979).

MOTHES,H.: Methodik und Didaktik der Naturlehre. Köln: Aulis Verlag Deubner 1963 und 1968.

MUTH,J.: Die Differenzierung des Unterrichts in der Gesamtschule. In: Bildung und Erziehung, 22(1969)2 (S.94-109).

NAUMANN,J.: Medien-Märkte und Curriculumrevision in der BRD. Eine bildungsökonomische Studie zu den Entstehungsbedingungen und Verbreitungsmechanismen von Lernmitteln und Unterrichtstechnologien. Band 30 der Studien und Berichte des Max-Planck-Instituts für Bildungsforschung, Berlin: 1974.

NESTLER,T.: Gegen Lehrerarbeitslosigkeit angetreten. In: Erziehung und Wissenschaft, 35(1983)6 (S.12-14).

NEUHÖFFER,M.: Schule des physikalischen Denkens. Köln: Deubner 1971.

NIE,N.H.; HULL,C.H.; JENKINS,J.G.; STEINBRENNER,K.; BENT,D.H.: Statistical Package for the Social Sciences. New York: McGraw-Hill 1975 (second edition).

NOAK,K.: Leitfaden für physikalische Schülerübungen. Berlin: Springer 1892.

OY,K.v.: Aufgabe und Bedeutung der Physik als Schulfach. In: Der mathematische und naturwissenschaftliche Unterricht, 31(1978)1, (S.1-7).

PÄDAGOGISCHES ZENTRUM BERLIN: Gesamtschul-Informationen. 8(1975)3.

PAHL,F.: Geschichte des naturwissenschaftlichen Unterrichts. Leipzig: Quelle und Meyer 1913.

PEISERT, H.: Soziale Lage und Bildungschancen in Deutschland. München: Piper 1967.

PHYWE: Hauptkatalog P 1076. Göttingen 1976.

PHYWE-SCHRIFTENREIHE

Physik in Demonstrationsversuchen, 5.-10.Schuljahr, Ausgabe C, Teil 1. Industrie-Druck GmbH Verlag, Göttingen 1974.

Physik in Demonstrationsversuchen, 7.-10.Schuljahr, Ausgabe A/B, Mechanik, Teil I. Industrie-Druck GmbH-Verlag, Göttingen 1977.

PIAGET,J.: Die Entwicklung des Erkennens II, das physikaliche Denken. Stuttgart: Klett 1973.

PRADEL,G.: Naturlehre-Unterricht Band I-III. Zweibrücken: Saar-Buch-Verlag 1963.

PRESSEAGENTUR NOWOSTI: UdSSR-73-Jahrbuch. Moskau: APN Verlag 1973.

RANG,O.: Zur negativen Transferwirkung von Schultradition und Muttersprache auf das Physikverständnis. In: Der Physikunterricht, 9(1975)2 (S.65-71).

RAUFU5S,D.: Planung des Unterrichts in Mathematik und Physik. Frankfurt/M.: Diesterweg 1975.

RAU5CHENBERGER,H.: Struktur und Inhalte der Qualifikation von Lehrern der Sekundarstufe I. In: Curriculum Handbuch, Band III (S. 218ff.), Hrsg.: Frey, K.u.a., München: Piper 1975.

RICHTER ,H .J.: Grundlagen der schriftlichen Massenbefragungen. (Diss.a.d. Phil. Fakultät d. L.-Maximilian-Univ. zu München) Druck: Leo Janikowski, München 1969.

RIESS,F.: Hessische Rahmenrichtlinien Physik: Alter Wein in neuen Schläuchen. In: betrifft erziehung, 6(1973)4 (S.38-40).

RING,E.: Wie man bei Listenfragen Einflüsse der Reihenfolge ausschalten kann. In: Psychologie und Praxis, 18(1974)3 (S.105-113).

ROTH,L.: Effektivität von Unterrichtsmethoden. Hannover: Schroedel 1971.

RUNKEL,H.; HOFFMANN,W.: Lehrerhandbuch. Band 5, Physik 1. Weinheim: Beltz 1971.

RUPPERT,K.; SCHAFFER,F.: Zur Konzeption der Sozialgeographie. In: Geographische Rundschau, 21(1969)6 (S.205-213).

SACHS,L.: Angewandte Statistik. Berlin: Springer 1974 (4.Auflage).

SIEGEL,S.: Nonparametric Statistics for the Behavioral Sciences. New York: McGraw-Hill 1956. Nichtparametrische statistische Methoden. Frankfurt/M.: Fachbuchhandlung für Psychologie, 1976.

SOZNAT (Hrsg.): Naturwissenschaftlicher Unterricht in der Gegenperspektive. Braunschweig: Agentur Pedersen 1982.

Von entgegengesetzten Ufern - Briefwechsel mit Carl Schietzel. In: Blätter für soz.Aspekte des naturwissenschaftlichen Unterrichts, 5(1982)3 (S.67-82).

SPRECKELSEN,K.: Strukturelemente der Physik als Grundlage ihrer Didaktik. In: Naturwissenschaft im Unterricht 18(1970)10 (S.418-424).

SCHEEL,W.: Entwicklung und vergleichende Erprobung eines neuartigen Schülerexperimentiersystems für Elektrik und Elektronik. Hausarbeit zur Zweiten Prüfung für das Lehramt an Grund-, Haupt- und Realschulen, Fürstenberger Realschule, Frankfurt/M. 1972.

SCHEFER , G.: Das Gesellschaftsbild des Gymnasiallehrers. Frankfurt/M.: Suhrkamp 1969.

SCHICK,E.: „Schwarzer Peter". In: Mitteilungsblatt des Landesverbandes Hessen des Verbandes Bildung und Erziehung, 6(1982)7/8 (S.126/127).

SCHIETZEL,C.: Technik und Natur. Braunschweig: Westermann 1960.

SCHMIDT,H.: Zur Didaktik der Physik. (Tagungsband von 1972). Hannover: Schroedel 1973.

SCHÖLER,W.: Geschichte des naturwissenschaftlichen Unterrichts. Berlin: de Gruyter 1970.

SCHWARZ,B.: Abgabenordnung. Freiburg im Breisgau: Haufe, Grundwerk 1976 und Ergänzung 1977.

STAATSINSTITUT FÜR SCHULPÄDAGOGIK: Empfehlungen zur Grundausstattung für den Physikunterricht. München 1972.

STADT HOFHEIM AM TAUNUS: Haushaltsplan 1979.

STATISTISCHES BUNDESAMT: Statistisches Jahrbuch für die Bundesrepublik Deutschland. Wiesbaden: Ausgaben für 1967, 1970, 1974, 1977, und 1978.

STEINBERG,H.G.: Methoden der Sozialgeographie und ihre Bedeutung für die Regionalplanung. (Band 2, Kap.IV) Köln: Heymann 1967.

Fragen einer sozialräumlichen Gliederung auf statistischer Grundlage. In: Storkebaum (1969) (S.193-223).

STORKEBAUM,W.: Sozialgeographie. Darmstadt: Wissenschaftliche Buchgesellschaft 1969.

TÖPFER,E.; BRUHN,J.: Methodik des Physikunterrichts. Heidelberg: Quelle u. Meyer 1976, 5. neubearbeitete Auflage.

TÖPFER,R.: Wir experimentieren. Göttingen: Industrie Druck Verlag 1963 (5.Auflage)

TODT,E.; ARBINGER,R.; SEITZ,H.; WILDGRUBE,W.: Stabilität und Veränderung der Interessen von Schülern der 5. bis 9. Klassenstufe an Problemen der Physik und Biologie. In: Beiträge zur Pädagogischen Psychologie der Sekundarstufe (Hrsg. Spitznagel,A.; Todt,E.) Justus Liebig-Universität, Fachhochschule und Stadt, Gießen 1976.

TÜMMLER,K.: Aus der Arbeit des Hauptpersonalrates der Lehrer - III.Beratungen des Rahmenrichtlinienbeirates. In: Hessische Lehrerzeitung, 29(1976)3 (S.34-38).

UNTERRICHTSHILFEN Physik Klasse 6/7/8/9/10. Berlin: Volk und Wissen 1967/68/69/70/71.

VAUGEH,H.P.: Fachfremder Lehrereinsatz. In: Hessische Lehrerzeitung 35(1982)9 (S.6-8).

VERBAND BILDUNG UND ERZIEHUNG: Änderung der Schüler-Lehrer-Relation geplant. In: Mitteilungsblatt des Landesverbandes Hessen 2(1978)4 (S.54).

Verordnung zur Feststellung des Bedarfs an Schulstellen für die einzelnen Schulformen und Schulstufen. In: Mitteilungsblatt des Landesverb. Hessen 2(1978)11 (S.198).

Ein „neues" Schuljahr - oder? In: Mitteilungsblatt des VEB Hessen, 6(1982)7/8 (S.125).

VERBAND DEUTSCHER REALSCHULLEHRER, LANDESVERBAND HESSEN: Jahrbuch der Hessischen Realschulen 1971/72. Paderborn: Schöningh 1972.

VOIGT,E.: Chemie:Wasser. In: Heimann/Otto/Schulz: Unterricht - Analyse und Planung. Hannover: Schroedel 1970, 5. Auflage (S.154-181).

VÖLCKER,D.: Richtlinien für die Einrichtung und Ausstattung von Fachräumen für den naturwissenschaftlichen Unterricht - Volks- und Realschule (Hauptschule). Hessisches Lehrerfortbildungswerk, Zweigstelle Frankfurt, 1964.

VOLK UND WISSEN: Schulbücher und Unterrichtshilfen aus der Deutschen Demokratischen Republik 1978/79. Berlin-Ost 1978.

WAGEN5CHEIN ,M.: Die pädagogische Dimension der Physik. Braunschweig: Westermann 1962. Natur - physikalisch gesehen. Frankfurt/M.: Diesterweg 1967.

WALKER,H.M.: Statistische Methoden für Psychologen und Pädagogen. Weinheim: Beltz 1970 (10.Auflage).

WEBER,E.: Grundriss der biologischen Statistik. Stuttgart: G.Fischer 1967 (6.Auflage).

WEISS,M.: Kosten und Effizienz in Bildungseinrichtungen unterschiedlicher Betriebsgröße. In: Döring, P.A. (1977) (S.244-260).

Ausstattung von Schulen mit Lehrgeräten - Auswahlkriterien bei der Anschaffung von Geräten für den naturwissenschaftlichen Unterricht. In: schulmanagement 9(1978)2 (S.82-86).

WEISS,M.; SCHEEL,W.: Vergleich und Beurteilung von Handlungsalternativen. In: Schulleiter-Handbuch, Band 10. Braunschweig: Westermann 1979.

Auswahlkriterien bei der Anschaffung von Medien und Geräten für den Physikunterricht. In: Band 5 der Studien zur ökonomischen Bildungsforschung, Deutsches Institut für Internationale Pädagogische Forschung, Frankfurt 1982.

WELTNER,K.: Aspekte der Lernziele des Physikunterrichts. In: Westermanns Pädagogische Beiträge, 23(197la)3 (S.113-119 u.145).

Technik und naturwissenschaftlicher Unterricht. In: Der mathematische und naturwissenschaftliche Unterricht, 24(1971b)2 (S.65-75).

Aufgaben, Methoden und Ergebnisse der Fachdidaktik der Physik. In: Physik 1973, Plenarvorträge der 37. Physikertagung 1973 Hamburg, herausgegeben von der Deutschen Physikalischen Gesellschaft, Physik Verlag 1973.

WELTNER,K.; WARNKROS5,K.: Über den Einfluß von Schülerexperimenten, Demonstrationsunterrricht und informierenden Physikunterricht auf Lernerfolg und Einstellung der Schüler. In: Die Deutsche Schule, 61(1969)9 (S.553-563).

WELTNER,K. u.a.: Schülerinteressen und Physikunterricht.
In: *Scharmann,A., Kuhn,W.* (Hrsg.): Vorträge der Frühjahrstagung 1979 der DPG, Fachausschuß Didaktik der Physik, Universität Giessen 1979.

WHITTELL,M.S.: Local production: principles and practice. In: The School Science Review. The Association for Science Education/ Edinburgh, Bd.56/Nr.197 June 1975.

WOLF,H.: Curriculare Entwicklungsarbeit - Die organisierte Tabuierung von Konflikten. Monographie über die Kommission zur Reform der Hessischen Bildungspläne (1968-1971).

2. Beiheft zu „curriculum konkret“, Hrsg. Projektgruppe Regionale Lehrerfortbildung (Modellversuch des Hess. Kultusministers, Frankfurt o.J.)

Von kooperativer Unterrichtsplanung zu schulnaher Curriculumentwicklung? Bericht über einen Modellversuch zur regionalen Lehrerfortbildung. In: bildungspolitische information, Heft 1. Hessischer Kultusminister, Wiesbaden 1974.

WUNDER,D.: Mehr Chancen durch pädagogische Kompetenz. In: Erziehung und Wissenschaft, 31(1979) 5 (S.11).

ZEIHER,H.: Gymnasiallehrer und Reformen. Stuttgart: Klett 1973.

ZIEGENSPECK,J.: Zum Planungs- und Entwicklungsstand der Orientierungsstufe in der Bundesrepublik Deutschland. Material und Nachrichtendienst der Gewerkschaft Erziehung und Wissenschaft, Nr. 139, Frankfurt, 1976.

Anhang 1

Tabellen A1-A71

Tabelle A 1:

Kontrollrangfolge B nach Mittelwerten der Steuereinnahmen der Gemeinden und Gemeindeverbände von Hessen zwischen 1970 und 1975

Kontroll-rangfolge B	Landkreis bzw. kreisfreie Stadt (Gebietsstand vom 1.1.1975)	Steuereinnahmen im Mittel der Jahre 1970-1975 (DM/Einwohner)	Rangfolge A
1	Vogelsbergkreis	240	1
2	Fulda	266	7
3	Limburg-Weilburg	271	11
4	Werra-Meißner-Kreis	272	12
5	Waldeck-Frankenberg	277	5
6	Hersfeld-Rotenburg	278	10
7	Gießen-Land	279	4
8	Dieburg	282	9
9	Untertaunuskreis	283	19
10	Marburg-Biedenkopf	284	8
11	Kassel-Land	290	3
12	Schwalm-Eder-Kreis	291	2
13	Bergstraße	297	16
14	Odenwaldkreis	300	6
15	Darmstadt-Land	303	21
16	Rheingaukreis	325	18
17	Wetzlar	328	17
18	Wetteraukreis	330	14
19	Dillkreis	348	13
20	Main-Kinzig-Kreis	361	15
21	Main-Taunus-Kreis	385	23
22	Hochtaunuskreis	436	20
23	Offenbach-Land	465	24
24	Gießen-Stadt	543	26
25	Groß-Gerau	544	22
26	Kassel-Stadt	606	27
27	Darmstadt-Stadt	704	28
28	Wiesbaden	708	29
29	Offenbach-Stadt	725	25
30	Frankfurt/M.	1164	30

Anmerkungen: Die Mittelwerte wurden aus den Jahresdaten berechnet, die in der Publikationsreihe "Hessische Kreiszahlen", Ausgaben 1971 bis 1976, veröffentlicht sind.

Tabelle A 2:
Regionaldaten zum Stand der Landschulreform im Jahre 1969 in Hessen
(Mittelpunktschulen)

Landkreis bzw. kreisfreie Stadt (Gebietsstand vom 1.1.1975)	Anzahl d. Mittelpunktschulen	Anzahl aller Schulen des GHR-Bereiches	rel. Anzahl der Mittelpunktschulen	Rangfolge der relativen Anzahl	sozialgeographische Rangfolge A
Vogelsbergkreis	11	67	0,16	25	1
Schwalm-Eder-Kreis	23	139	0,17	26	2
Kassel-Land	15	79	0,19	28	3
Gießen-Land	10	68	0,15	22	4
Waldeck-Frankenberg	15	110	0,14	20	5
Odenwaldkreis	4	46	0,09	8,5	6
Fulda	17	139	0,12	17	7
Marburg-Biedenkopf	21	137	0,15	23	8
Dieburg	7	50	0,14	21	9
Hersfeld-Rotenburg	13	80	0,16	24	10
Limburg-Weilburg	8	85	0,09	10	11
Werra-Meißner-Kreis	12	58	0,21	29	12
Dill-Kreis	9	54	0,17	27	13
Wetteraukreis	19	153	0,12	18	14
Main-Kinzig-Kreis	18	137	0,13	19	15
Bergstraße	11	99	0,11	14	16
Wetzlar	12	46	0,26	30	17
Rheingaukreis	2	23	0,09	8,5	18
Untertaunuskreis	5	44	0,11	15	19
Hochtaunuskreis	5	47	0,11	12	20
Darmstadt-Land	4	37	0,11	13	21
Groß-Gerau	2	43	0,05	6	22
Main-Taunus-Kreis	6	50	0,12	16	23
Offenbach-Land	4	50	0,08	7	24
Offenbach-Stadt	-	17	0	3	25
Gießen-Stadt	1	10	0,10	11	26
Kassel-Stadt	-	36	0	3	27
Darmstadt-Stadt	-	22	0	3	28
Wiesbaden	-	45	0	3	29
Frankfurt/Main	-	99	0	3	30
Hessen insgesamt	254	2070	0,12	-	-

Anmerkungen: Aus Gründen der Vergleichbarkeit wurden die Daten des Jahres 1969 von dem damaligen Gebietsstand auf den vom 1.1.1975 umgerechnet. Die Rangfolge der relativen Anzahl der Mittelpunktschulen wurde auf der Basis vierstelliger Werte ermittelt.

Tabelle A 3:
Regionaldaten zur Entwicklung der Förderstufe in Hessen zwischen 1973 und 1977
(Anzahl von Schulen)

Landkreis bzw. kreisfreie Stadt (Gebietsstand vom 1.1.1975)	Anzahl der Schulen mit Förderstufen am 15.10.d.J.			Anzahl der SI-Schulen am 15.10.d.J.		
	73	75	77	73	75	77
Vogelsbergkreis	5	5	4	23	21	21
Schwalm-Eder-Kreis	5	9	9	42	42	37
Kassel-Land	15	17	18	31	20	21
Gießen-Land	10	10	9	12	11	11
Waldeck-Frankenberg	1	3	3	44	38	38
Odenwaldkreis	5	7	7	8	8	8
Fulda	1	3	3	47	37	37
Marburg-Biedenkopf	10	10	11	45	36	30
Dieburg	14	14	14	18	15	16
Hersfeld-Rotenburg	4	8	9	35	27	24
Limburg-Weilburg	1	3	4	31	29	26
Werra-Meißner-Kreis	4	4	5	22	17	18
Dill-Kreis	4	4	5	28	24	22
Wetteraukreis	14	16	16	57	40	35
Main-Kinzig-Kreis	15	17	16	51	49	49
Bergstraße	4	4	4	40	38	38
Wetzlar	17	17	17	19	20	19
Rheingaukreis	-	-	-	13	12	12
Untertaunuskreis	6	6	6	8	8	7
Hochtaunuskreis	8	9	9	19	18	15
Darmstadt-Land	3	4	4	14	13	8
Groß-Gerau	7	12	12	31	34	25
Main-Taunus-Kreis	6	10	15	23	22	22
Offenbach-Land	22	21	21	32	29	27
Offenbach-Stadt	7	7	7	18	18	17
Gießen-Stadt	8	8	7	9	10	9
Kassel-Stadt	3	4	4	43	34	36
Darmstadt-Stadt	-	-	-	21	21	22
Wiesbaden	8	8	8	37	38	38
Frankfurt/Main	9	9	12	86	89	84
Hessen insgesamt	216	249	259	907	818	772

Anmerkungen: SI-Schulen sind alle Schulen, in denen Schüler der SekundarstufeI unterrichtet werden. Vgl. dazu die Definitionen in 1.1. und 1.3. Dazu zählen auch Grundschulen mit Förderstufen.
Die Daten der Schulverzeichnisse von 1974 und 1978 wurden aus Gründen der Vergleichbarkeit auf den Gebietsstand vom 1.1.1975 vor- bzw. zurückgerechnet.

Tabelle A 4:
Regionaldaten zur Entwicklung der Förderstufe in Hessen zwischen 1973 und 1977

(relative Anzahl und Rangfolgen)

Landkreis bzw. kreisfreie Stadt (Gebietsstand vom 1.1.1975)	relative Anzahl von Schulen mit Förderstufen am 15.10.d.J.			Rangfolge der relativen Anzahl			sozialgeographische Rangfolge A
	73	75	77	73	75	77	
Vogelsbergkreis	0,22	0,24	0,19	15	13	9	1
Schwalm-Eder-Kreis	0,12	0,21	0,24	10	11	12	2
Kassel-Land	0,48	0,85	0,86	23	26,5	26,5	3
Gießen-Land	0,83	0,91	0,82	28	29	25	4
Waldeck-Frankenberg	0,02	0,08	0,08	4	3	3	5
Odenwaldkreis	0,63	0,88	0,88	24	28	28,5	6
Fulda	0,02	0,08	0,08	3	4	4	7
Marburg-Biedenkopf	0,22	0,28	0,37	16	14	15	8
Dieburg	0,78	0,93	0,88	27	30	28,5	9
Hersfeld-Rotenburg	0,11	0,30	0,38	9	15	16	10
Limburg-Weilburg	0,03	0,10	0,15	5	6	8	11
Werra-Meißner-Kreis	0,18	0,24	0,28	12	12	13	12
Dill-Kreis	0,14	0,17	0,23	11	9	11	13
Wetteraukreis	0,25	0,40	0,46	18	20	18	14
Main-Kinzig-Kreis	0,29	0,35	0,33	20	17	14	15
Bergstraße	0,10	0,11	0,11	7	7	5	16
Wetzlar	0,89	0,85	0,89	30	26,5	30	17
Rheingaukreis	0	0	0	1,5	1,5	1,5	18
Untertaunuskreis	0,75	0,75	0,86	26	24	26,5	19
Hochtaunuskreis	0,42	0,50	0,60	22	22	21	20
Darmstadt-Land	0,21	0,31	0,50	13	16	20	21
Groß-Gerau	0,23	0,35	0,48	17	18	19	22
Main-Taunus-Kreis	0,26	0,45	0,68	19	21	22	23
Offenbach-Land	0,69	0,72	0,78	25	23	23,5	24
Offenbach-Stadt	0,39	0,39	0,41	21	19	17	25
Gießen-Stadt	0,89	0,80	0,78	29	25	23,5	26
Kassel-Stadt	0,07	0,12	0,11	6	8	6	27
Darmstadt-Stadt	0	0	0	1,5	1,5	1,5	28
Wiesbaden	0,22	0,21	0,21	14	10	10	29
Frankfurt/Main	0,10	0,10	0,14	8	5	7	30
Hessen insgesamt	0,24	0,30	0,34	-	-	-	-

Anmerkungen: Aus Gründen der Vergleichbarkeit wurden die Daten der Schulverzeichnisse von 1974 und 1978 auf den Gebietsstand vom 1.1.1975 vor- bzw. zurückgerechnet.
Die Rangfolge wurde auf der Basis von vierstelligen relativen Zahlen ermittelt.

Tabelle A 5:
Regionaldaten zur Entwicklung des Bereiches der Sekundarstufe I in Hessen zwischen 1973 und 1977
(Anzahl der Schulen)

Landkreis bzw. kreisfreie Stadt (Gebietsstand vom 1.1.1975)	Anzahl der Gesamtschulen am 15.10.d.J.			Anzahl der Gymnasien am 15.10.d.J.			Anzahl der SI-Schulen am 15.10.d.J.		
	73	75	77	73	75	77	73	75	77
Vogelsbergkreis	4	4	4	3	3	3	23	21	21
Schwalm-Eder-Kreis	2	5	8	7	6	6	42	42	37
Kassel-Land	9	12	14	1	1	1	31	20	21
Gießen-Land	5	6	8	1	1	1	12	11	11
Waldeck-Frankenberg	-	-	1	5	5	5	44	38	38
Odenwaldkreis	2	2	2	1	1	1	8	8	8
Fulda	-	1	2	9	8	8	47	37	37
Marburg-Biedenkopf	7	8	8	9	8	8	45	36	30
Dieburg	3	5	5	3	2	2	18	15	16
Hersfeld-Rotenburg	1	2	6	6	4	2	35	27	24
Limburg-Weilburg	2	2	3	3	3	3	31	29	26
Werra-Meißner-Kreis	4	4	4	4	3	3	22	17	18
Dill-Kreis	1	1	2	2	2	2	28	24	22
Wetteraukreis	1	2	3	10	9	9	57	40	35
Main-Kinzig-Kreis	12	12	12	5	5	5	51	49	49
Bergstraße	5	6	6	7	7	7	40	38	38
Wetzlar	12	12	12	2	2	-	19	20	19
Rheingaukreis	-	-	-	2	2	2	13	12	12
Untertaunuskreis	2	5	5	1	1	1	8	8	7
Hochtaunuskreis	4	5	9	6	6	3	19	18	15
Darmstadt-Land	2	2	3	-	-	-	14	13	8
Groß-Gerau	4	5	5	4	4	5	31	34	25
Main-Taunus-Kreis	-	7	9	4	4	3	23	22	22
Offenbach-Land	-	2	6	6	5	5	32	29	27
Offenbach-Stadt	1	1	2	3	3	3	18	18	17
Gießen-Stadt	7	7	7	-	-	-	9	10	9
Kassel-Stadt	1	2	3	15	11	11	43	34	36
Darmstadt-Stadt	-	-	-	8	9	9	21	21	22
Wiesbaden	3	4	4	9	9	10	37	38	38
Frankfurt/Main	3	5	9	19	19	19	86	89	84
Hessen insgesamt	97	129	162	155	143	137	907	818	772

Anmerkungen: SI-Schulen sind alle Schulen, in denen Schüler der Sekundarstufe I unterrichtet werden. Vgl. dazu die Definitionen in 1.1. und 1.3. Reine Oberstufengymnasien wurden also nicht berücksichtigt.
Die Daten der Schulverzeichnisse von 1974 und 1978 wurden aus Gründen der Vergleichbarkeit auf den Gebietsstand vom 1.1.1975 vor- bzw. zurückgerechnet.

Tabelle A 6:
Regionaldaten zur Entwicklung des Bereiches der Sekundarstufe I in Hessen zwischen 1973 und 1977
(relative Anzahl und Rangfolgen für Gymnasien)

Landkreis bzw. kreisfreie Stadt (Gebietsstand vom 1.1.1975)	relative Anzahl der Gymnasien am 15.10.d.J.			Rangfolge der relativen Anzahl			sozialgeographische Rangfolge A
	73	75	77	73	75	77	
Vogelsbergkreis	0,13	0,14	0,14	13	14,5	14,5	1
Schwalm-Eder-Kreis	0,17	0,14	0,16	16	14,5	16	2
Kassel-Land	0,03	0,05	0,05	3	3	4	3
Gießen-Land	0,08	0,09	0,09	5	5	6,5	4
Waldeck-Frankenberg	0,11	0,13	0,13	9	12	12	5
Odenwaldkreis	0,13	0,13	0,13	10,5	10,5	10,5	6
Fulda	0,19	0,22	0,22	24	24	24	7
Marburg-Biedenkopf	0,20	0,22	0,27	25	25	28	8
Dieburg	0,17	0,13	0,13	16	13	10,5	9
Hersfeld-Rotenburg	0,17	0,15	0,08	18	16	5	10
Limburg-Weilburg	0,10	0,10	0,12	6	8	9	11
Werra-Meißner-Kreis	0,18	0,18	0,17	22	20	17,5	12
Dill-Kreis	0,07	0,08	0,09	4	4	6,5	13
Wetteraukreis	0,18	0,23	0,26	21	26	26	14
Main-Kinzig-Kreis	0,10	0,10	0,10	7	7	8	15
Bergstraße	0,18	0,18	0,18	20	22	20	16
Wetzlar	0,11	0,10	0	8	6	2	17
Rheingaukreis	0,15	0,17	0,17	14	17,5	17,5	18
Untertaunuskreis	0,13	0,13	0,14	10,5	10,5	14,5	19
Hochtaunuskreis	0,32	0,33	0,20	28	29	22,5	20
Darmstadt-Land	0	0	0	1,5	1,5	2	21
Groß-Gerau	0,13	0,12	0,20	12	9	22,5	22
Main-Taunus-Kreis	0,17	0,18	0,14	19	21	13	23
Offenbach-Land	0,19	0,17	0,19	23	19	21	24
Offenbach-Stadt	0,17	0,17	0,18	16	17,5	19	25
Gießen-Stadt	0	0	0	1,5	1,5	2	26
Kassel-Stadt	0,35	0,32	0,30	29	28	29	27
Darmstadt-Stadt	0,43	0,38	0,41	30	30	30	28
Wiesbaden	0,24	0,24	0,26	27	27	27	29
Frankfurt/Main	0,22	0,21	0,23	26	23	25	30
Hessen insgesamt	0,17	0,17	0,18	-	-	-	-

Anmerkungen: Aus Gründen der Vergleichbarkeit wurden die Daten der Schulverzeichnisse von 1974 und 1978 auf den Gebietsstand vom 1.1.1975 vor- bzw. zurückgerechnet.
Die Rangfolge wurde auf der Basis von vierstelligen relativen Zahlen ermittelt.

Tabelle A 7:

Regionaldaten zur Entwicklung des Bereiches der Sekundarstufe I in Hessen zwischen 1973 und 1977

(relative Anzahl und Rangfolgen für Gesamtschulen)

Landkreis bzw. kreisfreie Stadt (Gebietsstand vom 1.1.1975)	relative Anzahl der Gesamtschulen am 15.10.d.J.			Rangfolge der relativen Anzahl			sozialgeographische Rangfolge A
	73	75	77	73	75	77	
Vogelsbergkreis	0,17	0,19	0,19	21	18	12	1
Schwalm-Eder-Kreis	0,05	0,12	0,22	12	14	14	2
Kassel-Land	0,29	0,60	0,67	27	27,5	27	3
Gießen-Land	0,42	0,55	0,73	28	26	29	4
Waldeck-Frankenberg	0	0	0,03	3,5	2	3	5
Odenwaldkreis	0,25	0,25	0,25	25,5	22	18,5	6
Fulda	0	0,03	0,05	3,5	4	4	7
Marburg-Biedenkopf	0,16	0,22	0,27	19	19	20	8
Dieburg	0,17	0,33	0,31	20	25	21	9
Hersfeld-Rotenburg	0,03	0,07	0,25	9	12	18,5	10
Limburg-Weilburg	0,06	0,07	0,12	14	10,5	9	11
Werra-Meißner-Kreis	0,18	0,24	0,22	22	20	15,5	12
Dill-Kreis	0,04	0,04	0,09	11	5	7	13
Wetteraukreis	0,02	0,05	0,09	7	6	6	14
Main-Kinzig-Kreis	0,24	0,24	0,24	24	21	17	15
Bergstraße	0,13	0,16	0,16	16	17	11	16
Wetzlar	0,63	0,60	0,63	29	27,5	25,5	17
Rheingaukreis	0	0	0	3,5	2	1,5	18
Untertaunuskreis	0,25	0,63	0,71	25,5	29	28	19
Hochtaunuskreis	0,21	0,28	0,60	23	23	24	20
Darmstadt-Land	0,14	0,15	0,38	18	16	22	21
Groß-Gerau	0,13	0,15	0,20	17	15	13	22
Main-Taunus-Kreis	0	0,32	0,41	3,5	24	23	23
Offenbach-Land	0	0,07	0,22	3,5	10,5	15,5	24
Offenbach-Stadt	0,06	0,06	0,12	13	7	10	25
Gießen-Stadt	0,78	0,70	0,78	30	30	30	26
Kassel-Stadt	0,02	0,06	0,08	8	9	5	27
Darmstadt-Stadt	0	0	0	3,5	2	1,5	28
Wiesbaden	0,08	0,11	0,63	15	13	25,5	29
Frankfurt/Main	0,03	0,06	0,11	10	8	8	30
Hessen insgesamt	0,11	0,16	0,21	-	-	-	-

Anmerkungen: Aus Gründen der Vergleichbarkeit wurden die Daten der Schulverzeichnisse von 1974 und 1978 auf den Gebietsstand vom 1.1.1975 vor- bzw. zurückgerechnet.

Die Rangfolge wurde auf der Basis von vierstelligen relativen Zahlen ermittelt.

Tabelle A 8:
Regionaldaten zur Entwicklung des Bereiches der Sekundarstufe I in Hessen zwischen 1973 und 1977
(Gesamtschulen und Gymnasien zusammen)

Landkreis bzw. kreisfreie Stadt (Gebietsstand vom 1.1.1975)	Summen der rel. Anzahl Gesamtschule-Gymnasium am 15.10. d. Jahres			Rangfolgen der Summen			sozialgeographische Rangfolge A
	73	75	77	73	75	77	
Vogelsbergkreis	0,30	0,33	0,33	15	14	8	1
Schwalm-Eder-Kreis	0,22	0,26	0,38	11	10	15	2
Kassel-Land	0,32	0,65	0,72	17	27	25	3
Gießen-Land	0,50	0,64	0,82	27	26	28	4
Waldeck-Frankenberg	0,11	0,13	0,16	2	2	1	5
Odenwaldkreis	0,38	0,38	0,38	24,5	18	13,5	6
Fulda	0,19	0,25	0,27	8	9	5	7
Marburg-Biedenkopf	0,36	0,44	0,54	21	22	22	8
Dieburg	0,34	0,46	0,44	20	23	21	9
Hersfeld-Rotenburg	0,20	0,22	0,33	10	6	7	10
Limburg-Weilburg	0,16	0,17	0,24	5	5	4	11
Werra-Meißner-Kreis	0,36	0,42	0,39	22	21	17	12
Dillkreis	0,11	0,12	0,18	1	1	3	13
Wetteraukreis	0,20	0,28	0,35	9	13	12	14
Main-Kinzig-Kreis	0,34	0,34	0,34	19	16	11	15
Bergstraße	0,31	0,34	0,34	16	15	10	16
Wetzlar	0,74	0,70	0,63	29	28,5	24	17
Rheingaukreis	0,15	0,17	0,17	4	4	2	18
Untertaunuskreis	0,38	0,76	0,85	24,5	30	29	19
Hochtaunuskreis	0,53	0,61	0,80	28	25	27	20
Darmstadt-Land	0,14	0,15	0,38	3	3	13,5	21
Groß-Gerau	0,26	0,27	0,40	14	11	18	22
Main-Taunus-Kreis	0,17	0,50	0,55	6	24	23	23
Offenbach-Land	0,19	0,24	0,41	7	8	19	24
Offenbach-Stadt	0,23	0,23	0,30	12	7	6	25
Gießen-Stadt	0,78	0,70	0,78	30	28,5	26	26
Kassel-Stadt	0,37	0,38	0,38	23	20	16	27
Darmstadt-Stadt	0,43	0,38	0,41	26	19	20	28
Wiesbaden	0,32	0,35	0,89	18	17	30	29
Frankfurt/Main	0,25	0,27	0,34	13	12	9	30
Hessen insgesamt	0,28	0,33	0,39	-	-	-	-

Anmerkungen: Aus Gründen der Vergleichbarkeit wurden die Daten der Schulverzeichnisse von 1974 und 1978 auf den Gebietsstand vom 1.1.1975 vor- bzw. zurückgerechnet.
Die Rangfolgen wurden auf der Basis von vierstelligen relativen Zahlen ermittelt.

Tabelle A9:

Landkreise mit geringerer Reformintensität
(Regionale Gliederung nach dem Gebietsstand vom 1.1.1975 - Stichtag 15.1. 1977)

Landkreis	Hauptschulen[1] Anzahl H	KH	ZH	rel.Anz.	Rangf. KH	rel.Anz.	Rangf. ZH	Förderstufe[2] rel.Anz.	Rangf. Fö	Gesamtschulen[3] rel.Anz.	Rangf. Gs	Rangpl.-summe	Rangfolge gRI
Waldeck-Frankenberg	23	7	5	o,32	2	o,22	1	o,o8	2,5	o,o3	2	7,5	1
Fulda	18	5	-	o,28	5	o	9	o,o8	2,5	o,o5	3	19,5	2
Limburg-Weilburg	13	4	-	o,31	3	o	9	o,15	5	o,12	5	22	3
Rheingaukreis	8	-	-	o	11,5	o	9	o	1	o	1	22,5	4
Vogelsbergkreis	1o	2	1	o,2o	7	o,1o	4	o,19	6	o,19	7	24	5
Dillkreis	17	3	1	o,18	8	o,o6	5	o,23	7	o,o9	4	24	6
Hersfeld-Rotenburg	12	6	2	o,5o	1	o,17	2	o,38	11	o,25	11	25	7
Schwalm-Eder-Kreis	19	5	2	o,26	6	o,11	3	o,24	8	o,22	9,5	26,5	8
Bergstraße	14	2	-	o,14	9	o	9	o,11	4	o,16	6	28	9
Groß-Gerau	7	2	-	o,29	4	o	9	o,48	12	o,2o	8	33	1o
Werra-Meißner-Kreis	3	-	-	o	11,5	o	9	o,28	9	o,22	9,5	39	11
Marburg-Biedenkopf	8	1	-	o,13	1o	o	9	o,37	1o	o,27	12	41	12
Zum Vergleich die drei weiteren Regionen mit Klein-Hauptschulen aber weitergehender Strukturreform:													
Offenbach-Land	3	1	1	o,33		o,33		o,78		o,22			
Darmstadt-Land	4	1	1	o,25		o,25		o,5o		o,38			
Stadt Wiesbaden	13	1	1	o,o8		o,o8		o,21		o,63			
Hessen insgesamt:	267	4o	14	o,15		o,o4							

Anmerkungen: 1) H = Anzahl aller Hauptschulen, KH = Anzahl der Kleinhauptschulen und als spezieller Teil davon ZH = Anzahl der Zwerghauptschulen.
2) Relativwerte aus der Tabelle A4.
3) Relativwerte aus der Tabelle A7.

Tabelle A1o:

Adaptierte sozialgeographische Teilrangfolgen zu den Hauptfaktoren nach Timpe (Gebietsstand vom 1.1.1975)

Rangf. A	Landkreis bzw. kreisfreie Stadt	Teilrangfolgen der Hauptfaktoren I	II	III	IV	Rangf. B	Rangf. gRI
1	Vogelsbergkreis	1	2	2	2	1	5
2	Schwalm-Eder-Kreis	8	1o	9	1	12	8
3	Kassel-Land	9	5	14	3	11	
4	Gießen-Land	3	6	4	19	7	
5	Waldeck-Frankenberg	2	14	13	12	5	1
6	Odenwaldkreis	5	4	8	17	14	
7	Fulda	7	7	2o	6	2	2
8	Marburg-Biedenkopf	12	11	1o	7	1o	12
9	Dieburg	18	3	1	18	8	
1o	Hersfeld-Rotenburg	4	15	6	11	6	7
11	Limburg-Weilburg	14	9	18	4	3	3
12	Werra-Meißner-Kreis	1o	17	24	5	4	11
13	Dillkreis	17	1	21	21	19	6
14	Wetteraukreis	6	2o	15	14	18	
15	Main-Kinzig-Kreis	16	12	16	15	2o	
16	Bergstraße	15	8	12	23	13	9
17	Wetzlar	11	16	23	22	17	
18	Rheingaukreis	21	19	3	1o	16	4
19	Untertaunuskreis	13	24	19	8	9	
2o	Hochtaunuskreis	19	21	22	9	22	
21	Darmstadt-Land	22	18	7	16	15	
22	Groß-Gerau	2o	13	17	29	25	1o
23	Main-Taunus-Kreis	23	23	11	2o	21	
24	Offenbach-Land	24	22	5	26	23	
Mittelwert der Rangpl.:		12,5	12,5	12,5	13,3⁻	12,5⁺	
25	Offenbach-Stadt	3o	25	28	24	29	
26	Gießen-Stadt	26	28	29	13	24	
27	Kassel-Stadt	28	26	27	28	26	
28	Darmstadt-Stadt	27	29	25	25	27	
29	Wiesbaden	25	3o	26	27	28	
3o	Frankfurt/Main	29	27	3o	3o	3o	
Mittelwert der Rangpl.:		27,5	27,5	27,5	24,5	27,3⁺	

Hauptfaktor I : " mehr städtisch --- mehr ländlich "
Hauptfaktor II : " hohe ---- niedrige soziale Schichtung "
Hauptfaktor III : " gute ---- schlechte Infrastruktur "
Hauptfaktor IV : " starke --- schwache Wirtschaftskraft "
Rangfolge B : " Steuereinnahmen "

Tabelle A11 :

Baukosten von Mittelpunktschulen des Jahres 1966
(Regional-repräsentative Auswahl von 42 Mittelpunktschulen)

Nr.	Schulort,Schultyp Landkreis(Gebietsstand 1.12.1966)	RRA	Schulgröße (Anzahl d. Schüler)	anerkannte Baukosten (1000 DM)	rel.anerk. Baukosten (DM/Schüler)	PLZ %
1	Alsfeld,GHRS, Alsfeld	1	9o5	3.877	4.284	56,2
2	Altenstadt,GHRS, Büdingen	14	738	3.35o	4.539	6o,o
3	Niederwalgern,GHS, Marburg-Land	8	3o4	1.552	5.1o5	68,9
4	Hartenrod,GHR, Biedenkopf	8	494	1.743	3.528	66,6
5	Johannesberg,GH, Fulda-Land	7	336	2.449	7.289	77,4
6	Kirchheim,GH, Hersfeld	1o	363	2.145	5.9o9	72,7
7	Steinau,GH, Schlüchtern	15	498	2.361	4.741	46,6
8	Anspach,GHF, Usingen	2o	548	2.549	4.652	69,8
9	Wallrabenstein,GH, Untertaunuskreis	19	355	1.82o	5.127	68,1
1o	Hailer-Meerholz,GH, Gelnhausen	15	5o7	1.49o	2.939	69,8
11	Rodheim,GHS, Friedberg	14	452	3.834	8.482	52,3
12	Wölfersheim,GHS, Friedberg	14	51o	2.7o5	5.3o4	37,o
13	Eppstein-Vockenhausen, GHR,Main-Taunus-Kreis	23	378	2.583	6.833	66,8
14	Mittelkalbach,GH, Fulda-Land	7	222	1.167	5.257	76,7
15	Griesheim,GH, Darmstadt-Land	21	576	1.889	3.28o	41,8
16	Guxhagen,GH, Melsungen	2	297	1.842	6.2o2	77,4
17	Nauborn,GH, Wetzlar	17	62o	2.687	4.334	63,6
18	Rommerode,GH, Witzenhausen	12	359	2.9o1	8.o81	7o,o

Anmerkungen: Datenquelle: Hess.Kultusminister:Mittelpunktschulen in Hessen, Köln:Geyer 1967.
RRA = Regionalrang A = Rangplatz des betreffenden Landkreises in der sozialgeographischen Rangfolge A.
PLZ = prozentualer Anteil des nicht-rückzahlbaren Zuschusses des Landes Hessen zu den anerkannten Baukosten.

Gruppe 1: Alle Schulen der Typen GH und GHS .
Gruppe 2: Schulen der Nummern 4,13,2o,26,32,34,35,39,4o .
Gruppe 3: Schulen mit den Nummern 1,2,21,22,25,27,28,29,31,36,37,41,42 .

Fortsetzung der Tabelle A 11:

19	Driedorf,GH, Dillkreis	13	259	2.392	9.236	7o,2
2o	Michelbach,GHR, Untertaunuskreis	19	524	1.787	3.41o	54,3
21	Groß-Karben,GFHRS, Friedberg	14	621	3.65o	5.878	68,5
22	Gudensberg,GHRS Fritzlar-Homberg	2	837	2.571	3.o72	72,o
23	Adorf,GH, Waldeck	5	4o9	2.993	7.318	73,5
24	Grifte,GH, Fritzlar-Homberg	2	388	2.265	5.838	72,9
25	Goddelau,HRS, Groß-Gerau	22	691	3.721	5.385	59,4
26	Wald-Michelbach,GHR, Bergstraße	16	954	3.661	3.838	57,o
27	Rai-Breitenbach,GFHR, Erbach	6	865	4.54o	5.249	81,1
28	Höchst/Odw.,GHRS, Erbach	6	848	4.478	5.281	8o,1
29	Gladenbach,GFHRS, Biedenkopf	8	744	2.259	3.o36	69,9
3o	Großrechtenbach,GH, Wetzlar	17	43o	2.773	6.449	69,6
31	Homberg,GHRS, Alsfeld	1	816	4.6oo	5.637	68,9
32	Bergheim,GHR, Waldeck	5	634	3.373	5.32o	8o,1
33	Rothenbergen-Niedergründau,GH,Gelnhausen	15	35o	2.o25	5.786	69,1
34	Eiterfeld,GHRS, Hünfeld	7	452	1.81o	4.oo4	8o,1
35	Stierstadt,GHRS, Obertaunuskreis	2o	348	2.357	6.773	61,5
36	Lauterbach,GHRS, Lauterbach	1	1398	7.o16	5.o19	59,5
37	Groß-Bieberau,FHGym, Dieburg	9	817	6.425	7.864	76,3
38	Fritzlar,GHS, Fritzlar-Homberg	2	489	2.452	5.o14	69,3
39	Heskem,GHR, Marburg	8	458	2.448	5.345	69,2
4o	Babenhausen,GFHR, Dieburg	9	114o	5.65o	4.956	25,o
41	Dautphetal,GHR, Biedenkopf	8	825	2.98o	3.612	65,8
42	Eibelshausen,GFHR, Dillkreis	13	56o	3.2o7	5.726	64,6

Tabelle A 12:

Zur Frage der regionalen Prioritäten bei Schulbauinvestitionen im Lande Hessen in den Jahren 1971 bis 1976

Landkreis bzw. kreisfreie Stadt (Gebietsstand vom 1.1.1975)	Investitionen für alle Schulbereiche DM/Einw.	Rangf. I	prozentualer Anteil davon für den SI-Ber. %	Rangf. P	Sozialgeographische Rangfolge A
Vogelsbergkreis	288	2	79,1	27	1
Schwalm-Eder-Kreis	511	21	46,6	12	2
Kassel-Land	630	29	70,3	22	3
Gießen-Land	342	10	97,5	30	4
Waldeck-Frankenberg	334	8	35,9	3	5
Odenwaldkreis	358	11	78,0	26	6
Fulda	577	27	45,0	11	7
Marburg-Biedenkopf	404	16	67,0	21	8
Dieburg	412	17	54,4	16	9
Hersfeld-Rotenburg	536	23	43,0	8	10
Limburg-Weilburg	474	19	39,1	5	11
Werra-Meißner-Kreis	729	30	43,5	9	12
Dill-Kreis	367	15	30,6	2	13
Wetteraukreis	301	4	44,7	10	14
Main-Kinzig-Kreis	527	22	61,8	19	15
Bergstraße	305	5	70,8	23	16
Wetzlar	569	26	83,2	29	17
Rheingaukreis	301	3	64,7	20	18
Untertaunuskreis	618	28	57,1	17	19
Hochtaunuskreis	560	24	74,7	25	20
Darmstadt-Land	363	14	59,5	18	21
Groß-Gerau	474	20	74,1	24	22
Main-Taunus-Kreis	453	18	82,4	28	23
Offenbach-Land	358	12	54,2	15	24
Offenbach-Stadt	313	7	51,6	13	25
Gießen-Stadt	560	25	38,2	4	26
Kassel-Stadt	313	6	40,1	6	27
Darmstadt-Stadt	363	13	17,1	1	28
Wiesbaden	338	9	53,7	14	29
Frankfurt/M.	202	1	41,1	7	30

Anmerkungen: Quelle dieser Datenliste ist eine Statistik über Schulbauinvestitionen des Landes Hessen, die am Referat I C 3 des Hessischen Kultusministers geführt wird und dem Verfasser zur Einsicht zur Verfügung gestellt wurde.

Tabelle A 13:

Schulbauinvestitionen für eine Auswahl von 12 im Zeitraum von 1970 bis 1977 errichteten Gesamtschulen ohne gymnasiale Oberstufe (Neubauten)

Nr.	Schulbezeichnung und -ort, Schultyp, Landkreis (Gebietsstand vom 1.1.1975)	errichtet am 1.8.d.J.	Zeitraum der Finanzierung		anerkannte Baukosten (Mill.DM)	Schulgröße	rel. anerk. Baukosten (DM/Schüler)
1	Gesamtschule Eschborn, AG, Main-Taunus-Kreis	1974	1969-75		11,8	870	13.563
2	Gesamtschule Hattersheim, AG, Main-Taunus-Kreis	1974	1969-76		15,8	1.517	10.415
3	Gesamtschule Hochheim, IG, Main-Taunus-Kreis	1974	1969-75		11,7	1.212	9.653
4	Gesamtschule Kriftel, AG, Main-Taunus-Kreis	1977	1974-76		11,4	1.195	9.540
5	Gesamtschule Kelsterbach, IG, Groß-Gerau	1973	1969-75	S	11,2	809	13.800
6	Georg-August-Zinn-Schule, Reichelsheim, IG, Odenwaldkreis	1972	1969-76	S	13,8	1.046	13.200
7	Gesamtschule Hausen, AG, Offenbach-Land	1975	1972-76		12,9	1.030	12.524
8	August-Bebel-Schule, Niedergirmes, IG, Wetzlar	1971	1969-73	S	9,7	757	12.800
9	Wernher-v.-Braun-Schule, Neuhof, AG, Fulda	1976	1971-78		18,1	1.928	9.388
10	Gesamtschule Bad Karlshafen, IG, Kassel-Land	1972	1969-73	S	11,5	861	13.400
11	Valentin-Traud-Schule, Großalmerode, AG, Werra-Meißner-Kreis	1972	1969-78	S	13,5	1.012	13.300
12	Gesamtschule Witzenhausen, AG, Werra-Meißner-Kreis	1970	1969-77	S	14,3	1.513	9.500

Anmerkungen: Der Zeitpunkt der Errichtung bezieht sich auf die Angaben in den Gesamtschullisten der Hessischen Schulstatistik (Referat II B). S = Schätzung; die Statistik des Referats I C 3 weist nur Zahlen für den Zeitraum von 1971-78 aus. Nach den Ergebnissen der Haushaltspläne des Main-Taunus-Kreises wurden für die mit S vermerkten Schulen die Beträge um 10% erhöht. Dies ist bei allen Schulen der Fall, deren Einrichtungsdatum vor dem 1.8.1974 liegt. Wegen dieser Schätzungen sind die relativen Investitionsbeträge auch auf Hunderter gerundet. Als Schulgröße wurde hier die Maximalzahl der Schüler im Finanzierungszeitraum gewählt.

Tabelle A 14:

Schulbauinvestitionen für eine Auswahl von 10 im Zeitraum von 1971 bis 1975 errichteten Gesamtschulen ohne gymnasiale Oberstufe (Ausbau bestehender Schulen)

Nr.	Schulbezeichnung und -ort, Schultyp, Landkreis (Gebietsstand vom 1.1.1975) (Schultyp, Schulgröße im Schuljahr 1969/70)	errichtet am 1.8. d. Jahres	Zeitraum der Finanzierung	anerkannte Baukosten (Mill.DM)	Schulgröße	rel.anerk. Baukosten (DM/Schüler)
1	Eichendorffschule, Kelkheim, AG, Main-Taunus-Kreis (GH, 623)	1974	1969-77	17,0	1.587	10.712
2	Gesamtschule Fischbach, Kelkheim-Fischbach, AG, Main-Taunus-Kreis (Mittelpunkt-GH, 464)	1975	1973-76	4,3	792	5.429
3	Friedrich-Ebert-Schule, Schwalbach, AG, Main-Taunus-Kreis (GHR, 1413)	1974	1969-76	8,8	1.414	6.223
4	Geschwister-Scholl-Schule, Wiesbaden, AG (GH, 780)	1971	1969-76 S	17,4	1.433	12.100
5	Gesamtschule Busecker Tal, Großen-Buseck, IG, Gießen-Land (Mittelpunkt-GHR, 456)	1972	1969-76 S	16,7	1.333	12.500
6	Gesamtschule Felsberg, AG, Schwalm-Eder-Kreis (Mittelpunkt-GHR, 647)	1974	1971-73	7,8	1.115	6.996
7	Gesamtschule Guxhagen, IG, Schwalm-Eder-Kreis (Mittelpunkt-GH, 484)	1973	1969-75 S	6,3	1.240	5.000
8	Gesamtschule Michelbach, Aarbergen-Michelbach, AG, Untertaunus-Kreis (Mittelpunkt-GHR, 777)	1974	1971-76	4,8	1.081	4.440
9	Adolf-Reichwein-Schule, Neu-Aspach, IG, Hochtaunus-Kreis (Mittelpunkt-GH, 878)	1974	1972-75	2,4	969	2.477
10	Otto-Hahn-Schule, Frankfurt-Niedereschbach, AG (Mittelpunkt-H, 421)	1975	1972-78	8,2	1.139	7.199

Anmerkungen: Der Zeitpunkt der Errichtung bezieht sich auf die Angaben in den Gesamtschullisten der Hessischen Schulstatistik (Referat II B).
S = Schätzung; die Statistik des Referats I C 3 weist nur Zahlen für den Zeitraum von 1971-78 aus. Nach den Ergebnissen der Haushaltspläne des Main-Taunus-Kreises wurden für die mit S vermerkten Schulen die Beträge um 10% erhöht. Dies ist bei allen Schulen der Fall, deren Einrichtungsdatum vor dem 1.8.1974 liegt. Wegen dieser Schätzungen sind die relativen Investitionsbeträge auch auf Hunderter gerundet.
Als Schulgröße wurde hier die Maximalzahl der Schüler im Finanzierungszeitraum gewählt.

Tabelle A 15 :

Folgekosten von Mittelpunktschulen im Jahre 1966
(Regional-repräsentative Auswahl von 42 Mittelpunktschulen)

Nr. der Schule nach Tabelle A 1o	a b s o l u t e Folgekosten (1ooo DM) insges.	Schülerbeförderung	r e l a t i v e Folgekosten i n s g e s a m t Prozentwerte bezogen a.d. anerk. Baukosten	in DM/Schüler	r e l a t i v e Kosten der Schülerbeförderung in DM/Schüler
1	265	5o	6,8	293	55
2	446	23o	13,3	6o4	312
3	77	37	5,o	253	122
4	66	21	3,8	134	43
5	12o	1o	4,9	357	3o
6	14o	8o	6,5	386	22o
7	97	1o	4,1	195	2o
8	121	31	4,7	221	57
9	1o6	6o	5,8	299	169
1o	61	o	4,1	12o	o
11	143	35	3,7	316	77
12	72	21	2,7	141	41
13	229	35	8,9	6o6	93
14	18	o	1,5	81	o
15	1o5	o	5,6	182	o
16	72	17	3,9	242	57
17	189	99	7,o	3o5	16o
18	18o	1oo	6,2	5o1	279
19	8o	2o	3,3	3o9	77
2o	145	75	8,1	277	143
21	223	43	6,1	359	69
22	186	51	7,2	222	61
23	126	74	4,2	3o8	181
24	7o	o	3,1	18o	o
25	28o	17o	7,5	4o5	246
26	171	61	4,7	179	64
27	413	236	9,1	477	273
28	239	65	5,3	282	77
29	129	43	5,7	173	58
3o	189	33	6,8	44o	77
31	277	157	6,o	339	192
32	23o	124	6,8	363	196
33	13o	65	6,4	371	o
34	135	8o	7,5	299	177
35	156	4o	6,6	448	115
36	177	37	2,5	127	26
37	43o	8o	6,7	526	98
38	19o	1oo	7,7	389	2o5
39	146	66	6,o	319	143
4o	131	18	2,3	115	16
41	16o	85	5,4	194	1o3
42	89	4o	2,8	159	71

Datenquelle wie bei Tabelle A 11.

Tabelle A 16:

Personalausgaben der Länder der Bundesrepublik Deutschland und Westberlins im Jahre 1975 für den Bereich der allgemeinbildenden Schulen[1])

Land	Abkürzung	Schüler[2]) 1975	Personalausgaben[3]) Mill. DM	relative Personalausgaben (DM/Schüler)	Rangplatz
Baden-Württemberg	BW	1.544.978	2.633	1.704	10
Bayern	BA	1.738.728	2.794	1.607	11
Berlin (West)	BE	259.686	631	2.430	1
Bremen	BR	114.200	264	2.312	2
Hamburg	HA	250.652	558	2.226	3
Hessen	HE	858.512	1.585	1.846	6
Niedersachsen	NS	1.234.906	2.350	1.903	4
Nordrhein-Westfalen	NW	2.777.276	4.978	1.792	7
Rheinland-Pfalz	RP	605.654	1.038	1.714	9
Saarland	SA	180.539	335	1.856	5
Schleswig-Holstein	SH	430.483	751	1.745	8
				Rangfolge	P

Anmerkungen:

1) Nicht mitgezählt wurden Schulkindergärten und Einrichtungen mit Vorklassen, da diese bei den Personalkosten im Gegensatz zu den Schülerzahlen nicht ausgewiesen werden. Da die diesbezügliche Schülerzahl aber unter 1% liegt, erscheint dies als unwesentlich.

2) Quelle: Statistisches Jahrbuch 1977 f.d. BRD, S. 326/327.

3) Quelle: Statistisches Jahrbuch 1978 f.d. BRD, S. 415.

Tabelle A17:

Schulbauinvestitionen der Länder der Bundesrepublik Deutschland und Westberlins in den Jahren 1974 und 1975 im Bereich der allgemeinbildenden Schulen

Land[1]	Investitionsbeträge[2] (Mill. DM)	relative Investitionsbeträge[3] im Mittel der Jahre 1974 und 1975 (DM/Schüler)	Rangplatz
BW	1.814	587	7
BA	2.163	622	5
BE	292	562	8
BR	278	1.217	1
HA	461	920	2
HE	1.021	595	6
NS	1.930	782	3
NW	3.716	669	4
RP	544	449	10
SA	126	349	11
SH	467	543	9
		Rangfolge	I

Anmerkungen:

1) Abkürzungen nach Tabelle A 16.

2) Quelle der Investitionsbeträge für 1974(1975): Statistisches Jahrbuch 1977(1978) f.d. BRD, S. 396(414).

3) Schülerzahlen nach Tabelle A 16.

Tabelle A18:

Rangfolge der Länder der Bundesrepublik Deutschland und Westberlins nach Klassenfrequenzen (Schüler je Klasse) im Bereich der allgemeinbildenden Schulen im Jahre 1975

Land[1]	Teilrangfolgen[2] der Klassenfrequenzen					gewichtete[3] Rangplatzsumme	Rangplatz[4]
	V	G	S	SI	SII		
BW	2	9	3	7	6	153	7
BA	1	11	11	9,5	5	200	11
BE	9	5	2	3	1	82	2
BR	7	6	1	2	11	87	4
HA	10	10	8	6	2	160	8
HE	3	2	5	5	9	83	3
NS	6	1	6,5	1	7	37,5	1
NW	5	7	10	9,5	10	176	9
RP	4	8	4	11	3	185	10
SA	8	3	9	8	8	129	6
SH	11	4	6,5	4	4	93,5	5
Gewichte:	1	8	1	10	1		
						Rangfolge	F

Anmerkungen:

1) Abkürzungen nach Tabelle A16.

2) Die Teilrangfolgen der Klassenfrequenzen für 1975 wurden nach der statistischen Veröffentlichung der Kultusministerkonferenz Nr. 59/1978 - Schüler-Klassen-Lehrer - 1975 bis 1977 gebildet (S. 2,10,13,21,28,34, 39 und 54). Die Teilrangfolgen für die Vorschule (V), die Grundschule (G) und die Sonderschule (S) konnten direkt nach den ausgewiesenen Zahlen gebildet werden. Bezüglich der Sekundarstufe I (SI) wurden zunächst die Klassenfrequenzen für die Hauptschule, Realschule, für das Gymnasium (5-10) und die integrierte Gesamtschule (5-10) gemittelt und nach den Mittelwerten die Rangfolgen aufgestellt. Im Falle von SII (gymnasiale Oberstufe) liegen im Zusammenhang mit dem Kurssystem keine Klassenfrequenzen vor. Deshalb wurde hier ersatzweise auf das Verhältnis Schüler je Lehrer zurückgegriffen.

3) Der Ansatz für die Wichtung orientiert sich an den Schülerzahlen von 1975. Nach der in 2) angegebenen Quelle: Grundschüler 3,91 Mill., SI-Schüler 5,26 Mill., SII-Schüler 0,52 Mill., also 8:10:1. Für Vorschule (0,09 Mill. Schüler) und Sonderschule (0,39 Mill. Schüler) wurde nach Bedeutung mit jeweils 1 gewichtet.

4) Niedriger Rangplatz bedeutet kleiner Wert der Klassenfrequenz, d.h. günstigere Bedingungen für den Unterricht.

Tabelle A19:

Zum Stand der Entwicklung der Förderstufe (Orientierungsstufe) in den Ländern der Bundesrepublik Deutschland und Westberlins im Jahre 1975

Land[1]	Schüler der Jahrgangsstufen 5 u.6[2]	Schüler der Förderstufe (Orientierungsstufe)[3] insgesamt abs.	%	Rangplatz	schulformunabhängig abs.	%	Rangplatz
BW	322.574	8.390	2,6	9	6.858	2,1	7
BA	362.686	15.944	4,4	8	2.712	0,8	11
BE	50.068	48.915	97,7	2	48.915	97,7	1
BR	22.577	1.677	7,4	7	1.677	7,4	6
HA	47.723	3.686	7,7	6	3.686	7,7	5
HE	176.922	86.839	49,1	4	86.839	49,1	2
NS	255.455	118.478	46,4	5	118.478	46,4	3
NW	571.158	10.927	1,9	10	10.927	1,9	8
RP	129.820	129.056	99,4	1	11.925	9,2	4
SA	40.335	479	1,2	11	479	1,2	10
SH	86.367	82.779	95,9	3	1.046	1,2	9
		Teilrangfolge a			Teilrangfolge b		

Anmerkungen:

1) Abkürzungen nach Tabelle A16.

2) Quelle: Statistische Veröffentlichungen der Kultusministerkonferenz, Schüler-Klassen-Lehrer 1975 bis 1977, Nr. 59/1978, S. 15,19,23,30 und 40 (Ohne Waldorfschulen).

3) Quelle: a.a.O., S. 16,19,24 und 31.

Tabelle A 20:

Zum Stand der Gesamtschulentwicklung in den Ländern der Bundesrepublik Deutschland und Westberlins im Jahre 1975

Land[1]	Schüler der Jahrgangsstufen 5-10[2]	Gesamtschulen[3] insgesamt			integrierte Form			Ganztagsschulen		
		Anz.	rel.[4]	Rangplatz	Anz.	rel.[4]	Rangplatz	Anz.	rel.[4]	Rangplatz
BW	803.469	11	0,14	9	7	0,09	9	6	0,07	7
BA	972.421	13	0,13	10	3	0,03	11	4	0,04	8
BE	139.517	24	1,72	3	24	1,72	1	19	1,36	1
BR	71.789	22	3,06	1	5	0,70	4	2	0,28	2
HA	136.783	9	0,66	4	8	0,58	3	2	0,15	5
HE	437.568	126[5]	2,88	2	65	1,49	2	1	0,02	10
NS	640.073	24	0,38	5	13	0,20	5	12	0,19	3
NW	1.390.931	25	0,18	8	25	0,18	6	25	0,18	4
RP	319.868	6	0,19	7	2	0,06	10	1	0,03	9
SA	97.979	1	0,10	11	1	0,10	7	0	0	11
SH	214.240	5	0,23	6	2	0,09	8	2	0,09	6
		Teilrangfolge c			Teilfangfolge d			Teilrangfolge e		

Anmerkungen:

1) Abkürzungen nach Tabelle A16.

2) Quelle: Statistische Veröffentlichungen der Kultusministerkonferenz, Schüler-Klassen-Lehrer 1975 bis 1977, Nr. 59/1978, S. 13,15,19,21,28, 39 (ohne Waldorfschulen).

3) Quelle: Gesamtschulinformationen, Heft 3/1975, Pädagogisches Zentrum Berlin, S. 3-23.

4) Die Relativierung erfolgt hier auf je 10.000 Schüler.

5) Die Abweichung von der hessischen Statistik (129 Gesamtschulen) hängt mit unterschiedlichen Bezugszeitpunkten zusammen.

Tabelle A21:

Zum Stand der Fortentwicklung der Hauptschule durch Erweiterung auf das 10. Schuljahr in den Ländern der Bundesrepublik Deutschland und Westberlins im Jahre 1975

Land[1]	Hauptschüler[2] insgesamt	davon Jahrgangsstufe 10 abs.	%	Rangplatz
BW	351.832	80	0,0	6
BA	545.621	-	-	9
BE	22.332	4.068	18,2	1
BR	36.579	-	-	9
HA	46.349	-	-	9
HE	100.203	-	-	9
NS	222.221	3.522	1,6	3
NW	653.439	16.524	2,5	2
RP	171.792	1.060	0,6	4
SA	48.717	-	-	9
SH	76.084	51	0,0	5
			Teilrangfolge	f

Anmerkungen:

1) Abkürzungen nach Tabelle A16.

2) Quelle: Statistische Veröffentlichungen der Kultusministerkonferenz, Schüler-Klassen-Lehrer 1975 bis 1977, Nr. 59/1978, S. 13 u. 18.

Tabelle A22:

Zum Stand der Reform der gymnasialen Oberstufe in den Ländern der Bundesrepublik Deutschland und Westberlins im Jahre 1975

Land[1)]	Schüler der gymnasialen Oberstufe[2)] insgesamt	neugestaltete Oberstufe abs.	neugestaltete Oberstufe %	Rangplatz
BW	62.951	-	-	7,5
BA	60:247	22.500	37,4	2
BE	11.677	-	-	7,5
BR	7.788	-	-	7,5
HA	10.372	-	-	7,5
HE	51.317	20.593	40,1	1
NS	51.120	14.741	28,8	3
NW	153.017	-	-	7,5
RP	29.157	-	-	7,5
SA	8.122	-	-	7,5
SH	15.391	-	-	7,5
			Teilrangfolge	g

Anmerkungen:

1) Abkürzungen nach Tabelle A16.

2) Quelle: Statistische Veröffentlichungen der Kultusministerkonferenz, Schüler-Klassen-Lehrer für 1975 bis 1977, Nr. 59/1978, S. 34,35,44 u. 45.

Tabelle A23:

Zum Stand der Entwicklung des Sonder- und Vorschulbereiches in den Ländern der Bundesrepublik Deutschland und Westberlins im Jahre 1975

Land[1)]	Lehrer insges.[2)]	Sonderschullehrer[2)] abs.	%	Rangplatz	Lehrer im Vorschulbereich[2)] abs.	%	Rangplatz
BW	69.232	6.370	9,2	1	976	1,4	5
BA	73.750	4.263	5,8	10	410	0,6	10
BE	14.461	1.256	8,7	5	429	3,0	1
BR	5.735	473	8,3	6	147	2,6	2
HA	11.697	1.028	8,8	3	220	1,9	3
HE	38.643	2.657	6,9	9	476	1,2	7
NS	54.685	4.001	7,3	8	677	1,2	6
NW	113.296	9.928	8,8	4	1.306	1,2	8
RP	26.331	1.357	5,2	11	114	0,4	11
SA	7.694	563	7,3	7	44	0,6	9
SH	17.135	1.509	8,8	2	293	1,7	4
		Teilrangfolge		h	Teilrangfolge		i

Anmerkungen:

1) Abkürzungen nach Tabelle A16.

2) Quelle: Statistische Veröffentlichungen der Kultusministerkonferenz, Schüler-Klassen-Lehrer 1975 bis 1977, Nr. 59/1978, S. 3,9,20,22,27, 36, 55 (ohne Waldorfschulen).
In der Spalte "Lehrer insgesamt" sind die Sonderschullehrer enthalten. Die Lehrer an Vorschulen wurden hier nicht mitgezählt.

Tabelle A24:

Rangfolge R der Länder der Bundesrepublik Deutschland und Westberlins nach der Ausprägung der Reformbestrebungen im Bereich der allgemeinbildenden Schulen im Jahre 1975

Land[1)]	Förderstufe[2)]		Gesamtschule[3)]			10. Hauptschuljahr[4)]	gymn. Oberstufe[5)]	Sonderschule[6)]	Vorschule[6)]	gewichtete[7)] Rangplatzsumme	Rangplatz
BW	9	7	9	9	7	6	7,5	1	5	92,5	8
BA	8	11	10	11	8	9	2	10	10	120	11
BE	2	1	3	1	1	1	7,5	5	1	26,5	1
BR	7	6	1	4	2	9	7,5	6	2	60,5	3
HA	6	5	4	3	5	9	7,5	3	3	61,5	4
HE	4	2	2	2	10	9	1	9	7	62	5
NS	5	3	5	5	3	3	3	8	6	57	2
NW	10	8	8	6	4	2	7,5	4	8	81,5	6,5
RP	1	4	7	10	9	4	7,5	11	11	97,5	9
SA	11	10	11	7	11	9	7,5	7	9	117,5	10
SH	3	9	6	8	6	5	7,5	2	4	81,5	6,5
Teilrangfolgen:	a	b	c	d	e	f	g	h	i	Rangfolge	R
Gewichte:	1	2	1	3	2	1	1	1	1		

Anmerkungen auf der nächsten Seite !

Anmerkungen zu Tabelle A 24.:

1) Abkürzungen nach Tabelle A16.

2) Rangfolgen a und b nach Tabelle A19.

3) Rangfolgen c,d und e nach Tabelle A2o.

4) Rangfolge f nach Tabelle A21.

5) Rangfolge g nach Tabelle A22.

6) Rangfolgen h und i nach Tabelle A23.

7) Die Wichtung entspricht zunächst genau der, die in der Tabelle A16 begründet wurde. Da die Grundschule mangels geeigneter Daten nicht bei der Bildung der Rangfolge R berücksichtigt werden konnte, beträgt hier im Gegensatz zur Tabelle A18 das Gesamtgewicht nur 13. Das Gewicht 1O für die Sekundarstufe I wurde nach Jahrgangsstufen verteilt. Nachdem für die Rangfolge f das Gewicht 1 vergeben wurde, verblieben so für die Förderstufe das Gewicht 3 und für die Gesamtschule das Gewicht 6. Die weitere Wichtung bezüglich der Rangfolgen a und b, bzw. c, d und e wurde nach der Progressivität des Reformansatzes vorgenommen. Bei der Förderstufe also eine besondere Gewichtung im Falle der Schulformunabhängigkeit. Bei den Gesamtschulen eine besondere Gewichtung im Falle der integrierten Form und der Ganztagsschulen.

Tabelle A25:
Schätzwerte[1] der relativen Stichprobenumfänge der Erhebungen der Vorphase

Erhebungs- jahr	Erhebungs- gebiet	Schul- gattung	geschätzter[2] Umfang der Population	S t i c h p r o b e n: Schulleiter abs.	Schulleiter %	Sammlungsleiter Physik abs.	Sammlungsleiter Physik %	Sammlungsleiter Chemie abs.	Sammlungsleiter Chemie %	T r i p e l Schulleiter, Sammlungsleiter Physik u.Chemie abs.	Tripel %
1972	A	H	34o	123	36	1o2	3o	93	27	86	25
1972	A	R	125	59	47	5o	4o	49	39	44	35
1973	A + B	Ges	85	53	62	--	--	--	--	--	--
1973	B	H	25o	--	--	76	3o	--	--	--	--
1973	B	R	1oo	--	--	44	44	--	--	--	--

A = 26 nach repräsentativen Gesichtspunkten ausgewählte hessische Landkreise und kreisfreien Städte nach dem Gebietsstand vom 1.8. 1972 (Auswahl nach Knapp(1972)),

A + B = Hessen insgesamt, B = repräsentatives Komplement zu A.

Anmerkungen: 1) Die Prozentzahlen stellen Schätzungen dar, da zwar die absoluten Stichprobenumfänge sicher aber die Populationsumfänge geschätzt werden mußten.
2) vergl. die Darstellung im Teilabschnitt 6.6 .

Tabelle A26:

Zur Überprüfung der Repräsentativität bezüglich des Kriteriummerkmals "Schulgröße"

Gesamtschulen

Schulgröße (Schülerzahl)	Population (15.1o.74)		S t i c h p r o b e (2.Schulhalbjahr 74/75)								
			Schulleiter			Sammlungsleiter			Schulleiter Sammlungsl. P a a r e		
	abs.	%	abs.	%	%-Diff.	abs.	%	%-Diff.	abs.	%	%-Diff.
bis 95o	43	35,8	25	35,7	- o,1	29	38,7	+ 2,8	25	35,7	- o,1
951 - 125o	36	3o,o	23	32,9	+ 2,9	23	3o,7	+ o,7	23	32,9	+ 2,9
über 125o	41	34,2	22	31,4	- 2,8	23	3o,7	- 3,5	22	31,4	- 2,8
i n s g e s a m t	12o	1oo,o	7o	1oo,o	-	75	1oo,o	-	7o	1oo,o	
Rücklauf (relat. Stichprobenumfang)			o,58			o,63			o,58		
A n p a s s u n g der Verteilung der Stichprobe an die Population			gut df = 2 chi^2 = o,22			gut df = 2 chi^2 = o,27			gut df = 2 chi^2 = o,22		

Gütekriterien nach Lienert:

Überschreitungswahrscheinlichkeit p:	größer als o.5o/o.5o ...	o.2o/o.19 ...	o.o5/kleiner als o.o5	
chi^2-Grenzen für df = 2:	1,39	3,22	5,99	
Anpassung:	gut /	mäßig /	schwach /	fehlend

Tabelle A 27:

Zur Überprüfung der Repräsentativität bezüglich des Kriteriummerkmals "Schulgröße"

Gymnasien (ohne Oberstufengymnasien)

Schulgröße (Schülerzahl)	Population (15.1o.75)		Stichprobe (2.Schulhalbjahr 75/76)								
			Schulleiter			Sammlungsleiter			Schulleiter Sammlungsl. Paare		
	abs.	%	abs.	%	%-Diff.	abs.	%	%-Diff.	abs.	%	%-Diff.
bis 8oo	45	32,1	15	23,1	- 9,o	14	22,6	- 9,5	11	22,9	- 9,2
8o1 - 115o	48	34,3	24	36,9	+ 2,6	23	37,1	+ 2,8	16	33,3	- 1,o
über 115o	47	33,6	26	4o,o	+ 6,4	25	4o,3	+ 6,7	21	43,8	+1o,2
insgesamt	14o	1oo,o	65	1oo,o	-	62	1oo,o	-	48	1oo,o	-
Rücklauf (relat. Stichprobenumfang)			o,46			o,44			o,34		
Anpassung der Verteilung der Stichprobe an die Population			mäßig df = 2 $chi^2 = 1,86$			mäßig df = 2 $chi^2 = 1,98$			mäßig df = 2 $chi^2 = 2,o3$		

Gütekriterien nach Lienert:

Überschreitungswahrscheinlichkeit p:	größer als o.5o/o.5o ...	o.2o/o.19 ...	o.o5/kleiner als o.o5	
chi^2-Grenzen für df = 2:	1,39	3,22	5,99	
Anpassung:	gut /	mäßig /	schwach /	fehlend

Tabelle A 28:

Zur Überprüfung der Repräsentativität bezüglich des Kriteriummerkmals "Schulgröße"

Realschulen

Schulgröße (Schülerzahl)	Population (15.1o.76)		Stichprobe (2.Schulhalbjahr 76/77)								
			Schulleiter			Sammlungsleiter			Schulleiter Sammlungsl. Paare		
	abs.	%	abs.	%	%-Diff.	abs.	%	%-Diff.	abs.	%	%-Diff.
bis 7oo	58	33,9	25	26,9	- 7,o	27	28,1	- 5,8	24	27,o	- 6,9
7o1 - 9oo	57	33,3	31	33,3	o,o	31	32,3	- 1,o	28	31,5	- 1,8
über 9oo	56	32,8	37	39,8	+ 7,o	38	39,6	+ 6,8	37	41,5	+ 8,7
insgesamt	171	1oo,o	93	1oo,o	-	96	1oo,o	-	89	1oo,o	-
Rücklauf (relat. Stichprobenumfang)			o,54			o,56			o,52		
Anpassung der Verteilung der Stichprobe an die Population			mäßig df = 2 chi^2 = 1,76			mäßig df = 2 chi^2 = 1,49			mäßig df = 2 chi^2 = 2,26		

Gütekriterien nach Lienert:

Überschreitungswahrscheinlichkeit p: größer als o.5o/o.5o ... o.2o/o.19 ... o.o5/kleiner als o.o5

chi^2-Grenzen für df = 2: 1,39 3,22 5,99

Anpassung: gut / mäßig / schwach / fehlend

Tabelle A 29:

Zur Überprüfung der Repräsentativität bezüglich des Kriteriummerkmals "Schulgröße"

Hauptschulen (einschl. G-F-Schulen)

Schulgröße (Schülerzahl)	Population (15.1o.76)		S t i c h p r o b e (2.Schulhalbjahr 76/77)								
			Schulleiter			Sammlungsleiter			Schulleiter Sammlungsl. P a a r e		
	abs.	%	abs.	%	%-Diff.	abs.	%	%-Diff.	abs.	%	%-Diff.
bis 35o	1o5	32,3	52	32,3	o,o	47	31,8	- o,5	47	32,o	- o,3
351 - 55o	119	36,6	62	38,5	+ 1,9	57	38,5	+ 1,9	56	38,1	+ 1,5
über 55o	1o1	31,1	47	29,2	- 1,9	44	29,7	- 1,4	44	29,9	- 1,2
i n s g e s a m t	325	1oo,o	161	1oo,o	-	148	1oo,o	-	147	1oo,o	-
Rücklauf (relat. Stichprobenumfang)			o,5o			o,46			o,45		
A n p a s s u n g der Verteilung der Stichprobe an die Population			gut df = 2 chi^2 = o,35			gut df = 2 chi^2 = o,17			gut df = 2 chi^2 = o,11		

Gütekriterien nach Lienert:

Überschreitungswahrscheinlichkeit p:	größer als o.5o/o.5o	... o.2o/o.19	... o.o5/kleiner als o.o5	
chi^2-Grenzen für df = 2:	1,39	3,22	5,99	
Anpassung:	gut /	mäßig /	schwach /	fehlend

Tabelle A30:

Zur Überprüfung der Repräsentativität bezüglich des Kriteriummerkmals "Kreisgruppenzugehörigkeit"

Gesamtschulen

Kreisgruppen	Population (15.10.74)		Stichprobe (2.Schulhalbjahr 74/75)								
			Schulleiter			Sammlungsleiter			Schulleiter Sammlungsl. Paare		
	abs.	%	abs.	%	%-Diff.	abs.	%	%-Diff.	abs.	%	%-Diff.
obere Kreisgruppe	29	24,2	13	18,6	- 5,6	14	18,7	- 5,5	13	18,6	- 5,6
mittlere Kreisgr.	48	40,0	27	38,6	- 1,4	27	36,0	- 4,0	27	38,6	- 1,4
untere Kreisgruppe	43	35,8	30	42,8	+ 7,0	34	45,3	+ 9,5	30	42,8	+ 7,0
insgesamt	120	100,0	70	100,0	--	75	100,0	--	70	100,0	--
Rücklauf (relat. Stichprobenumfang)			0,58			0,63			0,58		
Anpassung der Verteilung der Stichprobe an die Population			gut df = 2 $chi^2 = 1,23$			mäßig df = 2 $chi^2 = 1,86$			gut df = 2 $chi^2 = 1,23$		

Gütekriterien nach Lienert:

Überschreitungswahrscheinlichkeit p: größer als 0.50/0.50 ... 0.20/0.19 ... 0.05/kleiner als 0.05

chi^2-Grenzen für df = 2: 1,39 3,22 5,99

Anpassung: gut / mäßig / schwach / fehlend

Tabelle A31:

Zur Überprüfung der Repräsentativität bezüglich des Kriteriummerkmals "Kreisgruppenzugehörigkeit"

Gymnasien (ohne Oberstufengymnasien)

Kreisgruppen	Population (15.1o.75)		Stichprobe (2. Schulhalbjahr 75/76)								
			Schulleiter			Sammlungsleiter			Schulleiter Sammlungsl. Paare		
	abs.	%	abs.	%	%-Diff.	abs.	%	%-Diff.	abs.	%	%-Diff.
obere Kreisgruppe	63	45,o	23	35,4	- 9,6	22	35,5	- 9,5	15	31,3	- 13,7
mittlere Kreisgr.	41	29,3	25	38,5	+ 9,2	19	3o,6	+ 1,3	17	35,4	+ 6,1
untere Kreisgruppe	36	25,7	17	26,1	+ o,4	21	33,9	+ 8,2	16	33,3	+ 7,6
insgesamt	14o	1oo,o	65	1oo,o	--	62	1oo,o	--	48	1oo,o	--
Rücklauf (relat. Stichprobenumfang)			o,46			o,44			o,34		
Anpassung der Verteilung der Stichprobe an die Population			mäßig df = 2 chi² = 2,17			mäßig df = 2 chi² = 1,97			mäßig df = 2 chi² = 2,8o		

Gütekriterien nach Lienert:

Überschreitungswahrscheinlichkeit p: größer als o.5o/o.5o ... o.2o/o.19 ... o.o5/kleiner als o.o5

chi^2-Grenzen für df = 2: 1,39 3,22 5,99

Anpassung: gut / mäßig / schwach / fehlend

Tabelle A32:
Zur Überprüfung der Repräsentativität bezüglich des Kriteriummerkmals "Kreisgruppenzugehörigkeit"

Realschulen

Kreisgruppen	Population (15.10.76)		Stichprobe (2.Schulhalbjahr 76/77)								
			Schulleiter			Sammlungsleiter			Schulleiter Sammlungsl. Paare		
	abs.	%	abs.	%	%-Diff.	abs.	%	%-Diff.	abs.	%	%-Diff.
obere Kreisgruppe	74	43,3	34	36,6	- 6,7	36	37,5	- 5,8	32	36,o	- 7,3
mittlere Kreisgr.	55	32,2	31	33,3	+ 1,1	31	32,3	+ o,1	29	32,6	+ o,4
untere Kreisgruppe	42	24,5	28	3o,1	+ 5,6	29	3o,2	+ 5,7	28	31,4	+ 6,9
insgesamt	171	1oo,o	93	1oo,o	--	96	1oo,o	--	89	1oo,o	--
Rücklauf (relat. Stichprobenumfang)			o,54			o,56			o,52		
Anpassung der Verteilung der Stichprobe an die Population			gut df = 2 chi^2 = 1,36			mäßig df = 2 chi^2 = 1,56			mäßig df = 2 chi^2 = 1,67		

Gütekriterien nach Lienert:

Überschreitungswahrscheinlichkeit p: größer als o.5o/o.5o ... o.2o/o.19 ... o.o5/kleiner als o.o5

chi^2-Grenzen für df = 2: 1,39 3,22 5,99

Anpassung: gut / mäßig / schwach / fehlend

Tabelle A33:

Zur Überprüfung der Repräsentativität bezüglich des Kriteriummerkmals "Kreisgruppenzugehörigkeit"

Hauptschulen (einschl. G-F-Schulen)

Kreisgruppen	Population (15.1o.76)		Stichprobe (2. Schulhalbjahr 76/77)								
			Schulleiter			Sammlungsleiter			Schulleiter Sammlungsl. Paare		
	abs.	%	abs.	%	%-Diff.	abs.	%	%-Diff.	abs.	%	%-Diff.
obere Kreisgruppe	112	34,5	41	25,4	- 9,1	35	23,7	- 1o,8	35	23,8	- 1o,7
mittlere Kreisgr.	1o5	32,3	6o	37,3	+ 5,o	57	38,5	+ 6,2	57	38,8	+ 6,5
untere Kreisgruppe	1o8	33,2	6o	37,3	+ 4,1	56	37,8	+ 4,6	55	37,4	+ 4,2
insgesamt	325	1oo,o	161	1oo,o	--	148	1oo,o	--	147	1oo,o	--
Rücklauf (relat. Stichprobenumfang)			o,5o			o,46			o,45		
Anpassung der Verteilung der Stichprobe an die Population			schwach df = 2 chi^2 = 4,o4			schwach df = 2 chi^2 = 5,6o			sehwach df = 2 chi^2 = 5,43		

Gütekriterien nach Lienert:

Überschreitungswahrscheinlichkeit p:	größer als o.5o/o.5o ...	o.2o/o.19 ...	o.o5/kleiner als o.o5	
chi^2-Grenzen für df = 2:	1,39	3,22	5,99	
Anpassung:	gut /	mäßig /	schwach /	fehlend

Tabelle A34:
Zur Anzahl der Fachlehrbefähigungen der Lehrer nach Schulformen und Schulstufen (Haupt-und nebenamtliche Lehrer nach der Individualerhebung des Hess.Kultusministers von 1973)

Schulform[1]) Schulstufe	Lehrer insges.	Lehrer /m.Lehrb.	Anzahl[2]) der Fachlehrbefähigungen 1	2	3 u.mehr
Gymnasium 5-1o	6oo4	5oo3	5,7%	57,4%	36,9%
integr.Gesamtsch.	1998	1645	3,3%	49,9%	46,8%
Förderstufe	3738	3383	3,3%	41,9%	54,8%
Realschule	4142	3793	2,6%	38,8%	58,6%
Hauptschule	4949	4419	4,8%	34,6%	6o,6%
SI insgesamt	2o831	18243	4,2%	44,5%	51,4%
SII(Gym 11-13)	2935	2562	2,5%	53,4%	44,1%
SI + SII	23766	2o8o5	4,o%	45,6%	5o,5%

Anmerkungen:
1) Zur Unterscheidung der Begriffe Schulform und Schulgattung vergleiche den Abschnitt 1.1 . Im Gegensatz zu der sonstigen Statistik des HKM erfolgt hier eine Zuordnung der Lehrer zur Grundschule und den angegebenen Schulformen. Da wegen der Komplexität des Gesamtsystems die Lehrer in der Regel in mehreren Schulformen bzw.Schulstufen Unterricht erteilen, erfolgte die Zuordnung nach dem überwiegenden Einsatz.
2) Es wurden maximal drei Fachlehrbefähigungen in der Reihenfolge der Nennungen berücksichtigt.

Tabelle A35:
Zum Vergleich der Daten über die Fachlehrbefähigungen nach der Statistik des Hess.Kultusministers(Lehrerindividualerhebung von 1973) mit veröffentl.Daten der Lehrerverbände

Schulform bzw. -gattung[1])	Daten -quelle/	-jahr	Lehrer mit Fachlehrbef.	Anzahl der Fachlehrbefähigungen 1	2	3 u.m.
Gymnasium 5-13	HKM	1973	7565	4,6%	56,1%	39,4%
Gymnasium 5-13	HPhV[2])	1971	7456	4,6%	56,3%	39,2%
R+Fö+IG(ohne H)	HKM	1973	8821	3,o%	42,1%	54,9%
reine Realsch., H-R-Sch.(einschl. Fö u.Grundsch.), Gesamtschulen	VDR[3])	1971	5o91	2o,9%	47,5%	31,6%
R+Fö+IG + H	HKM	1973	1324o	3,6%	39,6%	56,8%

Anmerkungen:
1) Wie in Tabelle A34 im Falle von HKM-Daten Zuordnung nach Schulformen. Schulgattungen im Falle der VDR-Daten.
2) HPhV = Hessischer Philologenverband (Jahrbuch 1971/72).
3) VDR = Verband Deutscher Realschullehrer,Landesverband Hessen(Jahrbuch der Hessischen Realschulen von 1971/72).

Tabelle A36:

Zum Einsatz der Lehrer mit einer der jeweiligen Schulform entsprechenden[1] Lehrbefähigung im Physikunterricht (Lehrerindividualerhebung des Hess.Kultusministers von 1973)

Schulform[2]	Physiklehrer insg.	ohne Unterricht	mit Unterricht	Unterrichtsstunden in Physik 1 - 4	5 - 8	9 - 12	13-16	17u.mehr	approximierte stat.Kennwerte[3] m	s	V=s:m
Gymnasium 5 - 1o[4)5)]	464	22,4%	36o	123	13o	86	19	2	6,6	3,7	o,56
Integr.Ges. 5 - 1o	236	14,o%	2o3	69	88	27	1o	9	6,6	4,1	o,63
Förderstufe	223	4o,8%	132	92	35	4	1	-	3,9	2,3	o,6o
Realschule[4)5)]	542	14,2%	465	191	176	67	27	4	6,o	3,7	o,62
Hauptschule[4)5)]	451	29,7%	317	156	115	34	11	1	5,3	3,3	o,62
SI insgesamt	1916	22,9%	1477	631	544	218	68	16	5,9	3,7	o,62
Gymnasium 11-13[4)6)]	578	17,8%	476	79	169	154	55	19	8,5	4,1	o,48
SI + SII	2494	21,7%	1953	71o	713	372	123	35	6,5	3,9	o,6o

Anmerkungen:

1) Vgl. den Abschnitt 7.3 .
2) Schulform im Unterschied zu Schulgattung (vgl. Abschnitt 2.1). Aufteilung der Lehrer nach dem überwiegenden Einsatz in einer bestimmten Schulform (vgl. Anm. 433).
3) Die Unterlagen der HKM-Statistik enthalten nur die Zusammenfassung der Daten nach obigen Intervallklassen. m und s konnten deswegen nur approximativ berechnet werden, indem die Mitte der Intervallklasse als Variablenwert angenommen wurde.
4) Zuordnung nach überwiegenden Einsatz in Gym5-1o oder Gym11-13 bzw. Hauptschule oder Realschule.
5) Hautschulzweige bzw. Realschulzweige bzw. Gymnasialzweige an additiven Gesamtschulen sind hier miterfaßt.
6) Neben den Jahrgangsstufe 11-13 an Gymnasien werden auch solche der Gesamtschulen hier mitgezählt.

Tabelle A37:

Zum Vergleich des Einsatzes von Lehrern mit einer der jeweiligen Schulstufe entsprechenden[1)] Lehrbefähigung in den naturwissenschaftlichen Schulfächern und in den Schulfächern Mathematik, Deutsch und Englisch(Lehrerindividualerhebung des Hess.Kultusministers von 1973)

Schulfach/-stufe		F a c h l e h r e r insg.	ohne Unterricht	mit Unterricht	Fachunterrichtsstunden 1 - 4	5 - 8	9 -12	13-16	17u.mehr	approximierte stat.Kennwerte[3)] m	s	V=s:m
Physik	SI	1916	22,9%	1477	631	544	218	68	16	5,9	3,7	o,62
	SII	578	17,8%	476	79	169	154	55	19	8,5	4,1	o,48
Chemie	SI	1141	29,1%	8o9	399	245	99	45	21	5,8	4,1	o,71
	SII	371	24,8%	279	76	69	51	4o	43	9,1	5,6	o,62
Biologie	SI	28o9	16,1%	2357	1o54	74o	3o8	171	84	6,2	4,4	o,7o
	SII	315	7,3%	292	43	52	7o	52	75	11,4	5,6	o,49
Mathematik	SI	4998	14,1%	4294	951	127o	99o	627	456	8,9	5,1	o,56
	SII	631	6,7%	589	66	8o	182	16o	1o1	11,5	4,9	o,42
Deutsch	SI	61o8	15,4%	517o	1173	1915	1128	624	33o	8,2	4,6	o,56
	SII	847	23,o%	652	99	14o	179	16o	74	1o,3	4,9	o,48
Englisch	SI	39o6	6,3%	3661	34o	867	92o	795	739	11,3	5,1	o,44
	SII	53o	11,3%	47o	58	1o3	112	118	79	11,o	5,1	o,46

Anmerkungen:

Siehe Anmerkungen der Tabelle A 36 .

Tabelle A 38:

Zum Einsatz von Lehrern ohne Rücksicht auf eine Lehrbefähigung im Schulfach Physik (Projekterhebungen 1972 - 1976)

Schulgattung[1] und Erhebungsjahr	Physiklehrer mit Angaben	Physiklehrer ohne Unterricht	Physiklehrer mit Unterricht	Unterrichtsstunden in Physik 1 - 4	5 - 8	9 -12	13-16	17u.mehr	statistische Kennwerte[2] m	s	V
H 1972 u.1973[3]	241	3,7%	232	15o	6o	16	5	1	4,8	3,2	o,67
R 1972 u.1973[3]	254	3,5%	245	94	96	44	7	4	6,3	3,6	o,57
Ges 1975	247	2,o%	242	8o	66	54	32	1o	7,9	4,7	o,59
Gym[4] 1976	265	2,3%	259	45	1o9	65	26	14	8,3	4,7	o,56
addit.Ges 1975	1o6	1,9%	1o4	37	34	2o	9	4	7,7	4,5	o,58
integr.Ges 1975	141	2,1%	138	43	32	34	23	6	8,o	4,8	o,6o

Anmerkungen:

1) Schulgattungen im Unterschied zu den Schulformen der Tabelle A36.
2) Verrechnet wurden nur Lehrer mit Unterricht in Physik. V = s:m .
3) Die Teilstichproben von 1972 und 1973 können zusammengefaßt werden, da keine regionale Überschneidung vorliegt.

4) Ohne Oberstufengymnasien.

Tabelle A39:

Mehrfeldertafeln zum Einsatz von Lehrern im Physikunterricht nach Qualifikationsstufen[1)] (Projekterhebungen 1972 - 1976)

Hauptschulen 1972 u. 1973[2)]

Qualifikationsstufe	Unterrichtsstunden 0 - 3	Unterrichtsstunden 4u.mehr
A	25	44
B	31	34
O	61	46

N=241, Chi^2=7,28, df=2, Sign.-Niv.: o.o5

Realschulen 1972 u. 1973[2)]

Qualifikationsstufe	Unterrichtsstunden 0 - 4	Unterrichtsstunden 5u.mehr
A	72	8o
B	33	3o
O	2o	19

N=254, Chi^2=o,53, df=2, nicht signifikant

Gymnasien 1976

Qualifikationsstufe	Unterrichtsstunden 0 - 7	Unterrichtsstunden 8u.mehr
S	112	116
A	15	12
O	7	3

N=265, Chi^2=1,97, df=2, nicht signifikant

Gesamtschulen insg. 1975

Qualifikationsstufe	Unterrichtsstunden 0 - 7	Unterrichtsstunden 8u.mehr
A	62	99
B	28	18
O	33	7

N=247, Chi^2=27,56, df=2, Sign.-Niv.: o.oo1

integrierte Gesamtsch.1975

Qualifikationsstufe	Unterrichtsstunden 0 - 7	Unterrichtsstunden 8u.mehr
A	33	6o
B	15	12
O	18	3

N=141, Chi^2=18,38, df=2, Sign.-Niv.: o.oo1

additive Gesamtsch.1975

Qualifikationsstufe	Unterrichtsstunden 0 - 7	Unterrichtsstunden 8u.mehr
A	29	39
B	13	6
O	15	4

N=1o6, Chi^2= 9,86, df=2, Sign.-Niv.: o.o1

Anmerkungen:

1) Qualifikationsstufen nach der Definition im Abschnitt 7.3 .
2) Vgl.Anm.3) der Tabelle A38 .

Tabelle A 4o:

Der Fehlbestand an Lehrkräften nach Angaben der Schulleiter in beiden Projektphasen

Schulgattung[1]	Hauptschulen		Realschulen		Gesamtschulen		Gymnasien
Erhebungsjahr	1972	1977	1972	1977	1973	1975[2]	1976
Anz.d.Schull. mit Angaben	1o7	155	51	84	37	81	64
Anz.d.Schull.ohne Angaben	16	6	8	9	18	8	1
Schulen mit Physiklehrerdefizit	13,1%	56,8%	15,7%	75,o%	67,6%	43,2%	64,1%
Schulen ohne Physiklehrerdefizit	86,9%	43,2%	84,3%	25,o%	32,4%	56,8%	35,9%
Physiklehrer-Soll aller Schulen	194	48o	2o4	585	227	643	578
Physiklehrer-Ist[4] aller Schulen	176	369	193	446	166	583	517
prozentualer Fehlbestand aller Sch.	9,3%	23,1%	5,4%	23,8%	26,9%	9,3%	1o,5%
Korrelationskoeffizienten zwischen der Variablen QLP bzw.RAPL und der Variablen d[3]:							
Spearmans R bezüglich QLP und d	-	-o.17	-	-o.o4	-	o.o8	-o.13
N / Signifikanzniveau	-	146/o.o5	-	84/n.s.	-	78/n.s.	64/n.s.
Spearmans R bezüglich RAPL und d	-	-o.o9	-	-o.22	-	-o.37	-o,29
N / Signifikanzniveau	-	146/n.s.	-	81/o.o5	-	63/o.o1	62/o.o5

Anmerkungen:

1) Schulgattungen im Sinne der Definition in Abschnitt 1.1 .
2) Hier wurden die Daten der Gesamtstichprobe verrechnet. Vergl.hierzu die Anmerkung 322 des Abschnitts 6.7.1 .
3) Die Variable d gibt den "prozentualen Fehlbestand einer Schule" an.
4) Physiklehrer-Ist ohne Berücksichtigung der Lehrbefähigung für das Fach.

Tabelle A41:

Bedingte Medianwerte der personalbezogenen Maße QLP und RAPS in Abhängigkeit von der Schulgröße und der Kreisgruppenzugehörigkeit /
Prozentuale Abweichungen dieser Medianwerte vom Medianwert des Gesamtsamples

QLP		Schulgröße klein	Schulgröße mittel	Schulgröße groß	alle Schulen	RAPS	Schulgröße klein	Schulgröße mittel	Schulgröße groß	alle Schulen
untere	MEDIAN	0,55	0,70	0,72	0,72	MEDIAN	0,0096	0,0071	0,0065	0,0075
Kreis-	Abw.	-19,6 %	+ 2,3 %	+ 5,4 %	+ 5,o %	Abw.	+25,3 %	- 7,1 %	-14,9 %	- 2,5 %
gruppe	N	5o	46	36	132	N	49	45	34	128
mittl.	MEDIAN	0,52	0,68	0,76	0,66	MEDIAN	0,0092	0,0072	0,0077	0,0077
Kreis-	Abw.	-24,o %	- 1,o %	+11,7 %	- 3,1 %	Abw.	+2o,4 %	- 6,2 %	+ o,7 %	+ 1,3 %
gruppe	N	43	48	48	139	N	42	48	46	136
obere	MEDIAN	0,80	0,70	0,65	0,72	MEDIAN	0,0080	0,0088	0,0060	0,0070
Kreis-	Abw.	+17,o %	+ 2,3 %	- 5,o %	+ 5,o %	Abw.	+ 4,7 %	+15,6 %	-21,1 %	- 8,9 %
gruppe	N	2o	43	46	1o9	N	2o	42	45	1o7
alle	MEDIAN	0,64	0,69	0,73	0,68$_{4}$	MEDIAN	0,0089	0,0075	0,0067	0,0076$_{4}$
Kreis-	Abw.	- 6,4 %	+ o,7 %	+ 6,o %	----	Abw.	+16,4 %	- 2,2 %	-12,2 %	----
gruppen	N	113	137	13o	38o	N	111	135	125	371

Anmerkung:
Die Prozentwerte wurden auf der Basis von QLP-Werten mit drei Stellen nach dem Komma und von RAPS-Werten mit fünf Stellen nach dem Komma ermittelt. Die angegebenen bedingten Medianwerte sind auf 2 bzw. 4 Stellen nach dem Komma gerundet.

Tabelle A42:

Bedingte Mittelwerte der Ausstattungsmaße GMG und AF in Abhängigkeit von der Schulgröße und der Kreisgruppenzugehörigkeit/
Prozentuale Abweichungen dieser Mittelwerte vom Mittelwert des Gesamtsamples

GMG		Schulgröße klein	Schulgröße mittel	Schulgröße groß	alle Schulen	AF	Schulgröße klein	Schulgröße mittel	Schulgröße groß	alle Schulen
untere	M	0,48	0,52	0,56	0,52	M	201	208	233	212
Kreis-	Abw.	- 5,7%	+ 2,0%	+ 9,8%	+ 2,1%	Abw.	- 6,1%	- 2,8%	+ 9,1%	- 0,9%
gruppe	N	54	48	38	140	N	54	48	38	140
mittl.	M	0,45	0,51	0,55	0,51	M	187	211	232	211
Kreis-	Abw.	-11,8%	0	+ 7,8%	0	Abw.	-12,6%	- 1,4%	+ 8,4%	- 1,4%
gruppe	N	41	45	48	134	N	41	45	48	134
obere	M	0,51	0,51	0,53	0,52	M	211	220	225	220
Kreis-	Abw.	0	0	+ 4,1%	+ 2,1%	Abw.	- 1,4%	+ 2,8%	+ 5,0%	+ 2,8%
gruppe	N	22	41	44	107	N	22	41	44	107
alle	M	0,48	0,51	0,54	0,51	M	198	213	230	214
Kreis-	Abw.	- 5,9%	0	+ 5,9%	----	Abw.	- 7,5%	- 0,5%	- 7,5%	----
gruppen	N	117	134	130	381	N	117	134	130	381

Anmerkung:
Die Prozentwerte wurden auf der Basis von GMG-Werten mit drei Stellen nach dem Komma und von AF-Werten mit einer Stelle nach dem Komma ermittelt. Die angegebenen bedingten Mittelwerte und die Mittelwerte des Gesamtsampels wurden bei GMG auf zwei Stellen nach dem Komma und bei AF ganzzahlig gerundet.

Tabelle A43:

Zur Prüfung auf Zusammenhänge zwischen Fachraumkapazitäten und den Bewertungsmaßen AFD, AFS und AF

Schulgattungen	N[4)]	Zusammenhang zwischen der F a c h r a u m k a p a z i t ä t für Demonstrationsunterricht und der Variablen AFD: C_p	Sign.N.	Richtung[2)]	Schülerübungsunterricht und der Variablen AFS: C_p	Sign.N.	Richtung[2)]	Zusammenhang zwischen den Variablen KRK[1)] und AF: R_c	Sign.N.[3)]
alle	35o	o,34	o.oo1	positiv	o,35	o.oo1	pos.lin.	o,22	o.oo1
Gesamtschulen	69	o,31	n.s.	---	o,39	n.s.	---	o,23	o.o5
Gymnasien	48	o,23	n.s.	---	o,26	n.s.	---	-o,1o	n.s.
Realschulen	89	o,21	n.s.	---	o,38	n.s.	positiv	o,o8	n.s.
Hauptschulen (einschl.G-F)	144	o,35	o.o5	positiv	o,39	o.o1	positiv	o,33	o.oo1

Anmerkungen:

C_p = Kontingenzkoeffizient nach Pawlik (vgl. Sachs 1974,S.372)

R_c = Spearmans Rangkorrelationskoeffizient bei Rangbindungen (vgl. Nie et al.1975, S.289 oder Heinrich/Langosch 1974, S.149)

1) KRK = kombinierte Raumkapazität
2) "positiv" bedeutet hier, daß mit der einen Variablen auch die andere zunimmt. "positiv linear" bedeutet, daß die betreffende Diagonale im Vergleich zu den anderen Feldern dominierend besetzt ist.
3) einseitige Prüfung
4) Von den eigegangenen 354 Paaren von Fragebögen(Schulleiter/Sammlungsleiter) enthielten 4 Schulleiterfragebögen keine Daten über Fachraumkapazitäten.

Tabelle A44:

Zur Prüfung auf Zusammenhänge zwischen den personalbezogenen Variablen RAPL und QLP und den Ausstattungsmaßen GMG und AF

	RAPL und						QLP und					
	GMG			AF			GMG			AF		
Schulgattungen	N 1)	r	Sign.N. 2)	N 1)	r	Sign.N. 2)	N 1)	R	Sign.N 3)	N 1)	R	Sign.N. 3)
alle	325	-o,13	o.o1	325	-o,12	o.o5	345	o,3o	o.oo1	345	o,39	o.oo1
Gesamtschulen	57	o,o9	n.s.	57	o,o6	n.s.	7o	-o,o8	n.s.	7o	-o,o1	n.s.
Gymnasien	45	o,4o	o.o1	45	o,47	o.oo1	47	-o,2o	n.s.	47	-o,o4	n.s.
Realschulen	85	o,16	n.s.	85	o,16	n.s.	88	-o,16	n.s.	88	-o,12	n.s.
Hauptschulen (einschl.G-F)	138	-o,29	o.oo1	138	-o,28	o.oo1	140	o,29	o.oo1	140	o,2o	o.o5

Anmerkungen:

r = Korrelationskoeffizient nach Pearson, R = Rangkorrelationskoeffizient nach Spearman

1) Die unterschiedlichen Stichprobenumfänge bezüglich RAPL und QLP beruhen auf "Datenlücken", die trotz telefonischer Ergänzungsbemühungen nicht geschlossen werden konnten. Insbesonders bei den Gesamtschulen erschienen gewisse Daten über Lehrergesamtzahlen als nicht verläßlich, was im Zusammenhang mit Angaben über teilzeitbeschäftigte Lehrer steht und entsprechende Umrechnungen erforderte. In allen Zweifelsfällen wurde von einer Verechnung solcher unverläßlicher Daten abgesehen.

2) zweiseitige Prüfung 3) einseitige Prüfung

Tabelle A45:

Zur Validierung der von den Sammlungsleitern der Haupt- und Realschulen angegebenen finanziellen Schätzwerte über die Geräteausstattungen

Schulgattung Erhebungsjahr	Art der Stichprobe	N	Schätzwert (DM) m_1	V_1	Flexib.d.Ausst. m_2	V_2	Schulgröße m_3	V_3	Korrelationskoeff. r_{12}
H	original	64	10.681	0,72	118,4	0,42	439,9	0,46	0,47
1972	reduziert	34	9.832	0,70	102,8	0,46	405,9	0,45	0,84
(N_o = 102)	Rest	30	11.643	0,71	136,1	0,33	478,4	0,46	0,09
H	original	47	16.498	1,07	121,7	0,40	434,2	0,56	0,42
1973	reduziert	30	15.727	1,13	110,4	0,45	436,5	0,61	0,74
(N_o = 76)	Rest	17	17.859	0,95	141,7	0,28	430,1	0,58	0,13
R	original	40	35.775	0,74	157,9	0,29	705,3	0,32	0,53
1972	reduziert	25	28.120	0,69	147,8	0,32	654,2	0,37	0,77
(N_o = 50)	Rest	15	48.533	0,65	174,8	0,22	790,5	0,21	0,19
R	original	29	49.345	o,77	191,2	0,22	535,2	0,38	0,47
1973	reduziert	15	54.300	0,76	196,4	0,19	579,9	0,41	0,77
(N_o = 44)	Rest	14	44.036	0,75	185,6	0,25	487,4	0,29	0,15

Anmerkungen: N_o ist die Anzahl der ausgefüllten Sammlungsleiterfragebögen insgesamt, N^o ist die Anzahl der Fragebögen mit Schätzwerten.
Als Maß für die Flexibilität der Ausstattungen bezüglich der Erhebungen im Jahre 1972 wurde mit Hilfe der im Teilabschnitt 8.2.2.1 definierten Ausstattungsvariablen AWDP und AWSP eine abgeleitete Variable gebildet: (AWDP:214 + AWSP:32).100 = AF-72.
Was die Erhebungen von 1973 mit Rahmenrichtlinienbezug betrifft, wurde als Maß für die Flexibiltät der Ausstattung die Variable AF-73 gewählt, die völlig analog definiert ist wie das Maß AF (Teilabschnitt 8.2.3.2). Bezugsgrundlage ist jedoch die Geräteliste von FRITZ (1973) mit nur 216 Gerätetiteln.
m = arithm. Mittel, V = s:m = Variabilitätskoeffizient.

Tabelle A46:

Zur Validierung der von den Sammlungsleitern der Gesamtschulen und Gymnasien angegebenen finanziellen Schätzwerte über die Geräteausstattungen

Schulgattung Erhebungsjahr	Art der Stichprobe	N	Schätzwert (DM) m_1	V_1	Flexib.d.Ausst. m_2	V_2	Schulgröße m_3	V_3	Korrelationskoeff. r_{12}
Ges	original	63	123.397	0,69	248,4	0,20	1181,9	0,34	0,45
1975	reduziert	37	136.946	0,73	239,8	0,18	1213,4	0,34	0,65
(N_o = 75)	Rest	26	104.115	0,52	260,7	0,20	1137,2	0,35	0,30
Gesamtschulen	original	50	112.560	0,57	241,3	0,20	1052,7	0,24	0,55
ohne S II	reduziert	31	125.000	0,61	238,5	0,21	1063,7	0,25	0,74
(N_o = 59)	Rest	19	92.263	0,55	245,8	0,18	1034,7	0,23	0,16
Gesamtschulen	original	13	165.077	0,73	275,8	0,16	1679,0	0,29	0,13
mit S II	reduziert	7	139.571	0,32	265,7	0,10	1468,4	0,28	0,14
(N_o = 16)	Rest	6	194.833	0,85	287,5	0,19	1924,7	0,24	0,07
Gym	original	37	115.838	0,73	269,4	0,15	1056,8	0,37	0,53
1976	reduziert	22	120.955	0,69	272,7	0,16	1068,0	0,27	0,81
(N_o = 62)	Rest	15	1o8.333	0,80	264,5	0,14	1040,3	0,48	0,08

Anmerkungen: N_o und N haben die gleiche Bedeutung wie in der Tabelle A45.
Als Maß für die Flexibilität der Ausstattung wurde hier die im Teilabschnitt 8.2.3.2 eingeführte Variable AF verwendet.
Die zusätzliche Aufteilung der Gesamtschulen in eine Teilgruppe kleinerer und eine Teilgruppe größerer Einheiten basiert auf der Überlegung, daß bei größeren Einheiten Mehrfachausstattungen vorhanden sind und dadurch auch die Schätzwerte höher ausfallen müssen.
m = arithm. Mittel, V = s:m = Variabilitätskoeffizient.

Tabelle A47:

Zur Prüfung auf Zusammenhang zwischen den finanziellen Schätzwerten der Sammlungsleiter und der Verflechtung der Schulen mit der Primarstufe (H-R-Schulen 1972/73, Gesamtschulen 1975)

Originalstichprobe

Finanzielle Schätzwerte		unter 20.000 DM	20.000 DM und darüber	
	Hauptschulen	88	19	Die Diagonale (AD) ist stärker
Schulen mit	Realschulen	12	25	besetzt als die Diagonale (BC).
Grundschülern	Gesamtschulen	-	20	chi^2 = 33,83, df = 1, folglich
	alle Schulen zus.	100(A)	64(B)	(einseitiges) Sign.-Niv.:0.001.
	Hauptschulen	2	2	Kontingenzkoeffizient nach
Schulen ohne	Realschulen	10	22	Pawlik(vgl. Sachs 1974, S.372):
Grundschüler	Gesamtschulen	4	39	$C_p = 0{,}49$
	alle Schulen zus.	16(C)	63(D)	

Zugehörige validierte Stichprobe

Finanzielle Schätzwerte		unter 20.000 DM	20.000 DM und darüber	
	Hauptschulen	50	13	Die Diagonale (AD) ist stärker
Schulen mit	Realschulen	7	9	besetzt als die Diagonale (BC).
Grundschülern	Gesamtschulen	-	13	chi^2 = 20,50, df = 1, folglich
	alle Schulen zus.	57(A)	35(B)	(einseitiges) Sign.-Niv.:0.001.
	Hauptschulen	1	-	Kontingenzkoeffizient nach
Schulen ohne	Realschulen	7	17	Pawlik:
Grundschüler	Gesamtschulen	2	22	$C_p = 0{,}50$
	alle Schulen zus.	10(C)	39(D)	

Tabelle A48:

Mehrfeldertafeln zum Einsatz von Lehrern im Physikunterricht nach Qualifikationsstufen[1]
(Nach Daten der Erhebung der Schulabteilung des Regierungspräsidenten in Gießen 1982)

Hauptschulen (einschl. GF)

Qualifikationsstufe	Unterrichtsstunden[2] 1 - 3	4u.mehr
A	5	19
B	8	1o
O	35	15

N=92, Chi^2= 16,24, df=2,
Sign.-Niv.: o.oo1

Realschulen

Qualifikationsstufe	Unterrichtsstunden[2] 1 - 5	6u.mehr
A	2o	37
B	5	7
O	29	9

N=1o7, Chi^2= 15,92, df=2,
Sign.-Niv.: o.oo1

Gymnasien

Qualifikationsstufe	Unterrichtsstunden[2] 1 - 8	9u.mehr
S/A	53	56
B	1	-
O	2	-

Wegen der ganz schwachen Besetzung der 2.u.3.Zeile keine sign.Abw.von der Gleichverteilung

Gesamtschulen

Qualifikationsstufe	Unterrichtsstunden[2] 1 - 6	7u.mehr
A	92	169
B	27	7
O	55	8

N=358, Chi^2= 69,32, df=2,
Sign.-Niv.: o.oo1

Anmerkungen:

1) Qualifikationsstufen nach der Definition im Abschnitt 7.3 .
2) Im Gegensatz zur Tabelle A39 sind in diesem Datensatz keine Physiklehrer enthalten, die im Zeitpunkt der Erhebung keinen Physikunterricht erteilten. Die Zuordnung zu den beiden Gruppen erfolgte wieder wie in der Tabelle A39 so, daß beide Spalten in etwa gleichstark besetzt sind.

Tabelle A49:

Zum Einsatz von Lehrern im Schulfach Physik
(Nach Daten der Erhebung der Schulabteilung des Regierungspräsidenten in Gießen 1982)

Schulgattung	1 - 4	5 - 8	9 -12	13-16	17u.mehr		statistische Kennwerte N	m	s	V=S:m
	Unterrichtsst.ohne Berücks.d.Fachlehrb.									
Gesamtschulen	1o9	115	9o	38	6		358	7,4	4,3	o,58
	davon mit der Qualifikationsstufe					A:	261	8,6	4,o	o,46
						B:	34	4,7	3,1	o,65
						O:	63	3,7	3,1	o,83
Gymnasien	21	37	41	1o	3		112	8,3	3,9	o,47
	davon mit der Qualifikationsstufe					S/A:	1o9	8,3	3,8	o,45
						B:	1	4,o	-	-
						O:	2	5,5	-	-
Realschulen	46	3o	23	8	-		1o7	6,2	4,o	o,64
	davon mit der Qualifikationsstufe					A:	57	7,5	3,6	o,48
						B:	12	7,o	3,7	o,53
						O:	38	3,9	3,6	o,91
Hauptschulen	63	24	5	-	-		92	3,8	2,5	o,66
	davon mit der Qualifikationsstufe					A:	24	5,5	2,3	o,43
						B:	18	4,3	2,9	o,69
						O:	5o	2,9	2,1	o,71

Tabelle A50:

Die Zuweisung von H-R-Lehrern mit Fachlehrbefähigungen in den naturwissenschaftlichen Fächern an Hauptschulen, Realschulen und Gesamtschulen nach Schulaufsichtsbereichen zum Einstellungstermin 1.8.1983

<table>
<tr><th rowspan="2">Regierungsbezirk Darmstadt</th><th colspan="3">Physik</th><th colspan="3">Chemie</th><th colspan="3">Biologie</th></tr>
<tr><th>H</th><th>R</th><th>Ges</th><th>H</th><th>R</th><th>Ges</th><th>H</th><th>R</th><th>Ges</th></tr>
<tr><td>Stadt Darmstadt</td><td colspan="2">5</td><td>-</td><td colspan="2">3</td><td>-</td><td colspan="2">3</td><td>-</td></tr>
<tr><td>" Frankfurt</td><td>3</td><td>2</td><td>-</td><td>2</td><td>2</td><td>-</td><td>3</td><td>2</td><td>-</td></tr>
<tr><td>" Offenbach</td><td colspan="2">3</td><td>1</td><td colspan="2">2</td><td>2</td><td colspan="2">4</td><td>1</td></tr>
<tr><td>" Wiesbaden</td><td>2</td><td>-</td><td>-</td><td>2</td><td>-</td><td>-</td><td>2</td><td>-</td><td>1</td></tr>
<tr><td>Landkreis Bergstraße</td><td colspan="2">2</td><td>-</td><td colspan="2">1</td><td>1</td><td colspan="2">1</td><td>-</td></tr>
<tr><td>" Darmstadt-Dieburg</td><td>-</td><td>2</td><td>-</td><td>-</td><td>2</td><td>-</td><td>-</td><td>-</td><td>2</td></tr>
<tr><td>" Groß-Gerau</td><td colspan="2">3</td><td>-</td><td colspan="2">1</td><td>-</td><td colspan="2">3</td><td>-</td></tr>
<tr><td>" Hochtaunus</td><td>-</td><td>-</td><td>-</td><td>-</td><td>-</td><td>-</td><td colspan="2">1</td><td>-</td></tr>
<tr><td>" Main-Kinzig</td><td>2</td><td>1</td><td>1</td><td>1</td><td>1</td><td>2</td><td>2</td><td>2</td><td>2</td></tr>
<tr><td>" Main-Taunus</td><td>-</td><td>-</td><td>-</td><td>-</td><td>-</td><td>-</td><td>-</td><td>-</td><td>-</td></tr>
<tr><td>" Odenwald</td><td>-</td><td>-</td><td>1</td><td>-</td><td>-</td><td>1</td><td>-</td><td>-</td><td>-</td></tr>
<tr><td>" Offenbach</td><td colspan="2">1</td><td>1</td><td>1</td><td>1</td><td>1</td><td>-</td><td>-</td><td>-</td></tr>
<tr><td>" Rheingau-Taunus</td><td>-</td><td>-</td><td>-</td><td>-</td><td>-</td><td>-</td><td>-</td><td>-</td><td>-</td></tr>
<tr><td>" Wetterau</td><td>-</td><td>-</td><td>-</td><td>-</td><td>-</td><td>-</td><td>-</td><td>-</td><td>-</td></tr>
<tr><td colspan="10">Regierungsbezirk Gießen</td></tr>
<tr><td>Landkreis Gießen</td><td colspan="3" rowspan="5">keine Zuweisung</td><td colspan="3" rowspan="5">keine Zuweisung</td><td colspan="3" rowspan="5">keine Zuweisung</td></tr>
<tr><td>" Lahn-Dill</td></tr>
<tr><td>" Limburg-Weilburg</td></tr>
<tr><td>" Marburg-Biedenkopf</td></tr>
<tr><td>" Vogelsberg</td></tr>
<tr><td colspan="10">Regierungsbezirk Kassel</td></tr>
<tr><td>Stadt Kassel</td><td colspan="3" rowspan="7">keine Zuweisung</td><td colspan="3" rowspan="7">keine Zuweisung</td><td colspan="3" rowspan="7">keine Zuweisung</td></tr>
<tr><td>Landkreis Fulda</td></tr>
<tr><td>" Hersfeld-Rotenburg</td></tr>
<tr><td>" Kassel</td></tr>
<tr><td>" Schwalm-Eder</td></tr>
<tr><td>" Waldeck-Frankenberg</td></tr>
<tr><td>" Werra-Meißner</td></tr>
</table>

Die Zahlen in der Tabelle sind "Fallzahlen". Dies bedeutet, daß Lehrer mit zwei oder drei naturwissenschaftlichen Fächern in zwei bzw. drei Spalten mitgezählt werden.

Tabelle A51:

Die Zuweisung von Gymnasiallehrern mit Fachlehrbefähigungen in den naturwissenschaftlichen Fächern an Gymnasien und Gesamtschulen nach Schulaufsichtsbereichen zum Einstellungstermin 1.8.1983

	Physik		Chemie		Biologie	
Regierungsbezirk Darmstadt	Gym	Ges	Gym	Ges	Gym	Ges
Stadt Darmstadt	1	-	1	-	-	-
" Frankfurt	4	1	4	1	3	1
" Offenbach	-	-	-	-	-	-
" Wiesbaden	4	-	-	-	-	-
Landkreis Bergstraße	2	-	1	-	1	-
" Darmstadt-Dieburg	-	-	-	-	-	-
" Groß-Gerau	1	-	1	-	-	-
" Hochtaunus	1	2	-	1	-	1
" Main-Kinzig	2	1	1	1	3	2
" Main-Taunus	-	-	-	-	-	-
" Odenwald	-	-	-	-	-	-
" Offenbach	2	1	3	3	3	2
" Rheingau-Taunus	3	-	-	-	-	-
" Wetterau	2	-	2	-	3	1
Regierungsbezirk Gießen						
Landkreis Gießen	2	-	2	-	-	-
" Lahn-Dill	-	-	-	-	-	-
" Limburg-Weilburg	-	-	-	-	-	-
" Marburg-Biedenkopf	1	-	1	-	2	1
" Vogelsberg	-	-	-	-	-	-
Regierungsbezirk Kassel						
Stadt Kassel	-	-	-	-	-	-
Landkreis Fulda	-	-	1	-	1	-
" Hersfeld-Rotenburg	-	1	-	2	-	2
" Kassel	-	-	-	-	-	-
" Schwalm-Eder	1	2	-	2	-	-
" Waldeck-Frankenberg	-	-	1	1	1	1
" Werra-Meißner	-	-	-	-	-	-

Vgl. die Anmerkung bezüglich "Fallzahlen" in der Tabelle A50.

Tabelle A 52:

Angaben der Leiter der staatlichen Schulämter über den nach Vollzug der Lehrerzuweisung vom 1.8.1983 noch weiterhin bestehenden Bedarf an Lehrern mit Fachlehrbefähigungen in den naturwissenschaftlichen Fächern

Regierungsbezirk Darmstadt	Physik H-R	Physik Gym	Chemie H-R	Chemie Gym	Biologie H-R	Biologie Gym
Stadt Darmstadt		x	x		x	
" Frankfurt	x	x	x	x	x	x
" Offenbach						
" Wiesbaden	x	x	x			
Landkreis Bergstraße						
" Darmstadt-Dieburg		x				
" Groß-Gerau	x	x	x	x	x	x
" Hochtaunus						
" Main-Kinzig	x	x	x	x	x	x
" Main-Taunus	x	x	x	x	x	x
" Odenwald	x	x	x	x	x	
" Offenbach	x		x			
" Rheingau-Taunus	x		x	x		
" Wetterau	x	x	x		x	
Regierungsbezirk Gießen						
Landkreis Gießen	x	x	x	x	x	x
" Lahn-Dill	x	x	x	x		
" Limburg-Weilburg	x	x	x	x	x	x
" Marburg-Biedenkopf	x	x	x	x	x	x
" Vogelsberg						
Regierungsbezirk Kassel						
Stadt Kassel			x	x		x
Landkreis Fulda						
" Hersfeld-Rotenburg						
" Kassel			x	x		x
" Schwalm-Eder			x	x	x	x
" Waldeck-Frankenberg	x	x	x	x	x	x
" Werra-Meißner	x	x	x	x		x

"x" bedeutet, daß Bedarf angegeben wurde. Leerstellen bedeuten, daß kein Bedarf angegeben wurde.

Tabelle A53:

Angaben der Leiter der staatlichen Schulämter über den zusätzlichen Bedarf an Physiklehrern im Zusammenhang mit der curricularen Forderung nach Intensivierung des Schülerübungsunterrichts und unter Berücksichtigung des "Sicherheitserlaßes".

	H-R-Lehrer			Gymnasiallehrer		
Regierungsbezirk Darmstadt	kein Mehrbedarf	geringfügiger Mehrbedarf	wesentlicher Mehrbedarf	kein Mehrbedarf	geringfügiger Mehrbedarf	wesentlicher Mehrbedarf
Stadt Darmstadt			x		x	
" Frankfurt		x				x
" Offenbach		x			x	
" Wiesbaden		x			x	
Landkreis Bergstraße		x			x	
" Darmstadt-Dieburg		x			x	
" Groß-Gerau			x			x
" Hochtaunus		x			x	
" Main-Kinzig		x			x	
" Main-Taunus			x			x
" Odenwald		x			x	
" Offenbach		x		x		
" Rheingau-Taunus			x			x
" Wetterau			x			x
Regierungsbezirk Gießen						
Landkreis Gießen		x			x	
" Lahn-Dill			x			x
" Limburg-Weilburg			x			x
" Marburg-Biedenkopf		x			x	
" Vogelsberg		x			x	
Regierungsbezirk Kassel						
Stadt Kassel		x			x	
Landkreis Fulda		x			x	
" Hersfeld-Rotenburg		x			x	
" Kassel		x			x	
" Schwalm-Eder		x			x	
" Waldeck-Frankenberg		x			x	
" Werra-Meißner			x			x

Tabelle A54: Zur Lehrerneueinstellung zum Einstellungstermin 1.8.1983 in Hessen - Fälle von Fachlehrbefähigungen bei Haupt- und Realschullehrern und bei Gymnasiallehrern (Mitteilung des Referats Statistik des HKM)

Lehramt	H-R	Gym	H-R	Gym	H-R	Gym
Fach	ev.Religion		ka.Religion		Deutsch	
Fälle[1] d.Bewerber	139	53	1o7	38	532	1o71
Fälle d.Einstell.	14	5	13	11	22	43
Fach	Sozialkunde		Gesellsch.-L.		Geschichte	
Fälle d.Bewerber	412	1o53	61	1o1	16o	46o
Fälle d.Einstell.	14	21	-	5	6	13
Fach	Erdkunde		Mathematik		Physik	
Fälle d.Bewerber	273	431	531	43o	166	217
Fälle d.Einstell.	5	6	33	42	3o	33
Fach	Chemie		Biologie		Latein	
Fälle d.Bewerber	97	157	338	254	-	21
Fälle d.Einstell.	26	29	28	29	-	7
Fach	Englisch		Französisch		Griechisch	
Fälle d.Bewerber	322	524	152	291	-	2
Fälle d.Einstell.	37	32	13	18	-	2
Fach	Kunst		Musik		Sport	
Fälle d.Bewerber	371	84	125	16	449	647
Fälle d.Einstell.	14	17	33	9	27	23
Fach	Russisch		Polytechnik		Werken	
Fälle d.Bewerber	-	115	129	-	-	36
Fälle d.Einstell.	-	4	8	-	-	9

Lehramt für	Grund-schulen	H-R - schulen	Sonder-schulen	Gym-nasien	Berufs-schulen
Anzahl d.Bewerber	1665	217o	399	2936	454
Einstellungen abs.[2]	171	163	59	177	145
Einstellungen proz.	1o,3%	7,5%	14,8%	6,o%	31,9%

Anmerkungen:

1 Jeder Fall repräsentiert genau einen Lehrer mit dem betreffenden Fach. In der Regel tritt jeder Lehrer als 2-Fach-Lehrer zweimal als ein Fall auf. Lehrer mit nur einem oder mit drei Fächern treten entsprechend als ein Fall oder dreimal als Fall auf.

2 Die Anzahl der Einstellungen ist annähernd gleich der Gesamtzahl aller Fälle über alle Fächer hinweg.

Tabelle A55: Fachspezifischer Bedarf und Bestand an Lehrern, Bewerber und Einstellungen(SI+SII)[1]
(prozentuale Anteile der fachbezogenen Fälle an der Gesamtzahl der Fälle)

	Bedarfsplan[2] (Werte p_1) a 76/77 %	b 81/82 %	c 82-86 %	Bestand[3] (Werte p_2) d 73/74 %	e 81/82 %	Bewerber[4] zum 1.8. 1983 %	Einstellungen[5] zum 1.8.1983 Quote %	Rang E	Differenzen $p_2 - p_1$: $p_d - p_a$ %	Rang A	$p_e - p_b$ %	Rang B
Religion	7,2	6,8	6,7	7,2	5,6	3,3	6,3	7	o	11	- 1,2	4,5
Deutsch	12,5	12,5	12,4	12,1	11,3	15,5	9,5	12	- o,4	8	- 1,2	4,5
SK,G,EK,GL[6]	11,4	11,7	11,7	2o,6	2o,7	28,5	1o,3	14	+ 9,2	15	+ 9,o	15
Mathematik	12,4	12,5	12,5	9,8	1o,1	9,3	11,o	15	- 2,6	2	- 2,4	2
Physik	4,5	4,7	4,6	4,3	5,2	3,7	9,3	11	- o,2	9,5	+ o,5	12
Chemie	3,3	4,o	4,1	2,6	3,4	2,5	8,1	9	- o,7	7	- o,6	7,5
Biologie	5,6	6,o	6,3	5,4	5,8	5,7	8,4	1o	- o,2	9,5	- o,2	1o
Latein	1,5	1,5	1,4	1,9	1,5	o,2	1,o	2	+ o,4	12	o	11
Englisch	12,4	12,3	12,4	7,7	9,o	8,2	1o,1	13	- 4,7	1	- 3,3	1
Französisch	3,o	3,5	3,7	3,7	4,2	4,3	4,6	4,5	+ o,7	13	+ o,7	13
Musik	4,3	4,o	3,9	2,8	2,4	1,4	6,2	6	- 1,5	4	- 1,6	3
Kunst	4,8	4,7	4,6	3,7	4,3	4,4	4,6	4,5	- 1,1	5	- o,4	9
Sport	9,5	8,9	8,8	7,7	8,3	1o,6	7,3	8	- 1,8	3	- o,6	7,5
WE,TG,PY,WK[7]	6,6	6,o	6,o	5,6	5,2	1,6	2,5	3	- 1,o	6	- o,8	6
sonst.Fächer[8]	1,1	1,o	o,9	4,8	3,2	o,9	o,9	1	+ 3,7	14	+ 2,2	14
Fälle insg.[9]	52.14o	54.58o	49.773	57.453	59.552	1o.365	681	Rangkorrelationskoeff.n.Spearmann:				
Fälle:Lehrer	2,o8	2,o8	2,o8	2,75	2,24	2,o3	2,oo	R_{A-B} = o,82			R_{E-B} = - o,32	

Anmerkungen auf der nächsten Seite !

Anmerkungen zur Tabelle A55:

1)Eine Trennung der Lehrer nach den beiden Stufen ist nicht möglich, da in den einzelnen statistischen Unterlagen unterschiedliche Zuordnungen entweder nach Schulformen oder Schulgattungen vorliegen. Dies ist jedoch insofern ohne tiefere Bedeutung, da Gymnasiallehrer - abgesehen von der geringen Zahl der Oberstufengymnasien - in der Regel in beiden Stufen unterrichten.

2)Fachspezifischer Lehrerbedarfsplan,enthalten in der Drucksache 8/6342 vom 3.7.1978 des Hessischen Landtags: Antwort der Landesregierung auf die Große Anfrage der Fraktion der F.D.P. betreffend Lehrerversorgung und Lehrerbedarfsplan -Drucks. 8/5697 - .
Unter c ist der Mittelwert für die vier Schuljahre von 1982/83 bis 1985/86 angegeben.

3)Lehrerbestand nach der Lehrerindividualbefragung von 1973 bzw. nach der Lehrerindividualdatei des HIBS für das Schuljahr 1981/82.

4)Bewerberliste bezüglich des Einstellungstermins 1.8.1983, am Referat für Statistik des HKM nach Angaben der Regierungspräsidenten zusammengestellt(vgl. Tabelle A54).

5)Die Einstellquote berechnet sich aus den Zahlenangaben der Tabelle A54.

6)Sozialkunde,Geschichte,Erdkunde, Gesellschaftslehre(Gemeinschaftskunde) und für 1973/74 Politik(=Sozialkunde).Da im Lehrerbedarfsplan eine solche Zusammenfassung für diesen Fächerkomplex vorliegt, konnte eine Trennung für die üblichen drei erstgenannten Fächer nicht erfolgen.

7)Werken,Textiles Gestalten,Polytechnik, Wirtschaftskunde.

8)Weitere Fremdsprachen und Philosophie,Psychologie und Erziehungswissenschaft. Weiterhin Maschinenschreiben, Kurzschrift, EDV u.a. technische Fachbereiche.

9)Bezüglich des Begriffs "Fall" siehe Anm.1 der Tabelle 54. Die Abnahme des Wertes 2,75(1973/74) auf 2,24(1981/82) weist eine allgemeine Tendenz zum 2-Fach- Lehrer aus.

Tabelle A56: Lehrer mit Fachlehrbefähigungen in den naturwissenschaftlichen Fächern und Koppelungsfälle[1] mit anderen Fächern (prozentuale Anteile an der Gesamtzahl der Koppelungsfälle)

Haupt-und Realschullehrer[2]

	Physik		Chemie		Biologie	
	1973	1983	1973	1983	1973	1983
	%	%	%	%	%	%
Religion	6,3	2,2	5,8	1,o	1o,2	4,8
Deutsch	4,4	2,8	3,3	6,o	13,7	9,7
Erdkunde	4,1	4,4	4,o	8,o	9,8	8,8
Geschichte	1,5	3,3	1,8	1,o	3,4	1,7
Sozialkunde[3]	2,8	6,6	2,o	4,o	3,5	7,4
Mathematik	41,9	5o,6	27,7	11,o	19,1	12,8
Physik	(o,7)[4]	(2,8)[4]	23,7	14,o	5,4	2,9
Chemie	13,4	7,7	(o,8)[4]	(4,o)[4]	6,8	9,1
Biologie	8,6	5,5	19,o	32,o	(o,7)[4]	(2,6)[4]
Latein	o,1	-	-	-	-	-
Englisch	1,6	o,6	1,o	2,o	3,7	4,o
Französisch	o,2	-	o,5	1,o	1,5	2,9
Musik	1,7	1,7	1,3	-	2,8	2,9
Kunst	2,2	1,7	1,9	3,o	5,9	9,1
Sport	7,7	6,o	3,1	11,o	8,6	16,2
WE,TG,PY,WK[5]	1,6	4,4	1,3	2,o	2,5	4,o
sonstige Fächer[6]	1,2	-	3,o	-	2,3	o,3
Koppelungsfälle insgesamt	14o6	182	799	1oo	223o	351
Fälle insgesamt	84o	166	476	97	1333	338
mittlere Anzahl[7] der Fachlehrbef. je Fall	2,66	2,o7	2,67	1,99	2,66	2,o1

Anmerkungen zu den Tabellen A56 und A57:

1) Beispiel: Phy/Ma und Phy/Ma/Spo. Hier liegen zwei Fälle von Lehrbefähigungen für Physik, zwei für Mathematik und einer für Sport vor. Bezüglich der Fächer Mathematik und Physik liegen je drei Koppelungsfälle vor, bezüglich des Faches Sport jedoch nur zwei.

2) Für 1973 nur Lehrer, die nach ihrem überwiegenden Einsatz Hauptschulen und Realschulen zugeordnet wurden. Für 1983 die Bewerber mit dem Lehramt für Haupt-und Realschulen.

Fortsetzung Tabelle A57

Tabelle A57: Lehrer mit Fachlehrbefähigungen für die Fächer Erdkunde, Geschichte und Sozialkunde und Koppelungsfälle[1] mit anderen Fächern (prozentuale Anteile an der Gesamtzahl der Koppelungsfälle)

Haupt-und Realschullehrer[2]

	Erdkunde		Geschichte		Sozialkunde[3]	
	1973	1983	1973	1983	1973	1983
	%	%	%	%	%	%
Religion	1o,3	3,4	9,7	7,5	8,4	4,4
Deutsch	16,8	1o,8	23,o	25,7	18,3	29,4
Erdkunde	(o,7)[4]	(3,4)[4]	11,8	6,4	8,8	2,7
Geschichte	1o,5	4,o	(o,3)[4]	(3,2)[4]	17,1	6,2
Sozialkunde[3]	6,5	4,7	14,3	17,1	(o,7)[4]	(1,4)[4]
Mathematik	14,8	18,2	12,5	6,4	1o,2	14,o
Physik	2,3	2,7	o,9	3,2	2,1	2,3
Chemie	1,3	2,7	o,6	o,5	o,9	o,8
Biologie	8,7	1o,4	3,4	3,2	4,2	5,o
Latein	-	-	-	-	-	-
Englisch	6,3	12,1	5,5	5,9	6,1	7,1
Französisch	2,5	2,7	1,8	2,7	1,7	1,4
Musik	3,o	1,4	1,9	1,1	2,o	1,o
Kunst	3,7	5,4	2,7	5,9	3,2	11,2
Sport	8,5	12,8	6,7	3,2	6,6	6,7
WE,TG,PY,WK[5]	1,8	5,4	1,2	8,o	2,1	6,5
sonstige Fächer[6]	2,4	-	3,7	-	7,8	-
Koppelungsfälle insgesamt	2526	297	2261	187	1885	52o
Fälle insgesamt	1497	273	1313	16o	1134	473
mittlere Anzahl[7] der Fachlehrbef. je Fall	2,68	2,o5	2,72	2,13	2,65	2,o8

Fortsetzung der Anmerkungen zu den Tabellen A56 und A57:

3) Sozialkunde einschl. Gesellschaftslehre und Gemeinschaftsk..
4) "Unechte" Koppelungsfälle, bei denen nur eine Fachlehrbefähigung vorliegt.
5) Vgl. Anm.7 der Tabelle A55.
6) Vgl. Anm.8 der Tabelle A55.
7) Diese erhält man, wenn man von den Koppelungsfällen insgesamt die Anzahl der "unechten" Koppelungsfälle abzieht, durch die Zahl der Fälle insgesamt dividiert und zum Ergebnis den Wert 1 addiert.

Tabelle A58: Lehrer mit Fachlehrbefähigungen in den naturwissenschaftlichen Fächern und Koppelungsfälle[1] mit anderen Fächern
(prozentuale Anteile an der Gesamtzahl der Koppelungsfälle)

Gymnasiallehrer[2]

	Physik		Chemie		Biologie	
	1973	1983	1973	1983	1973	1983
	%	%	%	%	%	%
Religion	1,1	-	o,9	o,6	1,4	2,o
Deutsch	2,2	o,9	1,6	1,2	4,o	5,1
Erdkunde	5,8	1,3	18,3	11,7	27,1	16,7
Geschichte	o,1	o,4	o,3	o,6	o,9	2,o
Sozialkunde[3]	1,6	2,2	1,1	4,9	1,2	9,7
Mathematik	61,7	83,3	15,9	11,1	5,4	4,3
Physik	(o,2)[4]	-	18,9	6,8	7,6	o,4
Chemie	15,7	4,9	(o,5)[4]	-	36,6	3o,4
Biologie	6,3	o,4	36,3	48,2	(o,4)[4]	-
Latein	o,2	-	o,1	-	o,3	-
Englisch	-	-	o,4	1,9	o,3	4,3
Französisch	o,1	-	-	1,2	o,3	o,4
Musik	o,2	-	o,1	-	o,7	-
Kunst	o,1	o,4	o,3	-	1,o	o,8
Sport	3,o	4,4	4,2	11,1	11,4	24,1
WE,TG,PY,WK[5]	o,1	o,4	o,1	-	o,4	-
sonstige Fächer[6]	1,6	1,4	1,2	o,6	o,9	-
Koppelungsfälle insgesamt	1422	227	1179	162	1168	257
Fälle insgesamt	1oo4	217	711	157	738	254
mittlere Anzahl[7] der Fachlehrbef. je Fall	2,41	2,o5	2,65	2,o3	2,57	2,o1

Anmerkungen:
1) Vgl. Anm.1 zur Tabelle A56.
2) Gymnasiallehrer nach der Lehrerindividualbefragung von 1973 und Bewerber mit dem Lehramt für Gymnasien für 1983.
3) - 7) Vgl. die entsprechenden Anmerkungen der Tabelle A56.

Tabelle A59: Lehrer mit Fachlehrbefähigungen für die Fächer Erdkunde, Geschichte und Sozialkunde und Koppelungsfälle[1]) mit anderen Fächern (prozentuale Anteile an der Gesamtzahl der Koppelungsfälle)

Gymnasiallehrer[2])

	Erdkunde 1973 %	Erdkunde 1983 %	Geschichte 1973 %	Geschichte 1983 %	Sozialkunde[3]) 1973 %	Sozialkunde[3]) 1983 %
Religion	1,1	1,3	3,6	1,2	2,3	1,7
Deutsch	15,1	9,2	31,3	32,4	23,5	42,4
Erdkunde	(o,1)[4])	-	7,8	6,o	8,3	5,8
Geschichte	1o,7	7,1	(o,1)[4])	-	28,o	12,8
Sozialkunde[3])	8,2	16,2	2o,2	3o,6	(o,6)[4])	-
Mathematik	6,5	7,7	1,1	1,9	2,4	3,4
Physik	4,1	o,6	o,1	o,2	1,2	o,4
Chemie	1o,7	4,o	o,1	o,2	o,7	o,6
Biologie	15,7	8,9	o,4	o,9	o,7	1,8
Latein	1,2	o,2	1o,5	o,7	6,2	o,2
Englisch	9,2	11,2	11,8	8,8	1o,2	9,4
Französisch	3,7	4,6	5,4	4,4	5,o	3,5
Musik	1,7	o,4	1,1	o,2	o,7	-
Kunst	1,2	o,8	o,3	o,5	2,2	1,6
Sport	1o,6	25,6	3,4	5,3	3,7	9,o
WE,TG,PY,WK[5])	o,1	o,6	o,1	o,4	1,o	1,1
sonstige Fächer[6])	o,1	1,7	2,8	6,4	3,3	6,7
Koppelungsfälle insgesamt	2o17	481	2762	568	1996	1357
Fälle insgesamt	122o	431	17oo	46o	1154	1154
mittlere Anzahl[7]) der Fachlehrbef. je Lehrer	2,65	2,12	2,62	2,23	2,72	2,18

Anmerkungen wie bei Tabelle A58.

Tabelle A60:

Anzahl der Schulen nach Angaben der Schulträger(oder der Leiter der staatlichen Schulämter) mit nach 1976 neu erstellten naturwissenschaftlichen Fachräumen (Schulneubau oder zusätzlicher Neubau bei bestehenden Schulbauten)

Regierungsbezirk Darmstadt	Gym	Ges	R	H+GF	S	B
Stadt Darmstadt	2	-	-	-	-	-
" Frankfurt	4	2	-	-	-	3
" Offenbach	1	1	-	1	-	1
" Wiesbaden	4	1	1	-	-	1
Landkreis Bergstraße	4	2	3	-	1	-
" Darmstadt-Dieburg	-	2	4	-	-	-
" Groß-Gerau	2	1	1	-	-	-
" Hochtaunus	1	3	1	-	-	-
" Main-Kinzig	3	3	2	2	-	1
" Main-Taunus	2	3	-	-	-	-
" Odenwald	1	-	-	-	-	1
" Offenbach	2	3	4	1	2	1
" Rheingau-Taunus	-	2	2	-	-	-
" Wetterau	(1)	-	1	-	(1)	-
Regierungsbezirk Gießen						
Landkreis Gießen	-	5	-	-	-	-
" Lahn-Dill	2	2	1	-	-	3
" Limburg-Weilburg	1	1	2	-	1	-
" Marburg-Biedenkopf	2	-	-	-	-	-
" Vogelsberg	1	1	2	-	-	-
Regierungsbezirk Kassel						
Stadt Kassel	4	3	2	-	-	-
Landkreis Fulda	-	1	4	-	1	1
" Hersfeld-Rotenburg	-	5	-	-	-	-
" Kassel	1	1	-	-	-	1
" Schwalm-Eder	2	6	1	-	1	-
" Waldeck-Frankenberg	2	-	4	-	3	2
" Werra-Meißner	-	-	-	-	-	-

GF = Grundschulen mit Förderstufe, S = Sonderschulen,
B = Berufsschulen.
Bei den Zahlen in Klammern wurden private Schulträger angegeben.

Tabelle A61:

Anzahl der Schulen nach Angaben der Schulträger (oder der Leiter der staatlichen Schulämter), an denen nach 1976 im Zusammenhang mit dem Rückgang der Schülerzahlen Normalklassenräume zu naturwissenschaftlichen Fachräumen umgebaut wurden oder werden

Regierungsbezirk Darmstadt	Gym a	Gym b	Ges a	Ges b	R a	R b	H+GF a	H+GF b	S a	S b	B a	B b
Stadt Darmstadt	1	-	-	-	-	-	-	-	-	-	-	-
" Frankfurt	-	-	-	-	-	-	-	-	-	-	-	-
" Offenbach	-	-	-	-	-	-	-	-	-	-	-	-
" Wiesbaden	-	-	-	-	-	-	-	-	-	-	-	-
Landkreis Bergstraße	-	-	-	-	-	-	-	-	-	-	-	-
" Darmstadt-Dieburg	-	-	1	1	-	-	-	-	-	1	-	-
" Groß-Gerau	-	-	-	-	-	-	-	-	-	-	-	-
" Hochtaunus	1	-	-	-	-	-	-	-	-	-	-	1
" Main-Kinzig	-	-	-	-	-	-	2	-	-	-	-	2
" Main-Taunus	-	-	-	-	-	-	-	-	-	-	-	-
" Odenwald	-	-	-	1	-	-	-	-	-	-	-	-
" Offenbach	-	-	-	-	-	-	-	-	-	-	-	-
" Rheingau-Taunus	-	-	1	-	-	-	-	-	-	-	-	-
" Wetterau	-	-	-	-	-	-	-	-	-	-	-	-
Regierungsbezirk Gießen												
Landkreis Gießen	-	-	1	-	-	-	-	-	-	-	-	-
" Lahn-Dill	-	-	-	-	-	-	-	-	-	-	-	-
" Limburg-Weilburg	-	-	-	-	1	-	-	2	-	-	-	-
" Marburg-Biedenkopf	-	-	-	1	-	-	-	-	-	-	-	1
" Vogelsberg	-	-	-	-	-	-	-	-	-	-	-	-
Regierungsbezirk Kassel												
Stadt Kassel	-	-	-	-	-	-	-	-	-	-	-	-
Landkreis Fulda	1	-	-	-	-	-	1	-	-	-	-	-
" Hersfeld-Rotenburg	1	-	1	-	-	-	-	-	-	-	-	-
" Kassel	-	-	-	-	-	-	-	-	-	-	-	-
" Schwalm-Eder	-	-	-	-	-	-	-	-	-	-	-	-
" Waldeck-Frankenberg	-	-	-	-	-	-	-	-	-	-	-	-
" Werra-Meißner	-	-	-	-	1	-	-	-	-	-	-	-

a = abgeschlossene Baumaßnahme, b = begonnene Baumaßnahme.
Sonstige Abkürzungen wie in Tabelle B 1.

In 21 von den hier erfaßten 23 Fällen erfolgten die baulichen Maßnahmen 198o und später.

Tabelle A62:

Zur Frage der Senkung der finanziellen Beträge, welche von den Schulträgern für die Ersatzanschaffung oder Neuanschaffung von Lehrmitteln zur Verfügung gestellt werden (Schuljahre 1981/82 und 1982/83)

	Senkung der fin. Mittel		Umfang der Senkung		Senkung bei Erstausstatt.	
Regierungsbezirk Darmstadt	ja	nein	geringfügig	bedeutend	ja	nein
Stadt Darmstadt	x			x		x
" Frankfurt		x				x
" Offenbach		x				
" Wiesbaden		x				x
Landkreis Bergstraße		x				
" Darmstadt-Dieburg		x				x
" Groß-Gerau	x		x		x	
" Hochtaunus	x		x 82/83	x 81/82		x
" Main-Kinzig	x			x		x
" Main-Taunus		x				x
" Odenwald		x				
" Offenbach		x				
" Rheingau-Taunus	x			x	x	
" Wetterau	x		x			x
Regierungsbezirk Gießen						
Landkreis Gießen		x				
" Lahn-Dill		x				
" Limburg-Weilburg		x				x
" Marburg-Biedenkopf	x			x		x
" Vogelsberg		x				x
Regierungsbezirk Kassel						
Stadt Kassel	x		x		x	
Landkreis Fulda	x		x			x
" Hersfeld-Rotenburg		x				x
" Kassel	x		x			x
" Schwalm-Eder	x		x			x
" Waldeck-Frankenberg	x		x			x
" Werra-Meißner	x			x		x

Tabelle A63:

Beurteilung der Veränderungen der Fachraumkapazitäten zwischen 1975 und 1984 durch die Sammlungsleiter der Gesamtschulen

Demonstrationsräume		wesentl. besser	leicht besser	gleicher Stand	leicht schlechter	wesentl. schlechter
keine Ang.		4	0	4	0	0
	AV	6	10	40	4	0
1975	NAV	5	2	14	2	0
	NV	0	0	6	0	0
1984 insg.		15	12	64	6	0
Schülerübungsräume						
keine Ang.		4	1	3	0	0
	AV	5	8	29	7	1
1975	NAV	7	4	13	0	0
	NV	4	2	9	0	0
1984 insg.		20	15	54	7	1
Sammlungsräume						
keine Ang.		3	0	5	0	0
	AV	8	3	51	3	0
1975	NAV	5	3	14	0	0
	NV	0	0	2	0	0
1984 insg.		16	6	72	3	0
Vorbereitungsräume						
keine Ang.		3	0	5	0	0
	AV	5	1	47	4	0
1975	NAV	3	2	11	0	1
	NV	4	2	9	0	0
1984 insg.		15	5	72	4	1

Anmerkungen: In der Zeile "keine Ang." sind jeweils die Anzahl der Schulen angegeben, die 1975 keine Angaben für die betreffende Fachraumart machten. AV = ausreichend vorhanden, NAV = nicht ausreichend vorhanden, NV = nicht vorhanden.

Tabelle A64:

Beurteilung der Veränderungen der Fachraumkapazitäten zwischen 1976 und 1984 durch die Sammlungsleiter der Gymnasien

Demonstrationsräume		wesentl. besser	leicht besser	gleicher Stand	leicht schlechter	wesentl. schlechter
keine Ang.		0	0	9	2	1
	AV	1	5	16	4	1
1976	NAV	1	3	7	2	0
	NV	0	1	1	0	0
1984 insg.		2	9	33	8	2
Schülerübungsräume						
keine Ang.		2	2	6	1	1
	AV	1	1	11	2	0
1976	NAV	4	4	11	5	1
	NV	0	0	2	0	0
1984 insg.		7	7	30	8	2
Sammlungsräume						
keine Ang.		2	2	7	1	0
	AV	0	4	22	1	0
1976	NAV	2	1	8	1	2
	NV	0	0	1	0	0
1984 insg.		4	7	38	3	2
Vorbereitungsräume						
keine Ang.		1	2	8	1	0
	AV	0	2	16	1	0
1976	NAV	2	1	8	3	2
	NV	0	2	5	0	0
1984 insg.		3	7	37	5	2

Anmerkungen: Analog den Anmerkungen der Tabelle A63 mit Bezug auf die Erhebung von 1976.

Tabelle A65:

Beurteilung der Veränderungen der Fachraumkapazitäten zwischen 1977 und 1984 durch die Sammlungsleiter der Realschulen

Demonstrationsräume		wesentl. besser	leicht besser	gleicher Stand	leicht schlechter	wesentl. schlechter
keine Ang.		3	3	1	0	0
	AV	6	5	22	0	1
1977	NAV	13	1	14	1	1
	NV	2	1	4	0	0
1984 insg.		24	10	41	1	2
Schülerübungsräume						
keine Ang.		3	3	1	0	0
	AV	1	1	11	0	0
1977	NAV	8	6	20	1	0
	NV	10	0	13	0	0
1984 insg.		22	10	45	1	0
Sammlungsräume						
keine Ang.		2	1	4	0	0
	AV	5	3	22	2	1
1977	NAV	15	1	20	0	0
	NV	0	0	2	0	0
1984 insg.		22	5	48	2	1
Vorbereitungsräume						
keine Ang.		2	1	4	0	0
	AV	4	3	18	1	1
1977	NAV	9	1	16	0	1
	NV	4	0	13	0	0
1984 insg.		19	5	51	1	2

Anmerkungen: Analog den Anmerkungen der Tabelle A63 mit Bezug auf die Erhebung von 1977.

Tabelle A66:

Beurteilung der Veränderungen der Fachraumkapazitäten zwischen 1977 und 1984 durch die Sammlungsleiter der Haupt-u.GF-Schulen

Demonstrationsräume	wesentl. besser	leicht besser	gleicher Stand	leicht schlechter	wesentl. schlechter
keine Ang.	0	0	1(1)	0	0
1977 AV	2	1	77(13)	1	1
1977 NAV	1	0	14(1)	1	0
1977 NV	2	1	17(3)	0	0
1984 insg.	5	2	109(18)	2	1
Schülerübungsräume					
keine Ang.	0	0	1(1)	0	0
1977 AV	1	0	44(9)	0	0
1977 NAV	1	0	33(4)	0	0
1977 NV	2	0	37(4)	0	0
1984 insg.	4	0	115(18)	0	0
Sammlungsräume					
keine Ang.	0	0	1(1)	0	0
1977 AV	2	1	68(13)	2	1
1977 NAV	0	1	31(3)	0	1
1977 NV	2	0	9(1)	0	0
1984 insg.	4	2	109(18)	2	2
Vorbereitungsräume					
keine Ang.	0	0	1(1)	0	0
1977 AV	0	1	52(9)	0	0
1977 NAV	0	0	25(3)	0	0
1977 NV	3	0	37(5)	0	0
1984 insg.	3	1	115(18)	0	0

Anmerkungen: Analog den Anmerkungen der Tabelle A63 mit Bezug auf die Erhebung von 1977.
Die Zahlen in Klammern geben die in der davor stehenden Gesamtzahl enthaltenen Grundschulen mit Förderstufe an.

Tabelle A67:

Beurteilung der Veränderungen der Ausstattungen mit Demonstrationsgeräten zwischen 1975/77 und 1984 durch die Sammlungsleiter

		wesentl. besser	leicht besser	gleicher Stand	leicht schlechter	wesentl. schlechter
Gesamtschulen						
1975	AFD(+)	6	20	16	6	1
	AFD(-)	7	30	5	5	1
1984	insgesamt	13	50	21	11	2
Gymnasien						
1976	AFD(+)	4	19	1	3	0
	AFD(-)	4	15	4	3	1
1984	insgesamt	8	34	5	6	1
Realschulen						
1977	AFD(+)	7	19	10	3	0
	AFD(-)	17	16	4	2	0
1984	insgesamt	24	35	14	5	0
Hauptschulen u. Grundschulen mit Förderstufe						
1977	AFD(+)	6	17	30	7	0
	AFD(-)	5	22	29	1	2
1984	insgesamt	11	39	59	8	2

Anmerkungen: Im Teilabschnitt 8.2.3.2 wurde die Bewertungsgröße AFD definiert. Im Teilblock AFD(+) sind alle Schulen erfaßt, deren AFD-Wert größer als der Medianwert der betreffenden Gattung ist. Im Teilblock AFD(-) entsprechend alle anderen.

Tabelle A68:

Beurteilung der Veränderungen der Ausstattungen mit Schülerübungsgeräten zwischen 1975/77 und 1984 durch die Sammlungsleiter

		wesentl. besser	leicht besser	gleicher Stand	leicht schlechter	wesentl. schlechter
Gesamtschulen						
1975	AFS(+)	4	7	18	13	6
	AFS(-)	12	11	17	6	3
1984	insgesamt	16	18	35	19	9
Gymnasien						
1976	AFS(+)	3	8	10	5	1
	AFS(-)	3	7	8	7	2
1984	insgesamt	6	15	18	12	3
Realschulen						
1977	AFS(+)	12	5	17	3	2
	AFS(-)	10	8	15	5	1
1984	insgesamt	22	13	32	8	3
Hauptschulen u. Grundschulen mit Förderstufe						
1977	AFS(+)	2	15	31	8	3
	AFS(-)	4	5	44	5	2
1984	insgesamt	6	20	75	13	5

Anmerkungen: Analog den Anmerkungen der Tabelle A67, wobei an die Stelle von AFD die Bewertungsgröße AFS tritt.

Tabelle A69:

Erweiterungs-, Zusatz- und Ergänzungsprüfungen nach den geltenden Studienordnungen für die Lehrämter

	Universität Frankfurt (1976 - 1984) bestandene Prüfungen				Hessen insgesamt (1981 - 1983) a l l e Lehrämter[1)]			
	H-R-M[2)]	Gym	zusammen abs.	zusammen proz.	bestanden abs.	bestanden proz.	nicht best. abs.	nicht best. proz.[3)]
Religion	128(-)[4)]	66	194	12,5%	190	18,6%	7	3,6%
Deutsch	163(1)	122	285	18,4%	113	11,1%	1	0,9%
Erdkunde	41(2)	11	52	3,4%	44	4,3%	5	10,2%
Geschichte	59(2)	16	75	4,9%	73	7,1%	5	6,4%
Sozialkunde	126(8)	45	171	11,1%	136	13,3%	18	11,7%
Mathematik	39(1)	4	43	2,8%	30	2,9%	4	11,8%
Physik	51(3)	--	51	3,3%	27	2,6%	6	18,2%
Chemie	11(-)	1	12	0,8%	9	0,9%	1	10,0%
Biologie	37(1)	6	43	2,8%	45	4,4%	4	8,2%
Latein	2(-)	10	12	0,8%	4	0,4%	--	---
Englisch	69(5)	45	114	7,4%	42	4,1%	4	8,7%
Französisch	18(2)	20	38	2,5%	26	2,5%	4	13,3%
Musik	30(3)	--	30	1,9%	27	2,6%	1	3,6%
Kunst	23(-)	3	26	1,7%	37	3,6%	1	2,6%
Sport	50(1)	2	52	3,4%	58	5,7%	--	---
Polyt./Arbeitsl.[5)]	279(23)	--	279	18,0%	160	15,7%	13	7,5%
weitere Fächer[6)]	2(-)	67	69	4,5%	1	0,1%	--	---
	1128(52)	418	1546	100,0%	1022	100,0%	74	6,8%
Philosophie[7)]	--	83	83		58		5	8,6%
Psychologie[7)]	--	3	3		3		--	---
Erziehungsw.[8)]	--	26	26		475 !!		10	2,1%
	1128(52)	530	1658		1558		89	5,4%

1) einschließlich Diplomhandelslehrer.
2) Lehramt für Haupt-und Realschulen und Lehrbef.f.d.Mittelstufe(Kassel).
3) Die Prozentwerte beziehen sich hier in jedem Fach auf alle - bestandene und nicht bestandene - Prüfungen.
4) Die Zahlen in den Klammern geben jeweils die zusätzliche Anzahl nicht bestandener Prüfungen an. Bei Gymnasiallehrern lagen keine Angaben vor.
5) Prüfungsfach nur für das Lehramt an H-R-Schulen und für die Mittelstufe.
6) Russisch für beide Lehrämter und bei Gymnasiallehrern noch Griechisch, Hebräisch, Italienisch, Spanisch und Kunstgeschichte.
7) Nur bei Gymnasiallehrern.
8) Bei Gymnasiallehrern und bei Sonderschullehrern.

Tabelle A70:

Auszählungen der Ankreuzungen bei der Frage 20 des Fragebogens für Gymnasiallehrer nach KÖPPEN(1976)

N = 232 auswertbare Fragebögen.
A = bekannt; B = Lehrerbücherei; C = Privatbesitz;
D = nützlich; E = unbedeutend.

Autor, Titel	A	B	C	D	E
BUCHWALD,E.: Bildung durch Physik	32	9	23	23	8
DAHNKE,H.: Zur Didaktik der Physik und Chemie	18	2	3	12	8
RAUFUSS,D.: Planung des Unterrichts in Mathematik und Physik	31	5	24	30	5
HAHN/TÖPFER/BRUHN: Methodik des Physikunterrichts	128	71	68	91	27
HASPAS,K.: Methodik des Physikunterrichts	25	3	27	22	7
HUNGER,E.: Die Bildungsfunktion des Physikunterrichts	77	23	57	59	12
IPN: IPN-Curriculum Physik	64	15	26	47	8
JUNG,W.: Beiträge zur Didaktik der Physik	43	13	29	36	8
KLUGE,R.: Erkenntniswege des Physikunterrichts	22	13	15	17	3
NEUNHÖFFER,M.: Schule des physikalischen Denkens	32	17	27	32	4
BAURMANN (OECD): Physikunterricht heute	70	21	52	51	11
PIAGET,J.: Die Entwicklung des Erkennens, das physikalische Denken	46	11	8	25	8
RUNKEL/HOFFMANN: Lehrerhandbuch - Physik	21	10	7	9	5
SCHIETZEL,K.: Technik und Natur	13	2	5	7	6
(Schäfer,U.: Die meth. .....)	(4)	(0)	(0)	(4)	(5)
SCHMIDT,H.: Zur Didaktik der Physik und Chemie	10	3	4	6	8
VOLK u.WISSEN: Unterrichtshilfen	31	2	24	25	8
WAGENSCHEIN,M.: Die pädagogische Dimension der Physik	146	40	71	96	23
(Zimmer,D.: Die prax........)	(13)	(0)	(0)	(9)	(4)

Tabelle A71:

Zum Vergleich der beiden sozialgeographischen Rangfolgen K und A*

Landkreis bzw. kreisfreie Stadt	F-H	Rangfolgen K	Rangfolgen A*
Vogelsbergkreis	-2196	1	1
Kassel-Land	-2151	2	3
Waldeck-Frankenberg	-2039	3	4
Schwalm-Eder-Kreis	-1788	4	2
Odenwaldkreis	-1393	5	5
Werra-Meißner-Kreis	-1344	6	10
Hersfeld-Rotenburg	-1338	7	8
Fulda	-1214	8	6
Rheingau-Taunus-Kreis	-1022	9	16
Wetteraukreis	-694	10	11
Darmstadt-Dieburg	-693	11	13
Limburg-Weilburg	-687	12	9
Bergstraße	-492	13	15
Marburg-Biedenkopf	-306	14	7
Groß-Gerau	+24	15	18
Main-Kinzig-Kreis	+206	16	14
Main-Taunus-Kreis	+349	17	19
Lahn/Lahn-Dill	+614	18	12
Offenbach-Land	+681	19	20
Hochtaunuskreis	+983	20	17
Offenbach	+1763	21	21
Wiesbaden	+1970	22	24
Kassel	+2226	23	22
Darmstadt	+2923	24	23
Frankfurt/M.	+5143	25	25

Summe d^2 = 212, Spearmans Korrelationskoeffizient R = 0,92

Anhang 2

Anlagen

1a-b; 2a-d; 3a-e; 4a-f; 5; 6a-b; 7a-d;
8a-b; 9a-h; 10a-k; 11a-d; 12a-d; 13a-c.

I N S T I T U T F Ü R D I D A K T I K D E R P H Y S I K

STÄNDIGE WISSENSCHAFTLICHE BETRIEBSEINHEIT
IM FACHBEREICH PHYSIK
JOHANN WOLFGANG GOETHE-UNIVERSITÄT

6 FRANKFURT AM MAIN
GRÄFSTRASSE 39
TELEFON: (0611) 798 35 75

OStR.i.H. R.Brauner

DATUM: Ende April 1976

An die
Schulleiterinnen u. -leiter
der G y m n a s i e n
des Landes Hessen

Sehr geehrte Damen und Herren,

seit dem Jahre 1972 betreibe ich mit Examenskandidaten und Mitgliedern dieses Instituts ein Projekt, welches sich zum Ziel gesetzt hat, die organisatorischen und personellen Probleme des Physikunterrichts an hessischen Schulen im Bereich der Sekundarstufe I zu erforschen. In der Zwischenzeit wurden umfangreiche Erhebungen an Haupt- und Realschulen und an den Gesamtschulen des Landes Hessen durchgeführt und weitgehend ausgewertet. Daß im Rahmen des Projektes erst jetzt die Gymnasien (Kl.5-1o) erfaßt werden, ist rein zufällig und durch finanzielle und personelle Gegebenheiten im Rahmen des Projektes bedingt.

Ein wesentlicher Teil der bisher noch unveröffentlichten Ergebnisse wurde den zuständigen Stellen des Hess. Kultusminsteriums und der Kommission für die Rahmenrichtlinien Physik S I mitgeteilt. Nachträgliche Förderung des Projekts durch das Ministerium wurde in Aussicht gestellt und soll das Projekt mit einer Studie abschliessen, welche den Schulen über die Schulaufsicht und außerdem den Schulträgern zugänglich gemacht werden soll. Die Projektgruppe verspricht sich davon eine Verbesserung der organisatorischen und personellen Bedingungen des Physikunterrichts im genannten Bereich.

Der Hess. Kultusminster hat mit Datum vom 3o.1.1976 einem Antrag zur Erhebung an den Gymnasien des Landes Hessen zugestimmt. (Aktenzeichen: II B 7 - 1o1o/3o - 8). W i r b i t t e n S i e u m I h r e b e s o n d e r e U n t e r s t ü t z u n g. Fordern Sie bitte die Physiklehrer Ihrer Schule auf ein Vorhaben zu unterstützen, von dem wir meinen, daß es letztlich den Schülern und Lehrern Ihrer Schule dienlich sein wird.

Wir bitten außerdem um Verständnis für diese unpersönliche Art des Anschreibens, was aber organisatorisch bedingt ist.

Auf der Rückseite dieses Schreibens erhalten Sie die erforderlichen Informationen über die organisatorischen Maßnahmen der Erhebung, wobei wir um die Unterstützung Ihres Sekretariats bitten.

Mit vorzüglicher Hochachtung

R. Brauner

(R. Brauner, OStR.i.H.)

Anlage 1a

I N F O R M A T I O N   Z U R   E R H E B U N G

Fragebogensatz: In der Anlage befinden sich

ein Fragebogen für Schulleiter
ein " " Sammlungsleiter
mehrere Fragebögen für Lehrer, die Physik unterrichten
weiterhin eine entsprechende Anzahl bereits mit Adresse versehener Umschläge.

Wir haben die Anzahl der Physiklehrer dem letzten Philologen-Jahrbuch entnommen. Bei Bedarf fordern Sie bitte weiteres Material an.

Verteilung: Verteilen Sie bitte an die betreffenden Personen die entsprechenden Fragebögen und legen Sie bitte einen Umschlag bei.

Rücksendung: Leider sind wir aus finanziellen Gründen nicht in der Lage gewesen, die Ihnen zugestellten Umschläge freizumachen. Deshalb schlagen wir allen Beteiligten folgende Möglichkeiten vor, von denen wir der Meinung sind, daß Sie dem Prinzip der ANONYMITÄT der Befragung im erforderlichen Umfang gerecht werden.

a) Der jeweilige Befragte frankiert den zugeschickten Umschlag und sendet damit den ausgefüllten Fragebogen direkt an uns.
b) Der jeweilige Befragte gibt den ausgefüllten Fragebogen in Ihrem Sekretariat ab. Ihr Sekretariat wird höflichst gebeten die geschlossenen Umschläge zu sammeln und uns dann insgesamt zuzusenden.

Terminfrage: Wir können Ihnen natürlich keinen definitiven Termin nennen, da Sie durch die Beantwortung zusätzliche Belastung erfahren. Wir hoffen aber daß Sie uns ausgefüllte Fragebögen in Bälde zukommen lassen. Empfehlen Sie bitte den Kollegen eine baldige Erledigung, damit eine Kollission mit den Arbeiten in Zusammenhang mit den Zeugnissen vermieden wird.

Anlage 1b

INSTITUT FÜR DIDAKTIK DER PHYSIK

Johann Wolfgang Goethe-Universität, Frankfurt/M., Gräfstr. 39

Befragungsprojekt: Rahmenrichtlinien PHYSIK SI

FRAGEBOGEN FÜR SCHULLEITER

Sehr geehrte Frau Direktor,
sehr geehrter Herr Direktor,

mit dem allgemeinen Schreiben wurden Sie über die Zielsetzungen der Erhebung informiert. Wir wissen, daß Sie mit der Leitung Ihrer Schule mehr als ausgelastet sind. Deshalb haben wir den Fragebogenkatalog sehr stark beschränkt, obwohl wir Ihnen noch gerne wichtige weitere Fragen gestellt hätten. Natürlich bleibt es Ihnen unbenommen, uns zusätzliche Informationen zukommen zu lassen, die Ihnen als bedeutsam erscheinen und im Fragebogen formal nicht erfaßt werden können.

Bei diesen Gegebenheiten hoffen wir, daß Sie uns durch Rücksendung eines ausgefüllten Fragebogens in der gleichen Weise unterstützen werden, wie dies schon zahlreiche Schulleiter anderer Schularten getan haben.

Hochachtungsvoll!

gez. R. Brauner, OStR.i.H.

Erläuterungen und Hinweise:

1. Die aufgedruckte Code-Nummer befindet sich auf allen Fragebögen, die Ihrer Schule zugeschickt wurden und dient lediglich zur Kontrolle des Rücklaufes und zur Abschätzung der Repräsentativität der Erhebung. Die beiden ersten Ziffern sind dem Kreis (der Stadt) Ihrer Schule zugeordnet.

2. Die Konstruktion des Fragebogens berücksichtigt einerseits den bisherigen Lehrplan und andererseits die Rahmenrichtlinien, die ab kommendem Schuljahr in die verpflichtende Erprobung gehen sollen.

3. Beim Ausfüllen ist zu beachten, daß einige Fragen mehrere Beantwortungsmöglichkeiten enthalten.

4. Was die Rücksendung anbelangt, so mögen Sie nach Belieben verfahren. Allerdings wären wir sehr daran interessiert, neben einer großen Zahl von Lehrerfragebögen komplette Sätze von Schulleiter- und Sammlungsleiterfragebögen zu erhalten.

Anlage 2a

F R A G E N K A T A L O G

(Bitte Zutreffendes ankreuzen und entsprechende Stellen ausfüllen)

A) Allgemeine Daten

1.) Schulort:.................... 2.) Kreis:...................

3.) Welche Oberstufenzweige hat Ihre Schule ?

naturwissenschaftlich	☐	neusprachlich	☐
altsprachlich	☐	sozialwissenschaftlich	☐
musisch	☐	wirtschaftswissenschaftlich	☐
....	☐	....	☐

4.) Gesamtzahl aller Schüler Ihrer Schule:......................

5.) Anzahl der Schüler der Sekundarstufe I (Kl.5-1o):...........

B) Daten zur Personalsituation

1.) Anzahl aller hauptamtlichen Lehrer Ihrer Schule:............

2.) " der nebenamtlichen " " " :............

3.) " " hauptamtl. Physiklehrer " " :............

4.) " " nebenamtl. " " " :............

5.) " " fehlenden " " " :............

6.) Geben Sie bitte die Anzahl der Lehrer mit der jeweiligen Lehrbefähigung für das Fach Physik an:

	haupt- amtlich	neben amtlich
Lehrbefähigung für die Mittel- und Oberstufe d. Gymn.	☐	☐
" nur für die Mittelstufe des Gymnasiums	☐	☐
" für die Haupt- und Realschule	☐	☐
Diplomphysiker mit Zusatzprüfung	☐	☐
keine Lehrbefähigung	☐	☐
Andere Prüfungen(Bitte nennen):.....................	☐	☐

7.) Gibt es an Ihrer Schule Lehrer, die eine Lehrbefähigung für das Fach Physik haben, aber in diesem Fach keinen Unterricht erteilen ?

ja ☐ nein ☐

Wenn ja, aus welchen Gründen?.............................

....

Anlage 2b

8.) Falls an Ihrer Schule Lehrkräfte ohne Lehrbefähigung für das Fach Physik im Physikunterricht eingesetzt werden, geben Sie bitte die Gründe für deren Einsatz an und welchen persönlichen Bezug diese Personen zur Physik haben.

....

....

Wie ist der Einsatz dieser Lehrkräfte geplant bzw. vorgesehen?

kurzfristig ☐ längerfristig ☐ auf Dauer ☐

C) Daten zur Raumsituation

1.) Stehen für den Physikunterricht der Sekundarstufe I, gemessen an den derzeitig gültigen Stundentafeln und Lehrplänen, ausreichend physikalische Fachräume zur Verfügung ?

(AV = ausreichend vorhanden, NAV = nicht ausreichend vorhanden, NV = nicht vorhanden)

	AV	NAV	NV
Räume speziell f. Demonstrationen	☐	☐	☐
Schülerübungsräume	☐	☐	☐
Sammlungsräume	☐	☐	☐
Vorbereitungsräume	☐	☐	☐

2.) Müssen aus organisatorischen Gründen Ihrer Schule physikalische Fachräume anderweitig genutzt werden ?

für andere naturwissenschaftliche Fächer: ja ☐ nein ☐

für nicht-naturwissenschaftliche Fächer: ja ☐ nein ☐

3.) Die Rahmenrichtlinien Physik S I enthalten methodische Konzeptionen, welche im verstärkten Maße Schülerübungen fordern.

Sind Sie der Meinung, daß unter diesem Aspekt die räumlichen Gegebenheiten Ihrer Schule ausreichend sind ?

ja ☐ nein ☐

Halten Sie unter diesem Aspekt den Personalbestand an Physiklehrern für ausreichend ?

ja ☐ nein ☐

An manchen Schulen werden Schülerübungen dadurch ermöglicht, daß der Physikunterricht der betreffenden Klassen auf Randstunden gelegt wird. Im Wechsel nimmt dann jeweils die eine, dann die andere Hälfte einer Klasse an Schülerübungen teil. Der Klassenunterricht ist dann wieder für alle Schüler der Klasse verbindlich.

Halten Sie an Ihrer Schule eine solche Regelung für

möglich	pädagogisch sinnvoll	unrechtmäßig ?
ja ☐ nein ☐	ja ☐ nein ☐	ja ☐ nein ☐

D) Unterrichtsausfall im Fach Physik

Fällt an Ihrer Schule Physikunterricht an Klassen der Sekundarstufe I aus ? ja ☐ nein ☐

In Klassen der Sekundarstufe I in diesem Schuljahr

zu erteilende Physikstunden:.............

ausfallende " :.............

Geben Sie bitte gegebenenfalls Gründe für den Ausfall an:

....

E) Daten zur Etat-Situation

1.) Nach welchen Gesichtspunkten erfolgt die Aufteilung der Ihnen jährlich zur Verfügung stehenden Etatmittel?

Feststehender Verteilungsplan für alle Fächer ☐

" " " Fachgruppen ☐

Beschluß der Gesamtkonferenz über jährlich zu stellende Anträge der Fachvertreter ☐

Berücksichtigung curricularer Veränderungen ☐

andere.................................... ☐

.... ☐

Gegebenenf. mehrere Möglichk. ankreuzen!

2.) Geben Sie bitte die folgenden Etatbeträge an:

Lehrmittel	Gesamtetat der Schule	Anteil f. Physik
1973	....	....
1974	....	....
1975	....	....
Lernmittel		
1973	....	....
1974	....	....
1975	....	....
Verbrauchsmaterial		
1973	....	....
1974	....	....
1975	....	....

WIR BEDANKEN UNS FÜR IHRE MÜHE !

Anlage 2d

INSTITUT FÜR DIDAKTIK DER PHYSIK

Johann Wolfgang Goethe - Universität, Frankfurt/M., Gräfstrasse 39

Befragungsprojekt: Rahmenrichtlinien P H Y S I K S I

FRAGEBOGEN FÜR SAMMLUNGSLEITER

Sehr geehrte Frau Kollegin,
sehr geehrter Herr Kollege,

mit dem Fragebogen für Physiklehrer wurden Sie bereits grob über die Zielsetzungen der Erhebung informiert. Weitergehende Informationen enthält das allgemeine Schreiben an den Leiter Ihrer Schule. Wir bedauern, daß Sie durch die Erhebung sozusagen zweifach strapaziert werden. Wenngleich wir natürlich sehr daran interessiert sind von Ihnen beide Fragebogen ausgefüllt zu erhalten, haben wir Verständnis wenn Sie nur einen ausfüllen möchten. In diesem Falle bitten wir darum, daß Sie dann den Sammlungsleiterfragebogen ausfüllen, da die diesbezüglichen Daten mit denen des Schulleiterfragebogens eine Befragungseinheit darstellen.

Wir bitten Sie um Unterstützung.

Mit kollegialen Grüßen

gez. R. Brauner, OStR.i.H.

Erläuterungen und Hinweise:

A. Gerätekatalog:

1. Der Ihnen vorgelegte Katalog enthält eine Auswahl von Geräten, die relevant bezüglich der Rahmenrichtlinien S I sind.
2. Es wird kein Anspruch auf Vollständigkeit erhoben.
3. Die Reihenfolge der Geräte ist eher zufällig als systematisch.
4. Die Aufteilung in vier Gruppen (I - IV) hat keine besondere Bedeutung. Sie wurde so gewählt, da bereits vorgegebene Programme zur EDV-Auswertung vorliegen.

5. Hinweise zum Ausfüllen:

S = Gerät in ausreichender Stückzahl vorhanden, so daß Schülerübungen durchgeführt werden können.
D = Gerät, das vorzugsweise zu Demonstrationszwecken geeignet ist.
N = Gerät ist nicht vorhanden.

Kreuzen Sie bitte für das jeweilige Gerät im betreffenden Kästchen an. Es kann durchaus in gewissen Fällen S und D gleichzeitig angekreuzt werden. Beispielsweise wenn Ampermeter nicht nur als Demonstrationsgeräte, sondern auch in ausreichender Zahl für Schülerübungen zur Verfügung stehen.

- 2 -

Anlage 3a

- 2 -

6. Bei Geräten, welche in Aufbauform vorliegen, kann es sein, daß Sie an mehreren Stellen ankreuzen. Beispielsweise Aufbautransformator mit 5oo, 1ooo und 2ooo Windungen.
   In diesem Falle könnten Sie bei folgenden Nummern ankreuzen: II 24, 97, 98, 121 sowie IV 6.
7. Wenn Sie keine "fertigen" Geräte wie Diaskop, Standfestigkeitsgerät oder Transformator haben, diese Geräte aber "aufbauen" können, selbst wenn es nur "modellhaft" ist, so kreuzen Sie bitte auch bei diesen Geräten an.
8. Spulen (97): Haben Sie Spulen mit Windungszahlen, welche nicht den vorgegebenen entsprechen, so tragen Sie bitte bei gleicher Größenordnung die Windungszahlen an den vorgesehenen Stellen ein und kreuzen Sie dann bitte an.
9. Manche Lehrmittelfirmen bieten Kombinationen wie UND/NAND - Glieder usw. an. Kreuzen Sie, falls sie solche haben bei IV 19 und IV 2o usw. an.

B. Weitere Fragen

1. Ausstattungszeitraum: Fassen Sie als Beginn das Jahr auf, an dem die Schule den ersten größeren Betrag (Erstausstattung) bekam und das Ende als das Jahr des letzten größeren Betrages (Ergänzungsausstattung). Es können natürlich beide Jahre identisch sein. (Einmalige Grundausstattung).
   Kleinere Anschaffungen aus Mitteln des laufenden Etats berücksichtigen Sie bitte bei der Abschätzung des Wertes der Sammlungen, aber nicht beim Ausstattungszeitraum.
2. Bei der Frage 3 mit der Ratingskala "häufig - selten - kaum" werden Sie um Ihre persönliche Meinung gefragt, welche durchaus nicht identisch mit der Meinung anderer Personen sein muß.
3. Falls Sie weitere Fragen bspw. über Raumanordnungen, Schülertische, Energieversorgung usw. und damit zusammenhängenden Problemen machen möchten, verwenden Sie bitte die freie letzte Seite.

WIR BEDANKEN UNS FÜR IHRE GROSSE MÜHE !

Anlage 3b

- 1 -

A. Gerätekatalog

I.Grundgerät (Teil 1)

	S	D	N
1. Glas-Plastik-Gefäße			
2. Porzellanschalen			
3. Glaswannen klein			
4. Glaswannen groß			
5. Glas/Plastiktrichter			
6. Überlaufgefäß			
7. Reagenzgläser			
8. Glaskolben			
9. Glasröhren			
10. Kappilarröhren			
11. Pipetten			
12. Stechheber			
13. Meßzylinder klein			
14. Meßzylinder groß			
15. Glasplatten klein			
16. Glasplatten groß			
17. Gummi/Plastikschläuche			
18. Quetschhähne			
19. Gummistopfen			
20. Quecksilber			
21. Eisen			
22. Eisenspäne			
23. Nickel			
24. Kobalt			
25. Knetmasse			
26. Teer			

	S	D	N
27. Oel			
28. Benzin			
29. Salz			
30. Filter			
31. Kristalle			
32. Kohle			
33. dest. Wasser			
34. Flasche Sauerstoff			
35. Flasche Kohlendioxid			
36. Isolierfüße			
37. Glühlämpchen klein			
38. Glühlampen groß			
39. Fassungen			
40. Leiter/versch.Metalldr.			
41. Krokoklemmen			
42. Experimentierkabel			
43. Isolatoren			
44. Kerzen			
45. Bunsenbrenner			
46. Spiritusbrenner			
47. Metermaße			
48. Schiebelehre			
49. Stativstangen + Zubehör			
50. Fahrbare Tische			
51. Labor-Boy			
52. Holzblöcke z. Unterstellen			

II.Spezielles Gerät: (Teil 1)

1. Stabmagnete ohne Polkennzeichen			
2. Hufeisenmagnete ohne Polkennzeichen			
3. Stabmagnete mit Kennz.			
4. Hufeisenmagn.m. Kennz.			
5. Wägelchen			
6. Kompaßnadel			
7. Kompaß			
8. Satz von kleinen Magnetnadeln			
9. Batterien versch. Größe			
10. Batterien versch. Art			
11. Batterie-Demonstrationstafeln			
12. Hebelschalter			
13. Drucktaster			
14. Kippschalter			
15. Umschalter			
16. Elektromotor			
17. elektr. Klingel			
18. Lochkartenschalter			
19. Heizdraht			
20. Kochplatte			
21. Heizofen			
22. Tauchsieder			
23. Glühlampe			
24. Elektromagnet			

25. Relais			
26. Quecksilberthermometer			
27. Fieberthermometer			
28. Max.Min.-Thermometer			
29. Thermoskop			
30. Stahlkugel + Lochplatte			
31. Kleinkühlschrank			
32. Bimetallstreifen			
33. Bimetallschalter			
34. Dehnungsfuge			
35. Luftballon + Ventilansatz			
36. Luftpumpe			
37. Rauchentwicklungsgerät			
38. Wägesatz			
39. Balkenwaage			
40. Apothekerwaage			
41. Briefwaage			
42. Luftgewichtsmesser			
43. Evakuierungspumpe			
44. Motorpumpe			
45. Wasserstrahlpumpe			
46. Mikrometerschraube			
47. Reuterlampe			
48. Kohlebogenlampe			
49. Natriumdampflampe			
50. Quecksilberhochdrucklampe			

		S	D	N
51. Schirme hell				
52. Schirme dunkel				
53. Schirme durchsichtig				
54. Spalte				
55. Blenden verschieden				
56. Lochkamera				
57. Optische Scheibe				
58. Spiegel eben, groß und klein				
59. Hohlspiegel groß und klein				
60. Wölbspiegel groß und klein				
61. Parabolspiegel gr.+kl.				
62. Optische Bank				
63. Prismen				
64. Planparallele Platte				
65. Spektroskop				
66. optische Linsen groß und klein bikonvex				
67. plankonvex				
68. konkav-konvex				
69. bikonkav				
70. plankonkav				
71. konvex-konkav				
72. Linsenhalter				
73. Lupe				
74. Diaskop				
75. Mikroskop				
76. Fernrohr				
77. Fernglas				
78. Fotoapparat				
79. Episkop				
80. Farbkanone				
81. Projektor				
82. Rotfilter				
83. Blaufilter				
84. Grünfilter				
85. Gelbfilter				
86. Purpurfilter				
87. Blau-Grün-Filter				
88. Infrarotstrahler				
89. Zinksulfidschirm				
90. Quarzprisma				
91. Quarzlinse				
92. Kohleelektroden				
93. Natriumchlorid				
94. galvanische Elemente				
95. Silbernitratlösung				
96. Ammoniaklösung				
97. Spulen: n= 5	n=			
n= 500	n=			
n= 1 000	n=			
n= 2 000	n=			
n= 5 000	n=			
n= 10 000	n=			
n= 12 000	n=			
n= 20 000	n=			
98. Eisenkerne				

	S	D	N
99. Drahtbügel			
100. Kraftmesser			
101. elektrische Uhr			
102. Amperemeter			
103. Voltmeter			
104. Magnetfeldmeßgerät			
105. Halbleitersonde			
106. Leiterschaukel			
107. Schleifenoszillograph			
108. Elektronenstrahloszillograph			
109. Kathodenstrahloszillograph			
110. Brown'sche Röhre			
111. Massenspektrograph			
112. Schmelzsicherung			
113. Lautsprecher			
114. Mikrophon			
115. Bandgenerator			
116. Katzenfell			
117. Metallöffel			
118. versch. Kondensatoren			
119. versch. Widerstände			
120. Schiebewiderstände			
121. Transformator			
122. Generator			
123. versch. Röhren			
124. Frank-Hertz-Röhre + Zubeh.			
125. Gasentladungsrohr			
126. Fotozelle			
127. Halbleiterdiode			
128. Transistor			
129. Halbleiterwiderstand			
130. Polyesterkügelchen			
131. Schiefe Ebene			
132. Reifenapparat			
133. Luftkissenfahrz.+ Zubeh.			
134. Lichtschranken			
135. Kurzzeitmesser			
136. Fallversuchsgerät			
137. Schraubenfeder			
138. Hebel			
139. Lose Rollen			
140. Feste Rollen			
141. Flaschenzug			
142. Galileipendel			
143. Mathematisches Pendel			
144. andere "Phys.Pendel"			
145. versch. Federn			
146. elektrischer Zähler			
147. Magdeburger Halbkugeln			
148. Barometer			
149. Stempel			
150. Modellflugzeug			
151. Modellschiff			
152. Flüssigkeitsmanometer			
153. U.-Rohr			
154. Aluminiumquader			
155. Plattfedermanometer			
156. Rohrfedermanometer			
157. Kolbenprober			

- 3 -

III. Grundgerät: (Teil 2)

	S	D	N
1. Stricknadeln			
2. Natriumthiosulfat			
3. Paraffin			
4. Kupfersulfat			
5. Fluoreszein-Natrium			
6. Wärmepapier			
7. Brom			
8. Rundkolben			
9. Satz von Uhrengläsern			
10. Seide			
11. Dreibein			
12. Drahtnetz			

IV. Spezielles Gerät: (Teil 2)

1. Germaniumfotoelement			
2. Thermometer ohne Skala			
3. Strömungsviereck			
4. Strahlungswürfel (nach Leslie)			
5. Netzgeräte beweglich			
6. Ukerne mit Joch			
7. Drehspulmodell			
8. Glasstäbe			
9. Hartgummistäbe			
10. Isolierstützen			
11. Isolierstiele			
12. Hochspannungsnetzgerät			
13. Elektroskope			
14. Akkumulator			
15. Leuchtstoffröhre			
16. Versorgungsgeräte f.Röhren			
17. Röhrenbrett und Zubehör			
18. Versorgungsgeräte für Transistoren			
19. UND-Glied			
20. NAND-Glied			
21. ODER-Glied			
22. NOR-Glied			
23. NICHT-Glied			
24. Halbaddierer			
25. 1-Bit-Volladdierer			
26. Variablengeber für 4 Variable			
27. Kraftmesser in Newton			
28. Bolzensprenger			
29. Sprengkugel			
30. Kolbenprober			
31. Irisblende			
32. Lampen mit Punktwendel			
33. Lampen mit Strichwendel			
34. Spalt verstellbar			
35. Gerät zur Totalreflexion			
36. Tisch mit Prismenhalter			
37. Geradsichtprisma			
38. Thermosäule mit Meßvorrichtung			
39. Lichttonrad			
40. Radiometer (Lichtmühle)			
41. Fahrbahn (rollend)			
42. Fallschnüre			
43. Fallröhre			
44. Schwerpunktscheiben			
45. Standfestigkeitsgerät			
46. Momentenscheibe			
47. Reibungswärmegerät			
48. Aräometer (Senkspindel)			
49. Überlaufgefäß			
50. Torricellirohr			

B . Weitere Fragen:

1. Geben Sie bitte Schätzwerte bezogen auf den Ausstattungszeitraum an:

   DEMONSTRATIONSGERÄTE: DM .... von .... bis ....

   SCHÜLERÜBUNGSGERÄTE : DM .... von .... bis ....

2. Für welche Gruppen-und Schülerzahlen wurden Geräte für Schülerübungen angeschafft? Anzahl der Gruppen ...... Anz.d.Schüler je Gruppe ......

3. Ist z.Zt. die Durchführbarkeit von Schülerübungen gewährleistet?

   ja ☐ nein ☐ Wenn nein, so geben Sie bitte die Gründe an:

   ....

   Wenn ja, machen die Lehrer von den gegebenen Möglichkeiten Gebrauch?

   häufig ☐ selten ☐ kaum ☐

Anlage 3e

I N S T I T U T   F Ü R   D I D A K T I K   D E R   P H Y S I K

Johann Wolfgang Goethe - Universität, Frankfurt/M., Gräfstraße 39

Befragungsobjekt: Rahmenrichtlinien P H Y S I K S I

FRAGEBOGEN FÜR PHYSIKLEHRER

Sehr geehrte Frau Kollegin,
sehr geehrter Herr Kollege,

seit dem Jahre 1972 wird an diesem Institut ein Projekt betrieben, welches sich mit der Erforschung von Problemen des Physikunterrichts beschäftigt. Bislang wurden umfangreiche Erhebungen an Haupt- und Realschulen und an Gesamtschulen durchgeführt. Da möglicherweise die Rahmenrichtlinien Physik S I auch Probleme für den Physikunterricht an Gymnasien (Klasse 5 - 10) ergeben, soll nunmehr auch Ihr Tätigkeitsbereich in die Untersuchung mit einbezogen werden. Neben diesem Fragebogen erhalten Ihr Schulleiter und Ihr Sammlungsleiter je einen weiteren Fragebogen mit anderen Fragen. Das gesamte Untersuchungsergebnis aller Erhebungen wird in einer Studie veröffentlicht werden. Die Mitglieder des Projektes erhoffen sich dadurch eine Verbesserung der bestehenden Verhältnisse für das Schulfach Physik.

Wir bitten Sie um Ihre Unterstützung unseres Vorhabens.

Mit kollegialen Grüßen

gez. R. Brauner, OStR.i.H.

Erläuterungen und Hinweise:

1. Anonymität der Befragung: Die Mitglieder der Projektgruppe haben sich verpflichtet, alle Daten nur zur statistischen Auswertung und zu keinem anderen Zweck zu verwenden. Durch die aufgedruckte Zahl erfolgt lediglich eine Kontrolle des Rücklaufes. Alle Fragebögen, die wir einer Schule zusenden, haben die gleiche Nummer!!!

2. Die Konstruktion des Fragebogens berücksichtigt einerseits den bisherigen Lehrplan und andererseits die Rahmenrichtlinien, die ab dem kommenden Schuljahr in die verpflichtende Erprobung gehen sollen, wobei bei einer Umverteilung der Stunden die Gesamtzahl der Physikstunden in Klasse 5 - 10 gleich denen des bisherigen Lehrplans ist.

3. Der Fragebogen in der vorliegenden Form wurde bereits einigen Kollegen zur Beantwortung vorgelegt. Er wurde als relevant anerkannt.

4. Beim Ausfüllen ist zu beachten, daß eine Reihe von Fragen mehrere Beantwortungsmöglichkeiten enthält.

5. Rücksendung des Fragebogens:

Zwei Wege stehen Ihnen offen. Verwenden Sie bitte in beiden Fällen den bereits mit dem Stempel des Instituts versehenen Umschlag.

Entweder: Sie geben den Fragebogen in verschlossenem Umschlag im Sekretariat Ihrer Schule ab. Alle Befragungsunterlagen, die dort eingehen, werden uns dann unter Wahrung der Anonymität zugesandt. In diesem Fall sparen Sie das Briefporto.

Oder: Sie frankieren - leider haben wir keine Mittel für Freiumschläge - und senden den Brief direkt an uns ab.

F R A G E N K A T A L O G

(Bitte Zutreffendes ankreuzen und entsprechende Stellen ausfüllen)

A) Persönlicher Teil

1.) Welcher Altersgruppe gehören Sie an?

von	—	25	30	35	40	45	50	55	60	65
	☐	☐	☐	☐	☐	☐	☐	☐	☐	☐
bis	27	29	34	39	44	49	54	59	64	—

2.) Geschlecht: männlich ☐ weiblich ☐

3.) An welcher gymnasialer Form (gymnasialen Zweig) unterrichten Sie?

naturwisssnschaftlich ☐ neusprachlich ☐

altsprachlich ☐ sozialwissenschaftlich ☐

musische ☐ wirtschaftswissenschaftlich ☐

gymnasiale Oberstufenschule ☐

4.) Tragen Sie bitte in nachfolgender Tabelle Ihre Pflichtstundenzahl (abzüglich aller Ermäßigungen) und die Anzahl der darin enthaltenen Physikstunden ein.

Schuljahr	Pflichtstundenzahl	Physikstunden Mittelstufe (Sek.St. I)	Physikstunden Oberstufe (Sek.St.II)
1973/74			
1974/75			
1975/76			

5.) Welche Lehrbefähigung haben Sie für das Fach Physik?
Lehrbefähigung für die Mittel-u.Oberstufe d.Gymnasiums
Lehrbefähigung für die Mittelstufe des Gymnasiums ☐
Lehrbefähigung für die Haupt- und Realschule ☐
Diplomphysiker mit Zusatzprüfung ☐
keine Lehrbefähigung ☐
Andere Prüfungen (Bitte nennen): ....

Anlage 4b

B) Fragen zum Unterricht

6.) Versuchen Sie bitte (in Prozent) abzuschätzen, welche der folgenden Unterrichtsformen Sie im Physikunterricht anteilig benutzen:

Lehrervortrag mit Demonstrationsexperimenten	%
Lehrervortrag ohne Demonstrationsexperimente	%
Lehrervortrag mit Einsatz von audio-visuellen Medien	%
Lehrer-Schüler-Gespräch mit Demonstrations-Experiment	%
Lehrer-Schüler-Gespräch ohne Demonstr.-Experiment	%
Schülerübungen	%
Unterricht mit Lehrprogrammen	%
Andere Formen (Bitte nennen)	%
....	%

7.) Versuchen Sie bitte abzuschätzen, welche folgenden audio-visuellen Medien Sie benützen:

	häufig	selten	nie
Film 16 mm			
Film 8 mm			
Schulfernsehen			
Dias			
Foliensätze für Overhead-Projektor			
Tonband			
Video-Kassette			
Schulfunk			
Andere (Bitte nennen)...........			

8.) Welche Lehrbücher sind eingeführt? (Titel, Verlag) .....
....

Würden Sie lieber ein anderes Lehrbuch verwenden?

ja ☐ nein ☐

Wenn ja, welches? (Titel, Verlag)......................
....

Benutzen Sie Lernprogramme für den Physikunterricht?

ja ☐ nein ☐

Wenn ja, welche? (Titel, Verlag) ....

....

9) Benutzen Sie Schülerarbeitsblätter? ja ☐ nein ☐

Eigenproduktion ☐

Firmenprodukte ☐ Von welcher Firma? ....

....

10) Welche Bedeutung messen Sie dem Fach Physik im Vergleich zu den anderen Schulfächern zu, was die zukünftige Lebens- und Berufsbewältigung anbelangt. Stellen Sie bitte dazu eine Rangliste der folgenden Fächer der Sekundarstufe I dar (Rangplatz 1 = bedeutendste Fach)

(Biologie (Bio), Chemie (Ch), Deutsch (D), Erdkunde (Erd), 1. Fremdsprache (1. F), 2. Fremdsprache (2. F), 3. Fremdsprache (3. F), Geschichte (Ge), Hauswirtschaft (Hausw.), Kunst/Musik (Ku/Mu), Mathematik (Mathe), Physik (Phy), Religion (Rel), Sozialkunde (Soz), Sport (Spo), Textiles Gestalten-Nadelarbeit (Nad), Werken (Werk)).

1. .... 2. .... 3. .... 4. .... 5. ....

6. .... 7. .... 8. .... 9. .... 10. ....

11. .... 12. .... 13. .... 14. .... 15. ....

16. .... 17. ....

11) Wenn Sie einen Vergleich zwischen den Rahmenrichtlinien Physik Sek.I und den gültigen Lehrplänen Physik von 1962 ziehen, ist dann

die Veränderung in der Didaktik wesentlich ☐

die Veränderung in der Didaktik unwesentlich ☐

die Veränderung des Inhalts wesentlich ☐

die Veränderung des Inhalts unwesentlich ☐

die Veränderung in der Methode wesentlich ☐

die Veränderung in der Methode unwesentlich ☐

Geben Sie bitte eine stichwortartige Begründung an: ....

....

....

12) Halten Sie die Vorverlegung des Physikunterrichts, welcher in Zukunft auch die Klassen 5 - 7 erfaßt, z.Zt. für erfolgversprechend?

ja ☐ nein ☐

Begründen Sie bitte Ihre Antwort: ....

....

13) Welche Schwierigkeiten sehen Sie bei der Durchführung der Rahmenrichtlinien?

Stoffülle ☐ Lernpsychologische Schwierigkeiten bei Schülern ☐

Materialschwierigkeiten ☐ Zu wenig Wochenstunden ☐

Lehrbücher ☐ Zu wenig Lehrer ☐

Andere (bitte nennen): ....

....

14) Werden an Ihrer Schule Koordinationskonferenzen für das Fach Physik durchgeführt? ja ☐ nein ☐

Wieviel pro Schuljahr? ☐

15) Ist der Physikunterricht an Ihrer Schule nach den Lehrplänen von 1962 gut ☐, ausreichend ☐ oder schlecht ☐ durchführbar?

Kurze Begründung: ....

....

16) Wie schätzen Sie die Voraussetzungen an Ihrer Schule für die Durchführbarkeit des Physikunterrichts nach den Rahmenrichtlinien S I ein?

gut ☐, ausreichend ☐, schlecht ☐

Kurze Begründung: ....

....

17) Welche Schwierigkeiten bei der Durchführung von Schülerübungen ergeben sich an Ihrer Schule?

Schülerübungsgerät nicht ausreichend vorhanden ☐

zu große Klassen ☐

zu wenig Wochenstunden ☐

keine ausreichende Räumlichkeiten ☐

Stoffülle ☐

andere Schwierigkeiten (bitte nennen): ....

....

18) Wie schätzen Sie die Belastung bei gleichbleibender Pflichtstundenzahl ein, wenn Sie nach den Rahmenrichtlinien S I unterrichten würden? überlastet ☐ ausgelastet ☐ nicht ausgelastet ☐

Kurze Begründung: ....

19) Sind Sie mit der in den Rahmenrichtlinien angegebenen Themenauswahl einverstanden? ja ☐ nein ☐ Wenn nein,

a) welche Themen würden Sie streichen? ....

....

b) welche Themen fehlen Ihrer Meinung nach? ....

....

Anlage 4e

20) Die nachfolgende Zusammenstellung von Werken zur Didaktik und Methodik des Physikunterrichts stellt eine Auswahl von Werken dar, die in der didaktischen und methodischen Diskussion stehen. Kreuzen Sie bitte an der betreffenden Stelle an, wenn das jeweilige Werk Ihnen bekannt, in der Lehrerbücherei Ihrer Schule, in Ihrem Privatbesitz, für Ihre Unterrichtstätigkeit nützlich oder unbedeutend ist.

		bekannt	Lehrerbücherei	Privatbesitz	nützlich	unbedeutend
Buchwald, Eberhard	: Bildung durch Physik					
Dahnke, Helmut	: Zur Didaktik der Physik und Chemie					
Diesterweg, Rauhfuß	: Planung des Unterrichts in Mathe.u.Phy.					
Hahn, Töpfer, Bruhn	: Methodik des Physikunterrichts					
Haspas, Kurt	: Methodik des Physikunterrichts					
Hunger, Edgar	: Die Bildungsfkt. des Physikunterrichts					
I P N	: IPN-Curriculum-Physik					
Jung, Walter	: Beiträge zur Didaktik der Physik					
Kluge, Richard	: Erkenntniswege des Physikunterrichts					
Neunhöffer, Max	: Schule des physikalischen Denkens					
O E C D	: Physikunterricht heute					
Piaget, Jean	: Die Entw. d.ErkennensII, das phy.Denken					
Runkel, Hoffmann	: Physik, Lehrerhandbuch					
Schietzel, Karl	: Technik umd Natur					
Schäfer, Uwe	: Die meth.Konsequenzen aus d.Rahmenrich.					
Schmidt, Helmut	: Zur Didaktik der Physik und Chemie					
Volk u. Wissen	: Physik Unterrichtshilfen 6-10					
Wagenschein, Martin	: Die päd.Dimension der Physik					
Zimmer, Dieter	: Die praxisorientierte Physikvorbereit.					

Geben Sie bitte, falls Ihnen möglich, weitere (maximal 5) Titel an, die Sie persönlich für sehr wichtig halten.

................:	....					
................:	....					
................:	....					
................:	....					
................:	....					

R E C H T H E R Z L I C H E N D A N K F Ü R

I H R E B E M Ü H U N G E N

Anlage 4f

I N S T I T U T   F Ü R   D I D A K T I K   D E R   P H Y S I K

STÄNDIGE WISSENSCHAFTLICHE BETRIEBSEINHEIT
IM FACHBEREICH PHYSIK
JOHANN WOLFGANG GOETHE-UNIVERSITÄT

6 FRANKFURT AM MAIN
GRÄFSTRASSE 39
TELEFON: (06 11) 798 35 75

DATUM: 18.5.76 B/Gr

An die
Schulleiterinnen u. -leiter
der G y m n a s i e n
des Landes Hessen

Betr.: Erhebung zum Physikunterricht

Sehr geehrte Damen und Herren,

vor etwa drei Wochen haben Sie von uns Fragebögen für Schulleiter, Sammlungsleiter und Physiklehrer mit der Bitte um Bearbeitung und Rücksendung erhalten.

Sollten Sie in der Zwischenzeit uns Fragebögen zurückgeschickt haben, so möchten wir uns auf diesem Wege für Ihre Mühe bedanken.

Falls es Ihnen bisher noch nicht möglich war, die vorgelegten Fragebögen zu bearbeiten, so möchten wir noch einmal daran erinnern, wobei wir Ihnen versichern, daß neben den rein wissenschaftlichen Aspekten der Erhebung es uns ehrlich um die Verbesserung der Situation des Physikunterrichts geht.

Mit freundlichem Gruß

R. Brauner

(R.Brauner, OStR.i.H.)

Anlage 5

Anlage 6a

Berechnung der Schätzwerte des Lehrerfaktors L der Tabelle 33

$$L = \frac{a.b.e.s}{c.d}$$

a = mittlere Schulgröße (Schülerzahl)
b = 1-V(V=Verflechtungsgrad mit der Grundschule)
c = Pflichtstundenzahl der Lehrer der Schulgattung
d = Pflichtstundenanteil für das Fach Physik (bzw.Physik/Chemie bei d. Erhebungen v. 1972)
e = relativer Wert der Schüler-Lehrer-Relation
s = Sonderfaktor für die Erhebungen von 1972

Erh.-jahr	Schul-gattung	Erfahrungswerte						berechneter Schätzwert
		a	b	c	d	e	s	L
1972	H	380	0,44	28	4,5	1,0	1,3	1,73
1973	H	400	0,44	28	4,6	1,0	1,0	1,37
1972	R	740	0,89	27	6,2	1,2	1,2	5,66
1973	R	765	0,89	27	6,8	1,2	1,0	4,45
1975	Ges	1225	0,98	26,7	7,9	1,3	1,0	7,40
1976	Gym	970	0,99	24	8,4	1,5	1,0	7,15

Bemerkungen zu den Erfahrungswerten:

a: Mittelwerte, die aus den betreffenden, bzw. zwei aufeinanderfolgenden, Schulverzeichnissen berechnet wurden.

b: Verwendet wurden die Werte der Tabelle 4. Sie wurden für Gesamtschulen und Gymnasien "SII-bereinigt". Im Gegensatz zur Verflechtung mit der Primarstufe ist nämlich hier die mit der Sekundarstufe II ohne Bedeutung, da die Lehrer mit der Lehrbefähigung für Gymnasien in beiden Sekundarstufen unterrichten. Einfachheitshalber wird dabei von einer proportionalen Verteilung nach den Schülerzahlen ausgegangen. Weiterhin wird angenommen, daß die zum Stande vom 15.10.1976 berechneten Werte in diesen Größenordnungen auch für 1972/73 relevant sind. In Anbetracht einer Schätzung erschien eine zusätzliche Berechnung für diese Werte für 1972/73 wegen des erforderlichen Zeitaufwandes als unangemessen.

c: Die offiziellen Werte liegen seit einiger Zeit für Hauptschullehrer (28), Realschullehrer (27) und Gymnasiallehrer (24) so fest. Für die Gesamtschulen wurde der Wert von 26,7 gemäß einer von Kandler/Schnitzer festgestellten Verteilung nach Lehrbefähigungen geschätzt (a.a.O., S. 97).

d: Aus folgenden Quellen direkt entnommen oder berechnet: Schmidbauer (1972, S. 16/17), Frey (1973, S. 13), Kandler/Sch. 1975, S. 98), Köppen (1976, S. 48).
Die Werte für 1972/73 wurden nach Unterlagen der Lehrerindividualerhebung von 1973 (EDV-Ausdruck, Tabelle 14 A, Blatt 13 u. 22) überprüft. Es ergab sich dabei faktische Übereinstimmung, so daß auch für die aus Stichproben gewonnenen Werte von 1975 und 1976 ausreichende Verläßlichkeit angenommen werden kann.

Anlage 6b

e: Diese Relativwerte wurden wie folgt berechnet:
Nach der Schulstatistik(Hess.Bildungspolitik in Zahlen 1974, S.8 und 16 und 1976,S.28) bestanden folgende Schüler-Lehrer-Relationen:
H 72: 29,7:1 , H 73: 29,5:1 , R 72: 24,6:1 , R 73: 24,2:1
Ges 75: keine Angaben , Gym 76: 19,3:1 .
Die Relativierung erfolgte auf die Hauptschulen mit den ungünstigsten Zahlen hin (Beispielsweise kommen auf 29,7 Hauptschüler 1 Hauptschullehrer und auf 29,7 Gymnasiasten 1,5 Gymnasiallehrer). Für die Gesamtschulen wurde der Zwischenwert so geschätzt, daß er näher an den Realschulen liegt(Meßzahlen für die gymnasiale Oberstufe sind neuerdings mit 12:1 im Gespräch !)

s: Mit diesem Faktor wird berücksichtigt, daß bei den Erhebungen von 1972 alle Lehrer angeschrieben wurden, die Physik und/oder Chemie unterrichten. Würden die Mengen der Physiklehrer und der Chemielehrer in zwei Klassen zerfallen, die sich nicht überschneiden, dann müßte im Falle gleicher Anteile der beiden Fächer am Unterricht der Sonderfaktor den Wert 2 haben. Wären die beiden Mengen identisch, dann wäre der Faktor 1 anzusetzen. Die beiden Faktoren von 1,3 für die Hauptschulen und 1,2 für die Realschulen stellen eine Schätzung dar, die nachträglichen Analysen der Erhebungsdaten gerecht sein dürften. Dabei ergab sich nämlich, daß 7o % der Hauptschullehrer, die die betreffende Frage beantworteten sowohl Physik als auch Chemie (bzw Naturlehre als übergreifendes Fach) unterrichten. Bei den Realschulen war der Prozentsatz mit 58 % deutlich niedriger.

Fragebogen II a (Sammlungsleiter Physik)

1. Ausstattung der Sammlung für Demonstrationsversuche:

Die folgende Geräteliste wurde in Anlehnung an das Lehrbuch "Natur und Technik" von Gerhardt, Kruse, Steinkopf und Stiegler, im Verlag Velhagen und Klasing erschienen, zusammengestellt. Sie kann in gewisser Weise als Maximalkatalog angesehen werden. Es besteht aber durchaus die Möglichkeit, daß gewisse wichtige Geräte darin fehlen. Sollten Sie solche Geräte besitzen, die in der Liste nicht enthalten sind, so wird darum gebeten, diese in den offenen Zeilen einzutragen. Im übrigen brauchen Sie nur die betreffenden Spalten ankreuzen. Dabei bedeutet:

AV = ausreichend vorhanden, NAV = nicht ausreichend vorhanden,
NV = nicht vorhanden, E = Gerät, das unter NV angekreuzt wurde und erwünscht ist, aber aus irgendwelchen Gründen noch nicht vorhanden ist.

(Die Reihenfolge der Sachgebiete ist unwesentlich!)

Grundgerät:	AV	NAV	NV	E		AV	NAV	NV	E
1. Glas/Plastik-Gefäße					15. Gummi- oder Plastikschläuche				
2. Glaswannen-klein					16. Quetschhähne				
3. Glaswannen-groß					17. Gummistopfen				
4. Glas- oder Plastik-Trichter					18. Quecksilber				
5. Überlaufgefäß					19. Stativstangen u. Zubehör				
6. Reagenzgläser					20. Fahrbare Tische				
7. Glaskolben					21. Holzblöcke zum unterstellen				
8. Glasröhren					22.				
9. Kapillarröhren					23.				
10. Pipetten					24.				
11. Stechheber					25.				
12. Glasmeßzylinder					26.				
13. Glasplatten-klein									
14. Glasplatten-groß									

OPTIK:	AV	NAV	NV	E		AV	NAV	NV	E
1. Lochkamera					19. Fernglas				
2. Reuterlampe					20. Fotoapparat				
3. Kohlebogenlampe					21. Fernrohr				
4. Optische Scheibe					22. Bildwerfer				
5. Spiegel					23. Spektroskop mit Zubehör				
6. Hohlspiegel					24. Infrarot-Strahler				
7. erhabener Spiegel					25. Hg-Hochdrucklampe				
8. Blenden					26. Na-Lampe				
9. Spalte					27. Filter				
10. Prismen					28. Wellenwanne und Zubehör				
11. Quarzprisma					29. Beugungsgitter				
12. Linsen					30. Polarisations-Filter				
13. planparallele Glasplatten (dick)					31.				
14. Optische Bank (massiv)					32.				
15. Ersatzvorrichtung f.Optische Bank					33.				
16. Fettfleckfotometer					34.				
17. Lupen					35.				
18. Mikroskope					36.				

- 2 -

MECHANIK / AKUSTIK

	AV	NAV	NV	E
1. Metermaße				
2. Schublehre				
3. Mikrometerschraube				
4. Wasserwaage				
5. Dosenlibelle				
6. Sanduhr				
7. Metronom				
8. Stoppuhren				
9. Elektrisches Zeitmeßwerk				
10. Balkenwaage				
11. Apothekerwaage				
12. Wägesatz				
13. Briefwaage				
14. Gewichte zum Anhängen				
15. Elastische Schraubenfedern				
16. Kraftmesser klein				
17. Kraftmesser groß				
18. Artgewichtswürfel				
19. Rollen				
20. Flaschenzug				
21. Hebel u. Zubehör				
22. Wellrad				
23. Zahnräder				
24. Kranmodell				
25. Schiefe Ebene				
26. Gleitreibungssatz				
27. Kugel- u.Walzenlager				
28. Fallrinne (Galilei)				
29. Fahrbahn u.Zubehör				
30. Reifenapparat(Phywe)				
31. Luftkissenbahn				
32. Fallschnur				
33. Meßgerät zum freien Fall				
34. Vakuumfallrohr				
35. Zentrifugalkraftgeräte				
36. Kreisel				

	AV	NAV	NV	E
37. Stahlkugeln für Stoßversuche				
38. Große Holzkugeln				
39. Luftpumpe				
40. Wasserstrahlpumpe				
41. Vakuumglasglocke u. Zubehör				
42. Motorpumpe zur Vakuumherstellung				
43. Magdeburger Halbkugeln				
44. Flüssigkeitsmanometer				
45. Dosenmanometer				
46. Barometer				
47. Torricelli-Gerät				
48. Gerätesatz zur Strömungslehre				
49. Verbundgefäße				
50. Kolbenprober				
51. Druckverteilungsgerät				
52. Rückstoßgerät				
53. Pumpenmodelle				
54. Senkwaage				
55. Stahlblattfedern				
56. Pendel				
57. Stimmgabeln				
58. Stimmgabeln mit Resonanzkästen				
59. Membranen				
60. Lochsirene				
61. Monochord				
62. Pfeifen				
63. Resonanzrohr				
64.				
65.				
66.				
67.				
68.				
69.				

WÄRMELEHRE

	AV	NAV	NV	E
1. Thermometer				
2. Max.-Min.-Therm.				
3. Bunsenbrenner				
4. Spiritusbrenner				
5. Tauchsieder				
6. Kochplatte				
7. Dampfkochtopf				
8. Geräte zur Wärmeausdehnung				
9. Bimetallstreifen				
10. Isoliergefäße				
11. Kalorimetriergefäß				
12. Thermosflasche				
13. Kleinkühlschrank				

	AV	NAV	NV	E
14. Hygrometer				
15. Gerät zum mechan. Wärmeäquivalent				
16. Geräte zur Wärmeströmung				
17. Geräte zur Wärmeleitung				
18. Geräte zur Wärmestrahlung				
19. Motor-Modelle				
20. Turbinenmodelle				
21. Strahltriebwerkmodell				
22. Raketenmodell				

ELEKTRIZITÄTSLEHRE / MAGNETISMUS	AV	NAV	NV	E
1. Magnetnadeln				
2. Stabmagnete				
3. Hufeisenmagnete				
4. Inklinationsnadel				
5. Kompaß				
6. Magnetisches Spielzeug				
7. Glühbirnchen				
8. Glühbirnen (groß)				
9. Fassungen				
10. Strippen				
11. Schalter				
12. Verschiedene Leiter				
13. Isolatorenständer				
14. Galvanischer Elementesatz				
15. Batterien				
16. Akkumulatoren				
17. Thermoelemente				
18. Netzgeräte fest				
19. Netzgeräte bewegl.				
20. Drehstromanschluß				
21. Polprüfer/-papier				
22. Meßgeräte				
23. Widerstände (konst)				
24. Schiebewiderstände				
25. Meßbrücke				
26. Elektr. Zähler				
27. Wasser- Strom-Modell				
28. Elektromagnete				
29. Spulen				
30. Leiterschaukel				
31. Ring für Lenzsche Regel				
32. Transformator				
33. Schmelzofenmodell				
34. Elektromotoren				
35. Polwender				
36. Generatoren				
37. Hartgummi- Glas- Plexiglasstäbe				
38. Kunststoffolien				
39. Elektroskope				
40. Wulfsches Elektroskop				
41. Influenzmaschine				
42. Bandgenerator				
ATOMPHYSIK				
1. Atommodelle				
2. Wandtafeln z. Kernphysik				
3. Wandtaf. z. period. System d. Elemente				
4. Geigerzähler				
5. Nebelkammer				
6. Radioaktive Präparate				

	AV	NAV	NV	E
43. Metallkugeln				
44. Metallplatten (Influenzgerät)				
45. Wasserzersetzungsapparat				
46. Elektrolysegerät				
47. elektr. Klingel				
48. Lautsprecher				
49. Mikrophon				
50. Telefon				
51. Bügeleisen				
52. Sicherungen				
53. Sicherungsautom.				
54. Widerstandsthermometer				
55. Leydener Flaschen				
56. Plattenkondensator				
57. Blockkondensatoren				
58. Röhre zum Edisoneffekt				
59. Elektronenröhren				
60. Transistoren				
61. Gleichrichter				
62. Schleifen-Oszillg.				
63. Kath.-Strahlröhre				
64. Oszillograph				
65. Röntgenröhre(zgl.)				
66. Fotozelle				
67. Glimmlampen				
68. Leuchtstoffröhre m. Starter/Drossel				
69. Gasenladungsrohr zum stetigen Evakuieren				
70. Gasentladungsr. Satz m.v.Druck				
71. Elektrische Schwingkreise				
72. Geräte zur Demo. der Eigenschaft. elektr.magn.Well.				
73.				
74.				
75.				
76.				
77.				
78.				
79.				
80.				
7.				
8.				
9.				
10.				
11.				
12.				
13.				
14.				
15.				

Anlage 7c

2. Schülerübungsgerät

(Bitte Nichtzutreffendes durchstreichen.)

Können an Ihrer Schule Schülerübungen in Physik überhaupt durchgeführt werden? ja / nein

Wenn nein, so geben Sie bitte Gründe dafür an ____________________

____

____

Wenn ja, in welchen der folgenden Gebiete:

Mechanik / Kalorik /Optik / Elektrik-Magnetismus

Haben Sie eine besondere Gerätesammlung für Schülerübungen ? ja /nein

Für welche Gruppeneinteilung wurde es angeschafft?

Anzahl der Gruppen: ________ Anzahl der Schüler einer Gruppe _____

Von welcher Herstellerfirma? ____________________

Wird das Gerät in der geplanten Weise benutzt? ja / nein

Wenn nein, so geben Sie bitte Gründe dafür an: ____________________

____

____

3. Lernmittel

Welches Schülerbuch ist an Ihrer Schule eingeführt?

____

Haben Sie Änderungen vor? ja /nein

Wenn ja, welches andere Buch soll eingeführt werden?

____

Gibt es an Ihrer Schule Lernprogramme für Physik? ja / nein

Wenn ja, welche? ____________________

____

Sind Physik-Arbeitsblätter vorhanden? ja / nein

Wenn ja, welche? ____________________

4. Alter, Wert und Etat der Sammlung:

In welchem Zeitraum wurde die Sammlung für Demonstrationszwecke aufgebaut? ____________________

In welchem Zeitraum wurde die Sammlung für Schülerübungen aufgebaut?

____

Versuchen Sie bitte grob, den Wert der Sammlungen abzuschätzen:

Demonstrationsgeräte ____________ DM

Schülerübungsgeräte ____________ DM

Wieviel Geld steht Ihnen im laufenden Schuljahr zur Verfügung?______ DM

Wie haben Sie dieses Geld für das laufende Schuljahr aufgeteilt?

Demonstrationsgerät ____________ DM Schülerübungsgerät ________ DM

spezielle Lehrmittel____________ DM ________________ ________ DM

Fragebogen II b (Sammlungleiter Chemie) - 1 -

1. Schülerübungsgerät:

(Bitte Nichtzutreffendes durchstreichen!)

Können an Ihrer Schule Schülerübungen in Chemie überhaupt durchgeführt werden ? ja / nein
Wenn nein, so geben Sie bitte Gründe dafür an ______________________
____
____

Haben Sie eine besondere Gerätesammlung für Schülerübungen? ja / nein
Wenn ja, von welcher Herstellerfirma?______________________________
Für welche Gruppeneinteilung wurde es angeschafft?
Anzahl der Gruppen:_______ Anzahl der Schüler einer Gruppe _______

Wird das Gerät in geplanter Weise benutzt? ja /nein
Wenn nein, so geben Sie bitte Gründe dafür an: ____________________
____
____

2. Lernmittel:
Welches Schülerbuch ist an Ihrer Schule eingeführt?
____

Haben Sie Änderungen vor? ja / nein
Wenn ja, welches andere Buch soll eingeführt werden?
____

Gibt es an Ihrer Schule Lernprogramme für Chemie? ja / nein
Wenn ja, welche? ____
____

Sind Chemie-Arbeitsblätter vorhanden? ja / nein
Wenn ja, welche?____
____

3. Alter, Wert und Etat der Sammlung:
In welchem Zeitraum wurden die Sammlungen aufgebaut?
Demonstrationsgerät:____________, Schülerübungsgerät:______________

Versuchen Sie bitte grob den Wert der Sammlung abzuschätzen:
Demonstrationsgerät_______ DM, Schülerübungsgerät_______ DM
Chemikalien_________ DM

Wieviel Geld steht Ihnen im laufenden Schuljahr zur Verfügung?______DM
Wie haben Sie dieses Geld für das laufende Schuljahr aufgeteilt?
Demonstrationsgerät _______ DM, Chemikalien _______ DM,
Schülerübungsgerät _______ DM, spez. Lernmittel _______ DM,
.... _______ DM, ... _______ DM

4. Ausstattung der Sammlung mit Demonstrationsgerät und Chemikalien:
Im Gegensatz zum Fragebogen II a (Physik) stellt die Geräteliste (Rückseite) sicher keinen Maximalkatalog dar. Ebenso ist die Chemikalienliste eine Art Auswahlliste, jedoch so beschaffen, daß auch andere Chemikalien sich aus den gegebenen herstellen lassen.

AV = ausreichend vorhanden, NAV = nicht ausreichend vorhanden, NV = nicht vorhanden, E = Gerät oder Chamikalien, die nicht vorhanden sind, aber gewünscht werden.

- 2 -

Anlage 8a

	AV	NAV	NV	E		AV	NAV	NV	E
1. Stative					20. Meßzylinder				
2. Befestigungsmaterial (Muffe, Klammer, usw.)					21. Pneumatische Wanne				
3. Dreifuß					22. Retorte				
4. Drahtnetz m. Asbesteinsatz					23. Glasröhren				
5. Reagenzglasständer					24. Glasstäbe				
6. Trockengestell					25. Pipetten				
7. Tiegelzange					26. Thermometer				
8. Bunsenbrenner					27. Liebigkühler				
9. Reagenzglasbürste					28. Kugelkühler				
10. Verbrennungslöffel					29. Kippscher Gasentwicklungsapparat				
11. Quetschhähne					30. Bürette				
12. Schläuche					31. Mörser				
13. Stopfen					32. Porzellanschale				
14. Reagenzgläser					33. Waage + Gewichte				
15. Rundkolben					34. Filtrierpapier				
16. Erlenmeyerkolben					35. Spachtel				
17. Bechergläser					36. Abzug				
18. Glastrichter					37.				
19. Standzylinder					38.				
					39.				

<u>CHEMIKALIEN</u>

	AV	NAV	NV	E		AV	NAV	NV	E
1. Alaun					36. Magnesium				
2. Aluminiumpulver					37. Methylenchlorid				
3. Ammoniaklösung					38. Natrium				
4. Äther					39. Natriumbromid				
5. Bariumchlorid					40. Natriumcarbonat				
6. Benzin					41. Natriumchlorid				
7. Benzol					42. Natriumhydrogencarbonat				
8. Blei					43. Natriumhydroxid				
9. Borsäure					44. Natriumnitrat				
10. Brennspiritus					45. Natriumthiosulfat				
11. Brom					46. Petroleum				
12. Calciumcarbonat					47. Phenolphtalein				
13. Calciumchlorid					48. Phosphor rot				
14. Calciumhydroxid					49. Salpetersäure				
15. Calciumsulfat					50. Salzsäure				
16. Eisenpulver					51. Schwefel				
17. Eisensulfat					52. Schwefelsäure				
18. Essigsäure					53. Seignettesalz				
19. Formaldehyd					54. Silbernitrat				
20. Gelatine					55. Stärke				
21. Glycerin					56. Tetrachlorkohlenstoff				
22. Holzkohle					57. Wasser, dest.				
23. Jod					58. Wasserstoffperoxid				
24. Kaliumchlorat					59. Weinsäure				
25. Kaliumhydroxid					60. Zink				
26. Kaliumjodid					61. Zinn				
27. Kaliumdichromat					62. Zitronensäure				
28. Kaliumnitrat					63. Zucker				
29. Kaliumrhodanid					64.				
30. Kaliumpermanganat					65.				
31. Karbid					66.				
32. Kobaltchlorid					67.				
33. Kupfer					68.				
34. Kupfersulfat									
35. Lackmus									

Anlage 9a

Zuordnung der Geräte des Gerätekatalogs zu den einzelnen Lerneinheiten (Mindestanforderung)

L E R N E I N H E I T 2.1: (8 Stunden)

Schülerübungen

I	21	Eisen	II	2	Hufeisenmagnete ohne Polkennzeichnung
I	45	Bunsenbrenner oder	II	7	Kompaß
I	46	Spiritusbrenner	II	8	Magnetnadeln
II	1	Stabmagnete ohne Polkennzeichnung	III	1	Stricknadeln

L E R N E I N H E I T 2.2: (19 Stunden)

Schülerübungen

I	1	Glas- und Plastikgefäße	II	9	Batterien versch.Größe
I	29	Salz	II	12	Hebelschalter
I	32	Kohle	II	13	Drucktaster
I	33	Destilliertes Wasser	II	14	Kippschalter
I	37	Glühlämpchen	II	15	Umschalter
I	38	Glühlampen	II	16	Elektromotor
I	39	Fassungen	II	17	Klingel
I	40	Verschiedene Metalldrähte	II	19	Heizdraht
			II	20	Heizöfchen
I	41	Krokoklemmen	II	21	Kochplatte
I	42	Experimentierkabel	II	22	Tauchsieder
I	43	Isolatoren	II	24	Elektromagnet
II	8	Magnetnadeln	II	25	Relais

L E R N E I N H E I T 2.3: (18 Stunden)

Schülerübungen

I	1	Glas-und Plastikgefäße	I	45	Bunsenbrenner oder
I	3	Glaswannen klein	I	46	Spiritusbrenner
I	4	Glaswannen groß	I	49	Stativstangen und Zubehör
I	7	Reagenzgläser	II	19	Heizdraht
I	8	Glaskolben	II	26	Thermometer
I	9	Glasröhren	II	29	Thermoskop
I	1o	Kappilaren	II	3o	Kugel mit Lochplatte
I	17	Schläuche	II	32	Bimetellstreifen
I	19	Gummistopfen	III	2	Natriumthiosulfat
I	29	Kochsalz	III	3	Paraffin
I	33	destiliertes Wasser	IV	28	Bolzensprenger
I	35	Kohlendioxyd	IV	29	Sprengkugel

L E R N E I N H E I T 2.4: (17 Stunden)

Schülerübungen

I	1	Glas- und Plastikgefäße	I	47	Metermaße
I	5	Glas- und Plastiktrichter	I	48	Schiebelehre
I	6	Überlaufgefäß	II	36	Luftpumpem
I	7	Reagenzgläser	II	38	Wägesatz
I	8	Glaskolben	II	39	Balkenwaage
I	13	Meßzylinder klein	II	42	Luftgewichtsmesser
I	14	Meßzylinder groß	II	46	Mikrometerschraube
I	27	Öl	II	100	Kraftmesser
I	28	Benzin	III	4	Kupfersulfat
I	30	Filter	IV	30	Kolbenprober
I	45	Bunsenbrenner			

Anlage 9b

L E R N E I N H E I T I: (16 Stunden)

Schülerübungen

I 15 Glasplatten klein	II 51 Schirme hell
I 16 Glasplatten groß	II 55 Blenden
I 37 Glühlämpchen klein	II 57 Optische Scheibe
I 39 Fassungen	II 58 Ebener Spiegel
I 44 Kerzen	II 59 Hohlspiegel
II 47 Reuterlampe	II 60 Wölbspiegel

Demonstration

IV 31 Lampe mit Strichwendel	IV 33 Irisblende
IV 32 Lampe mit Punktwendel	

L E R N E I N H E I T II: (8 Stunden)

Schülerübungen

I 2 Schalen	II 55 Blenden
I 3 Glaswannen klein	II 57 Optische Scheibe
I 4 Glaswannen groß	II 58 Spiegel
I 15 Glasplatten klein	II 64 Planparallele Platten
I 16 Glasplatten groß	III 5 Fluoreszein Natrium
II 47 Reuterlampe	III 8 Rundkolben

Demonstration

II 63 Prismen	IV 36 Tisch mit Prismenhalter
IV 34 Spalt verstellbar	IV 37 Geradsichtprisma
IV 35 Gerät zur Totalreflexion	

L E R N E I N H E I T III: (18 Stunden)

Schülerübungen

I 44 Kerzen	II 67 Linsen plankonvex
II 47 Reuterlampe	II 69 Linsen bikonkav
II 55 Blenden	II 70 Linsen plankonkav
II 57 Optische Scheibe	II 72 Linsenhalter
II 62 Optische Bank	II 73 Lupe
II 66 Linsen bikonvex	III 9 Satz von Uhrengläsern

Demonstration

II 65 Spektroskop	II 77 Fernglas
II 74 Diaskop	II 78 Fotoapparat
II 75 Mikroskop	II 79 Episkop
II 76 Fernrohr	

L E R N E I N H E I T IV: (10 Stunden)

Demonstration

II 26 Thermometer	II 84 Grünfilter
II 47 Reuterlampe	II 85 Gelbfilter
II 48 Kohlebogenlampe	II 86 Purpurfilter
II 51 Schirme hell	II 89 Zinksulfidschirm
II 53 Schirme durchsichtig	II126 Fotozelle
II 62 Optische Bank	IV 34 Spalt verstellbar
II 63 Prismen	IV 38 Thermosäule mit Meßvorrichtung
II 66 Sammellinse	
II 82 Rotfilter	IV 39 Lichttonrad
II 83 Blaufilter	IV 40 Radiometer

Anlage 9c

L E R N E I N H E I T V: (3 Stunden)

Demonstration

I	40	Verschiedene Metalldrähte	II	61	Parabolspiegel
I	43	Isolatoren	II	63	Prismen
I	45	Bunsenbrenner oder	II	66	Sammellinsen bikonvex
I	46	Spiritusbrenner	II	88	Infrarotstrahler
I	49	Stativmaterial	II	102	Amperemeter
II	9	Batterien versch.Größe	III	6	Wärmepapier
II	29	Thermoskop	IV	1	Germaniumfotoelement
II	48	Kohlebogenlampe	IV	34	Spalt verstellbar
II	58	ebener Spiegel			

L E R N E I N H E I T VI: (8 Stunden)

Schülerübungen

I	1	Glas- und Plastikgefäße	I	29	Kochsalz
I	2	Porzellanschalen	I	45	Bunsenbrenner oder
I	9	Glasröhren	I	46	Spiritusbrenner
I	13	Meßzylinder klein	III	7	Brom
I	14	Meßzylinder groß	III	11	Dreibein
I	26	Teer	III	12	Drahtnetz

Demonstration

II	38	Wägesatz	II	75	Mikroskop
II	39	Balkenwaage			

L E R N E I N H E I T VII: (8 Stunden)

Schülerübungen

I	8	Glaskolben	II	26	Quecksilberthermometer
I	9	Glasröhren	II	27	Fieberthermometer
I	19	Gummistopfen	II	28	Benzin
I	45	Bunsenbrenner	IV	2	Thermometer ohne Skala

Demonstration

II	28	Max.- Min.- Thermometer	II	3o	Kugel mit Lochplatte

L E R N E I N H E I T VIII: (15 Stunden)

Demonstration

I	1	Glas- und Plastikgefäße	II	26	Quecksilberthermometer
I	9	Glasröhren	II	29	Thermoskop
I	19	Gummistopfen	II	88	Infrarotstrahler
I	45	Bunsenbrenner oder	III	6	Wärmepapier
I	46	Spiritusbrenner	IV	3	Strömungsviereck
I	49	Stativmaterial	IV	4	Strahlungswürfel (nach Leslie)

Anlage 9d

L E R N E I N H E I T IX: (24 Stunden)

Schülerübungen

I	1	Glas und Plastikgefäße	II	8	Magnetnadeln
I	15	Glasplatten klein	II	9	Batterien
I	16	Glasplatten große	II	16	Elektromotor
I	22	Eisenspäne	II	17	Klingel
I	37	Glühlämpchen	II	21	Heizöfchen
I	39	Fassungen	II	24	Elektromagnet
I	40	versch. Metalldrähte	II	95	Silbernitratlösung
I	42	Experimentierkabel	II	102	Amperemeter
I	43	Isolatoren	II	112	Schmelzsicherung
I	49	Stativmaterial	IV	5	Netzgeräte beweglich
II	3	Stabmagnete	IV	6	Ukerne mit Joch
II	4	Hufeisenmagnete			

Demonstration

II	25	Relais	II	114	Mikrophon
II	106	Leiterschukel	IV	7	Drehspulmodell
II	113	Lautsprecher			

L E R N E I N H E I T X: (8 Stunden)

Demonstration

I	42	Experimentierkabel	II	117	Metall-Löffel
I	43	Isolatoren	III	10	Seide
II	10	Batterien versch.Bauart	IV	8	Glasstäbe
II	94	Galvanische Elemente	IV	9	Hartgummistäbe
II	102	Amperemeter	IV	10	Isolierstützen
II	103	Voltmeter	IV	11	Isolierstiele
II	115	Bandgenerator	IV	12	Hochspannungsnetzgerät
II	116	Katzenfell	IV	13	Elektroskope

L E R N E I N H E I T XI: (1 Stunde)

Demonstration

I	42	Experimentierkabel	II	103	Voltmeter
II	12	Hebelschalter	II	117	Metall-Löffel
II	15	Umschalter	II	118	versch.Kondensatoren
II	102	Amperemeter	II	119	versch. Widerstände

L E R N E I N H E I T XII: (10 Stunden)

Schülerübungen

I	40	versch. Metalldrähte	II	102	Amperemeter
I	42	Experimentierkabel	II	103	Voltmeter
I	45	Bunsenbrenner oder	II	119	Widerstände
I	46	Spiritusbrenner	II	120	Schiebewiderstände
II	38	Glühlampen groß	IV	14	Akkumulator
II	39	Fassungen			

L E R N E I N H E I T XIII: (10 Stunden)

Schülerübungen

I	42	Experimentierkabel	II	98	Eisenkerne
II	3	Stabmagnete	II	102	Amperemeter
II	4	Hufeisenmagnete	II	103	Voltmeter
II	97	Spulen (mindestens 3 verschiedene Windungszahlen)	II	119	Widerstände
			II	121	Transformator

Anlage 9e

Demonstration

II	109	Kathodenstrahl-oszillograph
II	122	Generator

L E R N E I N H E I T XIV: (15 Stunden)

Demonstration

I	37	Glühlampen klein
I	38	Glühlampen groß
I	39	Fassungen
I	42	Experimentierkabel
I	43	Isolatoren
II	12	Schalter
II	43	Evakuierungspumpe
II	97	Spulen (alle 8 Windungszahlen)
II	98	Eisenkerne
II	102	Amperemeter
II	103	Voltmeter
II	108	Elektronenstrahl-oszillograph
II	110	Brown'sche Röhre
II	113	Lautsprecher
II	114	Mikrophon
II	119	Widerstände
II	123	Röhren
II	125	Gasentladungsrohr
II	126	Photozelle
II	127	Halbleiterdiode
II	128	Transistor
IV	15	Leuchtstoffröhre
IV	16	Netzgeräte für Röhren
IV	17	Röhrenbrett und Zubehör
IV	18	Netzgeräte für Transistoren

L E R N E I N H E I T XV: (12 Stunden)

Schülerübungen

I	37	Glühlämpchen klein
I	39	Fassungen
I	42	Experimentierkabel
II	9	Batterien
II	12	Schalter
II	127	Halbleiterdioden
II	128	Transistoren
IV	19	UND-Glied
IV	20	NAND-Glied
IV	21	ODER-Glied
IV	22	NOR-Glied
IV	23	NICHT-Glied

Demonstration

IV	24	Halbaddierer
IV	25	1 Bit-Volladdierer
IV	26	Variablengeber für 4 Variable

L E R N E I N H E I T XVI: (12 Stunden)

Demonstration

I	6	Überlaufgefäß
I	14	Meßzylinder
II	5	Wägelchen
II	38	Wägesatz
II	39	Balkenwaage
I	47	Metermaße
II	1o1	elektrische Uhr
II	131	Schiefe Ebene
II	133	Luftkissenfahrbahn(od.IV.41)
II	136	Fallversuchsgerät
II	137	Schraubenfeder
II	145	verschiedene Federn
IV	27	Kraftmesser(in Newton)
IV	41	Fahrbahn(altern.zu II 133)
IV	42	Fallschnüre
IV	43	Fallröhre

L E R N E I N H E I T XVII: (8 Stunden)

Schülerübungen

I	49	Stativmaterial
II	38	Wägesatz
II	100	Kraftmesser
II	138	Hebel
II	139	lose Rollen
II	140	feste Rollen
II	141	Flaschenzug

Demonstration

IV	44	Schwerpunktscheiben
IV	45	Standfestigkeitsgerät
IV	46	Momentenscheibe

Anlage 9f

L E R N E I N H E I T XVIII: (8 Stunden)

Demonstration

I	1	Glas- und Plastikgefäße	II	100	Kraftmesser
I	45	Bunsenbrenner oder	II	130	Polyesterkügelchen
I	46	Spiritusbrenner	II	131	Schiefe Ebene
I	52	Holzblöcke	II	137	Schraubenfedern
II	5	Wägelchen	II	139	lose Rollen
II	19	Heizdraht	II	140	fest Rollen
II	26	Thermometer	II	142	Galileipendel
II	38	Wägesatz	IV	47	Reibungswärmegerät

L E R N E I N H E I T XIX: (4 Stunden)

Schülerübungen

I	1	Glas- und Plastikgefäße	I	43	Isolatoren
I	25	Knetmasse	II	19	Heizdraht
I	38	Glühlampen groß	II	22	Tauchsieder
I	39	Fassungen	II	26	Thermometer
I	40	versch. Metalldrähte	II	102	Amperemeter
I	42	Experimentierkabel	II	103	Voltmeter

L E R N E I N H E I T XX: (6 Stunden)

Schülerübungen

I	1	Glas und Plastikgefäße	I	46	Spiritusbrenner
I	8	Glaskolben	II	22	Tauchsieder
I	9	Glasröhren	II	26	Thermometer
I	19	Gummistopfen	II	153	U-Rohr
I	45	Bunsenbrenner oder			

Demonstration

II	38	Wägesatz	II	39	Balkenwaage

L E R N E I N H E I T XXI: (12 Stunden)

Demonstration

I	1	Glas- und Plastikgefäße	II	39	Balkenwaage
I	4	Glaswannen	II	43	Evakuierungspumpe
I	5	Trichter	II	100	Kraftmesser
I	6	Überlaufgefäß	II	147	Magdeburger Halbkugeln
I	7	Reagenzgläser	II	148	Barometer
I.	9	Glasröhrchen	II	149	Stempel
I	11	Pipetten	II	152	Flüssigkeitsmanometer
I	12	Stechheber	II	153	U-Rohr
I	14	Meßzylinder groß	II	155	Plattfedermanometer
I	16	Glasplatten	II	156	Rohrfedermanometer
I	17	Gummi- und Plastikschläuche	IV	30	Kolbenprober
I	19	Gummistopfen	IV	48	Aräometer (Senkspindel)
I	20	Quecksilber	IV	49	Überlaufgefäß
II	36	Luftpumpe	IV	50	Toricellirohr
II	38	Wägesatz			

L E R N E I N H E I T XXII: (6 Stunden)

Schülerübungen

I	1	Glas- und Plastikgefäße	I	49	Stativstangen u. Zubehör
I	9	Glasrohre	II	157	Kolbenprober
I	17	Schläuche	III	8	Rundkolben
I	19	Gummistopfen	III	11	Dreibein
I	45	Bunsenbrenner oder	III	12	Drahtnetz
I	46	Spiritusbrenner			

Anlage 9g

Liste der Titel des Gerätekatalogs, die der methodischen Ergänzung dienen oder zu Kontrollzwecken aufgenommen wurden

Methodische Ergänzung:

I 18 Quetschhähne
I 23 Nickel
I 24 Kobalt
I 31 Kristalle
I 34 Flasche Sauerstoff
I 5o fahrbare Tische
I 51 Laborboy
II 6 Kompaßnadel
II 11 Batterie-Demonstrationstafeln
II 23 Glühlampe
II 31 Kleinkühlschrank
II 33 Bimetallschalter
II 35 Luftballon und Ventilansatz
II 37 Rauchentwicklungsgerät
II 4o Apothekerwaage
II 41 Briefwaage
II 42 Luftgewichtsmesser
II 44 Motorpumpe
II 45 Wasserstrahlpumpe
II 46 Mikrometerschraube
II 49 Natriumdampflampe
II 5o Hg-Hochdrucklampe
II 52 Schirme dunkel
II 54 Spalte
II 56 Lochkamera
II 68 Linse konkav-konvex
II 87 Blau-Grün-Filter
II 9o Quarzprisma
II 91 Quarzlinse
II 92 Kohleelektroden
II 93 Natriumchlorid
II 96 Ammoniaklösung
II 99 Drahtbügel
II 1o7 Schleifenoszillograph
II 129 Halbleiterwiderstand
II 132 Reifenapparat
II 134 Lichtschranken
II 143 Mathematisches Pendel
II 144 andere "Phys.Pendel"
II 154 Aluminiumquader

Kontrolltitel:

a) als Diskriminatoren

II 18 Lochkartenschalter
II 34 Dehnungsfuge
II 8o Farbkanone
II 15o Modellflugzeug
II 151 Modellschiff

b) Geräte, die für den Unterricht in der Sekundarstufe I nach den Rahmenrichtlinien irrelevant sind:

II 1o4 Magnetfeldmeßgerät
II 1o5 Halbleitersonde
II 111 Massenspektrograph
II 124 Frank-Hertz-Röhre + Zub.

c) Titel, die in der Liste zweimal aufgenommen wurden:

II 71 Linse konvex-konkav ---- II 68 Linse konkav-konvex
II 93 Natriumchlorid ---- I 29 Salz
IV 3o Kolbenprober ---- II 157 Kolbenprober
IV 49 Überlaufgefäß ---- I 6 Überlaufgefäß

Anlage 9h

Übersicht über die Titelnummern des rahmenrichtlinienbezogenen Gerätekatalogs mit Relevanz für Schülerübungen

		Anzahl
1.	Titelnummern, die unter dem Aspekt der Mindestanforderung den jeweiligen Lerneinheiten bereits zugeordnet sind:	
	I. Grundgerät: 1 bis 1o, 13 bis 17, 19, 21, 22, 25 bis 3o, 32, 33, 35, 37 bis 4o, 42 bis 49	39
	II.Spezielles Gerät: 1 bis 4, 6, 8, 9, 12 bis 17 19 bis 22, 24 bis 27, 29, 3o, 32, 36, 38, 39, 42, 46, 47, 51, 55, 57 bis 6o, 62, 64, 66, 67, 69, 7o, 72, 73, 95, 97 (n=5oo, n=1ooo, n=2ooo), 98, 1oo, 1o2, 1o3, 112, 119 bis 121, 127, 128, 138 bis 141, 153	63
	III.Grundgerät: 1 bis 5, 7 bis 9, 11, 12.	1o
	IV.Spezielles Gerät: 2, 5, 6, 14, 19 bis 23, 28 bis 3o.	12
2.	Titelnummern von Schülerübungsgerät, das für methodische Ergänzungen gedacht ist:	
	I. Grundgerät: 11, 12, 18, 34, 36, 41.	6
	II. Spezielles Gerät: 5, 7, 1o, 52 bis 54, 63, 82, 84, 116, 118, 129, 13o, 137, 143, 145.	16
	III.Grundgerät: 6, 1o.	2
	IV.Spezielles Gerät: 8, 9, 13, 27, 36, 44 bis 46, 48.	9
3.	Kontrolltitel: II 93, II 157, IV 49	3

Gesamtzahl der relevanten Titel:

Im Fragebogen nach Fritz: 126 von 216 Titeln.
In der endgültigen Form: 16o von 278 Titeln.

Anlage 10a

Lehrmittelpreise zum Gerätekatalog im Jahre 1976
(Anmerkungen im Anschluß an die Liste)

Lfd. Nr.	Kat. Nr.	Gerätebezeichnung	DM
I.	**Grundgerät (Teil 1)**		
1 s	36013.00	Glas-Plastik-Gefäße (Becherglas)	2,66
2 s	32516.00	Porzellanschalen	4,11
3 s	34563.00	Glaswannen klein	17,54
4 s	64550.00	Glaswannen groß	18.87
5 s	34459.00	Glas-Plastiktrichter	4,22
6 s	02212.00	Überlaufgefäß	17,21
7 s	37656.10	Reagenzgläser (100 Stück)	12,21
8 s	36066.00	Glaskolben	3,77
9 s	01390.00	Glasröhren (1 kg)	12,88
10 s	40580.00	Kappilarröhren (5 Stück)	7,66
11 s	64701.00	Pipetten	1,78
12 s	02693.00	Stechheber	13,88
13 s	36627.00	Meßzylinder klein	5,55
14 s	36631.00	Meßzylinder groß	22,20
15 s	08203.00	Glasplatten klein	0,78
16 s	64819.00	Glasplatten groß	2,22
17 s	03985.00	Gummi-/Plastikschläuche (1 m)	1,33
18 s	43631.15	Quetschhähne	3,22
19 s	38524.00	Gummistopfen (Satz v. 60 Stück)	8,88
20	31779.25	Quecksilber (250 g)	32,75
21 s	31282.50	Eisenpulver (500 g)	10,10
22 s	31282.50	Eisenspäne (500 g)	10,10
23	06335.00	Nickel	6,77
24	31476.10	Kobalt (100 g)	16,98
25 s	31733.25	Knetmasse (250 g)	5,16
26 s	-	Teer (kein Angebot)	-
27 s	02650.03	Oel (1 Liter)	18,09
28 s	30037.50	Benzin (500 ml)	9,77
29 s	30155.25	Salz (250 g)	5,88
30 s	32977.06	Filter (100 Stück)	4,22
31	32505 Ley	Kristalle (25 natürliche)	318,57
32 s	08153.00	Kohlestäbe (10 Stück)	5,38
33 s	-	dest. Wasser (kein Angebot)	-

Anlage 10b

Lfd. Nr.	Kat. Nr.	Gerätebezeichnung	DM
34 s	41762.00	Flasche Sauerstoff	368,52
35 s	41761.00	Flasche Kohlendioxid	368,52
36 s	06247.00	Isolierfüße	83,25
37 s	06154.03	Glühlämpchen klein (4 V/0,04 A) - 10 Stück -	7,77
38 s	06166.93	Glühlampen groß (220 V/60 W)	2,66
39 s	06171.00	Fassungen (E 14)	20,54
40 s	06107.00	Leiter / versch.Metalldr.	13,10
41 s	07274.00	Krokoklemmen	0,67
42 s	07361.01	Experimentierkabel (50 cm)	6,77
43 s	06020.00	Isolatoren	29,97
44 s	08100.00	Kerzen	0,33
45 s	32164.05	Bunsenbrenner (Erdgas)	12,21
46 s	32152.00	Spiritusbrenner	7,22
47 s	03000.00	Metermaße	29,97
48 s	03010.00	Schiebelehre	79,92
49 s	02023.00 02002.00 02006.00 02010.00 02040.01 37715.00	Stativstange + Zubehör Dreifuß Tonnenfuß Tischklemme Doppelmuffe Universalklemme	insges. 130,44
50	59812 Ley	Fahrbare Tische klein	330,78
51	30075 Ley	Labor-Boy	153,18
52	02070.00	Holzblöcke zum Unterstellen	20,76

II. Spezielles Gerät (Teil 1)

1 s	-	Stabmagnete ohne Polkennzeichen (kein Angebot)	-
2 s	-	Hufeisenmagnete ohne Polkennzeichen (kein Angebot)	-
3 s	06310.00	Stabmagnete mit Kennzeichen	55,50
4 s	06321.00	Hufeisenmagnete mit Kennzeichen	25,53
5 s	11060.00	Wägelchen	25,53
6 s	06315.00	Kompaßnadel	4,77
7 s	06350.00	Kompaß	5,77
8 s	06346.00	Satz von kleinen Magnetnadeln	42,18

Anlage 10c

Lfd. Nr.	Kat. Nr.	Gerätebezeichnung	DM
9 s	07496.01	Batterien verschiedener Größe	2,55
10 s	07922.01	Batterien verschiedener Art	1,94
11	-	Batterie-Demonstrationstafeln (kein Angebot)	-
12 s	06030.00	Hebelschalter	28,86
13 s	06039.00	Drucktaster	21,09
14 s	06034.01	Kippschalter	27,75
15 s	06034.03	Umschalter	38,85
16 s	11030.93	Elektromotor (11610.00 --- 111,31 DM)	663,78
17 s	xx302520	elektr. Klingel	10,88
18	-	Lochkartenschalter (kein Angebot)	-
19 s	04449.00	Heizdraht	30,53
20 s	04022.93	Kochplatte	54,95
21 s	05937.93	Heizofen (Heiztopf 250 W)	78,81
22 s	05947.93	Tauchsieder 300 W	12,77
23	-	Glühlampe (siehe I., Nr. 38)	-
24 s	-	Elektromagnet (kein Angebot)	-
25 s	06049.02	Relais	54,39
26 s	38029.00	Quecksilberthermometer	41,07
27 s	04165.00	Fieberthermometer	8,44
28	04160.00	Max.Min.-Thermometer	25,20
29 s	04185.00	Thermoskop (Bimetall-Thermoskop)	93,24
30 s	04212.12	Stahlkugel + Lochplatte	56,61
31	-	Kleinkühlschrank (kein Angebot)	-
32 s	04240.00	Bimetallstreifen	8,77
33	-	Bimetallschalter (kein Angebot)	-
34	-	Dehnungsfuge (kein Angebot)	-
35	02620.03	Luftballon (10 Stück)	2,44
36 s	02669.00	Luftpumpe	4,88
37	11605.00	Rauchentwicklungsgerät	26,53
38 s	44070.10	Wägesatz	113,22
39 s	44004.20	Balkenwaage (44003.70 ---127.- DM)	371,85
40	31506 Ley	Apothekerwaage	179,82
41	03052.00	Briefwaage	24,42
42 s	02605.00	Luftgewichtsmesser	24,42
43	02660.00	Evakuierungspumpe (Handbetr.)	338,55

Anlage 10d

Lfd. Nr.	Kat. Nr.	Gerätebezeichnung	DM
44	08166.90	Motorpumpe	310,80
45	02728.00	Wasserstrahlpumpe	36,08
46 s	31181 Ley	Mikrometerschraube	32,19
47 s	08128.88	Reuterlampe (11600.00 --- 114,95)	266,40
48	08150.00	Kohlebogenlampe	810,30
49	08159.00	Natriumdampflampe	122,10
50	08143.00	Quecksilberhochdrucklampe	1.431,90
51 s	08062.00	Schirme hell	37,74
52 s	08062.00	Schirme dunkel	37,74
53 s	08064.00	Schirme durchsichtig	59,94
54 s	08049.00	Spalte (verstellbar)(11604.07--32,70DM)	194,25
55 s	08201.00	Blenden verschieden (3 Stück)	8,55
56	-	Lochkamera (kein Angebot)	-
57 s	08300.00	Optische Scheibe	93,24
58 s	08208.00	Spiegel eben, groß und klein	42,18
59 s	08212.00	Hohlspiegel groß und klein	81,03
60 s	08212.00	Wölbspiegel groß und klein	81,03
61	04540.00	Parabolspiegel groß und klein	358,53
62 s	08076.04	Optische Bank (100 cm) (11600.00 --- 78,65 DM)	286,38
63 s	08235.00	Prismen	68,82
64 s	08302.00	Planparallele Platte	28,08
65	35654.00	Spektroskop	752,58
66 s	47451 Ley	Satz von 6 Linsen	61,05
72 s	08010.00	Linsenhalter (11603.01 --- 18,50 DM)	96,57
73 s	64345.00	Lupe	18,87
74	23107.93	Diaskop	813,63
75	62410.93	Mikroskop	627,15
76	-	Fernrohr (kein Angebot)	-
77	-	Fernglas " "	-
78	-	Fotoapparat " "	-
79	44125 Ley	Episkop	1.032,30
80	46616 Ley	Farbkanone (Gerät zur addit. Farbmischung)	287,49
81	23120.93	Projektor (Film)	754,80
82 s	08416.00	Rotfilter	25,53
83	08412.00	Blaufilter	33,86

Anlage 10e

Lfd. Nr.	Kat. Nr.	Gerätebezeichnung	DM
84 s	08414.00	Grünfilter	25,53
85	08415.00	Gelbfilter	33,86
86	08411.00	Purpurfilter	33,86
87	08413.00	Blau-Grün-Filter	33,86
88	04036.93	Infrarotstrahler	19,98
89	08450.00	Zinksulfidschirm	38,85
90	08232.00	Quarzprisma	260,85
91	08037.01	Quarzlinse	237,54
92	08153.00	Kohleelektroden (10 Stück)	5,38
93 s	30155.25	Natriumchlorid (250 g)	5,88
94	06637.00	galvanische Elemente	62,16
95 s	30223.10	Silbernitratlösung (100 ml)	17,70
96	30022.70	Ammoniaklösung (1000 ml)	10,32
97.1	06510.00	Spulen: n = 6	61,05
.2s	06513.00	n = 300	77,70
.3s	06514.00	n = 600	77,70
.4s	06515.00	n = 1200	77,70
.5	06516.00	n = 3600	77,70
.6	06519.00	n = 10000	77,70
.7	06517.00	n = 12000	82,14
.8	06518.00	n = 36000	133,20
98 s	06500.00	Eisenkerne	28,31
99	-	Drahtbügel (kein Angebot)	-
100 s	03060.01	Kraftmesser 1 N	36,63
101	11751.93	elektrische Uhr	1287,60
102 s	11100.00	Amperemeter (o7o21.o1 --- 324,25 DM)	661,56
103 s	11100.00	Voltmeter (o7o21.o1 --- 324,25 DM)	661,56
104	11749.90	Magnetfeldmeßgerät	2619,60
105	-	Halbleitersonde (kein Angebot)	-
106	06412.00	Leiterschaukel	23,31
107	06572.00	Schleifenoszillograph	114,33
108	11440.93	Elektronenstrahloszillograph	976,80
109	-	Kathodenstrahloszillograph (k.Angeb.)	-
110	06951.00	Brown'sche Röhre	386,28
111	-	Massenspektrograph (kein Angebot)	-

Anlage 10f

Lfd. Nr.	Kat. Nr.	Gerätebezeichnung	DM
112 s	-	Schmelzsicherung (kein Angebot)	-
113	11752.00	Lautsprecher	271,95
114	03524.00	Mikrophon	102,12
115	07642.93	Bandgenerator	1037,85
116 s	06203.00	Katzenfell	13,88
117	06021.00 u. 06237.00	Metallöffel	53,84
118 s	06073.30	versch.Kondensatoren	13,10
119 s	06064.10	versch. Widerstände 1000 Ohm	13,10
120 s	06118.01	Schiebewiderstände 1000 Ohm	103,23
121 s	56276 Ley	Transformator	133,20
122	06550.00 bis 06555.00 u. 06558.00, 06559.00	Generator (Aufbauteile)	641,47
123	06712.00	versch. Röhren	18,65
124	55580 u. 55581 Ley	Frank-Hertz-Röhre und Zubehör	613,83
125	06640.00	Gasentladungsrohr	115,44
126	06770.00	Fotozelle	193,14
127 s	06821.00	Halbleiterdiode	15,54
128 s	11013.05	Transistor (Baustein)	21,53
129 s	06049.13	Halbleiterwiderstand	14,99
130 s	06263.00	Polyesterkügelchen Holundermarkkugeln (10 Stück)	3,66
131	02250.00	Schiefe Ebene	49,40
132	02401.88	Reifenapparat (komplett)	856,20
133	11202.88	Luftkissenfahrzeug u. Zubehör	1155,51
134	11201.01	Lichtschranken	99,90
135	03077.00	Kurzzeitmesser	77,15
136	33631 Ley	Fallversuchsgerät	1276,50
137s	02220.00	Schraubenfeder	5,11
138s	02274.00	Hebel	49,40
139s	02262.00	Lose Rollen	9,10
140s	02260.00	Feste Rollen	14,65
141s	02265.00	Flaschenzug	23,31
142	-	Galileipendel (kein Angebot)	-
143s	-	Mathematisches Pendel (kein Angebot)	-

Anlage 10g

Lfd. Nr.	Kat. Nr.	Gerätebezeichnung	DM
144	02809.12	andere "Phys.Pendel"	69,93
145 s	02224.00	versch. Federn	4,44
146	-	elektrischer Zähler (kein Angebot)	-
147	02675.00	Magdeburger Halbkugeln	158,73
148	31719 Ley	Barometer (Demonstr.)	87,69
149	-	Stempel (kein Angebot)	-
150	-	Modellflugzeug (kein Angebot)	-
151	-	Modellschiff (kein Angebot)	-
152	37366 Ley	Flüssigkeitsmanometer	405,15
153 s	02640.00	U.-Rohr	7,55
154	03903.00	Aluminiumquader	4,88
155	02624.00	Plattfedermanometer	57,72
156	02688.00	Rohrfedermanometer	76,59
157 s	02610.00	Kolbenprober (50ml)	62,16

III. Grundgerät (Teil 2)

1 s	06342.00	Stricknadeln (20 Stück)	3,66
2 s	30169.50	Natriumthiosulfat (500 g)	8,77
3 s	30179.50	Paraffin (500 g)	10,10
4 s	30126.10	Kupfersulfat (100 g)	7,44
5 s	31315.04	Fluoreszien-Natrium	8,82
6 s	04260.00	Wärmepapier (5 Stück)	6,11
7 s	30046.10	Brom (50 ml)	12,43
8 s	36066.00	Rundkolben (250 ml)	3,77
9 s	34569.00	Satz von Uhrengläsern (6 Stück)	7,83
10 s	06207.00	Seide	3,11
11 s	33299.00	Dreibein	6,88
12 s	33287.00	Drahtnetz (mit Asbest)	2,00

IV. Spezielles Gerät (Teil 2)

1	04195.00	Germaniumfotoelement	119,88
2 s	04256.00	Thermometer ohne Skala	13,32

Anlage 10h

Lfd. Nr.	Kat. Nr.	Gerätebezeichnung	DM
3	-	Strömungsviereck (kein Angebot)	-
4	04555.12	Strahlungswürfel (nach Leslie)	206,46
5 s	11709.93	Netzgeräte beweg1.(117o8.93 - 398,o5DM)	660,45
6 s	06500.00 06501.00 06506.00	Ukerne mit Joch	139,87
7	06414.00	Drehspulmodell	24,98
8 s	06205.00	Glasstäbe	3,55
9 s	06200.00	Hartgummistäbe	12,21
10	06020.00	Isolierstützen	29,97
11	07941.00	Isolierstiele	12,88
12	11729.93	Hochspannungsnetzgerät	871,35
13 s	07120.00	Elektroskope	238,65
14 s	07490.26	Akkumulator (o749o.22 --- 236,oo DM)	591,63
15	-	Leuchtstoffröhre (kein Angebot)	-
16	52235 Ley	Versorgungsgeräte für Röhren	663,78
17	06043.00	Röhrenbrett und Zubehör	109,89
18	11705.93	Versorgungsgeräte für Transistoren	799,20
19 s	11047.00	UND-Glied	109,89
20 s	57405 Ley	NAND-Glied	69,93
21 s	11048.00	ODER-Glied	108,78
22 s	57406 Ley	Nor-Glied	69,93
23 s	11049.00	NICHT-Glied	102,12
24	11058.00	Halbaddierer	116,55
25	57409 Ley	1-Bit-Volladdierer	88,80
26	-	Variablengeber für 4 Variable (kein Angebot)	-
27 s	03060.01	Kraftmesser in Newton 1 N	36,63
28 s	04220.00	Bolzensprenger	104,34
29 s	04320.00	Sprengkugel	18,32
30 s	02610.00	Kolbenprober 50 ml	62,16
31	08045.00	Irisblende	63,27
32	-	Lampen mit Punktwendel (k.Angebot)	-
33	-	Lampen mit Strichwendel(k.Angebot)	-
34	08049.00	Spalt verstellbar	194,25
35	08226.00	Gerät zur Totalreflexion	94,35

Anlage 10i

Lfd. Nr.	Kat. Nr.	Gerätebezeichnung	DM
36 s	08254.00	Tisch mit Prismenhalter	51,62
37	08250.00	Geradsichtprisma	142,08
38	08480.00 07008.05	Thermosäule mit Meßvorrichtung	516,15
39	-	Lichttonrad (kein Angebot)	-
40	06676.00	Radiometer (Lichtmühle)	46,62
41	11606.00	Fahrbahn (rollend) ohne Zubehör	57,72
42	-	Fallschnüre(kein Angebot)	-
43	02500.00	Fallröhre	61.05
44 s	02300.00	Schwerpunktscheiben	27,53
45 s	33831 Ley	Standfestigkeitsgerät	99.90
46 s	02270.00	Momentenscheibe	65,49
47	34778 Ley	Reibungswärmegerät	76,59
48 s	38254.01	Aräometer (Senkspindel)	8,71
49 s	02212.00	Überlaufgefäß	17,21
50	02680.00	Torricellirohr	24,98

Anmerkungen: Die Preisangaben beziehen sich auf die im Jahre 1976 gültigen Preislisten der Lehrmittelfirmen Phywe und Leybold-Heraeus. In den Preisangaben sind die damals geltenden Mehrwertsteuerbeträge enthalten.

Im Zusammenhang mit der marktbeherrschenden Position der Firma Phywe wurde jeweils der Preis dieser Firma berücksichtigt, wenn das Produkt in deren Angebot war. Ersatzweise wurde auf die Angebote der Firma Leybold-Heraeus zurückgegriffen.

Die Katalognummern mit 7 Stellen beziehen sich auf die Preisliste der Firma Phywe. Die fünfstelligen Katalognummern mit dem Zusatz "Ley" beziehen sich auf die Preisliste der Firma Leybold-Heraeus.

Die letzte Spalte enthält die Preise für Demonstrationsgeräte. Diese Preise werden auch auf Schülerübungsgeräte bezogen, wenn neben der laufenden Nummer des Gerätetitels ein "s" steht. Nur in den 1o Fällen, wo eine weitere Preisangabe in Klammern erfolgt, wird an Stelle des Preises in der letzten Spalte der Preis in der Klammer für Schülerübungsgerät berücksichtigt.

Wo Preisangaben fehlen, dort lag kein Angebot vor. Wegen Zuordnungsschwierigkeiten wurden mögliche Preise zu den Titeln 67-71 nicht berücksichtigt. Diese Titel sind in der Preisliste auch weggelassen worden.

Anlage 10j

Zusammenfassung der Gerätetitel zu Preisgruppen

Grundgeräte für Demonstrationen:

Preisgruppe GA (bis 1o,oo DM): 34 Gerätetitel

I : 1, 2, 5, 8, 1o, 11, 13, 15, 16, 17, 18, 19, 23, 25, 28, 29, 3o, 32, 37, 38, 41, 42, 44, 46.

III: 1, 2, 4, 5, 6, 8, 9, 1o, 11, 12.

Preisgruppe GB (1o,o1 - 2o,oo DM): 14 Gerätetitel

I : 3, 4, 6, 7, 9, 12, 21, 22, 24, 27, 4o, 45.

III: 3, 7.

Preisgruppe GC (2o,o1 - 1oo,oo DM): 8 Gerätetitel

I : 14, 2o, 36, 39, 43, 47, 48, 52.

Preisgruppe GD (über 1oo,oo DM): 6 Gerätetitel

I : 31, 34, 35, 49, 5o, 51.

Spezielle Geräte für Demonstrationen:

Preisgruppe SA (bis 5o,oo DM): 76 Gerätetitel

II : 4, 5, 6, 7, 8, 9, 1o, 12, 13, 14, 15, 17, 19, 22, 26, 27, 28, 32, 35, 36, 37, 41, 42, 45, 46, 51, 52, 55, 58, 64, 73, 82, 83, 84, 85, 86, 87, 88, 89, 92, 93, 95, 96, 98, 1oo, 1o6, 116, 118, 119, 123, 127, 128, 129, 13o, 131, 137, 138, 139, 14o, 141, 145, 153, 154.

IV : 2, 7, 8, 9, 1o, 11, 27, 29, 4o, 44, 48, 49, 5o.

Preisgruppe SB (5o,o1 - 15o,oo DM): 58 Gerätetitel

II : 3, 2o, 21, 25, 29, 3o, 38, 49, 53, 57, 59, 6o, 63, 66, 72, 94, 97(1,2,3,4,5,6,7,8), 1o7, 114, 117, 12o, 121, 125, 134, 135, 144, 148, 155, 156, 157.

IV : 1, 6, 17, 19, 2o, 21, 22, 23, 24, 25, 28, 3o, 31, 35, 36, 37, 41, 43, 45, 46, 47.

Preisgruppe SC (15o,o1 - 5oo,oo DM): 19 Gerätetitel

II : 39, 4o, 43, 44, 47, 54, 61, 62, 8o, 9o, 91, 11o, 113, 126, 147, 152.

IV : 4, 13, 34.

Preisgruppe SD (5oo,o1 - 1.ooo,oo DM): 18 Gerätetitel

II : 16, 48, 65, 74, 75, 81, 1o2, 1o3, 1o8, 122, 124, 132.

IV : 5, 12, 14, 16, 18, 38.

Preisgruppe SE (über 1.ooo,oo DM): 7 Gerätetitel

II : 5o, 79, 1o1, 1o4, 115, 133, 136.

Ohne Angebot bzw. mit Zuordnungsschwierigkeiten: 38 Gerätetitel

Anlage 10k

Grundgeräte für Schülerübungen:

Adaptierte Preisgruppe $\overline{GA}$ (bis 1o,oo DM): 33 Gerätetitel

Alle Gerätetitel der Preisgruppe GA außer I 23.

Adapt. Preisgruppe $\overline{GB}$ (1o,o1 - 2o,oo DM): 13 Gerätetitel

Alle Gerätetitel der Preisgruppe GB außer I 24.

Adapt. Preisgruppe $\overline{GC}$ (2o,o1 - 1oo,oo DM): 6 Gerätetitel

Alle Gerätetitel der Preisgruppe GC außer I 2o und I 52.

Adapt. Preisgruppe $\overline{GD}$ (über 1oo.oo DM): 3 Gerätetitel

I : 34, 35, 49.

Spezielle Geräte für Schülerübungen:

Adapt. Preisgruppe $\overline{SA}$ (bis 5o,oo DM): 56 Gerätetitel

II : 4, 5, 6, 7, 8, 9, 1o, 12, 13, 14, 15, 17, 19, 22, 26, 27,
32, 36, 42, 46, 51, 52, 54, 55, 58, 64, 72, 73, 82, 84,
93, 95, 98, 1oo, 116, 118, 119, 127, 128, 129, 13o, 137,
138, 139, 14o, 141, 145, 153.

IV : 2, 8, 9, 27, 29, 44, 48, 49.

Adapt. Preisgruppe $\overline{SB}$ (5o,o1 - 1oo,oo DM): 23 Gerätetitel

II : 3, 2o, 21, 25, 29, 3o, 53, 57, 59, 6o, 62, 63, 66,
97(2,3,4), 157.

IV : 2o, 22, 3o, 36, 45, 46.

Adapt. Preisgruppe $\overline{SC}$ (1oo,o1 -2oo,oo DM): 11 Gerätetitel

II : 16, 38, 39, 47, 12o, 121.

IV : 6, 19, 21, 23, 28.

Adapt. Preisgruppe $\overline{SD}$ (über 2oo,oo DM): 5 Gerätetitel

II : 1o2, 1o3.

IV : 5, 13, 14.

Ohne Angebot 1o Gerätetitel

Institut für Didaktik der Physik
der Johann Wolfgang Goethe-Universität
Projekt:Naturwissenschaftlicher
Unterricht und Bildungsökonomie
OStR.i.H. Rudolf Brauner

D-6000 Frankfurt am Main 11
Gräfstraße 39
Postfach 11 19 32
Telefon (06 11) 7 98 35 75

Datum: 15.11.1983

Institut für Didaktik der Physik · Postfach 11 19 32 · D-6000 Frankfurt/M. 11

An das
Staatliche Schulamt
Stadt/Landkreis ....
Ltd. Schulamtsdirektor Herrn ....
....
....

Sehr geehrter Herr ....

bevor ich Ihnen eine Bitte vortrage, möchte ich Sie zunächst etwas über unsere Projektarbeit informieren.

Das Projekt hat sich aus einer ganz speziellen Situation im Zusammenhang mit den schulpraktischen Studien der Lehramtsstudenten heraus entwickelt. Anfang der siebziger Jahre, noch vor Erscheinen der Rahmenrichtlinien-Erstfassungen, mußte eine erhebliche Theorie-Praxis-Unstimmigkeit zur Kenntnis genommen werden, die mit mangelhaften sächlichen und personellen Ausstattungen vieler Schulen im naturwissenschaftlichen Bereich zusammenhing. Eine Situationsverschärfung trat mit dem Erscheinen der Rahmenrichtlinien ein. Um ein objektives Bild zu bekommen wurden an den Schulen - mit dem Einverständnis des Kultusministeriums, das das Projekt auch finanziell förderte - umfangreiche Befragungen vorgenommen. Die Ergebnisse dieser Forschungsarbeit, die weiter fortgesetzt wird, sind in einer DIPF-Studie inzwischen veröffentlicht worden(vgl.Informationsblatt). Falls Sie weitere Informationen haben möchten, so wird auf das beiliegende Publikationsverzeichnis verwiesen.

Die derzeitige Projektarbeit hat sich inzwischen im Zusammenhang mit den finanziellen Engpässen der öffentlichen Hand erschwert. So umfangreiche Erhebungen, wie sie 1975-77 durchgeführt und ausgewertet wurden, sind zur Zeit nicht möglich. Dennoch erscheint es erstrebenswert, unter den veränderten Bedingungen die schulische Situation weiter zu erforschen, da nur das Erfassen und Darstellen der Situation in möglichst objektiver Weise eine Chance bietet, in solchen Zeiten noch erforderliche Verbesserungen zu erreichen.
Zur Zeit bin ich also auf Daten der Behörden angewiesen. Ich erfahre die volle Unterstützung der betreffenden Referate des Ministeriums und auch des HIBS und habe Daten zur Verfügung gestellt bekommen.Leider können daraus einige wichtige Details nicht entnommen werden. Aus diesem Grunde wende ich mich an Sie mit der Bitte um Unterstützung.

In der Anlage befindet sich ein Fragebogen(mit Anleitungs- und Informationsblatt). Sie würden uns sehr helfen, wenn Sie den Fragebogen ausgefüllt an obige Institutsadresse zurückschicken würden. Natürlich bin ich bereit Ihnen das Auswertungsergebnis zur Verfügung zu stellen.

Mit freundlichen Grüßen

(R.Brauner,OStR.i.H.)

Anlage 11a

I N S T I T U T f ü r D I D A K T I K d e r P H Y S I K
im Fachbereich Physik der Johann Wolfgang Goethe - Universität
Gräfstraße 39 , 6ooo Frankfurt/M 11 , Postfach 111932

Forschung- und Entwicklungsprojekt:
Naturwissenschaftlicher Unterricht und Bildungsökonomie

Fragebogen für Leiter eines staatlichen Schulamtes Herbst 1983

1. Bereich Lehrpersonal:

a. Wieviele Lehrer mit Fachlehrbefähigungen in Physik,Chemie und Biologie wurden Ihnen zum letzten Einstellungstermin(1.8.1983) zugewiesen und an welchen Schulgattungen erfolgt ihr Einsatz ?

		Physik	Chemie	Biologie
Hauptschulen	H-R-Lehrer			
Realschulen	H-R-Lehrer			
Gymnasien	Gymnasiallehrer			
Gesamtschulen	H-R-Lehrer			
	Gymnasiallehrer			

b. Kann durch diese Lehrerzuweisung der fachspezifische Bedarf der Schulen gedeckt werden oder besteht noch weiterer Bedarf? (Bitte ankreuzen!)

	Physik		Chemie		Biologie	
	Bedarf	kein B.	Bedarf	kein B.	Bedarf	kein B.
H-R-Lehrer						
Gymnasiallehrer						

c. In Anbetracht der derzeitigen Klassenfrequenzen und unter Berücksichtigung des bekannten "Sicherheitserlasses" wären zur Durchführung von Schülerübungen Klassenteilungen erforderlich.
Bei einer extensiven Auslegung der Rahmenrichtlinien Physik für die Sekundarstufe I könnten an den Schulen - falls die sächlichen Vorraussetzungen(Fachräume,Schülerübungsgerät) gegeben wären - ca. 5o % der Lehrinhalte durch Schülerübungsunterricht vermittelt werden. Wegen der erforderlichen Teilung müßten an solchen Schulen für je zwei Klassen also drei Physiklehrer zum Einsatz kommen.
Wie schätzen Sie in Anbetracht der derzeitigen personellen und sächlichen Gegebenheiten an den Schulen Ihres Aufsichtsbereichs den zusätzlichen Bedarf an Physiklehrern ein? (Bitte ankreuzen!)

	kein Mehrbedarf	geringfügiger Mehrbedarf	wesentlicher Mehrbedarf
H-R-Lehrer			
Gymnasiallehrer			

- 2 -

2. Bereich naturwissenschaftliche Fachräume:

a. An welchen Schulen Ihres Aufsichtsbereichs wurden nach dem Haushaltsjahr 1976 naturwissenschaftliche Fachräume neu erstellt (Schulneubau und zusätzlicher Neubau bei bestehenden Schulbauten) ?

Geben Sie bitte neben dem Namen der Schule die Schulgattung, den Schulort und das Jahr der Fertigstellung an !

....

....

....

(Bitte gegebenenfalls ein Blatt mit Angaben beifügen !)

b. Nach Angaben des Referats Schulbau beim Hessischen Kultusminister werden im Zusammenhang mit dem Rückgang der Schülerzahlen an Schulen auch Normalklassenräume, die nicht mehr benötigt werden, umgewidmet und in diesem Zusammenhang auch naturwissenschaftliche Fachräume neu erstellt.

An welchen Schulen Ihres Aufsichtsbereichs wurden bereits solche Maßnahmen ergriffen ?
Geben Sie bitte die Schulen an und um welche Art von Maßnahmen (Demonstrationsräume, Schülerübungsräume, kombinierte Demonstrations-Übungs-Räume) und Schulfächer es sich handelt !

b1. Abgeschlossene Maßnahmen:
Angaben bitte wie bei a. !

....

....

....

b2. Begonnene Maßnahmen:
Angaben analog zu a., aber mit den Jahr des Beginns !

....

....

....

(Bitte gegebenenfalls ein Blatt mit Angaben beifügen !)

3. Bereich Lehrmittel:

Aus der Fachliteratur und nach Berichten von Sammlungsleitern ist bekannt, daß die Schulträger in den letzten Jahren die den Schulen zugewiesenen finanziellen Beträge zum Zwecke der Ersatzanschaffung und Neuanschaffung von Lehrmitteln zum Teil drastisch gesenkt haben.
Ist dies in Ihrem Aufsichtsbereich auch der Fall ?

ja ☐ nein ☐ (Bitte ankreuzen!)

Wenn ja, wie schätzen Sie für Ihren Aufsichtsbereich den Umfang dieser Kürzungen in den letzten beiden Jahren ein ?

Die Kürzungen haben einen geringfügigen Umfang ☐
(Bitte ankreuzen!) einen bedeutenden Umfang ☐

Sind von den Kürzungen auch die finanziellen Beträge betroffen, die bei Neubaumaßnahmen zu einem bestimmten Prozentsatz der Baukosten für Erstausstattungen zur Verfügung gestellt werden ?

ja ☐ nein ☐ (Bitte ankreuzen!) W I R D A N K E N !

Anlage 11c

Anleitungen und Informationen zum Fragebogen
für Leiter eines staatlichen Schulamtes

Zu 1: Das Referat für Statistik des Hessischen Kultusministers hat - wie schon bei anderen Recherchen im Rahmen der Projektarbeiten - das vollständige Datenmaterial hinsichtdes Einstellungstermins 1.8.1983 zur Verfügung gestellt. Über die Veröffentlichungen hinaus ist uns auch bekannt, wieviele Lehrer jeweils für die einzelnen Schulfächer eine Fachlehrbefähigung haben. Die Daten sind jedoch für das ganze Land zusammengefaßt und nicht regional gegliedert. Regionale Aspekte wurden aber bei der Projektarbeit ebenfalls berücksichtigt.
Aus diesem Grunde wurde vom Referat empfohlen,die Daten bei den staatlichen Schulämtern zu erheben.
Damit die Beantwortung einheitlich erfolgen kann, sei vorsorglich erklärt, was wir unter den Begriff Schulgattung im Gegensatz zum Begriff Schulform verstehen. Wir beziehen uns hierbei auf die organisatorischen Einheiten der (additiven und integrierten) Gesamtschulen, der Gymnasien, der Realschulen und Hauptschulen(einschl. Grundschulen mit Förderstufe). In einer Einheit der jeweiligen Schulgattung können also verschiedene Schulformen enthalten sein.
Beispiele für Hauptschultypen: GH, GHF, HF, H (einschl. GF) aber nicht GHR !
Beispiele für Realschultypen: GHR, HR, GR, RF , GHRS.

Zu 2: Bis einschließlich des Haushaltsjahrs 1976 wurde von der Schulbauabteilung des Kultusministeriums eine Landesstatistik über Schulbaumaßnahmen mit einer Feststellung der einzelnen Schulen in den jeweiligen Landkreisen und kreisfreien Städten geführt. Diese Statistik konnte nicht fortgeführt werden. Auch diesbezüglich wurden wir auf die Möglichkeit der Befragung der staatlichen Schulämter hingewiesen.
Möglicherweise existieren ablichtbare Unterlagen der Schulbauabteilung ihrer Kreisverwaltung (Hinweis aus dem Ministerium !).

Damit Sie die Bedeutung der Fragestellung erkennen können, wird eine graphische Darstellung von Daten aus der Veröffentlichung Nr. 9 des Publikationsverzeichnisses beigefügt.

Zu 3: Um Ihnen nicht allzuviel Zeit zur Beantwortung dieses Fragenkomplexes abzuverlangen, haben wir Sie um eine Abschätzung gebeten. Natürlich wären wir dankbar, wenn Sie zusätzlich Prozentwerte angeben könnten, falls diese Ihnen gegenwärtig sind.

Für eine baldige Beantwortung wären wir Ihnen sehr dankbar !

Anlage 11d

Institut für Didaktik der Physik
der Johann Wolfgang Goethe-Universität
Forschungs- und Entwicklungsprojekt:
Naturwissenschaftlicher Unterricht
und Bildungsökonomie

OStR.i.H. R.Brauner
Institut für Didaktik der Physik · Postfach 11 19 32 · D-6000 Frankfurt/M. 11

D-6000 Frankfurt am Main 11
Gräfstraße 39
Postfach 11 19 32
Telefon (0611) 798 35 75

Datum: Ende Januar 1984

An die
Damen und Herren
Sammlungsleiter für Physik

an hessischen Schulen mit
einer Sekundarstufe I

Sehr geehrte Kolleginnen und Kollegen,

in den Jahren 1975-77 - also unmittelbar vor Beginn der verpflichtenden Erprobung der Rahmenrichtlinien Physik SI - haben wir umfangreiche Erhebungen über die personellen und sächlichen Rahmenbedingungen des Physikunterrichts durchgeführt. Die Ergebnisse einer ersten Grobauswertung der Daten erschienen uns so bedeutsam, daß die RRL-Fachgruppe Physik und das HKM darüber informiert wurden. Dies hatte zur Folge, daß wir vom HKM mit der Entwicklung von Ausstattungsvorschlägen beauftragt wurden, die 198o erschienen(vgl. Literaturliste,Titel 3-5). Eine genauere Auswertung der Daten von 1975-77 konnte erst danach fortgesetzt werden und hat zu einer Reihe weiterer Veröffentlichungen geführt(Haupttitel 6).
Da Sie selbst oder ein(e) Vorgänger(in) von Ihnen uns seinerzeit mit der Ausfüllung und Rücksendung von Fragebögen geholfen haben, wollen wir Ihnen diese Informationen geben und gleichzeitig um eine nochmalige Unterstützung unserer Projektarbeit bitten.
Wir haben zu diesem Zweck einen - vergleichsweise zu 1975-77 - sehr viel einfacheren Fragebogen entwickelt, den wir Sie zu beantworten bitten(Rücksendung bitte an obige Adresse!).
Leider ist es uns aus finanziellen Gründen nicht möglich, ihnen die Veröffentlichungen zur Verfügung zu stellen. Zwei wichtige Ergebnisse der Untersuchung finden Sie jedoch im Informations- und Anleitungsblatt zum Fragebogen. Was den Haupttitel 6 betrifft, so legen wir eine Inhaltsbeschreibung für den Band "Lehrmittel-Curriculum-Bildungsökonomie" bei.
Dank Ihres Engagements haben wir 1975-77 einen - gemessen an der Freiwilligkeit der Beantwortung - hohen Rücklauf von über 5o % erreicht. Aus Vergleichsgründen haben wir jetzt auch nur alle die Schulen angeschrieben, von denen wir damals Daten erhielten. Ein möglichst vollständiger Rücklauf ist für eben diesen Vergleich erforderlich.
Der HKM hat mit Erlaß vom 4.1.1984 (Az. I B 7 - 000/27o.1 -127-) die Erhebung genehmigt.
Sollten Sie selbst die eine oder andere Frage nicht allein beantworten können, so bitten wir um Hinzuziehung anderer Fachkollegen bzw. des Schulleiters.
Wir hoffen auf Ihre Unterstützung !!

Mit kollegialen Grüßen

R. Brauner

(R. Brauner)

Anlage: Literaturliste
Inhaltsbeschreibung (Titel6)
Fragebogen
Informationen und Anleitungen zum Fragebogen

I N S T I T U T F Ü R D I D A K T I K D E R P H Y S I K
an der J.W.-Goethe-Universität in Frankfurt, Fachbereich 13-Physik

Forschungs-und Entwicklungsprojekt:
Naturwissenschaftlicher Unterricht und Bildungsökonomie

F R A G E B O G E N Z U M P H Y S I K U N T E R R I C H T

(Januar 1984)

1. Allgemeines:

Nach dem offiziellen Schulverzeichnis von 1983 gehört Ihre Schule zu einer Schulgattung, die wir durch die drittletzte Zahl der aufgedruckten Code-Nummer festgehalten haben (vgl. Informationsblatt).

a. Welcher Schulgattung gehörte Ihre Schule im Schuljahr 1976/77 an ?

GF ... H ... R ... AG ... IG ... Gym ... (Bitte entspr. ankr.)

b. Ist in den nächsten drei Jahren eine Änderung der Schulgattung zu erwarten ? ja ... nein ... (Bitte ankreuzen)

Wenn ja, von welcher Art ? ....

....

c. Falls Ihre Schule durch Zusammenlegung nach dem Schuljahr 1976/77 entstand, dann geben Sie bitte die vorhergehenden Schulen an:

....

....

d. Wer ist Ihr zuständiger Schulträger ? ....

2. Fragen zum Physikunterricht:

Im Informationsblatt wurden Ihnen Untersuchungsergebnisse aus den Jahren 1975-1977 mitgeteilt, die sich auf die damalige Ausstattungssituation in Hinblick auf die verpflichtende Erprobung der Rahmenrichtlinien Physik für die Sekundarstufe I beziehen.
Wir bitten Sie um Abschätzung und Beurteilung von möglicherweise zwischen 1977 und 1984 eingetretenen Veränderungen an Ihrer Schule.

a. Wie beurteilen Sie die Fachraumsituation an Ihrer Schule ?

Art der Änderung	Räume zur Demonstration	Übungsräume	Sammlungsräume	Vorbereitungsräume
wesentlich besser				
leicht besser				
gleicher Stand				
leicht schlechter				
wesentlich schlechter				

(Bitte in jeder Spalte ankreuzen)

Welche Ursachen sehen Sie hinsichtlich der Veränderungen ?

Zusätzlich erstellte Räume? ja ... nein ... (Bitte ankreuzen)

Rückgang der Schülerzahl? ja ... nein ...

Gibt es noch andere Gründe ? ....

....

....

Bitte wenden !

2. F o r t s e t z u n g

b. Haben sich die Gerätebestände an Ihrer Schule seit 1977 verändert ?

Art der Veränderung	Demonstr.-Geräte	Schülerübungsgeräte
wesentlich besser		
leicht besser		
gleicher Stand		
leicht schlechter		
wesentlich schlechter		

(Bitte jede Spalte ankreuzen)

Nennen Sie bitte Gründe für die Veränderungen: ....

....

....

c. In welcher Weise haben Sie die Ihnen in den letzten drei Haushaltsjahren (1981-1983) zur Verfügung gestellten finanziellen Mittel verwendet ? Geben Sie bitte nachfolgend prozentuale Schätzwerte an !

Ersatzbeschaffung und Bestandserhaltung ______ %

Ausbau des Bestandes an Demonstrationsgeräten ______ %

Ausbau des Bestandes an Schülerübungsgeräten ______ %

(Weiteres bitte nennen!)
.... ______ %

....

d. Sind Sie im Besitze des Heftes 7 der Sonderreihe des HIBS von 198o (vgl.beiliegendes Publikationsverzeichnis) ?

ja ... nein ... (Bitte ankreuzen)

Wenn ja, so beurteilen Sie bitte die Verwendbarkeit: ....

....

....

e. Wird an Ihrer Schule Schülerübungsunterricht durchgeführt ?

ja ... nein ... (Bitte ankreuzen)

Schätzen Sie bitte den prozentualen Anteil der Schülerübungen am gesamten Physikunterricht ihrer Schule ab: ______ %

Welche Schwierigkeiten der Durchführung bestehen an Ihrer Schule und welche Rolle spielt dabei der sogenannte Sicherheitserlaß(8 Gruppen/16-19 Schüler je Physiklehrer) ?

....

....

....

WIR BEDANKEN UNS FÜR IHRE MÜHE !

Anlage 12c

I N S T I T U T für D I D A K T I K der P H Y S I K
an der J.W.Goethe-Universität in Frankfurt, Fachbereich 13-Physik

Forschungs-und Entwicklungsprojekt:
Naturwissenschaftlicher Unterricht und Bildungsökonomie

I n f o r m a t i o n e n und Anleitungen zum Fragebogen

zu 1.: Schulgattungen im Unterschied zu Schulformen !
GF = Grundschulen mit Förderstufe (Code 4),
H = Hauptschulen mit oder ohne Grundschüler (Code 3),
R = Realschulen mit oder ohne Haupt- und Grundschüler (Code 3),
AG = additive Gesamtschulen (Code 2),
IG = integrierte Gesamtschulen (Code 2),
Gym= Gymnasien mit Ausschluß reiner Oberstufen-Gymnasien (Code 1).

zu 2a: Erhebungsergebnisse aus den Jahren 1975-1977:

Alle Schulgattungen zusammengefaßt ! (N = 384)

	Räume zur Demonstration	Übungsräume	Sammlungsräume	Vorbereitungsräume
ausreichend vorh.	63 %	39 %	49 %	61 %
nicht ausr. vorh.	24 %	34 %	26 %	32 %
nicht vorhanden	13 %	27 %	25 %	7 %

Getrennt nach Schulgattungen weichen die Prozentwerte bei Gymnasien und Hauptschulen nur unwesentlich von obigen Werten ab. Die Prozentwerte sind bei den Realschulen in allen vier Raumkategorien erheblich schlechter und bei den Gesamtschulen erheblich besser.

BITTE BEACHTEN: Was die Fachraumkapazitäten betrifft kann in einer kleineren Schule ein kombinierter Demonstrations- und Übungsraum und ein kombinierter Sammlungs- und Vorbereitungsraum durchaus ausreichend sein. Für größerer Systeme können auch mehrere Räume noch nicht ausreichen.

zu 2b: Ebenfalls Erhebungsergebnisse aus den Jahren 1975-1977
Grundlage der nachfolgenden Werte sind die Ankreuzungen(bzw. Nichtankreuzungen) in einer seinerzeit vorgelegten Geräteliste mit Bezug auf die Rahmenrichtlinien Physik SI. Die angegebenen Werte sind Mittelwerte für die betreffende Schulgattung.

	N	GMG	AF_n	AFD_n	AFS_n
alle Schulgattungen	381	o,51	o,49	o,54	o,41
Gesamtschulen(1975)	75	o,58	o,57	o,62	o,48
Gymnasien(1976)	62	o,58	o,61	o,73	o,4o
Realschulen(1977)	96	o,55	o,53	o,59	o,43
Hauptschulen(1977) einschl. GF	148	o,43	o,3o	o,38	o,36

N ist die Anzahl der Schulen. Alle vier Bewertungsmaße sind normiert(o ... 1). Der Wert 1 liegt vor, wenn alle Geräte der jeweiligen Kategorie vorhanden waren. Das Maß GMG bezieht sich auf eine rahmenrichtlinienbezogene Mindestausstattung. Die drei anderen Maße erfassen die Flexibilität der Ausstattungen, die über das Minimum im Sinne methodischer Alternativen hinausgehen. AF_n ist allgemein, AFD_n bezieht sich auf Demonstrationsgeräte und AFS_n auf Schülerübungsgeräte.

zu 2d: Hier würde auch interessieren, ob Sie mit dieser Bezugsgrundlage Anforderungen an die Schulleitung bzw. an den Schulträger besser geltend machen können.

Anlage 13a

Regionalvariablen nach KLAUS-ROEDER(1979)

"fördernde" Variable: + / "hemmende" Variable: -

Nr.	Bewer-tung	Regionalvariable
1	-	Fläche in qkm (350)
2	+	Wohnbevölkerung insgesamt am 31.12.1976 (WB 1976) (352)
3	+	%Anteil weiblich an der Wohnbev. 1976
4	+	%Anteil der Nichtdeutschen an der Wohnbev. 1976
5	-	allgem. Fruchtbarkeitsziffer (L.Geb.auf 1000 Frauen 15 - 45 Jahre)
6	+	Einwohner je qkm 1976 (358), Einwohnerdichte
7	+	%Anteil der unter 25-jährigen an der Wohnbev. 1976
8	+	%Anteil der Frauen unter 25-jähr.der Wohnbev. 1976
9	+	%Anteil der 25 - 50-jähr.an der Wohnbev. 1976
10	+	%Anteil der Frauen an 25 - 50-jähr.der Wohnbev. 1976
11	+	%Anteil der über 50-jährigen an der Wohnbev. 1976
12	+	%Anteil der Frauen an über 50-jähr.an der Wohnbev.1976
13	+	%Anteil der Bevölkerung mit Schulabschluß an der WB.1970
14	+	%Anteil der Frauen mit Schulabschluß an d.weibl.WB. 1970
15	+	%Anteil der Bevölkerung mit Volksschulabschl.a.d.WB.1970
16	+	%Anteil der Bevölkerung mit Mittl.Reife an der WB. 1970
17	+	%Anteil der Bevölkerung mit Abitur an der WB. 1970
18	+	%Anteil der Bevölkerung mit Berufsfach/Fachschul-abschluß an der WB. 1970
19	+	%Anteil der Bevölkerung mit Ingenieurschulabschl.a.d.WB. 1970
20	+	%Anteil der Bevölkerung mit Hochschulabschl.a.d.WB.70
21	+	%Anteil der Schüler i.Allgem.bildenden Schulen a.d.WB.76
22	+	%Anteil der wbl.Schüler i.Allgem.bild.Schulen a.d.WB.76
23	-	%Anteil der Grund-Hauptschüler a.Allgem.bild.Schulen 76
24	+	%Anteil der Realschüler a.Allgem.bild.Schulen 1976
25	+	%Anteil der Gymnasialschüler a.Allgem.bild.Schulen 1976
26	+	%Anteil der Sonderschüler a. Allgem.bild.Schulen 1976
27	+	%Anteil der Schüler i.weiterf.Schulen (RS+Gym.,ohne IGS) an 10 - 20-jährigen
28	+	Anzahl der Klassen i.weiterf.Schulen auf 1000 E v.10-20J
29	+	%Anteil der Berufschüler 1976 an der WB
30	-	%Anteil Berufsschüler ohne Ausbildungsvertrag an Berufsschülern ges.

Anlage 13b

Nr.	Bewertung	Reginonalvariable
31	+	Anzahl der Berufsschulklassen auf 1000 15-25-jähr.Einw.WB76
32	+	%Anteil der Berufsaufbau-Fach-u.Fachschüler an 15-25-jähr.76
33	+	%Anteil Schüler i.Ber.Gymn.u.Fachobersch.a.15-25 J. WB 76
34	+	Schulabgänger 75/76 mit Hauptschulabschluß insges.
35	+	%Anteil Schulabgänger 75/76 m. Hauptschulabschluß, weiblich
36	-	Schulabgänger 75/76 ohne Hauptschulabschluß insges.
37	-	%Anteil Schulabgänger 75/76 ohne Hauptschulabschluß, weibl.
38	+	Schulabgänger 75/76 m.Realschulabschluß (v.n.Kl.11) insges.
39	+	%Anteil Schulabgänger 75/76 Realschulabschl.(v.n.Kl.11)wbl.
40	+	Schulabgänger 75/76 mit Abitur, insgesamt
41	+	%Anteil Schulabgänger 75/76 mit Abitur, weiblich
42	+	Wahlbeteiligung (Prozent) bei der Bundestagswahl 1976 (396)
43	+	Wahlbeteiligung (Prozent) bei den Gemeindewahlen 1977 (418)
44	+	Prozentualer Anteil der SPD bei Gemeindewahlen 1977 (421)
45	-	Prozentualer Anteil der CDU bei Gemeindewahlen 1977 (422)
46	+	Prozentualer Anteil der FDP bei Gemeindewahlen 1977 (423)
47	+	Prozentualer Anteil der DKP bei Gemeindewahlen 1977 (424)
48	-	Prozentualer Anteil der kath.Bevölkerung (27.5.70) (14)
49	-	Prozent der Bevölkerung 73 i.Gemeinden mit unter 5000 Einw(9)
50	+	Prozent d.Bevölk.73 i.Gem.m. 20.000 u.mehr Einwohnern (12)
51	-	Durchschnittliche Haushaltsgröße 1970
52	+	%Anteil der Einpers.-Haushalte an privaten Haushalten 1970
53	+	%Anteil der Frauenhaushalte an Einpers.-Haushalten 1970
54	-	%Anteil der Haushalte m.über 5 Pers.a.priv.Haushalten 1970
55	+	Geplante Wohnungen auf 1000 Einwohner (186)
56	+	Wohnräume je Einwohner
57	+	Krankenhausbetten bezogen auf 10.000 Einwohner (72)
58	+	Zahl der Altenheimplätze je 1000 65-jährige u. ältere (263)
59	+	Kraftfahrzeugdichte (Kfz.auf 1000 Einwohner) 1977 (215)
60	+	Pkw.-Dichte (Pkw. auf 1000 Einwohner) 1977 (216)
61	+	Straßen überörtl.Verkehrs i.km je 100 qkm Gebietsfläche(235)
62	+	%Anteil d.versicherungspfl.Besch.Arbeitnehmer a.d.WB 76(58/25
63	+	%Anteil d.Frauen an v.B.Arbeitnehmern 1976 (60/58)
64	-	%Anteil v.B.A. i.Land- und Forstwirtschaft a.v.B.A.insg.76
65	+	%Anteil i.produzierendem Gewerbe a.v.B.A.insg.76 (64/58)

Anlage 13c

Nr.	Bewertung	Regionalvariable
66	+	%Anteil v.B.A. i.Handel u. Verkehr a. v.B.A.insg.76(65/58)
67	+	%Anteil v.B.A. i.sonst.Wirtschaftsbereichen a.v.B.A.insg.76
68	+	%Anteil der Erwerbstätigen a.d. WB 27.5.70 (32)
69	+	%Anteil der weibl.Erwerbstätigen an WB 1970
70	+	%Anteil d.WB70 m.überw.Lebensunterh.a.Rente,Pens.,eig.Verm.
71	-	%Anteil d.i.Land-u.Forstwirtsch. Tätigen a.WB 1970
72	+	%Anteil d.i.prod.Gewerbe Tätigen an WB 1970
73	+	%Anteil d.i.Handel u.Verkehr Tätigen an WB 1970
74	+	%Anteil d.i.sonst.Wirtschaftsbereichen Tätigen a.WB 1970
75	-	%Anteil der Selbständigen a.Erwerbstätigen 1970
76	-	%Anteil der mith.Familienangehörigen a.Erwerbstätigen 1970
77	+	%Anteil der Beamten und Richter a.Erwerbstätigen 1970
78	+	%Anteil der Angestellten a.Erwerbstätigen 1970
79	-	%Anteil der Arbeiter a.Erwerbstätigen 1970
80	+	Bruttoinlandprodukt (BIP) in Millionen DM 1974 (496)
81	-	%Anteil der Land-/Forstwirtschaft am BIP 1974
82	+	%Anteil des produz.Gewerbes am BIP 1974 (502)
83	+	%Anteil Handel und Verkehr am BIP 1974 (506)
84	+	%Anteil d.übrigen Dienstleistungen am BIP 1974 (508)
85	+	Zunahme des Bruttoinlandproduktes 1974 gegen 1970 (496-470)
86	+	Beschäftigte in der Industrie auf 1000 Einwohner 1976(93)
87	+	I.-Umsatz je Beschäftigter in DM 1970 (99)
88	+	I.-Betriebe mit 10 - 49 Beschäftigten 1976 (89)
89	+	I.-Betriebe mit 200 und mehr Beschäftigten 1976 (91)
90	+	Anzahl der Arbeiter in der Industrie 1977 (81)
91	+	Beschäftigte im Bauhauptgewerbe 1977 auf 1000 Einwohner
92	+	Bauhauptgewerbeumsatz je Beschäftigter i.1000 DM 1977
93	-	%Anteil d.landw.genutzten Fläche (ha) d.Gesamtfläche 1973
94	-	Landw.genutzte Fläche v. Betrieben m.20 - 50 ha 1973 (54)
95	-	Landw.genutzte Fläche v. Betrieben m.50 u.mehr ha 1973(55)
96	-	Verfügb. Fremdenbetten auf 1000 Einwohner 1976
97	+	Von 100 verfügbaren Fremdenbetten waren 1976 durchschnittlich belegt (244)

Dieter Bradtke

Die Regionalisierung der Schulreform

Der Tendenzwandel in der Schuldiskussion nach dem Scheitern der gesamtstaatlichen Bildungsreform

Frankfurt/M., Berlin, Bern, New York, Paris, Wien, 1995. 353 S., 5 Abb., 4 Tab.
Europäische Hochschulschriften: Reihe 11, Pädagogik. Bd. 625
ISBN 3-631-48156-X br. DM 95.--*

Nach dem Scheitern der gesamtstaatlichen Bildungsreform der 60er und 70er Jahre verlagert die derzeitige Reformdiskussion die Aktivitätszentren von "oben" nach "unten", vom Staat an die Einzelschule. Dabei drohen neue Einseitigkeiten. Eine Einzelfallstudie untersucht den Zusammenhang von Bundes-, Landes- und Regionalreform am Beispiel des nordhessischen Landkreises Hersfeld-Rotenburg. Sie zeigt, was von der Reform "vor Ort" ankam und welchen Einfluß die betroffenen Menschen auf Verlauf und Ergebnis nehmen konnten. Überlegungen zur Theorie der Schule und der Schulreform belegen, daß regionale Aspekte bislang übersehen wurden. "Region" scheint der geeignete Bezugspunkt zu sein, zwischen den systemischen und den lebensweltlichen Funktionen der Schule zu vermitteln und einer "deliberativen" Reform den Weg zu bahnen.

Aus dem Inhalt: Kehrtwende: Die Diskussion um die Zukunft der Schule und der Gesellschaft · Vom großen Plan zur regionalen Wirklichkeit: Erfolg und Scheitern der Reform in der Region Hersfeld-Rotenburg · Regionale Aspekte einer Theorie der Schule und der Schulreform